최신 출제기준에 맞춘
최고의 수험서

토목기사
시험대비

**2025
최·신·판**

토목기사 II
[필기]
이론 및 CBT 수록

KDS, KCS 적용 / SI 단위 적용

고행만 저

🔊 **핵심 포인트**

- 다년간 실무 및 강의 경험이 풍부한 최상급 저자
- 과목별로 각 분야의 공식과 이론의 핵심사항을 요약
- CBT 모의고사 수록
- 정확한 답과 명쾌한 해설
- 질의응답 카페 운영

질의응답 카페 운영
cafe.daum.net/khm116
(토목, 건설재료, 콘크리트)

도서출판 건기원

머 리 말

건설공사에 있어서 자격증의 필요성은 해를 거듭할수록 높아가고 있으며 각 분야의 수험생들이 응시하고자 합니다. 그런데 토목분야의 기사 과목은 공식이 워낙 많아 공부하기가 무척 힘듭니다. 그러나 결코 힘들지 않습니다. 왜냐하면 공부하는 방법을 개선하면 말입니다.

모든 분야에 있어, 즉 사업, 운동경기, 취직시험 등의 목적 달성을 한 사례를 보면 공통된 점을 발견할 수 있습니다. 그것은 계획, 실천 등을 체계적으로 실행에 옮겨서 이루어진 것입니다.

수험자 여러분!
공부하는 것도 운동경기와 같이 치밀한 작전이 필요합니다.

꼭 실천하세요!

- 첫째, 과목별로 각 분야의 공식과 이론의 핵심사항을 요약할 것.
- 둘째, 과년도 기출문제를 중점적으로 문제 풀이할 것.

수년간 강단에서 느낀 점은 공부하는 방법을 몰라 중도에 포기하는 수험자를 볼 때 안타까운 마음이 듭니다. 그래서 수험자 여러분의 고통을 덜어 드리고자 본 책자를 발간하게 되었습니다.

이 책자의 특징은 각 과목별 핵심사항을 간결하게 요약하였고 기출문제를 중심으로 해설 및 보충에 충실하였습니다. 공부하시는 데 자신감이 생길 것입니다.

수험자 여러분 힘내세요!

끝으로 수험자 여러분의 합격과 더불어 본 책자 보급을 위해 협조해 주신 여러 선생님과 제자분 그리고 건기원 가족의 무한한 발전을 기원합니다.

저자 올림

토목기사 필기

최신 출제기준 확인하기

CBT 필기시험 미리 보기

http://www.q-net.or.kr

처음 방문하셨나요?
큐넷 서비스를 미리 체험해보고
사이트를 쉽고 빠르게 이용할 수 있는
이용 안내, 큐넷 길라잡이를 제공

- 큐넷 체험하기
- CBT 체험하기
- 이용안내 바로가기
- 큐넷길라잡이 보기
- 동영상 실기시험 체험하기
- 전문자격시험체험학습관 바로 가기

이용방법 큐넷에 접속한 후, 메인 화면 하단의 〈CBT 체험하기〉 버튼을 클릭한다.

차례

제1부 철근콘크리트 및 강구조

제1장 철근 콘크리트 ···················· 1-3
1-1 철근 콘크리트의 특성 / 1-3
1-2 사용 재료의 성질 / 1-4
⚽ 기출문제 ···················· 1-10

제2장 보의 휨설계 ···················· 1-14
2-1 강도설계법 / 1-14
⚽ 기출문제 ···················· 1-18

2-2 단철근 직사각형 보 / 1-22
⚽ 기출문제 ···················· 1-25

2-3 복철근 직사각형 보 / 1-34
⚽ 기출문제 ···················· 1-36

2-4 T형 단면보 / 1-38
⚽ 기출문제 ···················· 1-41

2-5 처짐과 균열(사용성 및 내구성) / 1-44
⚽ 기출문제 ···················· 1-48

제3장 전단과 비틀림 ···················· 1-58
3-1 전단설계 / 1-58   3-2 비틀림 설계 / 1-62
⚽ 기출문제 ···················· 1-64

제4장 철근의 정착과 이음 ···················· 1-78
4-1 철근의 정착 / 1-78   4-2 정착 철근의 상세 / 1-79
4-3 철근의 이음 / 1-81   4-4 철근의 피복두께 / 1-82

4-5 철근의 간격 / 1-83
⚽ 기출문제 ··· 1-84

제1부 철근콘크리트 및 강구조 | 제5장 | 휨과 압축을 받는 부재(기둥)의 해석과 설계 ············· 1-89

5-1 설계의 일반 / 1-89 5-2 기둥의 설계 / 1-92
⚽ 기출문제 ··· 1-94

제1부 철근콘크리트 및 강구조 | 제6장 | 슬래브, 확대기초, 옹벽의 설계 ························· 1-100

6-1 슬래브 / 1-100 6-2 확대기초 / 1-104
6-3 옹 벽 / 1-107
⚽ 기출문제 ··· 1-109

제1부 철근콘크리트 및 강구조 | 제7장 | 프리스트레스트 콘크리트(PSC) ··················· 1-119

7-1 개 요 / 1-119 7-2 재 료 / 1-120
7-3 시 공 / 1-121
⚽ 기출문제 ··· 1-124

7-4 프리스트레스 도입과 손실 / 1-137
7-5 프리스트레스트 콘크리트 휨 부재 해석 / 1-138
⚽ 기출문제 ··· 1-140

제1부 철근콘크리트 및 강구조 | 제8장 | 강 구 조 ··· 1-147

8-1 강재의 응력 / 1-147 8-2 리벳 및 고장력 볼트 / 1-149
8-3 용접 이음 / 1-150 8-4 교 량 / 1-152
⚽ 기출문제 ··· 1-155

제1부 철근콘크리트 및 강구조 | ◆ | CBT 모의고사 ·· 1-161

제2부 토질 및 기초

제2부 토질 및 기초 | 제1장 | 서 론 ·· 2-3

1-1 흙의 성인에 의한 분류 / 2-3

1-2 흙의 구조 / 2-3
1-3 점토광물의 기본 구조 / 2-4
1-4 토립자의 기본 구조 / 2-4
⚽ 기출문제 ………………………………………………………………… 2-5

제2부 토질 및 기초 제2장 흙의 기본적 성질 ……………………………………………… 2-8

2-1 흙의 구성 / 2-8   2-2 흙의 밀도 관계 / 2-10
2-3 상대밀도 / 2-12   2-4 흙의 연경도(컨시스턴시) / 2-12
⚽ 기출문제 ………………………………………………………………… 2-16

제2부 토질 및 기초 제3장 흙의 분류 …………………………………………………… 2-24

3-1 입도 분석 / 2-24   3-2 공학적 분류 / 2-26
⚽ 기출문제 ………………………………………………………………… 2-28

제2부 토질 및 기초 제4장 흙의 다짐 …………………………………………………… 2-33

4-1 다짐시험 / 2-33
4-2 현장밀도 시험(들밀도 시험) / 2-36
4-3 노상 및 노반의 지지력 / 2-36
⚽ 기출문제 ………………………………………………………………… 2-39

제2부 토질 및 기초 제5장 흙의 투수성 ………………………………………………… 2-46

5-1 흙 속의 물의 흐름 / 2-46   5-2 투수계수 시험 / 2-47
5-3 성층토의 투수계수 / 2-48   5-4 유선망 / 2-49
5-5 제체의 침투 / 2-51   5-6 유효응력 / 2-52
5-7 분사현상(quick sand) / 2-56   5-8 흙의 동해(동상) / 2-57
⚽ 기출문제 ………………………………………………………………… 2-58

제2부 토질 및 기초 제6장 흙의 압밀 …………………………………………………… 2-71

6-1 압 밀 / 2-71
6-2 공극수압과 유효응력과의 관계 / 2-71
6-3 과잉공극수압 / 2-72
6-4 Terzaghi의 1차 압밀 / 2-72
6-5 압밀 기본 방정식 / 2-74
6-6 압밀시험 / 2-75
⚽ 기출문제 ………………………………………………………………… 2-76

제7장 흙의 전단강도 ······ 2-84

7-1 흙의 전단 / 2-84
7-2 직접전단시험 / 2-84
7-3 삼축압축시험 / 2-85
7-4 일축압축시험 / 2-88
7-5 현장의 전단강도 / 2-90
7-6 모래지반의 전단 특성 / 2-92
7-7 공극수압계수 / 2-93
7-8 응력경로 / 2-94
⊕ 기출문제 ······ 2-97

제8장 토 압 ······ 2-109

8-1 토압의 형태 / 2-109
8-2 Rankine의 토압론 및 옹벽면에 작용하는 토압 / 2-110
8-3 옹벽의 안정 / 2-114
⊕ 기출문제 ······ 2-115

제9장 사면의 안정 ······ 2-120

9-1 단순사면 및 임계원 / 2-120
9-2 안전율 / 2-120
9-3 한계고(H_c) 및 안전율(F) / 2-121
9-4 사면안정 해석 / 2-122
⊕ 기출문제 ······ 2-124

제10장 지중응력 ······ 2-130

10-1 집중하중에 의한 지중응력 / 2-130
10-2 등분포하중에 의한 지중응력 / 2-131
10-3 응력분포의 근사치 계산(2 : 1 분포법) / 2-132
⊕ 기출문제 ······ 2-135

제11장 기 초 공 ······ 2-138

11-1 토질조사 / 2-138
11-2 기 초 / 2-140
11-3 연약지반 개량공법 / 2-146
⊕ 기출문제 ······ 2-150

◆ CBT 모의고사 ······ 2-167

제 3 부
상하수도공학

제1장 상수도 시설 계획 ······ 3-3

1-1 상수도의 구성 및 계통 / 3-3   1-2 상수도 계획 수립 / 3-4
1-3 계획급수인구 추정 / 3-4   1-4 계획 급수량 / 3-6
⚽ 기출문제 ······ 3-7

제2장 상수도 수질 ······ 3-14

2-1 수질 검사 / 3-14   2-2 음용수 수질 기준 / 3-17
2-3 물의 자정작용 / 3-17   2-4 호수의 성층현상 / 3-19
⚽ 기출문제 ······ 3-20

제3장 수원 및 취수시설 ······ 3-29

3-1 수원(水原) / 3-29   3-2 취수 시설 / 3-30
3-3 저수지의 취수 / 3-32   3-4 지하수의 취수 / 3-34
⚽ 기출문제 ······ 3-36

제4장 상수관로 시설 ······ 3-40

4-1 도수 및 송수 계획 / 3-40   4-2 상수도 관 / 3-43
4-3 관로의 부대시설 / 3-45   4-4 배수 계획 / 3-47
4-5 급수 계획 / 3-51
⚽ 기출문제 ······ 3-54

제5장 정수장 시설 ······ 3-64

5-1 정수 시설 / 3-64   5-2 정수 방법의 선정 / 3-67
5-3 정수 방법 / 3-68   5-4 정수장 배출수 처리 / 3-72
⚽ 기출문제 ······ 3-75

제6장 하수도 시설 ······ 3-84

6-1 하수도 계획 / 3-84   6-2 하수의 배제방식 / 3-85
6-3 하수 관거의 배치 방식 / 3-86   6-4 하수량 / 3-88
⚽ 기출문제 ······ 3-90

제7장 하수관로 시설 3-98

7-1 하수관거의 계획 / 3-98
7-2 하수관거 / 3-99
7-3 하수관거의 부대시설 / 3-104
7-4 우수 조정지(유수지) / 3-106
⚽ 기출문제 3-107

제8장 하수처리장 시설 3-114

8-1 하수처리 / 3-114
8-2 예비처리 / 3-115
8-3 1차 처리(최초 침전지) / 3-115
8-4 폭기조 및 최종 침전지(2차 처리) / 3-116
8-5 생물학적 처리법 / 3-117
8-6 생물학적 처리방법의 분류 / 3-118
8-7 기타 생물학적 처리방법 / 3-122
8-8 하수 슬러지 처리 / 3-123
⚽ 기출문제 3-126

제9장 펌프장 시설 3-140

9-1 펌프장 계획 / 3-140
9-2 펌프의 종류 / 3-142
9-3 펌프의 기본 계산식 / 3-143
9-4 펌프의 특징 / 3-144
⚽ 기출문제 3-147

◆ CBT 모의고사 3-155

□ 제1장 철근 콘크리트 / □ 제2장 보의 휨설계 / □ 제3장 전단과 비틀림 / □ 제4장 철근의 정착과 이음 / □ 제5장 휨과 압축을 받는 부재(기둥)의 해석과 설계 / □ 제6장 슬래브, 확대기초, 옹벽의 설계 / □ 제7장 프리스트레스트 콘크리트(PSC) / □ 제8장 강 구 조

제1부 [철근콘크리트 및 강구조]

- □ 제1장 ························· 철근 콘크리트
- □ 제2장 ························· 보의 휨설계
- □ 제3장 ························· 전단과 비틀림
- □ 제4장 ························· 철근의 정착과 이음
- □ 제5장 ············ 휨과 압축을 받는 부재(기둥)의 해석과 설계
- □ 제6장 ············ 슬래브, 확대기초, 옹벽의 설계
- □ 제7장 ············ 프리스트레스트 콘크리트(PSC)
- □ 제8장 ························· 강 구 조

chapter 01 철근 콘크리트

제1부 철근콘크리트 및 강구조

1-1 철근 콘크리트의 특성

(1) 기본 개념

콘크리트는 압축에 강하나 인장에 매우 약하기 때문에 인장력에 강한 강재를 함께 사용한다.

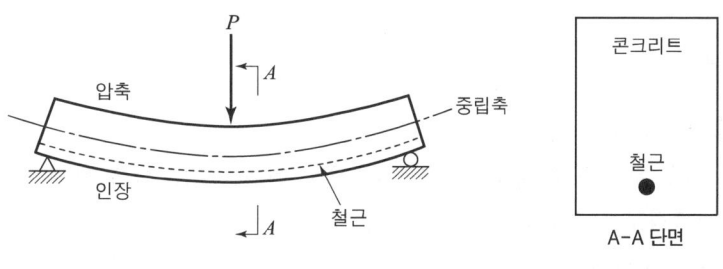

🔼 철근 콘크리트 보

인장을 받아 균열이 발생할 부분에 철근을 묻어 콘크리트와 일체가 되게 만들어 인장쪽에서 발생하는 인장응력에 의해 콘크리트에 균열이 발생할 때까지는 콘크리트가 지지하고 콘크리트에 균열이 발행한 후에는 콘크리트와 일체가 된 철근이 인장응력을 받음으로 균열 확대를 막을 수 있다.

콘크리트에 철근(reinforcing bar)을 묻어 두 재료가 일체로 되어 외력에 저항하도록 한 것을 철근 콘크리트(reinforced concrete)라고 하며 줄여 RC라 한다.

(2) 특성

1) 철근 콘크리트의 성립 이유
   ① 철근과 콘크리트의 부착강도가 크다.
   ② 철근은 인장에 강하고 콘크리트는 압축에 강하다.

③ 콘크리트 속의 철근이 부식하지 않는다.
④ 철근과 콘크리트는 열팽창계수가 거의 같다.

(3) 철근 콘크리트의 장점과 단점

1) 장점
   ① 내구성, 내화성이 크다.
   ② 형상이나 치수에 제한을 받지 않는다.
   ③ 유지 관리비가 적게 든다.

2) 단점
   ① 중량이 비교적 크다.
   ② 균열이 발생하기 쉽다.
   ③ 개조, 보강 및 해체가 어렵다.

1-2 사용 재료의 성질

(1) 콘크리트

1) 설계기준 압축강도(f_{ck})

   콘크리트 부재의 설계에 있어서 기준으로 한 압축강도를 말하며 일반적으로 재령 28일의 압축강도를 기준한다.

2) 배합강도(f_{cr})

   구조물에 사용된 콘크리트의 압축강도가 설계기준압축강도보다 작지 않도록 현장 콘크리트의 품질 변동을 고려하여 콘크리트의 배합강도(f_{cr})는 품질기준강도(f_{cq})보다 크게 정하여야 한다.
   콘크리트 배합강도는 다음의 두 식에 의한 값 중 큰 값으로 정한다.

   ① $f_{cq} \leq 35\text{MPa}$인 경우

   $$\left. \begin{array}{l} f_{cr} = f_{cq} + 1.34s \\ f_{cr} = (f_{cq} - 3.5) + 2.33s \end{array} \right\} \text{큰 값}$$

   ② $f_{cq} > 35\text{MPa}$인 경우

   $$\left. \begin{array}{l} f_{cr} = f_{cq} + 1.34s \\ f_{cr} = 0.9f_{cq} + 2.33s \end{array} \right\} \text{큰 값}$$

   여기서, s=압축강도의 표준편차(MPa)

③ 콘크리트 압축강도의 표준편차
- 실제 사용한 콘크리트의 30회 이상의 시험실적으로부터 결정하는 것을 원칙으로 한다.
- 압축강도의 시험횟수가 29회 이하이고 15회 이상인 경우는 계산한 표준편차에 보정계수를 곱한 값을 표준편차로 사용한다.

▶ 시험횟수가 29회 이하일 때 표준편차의 보정계수

시험횟수	표준편차의 보정계수
15	1.16
20	1.08
25	1.03
30 이상	1.00

④ 콘크리트 압축강도의 표준편차를 알지 못할 때 또는 압축강도의 시험횟수가 14회 이하인 경우 콘크리트 배합강도

호칭강도(MPa)	배합강도(MPa)
21 미만	$f_n + 7$
21 이상 35 이하	$f_n + 8.5$
35 초과	$1.1f_n + 5$

3) 콘크리트 압축강도 시험

① 공시체는 지름의 2배 높이인 원기둥형이며 지름은 굵은골재 최대치수의 3배 이상, 10cm 이상으로 한다. 일반적으로 ø150×300mm, ø100×200mm의 공시체를 사용한다.

② 압축강도

$$f_{cu} = \frac{P}{A} = \frac{\text{파괴 최대하중(N)}}{\text{공시체 단면적}(mm^2)} \; (N/mm^2, \; MPa)$$

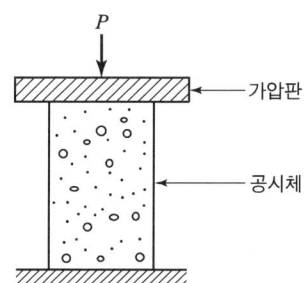

4) 탄성계수

① 할선 탄성계수는 압축강도의 30~50% 되는 응력값의 점과 원점을 연결한 선의 기울기를 콘크리트의 탄성계수로 정한다.
② 콘크리트의 탄성계수는 압축강도 및 밀도가 클수록 크다.
③ 압축강도가 동일할 경우 굵은골재량이 많을수록 탄성계수가 크다.
④ 재령이 길수록, 공기량이 작을수록 탄성계수가 크다.
⑤ 콘크리트의 탄성계수는 여러 가지 요인에 의하여 변화하지만 특히 콘크리트의 강도와 밀도의 영향을 가장 크게 받는다.
⑥ 콘크리트의 단위질량 m_c의 값이 1,450~2,500 kg/m³인 콘크리트의 경우

$$E_c = 0.077 m_c^{1.5} \sqrt[3]{f_{cm}} \ (\text{MPa})$$

단, 보통 골재를 사용한 콘크리트($m_c = 2,300$ kg/m³)의 경우

$$E_c = 8,500 \sqrt[3]{f_{cm}} \ (\text{MPa})$$

여기서, 재령 28일에서 콘크리트의 평균압축강도 $f_{cm} = f_{ck} + \Delta f$ (MPa)이다. Δf는 f_{ck}가 40MPa 이하이면 4MPa, f_{ck}가 60MPa 이상이면 6MPa이다.

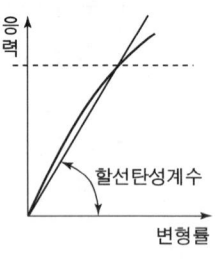

■ 할선탄성계수

5) 크리프(creep)

① 콘크리트의 일정한 하중이 지속적으로 작용하면 응력의 변화가 없어도 콘크리트의 변형은 시간의 경과와 함께 증가하는 성질을 말한다.
② 크리프 계수 $\phi_t = \dfrac{\varepsilon_c}{\varepsilon_e}$

- $E_c = \dfrac{f_c}{\varepsilon_e}$
- $\varepsilon_e = \dfrac{f_c}{E_c}$
- $\varepsilon_c = \phi_t \cdot \varepsilon_e = \phi_t \cdot \dfrac{f_c}{E_c}$

여기서, ε_c : 크리프 변형률
ϕ_t : 크리프 계수
ε_e : 탄성변형률
f_c : 콘크리트에 작용하는 응력
E_c : 콘크리트 탄성계수

- 대기 중에 있는 실외의 경우 콘크리트의 크리프 계수는 2.0, 실내의 경우는 3.0, 경량골재 콘크리트는 1.5를 표준으로 한다.
- 인공경량골재 콘크리트의 크리프 변형률은 일반적으로 보통 콘크리트보다 크고 탄성 변형률도 크기 때문에 크리프 계수는 작다.

③ 크리프에 영향을 미치는 요인
- 재하기간 중의 대기의 습도가 낮을수록, 온도가 높을수록 크리프는 크다.
- 재하시 재령이 작을수록 크리프는 크다.
- 재하 응력이 클수록 크리프는 크다.
- 부재 치수가 작을수록 크리프는 크다.
- 단위시멘트량이 많을수록 크리프는 크다.
- 규산삼석회(C_3S)가 많고, 알루민산 삼석회(C_3A)가 적은 시멘트는 크리프가 작다.
- 조직이 밀실하지 않은 골재를 사용하거나 입도가 부적당하며 공극이 많은 것으로 만든 콘크리트는 크리프는 크다.
- 물·시멘트비가 클수록 크리프는 크다.
- 조강시멘트는 보통시멘트보다 크리프가 작고, 중용열시멘트나 혼합시멘트는 크리프가 크다.
- 콘크리트의 강도가 클수록 크리프는 작다.
- 콘크리트의 배합이 나쁠수록 크리프가 크다.
- 고온 증기 양생을 하면 크리프는 작다.
- 철근량을 효과적으로 배근하면 크리프가 작다.

④ 콘크리트 크리프 변형률은 공시체의 압축강도 f_{cu}의 1/2 이하의 응력에서는 가해진 응력에 비례한다.

⑤ 고강도 콘크리트가 저강도 콘크리트보다 작은 크리프 변형률을 나타낸다.

⑥ 크리프 변형률은 탄성 변형률의 1.5~3배 정도이다.

⑦ 크리프나 응력이완은 지속시간 3개월에서 50% 이상 발생되며 약 1년에 대부분이 끝난다.

6) 건조수축

① 콘크리트는 습윤상태에서 팽창하고 건조하면 수축한다.

② 콘크리트를 수중에서 양생하면 $100~200 \times 10^{-6}$ 정도의 팽창을 나타낸다.

③ 물로 포화된 콘크리트 공시체를 완전히 건조시키면 $600~900 \times 10^{-6}$ 정도 수축한다.

④ 건조수축은 분말도가 높은 시멘트일수록, 흡수율이 많은 골재일수록, 온도가 높을수록, 습도가 낮을수록, 단면치수가 작을수록 크다.

⑤ 라멘 및 철근량이 0.5% 이상인 아치의 설계시 콘크리트의 건조수축 변형률은

0.00015이다. 그리고 철근량이 0.1~0.5%인 아치는 0.0002이다.
⑥ 단위수량과 단위 시멘트량이 많으면 건조수축은 크게 일어난다.
⑦ 시멘트의 화학성분 중 알루민산 삼석회(C_3A)는 수축을 증대시키고 석고는 수축을 감소시킨다.
⑧ 건조수축의 진행속도는 초기에는 크고 시간이 경과함에 따라 감소한다.
⑨ 수중양생을 하면 수화작용이 촉진되어 건조수축이 거의 없다.
⑩ 철근을 많이 사용한 콘크리트는 건조수축이 작아진다.

(2) 철 근

1) 철근의 강도

항복응력 f_y를 말하며 SD30이란 항복강도가 300MPa 이상의 이형봉강을 뜻한다. 표면에 리브(rib)와 마디 등의 돌기가 있는 강봉을 이형 철근이라 한다. 이러한 돌기가 없는 매끈한 표면으로 된 강봉을 원형 철근이라 한다.

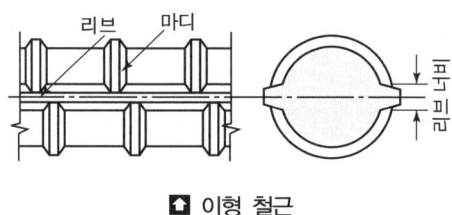

◘ 이형 철근

2) 철근 배근에 따른 특성

① 정철근
  보에서 정(+)의 휨모멘트에 의해 인장응력을 받도록 배치한 주철근

② 부철근
  보에서 부(-)의 휨모멘트가 발생하면 단면 상부에 인장응력이 생기는데 이때 단면 상부에 배치한 주철근

③ 배력철근
  • 응력을 분포시킬 목적으로 정(+)철근 또는 부(-)철근에 직각 또는 직각에 가까운 방향으로 배치한 보조철근
  • 주철근의 간격을 유지하기 위해 배근한다.
  • 콘크리트의 건조수축이나 온도 변화에 의한 콘크리트의 신축을 억제하기 위해 배근한다.

④ 굽힘철근
   정철근 또는 부철근을 굽혀 올리거나 내린 철근이며 전단철근의 일종
⑤ 주철근
   설계하중에 의하여 그 단면적이 정해지는 철근
⑥ 띠철근
   축방향 철근을 소정의 간격마다 둘러싼 횡방향의 보조적 철근
⑦ 스터럽(stirrup)
- 전단 보강을 위한 철근
- 정철근 또는 부철근을 둘러싸고 이 주철근에 직각 또는 경사지게 배근하는 전단철근
- 사인장 응력에 의해 생기는 보의 파괴를 방지하기 위해 사용하는 철근
⑧ 사인장 철근(복부철근)
- 전단응력에 저항하기 위해 전단력이 크게 작용하는 곳에 배치하는 철근
- 복부철근을 사인장 응력에 대하여 배치하는 철근
- 절곡철근과 스터럽이 해당
- 응력에 대항하는 보강철근

Chapter 01 철근 콘크리트

기출문제

문제 001

다음 중 철근 콘크리트가 성립되는 조건으로 옳지 않은 것은?

㉮ 철근은 콘크리트 속에서 녹이 슬지 않는다.
㉯ 철근과 콘크리트의 탄성계수가 거의 같다.
㉰ 철근과 콘크리트의 열팽창계수가 거의 같다.
㉱ 철근과 콘크리트와의 부착력이 크다.

해설 콘크리트는 철근에 비해 탄성계수가 상당히 작다.

문제 002

보통 골재를 사용한 콘크리트의 단위질량 m_c=2,300kg/m³의 경우 콘크리트의 탄성계수는?

㉮ $E_c = 8,500^3\sqrt{f_{cm}}$
㉯ $E_c = 9,500^3\sqrt{f_{cm}}$
㉰ $E_c = 100,000^3\sqrt{f_{cm}}$
㉱ $E_c = 150,000^3\sqrt{f_{cm}}$

해설 $E_c = 0.077 m_c^{1.5}\,^3\sqrt{f_{cm}}$

문제 003

콘크리트의 크리프에 대한 설명 중 잘못된 것은?

㉮ 크리프 처짐은 탄성처짐의 2~3배가 되며 반드시 하중이 작용해야만 생긴다.
㉯ 콘크리트의 압축응력이 설계기준강도의 50% 이내인 경우 크리프는 응력에 비례한다.
㉰ 크리프 계수는 옥내인 경우 2, 옥외의 경우 3으로 한다.
㉱ 크리프 변형은 철근이 더 많은 하중을 지지하도록 하는 효과를 나타낸다.

해설 옥내인 경우 3, 옥외인 경우 2이다.

문제 004

철근의 탄성계수 값은?

㉮ 150,000 MPa
㉯ 180,000 MPa
㉰ 200,000 MPa
㉱ 210,000 MPa

정답 001. ㉯ 002. ㉮ 003. ㉰ 004. ㉰

문제 005

콘크리트의 건조 수축에 대한 설명 중 잘못된 것은?

㉮ 탄성 변형 외에 시간에 따라 생기는 변형으로 반드시 하중이 재하되어야만 한다.
㉯ 수화에 필요한 수량을 초과하여 배합 설계시 워커빌리티를 위해 많은 수량을 넣기 때문에 생긴다.
㉰ 부재가 구속된 부정정 구조에서는 건조 수축으로 인해 인장력이 발생되고 그 결과 균열이 생긴다.
㉱ 최종 건조 수축 크기는 W/C(물-시멘트비), 상대습도, 온도, 골재형태 및 구조물의 크기와 형상에 따라 다르다.

해설 반드시 하중이 재하되지 않아도 수화하고 남은 물이 증발하면서 건조수축이 발생한다.

문제 006

어떤 재료가 초기 탄성 변형량이 1.5cm이고 크리프(creep) 변형량이 3.0cm라면 이 재료의 크리프 계수는 얼마인가?

㉮ 1.0　　㉯ 2.0　　㉰ 3.0　　㉱ 4.0

해설
$$\phi = \frac{\text{크리프 변형률}}{\text{탄성 변형률}} = \frac{\frac{3.0}{l}}{\frac{1.5}{l}} = 2.0$$

문제 007

다음과 같은 철근의 설명 중에서 틀린 것은?

㉮ 정철근 : 보에서 정(+)의 휨 모멘트에 의해 인장 응력을 받도록 배치한 주철근
㉯ 배력 철근 : 응력을 분포시킬 목적으로 정(+)철근 또는 부(-)철근과 직각 또는 직각에 가까운 방향으로 배치하는 보조적인 철근
㉰ 부철근 : 보에서 부(-)의 휨 모멘트가 작용할 때 부재의 하단에 배치하는 주철근
㉱ 가외 철근 : 주철근, 배력철근, 띠철근, 조립용 철근 이외의 철근으로 예비적으로 사용되는 보조적인 철근

해설 보에서 부(-)의 휨모멘트가 작용할 때 부재의 상부에, 즉 인장응력을 받도록 배치한다.

문제 008

철근콘크리트 보에서 사인장철근(복부철근)을 배근하는 이유는?

㉮ 휨 인장응력을 받게 하기 위하여　　㉯ 전단응력에 저항시키기 위하여
㉰ 부착응력을 늘리기 위하여　　㉱ 저압응력을 늘리기 위하여

해설 절곡철근과 스터럽이 사인장 철근(복부철근)에 해당된다.

정답 005. ㉮　006. ㉯　007. ㉰　008. ㉯

문제 009

휨 부재의 강도 설계에서 철근을 인장 시험하기 위해 강재에 규정된 응력 f_y를 가하였을 때 그 변형를 감소시키지 않고 그냥 쓸 수 있다. 이때 최대로 사용할 수 있는 f_y의 값은 얼마인가?

㉮ 480 MPa   ㉯ 500 MPa   ㉰ 520 MPa   ㉱ 600 MPa

문제 010

설계기준강도 f_{ck}=50MPa일 때 β_1은 얼마인가?

㉮ 0.78   ㉯ 0.72   ㉰ 0.68   ㉱ 0.65

해설
- $f_{ck} \leq 40\text{MPa}$: 0.8
- $f_{ck} = 50\text{MPa}$: 0.8

문제 011

부재의 설계강도를 구할 때 강도감소계수를 고려하는 목적이 아닌 것은?

㉮ 재료의 공칭강도와 실제 강도와의 차이
㉯ 부재를 제작 또는 시공할 때 설계도와의 차이
㉰ 부재 강도의 추정과 해석에 관련된 불확실성
㉱ 구조물에서 차지하는 부재의 중요도는 반영하지 않는다.

해설
- 구조물에서 차지하는 부재의 중요도 등을 반영하기 위한 것이다.
- 부재의 설계강도란 공칭강도에 강도감소계수 ϕ를 곱한 값이다.

문제 012

철근 콘크리트 단면의 결정이나 응력을 계산할 때 콘크리트의 탄성계수(elastic modulus : E_c)는 다음의 어느 값으로 취하는가?

㉮ 초기 계수(initial modulus)   ㉯ 탄젠트 계수(tangent modulus)
㉰ 할선 계수(secant modulus)   ㉱ 영 계수(Young's modulus)

해설 탄성계수란 응력-변형률 관계 선도의 기울기로 할선계수라 한다.
$E_c = 0.077 m_c^{1.5} \sqrt[3]{f_{cm}}$ [MPa], $f_{cm} = f_{ck} + \Delta f$

문제 013

재령 28일의 콘크리트 평균 압축강도가 24MPa이고, 단위질량이 2,200kg/m³일 때 콘크리트의 탄성계수(E_c)는?

㉮ 22123 MPa   ㉯ 22918 MPa   ㉰ 23895 MPa   ㉱ 24275 MPa

정답 009. ㉱   010. ㉱   011. ㉱   012. ㉰   013. ㉯

해설 $E_c = 0.077 m_c^{1.5} \sqrt[3]{f_{cm}} = 0.077 \times 2200^{1.5} \times \sqrt[3]{24} = 22918$ MPa

보충 보통골재를 사용한 콘크리트($m_c = 2,300 \text{kg/m}^3$)의 경우는
$E_c = 8,500 \sqrt[3]{f_{cm}}$ MPa

문제 014

콘크리트의 크리프에 대한 설명으로 틀린 것은?

㉮ 일정한 응력이 장시간 계속하여 작용하고 있을 때 변형이 계속 진행되는 현상을 말한다.
㉯ 물-시멘트비가 큰 콘크리트는 물-시멘트비가 작은 콘크리트보다 크리프가 크게 일어난다.
㉰ 고강도 콘크리트는 저강도 콘크리트보다 크리프가 크게 일어난다.
㉱ 콘크리트가 놓이는 주위의 온도가 높을수록 크리프 변형은 크게 일어난다.

해설
- 고강도 콘크리트는 저강도 콘크리트보다 크리프가 작게 일어난다.
- 크리프 변형의 증가 비율은 재하시간이 경과함에 따라 감소한다.
- 습도가 높을수록 크리프량이 작다.
- 단면의 치수가 클수록 크리프의 최종값은 작다.

문제 015

철근의 부착강도에 영향을 주는 요인이 아닌 것은?

㉮ 철근의 표면 상태　　　　㉯ 철근의 인장강도
㉰ 콘크리트의 압축강도　　　㉱ 철근의 피복두께

해설
- 압축강도가 증가하는 데 따라 부착강도가 증가한다.
- 수평철근의 부착강도는 연직 철근의 1/2~1/4 정도이다.
- 수평철근의 아래쪽의 콘크리트 두께가 클수록 부착강도는 저하한다. 그 이유는 콘크리트 속의 고체 입자의 침하, 블리딩 등에 의해 철근 밑에 공극, 수막이 생겨 부착을 약하게 하기 때문이다.

문제 016

콘크리트 특성에 대한 설명 중 잘못된 것은?

㉮ 부정정 구조물인 경우에는 부재가 건조 수축을 일으키려는 거동이 구속되어 인장력이 생긴다.
㉯ 압축력은 콘크리트의 모상균열을 통하여 전달되지만 인장력은 그렇지 못하다.
㉰ 부재표면에 인접된 콘크리트가 내부콘크리트보다 빨리 건조되어 압축을 받는다.
㉱ 양생중 골재 사이의 시멘트풀이 건조수축을 일으켜 내부에 모상균열을 형성한다.

해설 콘크리트가 건조수축하면 철근은 압축응력, 콘크리트는 인장응력을 받는다.

보충
- 부재가 구속된 구조에서는 건조수축으로 인해 인장력이 발생되고 그 결과 균열이 생긴다.
- 단위 시멘트량이 적으면 건조수축은 적다.

정답 014. ㉰　015. ㉯　016. ㉰

chapter 02 보의 휨설계

제 1 부 철근콘크리트 및 강구조

2-1 강도설계법

(1) 정의

① 안정성에 중점을 둔 설계법으로 콘크리트의 파쇄, 철근의 항복으로 구조물을 파괴상태로 만든 극한하중에서 구조물의 파괴형상을 예측하는 데 기초를 둔다.

② 파괴상태에서 부재 단면이 발휘할 수 있는 설계강도를 예측할 수 있지만 사용하중 작용시의 사용성 문제는 알 수 없으므로 처짐과 균열 등은 검토하여야 한다.

(2) 설계의 기본 가정

① 압축측 연단의 최대 변형률은 0.0033으로 가정한다($f_{ck} \leq$ 40MPa).

② 철근의 항복 변형률은 f_y/E_s로 본다.

③ 철근 및 콘크리트의 변형률은 중립축으로부터의 거리에 비례한다.

④ 항복강도 f_y 이하에서의 철근의 응력은 그 변형률의 E_s배로 한다. ($f_y \leq$ 600MPa)

⑤ 휨응력 계산에서 콘크리트의 인장강도는 무시한다.

⑥ 콘크리트의 압축응력 크기는 $\eta(0.85 f_{ck})$로 균등하고 이 응력은 압축 연단에서 $a = \beta_1 c$까지의 부분에 등분포한다. 여기서, 계수 β_1은 $f_{ck} \leq$ 40MPa에서 0.8이며 40MPa 초과할 경우 10MPa씩 증가할 때마다 0.0001씩 감소시킨다.

⑦ 콘크리트의 압축응력은 등가 직사각형 분포를 나타낸다.

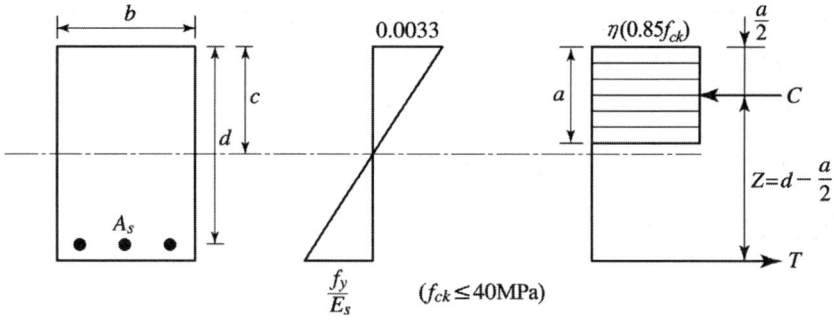

(3) 소요강도

① $U = 1.4(D+F)$

② $U = 1.2(D+F+T) + 1.6(L + \alpha_H H_v + H_h) + 0.5(L_r \text{ 또는 } S \text{ 또는 } R)$

③ $U = 1.2D + 1.6(L_r \text{ 또는 } S \text{ 또는 } R) + (1.0L \text{ 또는 } 0.65W)$

$U = 1.2D + 1.3W + 1.0L + 0.5(L_r \text{ 또는 } S \text{ 또는 } R)$

$U = 1.2D + 1.0E + 1.0L + 0.2S + (1.0H_h \text{ 또는 } 0.5H_h)$

여기서, 차고, 공공집회장소 및 L이 5kN/m^2 이상인 모든 장소 이외에는 활하중 L에 대한 하중계수를 0.5로 감소시킬 수 있다.

④ $U = 1.2(D + H_v) + 1.0E + 1.0L + 0.2S + (1.0H_h \text{ 또는 } 0.5H_h)$

⑤ $U = 1.2(D+F+T) + 1.6(L + \alpha_H H_v) + 0.8H_h + 0.5(L_r \text{ 또는 } S \text{ 또는 } R)$

단, α_H는 연직방향 H_v에 대한 보정계수로 $h \leq 2\text{m}$에 대해 $\alpha_H = 1.0$, $h > 2\text{m}$에 대해 $\alpha_H = 1.05 - 0.025h \geq 0.875$이다.

⑥ $U = 0.9(D + H_v) + 1.3W + (1.6H_h \text{ 또는 } 0.8H_h)$

$U = 0.9(D + H_v) + 1.0E + (1.0H_h \text{ 또는 } 0.5H_h)$

⑦ 구조물에 충력의 영향이 있는 경우 활하중(L)을 충격효과(I)가 포함된 ($L+I$)로 대체하여 적용하여야 한다.

여기서,
- D: 고정하중, L: 활하중, L_r: 지붕 활하중, W: 풍하중
- E: 지진하중, S: 적설하중, R: 강우하중
- F: 유체의 중량 및 압력에 의한 하중
- H_v: 연직방향 하중
- H_h: 흙의 횡압력에 의한 수평방향 하중
  지하수의 횡압력에 의한 수평방향 하중
  기타 재료의 횡압력에 의한 수평방향 하중
- α_H: H_v에 대한 보정계수
- T: 온도, 크리프, 건조수축 및 부등침하의 영향 등에 의해 생기는 단면적
- I: 충격

⑧ 부등침하, 크리프, 건조수축, 팽창 콘크리트의 팽창량 및 온도변화는 사용 구조물의 실제적 상황을 고려하여 계산하여야 한다.
⑨ 포스트텐션 정착부 설계에 있어서, 최대 프리스트레싱 강재의 긴장력에 대하여 하중계수 1.2를 적용하여야 한다.

(4) 강도 감소계수(ϕ)

재료 강도의 변동, 응력의 종류, 부재의 중요도, 시공 등을 고려하여 적용한다.
① 인장지배 단면(휨부재) ··· 0.85
② 압축지배 단면
  ㉠ 나선철근 규정에 따라 나선철근으로 보강된 철근콘크리트 부재 ················ 0.70
  ㉡ 그 외의 철근콘크리트 부재 ·· 0.65
  ㉢ 공칭강도에서 최외단 인장철근의 순인장변형률 ε_t가 압축지배와 인장지배 단면 사이일 경우에는, ε_t가 압축지배 변형률 한계에서 인장지배변형률 한계로 증가함에 따라 ϕ값을 압축지배 단면에 대한 값에서 0.85까지 증가시킨다.
③ 전단력과 비틀림모멘트 ·· 0.75
④ 콘크리트의 지압력(포스트텐션 정착부나 스트럿-타이 모델은 제외) ············· 0.65
⑤ 포스트텐션 정착구역 ·· 0.85
⑥ 스트럿-타이 모델
  ㉠ 스트럿, 절점부 및 지압부 ··· 0.75
  ㉡ 타이 ·· 0.85

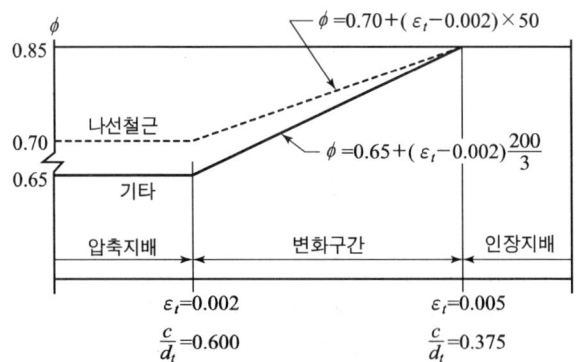

c/d_t에 대한 보간 : 나선 $\phi = 0.70 + 0.15\left[(1/c/d_t) - (5/3)\right]$
기타 $\phi = 0.65 + 0.20\left[(1/c/d_t) - (5/3)\right]$

◘ 철근 및 프리스트레싱 강재를 사용한 휨과 압축부재에 대한 강도감소계수 산정

⑦ 긴장재 묻힘길이가 정착길이보다 작은 프리텐션 부재의 휨단면
　㉠ 부재의 단부에서 전달길이 단부까지 ···0.75
　㉡ 전달길이 단부에서 정착길이 단부 사이의 ϕ 값은 0.75에서 0.85까지 선형적으로 증가시킨다. 다만, 긴장재가 부재 단부까지 부착되지 않은 경우에는, 부착력 저하 길이의 끝에서부터 긴장재가 매입된다고 가정하여야 한다.
⑧ 무근콘크리트의 휨모멘트, 압축력, 전단력, 지압력 ·································0.55

(5) 설계강도(M_d)

$M_d = \phi \cdot M_n \geq M_u$

여기서, M_n : 부재의 공칭강도
ϕ : 강도 감소계수
M_u : 계수하중에 의한 소요강도

Chapter 02 보의 휨설계

기출문제

문제 001

강도설계법에 관한 다음의 설명 중 틀린 것은?

㉮ 콘크리트 압축응력 분포는 사각형이며, $\eta(0.85f_{ck})$의 일정한 크기를 갖는다.
㉯ 단면의 변형률은 중립축으로부터 떨어진 거리에 비례한다.
㉰ 콘크리트 압축측 연단의 최대변형률은 0.0033으로 한다. ($f_{ck} \leq 40\text{MPa}$)
㉱ 전단설계시의 강도감소계수는 0.8이다.

해설
- 전단과 비틀림에 대한 강도감소계수는 0.75이다.
- 휨에 대한 강도감소계수는 0.85이다.
- 철근의 항복 변형률은 $\dfrac{f_y}{E_s}$로 본다.
- 콘크리트의 인장강도는 철근 콘크리트의 휨계산에서 무시한다.
- 콘크리트 응력의 분포는 가로 $\eta(0.85f_{ck})$, 깊이 $a = \beta_1 c$ 인 등가직사각형 분포로 본다.

문제 002

철근콘크리트 단면의 휨강도와 거동을 강도설계법에 의해 계산하기 위한 가정 중 잘못된 것은?

㉮ 콘크리트의 변형률은 중립축으로부터 직선으로 변한다.
㉯ 휨강도의 계산에서 콘크리트의 인장강도는 무시한다.
㉰ 철근의 최대 변형률은 0.0033으로 가정한다. ($f_{ck} \leq 40\text{MPa}$)
㉱ 변형 전에 평면인 단면은 변형 후에도 평면을 유지한다.

해설
- 철근 및 콘크리트의 변형률은 중립축으로부터의 거리에 비례한다.
- 압축 측 연단의 최대 변형률은 0.0033으로 본다. ($f_{ck} \leq 40\text{MPa}$)
- 콘크리트의 압축응력 크기는 $\eta(0.85f_{ck})$로 등분포한다고 한다.

문제 003

철근콘크리트 보에서 강도 설계법의 기본 가정에 관한 설명 중 옳지 않은 것은?

㉮ 콘크리트와 철근이 모두 후크(Hooke)의 법칙을 따른다고 가정한다.
㉯ 콘크리트의 최대 압축변형률은 0.0033으로 한다. ($f_{ck} \leq 40\text{MPa}$)
㉰ 휨응력 계산에서 콘크리트의 인장강도는 무시한다.
㉱ 변형률은 중립축으로부터 떨어진 거리에 비례한다.

해설 콘크리트는 변형률이 0.0033일 때 파괴된다고 가정하지만 철근은 항복강도에 도달했을 때 파괴된다고 가정하므로 철근은 후크의 법칙을 따르지 않는다.

정답 001. ㉱ 002. ㉰ 003. ㉮

문제 004

강도설계법의 설계 기본 가정 중에서 옳지 않은 것은?

㉮ 철근 및 콘크리트의 변형률은 중립축으로부터의 거리에 비례한다.
㉯ 인장 측 연단에서 콘크리트의 극한 변형률은 0.0033으로 가정한다. ($f_{ck} \leq$ 40MPa)
㉰ 콘크리트의 인장강도는 철근콘크리트 휨계산에서 무시한다.
㉱ 철근의 변형률이 f_y에 대응하는 변형률보다 큰 경우 철근의 응력은 변형률에 관계없이 f_y로 한다.

해설 • 압축측 연단에서 콘크리트의 극한 변형률은 0.0033으로 가정한다. ($f_{ck} \leq$ 40MPa)
• 항복강도 f_y 이하에서의 철근의 응력은 그 변형률의 E_s배로 한다.
$$\left(\varepsilon = \frac{f_y}{E_s}, \ f_y = \varepsilon \cdot E_s \right)$$
• 콘크리트의 압축응력 크기는 $\eta(0.85f_{ck})$로 균등하고 이 응력은 압축 연단에서 $\alpha = \beta_1 c$인 등가 직사각형 분포로 본다.

문제 005

강도설계법에서 강도감소계수(ϕ)를 규정하는 목적이 아닌 것은?

㉮ 재료 강도와 치수가 변동할 수 있으므로 부재의 강도저하 확률에 대비한 여유를 반영하기 위해
㉯ 부정확한 설계 방정식에 대비한 여유를 반영하기 위해
㉰ 구조물에서 차지하는 부재의 중요도 등을 반영하기 위해
㉱ 하중의 변경, 구조해석할 때의 가정 및 계산의 단순화로 인해 야기될지 모르는 초과하중에 대비한 여유를 반영하기 위해

해설 공칭강도를 계산하는 데 있어서 그 정확성과 재료와 크기의 다양한 변화를 감안하기 위해 강도감소계수 ϕ가 사용된다.

문제 006

강도설계법에서 구조의 안전을 확보하기 위해 사용되는 강도감소계수 ϕ에 대한 설명으로 틀린 것은?

㉮ 휨부재 ϕ=0.85
㉯ 압축을 받는 띠철근 콘크리트 부재 ϕ=0.65
㉰ 전단과 비틀림 부재 ϕ=0.8
㉱ 콘크리트의 지압력 ϕ=0.65

해설 • 전단과 비틀림 부재 : 0.75
• 강도감소계수는 시공 및 설계상의 오차, 파괴 형상 및 부재의 중요도 등을 고려한 계수이다.

정답 004. ㉯ 005. ㉱ 006. ㉰

문제 007

콘크리트 구조설계기준에서 규정한 강도감소계수(ϕ)를 잘못 기술한 것은?

- ㉮ 무근 콘크리트의 휨모멘트 : $\phi=0.55$
- ㉯ 전단력과 비틀림모멘트 : $\phi=0.70$
- ㉰ 콘크리트의 지압력 : $\phi=0.65$
- ㉱ 축인장력 : $\phi=0.85$

해설 전단력과 비틀림 모멘트 : $\phi=0.75$

문제 008

철근콘크리트 구조물을 설계할 때는 하중계수와 하중조합 등을 충분히 고려하여 구조물에 작용하는 최대 소요강도(U)에 만족하도록 안전하게 설계해야 한다. 그 이유로 적합지 않은 것은?

- ㉮ 예상하지 못한 초과하중에 대비하기 위해
- ㉯ 구조물 설계 시에 사용하는 가정과 실제와의 차이에 대비하려고
- ㉰ 재료의 강도나 시공시의 오차 등에 따른 위험에 대비하려고
- ㉱ 고정이나 활하중과 같은 주요하중의 변화에 대비하기 위해

해설 설계 및 시공상의 오차를 고려하여 안전을 확보하기 위해 부재의 공칭 강도에 곱해지는 계수를 강도감소계수(ϕ)라 한다.

문제 009

강도설계법에서 하중계수에 관한 규정 중 틀린 것은?

- ㉮ 고정하중(D)과 활하중(L)이 작용하는 경우 : $U=1.2D+1.6L$
- ㉯ 지하구조물과 같이 고정하중이 지배적인 구조물 : $U=1.4\times1.1D+1.7L$
- ㉰ 고정하중(D)과 풍하중(W)의 재하효과가 서로 상쇄되는 경우 고려해야 할 하중조합 : $U=1.2D+1.3W$
- ㉱ 고정하중(D)과 지진하중(E)의 재하효과가 서로 상쇄되는 경우 고려해야 할 하중조합 : $U=1.2D+1.0E$

해설
- 고정하중, 활하중, 지진하중이 작용할 경우
  $U=1.2D+1.0E+1.0L$
- 고정하중, 활하중, 풍하중이 작용할 경우
  $U=1.2D+1.3W+1.0L$

문제 010

고정하중(D)과 지진하중(E) 및 활하중(L)이 작용하는 경우 U를 구하기 위해 고려되어야 할 하중조합으로 옳은 것은?

- ㉮ $U=1.4D+1.7L$
- ㉯ $U=0.9D+1.3W$
- ㉰ $U=1.2D+1.0E+1.0L$
- ㉱ $U=0.75(1.4D+1.7L+1.8E)$

해설 $U=1.2D+1.0E+1.0L$

정답 007. ㉯ 008. ㉰ 009. ㉯ 010. ㉰

문제 011

고정하중(D)과 활하중(L) 및 풍하중(W)이 작용하는 경우 계수하중(U)을 구하기 위해 고려되어야 할 하중조합으로 옳은 것은?

㉮ $U = 1.4D + 1.7L + 1.7W$ ㉯ $U = 1.2D + 1.0L + 1.3W$
㉰ $U = 0.75(1.4D + 1.7L + 1.5W)$ ㉱ $U = 1.4D + 1.7L + 1.5W$

해설 고정하중, 활하중, 지진하중이 작용할 경우
$U = 1.2D + 1.0E + 1.0L$

문제 012

고정하중 50kN/m, 활하중 100kN/m를 지지해야 할 지간 8m의 단순보에서 계수모멘트 M_u는? (단, 하중조합을 고려할 것)

㉮ $1,630 \text{ kN} \cdot \text{m}$ ㉯ $1,760 \text{ kN} \cdot \text{m}$
㉰ $2,260 \text{ kN} \cdot \text{m}$ ㉱ $2,460 \text{ kN} \cdot \text{m}$

해설
- $U = 1.2D + 1.6L = 1.2 \times 50 + 1.6 \times 100 = 220 \text{kN/m}$
- $M = \dfrac{w \cdot l^2}{8} = \dfrac{220 \times 8^2}{8} = 1760 \text{kN} \cdot \text{m}$

문제 013

강도설계법에서 강도감소계수를 사용하는 이유에 대한 설명으로 잘못된 것은?

㉮ 재료의 공칭강도와 실제 강도와의 차이를 고려하기 위해
㉯ 부재를 제작 또는 시공할 때 설계도와의 차이를 고려하기 위해
㉰ 하중의 공칭값과 실제 하중 사이의 불가피한 차이를 고려하기 위해
㉱ 부재 강도의 추정과 해석에 관련된 불확실성을 고려하기 위해

해설 강도감소계수는 불확실한 설계계산과 부재의 다양한 형식에 대한 상대적 중요도, 그리고 재료의 실제 강도 및 실제 단면치수와 제작 시공기술 등에 관련된 다소의 불리한 오차들이 개별적으로 허용범위 내에 있더라도 전체적으로 부재의 강도감소를 초래할 가능성에 대비한 것이다.

2-2 단철근 직사각형 보

(1) 균형단면

① 보가 외력을 받아 파괴에 이를 때 인장측 철근과 압축측 콘크리트가 동시에 항복
② 인장철근이 항복강도(f_y)에 상응하는 변형률(ε_y)의 도달함과 동시에 압축측 콘크리트가 극한 변형률 0.0033에 도달하는 상태

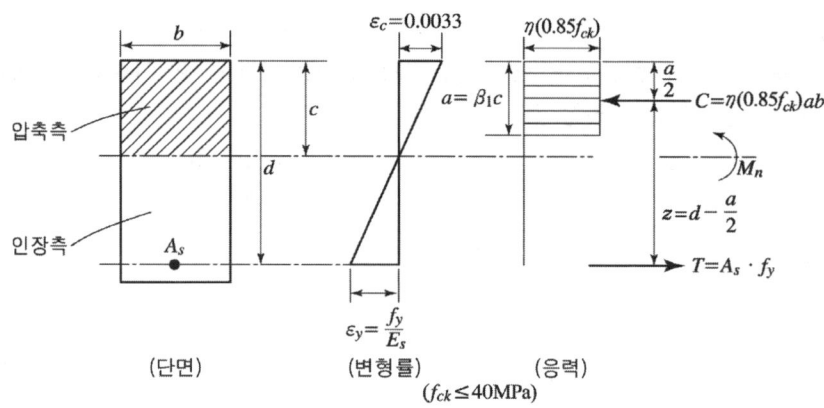

(단면)　　(변형률)　　(응력)
($f_{ck} \leq 40\text{MPa}$)

(2) 균형단면보의 중립축 위치(c)

$$c : \varepsilon_{cu} = (d-c) : \varepsilon_y$$

$$c : 0.0033 = (d-c) : \frac{f_y}{E_s} \text{에서}$$

$$\therefore c = \frac{0.0033}{0.0033 + \frac{f_y}{E_s}} \cdot d = \frac{660}{660 + f_y} \cdot d, \text{ 또는 } c = \frac{\varepsilon_{cu}}{\varepsilon_{cu} + \varepsilon_y} \cdot d$$

(3) 균형철근비(ρ_b)

$$C = T$$
$$\eta(0.85 f_{ck})ab = A_s \cdot f_y$$

$a = \beta_1 \cdot c$, $\rho_b = \dfrac{A_s}{bd}$ 를 대입하면

$$\eta(0.85 f_{ck}) \cdot \beta_1 \cdot c \cdot b = b \cdot d \cdot \rho_b \cdot f_y$$

$$\therefore \rho_b = \frac{\eta(0.85 f_{ck})\beta_1}{f_y} \cdot \frac{660}{660 + f_y}$$

여기서, $\beta_1 = 0.8 (f_{ck} \leq 40\text{MPa}$인 경우 $\beta_1 = 0.8)$

(4) 등가사각형 깊이(a)

$C = T$

$\eta(0.85f_{ck})ab = A_s \cdot f_y$

$\therefore a = \dfrac{A_s \cdot f_y}{\eta(0.85f_{ck})b}$

(5) 최대 철근비($\rho_{\max}$)

$\rho_{\max} = \dfrac{\varepsilon_{cu} + \varepsilon_y}{\varepsilon_{cu} + \varepsilon_t} \cdot \rho_b$

여기서, $\varepsilon_y = \dfrac{f_y}{E_s}$

(6) 최소 철근량

$\phi M_n \geq 1.2 M_{cr}$

$\phi A_s f_y d = 1.2 f_r \dfrac{I_g}{y_t}$

$\therefore A_{s\min} = 1.2 \dfrac{0.63 \lambda \sqrt{f_{ck}}}{\phi \, 6 \, f_y} b_w d$

여기서, $I_g = \dfrac{b_w h^2}{12}$, $y_t = \dfrac{h}{2}$, $h \fallingdotseq d$, a는 매우 작아 팔거리 d 적용

(7) 연성파괴(안정된 파괴) 조건

$\rho < \rho_{\max} < \rho_b$ 또는 $\rho_{\min} < \rho < \rho_{\max}$

여기서, 철근비 $\rho = \dfrac{A_s}{bd}$

① 압축측 콘크리트보다 인장측 철근이 먼저 항복하면 철근의 연성으로 인해 보의 파괴가 단계적으로 서서히 일어나는 연성파괴가 된다.
② 압축으로 인한 콘크리트의 갑작스런 취성파괴를 막기 위해 철근비를 철근의 설계기준 항복강도에 대하여 최소 허용 변형률에 해당되는 철근비 이하로 규제한다.

(8) 설계 모멘트(설계 휨강도) ϕM_n

$$M_d = \phi M_n = \phi C \cdot Z = \phi \eta (0.85 f_{ck}) ab \left(d - \frac{a}{2}\right)$$

$$= \phi T \cdot Z = \phi A_s f_y \left(d - \frac{a}{2}\right)$$

여기서, $\phi = 0.85$

만일, $q = \dfrac{\rho f_y}{f_{ck}}$ 라 하면 $M_d = \phi f_{ck} q b d^2 (1 - 0.59 q)$

(9) 등가직사각형 응력분포 변수값

f_{ck}(MPa)	≤40	≤50	≤60	≤70	≤80	≤90
ϵ_{cu}	0.0033	0.0032	0.0031	0.0030	0.0029	0.0028
η	1.0	0.97	0.95	0.91	0.87	0.84
β_1	0.8	0.8	0.76	0.74	0.72	0.7

단면의 가장자리와 최대 압축변형률이 일어나는 연단부터 $a = \beta_1 \cdot c$ 거리에 있고 중립축과 평행한 직선에 의해 이루어지는 등가 압축영역에 $\eta(0.85 f_{ck})$인 콘크리트 응력이 등분포하는 것으로 가정한다.

Chapter 02 보의 휨설계

기출문제

문제 001

단철근 직사각형보에서 f_{ck}=32MPa이라면 압축응력의 등가 높이 $a = \beta_1 \cdot c$ 에서 계수 β_1은 얼마인가? (단, c는 압축연단에서 중립축까지의 거리이다.)

㉮ 0.850 ㉯ 0.836
㉰ 0.8 ㉱ 0.815

해설 $\beta_1 = 0.8 (f_{ck} \leq 40\text{MPa})$

문제 002

콘크리트 구조설계기준의 요건에 따르면, f_{ck}=38MPa일 때 직사각형 응력분포의 깊이를 나타내는 β_1의 값은 얼마인가?

㉮ 0.8 ㉯ 0.92
㉰ 0.80 ㉱ 0.75

해설 $f_{ck} \leq 40\text{MPa}$이므로 $\beta_1 = 0.8$

문제 003

강도설계에서 f_{ck}=35MPa, f_y=350MPa를 사용하는 단철근 직사각형 휨부재 단면의 균형철근비는?

㉮ 0.035 ㉯ 0.039
㉰ 0.044 ㉱ 0.047

해설
$$\rho_b = \eta(0.85 f_{ck}) \frac{\beta_1}{f_y} \frac{660}{660+f_y} = 1.0 \times (0.85 \times 35) \times \frac{0.8}{350} \times \frac{660}{660+350} = 0.044$$
여기서, $f_{ck} \leq 40\text{MPa}$이므로 $\eta = 1.0$, $\beta_1 = 0.8$

문제 004

폭 400mm, 유효깊이 600mm인 보에서 압축연단으로부터 중립 축까지의 거리가 300mm이고 f_{ck}=50MPa, f_y=300MPa일 때 응력 사각형의 깊이는 얼마인가?

㉮ 189.5mm ㉯ 199.2mm
㉰ 240mm ㉱ 250mm

해설
- $\beta_1 = 0.8$
- $a = \beta_1 \cdot c = 0.8 \times 300 = 240\text{mm}$

정답 001. ㉰ 002. ㉮ 003. ㉰ 004. ㉰

문제 005

강도 설계법에 의할 때 단철근 직사각형보가 균형단면이 되기 위한 중립축의 위치 c는? (단, $f_{ck} \leq 24\text{MPa}$, $f_y = 300\text{MPa}$, $d = 600\text{mm}$)

㉮ $c = 412.5\text{mm}$ ㉯ $c = 293\text{mm}$ ㉰ $c = 494\text{mm}$ ㉱ $c = 390\text{mm}$

해설 $c = \dfrac{660}{660 + f_y}d = \dfrac{660}{660 + 300} \times 600 = 412.5\text{mm}$

보충 단면이 균형상태란 인장철근이 항복강도 f_y에 도달함과 동시에 압축측 콘크리트가 극한 변형률 0.0033에 도달하는 상태를 말한다. ($f_{ck} \leq 40\text{MPa}$)

문제 006

단철근 직사각형보에서 균형 단면이 되기 위한 중립축의 위치 c와 유효깊이 d의 비는 얼마인가? (단, $f_{ck} = 21\text{MPa}$, $f_y = 350\text{MPa}$, $b = 360\text{mm}$, $d = 700\text{mm}$)

㉮ $\dfrac{c}{d} = 0.51$ ㉯ $\dfrac{c}{d} = 0.65$ ㉰ $\dfrac{c}{d} = 0.43$ ㉱ $\dfrac{c}{d} = 0.72$

해설 $c = \dfrac{660}{660 + f_y}d$ $\therefore \dfrac{c}{d} = \dfrac{660}{660 + 350} = 0.65$

문제 007

그림과 같은 단철근 직사각형보에서 강도설계법에 의하여 압축력 C를 구한 값 중 옳은 것은? (단, $f_{ck} = 21\text{MPa}$, $a = 85.2\text{mm}$)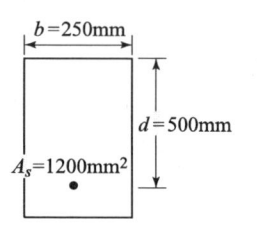

㉮ 300 kN
㉯ 340 kN
㉰ 380 kN
㉱ 420 kN

해설 $C = \eta(0.85 f_{ck})ab = 1.0 \times (0.85 \times 21) \times 0.0852 \times 0.25 = 0.3802\text{MPa} = 380\text{kN}$

보충 $C = T$
$\eta(0.85 f_{ck})ab = A_s f_y$
$\therefore a = \dfrac{A_s f_y}{\eta(0.85 f_{ck})b}$

문제 008

그림과 같은 단철근 직4각형 보를 강도설계법으로 해석할 때 콘크리트의 등가 직4각형의 깊이 a는? (여기서, $f_{ck} = 21\text{MPa}$, $f_y = 300\text{MPa}$)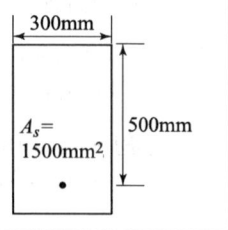

㉮ a=104mm ㉯ a=94mm
㉰ a=84mm   ㉱ a=74mm

정답 005. ㉮ 006. ㉯ 007. ㉰ 008. ㉰

해설 $C = T$

$\eta(0.85f_{ck})ab = A_s f_y$

$\therefore a = \dfrac{A_s f_y}{\eta(0.85f_{ck})b} = \dfrac{1500 \times 300}{1.0 \times (0.85 \times 21) \times 300} = 84\text{mm}$

보충
- $M_d = \phi M_n = \phi CZ = \phi \eta(0.85f_{ck})ab\left(d - \dfrac{a}{2}\right)$
- $M_d = \phi M_n = \phi TZ = \phi A_s f_y\left(d - \dfrac{a}{2}\right)$

문제 009

그림과 같은 단철근 직사각형보의 설계 휨모멘트강도(ϕM_n)는?
(단, 인장지배단면으로 $A_s = 2,000\text{mm}^2$, $f_{ck} = 21\text{MPa}$, $f_y = 300\text{MPa}$)

㉮ 213.1 kN·m
㉯ 266.4 kN·m
㉰ 226.4 kN·m
㉱ 239.8 kN·m

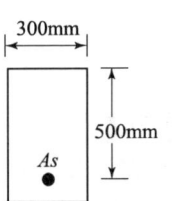

해설
$a = \dfrac{A_s f_y}{\eta(0.85f_{ck})b} = \dfrac{2000 \times 300}{1.0 \times (0.85 \times 21) \times 300} = 112.04\text{mm}$

$M_d = \phi T \cdot Z = \phi A_s f_y\left(d - \dfrac{a}{2}\right) = 0.85 \times 2000 \times 300\left(500 - \dfrac{112.04}{2}\right)$

$= 226{,}429{,}800\text{N} \cdot \text{mm} = 226.4\text{kN} \cdot \text{m}$

문제 010

그림에 나타난 이등변삼각형 단철근보의 공칭 휨강도 M_n를 계산하면? (단, 철근 D19 3본의 단면적은 860mm^2, $f_{ck} = 28\text{MPa}$, $f_y = 350\text{MPa}$이다.)

㉮ 75.3 kN·m   ㉯ 85.2 kN·m
㉰ 95.3 kN·m   ㉱ 105.3 kN·m

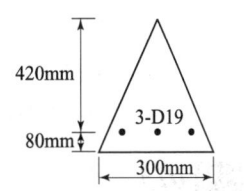

해설
- $a : b = 500 : 300$
  $\therefore b = 0.6a$
- $\eta(0.85f_{ck}) \cdot A = A_s \cdot f_y$
  $\eta(0.85f_{ck}) \cdot \left(\dfrac{1}{2} \cdot a \cdot b\right) = A_s \cdot f_y$
  $1.0 \times (0.85 \times 28) \times \left(\dfrac{1}{2} \times a \times 0.6a\right) = 860 \times 350$
  $\therefore a = 205.3\text{mm}$

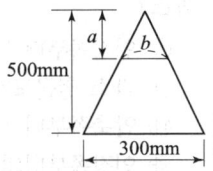

- $M_n = T \cdot Z = A_s f_y\left(d - \dfrac{2a}{3}\right) = 860 \times 350\left(420 - \dfrac{2 \times 205.3}{3}\right)$
  $= 85{,}222{,}130\text{N} \cdot \text{mm} = 85.2\text{kN} \cdot \text{m}$

정답 009. ㉰ 010. ㉯

문제 011

계수하중에 의한 모멘트가 M_u =400kN·m인 단철근 직사각형보의 소요 유효깊이 d의 최소 값은? (단, ρ = 0.015, b =400mm, f_{ck} =24MPa, f_y =400MPa)

㉮ 420mm ㉯ 480mm
㉰ 540mm ㉱ 580mm

해설
$$M_u = \phi M_n = \phi\{f_{ck} \cdot q \cdot b \cdot d^2(1-0.59q)\}$$

$$\therefore d = \sqrt{\frac{M_n}{\phi \cdot f_{ck} \cdot q \cdot b(1-0.59q)}} = \sqrt{\frac{400 \times 10^6}{0.85 \times 24 \times 0.25 \times 400(1-0.59 \times 0.25)}} \fallingdotseq 480\mathrm{mm}$$

여기서, $q = \dfrac{\rho \cdot f_y}{f_{ck}} = \dfrac{0.015 \times 400}{24} = 0.25$

문제 012

설계휨강도가 ϕM_n=350kN·m인 단철근 직사각형 보의 유효깊이 d는? (단, ϕ=0.85, 철근비 ρ=0.014, b=350mm, f_{ck}=21MPa, f_y=350MPa)

㉮ 462mm ㉯ 528mm
㉰ 574mm ㉱ 651mm

해설
$A_s = \rho \cdot b \cdot d = 0.014 \times 0.35 d = 0.0049 d$

- $a = \dfrac{A_s f_y}{\eta(0.85 f_{ck})b} = \dfrac{0.0049d \times 350}{1.0 \times (0.85 \times 21) \times 0.35} = 0.2745d$

- $\phi M_n = \phi A_s f_y \left(d - \dfrac{a}{2}\right)$

$350 \times 10^{-3} = 0.85 \times 0.0049 d \times 350 \left(d - \dfrac{0.2745 d}{2}\right)$

$1.258 d^2 = 350 \times 10^{-3}$

$\therefore d = 0.528\mathrm{m} = 528\mathrm{mm}$

문제 013

강도 설계법에 의한 철근 콘크리트 보의 설계에서 최대 철근비를 제한하는 가장 중요한 이유는?

㉮ 인장쪽부터 먼저 연성파괴를 유도하기 위해
㉯ 과소 철근보가 더 경제적이기 때문에
㉰ 압축쪽부터 먼저 취성파괴를 유도하기 위해
㉱ 인장쪽부터의 급격한 취성파괴를 피하기 위해

해설 콘크리트 취성파괴는 급격한 붕괴를 초래할 수 있으므로 보의 설계에서 최대 철근비 이하로 제한하여 인장 쪽부터 먼저 연성파괴를 유도한다.

정답 011. ㉯ 012. ㉯ 013. ㉮

문제 014

철근콘크리트 휨부재의 최소 철근량에 대한 설명 중 틀린 것은?

㉮ $\phi M_n \geq M_{cr}$ 조건이어야 한다.
㉯ 부재의 모든 단면에서 해석에 의해 필요한 철근량보다 1/3 이상 인장철근이 더 배치되는 경우는 최소철근량 요건을 적용하지 않아도 된다.
㉰ 휨 부재의 급작스러운 파괴를 방지하기 위해서 최소 철근량 규정이 제시되었다.
㉱ 두께가 균일한 구조용 슬래브의 경간방향으로 보강되는 인장철근의 최소 단면적은 수축·온도 철근의 규정에 따라야 한다.

해설 $\phi M_n \geq 1.2 M_{cr}$ 조건이어야 한다.

문제 015

콘크리트의 압축강도가 27MPa, 철근의 항복강도 400MPa, 폭이 350mm, 유효깊이가 600mm인 직사각형 보의 최소철근량은 얼마인가?

㉮ 515.5mm^2
㉯ 404.4mm^2
㉰ 450.5mm^2
㉱ 351.6mm^2

해설 휨부재의 최소 철근량(인장철근 배치)

$\phi M_n \geq 1.2 M_{cr}$

$\phi A_s f_y d = 1.2 f_r \dfrac{I_g}{y_t}$

$\therefore A_{s\,min} = 1.2 \dfrac{0.63 \lambda \sqrt{f_{ck}}}{\phi 6 f_y} b_w d = 1.2 \dfrac{0.63 \times 1.0 \times \sqrt{27}}{0.85 \times 6 \times 400} \times 350 \times 600 = 404.4\text{mm}^2$

여기서, $I_g = \dfrac{b_w h^2}{12}$, $y_t = \dfrac{h}{2}$, $h \fallingdotseq d$, a는 매우 작아 팔거리 d 적용

문제 016

강도설계에서 $f_{ck}=24\text{MPa}$, $f_y=350\text{MPa}$를 사용하는 단철근보에 사용할 수 있는 최대 인장철근비(ρ_{max})는? (단, $\rho_b=0.044$이다.)

㉮ 0.020
㉯ 0.024
㉰ 0.028
㉱ 0.03

해설
$\rho_{max} = \dfrac{0.0033 + \dfrac{350}{200000}}{0.0033 + 0.004} \cdot \rho_b = 0.692 \rho_b = 0.692 \times 0.044 = 0.03$

정답 014. ㉮ 015. ㉯ 016. ㉱

문제 017

폭 b=300mm, 유효깊이 d=500mm이고 균형철근비 ρ_b=0.0375일 때 최대 철근량은? (단, f_y=300MPa, E_s=200,000MPa)

㉮ 2,210mm^2 ㉯ 3,214mm^2 ㉰ 3,705mm^2 ㉱ 5,206mm^2

해설

- $\rho_{\max} = \dfrac{0.0033 + \dfrac{f_y}{E_s}}{0.0073} \cdot \rho_b = \dfrac{0.0033 + \dfrac{300}{200,000}}{0.0073} \times 0.0375 = 0.0247$

- $\rho_{\max} = \dfrac{A_s}{bd}$ ∴ $A_s = \rho_{\max} bd = 0.0247 \times 300 \times 500 ≒ 3705\text{mm}^2$

문제 018

철근 콘크리트 휨부재에서 최대 철근비와 최소 철근비를 규정한 이유로 가장 적당한 것은?

㉮ 부재의 경제적인 단면 설계를 위해서
㉯ 부재의 사용성을 증진시키기 위해서
㉰ 부재의 파괴에 대한 안전을 확보하기 위해서
㉱ 부재의 급작스런 파괴를 방지하기 위해서

해설
- 최대 철근비
  인장측 철근이 먼저 항복하는 연성 파괴를 유도한다.
- 최소 철근비
  보에 인장 철근량이 너무 적어도 취성 파괴가 일어난다.
- 휨부재의 최소 철근량(인장철근 배치)
  $\phi M_n \geq 1.2 M_{cr}$
- 균형 철근비
  $\rho_b = \eta(0.85 f_{ck}) \dfrac{\beta_1}{f_y} \dfrac{660}{660 + f_y}$ ($f_{ck} \leq 40$MPa의 경우 $\eta=1.0$, $\beta_1=0.8$)
- 철근량이 과다할 경우 압축측 콘크리트가 철근이 항복하기 전에 콘크리트의 극한 변형률 0.0033에 도달하여 갑자기 파괴를 일으키는 취성파괴가 발생한다.

문제 019

단철근 직사각형보를 강도 설계법으로 설계할 경우 최대 철근비를 규정하는 이유는?

㉮ 철근을 절약하기 위해서
㉯ 처짐을 감소시키기 위해서
㉰ 철근이 항복하는 것을 막기 위해서
㉱ 콘크리트의 압축파괴, 즉 취성파괴를 피하기 위해서

해설
- 인장측 철근이 먼저 항복하는 연성파괴로 유도하기 위해 철근비의 상한을 규정한다.
- 취성파괴는 재료가 하중을 받아 탄성한도를 넘어선 후 심한 변형이 생기지 않고 갑작스럽게 파괴가 일어나는 경우이다.

정답 017. ㉰ 018. ㉱ 019. ㉱

문제 020

콘크리트 보에서 균열이 발생하면 중립축의 위치가 갑자기 압축부위 측으로 올라가는데 그 이유는?

㉮ 응력과 변형률의 비례관계가 성립하기 때문에
㉯ 인장 균열이 발생한 깊이의 콘크리트 인장응력이 무시되기 때문에
㉰ 균열부위의 전단저항력이 상실되기 때문에
㉱ 인장철근의 환산단면적이 달라지기 때문에

해설
- 압축측 콘크리트보다 인장측 철근이 먼저 항복하면 철근의 연성으로 인해 보의 파괴가 단계적으로 서서히 일어나는 연성파괴가 되며 이때 중립축은 압축측인 위쪽으로 이동한다.
- 콘크리트 인장강도를 무시되기 때문이다.

문제 021

철근콘크리트보의 파괴거동 내용 중 잘못된 것은?

㉮ 적은 철근량이 배근된 경우 인장부 콘크리트 응력이 파괴계수에 도달하면 균열과 동시에 취성파괴를 일으킨다.
㉯ 과소철근으로 배근된 단면에서는 최종 붕괴가 생길 때까지 큰 처짐이 생긴다.
㉰ 과다철근으로 배근된 단면에서는 압축측 콘크리트의 변형률이 0.0033에 도달할 때 인장철근의 응력은 항복응력보다 작다. ($f_{ck} \leq 40\text{MPa}$)
㉱ 인장철근이 항복응력 f_y에 도달함과 동시에 콘크리트 압축변형률 0.0033에 도달하도록 설계하는 것이 경제적이고 바람직한 설계이다. ($f_{ck} \leq 40\text{MPa}$)

해설
- 인장측 철근이 먼저 항복하는 연성파괴로 유도하기 위한 철근비를 결정한다.
- 휨부재의 최소 철근량(인장철근 배치)
  $\phi M_n \geq 1.2 M_{cr}$
- 균형상태는 인장철근이 항복응력 f_y에 도달함과 동시에 콘크리트 압축변형률이 0.0033에 도달한 것이다. ($f_{ck} \leq 40\text{MPa}$)

문제 022

철근콘크리트보의 파괴거동 내용 중 잘못된 것은?

㉮ 규정에 의한 최소 철근량($A_{s,\min}$)보다 매우 적은 철근량이 배근된 경우 인장부 콘크리트 응력이 파괴계수에 도달하면 균열과 동시에 취성파괴를 일으킨다.
㉯ 과소철근으로 배근된 단면에서는 최종 붕괴가 생길 때까지 큰 처짐이 생긴다.
㉰ 과다철근으로 배근된 단면에서는 압축측 콘크리트의 변형률이 0.0033에 도달할 때 인장철근의 응력은 항복응력보다 작다. ($f_{ck} \leq 40\text{MPa}$)
㉱ 인장철근이 항복응력 f_y에 도달함과 동시에 콘크리트 압축변형률 0.0033에 도달하도록 설계하는 것이 경제적이고 바람직한 설계이다. ($f_{ck} \leq 40\text{MPa}$)

해설 균형상태는 인장철근이 항복응력 f_y에 도달함과 동시에 콘크리트 압축 변형률이 0.0033에 도달한 것이다.

정답 020. ㉯ 021. ㉱ 022. ㉱

문제 023

과소철근 콘크리트보($\rho < \rho_b$)에서 철근이 항복한 후에 계속해서 외부모멘트가 증가할 경우, 중립축의 위치는 어떻게 되는가?

㉮ 압축연단 쪽으로 이동한다. ㉯ 인장연단 쪽으로 이동한다.
㉰ 변화하지 않는다. ㉱ 단면의 도심 쪽으로 이동한다.

해설
- 과소 철근보에서 중립축의 위치는 상승한다.
- 압축측 콘크리트보다 인장측 철근이 먼저 항복하면 철근의 연성으로 인해 보의 파괴가 단계적으로 서서히 일어나는 연성파괴가 된다. 이때 중립축은 압축측인 위쪽으로 이동한다.

문제 024

강도설계법에서 보의 휨 파괴에 대한 설명으로 잘못된 것은?

㉮ 보는 취성파괴보다는 연성파괴가 일어나도록 설계되어야 한다.
㉯ 과소 철근보는 인장철근이 항복하기 전에 압축측 콘크리트의 변형률이 0.0033에 도달하는 보이다. ($f_{ck} \leq 40\text{MPa}$)
㉰ 균형철근보는 압축측 콘크리트의 변형률이 0.0033에 도달함과 동시에 인장 철근이 항복하는 보이다. ($f_{ck} \leq 40\text{MPa}$)
㉱ 과다 철근보는 인장철근량이 많아서 갑작스런 압축파괴가 발생하는 보이다.

해설
- 과소철근보는 인장철근이 항복한 후 압축측 콘크리트 변형률이 0.0033에 도달한 보이다. ($f_{ck} \leq 40\text{MPa}$)
- 철근콘크리트보는 연성파괴가 되도록 과소철근보로 설계한다.
- 강도설계법에서 콘크리트 압축응력의 크기는 $\eta(0.85f_{ck})$이다.

문제 025

그림에 나타난 직사각형 단철근 보가 공칭 휨강도 M_n에 도달할 때 인장철근의 변형률은 얼마인가? (철근 D22 4개의 단면적은 1548mm², f_{ck}=28MPa, f_y=350MPa이다.)

㉮ 0.003
㉯ 0.005
㉰ 0.010
㉱ 0.012

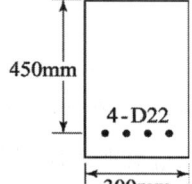

해설
$$a = \frac{A_s f_y}{\eta(0.85f_{ck})b} = \frac{1548 \times 10^{-6} \times 350}{1.0 \times (0.85 \times 28) \times 0.3} = 0.07588\text{m}$$

$a = \beta_1 c$에서 $c = \dfrac{a}{\beta_1} = \dfrac{0.07588}{0.8} = 0.09485\text{m} = 94.85\text{mm}$

$0.0033 : 94.85 = \varepsilon_s : (450 - 94.85)$

$\therefore \varepsilon_s = \dfrac{0.0033 \times (450 - 94.85)}{94.85} = 0.012$

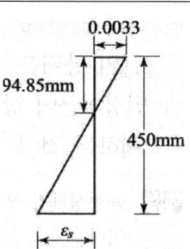

정답 023. ㉮ 024. ㉯ 025. ㉱

문제 026

그림과 같은 프리스트레스 콘크리트 단면의 설계휨강도를 구하면? (단, ϕ=0.85, f_{ck}=35MPa, f_{ps}=1700MPa이고 과소보강되었다고 가정한다.)

㉮ 403 kN·m ㉯ 419 kN·m
㉰ 425 kN·m ㉱ 437 kN·m

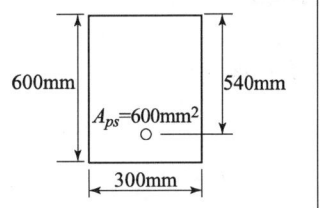

해설

- $a = \dfrac{A_s f_y}{\eta(0.85 f_{ck})b} = \dfrac{600 \times 1700}{1.0 \times (0.85 \times 35) \times 300} = 114.3 \text{mm}$

- $M_d = \phi M_n = \phi T \cdot Z = \phi A_s f_y \left(d - \dfrac{a}{2}\right)$
  $= 0.85 \times 600 \times 1700 \left(540 - \dfrac{114.3}{2}\right) = 418,630,950 \text{N·mm} \fallingdotseq 419 \text{kN·m}$

정답 026. ㉯

2-3 복철근 직사각형 보

(1) 개념

복철근 보는 인장철근 이외에 보의 압축측에도 철근을 넣어서 압축응력의 일부를 이 철근이 부담하는 구조로 복철근 단면을 사용하는 것은 일반적으로 비경제적이지만 구조상 보의 높이에 제한을 받을 때, 정(+)과 부(-)의 모멘트를 교대로 받는 부재, 부재의 처짐을 극소화할 경우에는 압축철근이 필요하게 된다. 또, 보의 고정지점 부분이나 연속보의 중간지점 부분에서는 보통 복철근 보라 한다.

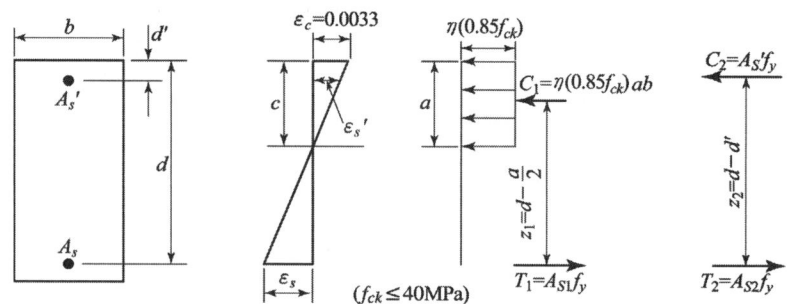

(2) 압축철근이 항복하는 경우

1) 등가 사각형 깊이(a)

$$C = T$$
$$\eta(0.85f_{ck})ab + A_s'f_y = A_sf_y$$
$$\therefore a = \frac{(A_s - A_s')f_y}{\eta(0.85f_{ck})b}$$

2) 설계 휨강도($M_d = \phi M_n$)

$$M_d = \phi M_n = \phi\left[(A_s - A_s')f_y\left(d - \frac{a}{2}\right) + A_s'f_y(d - d')\right]$$

(3) 철근비

1) 균형 철근비

$$\rho_b = \eta(0.85f_{ck})\frac{\beta_1}{f_y}\frac{660}{660 + f_y} + \rho' = \overline{\rho_b} + \rho$$

여기서, $\overline{\rho_b}$: 단철근 직사각형 단면보의 균형 철근비
ρ' : 압축 철근비 $\left(\dfrac{A_s'}{bd}\right)$

2) 최대 철근비

① 압축철근이 항복할 경우

$$\rho_{\max} = \frac{0.0033 + \dfrac{f_y}{E_s}}{0.0033 + \varepsilon_t}\rho_b + \rho'$$

② 압축철근이 항복하지 않을 경우

$$\rho_{\max} = \frac{0.0033 + \dfrac{f_y}{E_s}}{0.0033 + \varepsilon_t}\rho_b + \rho'\frac{f_s'}{f_y}$$

3) 최소 철근비

① 압축철근이 항복할 경우

$$\rho_{\min} = \eta(0.85f_{ck})\frac{\beta_1}{f_y}\frac{d'}{d}\frac{660}{660-f_y} + \rho'$$

② 압축철근이 항복하지 않을 경우

$$\rho_{\min} = \eta(0.85f_{ck})\frac{\beta_1}{f_y}\frac{d'}{d}\frac{660}{660-f_y} + \rho'\frac{f_s'}{f_y}$$

여기서, f_s' : 압축철근의 응력

Chapter 02 보의 휨설계

기 출 문 제

문제 001

복철근 직사각형 보의 $A_s' = 1916mm^2$, $A_s = 4790mm^2$이다. 등가직사각형 블록의 응력 깊이(a)는? (단, $f_{ck} = 21MPa$, $f_y = 300MPa$)

㉮ 153mm ㉯ 161mm
㉰ 176mm ㉱ 185mm

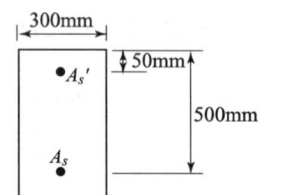

해설 $C = T$

$\eta(0.85f_{ck})ab = (A_s - A_s')f_y$

$\therefore a = \dfrac{(A_s - A_s')f_y}{\eta(0.85f_{ck})b} = \dfrac{(4790 - 1916) \times 300}{1.0 \times (0.85 \times 21) \times 300} = 161mm$

문제 002

$b = 300mm$, $d = 550mm$, $d' = 50mm$, $A_s = 4,500mm^2$, $A_s' = 2,200mm^2$인 복철근 직사각형 보가 연성파괴를 한다면 설계 휨모멘트 강도(ϕM_n)는 얼마인가? (단, $\phi = 0.85$, $f_{ck} = 21MPa$, $f_y = 300MPa$)

㉮ 516.3 kN·m ㉯ 565.3 kN·m ㉰ 599.3 kN·m ㉱ 612.9 kN·m

해설
- $a = \dfrac{(A_s - A_s')f_y}{\eta(0.85f_{ck})b} = \dfrac{(4500 - 2200) \times 300}{1.0 \times (0.85 \times 21) \times 300} = 128.9mm$

- $M_d = \phi \left\{ (A_s - A_s')f_y \left(d - \dfrac{a}{2}\right) + A_s' f_y (d - d') \right\}$

  $= 0.85 \left\{ (4500 - 2200) \times 300 \times \left(550 - \dfrac{128.9}{2}\right) + 2200 \times 300 \times (550 - 50) \right\}$

  $= 565,275,075 N \cdot mm = 565,275 kN \cdot mm = 565.3 kN \cdot m$

문제 003

강도 설계법에서 복철근 직사각형보의 중립축까지의 거리 C=300mm일 때 압축연단에서 50mm 떨어진 곳에 배치된 압축철근의 응력 f_s'은 얼마인가? (여기서, $f_{ck} \le 21MPa$, 철근의 항복강도는 300MPa이고 철근의 탄성계수는 $2.0 \times 10^5 MPa$이다.)

㉮ 200 MPa
㉯ 300 MPa
㉰ 259 MPa
㉱ 500 MPa

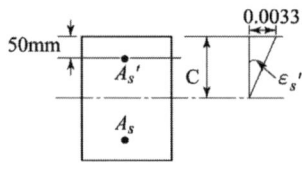

정답 001.㉯ 002.㉯ 003.㉯

해설
- $\dfrac{\varepsilon_s'}{0.0033} = \dfrac{c-d'}{c}$

  $\therefore \varepsilon_s' = 0.0033 - 0.0033\dfrac{d'}{c} = 0.0033 - 0.0033 \times \dfrac{50}{300} = 0.0028$
- $\varepsilon_y = \dfrac{f_y}{E_s} = \dfrac{300}{2\times 10^5} = 0.0015$
- $\varepsilon_s' > \varepsilon_y$ 이므로 압축철근이 항복 $\therefore f_s' = f_y = 300\text{MPa}$

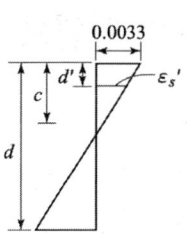

문제 004

$b=300\text{mm}$, $d=460\text{mm}$, $A_s=6\text{-D32}(4765\text{mm}^2)$, $A_s'=2\text{-D29}(1284\text{mm}^2)$, $d'=60\text{mm}$인 복철근 직사각형 단면에서 파괴시 압축철근이 항복하는 경우 인장철근의 최대철근비($\rho_{\max}$)를 구하면? (단, $f_{ck}=35\text{MPa}$, $f_y=350\text{MPa}$)

㉮ 0.0305　　㉯ 0.0352　　㉰ 0.0397　　㉱ 0.0437

해설
- $\rho_b = \eta(0.85f_{ck})\dfrac{\beta_1}{f_y}\dfrac{660}{660+f_y} = 1.0 \times (0.85\times 35) \times \dfrac{0.8}{350} \times \dfrac{660}{660+350} = 0.044$

  여기서, $f_{ck} \leq 40\text{MPa}$이므로 $\eta=1.0$, $\beta_1=0.8$
- $\rho' = \dfrac{A_s'}{bd} = \dfrac{1284}{300\times 460} = 0.0093$
- $\rho_{\max} = 0.692\rho_b + \rho' = 0.692 \times 0.044 + 0.0093 = 0.0397$

문제 005

다음 그림과 같은 복철근 직사각형보 인장철근의 최대철근비를 구하면? (단, 콘크리트의 변형률이 0.003에 도달할 때 인장철근은 항복응력에 도달하였으나, 압축철근의 응력은 $f_s'=200\text{MPa}$이었으며, $f_{ck}=21\text{MPa}$, $f_y=300\text{MPa}$, $\rho'=0.005$이다.)

㉮ 0.0186　　㉯ 0.025
㉰ 0.0586　　㉱ 0.0686

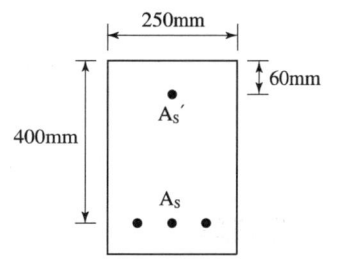

해설
- $\rho_b = \eta(0.85f_{ck})\dfrac{\beta_1}{f_y}\dfrac{660}{660+f_y} = 1.0 \times (0.85\times 21) \times \dfrac{0.8}{300} \times \dfrac{660}{660+300} = 0.03273$
- $\rho_{\max} = 0.658\rho_b + \dfrac{\rho' f_s'}{f_y} = 0.658 \times 0.03273 + \dfrac{0.005 \times 200}{300} = 0.025$

문제 006

복철근 보에서 압축철근에 대한 효과를 설명한 것으로 적절하지 못한 것은?

㉮ 단면 저항 모멘트를 크게 증대시킨다.
㉯ 지속하중에 의한 처짐을 감소시킨다.
㉰ 파괴시 압축응력의 깊이를 감소시켜 연성을 증대시킨다.
㉱ 철근의 조립을 쉽게 한다.

해설 내부 저항 모멘트는 외부 모멘트와 같거나 그 이상 되게 한다.

정답 004. ㉰　005. ㉯　006. ㉮

2-4 T형 단면보

(1) 개념

교량이나 건물에서 보와 슬래브가 일체가 된 형태로 이 두 부분이 철근으로 연결된 T형 단면을 T형보라 한다.

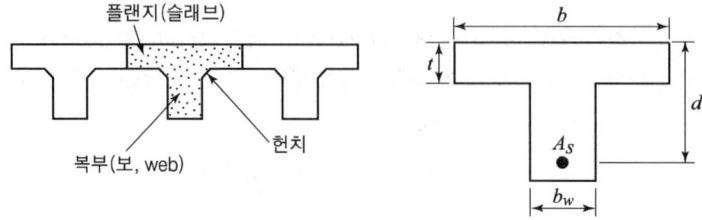

(2) 플랜지 유효 폭

T형보 단면보 플랜지 폭이 너무 크면 응력 분포 계산의 복잡으로 적당한 크기의 폭에 균등한 응력이 작용하는 것으로 대치시켜 설계한다.

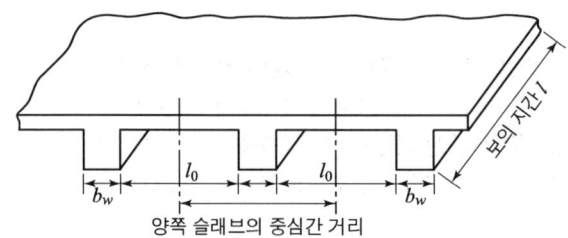

1) T형보

① $16t + b_w$

② 양쪽 슬래브의 중심간 거리

③ 보 경간의 $\dfrac{1}{4}$

위 세 가지 중에서 가장 작은 값

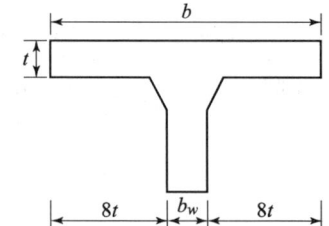

2) 반 T형보

① $6t + b_\omega$

② 보 경간의 $\dfrac{1}{12} + b_\omega$

③ 인접보와 내측거리의 $\dfrac{1}{2} + b_\omega$

위 세 가지 중에서 가장 작은 값

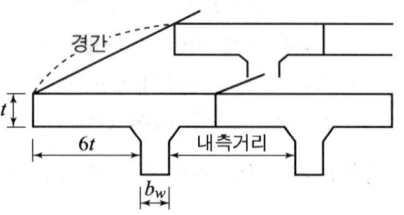

(3) T형 보의 판별

① 폭 b인 직사각형 단면 보를 보고 등가 사각형 깊이 a를 계산한 다음 판별한다.

$$a = \frac{A_s \cdot f_y}{\eta(0.85 f_{ck})b}$$

② $a \leq t$ 이면 폭이 b인 단철근 직사각형 단면 보로 보고 해석한다.

③ $a > t$ 이면 단철근 T형 단면 보로 해석한다.

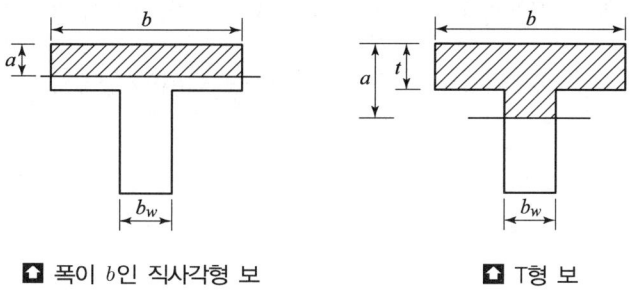

■ 폭이 b인 직사각형 보 　　　　■ T형 보

(4) 단철근 T형 단면보 해석

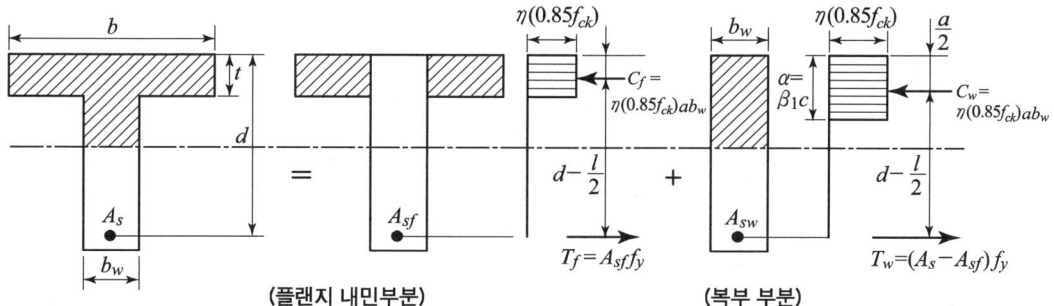

(플랜지 내민부분) 　　　　(복부 부분)

1) 플랜지 내민부분 인장철근 단면적(A_{sf})

$$C_f = T_f$$
$$\eta(0.85 f_{ck})(b - b_w)t = A_{sf} \cdot f_y$$
$$\therefore A_{sf} = \frac{\eta(0.85 f_{ck})(b - b_w) \cdot t}{f_y}$$

2) 복부 부분 등가 직사각형의 깊이(a)

$$C_w = T_w$$

$$\eta(0.85f_{ck}) \cdot a \cdot b_w = (A_s - A_{sf}) \cdot f_y$$

$$\therefore a = \frac{(A_s - A_{sf}) \cdot f_y}{\eta(0.85f_{ck}) \cdot b_w}$$

3) 설계 휨강도(ϕM_n)

- $M_u = \phi M_n = 0.85\left\{A_{sf} \cdot f_y\left(d - \frac{t}{2}\right) + (A_s - A_{sf}) \cdot f_y\left(d - \frac{a}{2}\right)\right\}$

- $M_u = \phi M_n = 0.85\left\{A_{ck}(b - b_w)t \cdot \left(d - \frac{t}{2}\right) + \eta(0.85f_{ck})\left(d - \frac{a}{2}\right)\right\}$

Chapter 02 보의 휨설계

기출문제

문제 001

아래 그림의 단철근 T형보는 설계모멘트 강도를 계산할 때 플랜지 돌출부에 작용하는 압축력과 균형되는 가상 압축철근 단면적 A_{sf}는 얼마인가?
(여기서, f_{ck}=24MPa, f_y=300MPa)

㉮ 3208mm²
㉯ 4080mm²
㉰ 5126mm²
㉱ 6050mm²

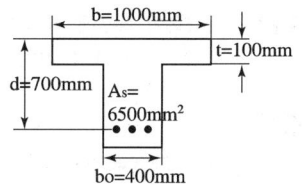

해설 $A_{sf} = \dfrac{\eta(0.85f_{ck})(b-b_o)t}{f_y} = \dfrac{1.0 \times (0.85 \times 24) \times (1000-400) \times 100}{300} = 4080\text{mm}^2$

문제 002

보의 경간이 10m이고, 양쪽 슬래브의 중심간 거리가 2.0m인 T형보에 있어서 유효 플랜지 폭은? (여기서, 복부폭 b_w=500mm, 플랜지 두께 t=100mm이다.)

㉮ 2,000mm
㉯ 2,100mm
㉰ 2,500mm
㉱ 3,000mm

해설
- $16t + b_w = 16 \times 100 + 500 = 2100\text{mm}$
- 양쪽 슬래브 중심간 거리 = 2m = 2000mm
- 보 경간의 $\dfrac{1}{4} = 10000 \times \dfrac{1}{4} = 2500\text{mm}$
- ∴ 가장 작은 값인 2,000mm를 유효 폭으로 한다.

문제 003

슬래브와 보가 일체로 타설된 비대칭 T형보(반 T형보)의 유효폭은 얼마인가? (단, 플랜지 두께=100mm, 복부폭=300mm, 인접보와의 내측거리=1,600mm, 보의 경간=6.0m)

㉮ 800mm
㉯ 900mm
㉰ 1,000mm
㉱ 1,100mm

해설
- $6t + b_w = 6 \times 100 + 300 = 900\text{mm}$
- 보의 경간의 $\dfrac{1}{12} + b_w = 6000 \times \dfrac{1}{12} + 300 = 800\text{mm}$
- 인접보와의 내측거리의 $\dfrac{1}{2} + b_w = 1600 \times \dfrac{1}{2} + 300 = 1100\text{mm}$
- ∴ 유효폭은 최소값인 800mm이다.

정답 001. ㉯ 002. ㉮ 003. ㉮

문제 004

플랜지 유효폭이 b이고, 복부폭이 b_w인 복철근 T형보의 중립축이 복부에 있고 (−)휨모멘트가 작용할 때의 응력계산 방법이 옳은 것은?

㉮ 폭이 b인 직사각형보로 계산
㉯ 폭이 b_w인 직사각형보로 계산
㉰ T형보로 계산
㉱ 어느 방법으로 계산해도 된다.

해설
- 중립축이 복부에 있고 (−) 휨모멘트가 작용하면 폭이 b_w인 직사각형보로 계산한다.
- $a<t$ 이며 (+) 휨모멘트가 작용하면 폭이 b인 직사각형보로 계산한다.

문제 005

그림과 같은 T형 단면의 등가 직사각형의 응력깊이 a를 구하면? (단, 과소 철근보이고, $f_{ck}=$ 21MPa, $f_y=$400MPa, $A_s=$1,926mm^2)

㉮ $a=34.3$mm
㉯ $a=65.8$mm
㉰ $a=71.6$mm
㉱ $a=79.2$mm

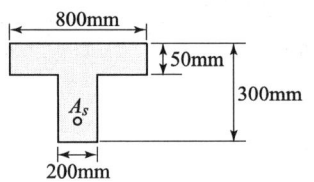

해설
- $\eta(0.85f_{ck})ab = A_s f_y$

$$\therefore a = \frac{A_s f_y}{\eta(0.85f_{ck})b} = \frac{1926 \times 400}{1.0 \times (0.85 \times 21) \times 800} = 53.59\text{mm}$$

$a>t$ 이므로 T형보로 해석한다.

- $\eta(0.85f_{ck})(b-b_w)t = A_{sf} f_y$

$$\therefore A_{sf} = \frac{\eta(0.85f_{ck})(b-b_w)t}{f_y} = \frac{1.0 \times (0.85 \times 21) \times (800-200) \times 50}{400} = 1338.75\text{mm}^2$$

- $a = \dfrac{(A_s - A_{sf})f_y}{\eta(0.85f_{ck})b_w} = \dfrac{(1926-1338.75) \times 400}{1.0 \times (0.85 \times 21) \times 200} = 65.8\text{mm}$

문제 006

그림과 같은 T형보에서 $f_{ck}=$21MPa, $f_y=$300MPa일 때 설계 휨강도 ϕM_n를 구하면? (단, $\phi=0.85$, 과소 철근보이고, $A_s=$5,000mm^2)

㉮ 613.13 kN·m
㉯ 631.38 kN·m
㉰ 690.55 kN·m
㉱ 707.94 kN·m

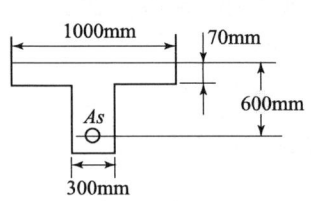

해설
- $a = \dfrac{A_s f_y}{\eta(0.85f_{ck})b} = \dfrac{5000 \times 300}{1.0 \times (0.85 \times 21) \times 1000} = 84.03\text{mm}$

$a>t$ 이므로 T형보로 해석한다.

정답 004. ㉯ 005. ㉯ 006. ㉱

- $C_f = T_f$
  $\eta(0.85f_{ck})(b-b_w)t = A_{sf} \cdot f_y$
  $\therefore A_{sf} = \dfrac{\eta(0.85f_{ck})(b-b_w)t}{f_y} = \dfrac{1.0 \times (0.85 \times 21) \times (1000-300) \times 70}{300} = 2915.5 \text{mm}^2$

- $C_w = T_w$
  $\eta(0.85f_{ck})ab_w = (A_s - A_{sf})f_y$
  $\therefore a = \dfrac{(A_s - A_{sf})f_y}{\eta(0.85f_{ck})b_w} = \dfrac{(5000-2915.5) \times 300}{1.0 \times (0.85 \times 21) \times 300} = 116.78 \text{mm}$

- $\phi M_n = \phi \left\{ A_{sf} \cdot f_y \left(d - \dfrac{t}{2}\right) + (A_s - A_{sf})f_y\left(d - \dfrac{a}{2}\right) \right\}$
  $= 0.85 \left\{ 2915.5 \times 300 \times \left(600 - \dfrac{70}{2}\right) + (5000-2915.5) \times 300 \times \left(600 - \dfrac{116.78}{2}\right) \right\}$
  $= 707942104 \text{N} \cdot \text{mm}$
  $= 707.94 \text{kN} \cdot \text{m}$

2-5 처짐과 균열(사용성 및 내구성)

(1) 처짐

1) 1방향 구조

① 처짐 계산시 하중작용에 의한 순간처짐은 부재 강성에 대한 균열과 철근의 영향을 고려하여 탄성 처짐공식을 사용하여 계산한다.

② 균열 모멘트(M_{cr})

$$M_{cr} = \frac{f_r \cdot I_g}{y_t}$$

여기서, f_r : 콘크리트 파괴계수 $= 0.63\lambda\sqrt{f_{ck}}$
I_g : 총단면 2차 모멘트
y_t : 중립축에서 인장측 연단까지의 거리

경량 콘크리트 사용에 따른 영향 반영을 위한 경량 콘크리트 계수(λ)

- f_{sp} 값이 규정되지 않은 경우
  $\lambda = 0.75$, 전경량 콘크리트
  $\lambda = 0.85$, 모래경량 콘크리트

- f_{sp}(쪼갬인장강도) 값이 주어진 경우
  $\lambda = f_{sp}/(0.56\sqrt{f_{ck}}) \leq 1.0$

③ 연속부재인 경우에 정 및 부 휨모멘트에 대한 위험 단면의 유효 단면 2차 모멘트를 구하고 그 평균값을 사용할 수 있다.

④ 일반 또는 경량 콘크리트 휨부재의 크리프와 건조수축에 의한 추가 장기처짐은 순간처짐에 장기처짐계수를 곱한다.

- 장기추가 처짐계수 $\lambda_\Delta = \dfrac{\xi}{1+50\rho'}$

- 장기처짐 = 순간처짐(탄성처짐) × 장기추가 처짐계수

- 최종처짐 = 순간처짐(탄성처짐) + 장기처짐

여기서, ξ : 시간경과계수
ρ' : 압축철근비 $\left(\dfrac{A_s'}{bd}\right)$

- 지속하중에 대한 시간경과계수(ξ)
  - 5년 이상 : 2.0
  - 12개월 : 1.4
  - 6개월 : 1.2
  - 3개월 : 1.0

⑤ 처짐을 계산하지 않는 경우의 보 또는 1방향 슬래브의 최소두께

부 재	최소두께(h)			
	단순지지	1단연속	양단연속	캔틸레버
	큰 처짐에 의해 손상되기 쉬운 칸막이 벽이나 구조물을 지지 또는 부착하지 않은 부재			
1방향 슬래브	$l/20$	$l/24$	$l/28$	$l/10$
• 보 • 리브가 있는 1방향 슬래브	$l/16$	$l/18.5$	$l/21$	$l/8$

- 표의 값은 보통콘크리트(w_c =2,300kg/m³)와 설계기준항복강도 400MPa 철근을 사용한 부재에 대한 값이며 다른 조건에 대해서는 그 값을 다음과 같이 수정한다.
  - 1,500~2,000kg/m³ 범위의 단위질량을 갖는 구조용 경량콘크리트에 대해서는 계산된 h 값에 $(1.65-0.00031w_c)$를 곱해야 하나, 1.09보다 작지 않아야 한다.
  - f_y 가 400MPa 이외인 경우는 계산된 h 값에 $(0.43+f_y/700)$를 곱한다.

⑥ 도로교 상부구조 부재의 최소두께

상부구조 형식	최소두께(h)	
	단순경간	연속경간
주철근이 차량 진행방향에 평행한 교량 슬래브	$\dfrac{1.2(l+3000)}{30}$	$\dfrac{(l+3000)}{30}$
T형 거더	$0.070l$	$0.065l$
박스 거더	$0.060l$	$0.055l$
보행구조 거더	$0.033l$	$0.033l$

- 깊이가 변하는 부재의 경우 위의 값은 정휨모멘트와 부휨모멘트 단면의 상대적 강성변화를 고려하여 조정될 수 있다.

2) 2방향 구조

① 테두리보를 제외하고 슬래브 주변에 보가 없거나 보의 강성비(α_m)가 0.2 이하일 경우 슬래브의 최소두께
- 지판이 없는 슬래브의 경우는 120mm 이상으로 한다.
- 지판을 가진 슬래브의 경우는 100mm 이상으로 한다.

② 보의 강성비(α_m)가 0.2를 초과하는 보가 슬래브 주변에 있는 경우 슬래브의 최소두께
- 강성비(α_m)가 0.2 초과 2.0 미만의 경우는 120mm 이상으로 한다.
- 강성비(α_m)가 2.0 이상인 경우는 90mm 이상으로 한다.
- 불연속단을 갖는 슬래브에 대해서는 강성비(α_m)의 값이 0.8 이상을 갖는 테두리보를 설치한다.

③ 최대 허용 처짐

부재의 형태	고려해야 할 처짐	처짐 한계
과도한 처짐에 의해 손상되기 쉬운 비구조 요소를 지지 또는 부착하지 않은 평지붕 구조	활하중 L에 의한 순간 처짐	$\dfrac{l}{180}$
과도한 처짐에 의해 손상되기 쉬운 비구조 요소를 지지 또는 부착하지 않은 바닥구조	활하중 L에 의한 순간 처짐	$\dfrac{l}{360}$
과도한 처짐에 의해 손상되기 쉬운 비구조 요소를 지지 또는 부착한 지붕 또는 바닥구조	전체 처짐 중에서 비구조 요소가 부착된 후에 발생하는 처짐 부분(모든 지속하중에 의한 장기 처짐과 추가적인 활하중에 의한 순간 처짐의 합	$\dfrac{l}{480}$
과도한 처짐에 의해 손상될 염려가 없는 비구조 요소를 지지 또는 부착한 지붕 또는 바닥구조		$\dfrac{l}{240}$

(2) 균열

1) 허용 균열폭

① 철근 콘크리트 구조물의 허용 균열폭($w_a(\text{mm})$)

강재의 종류	강재의 부식에 대한 환경조건			
	건조 환경	습윤 환경	부식성 환경	고부식성 환경
철근	0.4mm와 0.006c_c 중 큰 값	0.3mm와 0.005c_c 중 큰 값	0.3mm와 0.004c_c 중 큰 값	0.3mm와 0.0035c_c 중 큰 값
프리스트레싱 긴장재	0.2mm와 0.005c_c 중 큰 값	0.2mm와 0.004c_c 중 큰 값	–	–

여기서, c_c는 최외단 주철근의 표면과 콘크리트 표면 사이의 콘크리트 최소 피복두께(mm)

② 수처리 구조물의 내구성과 누수방지를 위하여 허용되는 균열폭($w_a(\text{mm})$)

구 분	휨인장 균열	전 단면인장 균열
오염되지 않은 물	0.25	0.20
오염된 액체	0.20	0.15

※ 오염되지 않은 물은 음용수(상수도) 시설물이다.

③ 물을 저장하는 수조 등과 같은 수밀성을 요구하는 구조물의 허용 균열폭은 0.3mm 이하이다.

2) 균열 폭의 최소화 대책
   ① 이형 철근을 배근한다.
   ② 철근의 지름과 간격을 가능한 작게 한다.
   ③ 인장측의 철근을 부재 단면의 주변에 분산시켜 배치한다.
   ④ 콘크리트 덮개를 가능한 얇게 한다.
   ⑤ 균열폭은 철근의 응력과 지름에 비례하고 철근비에 반비례한다.

(3) 피로

1) 적용범위
   ① 변동하중이 차지하는 비율이 크거나 작용 빈도가 크기 때문에 검토가 필요하다.
   ② 보 및 슬래브의 피로는 휨 및 전단에 대하여 검토한다.
   ③ 기둥의 피로는 검토하지 않아도 좋다. 단, 휨모멘트나 축인장력의 영향이 특히 큰 경우 보에 준하여 검토한다.

2) 피로에 대한 검토
   ① 피로의 검토가 필요한 구조 부재는 높은 응력을 받는 부분에서 철근을 구부리지 않도록 한다.
   ② 피로를 고려하지 않아도 되는 철근과 프리스트레싱 긴장재의 응력 범위(MPa)

강재의 종류	설계기준 항복강도 혹은 위치	철근 또는 긴장재의 응력 범위(MPa)
이형철근	300 MPa 350 MPa 400 MPa	130 140 150
프리스트레싱 긴장재	연결부 또는 정착부 기타 부위	140 160

Chapter 02 보의 휨설계

기 출 문 제

문제 001
강도설계법에서 f_{ck} =21MPa, f_y =300MPa일 때 단철근 직사각형 보의 균형철근비는 얼마인가?
㉮ 0.039 ㉯ 0.033 ㉰ 0.053 ㉱ 0.056

해설 $\rho_b = \eta(0.85f_{ck})\dfrac{\beta_1}{f_y} \cdot \dfrac{660}{660+f_y} = 1.0 \times (0.85 \times 21) \times \dfrac{0.8}{300} \times \dfrac{660}{660+300} = 0.033$

문제 002
철근 콘크리트보의 설계시 파괴 유형에 대한 내용 중 틀린 것은?
㉮ 단면에 배치되는 인장철근량이 과하게 배치하지 않도록 인장철근량을 직접적으로 제한하지 않고, 변형률이 최소 $\varepsilon_t \geq 0.004$ 이상이 되도록 규정함으로써 간접적으로 인장철근량을 제한하고 있다.
㉯ 보가 파괴되는 경우가 생기더라도 취성파괴가 되도록 설계해야 한다.
㉰ 인장 철근량이 너무 적은 과소 철근보라면 철근이 빠르게 항복하면서 갑작스런 붕괴파괴가 일어날 수 있다.
㉱ 인장 철근량이 아주 많은 과다 철근보라면 철근이 항복하기 이전에 콘크리트가 먼저 파괴되어 갑작스럽게 파괴되는 취성파괴가 발생할 수 있다.

해설 보가 파괴되는 경우가 생기더라도 인성파괴가 되도록 설계해야 한다.

문제 003
다음 단면에서 중립축까지의 거리 c는 얼마인가? (단, 강도설계법에 의하며 f_{ck} =24MPa, f_y =400MPa, $\rho < \rho_{max}$이다.)
㉮ 151mm
㉯ 159mm
㉰ 181mm
㉱ 199mm

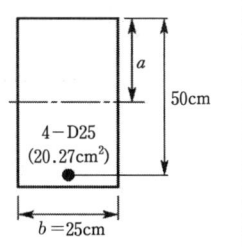

해설 $\eta(0.85f_{ck}) \cdot a \cdot b = A_s \cdot f_y$

$a = \dfrac{A_s \cdot f_y}{\eta(0.85f_{ck}) \cdot b} = \dfrac{20.27 \times 10^{-4} \times 400}{1.0 \times (0.85 \times 24) \times 0.25} = 0.159\text{m} = 159\text{mm}$ 여기서, $a = \beta_1 \cdot c$

$\therefore c = \dfrac{a}{\beta_1} = \dfrac{159}{0.8} = 199\text{mm}$

정답 001. ㉯ 002. ㉯ 003. ㉱

문제 004

그림과 같은 단면에서 최대철근량과 설계 휨강도 ϕM_n은 약 얼마인가? (단, f_{ck}=21MPa, f_y=350MPa, ϕ=0.85)

㉮ 3100mm², 0.490MN·m
㉯ 4200mm², 0.366MN·m
㉰ 2800mm², 0.339MN·m
㉱ 4200mm², 0.490MN·m

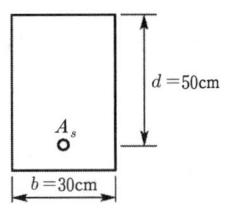

해설
$$\rho_{max} = 0.692\rho_b = 0.692\left(\frac{\eta(0.85f_{ck})\beta_1}{f_y} \cdot \frac{660}{660+f_y}\right) = 0.692\left(\frac{1.0\times(0.85\times21)\times0.8}{350} \cdot \frac{660}{660+350}\right)$$
$$= 0.0185$$
$$\rho_{max} = \frac{A_{s\,max}}{bd}$$
$$\therefore A_{s\,max} = \rho_{max} \cdot b \cdot d = 0.0185\times0.3\times0.5 = 0.00278\text{m}^2 ≒ 2800\text{mm}^2$$
$$\phi M_n = \phi T \cdot Z = \phi A_s \cdot f_y\left(d-\frac{a}{2}\right) = 0.85\times0.00278\times350\left(0.5-\frac{0.182}{2}\right) = 0.339\text{MN}\cdot\text{m}$$
여기서, $a = \frac{A_s \cdot f_y}{\eta(0.85f_{ck})b} = \frac{0.00278\times350}{1.0\times(0.85\times21)\times0.3} ≒ 0.182\text{m}$

문제 005

복철근 직사각형 보에서 다음 주어진 조건에 대하여 등가압축응력의 깊이 a는 얼마인가?
(단, b=35cm, d=55cm, A_s=19.35cm², $A_s{'}$=8.6cm², f_{ck}=21MPa, f_y=300MPa)

㉮ 3.9cm ㉯ 4.5cm ㉰ 5.2cm ㉱ 6.4cm

해설
$$a = \frac{(A_s-A_s{'})f_y}{\eta(0.85f_{ck})b} = \frac{(19.35-8.6)\times10^{-4}\times300}{1.0\times(0.85\times21)\times0.35} = 0.052\text{m} = 5.2\text{cm}$$

문제 006

다음 식 중 복철근 직사각형 보의 설계 모멘트 강도 ϕM_n을 구하는 식으로 옳은 것은?

㉮ $\phi M_n = \phi\left[(A_s-A_s{'})f_{ck}\left(d-\frac{a}{2}\right) + A_s{'}f_y(d-d')\right]$

㉯ $\phi M_n = \phi\left[(A_s-A_s{'})f_y\left(d-\frac{a}{2}\right) + A_s{'}f_y(d-d')\right]$

㉰ $\phi M_n = \phi\left[(A_s-A_s{'})f_{ck}(d-d') + A_s{'}f_y\left(d-\frac{2}{a}\right)\right]$

㉱ $\phi M_n = \phi\left[(A_s-A_s{'})f_y(d-d') + A_s{'}f_y\left(d-\frac{2}{a}\right)\right]$

해설 압축철근이 항복하는 경우에 해당된다.

정답 004. ㉰ 005. ㉰ 006. ㉯

문제 007

슬래브와 보가 일체로 타설된 반 T형 보의 유효폭은 얼마인가? (단, 플랜지 두께=10cm, 복부폭=30cm, 인접보와의 내측거리=160cm, 보의 경간=6.0m)

㉮ 80cm ㉯ 90cm
㉰ 100cm ㉱ 110cm

해설
- $6t + b_w = 6 \times 10 + 30 = 90\text{cm}$
- 보의 경간의 $\dfrac{1}{12} + b_w = \dfrac{600}{12} + 30 = 80\text{cm}$
- 인접보와의 내측거리의 $\dfrac{1}{2} + b_w = \dfrac{160}{2} + 30 = 110\text{cm}$

위에 3가지 중 작은 값 80cm

문제 008

그림과 같은 T형 보에 계수 설계 하중(+의 휨모멘트)이 작용할 때 이 보의 안정성을 검토한 사항 중 옳은 것은? (단, f_{ck}=21MPa, f_y=280MPa)

㉮ b_w를 폭으로 하는 직사각형 보로 취급한다.
㉯ b를 플랜지 폭으로 하는 T형 보로 취급한다.
㉰ b를 폭으로 하는 직사각형 보로 취급한다.
㉱ $c = t_f$로 보아서 극한 저항 모멘트를 계산한다.

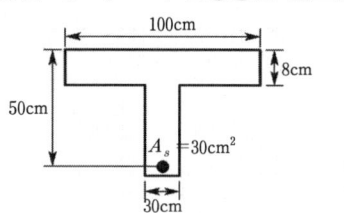

해설
$a = \dfrac{A_s \cdot f_y}{\eta(0.85 f_{ck})b} = \dfrac{30 \times 10^{-4} \times 280}{1.0 \times (0.85 \times 21) \times 1} = 0.04706\text{m} \fallingdotseq 4.7\text{cm}$

∴ $a \leq t$에 해당하여 (4.7cm < 8cm)폭이 b(100cm)인 단철근 직사각형 보로 취급한다.

문제 009

극한강도설계법에서 그림과 같은 T형 보의 사선 친 플랜지 단면에 작용하는 압축력과 평형이 되는 가상 철근 단면은? (단, f_{ck}=24MPa, f_y=280MPa)

㉮ 57.3cm^2
㉯ 60.3cm^2
㉰ 59.3cm^2
㉱ 58.3cm^2

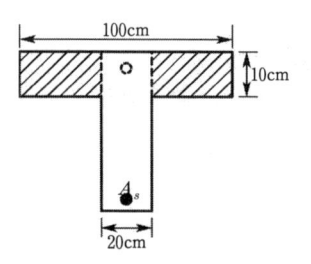

해설 $C_f = T_f$
$\eta(0.85 f_{ck}) \cdot (b - b_w) \cdot t_f = A_{sf} \cdot f_y$
∴ $A_{sf} = \dfrac{\eta(0.85 f_{ck})(b - b_w) \cdot t_f}{f_y} = \dfrac{1.0 \times (0.85 \times 24)(1 - 0.2) \times 0.1}{280} \fallingdotseq 0.00583\text{m}^2 \fallingdotseq 58.3\text{cm}^2$

문제 010

강도 설계시 T형 보에서 $b=80$cm, $d=30$cm, $t=5$cm, $A_s=20$cm², $b_w=20$cm, $f_{ck}=20$MPa, $f_y=420$MPa일 때 응력 사각형의 깊이 a[cm]는?

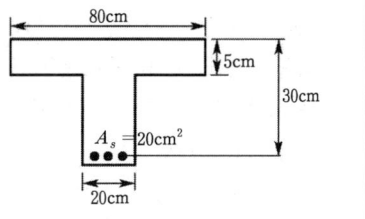

㉮ 5.0cm   ㉯ 5.7cm
㉰ 9.0cm   ㉱ 9.7cm

해설 ① T형 보 판별

$$a = \frac{A_s \cdot f_y}{\eta(0.85 f_{ck}) \cdot b} = \frac{20 \times 10^{-4} \times 420}{1.0 \times (0.85 \times 20) \times 0.8} \fallingdotseq 0.06176\text{m} \fallingdotseq 6.18\text{cm}$$

$a>t$ 에 해당하여 (6.18cm>5cm) T형 보로 해석한다.

② $C_f = T_f$ 에서 A_{sf} 을 구하면

$\eta(0.85 f_{ck})(b-b_w) \cdot t_f = A_{sf} \cdot f_y$

$$\therefore A_{sf} = \frac{\eta(0.85 f_{ck})(b-b_w) t_f}{f_y} = \frac{1.0 \times (0.85 \times 20) \times (0.8-0.2) \times 0.05}{420}$$

$= 0.0012143\text{m}^2 = 12.143 \times 10^{-4}\text{cm}^2$

③ $C_w = T_w$ 에서

$\eta(0.85 f_{ck}) a \cdot b_w = (A_s - A_{sf}) \cdot f_y$

$$\therefore a = \frac{(A_s - A_{sf}) \cdot f_y}{\eta(0.85 f_{ck}) \cdot b_w} = \frac{(20-12.143) \times 10^{-4} \times 420}{1.0 \times (0.85 \times 20) \times 0.2} = 0.097\text{m} = 9.7\text{cm}$$

문제 011

강도설계법으로 단철근 T형 보의 설계 휨강도 $\phi \cdot M_n$을 구하는 바른 식은?

㉮ $\phi \cdot M_n = 0.85 \left\{ A_{sf} \cdot f_y \left(d - \frac{t}{2} \right) + (A_s - A_{sf}) f_y \left(d - \frac{a}{2} \right) \right\}$

㉯ $\phi \cdot M_n = 0.85 \left\{ (A_s - A_{sf}) \cdot f_y \left(d - \frac{t}{2} \right) + (A_s - A_{sf}) f_y \left(d - \frac{a}{2} \right) \right\}$

㉰ $\phi \cdot M_n = 0.75 \left\{ A_{sf} \cdot f_y \left(d - \frac{t}{2} \right) + (A_s - A_{sf}) f_y \left(d - \frac{a}{2} \right) \right\}$

㉱ $\phi \cdot M_n = 0.75 \left\{ (A_s - A_{sf}) \cdot f_y \left(d - \frac{t}{2} \right) + A_{sf} \cdot f_y \left(d - \frac{a}{2} \right) \right\}$

문제 012

압축철근이 항복하는 경우 복철근 직사각형 보에서 다음 주어진 조건에 대하여 등가압축응력의 깊이 a는 얼마인가? (단, $b=35$cm, $d=55$cm, $A_s=19.35$cm², $A_s'=8.6$cm², $f_{ck}=21$MPa, $f_y=300$MPa)

㉮ 3.9cm   ㉯ 4.5cm   ㉰ 5.2cm   ㉱ 6.4cm

해설 $a = \dfrac{(A_s - A_s') f_y}{\eta(0.85 f_{ck}) b} = \dfrac{(19.35 - 8.6) \times 10^{-4} \times 300}{1.0 \times (0.85 \times 21) \times 0.35} = 0.052\text{m} = 5.2\text{cm}$

정답 010. ㉱ 011. ㉮ 012. ㉰

문제 013

그림과 같은 T형 보에서 f_{ck}=21MPa, f_y=300MPa일 때 설계휨강도 ϕM_n을 구하면? (단, 과소철근보이고, b=100cm, t=7cm, b_w=30cm, d=60cm, A_s=40cm²)

㉮ 0.613 MN·m ㉯ 0.578 MN·m
㉰ 0.653 MN·m ㉱ 0.690 MN·m

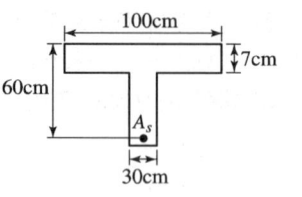

해설
- $a = \dfrac{A_s f_y}{\eta(0.85 f_{ck})b} = \dfrac{40 \times 10^{-4} \times 300}{1.0 \times (0.85 \times 21) \times 1.0} = 0.0672\text{m} = 6.72\text{cm} < 7\text{cm}\,(a<t)$이므로
∴ 폭 b=100cm인 직사각형 보로 해석한다.
- $\phi M_n = \phi A_s f_y \left(d - \dfrac{a}{2}\right) = 0.85 \times 40 \times 10^{-4} \times 300 \left(0.6 - \dfrac{0.0672}{2}\right) = 0.578\text{MN}\cdot\text{m}$

문제 014

b=30cm, d=55cm, h=60cm인 콘크리트 단면의 균열 모멘트 M_{cr}를 구하면? (단, f_{ck}=21MPa, $f_r = 0.63\lambda\sqrt{f_{ck}}$, λ=1.0)

㉮ 25kN·m ㉯ 36kN·m ㉰ 42kN·m ㉱ 52kN·m

해설
$M_{cr} = \dfrac{f_r \cdot I_g}{y_t} = \dfrac{2.887 \times 0.0054}{0.3} = 0.0519660\text{MNm} = 51.966\text{kN}\cdot\text{m}$

$f_r = 0.63\lambda\sqrt{f_{ck}} = 0.63 \times 1.0 \times \sqrt{21} = 2.887\text{MPa}$

$I_g = \dfrac{bh^3}{12} = \dfrac{0.3 \times 0.6^3}{12} = 0.0054\text{m}^4$

$y_t = \dfrac{h}{2} = \dfrac{0.6}{2} = 0.3\text{m}$

문제 015

시간과 더불어 진행되는 장기처짐은 탄성처짐에 λ_Δ의 값으로 옳은 것은? (단, ξ는 지속하중의 재하기간에 따른 계수이고, ρ'는 압축철근비를 의미한다.)

㉮ $\lambda_\Delta = \dfrac{\xi}{1+50\rho'}$ ㉯ $\lambda_\Delta = \dfrac{1+50\rho'}{\xi}$ ㉰ $\lambda_\Delta = \dfrac{1+\rho'}{50\xi}$ ㉱ $\lambda_\Delta = \dfrac{\xi}{50+\rho'}$

문제 016

지속하중으로 인해 발생되는 장기처짐을 계산하는 식 중에서 지속하중 재하기간에 따르는 계수 ξ값 중 틀린 것은?

㉮ 5년 또는 그 이상일 때 ξ=2.8 ㉯ 12개월일 때 ξ=1.4
㉰ 6개월일 때 ξ=1.2 ㉱ 3개월일 때 ξ=1.0

해설 5년 이상의 경우 ξ=2.0

정답 013. ㉯ 014. ㉱ 015. ㉮ 016. ㉮

문제 017

복철근 콘크리트 단면에 압축철근비 $\rho' = 0.01$이 배근된 경우 순간처짐이 20mm일 때 1년이 지난 후 처짐량은? (단, 작용하는 모든 하중은 지속하중으로 보며 지속하중의 1년 재하기간에 따르는 계수 ξ는 1.40이다.)

㉮ 42.2mm ㉯ 40mm ㉰ 38.7mm ㉱ 39.9mm

해설
- 장기처짐계수 $\lambda_\Delta = \dfrac{\xi}{1+50\rho'} = \dfrac{1.4}{1+50 \times 0.01} = 0.933$
- 장기처짐 = 순간처짐 × 장기처짐계수 = $20 \times 0.933 = 18.7$mm
- ∴ 최종처짐 = 순간처짐 + 장기처짐 = $20 + 1.87 = 38.7$mm

문제 018

보통 골재로 만든 철근콘크리트보에서 처짐 계산을 하지 않을 경우에 단순 지지된 보의 최소 높이는 경간을 l 이라 할 때 얼마인가? (단, f_y가 400MPa인 철근으로 만든 보이다.)

㉮ $\dfrac{l}{11}$ ㉯ $\dfrac{l}{16}$ ㉰ $\dfrac{l}{27}$ ㉱ $\dfrac{l}{32.5}$

해설 f_y가 400MPa 이외인 경우는 계산된 h 값에 $\left(0.43 + \dfrac{f_y}{700}\right)$ 를 곱한다.

문제 019

피로에 대해 기술한 것 중 잘못된 것은?

㉮ 보 및 슬래브의 피로에 대하여는 휨 및 전단에 대하여 검토하는 것이 일반적이다.
㉯ 기둥의 피로에 대해서도 검토하는 것이 원칙이다.
㉰ 피로의 검토가 필요한 구조 부재에서는 높은 응력을 받는 부분의 철근은 구부리지 않는다.
㉱ 충격을 포함한 사용 활하중에 의한 철근의 응력범위가 130MPa에서 150MPa 사이에 들면 피로에 대해 검토할 필요가 없다.

해설 기둥의 피로는 검토하지 않아도 좋다. 단, 휨 모멘트나 축인장력의 영향이 특히 큰 경우 보에 준하여 검토한다.

문제 020

다음은 철근콘크리트 구조물의 피로에 대한 안정성 검토에 관한 설명이다. 옳지 않은 것은?

㉮ 하중 중에서 변동하중이 차지하는 비율이 큰 부재는 피로에 대한 안정성 검토를 하여야 한다.
㉯ 보나 슬래브의 피로는 휨 및 전단에 대하여 검토하여야 한다.
㉰ 일반적으로 기둥의 피로는 검토하지 않아도 좋다.
㉱ 피로에 대한 안정성 검토시에는 활하중의 충격은 고려하지 않는다.

해설
- 충격을 포함한 사용 활하중에 의한 철근과 긴장재의 응력범위가 피로를 고려하지 않아도 되는 응력 범위 이내에 들면 피로에 대해 검토할 필요가 없다.
- 피로의 검토가 필요한 구조부재는 높은 응력을 받는 부분에서 철근을 구부리지 않도록 한다.

정답 017. ㉰ 018. ㉯ 019. ㉯ 020. ㉱

문제 021

길이 6m의 단순 철근콘크리트보의 처짐을 계산하지 않아도 되는 보의 최소 두께는 얼마인가? (단, f_{ck} =21MPa, f_y =350MPa)

㉮ 349mm ㉯ 356mm
㉰ 375mm ㉱ 403mm

해설 • 처짐을 계산하지 않는 경우의 보 또는 1방향 슬래브의 최소 두께(f_y =400MPa)

부 재	최소 두께 또는 높이			
	단순지지	일단연속	양단연속	캔틸레버
1방향 슬래브	$\frac{l}{20}$	$\frac{l}{24}$	$\frac{l}{28}$	$\frac{l}{10}$
보	$\frac{l}{16}$	$\frac{l}{18.5}$	$\frac{l}{21}$	$\frac{l}{8}$

• f_y = 400MPa 이외의 경우 위 표에 의한 계산 값에 $\left(0.43+\dfrac{f_y}{700}\right)$을 곱하여 구한다.

• 최소 두께

$$\frac{l}{16}\left(0.43+\frac{f_y}{700}\right)=\frac{6000}{16}\left(0.43+\frac{350}{700}\right)=349\text{mm}$$

문제 022

주어진 단철근보 단면에서 균열검토를 위한 유효인장 단면적(A)은 얼마인가? (단, 사용 철근은 D25–6EA이다.)

㉮ 9,000mm²
㉯ 10,000mm²
㉰ 12,000mm²
㉱ 60,000mm²

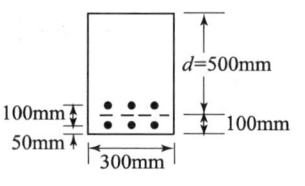

해설 $A=\dfrac{2yb_w}{N}=\dfrac{2\times 100\times 300}{6}=10{,}000\text{mm}^2$

문제 023

그림과 같은 보의 유효깊이는 얼마인가?
(여기서, 사용철근의 지름은 동일함)

㉮ 580mm
㉯ 630mm
㉰ 660mm
㉱ 680mm

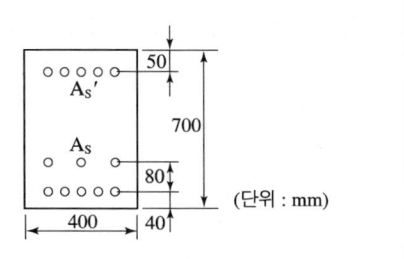

해설 $8A_s \cdot d = 5A_s \cdot 660 + 3A_s \cdot 580$
∴ $d = 630$mm

정답 021. ㉮ 022. ㉯ 023. ㉯

문제 024

그림과 같은 인장철근을 갖는 보의 유효 깊이는?
(여기서, D19철근은 공칭단면적이 287mm²임)

㉮ 350mm
㉯ 410mm
㉰ 440mm
㉱ 500mm

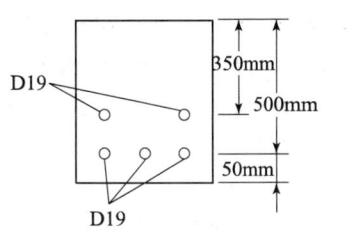

해설 $5A_s \times d = 2A_s \times 350 + 3A_s \times 500$

$$\therefore d = \frac{2A_s \times 350 + 3A_s \times 500}{5A_s} = \frac{2 \times 287 \times 350 + 3 \times 287 \times 500}{5 \times 287} = 440\text{mm}$$

문제 025

철근 콘크리트 부재에서 균열 폭 제한을 위한 가장 적절한 조치는? (단, 부재단면 및 철근량은 일정)

㉮ 가능한 한 직경이 작은 이형철근을 배근한다.
㉯ 가능한 한 콘크리트 피복두께를 두껍게 한다.
㉰ 가능한 한 배근간격을 넓힌다.
㉱ 가능한 한 직경이 큰 이형철근을 배근한다.

해설
- 가는 직경의 철근을 여러 개 사용하는 것이 균열 폭을 줄이는 데 효과가 있다.
- 이형철근을 사용하고 배근 간격을 지나치게 크게 하지 않는 것이 좋다.
- 철근을 콘크리트 인장측에 고르게 분포시키며 항복강도가 큰 철근을 사용한다.

문제 026

처짐과 균열에 대한 다음 설명 중 틀린 것은?

㉮ 크리프, 건조수축 등으로 인하여 시간의 경과와 더불어 진행되는 처짐이 탄성처짐이다.
㉯ 처짐에 영향을 미치는 인자로는 하중, 온도, 습도, 재령, 함수량, 압축철근의 단면적 등이다.
㉰ 균열폭을 최소화하기 위해서는 적은 수의 굵은 철근보다는 많은 수의 가는 철근을 인장측에 잘 분포시켜야 한다.
㉱ 콘크리트 표면의 균열폭은 피복두께의 영향을 받는다.

해설 크리프, 건조수축 등으로 인하여 시간의 경과와 더불어 진행되는 처짐을 장기처짐이라 한다.

보충
- 균열 모멘트 $M_{cr} = \dfrac{I_g}{y_t} f_r$
- 총처짐량=탄성 처짐량+장기 처짐량

정답 024. ㉰ 025. ㉮ 026. ㉮

문제 027

휨부재의 처짐에 관한 다음 설명 중 맞지 않는 것은?

㉮ 복철근으로 설계하여 장기처짐량이 감소한다.
㉯ 균열이 발생하지 않은 단면의 처짐계산에서 사용되는 단면2차모멘트는 철근을 무시한 콘크리트 전체 단면의 중심축에 대한 단면2차모멘트(I_g)를 사용한다.
㉰ 휨부재의 처짐은 사용하중에 대하여 검토한다.
㉱ 장기처짐량은 단기처짐량에 반비례한다.

해설 • 장기처짐

$$\text{단기처짐(탄성처짐)} \times \frac{\xi}{1+50\rho'}$$

• 장기처짐량은 단기처짐량에 비례한다.

문제 028

다음은 철근콘크리트 구조물의 균열에 관한 설명이다. 옳지 않은 것은?

㉮ 하중으로 인한 균열의 최대폭은 철근 응력에 비례한다.
㉯ 콘크리트 표면의 균열폭은 철근에 대한 피복두께에 반비례한다.
㉰ 많은 수의 미세한 균열보다는 폭이 큰 몇 개의 균열이 내구성에 불리하다.
㉱ 인장측에 철근을 잘 분배하면 균열폭을 최소로 할 수 있다.

해설 • 콘크리트 표면의 균열 폭은 철근에 대한 피복 두께에 비례한다.
• 균열 폭을 최소화하기 위해 적은 수의 굵은 철근보다는 많은 수의 가는 철근을 인장측에 분포시킨다.

문제 029

수처리 구조물의 내구성과 누수방지를 위하여 허용되는 균열폭은? (단, 음용수 시설물로 전단면 인장균열의 경우)

㉮ 0.2mm   ㉯ 0.4mm   ㉰ 0.6mm   ㉱ 0.8mm

해설 수처리 구조물의 허용 균열 폭(mm)

구분 \ 기준	휨 인장균열	전단면 인장균열
오염되지 않은 물 (음용수 시설물)	0.25	0.2
오염된 액체	0.2	0.15

문제 030

강재의 부식에 대한 환경조건이 건조한 환경이며 이형 철근을 사용한 건물의 구조물인 경우 허용 균열 폭은? (단, 콘크리트의 최소 피복 두께는 60mm이다.)

㉮ 0.36mm   ㉯ 0.30mm   ㉰ 0.24mm   ㉱ 0.21mm

해설 건조한 환경에서 허용 균열 폭
$$w_a = 0.006 C_c = 0.006 \times 60 = 0.36 \text{mm}$$

정답 027. ㉱ 028. ㉯ 029. ㉮ 030. ㉮

문제 031

시방서에 규정된 강재의 부식에 대한 환경조건에 의한 철근 콘크리트 구조물의 허용균열폭(mm)을 기술한 것 중 잘못된 것은? [단, C_c는 콘크리트의 최소피복두께(mm)]

㉮ 건조 환경 : $0.006 C_c$ ㉯ 습윤 환경 : $0.005 C_c$
㉰ 부식성 환경 : $0.004 C_c$ ㉱ 고부식성 환경 : $0.003 C_c$

해설 고부식성 환경 : $0.0035 C_c$

보충
- 이형 철근을 사용하면 균열 폭을 최소로 할 수 있다.
- 인장측에 철근을 잘 배치하면 균열 폭을 최소화할 수 있다.
- 콘크리트 표면의 균열 폭은 피복 두께에 비례한다.
- 균열 폭은 철근의 응력, 철근 직경에 비례하고 철근비에 반비례한다.

문제 032

단철근 직사각형보의 폭이 300mm, 유효깊이가 500mm, 높이가 600mm일 때, 외력에 의해 단면에서 휨균열을 일으키는 휨모멘트(M_{cr})을 구하면? (단, $f_{ck}=24$MPa, 콘크리트의 파괴계수(f_r)=$0.63\lambda\sqrt{f_{ck}}$, $\lambda=1.0$)

㉮ 45.2 kN·m   ㉯ 48.9 kN·m   ㉰ 52.1 kN·m   ㉱ 55.6 kN·m

해설
- $f_r = 0.63\lambda\sqrt{f_{ck}} = 0.63 \times 1.0 \times \sqrt{24} = 3.086 \text{N/mm}^2 \text{(MPa)}$
- $I = \dfrac{bh^3}{12} = \dfrac{300 \times 600^3}{12} = 5,400,000,000 \text{mm}^4$
- $f_r = \dfrac{M_{cr}}{I} y$

$\therefore M_{cr} = \dfrac{f_r \cdot I}{y} = \dfrac{3.086 \times 5,400,000,000}{300} = 55,548,000\text{N·mm} = 55,548\text{kN·mm} ≒ 55.6\text{kN·m}$

문제 033

그림과 같은 지간 10m인 직사각형 단면의 철근콘크리트보에 10kN/m의 등분포하중과 100kN의 집중하중이 작용할 때 최대 처짐을 구하기 위한 유효단면 2차모멘트는? (단, 철근을 무시한 콘크리트 전체 단면의 중심축에 대한 단면2차모멘트(I_g) : $6.5 \times 10^9 \text{mm}^4$, 균열단면의 단면2차모멘트($I_{cr}$) : $5.65 \times 10^9 \text{mm}^4$, 외력에 의해 단면에서 휨균열을 일으키는 휨모멘트(M_{cr}) : 140kN·m)

㉮ $4.563 \times 10^9 \text{mm}^4$
㉯ $5.694 \times 10^9 \text{mm}^4$
㉰ $6.838 \times 10^9 \text{mm}^4$
㉱ $7.284 \times 10^9 \text{mm}^4$

해설
- $M_a = \dfrac{wl^2}{8} + \dfrac{Pl}{4} = \dfrac{10 \times 10^2}{8} + \dfrac{100 \times 10}{4} = 375 \text{kN·m}$
- $I_e = \left(\dfrac{M_{cr}}{M_a}\right)^3 \cdot I_g + \left[1 - \left(\dfrac{M_{cr}}{M_a}\right)^3\right] \cdot I_{cr} = \left(\dfrac{140}{375}\right)^3 \times 6.5 \times 10^9 + \left[1 - \left(\dfrac{140}{375}\right)^3\right] \times 5.65 \times 10^9$
$= 5.694 \times 10^9 \text{mm}^4$

정답 031. ㉱   032. ㉱   033. ㉯

chapter 03 전단과 비틀림

제1부 철근콘크리트 및 강구조

3-1 전단설계

(1) 개념
① 보에 하중이 작용하면 단면에 휨 모멘트와 전단력이 동시에 생긴다.(설계시 먼저 휨 모멘트에 안전, 전단력에 안전)
② 콘크리트 자신이 전단응력에 저항할 수 있는 한도를 초과하면 전단응력에 의해 전단균열이 발생한다.(전단균열을 방지하기 위해 전단철근을 배치 보강)

(2) 휨 균열과 전단균열

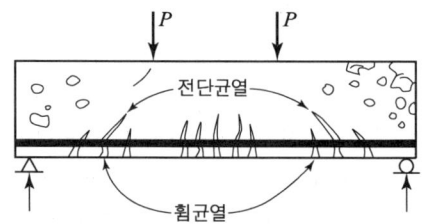

① 단순보의 전단균열은 지점으로부터 유효높이 d만큼 떨어진 곳에서 발생한다.
② 휨 모멘트에 의한 휨 균열이 먼저 발생하고 그 끝에서 45° 경사방향으로 전단균열이 발생한다.

(3) 전단철근
① 콘크리트의 전단강도가 작기 때문에 전단균열이 발생하는 것이므로 따로 철근을 배치한다.
② 전단철근, 사인장 철근, 복부철근(보에서)은 같은 용어이다.
③ 전단철근에는 스터럽과 절곡철근(굽힘철근)이 있다.

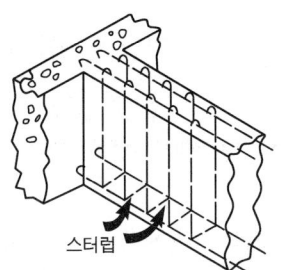
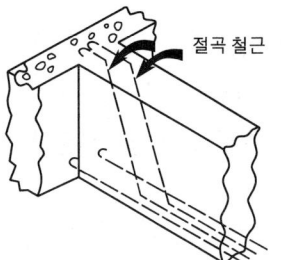
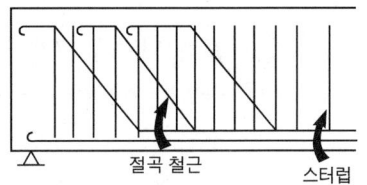

- 주철근에 직각 또는 직각에 가까운 각도로 주철근을 감은 철근(스터럽)
- 주철근에 45° 이상 경사지게 배치한 스터럽(경사 스터럽)
- 일반적으로 수직 스터럽이 많이 사용된다.

- 인장철근을 30° 이상 각도로 휘어 올린 절곡철근(굽힘철근)

- 수직 스터럽과 절곡철근이 같이 배근한 경우

◎ 스터럽 종류

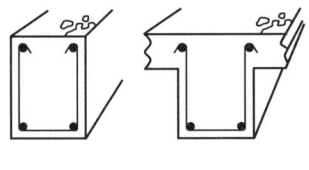
⬆ U형 스터럽

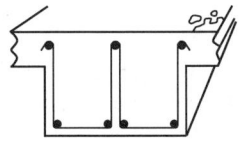
⬆ W형 스터럽

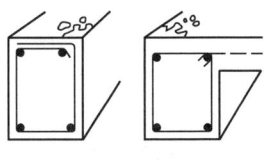
⬆ 폐합 스터럽

- 폐합 스터럽 : 주철근을 완전히 둘러 감은 스터럽으로, 폐합 스터럽은 부(−)의 휨 모멘트를 받는 부재 또는 비틀림을 받는 부재에 사용된다.

(4) 전단강도

1) 콘크리트의 전단강도

$$V_c = \frac{1}{6} \lambda \sqrt{f_{ck}}\, b_w \cdot d$$

2) 전단철근에 의한 전단강도

① 부재축에 직각인 전단철근

$$V_s = \frac{A_v f_{yt} d}{s}$$

② 경사 스터럽을 전단철근으로 사용하는 경우

$$V_s = \frac{A_v f_{yt} (\sin\alpha + \cos\alpha)\, d}{s}$$

③ 전단강도 $V_s = 0.2\left(1 - \dfrac{f_{ck}}{250}\right)f_{ck}\,b_w\,d$ 이하로 하여야 한다. 만일 초과할 경우에는 보의 단면을 크게 늘려야 한다.

④ 종방향 철근을 절곡하여 전단철근으로 사용할 때에는 그 경사길이의 중앙 3/4만이 전단철근으로 유효하다.

⑤ 전단철근이 1개의 굽힘철근 또는 받침부에서 모두 같은 거리에서 구부린 평행한 1조의 철근으로 구성될 경우 전단강도

$$V_s = A_v\,f_{yt}\sin\alpha$$

단, $V_s = 0.25\sqrt{f_{ck}}\,b_w\,d$ 를 초과할 수 없다.

(5) 전단철근의 설계

1) 전단을 휨 부재의 소요전단강도(V_u)

① $V_u \leq \phi\,V_n$

② $V_n = V_c + V_s$

여기서, V_n : 공칭 전단강도
V_c : 콘크리트가 부담하는 전단강도
V_s : 전단철근이 부담하는 전단강도

2) 전단철근의 배치

① $V_u \leq \dfrac{1}{2}\phi\,V_c$의 경우

- 전단철근이 필요하지 않다.

② $\dfrac{1}{2}\phi\,V_c < V_u \leq \phi\,V_c$의 경우

- 최소전단철근을 배근한다.
- $A_{v\min} = 0.0625\sqrt{f_{ck}}\,\dfrac{b_w \cdot s}{f_{yt}}$

단, 최소전단철근량은 $0.35\dfrac{b_w \cdot s}{f_{yt}}$ 보다 작지 않아야 한다.

여기서 b_w와 s의 단위는 mm이다.

③ $V_u > \phi\,V_c$

- 전단철근을 배치한다.
- $V_u = \phi(V_c + V_s)$

$\therefore\;V_s = \dfrac{A_v \cdot f_{yt} \cdot d}{s}$

3) 전단철근의 상세
    ① 전단철근의 설계기준 항복강도는 500MPa를 초과하여 취할 수 없다. 단, 용접 이형 철망을 사용할 경우는 전단철근의 설계 기준 항복 강도는 600MPa를 초과하여 취할 수 없다.
    ② 전단철근의 간격
    - 부재 축에 직각으로 스터럽을 사용할 경우 철근 콘크리트 부재일 경우는 $d/2$ 이하, 프리스트레이트 콘크리트 부재일 경우는 $0.75h$ 이하이어야 하고 또 어느 경우이든 600mm 이하
    - 경사 스터럽과 굽힘 철근은 부재의 중간 높이 $0.5d$ 에서 반력점 방향으로 주 인장 철근까지 연장된 45° 방향선과 한번 이상 교차되도록 배치해야 한다.
    - $V_s > \lambda \frac{1}{3} \sqrt{f_{ck}}\, b_w d$ 인 경우에는 위의 규정된 최대 간격을 1/2로 감소시킨다. 즉, $d/4$ 이하, 300mm 이하로 배치한다.

4) 전단 마찰
    ① 전단 마찰철근이 전단면에 수직한 경우
    $$V_n = A_{vf} \cdot f_y \cdot \mu$$
    여기서, V_n : 공칭전단강도
    A_{vf} : 전단 마찰철근의 단면적
    μ : 전단마찰계수

    ② 전단 마찰철근이 전단면과 경사를 이루어 작용 전단력에 의해 전단 마찰철근에 인장력이 일어날 경우
    $$V_n = A_{vf} \cdot f_y (\mu \sin \alpha_f + \cos \alpha_f)$$
    여기서, α_f : 전단 마찰철근과 전단면 사이의 각

    ③ 전단강도(V_n)는 $0.2 f_{ck} \cdot A_c$ 또는 $5.5 A_c$ 이하로 한다.
    여기서, A_c는 전단 전달을 저항하는 콘크리트 단면의 면적이다.

    ④ 전단 마찰철근의 설계기준 항복강도는 500MPa 이하로 한다.
    ⑤ 전단면상에 순인장력이 작용할 때는 이에 저항하기 위해서 철근을 추가로 두어야 한다.

3-2 비틀림 설계

(1) 비틀림 모멘트에 필요한 보강철근 배치(철근 콘크리트 부재)

$$T_u \geq \phi \lambda \frac{\sqrt{f_{ck}}}{12}\left(\frac{A_{cp}^2}{P_{cp}}\right)$$

(2) 비틀림 모멘트에 저항하기 위한 수직철근

$$T_n = \frac{2A_o \cdot A_t \cdot f_{yt}}{s}\cot\theta$$

(3) 비틀림 모멘트에 저항하기 위한 추가적인 종방향 철근

$$A_l = \frac{A_t}{s}P_h\left(\frac{f_{yt}}{f_y}\right)\cot^2\theta$$

여기서, T_u : 계수 비틀림 모멘트
T_n : 공칭 비틀림 모멘트 강도
A_o : $0.85A_{oh}$
θ : 압축 경사재의 경사각(30° 이상, 60° 이하)
A_t : 간격 s 내의 비틀림에 저항하는 폐쇄 스터럽 1가닥의 단면적
f_y : 철근의 설계 기준 항복강도
f_{yt} : 횡방향 철근의 설계 기준 항복강도
P_h : 가장 바깥의 횡방향 폐쇄 스터럽의 중심선의 둘레
s : 비틀림 철근의 간격

직사각형 단면에서
$$A_{cp}^2 = b^2 \cdot h^2, \quad P_{cp} = 2(b+h)$$

(4) 비틀림 철근의 상세

① 종방향 비틀림 철근은 양단에 정착되어야 한다.

② 비틀림 모멘트를 받는 철근의 중심선에서 단면 내벽까지의 거리가 $0.5\dfrac{A_{oh}}{P_h}$ 이상이 되어야 한다.

③ 횡방향 비틀림 철근의 간격은 $\dfrac{P_h}{8}$ 보다 작아야 하고 또한 300mm보다 작아야 한다.

④ 비틀림에 요구되는 종방향 철근은 폐쇄 스터럽의 둘레를 따라 300mm 이하의 간격으로 분포시켜야 한다.

⑤ 종방향 철근이나 긴장재는 스터럽의 내부에 배치시켜야 한다.
⑥ 종방향 철근의 직경은 스터럽 간격의 $\frac{1}{24}$ 이상이어야 하며 D10 이상의 철근이어야 한다.
⑦ 비틀림 철근은 계산상으로 필요한 위치에서 $(b_t + d)$ 이상의 거리까지 연장시켜 배치한다.
⑧ 경사 균열폭을 제어하기 위해 비틀림 철근의 설계기준 항복강도는 500MPa를 초과해서는 안 된다.

(5) 비틀림 보강철근

① 부재축에 수직인 폐쇄 스터럽 또는 폐쇄 띠철근
② 부재축에 수직인 횡방향 강선으로 구성된 폐쇄 용접철망
③ 철근 콘크리트 보에서 나선철근

Chapter 03 전단과 비틀림

기출문제

문제 001
강도 설계에서 부재의 공칭 전단응력 V_n은? (단, V_u은 단면의 총 작용 전단력이다.)

㉮ $V_n = \dfrac{V_u}{\phi \cdot b_w \cdot d}$　　　㉯ $V_n = \dfrac{V_u \phi}{b_w \cdot d}$

㉰ $V_n = \dfrac{V_u \cdot d}{\phi \cdot b_w}$　　　㉱ $V_n = \dfrac{V_u \cdot b_w}{\phi \cdot d}$

문제 002
직사각형 보(b=30cm, d=55cm)에서 콘크리트가 부담할 수 있는 공칭 전단강도는? (단, 설계강도법 f_{ck}=24MPa, λ=1.0)

㉮ 63900N　　㉯ 74130N　　㉰ 96750N　　㉱ 135000N

해설 $V_c = \dfrac{1}{6} \lambda \sqrt{f_{ck}}\, b_w\, d = \dfrac{1}{6} \times 1.0 \times \sqrt{24} \times 0.3 \times 0.55 = 0.135\text{MN} = 135000\text{N}$

문제 003
폭 50cm, 유효깊이 80cm인 철근 콘크리트 보에서 f_{ck} 28MPa인 콘크리트를 사용할 때 계수 전단력 V_u이 얼마 이하라야 전단철근이 필요없는 부재가 되는가? (단, λ=1.0)

㉮ 124200N　　㉯ 141100N　　㉰ 132287N　　㉱ 150700N

해설
$\phi V_n \leq \dfrac{1}{2}\phi \cdot \dfrac{1}{6}\lambda\sqrt{f_{ck}}\, b_w \cdot d$

$\leq \dfrac{1}{2} \times 0.75 \times \dfrac{1}{6} \times 1.0 \times \sqrt{28} \times 500 \times 800$

$\leq 132287\text{N}$

문제 004
이론상 전단 보강 철근이 필요없지만 최소 전단 철근량 $A_s = 0.35\dfrac{b_w \cdot s}{f_{yt}}$를 배치하도록 규정하고 있다. 계수 전단력(factored shear) V_u의 범위가 맞는 것은? (단, 강도설계법이고, V_c는 콘크리트가 부담하는 전단 강도이다.)

㉮ $V_u \leq \phi \cdot V_c$　　　㉯ $\dfrac{V_c}{2} < V_u \leq V_c$

㉰ $\dfrac{\phi \cdot V_c}{2} < V_u \leq \phi \cdot V_c$　　　㉱ $V_u \leq V_c$

정답 001. ㉮　002. ㉱　003. ㉰　004. ㉰

문제 005

강도설계법에서 그림과 같은 단철근 직사각형 보에서 수직 스터럽(stirrup)의 간격을 30cm로 할 때 최소 전단 보강 철근의 단면적은 얼마 이상이면 좋겠는가? (단, f_{ck}=28MPa, f_y=300MPa)

㉮ 0.5cm² ㉯ 1.90cm²
㉰ 1.05cm² ㉱ 2.25cm²

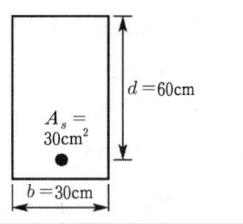

해설 $A_{v\min} = 0.35 \dfrac{b_w \cdot s}{f_{yt}} = 0.35 \dfrac{0.3 \times 0.3}{300} = 0.000105 \text{m}^2 = 1.05 \text{cm}^2$

문제 006

철근 콘크리트 보에서 전단철근의 설계에 대한 설명 중 틀린 것은?

㉮ 계수 전단강도 V_u가 ϕV_c보다 적으면 전단보강이 필요 없다.
㉯ 용접이형철망을 제외한 전단철근의 f_y는 항상 500MPa 이하라야 한다.
㉰ $V_s \leq \dfrac{1}{3}\lambda\sqrt{f_{ck}}\,b_w d$인 경우 수직 스터럽의 간격은 $\dfrac{d}{2}$ 이하, 600mm 이하라야 한다.
㉱ 전단철근이 받아야 할 전단강도 $V_s = 0.2\left(1 - \dfrac{f_{ck}}{250}\right)f_{ck}\,b_w\,d$ 이하라야 한다.

해설
- $V_u \leq \dfrac{1}{2}\phi V_c$의 경우 전단철근이 필요하지 않다.
- $V_s > \dfrac{1}{3}\lambda\sqrt{f_{ck}}\,b_w d$인 경우 수직 스터럽의 간격은 $\dfrac{d}{4}$ 이하, 300mm 이하로 배치한다.

문제 007

전단 보강 철근의 설계 항복 강도는 다음 어느 값을 초과할 수 없는가?

㉮ 400 MPa ㉯ 420 MPa ㉰ 500 MPa ㉱ 520 MPa

문제 008

길이가 3m인 캔틸레버 보의 자중을 포함한 설계하중이 0.1MN/m일 때 위험 단면에서 전단철근이 부담해야 할 전단력을 강도설계법으로 구하면? (단, f_{ck}=24MPa, f_y=300MPa, b=30cm, d=50cm, λ=1.0)

㉮ 0.13MN ㉯ 0.19MN ㉰ 0.21MN ㉱ 0.25MN

해설
- $V_u \leq \phi V_n$
  여기서, $V_n = V_c + V_s$
  $V_u = w \cdot l - w \cdot d = 0.1 \times 3 - 0.1 \times 0.5 = 0.25 \text{MN}$
  $V_c = \dfrac{1}{6}\lambda\sqrt{f_{ck}}\,b_w d = \dfrac{1}{6} \times 1.0 \times \sqrt{24} \times 0.3 \times 0.5 = 0.12247 \text{MN}$
- $V_u \leq \phi V_n$
  $0.25 = 0.75(0.12247 + V_s)$
  $\therefore V_s = 0.21 \text{MN}$

정답 005. ㉰ 006. ㉮ 007. ㉰ 008. ㉰

문제 009

D13 철근을 U형 스터럽으로 가공하여 30cm 간격으로 부재축에 직각이 되게 설치한 전단 보강 철근의 강도 V_s는? (단, f_{yt} =400MPa, d =60cm, D13 철근의 단면적은 1.27cm²로 계산하며 강도 설계임)

㉮ 101600N   ㉯ 203200N   ㉰ 406400N   ㉱ 812800N

해설 $V_s = \dfrac{A_v \cdot f_{yt} \cdot d}{s} = \dfrac{2.54 \times 10^{-4} \times 400 \times 0.6}{0.3} = 0.2032\text{MN} = 203200\text{N}$

여기서, U형 스터럽 $A_v = 2 \times 1.27 = 2.54 \times 10^{-4} \text{m}^2$

문제 010

철근 콘크리트 보에서 단부에 스터럽을 배치하는 이유 중에서 가장 적합한 것은?

㉮ 콘크리트의 강도를 높이기 위하여
㉯ 철근이 미끄러지는 것을 방지하기 위하여
㉰ 보에 생기는 휨 모멘트에 저항시키기 위하여
㉱ 보에 생기는 전단응력에 저항시키기 위하여

해설 전단응력에 의한 균열(사인장 균열)을 막기 위해 전단보강 철근 또는 사인장 철근의 전단 철근을 배치한다.

보충 사인장 응력은 중립축과 45°의 경사를 이루며 발생한다.

문제 011

철근콘크리트 보에 스터럽을 배근하는 가장 중요한 이유로 옳은 것은?

㉮ 주철근 상호간의 위치를 바르게 하기 위하여
㉯ 보에 작용하는 사인장 응력에 의한 균열을 제어하기 위하여
㉰ 콘크리트와 철근과의 부착강도를 높이기 위하여
㉱ 압축측 콘크리트의 좌굴을 방지하기 위하여

해설 전단응력에 의한 균열(사인장 균열)을 막기 위해 전단보강철근(스터럽) 또는 사인장 철근의 전단철근을 배치한다.

문제 012

다음 철근 중에서 휨모멘트에 의한 응력을 받지 않는 철근은?

㉮ 압축철근   ㉯ 정철근   ㉰ 사인장 철근   ㉱ 주철근

해설 사인장 철근은 전단응력에 저항하기 위해 배근한다.

보충
- 전단보강을 위해 스터럽을 주로 사용한다.
- 부착응력에 대한 검토는 인장철근에서 한다.

정답 009. ㉯   010. ㉱   011. ㉯   012. ㉰

문제 013

콘크리트 구조기준에서 규정하고 있는 최소 전단철근 및 전단철근의 강도에 대한 설명으로 옳은 것은? (단, b_w 는 복부폭, s 는 전단철근간격이다.)

㉮ 최소 전단철근은 경사균열폭이 확대되는 것을 억제함으로써 사인장응력에 의한 콘크리트의 취성파괴를 방지하기 위한 것이다.
㉯ 전단철근의 최대 전단강도(V_s)는 $\frac{1}{3}\sqrt{f_{ck}}\,b_w d$ 이하로 하여야 한다.
㉰ 최소 전단철근은 모든 철근콘크리트 휨부재에 배치하여야 한다.
㉱ 전단철근의 설계기준 항복강도는 300Mpa를 초과할 수 없다.

해설
- 전단철근의 최대 전단강도(V_s)는 $0.2\left(1-\dfrac{f_{ck}}{250}\right)f_{ck}\,b_w\,d$ 이하로 하여야 한다.
- 최소 전단철근은 슬래브와 기초판, 콘크리트 장선구조, 교대 벽체 및 날개벽, 옹벽의 벽체, 암거 등과 같이 휨이 주거동인 판 부재를 제외하고 철근콘크리트 휨부재에 배치하여야 한다.
- 전단철근의 설계기준 항복강도는 500MPa를 초과할 수 없다.

문제 014

전단설계 시에 깊은 보(deep beam)란 부재의 상부 또는 압축면에 하중이 작용하는 부재로 l_n/d 이 최대 얼마보다 작은 경우인가? (단, l_n : 받침부 내면 사이의 순경간, d : 종방향 인장철근의 중심에서 압축측 연단까지의 거리)

㉮ 3   ㉯ 4   ㉰ 5   ㉱ 6

해설 깊은 보란 부재의 상부 또는 압축면에 하중이 작용하는 부재로 $l_n/d < 4$ 이다.

문제 015

철근 콘크리트 부재의 전단철근으로 부적당한 것은?

㉮ 주인장 철근에 30° 이상의 경사로 설치되는 스터럽
㉯ 주인장 철근에 45° 이상의 경사로 설치되는 스터럽
㉰ 주인장 철근에 30° 이상의 경사로 구부린 굽힘철근
㉱ 나선철근

해설 전단철근으로 주철근에 45° 이상 경사스터럽, 수직스터럽, 주철근에 30° 이상 굽힘철근, 나선철근 등이 적당하다.

문제 016

굽힘철근에 대한 다음 설명 중 잘못된 것은?

㉮ 보의 정철근 또는 부철근을 둘러싸고 이에 직각되게 또는 경사지게 배치한 복부철근이다.
㉯ 정철근 또는 부철근을 구부려 올리거나 또는 구부려 내린 복부철근이다.
㉰ D38 이상인 굽힘철근의 구부리는 내면반지름은 철근지름의 5배 이상으로 하여야 한다.
㉱ 전단철근의 한 종류이다.

정답 013. ㉮   014. ㉯   015. ㉮   016. ㉮

해설 • 정철근 또는 부철근을 둘러싸고 이에 직각되게 또는 경사지게 배치한 복부철근은 스터럽이다.
• 굽힘(절곡) 철근은 정철근 또는 부철근을 굽혀 올리거나 내린 철근이며 전단 철근의 일종이다.

보충 • 배력철근은 응력을 분포시킬 목적으로 정(+)철근 또는 부(−)철근과 직각 또는 직각에 가까운 방향으로 배치하는 보조적인 철근이다.
• 배력철근을 배치하는 이유
① 하중을 고르게 분포시킨다.
② 주철근 간격을 유지시킨다.
③ 콘크리트의 건조수축이나 온도 변화에 의한 콘크리트의 신축을 억제하기 위함이다.

문제 017

철근콘크리트 부재의 전단철근에 관한 다음 설명 중 옳지 않은 것은?

㉮ 주인장철근에 30° 이상의 각도로 구부린 굽힘철근도 전단철근으로 사용할 수 있다.
㉯ 전단철근의 설계기준 항복강도는 300MPa을 초과할 수 없다.
㉰ 부재축에 직각으로 설치되는 스터럽의 간격은 0.5d 이하, 600mm 이하로 하여야 한다.
㉱ 최소전단 철근은 $A_v = 0.35 \dfrac{b_w \cdot s}{f_{yt}}$ 의 단면적을 두어야 한다. (s : 전단철근의 간격(mm), b_w : 복부의 폭(mm))

해설 전단철근의 설계기준 항복강도는 500MPa를 초과할 수 없다.

보충 • $V_s > \dfrac{1}{3} \lambda \sqrt{f_{ck}} b_w d$ 일 경우

스터럽의 간격은 $\dfrac{d}{4}$ 이하, 300mm 이하

• 전단강도 V_s는 $0.2\left(1 - \dfrac{f_{ck}}{250}\right) f_{ck} b_w d$ 이하로 하여야 한다.

문제 018

b_w=250mm, d=500mm, f_{ck}=24MPa, f_{yt}=400MPa인 직사각형 보에서 콘크리트가 부담하는 설계전단강도(ϕV_c)는? (단, λ=1.0)

㉮ 76.5 kN
㉯ 86.3 kN
㉰ 94.7 kN
㉱ 98.5 kN

해설 • $\phi V_c = \phi \dfrac{1}{6} \lambda \sqrt{f_{ck}} b_w d = 0.75 \times \dfrac{1}{6} \times 1.0 \times \sqrt{24} \times 250 \times 500 = 76546N ≒ 76.5kN$

• 전단철근이 부담할 전단강도

$V_s = \dfrac{A_v f_{yt} d}{s}$

• 전단강도(V_s)는 $0.2\left(1 - \dfrac{f_{ck}}{250}\right) f_{ck} b_w d$ 이하로 하여야 한다.
• 부재축에 직각으로 설치되는 스터럽의 간격은 0.5d 이하, 600mm 이하로 한다.

정답 017. ㉯ 018. ㉮

문제 019

강도설계에서 전단철근의 공칭전단강도가 $(\lambda \sqrt{f_{ck}}/3) b_w \cdot d$를 초과하는 경우 전단철근의 최대 간격은? (단, b_w는 복부의 폭이고 d는 유효깊이이다.)

㉮ $\dfrac{d}{2}$ 이하, 600mm 이하   ㉯ $\dfrac{d}{2}$ 이하, 300mm 이하

㉰ $\dfrac{d}{4}$ 이하, 600mm 이하   ㉱ $\dfrac{d}{4}$ 이하, 300mm 이하

해설
- $V_s > \dfrac{1}{3}\lambda\sqrt{f_{ck}}\,b_w\,d$ 일 경우 전단철근의 최대간격은 $\dfrac{d}{4}$ 이하, 300mm 이하로 한다.
- 부재축에 직각으로 설치되는 스터럽의 간격은 철근콘크리트 부재의 경우 $\dfrac{d}{2}$ 이하, 600mm 이하로 전단철근의 간격을 유지한다.

문제 020

전단철근이 받을 수 있는 최대 전단강도는? (단, f_{ck}는 콘크리트의 압축강도, b_w는 보의 복부 폭, d는 보의 유효깊이이다.)

㉮ $0.2\left(1 - \dfrac{f_{ck}}{250}\right) f_{ck}\, b_w\, d$ ㉯ $\dfrac{1}{3}\sqrt{f_{ck}}\,b_w d$

㉰ $\dfrac{5}{4}\sqrt{f_{ck}}\,b_w d$ ㉱ $\dfrac{4}{5}\sqrt{f_{ck}}\,b_w d$

해설
- 전단 보강 철근이 받을 수 있는 최대 전단강도
$$V_s = 0.2\left(1 - \dfrac{f_{ck}}{250}\right) f_{ck}\, b_w\, d$$
- 콘크리트가 부담할 수 있는 전단강도
$$V_c = \dfrac{1}{6}\lambda\sqrt{f_{ck}}\,b_w \cdot d$$

문제 021

계수 전단력 V_u =36kN을 콘크리트만으로 지지하고자 할 때 필요한 최소의 직사각형 단면적은? (단, f_{ck}=24MPa, λ=1.0)

㉮ 54270mm^2 ㉯ 85460mm^2
㉰ 117570mm^2 ㉱ 125360mm^2

해설
- $V_u \leq \dfrac{1}{2}\phi V_c$일 때 최소 전단 철근을 배치하지 않아도 된다.
- $V_u = \dfrac{1}{2}\phi V_c = \dfrac{1}{2}\times 0.75 \times \dfrac{1}{6}\lambda\sqrt{f_{ck}}\,b_w\cdot d$

$$\therefore b_w \cdot d = \dfrac{V_u}{\dfrac{1}{2}\times 0.75 \times \dfrac{1}{6}\lambda\sqrt{f_{ck}}} = \dfrac{0.036}{\dfrac{1}{2}\times 0.75 \times \dfrac{1}{6}\times 1.0 \times \sqrt{24}}$$
$$= 0.11757\text{m}^2 = 1175.7\text{cm}^2 = 117570\text{mm}^2$$

정답 019. ㉱ 020. ㉮ 021. ㉰

문제 022

단철근 직사각형보에서 계수전단력 V_u가 ϕV_c의 1/2를 초과하고 ϕV_c 이하로 계산되어 최소 전단철근을 배치하려고 한다. 이때 전단철근의 최소단면적을 구하면? (단, b_w=350mm, 스터럽 간격=200mm, d=400mm, f_{ck}=24MPa, f_{yt}=300MPa)

㉮ 70mm² ㉯ 82mm² ㉰ 93mm² ㉱ 113mm²

해설 $\frac{1}{2}\phi V_c < V_u \leq \phi V_c$ 인 경우 최소 전단 철근을 배치한다.

① $A_v = 0.35\dfrac{b_w s}{f_{yt}} = 0.35 \times \dfrac{350 \times 200}{300} \fallingdotseq 82\text{mm}^2$

② 콘크리트 최소 단면적 $b_w \cdot d$

$V_u = \phi V_c = \phi\dfrac{1}{6}\lambda\sqrt{f_{ck}}\,b_w \cdot d$ $\therefore b_w \cdot d = \dfrac{V_u}{\phi \cdot \dfrac{1}{6}\lambda\sqrt{f_{ck}}}$

문제 023

단철근 직사각형보에서 부재축에 직각인 전단 보강 철근이 부담해야 할 전단력 V_s가 350kN이라 할 때 전단 보강 철근의 간격 s는 얼마 이하라야 하는가? (단, A_v=253mm², f_{yt}=400MPa, f_{ck}=28MPa, b_w=300mm, d=580mm, λ=1.0)

㉮ 145mm ㉯ 168mm ㉰ 186mm ㉱ 290mm

해설
- $s = \dfrac{A_v f_{yt} d}{V_s} = \dfrac{253 \times 10^{-6} \times 400 \times 0.58}{0.35} = 0.1677\text{m} = 167.7\text{mm}$

- $V_s > \dfrac{1}{3}\lambda\sqrt{f_{ck}}\,b_w d$ 인 경우 : $\dfrac{d}{4}$ 이하, 300mm 이하로 한다.

$\dfrac{1}{3}\lambda\sqrt{f_{ck}}\,b_w d = \dfrac{1}{3} \times 1.0 \times \sqrt{28} \times 0.3 \times 0.58 = 0.3069\text{MN} = 306.9\text{kN}$

350kN > 306.9kN 이므로

$\therefore s = \dfrac{d}{4} = \dfrac{580}{4} = 145\text{mm}$

문제 024

강도설계법에 의한 전단 설계에 대한 설명 중 틀린 것은? (단, d=유효 깊이, b_w=복부폭, f_{ck}=콘크리트의 설계기준강도(MPa), V_u=계수전단력, ϕV_c=콘크리트에 의한 전단강도)

㉮ 일반적으로 전단철근의 설계기준항복강도는 500MPa를 초과할 수 없다.
㉯ 전단철근이 부담하는 전단강도 V_s는 $0.25\sqrt{f_{ck}}\,b_w d$를 초과할 수 없다.
㉰ 전단철근으로 사용된 스터럽은 압축연단에서 d/2만큼 연장되어야 한다.
㉱ 일반적으로 V_u가 ϕV_c의 1/2를 초과하는 경우는 최소 단면적의 전단철근을 배근하여야 하는데, 슬래브와 기초판에는 최소 단면적의 전단철근을 배치하지 않아도 된다.

정답 022. ㉯ 023. ㉮ 024. ㉰

해설 전단 철근은 압축 연단에서 d 거리까지 연장되어야 한다.

보충
- 전단 철근인 수직 스터럽의 최대 간격은 $0.5d$ 이하, 60cm 이하
- $V_s > \dfrac{1}{3}\lambda\sqrt{f_{ck}}\,b_w d$ 인 경우에는 $0.5d/2$ 이하, $60/2$cm 이하여야 한다.
- 최소 전단 철근량 $A_v = 0.35\dfrac{b_w \cdot s}{f_{yt}}$
- $V_c = \dfrac{1}{6}\lambda\sqrt{f_{ck}}\,b_w d$

문제 025

그림에 나타난 직사각형 단철근보의 공칭 전단강도 V_n을 계산하면? (단, 철근 D13을 스터럽(stirrup)으로 사용하며, 스터럽 간격은 150mm이다. 철근 D13 1본의 단면적은 126.7mm^2, f_{ck}=28MPa, f_{yt}=350MPa, λ=1.0)

㉮ 120 kN ㉯ 133 kN
㉰ 253 kN ㉱ 385 kN

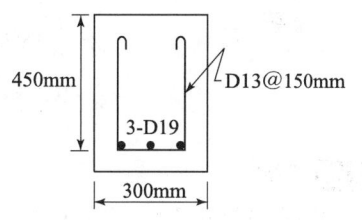

해설
- $V_c = \dfrac{1}{6}\lambda\sqrt{f_{ck}}\,b_w \cdot d = \dfrac{1}{6}\times 1.0 \times \sqrt{28}\times 0.3 \times 0.45 = 0.1191\text{MN}$
- $V_s = \dfrac{A_v f_{yt} d}{s} = \dfrac{2\times 126.7 \times 10^{-6} \times 350 \times 0.45}{0.15} = 0.2661\text{MN}$
- $\therefore V_n = V_c + V_s = 0.1191 + 0.2661 = 0.3852\text{MN} = 385.2\text{kN}$

문제 026

계수전단강도 V_u=60kN을 받을 수 있는 직사각형 단면이 최소 전단철근 없이 견딜 수 있는 콘크리트의 유효깊이 d는 최소 얼마 이상이어야 하는가? (단, f_{ck}=24MPa, b=350mm, λ=1.0)

㉮ 618mm ㉯ 559mm ㉰ 434mm ㉱ 328mm

해설 최소 전단 철근이 필요 없는 경우

$$V_u \leq \dfrac{1}{2}\phi V_c = \dfrac{1}{2}\phi \dfrac{1}{6}\lambda\sqrt{f_{ck}}\,b_w d$$

$$60\times 10^{-3} = \dfrac{1}{2}\times 0.75 \times \dfrac{1}{6}\times 1.0 \times \sqrt{24}\times 0.35 \times d$$

$$\therefore d = 0.559\text{m} = 559\text{mm}$$

보충
- 최소 전단 철근량 ($\dfrac{1}{2}\phi V_c < V_u$일 경우)

$$A_v = 0.35\dfrac{b_w s}{f_{yt}}$$

- 콘크리트가 부담하는 전단강도

$$V_c = \dfrac{1}{6}\lambda\sqrt{f_{ck}}\,b_w d$$

정답 025. ㉱ 026. ㉯

문제 027

다음과 같은 철근콘크리트 단면에서 전단철근의 보강 없이 저항할 수 있는 최대 계수전단력(V_u)은?
(단, f_{ck}=21MPa, f_y=400MPa, λ=1.0)

㉮ 73.7 kN
㉯ 64.5 kN
㉰ 46.1 kN
㉱ 34.7 kN

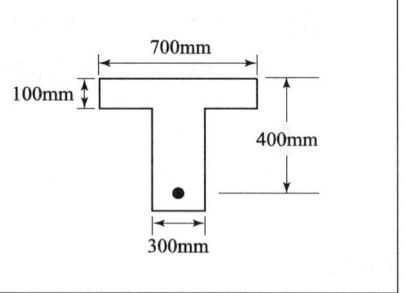

해설
$$V_u \leq \frac{1}{2}\phi V_c = \frac{1}{2}\phi \frac{1}{6}\lambda\sqrt{f_{ck}}\, b_w \cdot d$$
$$= \frac{1}{2} \times 0.75 \times \frac{1}{6} \times 1.0 \times \sqrt{21} \times 0.3 \times 0.4 = 0.0344\text{MN} \fallingdotseq 34.7\text{kN}$$

문제 028

아래 그림과 같은 보에서 계수전단력 V_u=300kN에 대한 가장 적당한 스터럽 간격은? (단, 사용된 스터럽은 철근 D13이다. 철근 D13의 단면적은 127mm², f_{ck}=24MPa, f_{yt}=350MPa, λ=1.0)

㉮ 138mm   ㉯ 150mm
㉰ 250mm   ㉱ 300mm

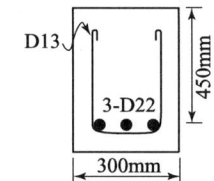

해설
$$V_c = \frac{1}{6}\lambda\sqrt{f_{ck}}\, b_w d = \frac{1}{6} \times 1.0 \times \sqrt{24} \times 0.3 \times 0.45 = 0.1102\text{MN}$$
$$V_u = \phi V_n = \phi(V_c + V_s)$$
$$0.3 = 0.75(0.1102 + V_s)$$
$$\therefore V_s = 0.2898\text{MN}$$
$$V_s = \frac{A_v f_{yt} d}{s}$$
$$\therefore s = \frac{A_v f_{yt} d}{V_s} = \frac{2 \times 127 \times 10^{-6} \times 350 \times 0.45}{0.2898} = 0.138\text{m} \fallingdotseq 138\text{mm}$$

문제 029

자중을 포함한 계수등분포하중 75kN/m을 받는 단철근 직사각형 단면 단순보가 있다. f_{ck}=24MPa, 지간 8m, λ=1.0, b=350mm, d=550mm일 때, 다음 설명 중 옳지 않은 것은?

㉮ 위험단면에서의 전단력은 258.8kN이다.
㉯ 콘크리트가 부담할 수 있는 전단강도는 157.2kN이다.
㉰ 부재축에 직각으로 스터럽을 설치하는 경우 그 간격은 275mm 이하로 설치하여야 한다.
㉱ 전단철근이 필요한 구간은 지점으로부터 1.68m까지이다.

정답 027. ㉱ 028. ㉮ 029. ㉱

해설 • 위험 단면에서의 전단력

$$V_u = \frac{w_u l}{2} - w_u \cdot d = \frac{75 \times 8}{2} - 75 \times 0.55 = 258.8 \text{kN}$$

• 콘크리트가 부담할 수 있는 전단강도

$$V_c = \frac{1}{6} \lambda \sqrt{f_{ck}} b_w d = \frac{1}{6} \times 1.0 \times \sqrt{24} \times 350 \times 550 = 157,175 \text{N} = 157.2 \text{kN}$$

• 전단철근(수직 스터럽)의 최대간격

$0.5d$ 이하, 600mm 이하이므로 $0.5 \times 550 = 275\text{mm}$

• 전단철근이 필요한 구간

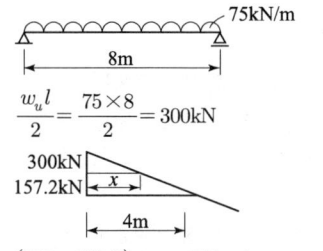

$$\frac{w_u l}{2} = \frac{75 \times 8}{2} = 300 \text{kN}$$

$(300 - 157.2) : x = 300 : 4$ ∴ $x = 1.904\text{m}$

문제 030

전단철근이 부담하는 전단력 $V_s = 150\text{kN}$일 때, 수직스터럽으로 전단보강을 하는 경우 최대 배치간격은 얼마 이하인가? (단, $f_{ck} = 28\text{MPa}$, 전단철근 1개 단면적$= 125\text{mm}^2$, 횡방향 철근의 설계기준항복강도(f_{yt})$=400\text{MPa}$, $b_w = 300\text{mm}$, $d = 500\text{mm}$, $\lambda = 1.0$)

㉮ 600mm   ㉯ 333mm   ㉰ 250mm   ㉱ 167mm

해설 • $\frac{1}{3} \lambda \sqrt{f_{ck}} b_w d = \frac{1}{3} \times 1.0 \times \sqrt{28} \times 300 \times 500 = 264,575\text{N} = 264\text{kN}$

• $V_s = \frac{A_v f_{yt} d}{s}$ ∴ $s = \frac{A_v f_{yt} d}{V_s} = \frac{(2 \times 125) \times 400 \times 500}{150000} = 333\text{mm}$

• $V_s < \frac{1}{3} \lambda \sqrt{f_{ck}} b_w d$ 이므로 $s \leq \frac{d}{2} = \frac{500}{2} = 250\text{mm}$

$s < 600\text{mm}$

∴ 철근간격 s는 최소값인 250mm 이하라야 한다.

문제 031

주어진 T형 단면에서 전단에 대해 위험단면에서 $V_u d/M_u = 0.28$이었다. 휨철근 인장강도의 40% 이상의 유효 프리스트레스 힘이 작용할 때 콘크리트의 공칭전단강도(V_c)는 얼마인가? (단, $f_{ck} = 45\text{MPa}$, V_u : 계수전단력, M_u : 계수휨모멘트, d : 압축측 표면에서 긴장재 도심까지의 거리, $\lambda = 1.0$)

㉮ 185.7 kN   ㉯ 230.5 kN
㉰ 347.8 kN   ㉱ 462.7 kN

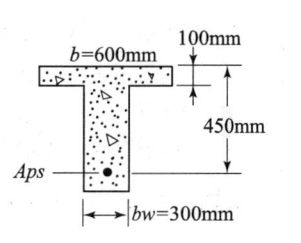

정답 030. ㉰   031. ㉯

해설
- $V_c = \left(0.05\lambda\sqrt{f_{ck}} + 4.9\dfrac{V_u d}{M_u}\right)b_w d = (0.05 \times 1.0 \times \sqrt{45} + 4.9 \times 0.28) \times 300 \times 450$
  $= 230500\text{N} = 230.5\text{kN}$
- V_c는 $\left(\dfrac{\lambda\sqrt{f_{ck}}}{6}\right)b_w d$ 이상 $(5\lambda\sqrt{f_{ck}}/12)b_w d$ 이하이어야 한다.

문제 032

철근콘크리트 깊은 보에 대한 다음 전단설계 방법 중 잘못된 것은? (단, l_n은 받침부 내면 사이의 순경간이다.)

㉮ 깊은 보는 l_n이 부재깊이의 5배 이하이어야 한다.
㉯ 수직전단철근의 간격은 $d/5$ 이하 또한 300mm 이하로 하여야 한다.
㉰ 수평전단철근의 간격은 $d/5$ 이하 또한 300mm 이하로 하여야 한다.
㉱ 깊은 보는 V_n은 $(5\lambda\sqrt{f_{ck}}/6)b_w d$ 이하이어야 한다.

해설 $\dfrac{l_n}{d}$이 4 이하이거나 하중이 받침부로부터 부재깊이의 2배 거리 이내에 작용하고 하중의 작용점과 받침부가 서로 반대편에 있어서 하중 작용점과 받침점 사이에 압축대가 형성될 수 있는 부재에 적용

문제 033

전단마찰에 의한 최대 전단강도(V_n, 단위는 N)를 구하는 방법으로 옳은 것은? (단, f_{ck}는 콘크리트의 압축강도이며, A_c는 전단전달을 저항하는 콘크리트 단면의 면적이다.)

㉮ $0.2f_{ck}A_c$ 또는 $5.5A_c$ 중 작은 값
㉯ $0.2f_{ck}A_c$ 또는 $8.0A_c$ 중 작은 값
㉰ $0.25f_{ck}A_c$ 또는 $5.6A_c$ 중 작은 값
㉱ $0.25f_{ck}A_c$ 또는 $8.0A_c$ 중 작은 값

해설 전단 마찰에 의한 최대 전단강도는 $0.2f_{ck}A_c$ 또는 $5.5A_c$ 중 작은 값으로 한다.

문제 034

비틀림 철근에 대한 설명 중 옳지 않은 것은? (단, P_h : 가장 바깥의 횡방향 폐쇄 스터럽 중심선의 둘레 mm)

㉮ 비틀림 철근의 설계기준항복강도는 500MPa을 초과해서는 안 된다.
㉯ 횡방향 비틀림 철근의 간격은 $P_h/8$보다 작아야 하고 또한 300mm보다 작아야 한다.
㉰ 비틀림에 요구되는 종방향 철근은 폐쇄 스터럽의 둘레를 따라 300mm 이하의 간격으로 분포시켜야 한다.
㉱ 스터럽의 각 모서리에 최소한 세 개 이상의 종방향 철근을 두어야 한다.

해설 스터럽의 각 모서리에 최소한 하나의 종방향 철근이나 긴장재가 있어야 한다.

정답 032. ㉮ 033. ㉮ 034. ㉱

문제 035

현행 콘크리트 구조기준에 의거 비틀림에 대한 규정으로 틀린 것은? (단, 여기에서 T_u는 계수비틀림모멘트이고, T_n은 공칭 비틀림강도, T_c는 콘크리트에 의한 공칭비틀림강도이다.)

㉮ $T_u \leq \phi T_n$, 여기에서 T_n을 계산할 때 모든 비틀림모멘트가 스터럽과 주철근에 의해 저항되는 것으로 보고 $T_c = 0$으로 가정한다.
㉯ 비틀림모멘트에 의해 요구되는 철근은 비틀림모멘트와 조합하여 작용하는 전단력과 휨모멘트 및 축력에 대해서 요구되는 철근에 추가하여야 한다.
㉰ 전단과 비틀림이 동시에 작용할 때 비틀림은 콘크리트의 전단강도 V_c에 영향을 미친다고 가정한다.
㉱ 비틀림 응력은 보가 속이 비고 두께가 얇은 박벽관(thin-walled tube)으로 가정하여 구한다.

해설 전단과 비틀림이 동시에 작용할 때 콘크리트에 의한 전단강도 V_c는 비틀림에 의해서 변하지 않는다고 가정하여야 한다.

문제 036

철근콘크리트 부재의 비틀림 철근 상세에 대한 설명으로 틀린 것은? [단, P_h : 가장 바깥의 횡방향 폐쇄스터럽 중심선의 둘레(mm)]

㉮ 종방향 비틀림 철근은 양단에 정착하여야 한다.
㉯ 횡방향 비틀림 철근의 간격은 $\dfrac{P_h}{4}$ 보다 작아야 하고 또한 200mm보다 작아야 한다.
㉰ 비틀림에 요구되는 종방향 철근은 폐쇄스터럽의 둘레를 따라 300mm 이하의 간격으로 분포시켜야 한다.
㉱ 종방향 철근의 지름은 스터럽 간격의 1/24 이상이어야 하며, D10 이상의 철근이어야 한다.

해설 횡방향 비틀림 철근의 간격은 $P_h/8$ 이하, 300mm 이하로 한다.

문제 037

b_w=250mm이고, h=500mm인 직사각형 철근콘크리트 보의 단면에 균열을 일으키는 비틀림 모멘트 T_{cr}은 얼마인가? (단, f_{ck}=28MPa, λ=1.0)

㉮ 9.8 kN·m ㉯ 11.3 kN·m
㉰ 12.5 kN·m ㉱ 18.4 kN·m

해설 $T_{cr} = \dfrac{1}{3}\lambda\sqrt{f_{ck}}\dfrac{A_{cp}^2}{P_{cp}} = \dfrac{1}{3}\times 1.0 \times \sqrt{28}\,\dfrac{0.125^2}{1.5} = 0.0184\text{MN} = 18.4\text{kN}$

여기서, $A_{cp} = 0.25 \times 0.5 = 0.125\text{m}^2$
$P_{cp} = 0.25 \times 2 + 0.5 \times 2 = 1.5\text{m}$

정답 035. ㉰ 036. ㉯ 037. ㉱

문제 038

그림의 단면에 비틀림에 대해서 횡철근을 설계한 결과 D10 폐쇄 스터럽이 130mm 간격으로 배치되게 되었다. 이 단면에 필요한 종방향 철근의 단면적(A_l)으로 맞는 것은? (단, f_{ck} = 21MPa이고, $f_{yt} = f_y$ =400MPa이다. f_{yt} : 횡방향 비틀림 보강철근의 설계기준 항복강도, f_y : 종방향 비틀림 보강철근의 설계기준 항복강도)

㉮ A_l를 배치할 필요가 없다.
㉯ A_l =932mm^2
㉰ A_l =678mm^2
㉱ A_l =344mm^2

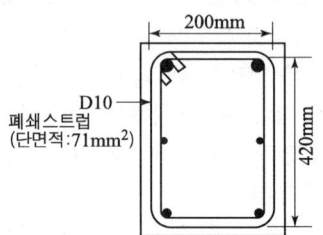

해설 $A_l = \dfrac{A_t}{s} P_h \left(\dfrac{f_{yt}}{f_y}\right) \cot^2\theta = \dfrac{71}{130} \times \{2\times(200+420)\}\cot^2 45° \fallingdotseq 678\text{mm}^2$

문제 039

그림의 단면에 계수비틀림모멘트 T_u =18kN·m가 작용하고 있다. 이 비틀림모멘트에 요구되는 스터럽의 요구단면적은? (단, f_{ck} =21MPa이고, 횡방향 철근의 설계기준항복강도(f_{yt}) = 350MPa, s는 종방향 철근에 나란한 방향의 스터럽 간격, A_t는 간격 s 내의 비틀림에 저항하는 폐쇄스터럽 1가닥의 단면적이고, 비틀림에 대한 강도감소계수(ϕ)는 0.75를 사용한다.)

㉮ $\dfrac{A_t}{s}$ = 0.0641mm^2/mm
㉯ $\dfrac{A_t}{s}$ = 0.641mm^2/mm
㉰ $\dfrac{A_t}{s}$ = 0.0502mm^2/mm
㉱ $\dfrac{A_t}{s}$ = 0.502mm^2/mm

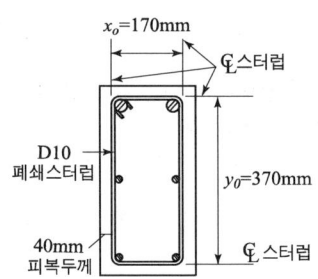

해설 $T_u \leq \phi T_n = \phi \dfrac{2A_o A_t f_{yt}}{s}\cot\theta = \phi \dfrac{2(0.85A_{oh})A_t f_{yt}}{s}\cot\theta$

$18,000,000 = 0.75 \dfrac{2(0.85\times 170\times 370)A_t \times 350}{s}\cot 45°$

$\therefore \dfrac{A_t}{s} = 0.641\text{mm}^2/\text{mm}$

정답 038. ㉰ 039. ㉯

문제 040

현행 콘크리트 구조기준에 의거 프리스트레싱되지 않은 부재를 설계할 때 비틀림에 대한 검토를 무시할 수 있는 기준이 되는 것은? (단, 식에서 p_{cp}는 콘크리트 단면의 외부 둘레 길이(mm)이며, A_{cp}는 콘크리트 단면에서 외부 둘레로 둘러싸인 면적(mm²) 면적이다.)

㉮ $T_u < \phi(\lambda\sqrt{f_{ck}}/24)\dfrac{A_{cp}}{p_{cp}}$

㉯ $T_u < \phi(\lambda\sqrt{f_{ck}}/12)\dfrac{A_{cp}^2}{p_{cp}}$

㉰ $T_u < \phi(\lambda\sqrt{f_{ck}}/13)\dfrac{A_{cp}^2}{p_{cp}}$

㉱ $T_u < \phi(\lambda\sqrt{f_{ck}}/6)\dfrac{A_{cp}}{p_{cp}}$

해설
- 극한 비틀림 모멘트가 $\phi\left(\dfrac{\lambda\sqrt{f_{ck}}}{12}\right)\dfrac{A_{cp}^2}{P_{cp}}$ 보다 클 때 비틀림 설계를 해야 한다.
- 비틀림 부재의 강도감소계수 $\phi = 0.75$이다.
- 비틀림 철근의 설계항복강도는 최대 500MPa이다.
- 비틀림에 대한 종방향 철근은 폐쇄 스터럽의 둘레를 따라 300mm 이하 간격으로 배치한다.

정답 040. ㉯

chapter 04 철근의 정착과 이음

제1부 철근콘크리트 및 강구조

4-1 철근의 정착

(1) 인장 이형철근 및 이형철선의 정착

① 정착길이 $l_d = 300\text{mm}$ 이상이어야 한다.

② 기본 정착길이 $l_{db} = \dfrac{0.6\, d_b \cdot f_y}{\lambda\, \sqrt{f_{ck}}}$

③ 필요한 정착길이 $l_d = l_{db} \times 보정계수(\alpha,\ \beta,\ \lambda)$

(2) 압축 이형철근의 정착

① 정착길이 $l_d = 200\text{mm}$ 이상이어야 한다.

② 기본 정착길이 $l_{db} = \dfrac{0.25\, d_b \cdot f_y}{\lambda\, \sqrt{f_{ck}}} \geq 0.043\, d_b \cdot f_y$

③ 필요한 정착길이 $l_d = l_{db} \times 보정계수$

(3) 표준 갈고리를 갖는 인장 이형철근의 정착

① 정착길이 $l_{dh} = 기본\ 정착길이(l_{hd}) \times 보정계수$

② 정착길이 l_{dh}는 $8d_b$ 이상, 150mm 이상일 것

③ 기본 정착길이

$$l_{hb} = \dfrac{0.24\beta d_b f_y}{\lambda\, \sqrt{f_{ck}}}$$

④ 표준갈고리를 갖는 인장 이형철근의 기본 정착길이 l_{hb}에 대한 보정계수
- D35 이하 철근에서 갈고리 평면에 수직방향인 측면 피복 두께가 70mm 이상이며 90° 갈고리에 대해서는 갈고리를 넘어선 부분의 철근 피복 두께가 50mm 이상인 경우 ··· 0.7

- D35 이하 90°, 180° 갈고리 철근에서 정착길이 l_{dh} 구간을 $3d_b$ 이하 간격으로 띠철근 또는 스터럽이 정착되는 철근을 수직으로 둘러싼 경우 또는 갈고리 끝 연장부와 구부림부의 전 구간을 $3d_b$ 이하 간격으로 띠철근 또는 스터럽이 정착되는 철근을 평행하게 둘러싼 경우 ·· 0.8

4-2 정착 철근의 상세

(1) 휨철근의 정착

① 휨철근은 휨 모멘트를 저항하는데 더 이상 철근을 요구하지 않는 점에서 부재의 유효깊이 d 또는 $12d_b$ 중 큰 값 이상 더 연장한다.
② 연속철근은 구부려지거나 절단된 인장철근이 휨을 저항하는 데 더 이상 필요하지 않은 점에서 정착길이 l_d 이상의 묻힘길이를 확보한다.
③ 인장철근은 구부려서 복부를 지나 정착하거나 부재의 반대측에 있는 철근 쪽으로 연속하여 정착시킨다.
④ 휨철근은 인장구역에서 절단할 수 없으며 전체 철근량의 50%를 초과하여 한 단면에서 절단하지 않아야 한다.
⑤ 휨철근은 압축구역에서 끝내는 것을 원칙으로 한다.
⑥ 휨철근을 인장측에서 절단할 수 있는 경우
- D35 이하의 철근이며 연속철근이 절단점에서 휨모멘트에 필요한 철근량의 2배 이상 배치되어 있고 전단력이 전단강도의 3/4 이하인 경우
- 절단점의 전단력이 전단철근에 의해 보강된 전단강도를 포함한 전체 전단강도의 2/3 이하인 경우
- 절단점에서 부재 유효깊이의 3/4까지 구간 이상으로 절단된 철근 또는 철선을 따라 전단과 비틀림에 대해 필요한 양을 초과하는 스터럽이 배치되어 있는 경우 이때 초과되는 스터럽의 단면적 A_v는 $0.42\dfrac{b_w \cdot s}{f_y}$ 이상이고 스터럽 간격 s는 $\dfrac{d}{8\beta_b}$ 이내로 한다. 여기서 β_b는 그 단면에서 전체 인장 철근량에 대한 절단 철근량의 비이다.

(2) 정모멘트 철근의 정착

① 단순 부재에서 정철근의 1/3 이상, 연속 부재에서 정철근의 1/4 이상을 부재의 같은 면을 따라 받침부까지 연장한다. 보의 경우는 이러한 철근을 받침부 내로 150mm 이상 연장하여야 한다.

② 깊은 휨부재의 단순 받침부에서 정철근은 받침부 전면에서 f_y를 발휘할 수 있도록 정착되어야 한다. 또한 깊은 휨부재의 내부 받침부에서 정철근은 연속되거나 인접 경간의 정철근과 이어져야 한다.

(3) 부모멘트 철근의 정착

① 연속되거나 구속된 부재, 캔틸레버 부재 또는 강결된 골조의 어느 부재에서나 부철근은 묻힘길이, 갈고리 또는 기계적 정착에 의하여 받침부 내에 정착되거나 받침부를 지나서 정착한다.
② 받침부에서 부 휨모멘트에 대해 배치된 전체 인장 철근량이 1/3 이상은 반곡점을 지나 부재의 유효깊이, $12d_b$, 또는 순경간의 1/16 중 제일 큰 값 이상의 묻힘길이가 필요하다.
③ 깊은 휨부재의 내부 받침부에서 부철근은 인접 경간의 부철근과 연속되어야 한다.

(4) 복부 철근의 정착

① 피복두께 요구조건과 다른 철근과의 간격이 허용하는 한 부재의 압축면과 인장면 가까이까지 연장한다.
② 한 가닥 U형 또는 복 U형 스터럽의 단부는 정착되어야 한다.
- D16 이하 철근 또는 지름 16mm 이하 철선으로 종방향 철근을 둘러싸는 표준 갈고리로 정착한다.
- f_y가 300MPa 이상인 D19, D22, D25 스터럽은 종방향 철근으로 둘러싸는 표준 갈고리 외에 추가로 부재의 중간 깊이에서 갈고리 단부의 바깥까지 $0.17\dfrac{d_b \cdot f_y}{\sqrt{f_{ck}}}$ 이상의 묻힘길이를 확보하여 정착한다.
- U형 스터럽을 구성하는 용접원형철망의 각 가닥은 U형 스터럽의 가닥 상부에 50mm 간격으로 2개의 종방향 철선을 배치한다.
- U형 스터럽을 구성하는 용접 원형철망의 각 가닥 정착하는 데 있어 종방향 철선 하나는 압축면에서 $d/4$ 이하, 두 번째 종방향 철선은 첫 번째 철선으로부터 50mm 이상의 간격으로 압축면에 가까이 배치한다. 이때 두 번째 종방향 철선은 굴곡부 밖에 두거나 또는 굴곡부 내면지름이 $8d_b$ 이상일 경우는 굴곡부상에 둘 수 있다.
- 용접 원형 또는 이형 철망 한 가닥 스터럽에서 각 단부의 정착은 2개의 종방향 철선을 50mm 이상 떨어지도록 배치하되, 안쪽의 철선은 부재의 중간길이 $d/2$에서 $d/4$ 또는 50mm 중 큰 값 이상 떨어지도록 배치한다.
- 장선구조에서 D13 이하 철근 또는 지름 13mm 이하의 철선 스터럽의 경우 표준 갈고리를 두어야 한다.

③ U형 또는 복U형 스터럽의 양 정착단 사이의 연속구간 내의 굽혀진 부분은 종방향 철근을 둘러싸야 한다.
④ 전단철근으로 사용하기 위해 굽혀진 종방향 주철근이 인장구역으로 연장되는 경우에 종방향 주철근과 연속되어야 하고 압축구역으로 연장되는 경우는 응력 f_{yt}을 대신 사용하여 부재의 중간 깊이 $d/2$을 지나서 정착한다.
⑤ 폐쇄형으로 배치된 한 쌍의 U형 스터럽 또는 띠철근은 겹침 이음길이가 $1.3l_d$ 이상일 때 적절하게 이어진 것으로 본다.
⑥ 깊이가 450mm 이상인 부재에서 스터럽의 가닥들이 부재의 전 깊이까지 연장된다면 폐쇄 스터럽의 이음이 적절한 것으로 본다. 이때 한 가닥의 이음부에서 발휘할 수 있는 인장력 $A_b f_y$는 40kN 이하이어야 한다.

4-3 철근의 이음

(1) 겹침이음

① D35를 초과하는 철근은 겹침이음을 하지 않고 용접에 의한 맞댐이음을 한다.
② 다발철근의 겹침이음은 다발 내의 개개 철근에 대한 겹침이음길이를 기본으로 결정한다. 한 다발 내에서 각 철근의 이음은 한 군데에서 중복하지 않아야 한다. 또한 두 다발 철근을 개개 철근처럼 겹침이음을 하지 않아야 한다.
③ 휨 부재에서 서로 직접 접촉되지 않게 겹침이음된 철근은 횡 방향으로 소요 겹침이음 길이의 1/5 또는 150mm 중 작은 값 이상 떨어지지 않아야 한다.

(2) 용접이음과 기계적 연결

① 용접이음은 f_y의 125% 이상 발휘할 수 있게 용접한다.
② 기계적 연결은 f_y의 125% 이상 발휘할 수 있게 기계적 연결을 한다.

(3) 인장 이형 철근 및 이형 철선의 이음

① 겹침이음길이는 300mm 이상이어야 한다.
- A급 이음 : $1.0l_d$
- B급 이음 : $1.3l_d$
  여기서, l_d : 인장이형철근의 정착길이로 보정계수를 적용하지 않는다.
② 이음부에 배치된 철근량이 해석 결과 요구되는 소요 철근량의 2배 미만인 경우에 용접이음 또는 기계적 연결은 요구조건에 만족해야 한다.

③ 겹침이음의 분류
- A급 이음 : 배치된 철근량이 이음부 전체 구간에서 해석 결과 요구되는 소요 철근량의 2배 이상이고 소요 겹침이음길이내 겹침이음된 철근량이 전체 철근량의 1/2 이하인 경우
- B급 이음 : A급 이음에 해당되지 않는 경우

④ 인장 부재의 철근 이음은 완전 용접이나 기계적 연결로 이루어져야 한다. 이때, 인접 철근의 이음은 750mm 이상 떨어져서 서로 엇갈려야 한다.

(4) 압축 이형 철근의 이음

① 겹침이음길이는 f_y가 400MPa 이하인 경우는 $0.072f_y d_b$ 이상, f_y가 400MPa를 초과할 경우는 $(0.13f_y - 24)d_b$ 이상이어야 한다.
② 겹침이음길이는 300mm 이상이어야 한다.
③ 콘크리트의 설계기준강도가 21MPa 미만인 경우는 겹침이음길이를 1/3 증가시켜야 한다.
④ 서로 다른 크기의 철근을 압축부에서 겹침이음하는 경우 이음길이는 크기가 큰 철근의 정착길이와 크기가 작은 철근의 겹침이음길이 중 큰 값 이상으로 한다. 이때 D41과 D51철근은 D35 이하 철근과의 겹침 이음이 허용된다.
⑤ 단부 지압 이음은 폐쇄 띠철근, 폐쇄 스터럽 또는 나선 철근을 배치한 압축부재에서만 사용한다.
⑥ 철근이 압축력만을 받을 경우는 철근과 직각으로 절단된 철근의 양 끝을 적절한 장치에 의해 중심이 잘 맞도록 접촉시킨다. 이때 철근의 양 단부는 철근 축의 직각면에 1.5° 이내의 오차를 갖는 평탄한 면이 되어야 하고 조립 후 지압면의 오차는 3° 이내여야 한다.

4-4 철근의 피복두께

콘크리트 표면에서 가장 바깥쪽 철근의 표면까지의 최단거리를 피복두께라 한다.

(1) 목적

① 철근의 부식을 방지한다.
② 철근과 콘크리트의 부착력을 확보한다.
③ 화재시 철근이 고온이 되는 것을 방지한다.

(2) 프리스트레스 하지 않은 부재의 현장치기 콘크리트의 최소 피복두께

① 수중에 타설하는 콘크리트 : 100mm
② 흙에 접하여 콘크리트를 친 후 영구히 흙에 묻혀 있는 콘크리트 : 75mm
③ 흙에 접하거나 옥외의 공기에 직접 노출되는 콘크리트
- D19 이상의 철근 : 50mm
- D16 이하의 철근 : 40mm

④ 옥외 공기나 흙에 직접 접하지 않는 콘크리트
- 슬래브, 벽체, 장선 구조 : 40mm(D35 초과), 20mm(D35 이하)
- 보, 기둥 : 40mm

4-5 철근의 간격

(1) 나선 및 띠철근 기둥

① 축방향 철근의 순간격 40mm 이상
② 철근 지름의 1.5배 이상
③ 굵은골재 최대치수의 4/3배 이상

(2) 보의 주철근 수평 순간격

① 25mm 이상
② 철근의 공칭지름 이상
③ 굵은골재 최대치수의 4/3배 이상

(3) 보의 주철근 2단 이상 배치

① 상하 철근을 동일 연직선 내에 둔다.
② 연직 순간격은 25mm 이상

(4) 다발철근

① 2개 이상의 철근을 묶어서 사용하는 다발철근은 그 수가 4개 이하로 묶어야 한다.
② 각 철근다발의 철근단은 철근 모두를 지점에서 끝나게 하지 않는다면 철근 지름의 40배 이상 길이로 서로 엇갈리게 끝내야 한다.

Chapter 04 철근의 정착과 이음

기 출 문 제

문제 001
강도설계법에서 인장을 받는 이형철근의 정착길이 l_d는 얼마 이상이어야 하는가? (단, 갈고리가 없는 경우이다.)

㉮ l_d =300mm 이상　　　　　　　㉯ l_d =400mm 이상
㉰ l_d =200mm 이상　　　　　　　㉱ l_d =0.008$d_b f_y$

문제 002
D29 철근이 배근된 휨부재에서 f_{ck} =21MPa, f_y =300MPa을 사용한다면, 인장철근의 기본정착길이는? (단, D29철근의 공칭지름 28.6mm, 공칭단면적 642mm², λ =1.0)

㉮ 745.5mm　　　　　　　㉯ 819.2mm
㉰ 1012.5mm　　　　　　　㉱ 1123.4mm

해설
- $l_{db} = \dfrac{0.6 d_b f_y}{\lambda \sqrt{f_{ck}}} = \dfrac{0.6 \times 28.6 \times 300}{1.0 \times \sqrt{21}} = 1123.4 mm$
- 정착길이 l_d = 보정계수 × l_{db}
- 정착길이는 300mm 이상이어야 한다.

문제 003
기본 정착길이(l_{db})의 계산값이 73cm이고, 고려해야 할 보정계수가 1.4와 1.18인 부재에서의 철근의 소요 정착길이(l_d)는?

㉮ 102.20cm　　　　　　　㉯ 86.14cm
㉰ 120.60cm　　　　　　　㉱ 44.19cm

해설 소요 정착길이 $l_d = l_{db} \times$ 보정계수(α, β, λ)
∴ $l_d = 73 \times 1.4 \times 1.18 ≒ 120.6 cm$

문제 004
f_{ck} =24MPa, f_y =400MPa으로 된 부재에 인장을 받는 표준 갈고리를 둔다면 기본 정착길이는 얼마인가? (단, 철근의 공칭 지름은 2.54cm(D25), β =1.5, λ =1.0)

㉮ 530mm　　　　　　　㉯ 747mm
㉰ 450mm　　　　　　　㉱ 410mm

해설 $l_{hb} = \dfrac{0.24 \beta d_b f_y}{\lambda \sqrt{f_{ck}}} = \dfrac{0.24 \times 1.5 \times 25.4 \times 400}{1.0 \times \sqrt{24}} = 747 mm$

정답 001. ㉮　002. ㉱　003. ㉰　004. ㉯

문제 005

휨 철근을 인장측에서 끊을 경우에 대한 설명 중 옳지 않은 것은?

㉮ 끊는 점의 전단력이 복부 철근의 전단강도를 포함하여 허용강도의 3/4 이하인 경우
㉯ 전단과 비틀림에 필요한 양 이상의 스터럽이 끊는 점에서 부재 유효깊이의 3/4 구간에 촘촘하게 배치된 경우
㉰ 보강된 스터럽의 간격은 $\dfrac{d}{8\beta_b}$ 이내이어야 한다.
㉱ D35 이하의 철근에 대해서는 연장된 철근량이 끊는 점에서의 휨에 필요한 철근 단면적의 2배가 되고 전단력이 허용강도의 3/4 이하인 경우

해설 절단점의 전단력이 전단철근에 의해 보강된 전단강도를 포함한 전체 전단강도의 2/3 이하인 경우에 휨철근을 인장측에서 절단할 수 있다.

문제 006

철근콘크리트 부재의 철근이음에 관한 설명 중 옳지 않는 것은?

㉮ D35를 초과하는 철근은 겹침이음을 하지 않아야 한다.
㉯ 인장을 받는 이형철근의 겹침이음 길이는 A급, B급, C급으로 분류한다.
㉰ 압축이형철근의 이음에서 콘크리트의 설계기준강도가 21MPa 미만인 경우에는 겹침이음길이를 1/3 증가시켜야 한다.
㉱ 용접이음과 기계적 연결은 철근의 항복강도의 125% 이상을 발휘할 수 있어야 한다.

해설 인장 이형철근의 겹침이음에서 A급 이음은 $1.0l_d$ 이상, B급 이음은 $1.3l_d$ 이상 겹쳐야 하며 최소 길이는 300mm 이상이다.

문제 007

철근의 겹침이음길이에 대한 다음 기술 중 틀린 것은?

㉮ A급 이음 : $1.0l_d$　　㉯ B급 이음 : $1.3l_d$
㉰ C급 이음 : $1.5l_d$　　㉱ 어떠한 경우라도 300mm 이상

해설 인장 이형철근의 정착길이(l_d)는 기본정착길이에 보정계수를 고려한다.

문제 008

휨 부재에서 f_{ck}=24MPa, f_y=350MPa일 때 인장철근(D32 : d_b=3.18cm, A_s=7.92cm²)의 이음길이는? (단, λ=1.0, 수정계수 1.18, 이음은 B급이고 강도설계임)

㉮ 2090mm　　㉯ 1270mm
㉰ 1077mm　　㉱ 688mm

해설
$$l_{db} = \dfrac{0.6 d_b f_y}{\lambda \sqrt{f_{ck}}} = \dfrac{0.6 \times 31.8 \times 350}{1.0 \times \sqrt{24}} \fallingdotseq 1363\text{mm}$$

$l_d = 1363 \times 1.18 = 1608.3\text{mm}$

∴ 이음길이= $1.3 l_d = 1.3 \times 1608.3 = 2090\text{mm}$

정답 005. ㉮　006. ㉯　007. ㉰　008. ㉮

문제 009

압축이형철근의 정착에 대한 다음 설명 중 잘못된 것은?

㉮ 정착길이는 기본정착길이에 적용 가능한 모든 보정계수를 곱하여 구한다.
㉯ 정착길이는 항상 200mm 이상이어야 한다.
㉰ 해석결과 요구되는 철근량을 초과하여 배치한 경우의 보정계수는 (소요A_s / 배근A_s)이다.
㉱ 표준 갈고리를 갖는 압축이형철근의 보정계수는 0.75이다.

해설
- 압축구역에서는 갈고리가 정착에 유효하지 않아 만들 필요가 없다.
- 압축 이형철근의 정착시 지름이 6mm 이상이고 나선 간격이 100mm 이하인 나선철근의 보정 계수는 0.75이다.
- 압축이형 철근의 기본정착길이 $l_{db} = \dfrac{0.25 d_b f_y}{\lambda \sqrt{f_{ck}}}$ (단, $0.043 d_b f_y$ 이상)

문제 010

압축 이형철근의 겹침이음길이에 대한 설명으로 옳은 것은? (단, d_b는 철근의 공칭직경)

㉮ 압축이형 철근의 기본정착길이(l_{db}) 이상, 또한 200mm 이상으로 하여야 한다.
㉯ f_y가 500MPa 이하인 경우는 $0.72 f_y d_b$ 이상, f_y가 500MPa을 초과할 경우는 $(1.3 f_y - 24) d_b$ 이상이어야 한다.
㉰ f_y가 28MPa 미만인 경우는 규정된 겹침이음길이를 1/5 증가시켜야 한다.
㉱ 서로 다른 크기의 철근을 압축부에서 겹침이음하는 경우, 이음길이는 크기가 큰 철근의 정착길이와 크기가 작은 철근의 겹침이음길이 중 큰 값 이상이어야 한다.

해설
- 압축 이형철근의 기본정착길이(l_{db})에 보정계수를 곱한 정착길이(l_d)는 200mm 이상이어야 한다.
- 압축철근의 겹침이음길이는 f_y가 400MPa 이하인 경우에는 $0.072 f_y d_b$ 이상이고 f_y가 400MPa를 초과할 경우에는 $(0.13 f_y - 24) d_b$ 이상이어야 한다. 어느 경우에나 300mm 이상이어야 한다.
- 콘크리트의 설계기준강도가 21MPa 미만인 경우에는 겹침이음길이를 $\dfrac{1}{3}$ 증가시켜야 한다.

문제 011

인장 철근의 겹침이음에 대한 설명 중 틀린 것은?

㉮ 다발철근의 겹침이음은 다발 내의 개개 철근에 대한 겹침이음길이를 기본으로 결정되어야 한다.
㉯ 겹침이음에는 A급, B급 이음이 있다.
㉰ 겹침이음된 철근량이 총철근량의 1/2 이하인 경우는 B급이음이다.
㉱ 어떤 경우이든 300mm 이상 겹침이음한다.

해설 B급 이음 : $1.3 l_d$(A급 외의 경우)

보충
- D35를 초과하는 철근은 겹침이음을 해서는 안 된다.
- 다발 내의 각 철근의 겹침이음은 같은 위치에 중첩해서는 안 된다.
- 원형 철근을 겹침이음할 때는 갈고리를 붙인다.

정답 009. ㉱ 010. ㉱ 011. ㉰

문제 012

표준갈고리를 갖는 인장 이형철근의 정착에 대한 기술 중 잘못된 것은? (단, d_b는 철근의 공칭지름)

㉮ 갈고리는 인장을 받는 구역에서 철근 정착에 유효하다.
㉯ 기본 정착길이에 보정계수를 곱하여 정착길이를 계산하는데 이렇게 구한 정착길이는 항상 $8d_b$ 이상, 또한 150mm 이상이어야 한다.
㉰ 경량 콘크리트 계수 λ는 0.7이다.
㉱ 정착길이는 위험 단면으로부터 갈고리 외부 끝까지의 거리로 나타낸다.

해설 • 경량 콘크리트 계수 λ는 f_{sp} 값이 규정되어 있지 않은 전경량 콘크리트의 경우 0.75이다.
• 철근의 인장력을 부착만으로 전달할 수 없는 경우에 표준 갈고리를 병용한다.
• 기본 정착길이 $l_{hb} = \dfrac{0.24\beta d_b f_y}{\lambda \sqrt{f_{ck}}}$

문제 013

강도설계에서 이형철근의 정착길이는 무엇과 반비례하는가?

㉮ 철근의 공칭지름
㉯ 철근의 단면적
㉰ 철근의 항복강도
㉱ 콘크리트 설계기준강도의 평방근

해설 • 인장 이형철근의 기본 정착길이
$l_{db} = \dfrac{0.6 d_b f_y}{\lambda \sqrt{f_{ck}}} (\text{mm})$

• 인장 이형철근의 정착길이
$l_d = 보정계수 \times l_{db}$

문제 014

콘크리트의 설계기준강도(f_{ck})가 35MPa이며 철근의 설계항복강도가 400MPa이면 직경이 25mm인 압축이형철근의 기본정착길이(l_{db})는 얼마인가? (단, λ=1.0)

㉮ 227mm ㉯ 358mm
㉰ 423mm ㉱ 430mm

해설 • $l_{db} = \dfrac{0.25 d_b f_y}{\lambda \sqrt{f_{ck}}}$ 또는 $0.043 d_b f_y$ 중 큰 값이 430mm이다.

• $l_{db} = \dfrac{0.25 d_b f_y}{\lambda \sqrt{f_{ck}}} = \dfrac{0.25 \times 25 \times 400}{1.0 \times \sqrt{35}} = 423\text{mm}$

• $l_{db} = 0.043 d_b f_y = 0.043 \times 25 \times 400 = 430\text{mm}$

정답 012. ㉰ 013. ㉱ 014. ㉱

문제 015

인장 이형철근의 정착길이 산정시 필요한 보정계수에 대한 설명 중 틀린 것은? (단, f_{sp}는 콘크리트의 쪼갬인장강도)

㉮ 상부철근(정착길이 또는 겹침이음부 아래 300mm를 초과되게 굳지 않은 콘크리트를 친 수평철근)인 경우, 철근배근 위치에 따른 보정계수 1.3을 사용한다.
㉯ 에폭시 도막철근인 경우, 피복두께 및 순간격에 따라 1.2나 2.0의 보정계수를 사용한다.
㉰ f_{sp}가 주어지지 않는 전경량 콘크리트인 경우, $\lambda = 0.75$를 사용한다.
㉱ 에폭시 도막철근이 상부철근인 경우, 보정계수끼리 곱한 값이 1.7보다 클 필요는 없다.

해설 • 에폭시 도막철근인 경우 피복두께 및 순간격에 따라 1.5의 보정계수를 사용한다.
• 기타 에폭시 도막철근의 경우는 1.2의 보정계수를 사용한다.

문제 016

철근콘크리트 부재의 최소 피복두께에 관한 설명 중 틀린 것은?

㉮ 흙에 접하거나 옥외의 공기에 직접 노출되는 프리스트레스 하지 않은 부재의 현장치기 콘크리트로 D19 이상의 철근을 사용하는 경우 최소 피복두께는 50mm이다.
㉯ 옥외의 공기나 흙에 직접 접하지 않는 프리스트레스 하지 않은 부재의 현장치기 콘크리트로 슬래브에 D35 이하의 철근을 사용하는 경우 최소 피복두께는 40mm이다.
㉰ 흙에 접하거나 옥외의 공기에 직접 노출되는 프리캐스트 콘크리트로 벽체에 D35 이하의 철근을 사용하는 경우 최소 피복두께는 20mm이다.
㉱ 흙에 접하거나 옥외의 공기에 직접 노출되는 프리스트레스트 콘크리트로 벽체인 경우 최소 피복두께는 30mm이다.

해설 옥외의 공기나 흙에 직접 접하지 않는 프리스트레스 하지 않은 부재의 현장치기 콘크리트로 슬래브, 벽체, 장선에 D35 초과하는 철근은 40mm, D35 이하인 철근은 20mm이다.

정답 015. ㉯ 016. ㉯

chapter 05 휨과 압축을 받는 부재(기둥)의 해석과 설계

제1부 철근콘크리트 및 강구조

5-1 설계의 일반

(1) 압축부재의 설계단면치수

① 띠철근 압축부재 단면의 최소치수는 200mm이고 그 단면적은 $60,000\text{mm}^2$ 이상이어야 한다.

② 나선철근 압축부재 단면의 심부 지름은 200mm이고 콘크리트의 설계기준강도는 21MPa 이상이어야 한다.

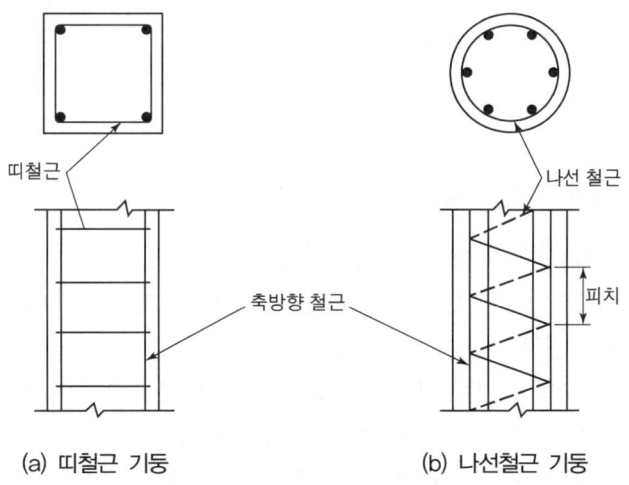

(a) 띠철근 기둥　　　(b) 나선철근 기둥

③ 콘크리트 벽체나 교각구조와 일체로 시공되는 나선철근 또는 띠철근 압축부재의 유효 단면의 한계는 나선철근이나 띠철근 외측에서 40mm보다 크지 않게 취한다.

④ 둘 이상의 맞물린 나선철근을 가진 독립 압축부재의 유효 단면의 한계는 나선철근의 최외측에서 요구되는 콘크리트 최소 피복 두께에 해당하는 거리를 더하여 취한다.
⑤ 정사각형, 8각형 또는 다른 형상의 단면을 가진 압축부재 설계에서 전체 단면적을 사용하는 대신에 실제 형상의 최소 치수에 해당하는 지름을 가진 원형단면을 사용할 수 있다.
⑥ 하중에 의해 요구되는 단면보다 큰 단면을 가진 압축부재의 경우 감소된 유효 단면적(A_g)을 사용하여 최소 철근량과 설계강도를 결정하여도 좋다. 이때, 감소된 유효 단면적은 전체 단면적의 1/2 이상이어야 한다.

(2) 압축부재의 철근량 제한

① 비합성 압축부재의 축방향 주철근 단면적은 전체 단면적(A_g)의 0.01배 이상 0.08배 이하로 한다. 축방향 주철근이 겹침이음되는 경우의 철근비는 0.04를 초과하지 않아야 한다.
② 압축부재의 축방향 주철근의 최소 개수는 직사각형이나 원형 띠철근 내부의 철근의 경우 4개, 삼각형 띠철근 내부의 철근의 경우 3개, 나선 철근으로 둘러싸인 철근의 경우 6개로 한다.
③ 나선철근비(ρ_s)는 다음 값 이상으로 한다.

$$\rho_s = \frac{\text{나선철근의 체적}}{\text{심부 체적}} = 0.45\left(\frac{A_g}{A_{ch}} - 1\right)\frac{f_{ck}}{f_{yt}}$$

여기서, f_{yt} : 나선철근의 설계기준 항복강도이고 700MPa 이하
A_g : 기둥의 총 단면적(mm²)
A_{ch} : 심부의 단면적

(3) 압축부재에 사용되는 띠철근의 규정

① D32 이하의 종방향 철근은 D10 이상의 띠철근으로, D35 이상의 종방향 철근과 다발 철근은 D13 이상의 띠철근으로 둘러싸야 하며 띠철근 대신 등가 단면적의 이형철선 또는 용접 철망을 사용할 수 있다.
② 띠철근의 수직 간격은 종방향 철근 지름의 16배 이하, 띠철근이나 철선 지름의 48배 이하, 또한 기둥단면의 최소치수 이하로 한다.
③ 띠철근은 모든 모서리에 있는 종방향 철근과 하나 건너 있는 종방향 철근이 135° 이하로 구부린 띠철근의 모서리에 의해 횡지지되도록 배치되어야 하며 어떤 종방향 철근도 띠철근을 따라 횡지지된 종방향 철근의 양쪽으로 순간격이 150mm 이상 떨어지지 않아야 한다. 또한 종방향 철근이 원형으로 배치된 경우에는 원형 띠철근을 사용할 수 있다.

④ 확대 기초판 또는 기초 슬래브의 윗면에 배치되는 첫번째 띠철근 간격은 다른 띠철근 간격의 1/2 이하로 한다.
⑤ 슬래브나 지판에 배치된 최하단 수평철근 아래에 배치되는 첫번째 띠철근도 다른 띠철근 간격의 1/2 이하로 한다.
⑥ 보 또는 브래킷이 기둥의 4면에 연결되어 있는 경우에 가장 낮은 보 또는 브래킷의 최하단 수평철근 아래에서 75mm 이내에서 띠철근을 끝낼 수 있다.

(4) 압축부재에 사용되는 나선철근의 규정

① 균등한 간격을 갖는 연속된 철근이나 철선으로 이루어진다.
② 현장치기 콘크리트 공사에서 나선철근 지름은 10mm 이상으로 한다.
③ 나선철근의 순간격은 25mm 이상, 75mm 이하로 한다.
④ 나선철근의 정착은 나선 철근의 끝에서 추가로 심부 주위를 1.5회전만큼 더 확보한다.
⑤ 나선철근의 이음은 철근 또는 철선 지름의 48배 이상, 또한 300mm 이상의 겹침이음 또는 용접이음을 한다.
⑥ 나선철근은 확대 기초판 또는 기초 슬래브의 윗면에서 그 위에 지지된 부재의 최하단 수평철근까지 연장해야 한다.
⑦ 보 또는 브래킷이 기둥의 모든 면에 연결되어 있지 않을 때에는 나선철근의 끝나는 지점 위에서부터 슬래브 또는 지판 밑면까지 띠철근을 연장해야 한다.
⑧ 기둥 머리가 있는 기둥에서 기둥 머리의 지름이나 폭이 기둥 지름의 2배가 되는 곳까지 나선철근을 연장해야 한다.

(5) 축방향 주철근 철근비

① 최소 1% 한도의 제한 이유
- 예상 이외의 편심하중에 의한 휨모멘트를 대비하기 위해
- 콘크리트의 크리프 및 건조수축의 영향을 감소시키기 위해
- 시공시 콘크리트의 부분적인 결함을 보완하기 위해

② 최대 8% 한도의 제한 이유
- 철근량이 많으면 콘크리트 시공에 지장을 초래하게 된다.

5-2 기둥의 설계

(1) 단주와 장주의 판별

① 단주
- $\lambda \leq 34 - 12\left(\dfrac{M_1}{M_2}\right)$: 횡방향 변위가 구속된 경우
- $\lambda < 22$: 횡방향 변위가 구속되지 않은 경우

여기서, λ : 기둥의 세장비 $\left(\lambda = \dfrac{k \cdot l_u}{r}\right)$
  l_u : 압축부재의 비지지 길이
  r : 회전반경 $\left(r = \sqrt{\dfrac{I}{A}}\right)$
  - 직사각형 압축부재의 경우 $r = 0.3t$ (t는 단면의 짧은 변의 길이)
  - 원형 압축부재의 경우 $r = 0.25t$ (t는 단면 지름)
  k : 유효길이의 계수
  M_1 : 압축부재의 계수 단모멘트 중 작은 값
  M_2 : 압축부재의 계수 단모멘트 중 큰 값

② 장주
- $\lambda > 100$

(2) 단주

① 나선철근 기둥의 축방향 설계강도

$$P_u = \phi P_n = 0.7 \times 0.85 \left\{\eta(0.85 f_{ck})(A_g - A_{st}) + f_y \cdot A_{st}\right\}$$

여기서, 공칭 압축강도 $P_n = 0.85\left\{\eta(0.85 f_{ck})(A_g - A_{st}) + f_y \cdot A_{st}\right\}$

② 띠철근 기둥의 축방향 설계강도

$$P_u = \phi P_n = 0.65 \times 0.8 \left\{\eta(0.85 f_{ck})(A_g - A_{st}) + f_y \cdot A_{st}\right\}$$

여기서, 공칭 압축강도 $P_n = 0.8\left\{\eta(0.85 f_{ck})(A_g - A_{st}) + f_y \cdot A_{st}\right\}$

③ 편심축 하중을 받는 단주
- $e = e_b (P_u = P_b)$: 균형 파괴
- $e < e_b (P_u > P_b)$: 압축 파괴
- $e > e_b (P_u < P_b)$: 인장 파괴

여기서, e : 편심
  e_b : 균형 편심

(3) 장주

① 좌굴 하중

$$P_c = \frac{\pi^2 \cdot E \cdot I}{(k \cdot l)^2} = \frac{n \cdot \pi^2 \cdot E \cdot I}{l^2} = \frac{\pi^2 \cdot E \cdot A}{\lambda^2}$$

② 좌굴 응력

$$f_{cr} = \frac{P_c}{A} = \frac{\pi^2 \cdot E \cdot I}{A(k \cdot l)^2} = \frac{\pi^2 \cdot E}{\left(\dfrac{k \cdot l}{r}\right)^2} = \frac{\pi^2 \cdot E}{\lambda^2}$$

③ 기둥 단부지지 조건에 따른 계수

지지 조건에 따른 기둥의 분류	1단 고정, 타단 자유	양단 힌지	1단 고정, 타단 힌지	양단 고정
	$kl = 2l$	$kl = l$	$kl = 0.7l$	$kl = 0.5l$
유효 길이 계수(k)	2	1	0.7	0.5
좌굴계수(n) $n = \dfrac{1}{k^2}$	$\dfrac{1}{4}$	1	2	4

Chapter 05 휨과 압축을 받는 부재의 해석과 설계

기출문제

문제 001
철근 콘크리트의 기둥에 관한 구조세목으로 틀린 것은?
- ㉮ 비합성 압축부재의 축방향 주철근 단면적은 전체 단면적의 0.01배 이상 0.08배 이하로 하여야 한다.
- ㉯ 축방향 부재의 주철근의 최소 개소 개수는 나선철근으로 둘러싸인 철근의 경우는 6개로 하여야 한다.
- ㉰ 나선철근 압축부재 단면의 심부지름은 200mm 이상으로 하여야 한다.
- ㉱ 띠철근 압축부재 단면의 최소치수는 300mm이고 그 단면적은 60,000 mm² 이상이어야 한다.

해설 띠철근 압축부재 단면의 최소 치수는 200mm이고 그 단면적은 60,000mm² 이상이어야 한다.

문제 002
그림과 같은 띠철근 기둥에서 띠철근의 최대 간격으로 적당한 것은?
(단, $D10$의 공칭직경은 9.5mm, $D32$의 공칭직경은 31.8mm)
- ㉮ 400mm
- ㉯ 450mm
- ㉰ 500mm
- ㉱ 550mm

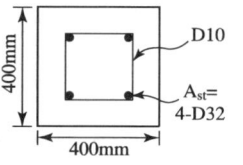

해설
① 종방향 철근 지름의 16배 이하 : $31.8 \times 16 = 508.8$mm
② 띠철근 지름의 48배 이하 : $9.5 \times 48 = 456$mm
③ 기둥단면의 최소치수 이하 : 400mm
이 중 최소값 400mm 이하이다.

보충 D32 이하의 축방향 철근은 D10 이상의 띠철근으로,
D35 이상의 축방향 철근과 다발철근은 D13 이상의 띠철근으로 둘러싸야 한다.

문제 003
30cm×50cm의 단면을 가진 띠철근 기둥에서 단주의 한계 높이는 얼마인가? (단, 양단이 고정되어 있고, 횡방향 변위가 구속되지 않을 경우)
- ㉮ 6.4m
- ㉯ 5.4m
- ㉰ 3.9m
- ㉱ 3.5m

해설
- $\lambda = \dfrac{k \cdot l_u}{r}$에서 $k = 0.5$
  $r = 0.3t = 0.3 \times 0.3 = 0.09$m
- $\lambda < 22$의 경우 단주로 판별한다.
  $22 = \dfrac{0.5 \times l_u}{0.09}$ ∴ $l_u = 3.96$m

정답 001. ㉱ 002. ㉮ 003. ㉰

문제 004

나선철근 기둥(단주)의 강도 이론에 의한 축방향 설계강도는? (단, 기둥의 총 단면적 A_g = 2,000cm², f_{ck} =21MPa, f_y =300MPa, A_{st} =6−D35=57.0cm²)

㉮ 2.95 MN   ㉯ 3.08 MN   ㉰ 3.30 MN   ㉱ 3.45 MN

해설
$P_u = \phi P_n = 0.7 \times 0.85\{\eta(0.85f_{ck})(A_g - A_{st}) + f_y A_{st}\}$
$= 0.7 \times 0.85\{1.0 \times (0.85 \times 21)(2000 - 57) \times 10^{-4} + 300 \times 57 \times 10^{-4}\}$
$= 3.08 \text{MN}$

보충 공칭 압축강도 $P_n = 0.85\{\eta(0.85f_{ck})(A_g - A_{st}) + f_y A_{st}\}$

문제 005

다음 그림과 같은 띠철근 기둥의 설계강도($\phi_c P_n$)는 얼마인가? (단, f_{ck} =21MPa, f_y =300MPa, A_{st} =31.77cm², ϕ_c =0.65이다.)

㉮ 1.627 MN   ㉯ 1.544 MN
㉰ 1.402 MN   ㉱ 1.302 MN

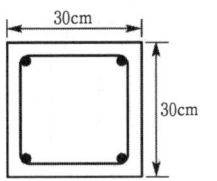

해설
$P_u = \phi P_n = 0.65 \times 0.8\{\eta(0.85f_{ck})(A_g - A_{st}) + f_y A_{st}\}$
$= 0.65 \times 0.8\{1.0 \times (0.85 \times 21)(30 \times 30 - 31.77) \times 10^{-4} + 300 \times 31.77 \times 10^{-4}\}$
$= 1.302 \text{MN}$

보충 공칭 압축강도 $P_n = 0.8\{\eta(0.85f_{ck})(A_g - A_{st}) + f_y A_{st}\}$

문제 006

기둥에서 편심(e)이 균형편심(e_b)보다 작을 때 일으키는 파괴의 형태는?

㉮ 압축 파괴   ㉯ 인장 파괴   ㉰ 휨 파괴   ㉱ 전단 파괴

문제 007

양단이 힌지로 지지된 그림과 같은 단면을 갖는 기둥의 오일러 좌굴하중은 얼마인가? (단, 기둥의 길이는 L=6m이며, 탄성계수 E=200,000MPa)

㉮ 3,564 kN
㉯ 4,541 kN
㉰ 4,948 kN
㉱ 5,401 kN

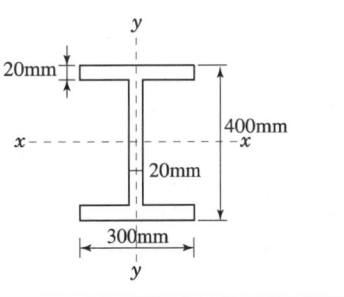

해설
- $I_y = \dfrac{2 \times 30^3}{12} \times 2 + \dfrac{36 \times 2^3}{12} = 9024 \text{cm}^4$
- $P_{cr} = \dfrac{n\pi^2 EI}{l^2} = \dfrac{1 \times \pi^2 \times 200000 \times 9024 \times 10^{-4}}{6^2} = 4948 \text{kN}$

정답 004. ㉯ 005. ㉱ 006. ㉮ 007. ㉰

문제 008

기둥의 양단이 고정되고 횡방향 상대변위(side sway)가 방지되어 있는 경우의 유효 길이는 얼마인가? (단, 기둥 길이는 l이다.)

㉮ $0.5l$ ㉯ $0.7l$
㉰ $1.0l$ ㉱ $2.0l$

문제 009

그림과 같은 원형철근기둥에서 콘크리트구조설계기준에서 요구하는 최소 나선철근의 간격은 약 얼마인가? (단, f_{ck}=24MPa, f_{yt}=400MPa, D10철근의 공칭단면적은 71.3mm²이다.)

㉮ 35mm
㉯ 40mm
㉰ 45mm
㉱ 70mm

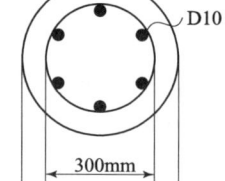

해설 • 나선 철근의 순간격은 75mm 이하, 25mm 이상이어야 한다.
• 나선 철근비

$$\rho_s = \frac{\text{나선 철근의 전체적}}{\text{심부체적}} \geq 0.45\left(\frac{A_g}{A_{ch}}-1\right)\frac{f_{ck}}{f_{yt}}$$

$$\frac{300\times 3.14\times 71.3}{\frac{3.14\times 300^2}{4}\times p} = 0.45\left(\frac{3.14\times 400^2/4}{3.14\times 300^2/4}-1\right)\times \frac{24}{400}$$

$\therefore p = 45\text{mm}$

문제 010

압축부재의 나선철근에 대한 요건 중 틀린 것은?

㉮ 현장치기 콘크리트공사에서 나선철근의 지름은 9mm 이상으로 한다.
㉯ 나선철근의 순간격은 25mm 이상, 75mm 이하이어야 한다.
㉰ 나선철근의 이음은 철근지름의 48배 이상, 또한 300mm 이상의 겹침이음 또는 용접이음으로 하여야 한다.
㉱ 나선철근의 정착은 나선철근의 끝에서 추가로 심부주의를 1회전만큼 더 연장한다.

해설 나선철근의 정착을 나선철근의 끝에서 1.5회전 이상 연장한다.

정답 008. ㉮ 009. ㉰ 010. ㉱

문제 011

콘크리트 구조설계기준에서는 띠철근으로 보강된 기둥에 대해서는 감소계수 $\phi=0.65$, 나선철근으로 보강된 기둥에 대해서는 $\phi=0.70$을 적용한다. 그 이유에 대한 설명으로 가장 적당한 것은?

㉮ 콘크리트의 압축강도 측정시 공시체의 형태가 원형이기 때문이다.
㉯ 나선철근으로 보강된 기둥이 띠철근으로 보강된 기둥보다 연성이나 인성이 크기 때문이다.
㉰ 나선철근으로 보강된 기둥은 띠철근으로 보강된 기둥보다 골재분리현상이 적기 때문이다.
㉱ 같은 조건(콘크리트 단면적, 철근 단면적)에서 사각형(띠철근) 기둥이 원형(나선철근) 기둥보다 큰 하중을 견딜 수 있기 때문이다.

해설
- 강도감소계수(ϕ)는 재료의 공칭강도와 실제강도 사이의 차이나 시공할 때 설계도와의 차이를 고려한 안전계수이다.
- 휨에 대한 강도감소계수는 0.85이다.
- 전단 및 비틀림에 대한 강도감소계수는 0.75이다.

문제 012

나선철근 압축부재 단면의 심부지름이 400mm, 기둥단면 지름이 500mm인 나선철근 기둥의 나선철근비는 얼마 이상이어야 하는가? (여기서, $f_{ck}=24$MPa, $f_{yt}=400$MPa)

㉮ 0.0101   ㉯ 0.0152   ㉰ 0.0206   ㉱ 0.0254

해설
- $A_g = \dfrac{3.14 \times 0.5^2}{4} = 0.1963\text{m}^2$
- $A_c = \dfrac{3.14 \times 0.4^2}{4} = 0.1257\text{m}^2$
- $\therefore \rho_s = 0.45\left(\dfrac{A_g}{A_{ch}}-1\right)\dfrac{f_{ck}}{f_{yt}} = 0.45\left(\dfrac{0.1963}{0.1257}-1\right)\dfrac{24}{400} = 0.0152$

문제 013

직사각형 기둥(300mm×450mm)인 띠철근 단주의 공칭축강도(P_n)는 얼마인가? (단, $f_{ck}=28$MPa, $f_y=400$MPa, $A_{st}=3854\text{mm}^2$)

㉮ 2611.2 kN   ㉯ 3263.2 kN   ㉰ 3730.3 kN   ㉱ 3963.4 kN

해설
$P_n = 0.8\{\eta(0.85f_{ck})(A_g - A_{st}) + A_{st} \cdot f_y\}$
$\quad = 0.8 \times \{1.0 \times (0.85 \times 28) \times (300 \times 450 - 3854) + 3854 \times 400\}$
$\quad = 3730299.8\text{N}$
$\quad = 3730.3\text{kN}$

- 축설계하중 $P_u = 0.65 \times 0.8\{\eta(0.85f_{ck})(A_g - A_{st}) + A_{st} \cdot f_y\}$
- 나선철근의 경우
  $P_n = 0.85\{\eta(0.85f_{ck})(A_g - A_{st}) + A_{st} \cdot f_y\}$
  $P_u = 0.7 \times 0.85\{\eta(0.85f_{ck})(A_g - A_{st}) + A_{st} \cdot f_y\}$

정답 011. ㉯   012. ㉯   013. ㉰

문제 014

그림과 같은 나선철근 단주의 설계 축강도 ϕP_n을 구하면? (단, D32 1개의 단면적=794mm², f_{ck}=24MPa, f_y=420MPa)

㉮ 2658 kN   ㉯ 2748 kN
㉰ 2848 kN   ㉱ 2948 kN

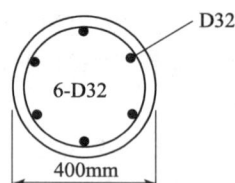

해설
$$\phi P_n = \phi 0.85(\eta(0.85 f_{ck}) A_c + A_{st} f_y)$$
$$= 0.7 \times 0.85 \left\{ 1.0 \times (0.85 \times 24) \times \left(\frac{\pi \times 0.4^2}{4} - 6 \times 794 \times 10^{-6} \right) + (6 \times 794 \times 10^{-6} \times 420) \right\}$$
$$= 2.658 \text{MN} = 2658 \text{kN}$$

여기서, 나선철근 기둥일 경우 $\phi = 0.7$, 띠철근 기둥일 경우 $\phi = 0.65$

- 축방향 공칭강도(나선철근 기둥)
$$P_n = 0.85 \{\eta(0.85 f_{ck})(A_g - A_{st}) + A_{st} \cdot f_y\}$$

문제 015

400mm×400mm의 단면을 가진 띠철근 기둥이 양단 힌지로 구속되어 있으며, 횡방향 상대변위가 방지되어 있지 않은 경우의 단주의 한계 높이는 얼마인가?

㉮ 2.25m   ㉯ 2.64m   ㉰ 3.12m   ㉱ 3.23m

해설
- $\frac{kl}{r} < 22$: 단주
- 힌지 : $k = 1$
- $r = 0.3t = 0.3 \times 0.4 = 0.12$m
$$\therefore l = \frac{22 \times r}{k} = \frac{22 \times 0.12}{1} = 2.64 \text{m}$$

문제 016

단면 400mm×400mm인 중심축하중을 받는 기둥(단주)에 4-D25(A_{st}=2027mm²)의 축방향 철근이 배근되어 있다. 이 기둥의 변형률이 ε=0.001에 도달하게 될 때, 축방향 하중의 크기는 약 얼마인가? (단, 콘크리트의 응력 f_c=15MPa이며, f_{ck}=24MPa, f_y=300MPa이다.)

㉮ 1782 kN   ㉯ 2775 kN   ㉰ 3787 kN   ㉱ 4783 kN

해설
- $E = \frac{f_c}{\varepsilon} = \frac{15}{0.001} = 15000 \text{MPa}$
- $n = \frac{E_s}{E_c} = \frac{200,000}{15,000} = 13.33$
- $f_c = \frac{P}{\{A_g + (n-1)A_{st}\}}$
$$\therefore P = f_c \{A_g + (n-1)A_{st}\}$$
$$= 15 \times \{400 \times 400 + (13.33 - 1) \times 2027\} = 2774893.65 \text{N} \fallingdotseq 2775 \text{kN}$$

정답 014. ㉮　015. ㉯　016. ㉯

문제 017

그림에 나타난 정사각형 띠철근 단주가 균형상태일 때 압축측 콘크리트가 부담하는 압축력은 749kN이다. 설계축 하중강도 ϕP_n을 계산하면? (단, 철근 D25 1본의 단면적은 507mm², f_{ck}=24MPa, f_y=400MPa, E=2.0×10⁵MPa이다.)

㉮ 447 kN ㉯ 532 kN
㉰ 608 kN ㉱ 749 kN

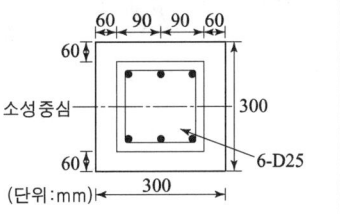

해설
- $\phi P_n = \phi(C_c + C_s - T) = 0.65(749 + 548 - 608) = 447\text{kN}$
  여기서, $C_s = f_s' \cdot A_s' = 360 \times 3 \times 507 \times 10^{-6} = 0.5475\text{MN} \fallingdotseq 548\text{kN}$
  $T = f_y A_s = 400 \times 3 \times 507 \times 10^{-6} = 0.6084\text{MN} \fallingdotseq 608\text{kN}$
- $E_s = \dfrac{f_s'}{\varepsilon_s'}$ ∴ $f_s' = E_s \cdot \varepsilon_s' = 2 \times 10^5 \times 0.0018 = 360\text{MPa}$ 여기서, $\varepsilon_s' : 90 = 0.003 : 150$
  ∴ $\varepsilon_s' = \dfrac{90 \times 0.003}{150} = 0.0018$

문제 018

그림 (a)와 같은 띠철근 기둥단면의 평형재하상태에 대해 해석한 결과 (b)와 같이 콘크리트의 압축력 C_c=900kN, 압축철근의 압축력 C_s=200kN, 인장철근의 인장력 T_s=300 kN을 얻었다. 이 기둥의 공칭 편심하중 P의 크기는?

㉮ 1,000 kN ㉯ 800 kN
㉰ 750 kN   ㉱ 700 kN

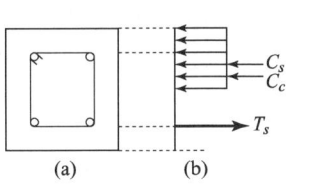

해설 $P_n = C_c + C_s - T = 900 + 200 - 300 = 800\text{kN}$

보충 띠철근 기둥의 경우
$P_u = \phi P_n = 0.65 \times 0.8 \{\eta(0.85 f_{ck}) A_c + A_{st} f_y\}$
여기서, $P_n = C_c + C_s = \{\eta(0.85 f_{ck})(A_g - A_{st}) + A_{st} f_y\}$

문제 019

압축부재의 횡철근에 관한 구조세목 중 틀린 것은?

㉮ 나선철근의 순간격은 25mm 이상, 75mm 이하이어야 한다.
㉯ 나선철근의 지름은 20mm 이상이고, 콘크리트 설계기준강도는 18MPa 이상이어야 한다.
㉰ 압축부재의 축방향 주철근의 최소개수는 직사각형이나 원형 띠철근 내부의 철근의 경우는 4개로 하여야 한다.
㉱ 압축부재의 축방향 주철근의 최소개수는 삼각형 띠철근 내부의 철근의 경우는 3개로 하여야 한다.

해설
- 나선철근의 지름은 10mm 이상, 콘크리트 설계 기준강도는 21MPa 이상이어야 한다.
- 나선철근 기둥에서의 축방향 철근은 6개 이상, 철근비는 1~8%이어야 한다.

정답 017. ㉮ 018. ㉯ 019. ㉯

chapter 06 슬래브, 확대기초, 옹벽의 설계

제1부 철근콘크리트 및 강구조

6-1 슬 래 브

(1) 슬래브의 종류

① 1방향 슬래브
- 마주보는 두 변에만 지지되는 슬래브로 주철근이 1방향에 배근
- $\dfrac{L}{S} \geq 2.0$

  여기서, L : 장변의 길이
  S : 단변의 길이

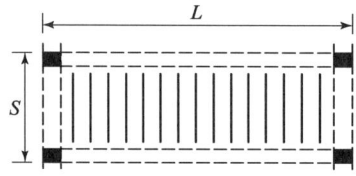 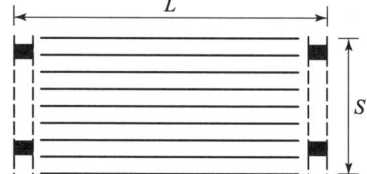

▲ 1방향 슬래브 배근

② 2방향 슬래브
- 네 변으로 지지되는 슬래브로 서로 직교하는 그 방향으로 주철근을 배치
- $1 \leq \dfrac{L}{S} < 2$, $0.5 < \dfrac{S}{L} \leq 1$

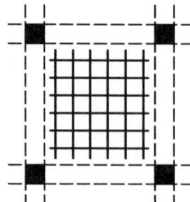 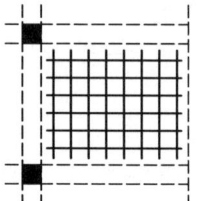

▲ 2방향 슬래브 배근

(2) 1방향 슬래브

① 휨모멘트
- 활하중에 의한 경간 중앙의 부휨모멘트는 산정된 값의 1/2만 취한다.
- 경간 중앙의 정휨모멘트는 양단 고정으로 보고 계산한 값 이상으로 취한다.
- 순경간이 3.0m를 초과할 때 순경간 내면의 휨모멘트를 사용할 수 있다. 그러나 이 값들이 순경간을 경간으로 하여 계산한 고정단 휨모멘트 이상으로 하여야 한다.

② 구조 상세
- 1방향 슬래브의 두께는 최소 100mm 이상이어야 한다.
- 슬래브의 정철근 및 부철근의 중심간격은 최대 휨모멘트가 일어나는 단면에서는 슬래브 두께의 2배 이하, 또는 300mm 이하로 한다. 기타 단면은 슬래브 두께의 3배 이하, 또한 450mm 이하로 한다.
- 1방향 슬래브에서는 정철근 및 부철근에 직각방향으로 수축·온도 철근을 배치한다.
- 슬래브 끝의 단순 받침부에서도 내민 슬래브에 의하여 부휨모멘트가 일어나는 경우에는 이에 상응하는 철근을 배치한다.
- 슬래브의 장변방향과 직교하는 보의 상부에 부휨모멘트로 인해 발생하는 균열을 방지하기 위하여 슬래브의 장변방향 상부에 철근을 배치한다.
- 수축·온도 철근으로 배치되는 이형철근의 철근비
  - 어떤 경우에도 0.0014 이상
  - 설계기준항복강도가 400MPa 이하인 이형철근을 사용한 슬래브는 0.002 이상
  - 0.0035의 항복변형률에서 측정한 철근의 설계기준항복강도가 400MPa를 초과한 슬래브는 $0.002 \times \dfrac{400}{f_y}$ 이상
- 수축·온도 철근의 간격은 슬래브 두께의 5배 이하, 또한 450mm 이하로 하여야 한다.
- 수축·온도 철근은 설계기준항복강도 f_y를 발휘할 수 있도록 정착한다.

③ 전단 설계
- 폭이 1m인 직사각형 단면보로 보고 전단을 검토한다.
- 1방향 슬래브 또는 보는 지점에서 d만큼 떨어진 단면에서 최대전단응력이 발생한다.

④ 근사해법
- 2경간 이상 부재, 등분포 하중 작용시 적용
- 인접 2경간의 차가 짧은 경간의 20% 이하, 활하중이 고정하중의 3배 이하 적용

(3) 2방향 슬래브

① 하중 분배

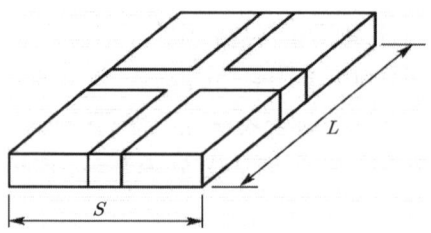

- 집중하중(P)이 작용하는 경우

$$P_L = \frac{S^3}{L^3+S^3}P, \quad P_S = \frac{L^3}{L^3+S^3}P$$

- 등분포하중(w)이 작용하는 경우

$$w_L = \frac{S^4}{L^4+S^4}w, \quad w_S = \frac{L^4}{L^4+S^4}w$$

여기서, P_L, w_L : 긴 변이 부담하는 하중
 P_S, w_S : 짧은 변이 부담하는 하중

- 지지보가 받는 하중(슬래브가 등분포 하중을 받을 때)

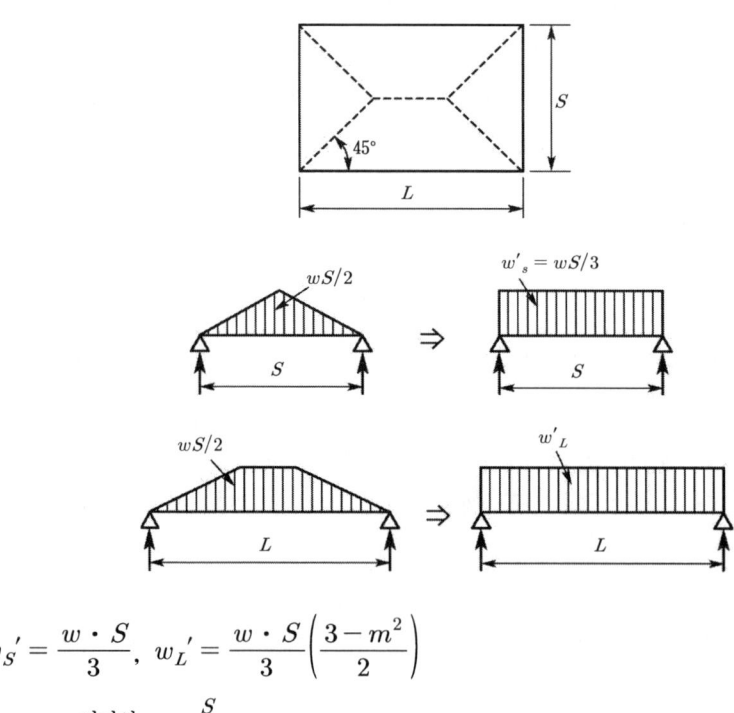

$$w_S' = \frac{w \cdot S}{3}, \quad w_L' = \frac{w \cdot S}{3}\left(\frac{3-m^2}{2}\right)$$

여기서, $m = \dfrac{S}{L}$

② 구조 상세
- 2방향 슬래브 시스템의 각 방향 철근 단면적은 위험 단면의 휨모멘트에 의해 결정되지만 수축·온도 철근에서 요구되는 최소 철근량 이상이어야 한다.
- 수축·온도 철근으로 배치되는 이형철근의 철근비
  - 어떤 경우에도 0.0014 이상
  - 설계기준항복강도가 400MPa 이하인 이형철근을 사용한 슬래브는 0.002 이상
  - 0.0035의 항복변형률에서 측정한 철근의 설계기준항복강도가 400MPa를 초과한 슬래브는 $0.002 \times \dfrac{400}{f_y}$ 이상
- 위험 단면에서 철근 간격은 슬래브 두께의 2배 이하 또한 300mm 이하로 한다. 단, 와플 구조나 리브 구조로 된 부분은 예외로 한다.
- 짧은 경간 방향의 철근을 긴 경간 방향의 철근보다 슬래브 바닥에 가깝게 배근한다.
- 불연속 단부 모서리에 직각방향의 부휨모멘트에 대한 철근은 받침면에 정착되도록 테두리보, 기둥 또는 벽체 속으로 구부리거나 갈고리로 하거나 그렇지 못하면 적절히 정착시켜야 한다.
- 불연속 단부에서 슬래브가 테두리보나 벽체로 지지되어 있지 않는 경우, 또는 슬래브가 받침부를 지나 캔틸레버로 되어 있는 경우에는 철근을 슬래브 내부에서 정착시킬 수 있다.
- 특별 보강 철근은 슬래브 상부에서 대각선에 평행한 방향으로 배치하고, 슬래브 하부의 경우 대각선에 직각방향으로 배치해야 한다.
- 특별 보강 철근은 슬래브 상부와 하부에서 각각 슬래브 각 모서리에 평행하게 두 층으로 배치할 수 있다.
- 2방향 슬래브에서 굽힘 철근은 슬래브 두께와 경간의 비가 굽힘 철근의 굽힘각도가 45° 이하가 될 수 있는 경우에만 사용해야 한다.

③ 전단 설계
- 등분포 하중을 받는 2방향 슬래브가 보 또는 벽체에 지지된 경우에는 전단 응력이 작아서 보의 경우에 따르며 전단 보강이 필요 없다.
- 4변이 지지된 2방향 슬래브는 전단 보강이 거의 필요하지 않다.
- 펀칭 전단 파괴가 일어난다고 생각 될 때 위험 단면은 집중하중이나 집중반력을 받는 면의 주변에서 $d/2$만큼 떨어진 주변 단면이다.

④ 직접설계법
- 각 방향으로 3경간 이상이 연속되어야 한다.
- 슬래브판들은 단변 경간에 대한 장변 경간의 비가 2 이하인 직사각형이어야 한다.
- 각 방향으로 연속한 받침부 중심간 경간 길이의 차이는 긴 경간의 1/3 이하이어야 한다.

- 연속한 기둥 중심선으로부터 기둥의 이탈은 이탈 방향 경간의 최대 10%까지 허용된다.
- 모든 하중은 연직하중으로서 슬래브판 전체에 등분포되는 것으로 간주한다. 활하중은 고정하중의 2배 이하이어야 한다.
- 보가 모든 변에서 슬래브 판을 지지할 경우 직교하는 두 방향에서 해당되는 보의 상대강성은 0.2 이상 5.0 이하이어야 한다.

⑤ 정 및 부 계수 휨모멘트
- 정계수 휨모멘트 : $0.35M_o$
- 부계수 휨모멘트 : $(-)0.65M_o$

여기서, M_o : 전체 정적계수 휨모멘트

6-2 확대기초

(1) 정의

① 벽, 기둥, 교각 등의 하중을 안전하게 지반에 전달하기 위해 저면을 확대하여 만든 기초
② 독립 확대기초, 벽의 확대기초, 연결 확대기초, 전면기초 등이 있다.
③ 확대기초의 저면을 설계할 때는 주로 캔틸레버로 보고 설계한다.
④ 연결 확대기초는 기둥과 기둥 사이를 단순보나 연속보로 보고 설계한다.
⑤ 기초 저면에 일어나는 최대 압력이 지반의 허용지지력을 넘지 않도록 기초 저면을 확대하여 만든 기초

　　　　독립 확대 기초　　　　벽의 확대 기초　　　　연결 확대 기초

(2) 확대기초의 설계를 위한 가정

① 확대기초 저면의 압력분포를 직선으로 한다.
② 확대기초 저면과 기초지반 사이에는 압축력만 작용한다.
③ 연결 확대기초에서는 휨모멘트의 일부 또는 전부를 연결보에 부담시키고 확대기초는 연직하중을 받는 것으로 한다.

(3) 기초판(확대기초)의 저면적(A_f)

$$A_f = \frac{P}{q_a}$$

여기서, P : 하중
q_a : 지반의 허용 지지력

(4) 압축하중과 휨모멘트가 작용시 확대기초의 최대 지반반력

$$f = \frac{P}{A} \pm \frac{M}{I} \cdot y$$

(5) 위험 단면에서의 휨모멘트

$$M = 응력 \times 단면적 \times 도심까지의 거리$$
$$= q \cdot \left\{\frac{(L-t)}{2} \times S\right\} \times \left\{\frac{(L-t)}{2} \times \frac{1}{2}\right\}$$
$$= \frac{1}{8} q \cdot S(L-t)^2$$

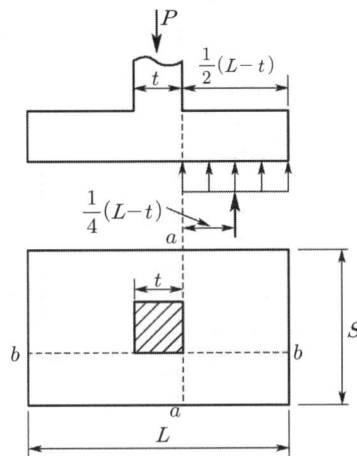

(6) 전단설계

① 1방향 작용일 경우
- 위험단면이 기둥의 전면으로부터 유효깊이만큼의 거리에서 전체 폭에 해당된다고 볼 수 있는 경우 전단설계를 보와 같이 한다.
- $V = q_u \cdot S\left\{\frac{(L-t)}{2} - d\right\}$

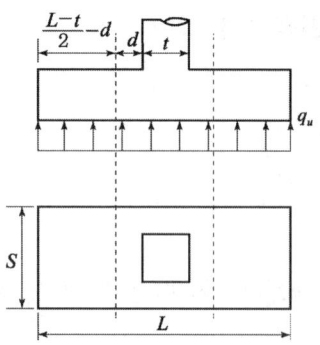

② 2방향 작용일 경우
- 펀칭 전단이 발생한다고 볼 수 있는 경우에는 집중하중을 받는 2방향 슬래브와 같이 전단설계를 하고 위험단면은 기둥 전면으로부터 $d/2$만큼 떨어진 단면으로 본다. 이때 기둥에서 $0.75d$ 내에 재하되는 등분포 지반력의 영향을 무시할 수 있다.
- 위험단면 둘레길이 $b_o = 4(t + 1.5d)$
- 전단력 $V = q_u \{ S \cdot L - (t + 1.5d)^2 \}$

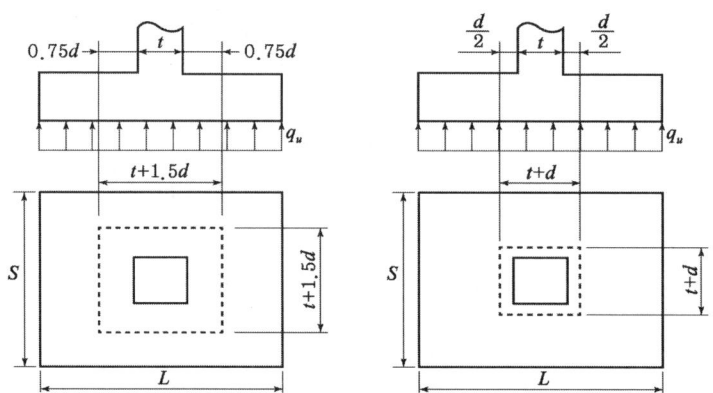

(7) 구조 상세

① 철근의 정착에 대한 위험단면은 휨모멘트에 대한 위험단면과 같은 위치로 정한다.
② 기초판 상단에서부터 하단 철근까지의 깊이는 흙에 놓이는 기초의 경우는 150mm 이상, 말뚝기초의 경우는 300mm 이상으로 하여야 한다.

6-3 옹 벽

(1) 옹벽의 안정

① 전도에 대한 안정

- $F = \dfrac{\text{저항모멘트}}{\text{활동모멘트}} = \dfrac{M_r}{M_o} \geq 2.0$

- 모든 외력의 합력이 $x \geq d/3$에 있어야 한다.

② 활동에 대한 안정

- $F = \dfrac{\text{수평저항력}}{\text{수평력}} = \dfrac{\sum V}{\sum H} \geq 1.5$

- $\sum V = f \cdot W$

  여기서, f : 콘크리트 저판과 지반과의 마찰계수

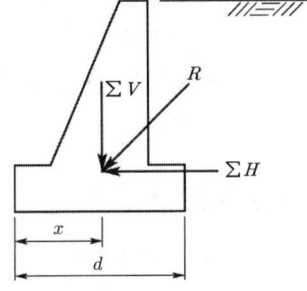

③ 침하에 대한 안정(지반 지지력에 대한 안정)

- $q_{\max} < q_a$
- 안전율은 1.0이다.

  여기서, $\begin{cases} q_a : \text{지반의 허용 지지력} \\ q_{\max} : \text{최대 지지반력} \end{cases}$

(2) 옹벽의 설계

① 저판
- 저판의 뒷굽판은 정확한 방법이 사용되지 않는 한, 뒷굽판 상부에 재하되는 모든 하중을 지지하도록 설계되어야 한다.
- 캔틸레버식 옹벽의 저판은 전면벽과의 접합부를 고정단으로 간주한 캔틸레버로 가정하여 단면을 설계할 수 있다.
- 뒷부벽식 옹벽 및 앞부벽식 옹벽의 저판은 정확한 방법이 사용되지 않는 한, 뒷부벽 또는 앞부벽 간의 거리를 경간으로 가정하여 고정보 또는 연속보로 설계할 수 있다.

② 전면벽
- 캔틸레버 옹벽의 전면벽은 저판에 지지된 캔틸레버로 설계할 수 있다.
- 뒷부벽식 옹벽 및 앞부벽식 옹벽의 전면벽은 3변 지지된 2방향 슬래브로 설계할 수 있다.
- 전면벽의 하부는 벽체로서 또는 캔틸레버로서도 작용하므로 연직방향으로 보강철근을 배치하여야 한다.

③ 뒷부벽 및 앞부벽
- 뒷부벽은 T형보로 설계하여야 하며, 앞부벽은 직사각형보로 설계하여야 한다.

④ 옹벽 배면
- 옹벽 배면의 뒤채움은 특별히 양질이고 충분히 다져지는 재료를 사용해서 설계, 시공하여야 한다.
- 뒤채움 흙에 침입된 물은 실질적인 방법에 의하여 조속히 배수되도록 시공하여야 한다.

(3) 구조 상세

① 부벽식 옹벽은 전면벽과 저판에 의해서 부벽에 전달되는 응력을 지탱할 수 있도록 필요한 철근을 부벽에 정착시켜야 한다.
② 활동에 대한 효과적인 저항을 위하여 저판의 하면에 활동방지벽을 설치하는 경우 활동방지벽과 저판을 일체로 만들어야 한다.
③ 옹벽 설계시 콘크리트의 수화열, 온도변화, 건조수축 등 부피변화에 대한 별도의 구조해석이 없는 경우 신축이음을 설계할 수 있으며, 부피변화에 대한 구조해석을 수행한 경우는 신축이음을 두지 않고 종방향 철근을 연속으로 배치할 수 있다.

Chapter 06 슬래브, 확대기초, 옹벽의 설계

기출문제

문제 001
슬래브의 정철근 및 부철근의 중심간격은 최대 휨모멘트가 일어나는 단면에서 슬래브 두께의 몇 배 이하 또는 몇 mm 이하로 하는가?

㉮ 2배 이하, 300mm 이하 ㉯ 2배 이하, 400mm 이하
㉰ 3배 이하, 300mm 이하 ㉱ 3배 이하, 400mm 이하

문제 002
슬래브의 단경간 $S=3$m, 장경간 $L=5$m에 집중하중 $P=0.12$MN이 슬래브의 중앙에 작용할 경우 장경간 L이 부담하는 하중은 얼마인가?

㉮ 21300N ㉯ 31300N ㉰ 88200N ㉱ 98700N

해설 $P_L = \dfrac{S^3}{L^3+S^3}P = \dfrac{3^3}{5^3+3^3} \times 0.12 = 0.0213\text{MN} = 21300\text{N}$

문제 003
그림과 같은 2방향 연속 슬래브에서 활하중과 고정하중을 포함한 등분포 하중 $w=12,000$N/m²(폭 1m당)이 작용할 때 짧은 지간에 작용하는 하중을 환산 등가 등분포 하중으로 구한 것은? (단, 보의 자중은 무시한다.)

㉮ 32,000 N/m
㉯ 24,000 N/m
㉰ 16,000 N/m
㉱ 12,000 N/m

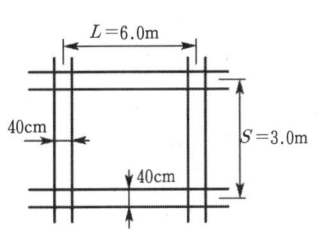

해설 $w_s' = \dfrac{w \cdot S}{3} = \dfrac{12000 \times 3}{3} = 12,000\text{N/m}$

문제 004
2방향 슬래브의 전단력에 대한 위험 단면은 다음 중 어느 곳인가? (단, d : 유효길이)

㉮ 받침부 ㉯ 받침부에서 d 인 곳
㉰ 받침부에서 $d/2$인 곳 ㉱ 슬래브 경간의 1/8인 곳

해설 부재의 높이가 일정한 경우 휨에 의한 보 또는 1방향 슬래브에서 최대 전단 응력은 받침부에서의 유효깊이 d만큼 떨어진 단면에서 일어난다.

정답 001.㉮ 002.㉮ 003.㉱ 004.㉯

문제 005

2방향 슬래브를 직접설계법에 의해 설계할 때 단변방향으로 정역학적 총 모멘트가 3.394×10^5 N·m일 때 내부 패널의 양단에서 지지해야 할 휨모멘트는?

㉮ 2.036×10^5 N·m
㉯ -2.036×10^5 N·m
㉰ 2.206×10^5 N·m
㉱ -2.206×10^5 N·m

해설 부계수 휨모멘트
$$M = (-)0.65 M_o = (-)0.65 \times 3.394 \times 10^5 \text{N·m} = -220610 \text{N·m}$$

문제 006

축방향 압축력 $P=1.8$MN, 흙은 허용지지력 $q_a=0.2$MPa인 정사각형 확대기초의 저판의 한 변의 길이는 얼마인가?

㉮ 2m ㉯ 3m ㉰ 4m ㉱ 5m

해설 $A_f = \dfrac{P}{q_a} = \dfrac{1.8}{0.2} = 9\text{m}^2$

∴ 한 변의 길이는 3m

문제 007

다음 그림에서 축방향력 $P=0.2$MN, $M=0.02$MN·m가 작용하는 독립 확대기초의 최대 지반반력은 얼마인가?

㉮ 0.03 MPa
㉯ 0.04 MPa
㉰ 0.05 MPa
㉱ 0.06 MPa

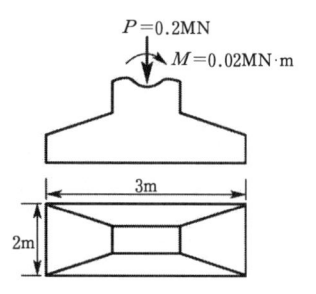

해설 $f = \dfrac{P}{A} \pm \dfrac{M}{I} \cdot y = \dfrac{0.2}{2 \times 3} + \dfrac{0.02}{4.5} \times \dfrac{3}{2} = 0.04$MPa

$I = \dfrac{2 \times 3^3}{12} = 4.5\text{m}^4$

문제 008

그림과 같은 정사각형 기둥 독립 확대기초 저면에 작용하는 지압력 $q=0.16$MPa일 때 휨에 대한 위험 단면의 모멘트는?

㉮ 0.98 MN·m
㉯ 0.72 MN·m
㉰ 0.70 MN·m
㉱ 0.64 MN·m

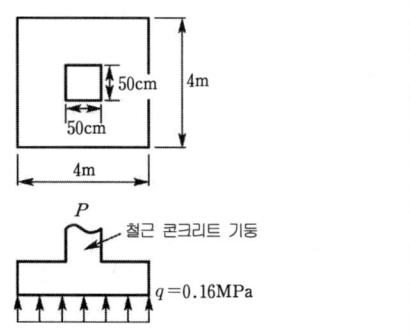

정답 005. ㉱ 006. ㉯ 007. ㉯ 008. ㉮

해설 $M = (응력) \times (단면적) \times 도심까지의 거리$
$= q \cdot \left\{ S \times \frac{(L-t)}{2} \right\} \times \left\{ \frac{(L-t)}{2} \times \frac{1}{2} \right\} = 0.16 \times \left\{ 4 \times \frac{(4-0.5)}{2} \right\} \times \left\{ \frac{(4-0.5)}{2} \times \frac{1}{2} \right\}$
$= 0.98 \text{MN} \cdot \text{m}$

문제 009
확대기초에 관한 설명 중 틀린 것은?
- ㉮ 확대기초의 종류에는 독립 확대기초, 연결 확대기초, 캔틸레버 확대기초, 벽 확대기초 등이 있다.
- ㉯ 확대기초는 일반적으로 단순보, 연속보, 캔틸레버 또는 이들이 결합된 것으로 보고 설계해야 한다.
- ㉰ 확대기초에 작용하는 외부의 축하중, 전단력, 휨모멘트는 모두 지반에 안전하게 전달되어야 한다.
- ㉱ 확대기초의 단부에서의 하단 철근부터 상부까지의 높이는 확대기초가 흙 위에 놓인 경우에 300mm 이상으로 규정되어 있다.

해설 확대기초가 흙 위에 놓인 경우는 150mm 이상이고 말뚝 기초의 경우에는 300mm 이상으로 한다.

문제 010
옹벽 구조의 외력에 대한 안정을 설명한 다음 내용 중 잘못된 것은?
- ㉮ 활동에 대한 저항력은 옹벽에 작용하는 수평력의 1.5배 이상이어야 한다.
- ㉯ 전도에 대한 저항 모멘트는 횡토압에 의한 전도 모멘트의 2배 이상이어야 한다.
- ㉰ 기초지반에 작용하는 외력의 합력은 기초 저폭 중앙의 1/2 이내에 들어와야 한다.
- ㉱ 지지지반에 작용하는 최대 압력이 지반의 허용지지력을 넘어서는 안된다.

해설 기초 저폭 중앙의 1/3 이내에 있어야 안정하다.

문제 011
그림의 무근콘크리트 옹벽(단위용적질량 2,300kg/m³)이 활동에 대하여 안전하려면 B 길이의 최소값은? (단, 흙의 단위용적질량 1,800, 토압을 랭킨 공식으로 계산하며 토압계수 0.3, 마찰계수 0.5)

- ㉮ 1.87m
- ㉯ 1.77m
- ㉰ 1.65m
- ㉱ 1.18m

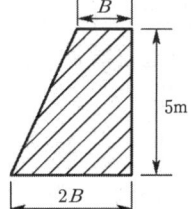

해설 $F = \dfrac{\sum V}{\sum H} \geq 1.5$

$\sum V = f \cdot W = 0.5 \times \left\{ \dfrac{B+2B}{2} \times 5 \right\} \times 2300 = 86250B$

$\sum H = P_a = \dfrac{1}{2} \gamma \cdot H^2 \cdot K_a = \dfrac{1}{2} \times 1800 \times 5^2 \times 0.3 = 67500 \text{N}$

$1.5 = \dfrac{86250B}{67500\text{N}} \qquad \therefore B \geq 1.174 \text{m}$

정답 009. ㉱ 010. ㉰ 011. ㉱

문제 012

옹벽 설계에서 철근 배치의 그림이 역학적으로 가장 좋은 것은?

㉮ 　㉯ 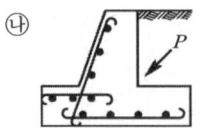　㉰ 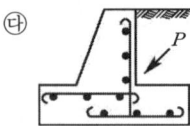　㉱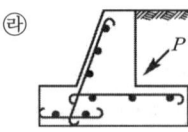

해설 하중에 의해 인장응력을 받는 부분에 철근을 배근한다.

문제 013

옹벽의 토압 및 설계 일반에 대한 설명 중 옳지 않은 것은?

㉮ 토압은 공인된 공식으로 산정하되 필요한 계수는 측정을 통하여 정해야 한다.
㉯ 옹벽 각부의 설계는 슬래브와 확대 기초의 설계방법에 준한다.
㉰ 뒷부벽식 옹벽은 부벽을 T형 보의 복부로 보고 전단벽과 저판을 연속 슬래브로 보고 설계한다.
㉱ 앞부벽식 옹벽은 앞부벽을 T형 보의 복부로 보고 전면벽을 연속 슬래브로 보아 설계한다.

해설 앞부벽식 옹벽은 부벽을 직사각형보의 복부로 보고 설계한다.

문제 014

1방향 슬래브의 전단력에 대한 위험 단면은 다음 중 어느 곳인가? (단, d는 유효깊이)

㉮ 지점
㉯ 지점에서 $d/2$만큼 떨어진 곳
㉰ 지점에서 d만큼 떨어진 곳
㉱ 슬래브의 중간

해설
- 1방향 슬래브의 전단력에 대한 위험단면은 지점에서 유효높이 d만큼 떨어진 곳
- 2방향 슬래브의 전단력에 대한 위험단면은 받침부에서 $d/2$인 곳

문제 015

1방향 슬래브에서 두께 180mm, 단위 폭(1m)당의 소요 철근량 1,550mm²일 때 D22(단면적 387mm²) 철근을 사용한다. 최대 휨모멘트가 일어나는 단면에서 철근의 중심간격은 얼마로 하면 좋은가?

㉮ 250mm　㉯ 280mm　㉰ 300mm　㉱ 330mm

해설
- 슬래브 두께의 2배 이하, 300mm 이하일 것
- 단위폭 1m당 철근 소요개수 $\frac{1550}{387} = 4$개
- ∴ 철근간격 $= \frac{1000}{4} = 250\text{mm}$

보충
- 2방향 슬래브 중에서 $\frac{L}{S} \geq 2$일 경우 1방향 슬래브로 해석한다.
- 1방향 슬래브의 두께는 100mm 이상이라야 한다.
- 1방향 슬래브에서는 정철근 및 부철근에 직각방향으로 배력 철근을 배치해야 한다.

정답 012. ㉮　013. ㉱　014. ㉰　015. ㉮

문제 016

철근콘크리트 1방향 슬래브의 설계에 대한 설명 중 틀린 것은?

㉮ 주철근에 직각되는 방향으로 온도철근을 배근해야 하며, 특히 항복강도가 400MPa 이하인 이형철근인 경우 온도철근비는 0.0020 이상이다.
㉯ 슬래브의 정모멘트 철근 및 부모멘트 철근 중심간격은 최대 모멘트 단면에서 슬래브 두께의 3배 이하 또한 400mm 이하이어야 한다.
㉰ 처짐 제한을 위한 최소 슬래브 두께는 100mm이다.
㉱ 활하중이 고정하중의 3배를 초과하는 경우에는 설계시 근사해법을 사용할 수 없다.

해설 • 슬래브의 정모멘트 철근 및 부모멘트 철근 중심간격은 최대 모멘트 단면에서 슬래브 두께의 2배 이하, 300mm 이하이어야 한다.
• 기타 단면에서는 슬래브 두께의 3배 이하이고 450mm 이하라야 한다.

보충 • 1방향 슬래브에서는 정모멘트 철근 및 부모멘트 철근에 직각방향으로 수축·온도철근을 슬래브 두께로 5배 이하, 또한 450mm 이하로 배치해야 한다.
• 수축·온도철근으로 배치되는 이형철근은 어떤 경우에도 철근비가 0.0014 이상이어야 한다.

문제 017

슬래브의 구조세목을 기술한 것 중 잘못된 것은?

㉮ 1방향 슬래브의 두께는 최소 100mm 이상이라야 한다.
㉯ 1방향 슬래브의 정철근 및 부철근의 중심, 간격은 최대 휨모멘트가 일어나는 단면에서는 슬래브 두께의 2배 이하이어야 하고, 또한 300mm 이하로 하여야 한다.
㉰ 1방향 슬래브의 수축·온도철근은 슬래브 두께의 3배 이하, 또한 400mm 이하로 하여야 한다.
㉱ 2방향 슬래브의 위험단면에서 철근 간격은 슬래브 두께의 2배 이하 또한 300mm 이하로 하여야 한다.

해설 1방향 슬래브의 수축·온도철근의 간격은 슬래브 두께의 5배 이하, 또한 450mm 이하로 하여야 한다.

문제 018

그림과 같은 단순 지지된 2방향 슬래브에 작용하는 하중 w 가 ab와 cd방향에 분배되는 w_{ab}와 w_{cd}의 양은 얼마인가?

㉮ $w_{ab} = \dfrac{wL^4}{L^4+S^4}$, $w_{cd} = \dfrac{wS^4}{L^4+S^4}$

㉯ $w_{ab} = \dfrac{wL^3}{L^3+S^3}$, $w_{cd} = \dfrac{wS^3}{L^3+S^3}$

㉰ $w_{ab} = \dfrac{wS^4}{L^4+S^4}$, $w_{cd} = \dfrac{wL^4}{L^4+S^4}$

㉱ $w_{ab} = \dfrac{wS^3}{L^3+S^3}$, $w_{cd} = \dfrac{wL^3}{L^3+S^3}$

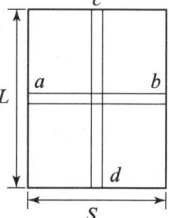

정답 016. ㉯ 017. ㉰ 018. ㉮

해설
- $w_{ab} = \dfrac{L^4}{L^4+S^4} \cdot w$ • $w_{cd} = \dfrac{S^4}{L^4+S^4} \cdot w$
- 집중하중이 작용시

  $P_{ab} = \dfrac{L^3}{L^3+S^3} \cdot P$ $P_{cd} = \dfrac{S^3}{L^3+S^3} \cdot P$

문제 019

그림과 같이 단순 지지된 2방향 슬래브에 등분포 하중 w가 작용할 때, ab 방향에 분배되는 하중은 얼마인가?

㉮ $0.941w$
㉯ $0.059w$
㉰ $0.889w$
㉱ $0.111w$

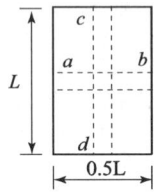

해설
$w_{ab} = \dfrac{L^4}{L^4+S^4}w = \dfrac{L^4}{L^4+(0.5L)^4}w = 0.941w$

문제 020

2방향 슬래브의 설계에서 직접설계법을 적용할 수 있는 제한 조건으로 틀린 것은?

㉮ 슬래브판들은 단변 경간에 대한 장변 경간의 비가 2 이하인 직사각형이어야 한다.
㉯ 각 방향으로 3경간 이상이 연속되어야 한다.
㉰ 각 방향으로 연속한 받침부 중심간 경간 길이의 차이는 긴 경간의 1/3 이하이어야 한다.
㉱ 모든 하중은 연직하중으로 슬래브판 전체에 등분포이고, 활하중은 고정하중의 2배 이상이라야 한다.

해설 활하중은 고정하중의 2배 이하이어야 한다.

보충
- 연속한 기둥 중심선으로부터 기둥의 이탈은 이탈방향 경간의 최대 10%까지 허용할 수 있다.
- 슬래브 철근의 간격은 위험 단면에서 슬래브 두께의 2배 이하 또한 300mm 이하로 한다.
- 단경간과 장경간의 비가 $0.5 < \dfrac{S}{L} \leq 1$일 때 2방향 슬래브로 설계한다.

문제 021

2방향 슬래브 설계시 직접설계법을 적용할 수 있는 제한사항에 대한 설명 중 틀린 것은?

㉮ 각 방향으로 3경간 이상이 연속되어야 한다.
㉯ 각 방향으로 연속한 받침부 중심간 경간 길이의 차이는 긴 경간의 1/3 이하이어야 한다.
㉰ 연속한 기둥 중심선으로부터 기둥의 이탈은 이탈방향 경간의 10%까지 허용된다.
㉱ 모든 하중은 슬래브판 전체에 연직으로 작용하며, 고정하중의 크기는 활하중의 3배 이하이어야 한다.

정답 019. ㉮ 020. ㉱ 021. ㉱

해설
- 활하중은 고정하중의 2배 이하이어야 한다.
- 2방향 슬래브의 위험 단면에서의 철근의 간격은 슬래브 두께의 2배 이하, 30cm 이하이어야 한다.
- 4변이 지지된 2방향 슬래브는 전단보강이 거의 필요없다.
- 단경간과 장경간의 비가 $1 \leq \dfrac{L}{S} < 1$ 또는 $0.5 < \dfrac{S}{L} \leq 1$일 경우 2방향 슬래브이다.

문제 022

4변에 의해 지지되는 2방향 슬래브 중에서 1방향 슬래브로 보고 계산할 수 있는 경우에 대한 기준으로 옳은 것은? (단, L : 2방향 슬래브의 장경간, S : 2방향 슬래브의 단경간)

㉮ $\dfrac{L}{S}$가 2보다 클 때
㉯ $\dfrac{L}{S}$가 1일 때
㉰ $\dfrac{L}{S}$가 $\dfrac{3}{2}$ 이상일 때
㉱ $\dfrac{L}{S}$가 3보다 작을 때

해설
- 2방향 슬래브 중에서 $\dfrac{L}{S}$가 2보다 클 때 1방향 슬래브로 보고 설계한다.
- 1방향 슬래브에서 슬래브 두께는 100mm 이상이라야 한다.

문제 023

2방향 슬래브에서 사인장 균열이 집중하중 또는 집중반력 주위에서 펀칭전단(원뿔대 혹은 각뿔대 모양)이 일어나는 것으로 판단될 때의 위험단면은 어느 것인가?

㉮ 집중하중이나 집중반력을 받는 면의 주변에서 $d/4$만큼 떨어진 주변단면
㉯ 집중하중이나 집중반력을 받는 면의 주변에서 $d/2$만큼 떨어진 주변단면
㉰ 집중하중이나 집중반력을 받는 면의 주변에서 d만큼 떨어진 주변단면
㉱ 집중하중이나 집중반력을 받는 면의 주변단면

해설
- 펀칭 전단에 대한 위험 단면은 집중하중이나 집중반력을 받는 면의 주변에서 $d/2$만큼 떨어진 주변단면이다.
- 1방향 슬래브의 전단력에 대한 위험단면은 지점(받침부)에서 유효깊이만큼 떨어진 단면이다.

문제 024

정착에 대한 위험단면이 아닌 곳은?

㉮ 경간 내에서 인장철근이 끝난 곳
㉯ 휨부재에서 최대 응력점
㉰ 지지점에서 $d/2$ 떨어진 단면
㉱ 경간 내에서 인장철근이 절곡된 곳

해설 전단에 대한 위험단면
① 보 및 1방향 슬래브 : 지지점에서 d 만큼 떨어진 곳
② 2방향 슬래브 : 지지점에서 $d/2$만큼 떨어진 곳

보충 $V_s > \dfrac{2}{3}\sqrt{f_{ck}}\,b_w d$인 경우에는 보의 단면을 더 크게 늘려야 한다.

정답 022. ㉮ 023. ㉯ 024. ㉰

문제 025

그림과 같은 2방향 확대 기초에서 하중계수가 고려된 계수하중 P_u(자중 포함)가 그림과 같이 작용할 때 위험 단면의 계수전단력(V_u)은 얼마인가?

㉮ V_u=1046.2 kN
㉯ V_u=1263.4 kN
㉰ V_u=1209.6 kN
㉱ V_u=1372.9 kN

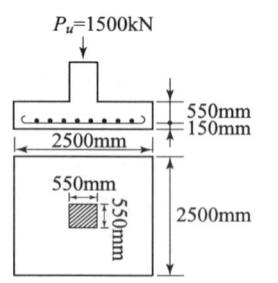

해설
- 위험단면은 기둥 전면으로부터 $d/2$만큼 떨어진 곳의 한 변의 길이
 $l = t + 1.5d = 550 + 1.5 \times 550 = 1375\text{mm}$
- 확대기초 밑면에 작용하는 응력
 $q = \dfrac{1500000}{2500 \times 2500} = 0.24\text{MPa}(\text{N/mm}^2)$
- 위험 단면 내부를 제외한 확대기초 밑면적
 $A' = (2500 \times 2500) - (1375 \times 1375) = 4,359,375\text{mm}^2$
- 위험 단면에 작용하는 전단력
 $V_u = q \cdot A' = 0.24 \times 4,359,375 = 1,046,250\text{N} = 1046.2\text{kN}$

문제 026

철근콘크리트 구조에서 연속보 또는 1방향 슬래브는 다음 조건을 모두 만족하는 경우에만 콘크리트 구조설계기준에서 제안된 근사해법을 적용할 수 있다. 그 조건에 대한 설명으로 잘못된 것은?

㉮ 2경간 이상이어야 하며, 인접 2경간의 차이가 짧은 경간의 20% 이하인 경우
㉯ 등분포 하중이 작용하는 경우
㉰ 활하중이 고정하중의 3배를 초과하는 경우
㉱ 부재의 단면 크기가 일정한 경우

해설 활하중이 고정하중의 3배를 초과하지 않는 경우

보충 2방향 슬래브 설계
- 활하중은 고정하중의 2배 이하라야 한다.
- 각 방향으로 3경간 이상이 연속되어야 한다.
- 연속된 받침부 중심간 경간길이의 차는 긴 경간의 1/3 이하이어야 한다.

문제 027

다음의 뒷부벽식 옹벽에 표시된 철근은?

㉮ 인장철근 ㉯ 배력근
㉰ 보조철근 ㉱ 복철근

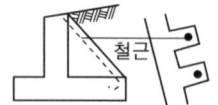

해설 토압 작용에 의해 인장력을 받는 부위의 철근이다.

정답 025. ㉮ 026. ㉰ 027. ㉮

문제 028

옹벽의 구조 해석에 대한 설명으로 잘못된 것은?

㉮ 부벽식 옹벽 저판은 정밀한 해석이 사용되지 않는 한, 부벽 간의 거리를 경간으로 가정한 고정보 또는 연속보로 설계할 수 있다.
㉯ 저판의 뒷굽판은 정확한 방법이 사용되지 않는 한, 뒷굽판 상부에 재하되는 모든 하중을 지지하도록 설계하여야 한다.
㉰ 캔틸레버식 옹벽의 추가철근은 저판에 지지된 캔틸레버로 설계할 수 있다.
㉱ 뒷부벽식 옹벽의 뒷부벽은 직사각형보로 설계하여야 한다.

해설 • 뒷부벽식 옹벽의 뒷부벽은 T형보로 보고 설계한다.
• 앞부벽식 옹벽은 부벽을 직사각형 보로 보고 설계한다.

문제 029

옹벽에서 T형보로 설계하여야 하는 부분은?

㉮ 앞부벽식 옹벽의 앞부벽   ㉯ 뒷부벽식 옹벽의 전면벽
㉰ 앞부벽식 옹벽의 저판   ㉱ 뒷부벽식 옹벽의 뒷부벽

해설 • 뒷부벽식 옹벽의 뒷부벽은 T형보로 보고 설계한다.
• 앞부벽식 옹벽 앞부벽은 직사각형보로 설계한다.

보충 캔틸레버 옹벽의 전면벽은 저판에 지지된 캔틸레버로 설계되어야 한다.

문제 030

옹벽의 구조 해석에 대한 설명으로 잘못된 것은?

㉮ 뒷부벽식 옹벽의 저판은 정확한 방법이 사용되지 않는 한, 뒷부벽간의 거리를 경간으로 가정하여 고정보 또는 연속보로 설계할 수 있다.
㉯ 저판의 뒷굽판은 정확한 방법이 사용되지 않는 한, 뒷굽판 상부에 재하되는 모든 하중을 지지하도록 설계되어야 한다.
㉰ 캔틸레버 옹벽의 전면벽은 저판에 지지된 캔틸레버로 설계할 수 있다.
㉱ 뒷부벽식 옹벽의 뒷부벽은 직사각형보로 설계하여야 한다.

해설 • 뒷부벽식 옹벽의 뒷부벽은 T형보로 설계한다.
• 앞부벽식 옹벽의 부벽은 직사각형보로 설계한다.
• 활동에 대한 저항력은 옹벽에 작용하는 수평력의 1.5배이어야 한다.
• 전도에 대한 저항 휨모멘트는 횡토압에 의한 전도 휨모멘트의 2배 이상이어야 한다.

문제 031

다음과 같은 옹벽의 각 부분 중 T형보로 설계해야 할 부분은?

㉮ 앞부벽식 옹벽의 저판   ㉯ 뒷부벽식 옹벽의 저판
㉰ 앞부벽   ㉱ 뒷부벽

해설 • 뒷부벽은 T형보로, 앞부벽은 직사각형보로 설계하여야 한다.
• 옹벽 각부의 설계는 슬래브와 확대기초의 설계 방법에 준한다.

정답 028. ㉱ 029. ㉱ 030. ㉱ 031. ㉱

문제 032

다음은 옹벽의 안정에 대한 규정이다. 옳지 않은 것은?

㉮ 옹벽의 활동에 대한 저항력은 옹벽에 작용하는 수평력의 1.5배 이상이어야 한다.
㉯ 전도 및 지반지지력에 대한 안정조건을 만족하며, 활동에 대한 안정조건만을 만족하지 못할 경우 활동방지벽을 설치하여 활동저항력을 증대시킬 수 있다.
㉰ 전도에 대한 저항모멘트는 횡토압에 의한 전도 모멘트의 1.5배 이상이어야 한다.
㉱ 지지 지반에 작용되는 최대 압력이 지반의 허용지지력을 초과하지 않아야 한다.

해설
- 전도에 대한 저항모멘트는 횡토압에 의한 전도 모멘트의 2배 이상이어야 한다.
- 전도에 대한 안정을 위해 모든 외력의 합력(R)의 작용점이 옹벽 저면 중앙 1/3 이내에 있어야 한다.

문제 033

옹벽의 토압 및 설계 일반에 대한 설명 중 옳지 않은 것은?

㉮ 활동에 대한 저항력은 옹벽에 작용하는 수평력의 1.5배 이상이어야 한다.
㉯ 뒷부벽식 옹벽의 저판은 정확한 방법이 사용되지 않는 한, 3변 지지된 2방향 슬래브로 설계하여야 한다.
㉰ 캔틸레버 옹벽의 전면벽은 저판에 지지된 캔틸레버로 설계할 수 있다.
㉱ 지지 지반에 작용하는 최대 압력이 지반의 허용지지력을 초과하지 않아야 한다.

해설
- 뒷부벽식 옹벽의 저판은 뒷부벽간의 거리를 경간으로 보고 고정보 또는 연속보로 설계한다.
- 앞부벽은 직사각형보로, 뒷부벽은 T형보로 설계한다.

문제 034

철근콘크리트 벽체의 철근 배근에 대한 다음 설명 중 잘못된 것은?

㉮ 동일 조건에서 최소 수직철근비가 최소 수평철근비보다 크다.
㉯ 지하실을 제외한 두께 250mm 이상의 벽체에 대해서는 수직 수평방향으로 벽면에 평행하게 양면으로 배근하여야 한다.
㉰ 수직 및 수평철근의 간격은 벽두께의 3배 이하, 또한 450mm 이하로 하여야 한다.
㉱ 수직철근이 집중배치된 벽체부분의 수직철근비가 0.01배 미만인 경우에는 횡방향 띠철근을 설치하지 않을 수 있다.

보충
- 동일 조건에서 최소 수평철근비가 최소 수직철근비보다 크다.
- 수직철근이 집중배치된 벽체 부분의 수직철근비가 0.01배 이상인 경우 횡방향 띠철근을 설치하여야 한다.

정답 032. ㉰ 033. ㉯ 034. ㉮

chapter 07 프리스트레스트 콘크리트(PSC)

제1부 철근콘크리트 및 강구조

7-1 개 요

(1) 콘크리트 부재 속에 배치된 긴장재에 기계적으로 인장력을 주어 그 반작용으로 프리스트레스를 주는 방법이다.

① 콘크리트는 압축에는 강하나 인장에는 매우 약하다. 그래서 인장에 약한 약점을 보강하는 방법은 철근 콘크리트와 프리스트레스 콘크리트의 두 가지로 나눌 수 있다.

② 인장을 받는 곳에 철근을 넣어 콘크리트는 압축을 지지하고 철근은 인장을 받도록 한 것이 철근 콘크리트이다. 콘크리트와 철근이 일체로 거동함으로 인해 균열을 제어할 수 있다.

③ 설계하중으로 인하여 인장응력이 일어날 부분에 미리 계획적으로 압축응력을 주어 놓으면 그 인장응력이 상쇄되어 균열이 발생하지 않는 부재로 만들 수 있다. 이런 콘크리트를 프리스트레스 콘크리트(prestressed concrete)라 한다.

(2) PSC의 장점

① 강재의 부식 위험이 적고 내구성이 좋다.
② 탄력성과 복원성이 우수하다.
③ 콘크리트의 전단면을 유효하게 이용할 수 있다.
④ 철근 콘크리트보다 경간을 길게 할 수 있다.
⑤ 프리캐스트를 사용할 경우 시공성이 좋다.
⑥ PSC 구조물은 인장응력에 의한 균열이 방지되고 안전성이 높다.

(3) PSC의 단점

① 내화성에 있어 불리하다.

② 변형이 크고 진동하기 쉽다.
③ 공사비가 많이 든다.

(4) PSC의 기본 개념

① 응력 개념(균등질 보의 개념)
- 프리스트레스가 도입되면 콘크리트 부재가 탄성재료로 전환되어 이에 대한 해석이 탄성이론으로 가능하다.
- 응력 개념(균등질 보의 개념)
  RC는 취성재료이므로 인장측의 응력을 무시했으나 PSC는 탄성재료로 인장, 즉 응력도 유효한 균등질 보로 본다.

② 강도 개념(내력 모멘트 개념)
  RC와 같이 압축력은 콘크리트가 받고 인장력은 PS 강재가 받는 것으로 하여 두 힘에 의한 내력 모멘트가 외력 모멘트에 저항한다.

③ 하중 평형 개념(등가하중 개념)
- 프리스트레싱에 의한 작용과 부재에 작용하는 하중을 평형이 되게 한다.
- 긴장력과 외력(하중)이 같다는 개념이다. 부재에 작용하는 외력의 일부 또는 전부를 프리스트레스 힘으로 평형시킨다.

7-2 재 료

(1) 골재

① 굵은골재 최대치수는 보통 25mm를 표준한다.
② 부재치수, 철근간격, 펌프압송 등의 사정에 따라 20mm를 사용할 수 있다.

(2) PS 강재

① 인장강도가 클 것
② 항복비가 클 것
③ 릴랙세이션이 작을 것
④ 부착강도가 클 것
⑤ 응력 부식에 대한 저항성이 클 것
⑥ 곧게 잘 펴지는 직선성이 좋을 것
⑦ 구조물의 파괴를 예측할 수 있게 어느 정도의 연신율이 있을 것

(3) 덕트 내의 충전

① 블리딩률은 0.3% 이하를 표준한다.
② 그라우트 체적 팽창률은 -1~5%로 한다.
③ 프리스트레스트 콘크리트 그라우트의 물-결합재비는 45% 이하로 한다.
④ 그라우트 압축강도는 7일 재령에서 27MPa 이상 또는 28일 재령에서 30MPa 이상으로 한다.
⑤ 염화물 함유량은 전 염화물 함유량 기준으로 단위 시멘트량의 0.08% 이하로 한다.

(4) 마찰 감소재

① 프리스트레싱을 실시할 때 마찰을 감소시키거나 부착시키지 않는 구조에 사용한다.
② 쉬스와 PS 강재와의 마찰을 감소시키기 위하여 PSC 강재에 바르는 마찰 감소재는 긴장이 끝난 후 반드시 제거한다.

(5) 재료의 저장

① PS 강재는 습기에 의한 녹이나 부식을 막고 기름, 먼지, 진흙 등의 부착에 의해 콘크리트와의 부착강도의 저하를 막기 위해 창고 내에 저장한다.
② 접착제는 6개월 이상 저장하지 않아야 한다.

7-3 시 공

(1) 쉬스, 보호관 및 긴장재의 배치

거푸집 내에서 허용되는 긴장재의 배치오차는 도심위치 변동의 경우 부재치수가 1m 미만일 때에는 5mm를 넘지 않아야 하며 1m 이상인 경우에는 부재치수의 1/200 이하로서 10mm를 넘지 않도록 한다. 어떤 경우라도 10mm를 넘는 경우에는 수정하여야 한다.

(2) PSC 그라우트 주입구, 중간배출구, 배출구의 배치

① 그라우트 캡은 충전을 확인할 수 있는 구조로 비철재가 좋다.
② 그라우트 호스는 보의 면보다 약 1m 정도 수직으로 유지하는 것이 좋다.
③ 그라우트 호스를 분산 배치한다.
④ 케이블의 길이가 50m 정도를 초과할 경우에는 중간에도 주입구를 설치하여 단계별로 주입하는 것이 좋다.
⑤ 그라우트 호스의 지름은 15mm, 19mm가 많이 사용하고 있다.

(3) 프리스트레싱

1) 프리텐션 방식
   ① 공장에서 동일 종류의 제품을 대량으로 제조하는 경우가 많다.
   - 롱라인 공법(연속식)
   - 인디비주얼 몰드 공법(단독식)

   ② 작업 순서
   거푸집 설치 → 강재 배치 및 긴장 → 콘크리트 타설 및 양생 → 경화 후 프리스트레스 도입

2) 포스트텐션 방식
   ① 현장에서 프리스트레스를 도입하는 경우가 많다.
   ㉠ 쐐기식 공법
   - 프레시네(Freyssinet) 공법
   - CLL 공법
   - 마그넬(Magnel) 공법
   - VSL 공법

   ㉡ 지압식 공법
   - BBRV 공법
   - 디비닥(Dywidaq) 공법

   ㉢ 루프식 공법
   - 바우어 레몬하르트(Baur-Leonhart) 공법
   - 레오바(Leoba) 공법

   ② 작업 순서
   거푸집 제작 및 쉬스 설치 → 콘크리트 타설 및 양생 → PS 강재 긴장 후 단부에 정착 → 쉬스 속을 그라우팅

3) 프리스트레스의 도입
   ① 프리스트레싱을 할 때의 콘크리트 압축강도는 프리스트레스를 준 직후 콘크리트에 일어나는 최대 압축응력의 1.7배 이상일 것.
   ② 프리텐션 방식에 있어서의 콘크리트 압축강도는 30MPa 이상일 것. 단, 실험이나 기존의 적용 실적 등을 통해 안전성이 증명된 경우 25MPa 이상으로 할 수 있다.
   ③ 프리스트레스 도입시 일어나는 손실
   - 콘크리트의 탄성변형(탄성수축)에 의한 손실
   - 강재와 쉬스의 마찰에 의한 손실

- 정착단의 활동에 의한 손실
④ **프리스트레스 도입 후 손실**
- 콘크리트의 건조수축
- 콘크리트의 크리프
- 강재의 릴랙세이션

(4) 그라우트 시공

① PS 강재를 부착시키는 포스트텐션 방식의 경우에는 그라우트에 의한 긴장재의 녹막이를 실시한다.
② 그라우트 시공은 프리스트레싱이 끝난 8시간이 경과한 다음 가능한 한 빨리 하며 어떤 경우에도 프리스트레싱이 끝난 후 7일 이내에 실시한다.
③ PSC 그라우트의 비비기는 그라우트 믹서로 한다. 그라우트 믹서는 5분 이내에 그라우트를 충분히 비빌 수 있어야 한다.
④ PSC 그라우트는 그라우트 펌프에 넣기 전에 1.2mm의 체로 걸러야 한다.
⑤ 그라우트 주입시의 주입압력은 최소 0.3MPa 이상으로 한다. 압력을 높이고 나서 약 10분 후에 압력을 제거하고 블리딩에 의한 물이 자유로이 이동할 수 있게 한다.
⑥ 배기구 끝에는 1m 이상의 굵은 파이프를 연직으로 설치하여 블리딩에 의한 물이 상승하게 한다.
⑦ 그라우트 주입압은 2MPa 이하로 한다.
⑧ 한중에 시공시 주입 전에 덕트 주변의 온도를 5℃ 이상으로 한다. 또한 주입시 그라우트의 온도는 10~25℃를 표준하며 그라우트의 온도는 주입 후 적어도 5일간은 5℃ 이상을 유지한다.

Chapter 07 프리스트레스트 콘크리트(PSC)

기출문제

문제 001

프리스트레스트 콘크리트의 그라우트 품질 중 틀린 것은?

㉮ 그라우트 체적 변화율은 −1~5%로 한다.
㉯ 블리딩률은 0.3% 이하를 표준한다.
㉰ 그라우트 유하시간은 15~30초의 범위로 한다.
㉱ 그라우트의 압축강도는 재령 7일에서 30MPa 이상이어야 한다.

해설 그라우트의 압축강도는 재령 7일에서 27MPa 이상이어야 한다.

문제 002

프리스트레스트 콘크리트의 그라우트는 반죽질기를 해치지 않는 범위에서 물−결합재비는 몇 % 이하로 하는가?

㉮ 43%   ㉯ 45%
㉰ 46%   ㉱ 48%

해설 그라우트의 물−결합재비는 45% 이하로 한다.

문제 003

프리스트레스트 콘크리트의 굵은골재 최대치수는 보통의 경우 몇 mm를 표준으로 하는가?

㉮ 13mm   ㉯ 20mm
㉰ 25mm   ㉱ 40mm

해설 굵은골재 최대치수를 25mm 정도로 하는 것이 좋지만, 부재치수, 철근간격, 펌프압송 등의 사정에 따라서는 20mm를 사용하는 경우도 있다.

문제 004

프리스트레스트 콘크리트에 사용되는 긴장재의 가공 및 조립에 대한 설명 중 틀린 것은?

㉮ PS 강봉의 나사로 이음하는 부분은 가열에 의해 절단을 한다.
㉯ 긴장재를 쐐기에 의해 정착장치에 고정하는 경우에는 기름, 뜬녹, 기타 이물질을 제거한다.
㉰ PS 강재의 휨가공은 필히 기계를 사용하여 냉간에서 원활한 곡선으로 가공한다.
㉱ 아주 심하게 구부러진 PS 강재는 다시 펴서 사용하지 않는다.

해설 PS 강봉의 나사로 이음이 되는 부분은 열의 영향에 의한 재질의 변화 및 시공이 불가능하게 되기 때문에 가열에 의한 절단을 해서는 안 된다.

정답 001. ㉱ 002. ㉯ 003. ㉰ 004. ㉮

문제 005

프리스트레스트 콘크리트 시공시 덕트, 쉬스, 긴장재 배치 등의 설명 중 틀린 것은?

㉮ 덕트는 콘크리트와 긴장재를 절연하기 위해 둔다.
㉯ 거푸집 내에서 허용되는 긴장재의 배치오차는 도심 위치 변동의 경우 부재치수가 1m 미만일 때는 5mm 이하로 한다.
㉰ 여러 개의 PS 강선 혹은 PS 스트랜드를 하나의 쉬스 안에 수용하는 경우 서로 잘 꼬이게 배치한다.
㉱ 긴장재 또는 쉬스 및 보호관의 배치오차는 PS 강재 중심과 부재 가장자리와의 거리가 1m 이상인 경우에는 10mm를 넘지 않게 한다.

해설 적당한 간격재를 사용하여 PS 강재가 쉬스 안에서 서로 꼬이지 않도록 배치한다.

문제 006

프리스트레스트 콘크리트 정착장치 및 접속장치의 조립과 배치에 대한 설명 중 틀린 것은?

㉮ 정착장치와 긴장재가 정확히 수직이 되게 한다.
㉯ 정착장치 부근의 긴장재에는 적당한 길이의 직선부를 두는 것이 좋다.
㉰ 정착장치 및 접속장치의 배치가 끝나면 반드시 검사하여 위치 변동이 생긴 것은 바로 잡는다.
㉱ 긴장재를 이을 경우 인장력을 줄 때 접속장치 이동량을 미리 산정하여 여유가 있는 공간을 압축측에 둔다.

해설 긴장재를 이어댈 경우 인장력을 줄 때의 접속장치의 이동량을 미리 산정하여 이에 대한 충분한 여유가 있는 공간을 인장측에 두어야 한다.

문제 007

프리스트레스트 콘크리트 시공시 거푸집 및 동바리 작업에 관한 설명 중 옳지 않은 것은?

㉮ 프리스트레싱이 끝난 후 자중 등의 반력을 받는 부분의 거푸집 및 동바리는 떼어내는 것이 좋다.
㉯ 거푸집 및 동바리는 프리스트레싱할 때 콘크리트 부재가 자유롭게 수축할 수 있도록 거푸집의 일부를 긴장작업 전에 떼어내는 것이 좋다.
㉰ 프리스트레싱 후 동바리가 많이 떠오를 때는 프리스트레싱과 동시에 동바리를 침하시킨다.
㉱ 거푸집은 프리스트레싱에 의한 콘크리트 부재의 변형을 고려하여 적절한 솟음을 준다.

해설 프리스트레싱이 끝난 후에 자중 등이 반력을 받는 부분의 거푸집 및 동바리는 떼어내서는 안 된다.

문제 008

프리스트레스트 콘크리트 그라우트의 품질관리 및 검사 항목이 아닌 것은?

㉮ 유동성
㉯ 블리딩률
㉰ 체적 변화율
㉱ 인장강도

정답 005. ㉰ 006. ㉱ 007. ㉮ 008. ㉱

문제 009

PSC 프리스트레싱 작업시 설명이 잘못된 것은?

㉮ 프리텐션 방식의 경우 긴장재에 주는 인장력은 고정장치의 활동에 의한 손실을 고려한다.
㉯ PS 강재에 소정의 인장력을 설계값 이상으로 주었다가 다시 설계값으로 낮춘다.
㉰ 프리텐션 방식에 있어 미리 PS 강재를 고정하기 전에 각각의 PS 강재를 적당한 힘으로 인장해 둬야 한다.
㉱ 프리스트레스를 도입할 때 긴장재의 고정장치를 풀 때에는 천천히 해야 한다.

해설
- 긴장재로 동시에 인장할 경우 각 PS 강재에 균등한 인장력이 주어지도록 하는데 인장력을 설계값 이상으로 주었다가 다시 설계값으로 낮추는 식의 시공을 해서는 안 된다.
- 프리스트레스를 도입할 때 긴장재의 고정장치를 급격히 풀면 콘크리트에 충격을 주어 긴장재와 콘크리트의 부착을 해칠 우려가 있어 고정장치를 풀 때에는 천천히 해야 한다.

문제 010

프리스트레싱할 때 프리텐션 방식에 있어서 콘크리트의 압축강도는 얼마 이상인가?

㉮ 25MPa ㉯ 30MPa
㉰ 35MPa ㉱ 40MPa

해설
- 프리스트레싱을 할 때의 콘크리트의 압축강도는 프리스트레스를 준 직후 콘크리트에 일어나는 최대 압축응력의 1.7배 이상이어야 한다.
- 짧은 부재, 부재 끝부분에서 큰 휨모멘트 또는 전단력을 받는 부재 등에 있어서 프리스트레스를 줄 때의 콘크리트의 압축강도는 35MPa 이상으로 하는 것이 좋다.

문제 011

프리스트레싱의 관리에 대한 설명 중 틀린 것은?

㉮ 긴장재에 주어지는 인장력 설계에서 고려한 긴장재의 인장력에 대해 2~3% 정도 큰 인장력이 되도록 한다.
㉯ 긴장재에 주는 인장력은 하중계가 나타내는 값과 긴장재의 늘음량 또는 빠짐량에 의하여 측정하여야 하며 두 가지 조건이 만족해야 한다.
㉰ 프리스트레싱 작업중에는 인장력과 늘음량 또는 빠짐량 사이의 관계는 직선이 되어야 한다.
㉱ 마찰계수 및 긴장재의 겉보기 탄성계수는 공장제작 과정의 시험에 의하여 구한다.

해설 마찰계수 및 긴장재의 겉보기 탄성계수는 현장에서 시험을 실시하여 구하는 것을 원칙으로 한다.

문제 012

프리스트레스트 콘크리트의 그라우트 시공에 대한 설명 중 틀린 것은?

㉮ 프리스트레싱이 끝난 후 될 수 있는 대로 신속히 PSC 그라우트를 주입한다.
㉯ 그라우트 펌프는 압축공기로 직접 그라우트 면에 압력을 가하는 방식을 사용한다.
㉰ 애지테이터는 그라우트를 천천히 휘저을 수 있을 것.
㉱ 그라우트 믹서는 강력하며 5분 이내에 그라우트를 충분히 비빌 수 있는 용량일 것.

정답 009. ㉯ 010. ㉯ 011. ㉱ 012. ㉯

해설 그라우트 펌프는 PSC 그라우트를 천천히 주입할 수 있어야 하며 공기가 혼입되지 않게 주입할 수 있는 것을 사용한다.

문제 013

프리스트레스트 콘크리트의 그라우트 주입압력은 최소 몇 MPa 이상으로 하는 것이 좋은가?

㉮ 0.1MPa ㉯ 0.2MPa
㉰ 0.3MPa ㉱ 0.5MPa

해설 그라우팅시 압력을 높이고 나서 약 10분 지난 후 이 압력을 제거하고 블리딩에 의한 물이 자유로이 이동할 수 있게 해야 한다.

문제 014

PSC 그라우트 주입에 대한 설명 중 틀린 것은?

㉮ 그라우트 펌프로 주입을 천천히 하여야 한다.
㉯ 그라우트는 그라우트 펌프에 넣기 전에 1.2mm의 체로 걸러야 한다.
㉰ 낮은 곳에서 높은 곳을 향해 그라우트를 주입한다.
㉱ 한중에 사용하는 경우 주입시 그라우트의 온도는 5~10℃를 표준으로 한다.

해설
- 한중 시공시 주입하는 그라우트의 온도는 10~25℃를 표준으로 한다.
- 그라우트의 온도는 주입 후 적어도 5일간은 5℃ 이상을 유지한다.
- 한중 시공시 주입 전에 덕트 주변의 온도를 5℃ 이상으로 유지한다.

문제 015

프리스트레스 콘크리트 시공시 정착장치 또는 접속장치를 긴장재와 조합시킬 때 긴장재의 길이는 몇 m를 표준으로 하는가?

㉮ 1m ㉯ 2m
㉰ 3m ㉱ 5m

해설 정착한 PS 강재의 길이가 불균일하거나 긴장시 세트 때문에 극히 일부의 PS 강재에 인장력이 집중하여 먼저 파단되는 것을 방지하여 적절한 시험결과가 얻어지도록 긴장재의 길이를 3m로 한다.

문제 016

프리스트레스 콘크리트의 원리에 대한 3가지 방법이 아닌 것은?

㉮ 응력 개념 ㉯ 강도 개념
㉰ 하중 개념 ㉱ 모멘트 분배 개념

해설
- 응력 개념(균등질 보의 개념) : RC는 취성재료이므로 인장측의 응력을 무시했으나 PSC는 탄성재료로 인장측 응력도 유효한 균등질 보로 본다.
- 강도 개념(내력 개념=내력 모멘트 개념) : 압축력은 콘크리트가 받고 인장력은 PS 강재가 받아 두 힘의 우력이 외력 모멘트에 저항하도록 한다.
- 하중 개념(하중 평형 개념=등가 하중 개념) : 긴장력과 외력(하중)이 같다는 개념이다. 부재에 작용하는 외력의 일부 또는 전부를 프리스트레스 힘으로 평형시킨다.

정답 013. ㉰　014. ㉱　015. ㉰　016. ㉱

문제 017

PSC 부재의 프리스트레스 감소 원인 중 프리스트레스를 도입한 후 생기는 것은?

㉮ 정착장치의 활동 ㉯ PS 강재와 덕트(시스)의 마찰
㉰ PS 강재의 릴랙세이션 ㉱ 콘크리트의 탄성변형

해설 프리스트레스 도입 후 손실
① 콘크리트의 크리프
② 콘크리트의 건조수축
③ PS 강재의 릴랙세이션

문제 018

콘크리트에 프리스트레스가 가해지면 콘크리트는 탄성체로 전환되고 따라서 프리스트레스트 콘크리트는 탄성이론에 의한 해석이 가능한 개념은?

㉮ 변형도 개념 ㉯ 내력 개념
㉰ 응력 개념 ㉱ 하중 평형 개념

해설 응력 개념(균등질 보의 개념)
콘크리트에 프리스트레스가 가해지면 콘크리트는 탄성재료로 전환되고 따라서 프리스트레스 콘크리트는 탄성이론에 의한 해석이 가능하다는 개념

문제 019

프리스트레스 콘크리트에서 콘크리트에 프리스트레스 600,000N을 도입하는데 여러 가지 원인에 의해 120,000N의 프리스트레스 감소가 생겼다. 이때의 프리스트레스 유효율은?

㉮ 20% ㉯ 40%
㉰ 80% ㉱ 125%

해설
- 유효율 = $\dfrac{\text{유효 프리스트레스}}{\text{초기 프리스트레스}} \times 100 = \dfrac{P_i - \Delta P}{P_i} \times 100 = \dfrac{600,000 - 120,000}{600,000} \times 100 ≒ 80\%$
- 감소율 = $\dfrac{120,000}{600,000} = 0.2 = 20\%$

문제 020

PS 강재가 갖추어야 할 일반적인 성질 중 옳지 않은 것은?

㉮ 인장강도가 높아야 하고 항복비가 커야 한다.
㉯ 릴랙세이션이 커야 한다.
㉰ 파단시의 늘음이 커야 한다.
㉱ 직선성이 좋아야 한다.

해설
- 릴랙세이션이 작아야 한다.
- 콘크리트와 부착력이 클 것
- 응력 부식에 대한 저항성이 클 것
- 피로 강도가 클 것

정답 017. ㉰ 018. ㉰ 019. ㉰ 020. ㉯

문제 021

PC 강선을 현장 작업장이나 운반중 강선지름의 350배가 넘는 큰 드럼(drum)에 감아두는 이유와 가장 관계가 깊은 것은?

㉮ PS 강재와 콘크리트의 부착
㉯ 릴랙세이션(relaxation)
㉰ PS 강선의 직선성
㉱ PS 강선의 편심

해설 PS 강선에 요구되는 성질 중 직선성을 갖게 소정의 지름을 갖는 드럼에 감아 둔다.

문제 022

다음 PSC 부재의 프리텐션 공법의 제작 과정으로 맞는 것은?

① 콘크리트 치기 작업
② PS 강재와 콘크리트를 부착시키는 그라우팅 작업
③ PS 강재를 긴장하여 인장응력을 주는 작업
④ PS 강재를 준 인장응력을 콘크리트에 전달하는 작업

㉮ ③—①—④—②   ㉯ ①—③—②—④
㉰ ①—③—④—②   ㉱ ③—①—②—④

해설
- 프리텐션 공법 순서
  ① 거푸집 조립
  ② PS강재 배치, 긴장, 정착
  ③ 콘크리트 치기
  ④ PS 강재의 긴장해제
- 포스트텐션 공법 순서
  ① 거푸집 조립, 시스 배치
  ② 콘크리트 치기
  ③ 콘크리트 경화 후에 PS 강재 긴장, 정착
  ④ 그라우팅

문제 023

PS 콘크리트에 대한 다음 사항 중 옳지 않은 것은?

㉮ 포스트텐션은 정착부의 정착에 의해 응력을 전달한다.
㉯ 프리텐션은 철근과 콘크리트의 부착에 의해 응력을 전달한다.
㉰ 시스는 프리텐션 공법에 사용한다.
㉱ 그라우팅시 압축공기로 시스관을 불어내는 것이 좋다.

해설 포스트텐션 공법에서 콘크리트중에 PS 강재를 배치할 구멍(duct)을 만들기 위해 시스를 사용한다.

정답 021. ㉰ 022. ㉮ 023. ㉰

문제 024
PSC에서 롱라인 공법(long-line system)에 관한 설명 중 틀린 것은?

㉮ 프리텐션 방식에 속한다.
㉯ 여러 개의 부재를 동시에 제작할 수 있다.
㉰ 일반적으로 프리캐스트(precast) 부재의 공장제품에 사용되는 방법이다.
㉱ 거푸집 비용이 너무 많이 들기 때문에 많이 사용되지 않는다.

해설 거푸집 비용이 많이 소요되는 방식은 단독 거푸집 방식이다.

문제 025
프리텐션 공법상 주의할 점 중 옳지 않은 것은?

㉮ PS 강재에는 균일한 인장력을 주어야 한다.
㉯ PS 강재의 인장력은 한쪽에서 차례로 풀어서 충격이 일어나지 않도록 해야 한다.
㉰ 긴장력을 풀기 전에 측면의 거푸집을 떼어 가급적 마찰을 적게 한다.
㉱ PS를 준 부재를 운반할 때는 PS의 분포를 고려하여 지지점을 정한다.

해설 PS 강재의 인장력을 풀 때는 양쪽을 동시에 서서히 풀어 이상응력의 발생과 충격을 적게 해야 한다.

문제 026
포스트텐션 공법에 대한 기술 중 틀린 것은?

㉮ 콘크리트가 경화된 후에 PS 강재에 인장력을 준다.
㉯ PS 강재를 먼저 긴장한 후에 콘크리트를 타설한다.
㉰ 그라우트를 주입시켜 PS 강재와 콘크리트를 부착시킨다.
㉱ PS 강재 긴장이 완료됨과 동시에 프리스트레스 도입이 완료된다.

해설 PS 강재를 먼저 긴장한 후 콘크리트를 타설하는 공법이 프리텐션 공법이다.

문제 027
그라우팅(grouting)에 관한 설명 중 옳지 않은 것은?

㉮ 프리텐션에서 사용한다.
㉯ 팽창제로서 알루미늄 분말을 소량 사용하면 좋다.
㉰ 콘크리트와의 부착과 PS 강재의 부식을 방지하기 위하여 사용한다.
㉱ W/C는 45% 이내의 범위에서 가급적 작은 것을 사용한다.

해설
- 그라우팅은 포스트텐션 공법에서 시스 내에 시멘트풀 또는 모르타르를 주입시켜 PS 강재의 부식 방지, 부착력 증진의 목적이 있다.
- 그라우트의 덕트내 충전성은 그라우트의 유동성, 블리딩률, 체적 변화율로 판단한다.
- 그라우트에 사용하는 혼화제는 블리딩 발생이 없는 타입을 표준한다.

정답 024. ㉱ 025. ㉯ 026. ㉯ 027. ㉮

문제 028

다음 중 PSC의 프리스트레스 손실량이 가장 큰 것은?

㉮ 콘크리트의 탄성수축   ㉯ 콘크리트의 크리프
㉰ 콘크리트의 건조수축   ㉱ 강선의 릴랙세이션

해설 • 프리스트레스의 손실 중 가장 큰 것은 건조수축이다.
• 콘크리트의 건조수축과 크리프에 의한 프리스트레스의 손실량은 프리텐션 방식의 경우가 포스트텐션 방식보다 일반적으로 크다.

문제 029

시스(sheath)에 대한 다음 설명 중 틀린 것은?

㉮ 시스는 변형을 막고 탄성을 크게 하기 위해 파형으로 만든다.
㉯ 콘크리트를 칠 때 전동기와 시스를 충분히 접촉시켜 공극을 없애야 한다.
㉰ 이음부는 모르타르의 침입을 막기 위해 테이프 등으로 감는다.
㉱ 그라우팅(grouting)을 하기 직전 덕트(duct) 내부는 압축공기로 깨끗이 청소해야 한다.

해설 진동기에 의해 콘크리트를 타설할 경우 충격으로 시스가 쉽게 변형되어서는 안 된다.

문제 030

PS 강재의 탄성계수는 시험에 의하지 않을 때는 얼마로 보는가?

㉮ 1.96×10^5 MPa   ㉯ 2.0×10^5 MPa
㉰ 2.1×10^5 MPa   ㉱ 2.04×10^5 MPa

문제 031

PS 강재의 종류가 아닌 것은 다음 중 어느 것인가?

㉮ 강선   ㉯ 강봉
㉰ 강연선   ㉱ 도관

문제 032

PS 강재에 관한 사항 중 틀린 것은?

㉮ 프리텐션 공법에서는 PS 강봉은 사용치 않는다.
㉯ PS 강선이 PS 강연선보다 부착력이 강하다.
㉰ PS 강선의 표면에 약간 녹이 슬면 부착력이 향상된다.
㉱ 이형 PS 강선은 보통 PS 강선보다 부착력이 크다.

해설 PS 강연선은 여러 개의 강선을 꼬아 만든 것으로 PS 강선에 비해 부착력이 크다.

정답 028. ㉰ 029. ㉯ 030. ㉯ 031. ㉱ 032. ㉯

문제 033

프리스트레스트 콘크리트에서 PS 강재의 배치에 관한 설명 중 틀린 것은?

㉮ 프리텐션 부재의 경우 부재 단부에서 긴장재의 순간격은 강선의 경우 $4d_b$ 이상, 강연선 (strand)의 경우 $3d_b$ 이상이어야 한다.
㉯ 프리텐션 부재의 경우 경간의 중앙부에서는 긴장재의 수직간격이 부재의 단부보다 좁아도 되며 또한 강선과 강연선을 다발로 사용해도 된다.
㉰ 포스트텐션 부재의 경우 콘크리트를 타설하는 데 지장이 없고 긴장시에 긴장재가 덕트로부터 튀어나오지 않는다면 덕트를 다발로 사용해도 된다.
㉱ 포스트텐션 부재의 경우 일반적인 덕트의 순간격은 5cm 이상, 굵은골재 최대치수의 3/4배 이상이어야 한다.

해설 덕트(시스)의 순간격은 굵은골재 최대치수의 4/3배 이상, 또는 2.5cm 이상으로 한다.

문제 034

그라우팅(grouting)용 혼화제로서 필요한 성질 중 옳지 않은 것은?

㉮ 단위수량이 작고 블리딩이 작아야 한다.
㉯ 그라우트를 수축시키는 성질이 있어야 한다.
㉰ 재료의 분리가 생기지 않아야 한다.
㉱ 주입하기 쉬워야 하며 공기를 연행시켜야 한다.

해설 그라우팅용 혼화제는 적당한 팽창성이 있어야 충전성과 유동성이 확보된다.

문제 035

다음 PC 강재 중에서 프리텐션 부재에 사용하지 않는 것은?

㉮ 원형 PC 강선   ㉯ 이형 PC 강선
㉰ PC 스트랜드   ㉱ PC 강봉

해설 PC 강봉은 마찰력이 문제가 있어 포스트텐션 방식에 사용한다.

문제 036

PSC 구조의 장점에 해당되지 않는 것은 다음 중 어느 것인가?

㉮ 같은 하중에 대한 단면은 부재 자중이 경감되어 그 경간장을 증대시킬 수 있다.
㉯ 구조물은 가볍고 강하며 복원성이 우수하다.
㉰ 부재에는 확실한 강도와 안전율을 갖게 할 수 있다.
㉱ PSC판에는 화재시에 폭발할 염려가 없다.

해설 내화성이 약하다.

정답 033. ㉱ 034. ㉯ 035. ㉱ 036. ㉱

문제 037

프리스트레스트 콘크리트를 사용하는 가장 큰 이점은 다음 중 어느 것인가?

㉮ 고강도 콘크리트의 이용   ㉯ 고강도 강재의 이용
㉰ 콘크리트의 균열 감소   ㉱ 변형의 감소

해설 복원성이 우수하여 균열을 최소화시킨다.

문제 038

PSC 보의 휨 강도 계산 시 긴장재의 응력 f_{ps}의 계산은 강재 및 콘크리트의 응력–변형률 관계로부터 정확히 계산할 수도 있으나 콘크리트 구조 설계기준에서는 f_{ps}를 계산하기 위한 근사적 방법을 제시하고 있다. 그 이유는 무엇인가?

㉮ PSC 구조물은 강재가 항복한 이후 파괴까지 도달함에 있어 강도의 증가량이 거의 없기 때문이다.
㉯ PS 강재의 응력은 항복응력 도달 이후에도 파괴 시까지 점진적으로 증가하기 때문이다.
㉰ PSC 보를 과보강 PSC 보로부터 저보강 PSC보의 파괴상태로 유도하기 위함이다.
㉱ PSC 구조물은 균열에 취약하므로 균열을 방지하기 위함이다.

해설 PS 강재의 응력은 항복비가 크므로 항복응력 도달 이후에도 파괴시까지 점진적으로 증가하기 때문에 근사적 방법을 제시하여 구조설계를 한다.

보충 요구되는 PS 강재의 성질
① 인장강도가 클 것
② 항복비가 클 것
③ 릴렉세이션이 작을 것
④ 부착강도가 작을 것
⑤ 강재에 어느 정도의 연신율이 있을 것

문제 039

PSC 슬래브의 강재 배치에 대한 기술 중 잘못된 것은?

㉮ 1방향으로 배치된 프리스트레싱 긴장재의 간격은 슬래브 두께의 8배 이하이어야 하고, 또한 1.5m 이하로 하여야 한다.
㉯ 2개 이상의 프리스트레싱 긴장재를 기둥의 전단에 대한 위험단면 구간에 각 방향으로 배치하여야 한다.
㉰ 유효 프리스트레스 힘에 의한 콘크리트의 평균 압축응력이 0.7MPa 이상 되도록 프리스트레싱 긴장재의 간격을 정하여야 한다.
㉱ 집중하중을 받는 경우 프리스트레싱 긴장재의 간격에 특별한 고려를 해야 한다.

해설
- 압축부재의 설계시 벽체를 제외하고 유효 프리스트레스 힘에 의한 콘크리트의 평균 압축응력이 1.6MPa 이상인 부재에 대해서는 규정에 따라 나선철근 또는 띠철근으로 모든 프리스트레싱 긴장재를 둘러싸야 한다.
- 슬래브 설계시 유효 프리스트레스 힘에 의한 콘크리트의 평균 압축응력이 0.9MPa 이상 되도록 긴장재의 간격을 정하여야 한다.

정답 037. ㉰   038. ㉯   039. ㉰

문제 040

부분적 프리스트레싱(Partial Prestressing)에 대한 설명으로 옳은 것은?

㉮ 구조물에 부분적으로 PSC부재를 사용하는 것
㉯ 부재단면의 일부에만 프리스트레스를 도입하는 것
㉰ 설계하중의 일부만 프리스트레스에 부담시키고 나머지는 긴장재에 부담시키는 것
㉱ 설계하중이 작용할 때 PSC부재단면의 일부에 인장응력이 생기는 것

해설
- 부분 프리스트레싱 : 설계하중이 작용할 때 부재 단면의 일부에 인장응력이 생기는 경우이다.
- 완전 프리스트레싱 : 부재에 설계하중이 작용할 때 부재의 어느 부분에서도 인장응력이 생기지 않도록 프리스트레스를 가하는 것이다.

문제 041

PSC 보를 RC 보처럼 생각하여, 콘크리트는 압축력을 받고 긴장재는 인장력을 받게 하여 두 힘의 우력 모멘트로 외력에 의한 휨모멘트에 저항시킨다는 생각은 다음 중 어느 개념과 같은가?

㉮ 응력 개념(stress concept)
㉯ 강도 개념(strength concept)
㉰ 하중평형 개념(load balancing concept)
㉱ 균등질 보의 개념(homogeneous beam concept)

해설 강도 개념(내력 모멘트 개념) : 압축력은 콘크리트가 받고 인장력은 PS강재가 받는 것으로 하여 두 힘에 의한 내력 모멘트가 외력 모멘트에 저항한다는 개념

문제 042

프리스트레스트 콘크리트에 대한 설명으로 틀린 것은?

㉮ PSC그라우트의 물-시멘트비는 45% 이하로 해야 한다.
㉯ 그라우트의 체적 변화율은 -1~5%로 한다.
㉰ 프리스트레싱할 때의 콘크리트 압축강도는 프리텐션 방식에 있어서는 24MPa 이상이어야 한다.
㉱ 프리스트레싱을 할 때 콘크리트의 압축강도는 프리스트레스를 준 직후, 콘크리트에 일어나는 최대 압축응력의 1.7배 이상이어야 한다.

해설 프리텐션 방식으로 부재를 제작할 때 프리스트레싱 작업을 할 수 있는 경우의 콘크리트의 압축강도는 30MPa 이상이다(포스트텐션 방식 : 25MPa 이상).

문제 043

PS 강선을 긴장할 때 생기는 프리스트레스의 손실 원인이 아닌 것은?

㉮ 콘크리트의 탄성수축에 의한 원인
㉯ 마찰에 의한 원인
㉰ 콘크리트의 건조수축과 크리프에 의한 원인
㉱ 정착단의 활동에 의한 원인

정답 040. ㉱ 041. ㉯ 042. ㉰ 043. ㉰

해설 프리스트레스 도입 후 손실
① 콘크리트의 건조수축
② 콘크리트의 크리프
③ 강재의 릴렉세이션

보충 프리스트레스 도입시 손실
① 콘크리트의 탄성변형에 의한 손실
② 강재와 쉬스의 마찰에 의한 손실
③ 정착단의 활동에 의한 손실

문제 044

프리스트레스 감소 원인 중 프리스트레스 도입 후 시간의 경과에 따라 생기는 것이 아닌 것은?

㉮ PC 강재의 릴랙세이션
㉯ 콘크리트의 건조수축
㉰ 콘크리트의 크리프
㉱ 정착 장치의 활동

해설 프리스트레스 도입시 손실
① 정착 장치의 활동
② PS 강재와 쉬스 사이의 마찰
③ 콘크리트의 탄성 변형

문제 045

다음은 프리스트레스트 콘크리트에 관한 설명이다. 옳지 않은 것은?

㉮ 탄력성과 복원성이 강한 구조부재이다.
㉯ RC 부재보다 경간을 길게 할 수 있고 단면을 작게 할 수 있어 구조물이 날렵하다.
㉰ RC에 비해 강성이 작아서 변형이 크고 진동하기 쉽다.
㉱ RC보다 내화성이 있어서 유리하다.

해설 RC보다 내화성에 있어서 불리하다.

문제 046

프리스트레스트 콘크리트 구조물의 특징에 대한 설명으로 틀린 것은?

㉮ 철근콘크리트의 구조물에 비해 진동에 대한 저항성이 우수하다.
㉯ 설계하중하에서 균열이 생기지 않으므로 내구성이 크다.
㉰ 철근콘크리트 구조물에 비하여 복원성이 우수하다.
㉱ 공사가 복잡하여 고도의 기술을 요한다.

해설 철근 콘크리트의 구조물에 비해 단면이 작기 때문에 변형이 크고 진동하기 쉬운 단점이 있다.

문제 047

프리스트레스트 콘크리트를 사용하는 가장 큰 이점은 다음 중 무엇인가?

㉮ 고강도 콘크리트의 이용
㉯ 고강도 강재의 이용
㉰ 콘크리트의 균열 감소
㉱ 변형의 감소

해설 프리스트레스트 콘크리트는 균열이 생기더라도 복원성이 우수하여 균열이 최소화된다.

정답 044. ㉱ 045. ㉱ 046. ㉮ 047. ㉰

문제 048

프리스트레스트 콘크리트 설계 원칙 중 틀린 것은?

- ㉮ 설계단면의 산정은 강도설계법을 따르는 것을 원칙으로 하되, 탄성이론에 의해 내하력을 검토하여야 한다.
- ㉯ 구조물의 수명기간 동안 발생하는 모든 재하단계에 따라 작용하는 하중에 대한 구조부재의 강도와 구조거동을 기초로 이루어져야 한다.
- ㉰ 프리스트레싱에 의한 응력집중은 설계를 할 때 검토되어야 한다.
- ㉱ 프리스트레싱에 의해 발생되는 부재의 탄·소성변형, 처짐, 길이변화 및 비틀림 등에 의해 인접한 구조물에 미치는 영향을 고려하여야 한다.

해설
- 부재 내의 프리스트레스가 인접부재와 연결됨으로써 감소될 때에는 그 감소량을 설계에서 고려해야 한다.
- 콘크리트의 크리프, 건조수축, 축방향수축, 인접한 부재의 영향을 고려해야 한다.

문제 049

정착구와 커플러의 위치에서 프리스트레싱 도입 직후 포스트텐션 긴장재의 허용응력은 최대 얼마인가? (단, f_{pu}는 긴장재의 설계기준인장강도)

- ㉮ $0.6 f_{pu}$
- ㉯ $0.7 f_{pu}$
- ㉰ $0.8 f_{pu}$
- ㉱ $0.9 f_{pu}$

해설
- 프리스트레스 도입 직후
  ① 프리텐션 : $0.74 f_{pu}$ 또는 $0.82 f_{py}$ 중 작은 값 이하
  ② 포스트텐션 : $0.7 f_{pu}$ (여기서, f_{py} : 긴장재의 설계기준항복강도)
- 긴장재의 인장응력
  $0.80 f_{pu}$ 또는 $0.94 f_{pu}$ 중 작은 값 이하

정답 048. ㉮ 049. ㉯

7-4 프리스트레스 도입과 손실

(1) 유효율

$$R = \frac{\text{유효 프리스트레스 힘}(P_e)}{\text{초기 프리스트레스 힘}(P_i)} \times 100$$

여기서, 유효 프리스트레스 힘 = 초기 힘 − 감소된 힘

(2) 감소율

① 감소율 = 100 − 유효율

② 감소율 = $\dfrac{\text{감소된 프리스트레스 힘}}{\text{초기 프리스트레스 힘}} \times 100$

(3) 콘크리트 탄성 변형에 의한 손실

1) 프리텐션 방식

① 긴장재의 응력 감소량

$$\Delta f_p = E_p \varepsilon_p = E_p \varepsilon_c = E_p \frac{f_{ci}}{E_c} = \frac{E_p}{E_c} f_{ci} = n f_{ci} = n \frac{\Delta P}{A}$$

여기서,
- n : 탄성계수비
- f_{ci} : 프리스트레스 도입 후 강재 둘레 콘크리트의 응력
- ΔP : 감소된 인장력

2) 포스트텐션 방식

① 긴장재의 응력 감소량

$$\Delta f_p = \frac{1}{2} n f_{ci} \quad \text{또는} \quad \Delta f_p = \frac{1}{2} n f_{ci} \frac{N-1}{N}$$

여기서, N : 긴장재의 긴장 횟수

(4) 정착장치의 활동에 의한 손실

$$\Delta f_p = E_p \varepsilon_p = E_p \frac{\Delta l}{l}$$

여기서,
- Δf_p : 정착 장치의 활동으로 인한 긴장재의 응력 감소량
- E_p : 긴장재의 탄성계수
- Δl : 정착단에서의 활동량
- l : 긴장재의 길이

(5) 건조수축과 크리프에 의한 손실

1) 콘크리트의 건조수축에 의한 손실

$$\Delta f_p = E_p \varepsilon_{cs}$$

여기서, ε_{cs} : 강재가 있는 곳의 콘크리트 건조수축 변형률

2) 콘크리트의 크리프에 의한 손실

$$\Delta f_p = n f_{ci} \phi$$

여기서, ϕ : 크리프 계수

(6) 마찰에 의한 손실

1) 근사식

$$P_{px} = \frac{P_{pj}}{(1 + k l_{px} + \mu_p \alpha_{px})}$$

여기서, P_{px} : 인장단으로부터 x 거리에서의 긴장재의 인장력
P_{pj} : 인장단에서의 긴장재의 인장력
k : 파상마찰계수
l_{px} : 인장단으로부터 고려하는 단면까지의 긴장재의 길이(m)
μ_p : 곡률마찰계수
α_{px} : 각의 변화

7-5 프리스트레스트 콘크리트 휨 부재 해석

(1) PS 강재가 직선으로 도심축과 일치한 경우

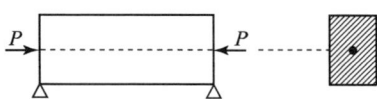

$$f = \frac{P}{A} \pm \frac{M}{I} y$$

- 상연 응력 $f = \frac{P}{A} + \frac{M}{I} y$
- 하연 응력 $f = \frac{P}{A} - \frac{M}{I} y$

(2) PS 강재가 직선으로 도심축과 편심인 경우

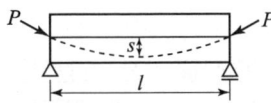

$$f = \frac{P}{A} \pm \frac{M}{I}y \mp \frac{Pe}{I}y$$

- 상연 응력 $f = \frac{P}{A} + \frac{M}{I}y - \frac{Pe}{I}y$
- 하연 응력 $f = \frac{P}{A} - \frac{M}{I}y + \frac{Pe}{I}y$

(3) PS 강재가 포물선으로 배치한 경우

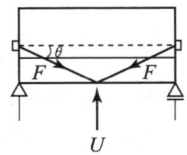

$$Ps = \frac{ul^2}{8}$$

여기서, u : 상향력

(4) PS 강재가 절선(절곡)으로 배치한 경우

$\sum V = 0$
$U - 2F\sin\theta = 0$
$U = 2F\sin\theta$

Chapter 07 프리스트레스트 콘크리트(PSC)

기출문제

문제 001

포스트텐션 부재에 강선을 단면(200mm×300mm)의 중심에 배치하여 1,500MPa으로 긴장하였다. 콘크리트의 크리프로 인한 강선의 프리스트레스 손실률은 약 얼마인가? (단, 강선의 단면적 A_{ps}=800mm², n=6, 크리프 계수는 2.0)

㉮ 9% ㉯ 16% ㉰ 22% ㉱ 27%

해설
- $\Delta f_{pc} = \phi n f_c = 2 \times 6 \times \dfrac{1500 \times 800}{200 \times 300} = 240 \text{MPa}$
- 감소율 $= \dfrac{\Delta f_{pc}}{f_p} \times 100 = \dfrac{240}{1500} \times 100 = 16\%$

문제 002

직사각형 단면(300×400)mm²인 프리텐션 부재에 550mm²의 단면적을 가진 PS강선을 콘크리트 단면 도심에 일치하도록 배치하였다. 이때 1350MPa의 인장응력이 되도록 긴장한 후 콘크리트에 프리스트레스를 도입한 경우 도입 직후 생기는 PS강선의 응력은? (단, n=6, 단면적은 총단면적 사용)

㉮ 371 MPa ㉯ 398MPa ㉰ 1313 MPa ㉱ 1321 MPa

해설
$$\Delta f_{pe} = n f_{ci} = n \cdot \dfrac{P_i}{A_c} = 6 \times \dfrac{1350 \times 5.5 \times 10^{-4}}{0.3 \times 0.4} \fallingdotseq 37 \text{MPa}$$
$$\therefore f_{ps} = f_{pi} - \Delta f_{pe} = 1350 - 37 = 1313 \text{MPa}$$

문제 003

PS강재의 탄성계수 E_p=200,000MPa, 콘크리트 탄성계수 E_c=30,000MPa, 콘크리트 건조수축률 ε_{cs}=18×10⁻⁵일 때 PS 강재의 프리스트레스 감소율은 얼마인가? (단, 초기 프리스트레스는 1,200MPa이다.)

㉮ 0.45% ㉯ 2% ㉰ 3% ㉱ 4.5%

해설
- $\Delta f_p = E_p \cdot \sigma_{cs} = 200,000 \times 18 \times 10^{-5} = 36 \text{MPa}$
- 감소율 $= \dfrac{\Delta f_p}{f_p} \times 100 = \dfrac{36}{1200} \times 100 = 3\%$
- $\Delta f_p = E_p \cdot \dfrac{\Delta l}{l}$
- $\Delta f_p = n f_{ci}$

정답 001. ㉯ 002. ㉰ 003. ㉰

문제 004

보의 길이 $l=20m$, 활동량 $\Delta l=4mm$, $E_p=200,000MPa$일 때 프리스트레스 감소량 Δf_p는? (단, 일단 정착임)

㉮ 40 MPa ㉯ 30 MPa ㉰ 20 MPa ㉱ 15 MPa

해설 $\Delta f_p = E_p \cdot \dfrac{\Delta l}{l} = 200,000 \times \dfrac{4}{20,000} = 40MPa$

문제 005

단면이 300×400mm이고 150mm² 의 PS강선 4개를 단면도 심축에 배치한 프리텐션 PS 콘크리트 부재가 있다. 초기 프리스트레스 1000MPa일 때 콘크리트의 탄성수축에 의한 프리스트레스의 손실량은? (단, $n=6.0$)

㉮ 25 MPa ㉯ 30 MPa ㉰ 34 MPa ㉱ 42 MPa

해설 $f_{ci} = \dfrac{P}{A_c} = \dfrac{4 \times 150 \times 1000}{300 \times 400} = 5MPa$

$\therefore \Delta f_{pe} = n f_{ci} = 6 \times 5 = 30MPa$

문제 006

T형 PSC 보에 설계하중을 작용시킨 결과 보의 처짐은 0이었으며, 프리스트레스 도입 단계부터 부착된 계측장치로부터 상부 탄성변형률 $\varepsilon = 3.5 \times 10^{-4}$을 얻었다. 콘크리트 탄성계수 $E_c = 26,000MPa$, T형보의 단면적 $A_g = 150,000mm^2$, 유효율 $R=0.85$일 때, 강재의 초기 긴장력 P_i를 구하면?

㉮ 1,606 kN ㉯ 1,365 kN ㉰ 1,160 kN ㉱ 2,269 kN

해설
- $f_{ci} = E_c \cdot \varepsilon_c = 26000 \times 3.5 \times 10^{-4} = 9.1MPa$
- $f_{ci} = \dfrac{P_e}{A}$ $\therefore P_e = f_{ci} \cdot A = 9.1 \times 150000 = 1365000N$
- $R = \dfrac{P_e}{P_i} \times 100$ $\therefore P_i = \dfrac{P_e}{R} \times 100 = \dfrac{1365000}{0.85} \times 100 = 1605882N = 1606kN$

문제 007

다음과 같은 단면을 갖는 프리텐션 보에 초기긴장력 $P_i = 450kN$이 작용할 때, 콘크리트 탄성변형에 의한 프리스트레스 감소량은 얼마인가? (단, $n=8$)

㉮ 40.94 MPa ㉯ 44.72 MPa
㉰ 49.92 MPa ㉱ 54.07 MPa

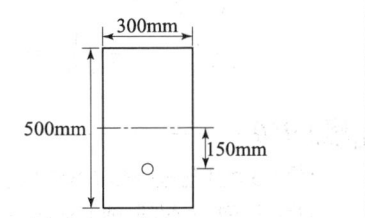

해설 $f_{ci} = \dfrac{P}{A} + \dfrac{P \cdot e}{I}e = \dfrac{450}{0.3 \times 0.5} + \dfrac{450 \times 0.15}{0.003125} \times 0.15 = 6240KPa$

$I = \dfrac{bh^3}{12} = \dfrac{0.3 \times 0.5^3}{12} = 0.003125$

$\therefore \Delta f_{pe} = n f_{ci} = 8 \times 6240 = 49920KPa = 49.92MPa$

문제 008

그림과 같은 단면의 도심에 PS강재가 배치되어 있다. 초기 프리스트레스 힘을 1800kN 작용시켰다. 30%의 손실을 가정하여 콘크리트의 하연 응력이 0이 되도록 하려면 이때의 휨모멘트 값은 얼마인가? (단, 자중은 무시함)

㉮ 120 kN · m ㉯ 126 kN · m
㉰ 130 kN · m ㉱ 150 kN · m

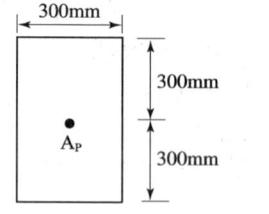

해설
- $P = 1800 - 540 = 1260 \text{kN}$
- $\sigma = \dfrac{P}{A} - \dfrac{M}{I}y = 0$

$$\dfrac{1260}{0.3 \times 0.6} - \dfrac{M}{\dfrac{0.3 \times 0.6^3}{12}} \times 0.3 = 0$$

$$\therefore M = \dfrac{7000 \times 0.0054}{0.3} = 126 \text{kN} \cdot \text{m}$$

문제 009

경간이 8m인 PSC보에 등분포하중 $w = 20\text{kN/m}$가 작용할 때 중앙 단면 콘크리트 하연에서의 응력이 0이 되려면 강재에 줄 프리스트레스힘 P는 얼마인가? (단, PS 강재는 콘크리트 도심에 배치되어 있음)

㉮ $P = 2,000$ kN
㉯ $P = 2,200$ kN
㉰ $P = 2,400$ kN
㉱ $P = 2,600$ kN

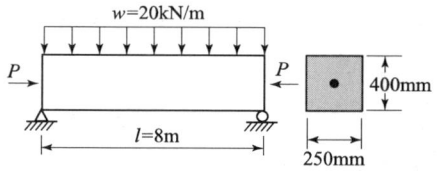

해설
$$M = \dfrac{wl^2}{8} = \dfrac{20 \times 8^2}{8} = 160 \text{kN}$$

$$Z = \dfrac{bh^2}{6} = \dfrac{0.25 \times 0.4^2}{6} = 0.00667 \text{m}^3$$

$$\dfrac{P}{A} - \dfrac{M}{Z} = 0$$

$$\dfrac{P}{0.25 \times 0.4} - \dfrac{160}{0.00667} = 0 \qquad \therefore P \fallingdotseq 2400 \text{kN}$$

문제 010

경간 8m인 단순 PC 보에 등분포하중(고정하중과 활하중의 합) $w = 30\text{kN/m}$가 작용하며 PS강재는 단면 중심에 배치되어 있다. 인장측 하연의 콘크리트 응력이 0이 되려면 PS 강재에 작용되어야 할 인장력 P는?

㉮ 2,400 kN   ㉯ 3,500 kN
㉰ 4,000 kN   ㉱ 4,920 kN

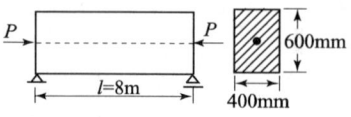

정답 008. ㉯ 009. ㉰ 010. ㉮

해설
- $M = \dfrac{wl^2}{8} = \dfrac{30 \times 8^2}{8} = 240 \text{kN} \cdot \text{m}$
- $I = \dfrac{bh^3}{12} = \dfrac{0.4 \times 0.6^3}{12} = 0.0072 \text{m}^4$
- $A = bh = 0.4 \times 0.6 = 0.24 \text{m}^2$
- $f = \dfrac{P}{A} \pm \dfrac{M}{I}y \mp \dfrac{P \cdot e}{I}y$ 식에서 편심이 없고 하연응력의 경우를 적용하면

$$f_{하연} = \dfrac{P}{A} - \dfrac{M}{I}y \qquad 0 = \dfrac{P}{A} - \dfrac{M}{I}y$$

$$\dfrac{P}{A} = \dfrac{M}{I}y \qquad \dfrac{P}{0.24} = \dfrac{240}{0.0072} \times \dfrac{0.6}{2} = 10000$$

$\therefore P = 0.24 \times 10000 = 2400 \text{kN}$

문제 011

그림과 같은 단순 PSC보에 등분포하중(자중 포함) $w=40\text{kN/m}$가 작용하고 있다. 프리스트레스에 의한 상향력과 이 등분포하중이 비기기 위한 프리스트레스 힘 P는 얼마인가?

㉮ 2133.3 kN ㉯ 2400.5 kN
㉰ 2842.6 kN ㉱ 3204.7 kN

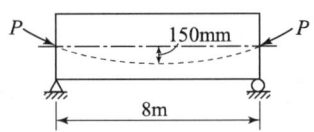

해설 $\dfrac{ul^2}{8} = Ps \qquad \therefore P = \dfrac{ul^2}{8s} = \dfrac{40 \times 8^2}{8 \times 0.15} = 2133 \text{kN}$

문제 012

프리스트레스트 보에서 하중평행개념을 고려할 때 상향력 u는 얼마인가?

㉮ 18 kN/m ㉯ 20 kN/m
㉰ 22 kN/m ㉱ 24 kN/m

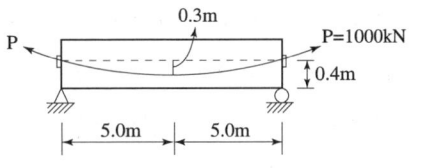

해설 $\dfrac{ul^2}{8} = P \cdot s \qquad \therefore u = \dfrac{8P \cdot s}{l^2} = \dfrac{8 \times 1000 \times 0.3}{10^2} = 24 \text{kN/m}$

문제 013

그림의 단순지지 보에서 긴장재는 C점에 150mm의 편차에 직선으로 배치되고, 1,000kN으로 긴장되었다. 보의 고정하중은 무시할 때 C점에서의 휨 모멘트는 약 얼마인가? (단, 긴장재의 경사가 수평압축력에 미치는 영향 및 자중은 무시한다.)

㉮ $M_c = 90 \text{kN} \cdot \text{m}$
㉯ $M_c = -150 \text{kN} \cdot \text{m}$
㉰ $M_c = 240 \text{kN} \cdot \text{m}$
㉱ $M_c = 390 \text{kN} \cdot \text{m}$

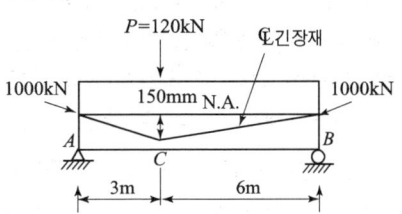

정답 011. ㉮ 012. ㉱ 013. ㉮

해설
- $\sum M_B = 0 \qquad R_A \times 9 - 120 \times 6 = 0$
  $\therefore R_A = 80\text{kN}$
- 긴장재가 수평으로 작용하는 힘
  $1000 \times \dfrac{0.15}{3.004} = 50\text{kN}$
- C점에서의 휨모멘트 : $M_c = 80 \times 3 - 50 \times 3 \fallingdotseq 90\text{kN} \cdot \text{m}$

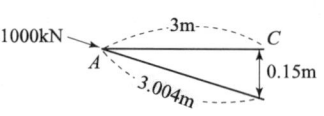

문제 014

아래 그림의 PSC 부재에서 A단에서 강재를 긴장할 경우 B단까지의 마찰에 의한 감소율(%)은 얼마인가? (단, θ_1=0.10, θ_2=0.08, θ_3=0.10(radian), μ_p(곡률마찰계수)=0.20, K(파상마찰계수)=0.001이며, 근사법으로 구할 것)

㉮ 4.3% ㉯ 6.4%
㉰ 8.6% ㉱ 17.2%

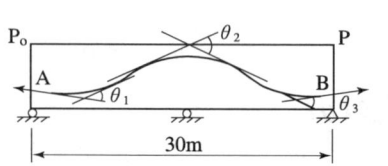

해설 감소율 $= Kl_{px} + \mu_p \alpha_{px} = 0.001 \times 30 + 0.2(0.1 + 0.08 + 0.1) = 0.086 = 8.6\%$

문제 015

포스트텐션된 보에 포물선 긴장재가 배치되었다. A단에서 재킹(jacking)할 때의 인장력은 900kN이었다. 강재와 쉬스의 마찰손실을 고려할 때 상대편 지지점 B단에서의 긴장력 P_{px}는 얼마인가? [단, 파상마찰계수 K=0.0066m, 곡률마찰계수 μ_p=0.30radian이고, $Kl_{px} + \mu_p \alpha_{px} \leq 0.3$, 각의 변화 $\alpha_{px} = \dfrac{2}{15}$(ridian)이며, 근사식을 사용하여 계산한다.]

㉮ 777 kN   ㉯ 829 kN
㉰ 900 kN   ㉱ 1043 kN

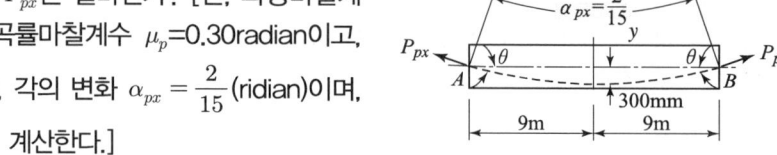

해설 $P_{px} = \dfrac{P_{pj}}{(1 + Kl_{px} + \mu_p \alpha_{px})} = \dfrac{900}{\left(1 + 0.0066 \times 18 + 0.3 \times \dfrac{2}{15}\right)} = 777\text{kN}$

문제 016

주어진 T형 단면에서 부착된 프리스트레스트 보강재의 인장응력 f_{ps}는 얼마인가? (단, 긴장재의 단면적은 A_{ps}=1,290mm²이고, 프리스트레싱 긴장재의 종류에 따른 계수(γ_p)=0.4, f_{pu}=1,900MPa, f_{ck}=35MPa이다.)

㉮ f_{ps}=1,900 MPa   ㉯ f_{ps}=1,761 MPa
㉰ f_{ps}=1,752 MPa   ㉱ f_{ps}=1,651 MPa

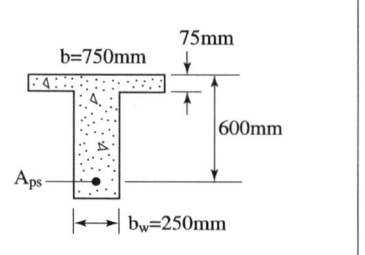

정답 014. ㉰ 015. ㉮ 016. ㉰

해설
- $f_{ps} = f_{pu}\left[1 - \dfrac{\alpha_p}{\beta_1}\left\{\rho_p \dfrac{f_{pu}}{f_{ck}} + \dfrac{d}{d_p}(w - w')\right\}\right]$

  여기서, ρ_p = PS 강재비$\left(\dfrac{A_p}{b \cdot d_p} = \dfrac{1290}{750 \times 600} = 0.00287\right)$

  d = 인장철근의 유효높이 d_p = PS 강재의 유효높이

  w = 인장철근의 강재 지수$\left(\rho \dfrac{f_y}{f_{ck}} = \dfrac{A_s}{bd} \dfrac{f_y}{f_{ck}}\right)$

  w' = 압축철근의 강재 지수$\left(\rho' \dfrac{f_y}{f_{ck}} = \dfrac{A_s'}{bd} \dfrac{f_y}{f_{ck}}\right)$

  $\beta_1 = 0.85 - (35 - 28) \times 0.007 = 0.801$

- 철근의 효과를 무시하거나 철근을 배근하지 않을 경우 $w = w' = 0$으로 처리한다.

  $\therefore f_{ps} = 1900\left[1 - \dfrac{0.4}{0.801}\left\{0.00287 \times \dfrac{1900}{35}\right\}\right] \fallingdotseq 1752\mathrm{MPa}$

문제 017

아래 그림과 같은 프리스트레스트 콘크리트에서 직선으로 배치된 긴장재는 유효 프리스트레스 힘 1050kN로 긴장되었다. f_{ck}=30MPa일 때 보의 균열모멘트(M_{cr})는 약 얼마인가?

㉮ 327 kN·m
㉯ 228 kN·m
㉰ 147 kN·m
㉱ 97 kN·m

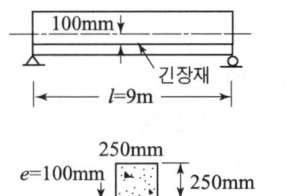

해설
- $f_r = 0.63\sqrt{f_{ck}} = 0.63\sqrt{30} = 3.45\mathrm{MPa}(\mathrm{MN/m^2})$
- $P = 1.05\mathrm{MN}$
- $I = \dfrac{bh^3}{12} = \dfrac{0.25 \times 0.5^3}{12} = 0.0026\mathrm{m^4}$
- $-f_r = \dfrac{P}{A} + \dfrac{Pe}{I}y - \dfrac{M_{cr}}{I}y$

  $-3.45 = \dfrac{1.05}{0.25 \times 0.5} + \dfrac{1.05 \times 0.1}{0.0026} \times 0.25 - \dfrac{M_{cr}}{0.0026} \times 0.25$

  $\therefore M_{cr} = 0.228\mathrm{MN \cdot m} = 228\mathrm{kN \cdot m}$

문제 018

연속 휨부재의 부휨모멘트 재분배에 대한 다음 설명 중 잘못된 것은?

㉮ 부휨모멘트의 재분배는 휨모멘트를 감소할 단면의 철근비 ρ 또는 $(\rho - \rho')$가 $0.5\rho_b$ 이하인 경우에만 가능하다.

㉯ 탄성이론에 의하여 산정한 연속 휨부재 받침부의 부휨모멘트는 $20\left[1 - \dfrac{\rho - \rho'}{\rho_b}\right]$%만큼 증가 또는 감소시킬 수 있다.

㉰ 경간 내의 단면에 대한 휨모멘트의 계산은 수정된 부휨모멘트를 사용하여야 한다.

㉱ 연속 휨부재의 부휨모멘트 재분배는 허용응력 설계법을 적용하는 프리스트레스트 콘크리트 부재에 대하여 적용한다.

정답 017. ㉯ 018. ㉱

해설 연속 휨부재의 부휨모멘트 재분배는 하중 평형 개념(등가하중개념) 설계법을 적용하는 프리스트레스트 콘크리트 부재에 대하여 적용한다.

문제 019

직사각형 단면의 콘크리트 단순보에 단면도심으로부터 e만큼 상향으로 편심된 위치를 작용점으로 포물선형 강선을 배치하여 프리스트레스력 P로 인장하였다. P의 작용점에서의 기울기가 수평면과 θ이었을 때, 이 힘이 콘크리트보에 작용하는 등가하중이 아닌 것은?

㉮ 지점의 수직방향 힘 $P\sin\theta$
㉯ 도심축 방향의 압축력 $P\cos\theta$
㉰ 양단 휨 모멘트 $M=Pe$
㉱ 보중앙의 상방향 집중하중 $2P\sin\theta$

해설 $U = 2P\sin\theta$

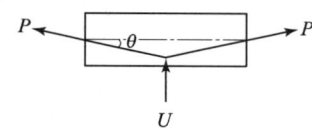

문제 020

프리텐션 방식으로 제작한 부재에서 프리스트레스에 의한 콘크리트의 압축 응력이 7MPa이고, $n=6$일 때 콘크리트의 탄성 변형에 의한 PS강재의 프리스트레스의 감소량은 얼마인가?

㉮ 24 MPa
㉯ 42 MPa
㉰ 48 MPa
㉱ 52 MPa

해설 $\Delta f_e = nf_c = 6 \times 7 = 42\text{MPa}$

보충 직사각형 단면의 단순보에 편심 PS강재를 배치한 경우

$$\Delta f_e = nf_c = n\left(\frac{P}{A} + \frac{P \cdot e}{I} \cdot e\right)$$

정답 019. ㉰ 020. ㉯

chapter 08 강구조

제 1 부 철근콘크리트 및 강구조

8-1 강재의 응력

(1) 압축을 받는 부재

$$f_c = \frac{P}{A_g}$$

여기서, f_c : 압축응력
P : 부재에 작용하는 압축력
A_g : 총 단면적

(2) 인장을 받는 부재

$$f_t = \frac{P}{A_n}$$

여기서, f_t : 인장응력
P : 부재에 작용하는 인장력
A_n : 순 단면적

1) 순 단면적

$$A_n = b_n t$$

여기서, b_n : 순 폭
t : 부재의 두께

2) 순 폭

① 리벳을 판형에 일직선으로 배치한 경우

$$b_n = b_g - nd$$

여기서, b_g : 총 폭
n : 일직선으로 배치된 구멍 수
d : 리벳 구멍의 지름(리벳지름+3mm)

② 리벳을 판형에 지그재그로 배치한 경우

$$b_n = b_g - nd - \omega$$

여기서, $\omega = d - \dfrac{p^2}{4g}$

〈리벳의 순폭 계산 예〉

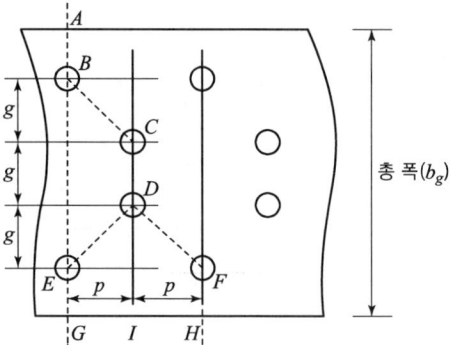

㉠ A-B-E-G로 절단되는 경우

$$b_n = b_g - d - d$$

㉡ A-B-C-D-E-G로 절단되는 경우

$$b_n = b_g - d - \omega - d - \omega$$

㉢ A-B-C-D-F-H로 절단되는 경우

$$b_n = b_g - d - \omega - d - \omega$$

㉣ A-B-C-D-I로 절단되는 경우

$$b_n = b_g - d - \omega - d$$

㉠~㉣ 중 가장 작은 값을 순폭으로 한다.

〈L형강의 순폭 계산 예〉

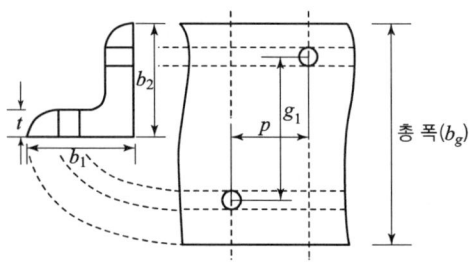

- 총 폭(b_g) = $b_1 + b_2 - t$
- $g = g_1 - t$

- 순폭
  - ㉠ $b_n = b_g - d$
  - ㉡ $b_n = b_g - d - \omega$

  ㉠~㉡ 중 작은 값으로 한다.

  여기서, $\dfrac{p^2}{4g} \geq d$ 인 경우 $b_n = b_g - d$,

  $\dfrac{p^2}{4g} < d$ 인 경우 $b_n = b_g - d - \left(d - \dfrac{p^2}{4g}\right)$ 이 순폭이 된다.

8-2 리벳 및 고장력 볼트

(1) 리벳의 전단응력 및 지압응력

1) 단전단응력

   $\nu_a = \dfrac{\rho_s}{A}$

   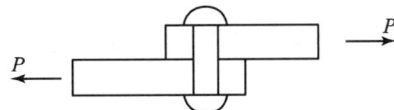

2) 복전단응력

   $\nu_a = \dfrac{\rho_s}{2A}$

   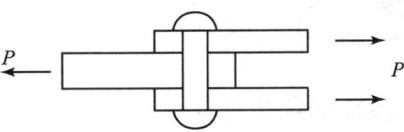

   여기서, ρ_s : 전단강도(전단력)

   $A : \dfrac{\pi d^2}{4}$

3) 지압응력

   ① $f_{ba} = \dfrac{\rho_b}{dt}$

   여기서, ρ_b : 지압강도(지압력)

   d : 리벳의 지름

   t : 얇은 판의 두께

   ② 지압 파괴의 두께 결정

   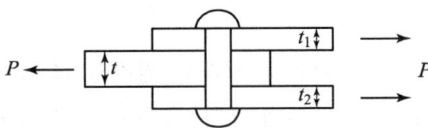

   - 단전단의 경우 모재의 두께(t) 중 작은 값
   - 복전단의 경우에는 두께(t)와 이음판 2개의 두께를 합한 두께($t_1 + t_2$) 중에서 작은 값

- 리벳의 지압 파괴
  전단력에 의해 리벳이 절단됨으로 인해 발생하는 파괴
- 리벳의 전단 파괴
  전단력에 의해 리벳이 절단됨으로 인해 발생하는 파괴

4) 리벳의 소요 개수

$$n = \frac{P}{\rho} = \frac{부재에\ 작용하는\ 힘}{리벳의\ 허용강도}$$

여기서, 리벳의 허용강도는 전단강도(ρ_s)와 지압강도(ρ_b) 중 작은 값으로 한다.

(2) 고장력 볼트

1) 고장력 볼트 이음
   ① 마찰 이음, 지압 이음, 인장 이음이 있으며 특히 강교에서는 마찰 이음이 널리 사용되고 있다.
   ② 고장력 볼트의 중심에서 강재의 가장자리까지의 거리(연단거리), 고장력 볼트의 중심간격의 유지가 체결하는 데 중요하다.

8-3 용접 이음

(1) 용접 이음의 종류

1) 홈 용접
   모재와 모재 사이에 홈을 두고 그 홈에 용접 금속을 녹여 집어넣는 방법으로 I형, V형, X형, K형이 있다.

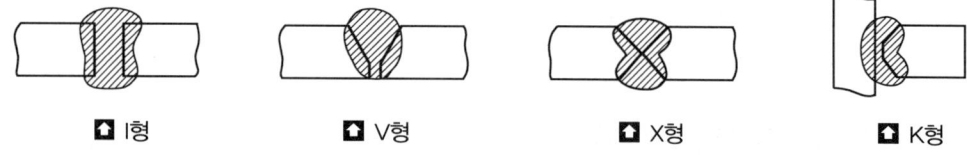

■ I형   ■ V형   ■ X형   ■ K형

2) 필렛 용접
   겹치기 이음 또는 T 이음에 사용되는 것으로 용접할 모재를 겹쳐서 그 둘레를 용접하거나 2개의 모재를 T형으로 하여 모재 구석 부분에 용착 금속을 녹여 넣어 용접하는 경우가 있다.

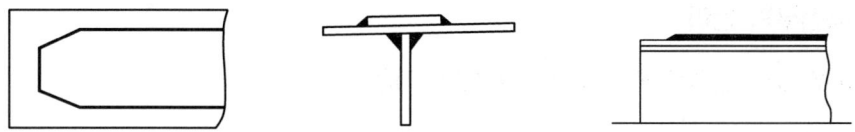

(2) 용접부 명칭 및 치수

1) 목 두께
   ① 용접부에서 응력을 전달하는 데 유효한 두께
   ② 홈 용접에서는 강판두께 a가 용접의 목 두께
   ③ 필렛 용접에서는 모재면과 45° 방향의 길이

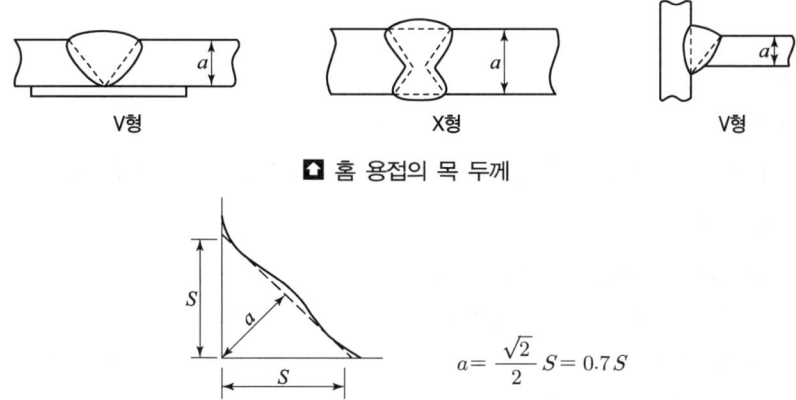

■ 홈 용접의 목 두께

$$a = \frac{\sqrt{2}}{2} S = 0.7S$$

■ 필렛 용접의 목 두께

2) 유효길이

이론상 완전한 목 두께를 가지는 용접부의 길이를 유효길이라 하며 용접선이 응력의 방향과 직각이 아닌 경우 직각 길이가 유효길이가 된다.

① 홈 용접의 유효길이

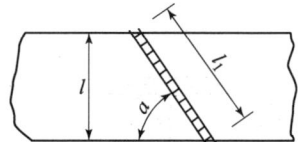

유효길이 $l = l_1 \sin \alpha$

② 필렛 용접의 유효길이

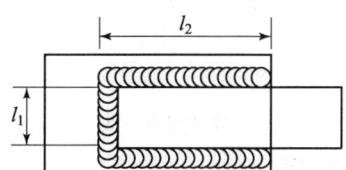

유효길이 $l = (l_1 + 2l_2) - 2 \times$ 모살치수

(3) 용접부의 응력

1) 인장력, 압축력 또는 전단력을 받는 이음부의 응력

① $f = \dfrac{P}{\sum al}$

② $\nu = \dfrac{P}{\sum al}$

여기서, 용접 면적 = $\sum al$ (목두께 × 유효길이)

8-4 교 량

(1) 판형교

1) 형식과 구조

주형이 압연 형강인 I형강, H형강, 또는 판형으로 된 교량을 형교라 한다.

2) 주형 단면

① 주형의 플랜지는 휨 모멘트에 저항한다.
② 복부판은 휨 모멘트의 일부와 전단력에 저항한다.
③ 수평 보강재는 휨 압축응력에 의한 복부판의 좌굴을 방지하여 주형 단면의 강성을 높이기 위해 설치한다.
④ 수직 보강재는 지점이나 블레이싱의 연결부와 같이 수직 하중이 집중하여 작용하는 곳에서는 수직 방향의 좌굴을 방지하기 위해 붙인다.[수직 보강재인 스티프너(stiffner)를 설치한다.]
⑤ 수평 브레이싱은 풍하중이나 지진하중 등의 수평력에 저항하기 위해 주형의 하부에 트러스 형식의 부재를 설치한다.

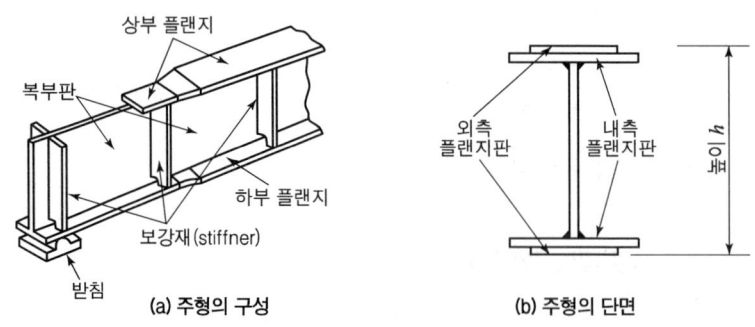

■ 주형의 단면

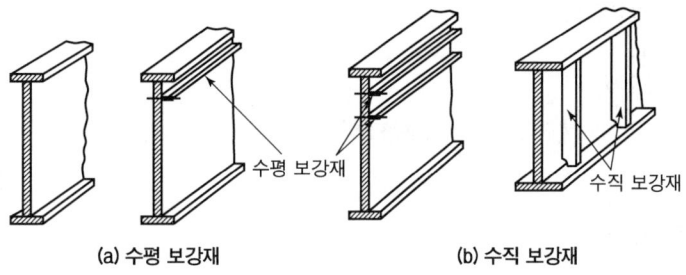

(a) 수평 보강재 (b) 수직 보강재

🔼 보강재

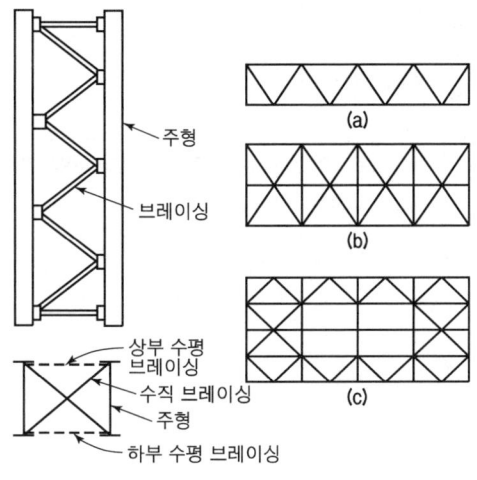

🔼 브레이싱의 구조

⑥ 수직 브레이싱은 주형의 횡단면에 대한 비틀림을 방지하기 위해 경사 방향으로 교차하여 사용하는 부재이다.

⑦ 받침(shoe)은 교량의 교대 또는 교각 위에 강형을 지지하는 부분이다.

3) 판형의 높이

$$h = 1.1\sqrt{\frac{M}{ft}}$$

여기서, M : 최대 휨 모멘트
f : 허용 휨 응력
t : 복부판의 두께

4) 플랜지의 단면적

$$A_f = \frac{M}{fh} - \frac{A_\omega}{6}$$

여기서, A_ω : 복부의 단면적
h : 복부의 높이(상·하 플랜지 사이의 거리)

5) 설계시 충격계수

$$i = \frac{15}{40+L}$$

여기서, i : 0.3을 초과할 수 없다.
L : 경간

6) 바닥판 설계

① 활하중 휨 모멘트(DB-24, 1등교)

$$M = \frac{L+0.6}{9.6} P_{24} \,(\text{kg} \cdot \text{m})$$

$$= \frac{L+0.6}{0.96} P_{24} \,(\text{N} \cdot \text{m})$$

여기서, L : 경간
P_{24} : 트럭의 1개 후륜하중(9,600kg=96kN)

Chapter 08 강 구 조

기 출 문 제

문제 001

인장응력 검토를 위한 L-150×90×12인 형강(angle)의 전개 총폭 b_g는 얼마인가?

㉮ 228mm   ㉯ 232mm   ㉰ 240mm   ㉱ 252mm

해설 $b_g = 150 + 90 - 12 = 228\text{mm}$

보충 리벳이 판형에 일직선으로 배치된 경우 순폭
① $b_n = b_g - n \times d$ (n : 구멍수)   ② $d =$ 리벳지름 $+ 3\text{mm}$

문제 002

아래 그림과 같은 두께 19mm 평판의 순단면적을 구하면? (단, 볼트구멍의 직경은 25mm이다.)

㉮ 3270mm²   ㉯ 3800mm²
㉰ 3920mm²   ㉱ 4530mm²

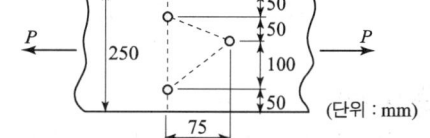

해설 • 순폭(b_n)

$b_n = b_g - 2d = 250 - 2 \times 25 = 200\text{mm}$

$b_n = b_g - d - \left(d - \dfrac{P^2}{4g}\right) = 250 - 25 - \left(25 - \dfrac{75^2}{4 \times 50}\right) = 228\text{mm}$

∴ 순폭 b_n은 작은 값인 200mm이다.

• 순단면적(A_n)

$A_n = b_n \cdot t = 200 \times 19 = 3800\text{mm}^2$

문제 003

순단면이 볼트의 구멍 하나를 제외한 단면(즉, $A-B-C$ 단면)과 같도록 피치(s)를 결정하면? (단, 볼트의 직경은 19mm이다.)

㉮ $s = 114.9\text{mm}$ ㉯ $s = 90.6\text{mm}$
㉰ $s = 66.3\text{mm}$ ㉱ $s = 50\text{mm}$

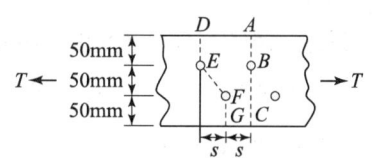

해설 순폭 $b_n = b_g - d - \left(d - \dfrac{s^2}{4g}\right)$에서 $b_n = b_g - d$ 이어야 하므로 $d - \dfrac{s^2}{4g} = 0$

∴ $s = \sqrt{4gd} = \sqrt{4 \times 5 \times (1.9 + 0.3)} = 6.63\text{cm} = 66.3\text{mm}$

보충 • $d = 19 + 3 = 22\text{mm}$
• $b_n = b_g - d = 150 - 22 = 128\text{mm}$
• $b_n = b_g - d - \left(d - \dfrac{P^2}{4g}\right)$ $128 = 150 - 22 - \left(22 - \dfrac{P^2}{4 \times 50}\right)$

∴ $P = 66.3\text{mm}$

정답 001. ㉮   002. ㉯   003. ㉰

문제 004

아래 그림의 지그재그로 구멍이 있는 판에서 순폭을 구하면? (단, 리벳구멍직경=25mm)

㉮ $b_n = 187\text{mm}$
㉯ $b_n = 150\text{mm}$
㉰ $b_n = 141\text{mm}$
㉱ $b_n = 125\text{mm}$

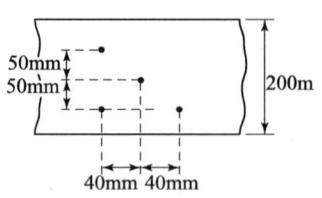

해설
$d = 25\text{mm}$, $w = d - \dfrac{p^2}{4g} = 25 - \dfrac{40^2}{4 \times 50} = 17$

① $b_n = b_g - 2d = 200 - 2(25) = 150\text{mm}$
② $b_n = b_g - d - w = 200 - 25 - 17 = 158\text{mm}$
③ $b_n = b_g - d - 2w = 200 - 25 - 2 \times 17 = 141\text{mm}$

∴ 순폭은 가장 작은 값이 141mm이다.

여기서, $w = d - \dfrac{p^2}{4g} = 25 - \dfrac{40^2}{4 \times 50} = 17\text{mm}$

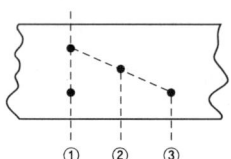

문제 005

그림과 같은 맞대기 용접의 용접부에 생기는 인장응력은 얼마인가?

㉮ 50 MPa
㉯ 70.7 MPa
㉰ 100 MPa
㉱ 141.4 MPa

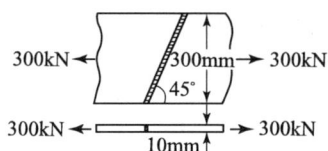

해설 $f = \dfrac{P}{A} = \dfrac{P}{\sum a \cdot l} = \dfrac{300000}{10 \times 300} = 100\text{MPa}$

문제 006

다음은 L형강에서 인장응력 검토를 위한 순폭 계산에 대한 설명이다. 틀린 것은?

㉮ 전개 총폭$(b) = b_1 + b_2 - t$이다.
㉯ $\dfrac{p^2}{4g} \geq d$인 경우 순폭$(b_n) = b - d$이다.
㉰ 리벳선간거리$(g) = g_1 - t$이다.
㉱ $\dfrac{p^2}{4g} < d$인 경우 순폭$(b_n) = b - d - \dfrac{p^2}{4g}$이다.

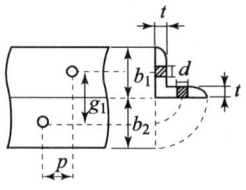

해설 $\dfrac{p^2}{4g} < d$인 경우

순폭$(b_n) = b - d - \left(d - \dfrac{p^2}{4g}\right)$

정답 004. ㉰ 005. ㉰ 006. ㉱

문제 007

복전단 고장력 볼트(bolt)의 마찰이음에서 강판에 $P=350$kN이 작용할 때 볼트의 수는 최소 몇 개가 필요한가? (단, 볼트의 지름 $d=20$mm이고, 허용전단응력 $\tau_a=120$MPa)

㉮ 3개 ㉯ 5개 ㉰ 8개 ㉱ 10개

해설
$$\rho_s = \tau_a \cdot \frac{\pi d^2}{4} \cdot 2 = 120 \times \frac{\pi \times 0.02^2}{4} \times 2 = 0.0754\text{MN} = 75.4\text{kN}$$
$$n = \frac{P}{\rho_s} = \frac{350}{75.4} \fallingdotseq 5개$$

문제 008

다음 그림의 고장력 볼트 마찰이음에서 필요한 볼트 수는 최소 몇 개인가? (단, 볼트는 M22($\phi=22$mm), F10T를 사용하며, 마찰이음의 허용력은 48kN이다.)

㉮ 3개 ㉯ 5개
㉰ 6개 ㉱ 8개

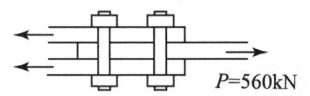

해설
$$n = \frac{P}{\rho} = \frac{560}{2 \times 48} = 5.83 \fallingdotseq 6개$$

문제 009

복전단 고장력 볼트(bolt)의 마찰이음에서 강판에 $P=300$kN이 작용할 때 볼트의 수는 몇 개가 필요한가? (단, 볼트의 지름 $d=20$mm이고, 허용전단응력 $\tau_a=120$MPa)

㉮ 4개 ㉯ 6개 ㉰ 8개 ㉱ 10개

해설
- 리벳 강도
$$\tau_a = \frac{\rho_s}{A} \qquad \therefore \rho_s = \tau_a \cdot 2A = 120 \times 2 \times \frac{3.14 \times 20^2}{4} = 75,360\text{N} = 75.4\text{kN}$$
- 리벳 수
$$n = \frac{P}{\rho_s} = \frac{300}{75.4} \fallingdotseq 4개$$

문제 010

그림과 같은 필렛 용접에서 일어나는 응력이 옳게 된 것은?

㉮ 97.3 MPa   ㉯ 109.02 MPa
㉰ 99.2 MPa   ㉱ 100.0 MPa

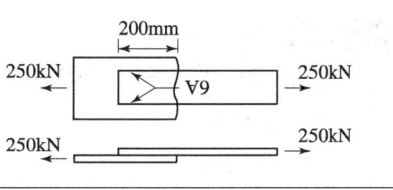

해설
$$f = \frac{P}{\sum a \cdot l} = \frac{250,000}{6.3 \times [200-(2\times9)+200-(2\times9)]} = 109.02\text{MPa}$$

여기서, $a = 0.7S = 0.7 \times 9 = 6.3$mm

정답 007. ㉯ 008. ㉰ 009. ㉮ 010. ㉯

문제 011

다음 필렛 용접의 전단응력은 얼마인가?

㉮ 67.72 MPa
㉯ 79.01 MPa
㉰ 72.72 MPa
㉱ 75.72 MPa

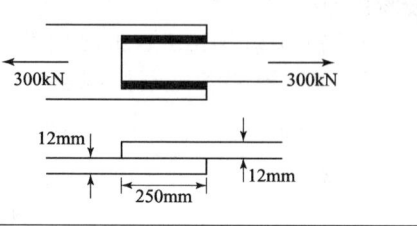

해설 $v = \dfrac{P}{\sum al} = \dfrac{300,000}{(0.7 \times 12)[250-(2\times 12)+250-(2\times 12)]} = 79.01 \text{MPa}$

보충
- 인장응력 $f = \dfrac{P}{\sum al}$
- 용접 이음부의 연단 응력 $f = \dfrac{M}{I}y$

문제 012

다음 중 용접부의 결함이 아닌 것은?

㉮ 오버랩(over lap)   ㉯ 언더컷(under cut)
㉰ 스터드(stud)   ㉱ 균열(crack)

해설
- 스터드는 용접의 종류에 해당한다.
- 스터드 용접은 철강 재료 외에 동, 황동, 알루미늄, 스테인리스 강에도 적용되며 조선, 교량, 건축, 보일러 관 등에 널리 응용되고 있다.

문제 013

그림과 같은 필렛 용접에서 목 두께가 옳게 표시된 것은?

㉮ S ㉯ $\dfrac{\sqrt{3}}{2}S$
㉰ $\dfrac{\sqrt{2}}{2}S$ ㉱ $\dfrac{1}{2}l$

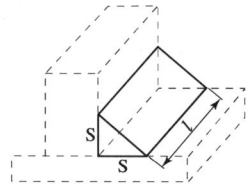

해설 목두께 $a = \dfrac{\sqrt{2}}{2}S = 0.7S$

문제 014

그림과 같은 용접부의 응력은?

㉮ 115 MPa
㉯ 110 MPa
㉰ 100 MPa
㉱ 94 MPa

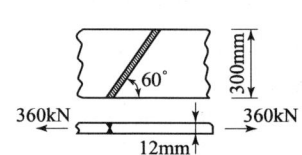

해설 $f = \dfrac{P}{A} = \dfrac{360000}{300 \times 12} = 100 \text{MPa}$

문제 015

그림과 같은 맞대기 용접의 인장응력은?

㉮ 250 MPa
㉯ 25 MPa
㉰ 125 MPa
㉱ 1,250 MPa

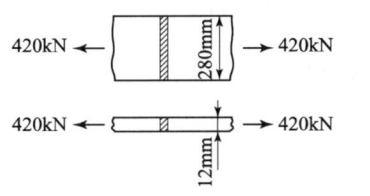

해설
- $f = \dfrac{P}{A} = \dfrac{420{,}000}{280 \times 12} = 125\,\text{N/mm}^2 = 125\,\text{MPa}$

  여기서, 목두께 a는 모재의 두께 12mm, 유효길이 l은 280mm를 적용한다.

- $f = \dfrac{P}{\sum a \cdot l}$

문제 016

도로교의 충격계수(I)식으로 옳은 것은? [단, L은 경간(m)]

㉮ $I = \dfrac{15}{40+L} \leq 0.3$ ㉯ $I = \dfrac{7}{20+L} \leq 0.2$

㉰ $I = \dfrac{10}{25+L} \leq 0.2$ ㉱ $I = \dfrac{8}{30+L} \leq 0.3$

보충 I형 단면의 판형교 높이

$h = 1.1 \sqrt{\dfrac{M}{f \cdot t}}$

문제 017

강교의 경간이 15m일 때의 충격계수는 얼마인가?

㉮ 0.23   ㉯ 0.27   ㉰ 0.30   ㉱ 0.36

해설 $I = \dfrac{15}{40+L} = \dfrac{15}{40+15} = 0.27$

문제 018

강판형(plate girder)의 경제적인 높이는 다음 중 어느 것에 의해 구해지는가?

㉮ 전단력   ㉯ 휨모멘트   ㉰ 비틀림모멘트   ㉱ 지압력

해설
- 강판형의 경제적인 높이는 휨모멘트에 의해 구해진다.
- 판형교 단면의 경제적인 높이 $h = 1.1 \sqrt{\dfrac{M}{f \cdot t}}$

문제 019

강합성 교량에서 콘크리트 슬래브와 강(鋼)주형 상부 플랜지를 구조적으로 일체가 되도록 결합시키는 요소는?

㉮ 볼트   ㉯ 전단연결재   ㉰ 합성철근   ㉱ 접착제

정답 015. ㉰ 016. ㉮ 017. ㉯ 018. ㉯ 019. ㉯

해설 합성보 교량에서 슬래브와 강보 상부 플랜지를 떨어지지 않게 전단 연결재(shear connector)로 결합시켜 강거더와 상판 콘크리트를 일체화시킨다.

문제 020

강판형(plate girder) 복부(web) 두께의 제한이 규정되어 있는 가장 큰 이유는?
- ㉮ 좌굴의 방지
- ㉯ 공비의 절약
- ㉰ 자중의 경감
- ㉱ 시공상의 난이

해설 복부판의 좌굴을 막기 위해 수직 보강재 등을 설치한다.

문제 021

$P=300$kN의 인장응력이 작용하는 판두께 10mm인 철판에 ø19mm인 리벳을 사용하여 접합할 때의 소요 리벳 수는? (단, 허용전단응력=110MPa, 허용지압응력=220MPa)
- ㉮ 8개
- ㉯ 10개
- ㉰ 12개
- ㉱ 14개

해설
- $\rho_s = v_s \cdot \dfrac{\pi d^2}{4} = 110 \times \dfrac{3.14 \times 19^2}{4} = 31172\text{N}$
- $\rho_b = f_{ba} dt = 220 \times 19 \times 10 = 41800\text{N}$

둘 중 작은 값인 31172N가 리벳의 강도이다.

$\therefore n = \dfrac{P}{\rho} = \dfrac{300000}{31172} \fallingdotseq 10$개

문제 022

다음 그림과 같은 판에서 리벳 지름이 $\phi=22$mm일 때 이 판의 순폭은 얼마인가?
- ㉮ 91mm
- ㉯ 100mm
- ㉰ 118mm
- ㉱ 124mm

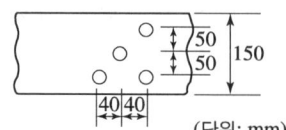
(단위: mm)

해설
- $d = \phi + 3\text{mm} = 25\text{mm}$

① $b_n = b_g - 2d = 150 - 2 \times 25 = 100\text{mm}$

② $b_n = b_g - d - \left(d - \dfrac{p^2}{4g}\right) = 150 - 25 - \left(25 - \dfrac{40^2}{4 \times 50}\right) = 108\text{mm}$

③ $b_n = b_g - d - 2\left(d - \dfrac{p^2}{4g}\right) = 150 - 25 - 2\left(25 - \dfrac{40^2}{4 \times 50}\right) = 91\text{mm}$

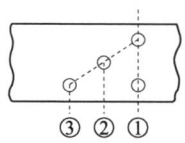

∴ 순폭은 작은 값인 91mm이다.

정답 020. ㉮ 021. ㉯ 022. ㉮

토목기사 필기

CBT 모의고사

제1부 「철근콘크리트 및 강구조」

효율적으로 정답을 선택합시다!
(정답을 모르는 문제는 이렇게 골라보심이 어떨까요?)

1. 우선 본인이 공부를 하시고 50% 정답을 맞힐 수 있는 능력을 갖도록 해야 합니다.
2. 과목별 과락은 넘고 평균 60점이 안 되시는 분을 위해 적용하는 것입니다.
3. 확실히 아는 문제의 답만 답안지에 표시합니다.
4. 확실히 정답을 모르는 문제 중 정답이 아닌 지문 2개를 선택합니다.
   예) 가, 나, ~~다~~, ~~라~~
5. 다시 모르는 문제의 지문 2개를 연구하여 선택합니다. 이때 확신이 없으면 정답으로 선택해서는 안 됩니다.(절대 추측은 금물입니다.)
6. 답안지에 확실히 정답을 표시한 문제 10개의 정답 분포를 나열합니다.
   예) 가 나 다 라
   　　 3　 0　 2　 5
7. 나머지 정답을 모르는 문제 10개를 나열해 봅니다.

1번	가 나 ~~다~~ ~~라~~	14번	~~가~~ ~~나~~ 다 라
5번	가 ~~나~~ ~~다~~ 라	15번	가 나 ~~다~~ ~~라~~
7번	~~가~~ 나 다 ~~라~~	17번	~~가~~ 나 ~~다~~ 라
10번	~~가~~ ~~나~~ 다 라	19번	가 ~~나~~ ~~다~~ 라
12번	가 ~~나~~ 다 ~~라~~	20번	~~가~~ 나 ~~다~~ 라

8. 위와 같이 정답을 모르는 문제들 중에 2개 지문이 정답이 아닌 것을 사전에 알 정도로 공부가 되어 있어야 합니다.
9. 이제 정답을 모르는 문제의 답을 확실한 정답 분포와 비교하여 선택해 봅니다.
   1번 나, 5번 가, 7번 나, 10번 다, 12번 다, 14번 다, 15번 나, 17번 나, 19번 가, 20번 나
10. 공부를 하시고 이 방법으로 적용하여야 합니다.

제 1 부 철근콘크리트 및 강구조

제1회 CBT 모의고사

「**알려드립니다**」 한국산업인력공단의 저작권법 저촉에 대한 언급(2013년 2회 시험)이 있어 과거에 출제된 동일한 문제나 그 유형의 문제로 재구성하였습니다.

문제 001

정착에 대한 위험단면이 아닌 곳은?

㉮ 경간 내에서 인장철근이 끝난 곳
㉯ 휨부재에서 최대 응력점
㉰ 지지점에서 $d/2$ 떨어진 단면
㉱ 경간내에서 인장철근이 절곡된 곳

해설 전단에 대한 위험단면
① 보 및 1방향 슬래브 : 지지점에서 d 만큼 떨어진 곳
② 2방향 슬래브 : 지지점에서 $\dfrac{d}{2}$ 만큼 떨어진 곳

보충 $V_s > \dfrac{2}{3}\sqrt{f_{ck}}\,b_w d$ 인 경우에는 보의 단면을 더 크게 늘려야 한다.

문제 002

4변에 의해 지지되는 2방향 슬래브 중에서 1방향 슬래브로 보고 계산할 수 있는 경우에 대한 기준으로 옳은 것은? (단, L : 2방향 슬래브의 장경간, S : 2방향 슬래브의 단경간)

㉮ $\dfrac{L}{S}$ 가 2보다 클 때
㉯ $\dfrac{L}{S}$ 가 1일 때
㉰ $\dfrac{L}{S}$ 가 $\dfrac{3}{2}$ 이상일 때
㉱ $\dfrac{L}{S}$ 가 3보다 작을 때

해설
• 2방향 슬래브 중에서 $\dfrac{L}{S}$ 가 2보다 클 때 1방향 슬래브로 보고 설계한다.
• 1방향 슬래브에서 슬래브 두께는 100mm 이상이라야 한다.

문제 003

계수전단강도 V_u =60kN을 받을 수 있는 직사각형 단면이 최소전단철근 없이 견딜 수 있는 콘크리트의 유효깊이 d 는 최소 얼마 이상이어야 하는가? (단, f_{ck} =24MPa, b =350mm, λ =1.0)

㉮ 618mm
㉯ 560mm
㉰ 434mm
㉱ 328mm

정답 001. ㉰ 002. ㉮ 003. ㉯

해설 $V_u \leq \frac{1}{2}\phi V_c$

$60 \times 10^{-3} \leq \frac{1}{2} \times 0.75 \times \frac{1}{6} \times 1.0\sqrt{24} \times 0.35 \times d$

∴ $d = 0.5598\text{m} = 560\text{mm}$

문제 004

그림과 같은 나선철근 단주의 설계 축강도 ϕP_n을 구하면? (단, D32 1개의 단면적=794mm², f_{ck}=24MPa, f_y=420MPa)

㉮ 2658 kN
㉯ 2748 kN
㉰ 2848 kN
㉱ 2948 kN

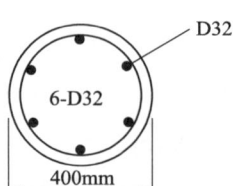

해설 $\phi P_n = \phi 0.85(\eta(0.85 f_{ck})A_c + A_{st} f_y)$

$= 0.7 \times 0.85 \left\{ 1.0 \times (0.85 \times 24) \times \left(\frac{\pi \times 0.4^2}{4} - 6 \times 794 \times 10^{-6} \right) + (6 \times 794 \times 10^{-6} \times 420) \right\}$

$= 2.658\text{MN} = 2658\text{kN}$

문제 005

콘크리트 구조기준의 요건에 따르면, f_{ck}=40MPa일 때 직사각형 응력분포의 깊이를 나타내는 β_1의 값은 얼마인가?

㉮ 0.78
㉯ 0.92
㉰ 0.80
㉱ 0.75

해설 $f_{ck} \leq 40\text{MPa}$인 경우 $\beta_1 = 0.8$

문제 006

다음 중 PSC구조물의 해석개념과 직접적인 관련이 없는 것은?

㉮ 균등질 보의 개념(homogeneous beam concept)
㉯ 공액보의 개념(conjugate beam concept)
㉰ 내력모멘트의 개념(internal force concept)
㉱ 하중평형의 개념(toad balancing concept)

해설 PSC의 기본 개념
① 균등질 보의 개념(응력 개념)
② 내력 모멘트 개념(강도 개념)
③ 하중 평형 개념(등가 하중 개념)

정답 004. ㉮ 005. ㉰ 006. ㉯

문제 007

강도설계법의 설계 기본가정 중에서 옳지 않은 것은?

㉮ 철근 및 콘크리트의 변형률은 중립축으로부터의 거리에 비례한다.
㉯ 인장 측 연단에서 콘크리트의 극한 변형률은 0.0033으로 가정한다.
㉰ 콘크리트의 인장강도는 철근콘크리트 휨계산에서 무시한다.
㉱ 철근의 변형률이 f_y에 대응하는 변형률보다 큰 경우 철근의 응력은 변형률에 관계없이 f_y로 한다.

해설
- 압축측 연단에서 콘크리트의 극한 변형률은 0.0033으로 가정한다. ($f_{ck} \leq 40\,\text{MPa}$)
- 항복강도 f_y 이하에서의 철근의 응력은 그 변형률의 E_s 배로 한다.
$$\left(\varepsilon_y = \frac{f_y}{E_s},\ f_y = \varepsilon_y \cdot E_s\right)$$
- 콘크리트의 압축응력 크기는 $\eta(0.85 f_{ck})$로 균등하고 이 응력은 압축 연단에서 $a = \beta_1 c$인 등가 직사각형 분포로 본다.

문제 008

깊은 보(deep beam)의 강도는 다음 중 무엇에 의해 지배되는가?

㉮ 압축　　㉯ 인장　　㉰ 휨　　㉱ 전단

해설 깊은 보에 대한 전단설계는 순경간이 부재 깊이의 4배 이하 $\left(\frac{l_n}{h} \leq 4\right)$이거나 하중이 받침부로부터 부재 깊이의 2개 거리 이내에 작용하고 하중의 작용점과 받침부가 서로 반대면에 있어서 하중 작용점과 받침부 사이에 압축대가 형성될 수 있는 부재에만 적용할 수 있도록 규정하고 있다.

문제 009

다음 그림과 같이 $\omega=40\,\text{kN/m}$일 때 PS 강재가 단면 중심에서 긴장되며 인장측의 콘크리트 응력이 "0"이 되려면 PS 강재에 얼마의 긴장력이 작용하여야 하는가?

㉮ 4605 kN
㉯ 5000 kN
㉰ 5200 kN
㉱ 5625 kN

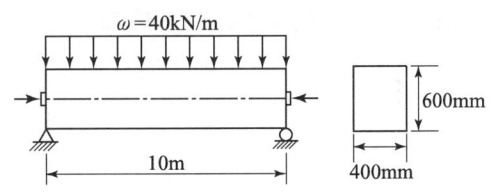

해설
- $M = \dfrac{\omega l^2}{8} = \dfrac{40 \times 10^2}{8} = 500\,\text{kN} \cdot \text{m}$
- $\dfrac{P}{A} - \dfrac{M}{I}y = 0$ (인장측이므로 하연)

$\dfrac{M}{I}y = \dfrac{P}{A}$　　$\dfrac{500}{0.0072} \times \dfrac{0.6}{2} = \dfrac{P}{0.4 \times 0.6}$　　∴ $P = 5000\,\text{kN}$

여기서, $I = \dfrac{bh^3}{12} = \dfrac{0.4 \times 0.6^3}{12} = 0.0072\,\text{m}^4$

정답 007. ㉯　008. ㉱　009. ㉯

문제 010

단면이 400×500mm이고 150mm²의 PSC 강선 4개를 단면 도심축에 배치한 프리텐션 PSC 부재가 있다. 초기 프리스트레스가 1000MPa일 때 콘크리트의 탄성변형에 의한 프리스트레스 감소량의 값은? (단, $n=6$)

㉮ 22 MPa   ㉯ 20 MPa
㉰ 18 MPa   ㉱ 16 MPa

해설 $\Delta f_{pc} = n f_{ci} = 6 \times \dfrac{150 \times 4 \times 1000}{400 \times 500} = 18 \text{MPa}$

문제 011

다음 필렛 용접의 전단응력은 얼마인가?

㉮ 67.72 MPa
㉯ 79.01 MPa
㉰ 72.72 MPa
㉱ 75.72 MPa

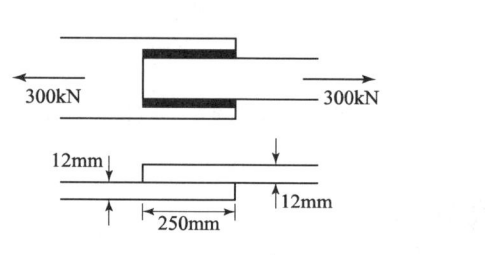

해설 $v = \dfrac{P}{\sum al} = \dfrac{300{,}000}{(0.7 \times 12)[250-(2 \times 12)+250-(2 \times 12)]} = 79.01 \text{MPa}$

보충
- 인장응력 $f = \dfrac{P}{\sum al}$
- 용접 이음부의 연단 응력 $f = \dfrac{M}{I} y$

문제 012

그림에 나타난 직사각형 단철근 보의 설계휨강도를 구하기 위한 강도감소계수(ϕ)는 약 얼마인가? (단, 나선철근으로 보강되지 않은 경우이며, $A_s = 2{,}024 \text{mm}^2$, $f_{ck} = 21\text{MPa}$, $f_y = 400\text{MPa}$이고, 계산에서 발생하는 소수점 이하 자리는 6째 자리에서 반올림하여 5째 자리까지 구하시오.)

㉮ 0.837
㉯ 0.809
㉰ 0.785
㉱ 0.726

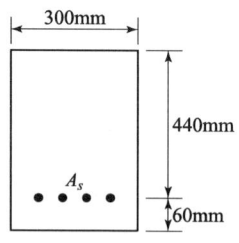

정답 010. ㉰   011. ㉯   012. ㉯

해설
- $a = \dfrac{A_s f_y}{\eta(0.85 f_{ck})b} = \dfrac{2024 \times 400}{1.0 \times (0.85 \times 21) \times 300}$
  $= 151.2\text{mm}$
- $c = \dfrac{a}{\beta_1} = \dfrac{151.2}{0.8} = 189\text{mm}$
- $\varepsilon_t = 0.0033\left(\dfrac{d_t - c}{c}\right)$
  $= 0.0033\left(\dfrac{440 - 189}{189}\right) = 0.00438$
- $\phi = 0.65 + (\varepsilon_t - 0.002) \times \dfrac{200}{3} = 0.65 + (0.00438 - 0.002) \times \dfrac{200}{3} = 0.809$

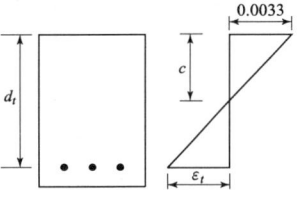

문제 013

전단철근에 대한 설명으로 틀린 것은?

㉮ 철근콘크리트 부재의 경우 주인장 철근에 45° 이상의 각도로 설치되는 스터럽을 전단철근으로 사용할 수 있다.
㉯ 철근콘크리트 부재의 경우 주인장 철근에 30° 이상의 각도로 구부린 굽힘철근을 전단철근으로 사용할 수 있다.
㉰ 전단철근으로 사용하는 스터럽과 기타 철근 또는 철선은 콘크리트 압축연단으로부터 거리 d만큼 연장하여야 한다.
㉱ 용접 이형철망을 사용할 경우 전단철근의 설계기준 항복강도는 500MPa를 초과할 수 없다.

해설 용접 이형철망을 사용할 경우 전단철근의 설계기준 항복강도는 600MPa를 초과할 수 없다.

문제 014

인장응력 검토를 위한 L-150×90×12인 형강(angle)의 전개 총폭 b_g는 얼마인가?

㉮ 228mm ㉯ 232mm
㉰ 240mm ㉱ 252mm

해설
- $b_1 = 150\text{mm}, \ b_2 = 90\text{mm}, \ t = 12\text{mm}$
- $b_g = b_1 + b_2 - t = 150 + 90 - 12 = 228\text{mm}$

문제 015

옹벽의 구조해석에 대한 설명으로 틀린 것은?

㉮ 저판의 뒷굽판은 정확한 방법이 사용되지 않는 한 뒷굽판 상부에 재하되는 모든 하중을 지지하도록 설계하여야 한다.
㉯ 부벽식 옹벽의 추가철근은 2변 지지된 1방향 슬래브로 설계하여야 한다.
㉰ 캔틸레버식 옹벽의 저판은 추가철근과의 접합부를 고정단으로 간주한 캔틸레버로 가정하여 단면을 설계할 수 있다.
㉱ 뒷부벽은 T형보로 설계하여야 하며, 앞부벽은 직사각형 보로 설계하여야 한다.

정답 013. ㉱ 014. ㉮ 015. ㉯

해설
- 부벽식 옹벽의 저판은 부벽 간의 거리를 경간으로 가정하여 고정보 또는 연속보로 설계하여야 한다.
- 부벽식 옹벽의 전면벽은 3변 지지된 2방향 슬래브로 설계한다.
- 캔틸레버 옹벽의 전면벽은 저판에 지지된 캔틸레버로 설계한다.

문제 016

강판형(plate girder) 복부(web) 두께의 제한이 규정되어 있는 가장 큰 이유는?

㉮ 시공상의 난이 ㉯ 공비의 절약
㉰ 자중의 경감 ㉱ 좌굴의 방지

해설 휨모멘트를 고려하여 강판형의 경제적인 높이를 구하며 복부의 두께는 좌굴의 방지를 고려하여 결정한다.

문제 017

비틀림철근에 대한 설명으로 틀린 것은? (단, A_{oh}는 가장 바깥의 비틀림 보강철근의 중심으로 닫혀진 단면적이고, P_h는 가장 바깥의 횡방향 폐쇄 스터럽 중심선의 둘레이다.)

㉮ 횡방향 비틀림철근은 종방향 철근 주위로 135° 표준갈고리에 의해 정착하여야 한다.
㉯ 비틀림모멘트를 받는 속빈 단면에서 횡방향 비틀림철근의 중심선으로부터 내부 벽면까지의 거리는 $0.5A_{oh}/P_h$ 이상이 되도록 설계하여야 한다.
㉰ 횡방향 비틀림철근의 간격은 $P_h/6$ 및 400mm보다 작아야 한다.
㉱ 종방향 비틀림철근은 양단에 정착하여야 한다.

해설
- 횡방향 비틀림철근의 간격은 $P_h/8$보다 작아야 하고 또한 300mm보다 작아야 한다.
- 비틀림에 요구되는 종방향 철근은 폐쇄 스터럽의 둘레를 따라 300mm 이하의 간격으로 분포시켜야 한다. 종방향 철근이나 긴장재는 스터럽의 내부에 배치시켜야 하며 스터럽의 각 모서리에 최소한 하나의 종방향 철근이나 긴장재가 있어야 한다.

문제 018

폭 400mm, 유효깊이 600mm인 단철근 직사각형 보의 단면에서 콘크리트 구조기준에 의한 최대 인장철근량은? (단, $f_{ck}=28$MPa, $f_y=400$MPa)

㉮ 4552mm^2 ㉯ 4877mm^2
㉰ 5164mm^2 ㉱ 5526mm^2

해설
- 최대 철근비
$$\rho_{\max} = \eta 0.85\, \beta_1 \frac{f_{ck}}{f_y} \frac{0.0033}{0.0033+0.004}$$
$$= 1.0 \times 0.85 \times 0.8 \times \frac{28}{400} \times \frac{0.0033}{0.0033+0.004} = 0.021518$$

- $\rho_{\max} = \dfrac{A_s}{b\,d}$

∴ $A_s = \rho_{\max} \times b\,d = 0.021518 \times 400 \times 600 = 5164\,\mathrm{mm}^2$

정답 016. ㉱ 017. ㉰ 018. ㉰

문제 019

길이가 7m인 양단 연속보에서 처짐을 계산하지 않는 경우 보의 최소두께로 옳은 것은?
(단, f_{ck} = 28MPa, f_y = 400MPa)

㉮ 275mm ㉯ 334mm
㉰ 379mm ㉱ 438mm

해설 양단 연속보에 경우 $\dfrac{l}{21} = \dfrac{7000}{21} = 334\text{mm}$ 이다.

문제 020

그림과 같은 직사각형 단면의 보에서 인장철근은 D22 철근 3개가 윗부분에, D29 철근 3개가 아랫부분에 2열로 배치되었다. 이 보의 공칭 휨강도(M_n)는? (단, 철근 D22 3본의 단면적은 1161mm², 철근 D29 3본의 단면적은 1927mm², f_{ck} = 24MPa, f_y = 350MPa)

㉮ 396.2 kN·m
㉯ 424.6 kN·m
㉰ 467.3 kN·m
㉱ 512.4 kN·m

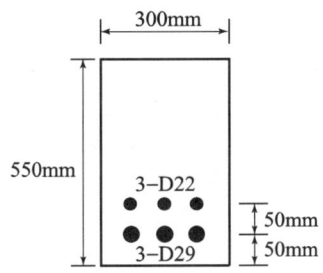

해설
- $d = \dfrac{3A_s \times 450 + 3A_s \times 500}{6A_s} = \dfrac{1161 \times 450 + 1927 \times 500}{(1161 + 1927)} = 481.2\text{mm}$
- $a = \dfrac{A_s f_y}{\eta(0.85 f_{ck})b} = \dfrac{(1161+1927) \times 350}{1.0 \times (0.85 \times 24) \times 300} = 176.6\text{mm}$
- $M_n = A_s f_y (d - \dfrac{a}{2}) = (1161+1927) \times 350 (481.2 - \dfrac{176.6}{2})$
  $= 424,646,320\,\text{N·mm} = 424.6\,\text{kN·m}$

제1부 철근콘크리트 및 강구조

제2회 CBT 모의고사

「**알려드립니다**」 한국산업인력공단의 저작권법 저촉에 대한 언급(2013년 2회 시험)이 있어 과거에 출제된 동일한 문제나 그 유형의 문제로 재구성하였습니다.

문제 001

그림과 같은 인장철근을 갖는 보의 유효 깊이는?
(여기서, D19철근은 공칭단면적이 287mm²임)

㉮ 350mm
㉯ 410mm
㉰ 440mm
㉱ 500mm

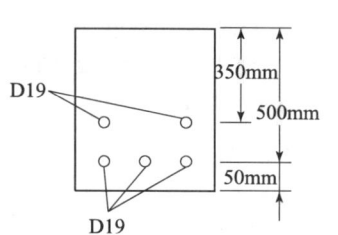

해설 $5A_s \times d = 2A_s \times 350 + 3A_s \times 500$

$\therefore d = \dfrac{2A_s \times 350 + 3A_s \times 500}{5A_s} = \dfrac{2 \times 287 \times 350 + 3 \times 287 \times 500}{5 \times 287} = 440\text{mm}$

문제 002

그림과 같은 필렛 용접에서 일어나는 응력이 옳게 된 것은?

㉮ 97.3 MPa
㉯ 109.02 MPa
㉰ 99.2 MPa
㉱ 100.0 MPa

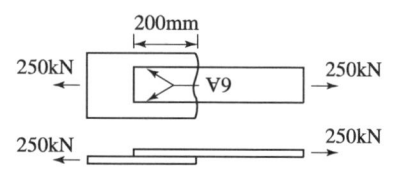

해설 $f = \dfrac{P}{\sum a \cdot l} = \dfrac{250{,}000}{6.3 \times [200 - (2 \times 9) + 200 - (2 \times 9)]} = 109.02\text{MPa}$

여기서, $a = 0.7S = 0.7 \times 9 = 6.3\text{mm}$

문제 003

다음은 철근콘크리트 구조물의 균열에 관한 설명이다. 옳지 않은 것은?

㉮ 하중으로 인한 균열의 최대폭은 철근 응력에 비례한다.
㉯ 콘크리트 표면의 균열폭은 철근에 대한 피복두께에 반비례한다.
㉰ 많은 수의 미세한 균열보다는 폭이 큰 몇 개의 균열이 내구성에 불리하다.
㉱ 인장측에 철근을 잘 분배하면 균열폭을 최소로 할 수 있다.

정답 001. ㉰ 002. ㉯ 003. ㉯

해설 • 콘크리트 표면의 균열 폭은 철근에 대한 피복 두께에 비례한다.
• 균열 폭을 최소화하기 위해 적은 수의 굵은 철근보다는 많은 수의 가는 철근을 인장측에 분포시킨다.

문제 004

길이 6m의 단순지지 보통 중량 철근콘크리트보의 처짐을 계산하지 않아도 되는 보의 최소 두께는 얼마인가? (단, f_{ck}=21MPa, f_y=350MPa)

㉮ 349mm ㉯ 356mm
㉰ 375mm ㉱ 403mm

해설 • 처짐을 계산하지 않는 경우의 보 또는 1방향 슬래브의 최소 두께(f_y=400MPa)

부재	최소 두께 또는 높이			
	단순지지	일단연속	양단연속	캔틸레버
1방향 슬래브	$\dfrac{l}{20}$	$\dfrac{l}{24}$	$\dfrac{l}{28}$	$\dfrac{l}{10}$
보	$\dfrac{l}{16}$	$\dfrac{l}{18.5}$	$\dfrac{l}{21}$	$\dfrac{l}{8}$

• f_y = 400MPa 이외의 경우 위 표에 의한 계산 값에 $\left(0.43+\dfrac{f_y}{700}\right)$을 곱하여 구한다.

• 최소 두께

$$\dfrac{l}{16}\left(0.43+\dfrac{f_y}{700}\right)=\dfrac{6000}{16}\left(0.43+\dfrac{350}{700}\right)=349\text{mm}$$

문제 005

강도설계법에서 강도감소계수(ϕ)를 규정하는 목적이 아닌 것은?

㉮ 재료 강도와 치수가 변동할 수 있으므로 부재의 강도 저하 확률에 대비한 여유를 반영하기 위해
㉯ 부정확한 설계 방정식에 대비한 여유를 반영하기 위해
㉰ 구조물에서 차지하는 부재의 중요도 등을 반영하기 위해
㉱ 하중의 변경, 구조해석할 때의 가정 및 계산의 단순화로 인해 야기될지 모르는 초과하중에 대비한 여유를 반영하기 위해

해설 강도감소계수(ϕ) 규정
① 인장지배 단면 : 0.85
② 압축지배 단면
  ㉠ 나선철근으로 보강된 철근콘크리트 부재 : 0.7
  ㉡ 그 외 철근콘크리트 부재 : 0.65
③ 전단력과 비틀림모멘트 : 0.75
④ 무근 콘크리트의 휨모멘트, 압축력, 전단력, 지압력 : 0.55

정답 004. ㉮ 005. ㉱

문제 006

그림과 같은 직사각형 단면의 프리텐션 부재의 편심 배치한 직선 PS 강재를 820kN으로 긴장했을 때 탄성변형으로 인한 프리스트레스의 감소량은? (단, $I=3.125\times 10^9 mm^4$, $n=6$이고, 자중에 의한 영향을 무시한다.)

㉮ 44.5 MPa
㉯ 46.5 MPa
㉰ 48.5 MPa
㉱ 50.5 MPa

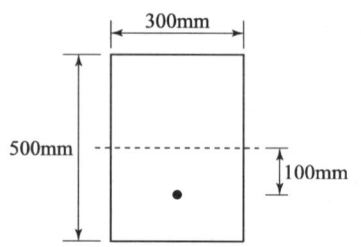

해설
$$\Delta f_p = n f_c = n\left(\frac{P}{A} + \frac{P\cdot e}{I}\cdot e\right)$$
$$= 6\left(\frac{820000}{300\times 500} + \frac{820000\times 100}{3.125\times 10^9}\times 100\right)$$
$$= 48.5 N/mm^2 = 48.5 MPa$$

문제 007

옹벽의 구조해석에 대한 사항 중 틀린 것은?

㉮ 부벽식 옹벽의 저판은 정밀한 해석이 사용되지 않는 한, 부벽의 높이를 경간으로 가정한 고정보 또는 연속보로 설계할 수 있다.
㉯ 캔틸레버식 옹벽의 추가철근은 저판에 지지된 캔틸레버로 설계할 수 있다.
㉰ 부벽식 옹벽의 추가철근은 3변 지지된 2방향 슬래브로 설계할 수 있다.
㉱ 뒷부벽은 T형보로 설계하여야 하며, 앞부벽은 직사각형보로 설계하여야 한다.

해설
• 뒷부벽식 옹벽의 저판은 정확한 방법이 사용되지 않는 한, 뒷부벽 간의 거리를 경간으로 가정하여 고정보 또는 연속보로 설계할 수 있다.
• 저판의 뒷굽판은 정확한 방법이 사용되지 않는 한, 뒷굽판 상부에 재하되는 모든 하중을 지지하도록 설계되어야 한다.

문제 008

아래와 같은 맞대기 이음부에 발생하는 응력의 크기는?
(단, $P=360kN$, 강판두께 12mm)

㉮ 압축응력 $f_c = 14.4 MPa$
㉯ 인장응력 $f_t = 3000 MPa$
㉰ 전단응력 $\tau = 150 MPa$
㉱ 압축응력 $f_c = 120 MPa$

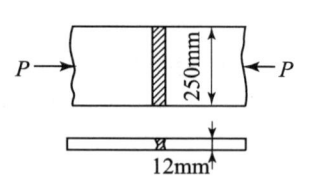

해설
$$f_c = \frac{P}{A} = \frac{360000}{250\times 12} = 120 N/mm^2 = 120 MPa$$

정답 006. ㉰ 007. ㉮ 008. ㉱

문제 009

강도설계법에서 휨부재의 등가사각형 압축응력 분포의 깊이 $a = \beta_1 c$ 인데 이 중 f_{ck} 가 40MPa일 때 β_1의 값은? (단, $\lambda = 1.0$)

㉮ 0.8
㉯ 0.801
㉰ 0.833
㉱ 0.850

해설 $f_{ck} \leq 40\,\text{MPa}$인 경우 $\beta_1 = 0.8$

문제 010

캔틸레버식 옹벽(역 T형 옹벽)에서 뒷굽판의 길이를 결정할 때 가장 주가 되는 것은?

㉮ 전도에 대한 안정
㉯ 침하에 대한 안정
㉰ 활동에 대한 안정
㉱ 지반 지지력에 대한 안정

해설 활동에 대한 효과적인 저항을 위해 저판의 하면에 활동방지벽을 설치하는 경우 활동방지벽과 저판을 일체로 만들어야 한다.

문제 011

철근 콘크리트에서 콘크리트의 탄성계수로 쓰이며, 철근 콘크리트 단면의 결정이나 응력을 계산할 때 쓰이는 것은?

㉮ 전단 탄성계수
㉯ 할선 탄성계수
㉰ 접선 탄성계수
㉱ 초기접선 탄성계수

해설 실험에 의해 콘크리트 탄성계수를 구할 때는 일반적으로 할선계수를 콘크리트 탄성계수로 사용한다.

문제 012

다음 중 철근 콘크리트 보에서 사인장 철근이 부담하는 주된 응력은?

㉮ 부착응력
㉯ 전단응력
㉰ 지압응력
㉱ 휨인장응력

해설 사인장 철근(복부철근)은 전단응력에 저항하기 위해 전단력이 크게 작용하는 곳에 배치하는 철근이다.

정답 009. ㉮ 010. ㉰ 011. ㉯ 012. ㉯

문제 013

표준갈고리를 갖는 인장 이형철근의 정착에 대한 설명으로 옳지 않은 것은? (단, d_b는 철근의 공칭지름이다.)

㉮ 갈고리는 압축을 받는 경우 철근 정착에 유효하지 않은 것으로 본다.
㉯ 정착길이는 위험단면부터 갈고리의 외측단까지 길이로 나타낸다.
㉰ f_{sp}값이 규정되어 있지 않은 경우 모래경량콘크리트의 경량 콘크리트계수 λ는 0.7이다.
㉱ 기본 정착길이에 보정계수를 곱하여 정착길이를 계산하는데 이렇게 구한 정착길이는 항상 $8d_b$ 이상, 또는 150mm 이상이어야 한다.

해설 f_{sp}값이 규정되어 있지 않은 경우 모래경량콘크리트의 경량 콘크리트계수 λ는 0.85이다.

문제 014

용접작업 중 일반적인 주의사항에 대한 내용으로 옳지 않은 것은?

㉮ 구조상 중요한 부분을 지정하여 집중 용접한다.
㉯ 용접은 수축이 큰 이음을 먼저 용접하고, 수축이 작은 이음은 나중에 한다.
㉰ 앞의 용접에서 생긴 변형을 다음 용접에서 제거할 수 있도록 진행시킨다.
㉱ 특히 비틀어지지 않게 평행한 용접은 같은 방향으로 할 수 있으며 동시에 용접을 한다.

해설 용접은 중심에서 주변으로 향하여 대칭으로 용접해 나간다.

문제 015

철근 콘크리트 부재의 비틀림 철근 상세에 대한 설명으로 틀린 것은? [단, P_h : 가장 바깥의 횡방향 폐쇄 스터럽 중심선의 둘레(mm)이다.]

㉮ 종방향 비틀림 철근은 양단에 정착하여야 한다.
㉯ 횡방향 비틀림 철근의 간격은 $P_h/4$보다 작아야 하고, 또한 200mm 보다 작아야 한다.
㉰ 종방향 철근의 지름은 스터럽 간격의 1/24 이상이어야 하며, 또한 D10 이상의 철근이어야 한다.
㉱ 비틀림에 요구되는 종방향 철근은 폐쇄 스터럽의 둘레를 따라 300mm 이하의 간격으로 분포시켜야 한다.

해설 횡방향 비틀림 철근의 간격은 $P_h/8$보다 작아야 하고, 또한 300mm 보다 작아야 한다.

정답 013. ㉰ 014. ㉮ 015. ㉯

문제 016

콘크리트 슬래브 설계 시 직접설계법을 적용할 수 있는 제한사항에 대한 설명 중 틀린 것은?

㉮ 각 방향으로 3경간 이상 연속되어야 한다.
㉯ 각 방향으로 연속한 받침부 중심간 경간 차이는 긴 경간의 1/3 이하이어야 한다.
㉰ 슬래브 판들은 단변 경간에 대한 장변 경간의 비가 2 이하인 직사각형이어야 한다.
㉱ 연속한 기둥 중심선을 기준으로 기둥의 어긋남은 그 방향 경간의 15% 이하이어야 한다.

해설 연속한 기둥 중심선을 기준으로 기둥의 어긋남은 그 방향 경간의 10% 이하이어야 한다.

문제 017

단철근 직사각형 보에서 폭 300mm, 유효깊이 500mm, 인장철근 단면적 1700mm²일 때 강도해석에 의한 직사각형 압축응력 분포도의 깊이(a)는? (단, $f_{ck}=20$MPa, $f_y=300$MPa이다.)

㉮ 50mm ㉯ 100mm
㉰ 200mm ㉱ 400mm

해설 $a = \dfrac{A_s f_y}{\eta(0.85 f_{ck})b} = \dfrac{1700 \times 300}{1.0 \times (0.85 \times 20) \times 300} = 100\,\text{mm}$

문제 018

단철근 직사각형 보의 설계 휨강도를 구하는 식으로 옳은 것은?
(단, $q = \dfrac{\rho f_y}{f_{ck}}$ 이다.)

㉮ $\phi M_n = \phi\left[f_{ck}\,b\,d^2 q(1-0.59q)\right]$
㉯ $\phi M_n = \phi\left[f_{ck}\,b\,d^2 (1-0.59q)\right]$
㉰ $\phi M_n = \phi\left[f_{ck}\,b\,d^2 (1+0.59q)\right]$
㉱ $\phi M_n = \phi\left[f_{ck}\,b\,d^2 q(1+0.59q)\right]$

해설
- $\rho = \dfrac{A_s}{b\,d} \quad \therefore A_s = \rho\,b\,d$
- $a = \dfrac{A_s f_y}{\eta(0.85 f_{ck})b} = \dfrac{(\rho\,b\,d)f_y}{\eta(0.85 f_{ck})b}$
- $\phi M_n = \phi\left[A_s f_y (d - \dfrac{a}{2})\right] = \phi\left[A_s f_y(d - 0.5a)\right] = \phi\left[A_s f_y\left(d - 0.5\dfrac{\rho\,b\,d\,f_y}{\eta(0.85 f_{ck})b}\right)\right]$
$= \phi\left[A_s f_y\left(d - 0.5\dfrac{\rho\,d\,f_y}{\eta(0.85 f_{ck})}\right)\right]$

여기서, $A_s = \rho\,b\,d$이므로 $\phi\left[\rho\,b\,d\,f_y\left(d - 0.5\dfrac{\rho\,d\,f_y}{\eta(0.85 f_{ck})}\right)\right] = \phi\left[\rho f_y\,b\,d^2\left(1 - 0.59\dfrac{\rho f_y}{f_{ck}}\right)\right]$

여기서, $q = \dfrac{\rho f_y}{f_{ck}}$ 이므로 $\rho f_y = f_{ck}\,q$

$\therefore \phi M_n = \phi\left[f_{ck}\,q\,b\,d^2(1-0.59q)\right]$

정답 016. ㉱ 017. ㉯ 018. ㉮

문제 019

그림과 같은 캔틸레버 옹벽의 최대 지반 반력은?

㉮ $10.2\,t/m^2$
㉯ $20.5\,t/m^2$
㉰ $6.67\,t/m^2$
㉱ $3.33\,t/m^2$

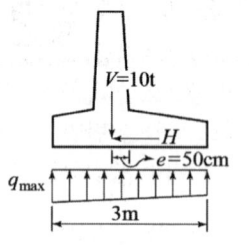

해설 $q_{max} = \dfrac{V}{B}\left(1+\dfrac{6e}{B}\right) = \dfrac{10}{3}\left(1+\dfrac{6\times 0.5}{3}\right) = 6.67\,t/m^2$

문제 020

다음 그림과 같은 직사각형 단면의 단순보에 PS강재가 포물선으로 배치되어 있다. 보의 중앙단면에서 일어나는 상연응력(㉠) 및 하연응력(㉡)은? (단, PS강재의 긴장력은 3300kN 이고, 자중을 포함한 작용하중은 27kN/m이다.)

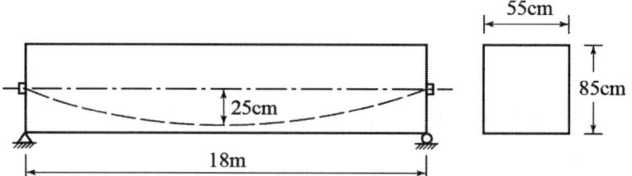

㉮ ㉠ : 21.21MPa ㉡ : 1.8MPa 　　㉯ ㉠ : 21.07MPa ㉡ : 0MPa
㉰ ㉠ : 8.6MPa   ㉡ : 2.45MPa 　　㉱ ㉠ : 11.11MPa ㉡ : 3.0MPa

해설
- $I = \dfrac{bh^3}{12} = \dfrac{0.55 \times 0.85^3}{12} = 0.0281\,m^4$
- $M = \dfrac{wl^2}{8} = \dfrac{27 \times 18^2}{8} = 1093.5\,kN\cdot m$
- 상연응력

$$f = \dfrac{P}{A} - \dfrac{Pe}{I}y + \dfrac{M}{I}y$$
$$= \dfrac{3300}{0.55 \times 0.85} - \dfrac{3300 \times 0.25}{0.0281} \times \dfrac{0.85}{2} + \dfrac{1093.5}{0.0281} \times \dfrac{0.85}{2}$$
$$= 11119.7\,kN/m^2 = 11.11\,N/mm^2 = 11.11\,MPa$$

- 하연응력

$$f = \dfrac{P}{A} + \dfrac{Pe}{I}y - \dfrac{M}{I}y$$
$$= \dfrac{3300}{0.55 \times 0.85} + \dfrac{3300 \times 0.25}{0.0281} \times \dfrac{0.85}{2} - \dfrac{1093.5}{0.0281} \times \dfrac{0.85}{2}$$
$$= 2997.8\,kN/m^2 = 3.0\,N/mm^2 = 3.0\,MPa$$

정답 019. ㉰   020. ㉱

제1부 철근콘크리트 및 강구조

제 3 회 CBT 모의고사

> 「알려드립니다」 한국산업인력공단의 저작권법 저촉에 대한 언급(2013년 2회 시험)이 있어 과거에 출제된 동일한 문제나 그 유형의 문제로 재구성하였습니다.

문제 001
프리스트레스의 도입 후에 일어나는 손실의 원인이 아닌 것은?

㉮ 콘크리트의 크리프
㉯ PS 강재와 쉬스 사이의 마찰
㉰ 콘크리트의 건조수축
㉱ PS강재의 릴렉세이션(relaxation)

해설 프리스트레스를 도입할 때 일어나는 손실의 원인
① 콘크리트의 탄성변형
② 강재와 쉬스의 마찰
③ 정착단의 활동

보충 • 프리텐션공법 : $f_{ci}' \geq 30\text{MPa}$
• 포스트텐션공법 : $f_{ci}' \geq 25\text{MPa}$

문제 002
계수 하중에 의한 단면의 계수 모멘트가 $M_u = 350\text{kN} \cdot \text{m}$인 단철근 직사각형 보의 유효깊이는?
(단, $\rho = 0.0135$, $b = 300\text{mm}$, $f_{ck} = 24\text{MPa}$, $f_y = 300\text{MPa}$)

㉮ 285mm
㉯ 382mm
㉰ 586mm
㉱ 611mm

해설
• $M_d = \phi M_n \geq M_u$
• $M_n = C \cdot Z = T \cdot Z = A_s f_y \left(d - \dfrac{a}{2}\right)$

여기서, $a = \dfrac{A_s f_y}{\eta(0.85 f_{ck})b}$에 $\rho = \dfrac{A_s}{bd}$을 대입하면 $a = \dfrac{\rho d f_y}{\eta(0.85 f_{ck})}$

• $M_n = A_s f_y d \left(1 - 0.59 \rho \dfrac{f_y}{f_{ck}}\right)$ 관계식에서 구한다.

• $\phi M_n = \phi A_s f_y d \left(1 - 0.59 \rho \dfrac{f_y}{f_{ck}}\right)$

$d = \sqrt{\dfrac{\phi M_n}{\phi \rho f_y b \left(1 - 0.59 \rho \dfrac{f_y}{f_{ck}}\right)}} = \sqrt{\dfrac{350,000,000}{0.85 \times 0.0135 \times 300 \times 300 \left(1 - 0.59 \times 0.0135 \times \dfrac{300}{24}\right)}} \fallingdotseq 611\text{mm}$

정답 001. ㉯ 002. ㉱

문제 003

철근콘크리트 보에 스터럽을 배근하는 가장 중요한 이유로 옳은 것은?

㉮ 주철근 상호간의 위치를 바르게 하기 위하여
㉯ 보에 작용하는 사인장 응력에 의한 균열을 제어하기 위하여
㉰ 콘크리트와 철근과의 부착강도를 높이기 위하여
㉱ 압축측 콘크리트의 좌굴을 방지하기 위하여

해설 전단응력에 의한 균열(사인장 균열)을 막기 위해 전단보강철근(스터럽) 또는 사인장 철근의 전단철근을 배치한다.

문제 004

경간 $l=10m$인 T형보에서 양쪽 슬래브의 중심간격 2100mm, 슬래브의 두께 $t=100mm$, 복부의 폭 $b_w=400mm$일 때 플랜지의 유효폭은 얼마인가?

㉮ 2000mm   ㉯ 2100mm   ㉰ 2300mm   ㉱ 2500mm

해설
- $16t + b_w = 16 \times 100 + 400 = 2000mm$
- 양쪽 슬래브의 중심간 거리 = 2100mm
- 보 경간의 $\frac{1}{4} = 10000 \times \frac{1}{4} = 2500mm$

가장 작은 값 2000mm이다.

문제 005

그림과 같은 단면의 중간 높이에 초기 프리스트레스 900kN을 작용시켰다. 20%의 손실을 가정하여 하단 또는 상단의 응력이 영(零)이 되도록 이 단면에 가할 수 있는 모멘트의 크기는?

㉮ 90 kN·m
㉯ 84 kN·m
㉰ 72 kN·m
㉱ 65 kN·m

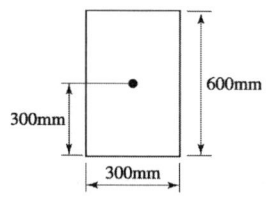

해설
손실률 $= \dfrac{P_i - P_e}{P_i} \times 100$

$20 = \dfrac{900 - P_e}{900} \times 100$

$\therefore P_e = 720 kN$

- $f = \dfrac{P_e}{A} - \dfrac{M}{I}y$ (하단응력이 0인 경우)

$0 = \dfrac{720}{0.3 \times 0.6} - \dfrac{M}{\dfrac{0.3 \times 0.6^3}{12}} \times 0.3$

$\therefore M = 72 kN \cdot m$

정답 003. ㉯   004. ㉮   005. ㉰

보충 • 강재가 직선으로 도심에 배치된 경우

$$f = \frac{P}{A} \pm \frac{M}{I}y$$

위 식에서 ① 상연 응력의 경우 $f = \frac{P}{A} + \frac{M}{I}y$

② 하연 응력의 경우 $f = \frac{P}{A} - \frac{M}{I}y$

• 강재가 직선으로 편심 배치된 경우

$$f = \frac{P}{A} \mp \frac{P \cdot e}{I}y \pm \frac{M}{I}y$$

위 식에서 ① 상연 응력의 경우 $f = \frac{P}{A} - \frac{P \cdot e}{I}y + \frac{M}{I}y$

② 하연 응력의 경우 $f = \frac{P}{A} + \frac{P \cdot e}{I}y - \frac{M}{I}y$

문제 006

보통중량 콘크리트의 설계기준강도(f_{ck})가 35MPa이며 철근의 설계항복강도가 400MPa이면 직경이 25mm인 압축이형철근의 기본정착길이(l_{db})는 얼마인가? (단, $\lambda = 1.0$)

㉮ 227mm ㉯ 358mm
㉰ 423mm ㉱ 430mm

해설
• $l_{db} = \frac{0.25d_b f_y}{\lambda \sqrt{f_{ck}}}$ 또는 $0.043 d_b f_y$ 중 큰 값이 430mm이다.

• $l_{db} = \frac{0.25 d_b f_y}{1.0 \sqrt{f_{ck}}} = \frac{0.25 \times 25 \times 400}{1.0 \times \sqrt{35}} = 423$mm

• $l_{db} = 0.043 d_b f_y = 0.043 \times 25 \times 400 = 430$mm

문제 007

옹벽의 토압 및 설계일반에 대한 설명 중 옳지 않은 것은?

㉮ 활동에 대한 저항력은 옹벽에 작용하는 수평력의 1.5배 이상이어야 한다.
㉯ 뒷부벽식 옹벽의 저판은 정밀한 해석이 사용되지 않는 한, 3변 지지된 2방향 슬래브로 설계하여야 한다.
㉰ 뒷부벽은 T형보로 설계하여야 하며, 앞부벽은 직사각형보로 설계하여야 한다.
㉱ 지반에 유발되는 최대 지반반력이 지반의 허용지지력을 초과하지 않아야 한다.

해설
• 부벽식 옹벽의 저판은 정밀한 해석이 사용되지 않는 한 부벽간의 거리를 경간으로 가정한 고정보 또는 연속보로 설계할 수 있다.
• 부벽식 옹벽의 전면벽은 3변 지지된 2방향 슬래브로 설계할 수 있다.

정답 006. ㉱ 007. ㉯

문제 008

폭이 400mm, 유효깊이가 500mm인 단철근 직사각형보 단면에서 f_{ck}=35MPa, f_y=400MPa일 때, 강도설계법으로 구한 균형철근량은 약 얼마인가?

㉮ 10,600mm²
㉯ 7,590mm²
㉰ 7,400mm²
㉱ 5,120mm²

해설

- $\rho_b = \eta(0.85f_{ck})\dfrac{\beta_1}{f_y}\dfrac{660}{660+f_y} = 1.0 \times (0.85 \times 35) \times \dfrac{0.8}{400} \times \dfrac{660}{660+400} = 0.037$

  여기서, $f_{ck} \leq 40\text{MPa}$이므로 $\eta = 1.0$, $\beta_1 = 0.8$

- $\rho_b = \dfrac{A_s}{bd}$

  $\therefore A_s = \rho_b bd = 0.037 \times 400 \times 500 = 7400\text{mm}^2$

문제 009

1방향 철근콘크리트 슬래브에서 배치되는 이형철근의 수축 온도철근비는? (단, f_y=500MPa이다.)

㉮ 0.0014
㉯ 0.0016
㉰ 0.0020
㉱ 0.0024

해설 $0.002 \times \dfrac{400}{f_y} = 0.002 \times \dfrac{400}{500} = 0.0016$

문제 010

다음 그림의 고장력 볼트 마찰이음에서 필요한 볼트 수는 최소 몇 개인가? (단, 볼트는 M22(=φ22mm), F10T를 사용하며, 마찰이음의 허용력은 48kN이다.)

㉮ 3개
㉯ 5개
㉰ 6개
㉱ 8개

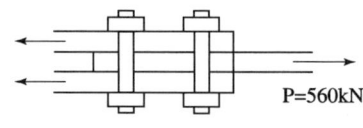

P=560kN

해설 마찰면이 둘이므로 $n = \dfrac{P}{\rho} = \dfrac{560}{48 \times 2} ≒ 6$개

문제 011

철근 콘크리트 부재의 처짐을 방지하기 위해 구조상 두께를 크게 한다. 두께의 크기가 큰 순서로 표현된 것은?

㉮ 양단연속 > 일단연속 > 캔틸레버 > 단순지지
㉯ 일단연속 > 양단연속 > 단순지지 > 캔틸레버
㉰ 캔틸레버 > 단순지지 > 일단연속 > 양단연속
㉱ 단순지지 > 캔틸레버 > 양단연속 > 일단연속

정답 008. ㉰ 009. ㉯ 010. ㉰ 011. ㉰

해설

부 재	최소 두께 또는 높이			
	단순지지	일단연속	양단연속	캔틸레버
1방향 슬래브	$\dfrac{l}{20}$	$\dfrac{l}{24}$	$\dfrac{l}{28}$	$\dfrac{l}{10}$
보	$\dfrac{l}{16}$	$\dfrac{l}{18.5}$	$\dfrac{l}{21}$	$\dfrac{l}{8}$

문제 012

복철근 콘크리트 단면에 인장철근비는 0.02, 압축철근비는 0.01이 배근된 경우 순간처짐이 20mm일 때 6개월이 지난 후 총 처짐량은? (단, 작용하는 하중은 지속하중이며 지속하중의 6개월 재하기간에 따르는 계수 ξ는 1.2이다.)

㉮ 26mm
㉯ 36mm
㉰ 48mm
㉱ 68mm

해설

- 장기처짐 = 순간처짐 × $\dfrac{\xi}{1+50\rho'}$ = $20 \times \dfrac{1.2}{1+50 \times 0.01}$ = 16mm
- 총 처짐 = 순간처짐 + 장기처짐 = 20 + 16 = 36mm

문제 013

그림과 같은 나선철근 기둥에서 나선철근의 간격(pitch)으로 적당한 것은? (단, 소요 나선철근비 ρ_s = 0.018, 나선철근의 지름은 12mm이다.)

㉮ 61mm
㉯ 85mm
㉰ 93mm
㉱ 105mm

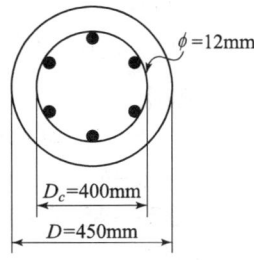

해설

- $\rho_s = \dfrac{\text{나선철근의 전 체적}}{\text{심부 체적}} = \dfrac{A_b \pi (d_c - d_b)}{\dfrac{\pi d_c^2}{4} p}$

$\therefore p = \dfrac{113.2 \times \pi \times (400-12)}{0.018 \times \dfrac{\pi \times 400^2}{4}} = 61$mm

여기서, 나선철근 단면적 $A_b = \dfrac{\pi d_b^2}{4} = \dfrac{\pi \times 12^2}{4} = 113.1$mm^2

d_b : 나선철근의 직경
d_c : 나선철근의 바깥선으로 측정한 지름

- $\rho_s = \dfrac{\text{나선철근의 전 체적}}{\text{심부 체적}} \geq 0.45 \left(\dfrac{A_g}{A_{ch}} - 1 \right) \dfrac{f_{ck}}{f_{yt}}$

정답 012. ㉯ 013. ㉮

문제 014

그림과 같은 필릿용접의 유효 목두께로 옳게 표시된 것은? (단, KDS 14 30 25 강구조 연결 설계기준(허용응력설계법)에 따른다.)

㉮ S
㉯ 0.9S
㉰ 0.7S
㉱ 0.5l

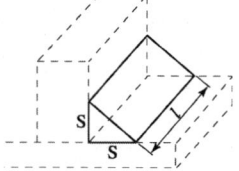

해설 목두께 $a = \dfrac{1}{\sqrt{2}} S = 0.7S$

문제 015

아래 그림과 같은 두께 12mm 평판의 순단면적을 구하면? (단, 구멍의 직경은 23mm이다.)

㉮ 2,310 mm^2
㉯ 2,340 mm^2
㉰ 2,772 mm^2
㉱ 2,928 mm^2

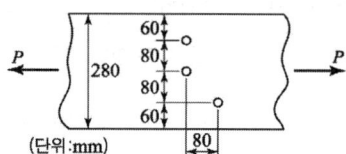

해설
- $d = 23$mm
- $\omega = d - \dfrac{p^2}{4g} = 23 - \dfrac{80^2}{4 \times 80} = 3$
- 순폭(b_n)
  $a-a' : b_n = b_g - 2d = 280 - 2 \times 23 = 234$mm
  $a-b : b_n = b_g - 2d - \omega = 280 - 2 \times 23 - 3 = 231$mm
  ∴ 순폭은 작은 값인 231mm이다.
- 순단면적
  $A_n = b_n \cdot t = 231 \times 12 = 2772$mm^2

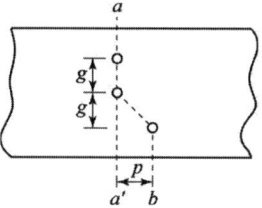

문제 016

그림과 같은 철근콘크리트보 단면이 파괴시 인장철근의 변형률은?
(단, $f_{ck} = 28$MPa, $f_y = 350$MPa, $A_s = 1520$mm^2)

㉮ 0.004
㉯ 0.008
㉰ 0.011
㉱ 0.015

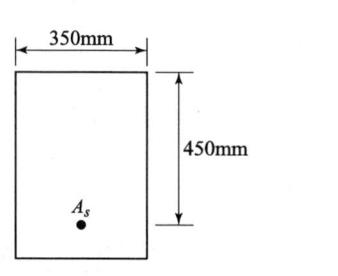

정답 014. ㉰ 015. ㉰ 016. ㉱

해설
$$a = \frac{A_s f_y}{\eta(0.85 f_{ck})b} = \frac{1520 \times 350}{1.0 \times (0.85 \times 28) \times 350} = 63.87\text{mm}$$

$a = \beta_1 c$ 에서 $c = \dfrac{a}{\beta_1} = \dfrac{63.87}{0.8} = 79.84\text{mm}$

$0.0033 : 79.84 = \varepsilon_s : (450-79.84)$

$\therefore \varepsilon_s = \dfrac{0.0033 \times (450-79.84)}{79.84} = 0.015$

문제 017

다음은 프리스트레스트 콘크리트에 관한 설명이다. 옳지 않은 것은?

㉮ 프리캐스트를 사용할 경우 거푸집 및 동바리공이 불필요하다.
㉯ 콘크리트 전 단면을 유효하게 이용하여 RC 부재보다 경간을 길게 할 수 있다.
㉰ RC에 비해 단면이 작아서 변형이 크고 진동하기 쉽다.
㉱ RC보다 내화성에 있어서 유리하다.

해설
- RC보다 내화성에 있어서 불리하다.
- 탄력성과 복원성이 우수하다.
- 내구성이 크다.

문제 018

철근 콘크리트 부재의 피복두께에 관한 설명으로 틀린 것은?

㉮ 최소 피복두께를 제한하는 이유는 철근의 부식방지, 부착력의 증대, 내화성을 갖도록 하기 위해서이다.
㉯ 프리스트레스 하지 않은 부재의 현장치기 콘크리트로서, 흙에 접하거나 옥외의 공기에 직접 노출되는 콘크리트의 최소 피복두께는 D19 이상의 철근의 경우 40mm이다.
㉰ 프리스트레스 하지 않은 부재의 현장치기 콘크리트로서, 흙에 접하여 콘크리트를 친 후 영구히 흙에 묻혀있는 콘크리트의 최소 피복두께는 75mm이다.
㉱ 콘크리트 표면과 그와 가장 가까이 배치된 철근 표면 사이의 콘크리트 두께를 피복두께라 한다.

해설
- 프리스트레스 하지 않은 부재의 현장치기 콘크리트로서, 흙에 접하거나 옥외의 공기에 직접 노출되는 콘크리트의 최소 피복두께는 D19 이상의 철근의 경우 50mm이다.
- 프리스트레스 하지 않은 부재의 현장치기 콘크리트로서, 옥외의 공기나 흙에 직접 접하지 않는 슬래브에 D35 이하의 철근을 사용하는 경우 최소 피복두께는 20mm이다.
- 흙에 접하거나 옥외의 공기에 직접 노출되는 프리스트레스트 콘크리트로 벽체, 슬래브, 장선 구조인 경우 최소 피복두께는 30mm이다.
- 흙에 접하거나 옥외의 공기에 직접 노출되는 프리캐스트 콘크리트로 벽체에 D35를 초과하는 철근을 사용하는 경우 최소 피복두께는 40mm이다.

정답 017. ㉱ 018. ㉯

문제 019

폭 350mm, 유효깊이 500mm인 보에 설계기준 항복강도가 400MPa인 D13 철근을 인장 주철근에 대한 경사각(α)이 60°인 U형 경사 스터럽으로 설치했을 때 전단보강철근의 공칭강도(V_s)는? (단, 스터럽 간격 s =250mm, D13 철근 1본의 단면적은 127mm²이다.)

㉮ 201.4kN
㉯ 212.7kN
㉰ 243.2kN
㉱ 277.6kN

해설
$$V_s = \frac{A_v f_{yt}(\sin\alpha + \cos\alpha) d}{s}$$
$$= \frac{2 \times 127 \times 400 \times (\sin 60° + \cos 60°) \times 500}{250} = 277576\text{N} = 277.6\text{kN}$$

문제 020

휨부재의 최소철근량에 관련된 규정으로 틀린 것은?

㉮ 휨 부재의 최소철근량은 설계휨강도가 $\phi M_n \geq 1.2 M_{cr}$을 만족하여야 한다.
㉯ 콘크리트 휨인장강도(f_r, 파괴계수)는 콘크리트에 균열없이 유지할 수 있는 최대강도로 $f_r = 0.6\lambda \sqrt{f_{ck}}$ 이다.
㉰ 해석상 요구되는 철근량보다 1/3 이상 인장철근을 더 배치하여 $\phi M_n \geq 4/3 M_u$를 만족하는 경우에 $\phi M_n \geq 1.2 M_{cr}$를 적용하지 않는다.
㉱ 휨균열 모멘트 $M_{cr} = f_r \dfrac{I_g}{y_t}$ 이다.

해설 콘크리트 휨인장강도(f_r, 파괴계수)는 콘크리트에 균열없이 유지할 수 있는 최대강도로 $f_r = 0.63\lambda \sqrt{f_{ck}}$ 이다.

보충 철근비의 규정
- 파괴에 도달하지 않기 위해 최소한으로 배근하는 철근을 최소철근이라 한다. 그 철근량을 단면적에 최소 철근량의 비를 최소 철근비라 한다.
- 단순 슬래브 부재의 경우, 최소 철근비와 관계없이 부재 설계 결과에 따른 필요 철근량에 따라 배근할 수 있다.(단, 상부구조를 지지하는 구조용 슬래브의 경우는 반드시 최소 철근비를 따라야 한다.)
- 압축연단의 변형률이 극한 변형률에 도달할 때, 최외단의 철근의 항복 변형률에 도달하는 조건을 균형철근비라 한다.
- 최소 철근비를 배근하는 목적은 보에 발생하는 휨 균열 및 휨파괴를 방지하기 위해 최소한으로 필요한 철근을 배근하는 것이다.

정답 019. ㉱   020. ㉯

제 1 부 철근콘크리트 및 강구조

제 4 회 CBT 모의고사

「알려드립니다」 한국산업인력공단의 저작권법 저촉에 대한 언급(2013년 2회 시험)이 있어 과거에 출제된 동일한 문제나 그 유형의 문제로 재구성하였습니다.

문제 001

PS강재응력 f_{ps}=1200MPa, PS강재 도심위치에서의 콘크리트의 압축응력 f_c=7MPa일 때 크리프에 의한 PS강재의 인장응력 손실률은? (단, 크리프계수는 2이고 탄성계수비는 6이다.)

㉮ 7%
㉯ 8%
㉰ 9%
㉱ 10%

해설 $\Delta f_{pc} = \phi n f_{ci} = 2 \times 6 \times 7 = 84\text{MPa}$

∴ 손실률 $= \dfrac{\Delta f_{pc}}{f_{ps}} = \dfrac{84}{1200} \times 100 = 7\%$

보충 콘크리트의 건조수축에 의한 손실
$\Delta f_{ps} = E_p \cdot \varepsilon_{cs}$

문제 002

그림과 같이 긴장재를 포물선으로 배치하고, P=2500kN으로 긴장했을 때 발생하는 등분포 상향력을 등가하중의 개념으로 구한 값은?

㉮ 10kN/m
㉯ 15kN/m
㉰ 20kN/m
㉱ 25kN/m

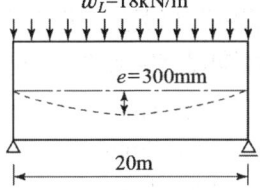

해설 $\dfrac{ul^2}{8} = Ps$

∴ $u = \dfrac{8Ps}{l^2} = \dfrac{8 \times 2500 \times 0.3}{20^2} = 15\text{kN/m}$

정답 001. ㉮ 002. ㉯

문제 003

2방향 슬래브 설계시 직접설계법을 적용할 수 있는 제한사항에 대한 설명 중 틀린 것은?

㉮ 각 방향으로 3경간 이상이 연속되어야 한다.
㉯ 각 방향으로 연속한 받침부 중심간 경간 길이의 차이는 긴 경간의 1/3 이하이어야 한다.
㉰ 연속한 기둥 중심선으로부터 기둥의 이탈은 이탈방향 경간의 10%까지 허용된다.
㉱ 모든 하중은 슬래브판 전체에 연직으로 작용하며, 고정하중의 크기는 활하중의 3배 이하이어야 한다.

해설
- 활하중은 고정하중의 2배 이하이어야 한다.
- 2방향 슬래브의 위험 단면에서의 철근의 간격은 슬래브 두께의 2배 이하, 30cm 이하이어야 한다.
- 4변이 지지된 2방향 슬래브는 전단보강이 거의 필요없다.
- 단경간과 장경간의 비가 $1 \leq \dfrac{L}{S} < 1$ 또는 $0.5 < \dfrac{S}{L} \leq 1$일 경우 2방향 슬래브이다.

문제 004

철근콘크리트 보에 스터럽을 배근하는 가장 중요한 이유로 옳은 것은?

㉮ 주철근 상호간의 위치를 바르게 하기 위하여
㉯ 보에 작용하는 사인장 응력에 의한 균열을 제어하기 위하여
㉰ 콘크리트와 철근과의 부착강도를 높이기 위하여
㉱ 압축측 콘크리트의 좌굴을 방지하기 위하여

해설 전단응력에 의한 균열(사인장 균열)을 막기 위해 전단보강철근(스터럽) 또는 사인장 철근의 전단철근을 배치한다.

문제 005

그림과 같은 T형 단면을 강도설계법으로 해석할 경우, 내민 플랜지 단면적을 압축 철근 단면적(A_{sf})으로 환산하면 얼마인가? (여기서, f_{ck}=21MPa, f_y=400MPa이다.)

㉮ A_{sf}=1375.8mm²
㉯ A_{sf}=1275.0mm²
㉰ A_{sf}=1175.2mm²
㉱ A_{sf}=2677.5mm²

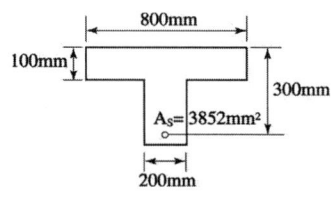

해설 $A_{sf} = \dfrac{\eta(0.85 f_{ck})(b - b_w)t}{f_y} = \dfrac{1.0 \times (0.85 \times 21) \times (800 - 200) \times 100}{400} = 2677.5 \text{mm}^2$

정답 003. ㉱ 004. ㉯ 005. ㉱

문제 006

강도 설계법에 의할 때 단철근 직사각형보가 균형단면이 되기 위한 중립축의 위치 c는? (단, $f_{ck}=24\text{MPa}$, $f_y=300\text{MPa}$, $d=600\text{mm}$)

㉮ $c=412.5\text{mm}$ ㉯ $c=293.5\text{mm}$
㉰ $c=494\text{mm}$ ㉱ $c=390\text{mm}$

해설 $c = \dfrac{660}{660+f_y} \cdot d = \dfrac{660}{660+300} \times 600 = 412.5\text{mm}$

문제 007

휨을 받는 인장철근으로 4-D25 철근이 배치되어 있을 경우 그림과 같은 직사각형단면 보의 기본 정착길이 l_{db}는 얼마인가? (단, 철근의 직경 $d_b=25.4\text{mm}$, $f_{ck}=24\text{MPa}$, $f_y=400\text{MPa}$, D25철근 1개의 단면적=507mm², $\lambda=1.0$)

㉮ 905mm
㉯ 1150mm
㉰ 1245mm
㉱ 1400mm

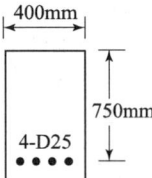

해설 $l_{db} = \dfrac{0.6 d_b f_y}{\lambda \sqrt{f_{ck}}} = \dfrac{0.6 \times 25.4 \times 400}{1.0 \times \sqrt{24}} \fallingdotseq 1245\text{mm}$

문제 008

단철근 직사각형보에서 $f_{ck}=32\text{MPa}$이라면 압축응력의 등가 높이 $a=\beta_1 \cdot c$에서 계수 β_1은 얼마인가? (단, c는 압축연단에서 중립축까지의 거리이다.)

㉮ 0.850   ㉯ 0.836
㉰ 0.8   ㉱ 0.7

해설 $f_{ck} \leq 40\text{MPa}$인 경우 $\beta_1 = 0.8$

문제 009

순단면이 볼트의 구멍 하나를 제외한 단면(즉, A-B-C 단면)과 같도록 피치(s)의 값을 결정하면? (단, 볼트의 직경은 19mm이다.)

㉮ $s=114.9\text{mm}$
㉯ $s=90.6\text{mm}$
㉰ $s=66.3\text{mm}$
㉱ $s=50\text{mm}$

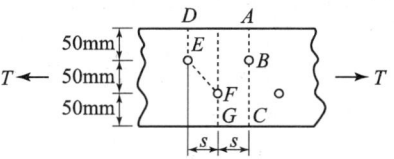

해설 순폭 $b_n = b_g - d - \left(d - \dfrac{s^2}{4g}\right)$에서 $b_n = b_g - d$ 이어야 하므로 $d - \dfrac{s^2}{4g} = 0$

∴ $s = \sqrt{4gd} = \sqrt{4 \times 5 \times (1.9 + 0.3)} = 6.63 \text{cm} = 66.3 \text{mm}$

문제 010

옹벽의 구조해석에 대한 설명으로 틀린 것은?

㉮ 저판의 뒷굽판은 정확한 방법이 사용되지 않는 한 뒷굽판 상부에 재하되는 모든 하중을 지지하도록 설계하여야 한다.
㉯ 부벽식 옹벽의 추가철근은 2변 지지된 1방향 슬래브로 설계하여야 한다.
㉰ 캔틸레버식 옹벽의 저판은 추가철근과의 접합부를 고정단으로 간주한 캔틸레버로 가정하여 단면을 설계할 수 있다.
㉱ 뒷부벽은 T형보로 설계하여야 하며, 앞부벽은 직사각형 보로 설계하여야 한다.

해설
• 부벽식 옹벽의 저판은 부벽 간의 거리를 경간으로 가정하여 고정보 또는 연속보로 설계하여야 한다.
• 부벽식 옹벽의 전면벽은 3변 지지된 2방향 슬래브로 설계한다.
• 캔틸레버 옹벽의 전면벽은 저판에 지지된 캔틸레버로 설계한다.

문제 011

부분 프리스트레싱(partial prestressing)에 대한 설명으로 옳은 것은?

㉮ 구조물에 부분적으로 PSC 부재를 사용하는 방법
㉯ 부재단면의 일부에만 프리스트레스를 도입하는 방법
㉰ 사용하중 작용시 PSC 부재 단면의 일부에 인장응력이 생기는 것을 허용하는 방법
㉱ PSC 부재 설계시 부재 하단에만 프리스트레스를 주고 부재 상단에는 프리스트레스하지 않는 방법

해설
• 부분 프리스트레싱 : 설계 하중이 작용시 PSC 부재 단면의 일부에 인장응력이 생기는 것
• 완전 프리스트레싱 : 부재의 어느 부분에도 인장응력이 생기지 않도록 하는 것

문제 012

단면이 300mm×300mm인 철근 콘크리트 보의 인장부에 균열이 발생할 때의 모멘트(M_{cr})가 13.9kN·m이다. 이 콘크리트의 설계기준 압축강도 f_{ck}는 약 얼마인가?

㉮ 18 MPa ㉯ 21 MPa ㉰ 24 MPa ㉱ 27 MPa

해설
• $I = \dfrac{bh^3}{12} = \dfrac{300 \times 300^3}{12} = 674,999,991 \text{mm}^4$
• $f_r = \dfrac{M_{cr}}{I} y = \dfrac{13,900,000}{674,999,991} \times 150 = 3.08 \text{N/mm}^2 (\text{MPa})$
• $f_r = 0.63 \lambda \sqrt{f_{ck}}$
  $3.08 = 0.63 \times 1.0 \times \sqrt{f_{ck}}$
  ∴ $f_{ck} = 24 \text{MPa}$

정답 010. ㉯ 011. ㉰ 012. ㉰

문제 013

그림과 같은 임의 단면에서 등가 직사각형 응력분포가 빗금친 부분으로 나타났다면 철근량 A_s는 얼마인가? (단, f_{ck}=21MPa, f_y=400MPa)

㉮ 874mm²
㉯ 1161mm²
㉰ 1543mm²
㉱ 2109mm²

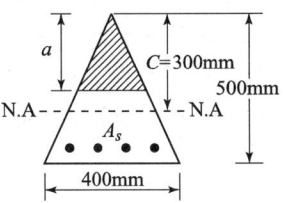

해설
- $a = \beta_1 c = 0.85 \times 300 = 255\text{mm}$

  $a : b = 500 : 400$

  $255 : b = 500 : 400$

  $\therefore b = \dfrac{255 \times 400}{500} = 204\text{mm}$

- $C = T$

  $\eta(0.85 f_{ck}) A_c = A_s f_y$

  $1.0 \times (0.85 \times 21) \times \dfrac{1}{2} \times 204 \times 255 = A_s \times 400$

  $\therefore A_s = \dfrac{1.0 \times (0.85 \times 21) \times \dfrac{1}{2} \times 204 \times 255}{400} = 1161\text{mm}^2$

문제 014

철골 압축재의 좌굴 안정성에 대한 설명 중 틀린 것은?

㉮ 좌굴길이가 길수록 유리하다.
㉯ 힌지지지보다 고정지지가 유리하다.
㉰ 단면 2차 모멘트 값이 클수록 유리하다.
㉱ 단면 2차 반지름이 클수록 유리하다.

해설 좌굴길이가 길수록 불리하다.

문제 015

설계기준 압축강도(f_{ck})가 24MPa이고 쪼갬인장강도(f_{sp})가 2.4MPa인 경량골재 콘크리트에 적용하는 경량골재 콘크리트 계수(λ)는?

㉮ 0.75   ㉯ 0.85
㉰ 0.87   ㉱ 0.92

해설 $\lambda = \dfrac{f_{sp}}{0.56\sqrt{f_{ck}}} \leq 1.0 = \dfrac{2.4}{0.56\sqrt{24}} = 0.87$

정답 013. ㉯   014. ㉮   015. ㉰

문제 016

다음 설명 중 옳지 않은 것은?

㉮ 과소철근 단면에서는 파괴 시 중립축은 위로 조금 올라간다.
㉯ 과다철근 단면인 경우 강도설계에서 철근의 응력은 철근의 변형률에 비례한다.
㉰ 과소철근 단면인 보는 철근량이 적어 변형이 갑자기 증가하면서 취성파괴를 일으킨다.
㉱ 과소철근 단면에서는 계수하중에 의해 철근의 인장응력이 먼저 항복강도에 도달된 후 파괴된다.

해설
- 과소철근보 : 균형철근비보다 철근을 적게 넣어 인장측 철근에 먼저 항복하는 연성파괴로 파괴가 단계적으로 서서히 일어나게 한다.
- 과다철근보 : 균형철근비보다 많은 철근을 넣으면 압축측 콘크리트가 철근이 항복하기 전에 갑자기 파괴되는 취성파괴가 일어난다.

문제 017

다음 중 최소 전단철근을 배치하지 않아도 되는 경우가 아닌 것은? (단, $\frac{1}{2}\phi V_c < V_u$인 경우이며, 콘크리트 구조 전단 및 비틀림 설계기준에 따른다.)

㉮ 슬래브와 기초판
㉯ 전체 깊이가 450mm 이하인 보
㉰ 교대 벽체 및 날개벽, 옹벽의 벽체, 암거 등과 같이 휨이 주거동인 판부재
㉱ 전단철근이 없어도 계수휨모멘트와 계수전단력에 저항할 수 있다는 것을 실험에 의해 확인할 수 있는 경우

해설
- 전체 깊이가 250mm 이하이거나 I형보, T형보에서 그 깊이가 플랜지 두께의 2.5배 또는 복부폭의 1/2 중 큰 값 이하인 보
- 보의 깊이가 600mm를 초과하지 않고 설계기준 압축강도가 40MPa을 초과하지 않는 강섬유 콘크리트 보에 작용하는 계수전단력이 $\phi\left(\sqrt{f_{ck}/6}\right)b_w d$를 초과하지 않는 경우

문제 018

T형 보에서 주철근이 보의 방향과 같은 방향일 때 하중이 직접적으로 플랜지에 작용하게 되면 플랜지가 아래로 휘면서 파괴될 수 있다. 이 휨 파괴를 방지하기 위해서 배치하는 철근은?

㉮ 연결철근 ㉯ 표피철근
㉰ 종방향 철근 ㉱ 횡방향 철근

해설
- 횡방향 철근은 변형력을 분산시키기 위하여 주철근이나 부철근에 수직에 가깝게 세워 놓은 보조용 철근으로 휨부재의 횡철근으로는 띠철근, 스터럽, 나선철근 등이 있다.
- 종방향 철근은 부재에 길이 방향으로 배치한 철근이다.
- 표피철근은 전체 깊이가 900mm를 초과하는 휨부재 복부의 양 측면에 부재 축방향으로 배치하는 철근이다.

정답 016. ㉰ 017. ㉯ 018. ㉱

문제 019

다음 중 공칭축강도에서 최외단 인장철근의 순인장변형률 ε_t를 계산하는 경우에 제외되는 것은? (단, 콘크리트 구조 해석과 설계 원칙에 따른다.)

㉮ 활하중에 의한 변형률
㉯ 고정하중에 의한 변형률
㉰ 지붕활하중에 의한 변형률
㉱ 유효 프리스트레스 힘에 의한 변형률

해설 프리스트레스 힘이나 크리프, 건조수축 및 온도변화에 의한 변형률은 포함시키지 않고 있다.

문제 020

그림과 같이 $P=300$kN의 인장응력이 작용하는 판 두께 10mm인 철판에 ϕ19mm인 리벳을 사용하여 접합할 때 소요 리벳 수는? (단, 허용 전단응력=110MPa, 허용 지압응력=220MPa 이다.)

㉮ 8개
㉯ 10개
㉰ 12개
㉱ 14개

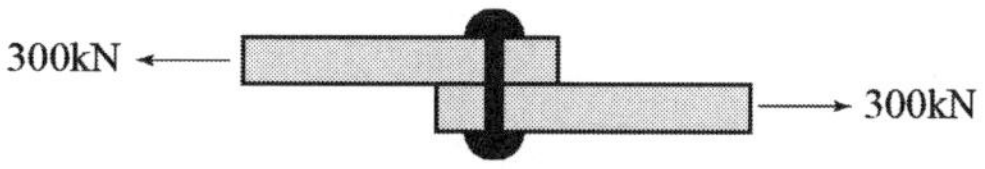

해설
- 전단강도
$$\rho_s = v_a \times \frac{\pi d^2}{4} = 110 \times \frac{\pi \times 19^2}{4} = 31188\,\text{N}$$
- 지압강도
$$\rho_s = f_{ba}\, dt = 220 \times 19 \times 10 = 41800\,\text{N}$$
- 리벳수
$$n = \frac{P}{\rho_s} = \frac{300000}{31188} ≒ 10\text{개} \quad \text{여기서, 작은 값의 } \rho_s = 31188\text{N을 적용한다.}$$

정답 019. ㉱ 020. ㉯

제1부 철근콘크리트 및 강구조

제5회 CBT 모의고사

> 「알려드립니다」 한국산업인력공단의 저작권법 저촉에 대한 언급(2013년 2회 시험)이 있어 과거에 출제된 동일한 문제나 그 유형의 문제로 재구성하였습니다.

문제 001
그림과 같은 단철근 직4각형 보를 강도설계법으로 해석할 때 콘크리트의 등가 직4각형의 깊이 a는? (여기서, $f_{ck}=21$MPa, $f_y=300$MPa)

㉮ $a=104$mm
㉯ $a=94$mm
㉰ $a=84$mm
㉱ $a=74$mm

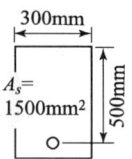

해설 $a=\dfrac{A_s f_y}{\eta(0.85 f_{ck})b}=\dfrac{1500\times 300}{1.0\times(0.85\times 21)\times 300}=84$mm

문제 002
복전단 고장력 볼트(bolt)의 마찰이음에서 강판에 $P=350$kN이 작용할 때 볼트의 수는 최소 몇 개가 필요한가? (단, 볼트의 지름 $d=20$mm이고, 허용전단응력 $\tau_a=120$MPa)

㉮ 3개 ㉯ 5개 ㉰ 8개 ㉱ 10개

해설
- $\rho_s=\tau_a\times\dfrac{\pi d^2}{4}\times 2=120\times\dfrac{3.14\times 20^2}{4}\times 2=75360 N$
- $n=\dfrac{P}{\rho_s}=\dfrac{350000}{75360}\fallingdotseq 5$개

문제 003
그림과 같은 2경간 연속보의 양단에서 PS강재를 긴장할 때 단(端) A에서 중간 B까지의 마찰에 의한 프리스트레스의 (근사적인) 감소율은? (단, 곡률마찰계수 $\mu_p=0.4$, 파상마찰계수 $K=0.0027$)

㉮ 12.6%
㉯ 18.2%
㉰ 10.4%
㉱ 15.8%

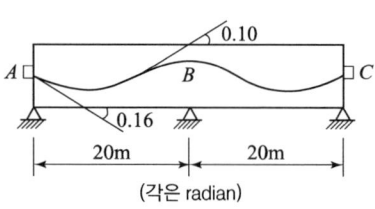

정답 001. ㉰ 002. ㉯ 003. ㉱

해설 • 근사식
$$P_{px} = \frac{P_{pj}}{(1+Kl_{px}+\mu_p\alpha_{px})}$$

• 손실률(감소율)
$$\frac{P_o - P_x}{P_o} = Kl_{px} + \mu_p\alpha_{px} = 0.0027 \times 20 + 0.4 \times (0.16+0.10) = 0.158 = 15.8\%$$

문제 004

그림과 같은 띠철근 기둥에서 띠철근의 최대 간격으로 적당한 것은? (단, D10의 공칭직경은 9.5mm, D32의 공칭직경은 31.8mm)

㉮ 400mm
㉯ 450mm
㉰ 500mm
㉱ 550mm

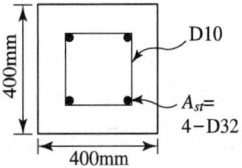

해설 • 종방향 철근 지름의 16배 이하 : $31.8 \times 16 = 508.8$mm
• 띠철근 지름의 48배 이하 : $9.5 \times 48 = 456$mm
• 기둥 단면의 최소 치수 이하 : 400mm
∴ 띠철근의 간격은 최소값인 400mm 이하로 하여야 한다.

보충 띠철근 압력부재 단면의 치수는 200mm이고 단면적은 60,000mm² 이상이어야 한다.

문제 005

경간이 8m인 PSC보에 등분포하중 $w = 20$kN/m가 작용할 때 중앙 단면 콘크리트 하연에서의 응력이 0이 되려면 강재에 줄 프리스트레스힘 P는 얼마인가? (단, PS강재는 콘크리트 도심에 배치되어 있음)

㉮ $P = 2000$kN
㉯ $P = 2200$kN
㉰ $P = 2400$kN
㉱ $P = 2600$kN

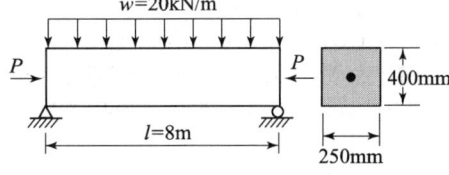

해설
$$M = \frac{wl^2}{8} = \frac{20 \times 8^2}{8} = 160\text{kN}$$
$$Z = \frac{bh^2}{6} = \frac{0.25 \times 0.4^2}{6} = 0.00667\text{m}^3$$
$$\frac{P}{A} - \frac{M}{Z} = 0$$
$$\frac{P}{0.25 \times 0.4} - \frac{160}{0.00667} = 0$$
∴ $P ≒ 2400$kN

문제 006

콘크리트의 설계기준 압축강도가 45MPa인 경우에 콘크리트 평균 압축강도 f_{cm}는? (단, 콘크리트 탄성계수 및 크리프 계산에 적용됨)

- ㉮ 49MPa
- ㉯ 49.5MPa
- ㉰ 51MPa
- ㉱ 51.5MPa

해설 $f_{cm} = f_{ck} + \Delta f = 45 + 4.5 = 49.5\text{MPa}$
여기서, Δf는 f_{ck}가 40MPa 이하이면 4MPa, f_{ck}가 60MPa 이하이면 6MPa이고 그 사이는 직선보간한다.

문제 007

콘크리트 구조물에서 비틀림에 대한 설계를 하려고 할 때, 계수비틀림모멘트(T_u)를 계산하는 방법에 대한 다음 설명 중 틀린 것은?

- ㉮ 균열에 의하여 내력의 재분배가 발생하여 비틀림모멘트가 감소할 수 있는 부정정 구조물의 경우, 최대 계수비틀림모멘트를 감소시킬 수 있다.
- ㉯ 철근콘크리트 부재에서, 받침부로부터 d 이내에 위치한 단면은 d에서 계산된 T_u보다 작지 않은 비틀림모멘트에 대하여 설계하여야 한다.
- ㉰ 프리스트레스트 부재에서 받침부로부터 d 이내에 위치한 단면을 설계할 때 d에서 계산된 T_u보다 작지 않은 비틀림모멘트에 대하여 설계하여야 한다.
- ㉱ 정밀한 해석을 수행하지 않은 경우, 슬래브로부터 전달되는 비틀림하중은 전체 부재에 걸쳐 균등하게 분포하는 것으로 가정할 수 있다.

해설
- 철근 콘크리트 부재에서 받침부로부터 d 이내에 위치한 단면은 d에서 계산된 T_u보다 작지 않은 비틀림모멘트에 대하여 설계하여야 한다. 만약 d 이내에서 집중된 비틀림모멘트가 작용하면 받침부의 내부 면으로 하여야 한다.
- 프리스트레스트 부재에서 받침부로부터 h/2 이내에 위치한 단면은 h/2에서 계산된 T_u보다 작지 않은 비틀림모멘트에 대하여 설계하여야 한다. 만약 h/2 이내에서 집중된 비틀림모멘트가 작용하면 위험단면은 받침부의 내부 면으로 하여야 한다.

문제 008

프리스트레스트 콘크리트의 경우 흙에 접하여 콘크리트를 친 후 영구히 흙에 묻혀 있는 콘크리트의 최소 피복 두께는?

- ㉮ 100mm
- ㉯ 75mm
- ㉰ 60mm
- ㉱ 40mm

해설 옥외의 공기나 흙에 직접 접하지 않는 프리스트레스트 콘크리트의 경우 보, 기둥에서는 주철근의 최소 피복 두께는 40mm이다.

문제 009

b_w =350mm, d =600mm인 단철근 직사각형보에서 콘크리트가 부담할 수 있는 공칭 전단강도를 정밀식으로 구하면 약 얼마인가? (단, V_u =100kN, M_u =300kN·m, ρ_w =0.016, f_{ck} =24MPa, λ =1.0)

- ㉮ 164.2 kN
- ㉯ 171.2 kN
- ㉰ 176.4 kN
- ㉱ 182.7 kN

해설 • 전단력과 휨모멘트만을 받는 부재의 경우

$$V_c = \left(0.16\lambda\sqrt{f_{ck}} + 17.6\rho_w\frac{V_u d}{M_u}\right)b_w d \leq 0.29\lambda\sqrt{f_{ck}}\,b_w d$$

$$= \left(0.16 \times 1.0 \times \sqrt{24} + 17.6 \times 0.016 \times \frac{100000 \times 600}{300000000}\right) \times 350 \times 600$$

$$= 176433\text{N} = 176.4\text{kN}$$

문제 010

2방향 슬래브의 직접설계법을 적용하기 위한 제한사항으로 틀린 것은?

- ㉮ 각 방향으로 3경간 이상이 연속되어야 한다.
- ㉯ 슬래브판들은 단변 경간에 대한 장변 경간의 비가 2 이하인 직사각형이어야 한다.
- ㉰ 모든 하중은 연직하중으로서 슬래브판 전체에 등분포되어야 한다.
- ㉱ 연속한 기둥 중심선으로부터 기둥의 이탈은 이탈방향 경간의 최대 20%까지 허용할 수 있다.

해설
- 연속한 기둥 중심선으로부터 기둥의 이탈은 이탈방향 경간의 10%까지 허용된다.
- 활하중은 고정하중의 2배 이하여야 한다.
- 단경간과 장경간의 비가 $0.5 < \dfrac{S}{L} \leq 1$ 일 때 2방향 슬래브로 설계한다.

문제 011

아래 그림과 같은 보의 단면에서 표피철근의 간격 s는 약 얼마인가? (단, 습윤환경에 노출되는 경우로서, 표피철근의 표면에서 부재 측면까지 최단거리(c_c)는 50mm, f_{ck} =28MPa, f_y =400MPa 이다.)

- ㉮ 170mm
- ㉯ 190mm
- ㉰ 220mm
- ㉱ 240mm

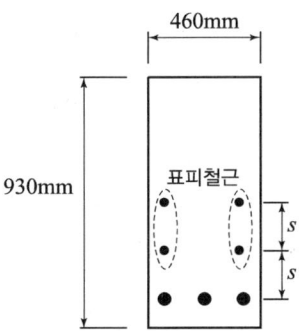

해설
- $s = 375\left(\dfrac{k_{cr}}{f_s}\right) - 2.5\,c_c = 375\left(\dfrac{210}{267}\right) - 2.5 \times 50 = 170\,\text{mm}$
- $s = 300\left(\dfrac{k_{cr}}{f_s}\right) = 300\left(\dfrac{210}{267}\right) = 236\,\text{mm}$

여기서, $f_s = \dfrac{2}{3}f_y = \dfrac{2}{3} \times 400 = 267\,\text{MPa}$

k_{cr}은 건조환경에 노출되는 경우에는 280이고 그 외의 환경에 노출되는 경우에는 210이다.

∴ 두 식에 의해 계산된 값 중에서 작은 값인 170mm 이하이다.

문제 012

$A_s = 3{,}600\,\text{mm}^2$, $A_s' = 1{,}200\,\text{mm}^2$로 배근된 그림과 같은 복철근 보의 탄성처짐이 12mm라 할 때 5년 후 지속하중에 의해 유발되는 장기처짐은 얼마인가?

㉮ 36 mm
㉯ 18 mm
㉰ 12 mm
㉱ 6 mm

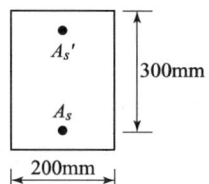

해설
- 압축철근비

$$\rho' = \dfrac{A_s'}{b\,d} = \dfrac{1200}{200 \times 300} = 0.02$$

- 장기추가처짐계수

$$\lambda_\Delta = \dfrac{\xi}{1 + 50\rho'} = \dfrac{2}{1 + 50 \times 0.02} = 1$$

- 장기처짐 = 탄성처짐 $\times \lambda_\Delta = 12 \times 1 = 12\,\text{mm}$

문제 013

그림과 같은 맞대기 용접의 용접부에 발생하는 인장응력은?

㉮ 100 MPa
㉯ 150 MPa
㉰ 200 MPa
㉱ 220 MPa

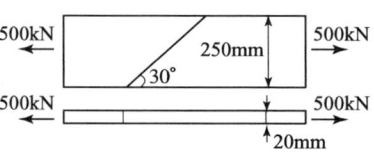

해설 $f = \dfrac{P}{A} = \dfrac{500000}{20 \times 250} = 100\,\text{N/mm}^2 = 100\,\text{MPa}$

정답 012. ㉰   013. ㉮

문제 014

유효깊이(d)가 910mm인 아래 그림과 같은 단철근 T형보의 설계휨강도(ϕM_n)를 구하면? (단, 인장철근량(A_s)은 7652mm², f_{ck} = 21MPa, f_y = 350MPa, 인장지배단면으로 $\phi = 0.85$, 경간은 3040mm이다.)

㉮ 1803 kN · m
㉯ 1845 kN · m
㉰ 1883 kN · m
㉱ 1981 kN · m

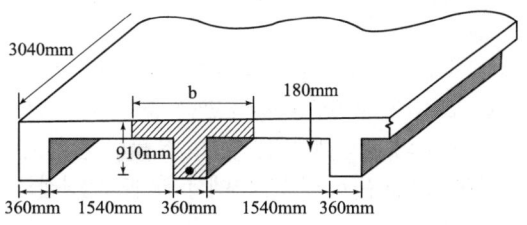

해설 • 유효 폭
- $16t + b_w = 16 \times 180 + 360 = 3240\,\text{mm}$
- 양쪽 슬래브의 중심간 거리 = $360 + \frac{1540}{2} + \frac{1540}{2} = 1900\,\text{mm}$
- 보의 경간의 $\frac{1}{4} = \frac{3040}{4} = 760\,\text{mm}$

∴ 가장 작은 값인 760mm이다.

• T형보의 판정

$$a = \frac{A_s f_y}{\eta(0.85 f_{ck})b} = \frac{7652 \times 350}{1.0 \times (0.85 \times 21) \times 760} = 197.42\,\text{mm}$$

$a > t$이므로 T형보이다.

• 플랜지 부분의 철근량

$$A_{sf} = \frac{\eta(0.85 f_{ck})(b - b_w)t}{f_y} = \frac{1.0 \times (0.85 \times 21)(760 - 360) \times 180}{350} = 3672\,\text{mm}^2$$

• 복부 부분에 작용하는 등가응력 사각형의 깊이

$$a = \frac{(A_s - A_{sf})f_y}{\eta(0.85 f_{ck})b_w} = \frac{(7652 - 3672) \times 350}{1.0 \times (0.85 \times 21) \times 360} = 216.78\,\text{mm}$$

• 설계 휨강도

$$\phi M_n = \phi \left\{ (A_s - A_{sf})f_y \left(d - \frac{a}{2}\right) + A_{sf} f_y \left(d - \frac{t}{2}\right) \right\}$$

$$= 0.85 \left\{ (7652 - 3672)350 \left(910 - \frac{216.78}{2}\right) + 3672 \times 350 \left(910 - \frac{180}{2}\right) \right\}$$

$$= 1,844,930,720\,\text{N} \cdot \text{mm} = 1845\,\text{kN} \cdot \text{m}$$

정답 014. ㉯

문제 015

철근 콘크리트 구조물에서 연속 휨부재의 모멘트 재분배를 하는 방법에 대한 설명으로 틀린 것은?

㉮ 근사해법에 의하여 휨모멘트를 계산한 경우에는 연속 휨부재의 모멘트 재분배를 할 수 없다.
㉯ 어떠한 가정의 하중을 적용하여 탄성이론에 의하여 산정한 연속 휨부재 받침부의 부모멘트는 10% 이내에서 800ε%만큼 증가 또는 감소 시킬 수 있다.
㉰ 경간 내의 단면에 대한 휨모멘트의 계산은 수정된 부모멘트를 사용하여야 한다.
㉱ 휨모멘트를 감소 시킬 단면에서 최외단 인장철근의 순인장변형률 ε_t가 0.0075 이상인 경우에만 가능하다.

해설 어떠한 가정의 하중을 적용하여 탄성이론에 의하여 산정한 연속 휨부재 받침부의 부모멘트는 20% 이내에서 1000ε%만큼 증가 또는 감소시킬 수 있다.

문제 016

인장철근의 겹침이음에 대한 설명으로 틀린 것은?

㉮ 다발철근의 겹침이음은 다발 내의 개개 철근에 대한 겹침이음길이를 기본으로 결정되어야 한다.
㉯ 어떤 경우이든 300mm 이상 겹침이음한다.
㉰ 겹침이음에는 A급, B급 이음이 있다.
㉱ 겹침이음된 철근량이 전체 철근량의 1/2 이하인 경우는 B급이음이다.

해설 A급 이음 : 배치된 철근량이 이음부 전체 구간에서 해석 결과 요구되는 소요철근량의 2배 이상이고 소요 겹침이음길이 내 겹침이음된 철근량이 전체 철근량의 1/2 이하인 경우

문제 017

옹벽의 안정조건 중 전도에 대한 저항휨모멘트는 횡토압에 의한 전도모멘트의 최소 몇 배 이상이어야 하는가?

㉮ 1.5배　　㉯ 2배　　㉰ 2.5배　　㉱ 3배

해설 옹벽 설계
- 활동에 대한 저항력은 옹벽에 작용하는 수평력이 1.5배 이상이어야 한다.
- 지반에 유발되는 최대 지반반력이 지반의 허용지지력을 초과하지 않아야 한다.

문제 018

단철근 직사각형 보에서 설계기준 압축강도 f_{ck} =60MPa일 때 계수 β_1은? (단, 등가 직사각형 응력블록의 깊이 $a = \beta_1 c$이다.)

㉮ 0.78　　㉯ 0.72　　㉰ 0.76　　㉱ 0.64

정답 015. ㉯　016. ㉱　017. ㉯　018. ㉰

해설
- $f_{ck} \leq 40\,\text{MPa}$인 경우 $\beta_1 = 0.80$
- $f_{ck} = 50\,\text{MPa}$인 경우 $\beta_1 = 0.80$
- $f_{ck} = 60\,\text{MPa}$인 경우 $\beta_1 = 0.76$

문제 019

아래에서 설명하는 부재 형태의 최대 허용처짐은? (단, l은 부재 길이이다.)

> 과도한 처짐에 의해 손상되기 쉬운 비구조 요소를 지지 또는 부착한 지붕 또는 바닥구조

㉮ $\dfrac{l}{180}$ ㉯ $\dfrac{l}{240}$ ㉰ $\dfrac{l}{360}$ ㉱ $\dfrac{l}{480}$

해설 최대 허용처짐

부재의 형태	고려하여야 할 처짐	처짐 한계
과도한 처짐에 의해 손상되기 쉬운 비구조 요소를 지지 또는 부착하지 않은 평지붕구조	활하중 L에 의한 순간처짐	$\dfrac{l}{180}$
과도한 처짐에 의해 손상되기 쉬운 비구조 요소를 지지 또는 부착하지 않은 바닥구조	활하중 L에 의한 순간처짐	$\dfrac{l}{360}$
과도한 처짐에 의해 손상되기 쉬운 비구조 요소를 지지 또는 부착한 지붕 또는 바닥구조	전체 처짐 중에서 비구조 요소가 부착된 후에 발생하는 처짐부분(모든 지속하중에 의한 장기처짐과 추가적인 활하중에 의한 순간처짐의 합)	$\dfrac{l}{480}$
과도한 처짐에 의해 손상될 염려가 없는 비구조 요소를 지지 또는 부착한 지붕 또는 바닥구조		$\dfrac{l}{240}$

문제 020

부재의 순단면적을 계산할 경우 지름 22mm의 리벳을 사용하였을 때 리벳 구멍의 지름은 얼마인가? (단, 강구조 연결설계기준(허용응력설계법)을 적용한다.)

㉮ 21.5mm ㉯ 22.5mm ㉰ 23.5mm ㉱ 24.5mm

해설 리벳 구멍의 지름
- 20mm 미만의 경우 : 리벳 지름+1.0mm
- 20mm 이상의 경우 : 리벳 지름+1.5mm

정답 019. ㉱ 020. ㉰

제1부 철근콘크리트 및 강구조

제 6 회 CBT 모의고사

> **「알려드립니다」** 한국산업인력공단의 저작권법 저촉에 대한 언급(2013년 2회 시험)이 있어 과거에 출제된 동일한 문제나 그 유형의 문제로 재구성하였습니다.

문제 001
콘크리트 속에 묻혀 있는 철근이 콘크리트와 일체가 되어 외력에 저항할 수 있는 이유로 적합하지 않은 것은?

- ㉮ 철근과 콘크리트 사이의 부착강도가 크다.
- ㉯ 철근과 콘크리트의 열팽창계수가 거의 같다.
- ㉰ 콘크리트 속에 묻힌 철근은 부식하지 않는다.
- ㉱ 철근과 콘크리트의 탄성계수가 거의 같다.

해설
- 콘크리트는 철근에 비해 탄성계수가 상당히 작다.
- 철근과 콘크리트의 열팽창계수는 거의 같다.

문제 002
균형철근량보다 작은 인장철근을 가진 과소철근보가 힘에 의해 파괴될 때의 설명 중 옳은 것은?

- ㉮ 중립축이 인장측으로 내려오면서 철근이 먼저 파괴된다.
- ㉯ 압축측 콘크리트와 인장측 철근이 동시에 항복한다.
- ㉰ 인장측 철근이 먼저 항복한다.
- ㉱ 압축측 콘크리트가 먼저 파괴된다.

해설
- 과소철근보 : 균형철근비보다 철근을 적게 넣어 인장측 철근에 먼저 항복하는 연성파괴로 파괴가 단계적으로 서서히 일어나게 한다.
- 과다철근보 : 균형철근비보다 많은 철근을 넣으면 압축측 콘크리트가 철근이 항복하기 전에 갑자기 파괴되는 취성파괴가 일어난다.

문제 003
다음 중 용접부의 결함이 아닌 것은?

- ㉮ 오버랩(overlap)
- ㉯ 언더컷(undercut)
- ㉰ 스터드(stud)
- ㉱ 균열(crack)

해설
- 스터드는 용접의 종류에 해당한다.
- 스터드 용접은 철강 재료 외에 동, 황동, 알루미늄, 스테인리스 강에도 적용되며 조선, 교량, 건축, 보일러 관 등에 널리 응용되고 있다.

정답 001. ㉱ 002. ㉰ 003. ㉰

문제 004

철근의 겹침이음 등급에서 A급 이음의 조건은 다음 중 어느 것인가?

㉮ 배근된 철근량이 이음부 전체 구간에서 해석결과 요구되는 소요 철근량의 2배 이상이고 소요 겹침이음길이내 겹침이음된 철근량이 전체 철근량의 1/3 이상인 경우
㉯ 배근된 철근량이 이음부 전체 구간에서 해석결과 요구되는 소요 철근량의 2배 이상이고 소요 겹침이음길이내 겹침이음된 철근량이 전체 철근량의 1/2 이하인 경우
㉰ 배근된 철근량이 이음부 전체 구간에서 해석결과 요구되는 소요 철근량의 3배 이상이고 소요 겹침이음길이내 겹침이음된 철근량이 전체 철근량의 1/3 이상인 경우
㉱ 배근된 철근량이 이음부 전체 구간에서 해석결과 요구되는 소요 철근량의 3배 이상이고 소요 겹침이음길이내 겹침이음된 철근량이 전체 철근량의 1/2 이하인 경우

해설 인장력을 받는 이형철근 및 이형철선의 겹침이음길이는 A급과 B급으로 분류하여 A급 이음은 $1.0l_d$ 이상, B급 이음은 $1.3l_d$ 이상으로 하여야 한다. 그러나 300mm 이상이어야 한다.(여기서, l_d : 인장 이형철근의 정착길이)

문제 005

경간 10m인 대칭 T형보를 설계할 때 플랜지의 유효 폭은? (단, 양쪽 슬래브 중심간격 2.5m, 슬래브 두께 80mm, 복부의 폭 250mm)

㉮ 1,530mm
㉯ 2,000mm
㉰ 2,500mm
㉱ 3,333mm

해설
• $16t + b_w = 16 \times 80 + 250 = 1,530$mm
• 보 경간의 $\frac{1}{4} = 10,000 \times \frac{1}{4} = 2,500$mm
• 슬래브 중심간 거리 = 2,500mm
∴ 이 중 최소값 1,530mm이다.

문제 006

다음 그림의 맞대기 용접부에 발생하는 인장응력은?

㉮ 50 MPa
㉯ 66.7 MPa
㉰ 100 MPa
㉱ 166.7 MPa

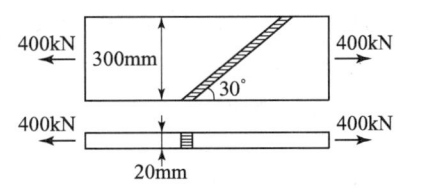

해설 $f = \dfrac{P}{A} = \dfrac{400,000}{20 \times 300} = 66.7$MPa

문제 007

옹벽의 구조해석에 대한 설명으로 틀린 것은?

㉮ 뒷부벽은 직사각형보로 설계하여야 하며, 앞부벽은 T형보로 설계하여야 한다.
㉯ 저판의 뒷굽판은 정확한 방법이 사용되지 않는 한, 뒷굽판 상부에 재하되는 모든 하중을 지지하도록 설계하여야 한다.
㉰ 캔틸레버식 옹벽의 저판은 추가철근과의 접합부를 고정단으로 간주한 캔틸레버로 가정하여 단면을 설계할 수 있다.
㉱ 부벽식 옹벽의 저판은 정밀한 해석이 사용되지 않는 한 부벽간의 거리를 경간으로 가정한 고정보 또는 연속보로 설계할 수 있다.

해설 뒷부벽은 T형보로 설계하여야 하며, 앞부벽은 직사각형보로 설계하여야 한다.

문제 008

다음 단면의 균열 모멘트 M_{cr}의 값은?
(단, $f_{ck}=25$MPa, $f_y=400$MPa, $\lambda=1.0$)

㉮ 16.8 kN·m
㉯ 41.58 kN·m
㉰ 63.88 kN·m
㉱ 85.05 kN·m

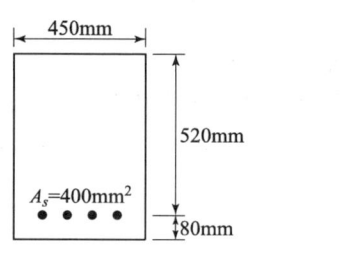

해설
- $f_r = 0.63\lambda\sqrt{f_{ck}} = 0.63 \times 1.0\sqrt{25} = 3.15$MPa
- $M_{cr} = \dfrac{f_r}{y_t} \cdot I_g = \dfrac{3.15}{\dfrac{600}{2}} \times \dfrac{450 \times 600^3}{12} = 85,050,000$N·mm $= 85.05$kN·m

문제 009

그림과 같은 확대 기초에서 하중계수가 고려된 계수하중 $P_u = 2000$kN가 작용할 때 1방향 전단에 대한 위험단면의 계수전단력(V_u)은 얼마인가?

㉮ $V_u = 250$ kN
㉯ $V_u = 300$ kN
㉰ $V_u = 340$ kN
㉱ $V_u = 400$ kN

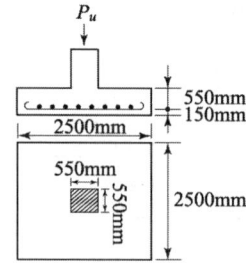

해설 • 위험 단면은 기둥 전면으로부터 d 만큼 떨어진 곳의 한 변의 길이를 고려한
확대기초 밑면적
$$A = (975 - 550) \times 2500 = 1,062,500 \text{mm}^2$$
• 확대기초 밑면에 작용하는 응력
$$q_u = \frac{2000000}{2500 \times 2500} = 0.32 \text{N/mm}^2$$
• 위험 단면에 작용하는 전단력
$$V_u = q_u \cdot A = 0.32 \times 1,062,500 = 340,000 \text{N} = 340 \text{kN}$$

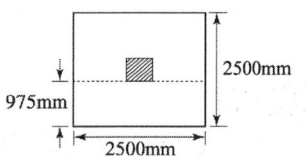

문제 010

프리스트레스 콘크리트의 원리를 설명하는 개념 중 아래의 표에서 설명하는 개념은?

> PSC보를 RC보처럼 생각하여, 콘크리트는 압축력을 받고 긴장재는 인장력을 받게 하여 두 힘의 우력 모멘트로 외력에 의한 휨모멘트에 저항시킨다는 개념

㉮ 균등질 보의 개념　　　㉯ 하중평형의 개념
㉰ 내력 모멘트의 개념　　㉱ 허용응력의 개념

해설 • 내력 모멘트의 개념(강도 개념)
　RC와 같이 압축력은 콘크리트가 받고 인장력은 PS 강재가 받는 것으로 하여 두 힘에 의한 내력 모멘트가 외력 모멘트에 저항한다는 원리이다.
• PSC의 기본 개념
　응력 개념(균등질 보의 개념), 강도 개념(내력 모멘트 개념), 하중 평형 개념(등가 하중 개념)

문제 011

부분적 프리스트레싱(Partial Prestressing)에 대한 설명으로 옳은 것은?

㉮ 구조물에 부분적으로 PSC부재를 사용하는 것
㉯ 부재단면의 일부에만 프리스트레스를 도입하는 것
㉰ 설계하중의 일부만 프리스트레스에 부담시키고 나머지는 긴장재에 부담시키는 것
㉱ 설계하중이 작용할 때 PSC부재단면의 일부에 인장응력이 생기는 것

해설 • 부분 프리스트레싱 : 설계하중이 작용할 때 부재 단면의 일부에 인장응력이 생기는 경우이다.
• 완전 프리스트레싱 : 부재에 설계하중이 작용할 때 부재의 어느 부분에서도 인장응력이 생기지 않도록 프리스트레스를 가하는 것이다.

문제 012

아래 PC보에서 PS강재를 포물선으로 배치하여 프리스트레스 힘 $P = 2000\text{kN}$이 주어질 때 프리스트레스에 의한 상향력 u는? (단, $b = 400\text{mm}$, $h = 600\text{mm}$, $s = 200\text{mm}$)

㉮ 63kN/m
㉯ 52kN/m
㉰ 43kN/m
㉱ 32kN/m

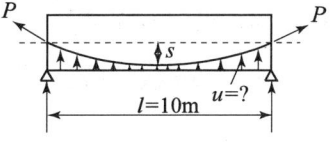

정답 010. ㉰　011. ㉱　012. ㉱

해설
$$P \cdot s = \frac{u \cdot l^2}{8}$$
$$\therefore u = \frac{8Ps}{l^2} = \frac{8 \times 2000 \times 0.2}{10^2} = 32\text{kN/m}$$

문제 013

2방향 슬래브의 직접설계법을 적용하기 위한 제한사항으로 틀린 것은?

㉮ 각 방향으로 3경간 이상이 연속되어야 한다.
㉯ 슬래브판들은 단변 경간에 대한 장변 경간의 비가 2 이하인 직사각형이어야 한다.
㉰ 모든 하중은 연직하중으로서 슬래브판 전체에 등분포되어야 한다.
㉱ 연속한 기둥 중심선으로부터 기둥의 이탈은 이탈방향 경간의 최대 20%까지 허용할 수 있다.

해설
- 연속한 기둥 중심선으로부터 기둥의 이탈은 이탈방향 경간의 10%까지 허용된다.
- 활하중은 고정하중의 2배 이하여야 한다.
- 단경간과 장경간의 비가 $0.5 < \frac{S}{L} \leq 1$일 때 2방향 슬래브로 설계한다.

문제 014

그림에 나타난 직사각형 단철근 보의 설계휨강도를 구하기 위한 강도감소계수(ϕ)는 약 얼마인가? (단, 나선철근으로 보강되지 않은 경우이며, $A_s = 2,024\text{mm}^2$, $f_{ck} = 21\text{MPa}$, $f_y = 400\text{MPa}$이고, 계산에서 발생하는 소수점 이하 자리는 6째 자리에서 반올림하여 5째 자리까지 구하시오.)

㉮ 0.837
㉯ 0.809
㉰ 0.785
㉱ 0.726

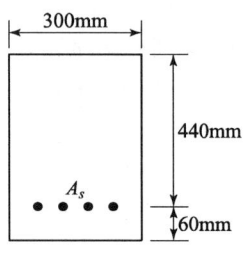

해설
- $a = \dfrac{A_s f_y}{\eta(0.85 f_{ck})b} = \dfrac{2024 \times 400}{1.0 \times (0.85 \times 21) \times 300} = 151.2\text{mm}$
- $c = \dfrac{a}{\beta_1} = \dfrac{151.2}{0.8} = 189\text{mm}$
- $\varepsilon_t = 0.0033 \left(\dfrac{d_t - c}{c}\right) = 0.0033 \left(\dfrac{440 - 189}{189}\right)$
  $= 0.00438$
- $\phi = 0.65 + (\varepsilon_t - 0.002) \times \dfrac{200}{3}$
  $= 0.65 + (0.00438 - 0.002) \times \dfrac{200}{3} = 0.809$

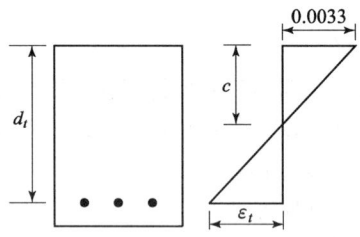

문제 015

강도설계법에서 f_{ck}=30MPa, f_y=350MPa일 때 단철근 직사각형보의 균형철근비는?

㉮ 0.0351   ㉯ 0.0369
㉰ 0.0381   ㉱ 0.0391

해설
$$\rho_b = \eta\, 0.85\, \beta_1 \frac{f_{ck}}{f_y} \frac{660}{660+f_y} = 1.0 \times 0.85 \times 0.8 \times \frac{30}{350} \times \frac{660}{660+350} = 0.0381$$
여기서, $\beta_1 = 0.8$

문제 016

아래 그림과 같은 보에서 계수단면적 V_u =225kN에 대한 가장 적당한 스터럽 간격은? (단, 사용된 스터럽은 철근 D13이다. 철근 D13의 단면적은 127mm², f_{ck} = 24MPa, f_y=350MPa, λ =1.0)

㉮ 110mm
㉯ 150mm
㉰ 210mm
㉱ 225mm

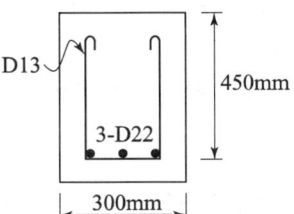

해설
$$V_c = \frac{1}{6}\lambda\sqrt{f_{ck}}\, b_w d = \frac{1}{6} \times 1.0 \times \sqrt{24} \times 300 \times 450 = 110,227\text{N}$$

- $V_u = \phi(V_c + V_s)$
  $225000 = 0.75(110227 + V_s)$
  $\therefore V_s = \dfrac{225000 - (0.75 \times 110227)}{0.75} = 189773\text{N}$

- $V_s < \dfrac{1}{3}\lambda\sqrt{f_{ck}}\, b_w d = \dfrac{1}{3} \times 1.0 \times \sqrt{24} \times 300 \times 450 = 220454$N 이므로

  수직 스터럽의 간격은 $\dfrac{A_v f_{yt} d}{V_s} = \dfrac{(2 \times 127) \times 350 \times 450}{189773} = 210.8\text{mm}$,

  $\dfrac{d}{2} = \dfrac{450}{2} = 225\text{mm}$ 이하, 600mm 이하이다.

  $\therefore$ 210.8mm 이하

정답 015. ㉰ 016. ㉰

문제 017

$A_s' = 1,500mm^2$, $A_s = 1,800mm^2$이고 배근된 그림과 같은 복철근보의 탄성처짐이 10mm라 할 때, 5년 후 지속하중에 의해 유발되는 장기 처짐은?

㉮ 14.1mm
㉯ 13.3mm
㉰ 12.7mm
㉱ 11.5mm

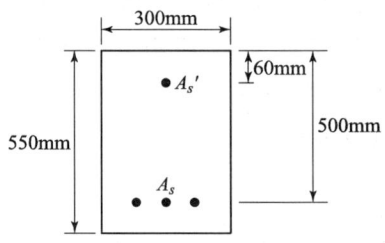

해설
- 압축 철근비 : $\rho' = \dfrac{A_s'}{bd} = \dfrac{1,500}{300 \times 500} = 0.01$
- 장기 처짐 : 단기 처짐(탄성 처짐) $\times \lambda_\Delta = 10 \times \dfrac{\xi}{1+50\rho'} = 10 \times \dfrac{2.0}{1+50 \times 0.01} = 13.3mm$
- 총 처짐 : 탄성 처짐 + 장기 처짐

문제 018

순단면이 볼트의 구멍 하나를 제외한 단면(즉, A–B–C 단면)과 같도록 피치(s)의 값을 결정하면? (단, 볼트의 직경은 19mm이다.)

㉮ $s = 114.9mm$
㉯ $s = 90.6mm$
㉰ $s = 66.3mm$
㉱ $s = 50mm$

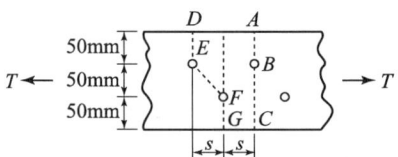

해설 순폭 $b_n = b_g - d - \left(d - \dfrac{s^2}{4g}\right)$에서 $b_n = b_g - d$이어야 하므로 $d - \dfrac{s^2}{4g} = 0$
∴ $s = \sqrt{4gd} = \sqrt{4 \times 5 \times (1.9+0.3)} = 6.63cm = 66.3mm$

문제 019

깊은 보의 전단 설계에 대한 구조세목의 설명으로 틀린 것은?

㉮ 휨인장철근과 직각인 수직전단철근의 단면적 A_v를 $0.0025b_w s$ 이상으로 하여야 한다.
㉯ 휨인장철근과 직각인 수직전단철근의 간격 s를 $d/5$ 이하, 또한 300mm 이하로 하여야 한다.
㉰ 휨인장철근과 평행한 수평전단철근의 단면적 A_{vh}를 $0.0015b_w s_h$ 이상으로 하여야 한다.
㉱ 휨인장철근과 평행한 수평전단철근의 간격 s_h를 $d/4$ 이하, 또한 350mm 이하로 하여야 한다.

해설 휨인장철근과 평행한 수평전단철근의 간격 s_h를 $d/5$ 이하, 또한 300mm 이하로 하여야 한다.

정답 017. ㉯ 018. ㉰ 019. ㉱

문제 020

강도설계법의 설계 가정으로 틀린 것은?

① 콘크리트의 인장강도는 철근 콘크리트 부재 단면의 휨강도 계산에서 무시할 수 있다.
② 콘크리트의 변형률은 중립축부터 거리에 비례한다.
③ 콘크리트의 압축응력의 크기는 $\eta(0.80f_{ck})$로 균등하고, 이 응력은 최대 압축변형률이 발생하는 단면에서 $a = \beta_1 c$까지의 부분에 등분포 한다.
④ 사용 철근의 응력이 설계기준 항복강도 f_y 이하일 때 철근의 응력은 그 변형률에 E_s를 곱한 값으로 취한다.

해설
- 콘크리트의 압축응력의 크기는 $\eta(0.85f_{ck})$로 균등하고, 이 응력은 최대 압축변형률이 발생하는 단면에서 $a = \beta_1 c$까지의 부분에 등분포 한다.
- 철근의 변형률이 f_y에 대응하는 변형률보다 큰 경우 철근의 응력은 변형률에 관계없이 f_y로 한다.
- 압축측 연단에서 콘크리트의 극한 변형률은 0.0033으로 가정한다. ($f_{ck} \leq 40\,\text{MPa}$)

정답 020. ③

제1부 철근콘크리트 및 강구조

제7회 CBT 모의고사

「알려드립니다」 한국산업인력공단의 저작권법 저촉에 대한 언급(2013년 2회 시험)이 있어 과거에 출제된 동일한 문제나 그 유형의 문제로 재구성하였습니다.

문제 001

다음 띠철근 기둥이 최소 편심하에서 받을 수 있는 설계 축하중강도($\phi P_{n(\max)}$)는 얼마인가? (단, 축방향 철근의 단면적 $A_{st} = 18.65\text{cm}^2$, $f_{ck} = 28\text{MPa}$, $f_y = 300\text{MPa}$이고 기둥은 단주이다.)

㉮ 2490 kN
㉯ 2774 kN
㉰ 3075 kN
㉱ 1998 kN

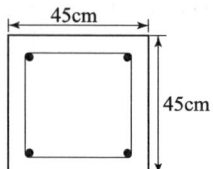

해설
$P_u = \phi P_n$
$= \phi [\eta(0.85 f_{ck}) A_c + A_{st} f_y]$
$= 0.65 \times 0.8 [1.0 \times (0.85 \times 28) \times (0.45^2 - 18.65 \times 10^{-4}) + 18.65 \times 10^{-4} \times 300]$
$= 2.774 \text{MN} = 2774 \text{kN}$

보충 나선철근 기둥일 경우 $\phi = 0.7$이다.

문제 002

압축이형철근의 정착에 대한 다음 설명 중 잘못된 것은?

㉮ 정착길이는 기본정착길이에 적용 가능한 모든 보정계수를 곱하여 구한다.
㉯ 정착길이는 항상 200mm 이상이어야 한다.
㉰ 해석결과 요구되는 철근량을 초과하여 배치한 경우의 보정계수는 (소요 A_s/ 배근 A_s)이다.
㉱ 표준 갈고리를 갖는 압축이형철근의 보정계수는 0.75이다.

해설
• 압축구역에서는 갈고리가 정착에 유효하지 않아 만들 필요가 없다.
• 압축 이형철근의 정착시 지름이 6mm 이상이고 나선 간격이 100mm 이하인 나선철근의 보정 계수는 0.75이다.
• 압축이형 철근의 기본정착길이 $l_{db} = \dfrac{0.25 d_b f_y}{\sqrt{f_{ck}}}$ 단, $0.043 d_b f_y$ 이상

정답 001. ㉯ 002. ㉱

문제 003

다음 중 전단철근으로 사용할 수 없는 것은?

㉮ 부재축에 직각으로 배치한 용접철망
㉯ 주인장 철근에 30°의 각도로 설치되는 스터럽
㉰ 나선철근, 원형 띠철근, 또는 후프철근
㉱ 스터럽과 굽힘철근의 조합

해설
- 주철근을 30° 또는 그 이상의 경사로 구부린 굽힘철근
- 주철근에 45° 또는 그 이상의 경사로 설치되는 스터럽

문제 004

아래 단철근 T형 보에서 다음 주어진 조건에 대하여 공칭모멘트강도(M_n)는? (조건 $b=$ 1,000mm, $t=$80mm, $d=$600mm, $A_s=$5,000mm², $b_w=$400mm, $f_{ck}=$21MPa, $f_y=$300MPa)

㉮ 711.3 kN·m
㉯ 836.8 kN·m
㉰ 947.5 kN·m
㉱ 1084.6 kN·m

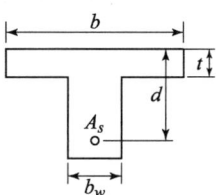

해설
- T형 보의 판별

$$a = \frac{A_s f_y}{\eta(0.85 f_{ck})b} = \frac{5000 \times 300}{1.0 \times (0.85 \times 21) \times 1000} = 84\text{mm}$$

∴ $a > t$ 이므로 T형 보

- $A_{sf} = \dfrac{\eta(0.85 f_{ck})(b - b_w)t_f}{f_y} = \dfrac{1.0 \times (0.85 \times 21)(1000 - 400) \times 80}{300} = 2856\text{mm}^2$

- $a = \dfrac{(A_s - A_{sf})f_y}{\eta(0.85 f_{ck})b_w} = \dfrac{(5000 - 2856) \times 300}{1.0 \times (0.85 \times 21) \times 400} = 90\text{mm}$

$$M_n = A_{sf} f_y \left(d - \frac{t_f}{2}\right) + (A_s - A_{sf})f_y \left(d - \frac{a}{2}\right)$$

$$= 2856 \times 300 \left(600 - \frac{80}{2}\right) + (5000 - 2856) \times 300 \left(600 - \frac{90}{2}\right)$$

$$= 836,784,000 \text{N·mm} = 836.8 \text{kN·m}$$

정답 003. ㉯ 004. ㉯

문제 005

다음 중 표피철근(skin reinforcement)에 대한 설명 중 맞는 것은?

㉮ 전체 깊이가 900mm를 초과하는 휨부재 복부의 양 측면에 부재 축방향으로 배치하는 철근
㉯ 기둥연결부에서 단면치수가 변하는 경우에 배치되는 구부린 주철근
㉰ 건조수축 또는 온도변화에 의하여 콘크리트에 발생되는 균열을 방지하기 위한 목적으로 배치되는 철근
㉱ 비틀림 응력이 크게 일어나는 부재에서 이에 저항하도록 배치되는 철근

해설 보나 장선의 깊이 h 가 900mm를 초과하면, 종방향 표피철근을 인장연단으로부터 $h/2$ 지점까지 부재 양쪽 측면을 따라 균일하게 배치하여야 한다.

문제 006

그림과 같이 단순 지지된 2방향 슬래브에 등분포 하중 w가 작용할 때, ab방향에 분배되는 하중은 얼마인가?

㉮ $0.941w$
㉯ $0.059w$
㉰ $0.889w$
㉱ $0.111w$

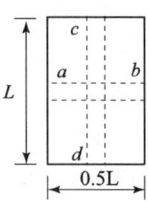

해설 $w_{ab} = \dfrac{L^4}{L^4 + S^4} w = \dfrac{L^4}{L^4 + (0.5L)^4} w = 0.941w$

문제 007

그림과 같은 직사각형 단면의 프리텐션 부재의 편심 배치한 직선 PS 강재를 820kN으로 긴장했을 때 탄성변형으로 인한 프리스트레스의 감소량은? (단, 탄성계수비 $n=6$이고, 자중에 의한 영향을 무시한다.)

㉮ 44.5 MPa
㉯ 46.5 MPa
㉰ 48.5 MPa
㉱ 50.5 MPa

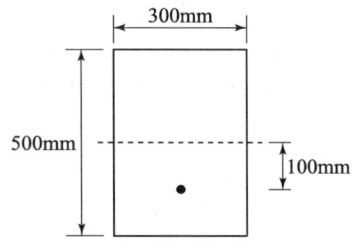

해설 $\Delta f_p = n f_c = n\left(\dfrac{P}{A} + \dfrac{P \cdot e}{I} \cdot e\right) = 6\left(\dfrac{820000}{300 \times 500} + \dfrac{820000 \times 100}{3.125 \times 10^9} \times 100\right)$

$= 48.5 \text{N/mm}^2 = 48.5 \text{MPa}$

여기서, $I = \dfrac{bh^3}{12} = \dfrac{300 \times 500^3}{12} = 3,125,000,000 \text{ mm}^4$

정답 005. ㉮ 006. ㉮ 007. ㉰

문제 008

그림과 같은 두께 13mm의 플레이트에 4개의 볼트 구멍이 배치되어 있을 때 부재의 순단면적을 구하면? (단, 볼트 구멍의 직경은 24mm이다.)

㉮ 4,056mm²
㉯ 3,916mm²
㉰ 3,775mm²
㉱ 3,524mm²

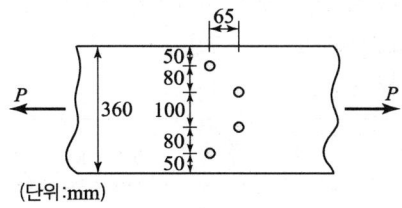
(단위:mm)

해설
- $d = 24$mm
- $\omega = d - \dfrac{p^2}{4g} = 24 - \dfrac{65^2}{4 \times 80} = 10.79$mm
- $b_n = b_g - 2d = 360 - 2 \times 24 = 312$mm
- $b_n = b_g - d - 2\omega - d = 360 - 24 - 2 \times 10.79 - 24 = 290.42$mm
- $A_n = b_n \cdot t = 290.42 \times 13 = 3,775$mm²

문제 009

처짐을 계산하지 않는 경우 단순지지된 보의 최소두께(h)로 옳은 것은? [단, 보통 콘크리트($m_c = 2,300$kg/m³) 및 $f_y = 300$MPa인 철근을 사용한 부재의 길이가 10m인 보]

㉮ 429mm
㉯ 500mm
㉰ 537mm
㉱ 625mm

해설 f_y가 400MPa 이외인 경우는 계산된 h값에 $\left(0.43 + \dfrac{f_y}{700}\right)$를 곱하므로

$\dfrac{l}{16}\left(0.43 + \dfrac{f_y}{700}\right) = \dfrac{10}{16}\left(0.43 + \dfrac{300}{700}\right) = 0.537$m $= 537$mm

문제 010

$b_w = 250$mm, $d = 500$mm, $f_{ck} = 21$MPa, $\lambda = 1.0$, $f_y = 400$MPa인 직사각형 보에서 콘크리트가 부담하는 설계전단강도(ϕV_c)는?

㉮ 71.6kN
㉯ 76.4kN
㉰ 82.2kN
㉱ 91.5kN

해설
- $V_u \leq \dfrac{1}{2}\phi V_c$일 경우 전단보강이 필요 없다.
- $\phi V_c = \phi \dfrac{1}{6}\lambda\sqrt{f_{ck}}\,b_w\,d = 0.75 \times \dfrac{1}{6} \times 1.0\sqrt{21} \times 250 \times 500 = 71602$N $= 71.6$kN

정답 008. ㉰ 009. ㉰ 010. ㉮

문제 011

b=300mm, d=500mm, A_s = 3 − D25 =1520mm²가 1열로 배치된 단철근 직사각형 보의 설계 휨강도 ϕM_n은 얼마인가? (단, 인장지배단면으로 f_{ck}=28MPa, f_y=400MPa이고, 과소철근보이다.)

㉮ 132.5 kN·m ㉯ 183.3 kN·m
㉰ 236.4 kN·m ㉱ 307.7 kN·m

해설
- $a = \dfrac{A_s f_y}{\eta(0.85 f_{ck})b} = \dfrac{1520 \times 400}{1.0 \times (0.85 \times 28) \times 300} = 85.15\text{mm}$
- $\phi M_n = 0.85 A_s f_y \left(d - \dfrac{a}{2}\right) = 0.85 \times 1520 \times 400 \left(500 - \dfrac{85.15}{2}\right)$
  $= 236397240\text{N}\cdot\text{mm} = 236.4\text{kN}\cdot\text{m}$

문제 012

그림과 같은 용접부에 작용하는 응력은?

㉮ 112.7 MPa
㉯ 118.0 MPa
㉰ 120.3 MPa
㉱ 125.0 MPa

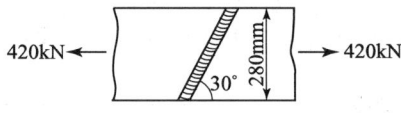

해설 $\dfrac{P}{\sum al} = \dfrac{420000}{12 \times 280} = 125\text{MPa}$

문제 013

반 T형 보의 유효폭(b)을 정할 때 사용되는 식으로 거리가 먼 것은? (단, b_w : 플랜지가 있는 부재의 복부 폭)

㉮ (한쪽으로 내민 플랜지 두께의 6배)+b_w
㉯ (보의 경간의 1/12)+b_w
㉰ (인접 보와의 내측거리의 1/2)+b_w
㉱ 보의 경간의 1/4

해설 T형 보의 유효 폭 결정
- (양쪽으로 각각 내민 플랜지 두께의 8배)+b_w
- 양쪽 슬래브의 중심간 거리
- 보의 경간의 $\dfrac{1}{4}$

중에서 가장 작은 값

정답 011. ㉰ 012. ㉱ 013. ㉱

문제 014

복철근 콘크리트 단면에 인장철근비는 0.02, 압축철근비는 0.01이 배근된 경우 순간처짐이 20mm일 때 6개월이 지난 후 총 처짐량은? (단, 작용하는 하중은 지속하중이며 지속하중의 6개월 재하기간에 따르는 계수 ξ는 1.20이다.)

㉮ 26mm
㉯ 36mm
㉰ 48mm
㉱ 68mm

해설
- 장기처짐 = 순간처짐 × $\dfrac{\xi}{1+50\rho'}$ = $20 \times \dfrac{1.2}{1+50\times 0.01}$ = 16mm
- 총 처짐 = 순간처짐 + 장기처짐 = 20 + 16 = 36mm

문제 015

프리스트레스의 손실 원인은 그 시기에 따라 즉시 손실과 도입 후에 시간적인 경과 후에 일어나는 손실로 나눌 수 있다. 다음 중 손실 원인의 시기가 나머지와 다른 하나는?

㉮ 콘크리트의 크리프
㉯ 콘크리트의 건조수축
㉰ 긴장재 응력의 릴랙세이션
㉱ 포스트텐션 긴장재와 덕트 사이의 마찰

해설 프리스트레스트 도입 후 시간의 경과에 따라 생기는 손실
- 콘크리트의 크리프
- 콘크리의 건조수축
- 긴장재 응력의 릴랙세이션

문제 016

강도설계법에서 보의 휨 파괴에 대한 설명으로 틀린 것은?

㉮ 보는 취성파괴 보다는 연성파괴가 일어나도록 설계되어야 한다.
㉯ 과소철근 보는 인장철근이 항복하기 전에 압축연단 콘크리트의 변형률이 극한 변형률에 먼저 도달하는 보이다.
㉰ 균형철근 보는 인장철근이 설계기준 항복강도에 도달함과 동시에 압축연단 콘크리트의 변형률이 극한 변형률에 도달하는 보이다.
㉱ 과다 철근 보는 인장철근량이 많아서 갑작스런 압축파괴가 발생하는 보이다.

해설
- 과소철근 보는 균형철근비보다 철근을 적게 넣어 인장측 철근에 먼저 항복하는 연성파괴로 파괴가 단계적으로 서서히 일어나게 한다.
- 과다철근 보는 균형철근비보다 많은 철근을 넣으면 압축측 콘크리트가 철근이 항복하기 전에 갑자기 파괴되는 취성파괴가 일어난다.

정답 014. ㉯ 015. ㉱ 016. ㉯

문제 017

PSC보를 RC보처럼 생각하여, 콘크리트는 압축력을 받고 긴장재는 인장력을 받게 하여 두 힘의 우력 모멘트로 외력에 의한 휨모멘트에 저항시킨다는 개념은?

㉮ 응력 개념
㉯ 강도 개념
㉰ 하중 평형 개념
㉱ 균등질 보의 개념

해설
- 강도 개념(내력 모멘트의 개념)
  RC와 같이 압축력은 콘크리트가 받고 인장력은 PS 강재가 받는 것으로 하여 두 힘에 의한 내력 모멘트가 외력 모멘트에 저항한다는 원리이다.
- PSC의 기본 개념
  응력 개념(균등질 보의 개념), 강도 개념(내력 모멘트 개념), 하중 평형 개념(등가하중 개념)

문제 018

옹벽설계에서 안정조건에 대한 설명으로 틀린 것은?

㉮ 전도에 대한 저항휨모멘트는 횡토압에 의한 전도모멘트의 1.5배 이상이어야 한다.
㉯ 옹벽의 활동에 대한 저항력은 옹벽에 작용하는 수평력의 1.5배 이상이어야 한다.
㉰ 지반에 유발되는 최대 지반반력은 지반의 허용지지력을 초과하지 않아야 한다.
㉱ 전도 및 지반지지력에 대한 안정조건은 만족하지만, 활동에 대한 안정조건만을 만족하지 못할 경우 활동방지벽 혹은 횡방향 앵커 등을 설치하여 활동저항력을 증대시킬 수 있다.

해설
- 전도에 대한 저항휨모멘트는 횡토압에 의한 전도모멘트의 2배 이상이어야 한다.
- 뒷부벽은 T형보로, 앞부벽은 직사각형보로 설계한다.
- 부벽식 옹벽의 저판은 부벽간의 거리를 경간으로 가정하여 고정보 또는 연속보로 설계하여야 한다.
- 부벽식 옹벽의 전면벽은 3변 지지된 2방향 슬래브로 설계한다.
- 캔틸레버 옹벽의 전면벽은 저판에 지지된 캔틸레버로 설계한다.

문제 019

슬래브의 구조 상세에 대한 설명으로 틀린 것은?

㉮ 1방향 슬래브의 두께는 최소 100mm 이상으로 하여야 한다.
㉯ 1방향 슬래브의 정모멘트 철근 및 부모멘트 철근의 중심 간격은 위험단면에서는 슬래브 두께의 2배 이하이어야 하고, 또한 300mm 이하로 하여야 한다.
㉰ 1방향 슬래브의 수축·온도철근의 간격은 슬래브 두께의 3배 이하, 또한 400mm 이하로 하여야 한다.
㉱ 2방향 슬래브의 위험단면에서 철근 간격은 슬래브 두께의 2배 이하, 또한 300mm 이하로 하여야 한다.

정답 017. ㉯ 018. ㉮ 019. ㉰

해설 • 1방향 슬래브의 수축·온도철근의 간격은 슬래브 두께의 5배 이하, 또한 450mm 이하로 하여야 한다.
• 4변에 의해 지지되는 2방향 슬래브 중에서 단변에 대한 장변의 비가 2배를 넘으면 1방향 슬래브로서 해석한다.
• 부재의 높이가 일정한 경우 휨에 의한 보 또는 1방향 슬래브에서 최대 전단응력이 일어나는 곳은 받침부에서의 유효깊이 d만큼 떨어진 단면이다.

문제 020

그림과 같은 강재의 이음에서 $P=600\text{kN}$이 작용할 때 필요한 리벳의 수는? (단, 리벳의 지름은 19mm, 허용전단응력은 110MPa, 허용지압응력은 240MPa이다.)

㉮ 6개
㉯ 8개
㉰ 10개
㉱ 12개

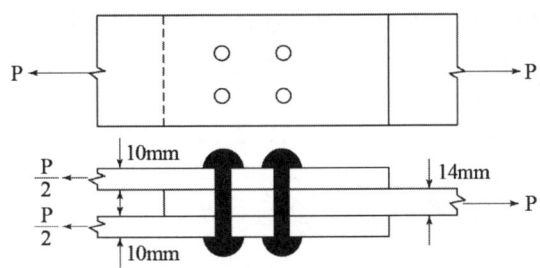

해설 • 전단강도(ρ_s)
복단면의 경우이므로
$\rho_s = v_a \times \dfrac{\pi d^2}{4} \times 2 = 110 \times \dfrac{3.14 \times 19^2}{4} \times 2 = 62345\text{N} = 62.345\text{kN}$

• 지압강도(ρ_b)
$\rho_b = f_{ba}\, d\, t = 240 \times 19 \times 14 = 63840\text{N} = 63.84\text{kN}$

여기서, 판의 두께 t는 14mm와 상·하 (10+10)mm 중에서 작은 값을 사용한다.

• 리벳의 강도(ρ)
ρ_s와 ρ_b 중 작은 값인 62.345kN이다.

• 리벳의 수
$n = \dfrac{P}{\rho} = \dfrac{600}{62.345} \fallingdotseq 10$개

정답 020. ㉰

제1부 철근콘크리트 및 강구조

제8회 CBT 모의고사

「알려드립니다」 한국산업인력공단의 저작권법 저촉에 대한 언급(2013년 2회 시험)이 있어 과거에 출제된 동일한 문제나 그 유형의 문제로 재구성하였습니다.

문제 001

단면이 300×400mm이고 150mm²의 PS강선 4개를 단면도 심축에 배치한 프리텐션 PS 콘크리트 부재가 있다. 초기 프리스트레스 1000MPa일 때 콘크리트의 탄성수축에 의한 프리스트레스의 손실량은? (단, n =6.0)

㉮ 25MPa ㉯ 30MPa ㉰ 34MPa ㉱ 42MPa

해설
$$f_{ci} = \frac{P}{A_c} = \frac{4 \times 150 \times 1000}{300 \times 400} = 5\text{MPa}$$
$$\therefore \Delta f_{pe} = n f_{ci} = 6 \times 5 = 30\text{MPa}$$

문제 002

복철근 콘크리트 단면에 압축철근비 ρ' =0.01이 배근된 경우 순간처짐이 20mm일 때 1년이 지난 후 처짐량은? (단, 작용하는 모든 하중은 지속하중으로 보며 지속하중의 1년 재하기간에 따르는 계수 ξ는 1.40이다.)

㉮ 42.2mm ㉯ 40.0mm ㉰ 38.7mm ㉱ 39.9mm

해설
- $\lambda_\Delta = \dfrac{\xi}{1+50\rho'} = \dfrac{1.4}{1+50 \times 0.01} = 0.93$
- 장기처짐=탄성(순간)처짐×$\lambda_\Delta = 20 \times 0.93 = 18.6\text{mm}$
- 총 처짐=탄성(순간)처짐+장기 처짐= 20+18.6=38.6mm

문제 003

단철근 직사각형보의 폭이 300mm, 유효깊이가 500mm, 높이가 600mm일 때, 외력에 의해 단면에서 휨균열을 일으키는 휨모멘트(M_{cr})을 구하면? (단, f_{ck}=24MPa, λ=1.0)

㉮ 45.2 kN·m ㉯ 48.9 kN·m ㉰ 52.1 kN·m ㉱ 55.6 kN·m

해설
- $f_r = 0.63\lambda \sqrt{f_{ck}} = 0.63 \times 1.0 \sqrt{24} = 3.086 \text{N/mm}^2 \text{(MPa)}$
- $I = \dfrac{bh^3}{12} = \dfrac{300 \times 600^3}{12} = 5{,}400{,}000{,}000 \text{mm}^4$
- $f_r = \dfrac{M_{cr}}{I}y$

$\therefore M_{cr} = \dfrac{f_r \cdot I}{y} = \dfrac{3.086 \times 5{,}400{,}000{,}000}{300} = 55{,}548{,}000\text{N·mm} = 55{,}548\text{kN·mm} ≒ 55.6\text{kN·m}$

정답 001. ㉯ 002. ㉰ 003. ㉱

문제 004

그림과 같은 맞대기 용접의 용접부에 생기는 인장응력은 얼마인가?

㉮ 50MPa ㉯ 70.7MPa
㉰ 100MPa ㉱ 141.4MPa

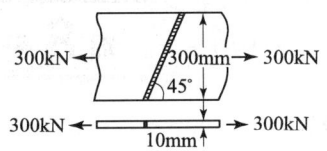

해설 $f = \dfrac{P}{A} = \dfrac{P}{\sum a \cdot l} = \dfrac{300000}{10 \times 300} = 100\text{MPa}$

문제 005

나선철근 압축부재 단면의 심부 지름이 400mm, 기둥단면 지름이 500mm인 나선철근 기둥의 나선철근비는 최소 얼마 이상이어야 하는가? (단, 나선철근의 설계기준항복강도(f_{yt}) = 400MPa, f_{ck} = 21MPa)

㉮ 0.0133 ㉯ 0.0201 ㉰ 0.0248 ㉱ 0.0304

해설 $\rho_s = 0.45\left(\dfrac{A_g}{A_{ch}} - 1\right)\dfrac{f_{ck}}{f_{yt}} = 0.45\left(\dfrac{\frac{\pi \times 500^2}{4}}{\frac{\pi \times 400^2}{4}} - 1\right)\dfrac{21}{400} = 0.0133$

문제 006

계수하중에 의한 전단력 V_u = 75kN을 받을 수 있는 직사각형 단면을 설계하려고 한다. 규정에 의한 최소 전단철근을 사용할 경우 필요한 콘크리트의 최소단면적 $b_w d$는 얼마인가? (단, f_{ck} = 28MPa, f_y = 300MPa, λ = 1.0)

㉮ 101090mm² ㉯ 103073mm² ㉰ 106303mm² ㉱ 113390mm²

해설
- $\dfrac{1}{2}\phi V_c < V_u \leq \phi V_c$ 인 경우 최소 전단철근을 배치한다.
- 콘크리트 최소 단면적 $b_w \cdot d$

$V_u = \phi V_c = \phi \dfrac{1}{6} \lambda \sqrt{f_{ck}} \, b_w \cdot d$

$\therefore b_w d = \dfrac{V_u}{\phi \frac{1}{6} \lambda \sqrt{f_{ck}}} = \dfrac{75000}{0.75 \times \frac{1}{6} \times 1.0 \times \sqrt{28}} = 113390\text{mm}^2$

문제 007

2방향 슬래브의 직접설계법을 적용하기 위한 제한사항으로 틀린 것은?

㉮ 각 방향으로 3경간 이상이 연속되어야 한다.
㉯ 슬래브판들은 단변 경간에 대한 장변 경간의 비가 2 이하인 직사각형이어야 한다.
㉰ 모든 하중은 연직하중으로서 슬래브판 전체에 등분포되어야 한다.
㉱ 연속한 기둥 중심선으로부터 기둥의 이탈은 이탈방향 경간의 최대 20%까지 허용할 수 있다.

정답 004. ㉰ 005. ㉮ 006. ㉱ 007. ㉱

해설
- 연속한 기둥 중심선으로부터 기둥의 이탈은 이탈방향 경간의 10%까지 허용된다.
- 활하중은 고정하중의 2배 이하라야 한다.
- 단경간과 장경간의 비가 $0.5 < \dfrac{S}{L} \leq 1$일 때 2방향 슬래브로 설계한다.

문제 008

그림과 같은 단면의 도심에 PS 강재가 배치되어 있다. 초기 프리스트레스 힘을 1800kN 작용시켰다. 30%의 손실을 가정하여 콘크리트의 하연응력이 0이 되도록 하려면 이때의 휨모멘트 값은 얼마인가? (단, 자중은 무시)

㉮ $120 \,\text{kN} \cdot \text{m}$ ㉯ $126 \,\text{kN} \cdot \text{m}$
㉰ $130 \,\text{kN} \cdot \text{m}$ ㉱ $150 \,\text{kN} \cdot \text{m}$

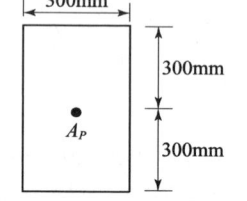

해설
- $P = 1800 - 540 = 1260 \text{kN}$
- $\sigma = \dfrac{P}{A} - \dfrac{M}{I} y = 0$

$$\dfrac{1260}{0.3 \times 0.6} - \dfrac{M}{\dfrac{0.3 \times 0.6^3}{12}} \times 0.3 = 0$$

$$\therefore M = \dfrac{7000 \times 0.0054}{0.3} = 126 \text{kN} \cdot \text{m}$$

문제 009

아래 그림과 같은 두께 12mm 평판의 순단면적을 구하면?
(단, 구멍의 직경은 23mm이다.)

㉮ $2,310 \text{mm}^2$
㉯ $2,340 \text{mm}^2$
㉰ $2,772 \text{mm}^2$
㉱ $2,928 \text{mm}^2$

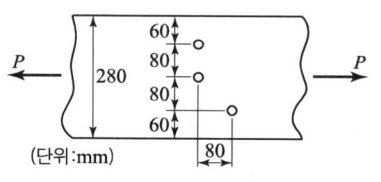

해설
- $d = 23\text{mm}$
- $\omega = d - \dfrac{p^2}{4g} = 23 - \dfrac{80^2}{4 \times 80} = 3$
- 순폭(b_n)

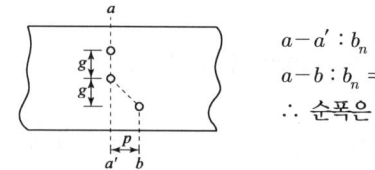

$a-a' : b_n = b_g - 2d = 280 - 2 \times 23 = 234\text{mm}$
$a-b : b_n = b_g - 2d - \omega = 280 - 2 \times 23 - 3 = 231\text{mm}$
∴ 순폭은 작은 값인 231mm이다.

- 순단면적
$A_n = b_n \cdot t = 231 \times 12 = 2772 \text{mm}^2$

정답 008. ㉯   009. ㉰

문제 010

강도설계법에서 강도감소계수를 사용하는 이유에 대한 설명으로 틀린 것은?

㉮ 재료의 공칭강도와 실제 강도와의 차이를 고려하기 위해
㉯ 부재를 제작 또는 시공할 때 설계도와의 차이를 고려하기 위해
㉰ 하중의 공칭값과 실제 하중 사이의 불가피한 차이를 고려하기 위해
㉱ 부재 강도의 추정과 해석에 관련된 불확실성을 고려하기 위해

해설 강도감소계수는 재료의 공칭강도와 실제 강도 사이의 차이나 시공의 불확실성을 고려한 안전계수이다.

문제 011

다음 중 '표피철근'의 정의로서 옳은 것은?

㉮ 유효깊이가 900mm를 초과하는 휨부재 복부의 양 측면에 부재 축방향으로 배치하는 철근
㉯ 유효깊이가 1,200mm를 초과하는 휨부재 복부의 양 측면에 부재 축방향으로 배치하는 철근
㉰ 전체 깊이가 900mm를 초과하는 휨부재 복부의 양 측면에 부재 축방향으로 배치하는 철근
㉱ 전체 깊이가 1,200mm를 초과하는 휨부재 복부의 양 측면에 부재 축방향으로 배치하는 철근

해설
- 보나 장선의 깊이 h가 900mm를 초과하면, 종방향 표피철근을 인장연단으로부터 $h/2$ 지점까지 부재 양쪽 측면을 따라 균일하게 배치하여야 한다.
- 표피철근의 간격
  $s = 375\left(\dfrac{210}{f_s}\right) - 2.5 c_c$ 와 $s = 300\left(\dfrac{210}{f_s}\right)$ 식에 의해 계산된 값 중에서 작은 값 이하로 한다. (여기서, c_c : 표피철근의 표면에서 부재 측면까지 최단 거리, f_s : 사용하중 상태에서 인장연단에서 가장 가까이에 위치한 철근의 응력)

문제 012

옹벽의 설계에 대한 설명 중 옳지 않은 것은?

㉮ 지반에 유발되는 최대 지반반력이 지반의 허용지지력을 초과하지 않아야 한다.
㉯ 활동에 대한 저항력은 옹벽에 작용하는 수평력이 1.5배 이상이어야 한다.
㉰ 뒷부벽은 직사각형보로 설계한다.
㉱ 전도에 대한 저항모멘트는 횡토압에 의한 전도모멘트의 2배 이상이어야 한다.

해설
- 뒷부벽은 T형보로, 앞부벽은 직사각형보로 설계한다.
- 부벽식 옹벽의 저판은 부벽간의 거리를 경간으로 가정하여 고정보 또는 연속보로 설계하여야 한다.
- 부벽식 옹벽의 전면벽은 3변 지지된 2방향 슬래브로 설계한다.
- 캔틸레버 옹벽의 전면벽은 저판에 지지된 캔틸레버로 설계한다.

정답 010. ㉰ 011. ㉰ 012. ㉰

문제 013

철근의 정착길이에 대한 설명으로 틀린 것은? (단, d_b : 철근의 공칭지름)

㉮ 인장 이형철근의 정착길이는 300mm 이상이어야 한다.
㉯ 압축 이형철근의 정착길이는 200mm 이상이어야 한다.
㉰ 표준 갈고리를 갖는 인장 이형철근의 정착길이는 $6d_b$ 이상, 또한 200mm 이상이어야 한다.
㉱ 확대머리 인장 이형철근의 정착길이는 $8d_b$ 이상, 또한 150mm 이상이어야 한다.

해설 표준 갈고리를 갖는 인장 이형철근의 정착길이는 $8d_b$ 이상, 또한 150mm 이상이어야 한다.

문제 014

포스트텐션 긴장재의 마찰손실 계산 근사식 $P_{px} = \dfrac{P_{pj}}{(1+kl_{px}+\mu_p\alpha_{px})}$ 에 사용 조건으로 옳은 것은?

㉮ $(kl_{px}+\mu_p\alpha_{px})$ 값이 0.3을 초과할 경우
㉯ $(kl_{px}+\mu_p\alpha_{px})$ 값이 0.3 이하인 경우
㉰ P_{pj} 의 값이 5000kN을 초과할 경우
㉱ P_{pj} 의 값이 5000kN 이하인 경우

해설 포스트텐션 긴장재의 마찰손실 계산 근사식은 $(kl_{px}+\mu_p\alpha_{px})$ 값이 0.3 이하인 경우에 적용한다.

문제 015

용접이음에 관한 설명으로 틀린 것은?

㉮ 리벳이음에 비해 약하므로 응력 집중 현상이 일어나지 않는다.
㉯ 리벳구멍으로 인한 단면 감소가 없어서 강도 저하가 없다.
㉰ 내부 검사(X선 검사)가 간단하지 않다.
㉱ 작업의 소음이 적고 경비와 시간이 절약된다.

해설 용접이음은 리벳이음에 비해 강하므로 응력 집중 현상이 일어나지 않는다.

문제 016

아래 그림의 빗금친 부분과 같은 단철근 T형보의 등가응력의 깊이 a는 얼마인가? (단, A_s = 6,354mm², f_{ck} = 24MPa, f_y = 400MPa)

㉮ 96.7mm
㉯ 111.5mm
㉰ 121.3mm
㉱ 128.6mm

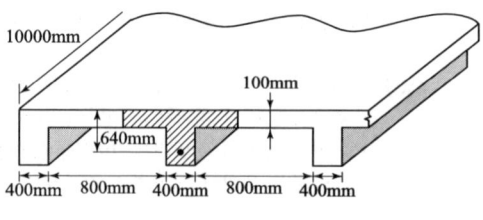

정답 013. ㉰ 014. ㉯ 015. ㉮ 016. ㉯

해설 • 유효 폭
- $16t + b_\omega = 16 \times 100 + 400 = 2,000$mm
- 양쪽 슬래브의 중심간 거리 $= 400 + 400 + 400 = 1,200$mm
- 보의 경간의 $\dfrac{1}{4} = \dfrac{10,000}{4} = 2,500$mm

∴ 가장 작은 값인 1,200mm이다.

• T형보의 판정

$$a = \dfrac{A_s f_y}{\eta(0.85 f_{ck})b} = \dfrac{6,354 \times 400}{1.0 \times (0.85 \times 24) \times 1,200} = 103.8\text{mm}$$

$a > t$ 이므로 T형보이다.

• $A_{sf} = \dfrac{\eta(0.85 f_{ck})(b - b_\omega)t}{f_y} = \dfrac{1.0 \times (0.85 \times 24)(1,200 - 400) \times 100}{400} = 4,080\text{mm}^2$

• $a = \dfrac{(A_s - A_{sf})f_y}{\eta(0.85 f_{ck})b_\omega} = \dfrac{(6,354 - 4,080) \times 400}{1.0 \times (0.85 \times 24) \times 400} = 111.5$mm

문제 017

깊은 보는 한쪽 면이 하중을 받고 반대쪽 면이 지지되어 하중과 받침부 사이에 압축대가 형성되는 구조요소로서 아래의 (가) 또는 (나)에 해당하는 부재이다. 아래의 (   ) 안에 들어갈 ㉠, ㉡으로 옳은 것은?

> (가) 순경간 l_n이 부재 깊이의 (㉠)배 이하인 부재
> (나) 받침부 내면에서 부재 깊이의 (㉡)배 이하인 위치에 집중하중이 작용하는 경우는 집중하중과 받침부 사이의 구간

㉮ ㉠ : 4   ㉡ : 2   ㉯ ㉠ : 3   ㉡ : 2
㉰ ㉠ : 2   ㉡ : 4   ㉱ ㉠ : 2   ㉡ : 3

해설 깊은 보는 비선형 변형률 분포를 고려하여 설계하거나 횡좌굴을 고려하여야 한다.

문제 018

길이가 4m인 캔틸레버보에서 처짐을 계산하지 않는 경우 보의 최소두께로 옳은 것은? (단, f_{ck} =28MPa, f_y =350MPa)

㉮ 465mm   ㉯ 484mm
㉰ 500mm   ㉱ 516mm

해설 • f_y가 400MPa인 최소 두께(h)

$\dfrac{l}{8} = \dfrac{4000}{8} = 500$mm

• f_y가 400MPa 이외인 경우 최소 두께(h)

$\dfrac{l}{8} \times \left(0.43 + \dfrac{f_y}{700}\right) = \dfrac{4000}{8} \times \left(0.43 + \dfrac{350}{700}\right) = 465$mm

정답 017. ㉮   018. ㉮

문제 019

$b=400$mm, $d=600$mm, $f_{ck}=24$MPa인 철근 콘크리트 부재에 수직 스트럽을 배치하고자 한다. 스터럽이 받을 수 있는 전단강도 $V_s=400$kN일 때 전단철근의 간격은 몇 mm 이하로 하여야 하는가? (단, 경량콘크리트 계수 $\lambda=1.0$이다.)

- ㉮ 100mm
- ㉯ 150mm
- ㉰ 200mm
- ㉱ 300mm

해설
- $\frac{1}{3}\lambda\sqrt{f_{ck}}\,b_w\,d = \frac{1}{3}\times 1.0\times\sqrt{24}\times 400\times 600 = 392\,\text{kN}$
- $V_s > \frac{1}{3}\lambda\sqrt{f_{ck}}\,b_w\,d$ 이므로 $\frac{d}{4}$ 이하, 300mm 이하이다.

∴ 전단철근의 간격 $=\frac{d}{4}=\frac{600}{4}=150\,\text{mm}$

문제 020

2방향 슬래브를 직접설계법으로 설계할 때, 단변방향으로 정역학적 총모멘트가 200kN·m일 때, 내부 패널의 양단에서 지지해야 할 휨모멘트(㉠)와 내부 패널의 중앙에서 지지해야 할 휨모멘트(㉡)로 옳은 것은?

- ㉮ ㉠: -65kN·m, ㉡: 35kN·m
- ㉯ ㉠: 130kN·m, ㉡: 70kN·m
- ㉰ ㉠: -130kN·m, ㉡: 70kN·m
- ㉱ ㉠: 130kN·m, ㉡: -70kN·m

해설 내부 경간에서는 전체 정적 계수휨모멘트(M_0)를 부계수휨모멘트 : 0.65, 정계수휨모멘트 : 0.35 비율로 배분한다.

∴ ㉠ : $0.65\times 200 = -130$kN·m
　㉡ : $0.35\times 200 = 70$kN·m

정답 019. ㉯ 020. ㉰

제 1 부 철근콘크리트 및 강구조

제 9 회 CBT 모의고사

「알려드립니다」 한국산업인력공단의 저작권법 저촉에 대한 언급(2013년 2회 시험)이 있어 과거에 출제된 동일한 문제나 그 유형의 문제로 재구성하였습니다.

문제 001

프리스트레스 감소 원인 중 프리스트레스 도입후 시간의 경과에 따라 생기는 것이 아닌 것은?

㉮ PS강재의 릴렉세이션 ㉯ 콘크리트의 건조 수축
㉰ 정착 장치의 활동 ㉱ 콘크리트의 크리프

해설 정착 장치의 활동은 도입시 일어나는 즉시 손실이다.

보충 프리스트레스 도입시 일어나는 손실(즉시 손실)
① 콘크리트의 탄성변형(탄성수축)에 의한 손실
② 강재와 쉬스의 마찰에 의한 손실
③ 정착단의 활동에 의한 손실

문제 002

다음 중 철근콘크리트가 성립되는 조건으로 옳지 않은 것은?

㉮ 철근과 콘크리트와의 부착력이 크다.
㉯ 철근과 콘크리트의 열팽창계수가 거의 같다.
㉰ 철근과 콘크리트의 탄성계수가 거의 같다.
㉱ 철근은 콘크리트 속에서 녹이 슬지 않는다.

해설 콘크리트는 철근에 비해 탄성계수가 상당히 작다

보충 콘크리트의 단위질량 $m_c = 1450 \sim 2500 \text{kg/m}^3$의 경우
$E_c = 0.077 m_c^{1.5} \sqrt[3]{f_{cm}}$ [MPa]
여기서, $f_{cm} = f_{ck} + \triangle f$

문제 003

2방향 슬래브의 직접 설계법을 적용하기 위한 제한 조건으로 틀린 것은?

㉮ 각 방향으로 3개 이상의 연속 경간을 가져야 한다.
㉯ 슬래브판들은 단변 경간에 대한 장변 경간의 비가 2이하인 직사각형이어야 한다.
㉰ 모든 하중은 연직 하중으로 등분포되는 것으로 간주한다.
㉱ 활하중은 고정 하중의 4배 이하라야 한다.

정답 001. ㉰ 002. ㉰ 003. ㉱

해설 활하중은 고정 하중의 2배 이하라야 한다.

보충
- 각 방향으로 연속한 받침부 중심간 경간 길이의 차이는 긴 경간의 1/3 이하이어야 한다.
- 연속한 기둥 중심선으로부터 기둥의 이탈은 이탈방향 경간의 10% 이하이어야 한다.

문제 004

옹벽의 활동에 대한 저항력은 옹벽에 작용하는 수평력의 몇 배 이상이어야 하는가?

㉮ 1.5배　　㉯ 2배　　㉰ 2.5배　　㉱ 3배

해설 활동에 대한 안정

$$F = \frac{\text{수평 저항력}}{\text{수평력}} = \frac{f(\sum V)}{\sum H} \geq 1.5$$

여기서, f = 콘크리트 저판과 지반과의 마찰계수

보충 전도에 대한 안정

$$F = \frac{\text{저항 모멘트}}{\text{전도 모멘트}} = \frac{M_r}{M_o} \geq 2.0$$

문제 005

그림의 단순지지 보에서 긴장재는 C점에 150mm의 편차에 직선으로 배치되고, 1000kN으로 긴장되었다. 보의 고정하중은 무시할 때 C점에서의 휨 모멘트는 약 얼마인가? (단, 긴장재의 경사가 수평압축력에 미치는 영향 및 자중은 무시한다.)

㉮ $M_c = 90$ kN·m
㉯ $M_c = -150$ kN·m
㉰ $M_c = 240$ kN·m
㉱ $M_c = 390$ kN·m

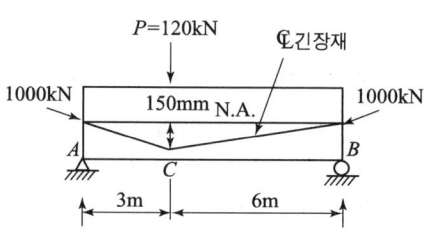

해설
- $\sum M_B = 0$
  $R_A \times 9 - 120 \times 6 = 0$
  ∴ $R_A = 80$ kN
- 긴장재가 수평으로 작용하는 힘
  $1000 \times \dfrac{0.15}{3.004} = 50$ kN

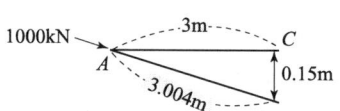

- C점에서의 휨모멘트
  $M_c = 80 \times 3 - 50 \times 3 ≒ 90$ kN·m

문제 006

$b_w = 250$mm이고, $h = 500$mm인 직사각형 철근콘크리트 보의 단면에 균열을 일으키는 비틀림모멘트 T_{cr}은 약 얼마인가? (단, 보통중량콘크리트이며, $f_{ck} = 28$MPa, $\lambda = 1.0$)

㉮ 9.8 kN·m　　㉯ 11.3 kN·m　　㉰ 12.5 kN·m　　㉱ 13.6 kN·m

정답 004. ㉮　005. ㉮　006. ㉱

해설
$$T_{cr} = \phi(\lambda\sqrt{f_{ck}}/3)\frac{A_{cp}^2}{P_{cp}} = 0.75(1.0\times\sqrt{28}/3)\times\frac{(250\times500)^2}{2\times250+2\times500}$$
$$= 13,642,155 \text{N}\cdot\text{mm} = 13.6\text{kN}\cdot\text{m}$$

문제 007

옹벽의 구조해석에 대한 설명으로 틀린 것은?

㉮ 저판의 뒷굽판은 정확한 방법이 사용되지 않는 한 뒷굽판 상부에 재하되는 모든 하중을 지지하도록 설계하여야 한다.
㉯ 부벽식 옹벽의 추가철근은 2변 지지된 1방향 슬래브로 설계하여야 한다.
㉰ 캔틸레버식 옹벽의 저판은 추가철근과의 접합부를 고정단으로 간주한 캔틸레버로 가정하여 단면을 설계할 수 있다.
㉱ 뒷부벽은 T형보로 설계하여야 하며, 앞부벽은 직사각형 보로 설계하여야 한다.

해설
- 부벽식 옹벽의 저판은 부벽 간의 거리를 경간으로 가정하여 고정보 또는 연속보로 설계하여야 한다.
- 부벽식 옹벽의 전면벽은 3변 지지된 2방향 슬래브로 설계한다.
- 캔틸레버 옹벽의 전면벽은 저판에 지지된 캔틸레버로 설계한다.

문제 008

경간 10m인 대칭 T형보를 설계할 때 플랜지의 유효 폭은? (단, 양쪽 슬래브 중심간격 2.5m, 슬래브 두께 80mm, 복부의 폭 250mm)

㉮ 1,530mm ㉯ 2,000mm
㉰ 2,500mm ㉱ 3,333mm

해설
- $16t + b_w = 16\times80 + 250 = 1,530$mm
- 보 경간의 $\frac{1}{4} = 10,000\times\frac{1}{4} = 2,500$mm
- 슬래브 중심간 거리 = 2,500mm
∴ 이 중 최솟값 1,530mm이다.

문제 009

강합성 교량에서 콘크리트 슬래브와 강(鋼)주형 상부 플랜지를 구조적으로 일체가 되도록 결합시키는 요소는?

㉮ 볼트 ㉯ 전단연결재
㉰ 합성철근 ㉱ 접착제

해설 합성보 교량에서 슬래브와 강보 상부 플랜지를 떨어지지 않게 전단 연결재(Shear Connector)로 결합시켜 강거더와 상판 콘크리트를 일체화시킨다.

정답 007. ㉯ 008. ㉮ 009. ㉯

문제 010

지름 450mm인 원형 단면을 갖는 중심축하중을 받는 나선철근 기둥에 있어서 강도 설계법에 의한 축방향 설계강도(ϕP_n)는 얼마인가? (단, 이 기둥은 단주이고, f_{ck} = 27MPa, f_y = 350MPa, A_{st} = 8-D22=3096mm², ϕ = 0.7이다.)

㉮ 1166 kN　㉯ 1299 kN　㉰ 2425 kN　㉱ 2774 kN

해설
$$\phi P_n = \phi\, 0.85\,[\eta(0.85f_{ck})(A_g - A_{st}) + A_{st}f_y]$$
$$= 0.7 \times 0.85\left[1.0 \times (0.85 \times 27)\left(\frac{3.14 \times 450^2}{4} - 3096\right) + 3096 \times 350\right]$$
$$= 2,773,138\text{N} ≒ 2,774\text{kN}$$

보충 띠철근 기둥일 경우
$$\phi P_n = 0.65 \times 0.8\,[\eta(0.85f_{ck})(A_g - A_{st}) + A_{st}f_y]$$

문제 011

전단철근이 부담하는 전단력 V_s =150kN일 때, 수직스터럽으로 전단보강을 하는 경우 최대 배치간격은 얼마 이하인가? (단, f_{ck} = 28MPa, 전단철근 1개 단면적=125mm², 횡방향 철근의 설계기준항복강도(f_{yt}) = 400MPa, b_w = 300mm, d =500mm, λ =1.0, 보통중량콘크리트이다.)

㉮ 600mm　㉯ 333mm　㉰ 250mm　㉱ 167mm

해설
- $\frac{1}{3}\lambda\sqrt{f_{ck}}\,b_w\,d = \frac{1}{3} \times 1.0\sqrt{28} \times 300 \times 500 = 264,575\text{N} = 264\text{kN}$
- $V_s = \dfrac{A_v f_{yt} d}{s}$

  $\therefore s = \dfrac{A_v f_{yt} d}{V_s} = \dfrac{(2 \times 125) \times 400 \times 500}{150000} = 333\text{mm}$

- $V_s < \dfrac{1}{3}\lambda\sqrt{f_{ck}}\,b_w\,d$ 이므로 $s \leq \dfrac{d}{2} = \dfrac{500}{2} = 250\text{mm}$

  $s < 600\text{mm}$

  $\therefore$ 철근간격 s는 최소값인 250mm 이하여야 한다.

문제 012

압축 이형철근의 겹침이음길이에 대한 설명으로 옳은 것은? (단, d_b는 철근의 공칭직경)

㉮ 압축이형 철근의 기본정착길이(l_{db}) 이상, 또한 200mm 이상으로 하여야 한다.
㉯ f_y가 500MPa 이하인 경우는 $0.72f_y d_b$ 이상, f_y가 500MPa을 초과할 경우는 $(1.3f_y - 24)d_b$ 이상이어야 한다.
㉰ f_y가 28MPa 미만인 경우는 규정된 겹침이음길이를 1/5 증가시켜야 한다.
㉱ 서로 다른 크기의 철근을 압축부에서 겹침이음하는 경우, 이음길이는 크기가 큰 철근의 정착길이와 크기가 작은 철근의 겹침이음길이 중 큰 값 이상이어야 한다.

정답 010. ㉱　011. ㉰　012. ㉱

해설
- 압축 이형철근의 기본정착길이(l_{db})에 보정계수를 곱한 정착길이(l_d)는 200mm 이상이어야 한다.
- 압축철근의 겹침이음길이는 f_y가 400MPa 이하인 경우에는 $0.072f_y d_b$보다 길 필요가 없고 f_y가 400MPa를 초과할 경우에는 $(0.13f_y - 24)d_b$보다 길 필요가 없다. 어느 경우에나 300mm 이상이어야 한다.
- 콘크리트의 설계기준압축강도가 21MPa 미만인 경우에는 겹침이음길이를 $\frac{1}{3}$ 증가시켜야 한다.

문제 013
철근 콘크리트 휨부재에서 최대철근비와 최소철근비를 규정한 이유로 가장 적당한 것은?

㉮ 부재의 경제적인 단면 설계를 위해서
㉯ 부재의 사용성을 증진시키기 위해서
㉰ 부재의 파괴에 대한 안전을 확보하기 위해서
㉱ 부재의 급작스런 파괴를 방지하기 위해서

해설
- 최대 철근비: 인장측 철근이 먼저 항복하는 연성 파괴를 유도한다.
- 최소 철근비: 보에 인장 철근량이 너무 적어도 취성 파괴가 일어난다.
- 최소 철근량: $\phi M_n \geq 1.2 M_{cr}$
- 균형 철근비($f_{ck} \leq 40\text{MPa}$일 경우)

$$\rho_b = \eta(0.85 f_{ck})\frac{\beta_1}{f_y}\frac{660}{660 + f_y}$$

철근량이 과다할 경우 압축측 콘크리트가 철근이 항복하기 전에 콘크리트의 극한 변형률 0.0033에 도달하여 갑자기 파괴를 일으키는 취성파괴가 발생한다.

문제 014
아래 그림과 같은 보의 단면에서 표피철근의 간격 s는 약 얼마인가? (단, 습윤환경에 노출되는 경우로서, 표피철근의 표면에서 부재 측면까지 최단거리(c_c)는 50mm, $f_{ck} = 28\text{MPa}$, $f_y = 400\text{MPa}$이다.)

㉮ 170mm
㉯ 190mm
㉰ 220mm
㉱ 240mm

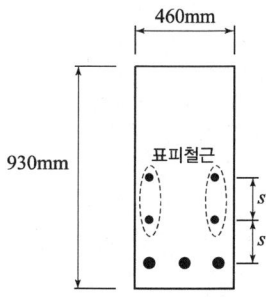

정답 013. ㉱ 014. ㉮

해설
- $s = 375\left(\dfrac{k_{cr}}{f_s}\right) - 2.5c_c = 375\left(\dfrac{210}{267}\right) - 2.5 \times 50 = 170\,\text{mm}$
- $s = 300\left(\dfrac{k_{cr}}{f_s}\right) = 300\left(\dfrac{210}{267}\right) = 236\,\text{mm}$

여기서, $f_s = \dfrac{2}{3}f_y = \dfrac{2}{3} \times 400 = 267\,\text{MPa}$

k_{cr}은 건조환경에 노출되는 경우에는 280이고 그 외의 환경에 노출되는 경우에는 210이다.

∴ 두 식에 의해 계산된 값 중에서 작은 값인 170mm 이하이다.

문제 015

리벳으로 연결된 부재에서 리벳이 상·하 두 부분으로 절단되었다면 그 원인은?

㉮ 연결부의 인장파괴 ㉯ 리벳의 압축파괴
㉰ 연결부의 지압파괴 ㉱ 리벳의 전단파괴

해설
- 전단파괴는 부재가 절단되어 파괴되는 현상으로 재료 내부에 발생하는 전단응력이 재료의 전단 강도에 도달하여 과도한 전단 변형을 일으키며 파괴된다.
- 지압파괴는 강재에 의해 눌러서 찌그러지는 파괴를 말한다.

문제 016

철근 콘크리트 보에 배치되는 철근의 순간격에 대한 설명으로 틀린 것은?

㉮ 동일 평면에서 평행한 철근 사이의 수평 순간격은 25mm 이상이어야 한다.
㉯ 상단과 하단에 2단 이상으로 배치된 경우 상하 철근의 순간격은 25mm 이상으로 하여야 한다.
㉰ 철근의 순간격에 대한 규정은 서로 접촉된 겹침이음 철근과 인접된 이음철근 또는 연속철근 사이의 순간격에도 적용하여야 한다.
㉱ 벽체 또는 슬래브에서 휨 주철근의 간격은 벽체나 슬래브 두께의 2배 이하로 하여야 한다.

해설
- 나선철근 또는 띠철근이 배근된 압축부재에서 축방향철근의 순간격은 40mm 이상, 또한 철근 공칭지름의 1.5배 이상으로 하여야 한다.
- 벽체 또는 슬래브에서 휨 주철근의 간격은 벽체나 슬래브 두께의 3배 이하로 하여야 하고, 또한 450mm 이하로 하여야 한다.

문제 017

강판형(plate girder) 복부(web) 두께의 제한이 규정되어 있는 가장 큰 이유는?

㉮ 시공상의 난이 ㉯ 공비의 절약
㉰ 자중의 경감   ㉱ 좌굴의 방지

해설 휨모멘트를 고려하여 강판형의 경제적인 높이를 구하며 복부의 두께는 좌굴의 방지를 고려하여 결정한다.

정답 015. ㉱ 016. ㉱ 017. ㉱

문제 018

프리스트레스트 콘크리트(PSC)의 균등질 보의 개념(homogeneous beam concept)을 설명한 것으로 옳은 것은?

㉮ PSC는 결국 부재에 작용하는 하중의 일부 또는 전부를 미리 가해진 프리스트레스와 평행이 되도록 하는 개념
㉯ PSC 보를 RC 보처럼 생각하여, 콘크리트는 압축력을 받고 긴장재는 인장력을 받게 하여 두 힘의 우력 모멘트로 외력에 의한 휨모멘트에 저항시킨다는 개념
㉰ 콘크리트에 프리스트레스가 가해지면 PSC 부재는 탄성재료로 전환되고 이의 해석은 탄성이론으로 가능하다는 개념
㉱ PSC는 강도가 크기 때문에 보의 단면을 강재의 단면으로 가정하여 압축 및 인장을 단면전체가 부담할 수 있다는 개념

해설
- ㉮ : 하중평형개념(등가 하중개념)
- ㉯ : 강도개념(내력 모멘트의 개념)

문제 019

강도 설계에 있어서 강도감소계수(ϕ)의 값으로 틀린 것은?

㉮ 전단력 : 0.75 ㉯ 비틀림모멘트 : 0.75
㉰ 인장지배단면 : 0.85 ㉱ 포스트텐션 정착구역 : 0.75

해설
- 포스트텐션 정착구역 : 0.85
- 띠철근 : 0.65
- 나선철근 : 0.7

문제 020

콘크리트의 크리프에 대한 설명으로 틀린 것은?

㉮ 고강도 콘크리트는 저강도 콘크리트 보다 크리프가 크게 일어난다.
㉯ 콘크리트가 놓이는 주위의 온도가 높을수록 크리프 변형은 크게 일어난다.
㉰ 물-시멘트비가 큰 콘크리트는 물-시멘트비가 작은 콘크리트 보다 크리프가 크게 일어난다.
㉱ 일정한 응력이 장시간 계속하여 작용하고 있을 때 변형이 계속 진행되는 현상을 말한다.

해설
- 고강도 콘크리트는 저강도 콘크리트 보다 크리프가 작게 일어난다.
- 콘크리트가 놓이는 주위의 온도가 높을수록 크리프 변형은 크게 일어난다.

정답 018. ㉰ 019. ㉱ 020. ㉮

제1부 철근콘크리트 및 강구조

제 10 회 CBT 모의고사

> 「알려드립니다」 한국산업인력공단의 저작권법 저촉에 대한 언급(2013년 2회 시험)이 있어 과거에 출제된 동일한 문제나 그 유형의 문제로 재구성하였습니다.

문제 001

경간 8m인 단순 PC 보에 등분포하중(고정하중과 활하중의 합) ω=30kN/m가 작용하며 PS강재는 단면 중심에 배치되어 있다. 인장측 하연의 콘크리트 응력이 0이 되려면 PS 강재에 작용되어야 할 인장력 P는?

㉮ 2400kN ㉯ 3500kN
㉰ 4000kN ㉱ 4920kN

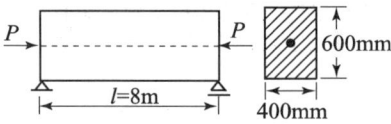

해설
- $M = \dfrac{wl^2}{8} = \dfrac{30 \times 8^2}{8} = 240\text{kN} \cdot \text{m}$
- $I = \dfrac{bh^3}{12} = \dfrac{0.4 \times 0.6^3}{12} = 0.0072\text{m}^4$
- $A = bh = 0.4 \times 0.6 = 0.24\text{m}^2$
- $f = \dfrac{P}{A} \pm \dfrac{M}{I}y \mp \dfrac{Pe}{I}y$ 식에서 편심이 없고 하연응력의 경우를 적용하면

$f_{하연} = \dfrac{P}{A} - \dfrac{M}{I}y$

$0 = \dfrac{P}{A} - \dfrac{M}{I}y$

$\dfrac{P}{A} = \dfrac{M}{I}y$

$\dfrac{P}{0.24} = \dfrac{240}{0.0072} \times \dfrac{0.6}{2} = 10000$

∴ $P = 0.24 \times 10000 = 2400\text{kN}$

문제 002

나선철근 기둥의 설계에 있어서 나선철근비를 구하는 식으로 옳은 것은? (A_g : 기둥의 총 단면적, A_{ch} : 나선철근 기둥의 심부 단면적, f_{yt} : 나선철근의 설계기준항복강도, f_{ck} : 콘크리트의 설계기준 강도)

㉮ $0.45\left(\dfrac{A_g}{A_{ch}} - 1\right)\dfrac{f_{yt}}{f_{ck}}$ ㉯ $0.45\left(\dfrac{A_g}{A_{ch}} - 1\right)\dfrac{f_{ck}}{f_{yt}}$

㉰ $0.45\left(1 - \dfrac{A_g}{A_{ch}}\right)\dfrac{f_{ck}}{f_{yt}}$ ㉱ $0.85\left(\dfrac{A_c}{A_g} - 1\right)\dfrac{f_{ck}}{f_{yt}}$

정답 001. ㉮ 002. ㉯

해설 나선 철근비

$$\rho_s = 0.45\left(\frac{A_g}{A_{ch}}-1\right)\frac{f_{ck}}{f_{yt}}$$

여기서, 나선철근의 설계기준 항복강도 $f_{yt} = 700\text{MPa}$ 이하로 한다.

문제 003

균형철근량보다 작은 인장철근을 가진 과소철근보가 휨에 의해 파괴될 때의 설명 중 옳은 것은?

㉮ 중립축이 인장측으로 내려오면서 철근이 먼저 파괴된다.
㉯ 압축측 콘크리트와 인장측 철근이 동시에 항복한다.
㉰ 인장측 철근이 먼저 항복한다.
㉱ 압축측 콘크리트가 먼저 파괴된다.

해설
- 과소철근보 : 균형철근비보다 철근을 적게 넣어 인장측 철근에 먼저 항복하는 연성파괴로 파괴가 단계적으로 서서히 일어나게 한다.
- 과다철근보 : 균형철근비보다 많은 철근을 넣으면 압축측 콘크리트가 철근이 항복하기 전에 갑자기 파괴되는 취성파괴가 일어난다.

문제 004

그림과 같은 단순 PSC 보에서 등분포하중(자중 포함) $\omega = 30\text{kN/m}$가 작용하고 있다. 프리스트레스에 의한 상향력과 이 등분포하중이 비기기 위해서는 프리스트레스 힘 P를 얼마로 도입해야 하는가?

㉮ 900 kN
㉯ 1200 kN
㉰ 1500 kN
㉱ 1800 kN

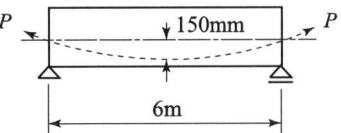

해설 $\dfrac{ul^2}{8} = P \cdot s$ $\dfrac{30\times 6^2}{8} = P\times 0.15$ ∴ $P = 900\text{kN}$

문제 005

옹벽의 구조해석에 대한 설명으로 틀린 것은?

㉮ 뒷부벽은 직사각형보로 설계하여야 하며, 앞부벽은 T형보로 설계하여야 한다.
㉯ 저판의 뒷굽판은 정확한 방법이 사용되지 않는 한, 뒷굽판 상부에 재하되는 모든 하중을 지지하도록 설계하여야 한다.
㉰ 캔틸레버식 옹벽의 저판은 추가철근과의 접합부를 고정단으로 간주한 캔틸레버로 가정하여 단면을 설계할 수 있다.
㉱ 부벽식 옹벽의 저판은 정밀한 해석이 사용되지 않는 한 부벽간의 거리를 경간으로 가정한 고정보 또는 연속보로 설계할 수 있다.

해설 뒷부벽은 T형보로 설계하여야 하며, 앞부벽은 직사각형보로 설계하여야 한다.

정답 003. ㉰ 004. ㉮ 005. ㉮

문제 006
옹벽에서 T형 보로 설계하여야 하는 부분은?
- ㉮ 앞부벽식 옹벽의 앞부벽
- ㉯ 뒷부벽식 옹벽의 전면벽
- ㉰ 앞부벽식 옹벽의 저판
- ㉱ 뒷부벽식 옹벽의 뒷부벽

해설 앞부벽식 옹벽의 앞부벽은 직사각형 보로 설계한다.

문제 007
콘크리트 구조물의 강도설계법에서 사용되는 강도감소계수에 대한 다음 설명 중 잘못된 것은?
- ㉮ 포스트텐션 정착구역 : 0.80
- ㉯ 압축지배단면에서 나선철근으로 보강된 철근 콘크리트 부재 : 0.70
- ㉰ 인장지배단면 : 0.85
- ㉱ 공칭강도에서 최외단 인장철근의 순인장 변형률(ε_t)이 압축지배와 인장지배단면 사이일 경우에는 ε_t가 압축지배 변형률 한계에서 인장지배 변형률 한계로 증가함에 따라 ϕ 값을 압축지배단면에 대한 값에서 0.85까지 증가시킨다.

해설 포스트텐션 정착구역 : 0.85

문제 008
압축철근비가 0.01이고, 인장철근비가 0.003인 철근콘크리트보에서 장기 추가처짐에 대한 계수(λ_Δ)의 값은? (단, 하중재하기간은 5년 6개월이다.)
- ㉮ 0.80
- ㉯ 0.933
- ㉰ 2.80
- ㉱ 1.333

해설 $\lambda_\Delta = \dfrac{\xi}{1+50\rho'} = \dfrac{2}{1+(50 \times 0.01)} = 1.333$

문제 009
직접설계법에 의한 슬래브 설계에서 전체 정적 계수 휨모멘트 $M_o = 320\text{kN} \cdot \text{m}$로 계산되었을 때, 내부 경간의 부계수 휨모멘트는 얼마인가?
- ㉮ 208 kN · m
- ㉯ 195 kN · m
- ㉰ 182 kN · m
- ㉱ 169 kN · m

해설
- $(-)\ 0.65 M_o = 0.65 \times 320 = 208 \text{kN} \cdot \text{m}$
- 정계수 휨모멘트 $= 0.35 M_o$

정답 006. ㉱ 007. ㉮ 008. ㉱ 009. ㉮

문제 010

철근콘크리트 구조물의 전단철근에 대한 설명으로 틀린 것은?

㉮ 이형철근을 전단철근으로 사용하는 경우 설계기준 항복강도 f_y는 550MPa을 초과하여 취할 수 없다.
㉯ 전단철근으로서 스터럽과 굽힘철근을 조합하여 사용할 수 있다.
㉰ 주철근에 45° 이상의 각도로 설치되는 스터럽은 전단철근으로 사용할 수 있다.
㉱ 경사스터럽과 굽힘철근은 부재 중간높이인 $0.5d$에서 반력점 방향으로 주인장철근까지 연장된 45°선과 한 번 이상 교차되도록 배치하여야 한다.

해설 전단철근의 설계기준항복강도 f_y는 500MPa를 초과할 수 없다.
단, 용접철망은 600MPa를 초과할 수 없다.

문제 011

그림과 같은 용접부에 작용하는 응력은?

㉮ 112.7 MPa
㉯ 118.0 MPa
㉰ 120.3 MPa
㉱ 125.0 MPa

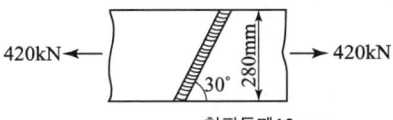

해설 $\dfrac{P}{\Sigma al} = \dfrac{420000}{12 \times 280} = 125\text{MPa}$

문제 012

그림과 같은 나선철근 단주의 설계 축강도 ϕP_n을 구하면? (단, D32 1개의 단면적 = 794mm², f_{ck} = 24MPa, f_y = 420MPa)

㉮ 2658 kN
㉯ 2748 kN
㉰ 2848 kN
㉱ 2948 kN

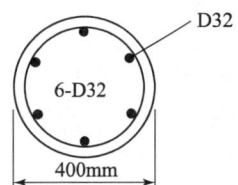

해설 $\phi P_n = \phi 0.85 \left(\eta (0.85 f_{ck}) A_c + A_{st} f_y \right)$
$= 0.7 \times 0.85 \left\{ 1.0 \times (0.85 \times 24) \times \left(\dfrac{\pi \times 0.4^2}{4} - 6 \times 794 \times 10^{-6} \right) + (6 \times 794 \times 10^{-6} \times 420) \right\}$
$= 2.658\text{MN} = 2658\text{kN}$

문제 013

그림과 같은 필릿용접의 유효 목두께로 옳게 표시된 것은? (단, KDS 14 30 25 강구조 연결 설계기준(허용응력설계법)에 따른다.)

㉮ S
㉯ 0.9S
㉰ 0.7S
㉱ 0.5*l*

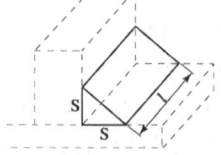

해설 목두께 $a = \dfrac{1}{\sqrt{2}}S = 0.7S$

문제 014

폭 350mm, 유효깊이 500mm인 보에 설계기준 항복강도가 400MPa인 D13 철근을 인장 주철근에 대한 경사각(α)이 60°인 U형 경사 스터럽으로 설치했을 때 전단보강철근의 공칭강도(V_s)는? (단, 스터럽 간격 s =250mm, D13 철근 1본의 단면적은 127mm²이다.)

㉮ 201.4kN
㉯ 212.7kN
㉰ 243.2kN
㉱ 277.6kN

해설
$$V_s = \frac{A_v f_{yt}(\sin\alpha + \cos\alpha)d}{s}$$
$$= \frac{2 \times 127 \times 400 \times (\sin 60° + \cos 60°) \times 500}{250}$$
$$= 277576N = 277.6kN$$

문제 015

강도설계법에 대한 기본 가정으로 틀린 것은?

㉮ 철근과 콘크리트의 변형률은 중립축부터 거리에 비례한다.
㉯ 콘크리트의 인장강도는 철근콘크리트 부재단면의 축강도와 휨강도 계산에서 무시한다.
㉰ 철근의 응력이 설계기준항복강도 f_y 이하일 때 철근의 응력은 그 변형률에 관계없이 f_y와 같다고 가정한다.
㉱ 휨모멘트 또는 휨모멘트와 축력을 동시에 받는 부재의 콘크리트 압축연단의 극한변형률은 콘크리트의 설계기준압축강도가 40MPa 이하인 경우에는 0.0033으로 가정한다.

해설 철근의 응력이 설계기준항복강도 f_y 이상일 때 철근의 응력은 그 변형률에 관계없이 f_y와 같다고 가정한다.

정답 013. ㉰   014. ㉱   015. ㉰

문제 016

프리스트레스트 콘크리트(PSC)에 대한 설명으로 틀린 것은?

㉮ 프리캐스트를 사용할 경우 거푸집 및 동바리공이 불필요하다.
㉯ 콘크리트 전 단면을 유효하게 이용하여 철근콘크리트(RC) 부재보다 경간을 길게 할 수 있다.
㉰ 철근콘크리트(RC)에 비해 단면이 작아서 변형이 크고 진동하기 쉽다.
㉱ 철근콘크리트(RC)보다 내화성이 있어서 유리하다.

해설
- 철근콘크리트(RC)에 비해 내화성이 불리하다.
- 강재의 부식 위험이 적고 내구성이 좋다.
- 탄력성과 복원성이 우수하다.
- PSC 구조물은 안전성이 높다.

문제 017

표피철근(skin reinforcement)에 대한 설명으로 옳은 것은?

㉮ 상하 기둥 연결부에서 단면치수가 변하는 경우에 구부린 주철근이다.
㉯ 비틀림모멘트가 크게 일어나는 부재에서 이에 저항하도록 배치되는 철근이다.
㉰ 건조수축 또는 온도변화에 의하여 콘크리트에 발생하는 균열을 방지하기 위한 목적으로 배치되는 철근이다.
㉱ 주철근이 단면의 일부에 집중 배치된 경우일 때 부재의 측면에 발생 가능한 균열을 제어하기 위한 목적으로 주철근 위치에서부터 중립축까지의 표면 근처에 배치하는 철근이다.

해설 표피철근은 전체 깊이가 900mm를 초과하는 깊은 휨부재 복부의 양측면에 부재 축방향으로 배치하는 철근으로 인장연단으로부터 h/2 받침부까지 균등하게 배치해야 한다.

문제 018

철근의 이음 방법에 대한 설명으로 틀린 것은? (단, l_d는 정착길이)

㉮ 인장을 받는 이형철근의 겹침이음길이는 A급 이음과 B급 이음으로 분류하며, A급 이음은 $1.0l_d$ 이상, B급 이음은 $1.3l_d$ 이상이며, 두 가지 경우 모두 300mm 이상이여야 한다.
㉯ 인장 이형철근의 겹침이음에서 A급 이음은 배치된 철근량이 이음부 전체 구간에서 해석결과 요구되는 소요 철근량의 2배 이상이고, 소요 겹침이음길이 내 겹침이음된 철근량이 전체 철근량의 1/2 이하인 경우이다.
㉰ 서로 다른 크기의 철근을 압축부에서 겹침이음하는 경우, D41과 D51 철근은 D35 이하 철근과의 겹침이음은 허용할 수 있다.
㉱ 휨부재에서 서로 직접 접촉되지 않게 겹침이음된 철근은 횡방향으로 소요 겹침이음길이의 1/3 또는 200mm 중 작은 값 이상 떨어지지 않아야 한다.

해설 휨부재에서 서로 직접 접촉되지 않게 겹침이음된 철근은 횡방향으로 소요 겹침이음길이의 1/5 또는 150mm 중 작은 값 이상 떨어지지 않아야 한다.

정답 016. ㉱ 017. ㉱ 018. ㉱

문제 019

강도설계법에 의한 콘크리트 구조 설계에서 변형률 및 지배단면에 대한 설명으로 틀린 것은?

㉮ 인장철근이 설계기준항복강도 f_y에 대응하는 변형률에 도달하고 동시에 압축 콘크리트가 가정된 극한변형률에 도달할 때, 그 단면이 균형변형률 상태에 있다고 본다.
㉯ 압축연단 콘크리트가 가정된 극한변형률에 도달할 때 최외단 인장철근의 순인장변형률 ε_t가 0.0025의 인장지배변형률 한계 이상인 단면을 인장지배단면이라고 한다.
㉰ 압축연단 콘크리트가 가정된 극한변형률에 도달할 때 최외단 인장철근의 순인장변형률 ε_t가 압축지배변형률 한계 이하인 단변을 압축지배단면이라고 한다.
㉱ 순인장변형률 ε_t가 압축지배변형률 한계와 인장지배단면변형률 한계 사이인 단면은 변화구간 단면이라고 한다.

해설 압축연단 콘크리트가 가정된 극한변형률에 도달할 때 최외단 인장철근의 순인장변형률 ε_t가 0.005의 인장지배변형률 한계 이상인 단면을 인장지배단면이라고 한다.

문제 020

그림과 같은 필릿용접에서 일어나는 응력으로 옳은 것은? (단, KDS 14 30 25 강구조 연결 설계기준(허용응력설계법)에 따른다.)

㉮ 82.3MPa
㉯ 95.05MPa
㉰ 109.02MPa
㉱ 130.25MPa

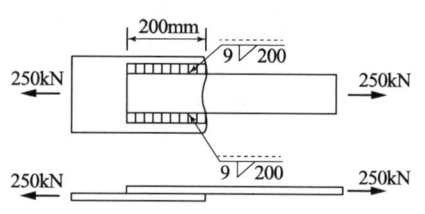

해설
- 유효 목두께
  $a = 0.7 \times 9 = 6.3 \text{mm}$
- 유효 길이
  $l = [200 - (2 \times 9)] + [200 - (2 \times 9)] = 364 \text{mm}$
- 응력
  $v = \dfrac{P}{\Sigma a \cdot l} = \dfrac{250,000}{6.3 \times 364} = 109.02 \text{MPa}$

제 1 부 철근콘크리트 및 강구조

제 11 회 CBT 모의고사

「알려드립니다」 한국산업인력공단의 저작권법 저촉에 대한 언급(2013년 2회 시험)이 있어 과거에 출제된 동일한 문제나 그 유형의 문제로 재구성하였습니다.

문제 001
뒷부벽식 옹벽에서 뒷부벽을 어떤 보로 설계하여야 하는가?
- ㉮ 직사각형보
- ㉯ T형보
- ㉰ 단순보
- ㉱ 연속보

해설 앞부벽은 직사각형 보로 설계하며, 뒷부벽은 T형 보로 보고 설계한다.

문제 002
강도설계법에서 구조의 안전을 확보하기 위해 사용되는 강도 감소계수 ϕ에 대한 설명으로 틀린 것은?
- ㉮ 휨부재 $\phi=0.85$
- ㉯ 압축을 받는 띠철근 콘크리트 부재 $\phi=0.65$
- ㉰ 전단과 비틀림 부재 $\phi=0.8$
- ㉱ 콘크리트의 지압력 $\phi=0.65$

해설
- 전단과 비틀림 부재 : 0.75
- 강도감소계수는 시공 및 설계상의 오차, 파괴 형상 및 부재의 중요도 등을 고려한 계수이다.

문제 003
그림과 같은 띠철근 기둥에서 띠철근의 최대 간격으로 적당한 것은? (단, D10의 공칭직경은 9.5mm, D32의 공칭직경은 31.8mm)
- ㉮ 400mm
- ㉯ 450mm
- ㉰ 500mm
- ㉱ 550mm

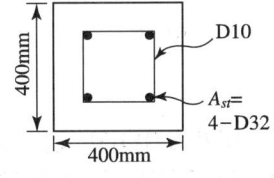

해설
- 종방향 철근 지름의 16배 이하 : $31.8 \times 16 = 508.8$mm
- 띠철근 지름의 48배 이하 : $9.5 \times 48 = 456$mm
- 기둥 단면의 최소 치수 이하 : 400mm
∴ 띠철근의 간격은 최소값인 400mm 이하로 하여야 한다.

보충 띠철근 압력부재 단면의 치수는 200mm이고 단면적은 60,000mm² 이상이어야 한다.

정답 001. ㉯ 002. ㉰ 003. ㉮

문제 004

보의 길이 $l=20\text{m}$, 활동량 $\Delta l=4\text{mm}$, $E_p=200,000\text{MPa}$일 때 프리스트레스 감소량 Δf_p는?
(단, 일단 정착임)

㉮ 40 MPa ㉯ 30 MPa ㉰ 20 MPa ㉱ 15 MPa

해설 $\Delta f_p = E_p \cdot \dfrac{\Delta l}{l} = 200,000 \times \dfrac{4}{20,000} = 40\text{MPa}$

문제 005

그림과 같은 맞대기 이음부에 발생하는 응력의 크기는?
(단, $P=360\text{kN}$, 강판두께 12mm)

㉮ 압축응력 $f_c = 14.4\text{MPa}$
㉯ 인장응력 $f_t = 3000\text{MPa}$
㉰ 전단응력 $\tau = 150\text{MPa}$
㉱ 압축응력 $f_c = 120\text{MPa}$

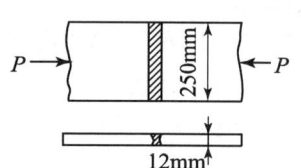

해설 $f_c = \dfrac{P}{A} = \dfrac{360000}{250 \times 12} = 120\text{N/mm}^2 = 120\text{MPa}$

문제 006

직사각형 보에서 계수 전단력 $V_u=70\text{kN}$을 전단철근 없이 지지하고자 할 경우 필요한 최소 유효깊이 d는 약 얼마인가? (단, $b_w=400\text{mm}$, $f_{ck}=21\text{MPa}$, $f_y=350\text{MPa}$, $\lambda=1.0$)

㉮ $d=426\text{mm}$ ㉯ $d=556\text{mm}$
㉰ $d=611\text{mm}$ ㉱ $d=751\text{mm}$

해설 $V_u \leq \dfrac{1}{2}\phi V_c$인 경우 최소 전단철근을 배치하지 않아도 된다.

$V_u = \dfrac{1}{2}\phi V_c = \dfrac{1}{2}\phi \dfrac{1}{6} \lambda \sqrt{f_{ck}}\, b_w\, d$

$70000 = \dfrac{1}{2} \times 0.75 \times \dfrac{1}{6} \times 1.0 \times \sqrt{21} \times 400 \times d$

$\therefore d = 611\text{mm}$

문제 007

압축철근비가 0.01이고, 인장철근비가 0.003인 철근콘크리트보에서 장기 추가처짐에 대한 계수(λ_Δ)의 값은? (단, 하중재하기간은 5년 6개월이다.)

㉮ 0.80 ㉯ 0.933
㉰ 2.80 ㉱ 1.333

해설 $\lambda_\Delta = \dfrac{\xi}{1+50\rho'} = \dfrac{2}{1+(50\times 0.01)} = 1.333$

정답 004. ㉮ 005. ㉱ 006. ㉰ 007. ㉱

문제 008

인장응력 검토를 위한 L-150×90×12인 형강(angle)의 전개 총폭 b_g는 얼마인가?

㉮ 228mm ㉯ 232mm
㉰ 240mm ㉱ 252mm

해설
- $b_1 = 150\text{mm}$, $b_2 = 90\text{mm}$, $t = 12\text{mm}$
- $b_g = b_1 + b_2 - t = 150 + 90 - 12 = 228\text{mm}$

문제 009

연속보 또는 1방향 슬래브의 철근 콘크리트 구조해석시 근사해법 조건으로 틀린 것은?

㉮ 등분포 하중이 작용하는 경우
㉯ 활하중이 고정하중의 3배를 초과하지 않는 경우
㉰ 인접 2경간 차이가 짧은 경간의 30% 이하인 경우
㉱ 부재의 단면 크기가 일정한 경우

해설
- 인접 2경간 차이가 짧은 경간의 20% 이하인 경우
- 2경간 이상인 경우

문제 010

그림과 같은 단면을 갖는 지간 20m의 PSC보에 PS 강재가 200mm의 편심거리를 가지고 직선배치되어 있다. 자중을 포함한 등분포하중 16kN/m가 보에 작용할 때, 보 중앙단면 콘크리트 상연응력은 얼마인가? (단, 유효프리스트레스 힘 $P_e = 2400\text{kN}$)

㉮ 12 MPa
㉯ 13 MPa
㉰ 14 MPa
㉱ 15 MPa

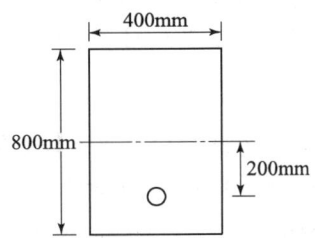

해설
- $I = \dfrac{bh^3}{12} = \dfrac{0.4 \times 0.8^3}{12} = 0.017\text{mm}^4$
- $M = \dfrac{\omega l^2}{8} = \dfrac{16 \times 20^2}{8} = 800\text{kN} \cdot \text{m}$
- $f = \dfrac{P}{A} - \dfrac{P \cdot e}{I}y + \dfrac{M}{I}y = \dfrac{2400}{0.4 \times 0.8} + \dfrac{2400 \times 0.2}{0.017} \times \dfrac{0.8}{2} + \dfrac{800}{0.017} \times \dfrac{0.8}{2}$
  $= 15029.4\text{kN/m}^2 = 15\text{N/mm}^2 = 15\text{MPa}$

정답 008. ㉮ 009. ㉰ 010. ㉱

문제 011

슬래브와 보가 일체로 타설된 비대칭 T형보(반 T형보)의 유효폭은 얼마인가? (단, 플랜지 두께=100mm, 복부폭=300mm, 인접보와의 내측거리=1600mm, 보의 경간=6.0m)

㉮ 800mm ㉯ 900mm ㉰ 1000mm ㉱ 1100mm

해설
- $6t + b_w = 6 \times 100 + 300 = 900$mm
- 보의 경간의 $\frac{1}{12} + b_w = 6000 \times \frac{1}{12} + 300 = 800$mm
- 인접보와의 내측거리의 $\frac{1}{2} + b_w = 1600 \times \frac{1}{2} + 300 = 1100$mm

∴ 유효폭은 최소값인 800mm이다.

문제 012

비틀림철근에 대한 설명으로 틀린 것은? (단, A_{oh}는 가장 바깥의 비틀림 보강철근의 중심으로 닫혀진 단면적이고, P_h는 가장 바깥의 횡방향 폐쇄 스터럽 중심선의 둘레이다.)

㉮ 횡방향 비틀림철근은 종방향 철근 주위로 135° 표준갈고리에 의해 정착하여야 한다.
㉯ 비틀림모멘트를 받는 속빈 단면에서 횡방향 비틀림철근의 중심선으로부터 내부 벽면까지의 거리는 $0.5 A_{oh}/P_h$ 이상이 되도록 설계하여야 한다.
㉰ 횡방향 비틀림철근의 간격은 $P_h/6$ 및 400mm보다 작아야 한다.
㉱ 종방향 비틀림철근은 양단에 정착하여야 한다.

해설
- 횡방향 비틀림철근의 간격은 $P_h/8$보다 작아야 하고 또한 300mm보다 작아야 한다.
- 비틀림에 요구되는 종방향 철근은 폐쇄 스터럽의 둘레를 따라 300mm 이하의 간격으로 분포시켜야 한다. 종방향 철근이나 긴장재는 스터럽의 내부에 배치시켜야 하며 스터럽의 각 모서리에 최소한 하나의 종방향 철근이나 긴장재가 있어야 한다.

문제 013

길이가 7m인 양단 연속보에서 처짐을 계산하지 않는 경우 보의 최소두께로 옳은 것은? (단, f_{ck}=28MPa, f_y=400MPa)

㉮ 275mm ㉯ 334mm ㉰ 379mm ㉱ 438mm

해설 양단 연속보에 경우 $\frac{l}{21} = \frac{7000}{21} = 334$mm 이다.

문제 014

단철근 직사각형 보에서 f_{ck}=38MPa인 경우, 콘크리트 등가 직사각형 압축응력 블록의 깊이를 나타내는 계수 β_1은?

㉮ 0.74 ㉯ 0.76 ㉰ 0.80 ㉱ 0.85

해설 $f_{ck} \leq$ 40MPa일 때 β_1=0.8이다.

정답 011. ㉮ 012. ㉰ 013. ㉯ 014. ㉰

문제 015

그림과 같은 인장철근을 갖는 보의 유효 깊이는?
(여기서, D19철근은 공칭단면적이 287mm²임)

㉮ 350mm
㉯ 410mm
㉰ 440mm
㉱ 500mm

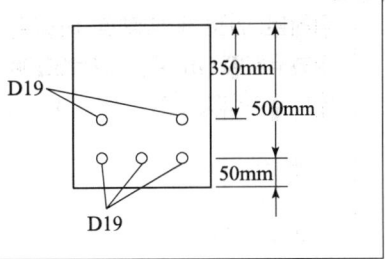

해설 $5A_s \times d = 2A_s \times 350 + 3A_s \times 500$

$$\therefore d = \frac{2A_s \times 350 + 3A_s \times 500}{5A_s} = \frac{2 \times 287 \times 350 + 3 \times 287 \times 500}{5 \times 287} = 440\text{mm}$$

문제 016

표준갈고리를 갖는 인장 이형철근의 정착에 대한 설명으로 옳지 않은 것은? (단, d_b는 철근의 공칭지름이다.)

㉮ 갈고리는 압축을 받는 경우 철근 정착에 유효하지 않은 것으로 본다.
㉯ 정착길이는 위험단면부터 갈고리의 외측단까지 길이로 나타낸다.
㉰ f_{sp}값이 규정되어 있지 않은 경우 모래경량콘크리트의 경량 콘크리트계수 λ는 0.7이다.
㉱ 기본 정착길이에 보정계수를 곱하여 정착길이를 계산하는데 이렇게 구한 정착길이는 항상 $8d_b$ 이상, 또는 150mm 이상이어야 한다.

해설 f_{sp}값이 규정되어 있지 않은 경우 모래경량콘크리트의 경량 콘크리트계수 λ는 0.85이다.

문제 017

프리스트레스의 손실 원인은 그 시기에 따라 즉시 손실과 도입 후에 시간적인 경과 후에 일어나는 손실로 나눌 수 있다. 다음 중 손실 원인의 시기가 나머지와 다른 하나는?

㉮ 콘크리트의 크리프
㉯ 콘크리트의 건조수축
㉰ 긴장재 응력의 릴랙세이션
㉱ 포스트텐션 긴장재와 덕트 사이의 마찰

해설 프리스트레스트 도입 후 시간의 경과에 따라 생기는 손실
• 콘크리트의 크리프
• 콘크리의 건조수축
• 긴장재 응력의 릴랙세이션

정답 015. ㉰ 016. ㉰ 017. ㉱

문제 018

강판을 리벳 이음할 때 지그재그(zigzag)형으로 리벳을 배치할 경우 재편의 순폭은 최초의 리벳구멍에 대하여 그 지름을 빼고 다음 것에 대하여는 다음 중 어느 식을 사용하여 빼 주는가? (단, g : 리벳 선간거리, p : 리벳의 피치)

㉮ $d - \dfrac{g^2}{4p}$ ㉯ $d - \dfrac{4p^2}{g}$

㉰ $d - \dfrac{p^2}{4g}$ ㉱ $d - \dfrac{4g}{p^2}$

해설
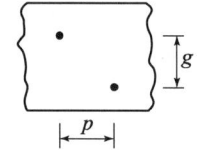

문제 019

유효깊이가 600mm인 단철근 직사각형 보에서 균형 단면이 되기 위한 압축연단에서 중립축까지의 거리는? (단, f_{ck} = 28MPa, f_y = 300MPa, 강도설계법에 의한다.)

㉮ 494.5mm   ㉯ 412.5mm
㉰ 390.5mm   ㉱ 293.5mm

해설 $c = \dfrac{660}{660 + f_y} d = \dfrac{660}{660 + 300} \times 600 = 412.5\text{mm}$

문제 020

철근 콘크리트의 강도설계법을 적용하기 위한 설계 가정으로 틀린 것은?

㉮ 철근과 콘크리트의 변형률은 중립축부터 거리에 비례한다.
㉯ 인장 측 연단에서 철근의 극한변형률은 0.003으로 가정한다.
㉰ 콘크리트 압축연단의 극한변형률은 콘크리트의 설계기준 압축강도가 40MPa 이하인 경우에는 0.0033으로 가정한다.
㉱ 철근의 응력이 설계기준 항복강도(f_y) 이하일 때 철근의 응력은 그 변형률에 철근의 탄성계수(E_s)를 곱한 값으로 한다.

해설
• 콘크리트 인장강도는 철근 콘크리트 부재 단면의 축강도와 휨강도 계산에서 무시할 수 있다.
• 콘크리트 압축응력의 분포와 콘크리트 변형률 사이의 관계는 직사각형, 사다리꼴, 포물선형 또는 강도의 예측에서 광범위한 실험의 결과와 실질적으로 일치하는 어떤 형상으로도 가정할 수 있다.
• 철근의 변형률이 f_y에 대응하는 변형률보다 큰 경우 철근의 응력은 변형률에 관계없이 f_y로 하여야 한다.

정답 018. ㉰   019. ㉯   020. ㉯

제 1 부 **철근콘크리트 및 강구조**

제 12 회 CBT 모의고사

> 「**알려드립니다**」 한국산업인력공단의 저작권법 저촉에 대한 언급(2013년 2회 시험)이 있어 과거에 출제된 동일한 문제나 그 유형의 문제로 재구성하였습니다.

문제 001

콘크리트 속에 묻혀 있는 철근이 콘크리트와 일체가 되어 외력에 저항할 수 있는 이유로 적합하지 않은 것은?

㉮ 철근과 콘크리트 사이의 부착강도가 크다.
㉯ 철근과 콘크리트의 열팽창계수가 거의 같다.
㉰ 콘크리트 속에 묻힌 철근은 부식하지 않는다.
㉱ 철근과 콘크리트의 탄성계수가 거의 같다.

해설 • 콘크리트는 철근에 비해 탄성계수가 상당히 작다.
• 철근과 콘크리트의 열팽창계수는 거의 같다.

문제 002

옹벽의 구조해석에 대한 설명으로 틀린 것은?

㉮ 저판의 뒷굽판은 정확한 방법이 사용되지 않는 한 뒷굽판 상부에 재하되는 모든 하중을 지지하도록 설계하여야 한다.
㉯ 부벽식 옹벽의 추가철근은 2변 지지된 1방향 슬래브로 설계하여야 한다.
㉰ 캔틸레버식 옹벽의 저판은 추가철근과의 접합부를 고정단으로 간주한 캔틸레버로 가정하여 단면을 설계할 수 있다.
㉱ 뒷부벽은 T형보로 설계하여야 하며, 앞부벽은 직사각형 보로 설계하여야 한다.

해설 • 부벽식 옹벽의 저판은 부벽 간의 거리를 경간으로 가정하여 고정보 또는 연속보로 설계하여야 한다.
• 부벽식 옹벽의 전면벽은 3변 지지된 2방향 슬래브로 설계한다.
• 캔틸레버 옹벽의 전면벽은 저판에 지지된 캔틸레버로 설계한다.

문제 003

$b=350mm$, $d=550mm$인 직사각형 단면의 보에서 지속하중에 의한 순간처짐이 16mm였다. 1년 후 총처짐량은 얼마인가? (단, $A_s = 2,246mm^2$, $A_s' = 1,284mm^2$, $\zeta=1.4$)

㉮ 20.5 mm
㉯ 32.8 mm
㉰ 42.1 mm
㉱ 26.5 mm

정답 001. ㉱ 002. ㉯ 003. ㉯

해설
- 순간처짐(탄성처짐) = 16mm
- $\lambda_\Delta = \dfrac{\xi}{1+50\rho'} = \dfrac{1.4}{1+50\times 0.0067} = 1.049$

  여기서, 압축철근비 $\rho' = \dfrac{A_s'}{bd} = \dfrac{1284}{350\times 550} = 0.0067$
- 장기처짐 = 순간처짐 × λ_Δ = 16 × 1.049 = 16.8mm

  ∴ 총 처짐 = 순간처짐 + 장기처짐 = 16 + 16.8 = 32.8mm

문제 004

경간 8m인 단순 PC 보에 등분포하중(고정하중과 활하중의 합) ω = 30kN/m가 작용하며 PS강재는 단면 중심에 배치되어 있다. 인장측 하연의 콘크리트 응력이 0이 되려면 PS 강재에 작용되어야 할 인장력 P는?

㉮ 2400kN
㉯ 3500kN
㉰ 4000kN
㉱ 4920kN

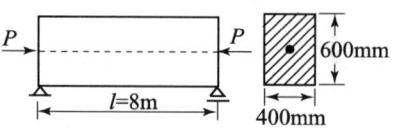

해설
- $M = \dfrac{wl^2}{8} = \dfrac{30\times 8^2}{8} = 240$kN·m
- $I = \dfrac{bh^3}{12} = \dfrac{0.4\times 0.6^3}{12} = 0.0072$m^4
- $A = bh = 0.4\times 0.6 = 0.24$m^2
- $f = \dfrac{P}{A} \pm \dfrac{M}{I}y \mp \dfrac{Pe}{I}y$ 식에서 편심이 없고 하연응력의 경우를 적용하면

  $f_{하연} = \dfrac{P}{A} - \dfrac{M}{I}y$

  $0 = \dfrac{P}{A} - \dfrac{M}{I}y$

  $\dfrac{P}{A} = \dfrac{M}{I}y$

  $\dfrac{P}{0.24} = \dfrac{240}{0.0072}\times \dfrac{0.6}{2} = 10000$

  ∴ $P = 0.24\times 10000 = 2400$kN

문제 005

2방향 슬래브의 직접설계법을 적용하기 위한 제한사항으로 틀린 것은?

㉮ 각 방향으로 3경간 이상이 연속되어야 한다.
㉯ 슬래브판들은 단변 경간에 대한 장변 경간의 비가 2 이하인 직사각형이어야 한다.
㉰ 모든 하중은 연직하중으로서 슬래브판 전체에 등분포되어야 한다.
㉱ 연속한 기둥 중심선으로부터 기둥의 이탈은 이탈방향 경간의 최대 20%까지 허용할 수 있다.

정답 004. ㉮ 005. ㉱

해설
- 연속한 기둥 중심선으로부터 기둥의 이탈은 이탈방향 경간의 10%까지 허용된다.
- 활하중은 고정하중의 2배 이하여야 한다.
- 단경간과 장경간의 비가 $0.5 < \dfrac{S}{L} \leq 1$일 때 2방향 슬래브로 설계한다.

문제 006

다음 그림과 같이 직경 25mm의 구멍이 있는 판(plate)에서 인장응력 검토를 위한 순폭은 약 얼마인가?

㉮ 160.4mm
㉯ 150mm
㉰ 145.8mm
㉱ 130mm

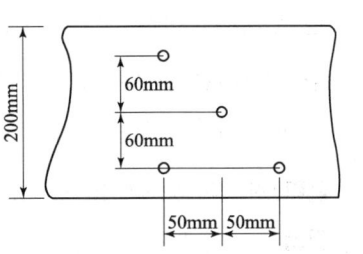

해설
- $b_n = b - 2d = 200 - 2 \times 25 = 150\,\text{mm}$
- $b_n = b - d - \left(d - \dfrac{p^2}{4g}\right) = 200 - 25 - \left(25 - \dfrac{50^2}{4 \times 60}\right) = 160.4\,\text{mm}$
- $b_n = b - d - 2\left(d - \dfrac{p^2}{4g}\right) = 200 - 25 - 2\left(25 - \dfrac{50^2}{4 \times 60}\right) = 145.8\,\text{mm}$

∴ 최소값인 145.8mm이다.

문제 007

다음은 L형강에서 인장응력 검토를 위한 순폭계산에 대한 설명이다. 틀린 것은?

㉮ 전개 총폭$(b) = b_1 + b_2 - t$이다.
㉯ $\dfrac{p^2}{4g} \geq d$인 경우 순폭$(b_n) = b - d$이다.
㉰ 리벳선간거리$(g) = g_1 - t$이다.
㉱ $\dfrac{p^2}{4g} < d$인 경우 순폭$(b_n) = b - d - \dfrac{p^2}{4g}$이다.

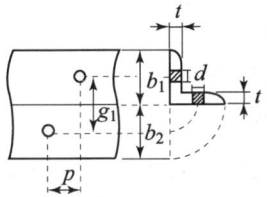

해설 $\dfrac{p^2}{4g} < d$인 경우

순폭$(b_n) = b - d - \left(d - \dfrac{p^2}{4g}\right)$

문제 008

단철근 직사각형 보에서 폭 300mm, 유효깊이 500mm, 인장철근 단면적 1700mm²일 때 강도해석에 의한 직사각형 압축응력 분포도의 깊이(a)는? (단, $f_{ck} = 20\,\text{MPa}$, $f_y = 300\,\text{MPa}$이다.)

㉮ 50mm ㉯ 100mm ㉰ 200mm ㉱ 400mm

해설 $a = \dfrac{A_s f_y}{\eta\, 0.85 f_{ck}\, b} = \dfrac{1700 \times 300}{1.0 \times 0.85 \times 20 \times 300} = 100\,\text{mm}$

정답 006. ㉰ 007. ㉱ 008. ㉯

문제 009

철근콘크리트 부재의 전단철근에 관한 다음 설명 중 옳지 않은 것은?

㉮ 주인장철근에 30° 이상의 각도로 구부린 굽힘철근도 전단철근으로 사용할 수 있다.
㉯ 전단철근의 설계기준 항복강도는 300MPa을 초과할 수 없다.
㉰ 부재축에 직각으로 설치되는 스터럽의 간격은 $0.5d$ 이하, 600mm 이하로 하여야 한다.
㉱ 최소전단 철근은 $A_v = 0.35 \dfrac{b_w \cdot s}{f_{yt}}$ 의 단면적을 두어야 한다(s : 전단철근의 간격(mm), b_w : 복부의 폭(mm)).

해설 전단철근의 설계기준 항복강도는 400MPa를 초과할 수 없다.

보충
- $V_s > \dfrac{1}{3}\sqrt{f_{ck}}\, b_w d$ 일 경우

  스터럽의 간격은 $\dfrac{d}{4}$ 이하, 300mm 이하
- 전단강도 V_s는 $\dfrac{2}{3}\sqrt{f_{ck}}\, b_w d$ 이하로 하여야 한다.

문제 010

그림과 같은 띠철근 기둥에서 띠철근의 최대 간격으로 적당한 것은? (단, D10의 공칭직경은 9.5mm, D32의 공칭직경은 31.8mm)

㉮ 400mm
㉯ 450mm
㉰ 500mm
㉱ 550mm

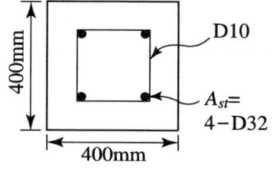

해설
- 종방향 철근 지름의 16배 이하 : $31.8 \times 16 = 508.8$mm
- 띠철근 지름의 48배 이하 : $9.5 \times 48 = 456$mm
- 기둥 단면의 최소 치수 이하 : 400mm

  ∴ 띠철근의 간격은 최소값인 400mm 이하로 하여야 한다.

보충 띠철근 압력부재 단면의 치수는 200mm이고 단면적은 60,000mm² 이상이어야 한다.

문제 011

철근 콘크리트 보를 설계할 때 변화구간에서 강도감소계수(ϕ)를 구하는 식으로 옳은 것은? (단, 나선철근으로 보강되지 않은 부재이며, ε_t는 최외단 인장철근의 순인장변형률이다.)

㉮ $\phi = 0.65 + (\varepsilon_t - 0.002)\dfrac{200}{3}$
㉯ $\phi = 0.7 + (\varepsilon_t - 0.002)\dfrac{200}{3}$
㉰ $\phi = 0.65 + (\varepsilon_t - 0.002) \times 50$
㉱ $\phi = 0.7 + (\varepsilon_t - 0.002) \times 50$

해설 나선철근으로 보강된 부재의 변화구간의 강도감소계수는
$\phi = 0.7 + (\varepsilon_t - 0.002) \times 50$가 사용된다.

정답 009. ㉯ 010. ㉮ 011. ㉮

문제 012

다음 그림과 같은 직사각형 단면의 단순보에 PS강재가 포물선으로 배치되어 있다. 보의 중앙단면에서 일어나는 상연응력(㉠) 및 하연응력(㉡)은? (단, PS강재의 긴장력은 3300kN이고, 자중을 포함한 작용하중은 27kN/m이다.)

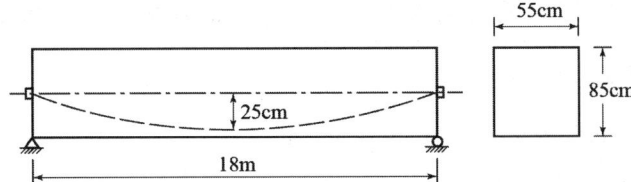

㉮ ㉠ : 21.21MPa ㉡ : 1.8MPa   ㉯ ㉠ : 21.07MPa ㉡ : 0MPa
㉰ ㉠ : 8.6MPa   ㉡ : 2.45MPa ㉱ ㉠ : 11.11MPa ㉡ : 3.0MPa

해설

- $I = \dfrac{bh^3}{12} = \dfrac{0.55 \times 0.85^3}{12} = 0.0281 \, m^4$

- $M = \dfrac{wl^2}{8} = \dfrac{27 \times 18^2}{8} = 1093.5 \, kN \cdot m$

- 상연응력

$$f = \dfrac{P}{A} - \dfrac{Pe}{I}y + \dfrac{M}{I}y = \dfrac{3300}{0.55 \times 0.85} - \dfrac{3300 \times 0.25}{0.0281} \times \dfrac{0.85}{2} + \dfrac{1093.5}{0.0281} \times \dfrac{0.85}{2}$$

$$= 11119.7 \, kN/m^2 = 11.11 \, N/mm^2 = 11.11 \, MPa$$

- 하연응력

$$f = \dfrac{P}{A} + \dfrac{Pe}{I}y - \dfrac{M}{I}y = \dfrac{3300}{0.55 \times 0.85} + \dfrac{3300 \times 0.25}{0.0281} \times \dfrac{0.85}{2} - \dfrac{1093.5}{0.0281} \times \dfrac{0.85}{2}$$

$$= 2997.8 \, kN/m^2 = 3.0 \, N/mm^2 = 3.0 \, MPa$$

문제 013

보통중량 콘크리트의 설계기준강도(f_{ck})가 35MPa이며 철근의 설계항복강도가 400MPa이면 직경이 25mm인 압축이형철근의 기본정착길이(l_{db})는 얼마인가? (단, $\lambda = 1.0$)

㉮ 227mm   ㉯ 358mm
㉰ 423mm   ㉱ 430mm

해설

- $l_{db} = \dfrac{0.25 d_b f_y}{\lambda \sqrt{f_{ck}}}$ 또는 $0.043 d_b f_y$ 중 큰 값이 430mm이다.

- $l_{db} = \dfrac{0.25 d_b f_y}{1.0 \sqrt{f_{ck}}} = \dfrac{0.25 \times 25 \times 400}{1.0 \times \sqrt{35}} = 423 \, mm$

- $l_{db} = 0.043 d_b f_y = 0.043 \times 25 \times 400 = 430 \, mm$

정답 012. ㉱   013. ㉱

문제 014

폭 350mm, 유효깊이 500mm인 보에 설계기준 항복강도가 400MPa인 D13 철근을 인장 주철근에 대한 경사각(α)이 60°인 U형 경사 스터럽으로 설치했을 때 전단보강철근의 공칭강도(V_s)는? (단, 스터럽 간격 s=250mm, D13 철근 1본의 단면적은 127mm²이다.)

㉮ 201.4kN ㉯ 212.7kN ㉰ 243.2kN ㉱ 277.6kN

해설
$$V_s = \frac{A_v f_{yt}(\sin\alpha + \cos\alpha)d}{s}$$
$$= \frac{2 \times 127 \times 400 \times (\sin 60° + \cos 60°) \times 500}{250}$$
$$= 277576 \text{N} = 277.6 \text{kN}$$

문제 015

b=400mm, d=540mm, h=600mm인 직사각형 보에 인장철근이 1열 배근된 철근 콘크리트 단면의 균형 단면 철근 단면적(A_s)은? (단, 등가 직사각형 압축응력블록을 사용하며, f_{ck}=28MPa, f_y=400MPa이다.)

㉮ 5462mm² ㉯ 5959mm² ㉰ 6402mm² ㉱ 7283mm²

해설
- $\rho_b = \eta 0.85 \beta_1 \dfrac{f_{ck}}{f_y} \dfrac{660}{660+f_y} = 1.0 \times 0.85 \times 0.8 \times \dfrac{28}{400} \times \dfrac{660}{660+400} = 0.0296$

  여기서, $f_{ck} \leq 40$MPa이므로 $\beta_1 = 0.80$

- $\rho_b = \dfrac{A_s}{b\,d}$

  $\therefore A_s = \rho_b\, b\, d = 0.0296 \times 400 \times 540 = 6402$mm²

문제 016

프리텐션 PSC 부재의 단면적이 200,000mm²인 콘크리트 도심에 PS 강선을 배치하여 초기의 긴장력(P_i)을 800kN 가하였다. 콘크리트의 탄성변형에 의한 프리스트레스의 감소량은? (단, 탄성계수비(n)는 6이다.)

㉮ 12MPa ㉯ 18MPa ㉰ 20MPa ㉱ 24MPa

해설
$\Delta f_{pe} = n f_{ci} = 6 \times \dfrac{800,000}{200,000} = 24$MPa

문제 017

강구조의 특징에 대한 설명으로 틀린 것은?

㉮ 소성변형 능력이 우수하다.
㉯ 재료가 균질하여 좌굴의 영향이 낮다.
㉰ 인성이 커서 연성파괴를 유도할 수 있다.
㉱ 단위면적당 강도가 커서 자중을 줄일 수 있다.

정답 014. ㉱ 015. ㉰ 016. ㉱ 017. ㉯

해설 강구조는 내화성이 낮고 좌굴의 영향이 크며 응력반복에 따른 피로에 의해 강도 저하가 심하다.

문제 018

아래에서 설명하는 용어는?

> 보나 지판이 없이 기둥으로 하중을 전달하는 2방향으로 철근이 배치된 콘크리트 슬래브

㉮ 플랫 플레이트　　　　　　㉯ 플랫 슬래브
㉰ 리브 쉘　　　　　　　　　㉱ 주열대

해설
- 플랫 슬래브 : 보 없이 지판에 의해 하중이 기둥으로 전달되며, 2방향으로 철근이 배치된 콘크리트 슬래브
- 리브 쉘 : 리브선을 따라 리브를 배치하고 그 사이를 얇은 슬래브로 채우거나 또는 비워둔 쉘 구조물
- 주열대 : 2방향 슬래브에서 기둥과 기둥을 잇는 슬래브의 중심선에서 양측으로 각각 $0.25\,l_1$과 $0.25\,l_2$ 중에서 작은 값과 같은 폭을 갖는 설계대(보가 있는 경우 주열대는 그 보를 포함함)

문제 019

단변 : 장변 경간의 비가 1 : 2인 단순 지지된 2방향 슬래브의 중앙점에 집중하중 P가 작용할 때 단변과 장변이 부담하는 하중비($P_S : P_L$)는? (단, P_S : 단변이 부담하는 하중, P_L : 장변이 부담하는 하중)

㉮ 1 : 8　　　　㉯ 8 : 1　　　　㉰ 1 : 16　　　　㉱ 16 : 1

해설
- $S : L = 1 : 2$
  $L = 2S$
- $P_L = \dfrac{S^3}{L^3+S^3}P = \dfrac{S^3}{(2S)^3+S^3}P = \dfrac{1}{9}P$
- $P_S = \dfrac{L^3}{L^3+S^3}P = \dfrac{(2S)^3}{(2S)^3+S^3}P = \dfrac{8}{9}P$

$\therefore P_S : P_L = 8 : 1$

문제 020

단철근 직사각형 보에서 f_{ck}=32MPa인 경우, 콘크리트 등가 직사각형 압축응력블록의 깊이를 나타내는 계수 β_1은?

㉮ 0.74　　　　㉯ 0.76　　　　㉰ 0.80　　　　㉱ 0.85

해설 $f_{ck} \leq 40\text{MPa}$인 경우 $\beta_1 = 0.80$이다.

정답 018. ㉮　019. ㉯　020. ㉰

□ 제1장 서　론 / □ 제2장 흙의 기본적 성질 / □ 제3장 흙의 분류 / □ 제4장 흙의 다짐 / □ 제5장 흙의 투수성 / □ 제6장 흙의 압밀 / □ 제7장 흙의 전단강도 / □ 제8장 토　압 / □ 제9장 사면의 안정 / □ 제10장 지중응력 / □ 제11장 기초 공

제2부 [토질 및 기초]

□ 제1장 ··· 서　론
□ 제2장 ··· 흙의 기본적 성질
□ 제3장 ··· 흙의 분류
□ 제4장 ··· 흙의 다짐
□ 제5장 ··· 흙의 투수성
□ 제6장 ··· 흙의 압밀
□ 제7장 ··· 흙의 전단강도
□ 제8장 ··· 토　압
□ 제9장 ··· 사면의 안정
□ 제10장 ·· 지중응력
□ 제11장 ·· 기초 공

chapter 01 서 론

제2부 토질 및 기초

1-1 흙의 성인에 의한 분류

(1) 정적토(잔적토)
풍화작용에 의해 암석으로부터 생긴 토사가 그대로 모암상에 남아 있는 흙

(2) 해성점토
압축성이 크고 대단히 연약한 흙

1-2 흙의 구조

(1) 조립토(자갈, 모래)
① 탄성침하
② 단기침하
③ 침하량(압축성)이 작다.
④ 투수성 및 마찰력이 크다.

(2) 세립토(실트, 점토, 콜로이드)
① 압밀침하
② 장기침하
③ 침하량(압축성)이 크다.

1-3 점토광물의 기본 구조

Silica sheet(정사면체) 및 gibbsite(정팔면체)의 결합으로 형성

(1) Kaolinite(고령토)
① 수축, 팽창이 없어 대단히 안전
② 활성이 적다.
③ 2층 구조

(2) illite
① 수축, 팽창이 거의 없지만 안전성은 중간
② 3층 구조로 교환 불가능 이온(K이온) 결합

(3) Montmorillonite
① 팽창, 수축이 커 제일 불안전
② 활성이 크다.
③ 3층 구조로 교환 가능한 이온 결합

1-4 토립자의 기본 구조

(1) 단입구조
자갈, 모래, 실트 등의 조립 재료

(2) 봉소구조(벌집구조)
실트, 점토로 압축량이 많아 건설공사에 취급하기 어려운 흙

(3) 면모구조
콜로이드로 압축성이 크고 공극비가 높은 흙

(4) 분산구조
되비빔으로 자연점토 시료가 함수비 변화없는 조건에서 분산(이산)되는 상태

Chapter 01 서 론

기 출 문 제

문제 001
다음 중 점토광물과 가장 관계가 먼 것은?
- ㉮ 격자구조(sheet)
- ㉯ 결정구조(crystal)
- ㉰ Kaolinite
- ㉱ 단립구조

해설
- 단립(單粒)구조는 조립토(자갈, 모래)가 물속에서 침강할 때 생기는 구조이다.
- 단립(團粒)구조에는 봉소구조, 면모구조, 분산구조가 있다.

문제 002
흙의 구조조직에 관한 설명 중에서 옳지 않은 것은?
- ㉮ 면모구조는 공극비가 크고 압축성이 크므로 기초지반 흙으로는 부적당하다.
- ㉯ 입도의 배합이 좋으면 입경이 균등한 흙보다 공극비가 적어지고 밀도가 증가한다.
- ㉰ 모래시료가 느슨한 상태에 있는가 조밀한 상태에 있는가는 공극비로만 구할 수 있다.
- ㉱ 조립토는 불교란 시료 채취가 거의 불가능하다.

해설 상대밀도는 공극비(e)와 건조밀도(γ_d) 관계에서 구할 수 있다.

문제 003
흙의 구조에 대한 설명 중 잘못된 것은 어느 것인가?
- ㉮ 흙의 구조는 단입구조(單粒構造)와 단입구조(團粒構造)로 나눈다.
- ㉯ 단입구조(單粒構造)는 가장 단순한 토립자의 배열로서 자갈, 모래, 실트 등의 조립의 재료에서 볼 수 있다.
- ㉰ Silt, Clay는 단입구조(單粒構造)를 이루고 있는 수가 없다.
- ㉱ 봉소구조(蜂巢構造)는 건설공사에 가장 취급하기 어려운 흙이고 면모구조(綿毛構造)는 수중에 분산하면 좀처럼 침강하지 않는 구조로 압축성, 공극비가 크다.

해설 단입구조(單粒構造)는 조립토(자갈, 모래, 실트)가 물 속에서 침강할 때 생기는 구조이다.

문제 004
풍화작용에 의해 분해된 암이 원위치에서 토층을 형성하고 있을 때 이 흙을 무엇이라 부르는가?
- ㉮ 잔적토
- ㉯ 퇴적토
- ㉰ 화강토
- ㉱ 수성토

해설 잔적토(정적토)에 관한 설명이다.

정답 001. ㉱ 002. ㉰ 003. ㉰ 004. ㉮

문제 005

자연 점토 시료를 함수비가 변하지 않은 상태로 되비빔(remolding)하였다. 그 구조는 다음 중 어느 것이 될 것인가?

㉮ 단립구조
㉯ 봉소구조
㉰ 이산(분산)구조
㉱ 면모구조

해설 점토가 교란되면 이산(분산)구조가 된다.

문제 006

수소결합의 2층 구조로 공학적으로 대단히 안정하고 활성이 적은 점토광물은?

㉮ Kaolinite
㉯ Illite
㉰ Montmorillonite
㉱ Silt

해설 ㉰의 Montmorillonite는 활성도가 가장 큰 점토광물이다.

문제 007

조립토와 세립토의 비교 설명 중 옳지 않은 것은?

㉮ 공극률은 조립토가 작고 세립토는 크다.
㉯ 마찰력은 조립토가 작고 세립토가 크다.
㉰ 압축성은 조립토가 작고 세립토가 크다.
㉱ 투수성은 조립토가 크고 세립토가 작다.

해설 마찰력은 조립토가 크고 세립토는 작다.

문제 008

점토광물(clay-mineral)에 관한 설명 중 옳지 않은 것은?

㉮ Sheet형의 결정입자로 2μ 이하의 점토를 말한다.
㉯ 기본구조단위로 정사면체 구조(silica sheet)와 정팔면체 구조(gibbsite)가 있다.
㉰ 카올리나이트(Kaolinite) 구조는 공학적으로 제일 안정되어 수축팽창이 거의 없다.
㉱ 몬모릴로나이트(Montmorillonite) 구조는 공학적으로 안정되어 있지만 수축, 팽창은 조금 생긴다.

해설 몬모릴로나이트는 공학적으로 가장 불안정하고 수축, 팽창이 가장 크다.

문제 009

실트, 점토가 물속에서 침강하여 이루어진 구조로 단립구조보다 간극비가 크고 충격과 진동에 약한 흙의 구조는?

㉮ 분산구조
㉯ 면모구조
㉰ 낱알구조
㉱ 봉소구조

정답 005. ㉰ 006. ㉮ 007. ㉯ 008. ㉱ 009. ㉱

해설 봉소구조(벌집구조)는 실트, 점토질이 물속에서 침강할 때 생기는 구조이다.

보충
- **분산(이산) 구조** : 되비빔으로 자연 점토시료는 함수비 변화가 없는 조건에서 끊어지는(갈라지는) 현상
- **면모구조** : 미세립이 점토 광물인 콜로이드상으로 되어 있어 압축성이고 공극비가 높다.

문제 010

점토 광물에서 점토 입자의 동형치환(同形置換)의 결과로 나타나는 현상은?

㉮ 점토 입자의 모양이 변화되면서 특성도 변하게 된다.
㉯ 점토 입자가 음(−)으로 대전된다.
㉰ 점토 입자의 풍화가 빨리 진행된다.
㉱ 점토 입자의 화학성분이 변화되었으므로 다른 물질로 변한다.

해설 점토 입자들은 표면에 순 음전기를 띠는데 그 이유는 동형 이질 치환과 점토 입자 모서리에서 불연속적인 구조 때문이다.

정답 010. ㉯

chapter 02 흙의 기본적 성질

제2부 토질 및 기초

2-1 흙의 구성

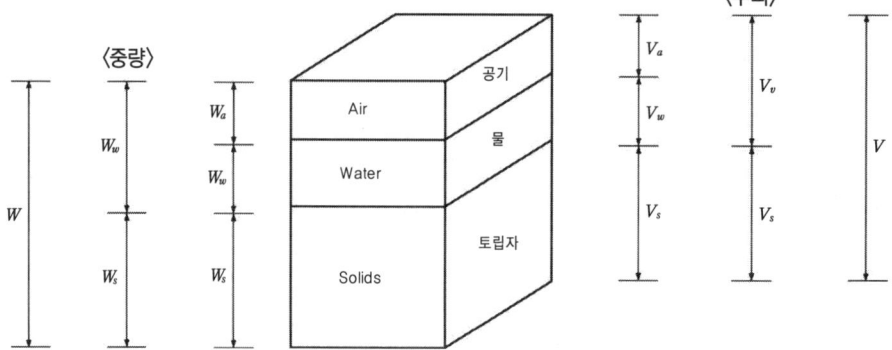

- 부피(체적) : Volume　　$V = V_a + V_w + V_s = V_v + V_s$
- 중량(무게) : Weight　　$W = W_a + W_w + W_s = W_w + W_s$

(1) 공극비(간극비)　$e = \dfrac{V_v}{V_s}$

(2) 공극률(간극률)　$n = \dfrac{V_v}{V} \times 100$

(3) 공극비와 공극률 관계

$$e = \frac{V_v}{V_s} = \frac{V_v}{V - V_v} = \frac{\dfrac{V_v}{V}}{\dfrac{V}{V} - \dfrac{V_v}{V}} = \frac{\dfrac{n}{100}}{1 - \dfrac{n}{100}} = \frac{n}{100 - n}$$

$$n = \frac{V_v}{V} \times 100 = \frac{V_v}{V_s + V_v} \times 100 = \frac{\dfrac{V_v}{V_s}}{\dfrac{V_s}{V_s} + \dfrac{V_v}{V_s}} \times 100 = \frac{e}{1 + e} \times 100$$

(4) 포화도(S)

$$S = \frac{V_w}{V_v} \times 100$$

$S = 100\%$ (토립자+물) : 공극 속에 물이 가득 찬 흙

$S = 0\%$ (토립자+공기) : 노건조한 흙

(5) 함수비(ω)

① $w = \dfrac{W_w}{W_s} \times 100$

② $w = \dfrac{WW - DW}{DW - TW} \times 100$

여기서, WW : 젖은 흙무게+용기무게
DW : 건조 흙무게+용기무게
TW : 용기무게

③ 유기질토 : 200% 이상

(6) 토립자의 중량(W_s) 및 물의 중량(W_w) 관계

$$w = \frac{W_w}{W_s} \times 100 = \frac{W - W_s}{W_s} \times 100$$

$w \cdot W_s = 100\,W - 100\,W_s$

$100\,W_s + w \cdot W_s = 100\,W$

$W_s(100 + w) = 100\,W$

$\therefore W_s = \dfrac{100\,W}{100 + w} = \dfrac{W}{1 + \dfrac{w}{100}}$

$$w = \frac{W_w}{W_s} \times 100 = \frac{W_w}{W - W_w} \times 100$$

$100\,W_w = w \cdot W - w \cdot W_w$

$100\,W_w + w \cdot W_w = w \cdot W$

$W_w(100 + w) = w \cdot W$

$\therefore W_w = \dfrac{w \cdot W}{100 + w}$

(7) 단위중량(밀도)

① 습윤밀도(γ_t)　　$\gamma_t = \dfrac{W}{V}$

② 건조밀도(γ_d)　　$\gamma_d = \dfrac{W_s}{V}$

③ 습윤밀도와 건조밀도 관계

$$\gamma_d = \dfrac{W_s}{V} = \dfrac{W_s}{\dfrac{W}{\gamma_t}} = \dfrac{\gamma_t \cdot W_s}{W} = \dfrac{\gamma_t \cdot W_s}{W_s + W_w} = \dfrac{\dfrac{\gamma_t \cdot W_s}{W_s}}{\dfrac{W_s}{W_s} + \dfrac{W_w}{W_s}} = \dfrac{\gamma_t}{1 + \dfrac{w}{100}}$$

(8) 비중

① $G_s = \dfrac{\gamma_s}{\gamma_w} = \dfrac{\dfrac{W_s}{V_s}}{\gamma_w} = \dfrac{W_s}{V_s \cdot \gamma_w}$

② $G_s = \dfrac{W_s}{W_s + W_a - W_b} \times K$

여기서,　W_s : 노건조시료의 중량
　　　　W_a : 비중병에 물채운 중량
　　　　W_b : 비중병에 물과 시료를 넣은 중량
　　　　K : 수정계수

2-2 흙의 밀도 관계

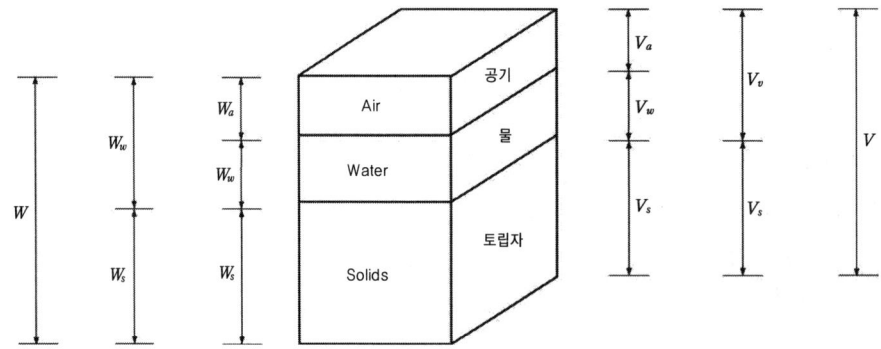

- $e = \dfrac{V_v}{V_s} = \dfrac{V_v}{1}$ $\therefore e = V_v$

- $S = \dfrac{V_w}{V_v} \times 100$ $\therefore V_w = \dfrac{S \times V_v}{100} = \dfrac{S \cdot e}{100}$

- $G_s = \dfrac{\gamma_s}{\gamma_w} = \dfrac{\dfrac{W_s}{V_s}}{\gamma_w} = \dfrac{W_s}{V_s \cdot \gamma_w}$ $\therefore W_s = G_s \cdot V_s \cdot \gamma_w = G_s \times 1 \times \gamma_w = G_s \cdot \gamma_w$

- $\gamma_w = \dfrac{W_w}{V_w}$ $\therefore W_w = V_w \cdot \gamma_w = \dfrac{S \cdot e}{100} \cdot \gamma_w$

(1) 습윤밀도

$$\gamma_t = \dfrac{W}{V} = \dfrac{W_s + W_w}{V_s + V_v} = \dfrac{G_s \cdot \gamma_w + \dfrac{S \cdot e}{100} \cdot \gamma_w}{1 + e} = \dfrac{G_s + \dfrac{S \cdot e}{100}}{1 + e} \cdot \gamma_w$$

(2) 포화밀도

$S = 100\%$ 인 경우 $\gamma_{sat} = \dfrac{G_s + e}{1 + e} \cdot \gamma_w$

(3) 건조밀도

$S = 0\%$ 인 경우 $\gamma_d = \dfrac{G_s}{1 + e} \cdot \gamma_w$

(4) 수중밀도

$$\gamma_{sub} = \gamma_{sat} - \gamma_w = \gamma_{sat} - 1 = \dfrac{G_s + e}{1 + e} \cdot \gamma_w - \dfrac{1 + e}{1 + e} \cdot \gamma_w = \dfrac{G_s - 1}{1 + e} \gamma_w$$

(5) 포화도, 공극비, 비중, 함수비 관계

$$w = \dfrac{W_w}{W_s} \times 100$$

$$w = \dfrac{\dfrac{S \cdot e}{100}}{G_s \cdot \gamma_w} \times 100 = \dfrac{S \cdot e}{G_s}$$

$\therefore S \cdot e = G_s \cdot w$

(6) 단위중량(밀도)의 대소 관계

$\gamma_{sat} > \gamma_t > \gamma_d > \gamma_{sub}$

2-3 상대밀도

- 사질토 지반이 느슨한지 조밀한지를 판정할 수 있다.

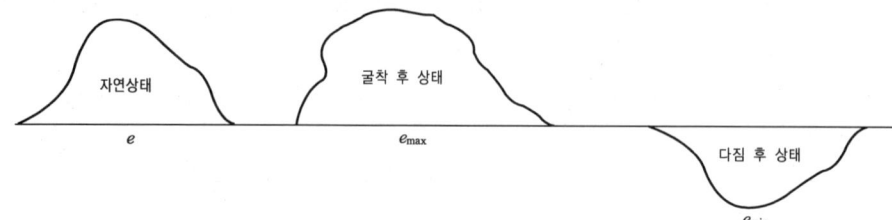

- $D_r = \dfrac{e_{\max} - e}{e_{\max} - e_{\min}} \times 100$

  여기서, $e = \dfrac{\gamma_w}{\gamma_d} G_s - 1$, $e_{\max} = \dfrac{\gamma_w}{\gamma_{d\min}} G_s - 1$, $e_{\min} = \dfrac{\gamma_w}{\gamma_{d\max}} G_s - 1$를 대입하면

  $$D_r = \dfrac{\gamma_d - \gamma_{d\min}}{\gamma_{d\max} - \gamma_{d\min}} \times \dfrac{\gamma_{d\max}}{\gamma_d} \times 100$$

- 공극비 e가 $e_{\min}$이면 $D_r = 1(100\%)$: 조밀하다.
- 공극비 e가 $e_{\max}$이면 $D_r = 0(0\%)$: 느슨하다.
- 상대밀도 $D_r < \dfrac{1}{3}$: 느슨하다.

  $\dfrac{1}{3} < D_r < \dfrac{2}{3}$: 보통

  $\dfrac{2}{3} < D_r$: 조밀하다.

2-4 흙의 연경도(컨시스턴시)

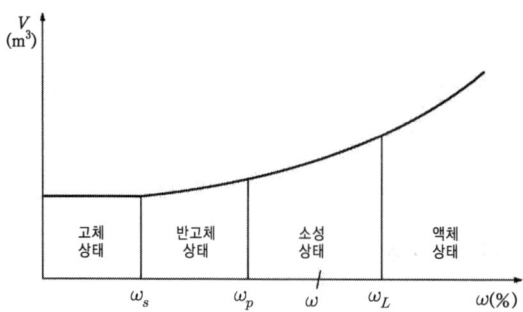

▣ 함수비의 변화에 따른 흙의 체적 변화

(1) 액성한계(w_L, LL)

① No.40(0.42mm)체 통과 흙 200g 정도를 준비하고 액성한계 시험기구의 황동접시 높이를 1cm로 조절한다.
② 흙 시료에 물을 점차적으로 첨가하여 황동접시에 1cm 두께로 깔고 2등분하여 손잡이를 2회/sec 속도로 회전시켜 2등분된 상태의 시료가 15mm 붙을 때까지 타격횟수를 기록하고 이때 함수비를 구한다.
③ 시험을 타격횟수 25회 전후 2회씩하며 유동곡선을 그리고 이때 유동곡선상에서 25회 때 함수비를 구하면 된다.

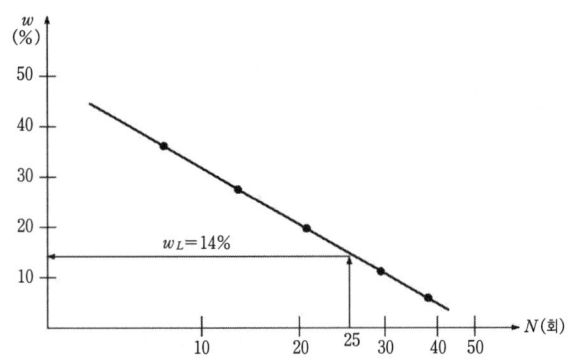

[예]

타격횟수(회)	37	29	19	13	9
함수비(%)	8.2	12.5	20.2	28.4	35.6

(2) 소성한계(w_p, PL)

① No.40(0.42mm)체 통과 흙 30g 정도를 준비하고 유리판에 놓아 물을 가하여 손바닥으로 밀면서 굴린다.
② 굵기가 3mm 정도이면서 부슬부슬 끊어질 때 시료를 모아 함수비를 구하면 된다.

(3) 수축한계(w_s, SL)

① 수은을 이용하여 젖은 흙이 건조하여 체적의 변화되는 부피를 구할 수 있다.
② 젖은 흙의 중량과 부피와 건조시 중량과 부피를 이용하여 수축한계를 구한다.
③ 수축비 $R = \dfrac{\gamma_o}{\gamma_w} = \dfrac{W_o}{V_o \cdot \gamma_w}$
④ $w_s = \left(\dfrac{1}{R} - \dfrac{1}{G_s}\right) \times 100$
⑤ 선수축, 동상판정, 흙의 비중, 용적의 변화 등을 알 수 있다.

(4) 각종 지수 관계

① 소성지수(I_p)
- $I_p = w_L - w_p$
- 액성한계와 소성지수가 크면 점토 함유율이 크다.

② 액성지수(I_L)
- $I_L = \dfrac{w - w_p}{I_p} = \dfrac{w - w_p}{w_L - w_p}$

  여기서, w : 자연함수비

- $I_L = 0$일 경우 안정하다.

③ 연경도 지수(I_c)
- $I_c = \dfrac{w_L - w}{I_p} = \dfrac{w_L - w}{w_L - w_p}$
- $I_c = 1$일 경우 안정하다.

④ 액성지수(I_L)와 연경도 지수(I_c)의 관계
- $I_L + I_c = \dfrac{w - w_p}{w_L - w_p} + \dfrac{w_L - w}{w_L - w_p} = \dfrac{w_L - w_p}{w_L - w_p} = 1$

  $\therefore\ I_L + I_c = 1$

⑤ 유동지수(I_f)
- $I_f = \dfrac{w_1 - w_2}{\log_{10} N_2 - \log_{10} N_1} = \dfrac{w_1 - w_2}{\log_{10} \dfrac{N_2}{N_1}}$

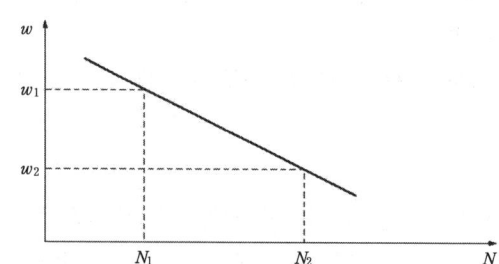

- 타격횟수 4회 때 w_1, 타격횟수 40회 때 w_2이면

  $I_f = \dfrac{w_1 - w_2}{\log_{10} \dfrac{40}{4}} = \dfrac{w_1 - w_2}{\log_{10} 10} = w_1 - w_2$

- 급할수록 사질토에 가깝고 유동곡선이 완만할수록 점토질에 가깝다.

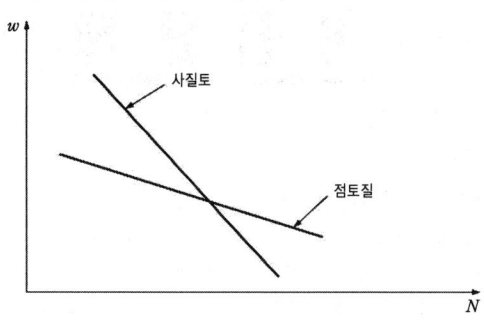

- 유동지수는 함수비의 변화에 따른 전단강도의 변화를 알 수 있다.

⑥ 인성지수(I_t)

- $I_t = \dfrac{I_p}{I_f}$
- 터프니스지수(Toughness indes, I_t)가 클수록 콜로이드(Colloid) 함유율이 높다.

(5) 활성도(activity)

- $A = \dfrac{I_p}{0.002\text{mm 이하의 점토 함유율}(\%)}$
- 활성도는 소성지수가 큰 흙일수록 크다.
- $A < 0.75$: 비활성 점토(kaolinite)
- $0.75 < A < 1.25$: 보통 점토(illite)
- $1.25 < A$: 활성 점토(Montmorillonite)

Chapter 02 흙의 기본적 성질

기출문제

문제 001

공극비가 0.25인 모래의 공극률은?

㉮ 10% ㉯ 15% ㉰ 20% ㉱ 25%

해설 $n = \dfrac{e}{1+e} \times 100 = \dfrac{0.25}{1+0.25} \times 100 = 20\%$

문제 002

포화상태에 있는 흙의 함수비가 40%이고, 비중이 2.60이다. 이 흙의 공극비는 얼마인가?

㉮ 0.85 ㉯ 0.065 ㉰ 1.04 ㉱ 1.40

해설 포화상태이므로 $S = 100\%$, $S \cdot e = G_s \cdot w$

∴ $e = \dfrac{G_s \cdot w}{S} = \dfrac{2.6 \times 40}{100} = 1.04$

문제 003

건조밀도가 1.50g/cm³인 흙의 공극비(e)와 공극률(n)은? (단, G_s =2.6, γ_w =1g/cm³)

㉮ $e = 0.73$, $n = 42.30\%$　　㉯ $e = 0.44$, $n = 50.00\%$
㉰ $e = 0.51$, $n = 27.00\%$　　㉱ $e = 0.69$, $n = 41.00\%$

해설 $e = \dfrac{\gamma_w}{\gamma_d} G_s - 1 = \dfrac{1}{1.5} \times 2.6 - 1 = 0.733$

$n = \dfrac{e}{1+e} \times 100 = \dfrac{0.733}{1+0.733} \times 100 = 42.3\%$

문제 004

간극률이 37%인 모래의 비중이 2.65이었다. 이 모래가 완전히 포화되어 있다면 그 단위중량은? (단, γ_w =9.81kN/m³)

㉮ 10.4 kN/m³　㉯ 20 kN/m³　㉰ 17.6 kN/m³　㉱ 26.5 kN/m³

해설 $e = \dfrac{n}{100-n} = \dfrac{37}{100-37} = 0.59$

$\gamma_{sat} = \dfrac{G_s + e}{1+e} \cdot \gamma_w = \dfrac{2.65 + 0.59}{1 + 0.59} \times 9.81 = 20\,\text{kN/m}^3$

문제 005

γ_d =1.35g/cm³, γ_w =1g/cm³, e =0.95인 시료가 90% 포화되었을 때의 단위중량은?

㉮ 1.92g/cm³ ㉯ 1.79g/cm³ ㉰ 1.69g/cm³ ㉱ 1.62g/cm³

정답 001. ㉰ 002. ㉰ 003. ㉮ 004. ㉯ 005. ㉯

해설 $\gamma_d = \dfrac{G_s}{1+e} \cdot \gamma_w$ $1.35 = \dfrac{G_s}{1+0.95} \times 1$ 여기서, $G_s = \dfrac{1.35 \times (1+0.95)}{1} = 2.63$

$\therefore \gamma_t = \dfrac{G_s + \dfrac{S \cdot e}{100}}{1+e} \cdot \gamma_w = \dfrac{2.63 + \dfrac{90 \times 0.95}{100}}{1+0.95} \times 1 = 1.79 \text{g/cm}^3$

문제 006

노건조한 시료의 중량 46.5g, 15℃의 물을 채운 비중병의 중량이 62.5g, 온도 15℃의 물과 흙을 채운 비중병의 중량 92.5g일 때 비중은?

㉮ 1.608   ㉯ 1.488   ㉰ 1.550   ㉱ 2.818

해설 $G_s = \dfrac{W_s}{W_s + W_a - W_b} \times K = \dfrac{46.5}{46.5 + 62.5 - 92.5} \times 1 = 2.818$

문제 007

다음 관계식 중 옳지 않은 것은?

㉮ $\gamma_t = \dfrac{G_s + \dfrac{S \cdot e}{100}}{1+e} \cdot \gamma_w$ ㉯ $\gamma_d = \dfrac{G_s}{1+e} \cdot \gamma_w$

㉰ $\gamma_{sat} = \dfrac{G_s + e}{1+e} \cdot \gamma_w$ ㉱ $\gamma_{sub} = \dfrac{1 - G_s}{1+e} \cdot \gamma_w$

해설 $\gamma_{sub} = \gamma_{sat} - \gamma_w = \dfrac{G_s + e}{1+e} \cdot \gamma_w - \dfrac{1+e}{1+e} \cdot \gamma_w = \dfrac{G_s - 1}{1+e} \cdot \gamma_w$

문제 008

$\gamma_d = 1.68 \text{t/m}^3$이고, $\gamma_w = 1\text{t/m}^3$이고 비중이 2.7인 건조한 모래를 비속에 두었다. 비를 맞은 후 포화도가 40%로 되었으나 부피는 일정하다. 비를 맞은 후 이 흙의 단위중량은?

㉮ 1.881g/cm³   ㉯ 1.381g/cm³
㉰ 1.831g/cm³   ㉱ 1.318g/cm³

해설 $e = \dfrac{\gamma_w}{\gamma_d} \cdot G_s - 1 = \dfrac{1}{1.68} \times 2.7 - 1 = 0.607$

$\gamma_t = \dfrac{G_s + \dfrac{S \cdot e}{100}}{1+e} \cdot \gamma_w = \dfrac{2.7 + \dfrac{40 \times 0.607}{100}}{1+e} \times 1 = 1.831 \text{g/cm}^3$

문제 009

수축한계 시험에서 얻어진 값이 이용되지 않는 것은 다음 중 어느 것인가?

㉮ 동상성의 판정   ㉯ 군지수 계산
㉰ 비중의 근사치   ㉱ 수축비 계산

해설 군지수는 흙의 분류에 이용된다.

정답 006. ㉱ 007. ㉱ 008. ㉰ 009. ㉯

문제 010

어떤 흙에 있어서 자연함수비 40%, 액성한계 60%, 소성한계 20%일 때 이 흙의 액성지수는?

㉮ 200% ㉯ 150% ㉰ 100% ㉱ 50%

해설 $I_L = \dfrac{w - w_p}{I_p} = \dfrac{w - w_p}{w_L - w_p} = \dfrac{40 - 20}{60 - 20} = 0.5$

문제 011

현장에서 모래의 건조밀도를 측정한 결과 1.52g/cm³이고, 실험실에서 이 모래의 최대 및 최소건조밀도를 구하면 각각 1.68g/cm³ 및 1.47g/cm³였다고 하면 이 모래의 상대밀도는?

㉮ 0.58 ㉯ 0.31 ㉰ 0.26 ㉱ 0.13

해설 $D_r = \dfrac{\gamma_d - \gamma_{d\min}}{\gamma_{d\max} - \gamma_{d\min}} \times \dfrac{\gamma_{d\max}}{\gamma_d} \times 100 = \dfrac{1.52 - 1.47}{1.68 - 1.47} \times \dfrac{1.68}{1.52} \times 100 = 26.3\%$

문제 012

노건조된 점토시료의 중량이 12.38g, 수은을 사용하여 수축한계에 도달한 시료의 용적을 측정한 결과 5.98cm³이었다. 이때의 수축한계는? (단, $G_s = 2.65$, $\gamma_w = 1\text{g/cm}^3$)

㉮ 10.57% ㉯ 12.5% ㉰ 14.7% ㉱ 15.5%

해설 $R = \dfrac{\gamma_s}{\gamma_w} = \dfrac{W_s}{V_s \cdot \gamma_w} = \dfrac{12.38}{5.98 \times 1} = 2.07$

$w_s = \left(\dfrac{1}{R} - \dfrac{1}{G_s}\right) \times 100 = \left(\dfrac{1}{2.07} - \dfrac{1}{2.65}\right) \times 100 = 10.57\%$

문제 013

흙의 컨시스턴시에 대한 다음 설명 중 잘못된 것은? (단, LL : 액성한계, PL : 소성한계, SL : 수축한계)

㉮ LL이란 흙이 이동할 때의 최소 함수비이다.
㉯ PL이란 흙이 소성을 띨 때의 최소 함수비이다.
㉰ SL이란 흙이 반고체상을 이룰 때의 최대 함수비이다.
㉱ 아터버그한계에는 액성한계, 소성한계 및 수축한계의 3가지가 있다.

해설 수축한계(SL, w_s)는 반고체상을 이룰 때의 최소 함수비이다.

문제 014

$\gamma_t = 2\,\text{t/m}^3$, $\gamma_w = 1\,\text{t/m}^3$, 함수비 20%, $G_s = 2.7$인 경우 포화도는?

㉮ 86.1% ㉯ 87.1% ㉰ 95.6% ㉱ 100%

정답 010. ㉱ 011. ㉰ 012. ㉮ 013. ㉰ 014. ㉯

해설
- $r_d = \dfrac{r_t}{1+\dfrac{w}{100}} = \dfrac{2}{1+\dfrac{20}{100}} = 1.67\,\text{t/m}^3$
- $e = \dfrac{r_w}{r_d}G_s - 1 = \dfrac{1}{1.67} \times 2.7 - 1 = 0.62$
- $S \cdot e = G_s \cdot w$ $\therefore S = \dfrac{G_s \cdot w}{e} = \dfrac{2.7 \times 20}{0.62} = 87.1\%$

문제 015

$I_L = \dfrac{w-w_p}{I_p}$ 식으로 나타내는 액성지수(Liquidity index)에 관한 다음 사항 중 옳지 않은 것은?

㉮ 액성지수의 값은 일반적인 경우 0에서 1 사이이다.
㉯ 액성지수의 값이 1에 가깝다는 것은 유동(流動)의 가능성을 뜻한다.
㉰ 액성지수의 값이 0에 가깝다는 것은 안정된 점토를 뜻한다.
㉱ 액성지수의 값은 흙의 투수계수를 추정하는 데 이용된다.

해설
- 액성지수 $I_L = \dfrac{w-w_p}{I_p} = \dfrac{w-w_p}{w_L-w_p}$ 가 0에 가까울수록 안정하다.
- 액성지수는 흙의 안정성을 추정하는 데 이용된다.

보충
- $I_c = 1$이 되면 안정하다.
- $I_c = \dfrac{w_L-w}{I_p} = \dfrac{w_L-w}{w_L-w_p}$

문제 016

다음 설명 중 틀린 것은?

㉮ 점토의 경우 입도 분포는 상대적으로 공학적 거동에 큰 영향을 미치지 않고 물의 유무가 거동에 매우 큰 영향을 준다.
㉯ 액성지수는 자연상태에 있는 점토 지반의 상대적인 연경도를 나타내는 데 사용되며 1에 가까운 지반일수록 과압밀된 상태에 있다.
㉰ 활성도가 크다는 것은 점토광물이 조금만 증가하더라도 소성이 매우 크게 증가한다는 것을 의미하므로 지반의 팽창 잠재 능력이 크다.
㉱ 흐트러지지 않은 자연상태의 지반인 경우 수축한계가 종종 소성한계보다 큰 지반이 존재하며 이는 특히 민감한 흙의 경우 나타나는 현상으로 주로 흙의 구조 때문이다.

해설 액성지수가 1에 가까운 지반일수록 정규 압밀상태에 있다.

보충
- 활성도 $A = \dfrac{I_p}{2\mu \text{ 이하의 점토 함유율}}$
- 비활성 점토 $A < 0.75$: 카올리나이트
- 보통 활성 점토 $0.75 < A < 1.25$: 일라이트
- 활성점토 $1.25 < A$: 몬모릴로나이트

정답 015. ㉱   016. ㉯

문제 017

자연상태 실트질 점토의 액성한계가 65%, 소성한계 30%, 0.002mm보다 가는 입자의 함유율이 29%이다. 이 흙의 활성도(activity)는?

㉮ 0.8　　　㉯ 1.0　　　㉰ 1.2　　　㉱ 1.4

해설
$$A = \frac{I_p}{2\mu \text{ 이하의 점토 함유율}(\%)} = \frac{65-30}{29} = 1.21$$

보충 • 비활성 점토 : Kaolinite　　• 활성 점토 : Montmorillonite

문제 018

함수비 15%인 흙 2,300g이 있다. 이 흙의 함수비를 25%로 증가시키려면 얼마의 물을 가해야 하는가?

㉮ 200g　　　㉯ 230g　　　㉰ 345g　　　㉱ 575g

해설
• 함수비 15%인 흙의 물 무게
$$W_w = \frac{wW}{100+w} = \frac{15 \times 2300}{100+15} = 300\text{g}$$
• $300 : 15 = x : (25-15)$　　∴ $x = \frac{300 \times 10}{15} = 200\text{g}$

보충 $W_s = \dfrac{100W}{100+w}$

문제 019

완전히 포화된 흙의 함수비가 48%이었다. 이때 흙의 습윤단위 중량이 1.91t/m³이었다. 이 흙의 비중은 얼마인가? (단, γ_w =1t/m³)

㉮ 3.39　　　㉯ 3.09　　　㉰ 2.74　　　㉱ 2.69

해설
• $r_d = \dfrac{r_t}{1+\dfrac{w}{100}} = \dfrac{1.91}{1+\dfrac{48}{100}} = 1.29\text{t/m}^3$

• $e = \dfrac{G_s \cdot w}{S} = \dfrac{G_s \times 48}{100} = 0.48 G_s$

• $r_d = \dfrac{G_s}{1+e}r_w = \dfrac{G_s}{1+0.48G_s} \times 1$

$G_s = 1.29(1+0.48G_s)$　　　$G_s = 1.29 + 0.6192G_s$
$G_s - 0.6192G_s = 1.29$　　　$0.3808G_s = 1.29$　　　∴ $G_s = 3.39$

문제 020

습윤상태에서 60cm³의 교란되지 않은 시료가 있다. 이 시료의 중량은 100g이고, 시료의 비중은 2.65이며 이것을 노건조한 중량은 84.8g이었다. 이 시료의 간극비는 얼마인가? (단, 물의 단위중량 γ_w=1.0g/cm³으로 본다.)

㉮ 0.76　　　㉯ 0.88　　　㉰ 0.95　　　㉱ 0.96

정답 017. ㉰　018. ㉮　019. ㉮　020. ㉯

해설
- $\gamma_d = \dfrac{W}{V} = \dfrac{84.8}{60} = 1.41 \text{g/cm}^3$
- $e = \dfrac{\gamma_w}{\gamma_d} G_s - 1 = \dfrac{1}{1.41} \times 2.65 - 1 = 0.88$

문제 021

다짐되지 않은 두께 2m, 상대밀도 45%의 느슨한 사질토 지반이 있다. 실내시험결과 최대 및 최소 간극비가 0.85, 0.40으로 각각 산출되었다. 이 사질토를 상대밀도 70%까지 다짐할 때 두께의 감소는 약 얼마나 되겠는가?

㉮ 13.5cm ㉯ 17.5cm ㉰ 21cm ㉱ 25cm

해설 ① 상대밀도 45%의 간극비

$$D_r = \dfrac{e_{\max} - e}{e_{\max} - e_{\min}} \times 100 = \dfrac{0.85 - e_0}{0.85 - 0.4} \times 100 = 45$$

∴ $e_0 = 0.6475$

② 상대밀도 70%의 간극비

$$D_r = \dfrac{e_{\max} - e}{e_{\max} - e_{\min}} \times 100 = \dfrac{0.85 - e_1}{0.85 - 0.4} \times 100 = 70$$

∴ $e_1 = 0.535$

③ 두께의 감소(ΔH)

$$\dfrac{\Delta e}{1 + e_o} = \dfrac{\Delta H}{H_o} \rightarrow \dfrac{0.6475 - 0.535}{1 + 0.6475} = \dfrac{\Delta H}{200}$$

∴ $\Delta H = 13.66$cm

문제 022

다음 그림에서 액성지수(LI)가 $0 < LI < 1$인 구간은?
(단, V : 흙의 부피, ω : 함수비(%))

㉮ a
㉯ b
㉰ c
㉱ d

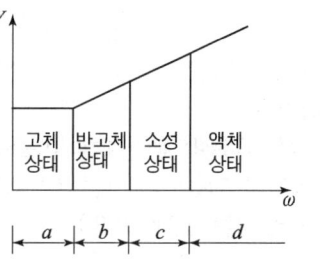

해설 $I_L = \dfrac{\omega - \omega_p}{\omega_L - \omega_p}$ 공식에서 자연함수비 ω가 ω_p와 ω_L 사이에 있는 구간이다.

문제 023

어느 점토의 체가름 시험과 액·소성시험 결과 0.002mm(2μm) 이하의 입경이 전시료 중량의 90%, 액성한계 60%, 소성한계 20%이었다. 이 점토 광물의 주성분은 어느 것으로 추정되는가?

㉮ Kaolinite ㉯ Illite ㉰ Haloysite ㉱ Montmorillonite

해설 $A = \dfrac{I_p}{2\mu \text{ 이하의 점토 함유율}} = \dfrac{60 - 20}{90} = 0.44$

$A < 0.75$의 경우이므로 Kaolinite에 해당한다.

정답 021. ㉮ 022. ㉰ 023. ㉮

문제 024

흙의 연경도(Consistency)에 관한 사항 중 옳지 않은 것은?

㉮ 소성지수는 점성이 클수록 크다.
㉯ 터프니스지수는 Colloid가 많은 흙일수록 값이 작다.
㉰ 액성한계시험에서 얻어지는 유동곡선의 기울기를 유동지수라 한다.
㉱ 액성지수와 컨시스턴시지수는 흙 지반의 무르고 단단한 상태를 판정하는 데 이용된다.

해설
- 터프니스지수는 Colloid가 많은 흙일수록 값이 크다.
- 액성지수 $I_L \leq 0$이면 흙이 안정상태이다.

문제 025

다음 설명 중 틀린 것은?

㉮ 점토의 경우 입도 분포는 상대적으로 공학적 거동에 큰 영향을 미치지 않고 물의 유무가 거동에 매우 큰 영향을 준다.
㉯ 액성지수는 자연상태에 있는 점토 지반의 상대적인 연경도를 나타내는 데 사용되며 1에 가까운 지반일수록 과압밀된 상태에 있다.
㉰ 활성도가 크다는 것은 점토광물이 조금만 증가하더라도 소성이 매우 크게 증가한다는 것을 의미하므로 지반의 팽창 잠재 능력이 크다.
㉱ 흐트러지지 않은 자연상태의 지반인 경우 수축한계가 종종 소성한계보다 큰 지반이 존재하며 이는 특히 민감한 흙의 경우 나타나는 현상으로 주로 흙의 구조 때문이다.

해설
- $I_L = \dfrac{w - w_p}{I_p}$
- $I_L = 0$일 경우 안정하다.

문제 026

아래 그림과 같은 흙의 3상도에서 흙 입자만의 부피(V_s)는 얼마나 되겠는가? (단, 이 흙의 비중은 2.65이고, 함수비는 25%, $\gamma_w = 1\text{t/m}^3$이다.)

㉮ 2.40m^3 ㉯ 2.72m^3
㉰ 3.12m^3 ㉱ 3.40m^3

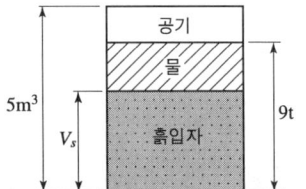

해설
- $W_s = \dfrac{W}{1 + \dfrac{\omega}{100}} = \dfrac{9}{1 + \dfrac{25}{100}} = 7.2\text{t}$
- $G_s = \dfrac{\gamma_s}{\gamma_w} = \dfrac{W_s}{V_s \gamma_w}$

  $\therefore V_s = \dfrac{W_s}{G_s \cdot \gamma_w} = \dfrac{7.2}{2.65 \times 1} = 2.72\text{m}^3$

정답 024. ㉯ 025. ㉯ 026. ㉯

문제 027

흙의 물리적 성질 중 잘못된 것은?

㉮ 점성토는 흙 구조 배열에 따라 면모구조와 이산구조로 대별하는데, 면모구조가 전단강도가 크고 투수성이 크다.
㉯ 점토는 확산 이중층까지 흡착되는 흡착수에 의해 점성을 띤다.
㉰ 소성지수가 클수록 비배수성이 된다.
㉱ 활성도가 클수록 안정해지며 소성지수가 작아진다.

해설
- 활성도가 클수록 불안정하다.
- 활성도는 소성지수를 2μ 이하의 점토 함유량으로 나눈 값이다.
- 면모구조는 공극비가 크고 압축성이 크므로 기초 지반 흙으로 부적당하다.
- 점토광물 중 카올리나이트 구조는 공학적으로 제일 안정되어 수축 팽창이 거의 없다.

문제 028

어떤 흙 1,200g(함수비 20%)과 흙 2,600g(함수비 30%)을 섞으면 그 흙의 함수비는 약 얼마인가?

㉮ 21.1% ㉯ 25.0% ㉰ 26.7% ㉱ 29.5%

해설
- 1,200g 흙의 경우

$$W_w = \frac{\omega W}{100+\omega} = \frac{20 \times 1200}{100+20} = 200\text{g}$$

$$W_s = \frac{100 W}{100+\omega} = \frac{100 \times 1200}{100+20} = 1000\text{g}$$

- 2,600g 흙의 경우

$$W_w = \frac{\omega W}{100+\omega} = \frac{30 \times 2600}{100+30} = 600\text{g}$$

$$W_s = \frac{100 W}{100+\omega} = \frac{100 \times 2600}{100+30} = 2000\text{g}$$

- 혼합한 흙

$$W = W_w + W_s$$
$$(1200+2600) = (200+600) + (1000+2000)$$
$$\therefore \omega = \frac{W_w}{W_s} \times 100 = \frac{800}{3000} \times 100 = 26.7\%$$

chapter 03 흙의 분류

제 2 부 토질 및 기초

3-1 입도 분석

(1) 입도

① 입도 : 크고 작은 입자의 비율
② 양호한 입도 : 크고 작은 입자가 골고루 광범위하게 분포된 것
③ 균등한 입도(불량한 입도, 빈 입도) : 크기가 비슷한 입자가 분포된 것

(2) 조립토와 세립토

① 조립토(자갈, 모래) : 0.08mm(No.200)체 50% 이상 남는 경우
② 세립토 : 0.08mm(No.200)체 50% 이상 통과되는 경우
③ 자 갈 : 5mm(No.4)체에 50% 이상 남는 경우
④ 모 래 : 5mm(No.4)체에 50% 이상 통과되는 경우

(3) 입도시험

① 체가름시험
- 잔류율(남는율) = $\dfrac{\text{어떤 체에 남는 무게}}{\text{전체 무게}} \times 100$
- 가적 잔류율(가적 남는율) = 각체의 잔류율을 누계한 값
- 가적 통과율 = 100 − 가적 잔류율
- No.10, No.20, No.40, No.60, No.140, No.200체를 사용.

② 비중계 분석
- No.10(2mm)체 통과 시료를 가지고 0.08mm 이하의 입도 분포를 알 수 있다.
- 소성지수(I_p) 20을 기준하여 분산제를 사용한다.

- 분산시킨 시료와 증류수를 1,000cc가 되게 하여 메스 실린더에 넣고 시간에 따라 비중계의 눈금을 읽어 유효길이(L)를 구한다.

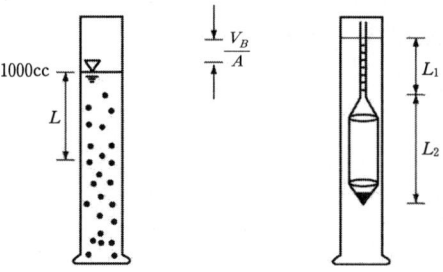

$$L = L_1 + \frac{L_2}{2} - \frac{V_B}{2A} = L_1 + \frac{1}{2}\left(L_2 - \frac{V_B}{A}\right)$$

여기서, L : 유효 길이
L_1 : 비중계 구부의 상단으로부터 눈금을 읽는 점까지의 거리(cm)
L_2 : 비중계 구부의 길이(cm)
V_B : 비중계 구부의 용적(cm³)
A : 메스실린더의 단면적(cm²)

- 시간(t)에 따른 유효깊이(L) 값을 이용하여 흙의 입경을 구한다.
- 비중계는 시간에 따라 아래로 내려간다.(비중계 눈금이 작아진다.)
- 비중계 눈금은 0.995~1.050의 범위이다.
- 현탁액의 비중은 비중계 구부 중심의 위치값이다.

(4) 입경가적곡선

① 체분석과 비중계 분석의 조합이다.
② 가로선이 대수눈금(log 눈금)이며 입경을 표시한다.
③ 세로선은 통과 백분율 산술 눈금으로 표시한다.
④ 곡선의 구배가 완만할수록 입도가 양호한 흙이다.
⑤ 곡선의 중간에서 요철이 있을 수 없다.
⑥ 곡선이 일정구간 수평이면 그 구간 사이의 흙은 없다.
⑦ 곡선의 구배가 계단이면 두 개 또는 그 이상의 흙이 섞인 경우로 빈 입도이다.
⑧ 균등계수

- $C_u = \dfrac{D_{60}}{D_{10}}$

- $10 < C_u$: 입도가 양호하다, $C_u < 4$: 입도가 불량하다.

- D_{10}은 통과율 10%에 해당하는 입경

⑨ 곡률계수

- $C_g = \dfrac{(D_{30})^2}{D_{10} \times D_{60}}$
- $1 < C_g < 3$: 입도가 양호하다.

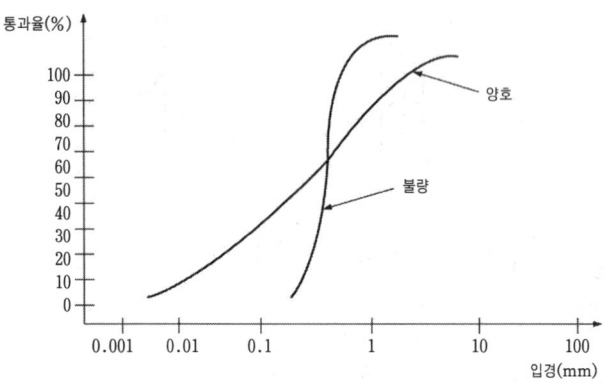

3-2 공학적 분류

(1) 삼각좌표에 의한 분류

① 모래, 실트, 점토의 세 성분의 중량 백분율로 좌표를 이용하여 분류한다.(10종류)
② 자갈이 제외되어 공학적인 성질을 잘 나타내지 못하고 있다.(흙의 컨시스턴시를 정확히 파악하기 곤란하다.)

(2) 통일분류법

① Casagrande의 소성도

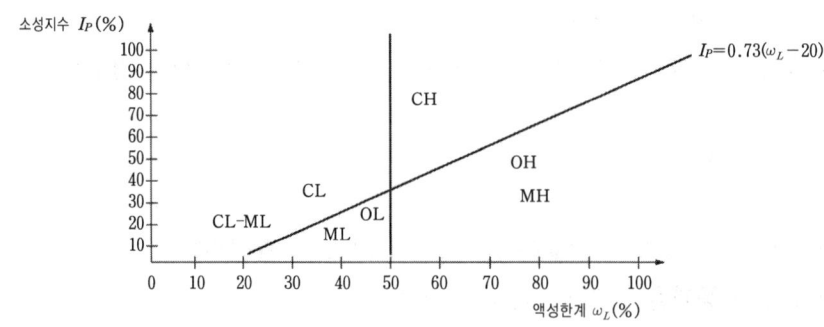

② 조립토 및 세립토 기호(15종류)
- GW : 입도분포가 양호한 자갈
- GM : 실트질의 자갈
- SW : 입도분포가 양호한 모래
- SM : 실트질의 모래
- MH : 압축성이 높은 실트
- CH : 압축성이 높은 점토(소성이 큰 점토)
- OH : 압축성이 높은 유기질토
- P_t : 이탄
- GP : 입도분포가 불량한 자갈
- GC : 점토질의 자갈
- SP : 입도분포가 불량한 모래
- SC : 점토질의 모래
- ML : 압축성이 낮은 실트
- CL : 압축성이 낮은 점토
- OL : 압축성이 낮은 유기질토

③ 이중 기호

0.08mm(No.200)체 통과 백분율이 5~12% 범위일 때 GM-GC, SM-SC, CL-ML, GW-GM, GP-GM, GP-GC, SW-SM, SP-SC로 구분한다.

(3) AASHTO 분류법(개정 PR법, A분류법)

① 입도, 액성한계, 소성한계, 소성지수, 군지수 등을 요소로 분류한다.

② 군지수(Group index)
- $GI = 0.2a + 0.005ac + 0.01bd$

  여기서, a : 0.08mm체 통과 백분율-35(0~40)
  b : 0.08mm체 통과 백분율-15(0~40)
  c : 액성한계-40(0~20)
  d : 소성지수-10(0~20)

- 군지수의 범위는 0~20로 군지수가 크면 흙입자가 작으며 팽창수축이 커져 노상토 재료로 부적합하다.

Chapter 03 흙의 분류

기 출 문 제

문제 001
통일분류법에서 CH로 표시되는 흙은 다음 중 어느 것인가?
- ㉮ 자갈질 점토
- ㉯ 모래질 점토
- ㉰ 실트질 점토
- ㉱ 소성이 큰 점토

해설 CH : 압축성이 큰 점토

문제 002
흙을 분류하는 데 쓰이는 소성도표에서 A선을 나타내는 수식은? (단, PI : 소성지수, w_L : 액성한계)
- ㉮ $PI = 0.073(w_L - 20)$
- ㉯ $PI = 0.009(w_L - 20)$
- ㉰ $PI = 0.07(w_L - 20)$
- ㉱ $PI = 0.73(w_L - 20)$

해설 소성도표는 액성한계, 소성한계, 소성지수와 관련 있다.

문제 003
#200체 통과량이 38%, 액성한계가 21%, 소성지수 8%일 때 군지수는?
- ㉮ 0.6
- ㉯ 0.7
- ㉰ 12.6
- ㉱ 20.0

해설 $GI = 0.2a + 0.005ac + 0.01bd$
$a = 38 - 35 = 3$, $b = 38 - 15 = 23$, $c = 21 - 40 = 0$, $d = 8 - 10 = 0$
∴ $GI = 0.2 \times 3 = 0.6$

문제 004
통일분류법으로 흙을 분류하는 데 직접 사용되지 않는 요소는?
- ㉮ No.200체 통과율
- ㉯ No.4체 통과율
- ㉰ 소성지수
- ㉱ 군지수

해설 군지수는 AASHTO 분류법에 사용된다.

문제 005
그림과 같은 3가지 흙에 대한 입도곡선이 있다. 다음 설명 중 틀린 것은?
- ㉮ A흙이 B흙에 비해 균등계수가 크다.
- ㉯ A흙이 B흙에 비해 곡률계수가 크다.
- ㉰ A, B, C흙 중 A흙의 입도가 가장 양호하다.
- ㉱ C흙은 2종류의 흙을 합친 경우에 나타날 수 있다.

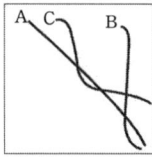

정답 001. ㉱ 002. ㉱ 003. ㉮ 004. ㉱ 005. ㉯

해설 A흙이 B흙에 비해 곡률계수가 작다.

문제 006

입도시험결과 #4체 통과백분율이 65%, #10체 통과백분율이 40%, #200체 통과백분율이 8%이었다. 이 흙의 입도 분포가 비교적 양호할 때 통일분류법에 의한 흙의 분류는?

㉮ GP ㉯ GP-GM
㉰ SW ㉱ SW-SM

해설 5mm(#4)체를 50% 이상 통과하므로 모래질이며 0.08mm(#200)체 통과율이 5~12% 범위 안에 있으므로 이중 기호로 표시한다.

문제 007

통일분류법에 의해 그 흙이 MH로 분류되었다면, 이 흙의 대략적인 공학적 성질은?

㉮ 액성한계가 50% 이상인 실트이다.
㉯ 액성한계가 50% 이하인 점토이다.
㉰ 소성한계가 50% 이상인 점토이다.
㉱ 소성한계가 50% 이하인 실트이다.

해설
- 제2문자 H : 액성한계가 50% 이상
- 제1문자 M : 실트

문제 008

그림과 같은 입도곡선에서 다음 설명 중 틀린 것은?

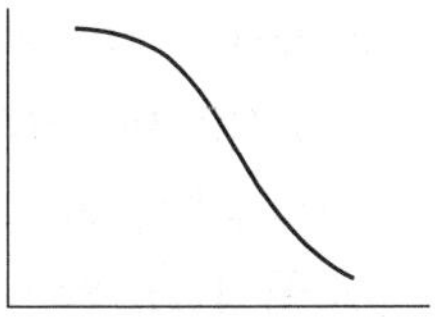

㉮ 횡축은 입경의 크기를 log좌표로 잡는다.
㉯ 횡축의 오른편으로 갈수록 입경의 크기는 작다.
㉰ 입도곡선이 오른편에 있을수록 입경이 작다.
㉱ 입도곡선의 중간에서 요철(凹凸) 부분이 있을 수 있다.

해설 입도곡선의 중간에서 요철 부분이 있을 수 없다.

문제 009

다음은 흙의 분류에 관한 사항들이다. 틀린 것은?

㉮ 입경가적곡선에서 곡선의 모양이 일정 구간 수평인 것은 그 구간 사이의 흙이 존재하지 않는다.
㉯ 성토 재료로서 가장 좋은 것은 이탄(Peat)으로 분류되어진다.
㉰ AASHTO 분류법에서 군지수는 어떤 분류 내에서 가치 평가의 기준일 뿐이다.
㉱ 군지수의 값이 클수록 노상토로서 부적당함을 뜻한다.

해설 성토 재료로 이탄을 사용해서는 안 된다.

정답 006. ㉱ 007. ㉮ 008. ㉱ 009. ㉯

문제 010

A, B, C 및 팬(pan)으로 이루어진 한 조의 체로 체분석 시험한 결과 각 체의 잔유량이 표와 같다. B체의 가적 통과율은?

㉮ 30% ㉯ 70%
㉰ 60% ㉱ 40%

체	잔류량(g)
A	20
B	120
C	50
pan	10

해설
- B체의 가적 잔류율 = $\frac{140}{200} \times 100 = 70\%$
- B체의 가적 통과율 = $100 - 70 = 30\%$

문제 011

삼각좌표에 의한 흙의 분류는 일반적으로 공학적 성질을 잘 나타내지 못한다고 한다. 그 이유 중 가장 타당한 것은?

㉮ 분류시에 자갈은 제외시키기 때문이다.
㉯ 삼각 좌표 눈금을 읽을 때 많은 오차가 발생한다.
㉰ 일반적인 흙의 성질은 컨시스턴시에 영향을 받는다.
㉱ 분류시에 군지수를 이용하지 않는다.

해설 삼각좌표에 의한 흙의 분류는 입자의 크기만 고려하므로 공학적인 성질이 잘 나타내지 못한다.

문제 012

소성도표에 대한 설명 중 옳지 않은 것은?

㉮ A선의 방정식은 $I_p = 0.73(w_L - 10)$
㉯ 액성한계를 횡좌표, 소성지수를 종좌표로 한다.
㉰ 흙의 분류에 사용된다.
㉱ 흙의 성질을 파악하는 데 사용할 수 있다.

해설
- $I_p = 0.73(w_L - 20)$
- 소성도표는 액성한계, 소성한계, 소성지수 값을 이용한다.

문제 013

어떤 흙의 입도분석 결과 입경가적곡선의 기울기가 급경사를 이룬 빈입도일 때 예측할 수 있는 사항으로 틀린 것은?

㉮ 균등계수는 작다.   ㉯ 간극비는 크다.
㉰ 흙을 다지기가 힘들 것이다. ㉱ 투수계수는 작다.

해설
- 입도가 양호한 경우는 입경가적 곡선의 기울기가 완만하다.
- 입도가 양호하면 공극(빈틈)이 적어 투수계수가 작다.

정답 010. ㉮ 011. ㉰ 012. ㉮ 013. ㉱

문제 014

통일분류법에 의해 분류한 흙의 분류기호 중 도로 노반 재료로서 가장 좋은 흙은?

㉮ CL   ㉯ ML   ㉰ SP   ㉱ GW

해설 GW : 입도 분포가 양호한 자갈

문제 015

통일분류법(統一分類法)에 의해 SP로 분류된 흙의 설명으로 옳은 것은?

㉮ 모래질 실트를 말한다.   ㉯ 모래질 점토를 말한다.
㉰ 압축성이 큰 모래를 말한다.   ㉱ 입도분포가 나쁜 모래를 말한다.

해설
- SM : 모래질 실토
- SC : 모래질 점토
- CH : 압축성이 큰 점토

문제 016

어떤 흙의 체분석 시험결과가 #4체 통과율이 37.5%, #200체 통과율이 2.3%였으며, 균등계수는 7.9, 곡률계수는 1.4이었다. 통일분류법에 따라 이 흙을 분류하면?

㉮ GW   ㉯ GP   ㉰ SW   ㉱ SP

해설
(1) 제1문자
- No. 200체 통과율이 50% 이하이므로 G 또는 S
- No. 4체 통과율이 50% 이하이므로 G
∴ 자갈(G)

(2) 제2문자
- 균등계수(C_u)가 4 이상이므로 자갈의 경우 입도가 양호
- 곡률계수(C_g)가 1~3이므로 입도가 양호
∴ 입도분포가 양호(W)

문제 017

흙의 분류법인 AASHTO 분류법과 통일분류법을 비교·분석한 내용으로 틀린 것은?

㉮ AASHTO 분류법은 입도분포, 군지수 등을 주요 분류인자로 한 분류법이다.
㉯ 통일분류법은 입도분포, 액성한계, 소성지수 등을 주요 분류인자로 한 분류법이다.
㉰ 통일분류법은 0.075mm체 통과율을 35%를 기준으로 조립토와 세립토로 분류하는데 이것은 AASHTO 분류법보다 적절하다.
㉱ 통일분류법은 유기질토 분류방법이 있으나 AASHTO 분류법은 없다.

해설 통일분류법은 0.075mm체 통과율을 50%를 기준으로 조립토와 세립토로 분류하는데 이것은 AASHTO 분류법보다 부적절하다.

정답 014. ㉱   015. ㉱   016. ㉮   017. ㉰

문제 018

입도 분석 시험결과가 아래 표와 같다. 이 흙을 통일분류법에 의해 분류하면?

- 0.074mm체 통과율 = 3%
- 4.75mm체 통과율 = 65%
- D30 = 0.13mm
- 2mm체 통과율 = 40%
- D10 = 0.10mm
- D60 = 3.2mm

㉮ GW ㉯ GP ㉰ SW ㉱ SP

해설
- 0.074mm체 통과율이 50% 이하 : G, S
- 4.75mm체 통과율이 50% 이상 : S
- $C_u = \dfrac{D_{60}}{D_{10}} = \dfrac{3.2}{0.1} = 32$
- $C_g = \dfrac{(D_{30})^2}{D_{10} \times D_{60}} = \dfrac{(0.13)^2}{0.1 \times 3.2} = 0.05$

∴ 곡률계수가 $1 < C_g < 3$ 기준에 적합하지 않아 입도분포가 불량한 SP이다.

문제 019

어떤 시료를 입도분석한 결과, 0.075mm(No 200)체 통과량이 65%이었고, 애터버그한계 시험결과 액성한계가 40%이었으며, 소성 도표(plasticity chart)에서 A선위의 구역에 위치한다면 이 시료는 통일분류법(USCS)상 기호로서 옳은 것은?

㉮ CL ㉯ SC ㉰ MH ㉱ SM

해설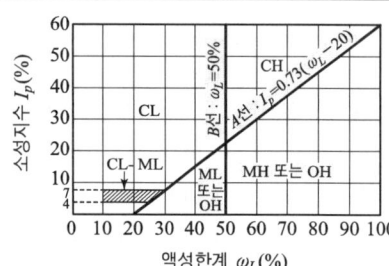

정답 018. ㉱ 019. ㉮

chapter 04 흙의 다짐

제 2 부 토질 및 기초

4-1 다짐시험

(1) 목적
① 공사용 재료의 최적함수비와 최대건조밀도를 구하여 흙의 밀도를 증대시킨다.
② 지지력 증가, 접착력(부착력) 증대, 압축 투수성 감소, 팽창 수축 미소화, 동상 방지

(2) 다짐시험 방법 및 성과
① A다짐시험(표준다짐)
- 공기 중 건조한 시료를 3.5~5 kg 정도 준비한다.
- 몰드 및 밑판을 결합하여 무게를 측정한다.
- 칼라를 조립하고 준비된 시료를 1/3 넣어 25회 타격하고 또 2/3 넣고 25회, 가득 넣고 25회 타격한다.
- 칼라를 벗겨내고 곧은 날로 몰드 윗부분을 깎아내고 무게를 측정한다.
- 밑판을 분리하고 추출기를 이용하여 시료를 빼내고 이등분하여 약간의 시료를 채취하여 함수비를 구한다.
- 위와 같은 과정으로 함수비를 시료량의 1~2% 정도 점차적으로 첨가하여 다짐시험을 5~6회 정도 실시한 후 습윤밀도(γ_t)와 건조밀도(γ_d)를 구한다.
- 다짐곡선을 완성하고 $\gamma_{d\max}$(최대건조밀도), OMC(최적함수비)를 구한다.

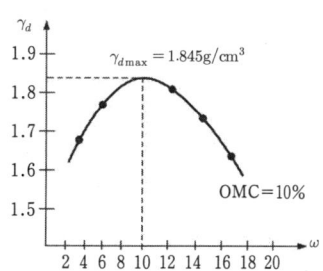

② 다짐시험의 종류

다짐 방법	래머 중량 (kg)	몰드 안지름 (cm)	용 적 (cm³)	낙하고 (cm)	다짐횟수 (회)	1층당 다짐횟수 (회)	최대입자 지름 (mm)
A	2.5	10	1000	30	3	25	19
B	2.5	15	2209	30	3	55	37.5
C	4.5	10	1000	45	5	25	19
D	4.5	15	2209	45	5	55	19
E	4.5	15	2209	45	3	92	37.5

③ 다짐곡선의 성질

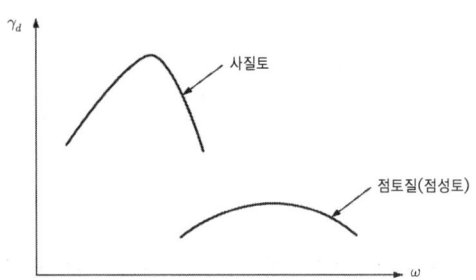

- 조립토(사질토)는 최대건조밀도가 높고 최적함수비는 낮다.
- 세립토(점토질)는 최대건조밀도가 낮고 최적함수비는 크다.
- 조립토는 다짐곡선이 급하고, 세립토는 완만하다.
- 최적함수비는 보통 사질토에서는 10~15%, 점성토에서는 20~40% 범위이다.
- 최대 전단강도는 최적함수비보다 약간 건조측에서 나타난다.
- 최소 투수계수는 최적함수비보다 약간 습윤측에서 나타난다.

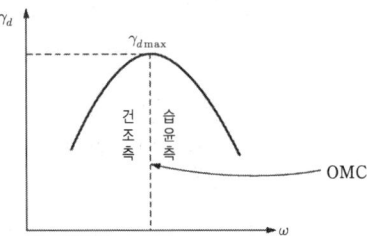

④ 영공기공극곡선(포화곡선)

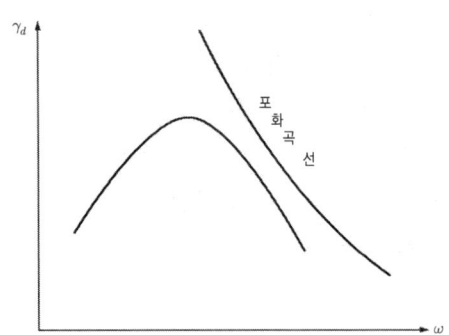

- $\gamma_d = \dfrac{G_s}{1+e} \cdot \gamma_w = \dfrac{G_s}{1+\dfrac{G_s \cdot w}{S}} \cdot \gamma_w = \dfrac{1}{\dfrac{1}{G_s}+\dfrac{w}{S}} \cdot \gamma_w$

$S \cdot e = G_s \cdot w \qquad \therefore e = \dfrac{G_s \cdot w}{S}$

- $S = 100\%$ 일 경우

$\gamma_{dsat} = \dfrac{1}{\dfrac{1}{G_s}+\dfrac{w}{100}} \cdot \gamma_w$

함수비 w 의 변화에 따른 γ_{dsat} 값을 구하여 영공기 공극곡선을 그린다.
즉, $w - \gamma_{dsat}$ 관계 곡선이다.
- 포화곡선은 습윤측과 약간 떨어져서 평행하게 나타난다.

⑤ 다짐에너지

- $E_c = \dfrac{W_R \cdot H \cdot N_B \cdot N_L}{V}$

여기서, W_R : 래머의 중량(kg)
H : 래머의 낙하고(cm)
N_B : 층에 대한 다짐횟수
N_L : 층수
V : 몰드의 체적(cm³)

- 다짐에너지가 증가하면 밀도는 높아지고 함수비는 감소한다.

⑥ 함수비에 따른 변화 단계

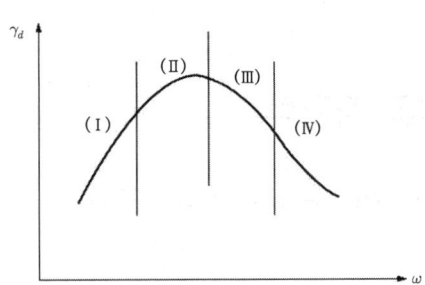

- 수화단계(Ⅰ) : 함수량이 적어 입자간 결합이 떨어진다.
- 윤활단계(Ⅱ) : 적절한 함수량으로 입자간 상호 결합이 원활($\gamma_{d\max}$, OMC)
- 팽창단계(Ⅲ) : 함수량이 다소 많아 입자 상호간 밀리는 현상
- 포화단계(Ⅳ) : 과다한 함수량으로 입자 상호간 결합에 필요 이상의 물이 있는 상태

4-2 현장밀도 시험(들밀도 시험)

(1) 목적

① 시공 다짐 후 다짐 상태(현장 건조밀도)를 검사하여 다짐도를 구한다.

② 다짐도(%) $= \dfrac{\gamma_d}{\gamma_{d\max}} \times 100$

여기서, γ_d : 현장 다짐 후 시험한 건조밀도 $\left(\gamma_d = \dfrac{\gamma_t}{1 + \dfrac{w}{100}}\right)$

$\gamma_{d\max}$: 공사 전에 시험실에서 다짐시험시 구한 최대건조밀도

(2) 들밀도 시험

① 표준사의 단위중량 시험을 시험실에서 미리 하여 깔때기 속 표준사 무게와 단위중량 값을 구한다(표준사의 입도는 No.10~No.200 범위 사용).
② 현장위치에 밑판을 밀착시키고 밑판 모서리에 못을 박아 고정시키고 밑판 중앙부위를 끌과 망치를 이용하여 흙을 파서 구멍 속 흙 무게를 측정한다.
③ 급속함수량 시험기로 함수비를 측정한다.
④ 들밀도 시험기에 표준사를 가득 채우고 무게를 측정한 후 밑판에 세워 밸브를 내린다.
⑤ 들밀도 시험기 속 표준사가 더 이상 내려가지 않으면 밸브를 잠그고 무게를 측정한다.
⑥ 성과표를 작성하여 γ_t 와 γ_d 을 구한다.
⑦ 다짐도 계산 및 분석(보통 공종별 90~95% 이상)

4-3 노상 및 노반의 지지력

(1) 도로의 평판재하시험(Plate Bearing Test : PBT)

① 목적
- 강성 포장(콘크리트 포장)의 설계 자료로 이용
- 지지력 계수(K)를 구해 지반 지지력을 측정

② 평판재하시험
- 하중을 35 kN/m² 씩 증가시키면서 침하량을 구한다.
- 침하량이 15mm에 도달하거나 하중강도가 현장에서 예상되는 최대 접지압 또는 항복점을 넘을 때까지 시험을 한다.
- 침하량($y = 1.25$mm)일 때 하중강도(q)를 이용하여 지지력 계수(K)를 구한다.

$$K = \frac{q}{y}$$

- $K_{75} = \frac{1}{2.2} K_{30}$, $K_{40} = \frac{1}{1.3} K_{30}$
- $K_{75} < K_{40} < K_{30}$

  여기서, K_{75}, K_{40}, K_{30}은 재하판의 지름이 75cm, 40cm, 30cm를 사용하여 구한 지지력 계수

③ 평판 재하판의 영향
- 지반이 포화된 곳에 시험하면 흙의 유효밀도는 50% 정도 저하되고 강도(지지력)도 1/2로 감소한다.
- 점토지반의 지지력은 재하판(폭)의 크기에 무관하다.
- 사질토 지반의 지지력은 재하판의 폭에 비례한다.
- 침하량은 점토지반에서 재하판의 폭에 비례한다.
- 침하량은 사질토 지반에서 재하판의 폭이 커지면 약간 커지기는 하지만 비례하지는 않는다.

(2) 노상토 지지력비(CBR 시험)

① 목적

가요성(휨성) 포장, 즉 아스팔트 포장의 두께를 결정하거나 흙의 지지력을 판정한다.

② CBR 시험
- D다짐 시험을 실시하여 $\gamma_{d\max}$, OMC를 구한다.
- 최적함수비(OMC)로 흙에 물을 가하여 CBR 몰드에 5층으로 각각 55회, 25회, 10회 다져 만든다.
- 3개의 공시체를 4일간(96시간) 수침한다.
- 수침할 때 팽창비 측정을 위해 삼발이와 다이얼게이지를 칼라 윗부분에 설치한다.
- 4일 수침 후 팽창비를 구한다.

$$\gamma_e (\%) = \frac{d_2 - d_1}{h} \times 100$$

여기서, d_2 : 종료시 판독 눈금(mm)
d_1 : 처음 수침시 판독 눈금(mm)
h : 공시체 처음 높이(125mm)

- 관입시험을 하여 하중값을 구한다.
- CBR 값을 결정한다.

③ CBR값 결정

- $\mathrm{CBR}_{2.5} = \dfrac{\text{시험단위하중}}{\text{표준단위하중}} \times 100 = \dfrac{2.5\text{mm 관입시 단위하중}(\mathrm{MN/m^2})}{6.9(\mathrm{MN/m^2})} \times 100$

- $\mathrm{CBR}_{2.5} = \dfrac{\text{시험하중}}{\text{표준하중}} \times 100 = \dfrac{2.5\text{mm 관입시 시험하중}(\mathrm{kN})}{13.4(\mathrm{kN})} \times 100$

- $\mathrm{CBR}_{5.0} = \dfrac{\text{시험단위하중}}{\text{표준단위하중}} \times 100 = \dfrac{5.0\text{mm 관입시 단위하중}(\mathrm{MN/m^2})}{10.3(\mathrm{MN/m^2})} \times 100$

- $\mathrm{CBR}_{5.0} = \dfrac{\text{시험하중}}{\text{표준하중}} \times 100 = \dfrac{5.0\text{mm 관입시 시험하중}(\mathrm{kN})}{19.9(\mathrm{kN})} \times 100$

- 원칙은 $\mathrm{CBR}_{5.0} < \mathrm{CBR}_{2.5}$일 경우 : $\mathrm{CBR}_{2.5}$ 값을 CBR로 한다.
  그러나 $\mathrm{CBR}_{5.0} > \mathrm{CBR}_{2.5}$일 경우 : 시험을 다시한다.
  다시 시험한 결과 또 $\mathrm{CBR}_{5.0} > \mathrm{CBR}_{2.5}$일 경우 : $\mathrm{CBR}_{5.0}$ 값을 CBR로 한다.

- 55회, 25회, 10회 때 CBR을 구하고 $\gamma_{d\max}$의 95%에 해당하는 밀도로 선을 그어 CBR 값을 최종적으로 결정한다.

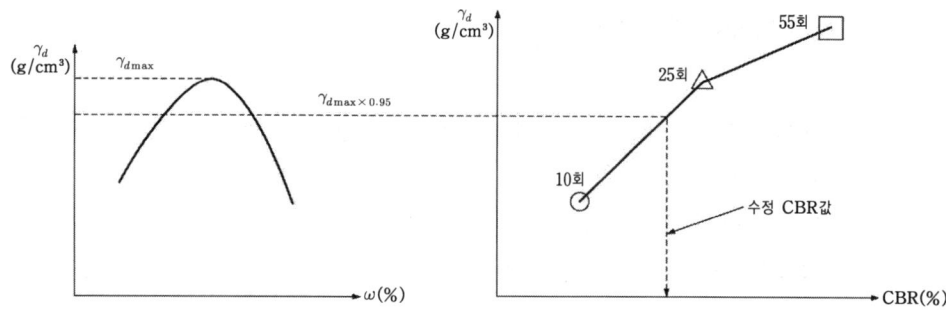

Chapter 04 흙의 다짐

기출문제

문제 001
다음은 다짐에 관한 설명이다. 옳지 않은 것은?
- ㉮ 다짐에너지가 커지면 최대 건조단위중량은 커지고, 최적함수비는 작아진다.
- ㉯ 양입도일수록 최대 건조단위중량은 커지고, 빈입도일수록 최대건조단위중량은 작아진다.
- ㉰ 조립토일수록 최대 건조단위중량은 크며, 최적 함수비도 크다.
- ㉱ 점성토는 다짐 곡선이 완만하고 조립토는 급경사를 이룬다.

해설 조립토일수록 최대 건조단위중량은 크며 최적 함수비는 작다.

문제 002
들밀도 시험 중 모래 치환법에서 모래는 무엇을 구하려고 이용하는가?
- ㉮ 시험구멍에서 파낸 흙의 중량
- ㉯ 시험구멍의 체적
- ㉰ 흙의 함수비
- ㉱ 지반의 지지력

해설 구멍의 체적을 구하여 습윤 단위중량을 구하는 데 이용된다.

문제 003
CBR은 보통 관입량이 2.5mm일 때의 값을 취한다. 만약 관입량 5.0mm일 때의 CBR이 2.5mm일 때의 값보다도 클 때에는 시험을 다시 하여야 한다. 이때에도 관입량 5mm일 때의 값이 2.5mm일 때의 값보다도 클 때에는 CBR로서는 관입량 및 mm일 때의 값을 취하는가?
- ㉮ 2.5mm
- ㉯ 5.0mm
- ㉰ $\dfrac{2.5+5.0}{2}$mm
- ㉱ 2.5+5.0mm

해설 시험을 다시 했는데도 $CBR_{5.0}$이 $CBR_{2.5}$보다 또 크면 $CBR_{5.0}$의 값으로 결정한다.

문제 004
도로의 평판재하 시험이 끝나는 다음 조건 중 옳지 않은 것은?
- ㉮ 완전히 침하가 멈출 때
- ㉯ 침하량이 15mm에 달할 때
- ㉰ 하중강도가 그 지반의 항복점을 넘을 때
- ㉱ 하중강도가 현장에서 예상되는 최대 접지압력을 초과할 때

해설 완전히 침하가 멈추거나 1분 동안에 침하량이 그 단계 하중의 총 침하량 1% 이하가 될 때 다음 단계 하중을 가하게 된다.

정답 001. ㉰ 002. ㉯ 003. ㉯ 004. ㉮

문제 005

CBR 시험에서 관입깊이 2.5mm일 때, 피스톤에 작용하는 하중이 8.8kN이다. 이 재료의 $CBR_{2.5}$의 값은?

㉮ 90.0%   ㉯ 65.7%   ㉰ 63.3%   ㉱ 60.5%

해설 $CBR_{2.5} = \dfrac{8.8}{13.4} \times 100 = 65.7\%$

문제 006

흙의 다짐은 최적함수비에서 최대건조밀도를 얻으려는 데 있다. 이때, 최적함수비 상태는 다음 중 어느 상태에 있겠는가?

㉮ 수축 단계   ㉯ 윤활 단계   ㉰ 팽창 단계   ㉱ 포화 단계

해설 물과 흙입자가 윤활 단계에서 결합력이 좋다.

문제 007

다짐에너지에 관한 설명 중 옳지 않은 것은?

㉮ 다짐에너지는 래머 중량에 비례한다.
㉯ 다짐에너지는 시료의 체적에 비례한다.
㉰ 다짐에너지는 래머의 낙하고에 비례한다.
㉱ 다짐에너지는 타격수에 비례한다.

해설
- $E_c = \dfrac{W_R \cdot H \cdot N_B \cdot N_L}{V}$
- 다짐에너지는 몰드의 체적에 반비례한다.

문제 008

평판재하 시험에서 침하량 1.25mm에 해당하는 하중강도가 2.35kN/m²일 때 지지력계수는?

㉮ 1550 kN/m³   ㉯ 1880 kN/m³   ㉰ 780 kN/m³   ㉱ 550 kN/cm³

해설 $K = \dfrac{q}{y} = \dfrac{2.35}{0.00125} = 1880 \text{kN/m}^3$

문제 009

현장 도로 토공에서 들밀도 시험을 했다. 파낸 구멍의 체적이 $V=1,980\text{cm}^3$이었고, 이 구멍에서 파낸 흙 무게가 3,420g이었다. 이 흙의 토질시험결과 함수비가 10%, 비중이 2.7, 최대건조밀도 1.65g/cm³이었을 때 이 현장의 다짐도는?

㉮ 85%   ㉯ 87%   ㉰ 91%   ㉱ 95%

해설 다짐도(%) = $\dfrac{\gamma_d}{\gamma_{d\max}} \times 100 = \dfrac{1.57}{1.65} \times 100 = 95.15\%$

$\gamma_d = \dfrac{\gamma_t}{1+\dfrac{w}{100}} = \dfrac{\dfrac{3420}{1980}}{1+\dfrac{10}{100}} = 1.57 \text{g/cm}^3$

정답 005. ㉯ 006. ㉯ 007. ㉯ 008. ㉯ 009. ㉱

문제 010

평판재하 시험결과를 이용할 때 고려해야 할 사항들 중 틀린 것은?

㉮ Scale effect를 고려할 때 모래의 경우 침하량은 기초의 폭에 비례한다.
㉯ Scale effect를 고려할 때 점토의 경우 지지력은 기초의 크기와는 무관하다.
㉰ 지하수위가 상승하면 흙의 유효밀도는 대략 50% 정도 저하하며, 강도는 1/2로 준다.
㉱ 시험한 지점의 토질종단을 알아야 예기치 못한 침하와 기초지반 파괴에 대비한다.

해설 모래지반의 경우 침하량이 재하판 크기(폭)에 비례한다고 볼 수 없다. 점토지반의 경우가 비례한다.

문제 011

그림과 같은 다짐 곡선을 보고 다음 설명 중 틀린 것은?

㉮ A는 일반적으로 사질토이다.
㉯ B는 일반적으로 점토에서 나타난다.
㉰ C는 과잉공극수압 곡선이다.
㉱ D는 최적함수비를 나타낸다.

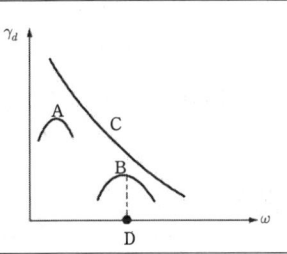

해설 C는 영공기공극곡선(포화곡선)이다.

문제 012

모래치환법에 의한 들밀도 시험결과가 아래와 같다. 현장 흙의 건조 밀도는?

- 시험구멍에서 파낸 흙의 무게 1,600g
- 시험구멍에서 파낸 흙의 함수비 20%
- 시험 구멍에 채운 표준모래의 무게 1,350g
- 시험 구멍에 채운 표준모래의 단위중량 1.35g/cm³

㉮ 0.93g/cm³ ㉯ 1.13g/cm³ ㉰ 1.33g/cm³ ㉱ 1.53g/cm³

해설
- 표준모래의 단위중량 $1.35 = \dfrac{1350}{V}$ ∴ $V = \dfrac{1350}{1.35} = 1000\text{cm}^3$
- $\gamma_t = \dfrac{W}{V} = \dfrac{1600}{1000} = 1.6\text{g/cm}^3$
- $\gamma_d = \dfrac{\gamma_t}{1+\dfrac{w}{100}} = \dfrac{1.6}{1+\dfrac{20}{100}} = 1.33\text{g/cm}^3$

문제 013

흙의 종류에 따른 아래 그림과 같은 다짐곡선들 중 옳은 것은?

㉮ Ⓐ : ML, Ⓒ : SM
㉯ Ⓐ : SW, Ⓓ : CL
㉰ Ⓑ : MH, Ⓓ : GM
㉱ Ⓑ : GC, Ⓒ : CH

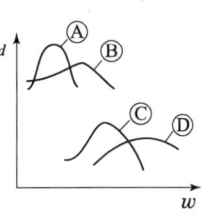

정답 010. ㉮ 011. ㉰ 012. ㉰ 013. ㉯

해설 조립토의 경우 최대 건조밀도가 높고 최적함수비는 작다.
세립토의 경우 최대 건조밀도가 낮고 최적함수비는 크다.

보충
- 조립토일수록 다짐곡선은 급하고 세립토일수록 다짐곡선은 평탄하다.
- 다짐용 시료는 자연건조(공기 중 건조)시킨다.

문제 014

다음 흙의 다짐에 관한 설명으로 틀린 것은?

㉮ 인공적으로 흙에 압력이나 충격을 가하여 밀도를 높이는 것을 다짐이라 한다.
㉯ 최대건조밀도 때의 함수비를 최적함수비라 한다.
㉰ 영공기간극 곡선은 흙이 완전포화될 때 함수비-밀도곡선을 말한다.
㉱ 다짐에너지를 증가하면 최적함수비는 증가한다.

해설
- 다짐에너지가 증가하면 최적함수비는 감소한다.
- 조립토의 경우 $r_{d\max}$이 높고 OMC는 적다.

문제 015

흙의 다짐에 관한 설명 중 옳지 않은 것은?

㉮ 다짐에너지가 커지면 $r_{d\max}$는 커지고, W_{opt}는 작아진다.
㉯ 양입도일수록 $r_{d\max}$는 커지고, 빈입도일수록 $r_{d\max}$는 작아진다.
㉰ 조립토일수록 $r_{d\max}$가 크며 W_{opt}도 크다.
㉱ 점성토는 다짐곡선이 완만하고 조립토는 급경사를 이룬다.

해설
- 조립토일수록 $r_{d\max}$가 크며 W_{opt}는 작다.
- $E_c = \dfrac{W_R \cdot H \cdot N_B \cdot N_L}{V}$
- 세립토일수록 최대 건조밀도는 낮고 최적 함수비는 크며 다짐곡선은 완만하다.

문제 016

현장에서 다짐도가 95%라는 것은 무엇을 말하는가?

㉮ 다짐된 토사의 포화도가 95%를 말한다.
㉯ 흐트러진 시료와 흐트러지지 않은 시료와의 강도의 비가 95%를 말한다.
㉰ 실험실의 실내다짐 최대 건조 밀도에 대한 95% 다짐을 말한다.
㉱ 최적함수비 95%에 대한 다짐밀도를 말한다.

해설
다짐도 $= \dfrac{\gamma_d}{\gamma_{d\max}} \times 100$

여기서, γ_d : 시공 후 현장밀도
$\gamma_{d\max}$: 시공 전 시험실에서의 최대건조밀도

정답 014. ㉱ 015. ㉰ 016. ㉰

문제 017

크기가 30cm×30cm의 평판을 이용하여 사질토 위에서 평판재하시험을 실시하고 극한 지지력 20kN/m²을 얻었다. 크기가 1.8m×1.8m인 정사각형 기초의 총허용하중은? (단, 안전율 3을 사용)

㉮ 90kN   ㉯ 110kN   ㉰ 130kN   ㉱ 150kN

해설
- 기초의 실제 극한지지력 q_u(기초) : q_u(재하) = $B : b$

$$\therefore q_u = \frac{B \cdot q_u(재하)}{b} = \frac{1.8 \times 20}{0.3} = 120 \text{kN/m}^2$$

- $F = \dfrac{q_u}{q_a}$

$$\therefore q_a = \frac{120}{3} = 40 \text{kN/m}^2 \quad 총\ 허용하중 = 40 \times (1.8 \times 1.8) \fallingdotseq 130 \text{kN}$$

문제 018

흙의 다짐에 관한 설명 중 옳지 않은 것은?

㉮ 조립토는 세립토보다 최적함수비가 작다.
㉯ 최대 건조단위중량이 큰 흙일수록 최적함수비는 작은 것이 보통이다.
㉰ 점성토지반을 다질 때는 진동 롤러로 다지는 것이 유리하다.
㉱ 일반적으로 다짐 에너지를 크게 할수록 최대 건조단위 중량은 커지고 최적함수비는 줄어든다.

해설
- 사질토 지반을 다질 때는 진동 롤러로 다지는 것이 유리하다.
- 사질토가 많이 섞인 흙은 점성토보다 다짐 곡선의 기울기가 급하다.
- 다짐 곡선에서 습윤측으로 갈수록 영공기 공극 곡선에 접근한다.

문제 019

흙의 다짐에 있어 램머의 중량이 2.5kg, 낙하고 30cm, 3층으로 각층 다짐횟수가 25회일 때 다짐에너지는? (단, 몰드의 체적은 1,000cm³이다.)

㉮ $5.63 \text{ kg} \cdot \text{cm/cm}^3$ ㉯ $5.96 \text{ kg} \cdot \text{cm/cm}^3$
㉰ $10.45 \text{ kg} \cdot \text{cm/cm}^3$ ㉱ $0.66 \text{ kg} \cdot \text{cm/cm}^3$

해설
$$E_c = \frac{W_R \cdot H \cdot N_B \cdot N_L}{V} = \frac{2.5 \times 30 \times 25 \times 3}{1000} = 5.63 \text{kg} \cdot \text{cm/cm}^3$$

문제 020

흙을 다지면 흙의 성질이 개선되는데 다음 설명 중 옳지 않은 것은?

㉮ 투수성이 감소한다.   ㉯ 부착성이 감소한다.
㉰ 흡수성이 감소한다.   ㉱ 압축성이 감소한다.

해설
- 부착성이 증가한다.
- 지지력이 증가한다.

정답 017. ㉰   018. ㉰   019. ㉮   020. ㉯

문제 021

다짐곡선에 대한 설명이다. 잘못된 것은?

㉮ 다짐에너지를 증가시키면 다짐곡선은 왼쪽 위로 이동하게 된다.
㉯ 사질성분이 많은 시료일수록 다짐곡선은 오른쪽 위에 위치하게 된다.
㉰ 점성분이 많은 흙일수록 다짐곡선은 넓게 퍼지는 형태를 가지게 된다.
㉱ 점성분이 많은 흙일수록 오른쪽 아래에 위치하게 된다.

해설 사질 성분이 많은 시료일수록 다짐곡선은 왼쪽 위에 위치하게 된다.

문제 022

흙의 다짐에서 다짐에너지를 변화시킬 경우에 대한 설명으로 틀린 것은?

㉮ 다짐에너지를 증가시키면 최대건조 단위중량은 증가한다.
㉯ 다짐에너지를 매우 크게 해도 다짐곡선은 영공기간극곡선 아래에 그려진다.
㉰ 다짐에너지를 증가시키면 최적함수비는 감소한다.
㉱ 최대건조 단위중량을 나타내는 점들을 연결하면 영공기간극곡선이 얻어진다.

해설 함수비(ω)와 γ_{dsat}의 관계 곡선으로 영공기 공극곡선을 그린다.

문제 023

현장 흙의 모래치환법에 의한 밀도시험을 한 결과 파낸 구멍의 부피는 2,000cm³이고 파낸 흙의 중량이 3,240g이며 함수비는 8%였다. 이 흙의 간극비는 얼마인가? (단, 이 흙의 비중은 2.70, γ_w =1g/cm³이다.)

㉮ 0.80　　㉯ 0.76　　㉰ 0.70　　㉱ 0.66

해설
- $\gamma_t = \dfrac{W}{V} = \dfrac{3240}{2000} = 1.62 \text{g/cm}^3$
- $\gamma_d = \dfrac{\gamma_t}{1+\dfrac{\omega}{100}} = \dfrac{1.62}{1+\dfrac{8}{100}} = 1.5 \text{g/cm}^3$
- $e = \dfrac{\gamma_w}{\gamma_d}G_s - 1 = \dfrac{1}{1.5} \times 2.7 - 1 = 0.8$

문제 024

다짐에 대한 설명으로 옳지 않은 것은?

㉮ 점토분이 많은 흙은 일반적으로 최적함수비가 낮다.
㉯ 사질토는 일반적으로 건조밀도가 높다.
㉰ 입도배합이 양호한 흙은 일반적으로 최적함수비가 낮다.
㉱ 점토분이 많은 흙은 일반적으로 다짐곡선의 기울기가 완만하다.

해설
- 점토분이 많은 흙은 최적함수비가 높다.
- 사질토는 다짐곡선의 기울기가 급하다.

정답 021. ㉯　022. ㉱　023. ㉮　024. ㉮

문제 025

평판 재하 실험에서 재하판의 크기에 의한 영향(scale effect)에 관한 설명 중 틀린 것은?

㉮ 사질토 지반의 지지력은 재하판의 폭에 비례한다.
㉯ 점토지반의 지지력은 재하판의 폭에 무관한다.
㉰ 사질토 지반의 침하량은 재하판의 폭이 커지면 약간 커지기는 하지만 비례하는 정도는 아니다.
㉱ 점토지반의 침하량은 재하판의 폭에 무관하다.

해설 침하량은 점토지반에서 재하판의 크기에 비례한다.

문제 026

흙의 다짐에 관한 설명 중 옳지 않은 것은?

㉮ 일반적으로 흙의 건조밀도는 가하는 다짐 energy가 클수록 크다.
㉯ 모래질 흙은 진동 또는 진동을 동반하는 다짐 방법이 유효하다.
㉰ 건조밀도-함수비 곡선에서 최적함수비와 최대 건조밀도를 구할 수 있다.
㉱ 모래질을 많이 포함한 흙의 건조밀도-함수비 곡선의 경사는 완만하다.

해설
• 모래질을 많이 포함한 흙의 건조밀도-함수비 곡선의 경사는 급하다.
• 점토질 흙의 경우 다짐곡선이 완만하며 최적함수비가 크며 최대건조밀도가 낮다.

정답 025. ㉱ 026. ㉱

chapter 05 흙의 투수성

제 2 부 토질 및 기초

5-1 흙 속의 물의 흐름

(1) 투수계수(k)

① 경사가 급할수록 유속이 빠르다.
② 수온이 높을수록 투수계수가 크다.
③ 투수계수는 속도의 차원이다.
   $V = k \cdot i$

   여기서, i=동수경사=$\dfrac{h}{L}$

(2) Darcy 법칙

| $Q \rightarrow$ | 흙 | $\rightarrow Q$ |

$Q = A \cdot V = A_v \cdot V_s$

$\therefore V_s = \dfrac{A}{A_v} \cdot V = \dfrac{V}{n} = \dfrac{k \cdot i}{\dfrac{e}{1+e} \times 100}$

$n < 1.0$이므로 $V < V_s$

여기서, A_v : 실제 통수 단면적
V : Darcy의 평균 유속
V_s : 실제 침투 유속

(3) 투수계수와 관계되는 요소

$$k = D_s^2 \cdot \dfrac{\gamma_w}{\mu} \cdot \dfrac{e^3}{1+e} \cdot C$$

① 물의 성질, 토립자의 성상(토립자의 형상과 배열, C) 물의 점성(μ), 흙의 공극비(e), 흙의 입경(D_s) 등이 관계되며 투수계수 측정은 포화상태에서 실시하므로 포화도도 관계가 있다.

② $K = C \cdot D_{10}^2 = 100 \cdot D_{10}^2$ (둥근 입자의 경우 $C = 100$)

③ $k_{15} : \dfrac{1}{\mu_{15}} = k_t : \dfrac{1}{\mu_T}$

- 투수계수는 점성계수에 반비례한다.
- 수온이 상승하면 점성계수가 작아지므로 투수계수가 커진다.

④ $k_1 : e_1^2 = k_2 : e_2^2$ (모래의 실험결과 약식)

5-2 투수계수 시험

(1) 정수위 투수시험

① 사질토(자갈, 모래질)의 투수계수를 측정한다($k > 10^{-3}$ cm/sec).

② $Q_t = A \cdot V \cdot t = A \cdot k \cdot i \cdot t = A \cdot k \cdot \dfrac{h}{L} \cdot t$

$\therefore k = \dfrac{Q_t \cdot L}{A \cdot h \cdot t}$

여기서, Q_t : t 시간의 투수량(cm³)
A : 시료의 단면적(cm²)
h : 수위차(cm)
L : 시료의 길이(cm)

(2) 변수위 투수시험

① 실트질의 투수계수를 측정한다($k = 10^{-3} \sim 10^{-6}$ cm/sec).

② $k = 2.3 \dfrac{aL}{A \cdot t} \log \dfrac{h_1}{h_2}$

여기서, A : 시료의 단면적(cm²)
a : Stand pipe의 단면적(cm²)
L : 시료의 길이(cm)
t : 수위가 h_1에서 h_2까지 내려오는 데 걸린 시간(sec)
h_1 : 시험 개시시의 수위(cm)
h_2 : 시험 종료시의 수위(cm)

(3) 압밀시험

① 점토의 투수계수를 측정한다($k < 10^{-7}$ cm/sec).

② $k = C_v \cdot m_v \cdot \gamma_w$

5-3 성층토의 투수계수

(1) 수평방향의 투수계수(k_h)

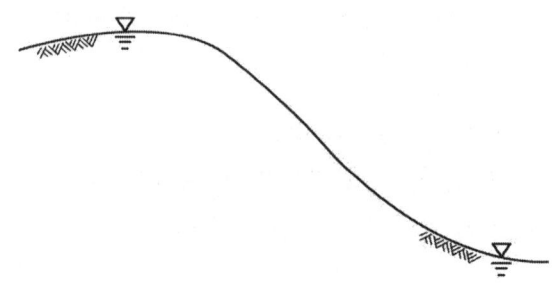

$$Q = Q_1 + Q_2 + Q_3$$
$$A \cdot V = A_1 \cdot V_1 + A_2 \cdot V_2 + A_3 \cdot V_3$$
$$B \cdot H_o \cdot k_h \cdot i = B \cdot H_1 \cdot k_1 \cdot i + B \cdot H_2 \cdot k_2 \cdot i + B \cdot H_3 \cdot k_3 \cdot i$$
$$\therefore k_h = \frac{1}{H_o}(k_1 \cdot H_1 + k_2 \cdot H_2 + k_3 \cdot H_3)$$

(2) 연직방향의 투수계수(k_v)

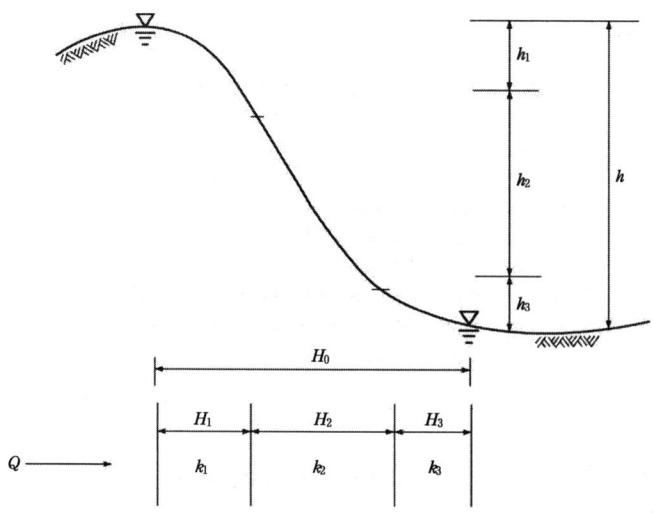

$$V = V_1, \quad k_v \cdot \frac{h}{H_o} = k_1 \cdot \frac{h_1}{H_1} \qquad h_1 = \frac{k_v \cdot h \cdot H_1}{k_1 \cdot H_o}$$

$$V = V_2, \quad k_v \cdot \frac{h}{H_o} = k_2 \cdot \frac{h_2}{H_2} \qquad h_2 = \frac{k_v \cdot h \cdot H_2}{k_2 \cdot H_o}$$

$$V = V_3, \quad k_v \cdot \frac{h}{H_o} = k_3 \cdot \frac{h_3}{H_3} \qquad h_3 = \frac{k_v \cdot h \cdot H_3}{k_3 \cdot H_o}$$

$$h = h_1 + h_2 + h_3$$

$$h = \frac{k_v \cdot h}{H_o} \left(\frac{H_1}{k_1} + \frac{H_2}{k_2} + \frac{H_3}{k_3} \right)$$

$$\therefore k_v = \frac{H_o}{\dfrac{H_1}{k_1} + \dfrac{H_2}{k_2} + \dfrac{H_3}{k_3}}$$

(3) 물의 흐름 방향에 따른 대소 관계

$k_v < k_h$

5-4 유선망

(1) 유선망의 작성 목적

① 침투수량을 구한다.
② 등수두선간의 공극수압을 측정한다.

(2) 유선망의 용어 정의

$\overline{AB}$: 등수두선　　　　유로의 수 $N_f = 5$개

$\overline{CD}$: 등수두선　　　　등수두면의 수(등압면의 수) $N_d = 9$개

$\overline{FG}$: 유선　　　　　　유선 = 6개

$\overline{BEC}$: 유선　　　　　등수두선 = 10개

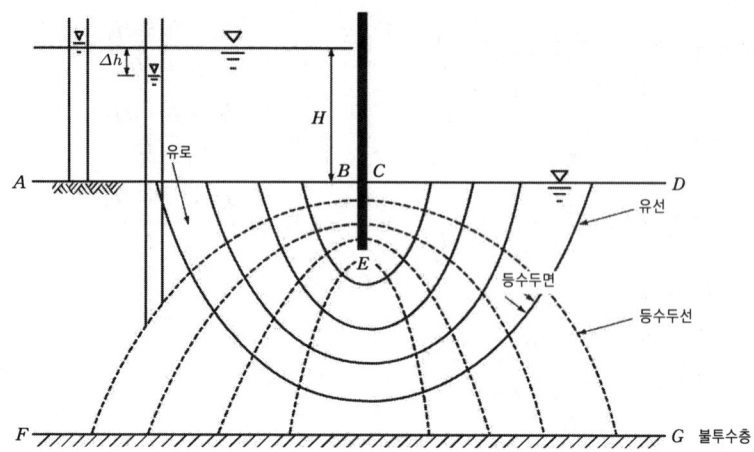

(3) 유선망의 성질

① 각 유로의 침투량은 같다.

② 서로 인접한 등수두선의 수압 강하량(수두손실 $\Delta h = \dfrac{H}{N_d}$)은 항상 같다.

③ 유선과 등수두선(등포텐셜선)은 직교한다.

④ 유선망으로 이루어진 사변형은 이론상 정사각형이다.

⑤ 침투속도 및 동수구배는 유선망의 폭에 반비례한다.

여기서, $Q = A \cdot V$

$\therefore V = \dfrac{Q}{A} = \dfrac{Q}{B \cdot H}$

$Q = A \cdot V = A \cdot k \cdot i$

$\therefore i = \dfrac{Q}{A \cdot k} = \dfrac{Q}{B \cdot H \cdot k}$

(4) 침투유량

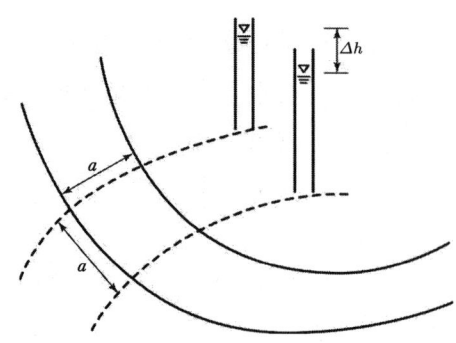

① 유로 한 개의 침투량(단위폭 1m당)

$$\Delta Q = A \cdot V = A \cdot k \cdot i = A \cdot k \cdot \frac{h}{L} = (1 \times a) k \cdot \frac{\Delta h}{a} = k \cdot \Delta h = k \cdot \frac{H}{N_d}$$

② 전체 유로의 침투량

$$Q = k \cdot H \cdot \frac{N_f}{N_d}$$

③ 이방성 지반(투수계수가 방향에 따라 다른 경우)의 경우 침투량

$$Q = \sqrt{k_v \cdot k_h} \cdot H \cdot \frac{N_f}{N_d}$$

(5) 유선망에 의한 수두 및 압력

① 수두
- 전수두(h_t) $h_t = \dfrac{N_d{'}}{N_d} \cdot H$
- 위치수두(h_e) $h_e = (-) \Delta H$
- 압력수두(h_p) $h_t = h_e + h_p$

$$\therefore h_p = h_t - h_e = \frac{N_d{'}}{N_d} \cdot H + \Delta H$$

여기서, N_d : 등수두면의 수
$N_d{'}$: 하류측에서부터 등수두면의 수
ΔH : 지중속의 위치

② 압력
- 전압력(P) $P = \gamma_w \cdot h_t$
- 위치압력 $u_e = \gamma_w \cdot (-) \Delta H$
- 공극수압 $H_p = P - u_e$

5-5 제체의 침투

(1) 침윤선

① 성질
- 제체내 흐름의 최외측, 즉 대기압과 접하는 자유수면을 의미한다.
- 유선으로 그 형상은 포물선으로 가정한다.

- 침윤선은 자유수면으로 압력수두는 0이다.
  즉 위치수두가 곧 전수두가 된다(침윤선에서의 수두는 위치수두뿐이다).
② 침윤선 보정

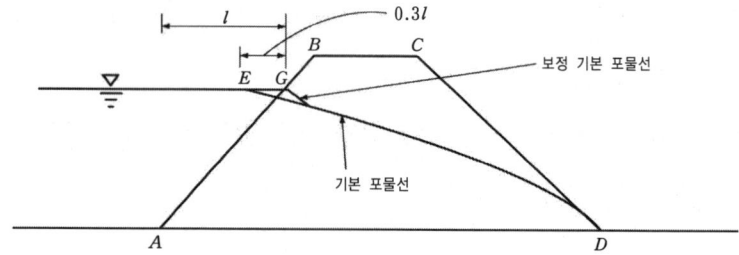

- 기본 포물선을 $GE = 0.3l$ 위치에서 그린다.
- 상류측 경사면 AE는 하나의 등수두선이므로 침윤선은 이면에 직교한다.

5-6 유효응력

(1) 응력의 개념

① 전응력(P, σ)
   흙 전체에 작용하는 압력
② 간극수압(중립응력, 공극수압 u)
   간극 속에 있는 물이 받는 압력
③ 유효응력($\overline{P}$, $\overline{\sigma}$)
   흙 입자 상호간에 작용하는 압력

(2) 임의 지반의 유효응력

① 지반의 유효응력

$P = \overline{P} + u$

$\gamma_t \cdot h + \gamma_{sat} \cdot Z = \overline{P} + \gamma_w \cdot Z$

$\therefore \overline{P} = \gamma_t \cdot h + \gamma_{sat} \cdot Z - \gamma_w \cdot Z$

$\quad = \gamma_t \cdot h + (\gamma_{sat} - \gamma_w) Z$

$\quad = \gamma_t \cdot h + \gamma_{sub} \cdot Z$

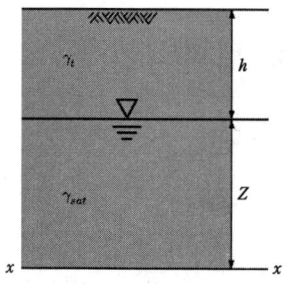

② 포화된 지반의 유효응력

$P = \overline{P} + u$

$\gamma_w \cdot h + \gamma_{sat} \cdot Z = \overline{P} + \gamma_w(h+Z)$

$\therefore \overline{P} = \gamma_w \cdot h + \gamma_{sat} \cdot Z - \gamma_w \cdot h - \gamma_w \cdot Z$
$\quad = (\gamma_{sat} - \gamma_w)Z$
$\quad = \gamma_{sub} \cdot Z$

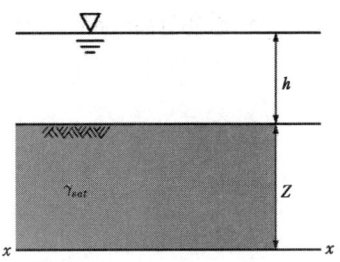

③ 공극수압계의 압력차에 따른 유효응력
- 물이 위로 흐르는 경우

$P = \overline{P} + u$

$\gamma_w \cdot h + \gamma_{sat} \cdot Z = \overline{P} + \gamma_w \cdot (\Delta h + h + Z)$

$\therefore \overline{P} = \gamma_w \cdot h + \gamma_{sat} \cdot Z - \gamma_w \cdot \Delta h - \gamma_w \cdot Z$
$\quad = \gamma_{sat} \cdot Z - \gamma_w \cdot Z - \gamma_w \cdot \Delta h$
$\quad = (\gamma_{sat} - \gamma_w)Z - \gamma_w \cdot \Delta h$
$\quad = \gamma_{sub} \cdot Z - \gamma_w \cdot \Delta h$

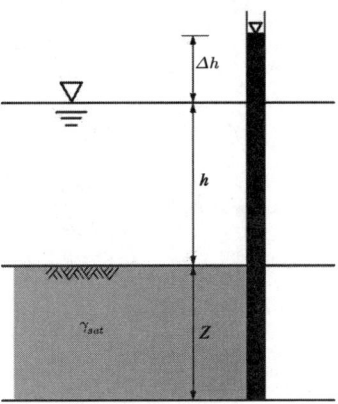

- 물이 아래로 흐르는 경우

$P = \overline{P} + u$

$\gamma_w \cdot h + \gamma_{sat} \cdot Z = \overline{P} + \gamma_w(h + Z - \Delta h)$

$\therefore \overline{P} = \gamma_w \cdot h + \gamma_{sat} \cdot Z - \gamma_w \cdot h - \gamma_w \cdot Z + \gamma_w \cdot \Delta h$
$\quad = \gamma_{sat} Z - \gamma_w \cdot Z + \gamma_w \cdot \Delta h$
$\quad = (\gamma_{sat} - \gamma_w)Z + \gamma_w \cdot \Delta h$
$\quad = \gamma_{sub} \cdot Z + \gamma_w \cdot \Delta h$

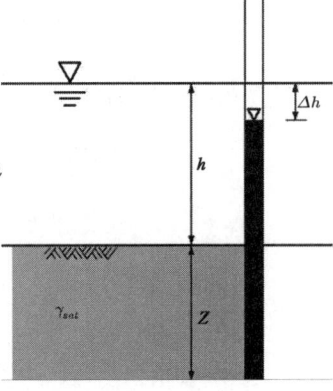

(3) 모관현상이 발생시 유효응력

① 모관현상 및 성질
- 표면장력에 의해 물이 표면으로 상승하는 현상
- 모관상승 부분은 (−)간극수압이 생겨 유효응력이 증가한다.
- 지하수면에서의 공극수압 $u = 0$이다.
- 모관상승으로 지표면이 포화된 경우
- 지표면의 전응력은 0이며 유효응력은 0이 아니다.
- 모관현상이 있을 때 지하수위란 공극수압이 0인 면이다.

② 흙의 모관성

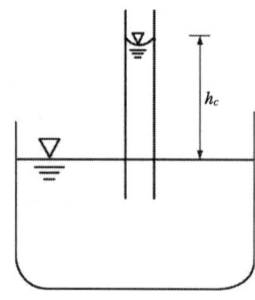 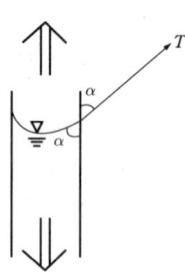

- $\pi \cdot D \cdot T\cos\alpha = \dfrac{\pi D^2}{4} \cdot h_c \cdot \gamma_w$

  $\therefore h_c = \dfrac{4T\cos\alpha}{\gamma_w \cdot D}$

- $\alpha = 0°$, 수온 15℃일 때 $T = 0.075\text{g/cm}$이므로

  $\therefore h_c = \dfrac{0.3}{D}(\text{cm})$

  여기서, h_c : 모관상승고(cm)
  α : 접촉각
  T : 표면장력
  D : 모세관 직경

- $h_c = \dfrac{C}{e \cdot D_{10}}$

  여기서, e : 공극비
  D_{10} : 유효입경
  C : 흙 입자의 모양과 표면상태 정수

③ 흙의 성질에 따른 모관성
- 모관상승고는 점토, 실트, 모래, 자갈 순으로 높다.
- 모관상승 속도는 모래가 점토보다 빠르다.
- 모관포텐셜(표면에서 당기는 힘, 에너지)은 흙의 함수량, 입경, 온도, 물에 함유된 염분 등에 영향을 받는다.
- 함수량, 입경, 공극비가 작을수록 염류가 많을수록 온도가 낮을수록 저포텐셜이 생긴다.
- 모관포텐셜은 항상 고포텐셜에서 저포텐셜로 물이 유동한다.

④ 모관수에 의해 완전히 포화되었을 때 유효응력
- h_2 까지 모관상승시 $X-X$ 단면의 유효응력

  $P = \overline{P} + u$

  $\gamma_t \times h_1 + \gamma_{sat} \times (h_2 + h_3) = \overline{P} + \gamma_w \times (h_2 + h_3) - \gamma_w \times h_2$

$$\therefore \overline{P} = \gamma_t \cdot h_1 + \gamma_{sat} \cdot h_2 + \gamma_{sat} \cdot h_3 - \gamma_w \cdot h_2 - \gamma_w \cdot h_3 + \gamma_w \cdot h_2$$
$$= \gamma_t \cdot h_1 + \gamma_{sub} \cdot h_3 + \gamma_{sat} \cdot h_2$$

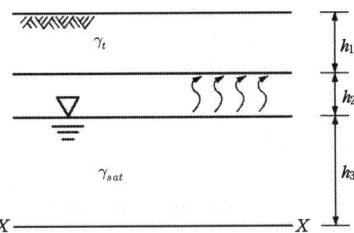

- 모관수가 지표면까지 상승시 $X-X$ 단면의 유효응력

  $P = \overline{P} + u$

  $\gamma_{sat} \cdot h = \overline{P} + \gamma_w \cdot h - \gamma_w \cdot h$

  $\therefore \overline{P} = \gamma_{sat} \cdot h$

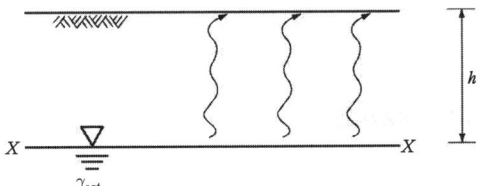

- 모관수가 h_2 높이까지 상승시 $X-X$ 단면의 유효응력

  $P = \overline{P} + u$

  $\gamma_t \cdot h_1 + \gamma_{sat} \cdot h_2 = \overline{P} + \gamma_w \cdot h_2 - \gamma_w \cdot h_2$

  $\therefore \overline{P} = \gamma_t \cdot h_1 + \gamma_{sat} \cdot h_2$

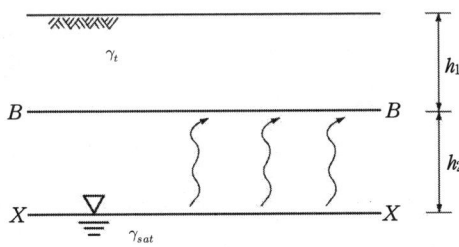

- 모관수가 h_2 높이까지 상승시 $B-B$ 단면의 유효응력

  $P = \overline{P} + u$

  $\gamma_t \cdot h_1 = \overline{P} + (-\gamma_w \cdot h_2) \quad \therefore \overline{P} = \gamma_t \cdot h_1 + \gamma_w \cdot h_2$

⑤ 모관수에 의해 부분적으로 포화되었을 때 유효응력
- 모관수가 h_2 높이까지 $S\%$만큼 포화된 경우 $B-B$ 단면의 유효응력

$$P = \overline{P} + u$$

$$\gamma_t \cdot h_1 = \overline{P} + \left(-\gamma_w \cdot h_2 \cdot \frac{S}{100}\right)$$

$$\therefore \overline{P} = \gamma_t \cdot h_1 + \gamma_w \cdot h_2 \cdot \frac{S}{100}$$

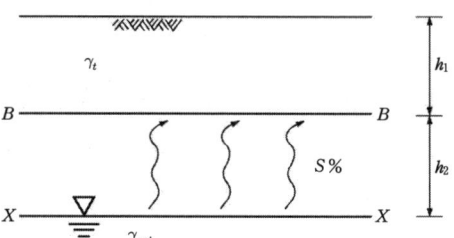

5-7 분사현상(quick sand)

- 모래지반의 굴착저면이 수압에 의해 토립자가 혼탁하여 분출하는 현상.
- 동수구배(동수경사) $i = \dfrac{h}{L}$
- 한계동수경사 $i_c = \dfrac{\gamma_{sub}}{\gamma_w} = \dfrac{\gamma_{sat} - \gamma_w}{\gamma_w} = \dfrac{G_s - 1}{1 + e}$

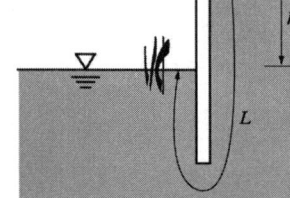

(1) 분사현상이 안 일어나는 조건

$i < i_c$

$1 < F$

(2) 안전율(F)

$$F = \frac{i_c}{i} = \frac{\dfrac{G_s - 1}{1 + e}}{\dfrac{h}{L}}$$

5-8 흙의 동해(동상)

(1) 동상의 개념
① 지표면이 부풀어 오르는 현상
② 동결은 지표면에서 아래쪽을 향하여 진행한다.
③ 실트는 모관상승고가 높아 동상현상이 크게 일어난다(실트질은 모관수두가 크고 투수성이 크다).

(2) 연화현상(융해현상)
① 얼음이 녹아 흙 속의 과잉수분에 의해 연약화된 현상
② 동결된 지반이 봄철에 녹아 증가된 함수비 때문에 지반이 연약하고 강도가 떨어지게 되는 현상
③ 지표수의 침입, 지하수의 상승, 융해수가 배수되지 않고 저류될 때 발생한다.

(3) 동상이 일어나는 조건
① 동상을 받기 쉬운 실트 흙이 존재할 경우
② 0℃ 이하의 온도가 계속 지속되는 경우
③ 하층으로부터 물의 공급이 충분할 경우
④ 동결심도 하단에서 지하수면까지 거리가 모관상승고보다 낮을 때

(4) 동상의 방지 대책
① 양질의 조립토로 치환한다.
② 배수구의 설치로 지하수위로 저하시킨다.

(5) 동결 깊이(동결 심도)

$$Z = C\sqrt{F}$$

여기서, Z : 동결 깊이
C : 정수(3~5)
F : 동결지수=기온×일수

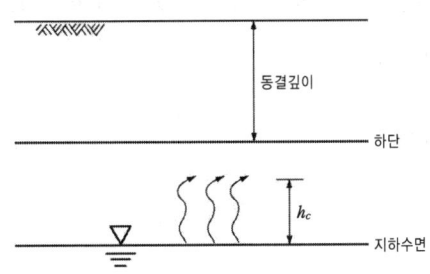

Chapter 05 흙의 투수성

기출문제

문제 001

지름 2mm의 유리관을 15℃의 정수 중에 세웠을 때 모관상승고는 얼마인가? (단, 물과 유리관의 접촉각은 9°, 표면장력은 0.075g/cm이다.)

㉮ 0.15cm ㉯ 1.48cm ㉰ 1.58cm ㉱ 1.68cm

해설 $h_c = \dfrac{4T\cos\alpha}{\gamma_w \cdot D} = \dfrac{4 \times 0.075 \times \cos 9°}{1 \times 0.2} = 1.48 \text{cm}$

문제 002

흙의 투수성에 관한 Darcy의 법칙 $Q = K \cdot \dfrac{\Delta h}{l} \cdot A$을 설명한 것 중 옳지 않은 것은?

㉮ 투수계수 K의 차원은 속도의 차원(cm/sec)과 같다.
㉯ A는 실제로 물이 통하는 공극부분의 단면적이다.
㉰ Δh는 수두차이다.
㉱ 물의 흐름이 난류인 경우에는 Darcy의 법칙이 성립하지 않는다.

해설 A는 시료의 단면적이다.

문제 003

투수시험을 할 때의 온도가 17℃이었다. 이것을 15℃의 투수계수로 환산할 때 옳은 것은? (단, μ : 보정계수)

㉮ $K_{15} = K_{17} \cdot \dfrac{\mu_{17}}{\mu_{15}}$ ㉯ $K_{15} = K_{17} \cdot \dfrac{\mu_{15}}{\mu_{17}}$ ㉰ $K_{15} = \dfrac{1}{K_{17}} \cdot \dfrac{\mu_{17}}{\mu_{15}}$ ㉱ $K_{15} = \dfrac{1}{K_{17}} \cdot \dfrac{\mu_{15}}{\mu_{17}}$

해설 $K_{15} : \dfrac{1}{\mu_{15}} = K_{17} : \dfrac{1}{\mu_{17}}$ $\therefore K_{15} = K_{17} \cdot \dfrac{\mu_{17}}{\mu_{15}}$

문제 004

정수위 투수시험을 단면적 30cm², 길이 25cm의 시료에 대하여 하였다. 이때 40cm의 수두에서 116초 동안에 200cc가 유출하였다. 이 시료의 투수계수는?

㉮ 2.49×10^{-2} cm/sec
㉯ 3.59×10^{-2} cm/sec
㉰ 4.25×10^{-2} cm/sec
㉱ 5.25×10^{-2} cm/sec

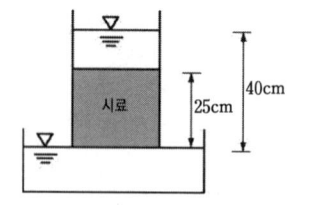

정답 001. ㉯ 002. ㉯ 003. ㉮ 004. ㉯

해설
$$Q_t = A \cdot V \cdot t = A \cdot k \cdot \frac{h}{L} \cdot t \quad \therefore k = \frac{Q_t \cdot L}{A \cdot h \cdot t} = \frac{200 \times 25}{30 \times 40 \times 116} = 3.59 \times 10^{-2} \text{cm/sec}$$

문제 005

그림과 같이 3층으로 된 토층의 수평방향과 수직방향의 평균 투수계수는 몇 cm/sec인가?

	수평방향 투수계수	수직방향 투수계수
㉮	1.372×10^{-3}	3.129×10^{-4}
㉯	3.129×10^{-4}	1.372×10^{-3}
㉰	1.372×10^{-5}	3.129×10^{-6}
㉱	3.129×10^{-6}	1.372×10^{-5}

7.9m: 2.8m ($k_1 = 4 \times 10^{-4}$ cm/sec), 3.6m ($k_2 = 2 \times 10^{-4}$ cm/sec), 1.5m ($k_3 = 6 \times 10^{-3}$ cm/sec)

해설
$$K_h = \frac{1}{H_o}(k_1 \cdot H_1 + k_2 \cdot H_2 + k_3 \cdot H_3) = \frac{1}{790}(4 \times 10^{-4} \times 280 + 2 \times 10^{-4} \times 360 + 6 \times 10^{-3} \times 150)$$
$$= 1.372 \times 10^{-3} \text{cm/sec}$$
$$K_v = \frac{H_o}{\frac{H_1}{k_1} + \frac{H_2}{k_2} + \frac{H_3}{k_3}} = \frac{790}{\frac{280}{4 \times 10^{-4}} + \frac{360}{2 \times 10^{-4}} + \frac{150}{6 \times 10^{-3}}} = 3.129 \times 10^{-4} \text{cm/sec}$$

문제 006

유선망(flow net)의 특징 중 옳지 않은 것은?

㉮ 두 개의 등수두선의 수압 강하량은 다른 두 개의 등수두선에 대해서도 같다.
㉯ 유선망으로 되는 사각형은 이론상으로 직각사각형이다.
㉰ 유선과 등수두선은 서로 직교한다.
㉱ 침투속도 및 동수경사는 유선망의 폭에 반비례한다.

해설 유선망으로 되는 사각형은 이론상 정사각형이다.

문제 007

흙 댐의 침윤선을 설명한 것 중 옳지 않은 것은?

㉮ 침윤선상의 수두는 위치수두뿐이다.
㉯ 침윤선상의 수두는 압력수두뿐이다.
㉰ 침윤선은 유선 중의 하나이다.
㉱ 침윤선의 형상은 포물선으로 가정한다.

해설 침윤선은 자유수면이므로 압력수두는 0이다. 그러므로 위치수두만 존재한다.

문제 008

다음의 흙 댐에서 유선망을 작도하는 데 있어 경계 조건이 틀린 것은?

㉮ AB는 등수두선이다.
㉯ BC는 등수두선이다.
㉰ CD는 등수두선이다.
㉱ AD는 유선이다.

해설 BC는 유선이다.

정답 005. ㉮ 006. ㉯ 007. ㉯ 008. ㉯

문제 009

흙의 동상에 관한 다음 설명 중 옳지 않은 것은?

㉮ 토층의 동결은 보통 지표면에서 아래쪽을 향하여 진행된다.
㉯ 모래나 자갈은 투수성이 크지만 모관현상은 낮으므로 동상은 그다지 크게 일어나지 않는다.
㉰ 점토는 모관상승고가 높으므로 실트질 흙보다 동상현상이 크게 일어난다.
㉱ 흙의 모관성이 클 때 동상현상이 현저하게 일어난다.

해설 점토는 모관상승고가 높지만 투수성이 작아 실트질 흙보다 동상현상이 작게 일어난다.

문제 010

다음 중 투수계수를 좌우하는 요인이 아닌 것은?

㉮ 토립자의 크기   ㉯ 공극의 형상과 배열
㉰ 토립자의 비중   ㉱ 포화도

해설 토립자의 비중은 관계가 없고 점성계수, 공극비 등이 관계가 있다.

문제 011

그림의 유선망에 대한 것 중 틀린 것은? (단, 흙의 투수계수는 2.5×10^{-3} cm/s이다.)

㉮ 유선의 수 = 6
㉯ 등수두선의 수 = 6
㉰ 유로의 수 = 5
㉱ 전침투유량 $Q = 0.278 \text{cm}^3/\text{s}$

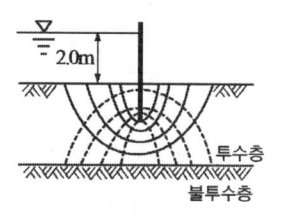

해설
- 등수두선의 수 : 10개
- 등수두면의 수 : 9개
- $Q = k \cdot h \cdot \dfrac{N_f}{N_d} = 2.5 \times 10^{-3} \times 200 \times \dfrac{5}{9} = 0.278 \text{cm}^3/\text{sec}$

문제 012

그림을 보고 점토 중앙 단면에 작용하는 유효압력은 얼마인가? (단, $\gamma_w = 9.81 \text{kN/m}^3$)

㉮ 12.5 kN/m²
㉯ 23.7 kN/m²
㉰ 32.5 kN/m²
㉱ 40.5 kN/m²

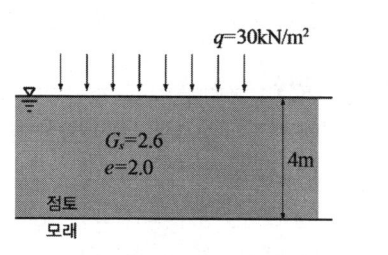

해설
$\gamma_{sub} = \dfrac{G_s - 1}{1 + e} \cdot \gamma_w = \dfrac{2.6 - 1}{1 + 2} \times 9.81 = 5.232 \text{kN/m}^3$
$\overline{P} = q + \gamma_{sub} \cdot Z = 30 + 5.232 \times 2 = 40.5 \text{kN/m}^2$

정답 009. ㉰ 010. ㉰ 011. ㉯ 012. ㉱

문제 013

다음 그림에서 흙 속 6cm 깊이에서의 중립응력은? (단, $\gamma_w = 9.81\text{kN/m}^3$, 포화된 흙의 단위체적중량은 19kN/m^3이다.)

㉮ 1.04kN/m^2 ㉯ 1.58kN/m^2
㉰ 1.08kN/m^2 ㉱ 0.54kN/m^2

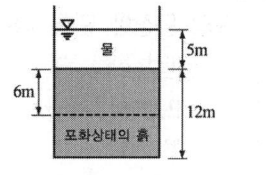

해설 $u = \gamma_w \cdot Z = 9.81 \times 0.11 = 1.08\text{kN/m}^2$

문제 014

그림에서 모관수에 의해 A-A면까지 완전히 포화되었다고 가정하면 B-B면에서의 유효응력은 얼마인가?
(단, $\gamma_w = 9.81\text{kN/m}^3$)

㉮ $63.5\ \text{kN/m}^2$ ㉯ $72\ \text{kN/m}^2$
㉰ $82.57\ \text{kN/m}^2$ ㉱ $122\ \text{kN/m}^2$

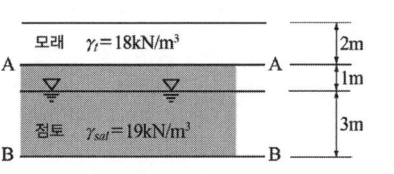

해설 $\overline{P} = P - u = 112 - 29.43 = 82.57\text{kN/m}^2$
$P(\text{전응력}) = 1.8 \times 2 + 19 \times 4 = 112\text{kN/m}^2$
$u(\text{중립응력}) = 9.81 \times 3 = 29.43\text{kN/m}^2$

문제 015

그림과 같은 경우 a-a에서의 유효응력은 얼마인가?
(단, $\gamma_w = 9.81\text{kN/m}^3$, $\gamma_{sub} = 10\text{kN/m}^3$)

㉮ $18\ \text{kN/m}^2$
㉯ $12\ \text{kN/m}^2$
㉰ $8\ \text{kN/m}^2$
㉱ $2\ \text{kN/m}^2$

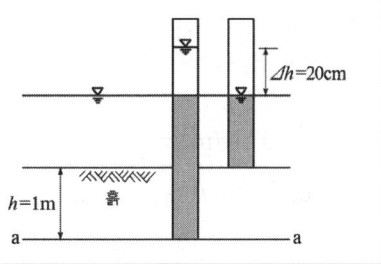

해설 $\overline{P} = 10 \times 1 - 9.81 \times 0.2 = 8\text{kN/m}^2$

문제 016

그림에서 A-A면에 작용하는 유효수직응력은?
(단, $\gamma_w = 9.81\text{kN/m}^3$, $\gamma_{sat} = 18\text{kN/m}^3$)

㉮ 0.21kN/m^2
㉯ 0.43kN/m^2
㉰ 0.85kN/m^2
㉱ 0.28kN/m^2

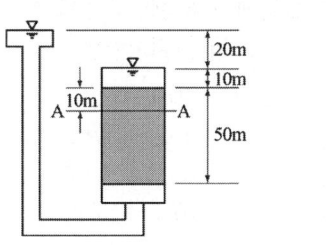

해설 $\overline{P} = \gamma_{sub} \cdot Z - \gamma_w \cdot Z \cdot i = (18 - 9.81) \times 0.1 - 9.81 \times 0.1 \times \dfrac{0.2}{0.5} = 0.43\text{kN/m}^2$

문제 017

그림과 같은 모래시료가 분사현상에 대한 안전율 3을 가지려면 h를 얼마 이하로 하여야 하는가?

㉮ 8.25cm
㉯ 16.50cm
㉰ 24.75cm
㉱ 33.00cm

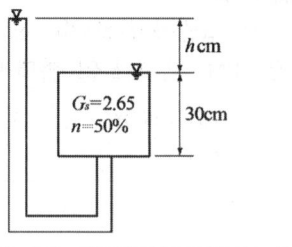

해설
$$e = \frac{n}{100-n} = \frac{50}{100-50} = 1$$

$$F = \frac{i_c}{i} = \frac{\dfrac{G_s - 1}{1+e}}{\dfrac{h}{L}} \qquad 3 = \dfrac{\dfrac{2.65-1}{1+1}}{\dfrac{h}{30}}$$

$$\therefore h = 8.25\text{cm}$$

문제 018

그림에서 흙의 요소에 작용하는 유효연직응력은?
(단, $\gamma_w = 9.81\text{kN/m}^3$, 모관수에 의하여 지표면까지 포화되었다고 가정한다.)

㉮ 17.7 kN/m²
㉯ 28.2 kN/m²
㉰ 8.5 kN/m²
㉱ 0 kN/m²

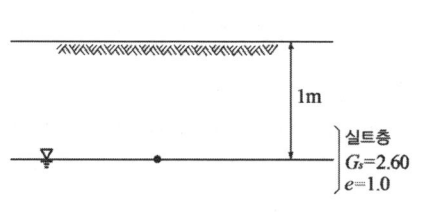

해설
$$\overline{P} = P - u = \gamma_{sat} \cdot h - \gamma_w \cdot h = 17.7 \times 1 - 9.81 \times 0 = 17.7\text{kN/m}^2$$

$$\gamma_{sat} = \frac{G_s + e}{1+e} \cdot \gamma_w = \frac{2.6+1}{1+1} \times 9.81 = 17.7\text{kN/m}^3$$

문제 019

그림에서 A점의 유효응력 σ'를 구하면?
(단, 물의 단위중량은 9.81kN/m³이다.)

㉮ $\sigma' = 40.0$ kN/m²
㉯ $\sigma' = 46.8$ kN/m²
㉰ $\sigma' = 53.2$ kN/m²
㉱ $\sigma' = 57.8$ kN/m²

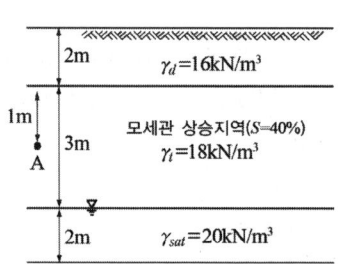

해설
$$\overline{P} = P - u = 16 \times 2 + 18 \times 1 - \left(-\frac{40}{100} \times 9.81 \times 2\right) = 57.8\text{kN/m}^2$$

정답 017. ㉮ 018. ㉮ 019. ㉱

문제 020

다음 그림에서와 같이 물이 상방향으로 일정하게 흐를 때 A, B양단에서의 전수두차를 구하면?

㉮ 1.8m
㉯ 3.6m
㉰ 1.2m
㉱ 2.4m

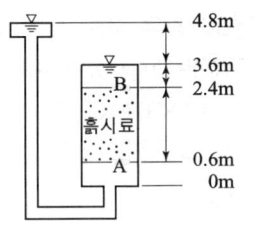

해설 전수두 $h = h_e + h_p = h_e + \dfrac{u}{r_w}$

$\therefore\ h = \left(h_A + \dfrac{u_A}{r_w}\right) - \left(h_B + \dfrac{u_B}{r_w}\right) = 4.8 - 3.6 = 1.2\text{m}$

보충 전수두=위치수두+압력수두+속도수두
여기서, 토질역학에서는 속도수두를 무시한다.

문제 021

동상 방지 대책에 대한 설명 중 옳지 않은 것은?

㉮ 배수구 등을 설치해서 지하수위를 저하시킨다.
㉯ 모관수의 상승을 차단하기 위해 조립의 차단층을 지하수위보다 높은 위치에 설치한다.
㉰ 동결 깊이보다 낮게 있는 흙을 동결하지 않는 흙으로 치환한다.
㉱ 지표의 흙을 화학약품으로 처리하여 동결온도를 내린다.

해설 동결 깊이 위에 있는 흙을 동결하지 않는 조립토로 치환하여 동상을 방지한다.

보충
- 실트질의 흙은 모관 상승고가 높고 투수성이 커서 동상에 가장 잘 걸린다.
- 동결 깊이 $Z = C\sqrt{F}$

문제 022

어떤 흙의 변수위 투수시험을 한 결과 시료의 직경과 길이가 각각 5.0cm, 2.0cm이었으며, 유리관의 내경이 4.5mm, 1분 10초 동안에 수두가 40cm에서 20cm로 내렸다. 이 시료의 투수계수는?

㉮ 4.95×10^{-4} cm/s
㉯ 5.45×10^{-4} cm/s
㉰ 1.60×10^{-4} cm/s
㉱ 7.39×10^{-4} cm/s

해설
- $a = \dfrac{3.14 \times 0.45^2}{4} = 0.159\text{cm}^2$
- $A = \dfrac{3.14 \times 5^2}{4} = 19.63\text{cm}^2$

$\therefore\ k = 2.3 \dfrac{aL}{At} \log \dfrac{h_1}{h_2} = 2.3 \dfrac{0.159 \times 2}{19.63 \times 70} \log \dfrac{40}{20} = 1.602 \times 10^{-4}\text{cm/sec}$

보충
- 변수위 투수시험은 실트질에서 적용한다.
- 정수위 투수시험은 자갈, 모래질의 조립토에서 적용한다.

정답 020. ㉰ 021. ㉰ 022. ㉰

문제 023

그림과 같은 정수 중에 있는 포화토의 A-A'면에서의 유효응력은? (단, 물의 단위중량은 9.81kN/m³이다.)

㉮ 122.76 kN/m² ㉯ 160.25 kN/m²
㉰ 1227.6 kN/m² ㉱ 1602.5 kN/m²

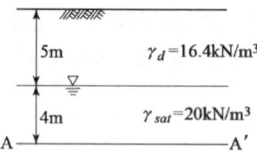

해설 $\overline{P}(\overline{\sigma}) = 16.4 \times 5 + (20 - 9.81) \times 4 = 122.76 \text{kN/m}^2$

보충 $P = \overline{P} + u$ $(\sigma = \overline{\sigma} + u)$
 • $P = 16.4 \times 5 + 20 \times 4 = 162 \text{kN/m}^2$
 • $u = 9.81 \times 4 = 39.24 \text{kN/m}^2$
 ∴ $\overline{P} = P - u = 162 - 39.24 = 122.76 \text{kN/m}^2$

문제 024

그림과 같은 모래층에 널말뚝을 설치하여 물막이공 내의 물을 배수하였을 때, 분사현상이 일어나지 않게 하려면 얼마의 압력을 가하여야 하는가? (단, γ_w =9.81kN/m³, 모래의 비중은 2.65, n = 39%, 안전율은 3으로 한다.)

㉮ 65 kN/m² ㉯ 135.2 kN/m²
㉰ 33 kN/m² ㉱ 161.8 kN/m²

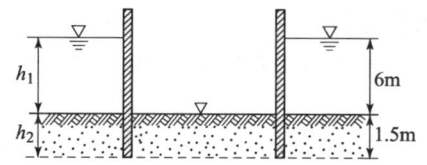

해설
• $e = \dfrac{n}{100-n} = \dfrac{39}{100-39} = 0.64$
• $r_{sub} = \dfrac{G_s - 1}{1+e} \cdot \gamma_w = \dfrac{2.65-1}{1+0.64} \times 9.81 = 9.87 \text{kN/m}^3$
• $F = \dfrac{\text{저항}}{\text{활동}} = \dfrac{r_{sub} \times 1.5 + W}{r_w \times 6} = \dfrac{9.87 \times 1.5 + W}{9.81 \times 6}$

$9.87 \times 1.5 + W = 3 \times 9.81 \times 6$ ∴ $W = 3 \times 9.81 \times 6 - 9.87 \times 1.5 = 161.8 \text{kN/m}^2$

문제 025

단면적 20cm², 길이 10cm의 시료를 15cm의 수두차로 정수 위 투수시험을 한 결과 2분 동안에 150cm³의 물이 유출되었다. 이 흙의 G_s =2.67이고, 건조중량이 420g이었다. 공극을 통하여 침투하는 실제 침투유속 V_s는? (단, γ_w =1g/cm³이다.)

㉮ 0.280cm/sec ㉯ 0.293cm/sec ㉰ 0.320cm/sec ㉱ 0.334cm/sec

해설
• $k = \dfrac{Q \cdot L}{A \cdot h \cdot t} = \dfrac{150 \times 10}{20 \times 15 \times 2 \times 60} = 0.042 \text{cm/sec}$
• $r_d = \dfrac{W_s}{V} = \dfrac{W_s}{A \cdot L} = \dfrac{420}{20 \times 10} = 2.1 \text{g/cm}^3$
• $e = \dfrac{r_w}{r_d} G_s - 1 = \dfrac{1}{2.1} \times 2.67 - 1 = 0.27$
• $n = \dfrac{e}{1+e} \times 100 = \dfrac{0.27}{1+0.27} \times 100 = 21.26\%$
• ∴ $V_s = \dfrac{V}{n} = \dfrac{ki}{n} = \dfrac{0.042 \times \dfrac{15}{10}}{0.2126} = 0.296 \text{cm/sec}$

정답 023. ㉮ 024. ㉱ 025. ㉯

문제 026

다음과 같이 널말뚝을 박은 지반의 유선망을 작도하는 데 있어서 경계조건에 대한 설명으로 틀린 것은?

㉮ $\overline{AB}$는 등수두선이다.
㉯ $\overline{CD}$는 등수두선이다.
㉰ $\overline{FG}$는 유선이다.
㉱ $\overline{BEC}$는 등수두선이다.

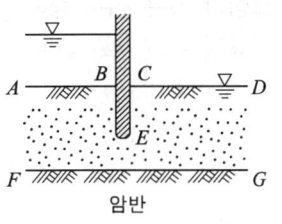

해설 $\overline{BEC}$는 유선이다.

문제 027

다음 그림에서 A점의 유효응력은? (단, γ_w=9.81kN/m³, e=0.8, G_s=2.7)

㉮ 0.45 kN/m²
㉯ 0.58 kN/m²
㉰ 0.65 kN/m²
㉱ 0.78 kN/m²

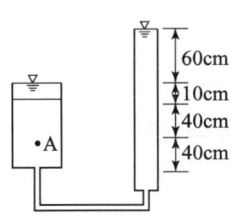

해설
- $\gamma_{sub} = \dfrac{G_s - 1}{1+e}\gamma_w = \dfrac{2.7-1}{1+0.8} \times 9.81 = 9.3\text{kN/m}^3$
- $\overline{P} = \gamma_{sub} \cdot z - \gamma_w \cdot z \cdot i = 9.3 \times 0.4 - 9.81 \times 0.4 \times \dfrac{0.6}{0.8} = 0.78\text{kN/m}^2$

문제 028

투수계수가 2×10^{-5}cm/sec, 수위차 15m인 필댐의 단위폭 1cm에 대한 1일 침투 유량은? (단, 등수두선으로 싸인 간격수=15, 유선으로 싸인 간격수=5)

㉮ 1×10^{-2}cm³/day ㉯ 864cm³/day
㉰ 36cm³/day ㉱ 14.4cm³/day

해설 $Q = k \cdot H \cdot \dfrac{N_f}{N_d} \times$단위 폭 $= 2 \times 10^{-5} \times 1500 \times \dfrac{5}{15} \times 60 \times 60 \times 24 \times 1 = 864\text{cm}^3/\text{day}$

문제 029

다음 그림과 같은 점성토 지반의 굴착저면에서 바닥융기에 대한 안전율을 Terzaghi의 식에 의해 구하면? (단, γ_t=17.31kN/m³, C=24kN/m²이다.)

㉮ 3.21 ㉯ 2.32
㉰ 1.64 ㉱ 1.17

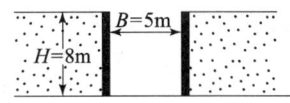

해설 $F_s = \dfrac{5.7C}{\gamma_t \cdot H - \dfrac{C \cdot H}{0.7B}} = \dfrac{5.7 \times 24}{17.31 \times 8 - \dfrac{24 \times 8}{0.7 \times 5}} = 1.64$

문제 030

흙의 모관상승에 대한 설명 중 잘못된 것은?

㉮ 흙의 모관상승고는 간극비에 반비례하고, 유효입경에 반비례한다.
㉯ 모관상승고는 점토, 실트, 모래, 자갈의 순으로 점점 작아진다.
㉰ 모관상승이 있는 부분은 (-)의 간극수압이 발생하여 유효응력이 증가한다.
㉱ Stokes 법칙은 모관상승에 중요한 영향을 미친다.

해설 • Stokes 법칙은 흙 입자의 침강속도에 관한 사항이다.
• $h_c = \dfrac{4T\cos\alpha}{r_w \cdot D}$
• $h_c = \dfrac{C}{e \cdot D_{10}}$
• 모관상승속도는 모래가 점토보다 빠르다.

문제 031

아래 그림에서 투수계수 $K = 4.8 \times 10^{-3}$cm/sec일 때 Darcy 유출속도 v와 실제 물의 속도(침투속도) v_s는?

㉮ $v = 3.4 \times 10^{-4}$cm/sec, $v_s = 5.6 \times 10^{-4}$cm/sec
㉯ $v = 3.4 \times 10^{-4}$cm/sec, $v_s = 9.4 \times 10^{-4}$cm/sec
㉰ $v = 5.8 \times 10^{-4}$cm/sec, $v_s = 10.8 \times 10^{-4}$cm/sec
㉱ $v = 5.8 \times 10^{-4}$cm/sec, $v_s = 13.2 \times 10^{-4}$cm/sec

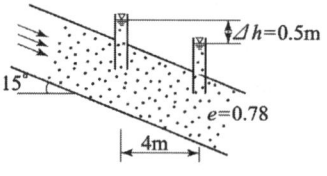

해설 • $L = \dfrac{4}{\cos 15°} = 4.14$m

• $V = k \cdot i = k \cdot \dfrac{h}{L} = 4.8 \times 10^{-3} \times \dfrac{0.5}{4.14} = 0.00058$cm/sec

• $V_s = \dfrac{V}{n} = \dfrac{0.00058}{0.438} = 0.00132$cm/sec

여기서, $n = \dfrac{e}{1+e} \times 100 = \dfrac{0.78}{1+0.78} \times 100 = 43.8\%$

• $V < V_s$

문제 032

간극비 0.8, 포화도 87.5%, 함수비 25%인 사질점토에서 한계동수경사는?

㉮ 1.5   ㉯ 2.0   ㉰ 1.0   ㉱ 0.8

해설 • $S \cdot e = G_s \cdot w$

∴ $G_s = \dfrac{S \cdot e}{w} = \dfrac{87.5 \times 0.8}{25} = 2.8$

• $i_c = \dfrac{G_s - 1}{1 + e} = \dfrac{2.8 - 1}{1 + 0.8} = 1$

정답 030. ㉱   031. ㉱   032. ㉰

문제 033

간극비가 $e_1=0.80$인 어떤 모래의 투수계수가 $k_1=8.5\times10^{-2}$cm/sec일 때 이 모래를 다져서 간극비를 $e_2=0.57$로 하면 투수계수 k_2는?

㉮ 8.5×10^{-3}cm/sec ㉯ 3.5×10^{-2}cm/sec
㉰ 8.1×10^{-2}cm/sec ㉱ 4.1×10^{-1}cm/sec

해설
- $k = D_s^2 \cdot \dfrac{\gamma_w}{\mu} \cdot \dfrac{e^3}{1+e} \cdot C$
- $k_1 : \dfrac{e_1^3}{1+e_1} = k_2 : \dfrac{e_2^3}{1+e_2}$

  $8.5\times10^{-2} : \dfrac{0.8^3}{1+0.8} = k_2 : \dfrac{0.57^3}{1+0.57}$

  $\therefore k_2 = \dfrac{8.5\times10^{-2}\times0.11795}{0.284} = 0.035$cm/sec

문제 034

어떤 콘크리트댐 하부의 투수층에서 그림과 같은 유선망도가 그려졌다고 할 때 침투유량 Q는? (단, 투수층의 투수계수 $k=2.0\times10^{-2}$cm/sec이다.)

㉮ 6cm³/sec/cm
㉯ 10cm³/sec/cm
㉰ 15cm³/sec/cm
㉱ 18cm³/sec/cm

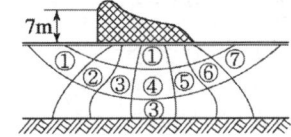

해설 $Q = k \cdot h \cdot \dfrac{N_f}{N_d} = 2.0\times10^{-2}\times700\times\dfrac{3}{7} = 6$cm³/sec/cm

문제 035

간극률이 50%, 함수비가 40%인 포화토에 있어서 지반의 분사현상에 대한 안전율이 3.5라고 할 때 이 지반에 허용되는 최대 동수구배는?

㉮ 0.21   ㉯ 0.51   ㉰ 0.61   ㉱ 1.00

해설
- $e = \dfrac{n}{100-n} = \dfrac{50}{100-50} = 1$
- $S\cdot e = G_s\cdot\omega$

  $\therefore G_s = \dfrac{S\cdot e}{\omega} = \dfrac{100\times1}{40} = 2.5$

- $i_c = \dfrac{G_s-1}{1+e} = \dfrac{2.5-1}{1+1} = 0.75$
- $F = \dfrac{i_c}{i}$

  $\therefore i = \dfrac{i_c}{F} = \dfrac{0.75}{3.5} = 0.21$

정답 033. ㉯ 034. ㉮ 035. ㉮

문제 036

쓰레기 매립장에서 누출되어 나온 침출수가 지하수를 통하여 100미터 떨어진 하천으로 이동한다. 매립장 내부와 하천의 수위차가 1미터이고 포화된 중간지반은 평균 투수계수 1×10^{-3}cm/sec의 자유면 대수층으로 구성되어 있다고 할 때 매립장으로부터 침출수가 하천에 처음 도착하는데 걸리는 시간은 약 몇 년인가? (이때, 대수층의 간극비(e)는 0.25이었다.)

㉮ 3.45년   ㉯ 6.34년   ㉰ 10.56년   ㉱ 17.23년

해설
- $V = k \cdot i = 1 \times 10^{-5} \times \dfrac{1}{100} = 1 \times 10^{-7}$ m/sec
- $n = \dfrac{e}{1+e} = \dfrac{0.25}{1+0.25} = 0.2$
- $V_s = \dfrac{V}{n} = \dfrac{1 \times 10^{-7}}{0.2} = 5 \times 10^{-7}$ m/sec
- $\therefore\ t = \dfrac{l}{V_s} = \dfrac{\sqrt{100^2 + 1^2}}{5 \times 10^{-7}} = 2 \times 10^8 \div (60 \times 60 \times 24 \times 365) = 6.34$년

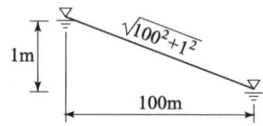

문제 037

흙의 동상에 영향을 미치는 요소가 아닌 것은?

㉮ 모관 상승고   ㉯ 흙의 투수계수   ㉰ 흙의 전단강도   ㉱ 동결온도의 계속시간

해설 동상은 동결온도의 지속시간, 물, 실트질의 흙과 관련된다.

문제 038

수직방향의 투수계수가 4.5×10^{-8}m/sec이고, 수평방향의 투수계수가 1.6×10^{-8}m/sec인 균질하고 비등방(非等方)인 흙댐의 유선망을 그린 결과 유로(流路)수가 4개이고 등수두선의 간격수가 18개이었다. 단위길이(m)당 침투수량은? (단, 댐의 상하류의 수면의 차는 18m이다.)

㉮ 1.1×10^{-7} m³/sec   ㉯ 2.3×10^{-7} m³/sec
㉰ 2.3×10^{-8} m³/sec   ㉱ 1.5×10^{-8} m³/sec

해설
- 비등방인 경우 투수계수
  $k = \sqrt{k_v \times k_h} = \sqrt{4.5 \times 10^{-8} \times 1.6 \times 10^{-8}} = 2.68 \times 10^{-8}$ m/sec
- $Q = k \cdot h \cdot \dfrac{N_f}{N_d} = 2.68 \times 10^{-8} \times 18 \times \dfrac{4}{18} = 1.1 \times 10^{-7}$ m³/sec

문제 039

그림과 같은 실트질 모래층에 지하수면 위 2.0m까지 모세관영역이 존재한다. 이때 모세관영역(높이 B의 바로 아래)의 유효응력은? (단, $\gamma_w = 9.81$kN/m³, 실트질 모래층의 간극비는 0.50, 비중은 2.67, 모세관 영역의 포화도는 60%이다.)

㉮ 26 kN/m²   ㉯ 36 kN/m²
㉰ 38 kN/m²   ㉱ 46 kN/m²

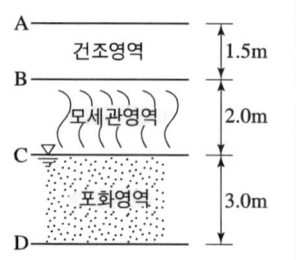

정답 036. ㉯   037. ㉰   038. ㉮   039. ㉰

해설
- $\gamma_d = \dfrac{G_s}{1+e}\cdot\gamma_w = \dfrac{2.67}{1+0.5}\times 9.81 = 17.5\text{kN/m}^3$
- $\overline{P} = 17.5\times 1.5 + \gamma_w \times 2 \times \dfrac{S}{100} = 17.5\times 1.5 + 9.81\times 2\times \dfrac{60}{100} = 38\text{kN/m}^2$

문제 040

다음 그림에서 A점의 간극 수압은? (단, γ_w =9.81kN/m³)

㉮ 48.7 kN/m²
㉯ 65.4 kN/m²
㉰ 82.3 kN/m²
㉱ 120.3 kN/m²

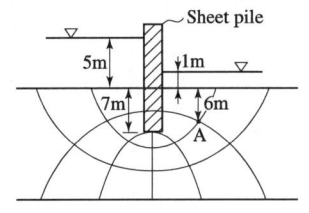

해설
- 전수두 $h_t = \dfrac{Nd'}{Nd}\times H = \dfrac{1}{6}\times 4 = 0.67\text{m}$
- 위치수두 $h_e = -6\text{m}$
- $h_t = h_p + h_e$
  $0.67 = h_p + (-6)$
  ∴ 압력수두 $h_p = 6.67\text{m}$
- 간극수압 $u = \gamma_w \cdot h_p = 9.81\times 6.67 = 65.4\text{kN/m}^2$

문제 041

3m 두께의 모래층이 포화된 점토층 위에 놓여 있다. 그림과 같이 지하수위는 1m 깊이에 있고 모관수는 없다고 할 때 3m 깊이의 A점의 유효응력은? (단, γ_w =9.81kN/m³)

㉮ 53.1 kN/m² ㉯ 46.4 kN/m²
㉰ 38.9 kN/m² ㉱ 33.1 kN/m²

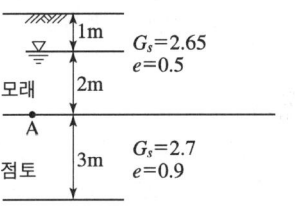

해설
- $\gamma_d = \dfrac{G_s}{1+e}\gamma_w = \dfrac{2.65}{1+0.5}\times 9.81 = 17.3\text{kN/m}^3$
- $\gamma_{sub} = \dfrac{G_s-1}{1+e}\gamma_w = \dfrac{2.65-1}{1+0.5}\times 9.81 = 10.8\text{kN/m}^3$
- $\overline{P} = 17.3\times 1 + 10.8\times 2 = 38.9\text{kN/m}^2$

문제 042

아래 조건에서 점토층 중간면에 작용하는 유효응력과 간극수압은? (단, γ_w =9.81kN/m³)

㉮ 유효응력 : 56.9(kN/m²), 간극수압 : 98.1(kN/m²)
㉯ 유효응력 : 95.8(kN/m²), 간극수압 : 80(kN/m²)
㉰ 유효응력 : 56.9(kN/m²), 간극수압 : 80(kN/m²)
㉱ 유효응력 : 95.8(kN/m²), 간극수압 : 98.1(kN/m²)

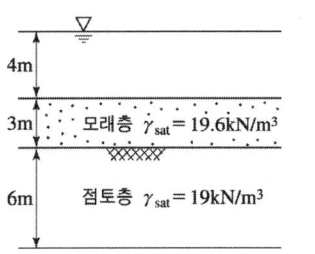

정답 040. ㉯ 041. ㉰ 042. ㉮

해설
- $\overline{P} = (19.6-9.81) \times 3 + (19-9.81) \times 3 = 56.9 \text{kN/m}^2$
- $u = \gamma_w \cdot h = 9.81 \times (4+3+3) = 98.1 \text{kN/m}^2$

문제 043

흙의 투수계수 k에 관한 설명으로 옳은 것은?

㉮ k는 간극비에 반비례한다.
㉯ k는 형상계수에 반비례한다.
㉰ k는 점성계수에 반비례한다.
㉱ k는 입경의 제곱에 반비례한다.

해설 $k = D_s^2 \cdot \dfrac{\gamma_w}{\mu} \cdot \dfrac{e^3}{1+e} \cdot C$

문제 044

흙 속에서의 물의 흐름에 대한 설명으로 틀린 것은?

㉮ 흙의 간극은 서로 연결되어 있어 간극을 통해 물이 흐를 수 있다.
㉯ 특히 사질토의 경우에는 실험실에서 현장 흙의 상태를 재현하기 곤란하기 때문에 현장에서 투수시험을 실시하여 투수계수를 결정하는 것이 좋다.
㉰ 점토가 이산구조로 퇴적되었다면 면모구조인 경우보다 더 큰 투수계수를 갖는 것이 보통이다.
㉱ 흙이 포화되지 않았다면 포화된 경우보다 투수계수는 낮게 측정된다.

해설 면모구조가 이산구조보다 투수성과 강도가 크다.

문제 045

아래 그림과 같이 지표까지가 모관상승지역이라 할 때 지표면 바로 아래에서의 유효응력은?
(단, γ_w =9.81kN/m³, 모관상승지역의 포화도는 90%이다.)

㉮ 9 kN/m²
㉯ 10 kN/m²
㉰ 17.7 kN/m²
㉱ 20.2 kN/m²

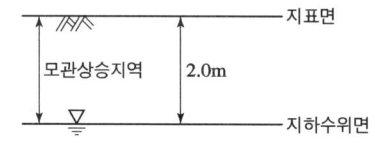

해설 $\overline{P} = \gamma_w \cdot h \cdot \dfrac{S}{100} = 9.81 \times 2 \times \dfrac{90}{100} = 17.7 \text{kN/m}^2$

정답 043. ㉰ 044. ㉰ 045. ㉰

chapter 06 흙의 압밀

제 2 부 토질 및 기초

6-1 압 밀

(1) 압밀의 정의

지반에 외부의 하중이 작용할 경우 흙 속의 물과 공기가 배제되어 흙이 압축되는 현상

(2) 1차 압밀

흙 속의 과잉공극수압이 천천히 감소되며 압밀이 일어난다(과잉공극수압이 0보다 클 때 발생).

(3) 2차 압밀

① 흙 속의 과잉공극수압이 완전히 배제된 후 압밀이 일어난다. 즉, 압밀도 $U=100\%$ 이후 발생하는 압밀을 뜻한다(과잉공극수압이 0이 된 후에도 계속 침하되는 압밀).
② 1차 압밀이후 압축되는 것으로 해성점토, 유기질 소성이 큰 흙일수록 크게 발생하지만 2차 압밀은 거의 고려하지 않는다.

6-2 공극수압과 유효응력과의 관계

- $P = \overline{P} + u$
- 지반에 하중이 재하하는 순간 전응력

    $P = u$

    여기서, P : 전응력
    $\overline{P}$: 유효응력
    u : 공극수압

6-3 과잉공극수압

완전 포화 또는 부분 포화된 지반에 하중을 가하면 그 하중으로 공극수압이 발생한다.

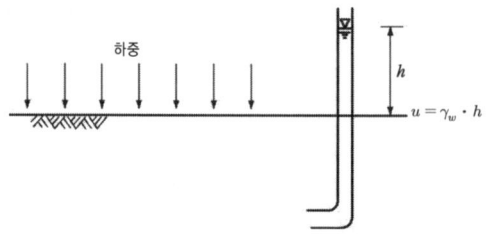

6-4 Terzaghi의 1차 압밀

(1) Terzaghi의 가정

① 흙은 균질이다.
② 토립자의 공극은 항상 물로 포화되어 있다.
③ 흙 입자와 물의 압축성은 무시한다.
④ 흙 속의 물은 Darcy 법칙에 따르며 투수계수는 일정하다.
⑤ 흙의 압축은 일축(1차원)으로 진행된다.
⑥ 공극비와 압력의 관계는 이상적인 직선이다.
⑦ 어떤 압력이 작용해도 토립자의 성질은 변하지 않는다.

(2) 압축계수(a_v)

① $P-e$ 곡선의 기울기

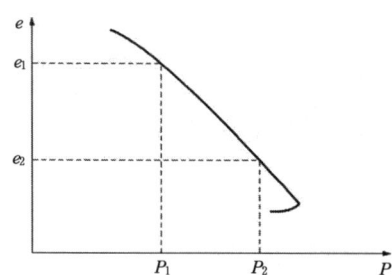

② $a_v = \dfrac{e_1 - e_2}{P_2 - P_1}$

(3) 체적의 변화계수(m_v)

① $m_v = \dfrac{\dfrac{\Delta V}{V}}{\Delta P} = \dfrac{1}{V} \cdot \dfrac{\Delta V}{\Delta P} = \dfrac{1}{1+e} \cdot \dfrac{e_1 - e_2}{P_2 - P_1} = \dfrac{a_v}{1+e}$

② $m_v = \dfrac{\dfrac{\Delta V}{V}}{\Delta P} = \dfrac{\dfrac{A \cdot \Delta H}{A \cdot H}}{\Delta P} = \dfrac{\Delta H}{H \cdot \Delta P}$

$\therefore \Delta H = m_v \cdot \Delta P \cdot H = m_v \cdot (P_2 - P_1) \cdot H$

여기서, ┌ ΔH : 최종 침하량
       ├ ΔP : 하중의 변화치
       └ ΔV : 체적의 변화치

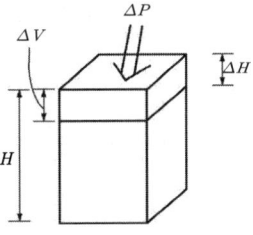

(4) 압축지수(C_c)

① $\log P - e$ 곡선의 기울기

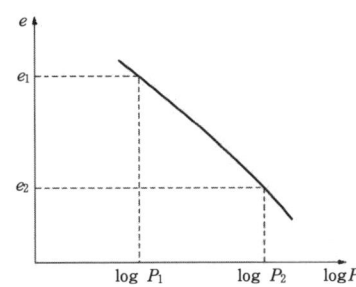

② $C_c = \dfrac{e_1 - e_2}{\log P_2 - \log P_1} = \dfrac{e_1 - e_2}{\log \dfrac{P_2}{P_1}}$

③ 압축지수는 흙의 압밀침하량을 알기 위해 구한다.

$C_c = \dfrac{e_1 - e_2}{\log \dfrac{P_2}{P_1}}$

$e_1 - e_2 = C_c \cdot \log \dfrac{P_2}{P_1}$

$a_v = \dfrac{e_1 - e_2}{P_2 - P_1} = \dfrac{C_c}{P_2 - P_1} \log \dfrac{P_2}{P_1}$

$m_v = \dfrac{a_v}{1+e} = \dfrac{C_c}{(1+e)(P_2 - P_1)} \log \dfrac{P_2}{P_1}$

- $\Delta H = m_v \cdot \Delta P \cdot H = \dfrac{C_c}{(1+e)(P_2-P_1)} \log \dfrac{P_2}{P_1} \cdot (P_2-P_1) \cdot H$

  $= \dfrac{C_c}{1+e} \log \dfrac{P_2}{P_1} \cdot H$

- $\Delta H = m_v \cdot \Delta P \cdot H = \dfrac{a_v}{1+e} \cdot \Delta P \cdot H = \dfrac{\dfrac{e_1-e_2}{P_2-P_1}}{1+e} \cdot (P_2-P_1) \cdot H$

  $= \dfrac{e_1-e_2}{1+e} \cdot H$ (여기서, $e = e_1$ 대입하여 계산)

- 흐트러지지 않은 시료의 압축지수(C_c)

  $C_c = 0.009(w_L - 10)$

6-5 압밀 기본 방정식

(1) 압밀 기본식

$k = C_v \cdot m_v \cdot \gamma_w$

여기서, C_v : 압밀계수(cm²/sec)

(2) 압밀도(U)

$U = \dfrac{\overline{P}}{P} = \dfrac{P-u}{P} = 1 - \dfrac{u}{P}$

(3) 압밀도와 시간계수와의 관계

$U = f(T_v) = \dfrac{C_v \cdot t}{H^2}$

여기서, T_v : 시간계수(무차원)
H : 배수거리
t : 침하시 소요되는 시간

- 압밀도 90%시 시간계수 0.848
- 압밀도 50%시 시간계수 0.197

6-6 압밀시험

(1) 시험 과정

① 하중을 단계적으로 가한다.
   0.1, 0.2, 0.4, 0.8, 1.6, 3.2, 6.4, 12.8(kg/cm^2)
② 각 하중 단계별 시간에 변화량을 24시간까지 측정한다.
③ 압밀링은 안지름 60mm, 높이 20mm을 사용한다.
④ 시간과 침하량 곡선, 하중과 공극비 곡선을 구한다.

(2) 선행 압축력

① 선행압밀하중 : 현재 지반이 과거에 최대로 받았던 압축력
② 정규압밀점토 : 현재 지반에 가하는 압축력과 과거에 이 지반이 받았던 최대 압축력이 같은 경우
③ 과압밀점토 : 과거에 받았던 압축력이 현재 받는 압축력보다 큰 경우
④ 과압밀비(OCR)
- $OCR = \dfrac{\text{선행 압밀하중}}{\text{현재 받고 있는 연직하중}}$
- 정규압밀하중의 경우 OCR=1
- 과압밀하중의 경우 OCR〉1

(3) 시간-침하곡선

① 압밀계수(C_v)

- $\sqrt{t}$ 법 $C_v = \dfrac{T_v \cdot H^2}{t_{90}} = \dfrac{0.848 H^2}{t_{90}}$

- $\log t$ 법 $C_v = \dfrac{T_v \cdot H^2}{t_{50}} = \dfrac{0.197 H^2}{t_{50}}$

   여기서, H : 배수거리(양면 배수인 경우 $\dfrac{H}{2}$, 일면 배수인 경우 H를 대입)

② 압밀시간과 압밀층 두께 관계

$$C_v = \dfrac{T_v \cdot H^2}{t}$$

∴ $t = \dfrac{T_v \cdot H^2}{C_v}$ 에서 압밀시간과 배수거리 제곱과 비례관계가 성립한다.

$t_1 : H_1^2 = t_2 : H_2^2$

Chapter 06 흙의 압밀

기 출 문 제

문제 001
점토의 압밀에 관한 다음 설명 중 틀린 것은?
- ㉮ 재하된 순간($t=0$)에서의 과잉공극수압은 재하량과 같다.
- ㉯ 과잉공극수압은 재하시간이 경과함에 따라 감소해서 시간이 ∞가 될 때 0이 된다.
- ㉰ 과잉공극수압이 0이 될 때를 1차 압밀이 100% 진행되었다고 한다.
- ㉱ 유효응력은 재하된 순간에 최대치가 된다.

해설 하중이 재하하는 순간 유효응력은 0이다.

문제 002
그림에서 지하 3m 지점의 현재 압밀도는?
(단, $\gamma_w = 9.81 \text{kN/m}^3$)
- ㉮ 0.39
- ㉯ 0.4
- ㉰ 0.5
- ㉱ 0.71

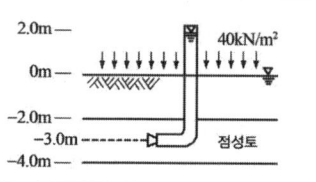

해설
$$U = 1 - \frac{u}{P} = 1 - \frac{19.62}{40} = 0.5$$
$$u = \gamma_w \cdot \Delta h = 9.81 \times 2 = 19.62 \text{kN/m}^2$$

문제 003
다음 압밀도에 관한 설명 중 틀린 것은?
- ㉮ 압밀도는 압밀계수에 비례한다.
- ㉯ 압밀도는 압밀을 일으키는 데 요하는 시간에 비례한다.
- ㉰ 압밀도는 배수거리에 비례한다.
- ㉱ 압밀도는 배수거리의 제곱에 반비례한다.

해설
- $U = f(T_v) = \dfrac{C_v \cdot t}{H^2}$
- 압밀도는 시간계수에 비례한다.

문제 004
압밀시험결과 $e - \log P$ 곡선으로부터 구할 수 없는 것은?
- ㉮ 선행압축력
- ㉯ 지중공극비
- ㉰ 압축지수
- ㉱ 압밀계수

해설 압밀계수(C_v)는 하중-침하 곡선에 의해 구한다.

정답 001.㉱ 002.㉰ 003.㉰ 004.㉱

문제 005

공극비가 3.2인 점토시료를 압밀하여 압밀응력이 6.4 kN/m²에 이르렀다. 그 후 압밀응력을 제거하여 현재 3.2 kN/m²에 이르고 있으며, 이때 공극비는 2.0으로 변했다. 다음 중 옳지 않은 것은?

㉮ 현재 이 점토의 과압밀비(OCR)는 2이다.
㉯ 현재 이 점토의 공극비의 변화는 1.2이다.
㉰ 이 점토의 선행압밀하중은 3.2 kN/m²이다.
㉱ 이 흙은 현재 과압밀점토이다.

해설
- 선행압밀하중은 6.4kN/m²이다.
- $OCR = \dfrac{6.4}{3.2} = 2$
- OCR > 1 : 과압밀점토
- 공극비의 변화 : 3.2 − 2.0 = 1.2

문제 006

두께가 5m인 점토층에서 시료를 채취하여 압밀시험을 한 결과 하중강도가 2kN/m²에서 4kN/m²으로 증가될 때 간극비는 2.0에서 1.8로 감소하였다. 이 5m 점토층에서 최종 압밀침하량의 50% 압밀에 해당하는 침하량은?

㉮ 16.5cm ㉯ 33cm ㉰ 36.5cm ㉱ 41cm

해설
$$C_c = \dfrac{e_1 - e_2}{\log P_2 - \log P_1} = \dfrac{2 - 1.8}{\log 4 - \log 2} = 0.664$$

$$\Delta H = \dfrac{C_c}{1+e} \log \dfrac{P_2}{P_1} \cdot H = \dfrac{0.664}{1+2} \cdot \log \dfrac{4}{2} \times 5 = 0.33\text{m} = 33\,\text{cm}$$

$$\therefore \Delta H_t = \Delta H \cdot U = 33 \times 0.5 = 16.5\,\text{cm}$$

문제 007

그림과 같은 점토층의 압밀속도를 계산한 결과 90% 압밀에 소요되는 시간은 5년이었다. 만일, 암반층 대신 모래층이 존재한다면 압밀소요시간은?

㉮ 1.25년 ㉯ 2.5년
㉰ 5년 ㉱ 10년

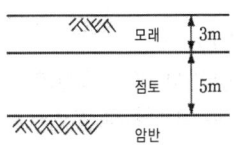

해설
$t_1 : H_1^2 = t_2 : H_2^2$ 5년 : $(5\text{m})^2$ = x년 : $\left(\dfrac{5}{2}\text{m}\right)^2$

$\therefore x = 1.25$년

문제 008

다음 중 Terzaghi의 1차원 압밀이론에 대한 가정과 관계가 먼 것은?

㉮ 흙은 균질하다.
㉯ 흙은 완전 포화되어 있다.
㉰ 압축과 흐름은 1차원적이다.
㉱ 압밀이 진행되면 투수계수는 감소한다.

해설 압력에 관계없이 투수계수는 일정하다.

정답 005. ㉰ 006. ㉮ 007. ㉮ 008. ㉱

문제 009

다음과 같은 포화점토층의 최종압밀침하량이 50%의 침하를 일으킬 때까지의 걸리는 일수 t_{50} 은? (단, 압밀계수는 $C_v = 1 \times 10^{-5}$ cm²/sec이다.)

㉮ 약 5,800일 ㉯ 약 2×10^8 일
㉰ 약 928일   ㉱ 약 2,280일

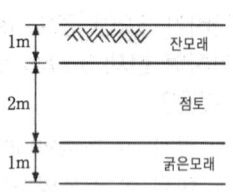

해설

$C_v = \dfrac{0.197 H^2}{t}$ 에서 양면배수이므로 $C_v = \dfrac{0.197 \left(\dfrac{H}{2}\right)^2}{t_{50}}$

$t_{50} = \dfrac{0.197 \left(\dfrac{200}{2}\right)^2}{1 \times 10^{-5}} = 197,000,000 \text{sec} \fallingdotseq 2280$ 일

문제 010

지층의 두께가 3m인 모래와 점토가 있다. 임의의 시간에 있어서 모래의 압축성은 점토의 1/5배이고, 모래의 투수계수는 점토의 10,000배라고 할 때 점토의 압밀시간은 모래의 압밀시간의 몇 배인가? (단, 압밀계수는 $C_v = 1 \times 10^{-5}$ cm/sec이다.)

㉮ 50,000배 ㉯ 10,000배 ㉰ 6,000배 ㉱ 2,000배

해설
- 점토의 체적의 변화계수 $m_v = 5$
- 점토의 투수계수 $k = \dfrac{1}{10,000}$

점토의 압밀시간 $t = \dfrac{T_v \cdot H^2}{C_v}$ 에서 $C_v = \dfrac{k}{m_v \cdot \gamma_w} = \dfrac{\dfrac{1}{10,000}}{5} = \dfrac{1}{50,000}$

$\therefore\ t = \dfrac{1}{C_v} = 50,000$ 배

문제 011

그림에서 50% 압밀이 되었을 때 A, B, C 점에서의 압밀도 (U)는 다음 중 어느 것이 맞는가?

㉮ $U_A = U_B = U_C$ ㉯ $U_A > U_B > U_C$
㉰ $U_A < U_B < U_C$ ㉱ $U_A = U_C < U_C$

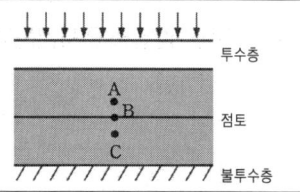

해설 투수층에 가까운 지점이 압밀도가 커진다.

문제 012

어느 점토의 압밀계수 $C_v = 1.640 \times 10^{-4}$ cm²/sec, 압축계수 $a_v = 2.820 \times 10^{-2}$ cm²/kg이다. 이 점토의 투수계수는? (단, 간극비 $e = 1.0$)

㉮ 2.014×10^{-6} cm/sec   ㉯ 3.646×10^{-6} cm/sec
㉰ 3.114×10^{-9} cm/sec   ㉱ 2.312×10^{-9} cm/sec

정답 009. ㉱ 010. ㉮ 011. ㉯ 012. ㉱

해설
$$m_v = \frac{a_v}{1+e} = \frac{2.82 \times 10^{-2}}{1+1} = 1.41 \times 10^{-2} \text{cm}^2/\text{kg} = 1.41 \times 10^{-5} \text{cm}^2/\text{g}$$
$$k = C_v \cdot m_v \cdot \gamma_w = 1.64 \times 10^{-4} \times 1.41 \times 10^{-5} \times 1 = 2.312 \times 10^{-9} \text{cm/sec}$$

문제 013

압밀을 일으키는 토층의 두께가 3m이다. 이 토층의 시료가 구조물 축조 전의 공극비는 0.8이고, 축조 후의 공극비는 0.5이다. 이 흙의 전 압밀침하량은 몇 cm인가?

㉮ 35cm ㉯ 40cm ㉰ 50cm ㉱ 65cm

해설
$$\Delta H = \frac{e_1 - e_2}{1+e} \cdot H = \frac{0.8 - 0.5}{1+0.8} \times 300 = 50 \text{cm}$$

문제 014

압밀시험에 사용된 시료의 교란으로 인한 영향을 나타낸 것으로 옳은 것은?

㉮ $e - \log P$ 곡선의 기울기가 급해진다.
㉯ $e - \log P$ 곡선의 기울기가 완만해진다.
㉰ 선행압밀하중의 크기가 증가하게 된다.
㉱ 선행압밀하중의 크기가 감소하게 된다.

해설 시료가 교란하면 $e - \log P$ 곡선의 기울기가 완만해진다.

보충
- $e - \log P$ 곡선의 기울기 : C_c
- $\Delta H = \frac{C_c}{1+e} \log \frac{P_2}{P_1} H$

문제 015

점토층의 두께 5m, 간극비 1.4, 액성한계 50%이고 점토층 위의 유효상재 압력이 10kN/m²에서 14kN/m²으로 증가할 때의 침하량은? (단, 압축지수는 흐트러지지 않은 시료에 대한 Terzaghi & Peck의 경험식을 사용하여 구한다.)

㉮ 8cm ㉯ 11cm ㉰ 24cm ㉱ 36cm

해설
- $C_c = 0.009(w_L - 10) = 0.009(50 - 10) = 0.36$
- $\Delta H = \frac{C_c}{1+e} \log \frac{P_2}{P_1} H = \frac{0.36}{1+1.4} \log \frac{14}{10} \times 5 = 0.11 \text{m} = 11 \text{cm}$

보충 압밀침하량을 구하기 위해 압축지수(C_c)를 구한다.

문제 016

상하층이 모래로 되어 있는 두께 2m의 점토층이 어떤 하중을 받고있다. 이 점토층의 투수계수(k)가 5×10^{-7}cm/sec, 체적변화계수(m_v)가 0.05cm²/kg일 때 90% 압밀에 요구되는 시간을 구하면? (단, t_{90} = 0.848)

㉮ 5.6일 ㉯ 9.8일 ㉰ 15.2일 ㉱ 47.2일

정답 013. ㉰ 014. ㉯ 015. ㉯ 016. ㉯

해설
- $k = C_v \cdot m_v \cdot r_w$

  $\therefore C_v = \dfrac{k}{m_v \cdot r_w} = \dfrac{5 \times 10^{-7}}{0.05 \times 0.001} = 0.01 \text{cm}^2/\text{sec}$

- $C_v = \dfrac{0.848 \left(\dfrac{H}{2}\right)^2}{t_{90}}$

  $\therefore t_{90} = \dfrac{0.848 \left(\dfrac{H}{2}\right)^2}{C_v} = \dfrac{0.848 \left(\dfrac{200}{2}\right)^2}{0.01} = 848,000 \text{초} \fallingdotseq 9.8 \text{일}$

문제 017

그림에 표시된 하중 q에 의한 최종압밀 침하량은 7.5cm로 예상되어진다. 예상되는 최종압밀 침하량의 80%가 일어나는 데 걸리는 시간은? (단, $C_v = 2.54 \times 10^{-4}$ cm^2/sec, $T_{80} = 0.567$)

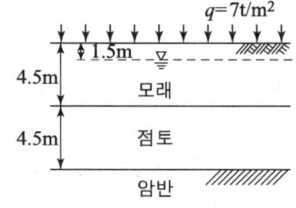

㉮ 13.33년 ㉯ 14.33년
㉰ 15.33년 ㉱ 16.33년

해설 $C_v = \dfrac{T_v \cdot H^2}{t}$ $\therefore t = \dfrac{T_v \cdot H^2}{C_v} = \dfrac{0.567 \times (450)^2}{2.54 \times 10^{-4}} = 452037401.6 \text{초} \fallingdotseq 14.33 \text{년}$

문제 018

3m×3m인 정방형 기초를 허용지지력이 20kN/m^{2}인 모래지반에 시공하였다. 이 경우 기초에 허용지지력만큼의 하중이 가해졌을 때, 기초 모서리에서의 탄성 침하량은 얼마인가? (단, $I_s = 0.561$, $\mu = 0.5$, $Es = 1,500$kN/m^2)

㉮ 0.90cm ㉯ 1.54cm ㉰ 1.68cm ㉱ 2.10cm

해설 $S_i = q \cdot B \dfrac{(1-\mu^2)}{E_s} \cdot I_s = 20 \times 3 \times \dfrac{(1-0.5^2)}{1500} \times 0.561 = 0.017 \text{m} \fallingdotseq 1.7 \text{cm}$

문제 019

두께 2cm의 점토시료에 대한 압밀 시험결과 50%의 압밀을 일으키는 데 6분이 걸렸다. 같은 조건하에서 두께 3.6m의 점토층 위에 축조한 구조물이 50%의 압밀에 도달하는 데 며칠이 걸리는가?

㉮ 1350일 ㉯ 270일 ㉰ 27일 ㉱ 135일

해설 $t_1 : H_1^2 = t_2 : H_2^2$

$6 : \left(\dfrac{2}{2}\right)^2 = t_2 : \left(\dfrac{360}{2}\right)^2$

$\therefore t_2 = 194400 \text{분} \fallingdotseq 135 \text{일}$

정답 017. ㉯ 018. ㉰ 019. ㉱

문제 020

Terzaghi의 압밀 이론에서 2차 압밀이란 어느 것인가?

㉮ 과대하중에 의해 생기는 압밀
㉯ 과잉간극수압이 "0"이 되기 전의 압밀
㉰ 횡방향의 변형으로 인한 압밀
㉱ 과잉간극수압이 "0"이 된 후에도 계속되는 압밀

해설
- 1차 압밀 : 과잉 간극수압이 0이 되기 전의 압밀
- 2차 압밀 : 과잉 간극수압이 0이 된 후에도 계속되는 압밀도(U)가 100% 이후 압밀

문제 021

압밀에 필요한 시간을 구할 때 이론상 필요하지 않은 항은 어느 것인가?

㉮ 압밀층의 배수거리
㉯ 유효응력의 크기
㉰ 압밀계수
㉱ 시간계수

해설 압밀계수 $C_V = \dfrac{T_v \cdot H^2}{t}$

문제 022

압밀이론에서 선행압밀하중에 대한 설명 중 옳지 않은 것은?

㉮ 현재 지반 중에서 과거에 받았던 최대의 압밀하중이다.
㉯ 압밀소요시간의 추정이 가능하여 압밀도 산정에 사용된다.
㉰ 주로 압밀시험으로부터 작도한 e-log P 곡선을 이용하여 구할 수 있다.
㉱ 현재의 지반 응력상태를 평가할 수 있는 과압밀비 산정시 이용된다.

해설
- 선행 압밀하중을 앎으로서 정규압밀 점토인지 과압밀 점토인지를 구분한다.
  (OCR=1 : 정규압밀상태, OCR〉1 : 과압밀상태)
- 압밀시험의 결과 시간과 침하량곡선에서 압밀소요시간, 압밀도 관계 등을 알 수 있는 것이다.

문제 023

그림과 같은 지층단면에서 지표면에 가해진 50kN/m²의 상재하중으로 인한 점토층(정규압밀점토)의 1차압밀 최종침하량(S)을 구하고, 침하량이 5cm일 때 평균압밀도(U)를 구하면? (단, $\gamma_w = 9.81\text{kN/m}^3$)

㉮ $S=18.3\text{cm}$, $U=27\%$
㉯ $S=14.7\text{cm}$, $U=22\%$
㉰ $S=18.3\text{cm}$, $U=22\%$
㉱ $S=14.7\text{cm}$, $U=27\%$

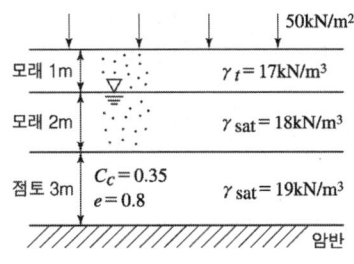

정답 020. ㉱ 021. ㉯ 022. ㉯ 023. ㉮

해설
- $P_1 = 17 \times 1 + (18-9.81) \times 2 + (19-9.81) \times 1.5 = 47.2 \text{kN/m}^2$
- $P_2 = \Delta p + p_1 = 50 + 47.2 = 97.2 \text{kN/m}^2$
- $\Delta H = \dfrac{C_c}{1+e} \log \dfrac{P_2}{P_1} H = \dfrac{0.35}{1+0.8} \log \dfrac{97.2}{47.2} \times 3 = 0.183\text{m} = 18.3\text{cm}$
- $U = \dfrac{\Delta H_t}{\Delta H} = \dfrac{5}{18.3} \times 100 = 27\%$

문제 024

그림과 같은 하중을 받는 과압밀 점토의 1차 압밀침하량은 얼마인가? [단, 점토층 중앙에서의 초기응력은 0.6kN/m^2, 선행압밀하중 1.0kN/m^2, 압축지수(C_c) 0.1, 팽창지수(C_s) 0.01, 초기간극비 1.15]

㉮ 11.3cm   ㉯ 15.2cm
㉰ 20.3cm   ㉱ 29.6cm

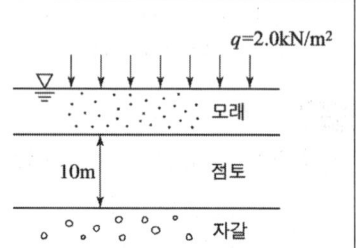

해설 과압밀 점토의 1차 압밀침하량
$P_o + \Delta P > P_c$, 즉 $0.6 + 2 > 1$ 이므로
$$\Delta H = \dfrac{C_s}{1+e} \log \dfrac{P_c}{P_o} \cdot H + \dfrac{C_c}{1+e} \log \dfrac{P_o + \Delta P}{P_c} \cdot H$$
$$= \dfrac{0.01}{1+1.15} \log \dfrac{1}{0.6} \times 10 + \dfrac{0.1}{1+1.15} \log \dfrac{0.6+2}{1} \times 10$$
$$= 0.203\text{m} = 20.3\text{cm}$$
여기서, P_c : 선행압밀하중, P_o : 초기응력, ΔP : 상재하중

보충 $P_o + \Delta P < P_c$인 경우
$$\Delta H = \dfrac{C_s}{1+e} \log \dfrac{P_o + \Delta P}{P_o} \cdot H$$

문제 025

두께 5m 되는 점토층 아래 위에 모래층이 있을 때 최종 1차 압밀침하량이 0.6m로 산정되었다. 아래의 압밀도(U)와 시간계수(T_v)의 관계 표를 이용하여 0.36m가 침하될 때 걸리는 총 소요시간을 구하면? (단, 압밀계수 $C_v = 3.6 \times 10^{-4} \text{cm}^2/\text{sec}$이고, 1년은 365일)

U(%)	T_v
40	0.126
50	0.197
60	0.287
70	0.403

㉮ 약 1.2년   ㉯ 약 1.6년
㉰ 약 2.2년   ㉱ 약 3.6년

해설
- 압밀도 $U = \dfrac{\Delta H_t}{\Delta H} \times 100 = \dfrac{0.36}{0.6} \times 100 = 60\%$
- $t = \dfrac{T_v \cdot H^2}{C_v} = \dfrac{0.287 \times \left(\dfrac{500}{2}\right)^2}{3.6 \times 10^{-4}} = 49826389$초 ≒ 1.6년

정답 024. ㉰   025. ㉯

문제 026

정규압밀점토의 압밀시험에서 하중강도를 0.4 kN/m²에서 0.8 kN/m²로 증가시킴에 따라 간극비가 0.83에서 0.65로 감소하였다. 압축지수는 얼마인가?

㉮ 0.3   ㉯ 0.45   ㉰ 0.6   ㉱ 0.75

해설
$$C_c = \frac{e_1 - e_2}{\log \frac{P_2}{P_1}} = \frac{0.83 - 0.65}{\log \frac{0.8}{0.4}} = 0.6$$

보충 흐트러지지 않은 점토
$$C_c = 0.009(\omega_L - 10)$$

문제 027

전단마찰각이 25°인 점토의 현장에 작용하는 수직응력이 5kN/m²이다. 과거 작용했던 최대 하중이 10kN/m²이라고 할 때 대상지반의 정지토압계수를 추정하면?

㉮ 0.40   ㉯ 0.57   ㉰ 0.75   ㉱ 1.14

해설
- $\text{OCR} = \dfrac{\text{선행 압밀하중}}{\text{현재 유효상재하중}} = \dfrac{10}{5} = 2$
- $K_o(\text{과압밀}) = K_o(\text{정규압밀}) \cdot \sqrt{\text{OCR}} = 0.527\sqrt{2} = 0.75$

여기서, $K_o(\text{정규압밀}) = 0.95 - \sin\phi = 0.95 - \sin 25° = 0.527$

문제 028

10m 두께의 포화된 정규압밀점토층의 지표면에 매우 넓은 범위에 걸쳐 5.0t/m²의 등분포하중이 작용한다. γ_{sat} =2t/m³, γ_w =1t/m³, C_c =0.8, e_o =0.6, 압밀계수(C_v)=4×10^{-5} cm²/sec일 때 다음 설명 중 틀린 것은? (단, 지하수위는 점토층 상단에 위치한다.)

㉮ 초기 과잉간극수압의 크기는 5.0t/m²이다.
㉯ 점토층에 설치한 피에조미터의 재하 직후 물의 상승고는 점토층 상면으로부터 5m이다.
㉰ 압밀침하량이 75.25cm 발생하면 점토층의 평균압밀도는 50%이다.
㉱ 일면배수조건이라면 점토층이 50% 압밀하는 데 소요일수는 24,500일이다.

해설
- $P = u = \gamma_w \cdot h = 1 \times \dfrac{10}{2} = 5\text{t/m}^2$
- $P = \gamma_w \cdot h,\quad 5 = 1 \times h,\quad \therefore h = 5\text{m}$
- $\Delta H = \dfrac{C_c}{1+e} \log \dfrac{P_2}{P_1} \cdot H$

  $0.7525 = \dfrac{0.8}{1+0.6} \log \dfrac{10}{5} \cdot H$

  $\therefore H = 5\text{m}$, 10m 두께의 $\dfrac{1}{2}$에 해당하므로 압밀도 50%이다.
- $t = \dfrac{0.197 H^2}{C_v} = \dfrac{0.197(1000)^2}{4 \times 10^{-5}} = 4,925,000,000 \times \dfrac{1}{60 \times 60 \times 24} = 57,003$일

정답 026. ㉰ 027. ㉰ 028. ㉱

chapter 07 흙의 전단강도

제2부 토질 및 기초

7-1 흙의 전단

(1) 전단저항
외부의 힘에 의해 활동하려는 것에 대해 저항하려는 힘.

(2) 전단강도
흙 내부의 활동에 대한 저항하려는 단위면적당 내부 저항.

7-2 직접전단시험

(1) 1면 전단시험

$$\tau = \frac{S}{A}$$

(2) 2면 전단시험

$$\tau = \frac{S}{2A}$$

$$\sigma_1,\ \sigma_2,\ \sigma_3 = \frac{P}{A}$$

$$\tau_1,\ \tau_2,\ \tau_3 = \frac{S}{A}$$

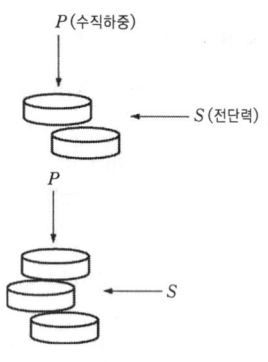

(3) σ 와 τ 관계에서 c, ϕ를 구한다.

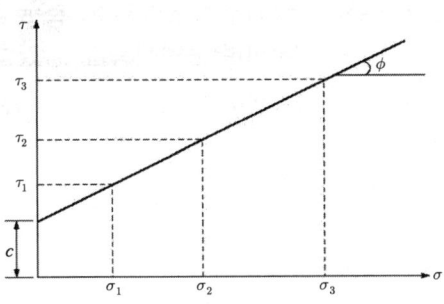

7-3 삼축압축시험

(1) Mohr-Coulomb 파괴 이론

① 삼축압축시험의 특성
- 거의 일치하여 신뢰성이 높다.
- 모든 토질에 적용 가능하다.
- c, ϕ, u 값을 구할 수 있다.
- UU, CU, CD, $\overline{CU}$ 시험을 할 수 있다.

② 수직응력(σ)과 전단응력(τ)
- $\sigma = \dfrac{\sigma_1 + \sigma_3}{2} + \dfrac{\sigma_1 - \sigma_3}{2}\cos 2\theta$
- $\tau = \dfrac{\sigma_1 - \sigma_3}{2}\sin 2\theta$

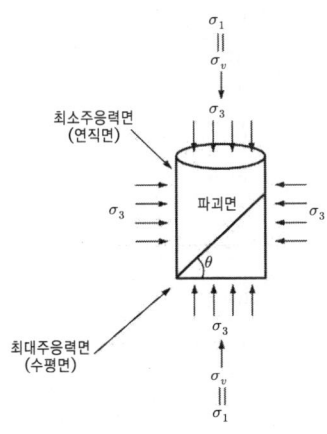
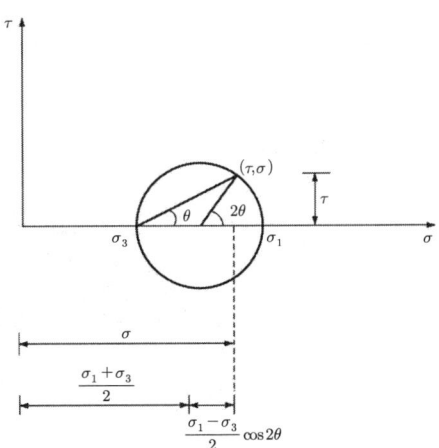

- 극점(평면기점)

  최소주응력(σ_3)에서 최소주응력면에 평행하게 선을 그어 Mohr 원과 교점

  최대주응력(σ_1)에서 최대주응력면에 평행하게 선을 그어 Mohr 원과 교점

- 구하는 점의 좌표(σ, τ) 극점에서 파괴각(θ)으로 선을 그어 Mohr 원과 교점

  여기서, σ_3 : 측압, 액압, 최소주응력

  σ_1 : 최대주응력

  $\left(\sigma_1 = \sigma_3 + \sigma_v,\ \sigma_v = \dfrac{P}{A},\ A = \dfrac{A_o}{1-\varepsilon},\ \varepsilon = \dfrac{\Delta l}{l}\right)$

  θ : 파괴각

③ 파괴포락선

여러 개의 Mohr 원을 그렸을 때 이 원에 접하는 공통되는 선

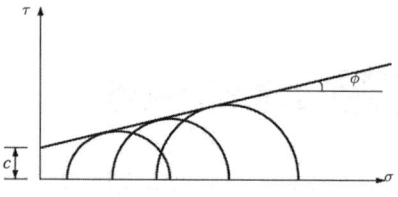

④ 흙의 종류별 전단응력

- 일반 흙($c \neq 0$, $\phi \neq 0$)

  $\tau = c + \sigma \tan\phi$

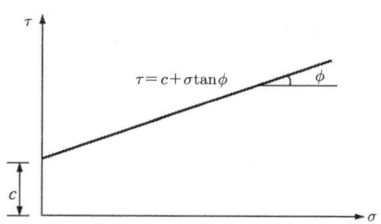

- 모래($c = 0$, $\phi \neq 0$)

  $\tau = \sigma \tan\phi = (p - u)\tan\phi$

  여기서, p : 전압력

  u : 공극수압

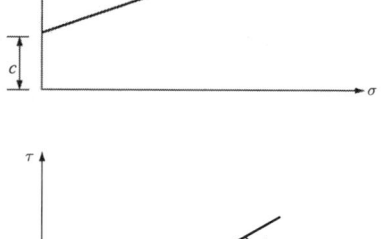

- 점토($c \neq 0$, $\phi = 0$)

  $\tau = c$

  여기서, τ : 흙의 전단강도

  ϕ : 흙의 내부마찰각

  c : 점착력

  σ : 유효응력(전압력-공극수압)

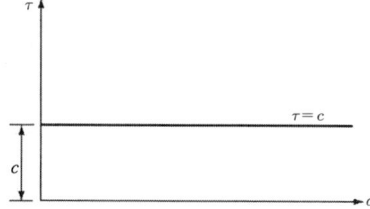

(2) 배수 방법에 따른 시험조건

① 비압밀 비배수 전단시험(UU)
- 성토 직후 갑자기 파괴되는 경우
- 단기간 안정 검토할 경우

② 압밀 비배수 전단시험(CU)
- 어느 정도 압밀 후 갑자기 파괴되는 경우(pre-loading)
- 수위가 급하강시 흙댐의 안정문제 검토시
- 가장 일반적인 방법으로 지반이 완전히 하중을 받기 전에 압밀로 인해 함수비 변화가 상당히 크다고 예상되는 경우

③ 압밀 배수 전단시험(CD)
- 압밀이 진행되어 파괴가 천천히 일어나는 경우
- 사질지반의 안정, 점토지반의 장기 안정 검토시
- 시간이 오래 걸려 중요한 공사에 대해 시험

④ $\overline{CU}$ 시험
CU시험으로 간극수압을 측정하여 유효응력으로 환산하면 CD시험의 효과를 얻을 수 있다.

(3) 배수 조건에 따른 전단 특성

① 비압밀 비배수 시험(UU-test)

- 포화 점토($S=100\%$)

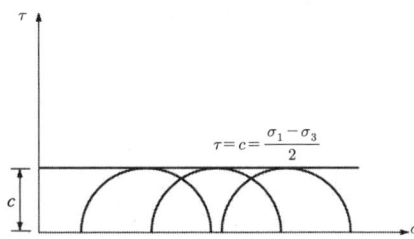

- 불포화 점토($S<100\%$)

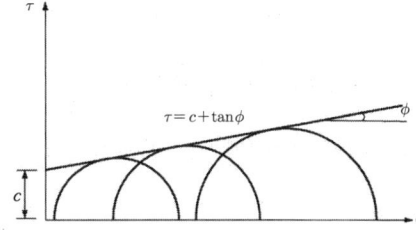

② 압밀 비배수 시험(CU-test)

- 정규 압밀 점토

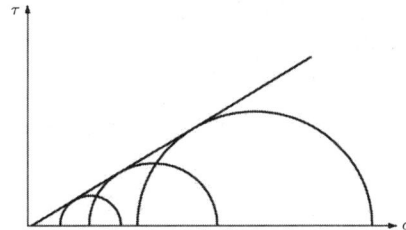

- 과압밀 점토

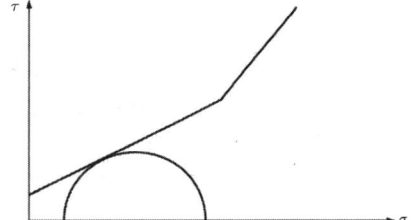

③ 압밀 배수 시험(CD-test)

- 정규 압밀 점토

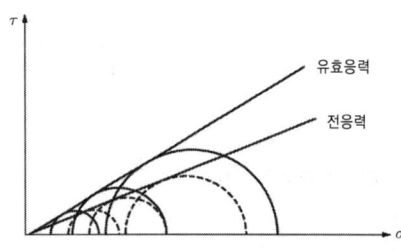

- 과압밀 점토

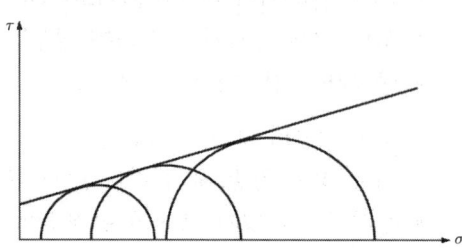

7-4 일축압축시험

(1) 적용 범위

① $\sigma_3 = 0$일 때
② 점성토에만 이용 가능하다.
③ UU시험 조건에만 가능하다.

(2) 점착력(c)

① $c = \dfrac{q_u}{2\tan\left(45° + \dfrac{\phi}{2}\right)}$

② $\phi = 0$인 점토의 경우 $c = \dfrac{q_u}{2}$

③ ϕ값이 극히 작은 점토의 Mohr 원

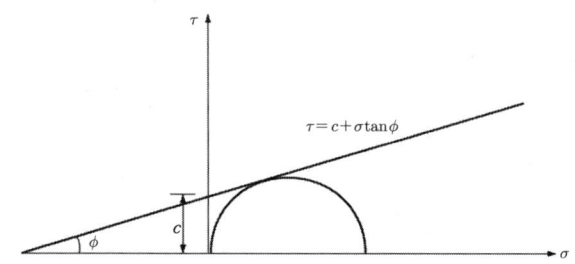

(3) 파괴면과 주응력면과의 각

① 파괴면과 최대주응력면(수평면)의 각

$$\theta = 45° + \frac{\phi}{2}$$

② 파괴면과 최소주응력면(연직면)의 각

$$\theta' = 45° - \frac{\phi}{2}$$

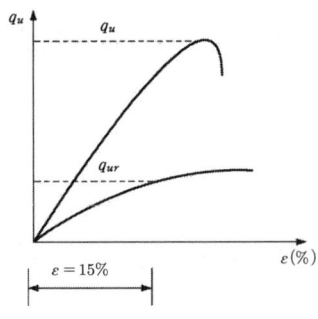

(4) 예민비

① $S_t = \dfrac{q_u}{q_{ur}}$

② 예민비가 크면 불안정한 흙이므로 안전율을 크게 고려해야 한다.

여기서, q_u : 불교란시료의 일축압축강도
q_{ur} : 교란시료를 다시 성형시켜 일축압축강도 시험한 값

③ 재성형하여 일축강도시험한 결과 peak의 값이 나오지 않아 $\varepsilon = 15\%$ 값을 적용한다.

④ 틱소트로피(thixotrophy)
교란된 흙이 시간의 경과함에 따라 강도의 일부가 회복하는 현상

⑤ 예민 상태 판정
- $S_t < 2$: 비예민
- $2 < S_t < 4$: 보통
- $4 < S_t < 8$: 예민
- $8 < S_t$: 초예민

7-5 현장의 전단강도

(1) 베인 전단 시험(Vane test)

① 대단히 예민한 점토나 연약한 점토지반
② 현장에서 직접 시행
③ 점착력(c)

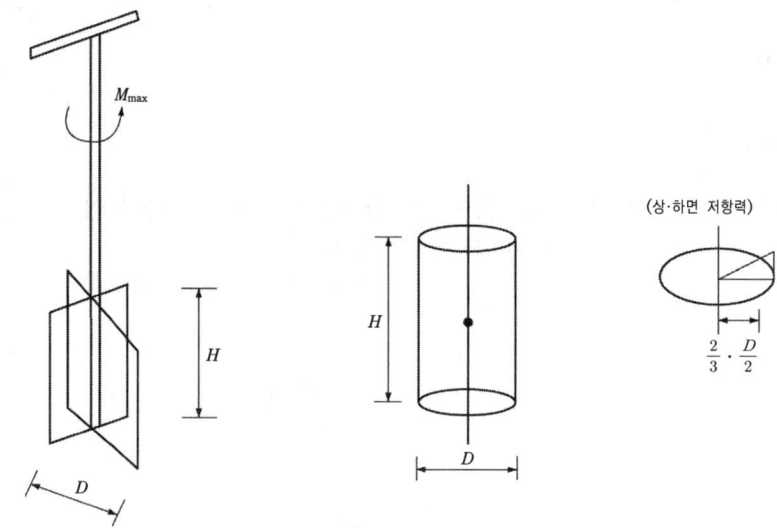

$$M_{max} = (\pi \cdot D \cdot H \cdot c)\frac{D}{2} + 2\left(\frac{\pi D^2}{4} \cdot c\right)\frac{2}{3} \cdot \frac{D}{2}$$

$$\therefore c = \frac{M_{max}}{\pi D^2 \left(\dfrac{H}{2} + \dfrac{D}{6}\right)}$$

여기서, c : 점착력
M_{max} : 최대 모멘트
D : Vane 날개 폭(5cm)
H : Vane 날개 높이(10cm)

(2) 표준관입시험

① 정의
중공(中空)의 샘플러를 보링한 구멍에 63.5kg 해머로 75cm 높이에서 자유낙하시켜 샘플러가 30cm 관입시키는데 타격횟수를 N치로 한다.

② 지반 강도 추정
- 점토지반 : $N < 4$ (연약), $N > 30$ (단단)
- 사질토 지반 : $N < 10$ (느슨), $N > 30$ (조밀)

③ 모래의 내부마찰각(ϕ)과 N치 관계
- 둥글고 균일한 입경(입도분포 불량)
$$\phi = \sqrt{12N} + 15$$
- 둥글고 입도분포가 양호하거나 토립자가 모나고 균일한 입경
$$\phi = \sqrt{12N} + 20$$
- 모나고 입도분포가 양호
$$\phi = \sqrt{12N} + 25$$

④ 점토의 일축압축강도(q_u)와 N치 관계
$$q_u = \frac{N}{8}$$

⑤ 점토지반의 C와 N치 관계
$$C = \frac{N}{16}$$
$$(\because C = \frac{q_u}{2}, \; q_u = 2C, \; q_u = \frac{N}{8} \text{에서} \; 2C = \frac{N}{8} \qquad \therefore C = \frac{N}{16})$$

⑥ N치 수정
- Rod 길이에 대한 수정
$$N_R = N'\left(1 - \frac{x}{200}\right)$$
여기서, N' : 실측 N치
x : Rod의 길이(m)

- 토질에 의한 수정
$$N = 15 + \frac{1}{2}(N_R - 15)$$
단, $N_R \geq 15$일 때 수정한다.

- 상재압에 의한 수정
$$N = N'\left(\frac{5}{1.4P + 1}\right)$$
여기서, P : 유효상재하중$\leq 2.8 \text{ kg/cm}^2$

7-6 모래지반의 전단 특성

(1) 전단강도

$$\tau = \sigma \cdot \tan\phi = (P-u)\tan\phi$$

여기서, σ : 유효응력
  P : 전압력
  u : 간극수압

(2) 다이러턴시(dilatancy) 현상

① 개념

지반에 전단이 발생하면 부피가 증가하든지 감소하는 현상을 말한다.

② 흙 종류별 특성

흙의 종류	체적 변화	다이러턴시	간극수압
조밀한 모래, 과압밀 점토	팽창 (부피 증가)	(+) 다이러턴시	(−) 간극수압
느슨한 모래, 정규압밀 점토	수축 (부피 감소)	(−) 다이러턴시	(+) 간극수압

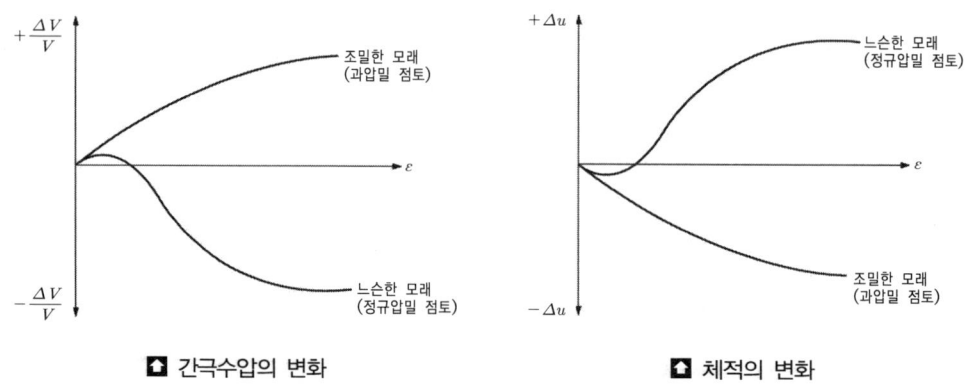

▣ 간극수압의 변화   ▣ 체적의 변화

(3) 액화현상

① 개념

느슨하게 쌓인 포화된 가는 모래에 충격을 주면 약간 수축하여 정(+)의 공극수압이 발생하여 유효응력이 감소되어 전단강도가 작아지는 현상

② $\tau = \sigma \cdot \tan\phi = (P-u)\tan\phi$

공극수압 u가 커지므로 전단강도 τ가 작아진다.

7-7 공극수압계수

(1) 정의

전응력의 증가량에 대한 공극수압의 증가량 비를 공극수압계수라고 한다.

즉, $\dfrac{\Delta u}{\Delta \sigma}$

(2) 등방압축시 공극수압

$\Delta u = B \cdot \Delta \sigma_3$

여기서, B : 등방압축시 공극수압계수

① 흙이 완전히 포화시($S=100\%$) $B = 1$
② 흙이 완전히 건조되면 $B = 0$
③ 불포화된 흙의 경우 $B = 0 \sim 1$

(3) 일축압축시 공극수압

$\Delta u = D(\Delta \sigma_1 - \Delta \sigma_3)$

여기서, D : 일축압축시 공극수압계수

(4) 삼축압축시 공극수압

$\Delta u = A \cdot \Delta \sigma_1$

여기서, A : 삼축압축시 공극수압계수 $\left(A = \dfrac{D}{B}\right)$

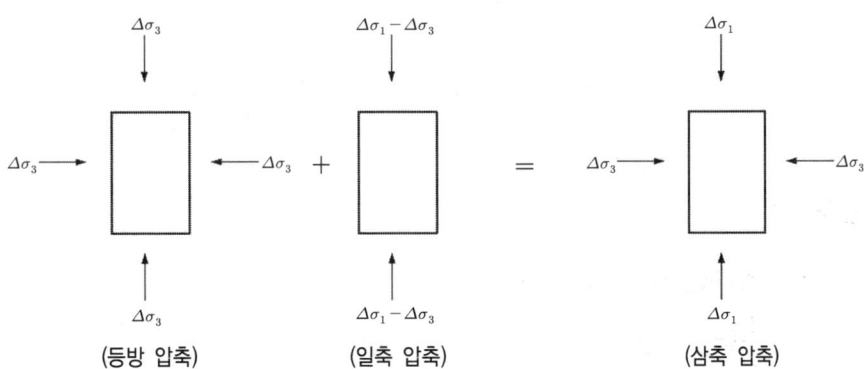

(등방 압축)   (일축 압축)   (삼축 압축)

① 삼축압축 공극수압＝등방압축 공극수압＋일축압축 공극수압

$$\Delta u = B \cdot \Delta \sigma_3 + D(\Delta \sigma_1 - \Delta \sigma_3)$$
$$= B \cdot \Delta \sigma_3 + A \cdot B(\Delta \sigma_1 - \Delta \sigma_3)$$
$$= B[\Delta \sigma_3 + A(\Delta \sigma_1 - \Delta \sigma_3)]$$

② 포화된 흙의 경우 $B=1$이므로 $\Delta u = \Delta \sigma_3 + A(\Delta \sigma_1 - \Delta \sigma_3)$

$$A = \frac{\Delta u - \Delta \sigma_3}{\Delta \sigma_1 - \Delta \sigma_3} = \frac{\Delta u}{\Delta \sigma_1}$$

③ 삼축압축시 공극수압계수(A)
- 정규압밀점토 : 0.7~1.3(보통 1.0)
- 과압밀점토 : −0.5~0

7-8 응력경로

(1) 정의

최대전단응력을 나타내는 Mohr 원의 한 점에 대해 응력이 변화하는 동안 각 응력상태에 대한 Mohr 원 점들의 최대전단응력을 연속적으로 표시한 p, q점을 연결한 선으로 그 응력 변화과정을 표시하는 것을 응력경로라 한다.

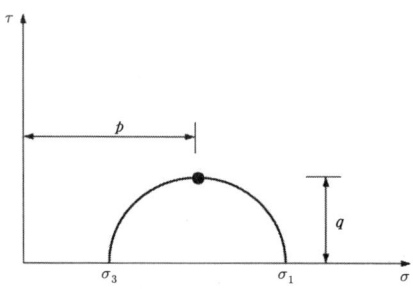

(2) 종류

① 전응력경로(Total stress path)

$$p = \frac{1}{2}(\sigma_1 + \sigma_3)$$
$$q = \frac{1}{2}(\sigma_1 - \sigma_3)$$

② 유효응력경로(Effective stress path)

$$p' = \frac{1}{2}[(\sigma_1 - u) + (\sigma_3 - u)]$$

$$q' = \frac{1}{2}[(\sigma_1 - u) - (\sigma_3 - u)] = \frac{1}{2}(\sigma_1 - \sigma_3)$$

(3) 삼축압축시험시 응력경로

① 최소주응력(σ_3)이 일정한 상태에서 최대주응력(σ_1)이 점차 증가할 때 삼축압축시험의 경우

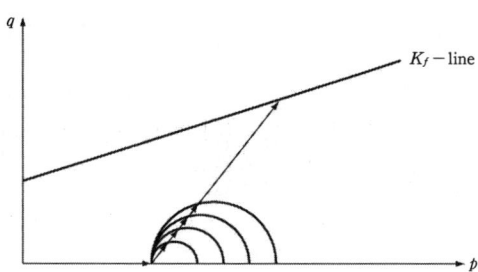

② 등방압축의 경우

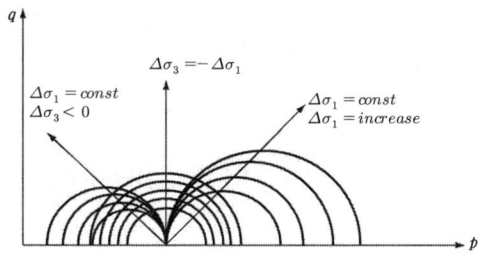

③ 직접 전단 시험의 응력 경로

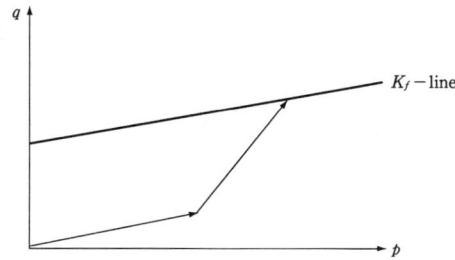

(4) Mohr의 파괴포락선과 수정파괴 포락선(K_f) 관계

① Mohr의 파괴포락선

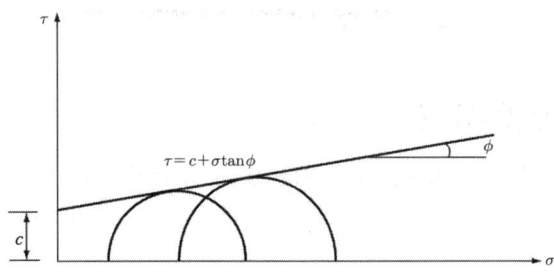

② 수정파괴 포락선(K_f)

$\sin\phi = \tan\alpha$

$c = \dfrac{m}{\cos\phi}$

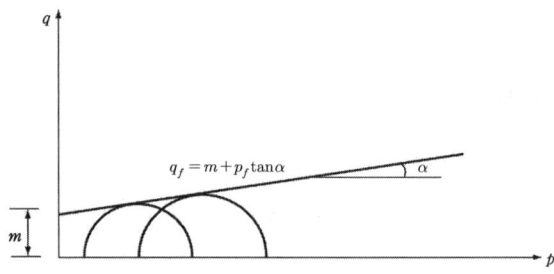

Chapter 07 흙의 전단강도

기출문제

문제 001

다음은 정규압밀점토의 삼축압축 시험결과를 나타낸 것이다. 파괴시 전단응력 τ와 수직응력 σ를 구하면?

㉮ $\tau = 1.73 \text{kN/m}^2$, $\sigma = 2.50 \text{kN/m}^2$
㉯ $\tau = 1.41 \text{kN/m}^2$, $\sigma = 3.00 \text{kN/m}^2$
㉰ $\tau = 1.52 \text{kN/m}^2$, $\sigma = 2.50 \text{kN/m}^2$
㉱ $\tau = 1.73 \text{kN/m}^2$, $\sigma = 3.00 \text{kN/m}^2$

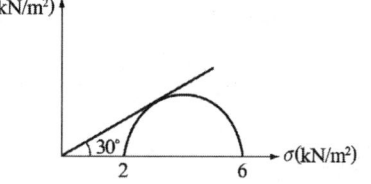

해설
$$\sigma = \frac{\sigma_1 + \sigma_3}{2} + \frac{\sigma_1 - \sigma_3}{2} \cos 2\theta$$
여기서, $\theta = 45° + \dfrac{\phi}{2} = 45° + \dfrac{30°}{2} = 60°$
$\therefore \sigma = \dfrac{6+2}{2} + \dfrac{6-2}{2} \cos 2 \times 60° = 3 \text{kN/m}^2$
$\tau = \dfrac{\sigma_1 - \sigma_3}{2} \sin 2\theta = \dfrac{6-2}{2} \sin 2 \times 60° = 1.73 \text{kN/m}^2$

문제 002

포화된 점토지반에서 압밀이 진행됨에 따라 전단응력은 어떻게 되는가?

㉮ 증가한다.　　　　　　　　㉯ 감소한다.
㉰ 일정하다.　　　　　　　　㉱ 증가할 때도 있고 감소할 때도 있다.

해설 공극수압이 감소되므로 전단강도가 증가한다.
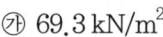
$\tau = c + (\sigma - u) \tan \phi$

문제 003

아래 그림에서 A점 흙의 강도정수가 $c = 30\text{kN/m}^2$, $\phi = 30°$일 때 A점의 전단강도는?

㉮ 69.3 kN/m^2
㉯ 73.9 kN/m^2
㉰ 99.3 kN/m^2
㉱ 103.9 kN/m^2

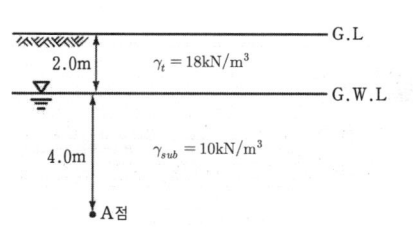

해설 $\tau = c + \sigma \cdot \tan \phi$
유효응력 $\overline{P} = 18 \times 2 + 10 \times 4 = 76 \text{kN/m}^2$
$\therefore \tau = 30 + 76 \tan 30° = 73.9 \text{kN/m}^2$

정답 001. ㉱　002. ㉮　003. ㉯

문제 004

어떤 흙의 공시체에 대한 일축압축시험을 하였더니 일축압축강도가 $q_u = 3.0 \text{kN/m}^2$, 파괴면의 각도 $\theta = 50°$였다. 이 흙의 점착력과 내부마찰은 얼마인가?

㉮ $c = 1.500 \text{kN/m}^2$, $\phi = 10°$ ㉯ $c = 1.500 \text{kN/m}^2$, $\phi = 5°$
㉰ $c = 1.259 \text{kN/m}^2$, $\phi = 10°$ ㉱ $c = 1.259 \text{kN/m}^2$, $\phi = 5°$

해설
$$\theta = 45° + \frac{\phi}{2} \qquad 50° = 45° + \frac{\phi}{2}$$
$$\therefore \phi = 10°$$
$$c = \frac{q_u}{2\tan\left(45° + \frac{\phi}{2}\right)} = \frac{3}{2\tan\left(45° + \frac{10°}{2}\right)} = 1.259 \text{kN/m}^2$$

문제 005

점토층 지반 위에 성토를 급속히 하려 한다. 성토 직후에 있어서 이 점토의 안정성을 검토하는데 필요한 강도정수를 구하는 합리적인 시험은?

㉮ 비압밀 비배수 시험   ㉯ 압밀 비배수 시험
㉰ 압밀 배수 시험   ㉱ 투수 시험

해설 UU시험으로 점토의 단기 안정검토에 이용한다.

문제 006

흐트러지지 않은 연약한 점토 시료를 채취하여 일축압축 시험을 행하였다. 공시체의 직경이 35mm, 높이가 80mm이고, 파괴시의 하중계를 읽은 값이 1.5kg, 축방향의 변형량이 10mm일 때 이 시료의 전단강도는 얼마인가?

㉮ 0.14 kg/cm^2 ㉯ 0.07 kg/cm^2 ㉰ 0.16 kg/cm^2 ㉱ 0.18 kg/cm^2

해설
$$A = \frac{\pi \cdot d^2}{4} = \frac{3.14 \times 3.5^2}{4} = 9.62 \text{cm}^2, \quad A_o = \frac{A}{1-\varepsilon} = \frac{9.62}{1-\frac{1}{8}} = 11.0 \text{cm}^2$$
$$q_u(\sigma_1) = \frac{P}{A_o} = \frac{1.5}{11} = 0.14 \text{kg/cm}^2$$
$$\therefore \tau = \frac{q_u}{2} = \frac{0.14}{2} = 0.07 \text{kg/cm}^2$$

문제 007

점토의 자연 시료에 대한 일축압축강도가 0.36 MPa이고, 이 흙을 되비볐을 때의 파괴압축 응력이 0.12 MPa이었다. 이 흙의 점착력(c)과 예민비(S_t)는 얼마인가?

㉮ $c = 0.18 \text{MPa}$, $S_t = 3$ ㉯ $c = 0.18 \text{MPa}$, $S_t = 2$
㉰ $c = 0.24 \text{MPa}$, $S_t = 3$ ㉱ $c = 0.24 \text{MPa}$, $S_t = 2$

해설
$$c = \frac{q_u}{2} = \frac{0.36}{2} = 0.18 \text{MPa}, \quad S_t = \frac{q_u}{q_{ur}} = \frac{0.36}{0.12} = 3$$

정답 004. ㉰ 005. ㉮ 006. ㉯ 007. ㉮

문제 008

모래나 점토 같은 입상재료를 전단하면 dilatancy 현상이 발생하며 이는 공극수압과 밀접한 관계가 있다. 다음에 기술한 이들의 관계 중 옳지 않은 것은?

㉮ 과압밀 점토에서는 (+)Dilatancy에 부(−)의 공극수압이 발생한다.
㉯ 정규 압밀 점토에서는 (−)Dilatancy는 정(+)의 공극수압이 발생한다.
㉰ 밀도가 큰 모래에서는 (+)Dilatancy가 일어난다.
㉱ 느슨한 모래에서도 (+)Dilatancy가 일어난다.

해설 느슨한 모래에서는 (−)Dilatancy가 일어난다.

문제 009

토립자가 둥글고 입도분포가 나쁜 모래지반에서 N치를 측정한 결과 $N=20$이 되었을 경우 Dunham의 공식에 의한 이 모래의 내부마찰각은 ϕ는?

㉮ 10° ㉯ 20° ㉰ 30° ㉱ 40°

해설 $\phi = \sqrt{12N} + 15 = \sqrt{12 \times 20} + 15 = 30°$

문제 010

물로 포화된 실트질 세사의 N값을 측정한 결과 $N=33$이 되었다고 할 때 수정 N값은? (단, 측정지점까지의 로드(Rod)의 길이는 35m라고 한다.)

㉮ 43 ㉯ 35 ㉰ 21 ㉱ 18

해설
- $N_R = N\left(1 - \dfrac{x}{200}\right) = 33\left(1 - \dfrac{35}{200}\right) = 27$
- 토질에 의한 수정
$N = 15 + \dfrac{1}{2}(N_R - 15) = 15 + \dfrac{1}{2}(27 - 15) = 21$ 회

문제 011

다음은 3축압축시험에 있어서 공극수압을 측정하여 공극수압계수 A를 계산하는 식이다. 여기에 대한 물음 가운데 틀린 것은?

$$u = B[\Delta\sigma_3 + A(\Delta\sigma_1 - \Delta\sigma_3)]$$

㉮ 포화된 흙에서는 윗 식에서 $B=1$로 보아도 좋다.
㉯ 정규 압밀 점토에서는 A값이 파괴시에는 1 내외의 값을 나타낸다.
㉰ 포화점토에서는 간극수압의 측정값과 축차응력을 알면 된다.
㉱ 심히 과압밀된 점토의 A값은 언제나 +값을 갖는다.

해설 과압밀된 점토 A값은 −0.5∼0이다.

정답 008. ㉱ 009. ㉰ 010. ㉰ 011. ㉱

문제 012

다음은 응력경로를 설명한 것이다. 이 가운데 틀린 것은? (단, 여기서 Mohr 원의 중심위치는 $p=\dfrac{\sigma_1+\sigma_3}{2}$, 반경의 크기 $q=\dfrac{\sigma_1-\sigma_3}{2}$이다.)

㉮ 응력경로는 각 Mohr 원의 중심위치 p와 반경의 크기 q를 연결하는 선을 말한다.
㉯ 응력경로는 시료가 받는 응력의 변화과정을 연속적으로 살필 수 있는 표현 방법이다.
㉰ 액압 σ_3를 고정하고 축압 σ_1을 연속적으로 증가시키는 경우의 응력경로는 σ_3와 각 Mohr 원의 꼭지점을 연결하는 직선이다.
㉱ 응력경로는 그 성격상 전응력에 대해서만 그릴 수 있다.

해설 응력의 경로는 전응력 및 유효응력의 경로가 있다.

문제 013

다음 흙의 전단강도에 관한 설명 중 옳지 않은 것은?

㉮ 최대주응력면과 최소주응력면은 직교한다.
㉯ 주응력면에서는 전단응력(tangential stress)은 0이다.
㉰ 최소주응력면은 전단응력축과 직교한다.
㉱ 최대주응력과 최소주응력의 차를 deviator stress라고 한다.

해설 최소주응력면과 최대주응력면이 직교한다.

문제 014

다음의 Stress path(응력경로)는 어떤 시험일 때인가?

㉮ 직접 전단압축일 때
㉯ 표준 삼축압축일 때
㉰ 압밀 시험일 때
㉱ 등방압축 시험일 때

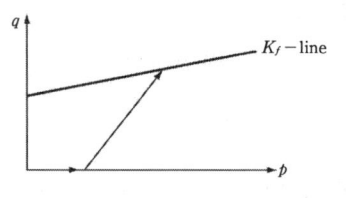

해설 최소주응력(σ_3)이 일정한 상태에서 최대주응력(σ_1)이 점차 증가하여 파괴되는 표준 삼축압축의 응력 경로이다.

문제 015

응력을 받는 흙 중의 한 점에 있어서의 최대 및 최소주응력이 각각 1kN/m² 및 0.5kN/m²일 때, 이 점을 지나 최대주응력면과 30°를 이루는 면상의 전단응력을 구한 값은?

㉮ 0.135 kN/m² ㉯ 0.217 kN/m²
㉰ 0.875 kN/m² ㉱ 0.916 kN/m²

해설 $\tau=\dfrac{\sigma_1-\sigma_3}{2}\sin2\theta=\dfrac{1-0.5}{2}\sin2\times30°=0.217\text{kN/m}^2$

정답 012. ㉱ 013. ㉰ 014. ㉯ 015. ㉯

문제 016

다음 그림의 파괴포락선 중에서 완전 포화된 모래를 UU(비압밀 비배수) 시험했을 때 생기는 파괴포락선은 어느 것인가?

㉮ ①
㉯ ②
㉰ ③
㉱ ④

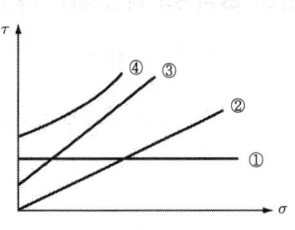

해설 포화된 경우 $\phi = 0°$ 이므로 전단강도는 Mohr 원의 반경과 같아 파괴포락선은 수평이다.

문제 017

어떤 점토지반의 표준관입 시험치 N이 8이다. 이 점토의 일축압축강도 q_u는 얼마로 추정되는가?

㉮ $0.5\,\text{kg/cm}^2$
㉯ $1\,\text{kg/cm}^2$
㉰ $1.5\,\text{kg/cm}^2$
㉱ $2\,\text{kg/cm}^2$

해설 $q_u = \dfrac{N}{8} = \dfrac{8}{8} = 1\,\text{kg/cm}^2$

$C = \dfrac{N}{16} = \dfrac{8}{16} = 0.5\,\text{kg/cm}^2$

문제 018

다음 그림 중 정규압밀점토의 유효응력에 의한 파괴포락선은?

㉮ ①
㉯ ②
㉰ ③
㉱ ④

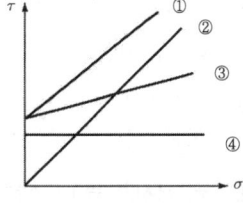

해설 정규압밀점토의 유효응력은 원점을 지난다.

문제 019

전단에 소요되는 시간이 너무 길고 그 결과가 $\overline{CU}$-test와 거의 같으므로 간극수압의 측정이 어려울 때 또는, 중요한 공사 외에는 잘 사용하지 않는 시험은 다음 중 어느 것인가?

㉮ 비압밀 비배수 시험
㉯ 압밀 비배수 시험
㉰ 압밀 배수 시험
㉱ 압밀 비배수 시험

해설 CD 시험으로 장기 안정 해석에 사용한다.

정답 016. ㉮ 017. ㉯ 018. ㉯ 019. ㉰

문제 020

조밀한 흙과 느슨한 흙을 비교한 다음 그림 중 틀린 것은 어느 것인가?

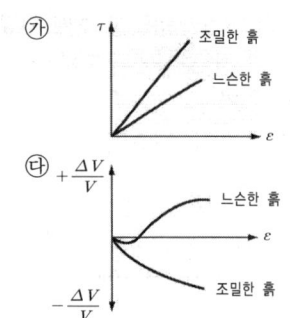
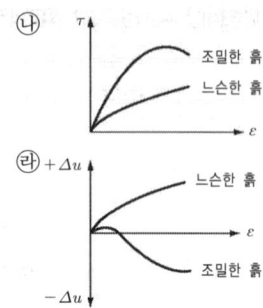

문제 021

점성토의 예민비에 대한 설명 중 옳지 않은 것은?

㉮ 예민비는 불교란 시료와 교란 시료와의 강도 차이를 알 수 있는 재성형 효과를 말한다.
㉯ 예민비의 측정은 보통 일축압축시험으로 한다.
㉰ 예민비가 크다는 것은 점토가 교란의 영향을 크게 받지 않는 양호한 점토지반을 말한다.
㉱ Tschebotarioff는 예민비를 등변형 상태에 있어서의 강도비로 정의하였다.

해설 예민비가 크면 공학적 성질이 나빠 안전율을 크게 고려해야 한다.

문제 022

다음의 시험법 중 측압을 받는 지반의 전단강도를 구하는 데 가장 좋은 시험법은?

㉮ 일축압축 시험 ㉯ 표준관입 시험 ㉰ 콘관입 시험 ㉱ 삼축압축 시험

해설 삼축압축 시험은 측압(액압, 구속응력)을 가한 후에 축차응력($\sigma_1 - \sigma_3$)을 가하여 전단시험을 하므로 측압을 받는 지반의 전단강도를 구하는데 적합하다.

보충 삼축압축 시험은 현장조건과 거의 일치하는 결과를 얻을 수 있어 신뢰성이 있다.

문제 023

어떤 점토지반의 표준관입 실험 결과 $N=2\sim4$이었다. 이 점토의 consistency는?

㉮ 대단히 견고 ㉯ 연약 ㉰ 견고 ㉱ 대단히 연약

해설 점토지반에서 $N < 4$: 연약, $N > 30$: 단단

보충 N치와 이용되는 식
- $\phi = \sqrt{12N} + 25$ (토립자가 모나고 양호한 입도)
- $C = \dfrac{N}{16}$
- $q_u = \dfrac{N}{8}$

정답 020. ㉰ 021. ㉰ 022. ㉱ 023. ㉯

문제 024

포화된 점토시료에 대해 비압밀 비배수 삼축압축시험을 실시하여 얻어진 비배수 전단강도는 180kN/m²이었다(이 시험에서 가한 구속응력은 240kN/m²이었다). 만약 동일한 점토시료에 대해 또 한 번의 비압밀 비배수 삼축 압축 시험을 실시할 경우(단, 이번 시험에서 가해질 구속 응력의 크기는 400kN/m²), 전단파괴시에 예상되는 축차 응력의 크기는?

㉮ 90 kN/m² ㉯ 180 kN/m² ㉰ 360 kN/m² ㉱ 540 kN/m²

해설
- UU시험에서 포화토의 경우 $\phi=0°$이므로 파괴 포락선은 수평선으로 나타낸다.
- 모아원의 직경은 축차응력 $(\sigma_1-\sigma_3)$으로 $\phi=0°$ 조건이므로 측압(구속응력)의 크기에 관계없이 일정하다.
- $\tau = C_u = \dfrac{\sigma_1 - \sigma_3}{2}$ ∴ $\sigma_1 - \sigma_3 = 2C_u = 2 \times 180 = 360 \text{kN/m}^2$

문제 025

점착력이 전혀 없는 순수 모래에 대하여 직접 전단시험을 하였더니 수직응력이 4.94kN/m²일 때 2.85kN/m²의 전단 저항을 얻었다. 이 모래의 내부마찰각은?

㉮ 10° ㉯ 20° ㉰ 30° ㉱ 40°

해설 $\tau = \sigma \tan\phi$ (모래이므로 $C=0$)
$2.85 = 4.94 \tan\phi$
∴ $\phi = \tan^{-1} \dfrac{2.85}{4.94} = 30°$

보충 $\tau = C + \sigma \tan\phi$

문제 026

예민비가 큰 점토란 어느 것인가?

㉮ 입자의 모양이 날카로운 점토
㉯ 입자가 가늘고 긴 형태의 점토
㉰ 흙을 다시 이겼을 때 강도가 감소하는 점토
㉱ 흙을 다시 이겼을 때 강도가 증가하는 점토

해설
- 예민비 $S_t = \dfrac{q_u}{q_{ur}}$ 로 흙을 다시 이겼을 때 강도가 감소하는 점토를 말한다.
- 예민비가 크면 불안한 흙으로 안전율을 크게 고려해야 한다.

문제 027

점성토 시료를 교란시켜 재성형을 한 경우 시간이 따라 강도가 증가하는 현상을 나타내는 용어는?

㉮ 크립(creep)   ㉯ 딕소트로피(thixotropy)
㉰ 이방성(anisotropy) ㉱ 아이소크론(isocron)

정답 024. ㉰ 025. ㉰ 026. ㉰ 027. ㉯

해설 재성형(되비빔)한 시료를 함수비의 변화없이 그대로 방치하여 두면 시간이 경과되면서 강도가 회복되는 현상을 딕소트로피라 한다.

문제 028

한 요소에 작용하는 응력의 상태가 그림과 같을 때 $m-m$면에 작용하는 수직응력은?

㉮ 15 kN/m^2 ㉯ $\dfrac{5}{2}\sqrt{2} \text{ kN/m}^2$

㉰ 10 kN/m^2 ㉱ $\dfrac{5}{2}\sqrt{3} \text{ kN/m}^2$

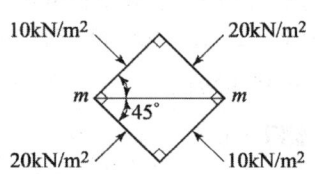

해설
- $\sigma = \dfrac{\sigma_1 + \sigma_3}{2} + \dfrac{\sigma_1 - \sigma_3}{2}\cos 2\theta = \dfrac{20+10}{2} + \dfrac{20-10}{2}\cos 2 \times 45° = 15\text{kN/m}^2$
- $\tau = \dfrac{\sigma_1 - \sigma_3}{2}\sin 2\theta$

문제 029

그림과 같이 지하수위가 지표와 일치한 연약점토 지반 위에 양질의 흙으로 매립 성토할 때 매립이 끝난 후 매립 후 지표로부터 5m 깊이에서 과잉 간극수압은 약 얼마인가?

㉮ 90 kN/m^2
㉯ 79.2 kN/m^2
㉰ 54.2 kN/m^2
㉱ 34 kN/m^2

매립토 5m 매립 후 지표 $\gamma_t = 18\text{kN/m}^3$ 간극수압계수 $A = 0.7$
연약토 현재지표 $\gamma_t = 16\text{kN/m}^3$ 완전포화 $K_o = 0.6$

해설
- $\sigma_1 = r_t \cdot H = 18 \times 5 = 90\text{kN/m}^2$
- $K_o = \dfrac{\sigma_h}{\sigma_v} = \dfrac{\sigma_3}{\sigma_1}$

  $\therefore \sigma_3 = K_o \cdot \sigma_1 = 0.6 \times 90 = 54\text{kN/m}^2$
- $\Delta u = B[\Delta \sigma_3 + A(\Delta \sigma_1 - \Delta \sigma_3)]$

  포화시 $B = 1$이므로

  $\Delta u = \Delta \sigma_3 + A(\Delta \sigma_1 - \Delta \sigma_3) = 54 + 0.7(90 - 54) = 79.2\text{kN/m}^2$

문제 030

포화점토가 성토 직후에 갑자기 파괴되는 경우에 대한 전단강도를 구하는데는 다음의 어느 시험을 사용하는가?

㉮ 비압밀 비배수 시험(UU Test) ㉯ 압밀 비배수 시험(CU Test)
㉰ 압밀 배수 시험(CD Test) ㉱ 압밀 비배수 시험($\overline{CU}$ Test)

해설
- 포화점토가 성토 직후에 급속한 파괴가 예상되거나 점토의 단기간 안정 검토시 비압밀 비배수(UU) 시험을 한다.
- 성토 하중 때문에 어느 정도 압밀된 후 갑자기 파괴가 예상될 때는 CU 시험을 한다.

정답 028. ㉮ 029. ㉯ 030. ㉮

문제 031

그림과 같은 지반에서 하중으로 인하여 수직응력($\Delta\sigma_1$)이 1.0kN/m²이 증가되고 수평응력 ($\Delta\sigma_3$)이 0.5kN/m²이 증가되었다면 간극수압은 얼마나 증가되었는가? (단, 간극수압계수 A=0.50이고 B=1이다.)

㉮ 0.50 kN/m²   ㉯ 0.75 kN/m²
㉰ 1.00 kN/m²   ㉱ 1.25 kN/m²

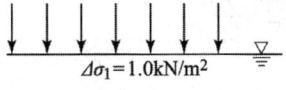

해설
- $\Delta u = B[\Delta\sigma_3 + A(\Delta\sigma_1 - \Delta\sigma_3)] = 1[0.5 + 0.5(1-0.5)] = 0.75 \text{kN/m}^2$
- 포화된 흙의 경우 $B=1$이다.
- 공극수압계수 A값은 −값도 나타난다.

문제 032

흙의 전단강도에 대한 다음 설명 중 옳지 않은 것은?

㉮ 흙의 전단강도는 압축강도의 크기와 관계가 깊다.
㉯ 외력이 가해지면 전단응력이 발생하고 어느 면에 전단 응력이 전단강도를 초과하면 그 면에 따라 활동이 일어나서 파괴된다.
㉰ 조밀한 모래는 전단 중에 팽창하고 느슨한 모래는 수축한다.
㉱ 점착력과 내부마찰각은 파괴면에 작용하는 수직응력의 크기에 비례한다.

해설
- 점착력은 파괴면에 작용하는 수직응력의 크기와는 무관하고 주어진 흙에 일정하다.
- $\tau = c + \sigma\tan\phi$
  내부마찰각(ϕ)은 수직응력(σ)에 반비례한다.
- 포화된 점토지반에서 압밀이 진행되면 전단응력은 증가한다.

문제 033

아래 그림과 같은 모래지반의 토질실험 결과는 내부 마찰각 $\phi=35°$, 점착력 $c=0$이었다. 지표에서 5m 깊이에서 이 모래지반의 전단강도 크기는? (단, γ_w=9.81kN/m³)

㉮ 48 kN/m²   ㉯ 56.5 kN/m²
㉰ 67 kN/m²   ㉱ 76.5 kN/m²

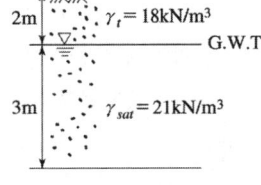

해설
- $\sigma = 18 \times 2 + (21-9.81) \times 3 = 69.6 \text{kN/m}^2$
- $\tau = \sigma\tan\phi = 69.6\tan35° = 48.7 \text{kN/m}^2$

문제 034

흙의 전단강도에 대한 설명으로 틀린 것은?

㉮ 조밀한 모래는 전단변형이 작을 때 전단파괴에 이른다.
㉯ 조밀한 모래는 (+) Dilatancy, 느슨한 모래는 (−) Dilatancy가 발생한다.
㉰ 점착력과 내부마찰각은 파괴면에 작용하는 수직응력의 크기에 비례한다.
㉱ 전단응력이 전단강도를 넘으면 흙의 내부에 파괴가 일어난다.

정답 031. ㉯ 032. ㉱ 033. ㉮ 034. ㉰

해설 $\tau = c + \sigma \tan\phi$

$\therefore \sigma = \dfrac{\tau - c}{\tan\phi}$ 이므로 내부마찰각과는 반비례한다.

문제 035

다음 그림의 불안전영역(unstable zone)의 붕괴를 막기 위해 강도가 더 큰 흙으로 치환을 하였다. 이때 안정성을 검토하기 위해 요구되는 삼축압축 시험의 종류는 어떤 것인가?

㉮ UU-test ㉯ CU-test
㉰ CD-test ㉱ UC-test

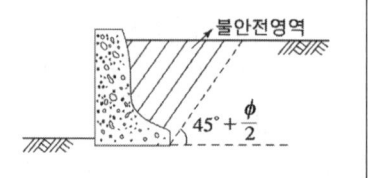

해설 시공 중 또는 성토 후 급속한 파괴가 예상되는 경우는 비압밀 비배수(UU-test) 시험조건을 적용한다.

문제 036

모래의 밀도에 따라 일어나는 전단특성에 대한 다음 설명 중 옳지 않은 것은?

㉮ 다시 성형한 시료의 강도는 작아지지만 조밀한 모래에서는 시간이 경과됨에 따라 강도가 회복된다.
㉯ 전단저항각 [내부마찰각(ϕ)]은 조밀한 모래일수록 크다.
㉰ 직접 전단시험에 있어서 전단응력과 수평변위 곡선은 조밀한 모래에서는 peak가 생긴다.
㉱ 조밀한 모래에서는 전단변형이 계속 진행되면 부피가 팽창한다.

해설 다시 성형한 시료의 강도는 작아지며 점토는 시간이 경과됨에 따라 강도가 회복된다.

문제 037

실내시험에 의한 점토의 강도 증가율(Cu/P) 산정 방법이 아닌 것은?

㉮ 소성지수에 의한 방법
㉯ 비배수 전단강도에 의한 방법
㉰ 압밀비배수 삼축압축시험에 의한 방법
㉱ 직접전단시험에 의한 방법

해설 직접전단시험은 시험 중 함수량이 변화, 공극수압 측정 곤란 등으로 점토 강도 증가율 산정을 할 수 없다.

문제 038

직접전단 시험을 한 결과 수직응력이 $12kN/m^2$일 때 전단저항이 $5kN/m^2$, 또 수직응력이 $24kN/m^2$일 때 전단저항이 $7kN/m^2$이었다. 수직응력이 $30kN/m^2$일 때의 전단저항은 약 얼마인가?

㉮ $6\,kN/m^2$ ㉯ $8\,kN/m^2$ ㉰ $10\,kN/m^2$ ㉱ $12\,kN/m^2$

정답 035. ㉮ 036. ㉮ 037. ㉱ 038. ㉯

해설 • $\tau = C + \sigma\tan\phi$ 관련 식에서
  $5 = C + 12\tan\phi$ …… ①
  $7 = C + 24\tan\phi$ …… ②
  ①식×2하여 연립하면
  $\quad 10 = 2C + 24\tan\phi$
  $-\quad 7 = C + 24\tan\phi$
  $\quad\quad 3 = C$
• $\tau = C + \sigma\tan\phi \quad 5 = 3 + 12\tan\phi \quad \therefore \tan\phi = 0.1667$
• $\tau = C + \sigma\tan\phi = 3 + 30 \times 0.1667 = 8kN/m^2$ s

문제 039

점토지반에 제방을 쌓을 경우 초기안정 해석을 위한 흙의 전단강도를 측정하는 시험방법으로 가장 적합한 것은?

㉮ UU-test ㉯ CU-tes ㉰ $\overline{CU}$-test ㉱ $\overline{CD}$-test

해설 성토 직후 갑자기 파괴되는 경우, 단기간 안정 검토할 경우에는 비압밀비배수(UU)시험으로 전단강도를 측정한다.

문제 040

모래시료에 대하여 압밀배수 삼축압축시험을 실시하였다. 초기 단계에서 구속응력(σ_3)은 100kN/m²이고, 전단파괴 시에는 작용된 축차응력(σ_{df})은 200kN/m²이었다. 이와 같은 모래시료의 내부 마찰각(ϕ) 및 파괴면에 작용하는 전단응력(τ_f)의 크기는?

㉮ $\phi = 30$, $\tau_f = 115.47kN/m^2$ ㉯ $\phi = 40$, $\tau_f = 115.47kN/m^2$
㉰ $\phi = 30$, $\tau_f = 86.60kN/m^2$ ㉱ $\phi = 40$, $\tau_f = 86.60kN/m^2$

해설 $\dfrac{200}{\sin 90°} = \dfrac{100}{\sin\phi}$

$\therefore \phi = 30°, \quad \theta = 45° + \dfrac{\phi}{2} = 60°$

$\tau = \dfrac{\sigma_1 - \sigma_3}{2}\sin 2\theta = \dfrac{300 - 100}{2}\sin 2 \times 60° = 86.6kN/m^2$

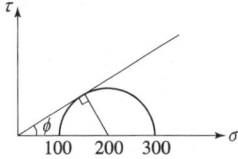

문제 041

흙의 일축압축 강도시험에 관한 설명 중 옳지 않은 것은?

㉮ Mohr원이 하나밖에 그려지지 않는다.
㉯ 점성이 없는 사질토의 경우는 시료자립이 어렵고 배수상태를 파악할 수 없어 일반적으로 점성토에 주로 사용된다.
㉰ 배수조건에서의 시험결과밖에 얻지 못한다.
㉱ 일축압축 강도시험으로 결정할 수 있는 시험값으로는 일축압축강도, 예민비, 변형계수 등이 있다.

정답 039. ㉮ 040. ㉰ 041. ㉰

해설
- 전단시 배수 조절이 곤란하므로 비압밀 비배수(UU) 조건에만 적용 가능하다.
- $\sigma_3 = 0$일 때이므로 Mohr의 응력원은

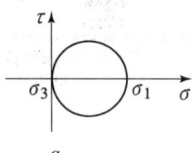

- $C = \dfrac{q_u}{2}$

문제 042

Vane test에서 vane의 지름 50mm, 높이 10cm, 파괴시 토크가 59N·m일 때 점착력은?

㉮ 129 kN/m²   ㉯ 157 kN/m²   ㉰ 213 kN/m²   ㉱ 276 kN/m²

해설
- $c_u = \dfrac{M_{\max}}{\pi D^2 \left(\dfrac{H}{2} + \dfrac{D}{6}\right)} = \dfrac{59 \times \dfrac{1}{1000}}{3.14 \times 0.05^2 \left(\dfrac{0.1}{2} + \dfrac{0.05}{6}\right)} ≒ 129 \text{kN/m}^2$
- 베인 전단 시험은 현장에서 연약점토의 전단강도를 구하는 시험 방법이다.

문제 043

다음은 전단시험을 한 응력경로이다. 어느 경우인가?

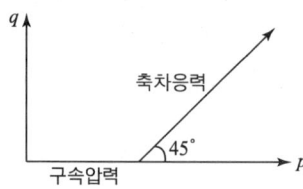

㉮ 초기 단계의 최대 주응력과 최소 주응력이 같은 상태에서 시행한 삼축압축시험의 전응력 경로이다.
㉯ 초기 단계의 최대 주응력과 최소 주응력이 같은 상태에서 시행한 일축압축시험의 전응력 경로이다.
㉰ 초기 단계의 최대 주응력과 최소 주응력이 같은 상태에서 $K_o = 0.5$인 조건에서 시행한 삼축압축시험의 전응력 경로이다.
㉱ 초기 단계의 최대 주응력과 최소 주응력이 같은 상태에서 $K_o = 0.7$인 조건에서 시행한 일축압축시험의 전응력 경로이다.

해설 최소 주응력(σ_3)이 일정한 상태에서 최대 주응력(σ_1)이 점차적으로 증가하여 파괴되는 경우의 표준 삼축압축시험의 응력경로이다.

문제 044

다음 중 흙의 강도를 구하는 실험이 아닌 것은?

㉮ 압밀시험   ㉯ 직접전단시험   ㉰ 일축압축시험   ㉱ 삼축압축시험

해설 압밀시험으로 시간-침하, 간극비-하중 곡선을 통해 압축지수를 구하여 침하량을 산정하고 선행압밀 하중을 구하여 흙의 이력상태를 파악한다.

정답 042. ㉮   043. ㉮   044. ㉮

chapter 08 토 압

제 2 부 토질 및 기초

8-1 토압의 형태

(1) 토압의 종류 및 크기

P_a (주동토압) < P_o (정지토압) < P_p (수동토압)

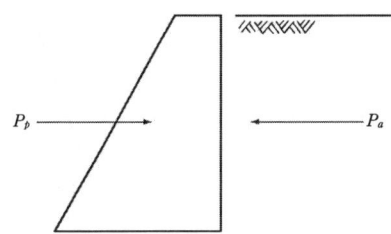

(2) 토압의 이론

① Rankine의 이론 : 벽면 마찰을 무시한 소성이론
② Coulomb의 이론 : 벽면 마찰을 고려한 흙쐐기 이론

(3) 토압계수

① 수직응력　　　$\sigma_v = \gamma_t \cdot H$

② 토압계수　　　$K = \dfrac{\sigma_h}{\sigma_v}$

③ 수평응력　　　$\sigma_h = \sigma_v \cdot K = \gamma_t \cdot H \cdot K$

④ 주동토압계수　$K_a = \tan^2\left(45° - \dfrac{\phi}{2}\right)$

⑤ 수동토압계수　$K_p = \tan^2\left(45° + \dfrac{\phi}{2}\right)$

⑥ 토압계수의 크기　$K_a < K_o < K_p$
　여기서, 정지토압계수 $K_o = 1$

⑦ 정지토압계수
 • 사질토의 경우($K_o = 0.4 \sim 0.6$)　　$K_o = 1 - \sin\phi$
 • 연약점토의 경우($K_o = 1$)

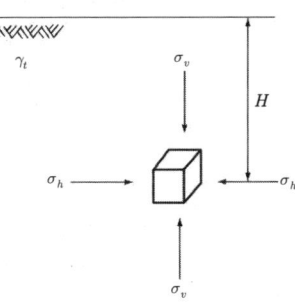

8-2 Rankine의 토압론 및 옹벽면에 작용하는 토압

(1) Rankine의 토압론
① 토압은 지표에 평행하게 작용한다.
② 지표의 모든 하중은 등분포하중이다.
③ 흙은 불압축성 균질의 분체이다.
④ 분체는 점착력이 없는 모래질이다.
⑤ 지표면은 무한히 벌어진 한 평면으로 존재한다.

(2) 옹벽면에 작용하는 토압
① 옹벽 뒷채움 표면이 수평인 경우

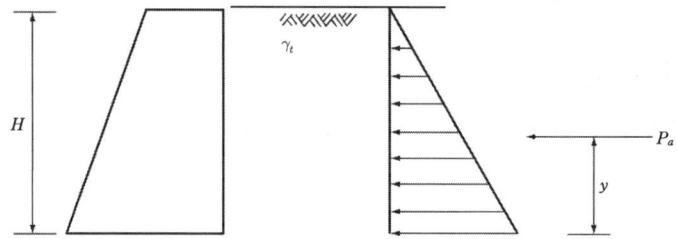

- 밑면에 작용하는 수평응력 $\sigma_h = \sigma_v \cdot K_a = \gamma_t \cdot H \cdot K_a$
- 주동토압 $P_a = \dfrac{1}{2} \cdot \gamma_t \cdot H^2 \cdot K_a$
- 작용점 $y = \dfrac{H}{3}$

② 옹벽 뒷채움 흙의 종류가 다른 경우

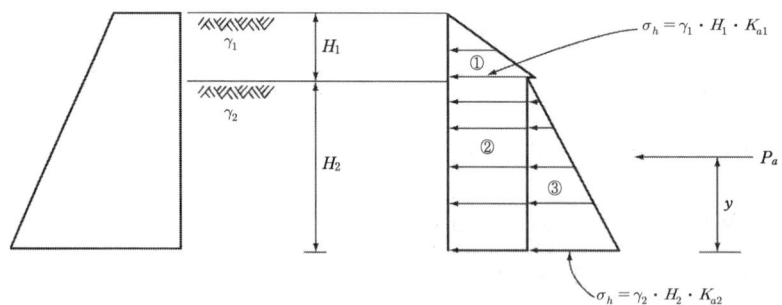

- 주동토압

$$P_a = P_{a1} + P_{a2} + P_{a3}$$
$$= \dfrac{1}{2} \cdot \gamma_1 \cdot H_1^2 \cdot K_{a1} + \gamma_1 \cdot H_1 \cdot K_{a2} \cdot H_2 + \dfrac{1}{2} \gamma_2 \cdot H_2^2 \cdot K_{a2}$$

- 작용점

$$P_a \cdot y = P_{a1} \times \left(\frac{H_1}{3} + H_2\right) + P_{a2} \times \frac{H_2}{2} + P_{a3} \times \frac{H_2}{3}$$

$$\therefore y = \frac{P_{a1} \cdot \left(\frac{H_1}{3} + H_2\right) + P_{a2} \cdot \frac{H_2}{2} + P_{a3} \cdot \frac{H_2}{3}}{P_a}$$

③ 지하수면이 지표면과 일치하는 경우

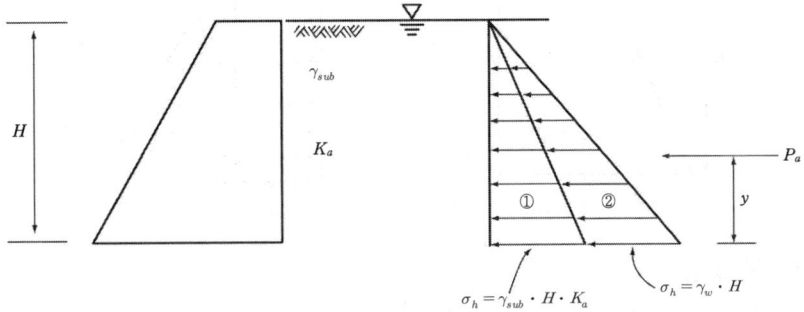

- 주동토압
$$P_a = P_{a1} + P_{a2} = \frac{1}{2}\gamma_{sub} \cdot H^2 \cdot K_a + \frac{1}{2}\gamma_w \cdot H^2$$

- 작용점
$$y = \frac{H}{3}$$

④ 옹벽 뒷채움 흙의 종류가 다르고 지하수가 있는 경우

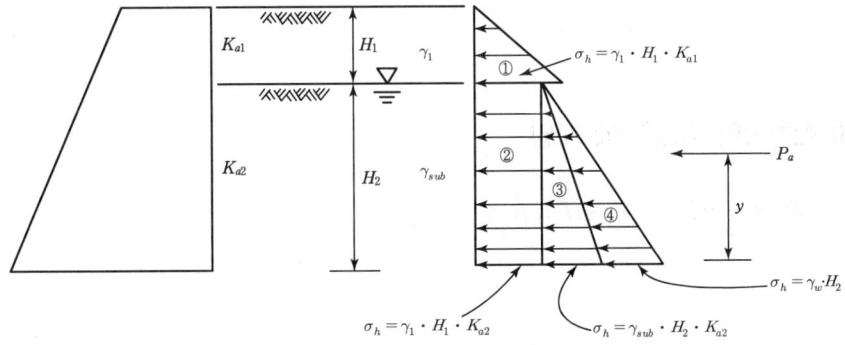

- 주동토압
$$P_a = P_{a1} + P_{a2} + P_{a3} + P_{a4}$$
$$= \frac{1}{2} \cdot \gamma_1 \cdot H_1^2 \cdot K_{a1} + \gamma_1 \cdot H_1 \cdot K_{a2} \cdot H_2 + \frac{1}{2} \cdot \gamma_{sub} \cdot H_2^2 \cdot K_{a2} + \frac{1}{2}\gamma_2 \cdot H_2^2$$

- 작용점
$$P_a \cdot y = P_{a1} \cdot \left(\frac{H_1}{3} + H_2\right) + P_{a2} \cdot \frac{H_2}{2} + P_{a3} \cdot \frac{H_2}{3} + P_{a4} \cdot \frac{H_2}{3}$$

$$\therefore y = \frac{P_{a1} \cdot \left(\dfrac{H_1}{3} + H_2\right) + P_{a2} \cdot \dfrac{H_2}{2} + P_{a3} \cdot \dfrac{H_2}{3} + P_{a4} \cdot \dfrac{H_2}{3}}{P_a}$$

⑤ 재하중이 작용할 경우

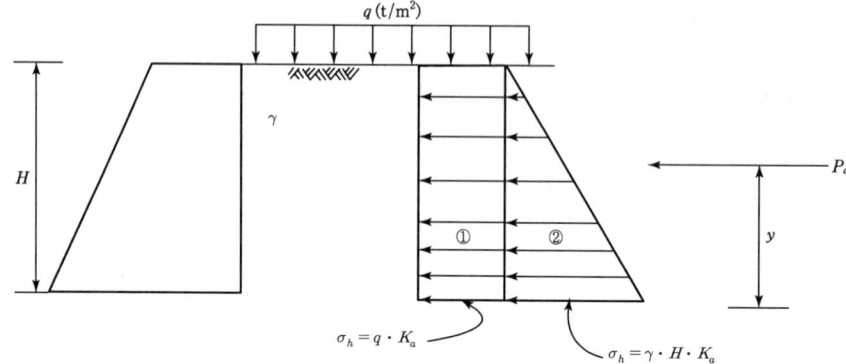

- 주동토압

$$P_a = P_{a1} + P_{a2} = q \cdot K_a \cdot H + \frac{1}{2}\gamma \cdot H^2 \cdot K_a$$

- 작용점

$$P_a \cdot y = P_{a1} \cdot \frac{H}{2} + P_{a2} \cdot \frac{H}{3}$$

$$\therefore y = \frac{P_{a1} \cdot \dfrac{H}{2} + P_{a2} \cdot \dfrac{H}{3}}{P_a} \quad \text{또는} \quad y = \frac{H}{3} \cdot \frac{H + 3\Delta H}{H + 2\Delta H}$$

여기서, $\Delta H = \dfrac{q}{\gamma}$

(3) 선하중이 작용할 때 토압

$$P_a = \frac{1}{2}\gamma H^2 \cdot K_a + P\tan\left(45° - \frac{\phi}{2}\right)$$

(4) 점착력이 있는 흙의 토압

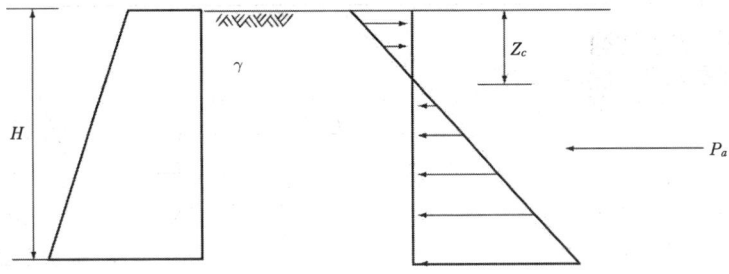

① 인장균열이 발생하는 깊이(점착고)

$$Z_c = \frac{2C}{\gamma} \tan\left(45° + \frac{\phi}{2}\right)$$

② 주동토압

$$P_a = \frac{1}{2} \cdot \gamma \cdot H^2 \cdot K_a - 2CH\tan\left(45° - \frac{\phi}{2}\right)$$

(5) 지표면이 경사진 경우 토압

$i = \phi$ 인 경우 $K_a = \cos i$ 이며

$$P_a = \frac{1}{2} \cdot \gamma \cdot H^2 \cdot K_a$$

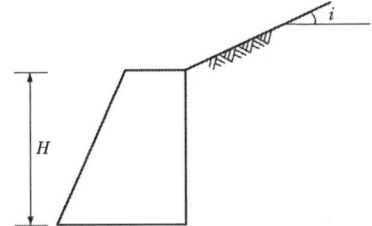

(6) Coulomb의 토압

$\theta = 90°$, $i = 0°$, $\delta = 0°$ 인 경우
즉, 옹벽변이 연직, 직평면이 수직, 벽면 마찰각을 무시하면 Coulomb의 토압은 Rankine의 토압과 같다.

$$P_a = \frac{1}{2} \cdot \gamma \cdot H^2 \cdot K_a$$

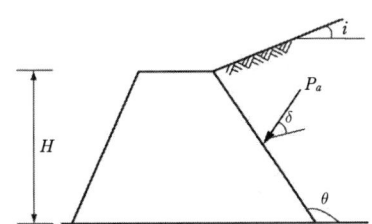

8-3 옹벽의 안정

(1) 전도에 대한 안정

외력의 합력(R)이 기초 저폭의 중앙 1/3 내에 작용할 것

$$F = \frac{M_r}{M_o} \geq 2.0$$

즉, $x \geq \dfrac{d}{3}$, $e \leq \dfrac{d}{6}$

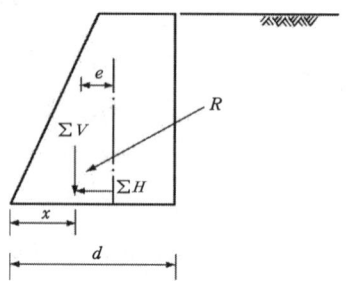

(2) 활동에 대한 안정

$$F = \frac{H_r}{\Sigma H} \geq 1.5$$

여기서, 저항력 $H_r = f \cdot \Sigma V$
f : 옹벽 저면과 지반 사이에 마찰계수

(3) 지반 지지력에 대한 안정

$\sigma_{\max} \leq \sigma_a$

여기서, σ_a : 지반의 허용지지력
$\sigma_{\max}$: 최대압축응력

Chapter 08 토 압

기출문제

문제 001

그림과 같은 옹벽에 작용하는 전주동토압은? (단, 흙의 단위중량은 17kN/m³, 점착력은 10kN/m², 내부마찰각은 26°이다.)

㉮ 44.5 kN/m
㉯ 75 kN/m
㉰ 119.5 kN/m
㉱ 194.5 kN/m

해설
$$P_a = \frac{1}{2}\gamma \cdot H^2 \cdot K_a - 2CH\tan\left(45° - \frac{\phi}{2}\right)$$
$$= \frac{1}{2} \times 17 \times 6^2 \times \tan^2\left(45° - \frac{26°}{2}\right) - 2 \times 10 \times 6\tan\left(45° - \frac{26°}{2}\right) = 44.5 \text{kN/m}$$

문제 002

다음 옹벽에서 주동토압은?

㉮ 지표면과 나란하게 $P_A = 66.3$kN/m 작용
㉯ 지표면과 나란하게 $P_A = 88$kN/m 작용
㉰ 옹벽 뒷면과 직각으로 $P_A = 66.3$kN/m 작용
㉱ 옹벽 뒷면과 직각으로 $P_A = 38$kN/m 작용

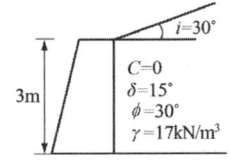

해설 $i = \phi$ 이므로 $K_a = \cos i$
$$P_a = \frac{1}{2} \cdot \gamma \cdot H^2 \cdot K_a = \frac{1}{2} \times 17 \times 3^2 \cos 30° = 66.3 \text{kN/m}$$

문제 003

옹벽의 안정 조건으로서 표현이 가장 정확하지 못한 것은?

㉮ 합력이 저면의 중앙점에 작용할 것
㉯ 활동에 대하여 안전할 것
㉰ 전도에 대하여 충분한 안전율을 가질 것
㉱ 지지력에 대하여 안전할 것

해설 합력의 작용점이 저폭의 중앙 1/3 내에 있어야 안전하다.

정답 001. ㉮ 002. ㉮ 003. ㉮

문제 004

점성토에서 점착력이 6kN/m²이고, 내부마찰각이 30°이며, 흙의 단위중량이 17kN/m³일 때 주동토압이 0이 되는 깊이는 지표면에서 약 몇 m인가?

㉮ 1.52m ㉯ 1.42m
㉰ 1.32m ㉱ 1.22m

해설 $Z_c = \dfrac{2C}{\gamma}\tan\left(45°+\dfrac{\phi}{2}\right) = \dfrac{2\times 6}{17}\tan\left(45°+\dfrac{30°}{2}\right) = 1.22\text{m}$

문제 005

다음은 토압에 관한 사항이다. 틀린 것은?

㉮ 주동 토압에서 배면토가 점착력이 있는 경우는 없는 경우보다 토압이 적어진다.
㉯ Coulomb의 토압이론은 옹벽 배면과 뒤채움 흙 사이의 벽면 마찰을 무시한 이론이다.
㉰ 일반적으로 주동 토압계수는 1보다 적고 수동토압계수는 1보다 크다.
㉱ 어떤 지반의 정지토압계수가 1.75라면 이 흙은 과압밀 상태에 있다.

해설 Coulomb의 토압이론은 옹벽 배면과 뒷채움 흙 사이의 벽면 마찰을 고려한 이론이다.

문제 006

합력의 수평분력이 기초저면과 지반 사이의 마찰저항보다 작아야 된다는 옹벽의 안정조건은 다음 중 어느 것인가?

㉮ 전도에 대한 안정   ㉯ 침하에 대한 안정
㉰ 활동에 대한 안정   ㉱ 지반내력에 대한 안정

해설 옹벽 저면과 지반 사이의 마찰계수를 고려하여 활동에 대한 안정을 계산한다.

문제 007

그림에서 옹벽이 받는 전체 주동토압은 얼마인가? (단, $\gamma_w = 9.81\text{kN/m}^3$, 벽면과 뒤채움의 마찰각은 무시하고 흙의 내부마찰각 $\phi = 30°$로 본다.)

㉮ 66.5 kN/m   ㉯ 44.1 kN/m
㉰ 36.7 kN/m   ㉱ 73.3 kN/m

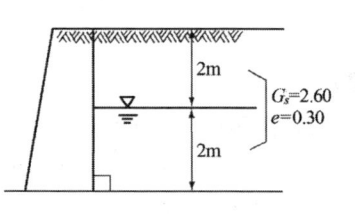

해설
$\gamma_d = \dfrac{G_s}{1+e}\cdot\gamma_w = \dfrac{2.6}{1+0.3}\times 9.81 = 19.62\text{kN/m}^3$

$\gamma_{sub} = \dfrac{G_s-1}{1+e}\cdot\gamma_w = \dfrac{2.6-1}{1+0.3}\times 9.81 = 12.1\text{kN/m}^3$

$K_a = \tan^2\left(45°-\dfrac{\phi}{2}\right) = \tan^2\left(45°-\dfrac{30°}{2}\right) = 0.33$

∴ $P_a = \dfrac{1}{2}\times 19.62\times 2^2\times 0.33 + 19.62\times 2\times 0.33\times 2 + \dfrac{1}{2}\times 12.1\times 2^2\times 0.33 + \dfrac{1}{2}\times 9.81\times 2^2$
$= 66.5\text{kN/m}$

정답 004. ㉱ 005. ㉯ 006. ㉰ 007. ㉮

문제 008

그림과 같은 옹벽에 작용하는 주동토압의 합력은? (단, $\gamma_w = 9.81\text{kN/m}^3$, $\gamma_{sat} = 18\text{kN/m}^3$, $\phi = 30°$, 벽마찰각 무시)

㉮ 100.1 kN/m ㉯ 111 kN/m
㉰ 137.1 kN/m ㉱ 181 kN/m

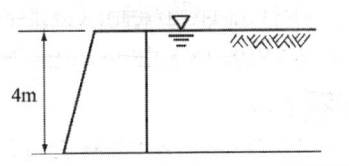

해설
$$P_a = \frac{1}{2}\gamma_{sub} \cdot H^2 \cdot K_a + \frac{1}{2} \cdot \gamma_w \cdot H^2$$
$$K_a = \tan^2\left(45° - \frac{\phi}{2}\right) = \tan^2\left(45° - \frac{30°}{2}\right) = 0.33$$
$$\therefore P_a = \frac{1}{2} \times (18 - 9.81) \times 4^2 \times 0.33 + \frac{1}{2} \times 9.81 \times 4^2 = 100.1 \text{kN/m}$$

문제 009

주동토압을 P_A, 수동토압을 P_P, 정지토압을 P_0라 할 때 크기의 순서가 맞는 것은?

㉮ $P_A > P_P > P_0$ ㉯ $P_P > P_0 > P_A$
㉰ $P_P > P_A > P_0$ ㉱ $P_0 > P_A > P_P$

해설
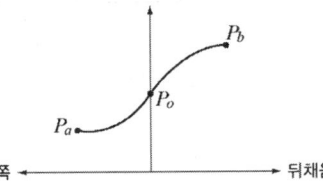

문제 010

다음 그림에서 상재하중만으로 인한 주동토압과 작용위치는?

㉮ $P_{A(qs)} = 0.9\text{kN/m}, \ x = 2\text{m}$
㉯ $P_{A(qs)} = 0.9\text{kN/m}, \ x = 3\text{m}$
㉰ $P_{A(qs)} = 5.4\text{kN/m}, \ x = 2\text{m}$
㉱ $P_{A(qs)} = 5.4\text{kN/m}, \ x = 3\text{m}$

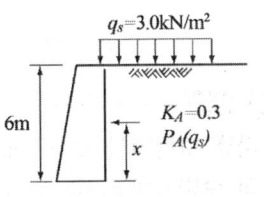

해설
- $P_a = q_s \cdot K_a \cdot H = 3 \times 0.3 \times 6 = 5.4 \text{kN/m}$
- $x = \dfrac{H}{2} = \dfrac{6}{2} = 3\text{m}$

문제 011

Jaky의 정지토압계수를 구하는 공식 $K_o = 1 - \sin\phi$가 가장 잘 성립하는 토질은?

㉮ 과압밀점토   ㉯ 정규압밀점토   ㉰ 사질토   ㉱ 풍화토

해설 사질토의 경우 정지 토압계수(Jaky)
- $K_o = 0.4 \sim 0.6$
- $K_o = 1 - \sin\phi$

정답 008. ㉮ 009. ㉯ 010. ㉱ 011. ㉰

보충 K_o의 값

연약 점토	굳은 점토	느슨한 모래	조밀한 자갈, 모래
1.0	0.8	0.6	0.4

문제 012

그림과 같은 옹벽에서 토압의 합력(P_A)과 작용위치(y)를 구한 값은 다음 중 어느 것인가? (단, 흙의 단위중량은 1.8t/m³이고, 내부마찰각은 30°이다.)

㉮ $P_A=4.7\text{t/m}$, $y=1.5\text{m}$
㉯ $P_A=3.7\text{t/m}$, $y=1.4\text{m}$
㉰ $P_A=5.4\text{t/m}$, $y=1.79\text{m}$
㉱ $P_A=4.7\text{t/m}$, $y=1.2\text{m}$

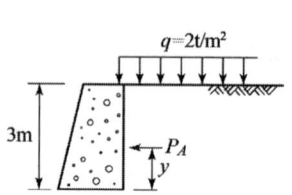

해설 $P_A = P_{A1} + P_{A2}$

$$= q \cdot H \cdot K_a + \frac{1}{2} \cdot \gamma \cdot H^2 \cdot K_a$$

$$= 2 \times 3 \times \tan^2\left(45 - \frac{30}{2}\right) + \frac{1}{2} \times 1.8 \times 3^2 \times \tan^2\left(45 - \frac{30}{2}\right)$$

$$= 4.7\text{t/m}$$

$$y = \frac{H}{3} \cdot \frac{H + 3\Delta H}{H + 2\Delta H} = \frac{3}{3} \times \frac{3 + 3 \times 1.11}{3 + 2 \times 1.11} = 1.21\text{m}$$

$$\Delta H = \frac{q}{\gamma} = \frac{2}{1.8} = 1.11$$

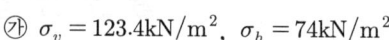

또는 $P_A \times y = P_{A1} \times \frac{H}{2} + P_{A2} \times \frac{H}{3}$

$$4.7 \times y = 2 \times 3 \times \tan^2\left(45 - \frac{30}{2}\right) \times \frac{3}{2} + \frac{1}{2} \times 1.8 \times 3^2 \times \tan^2\left(45 - \frac{30}{2}\right) \times \frac{3}{3}$$

$\therefore y = 1.21\text{m}$

문제 013

아래 그림에서 지표면에서 깊이 6m에서의 연직응력(σ_v)과 수평응력(σ_h)의 크기를 구하면? (단, 토압계수는 0.6 이다.)

㉮ $\sigma_v = 123.4\text{kN/m}^2$, $\sigma_h = 74\text{kN/m}^2$
㉯ $\sigma_v = 87.3\text{kN/m}^2$, $\sigma_h = 52.4\text{kN/m}^2$
㉰ $\sigma_v = 112.2\text{kN/m}^2$, $\sigma_h = 67.3\text{kN/m}^2$
㉱ $\sigma_v = 95.2\text{kN/m}^2$, $\sigma_h = 57.1\text{kN/m}^2$

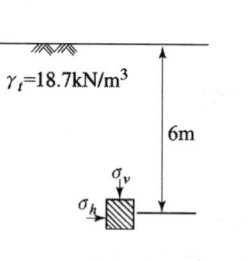

해설
- $\sigma_v = \gamma \cdot Z = 18.7 \times 6 = 112.2\text{kN/m}^2$
- $K = \dfrac{\sigma_h}{\sigma_v}$

$\therefore \sigma_h = \sigma_v \times K = 112.2 \times 0.6 = 67.3\text{kN/m}^2$

정답 012. ㉱ 013. ㉰

문제 014

γ_t =19kN/m³, ϕ =30°인 뒤채움 모래를 이용하여 8m 높이의 보강토 옹벽을 설치하고자 한다. 폭 75mm, 두께 3.69mm의 보강띠를 연직방향 설치간격 S_v =0.5m, 수평방향 설치간격 S_h = 1.0m로 시공하고자 할 때, 보강띠에 작용하는 최대힘 $T_{\max}$의 크기를 계산하면?

㉮ 15.3 kN   ㉯ 25.3 kN
㉰ 35.3 kN   ㉱ 45.3 kN

해설
- $P_a = \dfrac{1}{2}\gamma H^2 \tan^2\left(45° - \dfrac{\phi}{2}\right) = \dfrac{1}{2}\times 19 \times 8^2 \times \tan^2\left(45° - \dfrac{30°}{2}\right) = 202.7\text{kN/m}$
- 연직방향 보강토 길이 : $8 \div 0.075 = 106.67\text{m}$
- 수평방향 보강토 길이 : 단위 1m에 대해 0.075m
- 보강토 면적 : $106.67 \times 0.075 = 8\text{m}^2$

$\therefore T_{\max} = \dfrac{202.7}{8} = 25.3\text{kN}$

문제 015

굳은 점토지반에 앵커를 그라우팅하여 고정시켰다. 고정부의 길이가 5m, 직경 20cm, 시추공의 직경은 10cm이었다. 점토의 비배수전단강도(C_U) =1.0kN/cm², ϕ =0°이라고 할 때 앵커의 극한 지지력은? (단, 표면마찰계수는 0.6으로 가정한다.)

㉮ 9.4 kN   ㉯ 15.7 kN
㉰ 18.8 kN   ㉱ 31.3 kN

해설 $P_u = \pi Dl\, C_u\, \mu = 3.14 \times 20 \times 500 \times 1 \times 0.6 = 18.84\text{kN}$

정답 014. ㉯   015. ㉰

chapter 09 사면의 안정

제 2 부 토질 및 기초

9-1 단순사면 및 임계원

(1) 단순사면의 파괴 형태

① 사면내파괴
② 사면선단파괴
③ 사면저부파괴

(2) 임계원

① 임계 활동면
  안전율이 최소인 활동면으로 가장 불안전한 활동면
② 임계원
  임계 활동면을 원형으로 가정

9-2 안 전 율

(1) 전단응력

외적인 요인으로 활동하려는 응력

(2) 전단강도(전단저항)

내적인 요인으로 저항하려는 응력
① 전단강도 〈 전단응력 : 파괴
② 전단강도 〉 전단응력 : 안정

(3) 안전율

① 평면 활동면의 경우 $F = \dfrac{\text{활동에 저항하는 힘의 모멘트}}{\text{활동을 일으키는 힘의 모멘트}}$

② 원형 활동면의 경우 $F = \dfrac{\text{활동면의 전단강도의 합}}{\text{활동면의 전단응력의 합}}$

9-3 한계고(H_c) 및 안전율(F)

(1) 직립사면의 안정

① $H_c = \dfrac{4c}{\gamma} \tan\left(45° + \dfrac{\phi}{2}\right)$

② $\phi = 0$인 점토의 경우(c : 점착력)

$H_c = \dfrac{4c}{\gamma}$

③ $\phi = 0$인 점토의 경우(q_u : 일축압축강도)

$c = \dfrac{q_u}{2}$, $H_c = \dfrac{4 \times \dfrac{q_u}{2}}{\gamma}$

$\therefore H_c = \dfrac{2q_u}{\gamma}$

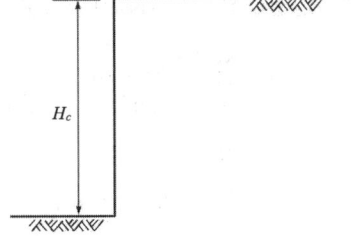

④ 안전율

$F = \dfrac{H_c}{H}$

여기서, H_c : 한계고(지반을 흙막이 없이 붕괴가 일어나지 않게 굴착할 수 있는 깊이)

(2) 단순사면의 안정

① 심도계수(n_d)

$n_d = \dfrac{H'}{H}$

② 한계고(연약점토 $\phi = 0$인 경우)

$H_c = \dfrac{N_s \cdot c}{\gamma}$

여기서, N_s : 안정계수

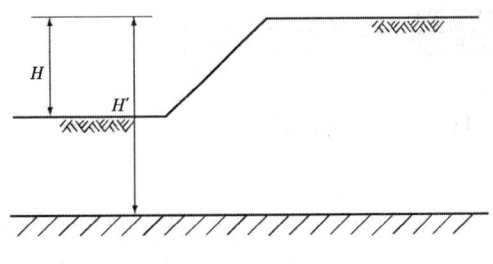

③ 안정수
$$\frac{1}{N_s}$$
④ 안전율
$$F = \frac{H_c}{H}$$

(3) 반무한 사면의 안정

① 연직응력
$$\sigma_v = \gamma \cdot Z \cos i$$

② 수직응력
$$\sigma = \sigma_v \cos i = \gamma \cdot Z \cos i \cdot \cos i$$

③ 전단응력
$$\tau = \sigma_v \sin i = \gamma \cdot Z \cos i \cdot \sin i$$

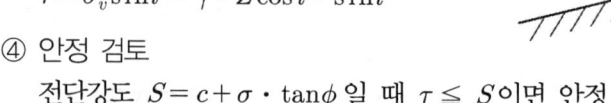

④ 안정 검토
전단강도 $S = c + \sigma \cdot \tan\phi$ 일 때 $\tau \leq S$ 이면 안정

⑤ 지하의 침투류가 없는 경우 안정 조건(물의 흐름이 없을 경우)
$$i < \phi, \quad F = \frac{\tan\phi}{\tan i}$$

⑥ 침윤면이 지표면과 일치되는 경우 안정 조건(지표면이 완전 침수된 경우)
$$\tan i \leq \frac{\gamma_{sub}}{\gamma_{sat}} \tan\phi$$

$$F = \frac{\frac{\gamma_{sub}}{\gamma_{sat}} \cdot \tan\phi}{\tan i}$$

9-4 사면안정 해석

(1) 분할법(절편법)

① 가정
- 예상파괴 활동면(가상 활동면)은 원호로 제일 먼저 결정한다.
- 사면의 토층이 균질하지 않을 경우 적용한다.

- 분할 단면의 바닥은 직선으로 본다.
- 분할 단면수는 6~10개 정도가 좋다.
- 지하수위가 있을 때 사용 가능하다.

$$F = \frac{C \cdot L \cdot R}{W \cdot x}$$

여기서, W: 활동단면 흙의 총중량
($W = A \cdot \gamma$)

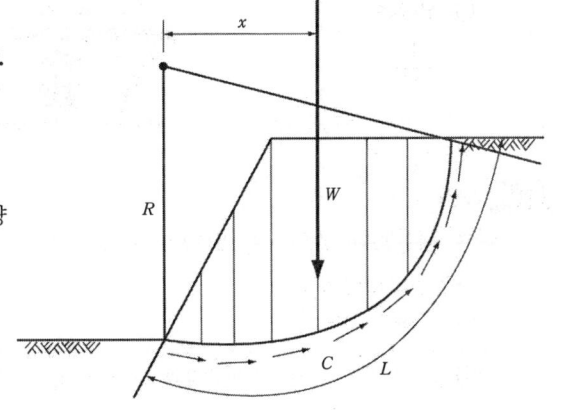

② Fellenius 방법
- $\phi = 0$ 해석법(포화 점토지반의 비배수 강도만 고려한 것)
- 사면의 단기 안정문제 해석에 유효하다.
- 계산이 간편하여 많이 이용한다.

③ Bishop 방법
- C, ϕ 해석법이다.
- 간극수압의 변화가 있는 경우 적합하다.
- 사면의 장기 안정문제 해석에 유효하다.
- Fellenius 방법보다 복잡하다.

(2) 마찰원법

① 적용범위
- 토층이 균일한 지반에 적합하다.

② 안전율
- 점착력에 대한 안전율 F_c와 내부마찰각에 대한 안전율 F_ϕ을 결정하고 곡선을 그린 후 원점에서 가로축과 45°로 그은 직선과 만나는 점을 안전율로 한다.
  즉, $F = F_c = F_\phi$

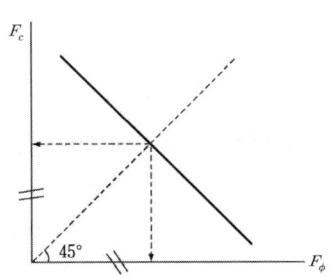

Chapter 09 사면의 안정

기출문제

문제 001

원형 활동면에 의한 사면파괴의 종류는 일반적으로 다음과 같다. 해당되지 않는 것은?

㉮ 사면저부파괴   ㉯ 사면선단파괴
㉰ 사면내파괴   ㉱ 사면인장파괴

해설 사면파괴 형태는 사면내파괴, 사면선단파괴, 사면저부파괴가 있다.

문제 002

그림과 같은 사면을 이루고 있는 흙에서 점착력이 $c=20kN/m^2$, 단위중량이 $\gamma_t=17kN/m^3$일 때 심도계수(n_d), 사면의 한계높이(H_c)는? (단, 안정계수 $N_s=6.2$이다.)

㉮ $n_d=1.5$, $H_c=7.29m$
㉯ $n_d=1.33$, $H_c=7.29m$
㉰ $n_d=1.5$, $H_c=5.27m$
㉱ $n_d=3.0$, $H_c=5.27m$

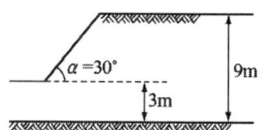

해설 $n_d=\dfrac{9}{6}=1.5$

$H_c=\dfrac{N_s \cdot c}{\gamma}=\dfrac{6.2\times 20}{17}=7.29m$

문제 003

어떤 굳은 점토층을 깊이 7m까지 연직절토하였다. 이 점토층의 일축압축강도가 $140kN/m^2$, 흙의 단위중량 $\gamma=20kN/m^3$라 하면 파괴에 대한 안전율은?

㉮ 1.0   ㉯ 2.0   ㉰ 2.5   ㉱ 3.0

해설 $H_c=\dfrac{2q_u}{\gamma}=\dfrac{2\times 140}{20}=14m$

$F=\dfrac{H_c}{H}=\dfrac{14}{7}=2$

문제 004

단위중량이 $18kN/m^3$, 내부마찰각이 30°로 된 반무한사면의 안정 경사각은?

㉮ 15° 이하   ㉯ 20° 이하
㉰ 25° 이하   ㉱ 30° 이하

해설 $i<\phi$일 경우 안정하다.

정답 001. ㉱   002. ㉮   003. ㉯   004. ㉱

문제 005

그림과 같이 지하수위가 지표와 일치되는 반무한 사질토 사면이 놓여 있다. 이때의 안전율은 얼마인가?
(단, γ_w =9.81kN/m³)

㉮ 1.18 ㉯ 1.31
㉰ 2.33 ㉱ 2.61

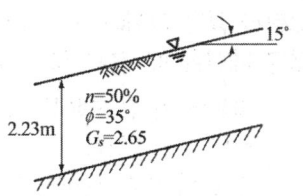

해설
$$e = \frac{n}{100-n} = \frac{50}{100-50} = 1$$
$$\gamma_{sat} = \frac{G_s + e}{1+e} \cdot \gamma_w = \frac{2.65+1}{1+1} \times 9.81 = 17.9 \text{kN/m}^3$$
$$F = \frac{\frac{\gamma_{sub}}{\gamma_{sat}} \cdot \tan\phi}{\tan i} = \frac{\frac{(17.9-9.81)}{17.9} \times \tan 35°}{\tan 15°} = 1.18$$

문제 006

그림에서 활동에 대한 안전율은 얼마인가?

㉮ 1.30
㉯ 2.05
㉰ 2.15
㉱ 2.48

해설 $L : 89.5° = \pi D : 360°$
$$\therefore L = \frac{89.5 \times 3.14 \times 2 \times 12.1}{360} = 18.89 \text{m}$$
$$F = \frac{C \cdot L \cdot R}{W \cdot x} = \frac{66.3 \times 18.89 \times 12.1}{70 \times 19.4 \times 4.5} = 2.48$$

문제 007

분할법에 의한 사면 안정 해석시에 제일 먼저 결정되어야 할 사항은?

㉮ 분할세면의 중량   ㉯ 활동면상의 마찰력
㉰ 가상활동면   ㉱ 각 세면의 공극수압

해설 예상 파괴 활동면을 원호로 먼저 가정한다.

문제 008

다음 사면 안정 검토에 직접적으로 필요하지 않은 사항은?

㉮ 흙의 입도   ㉯ 흙의 점착력
㉰ 흙의 단위중량   ㉱ 사면의 구배

해설 흙의 입도는 사면 안정 검토와 직접적인 관계가 없다.

정답 005. ㉮ 006. ㉱ 007. ㉰ 008. ㉮

문제 009

그림과 같은 성질이 대단히 다른 두 가지 재료로 된 흙댐의 도시(圖示)된 활동면에 대한 안전율을 계산할 때 옳지 않은 것은?

㉮ 활동면 위의 흙덩이는 전체가 강체(rigid body)로서 이동한다고 가정한다.
㉯ 각 흙의 응력–변형도 곡선에서 조합된 응력–변형도 곡선을 그리는 것이 필요하다.
㉰ 각 흙에 대해서 각각의 첨두강도(peak strength)를 사용한다.
㉱ 해석방법으로는 절편법(또는 분할법 : Slice method)을 쓸 수 있다.

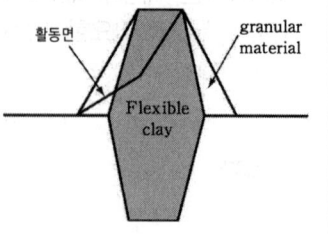

해설 조합된 흙의 강도를 사용하여 안전율을 계산한다.

문제 010

연약한 점토지반에서($\phi=0$)의 단위중량이 16kN/m^3, 점착력을 20kN/m^2이다. 이 지반을 연직으로 2m 굴착하였을 때 연직사면의 안전율은?

㉮ 1.5 ㉯ 2.0 ㉰ 2.5 ㉱ 3.0

해설 $\phi=0°$ 이므로 $H_c = \dfrac{4c}{\gamma} = \dfrac{4 \times 20}{16} = 5\text{m}$

$\therefore F = \dfrac{H_c}{H} = \dfrac{5}{2} = 2.5$

문제 011

사면의 안정을 검토하는 데 있어서 "$\phi=0$" 해석법이라고 하는 것은?

㉮ 포화 점토지반의 전단강도는 무시하는 것이다.
㉯ 포화 점토지반의 전단강도는 깊이에 따라 일정하다고 가정한 것이다.
㉰ 포화 점토지반의 비배수강도만 고려한 것이다.
㉱ 포화 점토지반의 내부마찰각만 고려한 것이다.

해설 $\phi=0$ 해석법은 단기 안정문제를 고려할 때 적합하다.
$\phi=0$이므로 포화점토지반에서 비배수 강도를 고려한다.

문제 012

다음은 사면의 안정 해석 방법을 설명하고 있다. 틀린 것은?

㉮ 마찰원법은 균일한 토질지반에 적용된다.
㉯ Fellenius 방법은 절편의 양측에 작용하는 힘의 합력은 0이라고 가정한다.
㉰ Bishop 방법은 흙의 장기 안정해석에 유효하게 쓰인다.
㉱ Fellenius 방법은 공극수압을 고려한 $\phi=0°$ 해석법이다.

해설 Fellenius 방법은 공극수압을 고려하지 않고 포화 점토지반의 비배수 강도만 고려한다.

정답 009. ㉰ 010. ㉰ 011. ㉰ 012. ㉱

문제 013

다음과 같이 sheet pile 내에 모래가 있다. 그 내부의 배수를 하려고 할 때 이 내부에서 piping이 일어나지 않도록 하기 위한 계산상 필요한 압력은? (단, γ_w =9.81kN/m³, 모래의 G_s =2.63, e =0.70, F=6이다.)

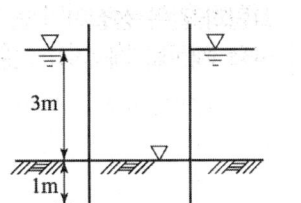

㉮ 180 kN/m² ㉯ 189.6 kN/m²
㉰ 175.6 kN/m² ㉱ 167.2 kN/m²

해설
$$F= \frac{활동에 저항하는 힘}{활동을 일으키는 힘} = \frac{\gamma_{sub} \times 1 + W}{\gamma_w \times 3}$$
$$6 = \frac{9.4 \times 1 + W}{9.81 \times 3}$$
여기서, $\gamma_{sub} = \frac{G_s - 1}{1+e} \times \gamma_w = \frac{2.63-1}{1+0.7} \times 9.81 = 9.4 \text{kN/m}^3$
∴ $W = 167.2 \text{kN/m}^2$

문제 014

활동면 위의 흙을 몇 개의 연직 평행한 절편으로 나누어 사면의 안정을 해석하는 방법이 아닌 것은?

㉮ Fellenius 방법 ㉯ 마찰원법 ㉰ Spencer 방법 ㉱ Bishop의 간편법

해설
- 분할법(절편법)의 경우 분할 단면을 6~10개로 나누어 사면 안정을 해석한다.
- 마찰원법의 경우 토층이 균일한 지반에 적합하며 Taylor의 해법에 의해 임의로 가정한 원호 활동면 반력의 작용선을 이용한다.

문제 015

사면 파괴가 일어날 수 있는 원인에 대한 설명 중 적절하지 못한 것은?

㉮ 흙중의 수분의 증가 ㉯ 굴착에 따른 구속력의 감소
㉰ 과잉 간극수압의 감소 ㉱ 지진에 의한 수평방향력의 증가

해설 과잉 간극수압이 감소되면 유효응력이 커 활동에 대한 저항이 커진다.

문제 016

흙의 단위중량이 15kN/m³인 연약점토지반(ϕ=0)을 연직으로 4m까지 절취할 수 있다고 한다. 이 점토지반의 점착력은 얼마인가?

㉮ 10 kN/m² ㉯ 15 kN/m² ㉰ 20 kN/m² ㉱ 30 kN/m²

해설
$$H_c = \frac{4c}{\gamma} \tan\left(45° + \frac{\phi}{2}\right)$$
$\phi = 0°$, $H_c = \frac{4c}{\gamma}$ ∴ $c = \frac{\gamma \cdot H_c}{4} = \frac{15 \times 4}{4} = 15 \text{kN/m}^2$
- $H_c = \frac{N_c \cdot c}{\gamma}$

정답 013. ㉱ 014. ㉯ 015. ㉰ 016. ㉯

문제 017

절편법을 이용한 사면 안정 해석 중 가상파괴면의 한 절편에 작용하는 힘의 상태를 그림으로 나타내었다. 다음 설명 중 잘못된 것은?

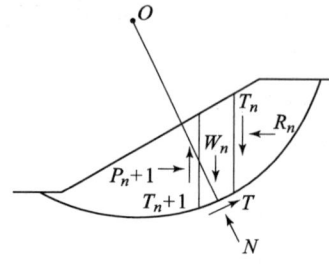

㉮ Swedish(Fellenius)법에서는 T_n과 P_n의 합력이 P_{n+1}과 T_{n+1}의 합력과 같고 작용선도 일치한다고 가정하였다.
㉯ Bishop의 간편법에서는 $P_{n+1} - P_n = 0$이고 $T_n - T_{n+1} = 0$으로 가정하였다.
㉰ 절편의 전중량 W = (흙의 단위중량×절편의 높이×절편의 폭)이다.
㉱ 안전율은 파괴원의 중심 O에서 저항전단모멘트를 활동모멘트로 나눈 값이다.

해설
- Fellenius 방법에서는 $P_{n+1} - P_n = 0$, $T_{n+1} - T_n = 0$으로 가정하였다.
- Fellenius 방법은 계산이 간편하여 널리 사용되며 사면의 단기 해석이 유효하다.
- Bishop 방법은 계산이 복잡하며 흙의 장기 안전문제 해석에 유효하다.
- 마찰원법은 토층이 균일한 경우에 적합하다.

문제 018

그림과 같은 사면에서 깊이 6m 위치에서 발생하는 단위폭당 전단응력은 얼마인가?

㉮ 53.2 kN/m^2
㉯ 23.4 kN/m^2
㉰ 40.5 kN/m^2
㉱ 20.4 kN/m^2

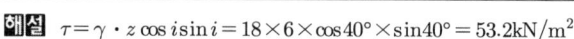

해설 $\tau = \gamma \cdot z \cos i \sin i = 18 \times 6 \times \cos 40° \times \sin 40° = 53.2 \text{kN/m}^2$

문제 019

그림과 같은 무한사면에서 A점의 간극수압은?
(단, γ_w = 9.81kN/m³)

㉮ 26 kN/m^2
㉯ 28.2 kN/m^2
㉰ 19.6 kN/m^2
㉱ 16.2 kN/m^2

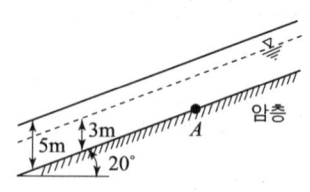

해설 $u = \gamma_w \cdot H \cdot \cos^2 i = 9.81 \times 3 \times \cos^2 20° = 26 \text{kN/m}^2$

정답 017. ㉯ 018. ㉮ 019. ㉮

문제 020

γ_{sat} =20kN/m³인 사질토가 20°로 경사진 무한사면이 있다. 지하수위가 지표면과 일치하는 경우 이 사면의 안전율이 1 이상이 되기 위해서는 흙의 내부마찰각이 최소 몇 도 이상이어야 하는가? (단, γ_w =9.81kN/m³)

㉮ 18.21°   ㉯ 20.52°   ㉰ 35.54°   ㉱ 45.47°

해설

$$F = \frac{\frac{\gamma_{sub}}{\gamma_{sat}} \tan\phi}{\tan i} \qquad 1 = \frac{\frac{(20-9.81)}{20} \tan\phi}{\tan 20°} \qquad \therefore \phi = 35.54°$$

문제 021

사면 안정 계산에 있어서 Fellenius법과의 비교 설명 중 틀린 것은?

㉮ Fellenius법은 절편의 양쪽에 작용하는 합력은 0(zero)이라고 가정한다.
㉯ 간편 Bishop법은 절편의 양쪽에 작용하는 연직방향의 합력은 0(zero)이라고 가정한다.
㉰ Fellenius법은 간편 Bishop법보다 계산은 복잡하지만 계산결과는 더 안전측이다.
㉱ 간편 Bishop법은 안전율을 시행착오법으로 구한다.

해설 Bishop 방법은 Fellenius 방법보다 복잡하다.

문제 022

연약점토 사면이 수평과 75° 각도를 이루고 있고, 이 사면의 활동면의 형태는 아래 그림과 같다. 사면흙의 강도정수가 C_u =32kN/m², γ_t =17.63kN/m³이고, β =75°일 때의 안정수(m)는 0.219였다. 굴착할 수 있는 최대깊이(H_{cr})와 그림에서의 절토깊이를 3m까지 했을 때의 안전율 (F_s)은?

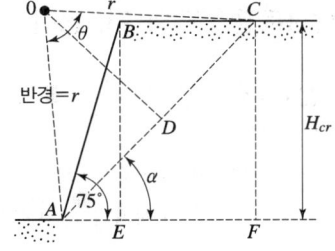

	H_{cr}	F_s
㉮	2.10,	1.158
㉯	4.15,	2.316
㉰	8.3,	2.763
㉱	12.4,	3.200

해설
- H = 3m
- $H_c = \dfrac{N_s \cdot C}{\gamma} = \dfrac{\frac{1}{0.219} \times 32}{17.63} = 8.3$m

  여기서, 안정수 = $\dfrac{1}{N_s}$ $\therefore N_s = \dfrac{1}{\text{안정수}}$

- $F_s = \dfrac{H_c}{H} = \dfrac{8.3}{3} = 2.767$

정답 020. ㉰   021. ㉰   022. ㉰

chapter 10 지중응력

제 2부 토질 및 기초

10-1 집중하중에 의한 지중응력

(1) 영향치를 고려한 지중응력

$$\sigma_z = K \cdot \frac{Q}{Z^2}$$

여기서, K : 영향치

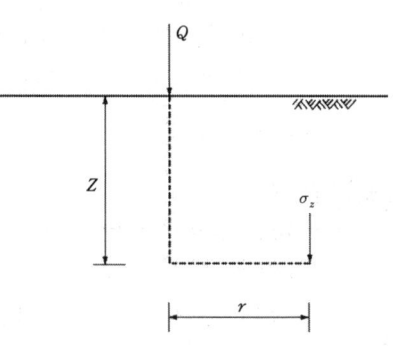

(2) 하중직하(荷重直下)의 지중응력

$$\sigma_z = K \cdot \frac{Q}{Z^2} = \frac{3}{2\pi} \cdot \frac{Q}{Z^2} = 0.4775 \frac{Q}{Z^2}$$

여기서, 하중직하이므로 $\frac{r}{Z} = 0$에 해당하는
영향치 K는 0.4775이다.

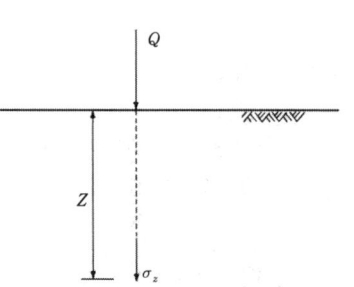

◆ 집중하중으로 인해 생기는 수직응력의 계산을 위한 영향계수(K)

$\frac{r}{Z}$	K	$\frac{r}{Z}$	K	$\frac{r}{Z}$	K
0.0	0.4775	0.6	0.2214	1.2	0.0513
0.1	0.4657	0.7	0.1762	1.3	0.0402
0.2	0.4329	0.8	0.1386	1.4	0.0317
0.3	0.4849	0.9	0.1083	1.5	0.0251
0.4	0.3294	1.0	0.0844	1.6	0.0200
0.5	0.2733	1.1	0.0658	1.7	0.0160

(3) 선하중, 대상하중이 작용시 지중응력

$$\sigma_z = \frac{2L}{\pi} \frac{Z^3}{(x^2+Z^2)^2}$$

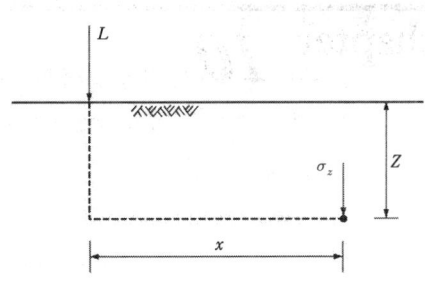

(4) 제상하중에 의한 지중응력

$$\sigma_z = K \cdot q$$

여기서, $q = \gamma \cdot H$, 영향치 K는 $\frac{a}{Z}$, $\frac{b}{Z}$를 고려한다.

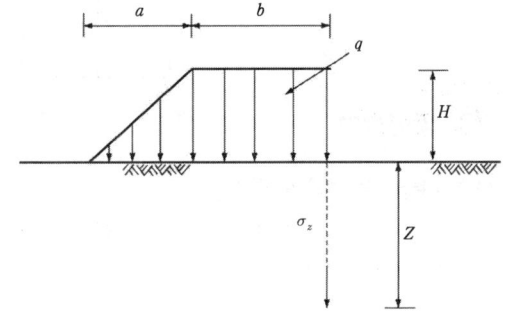

10-2 등분포하중에 의한 지중응력

(1) 구형단면에 등분포하중이 작용시 지중응력

$$\sigma_z = K_{(m,\,n)} \cdot q$$

여기서, 영향치 K는 $m = \frac{B}{Z}$, $n = \frac{L}{Z}$를 고려한다.

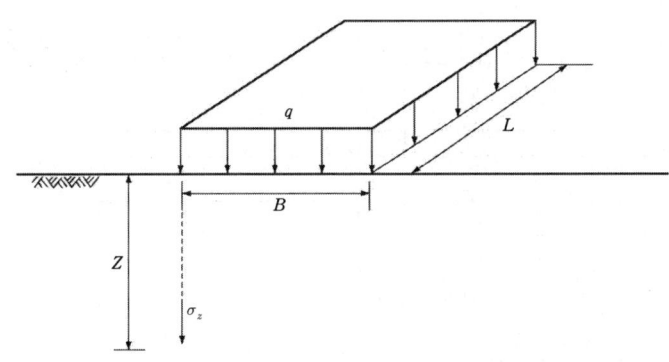

(2) 중첩의 원리

① 지반 중심에서 지중응력은 가장 크고 연단으로 갈수록 감소한다.
② 구형단면에 동일한 등분포하중이 작용하고 일정 깊이에서 증가되는 흙의 성질이 동일할 때 지중응력

$\sigma_A = 4\sigma_B$

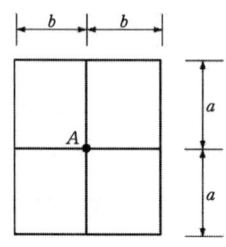
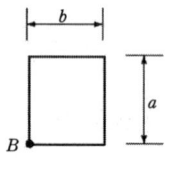

(3) 영향원법

$\sigma_z = 0.005 n \cdot q$

여기서, n : q가 작용하는 망의 수

10-3 응력분포의 근사치 계산(2 : 1 분포법)

(1) 정방형에 등분포하중 작용시 지중응력

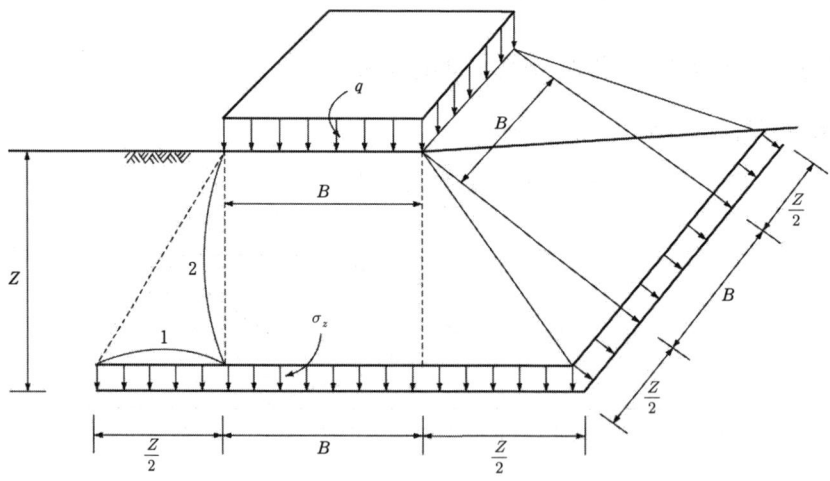

$q \cdot (B \times B) = \sigma_z (B+Z)(B+Z)$

$\therefore \sigma_z = \dfrac{q \cdot (B \times B)}{(B+Z)(B+Z)}$

(2) 단형에 등분포하중 작용시 지중응력

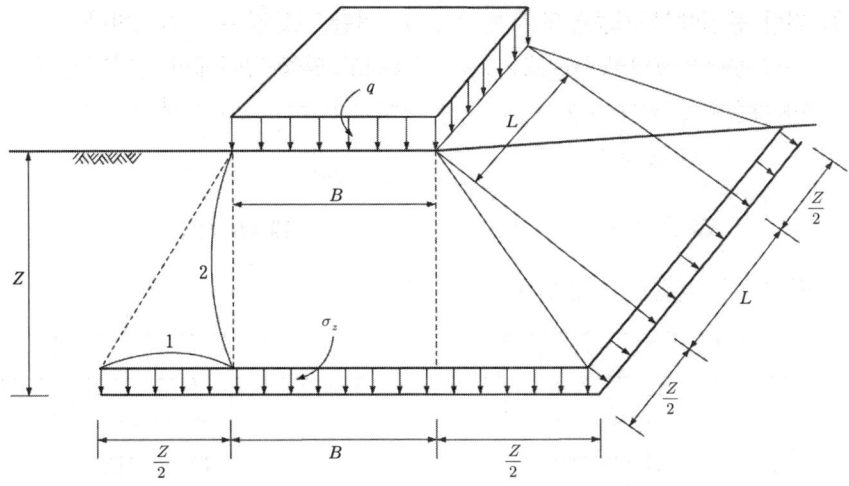

$$q \cdot (B \times L) = \sigma_z (B+Z)(L+Z)$$
$$\therefore \sigma_z = \frac{q \cdot (B \times L)}{(B+Z)(L+Z)}$$

(3) 대상하중이 작용시 지중응력(길이 1m당)

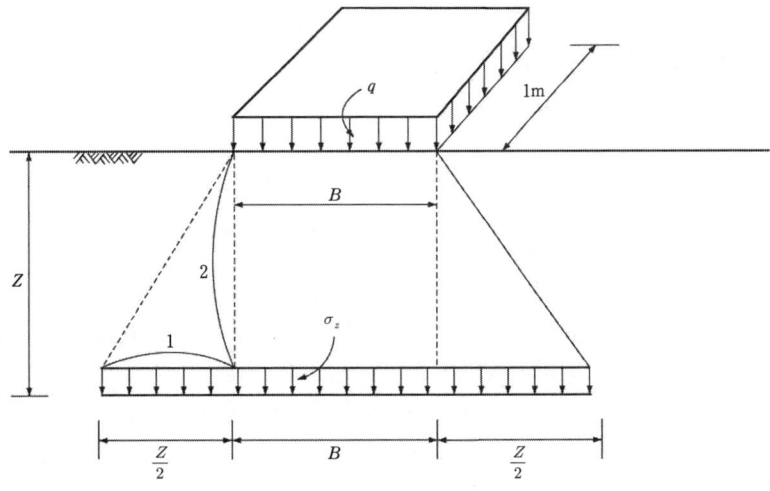

$$q \cdot (B \times 1) = \sigma_z (B+Z)(1)$$
$$\therefore \sigma_z = \frac{q \cdot (1 \times 1)}{(1+Z)(1)}$$

여기서 $B=1$인 경우 $\sigma_z = \dfrac{q \cdot (1 \times 1)}{(1+Z)(1)}$

(4) 접지압 분포

① 강성기초의 접지압 분포

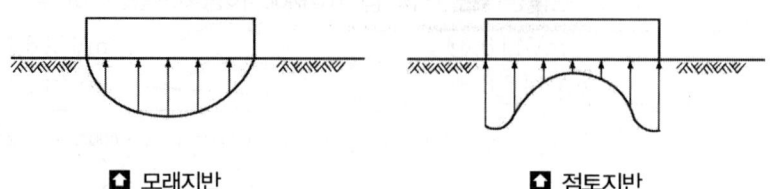

◘ 모래지반　　　　　　　◘ 점토지반

② 휨성기초의 접지압 분포

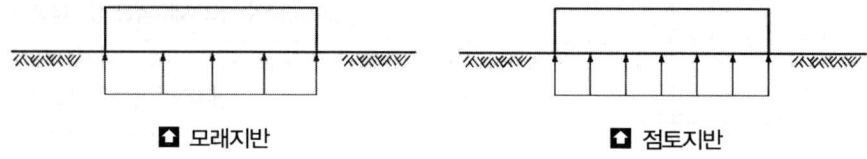

◘ 모래지반　　　　　　　◘ 점토지반

Chapter 10 지중응력

기출문제

문제 001

지표에서 2m×2m되는 기초에 10kN/m²의 하중이 작용한다. 깊이 5m 되는 곳에서 이 하중에 의해 일어나는 연직응력을 2 : 1 분포법으로 계산한 값은?

㉮ 2.875 kN/m²　　　　　　㉯ 0.816 kN/m²
㉰ 0.083 kN/m²　　　　　　㉱ 1.975 kN/m²

해설 $10 \times (2 \times 2) = \sigma_z (7 \times 7)$

∴ $\sigma_z = \dfrac{10 \times (2 \times 2)}{7 \times 7} = 0.816 \text{kN/m}^2$

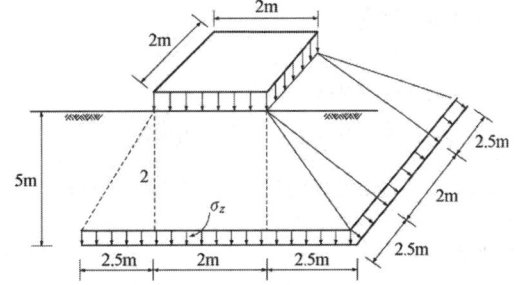

문제 002

100kN의 집중하중이 지표면에 작용할 때 하중의 바로 아래 5m 지점에서의 지중응력은?

㉮ 2.95 kN/m²　　　　　　㉯ 3.42 kN/m²
㉰ 1.20 kN/m²　　　　　　㉱ 1.91 kN/m²

해설 $\sigma_z = K \cdot \dfrac{Q}{Z^2} = \dfrac{3}{2\pi} \cdot \dfrac{Q}{Z^2} = 0.4775 \times \dfrac{100}{5^2} = 1.91 \text{kN/m}^2$

문제 003

다음 그림과 같이 2m×3m 직사각형 단면 위에 100kN의 집중하중이 균등하게 분포하여 작용하고 있을 때 직사각형의 한 모서리 A점 아래 깊이 5m에서의 연직응력의 증가량은 얼마인가? (단, 지중응력의 영향치 $I_\sigma=0.08$이고, 흙의 단위중량은 19kN/m³이다.)

㉮ $\Delta\sigma_v = 16.67 \text{kN/m}^2$　　　㉯ $\Delta\sigma_v = 8.00 \text{kN/m}^2$
㉰ $\Delta\sigma_v = 1.33 \text{kN/m}^2$　　　㉱ $\Delta\sigma_v = 9.09 \text{kN/m}^2$

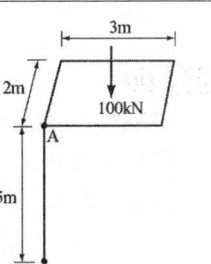

해설 $q = \dfrac{P}{A} = \dfrac{100}{2 \times 3} = 16.67 \text{kN/m}^2$

$\sigma_z = I_\sigma \cdot q = 0.08 \times 16.67 = 1.33 \text{kN/m}^2$

정답 001. ㉯　002. ㉱　003. ㉰

문제 004

지반 내의 응력분포를 알기 위한 영향원에 의한 도식 해법에서 영향수를 0.005, 영향원 내의 구역 수를 10, 등분포하중이 30kN/m²라 하면 연직응력은?

㉮ 1.5 kN/m²
㉯ 6 kN/m²
㉰ 1.7 kN/m²
㉱ 3.5 kN/m²

해설 $\sigma_z = 0.005 \cdot n \cdot q = 0.005 \times 10 \times 30 = 1.5 \text{kN/m}^2$

문제 005

그림과 같은 어떤 지반상에 성토되었을 경우 3m 깊이의 A점 및 B점에서의 수직응력은?

㉮ 서로 같다.
㉯ A점보다 B점이 크다.
㉰ B점보다 A점이 크다.
㉱ 같은 경우와 다른 경우가 있다.

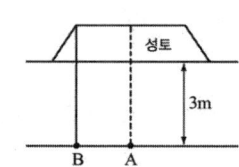

해설 제방 중심에서 아래로 내려갈수록, 연단으로 갈수록 지중응력이 감소한다.

문제 006

동일한 등분포하중이 작용하는 그림과 같은 (A)와 (B) 두 개의 구형 기초 판에서 A와 B점의 수직 Z 되는 깊이에서 증가되는 지중응력을 각각 σ_A, σ_B라 할 때 다음 중 옳은 것은? (단, 지반 흙의 성질은 동일하다.)

㉮ $\sigma_A = \dfrac{1}{2}\sigma_B$
㉯ $\sigma_A = \dfrac{1}{4}\sigma_B$
㉰ $\sigma_A = 2\sigma_B$
㉱ $\sigma_A = 4\sigma_B$

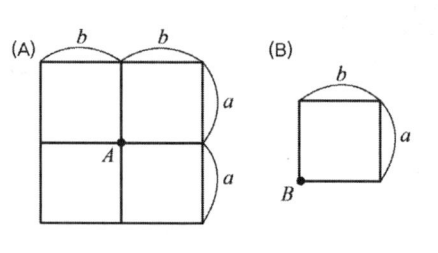

해설 중첩의 원리에 의해 $\sigma_A = 4\sigma_B$가 된다.

문제 007

지표면에 10kN/m의 선하중이 길게 작용한다. 지표면 아래 깊이 2m 되는 곳의 연직응력을 2 : 1 분포법으로 구한 값은? (단, 흙의 자중은 무시한다.)

㉮ 10.0 kN/m²
㉯ 5.0 kN/m²
㉰ 3.33 kN/m²
㉱ 2.50 kN/m²

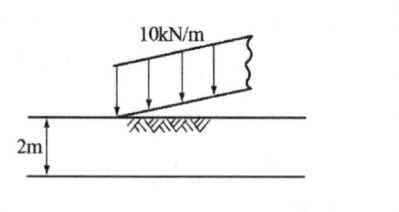

해설 $q \cdot (B \times 1) = \sigma_z (B+Z)(1)$

$\therefore \sigma_z = \dfrac{q \cdot (B \times 1)}{(B+Z)(1)} = \dfrac{10(1 \times 1)}{(1+2)(1)} = 3.33 \text{kN/m}^2$

정답 004. ㉮ 005. ㉰ 006. ㉱ 007. ㉰

문제 008

지표면에 있는 장방형 하중면 10m×20m의 기초 위에 10kN/m²의 등분포하중이 작용했을 때 지표면으로부터 15m 깊이의 수평면에 있어서의 연직응력은 얼마인가? (단, 응력은 하중면의 가장자리에서 $\alpha=45°$의 각도로 퍼지는 것으로 한다.)

㉮ 10.0 kN/m² ㉯ 1.5 kN/m²
㉰ 2.3 kN/m² ㉱ 2.5 kN/m²

해설
- $\tan\alpha = \dfrac{x}{Z}$　　　　∴ $x = Z \cdot \tan\alpha = 15 \times \tan 45° = 15\text{m}$
- $10 \times (10 \times 20) = \sigma_z \cdot (40 \times 50)$　　∴ $\sigma_z = \dfrac{10 \times (10 \times 20)}{(40 \times 50)} = 1\text{kN/m}^2$

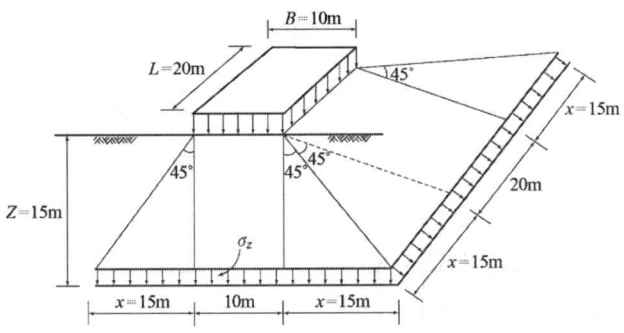

문제 009

접지압(또는, 지반반력)이 그림과 같이 되는 경우는?

㉮ 푸팅 : 강성, 기초지반 : 점토
㉯ 푸팅 : 강성, 기초지반 : 모래
㉰ 푸팅 : 휨성, 기초지반 : 점토
㉱ 푸팅 : 휨성, 기초지반 : 모래

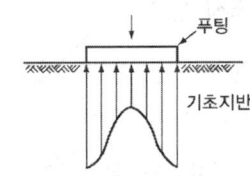

해설 강성기초가 점토지반에 위치하면 가장자리에서 최대의 접지압이 발생한다.

문제 010

사질지반에 있어서 강성기초의 접지압 분포에 관한 다음 설명 가운데 옳은 것은?

㉮ 기초의 모서리 부분에서 최대응력이 발생한다.
㉯ 기초의 중앙부에서 최대응력이 발생한다.
㉰ 기초의 밑면에서는 어느 부분이나 동일하다.
㉱ 기초 밑면에서의 응력은 토질에 상관없이 일정하다.

해설 강성기초가 사질지반에 위치하면 기초 중앙에서 최대 접지압이 발생한다.

정답 008. ㉮　009. ㉮　010. ㉯

chapter 11 기초공

제2부 토질 및 기초

11-1 토질조사

(1) 목적

① 기초의 설계, 시공에 필요한 자료를 얻는다.
② 구조물의 형식을 선정하는 자료를 얻는다.
③ 안전하고 경제적인 설계 자료를 얻는다.

(2) 토질조사 방법

① 예비조사(기초의 형식을 결정한다.)
- 자료조사(지형도, 지반도, 토성도, 토질조사도서, 항공사진 등 사진류)
- 현지답사(지형, 지질, 지표수, 지하수, 하천상태, 우물조사, 가설구조물의 현황조사 등)
- 본 조사의 계획(개략조사로 소수의 보링 및 사운딩의 실시)

② 본조사(정밀자료를 얻기 위해 실시한다.)
- 흙의 종류, 암반 깊이, 지하수위, 암반 종류, 지층의 경사, 단층 유무, 지지력 등을 조사한다.
- 기초 설계 및 시공에 필요한 보링, 사운딩, 원위치시험, 실내시험 등을 한다.

(3) 보링(boring)

① 목 적
- 지반의 구성과 지하수위를 파악한다.
- 불교란 시료를 채취한다.
- 보링구멍을 이용하여 표준관입시험을 한다.

② 종 류
- 오거 보링(auger boring)
  현장에서 인력으로 간단히 조사하는 방법으로 점성토 지반의 경우는 심도 10m까지 가능하고 사질토 지반은 3~4m 정도 조사가 가능하다.
- 충격식 보링(percussion boring)
  자원조사, 우물조사 등을 할 경우 이용하며 굴진 속도가 빠르고 비용도 싸지만 분말상의 교란된 시료만 얻는다.
- 회전식 보링(rotary boring)
  보링 방법 중 가장 많이 이용하며 확실한 암석 코어를 채취할 수 있다. 즉, 불교란 시료채취 및 표준관입시험의 N치를 측정한다.

③ 보링간격 및 심도
- 보링은 지반 내의 대표점을 정하여 하며 넓은 면적의 경우 연약한 지점에서 실시한다.
- 보링 심도는 기초 슬래브 단변장 B의 2배, 또는 구조물 폭의 1.5~2배 정도로 한다.

④ 시료의 채취(sampling)
- 교란시료 채취로 가능한 시험은 입도분석, 비중, 액터버그 한계시험(액성한계, 소성한계, 수축한계) 등이 있다.
- 불교란 시료 채취로 가능한 시험은 전단강도 및 압밀시험 등이 있다.
- 샘플러 튜브의 두께를 얇게 하여, 즉 면적비 A_r을 10% 이하가 되게 하여 여잉토 혼입을 방지하게 한다.

$$A_r = \frac{D_w^2 - D_e^2}{D_e^2} \times 100$$

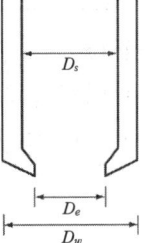

- 샘플러의 장경비를 10 정도로 하여 내벽마찰의 영향을 받아 시료가 교란되지 않도록 한다.
- 샘플러를 소정의 위치까지 압입시킨 후 빼올릴 때 시료를 180° 비틀어 끊어 교란되지 않게 한다.

(4) 사운딩(sounding)

① 정의
로드(rod)의 끝에 설치한 저항체를 땅속에 삽입하여 관입, 회전, 인발 등의 저항에서 토층의 성상을 탐사하는 것이다.

② 사운딩의 종류
- 정적인 것(점성토 지반에 사용한다)
  휴대용 원추 관입시험기, 화란식 원추 관입시험기, 스웨덴식 관입시험기, 이스키미터, 베인시험기 등이 있다.
- 동적인 것(사질토 지반에 사용한다)
  동적원추 관입시험기, 표준관입 시험기 등이 있다.

(5) 암석 코어의 채취

① 회수율 : $\dfrac{\text{회수(채취)된 코어의 길이}}{\text{보링 길이}} \times 100$

② RQD(암질지수) : $\dfrac{\text{10cm 이상된 코어의 길이 합}}{\text{보링 길이}} \times 100$

▼ 현장 암질과 RQD 관계

RQD	암질
0~0.25	매우 불량
0.25~0.50	불량
0.50~0.75	보통
0.75~0.90	양호
0.90~1.0	아주 양호

③ RMR 분류시 고려할 사항
- 암의 압축강도
- RQD 값
- 절리 간격
- 절리 특성(상태)
- 지하수 상태

11-2 기 초

(1) 기초가 구비해야 할 조건

① 구조물을 안전하게 지지할 것
② 침하가 허용치 이내일 것
③ 부등침하가 없을 것
④ 내구성이고 경제적일 것
⑤ 기초 깊이는 동결깊이 이상일 것
⑥ 기초의 시공이 가능하고 최소 기초깊이를 보유할 것

(2) 얕은 기초

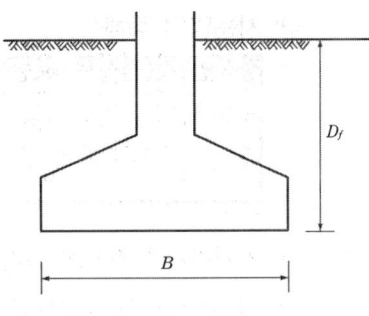

① $\dfrac{D_f}{B} < 1$이면 얕은 기초이다.
② 독립기초 : 1개 기둥을 지지하는 기초
③ 복합기초 : 2개 기둥을 지지하는 기초
④ 캔틸레버 기초 : 복합기초의 일종으로 스트랩(strap)으로 연결한 기초
⑤ 연속기초 : 기둥, 벽체를 지지하는 기초
⑥ 전면기초 : 지지력이 가장 작은 지반에 설치하며 기초의 밑면적이 구조물 밑면적의 2/3 이상일 경우의 전체를 기초

(3) 얕은 기초의 지지력

① 얕은 기초의 파괴 영역

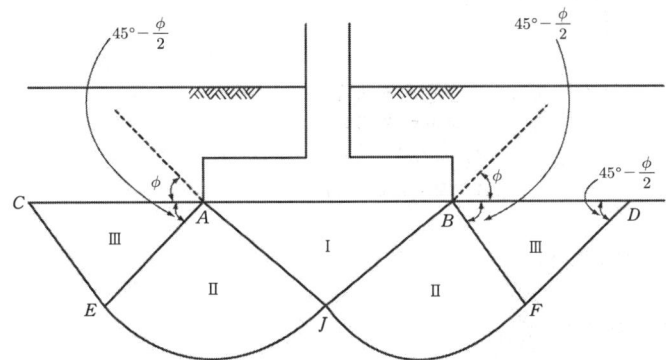

- 영역 Ⅰ은 탄성영역, Ⅱ는 급진적 영역, Ⅲ은 Rankine의 수동영역이다.
- AJ와 BJ 둘 다 수평선과 ϕ의 각도를 이룬다.
- 영역 Ⅲ에서 수평선과 $45° - \dfrac{\phi}{2}$의 각을 이룬다.
- 파괴 순서는 Ⅰ → Ⅱ → Ⅲ으로 된다.
- 원호 JE, JF는 대수 나선 원호이다.

② Terzaghi의 극한 지지력

- $q_d = \alpha\, CN_c + \beta\gamma_1 BN_r + \gamma_2 D_f N_q$

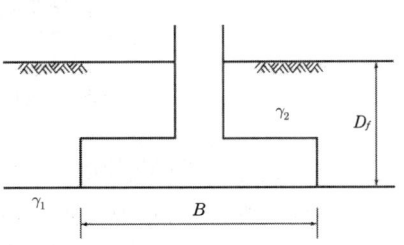

여기서, α, β : 기초의 형상 계수
C : 기초 하중면 아래의 지반 점착력
B : 기초의 폭
D_f : 기초의 근입깊이
γ_1 : 기초 하중면 아래의 지반 단위중량
γ_2 : 기초 하중면 위의 지반 단위중량
N_c, N_r, N_q : 지지력 계수

- 기초의 형상계수

구분	연속	정사각형	원형	직사각형
α	1.0	1.3	1.3	$1+0.3\dfrac{B}{L}$
β	0.5	0.4	0.3	$0.5-0.1\dfrac{B}{L}$

- 지지력계수(N_c, N_r, N_q)는 내부마찰각(ϕ)에 의해 결정된다.
- 내부마찰각이 10°까지는 지지력계수 $N_r = 0$이다.

③ Terzaghi의 허용 지지력

$$q_a = \frac{q_d}{3}$$

④ 순허용 지지력

$$q_{d(net)} = q_d - q$$

$$q_{a(net)} = \frac{q_d - q}{F}$$

여기서, $q_{d(net)}$: 순극한 지지력
$q_{a(net)}$: 순허용 지지력
q_d : 극한 지지력
q : 유효연직응력($q = \gamma_2 D_f$)

⑤ Meyerhof의 공식

$$q_d = 3NB\left(1 + \frac{D_f}{B}\right)$$

여기서, N : 표준관입시험의 N치

⑥ 얕은 기초의 침하량

$$S_E = I_p \frac{1-\mu^2}{E} qB$$

여기서, I_p : 탄성침하계수
E : 지반의 탄성계수(흙의 변형계수)
q : 평균 하중강도(허용지지력)
μ : 지반의 푸아송비
B : 기초 폭
S_E : 즉시 침하량(탄성 침하량)

⑦ 얕은 기초(직접기초)의 굴착 공법
- 오픈 커트(open cut) 공법 : 토질이 좋고 부지의 여유가 있을 경우 이용
- 아일랜드(Island) 공법 : 굴착저면 중앙부를 섬과 같이 기초부를 먼저 굴착하고 주변부를 시공하는 방법

- 트랜치 커트(trench cut) 공법 : 주변부를 먼저 굴착 축조한 후 중앙부위를 시공하는 방법

⑧ 지하수위 저하 공법
- Deep Well(깊은 우물) : 점토지반의 지하수위를 중력배수시켜 지하수위를 낮추는 공법
- Well point : 모래질 지반의 지하수위를 강제 배수시켜 지하수위를 낮추는 방법

(4) 평판재하시험

① 시험지점의 토질 종단을 알고 지하 수위면과 변동을 파악한다.
② 지하수위가 상승하면 유효밀도가 50% 정도 감소해 지반의 극한지지력도 1/2 정도 감소한다.
③ 침하량이 15mm에 달할 때, 하중강도가 그 지반의 항복점을 넘을 때, 하중강도가 현장의 예상되는 최대 접지압력을 초과할 때, 지반이 균열이 발생하고 부풀어 오를 때 등은 극한지지력에 도달한 것으로 보아 시험을 멈춘다.
④ 재하시험에 의한 항복하중의 1/2 또는 극한강도의 1/3 중 작은 값을 허용지지력으로 택한다.
⑤ 시험의 결과 시간-침하곡선, 하중-침하곡선, 하중-시간곡선으로 나타낸다.
⑥ 침하량은 점토지반에서 재하판의 크기에 비례한다.
⑦ 지지력은 점토지반에서 재하판의 크기에 관련없다.
⑧ 지지력은 모래지반에서 재하판의 크기에 비례한다.

(5) 깊은 기초

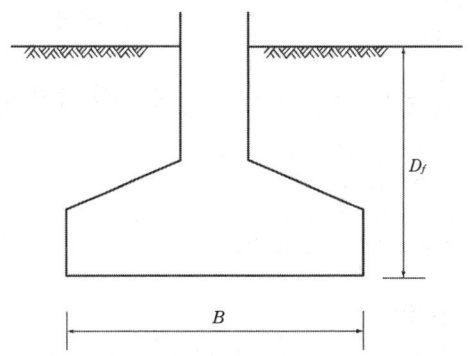

- $\dfrac{D_f}{B} > 1$ 경우 깊은 기초라 한다.
- 깊은 기초는 말뚝 기초, 피어 기초, 케이슨 기초 등이 있다.

① 말뚝 기초
- 말뚝박기 순서는 중앙에서 외측으로, 기존 말뚝(구조물)에서 밖으로, 육지에서 하천 쪽으로 박으며 성토부분에는 항타하지 않는다.
- 철근 콘크리트 말뚝은 재질이 균일하고 강도가 커 지지말뚝에 적합하고 말뚝길이가 15m 이하에서는 경제적이지만 $N=30$ 이상 지반에는 관입이 곤란하고 균열이 생기는 단점이 있다.
- PC 말뚝은 이음이 쉽고 신뢰성이 크며 타입시 인장파괴(균열)가 일어나지 않는다.
- 강말뚝은 단항으로 1개당 100t 이상의 하중을 취할 수 있고 강성이 크며 이음이 확실하다.
- 지지말뚝의 간격은 $2 \sim 3d$ 정도가 경제적이다.
  마찰말뚝의 간격은 $3 \sim 5d$ 정도가 경제적이다.
- 철근 콘크리트 말뚝 및 PC 말뚝의 경제적 길이는 15m 이하이다.
- 강말뚝의 부식 방지 대책은 두께 증가, 콘크리트 피복, 전기 방식법 등으로 처리한다.
- H강 말뚝은 강관 말뚝(pipe pile)보다 가격이 20~30% 싸다.
- 이음말뚝은 이음 1개소마다 재하시험에 의한 값에 대해 20%씩 감소한다.
- 타입저항은 H강말뚝, 강관말뚝, PC말뚝, RC말뚝 순으로 적다.
- 현장 타설 콘크리트 말뚝은 franky, pedestal, raymond 말뚝이 있다.

② 말뚝의 허용지지력
- Sander의 공식 : $R_a = \dfrac{W \cdot H}{8\delta}$
- Engineering news 공식

  $R_a = \dfrac{W \cdot H}{6(\delta + 2.54)}$ ·················· 드롭 해머

  $R_a = \dfrac{W \cdot H}{6(\delta + 0.254)}$ ·················· 단동식 증기 해머

  여기서, R_a : 말뚝의 허용지지력
  W : 해머의 중량
  H : 해머의 낙하고
  δ : 1회 타격당 관입량

③ 군항(郡杭)의 지지력
- 말뚝의 간격이 $1.5\sqrt{r \cdot l}$ 이하로 지반응력이 중복되는 말뚝을 군항이라 한다.
  여기서, r : 말뚝의 반지름
  l : 관입 깊이
- 군항의 마찰말뚝은 단항의 70~80% 정도의 지지력 밖에 가지지 않는다.

- 군항의 허용지지력 $R_{ag} = ENR_a$

  여기서, N : 말뚝총수
  R_a : 단항으로서 허용지지력
  E : 효율 $\left(E = 1 - \dfrac{\phi}{90}\left[\dfrac{(n-1)m + (m-1)n}{mn}\right]\right)$

④ 부(−)의 주면마찰력

- 연약지반에 말뚝을 박고 그 위에 성토한 경우, 연약지반을 통해 견고한 지층까지 말뚝을 박은 경우, 지하수위가 저하가 있을 때, 압밀침하가 일어나는 곳, 점성토가 사질토 위에 놓일 때, 연약지반 표면에 재하중이 있을 때, 점착력이 있는 압축성 지반에서 시간에 따라 지지력이 감소하는 현상으로 마찰력이 아래쪽으로 작용하는 것을 부의 주면마찰력이라 한다.
- 부마찰력 $R_{NF} = f_s \pi D l$

  여기서, f_s : 단위면적당 마찰력 $\left(f_s = \dfrac{q_u}{2}\right)$
  D : 말뚝 지름
  l : 말뚝 관입 깊이

⑤ 피어(pier) 기초

- 인력 굴착 공법은 chicago, gow 공법이 있다.
- Benoto 공법은 케이싱 튜브를 지중에 관입시키고 해머 그래브를 이용하여 굴착하는 공법으로 케이싱 튜브 인발시 철근이 따라 뽑히는 현상에 주의를 해야 한다.
- Calwelde(earth drill) 공법은 Bentonite 안정액을 이용하여 벽체 붕괴를 방지하며 케이싱 튜브를 원칙적으로 사용하지 않는다. 굴착시 회전식 버킷(나선식 오거)을 이용한다.
- Reverse Circulation(역순환) 공법은 로터리식 특수비트를 이용하여 연약한 지반이나 수중굴착 등을 하는데 흙과 물을 굴착한 후 주벽의 붕괴를 방지하기 위해 물을 다시 순환시켜 물의 정수압으로 주벽을 유지시킨다.

⑥ 케이슨 기초

- 우물통(정통)은 침하 깊이에 제한을 받지 않으며 기계설비가 간단하고 공사비가 싸다.
- 우물통 기초를 축도법으로 수중에 설치시킬 경우 수심은 5m 이하가 적합하다.
- 우물통 기초의 침하조건

  $W > F + B$

  여기서, W : 우물통 수직하중
  F : 총주면 마찰력
  B : 우물통 선단부 지지력

- 공기 케이슨은 공정이 빠르며 공기 예정이 가능하고 장애물 제거가 용이하며 이동경사가 적고 토층 토질 확인이 가능하며 신뢰성 있는 시공이 가능하다.
- 공기 케이슨은 굴착깊이가 35~40m까지 가능(작업기압 3.5 kg/cm²)하여 굴착깊이에 제한을 받으며 기계설비 및 노임이 비싸며 케이슨 직업병이 발생하는 단점이 있다.
- 공기 케이슨과 비교했을 때 우물통 기초의 단점은 부등침하시 수정이 곤란, 공정이 길고 예측이 어려우며 인접지반 침하(boiling, heaving) 우려, 토층 및 토질 확인이 불확실하다.
- 우물통(정통) 기초는 수면 이하 10m, 공기 케이슨 기초는 15~20m가 경제적이다.

11-3 연약지반 개량공법

(1) 점성토 지반의 개량공법(탈수 원리 이용)

① 치환 공법
- 두께가 3m 이하의 박층에 적용한다.
- 연약한 지반을 굴착하고 양질의 지반으로 개량하므로 영구적이며 확실하다.

② preloading 공법
- 일정한 기간 동안 침하를 끝내게 하여 점성토 지반의 강도를 증진시켜 구조물의 잔류 침하를 없애는 공법
- 항만의 방파제, 도로의 성토 등에 사용한다.
- 압밀 침하의 종료시 공기가 길다.

③ sand drain 공법
- 점토층의 두께가 클 때 사용한다.
- 정사각형 배치일 때 영향원 지름 : $d_e = 1.13\,d$ (d : drain의 간격)
- 정삼각형 배치일 때 영향원 지름 : $d_e = 1.05\,d$

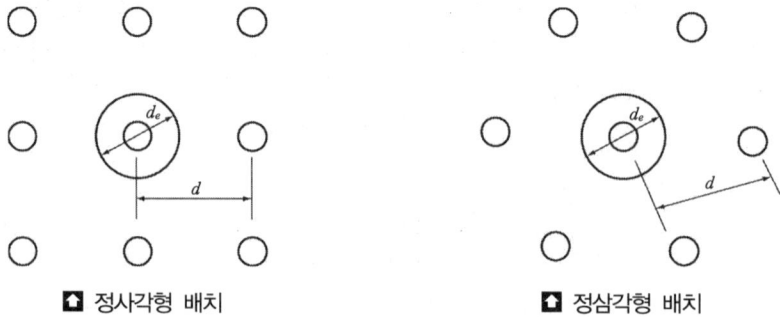

■ 정사각형 배치 　　　　■ 정삼각형 배치

- sand drain의 간격이 길이의 1/2 이하일 때는 연직 방향의 압밀은 무시한다.

$$U_{vh} = 1 - (1 - U_v)(1 - U_h)$$

여기서, U_{vh} : 수직, 수평 방향을 고려한 압밀도
U_v : 수직 압밀도
U_h : 수평 압밀도

④ paper drain 공법
- 두께가 3mm, 폭이 10cm의 크기로 된 card board는 중앙에 통수공이 있다.
- 자연 함수비가 액성한계 이상인 초연약한 점성토 지반의 압밀을 촉진시킨다.
- sand drain 공법에 비해 시공속도가 빠르고, 타설시 주변지반을 교란시키지 않으며, drain 단면의 깊이 방향에 대해 일정, 배수효과 양호, 공사비 등이 싸다.
- sand drain의 경우와 같은 방법으로 단면을 원주로 보아 설계하면

$$D = \alpha \frac{2(A+B)}{\pi}$$

여기서, A : drain paper 폭(10cm)
B : drain paper 두께(3mm)
α : 형상계수 (0.75)
D : 직경 Dcm의 sand drain에 해당

⑤ 전기 침투 공법, 전기화학적 공법
⑥ 침투압 공법
⑦ 생석회 말뚝(chemico pile)

(2) 사질토 지반의 개량공법(충격, 진동, 다짐 이용)

① 다짐 말뚝 공법
- 콘크리트 말뚝 등을 다수 박아 말뚝의 체적만큼 흙을 배제하여 공극을 감소시켜 지반을 조밀하게 개량하는 공법

② 다짐 모래 말뚝 공법(compozer 공법의 대표)
- 모래를 지반내에 연직방향으로 진동시켜 압입시켜 다지는 공법
- vibro compozer 공법은 전기를 사용하여 기계고장이 적고 시공능률이 양호하며 균질한 모래 말뚝을 만들 수 있다.
- hammering compozer 공법은 강력한 타입 에너지를 이용하여 시공하는데 진동, 소음이 크고 주변의 흙을 교란시키며 시공관리가 어렵다.

③ vibroflotation 공법
- 수평방향으로 진동하는 봉상의 바이브로플로트로 사수와 진동을 동시에 일으켜 생긴 빈틈에 모래, 자갈 등을 채워 개량하는 공법
- 깊은 곳의 다짐을 지표면에서 할 수 있다.

- 지하수위의 영향을 받지 않는다.
- 공기가 빠르고 공사비가 싸다.
- 상부 구조물이 진동시 효과가 있다.

④ 폭파 다짐 공법

⑤ 전기 충격 공법

⑥ 약액 주입 공법
- 시멘트 주입(강도 증진)
- 점토, Bentonite(지수 목적)
- 아스팔트 주입(강도 증진)

(3) 일시적 개량공법

① Well point 공법, deep well 공법 … 지하수위 저하

② 진공 공법(대기압 공법)

③ 동결 공법
- 모든 토질에 적용 가능하다.
- 지하수가 흐르는 경우 동결이 불가능한 경우도 있다.

④ 전기 침투 공법

(4) 기타 공법

① 팩 드레인(Pack Drain) 공법

sand drain 공법 시공시 소정의 위치에 설치되었는가의 문제점과 drain의 절단, 잘록함이 발생하는 것을 보완하기 위해 개량형인 합성섬유로 된 포대에 모래를 채워 시공한다.

- 시공 순서 및 방법
  - 케이싱을 소정의 깊이까지 항타한다.
  - 포대 선단에 소량의 모래를 주입하여 케이싱 내에 포대를 삽입한다.
  - 포대 안에 모래를 충전시킨다.
  - 케이싱을 인발한다.

- 특징
  - drain이 절단되는 일이 없이 연속적으로 유지할 수 있다.
  - 시공관리가 용이하다.
  - 4본을 동시에 시공할 수 있으므로 시공기간이 단축된다.
  - 지름이 작은 sand drain을 시공하므로 사용 모래의 양이 적어 경제적이다.

② Wick Drain 공법

포화된 점토층에서 연직방향의 배수를 촉진하기 위해 sand drain 공법의 대안으로 이용된다.

- 시공 순서 및 방법
  - 페이퍼나 플라스틱 띠를 넣은 튜브(wick drain)를 점토층에 삽입한다.
  - 띠는 지중에 남기고 튜브만 빼낸다.
  - 띠가 연직배수 통로 역할을 하여 압밀을 촉진시킨다.
- 특징

  sand drain 공법에 비해 굴착이 필요하지 않으므로 공기가 단축되고 비용도 저렴하다.

Chapter 11 기초공

기출문제

문제 001

보링의 목적이 아닌 것은?

㉮ 흐트러지지 않은 시료의 채취   ㉯ 지반의 토질구성 파악
㉰ 지하수위 파악   ㉱ 평판재하시험을 위한 재하면의 형성

해설 표준관입시험시 보링 구멍을 이용한다.

문제 002

다음 그림과 같은 Sampler에서 면적비는 얼마인가?

㉮ 5.97%
㉯ 14.72%
㉰ 5.81%
㉱ 14.79%

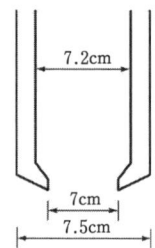

해설 $A_r = \dfrac{7.5^2 - 7^2}{7^2} \times 100 = 14.79\%$

문제 003

토질조사의 주요 목적 중 가장 거리가 먼 것은?

㉮ 확실한 공사 계획을 세우는 자료를 얻는다.
㉯ 안전하고 경제적인 설계자료를 얻는다.
㉰ 구조물 위치 선정에 필요한 자료를 얻는다.
㉱ 구조물의 형식을 선정하는 자료를 얻는다.

해설 구조물 위치 선정에 필요한 자료를 예비조사에서 얻는다.

문제 004

Rod의 끝에 설치한 저항체를 땅 속에 삽입하여 관입, 회전, 인발 등의 저항에서 토층의 성질을 탐사하는 것을 무엇이라 하는지 다음 중 어느 것인가?

㉮ Boring   ㉯ Sounding
㉰ Sampling   ㉱ Wash boring

해설 사운딩은 주로 원위치 시험으로서 의의가 있고 예비조사에 사용하는 경우가 많다.

정답 001. ㉱ 002. ㉱ 003. ㉰ 004. ㉯

문제 005

시료채취기의 관입깊이가 100cm이고 채취된 시료의 길이가 90cm이었다. 길이가 10cm 이상인 시료의 합이 60cm, 길이가 9cm 이상인 시료의 합이 80cm이었다. 회수율과 RQD를 구하면?

㉮ 회수율=0.8, RQD=0.6 ㉯ 회수율=0.9, RQD=0.8
㉰ 회수율=0.8, RQD=0.75 ㉱ 회수율=0.9, RQD=0.6

해설 · 회수율 = $\frac{90}{100} \times 100 = 90\%$ · 암질지수(RQD) = $\frac{60}{100} \times 100 = 60\%$

문제 006

토질조사방법 중 사운딩에 대한 설명 중 옳지 않은 것은?

㉮ 표준관입 시험은 정적인 사운딩이다.
㉯ 정적인 사운딩은 주로 점성토에 쓰인다.
㉰ 사운딩은 주로 현장시험으로서의 의의가 중요하다.
㉱ 사운딩은 보링이나 시굴보다도 지반구성을 파악하기가 곤란하다.

해설 표준관입 시험은 동적인 사운딩이다.

문제 007

다음과 같은 연약 지반 개량공법 중에서 영구적인 공법은?

㉮ Well point 공법 ㉯ 대기압 공법
㉰ 치환 공법 ㉱ 동결 공법

해설 연약한 지반을 굴착하여 양질의 사질토를 치환하므로 영구적이다.

문제 008

다음 기술 중 틀린 것은 어느 것인가?

㉮ 보링에는 회전식과 충격식이 있다.
㉯ 충격식은 굴진속도가 빠르고 비용도 싸지만 분말상의 교란된 시료만 얻어진다.
㉰ 회전식은 시간과 공사비가 많이 들뿐만 아니라 확실한 core도 얻을 수 없다.
㉱ 보링은 기초의 상황을 판단하기 위해 실시한다.

해설 회전식은 시간과 공사비가 많이 드나 확실한 코어를 얻을 수 있다.

문제 009

토질조사에서 보링의 깊이는 지반상태에 따라 다르나, 일반적으로 최대 기초 슬래브의 단변장이 몇 배이어야 하는가?

㉮ 1배 이상 ㉯ 2배 이상
㉰ 3배 이상 ㉱ 4배 이상

해설 보링깊이는 최대 기초 슬래브 단변장 B의 2배 이상, 또는 구조물 폭의 1.5~2배로 한다.

정답 005. ㉱ 006. ㉮ 007. ㉰ 008. ㉰ 009. ㉯

문제 010

Sand drain 공법에서 Sand pile을 정삼각형으로 배치할 때 모래 기둥의 간격은? (단, Pile의 유효지름은 40cm이다.)

㉮ 38cm   ㉯ 40cm
㉰ 42cm   ㉱ 44cm

해설 $d_e = 1.05d$ $40 = 1.05d$
$\therefore d = \dfrac{40}{1.05} = 38\text{cm}$

문제 011

다음 중 사질지반의 개량 공법에 속하지 않는 것은?

㉮ 다짐 말뚝 공법   ㉯ 바이브로플로테이션(Vibroflotation) 공법
㉰ 전기 충격 공법   ㉱ 생석회 말뚝 공법

해설 생석회 말뚝 공법은 점토지반에 개량공법이다.

문제 012

Sand drain 공법과 Paper drain 공법을 비교할 때 Paper drain 공법의 특징이 아닌 것은?

㉮ 주변지반을 흐트리지 않는다.
㉯ 시공속도가 더 빠르다.
㉰ drain 단면이 길이 방향에 걸쳐 일정하다.
㉱ 공사비가 더 많이 든다.

해설 Paper drain 공법을 대량으로 시공할 경우 공사비가 싸다.

문제 013

Paper drain 설계시 Paper drain의 폭이 10cm, 두께가 0.3cm일 때 Paper drain의 등치환산원의 지름이 얼마이면 Sand drain과 동등한 값으로 볼 수 있는가? (단, 형상계수 : 0.75)

㉮ 5cm   ㉯ 7.5cm
㉰ 10cm   ㉱ 15cm

해설 $D = \alpha \cdot \dfrac{2(A+B)}{\pi} = 0.75 \times \dfrac{2(10+0.3)}{3.14} \fallingdotseq 5\text{cm}$

문제 014

다음 중 일시적 개량공법에 속하는 것은?

㉮ 동결 공법   ㉯ 약액 주입 공법
㉰ 침투압 공법   ㉱ 다짐 모래 말뚝 공법

해설 동결 공법, 대기압 공법, 웰 포인트 공법 등이 일시적 개량공법에 속한다.

정답 010. ㉮   011. ㉱   012. ㉱   013. ㉮   014. ㉮

문제 015

그림에서 정사각형 독립기초 2.5m×2.5m가 실트질 모래 위에 시공되었다. 이때 근입깊이가 1.50m인 경우 허용지지력은? (단, $N_c = 35$, $N_r = N_q = 20$)

㉮ 250 kN/m²
㉯ 300 kN/m²
㉰ 350 kN/m²
㉱ 450 kN/m²

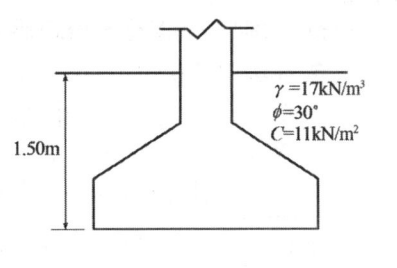

해설
$q_d = \alpha CN_c + \beta \gamma_1 BN_r + \gamma_2 D_f N_q$
$= 1.3 \times 11 \times 35 + 0.4 \times 17 \times 2.5 \times 20 + 17 \times 1.5 \times 20$
$= 1350.5 \text{kN/m}^2$

∴ $q_a = \dfrac{q_d}{3} = \dfrac{1350.5}{3} ≒ 450 \text{kN/m}^2$

문제 016

말뚝이 20개인 군항 기초에 있어서 효율이 0.75, 단항으로 계산된 말뚝 1개의 허용지지력이 150kN일 때 군항의 허용지지력은 얼마인가?

㉮ 1125kN
㉯ 2250kN
㉰ 3000kN
㉱ 4000kN

해설 $R_{ag} = E \cdot N \cdot R_a = 0.75 \times 20 \times 150 = 2250 \text{kN}$

문제 017

다음 중에서 점성토 지반의 개량공법이 아닌 것은?

㉮ 콤포져 공법
㉯ 사전 압밀 공법
㉰ 페이퍼 드레인 공법
㉱ 전기 화학적 고결 공법

해설 콤포져 공법은 사질토 지반의 개량공법이다.

문제 018

선단에 요동(搖動) 장치가 부착된 케이싱 튜브를 압입시켜 관입하고 케이싱(casing) 내부의 흙을 해머 그래브(hammer grab)로 굴착하여 소정의 지지 지반까지 구멍을 판 후 이수를 펌핑하고 철근을 조립하여 콘크리트를 치면서 케이싱 튜브를 빼내 원형의 주상(柱狀) 기초를 만드는 공법을 무엇이라 하는가?

㉮ 베노토(Benoto) 공법
㉯ 역순환(RCD) 공법
㉰ ICOS 공법
㉱ 시카고(chicago) 공법

해설 피어 공법의 일종으로 베노토 장비가 케이싱 튜브와 해머 그래브로 굴착한다.

정답 015. ㉱ 016. ㉯ 017. ㉮ 018. ㉮

문제 019

다음은 뉴매틱 케이슨 기초의 장점을 열거한 것이다. 옳지 않은 것은?

㉮ 내부 공기를 이용하여 시공하므로 굴착깊이에 제한이 적은 기초공사에 경제적이다.
㉯ 토질을 확인할 수 있기 때문에 비교적 정확한 지지력을 측정할 수 있다.
㉰ 수중콘크리트를 하지 않으므로 신뢰성이 큰 저부 콘크리트 slab의 시공을 할 수 있다.
㉱ 기초 지반의 boiling과 팽창을 방지할 수 있으므로 인접 구조물에 피해를 주지 않는다.

해설 굴착 깊이가 35m 정도까지 제한을 받는다.

문제 020

모래질 지반에 30cm×30cm 크기로 재하시험을 한 결과 15kN/m²의 극한지지력을 얻었다. 2m×2m의 기초를 설계할 때 기대되는 극한지지력은?

㉮ 100 kN/m²   ㉯ 50 kN/m²   ㉰ 30 kN/m²   ㉱ 22.5 kN/m²

해설
- 모래 지반의 경우 지지력은 재하판의 크기에 비례한다.
- $0.3 : 15 = 2 : x$

$$\therefore x = \frac{15 \times 2}{0.3} = 100 \text{kN/m}^2$$

문제 021

다음은 말뚝 기초 시공에 대한 설명이다. 다음 중 옳지 않은 것은?

㉮ 말뚝 군(groups)은 대개 안쪽에서 바깥쪽으로 박아 나간다.
㉯ 말뚝은 대개 인접 구조물이 있는 곳에서 바깥쪽으로 박아 나간다.
㉰ 항타선을 사용할 경우 대개 해안 쪽에서 육지 쪽으로 박아 나간다.
㉱ 말뚝은 정확한 위치에 똑바로 박아야 한다.

해설 항타선을 사용할 경우 육지 쪽에서 해안 쪽으로 항타한다.

문제 022

무게 320kN인 드롭 해머(Drop hammer)로 2m의 높이에서 말뚝을 때려 박았더니 침하량이 2cm였다. Sander의 공식을 사용할 때 이 말뚝의 허용지지력은?

㉮ 1,000 kN   ㉯ 2,000 kN   ㉰ 3,000 kN   ㉱ 4,000 kN

해설 $R_a = \dfrac{W \cdot H}{8\delta} = \dfrac{320 \times 200}{8 \times 2} = 4000 \text{kN}$

문제 023

다음 무리 말뚝으로 취급하는 경우의 공식으로 옳은 것은? (단, r : 말뚝의 평균 반경, l : 말뚝이 흙 속에 묻힌 부분의 길이, d : 실제 말뚝의 중심간격)

㉮ $1.5\sqrt{r \cdot l} < d$ ㉯ $1.5\sqrt{r \cdot l} > d$ ㉰ $1.5\sqrt{\dfrac{r}{l}} < d$ ㉱ $1.5\sqrt{\dfrac{r}{l}} > d$

해설 말뚝 간격이 $1.5\sqrt{r \cdot l}$ 이하이면 군항으로 취급한다.

정답 019. ㉮   020. ㉮   021. ㉰   022. ㉱   023. ㉯

문제 024

부마찰력(negative skin friction)에 대한 다음 설명 중 옳지 않은 것은?

㉮ 연약지반을 통해 견고지층까지 말뚝을 박았을 때 생긴다.
㉯ 연약지반에 말뚝을 박고 그 위에 성토를 하였을 때 생긴다.
㉰ 수중에 강말뚝을 박았을 때 생긴다.
㉱ 극한지지력의 계산치와 설계치가 다른 이유는 부마찰력 때문일 수 있다.

해설 수중에 항타한다고 부마찰력이 생긴다는 것은 잘못이다. 수저의 지반 상태에 관련이 된다.

문제 025

어느 지반에 30cm×30cm 재하판을 이용하여 평판재하시험을 한 결과 항복하중이 7kN, 극한하중이 15kN이었다. 이 지반의 허용지지력은 다음 중 어느 것인가?

㉮ 25.9 kN/m^2
㉯ 38.9 kN/m^2
㉰ 55.6 kN/m^2
㉱ 83.4 kN/m^2

해설 항복강도의 $\frac{1}{2}$, 극한강도의 $\frac{1}{3}$ 중 작은 값

- 항복강도 $= \frac{7}{0.3 \times 0.3} = 77.78 \text{kN/m}^2$
- 극한강도 $= \frac{15}{0.3 \times 0.3} = 166.67 \text{kN/m}^2$

$\therefore 77.78 \times \frac{1}{2} = 38.9 \text{kN/m}^2$, $166.67 \times \frac{1}{3} = 55.6 \text{kN/m}^2$ 중 작은 값

문제 026

Terzaghi의 극한지지력 공식에 관한 설명이다. 옳지 않은 것은?

㉮ 극한지지력은 footing의 근입깊이가 크면 클수록 커진다.
㉯ 점성토($\phi = 0°$)의 극한지지력은 footing의 크기와 무관하다.
㉰ 사질토($c = 0$)의 극한지지력은 footing의 크기에 정비례한다.
㉱ 국부전단 파괴시의 극한지지력은 전반전단파괴의 극한지지력보다 크다.

해설 국부전단 파괴시의 극한지지력은 전반전단파괴의 극한지지력보다 작다.

문제 027

Terzaghi의 지반 지지력 공식을 모래지반에 적용하고자 한다. 기초폭은 B이고 지표면에 기초를 설치하고자 한다. 흙의 단위 체적중량을 γ_1이라고 할 때, 다음 중 적당한 것은?

㉮ $q_u = \alpha c N_c$
㉯ $q_u = \beta \gamma_1 B N_r$
㉰ $q_u = \alpha c N_c + \gamma_2 D_f N_q$
㉱ $q_u = \alpha c N_c + \beta \gamma_1 B N_r + \gamma_2 D_f N_q$

해설 모래지반이므로 $c = 0$, 지표면에 기초를 설치하므로 $D_f = 0$

$\therefore q_u = \beta \gamma_1 B N_r$

정답 024. ㉰ 025. ㉯ 026. ㉱ 027. ㉯

문제 028

직접 기초의 굴착 공법이 아닌 것은?

㉮ 오픈 컷(Open cut) 공법 ㉯ 트랜치 컷(Trench cut) 공법
㉰ 아일랜드(Island) 공법 ㉱ 디프 웰(Deep well) 공법

해설 Deep well 공법은 지하수위 저하 공법이다.

문제 029

다음 직접 기초 중에서 지지력이 가장 작은 지반에 설치하기에 경제적인 기초는?

㉮ 독립 footing 기초 ㉯ Cantilevers footing 기초
㉰ 복합 footing 기초 ㉱ 연속 footing 기초

해설 전면기초, 연속기초, 복합기초, 독립기초 순서대로 이용한다.

문제 030

Terzaghi의 극한지지력 공식 $q_u = \alpha \cdot c \cdot N_c + \beta \cdot \gamma_1 \cdot B \cdot N_r + \gamma_2 \cdot D_f \cdot N_q$에서 옳지 못하게 설명된 것은 어느 것인가?

㉮ 식 중 α, β는 형상계수이며 기초모양에 따라 결정된다.
㉯ N_c, N_r, N_q는 지지력계수로서 흙의 점착력과 내부마찰각을 알아야 구할 수 있다.
㉰ B는 기초폭이고, D_f는 근입깊이를 뜻한다.
㉱ 제1항은 점착력, 제2항은 내부마찰력, 제3항은 덮개토압에 의한 것이다.

해설
- N_c, N_r, N_q는 내부마찰각과 관련 있다.
- $\phi = 10°$까지는 $N_r = 0$이다.

문제 031

단위체적중량 18kN/m³, 점착력 20kN/m², 내부마찰각 0°인 점토 지반에 폭 2m, 근입 깊이 3m의 연속기초를 설치하였다. 이 기초의 극한지지력을 Terzaghi 식으로 구한 값은? (단, 지지력 계수 $N_c = 5.7$, $N_r = 0$, $N_q = 1$이다.)

㉮ 232 kN/m² ㉯ 168 kN/m² ㉰ 127 kN/m² ㉱ 84 kN/m²

해설 $\phi = 0$이므로 $q_d = \alpha C N_c + \gamma_2 \cdot D_f \cdot N_q = 1 \times 20 \times 5.7 + 18 \times 3 \times 1 = 168 \text{kN/m}^2$

문제 032

어떤 굳은 사질지반의 기초폭 4m, 근입깊이 2m의 구조물을 축조하기 전에 표준관입시험을 하였더니 $N = 30$이었다. 이때 Meyerhof의 공식에 의한 극한지지력은?

㉮ 630 t/m² ㉯ 630 kg/cm² ㉰ 540 t/m² ㉱ 540 kg/cm²

해설 $q_d = 3NB\left(1 + \dfrac{D_f}{B}\right) = 3 \times 30 \times 4 \times \left(1 + \dfrac{2}{4}\right) = 540 \text{t/m}^2$

정답 028. ㉱ 029. ㉱ 030. ㉯ 031. ㉯ 032. ㉰

문제 033

3m×3m 크기의 정사각형 기초의 극한지지력을 Terzaghi 공식으로 구하면? (단, $\gamma_w = 9.81\text{kN/m}^3$, 지하수위는 기초바닥 깊이와 같다. 흙의 마찰각 20°, 점착력 50kN/m², 단위중량 17kN/m³이고, 지하수위 아래의 흙의 포화단위 중량은 19kN/m³이다. 지지력계수 N_c=18, N_r=5, N_q=7.5이다.)

㉮ 1480 kN/m²   ㉯ 1231 kN/m²
㉰ 1540 kN/m²   ㉱ 1337 kN/m²

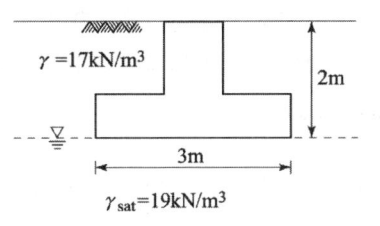

해설 $q_d = \alpha C N_c + \beta r_1 B N_r + r_2 D_f N_q$
$= 1.3 \times 50 \times 18 + 0.4 \times (19 - 9.81) \times 3 \times 5 + 17 \times 2 \times 7.5 = 1480\text{kN/m}^2$

보충
- $q_a = \dfrac{q_d}{3}$
- 연속기초의 경우 형상계수 $\alpha = 1.0$, $\beta = 0.5$이다.

문제 034

말뚝기초를 시공하는 데 있어서 유의해야 할 사항 중 옳지 않은 것은?

㉮ 말뚝을 좁은 간격으로 시공했을 때는 단항(Single pile)인가 군항(Group pile)인가를 따져야 한다.
㉯ 군항일 경우는 말뚝 1본당 지지력을 말뚝수로 곱한 값이 지지력이다.
㉰ 말뚝이 점토지반을 관통하고 있을 때는 부마찰력(negative Friction)에 대해서 검토를 할 필요가 있다.
㉱ 말뚝간격이 너무 좁으면 단항에 비해서 훨씬 깊은 곳까지 응력이 미치므로 그 영향을 검토해야 한다.

해설 $R_{ag} = E \cdot N \cdot R_a$이므로 효율 E 값을 곱한다.

보충
- $\phi = \tan^{-1} \dfrac{D}{S}$
- $E = 1 - \dfrac{\phi}{90} \left[\dfrac{(m-1)n + (n-1)m}{mn} \right]$
- 군항은 말뚝간격이 $1.5\sqrt{r \cdot l}$ 이하인 경우에 해당

문제 035

크기가 1.5m×1.5m인 직접기초가 있다. 근입깊이가 1.0m일 때, 기초가 받을 수 있는 최대허용하중을 Terzaghi 방법에 의하여 구하면? (단, 기초지반의 점착력은 15kN/m², 단위중량은 18kN/m³, 마찰각은 20°이고 이때의 지지력 계수는 N_c=17.69, N_q=7.44, N_r=3.64이며, 허용지지력에 대한 안전율은 4.0으로 한다.)

㉮ 약 292kN   ㉯ 약 392kN   ㉰ 약 492kN   ㉱ 약 592kN

정답 033. ㉮   034. ㉯   035. ㉮

해설 $q_d = \alpha CN_c + \beta r_1 BN_r + r_2 D_f N_q$
$= 1.3 \times 15 \times 17.69 + 0.4 \times 18 \times 1.5 \times 3.64 + 18 \times 1 \times 7.44 = 518.2 \text{kN/m}^2$

- $q_a = \dfrac{q_d}{F} = \dfrac{518.2}{4} = 129.6 \text{kN/m}^2$
- 최대 허용하중 $P = q_a \cdot A = 129.6 \times (1.5 \times 1.5) = 291.6 \text{kN}$

문제 036

기초의 지지력을 구하는 Terzaghi의 극한지지력 공식 $q_{ult} = CN_c + \dfrac{1}{2} r_1 BN_r + D_f r_2 N_q$가 사용된다. 흙의 내부마찰각 $\phi=0$인 경우 지지력 계수 N_c, N_r, N_q 중에서 0이 되는 계수는?

㉮ N_c, N_q, N_r　　㉯ N_c　　㉰ N_q　　㉱ N_r

해설
- N_r은 $\phi = 10°$까지 0이다.
- 지지력 계수는 내부마찰각(ϕ)과 관련있다.

문제 037

다음은 흙시료 채취에 대한 설명이다. 틀린 것은?

㉮ 교란의 효과는 소성이 낮은 흙이 소성이 높은 흙보다 크다.
㉯ 교란된 흙은 자연상태의 흙보다 압축강도가 작다.
㉰ 교란된 흙은 자연상태의 흙보다 전단강도가 작다.
㉱ 흙시료 채취 직후에 비교적 교란되지 않은 코어(core)는 부(負)의 과잉간극수압이 생긴다.

해설 교란의 효과는 소성이 높은 흙이 크다.

문제 038

다음 중 직접기초의 지지력 감소 요인으로서 적당하지 않은 것은?

㉮ 편심하중　　㉯ 경사하중　　㉰ 부마찰력　　㉱ 지하수위의 상승

해설 부마찰력은 깊은 기초와 관련 있다.

문제 039

지름 $d = 20 \text{cm}$인 나무말뚝을 25본 박아서 기초 상판을 지지하고 있다. 말뚝의 배치를 5열로 하고 각열은 등간격으로 5본씩 박혀 있다. 말뚝의 중심간격 $S = 1\text{m}$이고 1본의 말뚝이 단독으로 100kN의 지지력을 가졌다고 하면 이 무리 말뚝은 전체로 얼마의 하중을 견딜 수 있는가? (단, Converse-Labbarretlr을 사용한다.)

㉮ 1000kN　　㉯ 2000kN　　㉰ 3000kN　　㉱ 4000kN

해설
- $\phi = \tan^{-1}\dfrac{D}{S} = \tan^{-1}\dfrac{0.2}{1} = 11.3°$
- $E = 1 - \dfrac{\phi}{90}\left[\dfrac{(m-1)n + (n-1)m}{mn}\right] = 1 - \dfrac{11.3}{90}\left[\dfrac{(5-1)\times 5 + (5-1)\times 5}{5 \times 5}\right] = 0.8$
- $R_{ag} = E \cdot N \cdot R_a = 0.8 \times 25 \times 100 = 2000 \text{kN}$

정답 036. ㉱　037. ㉮　038. ㉰　039. ㉯

문제 040

흐트러진 흙은 자연상태의 흙에 비해서 다음과 같은 차이점이 있다. 다음 중 옳지 않은 것은?

㉮ 투수성이 크다.
㉯ 전단강도가 낮다.
㉰ 밀도가 낮다.
㉱ 압축성이 작다.

해설
- 흐트러진 흙은 압축성이 크다.
- 흙을 다지면 일반적으로 전단 강도는 증가하고 투수성을 감소한다.
- 모래는 점토보다 다짐효과가 더 좋으며 밀도가 높다.

문제 041

다음 그림은 얕은 기초의 파괴 영역이다. 설명이 옳은 것은?

㉮ 파괴 순서는 Ⅲ → Ⅱ → Ⅰ이다.
㉯ 영역 Ⅲ에서 수평면과 $45°+\phi/2$의 각을 이룬다.
㉰ 영역 Ⅲ은 수동영역이다.
㉱ 국부전단파괴의 형상이다.

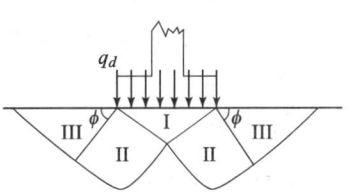

해설
- 파괴 순서는 Ⅰ → Ⅱ → Ⅲ이다.
- 영역 Ⅲ에서 수평선과 $45° - \dfrac{\phi}{2}$의 각을 이룬다.
- 영역 Ⅰ은 탄성영역, Ⅱ는 급진적 영역, Ⅲ은 수동영역이다.
- 국부전단파괴의 곡선을 따르다가 점차 전반전단파괴 곡선에 가까워진다.

문제 042

전체 시추 코어 길이가 150cm이고 이 중 회수된 코어 길이의 합이 80cm이었으며, 10cm 이상인 코어 길이의 합이 70cm였을 때 암질의 상태를 판별하면?

㉮ 매우 불량(Very Poor)
㉯ 불량(Poor)
㉰ 보통(Fair)
㉱ 양호(Good)

해설
- 암질지수

$$\text{RQD} = \dfrac{70}{150} \times 100 = 46.7\% \quad \therefore \text{불량하다.}$$

RQD	암질
0.9~1.0	아주 양호
0.75~0.9	양호
0.5~0.75	보통
0.25~0.5	불량
0~0.25	매우 불량

- 회수율 = $\dfrac{\text{채취된 샘플 길이}}{\text{보링 길이}} \times 100$

문제 043

암질을 나타내는 항목 중 직접 관계가 없는 것은?

㉮ N치
㉯ RQD값
㉰ 탄성파속도
㉱ 균열의 간격

해설 표준관입시험의 결과 N치로 토질의 상태를 판단한다.

문제 044

$C=0$, $\phi=30°$, $\gamma_t=1.8t/m^3$인 사질토 지반 위에 근입깊이 1.5m의 정방형 기초가 놓여있다. 이때 이 기초의 도심에 150t의 하중이 작용하고 지하수위 영향은 없다고 본다. 이 기초의 가장 경제적인 폭 B의 값은? (단, Terzaghi의 지지력공식을 이용하고 안전율은 $F_s=3$, 형상계수 $\alpha=1.3$, $\beta=0.4$, $\phi=30°$일 때 지지력계수는 $N_c=37$, $N_q=23$, $N_r=20$이다.)

㉮ 3.8m
㉯ 3.4m
㉰ 2.9m
㉱ 2.2m

해설
- 극한지지력
$$q_d = \alpha C N_c + \beta \gamma_1 B N_r + \gamma_2 D_f N_q = 0 + 0.4 \times 1.8 \times B \times 20 + 1.8 \times 1.5 \times 23 = 14.4B + 62.1$$
- 허용지지력
$$q_a = \frac{q_d}{F_s} = \frac{14.4B + 62.1}{3}$$
- 기초 하중강도
$$q = \frac{P}{A} = \frac{150}{B \times B}, \text{ 안정조건 } q = q_a \text{ 이므로 } \frac{150}{B \times B} = \frac{14.4B + 62.1}{3}$$
$$14.4B^3 + 62.1B^2 = 450, \quad B^3 + 4.3125B^2 - 31.25 = 0$$
반복근사법을 이용하면
$$\therefore B = 2.2m$$

문제 045

다음 말뚝기초에 대한 설명 중 틀린 것은?

㉮ 군항은 전달되는 응력이 겹쳐지므로 말뚝 1개의 지지력에 말뚝 개수를 곱한 값보다 지지력이 크다.
㉯ 동역학적 지지력 공식 중 엔지니어링 뉴스 공식의 안전율 Fs는 6이다.
㉰ 부마찰력이 발생하면 말뚝의 지지력은 감소한다.
㉱ 말뚝기초는 기초의 분류에서 깊은 기초에 속한다.

해설
- $R_{ag} = E \cdot N \cdot R_a$
- 군항은 전단하는 응력이 겹쳐지므로 말뚝 1개의 지지력에 효율값을 고려하므로 말뚝 개수를 곱한 값보다 지지력이 작다.

정답 043. ㉮ 044. ㉱ 045. ㉮

문제 046

다음 그림과 같이 점토질 지반에 연속기초가 설치되어 있다. Terzaghi 공식에 의한 이 기초의 허용 지지력 q_a는 얼마인가? (단, $\phi=0$이며, $N_c=5.14$, $N_q=1.0$, $N_r=0$, 안전율 $F_s=3$이다.)

㉮ 64 kN/m² ㉯ 135 kN/m²
㉰ 185 kN/m² ㉱ 405 kN/m²

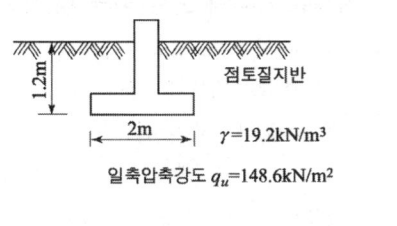

해설
- $C = \dfrac{q_u}{2} = \dfrac{148.6}{2} = 74.3 \text{kN/m}^2$
- $q_d = \alpha C N_c + \beta \gamma_1 B N_r + \gamma_2 D_f N_q = 1 \times 74.3 \times 5.14 + 0 + 19.2 \times 1.2 \times 1 = 405 \text{kN/m}^2$
- $\therefore q_a = \dfrac{q_d}{F} = \dfrac{405}{3} = 135 \text{kN/m}^2$

문제 047

연약지반 처리공법 중 sand drain 공법에서 연직과 방사선 방향을 고려한 평균 압밀도 U는? (단, $U_v=0.20$, $U_h=0.71$이다.)

㉮ 0.573 ㉯ 0.697
㉰ 0.712 ㉱ 0.768

해설 $U = 1 - \{(1-U_v)(1-U_h)\} = 1 - \{(1-0.2)(1-0.71)\} = 0.768$

문제 048

단동식 증기 해머로 말뚝을 박았다. 해머의 무게 25kN, 낙하고 3m, 타격당 말뚝의 평균 관입량 1cm, 안전율 6일 때 Engineering-News 공식으로 허용지지력을 구하면 얼마인가?

㉮ 2500kN ㉯ 2000kN
㉰ 1000kN ㉱ 500kN

해설 $R_a = \dfrac{WH}{6(\delta+0.254)} = \dfrac{25 \times 300}{6(1+0.254)} \fallingdotseq 1000 \text{kN}$

문제 049

다음 현장시험 중 Sounding의 종류가 아닌 것은?

㉮ 평판재하시험 ㉯ Vane시험
㉰ 표준관입시험 ㉱ 동적 원추관입시험

해설
- 평판재하시험은 지지력 시험이다.
- 표준관입시험은 사질토에 적합하고, 점성토에서도 가능하다.
- 사운딩은 rod 선단에 설치한 저항체를 땅 속에 삽입하여 관입, 회전, 인발 등의 저항에서 토층의 성질을 탐사하는 것이다.

정답 046. ㉯ 047. ㉱ 048. ㉰ 049. ㉮

문제 050

흙시료 채취에 관한 설명 중 옳지 않은 것은?

㉮ Post hole형의 Auger는 비교적 연약한 흙을 Boring 하는 데 적합하다.
㉯ 비교적 단단한 흙에는 Screw형의 Auger가 적합하다.
㉰ Auger Boring은 흐트러지지 않는 시료를 채취하는 데 적합하다.
㉱ 깊은 토층에서 시료를 채취할 때는 보통 기계 Boring을 한다.

해설 • Auger Boring은 흐트러진 시료를 채취하는 데 적합하다.
• 회전식 Boring은 불교란 시료 채취에 적합하다.

문제 051

말뚝에 대한 동역학적 지지력 공식 중 말뚝머리에서 측정되는 리바운드량을 공식에 이용하는 것은?

㉮ Hiley 공식 ㉯ Engineering News 공식
㉰ Sander 공식 ㉱ Weisbach 공식

해설 Hiley 공식은 말뚝에 가해지는 타격에너지와 말뚝의 저항에너지 관계에서 현장에서 지지력을 구한다.

문제 052

다음의 지반개량공법 중 압밀배수를 주로 하는 공법이 아닌 것은?

㉮ 프리로딩공법 ㉯ 샌드드레인공법
㉰ 진공압밀공법 ㉱ 바이브로 플로테이션공법

해설 바이브로 플로테이션 공법은 느슨한 사질토, 지반을 조밀하게 빈틈을 채워 개량하는 공법이다.

문제 053

연속기초에 대한 Terzaghi의 극한지지력 공식은 $q_u = c \cdot N_c + 0.5 \cdot \gamma_1 \cdot B \cdot N_r + \gamma_2 \cdot D_f \cdot N_q$로 나타낼 수 있다. 아래 그림과 같은 경우 극한 지지력 공식의 두 번째 항의 단위중량 γ_1의 값은? (단, $\gamma_w = 9.81 \text{kN/m}^3$)

㉮ 14.5 kN/m^3 ㉯ 16 kN/m^3
㉰ 17.4 kN/m^3 ㉱ 18.2 kN/m^3

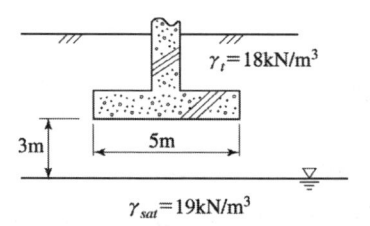

해설 • $D \leq B$의 경우
$$\gamma_1 = \frac{1}{B}[\gamma_t D + \gamma_{sub}(B-D)]$$
$$= \frac{1}{5}[18 \times 3 + (19-9.81) \times (5-3)] = 14.5 \text{kN/m}^3$$
• $D > B$의 경우
$\gamma_1 = \gamma_t$

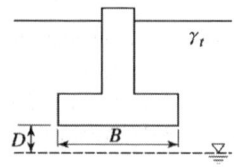

정답 050. ㉰ 051. ㉮ 052. ㉱ 053. ㉮

문제 054

다음은 말뚝을 시공할 때 사용되는 해머에 대한 설명이다. 어떤 해머에 대한 것인가?

> 램, 앤빌블록, 연료주입 시스템으로 구성된다. 연약지반에서는 램이 들어 올려지는 양이 작아 공기-연료 혼합물의 점화가 불가능하여 사용이 어렵다.

㉮ 증기해머 ㉯ 진동해머 ㉰ 디젤해머 ㉱ 드롭해머

해설 디젤해머는 관입저항이 적은 연약지반의 시공에는 말뚝의 관입이 지나쳐서 고온 압축이 얻어지기 힘들어 램이 반발하지 않고 또 반복 폭발을 하지 않을 때가 있다.

문제 055

깊은 기초의 지지력 평가에 관한 설명 중 잘못된 것은?

㉮ 정역학적 지지력 추정방법은 논리적으로 타당하나 강도정수를 추정하는 데 한계성을 내포하고 있다.
㉯ 동역학적 방법은 항타장비, 말뚝과 지반조건이 고려된 방법으로 해머 효율의 측정이 필요하다.
㉰ 현장 타설 콘크리트 말뚝 기초는 동역학적 방법으로 지지력을 추정한다.
㉱ 말뚝 항타분석기(PDA)는 말뚝의 응력분포, 경시 효과 및 해머 효율을 파악할 수 있다.

해설 피어(현장 타설 콘크리트 말뚝)의 연직지지력은 정역학적 지지력 공식에 의해 지지력을 산정한다.

문제 056

말뚝의 부마찰력에 대한 설명 중 틀린 것은?

㉮ 부마찰력이 작용하면 지지력이 감소한다.
㉯ 연약지반에 말뚝을 박은 후 그 위에 성토를 한 경우 일어나기 쉽다.
㉰ 부마찰력은 말뚝 주변침하량이 말뚝의 침하량보다 클 때에 아래로 끌어내리는 마찰력을 말한다.
㉱ 연약한 점토에 있어서는 상대변위의 속도가 느릴수록 부마찰력은 크다.

해설 연약한 점토에 있어서는 상대변위의 속도가 클수록 부마찰력이 크다.

보충 말뚝의 부마찰력은 지하수위가 높고 연약한 사질토층, 압밀이 진행되는 점토층, 점성토 위에 사질토가 매립된 층 등에서 발생한다.

문제 057

점착력이 50kN/m², γ_t =18kN/m³의 비배수상태(ϕ=0)인 포화된 점성토 지반에 직경 40cm, 길이 10m의 PHC 말뚝이 항타시공되었다. 이 말뚝의 선단지지력은 얼마인가? (단, Meyerhof 방법을 사용)

㉮ 15.7kN ㉯ 32.3kN ㉰ 56.5kN ㉱ 45kN

해설
$$Q_p = N_c^* C_u A_p = 9 C_u A_p = 9 \times 50 \times \frac{3.14 \times 0.4^2}{4} = 56.5 \text{kN}$$

정답 054. ㉰ 055. ㉰ 056. ㉱ 057. ㉰

문제 058

다음은 주요한 sounding(사운딩)의 종류를 나타낸 것이다. 이 가운데 사질토에 가장 적합하고 점성토에서도 쓰이는 조사법은?

㉮ 더치 콘(dutch cone) 관입시험기 ㉯ 베인 시험기(vane tester)
㉰ 표준 관입시험기 ㉱ 이스키메타(iskymeter)

해설 표준관입시험의 N값으로 현장지반의 강도를 추정할 수 있다.

문제 059

연약점토지반에 말뚝을 시공하는 경우, 말뚝을 타입한 후 어느 정도 기간이 경과한 후에 재하시험을 하게 된다. 그 이유로 가장 적합한 것은?

㉮ 말뚝 타입시 말뚝 자체가 받는 충격에 의해 두부의 손상이 발생할 수 있어 안정화에 시간이 걸리기 때문이다.
㉯ 말뚝에 주면마찰력이 발생하기 때문이다.
㉰ 말뚝에 부마찰력이 발생하기 때문이다.
㉱ 말뚝 타입시 교란된 점토의 강도가 원래대로 회복하는 데 시간이 걸리기 때문이다.

해설 연약점토지반에 말뚝재하시험을 하는 경우 말뚝을 타입한 후 20여일이 지난 다음 재하시험을 하는데 그 이유는 타입시 말뚝 주변의 시료가 교란되었기 때문이다.

문제 060

깊은기초에 대한 설명으로 틀린 것은?

㉮ 점토지반 말뚝기초의 주면마찰저항을 산정하는 방법에는 α, β, λ 방법이 있다.
㉯ 사질토에서 말뚝의 선단지지력은 깊이에 비례하여 증가하나 어느 한계에 도달하면 더 이상 증가하지 않고 거의 일정해진다.
㉰ 무리말뚝의 효율은 1보다 작은 것이 보통이나 느슨한 사질토의 경우에는 1보다 클 수 있다.
㉱ 무리말뚝의 침하량은 동일한 규모의 하중을 받는 외말뚝의 침하량보다 작다.

해설 무리말뚝의 침하량은 동일한 규모의 하중을 받는 외말뚝의 침하량보다 크다.

문제 061

토질조사에 대한 설명 중 옳지 않은 것은?

㉮ 사운딩(sounding)이란 지중에 저항체를 삽입하여 토층의 성상을 파악하는 현장 시험이다.
㉯ 불교란시료를 얻기 위해서 Foil sampler, Thin wall tube sampler 등이 사용된다.
㉰ 표준관입시험은 로드(rod)의 길이가 길어질수록 N치가 작게 나온다.
㉱ 베인 시험은 정적인 사운딩이다.

해설
• 표준관입시험은 로드(rod)의 길이가 길어질수록 N치가 크게 나온다.
• Rod 길이에 대한 N치 수정
$$N_R = N'\left(1 - \frac{x}{200}\right)$$

정답 058. ㉰ 059. ㉱ 060. ㉱ 061. ㉰

문제 062

연약지반 개량공법 중 프리로딩 공법에 대한 설명으로 틀린 것은?

㉮ 압밀침하를 미리 끝나게 하여 구조물에 잔류침하를 남기지 않게 하기 위한 공법이다.
㉯ 도로의 성토나 항만의 방파제와 같이 구조물 자체의 일부를 상재하중으로 이용하여 개량 후 하중을 제거할 필요가 없을 때 유리하다.
㉰ 압밀계수가 작고 압밀토층 두께가 큰 경우에 주로 적용한다.
㉱ 압밀을 끝내기 위해서는 많은 시간이 소요되므로, 공사기간이 충분해야 한다.

해설 압밀계수가 크고 점토층의 두께가 적은 경우에 주로 적용한다.

문제 063

말뚝기초의 지반거동에 관한 설명으로 틀린 것은?

㉮ 기성말뚝을 타입하면 전단파괴를 일으키며 말뚝 주위의 지반은 교란된다.
㉯ 말뚝에 작용한 하중은 말뚝 주변의 마찰력과 말뚝 선단의 지지력에 의하여 주변 지반에 전달된다.
㉰ 연약지반상에 타입되어 지반이 먼저 변형하고 그 결과 말뚝이 저항하는 말뚝을 주동말뚝이라 한다.
㉱ 말뚝 타입 후 지지력의 증가 또는 감소 현상을 시간효과(time effect)라 한다.

해설
- 연약지반상에 타입되어 지반이 먼저 변형하고 그 결과 말뚝이 저항하는 말뚝을 수동말뚝이라 한다.
- 말뚝이 지표면에서 수평력을 받는 경우 말뚝이 변형함에 따라 지반이 저항하는 말뚝, 즉 말뚝이 움직이는 주체가 되는 말뚝을 주동말뚝이라 한다.

정답 062. ㉰ 063. ㉰

토목기사 필기

CBT 모의고사

제2부 「토질 및 기초」

제2부 토질 및 기초

제1회 CBT 모의고사

> 「**알려드립니다**」 한국산업인력공단의 저작권법 저촉에 대한 언급(2013년 2회 시험)이 있어 과거에 출제된 동일한 문제나 그 유형의 문제로 재구성하였습니다.

문제 001

표준관입시험에 관한 설명 중 틀린 것은?

㉮ 고정 Piston 샘플러를 사용한다.
㉯ 해머무게 64kg이다.
㉰ 해머낙하높이 76cm이다.
㉱ 30cm관입에 필요한 낙하회수를 N치라 한다.

해설 스플릿 스푼 샘플러를 사용한다.

보충
- $\phi = \sqrt{12N} + 15$ (토립자가 둥글고 균일한 입경)
- 표준관입시험시 교란시료를 채취한다.
- $q_u = \dfrac{N}{8}$
- $C = \dfrac{N}{16}$

문제 002

간극률이 50%, 함수비가 40%인 포화토에 있어서 지반의 분사현상에 대한 안전율이 3.5라고 할 때 이 지반에 허용되는 최대 동수구배는?

㉮ 0.21   ㉯ 0.51
㉰ 0.61   ㉱ 1.00

해설
- $e = \dfrac{n}{100-n} = \dfrac{50}{100-50} = 1$
- $S \cdot e = G_s \cdot \omega$
  $\therefore G_s = \dfrac{Se}{\omega} = \dfrac{100 \times 1}{40} = 2.5$
- $i_c = \dfrac{G_s - 1}{1+e} = \dfrac{2.5-1}{1+1} = 0.75$
- $F = \dfrac{i_c}{i}$
  $\therefore i = \dfrac{i_c}{F} = \dfrac{0.75}{3.5} = 0.21$

정답 001. ㉮ 002. ㉮

문제 003

말뚝의 부마찰력(Negative Skin Friction)에 대한 설명 중 틀린 것은?

㉮ 말뚝의 허용지지력을 결정할 때 세심하게 고려해야 한다.
㉯ 연약지반에 말뚝을 박은 후 그 위에 성토를 한 경우 일어나기 쉽다.
㉰ 연약지반을 관통하여 견고한 지반까지 말뚝을 박은 경우 일어나기 쉽다.
㉱ 연약한 점토에 있어서는 상대변위의 속도가 느릴수록 부마찰력은 크다.

해설 연약한 점토에 있어서는 상대변위의 속도가 빠를수록 부마찰력이 크다.

문제 004

어떤 흙의 체분석 시험결과가 #4체 통과율이 37.5%, #200체 통과율이 2.3%였으며, 균등계수는 7.9, 곡률계수는 1.4이었다. 통일분류법에 따라 이 흙을 분류하면?

㉮ GW
㉯ GP
㉰ SW
㉱ SP

해설 (1) 제1문자
- No. 200체 통과율이 50% 이하이므로 G 또는 S
- No. 4체 통과율이 50% 이하이므로 G
  ∴ 자갈(G)

(2) 제2문자
- 균등계수(C_u)가 4 이상이므로 자갈의 경우 입도가 양호
- 곡률계수(C_g)가 1~3이므로 입도가 양호
  ∴ 입도분포가 양호(W)

문제 005

투수계수에 영향을 미치는 요소들로만 구성된 것은?

① 흙입자의 크기 ② 간극비 ③ 간극의 모양과 배열 ④ 활성도
⑤ 물의 점성계수 ⑥ 포화도 ⑦ 흙의 비중

㉮ ①, ②, ④, ⑥
㉯ ①, ②, ③, ⑤, ⑥
㉰ ①, ②, ④, ⑤, ⑦
㉱ ②, ③, ⑤, ⑦

해설
- $k = D_s^2 \dfrac{\gamma_w}{\mu} \dfrac{e^3}{1+e} c$

  여기서, D_s : 흙의 입경
  μ : 물의 점성계수
  e : 간극비
  c : 토립자의 형상과 배열

- 투수계수 측정은 포화상태에서 실시하므로 포화도와 관계가 있다.

정답 003. ㉱ 004. ㉮ 005. ㉯

문제 006

토립자가 둥글고 입도분포가 양호한 모래지반에서 N치를 측정한 결과 $N=19$가 되었을 경우, Dunham의 공식에 의한 이 모래의 내부 마찰각 ϕ는?

㉮ 20° ㉯ 25°
㉰ 30° ㉱ 35°

해설
- $\phi = \sqrt{12N} + 20 = \sqrt{12 \times 19} + 20 = 35°$
- 토립자가 둥글고 균일한 입경
  $\phi = \sqrt{12N} + 15$
- 토립자가 모나고 양호한 입도
  $\phi = \sqrt{12N} + 25$

문제 007

연약점토지반에 압밀촉진공법을 적용한 후, 전체 평균압밀도가 90%로 계산되었다. 압밀촉진공법을 적용하기 전, 수직방향의 평균압밀도가 20%였다고 하면 수평방향의 평균압밀도는?

㉮ 70% ㉯ 77.5%
㉰ 82.5% ㉱ 87.5%

해설
$U = 1 - \{(1-U_v)(1-U_h)\}$
$0.9 = 1 - \{(1-0.2)(1-U_h)\}$
$0.9 = 1 - \{0.8(1-x)\}$
$0.9 = 1 - 0.8 + 0.8x$
∴ $x = 0.875 = 87.5\%$

문제 008

실내시험에 의한 점토의 강도 증가율(C_u/P) 산정 방법이 아닌 것은?

㉮ 소성지수에 의한 방법
㉯ 비배수 전단강도에 의한 방법
㉰ 압밀비배수 삼축압축시험에 의한 방법
㉱ 직접전단시험에 의한 방법

해설 직접전단시험은 시험 중 함수량의 변화, 공극수압 측정 곤란 등으로 점토강도 증가율 산정을 할 수 없다.

정답 006. ㉱ 007. ㉱ 008. ㉱

문제 009

다음 그림과 같이 2m×3m 크기의 기초에 100kN/m²의 등분포하중이 작용할 때, A점 아래 4m 깊이에서의 연직응력 증가량은? (단, 아래 표의 영향계수 값을 활용하여 구하며, $m=\dfrac{B}{z}$, $n=\dfrac{L}{z}$이고, B는 직사각형 단면의 폭, L은 직사각형 단면의 길이, z는 토층의 깊이이다.)

[영향계수(I) 값]

m	0.25	0.5	0.5	0.5
n	0.5	0.25	0.75	1.0
I	0.048	0.048	0.115	0.122

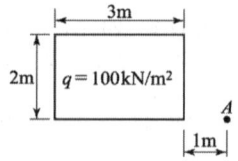

㉮ 6.7 kN/m² ㉯ 7.4 kN/m² ㉰ 12.2 kN/m² ㉱ 17.0 kN/m²

해설 $\sigma_Z = q \cdot I_{(m,n)} = q \cdot I_{(\frac{2}{4}, \frac{4}{4})} - q \cdot I_{(\frac{2}{4}, \frac{1}{4})} = 100 \times 0.122 - 100 \times 0.048 = 7.4 \text{kN/m}^2$

문제 010

그림과 같은 지반에 대해 수직방향 등가투수계수를 구하면?

㉮ 3.89×10^{-4} cm/sec
㉯ 7.78×10^{-4} cm/sec
㉰ 1.57×10^{-3} cm/sec
㉱ 3.14×10^{-3} cm/sec

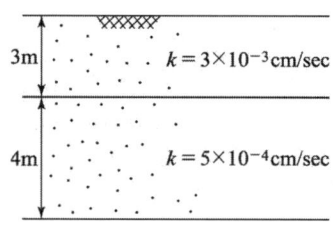

해설 $k_v = \dfrac{H}{\dfrac{H_1}{K_1} + \dfrac{H_2}{K_2}} = \dfrac{700}{\dfrac{300}{3 \times 10^{-3}} + \dfrac{400}{5 \times 10^{-4}}} = 7.78 \times 10^{-4}$ cm/sec

문제 011

다음 그림의 파괴포락선 중에서 완전포화된 점토를 UU(비압밀 비배수)시험했을 때 생기는 파괴포락선은?

㉮ ①
㉯ ②
㉰ ③
㉱ ④

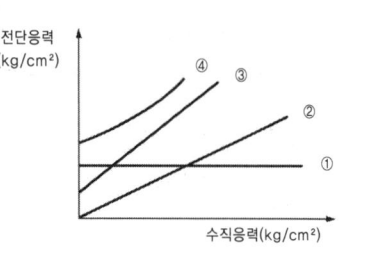

해설 포화된 경우 $\phi = 0°$이므로 전단강도는 Mohr 원의 반경과 같아 파괴포락선은 수평이다.

정답 009. ㉯ 010. ㉯ 011. ㉮

문제 012

다음 그림과 같은 점성토 지반의 굴착저면에서 바닥융기에 대한 안전율을 Terzaghi의 식에 의해 구하면? (단, $\gamma=17.3\text{kN/m}^3$, $c=24\text{kN/m}^2$이다.)

㉮ 3.2
㉯ 2.32
㉰ 1.64
㉱ 1.17

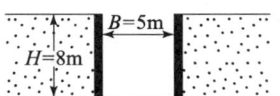

해설 $F_s = \dfrac{5.7c}{\gamma H - \dfrac{cH}{0.7B}} = \dfrac{5.7 \times 24}{17.3 \times 8 - \dfrac{24 \times 8}{0.7 \times 5}} = 1.64$

문제 013

얕은기초의 지지력 계산에 적용하는 Terzaghi의 극한지지력 공식에 대한 설명으로 틀린 것은?

㉮ 기초의 근입깊이가 증가하면 지지력도 증가한다.
㉯ 기초의 폭이 증가하면 지지력도 증가한다.
㉰ 기초지반이 지하수에 의해 포화되면 지지력은 감소한다.
㉱ 국부전단파괴가 일어나는 지반에서 내부마찰각(ø)은 $\dfrac{2}{3}\phi$를 적용한다.

해설 국부전단파괴가 일어나는 경우는 점착력을 전반전단파괴에 비하여 2/3로 감소해서 적용한다.

문제 014

어떤 흙의 전단시험 결과 $c=0.6\text{ kN/m}^2$, $\phi=35°$, 간극수압 5 kN/m^2, 토립자에 작용하는 수직응력 $\sigma=28\text{ kN/m}^2$일 때 전단응력은?

㉮ 16.1 kN/m^2
㉯ 16.7 kN/m^2
㉰ 19.6 kN/m^2
㉱ 20.2 kN/m^2

해설 $\tau = c + (\sigma - u)\tan\phi = 0.6 + (28-5)\tan35° = 16.7\text{kN/m}^2$

문제 015

아래 그림에서 활동에 대한 안전율은?

㉮ 1.30
㉯ 2.05
㉰ 2.15
㉱ 2.48

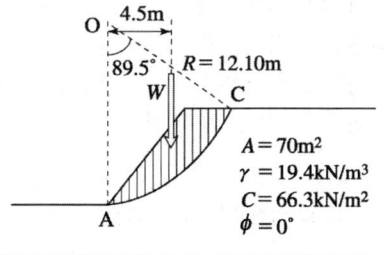

정답 012. ㉰ 013. ㉱ 014. ㉯ 015. ㉱

해설 $F = \dfrac{RCL}{W \cdot x} = \dfrac{RCL}{A \cdot \gamma \cdot x} = \dfrac{12.1 \times 6.63 \times 18.9}{70 \times 1.94 \times 4.5} = 2.48$

여기서, $360° : \pi D = 89.5° : L$

$\therefore L = \dfrac{\pi \times 2 \times 12.1 \times 89.5°}{360°} = 18.9\text{m}$

문제 016

포화된 흙의 건조단위중량이 17kN/m³이고, 함수비가 20%일 때 비중은 얼마인가? (단, γ_w = 9.81kN/m³이다.)

㉮ 2.65 ㉯ 2.68 ㉰ 2.78 ㉱ 2.88

해설
- $S\,e = w\,G_s$ 포화된 상태 $S = 100\%(=1)$이므로
  $e = w\,G_s$
- $e = \dfrac{\gamma_w}{\gamma_d} G_s - 1$

  $w\,G_s = \dfrac{9.81}{17} G_s - 1$

  $0.2\,G_s = \dfrac{9.81}{17} G_s - 1$

  $\therefore G_s = 2.65$

문제 017

점성토를 다지면 함수비의 증가에 따라 입자의 배열이 달라진다. 최적함수비의 습윤측에서 다짐을 실시하면 흙은 어떤 구조로 되는가?

㉮ 단립구조 ㉯ 봉소구조
㉰ 이산구조 ㉱ 면모구조

해설 최적함수비의 습윤측에서 다짐을 하면 흙이 밀리면서 갈라지는 현상의 분산(이산)구조가 된다.

문제 018

흙의 다짐에 대한 일반적인 설명으로 틀린 것은?

㉮ 다진 흙의 최대건조밀도와 최적함수비는 어떻게 다짐하더라도 일정한 값이다.
㉯ 사질토의 최대건조밀도는 점성토의 최대건조밀도보다 크다.
㉰ 점성토의 최적함수비는 사질토보다 크다.
㉱ 다짐에너지가 크면 일반적으로 밀도는 높아진다.

해설
- 동일한 흙일지라도 다짐기계에 따라 다짐효과가 다르다.
- 점토를 최적함수비보다 작은 건조측 다짐을 하면 흙 구조가 면모구조로, 습윤측 다짐을 하면 이산구조가 된다.
- 전단강도는 최적함수비보다 약간 건조측에서 최대가 된다.
- 강도 증진을 목적으로 하는 도로 토공의 경우 최적함수비보다 약간 건조측 다짐이, 차수를 목적으로 하는 심벽재의 경우 최적함수비보다 약간 습윤측 다짐이 바람직하다.

정답 016. ㉮ 017. ㉰ 018. ㉮

문제 019

얕은 기초 아래의 접지압력 분포 및 침하량에 대한 설명으로 틀린 것은?

㉮ 접지압력의 분포는 기초의 강성, 흙의 종류, 형태 및 깊이 등에 따라 다르다.
㉯ 점성토 지반에 강성기초 아래의 접지압 분포는 기초의 모서리 부분이 중앙부분보다 작다.
㉰ 사질토 지반에서 강성기초인 경우 중앙부분이 모서리 부분보다 큰 접지압을 나타낸다.
㉱ 사질토 지반에서 유연성 기초인 경우 침하량은 중심부보다 모서리 부분이 더 크다.

해설 점성토 지반에 강성기초 아래의 접지압 분포는 기초의 모서리 부분이 중앙부분보다 크다.

문제 020

고성토의 제방에서 전단파괴가 발생되기 전에 제방의 외측에 흙을 돋우어 활동에 대한 저항모멘트를 증대시켜 전단파괴를 방지하는 공법은?

㉮ 프리로딩공법　　　　　㉯ 압성토공법
㉰ 치환공법　　　　　　　㉱ 대기압공법

해설
- 시공중 연약지반위 축조물의 안정에 대하여 기초지반(연약지반)의 활동파괴에 대한 위험이 예상되는 경우 축조물의 측방으로 성토를 하는 것이다.
- 높이는 성토본체 높이(h)의 1/3, 길이는 성토본체 높이의 2배 이상으로 한다.

정답 019. ㉯　020. ㉯

제2부 토질 및 기초

제 2 회 CBT 모의고사

「알려드립니다」 한국산업인력공단의 저작권법 저촉에 대한 언급(2013년 2회 시험)이 있어 과거에 출제된 동일한 문제나 그 유형의 문제로 재구성하였습니다.

문제 001

비중이 2.67, 함수비 35%이며, 두께 10m인 포화점토층이 압밀후에 함수비가 25%로 되었다면, 이 토층 높이의 변화량은 얼마인가?

㉮ 113cm   ㉯ 128cm   ㉰ 135cm   ㉱ 155cm

해설 • 압밀전 공극비

$$e = \frac{G_s \cdot w}{S} = \frac{2.67 \times 35}{100} = 0.93$$

• 압밀후 공극비

$$e = \frac{G_s \cdot w}{S} = \frac{2.67 \times 25}{100} = 0.67$$

• 토량 높이의 변화량

$$\frac{e_1 - e_2}{1 + e_1} = \frac{\Delta H}{H}$$

$$\frac{0.93 - 0.67}{1 + 0.93} = \frac{\Delta H}{1000}$$

$$\therefore \Delta H = \frac{0.26}{1.93} \times 1000 ≒ 135\text{cm}$$

문제 002

흙의 다짐시험을 실시한 결과 다음과 같았다. 이 흙의 건조단위중량은 얼마인가?

① 몰드+젖은 시료 무게 : 3612g   ② 몰드 무게 : 2143g
③ 젖은 흙의 함수비 : 15.4%   ④ 몰드의 체적 : 1,000cm³

㉮ 1.27g/cm³   ㉯ 1.56g/cm³   ㉰ 1.31g/cm³   ㉱ 1.42g/cm³

해설 • $r_t = \dfrac{W}{V} = \dfrac{(3612 - 2143)}{1,000} = 1.469\text{g/cm}^3$

• $r_d = \dfrac{r_t}{1 + \dfrac{w}{100}} = \dfrac{1.469}{1 + \dfrac{15.4}{100}} = 1.27\text{g/cm}^3$

• 다짐도(%) $= \dfrac{r_d}{r_{d\max}} \times 100$

정답 001. ㉰   002. ㉮

문제 003

다음 중 연약점토지반 개량공법이 아닌 것은?

㉮ Preloading 공법 ㉯ Sand drain 공법
㉰ Paper drain 공법 ㉱ Vibro floatation 공법

해설 Vibro floatation 공법은 사질토 개량공법이다.

문제 004

흙이 동상(凍上)을 일으키기 위한 조건으로 가장 거리가 먼 것은?

㉮ 아이스렌스를 형성하기 위한 충분한 물의 공급이 있을 것
㉯ 양(+)이온을 다량 함유할 것
㉰ 0℃ 이하의 온도가 오랫동안 지속될 것
㉱ 동상이 일어나기 쉬운 토질일 것

해설 음(−) 이온을 포함하여야 한다.

문제 005

아래 그림과 같은 모래지반에서 깊이 4m 지점에서의 전단강도는? (단, 모래의 내부마찰각 $\phi = 30°$이며, 점착력 $C=0$, $\gamma_w = 9.81 \text{kN/m}^3$)

㉮ 45.0kN/m^2
㉯ 28.04kN/m^2
㉰ 23.2kN/m^2
㉱ 18.6kN/m^2

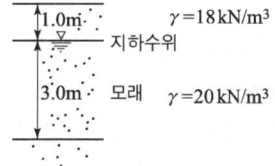

해설
- 유효응력 $\sigma = 18 \times 1 + (20 - 9.81) \times 3 = 48.57 \text{kN/m}^2$
- $\tau = \sigma \tan\phi = 48.57 \times \tan 30° = 28.04 \text{kN/m}^2$

문제 006

Meyerhof의 일반 지지력 공식에 포함되는 계수가 아닌 것은?

㉮ 국부전단계수 ㉯ 근입깊이계수
㉰ 경사하중계수 ㉱ 형상계수

해설
- Meyerhof 극한 지지력 공식

$$q_d = 3NB\left(1 + \frac{D_f}{B}\right)$$

- 경사계수, 심도계수, 형상계수 등을 구하여 지지력을 결정한다.

정답 003. ㉱ 004. ㉯ 005. ㉯ 006. ㉮

문제 007

유선망의 특징을 설명한 것으로 옳지 않은 것은?

㉮ 각 유로의 침투량은 같다.
㉯ 유선은 등수두선과 직교한다.
㉰ 유선망으로 이루어지는 사각형은 정사각형이다.
㉱ 침투속도 및 동수구배는 유선망의 폭에 비례한다.

해설 침투속도 및 동수구배는 유선망의 폭에 반비례한다.

문제 008

연약점토지반에 성토제방을 시공하고자 한다. 성토로 인한 재하속도가 과잉간극수압이 소산되는 속도보다 빠를 경우, 지반의 강도정수를 구하는 가장 적합한 시험방법은?

㉮ 압밀 배수시험   ㉯ 압밀 비배수시험
㉰ 비압밀 비배수시험   ㉱ 직접전단시험

해설 비압밀 비배수시험
점토 지반상에 성토나 구조물 등과 같이 하중이 급격히 재하되는 때의 점토지반의 단기간 안정을 검토하는 경우 적합한 시험 방법이다.

문제 009

기초가 갖추어야 할 조건으로 거리가 먼 것은?

㉮ 동결, 세굴 등에 안전하도록 최소의 근입깊이를 가져야 한다.
㉯ 기초의 시공이 가능하고 침하량이 허용치를 넘지 않아야 한다.
㉰ 상부로부터 오는 하중을 안전하게 지지하고 기초지반에 전달하여야 한다.
㉱ 미관상 아름답고 주변에서 쉽게 구득할 수 있는 재료로 설계되어야 한다.

해설 미관상 아름답게 할 필요는 없다.

문제 010

유효응력에 관한 설명 중 옳지 않은 것은?

㉮ 포화된 흙인 경우 전응력에서 공극수압을 뺀 값이다.
㉯ 항상 전응력보다는 작은 값이다.
㉰ 점토지반의 압밀에 관계되는 응력이다.
㉱ 건조한 지반에서는 전응력과 같은 값으로 본다.

해설 모관영역에서는 유효응력이 전응력보다 크다.

정답 007. ㉱   008. ㉰   009. ㉱   010. ㉯

문제 011

말뚝에서 부마찰력에 관한 설명 중 옳지 않은 것은?

㉮ 아래쪽으로 작용하는 마찰력이다.
㉯ 부마찰력이 작용하면 말뚝의 지지력은 증가한다.
㉰ 압밀층을 관통하여 견고한 지반에 말뚝을 박으면 일어나기 쉽다.
㉱ 연약지반에 말뚝을 박은 후 그 위에 성토를 하면 일어나기 쉽다.

해설 • 부마찰력이 작용하면 말뚝의 지지력은 감소한다.
• 부마찰력은 말뚝 주변 침하량이 말뚝의 침하량보다 클 때 아래로 끌어 내리는 마찰력을 말한다.

문제 012

세립토를 비중계법으로 입도분석을 할 때 반드시 분산제를 쓴다. 다음 설명 중 옳지 않은 것은?

㉮ 입자의 면모화를 방지하기 위하여 사용한다.
㉯ 분산제의 종류는 소성지수에 따라 달라진다.
㉰ 현탁액이 산성이면 알칼리성의 분산제를 쓴다.
㉱ 시험 도중 물의 변질을 방지하기 위하여 분산제를 사용한다.

해설 분산제는 시료의 면모화 방지를 위해 사용한다.

문제 013

흙 댐에서 상류면 사면의 활동에 대한 안전율이 가장 저하되는 경우는?

㉮ 만수된 물의 수위가 갑자기 저하할 때이다.
㉯ 흙 댐에 물을 담는 도중이다.
㉰ 흙 댐이 만수 되었을 때이다.
㉱ 만수된 물이 천천히 빠져 나갈 때이다.

해설 흙 댐의 상류측이 가장 위험한 시기는 시공직후와 수위 급강하 때이다.

문제 014

흙의 강도에 대한 설명으로 틀린 것은?

㉮ 점성토에서는 내부마찰각이 작고 사질토에서는 점착력이 작다.
㉯ 일축압축시험은 주로 점성토에 많이 사용한다.
㉰ 이론상 모래의 내부마찰각은 0이다.
㉱ 흙의 전단응력은 내부마찰각과 점착력의 두 성분으로 이루어진다.

해설 점토의 내부마찰각은 0이다.

정답 011. ㉯ 012. ㉱ 013. ㉮ 014. ㉰

문제 015

시료가 점토인지 아닌지 알아보고자 할 때 가장 거리가 먼 사항은?

㉮ 소성지수 ㉯ 소성도표 A선
㉰ 포화도 ㉱ 200번체 통과량

해설 포화도는 투수와 배수과 관련된 사항이다.

문제 016

다음 중 Rankine 토압이론의 기본가정에 속하지 않는 것은?

㉮ 흙은 비압축성이고 균질의 입자이다.
㉯ 지표면은 무한히 넓게 존재한다.
㉰ 옹벽과 흙과의 마찰을 고려한다.
㉱ 토압은 지표면에 평행하게 작용한다.

해설 흙은 입자간의 마찰에 의하여 평형조건을 유지한다.

문제 017

다음의 투수계수에 대한 설명 중 옳지 않은 것은?

㉮ 투수계수는 간극비가 클수록 크다.
㉯ 투수계수는 흙의 입자가 클수록 크다.
㉰ 투수계수는 물의 온도가 높을수록 크다.
㉱ 투수계수는 물의 단위중량에 반비례한다.

해설
- 투수계수는 물의 단위중량에 비례한다.
- $k = D^2 \dfrac{\gamma_w}{\mu} \dfrac{e^3}{1+e} C$
- 물의 온도가 높을수록 점성계수가 작아지므로 투수계수가 커진다.
- 흙의 투수계수는 유효입경의 제곱에 비례한다.
- 흙의 투수계수는 형상계수(C)에 따라 변화한다.

문제 018

보링(boring)에 관한 설명으로 틀린 것은?

㉮ 보링(boring)에는 회전식(rotary boring)과 충격식(percussion boring)이 있다.
㉯ 충격식은 굴진속도가 빠르고 비용도 싸지만 분말상의 교란된 시료만 얻어진다.
㉰ 회전식은 시간과 공사비가 많이 들뿐만 아니라 확실한 코어(core)도 얻을 수 없다.
㉱ 보링은 지반의 상황을 판단하기 위해 실시한다.

해설 회전식은 시간과 공사비가 많이 드나 확실한 코어를 얻을 수 있다.

정답 015. ㉰ 016. ㉰ 017. ㉱ 018. ㉰

문제 019

100% 포화된 흐트러지지 않은 시료의 부피가 20.5cm³이고 무게는 34.2g이었다. 이 시료를 오븐(Oven) 건조 시킨 후의 무게는 22.6g이었다. 간극비는?

㉮ 1.3 ㉯ 1.5
㉰ 2.1 ㉱ 2.6

해설
- $W_w = W - W_s = 34.2 - 22.6 = 11.6\,\mathrm{g}$
- $\gamma_w = \dfrac{W_w}{V_w}$ 에서 $V_w = \dfrac{W_w}{\gamma_w} = \dfrac{11.6}{1} = 11.6\,\mathrm{cm}^3$
- 포화 되었으므로 $V_w = V_v$
  $V_s = V - V_w = 20.5 - 11.6 = 8.9\,\mathrm{cm}^3$
  $\therefore e = \dfrac{V_v}{V_s} = \dfrac{11.6}{8.9} = 1.3$

문제 020

어떤 사질 기초지반의 평판재하 시험결과 항복강도가 600kN/m², 극한강도가 1000kN/m²이었다. 그리고 그 기초는 지표에서 1.5m 깊이에 설치 될 것이고 그 기초 지반의 단위중량이 18kN/m³일 때 지지력 계수 N_q =50이었다. 이 기초의 장기 허용지지력은?

㉮ $247\,\mathrm{kN/m}^2$ ㉯ $269\,\mathrm{kN/m}^2$
㉰ $300\,\mathrm{kN/m}^2$ ㉱ $345\,\mathrm{kN/m}^2$

해설
- 장기 허용지지력
$$q_a = q_t + \dfrac{1}{3} N_q\, \gamma\, D_f = 300 + \dfrac{1}{3} \times 5 \times 18 \times 1.5 = 345\,\mathrm{kN/m}^2$$
여기서, q_t는 재하시험에 의한 항복하중의 1/2 또한 극한강도의 1/3 중 작은 값을 택한다.
즉, $\dfrac{600}{2} = 300\,\mathrm{kN/m}^2$, $\dfrac{1000}{3} = 333.3\,\mathrm{kN/m}^2$ 중 작은 값 $300\,\mathrm{kN/m}^2$을 적용한다.

정답 019. ㉮ 020. ㉱

제 2 부 토질 및 기초

제 3 회 CBT 모의고사

「**알려드립니다**」 한국산업인력공단의 저작권법 저촉에 대한 언급(2013년 2회 시험)이 있어 과거에 출제된 동일한 문제나 그 유형의 문제로 재구성하였습니다.

문제 001

연약 점토지반의 개량공법으로서 다음 중 적절하지 않은 것은?

㉮ 샌드 드레인공법
㉯ 페이퍼 드레인공법
㉰ 프리로딩(Preloading)공법
㉱ 바이브로 플로테이션(Vibro floatation)공법

해설 Vibroflotation 공법은 사질토 지반의 개량에 이용된다.

보충 점성토 지반의 개량공법으로 치환공법, 전기침투공법, 전기화학적 고결공법, 침투압 공법, 생석회 말뚝 등이 아울러 해당된다.

문제 002

다음과 같이 널말뚝을 박은 지반의 유선망을 작도하는 데 있어서 경계조건에 대한 설명으로 틀린 것은?

㉮ $\overline{AB}$는 등수두선이다.
㉯ $\overline{CD}$는 등수두선이다.
㉰ $\overline{FG}$는 유선이다.
㉱ $\overline{BEC}$는 등수두선이다.

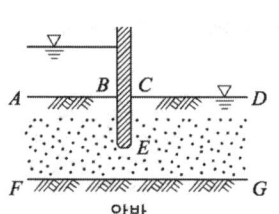

해설 $\overline{BEC}$는 유선이다.

문제 003

예민비가 큰 점토란 어느 것인가?

㉮ 입자의 모양이 날카로운 점토
㉯ 입자가 가늘고 긴 형태의 점토
㉰ 흙을 다시 이겼을 때 강도가 감소하는 점토
㉱ 흙을 다시 이겼을 때 강도가 증가하는 점토

해설
• 예민비 $S_t = \dfrac{q_u}{q_{ur}}$로 흙을 다시 이겼을 때 강도가 감소하는 점토를 말한다.
• 예민비가 크면 불안한 흙으로 안전율을 크게 고려해야 한다.

정답 001. ㉱ 002. ㉱ 003. ㉰

문제 004

Rod에 붙인 어떤 저항체를 지중에 넣어 관입, 인발 및 회전에 의해 흙의 전단강도를 측정하는 원위치 시험은?

㉮ 보링(boring)   ㉯ 사운딩(sounding)
㉰ 시료채취(sampling)   ㉱ 비파괴 시험(NDT)

해설
- 동적인 사운딩은 사질토 지반에 사용하며 표준관입시험이 해당된다.
- 정적인 사운딩은 점성토 지반에 사용한다.

문제 005

모래의 밀도에 따라 일어나는 전단특성에 대한 다음 설명 중 옳지 않은 것은?

㉮ 다시 성형한 시료의 강도는 작아지지만 조밀한 모래에서는 시간이 경과됨에 따라 강도가 회복된다.
㉯ 전단저항각[내부마찰각(ϕ)]은 조밀한 모래일수록 크다.
㉰ 직접전단시험에 있어서 전단응력과 수평변위곡선은 조밀한 모래에서는 peak가 생긴다.
㉱ 조밀한 모래에서는 전단변형이 계속 진행되면 부피가 팽창한다.

해설
- 점토는 되이김하면 그 전단강도가 현저히 감소하는데 시간이 경과함에 따라 그 강도를 일부 회복된다. 이런 현상을 틱소트로피라 한다.
- 교란으로 손실된 전단강도는 오랜 시간이 되어도 본래의 전단강도가 회복되지 않는다.
- 전단응력에 의하여 토질의 체적이 증가 또는 감소하는 현상을 다이러턴시라 한다.

문제 006

토립자가 둥글고 입도분포가 나쁜 모래 지반에서 표준관입시험을 한 결과 N치는 10이었다. 이 모래의 내부마찰각을 Dunham의 공식으로 구하면?

㉮ 21°   ㉯ 26°
㉰ 31°   ㉱ 36°

해설
- $\phi = \sqrt{12N} + 15 = \sqrt{12 \times 10} + 15 \fallingdotseq 26°$
- 토립자가 모나고 입도가 불량하거나 토립자가 둥글고 입도가 양호한 경우
  $\phi = \sqrt{12N} + 20$

문제 007

모래지반에 30cm×30cm의 재하판으로 재하실험을 한 결과 10kN/m²의 극한 지지력을 얻었다. 4m×4m의 기초를 설치할 때 기대되는 극한지지력은?

㉮ 10 kN/m²   ㉯ 100 kN/m²
㉰ 133 kN/m²   ㉱ 154 kN/m²

정답 004.㉯ 005.㉮ 006.㉯ 007.㉰

해설 $B : b = q_d : q$ $400 : 30 = q_d : 10$ $\therefore q_d = \dfrac{400 \times 10}{30} = 133 \text{kN/m}^2$

보충
- 지지력은 모래지반의 경우 재하판 폭에 비례하여 증가하며 점토지반의 경우 재하판 폭에 무관하다.
- 침하량은 점토지반의 경우 재하판 폭에 비례하여 증가한다.

문제 008

토압에 대한 다음 설명 중 옳은 것은?

㉮ 일반적으로 정지토압계수는 주동토압계수보다 작다.
㉯ Rankine 이론에 의한 주동토압의 크기는 Coulomb 이론에 의한 값보다 작다.
㉰ 옹벽, 흙막이벽체, 널말뚝 중 토압분포가 삼각형 분포에 가장 가까운 것은 옹벽이다.
㉱ 극한 주동상태는 수동상태보다 훨씬 더 큰 변위에서 발생한다.

해설
- $K_a < K_o < K_p$
- 연직 옹벽에서 지표면의 경사각과 옹벽 배면과 흙과의 마찰각이 같은 경우는 Coulomb의 토압과 Rankine의 토압은 같다.
- 토압에 의한 파괴에 있어서 변위량은 수동토압 상태가 주동토압 상태에 비하여 크다.

문제 009

말뚝의 부마찰력에 대한 설명 중 틀린 것은?

㉮ 부마찰력이 작용하면 지지력이 감소한다.
㉯ 연약지반에 말뚝을 박은 후 그 위에 성토를 한 경우 일어나기 쉽다.
㉰ 부마찰력은 말뚝 주변침하량이 말뚝의 침하량보다 클 때 아래로 끌어내리는 마찰력을 말한다.
㉱ 연약한 점토에 있어서는 상대변위의 속도가 느릴수록 부마찰력은 크다.

해설 연약한 점토에 있어서는 상대변위의 속도가 빠를수록 부마찰력이 크다.

문제 010

흙 입자의 비중은 2.56, 함수비는 35%, 습윤단위 중량은 17.5kN/m³일 때 간극률은? (단, $\gamma_w = 9.81\text{kN/m}^3$)

㉮ 32.63%   ㉯ 37.36%   ㉰ 43.56%   ㉱ 48.18%

해설
- $\gamma_d = \dfrac{\gamma_t}{1 + \dfrac{\omega}{100}} = \dfrac{17.5}{1 + \dfrac{35}{100}} = 13 \text{kN/m}^3$
- $e = \dfrac{\gamma_w}{\gamma_d} G_s - 1 = \dfrac{9.81}{13} \times 2.56 - 1 = 0.93$
- $n = \dfrac{e}{1 + e} \times 100 = \dfrac{0.93}{1 + 0.93} \times 100 ≒ 48.18\%$

정답 008. ㉰   009. ㉱   010. ㉱

문제 011

아래 그림과 같이 지표면에 집중하중이 작용할 때 A점에서 발생하는 연직응력의 증가량은?

㉮ 20.6 kN/m^2
㉯ 24.4 kN/m^2
㉰ 27.2 kN/m^2
㉱ 30.3 kN/m^2

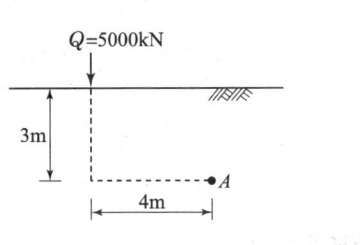

해설
- $R = \sqrt{4^2 + 3^2} = 5\text{m}$
- $\sigma_z = \dfrac{3QZ^3}{2\pi R^5} = \dfrac{3 \times 5000 \times 3^3}{2 \times 3.14 \times 5^5} = 20.6 \text{kN/m}^2$

문제 012

유선망의 특징을 설명한 것으로 옳지 않은 것은?

㉮ 각 유로의 침투량은 같다.
㉯ 유선은 등수두선과 직교한다.
㉰ 유선망으로 이루어지는 사각형은 정사각형이다.
㉱ 침투속도 및 동수구배는 유선망의 폭에 비례한다.

해설 침투속도 및 동수구배는 유선망의 폭에 반비례한다.

문제 013

단동식 증기 해머로 말뚝을 박았다. 해머의 무게 2.5kN, 낙하고 3m, 타격당 말뚝의 평균 관입량 1cm, 안전율 6일 때 Engineering-News 공식으로 허용지지력을 구하면?

㉮ 250kN
㉯ 200kN
㉰ 100kN
㉱ 50kN

해설 $R_a = \dfrac{WH}{6(\delta + 0.254)} = \dfrac{2.5 \times 300}{6(1 + 0.254)} = 100 \text{kN}$

문제 014

그림과 같은 모래층에 널말뚝을 설치하여 물막이공 내의 물을 배수하였을 때, 분사현상이 일어나지 않게 하려면 얼마의 압력을 가하여야 하는가? (단, $\gamma_w = 9.81\text{kN/m}^3$, 모래의 밀도는 2.65, 간극비는 0.65, 안전율은 3으로 한다.)

㉮ 65 kN/m^2
㉯ 130 kN/m^2
㉰ 330 kN/m^2
㉱ 162 kN/m^2

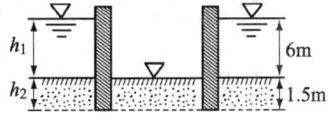

해설
$$F = \frac{\gamma_{sub} \times 1.5 + W}{\gamma_w \times 6}$$

$$\gamma_{sub} = \frac{G_s - 1}{1 + e}\gamma_w = \frac{2.65 - 1}{1 + 0.65} \times 9.81 = 9.81 \text{kN/m}^3$$

$$3 = \frac{9.81 \times 1.5 + W}{9.81 \times 6}, \quad 9.81 \times 1.5 + W = 3 \times 9.81 \times 6$$

$$\therefore W = 176.58 - 9.81 \times 1.5 = 162 \text{kN/m}^2$$

문제 015

다음은 전단시험을 한 응력경로이다. 어느 경우인가?

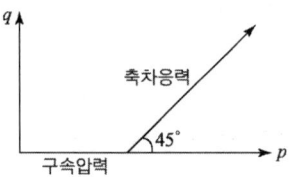

㉮ 초기단계의 최대 주응력과 최소 주응력이 같은 상태에서 시행한 삼축압축시험의 전응력 경로이다.
㉯ 초기단계의 최대 주응력과 최소 주응력이 같은 상태에서 시행한 일축압축시험의 전응력 경로이다.
㉰ 초기단계의 최대 주응력과 최소 주응력이 같은 상태에서 $k_o = 0.5$인 조건에서 시행한 삼축압축시험의 전응력 경로이다.
㉱ 초기단계의 최대 주응력과 최소 주응력이 같은 상태에서 $k_o = 0.7$인 조건에서 시행한 일축압축시험의 전응력 경로이다.

해설 최소 주응력(σ_3)이 일정한 상태에서 최대 주응력(σ_1)이 점차적으로 증가하여 파괴되는 경우의 표준 삼축압축시험의 응력경로이다.

문제 016

표준압밀실험을 하였더니 하중 강도가 2.4kN/m²에서 3.6kN/m²로 증가할 때 간극비는 1.8에서 1.2로 감소하였다. 이 흙의 최종 침하량은 약 얼마인가? (단, 압밀층의 두께는 2m이다.)

㉮ 428.64cm ㉯ 214.29cm
㉰ 642.86cm ㉱ 285.71cm

해설
- $C_c = \dfrac{e_1 - e_2}{\log P_2 - \log P_1} = \dfrac{1.8 - 1.2}{\log 3.6 - \log 2.4} = 3.407$

- $\Delta H = \dfrac{C_c}{1 + e}\log\dfrac{P_2}{P_1}H = \dfrac{3.407}{1 + 1.8}\log\dfrac{3.6}{2.4} \times 200 = 428.53 \text{cm}$

문제 017

어떤 종류의 흙에 대해 직접전단(일면전단)시험을 한 결과 아래 표와 같은 결과를 얻었다. 이 값으로부터 점착력(C)을 구하면? (단, 시료의 단면적은 10cm²이다.)

수직하중(kg)	10.0	20.0	30.0
전단력(kg)	24.785	25.570	26.355

㉮ 3.0kg/cm²　　　㉯ 2.7kg/cm²
㉰ 2.4kg/cm²　　　㉱ 1.9kg/cm²

해설

수직응력(kg/cm²)(σ)	1	2	3
전단응력(kg/cm²)(S)	2.4785	2.5570	2.6355

- $[\sigma] = 1 + 2 + 3 = 6 \,\text{kg/cm}^2$
- $[\sigma]^2 = [6]^2 = 36 \,\text{kg/cm}^2$
- $[S] = 2.4785 + 2.5570 + 2.6355 = 7.671 \,\text{kg/cm}^2$
- $[\sigma^2] = 1^2 + 2^2 + 3^2 = 14 \,\text{kg/cm}^2$
- $[\sigma \cdot S] = 1 \times 2.4785 + 2 \times 2.5570 + 3 \times 2.6355 = 15.499 \,\text{kg/cm}^2$

$$\therefore C = \frac{[\sigma^2][S] - [\sigma][\sigma \cdot S]}{n[\sigma^2] - [\sigma]^2} = \frac{14 \times 7.671 - 6 \times 15.499}{3 \times 14 - 36} = 2.4 \,\text{kg/cm}^2$$

문제 018

사면의 안정에 관한 다음 설명 중 옳지 않은 것은?

㉮ 임계 활동면이란 안전율이 가장 크게 나타나는 활동면을 말한다.
㉯ 안전율이 최소로 되는 활동면을 이루는 원을 임계원이라 한다.
㉰ 활동면에 발생하는 전단응력이 흙의 전단강도를 초과할 경우 활동이 일어난다.
㉱ 활동면은 일반적으로 원형활동면으로 가정한다.

해설 활동을 일으키기 가장 위험한 활동면 즉, 안전율이 최소인 활동면을 임계활동면이라 한다.

문제 019

흙의 다짐 효과에 대한 설명 중 틀린 것은?

㉮ 흙의 단위중량 증가　　　㉯ 투수계수 증가
㉰ 전단강도 저하　　　　　㉱ 지반의 지지력 증가

해설 흙을 다지면 전단강도 증가, 밀도 증가, 압축성 감소, 흡수성 감소 등의 효과가 있다.

정답 017. ㉰　018. ㉮　019. ㉰

문제 020

아래 그림과 같은 3m×3m 크기의 정사각형 기초의 극한지지력을 Terzaghi 공식으로 구하면?
(단, 내부마찰각(ϕ)은 20°, 점착력(C)은 5kN/m², 지지력계수 N_c=18, N_r=5, N_q=7.5, γ_w = 9.81kN/m³이다.)

㉮ 435.7kN/m²
㉯ 441.5kN/m²
㉰ 457.2kN/m²
㉱ 474.4kN/m²

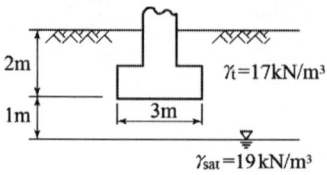

해설
• 기초 밑면의 단위중량($d \leq B$ 즉, 1m ≤ 3m)

$$\gamma_1 = \gamma_{sub} + \frac{d}{B}(\gamma_t - \gamma_{sub}) = (19-9.81) + \frac{1}{3}(17-9.81) = 11.59\,\text{kN/m}^3$$

• 극한 지지력

$$q_d = \alpha\,CN_c + \beta\,\gamma_1\,BN_r + \gamma_2\,D_f\,N_q$$
$$= 1.3 \times 5 \times 18 + 0.4 \times 11.59 \times 3 \times 5 + 17 \times 2 \times 7.5 = 441.5\,\text{kN/m}^2$$

정답 020. ㉯

제 2 부 토질 및 기초

제 4 회 CBT 모의고사

「알려드립니다」 한국산업인력공단의 저작권법 저촉에 대한 언급(2013년 2회 시험)이 있어 과거에 출제된 동일한 문제나 그 유형의 문제로 재구성하였습니다.

문제 001

흙의 다짐에 관한 설명 중 옳지 않은 것은?

㉮ 다짐에너지가 커지면 $r_{d\max}$는 커지고, W_{opt}는 작아진다.
㉯ 양입도 일수록 $r_{d\max}$는 커지고, 빈입도 일수록 $r_{d\max}$는 작아진다.
㉰ 조립토 일수록 $r_{d\max}$가 크며 W_{opt}도 크다.
㉱ 점성토는 다짐곡선이 완만하고 조립토는 급경사를 이룬다.

해설 • 조립토일수록 $r_{d\max}$가 크며 W_{opt}는 작다.
• $E_c = \dfrac{W_R \cdot H \cdot N_B \cdot N_L}{V}$
• 세립토일수록 최대 건조밀도는 낮고 최적 함수비는 크며 다짐곡선은 완만하다.

문제 002

연약지반 처리공법 중 sand drain 공법에서 연직과 방사선 방향을 고려한 평균 압밀도 U는? (단, U_v=0.20, U_h=0.71이다.)

㉮ 0.573　　㉯ 0.697　　㉰ 0.712　　㉱ 0.768

해설 $U = 1 - \{(1-U_v)(1-U_h)\} = 1 - \{(1-0.2)(1-0.71)\} = 0.768$

문제 003

Mohr 응력원에 대한 설명 중 옳지 않은 것은?

㉮ 임의 평면의 응력상태를 나타내는 데 매우 편리하다.
㉯ 평면기점(origin of plane, Op)은 최소주응력을 나타내는 원호상에서 최소주응력면과 평행선이 만나는 점을 말한다.
㉰ σ_1과 σ_3의 차의 벡터를 반지름으로 해서 그린 원이다.
㉱ 한 면에 응력이 작용하는 경우 전단력이 0이면, 그 면직응력을 주응력으로 가정한다.

해설 • 주응력차 $\sigma_1 - \sigma_3$의 벡터를 직경으로 해서 그린 원이다.
• σ_2를 무시한 2차원 해석이다.
• 주응력은 항상 주응력면에 수직으로 작용한다.
• 최대 주응력면과 최소 주응력면은 항상 직교한다.

정답 001. ㉰　002. ㉱　003. ㉰

문제 004

접지압(또는 지반반력)이 그림과 같이 되는 경우는?

㉮ 후팅 : 강성, 기초지반 : 점토
㉯ 후팅 : 강성, 기초지반 : 모래
㉰ 후팅 : 연성, 기초지반 : 점토
㉱ 후팅 : 연성, 기초지반 : 모래

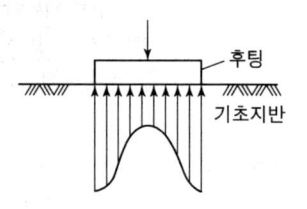

해설 강성 기초이면서 모래지반의 경우

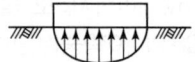

문제 005

연약점토지반에 말뚝을 시공하는 경우, 말뚝을 타입한 후 어느 정도 기간이 경과한 후에 재하시험을 하게 된다. 그 이유로 가장 적합한 것은?

㉮ 말뚝 타입시 말뚝 자체가 받는 충격에 의해 두부의 손상이 발생할 수 있어 안정화에 시간이 걸리기 때문이다.
㉯ 말뚝에 주면마찰력이 발생하기 때문이다.
㉰ 말뚝에 부마찰력이 발생하기 때문이다.
㉱ 말뚝 타입시 교란된 점토의 강도가 원래대로 회복하는 데 시간이 걸리기 때문이다.

해설 연약점토지반에 말뚝재하시험을 하는 경우 말뚝을 타입한 후 20여일이 지난 다음 재하시험을 하는데 그 이유는 타입시 말뚝 주변의 시료가 교란되었기 때문이다.

문제 006

흙의 투수계수 k 에 관한 설명으로 옳은 것은?

㉮ k 는 간극비에 반비례한다.
㉯ k 는 형상계수에 반비례한다.
㉰ k 는 점성계수에 반비례한다.
㉱ k 는 입경의 제곱에 반비례한다.

해설 $k = D_s^2 \cdot \dfrac{\gamma_w}{\mu} \cdot \dfrac{e^3}{1+e} \cdot C$

문제 007

함수비 18%의 흙 500kg을 함수비 24%로 만들려고 한다. 추가해야 하는 물의 양은?

㉮ 80.41 kg
㉯ 54.52 kg
㉰ 38.92 kg
㉱ 25.43 kg

정답 004.㉮ 005.㉱ 006.㉰ 007.㉱

해설 • 18%인 흙의 물 무게

$$W_w = \frac{w \cdot W}{100+w} = \frac{18 \times 500}{100+18} = 76.27\text{kg}$$

• 추가시킬 물의 무게

$$18 : 76.27 = (24-18) : x$$

$$\therefore x = \frac{76.27(24-18)}{18} = 25.43\text{kg}$$

문제 008

Terzaghi는 포화점토에 대한 1차 압밀이론에서 수학적 해를 구하기 위하여 다음과 같은 가정을 하였다. 이 중 옳지 않은 것은?

㉮ 흙은 균질하다.
㉯ 흙입자와 물의 압축성은 무시한다.
㉰ 흙 속에서의 물의 이동은 Darcy 법칙을 따른다.
㉱ 투수계수는 압력의 크기에 비례한다.

해설 • 흙의 성질은 압력 크기에 관계없이 일정하다.
• 압밀의 진행은 압밀계수에 비례한다.

문제 009

어떤 흙에 대해서 직접 전단시험을 한 결과 수직응력이 1.0MPa일 때 전단저항이 0.5MPa이었고, 또 수직응력이 2.0MPa일 때에는 전단저항이 0.8MPa이었다. 이 흙의 점착력은?

㉮ 0.2MPa
㉯ 0.3MPa
㉰ 0.8MPa
㉱ 1.0MPa

해설 $0.5 = C + 1.0\tan\phi$ ········ ①
$0.8 = C + 2.0\tan\phi$ ········ ②
①식×2 하면

$$\begin{array}{r}1.0 = 2C + 2.0\tan\phi \\ -\underline{\,0.8 = C + 2.0\tan\phi\,} \\ 0.2 = C\end{array}$$

$\therefore C = 0.2\text{MPa}$

문제 010

현장다짐을 실시한 후 들밀도시험을 수행하였다. 파낸 흙의 체적과 무게가 각각 365.0cm³, 745g이었으며, 함수비는 12.5%였다. 흙의 비중이 2.65이며, 실내표준다짐시 최대 건조단위중량이 $\gamma_{d\max}$ =1.90t/m³일 때 상대다짐도는?

㉮ 88.7%
㉯ 93.1%
㉰ 95.3%
㉱ 97.8%

정답 008. ㉱ 009. ㉮ 010. ㉰

해설
- $\gamma_t = \dfrac{W}{V} = \dfrac{745}{365} = 2.04\,\text{g/cm}^3$
- $\gamma_d = \dfrac{\gamma_t}{1+\dfrac{\omega}{100}} = \dfrac{2.04}{1+\dfrac{12.5}{100}} = 1.81\,\text{g/cm}^3$
- 다짐도 $= \dfrac{\gamma_d}{\gamma_{d\max}} \times 100 = \dfrac{1.81}{1.9} \times 100 = 95.3\%$

문제 011

널말뚝을 모래지반에 5m 깊이로 박았을 때 상류와 하류의 수두차가 4m이었다. 이때 모래지반의 포화단위중량이 19.62kN/m³이다. 현재 이 지반의 분사현상에 대한 안전율은? (단, 물의 단위중량은 9.81kN/m³이다.)

㉮ 0.85　　㉯ 1.25　　㉰ 2.0　　㉱ 2.5

해설
- $i = \dfrac{h}{L} = \dfrac{4}{5} = 0.8$
- $i_c = \dfrac{\gamma_{\text{sub}}}{\gamma_w} = \dfrac{(19.62-9.81)}{9.81} = 1$
- $F = \dfrac{i_c}{i} = \dfrac{1}{0.8} = 1.25$

문제 012

직경 30cm 콘크리트 말뚝을 단동식 증기해머로 타입하였을 때 엔지니어링 뉴스 공식을 적용한 말뚝의 허용지지력은? (단, 타격에너지=36kN·m, 해머효율=0.8, 손실상수=0.25cm, 마지막 25mm 관입에 필요한 타격횟수=5)

㉮ 640kN　　㉯ 1280kN　　㉰ 1920kN　　㉱ 3840kN

해설
$R_a = \dfrac{WH}{6(\delta+0.25)} \times 효율 = \dfrac{3600}{6(0.5+0.25)} \times 0.8 = 640\,\text{kN}$

여기서, δ : 1회 타격시 5mm(0.5cm) 관입

문제 013

$\triangle h_1 = 5\text{m}$이고 $k_2 = 5k_1$일 때 k_3는?

㉮ $1.0\,k_1$
㉯ $2.0\,k_1$
㉰ $3.0\,k_1$
㉱ $5.0\,k_1$

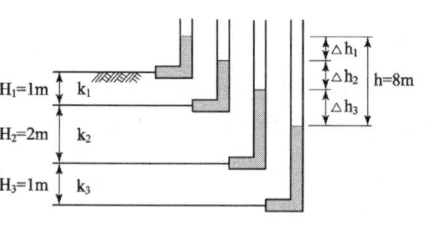

정답 011. ㉯　012. ㉮　013. ㉱

해설 • 각 층의 손실수두

$$\Delta h_1 = \frac{H_1}{k_1} \quad 5 = \frac{1}{k_1} \quad \therefore k_1 = \frac{1}{5}$$

$$\Delta h_2 = \frac{H_2}{k_2} = \frac{2}{k_2} = \frac{1}{5k_1} = \frac{1}{5 \times \frac{1}{5}} = 2\,\mathrm{m}$$

$$\Delta h_3 = \frac{H_3}{k_3} \quad 1 = \frac{1}{k_3}$$

$$\therefore k_3 = \frac{1}{1} = 1$$

문제 014

예민비가 매우 큰 연약 점토지반에 대해서 현장의 비배수 전단강도를 측정하기 위한 시험방법으로 가장 적합한 것은?

㉮ 압밀비배수시험
㉯ 표준관입시험
㉰ 직접전단시험
㉱ 현장베인시험

해설 베인 전단시험은 연약한 점토지반의 현장에서 직접 점착력을 구하는 시험이다.

문제 015

점성토 지반굴착 시 발생할 수 있는 Heaving 방지대책으로 틀린 것은?

㉮ 지반개량을 한다.
㉯ 지하수위를 저하시킨다.
㉰ 널말뚝의 근입 깊이를 줄인다.
㉱ 표토를 제거하여 하중을 작게 한다.

해설 널말뚝의 근입 깊이를 깊게 한다.

문제 016

토질조사에 대한 설명 중 옳지 않은 것은?

㉮ 표준관입시험은 정적인 사운딩이다.
㉯ 보링의 깊이는 설계의 형태 및 크기에 따라 변한다.
㉰ 보링의 위치와 수는 지형조건 및 설계 형태에 따라 변한다.
㉱ 보링 구멍은 사용 후에 흙이나 시멘트 그라우트로 메워야 한다.

해설 표준관입시험은 주로 사질토 지반에 사용하며 동적인 사운딩이다.

정답 014. ㉱ 015. ㉰ 016. ㉮

문제 017

흙 시료의 일축압축시험 결과 일축압축강도가 0.3MPa이었다. 이 흙의 점착력은? (단, $\phi=0$인 점토)

㉮ 0.1MPa ㉯ 0.15MPa
㉰ 0.3MPa ㉱ 0.6MPa

해설 $C = \dfrac{q_u}{2} = \dfrac{0.3}{2} = 0.15\text{MPa}$

문제 018

지표면에 집중하중이 작용할 때, 지중연직 응력 증가량($\Delta\sigma_z$)에 관한 설명 중 옳은 것은? (단, Boussinesq 이론을 사용)

㉮ 탄성계수 E에 무관하다. ㉯ 탄성계수 E에 정비례한다.
㉰ 탄성계수 E의 제곱에 정비례한다. ㉱ 탄성계수 E의 제곱에 반비례한다.

해설 지표면의 집중하중에 의한 지반 내 수직응력 증가량 및 수평응력 증가량은 탄성계수 E와 무관하다.

문제 019

통일분류법에 의해 흙이 MH로 분류되었다면, 이 흙의 공학적 성질로 가장 옳은 것은?

㉮ 액성한계가 50% 이하인 점토이다. ㉯ 액성한계가 50% 이상인 실트이다.
㉰ 소성한계가 50% 이하인 실트이다. ㉱ 소성한계가 50% 이상인 점토이다.

해설 제2문자가 H이므로 액성한계가 50% 이상, 제1문자가 M이므로 실트이다.

문제 020

그림과 같은 사면에서 활동에 대한 안전율은?

㉮ 1.30
㉯ 1.50
㉰ 1.70
㉱ 1.90

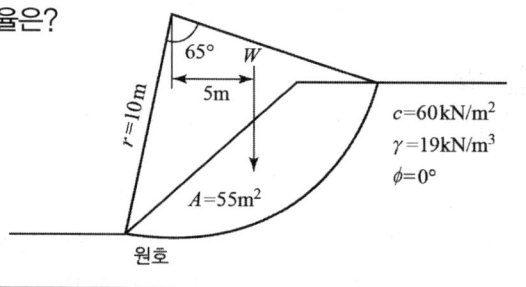

해설 $F = \dfrac{RCL}{Wx} = \dfrac{RCL}{A\gamma x} = \dfrac{10 \times 60 \times 11.34}{55 \times 19 \times 5} = 1.30$

여기서, $360° : \pi D = 65° : L$

$\therefore L = \dfrac{\pi \times 2 \times 10 \times 65°}{360°} = 11.34\text{m}$

정답 017. ㉯ 018. ㉮ 019. ㉯ 020. ㉮

제 2 부 토질 및 기초

제 5 회 CBT 모의고사

> 「알려드립니다」 한국산업인력공단의 저작권법 저촉에 대한 언급(2013년 2회 시험)이 있어 과거에 출제된 동일한 문제나 그 유형의 문제로 재구성하였습니다.

문제 001

흙의 투수성에 관한 Darcy의 법칙 $Q = K \cdot \dfrac{\Delta h}{l} \cdot A$을 설명하는 말 중 옳지 않은 것은?

㉮ 투수계수 K의 차원은 속도의 차원(cm/sec)과 같다.
㉯ A는 실제로 물이 통하는 공극부분의 단면적이다.
㉰ Δh는 수두차(水頭差)이다.
㉱ 물의 흐름이 난류(亂流)인 경우에는 Darcy의 법칙이 성립하지 않는다.

해설 A는 시료의 전단면이다.

보충 정수위 투수시험시 투수계수

$$Q_t = A \cdot V \cdot t = A \cdot k \cdot i \cdot t = A \cdot k \cdot \frac{h}{L} \cdot t$$

$$\therefore k = \frac{Q_t \cdot L}{A \cdot h \cdot t}$$

문제 002

어떤 흙의 입경가적곡선에서 D_{10} = 0.05mm, D_{30} = 0.09mm, D_{60} = 0.15mm이었다. 균등계수 C_u와 곡률계수 C_g의 값은?

㉮ C_u = 3.0, C_g = 1.08
㉯ C_u = 3.5, C_g = 2.08
㉰ C_u = 1.7, C_g = 2.45
㉱ C_u = 2.4, C_g = 1.82

해설
- $C_u = \dfrac{D_{60}}{D_{10}} = \dfrac{0.15}{0.05} = 3$
- $C_g = \dfrac{(D_{30})^2}{D_{10} \times D_{60}} = \dfrac{(0.09)^2}{0.05 \times 0.15} = 1.08$

보충 입도가 양호한 조건
- $10 < C_u$
- $1 < C_g < 3$

정답 001. ㉯ 002. ㉮

문제 003

지표에서 2m×2m 되는 기초에 100kN/m²의 하중이 작용한다. 깊이 5m 되는 곳에서 이 하중에 의해 일어나는 연직응력을 2 : 1분포법으로 계산한 값은?

㉮ 28.57kN/m²
㉯ 8.16kN/m²
㉰ 0.83kN/m²
㉱ 19.75kN/m²

해설 $q \cdot (B \times B) = \sigma_z \cdot (B+Z)(B+Z)$

$$\therefore \sigma_Z = \frac{q \cdot (B \times B)}{(B+Z)(B+Z)} = \frac{100 \times (2 \times 2)}{(2+5)(2+5)} = 8.16 \text{kN/m}^2$$

보충 직사각형 기초의 경우

$q \cdot (B \times L) = \sigma_Z(B+Z)(L+Z)$

$$\therefore \sigma_Z = \frac{q \cdot (B \times L)}{(B+Z)(L+Z)}$$

문제 004

다음 중 일시적인 지반 개량 공법에 속하는 것은?

㉮ 동결공법
㉯ 약액주입 공법
㉰ 프리로딩 공법
㉱ 다짐 모래말뚝 공법

해설 웰포인트, Deep Wall 공법, 동결공법, 대기압공법 등은 일시적인 개량공법이다.

문제 005

간극률 $n = 40\%$, 비중 $G_s = 2.65$인 어느 사질토층의 한계동수경사 i_c은 얼마인가?

㉮ 0.99
㉯ 1.06
㉰ 1.34
㉱ 1.62

해설 $i_c = \dfrac{G_s - 1}{1+e} = \dfrac{2.65 - 1}{1 + 0.667} = 0.99$

여기서, $e = \dfrac{n}{100-n} = \dfrac{40}{100-40} = 0.667$

문제 006

다짐에 대한 설명으로 옳지 않은 것은?

㉮ 점토분이 많은 흙은 일반적으로 최적함수비가 낮다.
㉯ 사질토는 일반적으로 건조밀도가 높다.
㉰ 입도배합이 양호한 흙은 일반적으로 최적함수비가 낮다.
㉱ 점토분이 많은 흙은 일반적으로 다짐곡선의 기울기가 완만하다.

해설
- 점토분이 많은 흙은 최적함수비가 높다.
- 사질토는 다짐곡선의 기울기가 급하다.

정답 003. ㉯ 004. ㉮ 005. ㉮ 006. ㉮

문제 007

외경(D_o) 50.8mm, 내경(D_i) 34.9mm인 스플리트 스푼 샘플러의 면적비로 옳은 것은?

㉮ 46%   ㉯ 53%
㉰ 106% ㉱ 112%

해설
- $A_r = \dfrac{D_w^2 - D_e^2}{D_e^2} \times 100 = \dfrac{50.8^2 - 34.9^2}{34.9^2} \times 100 = 112\%$
- 면적비가 10% 이하이면 잉여토의 혼입이 불가능한 것으로 보고 불교란 시료로 간주한다.

문제 008

Terzaghi는 포화점토에 대한 1차 압밀이론에서 수학적 해를 구하기 위하여 다음과 같은 가정을 하였다. 이 중 옳지 않은 것은?

㉮ 흙은 균질하다.
㉯ 흙입자와 물의 압축성은 무시한다.
㉰ 흙 속에서의 물의 이동은 Darcy 법칙을 따른다.
㉱ 투수계수는 압력의 크기에 비례한다.

해설
- 흙의 성질은 압력 크기에 관계없이 일정하다.
- 압밀의 진행은 압밀계수에 비례한다.

문제 009

압밀시험결과 시간-침하량 곡선에서 구할 수 없는 것은?

㉮ 1차 압밀비(γ_p)   ㉯ 초기 압축비
㉰ 선행압밀 압력(P_c)   ㉱ 압밀계수(C_v)

해설 선행압밀 압력은 하중-공극비 곡선에서 구할 수 있다.

문제 010

말뚝 지지력에 관한 여러가지 공식 중 정역학적 지지력 공식이 아닌 것은?

㉮ Dorr의 공식   ㉯ Terzaghi의 공식
㉰ Meyerhof의 공식   ㉱ Engineering-News 공식

해설 Engineering News 공식과 Sander 공식은 동역학적 지지력 공식에 해당된다.

보충 Sander 공식의 허용지지력

$R_a = \dfrac{WH}{8\delta}$

정답 007. ㉱ 008. ㉱ 009. ㉰ 010. ㉱

문제 011

평판재하시험에서 재하판의 크기에 의한 영향(scale effect)에 관한 설명으로 틀린 것은?

㉮ 사질토 지반의 지지력은 재하판의 폭에 비례한다.
㉯ 점토 지반의 지지력은 재하판의 폭에 무관하다.
㉰ 사질토 지반의 침하량은 재하판의 폭이 커지면 약간 커지기는 하지만 비례하는 정도는 아니다.
㉱ 점토 지반의 침하량은 재하판의 폭에 무관하다.

해설 점토 지반의 침하량은 재하판의 폭에 비례한다.

문제 012

Paper Drain 설계시 Drain Paper의 폭이 10cm, 두께가 0.3cm일 때 드레인 페이퍼의 등치환산원의 직경이 얼마이면 Sand Drain과 동등한 값으로 볼 수 있는가? (단, 형상계수 : 0.75)

㉮ 5cm   ㉯ 7.5cm   ㉰ 10cm   ㉱ 15cm

해설
- $D = \alpha \dfrac{2(A+B)}{\pi} = 0.75 \dfrac{2(10+0.3)}{3.14} = 5\,\text{cm}$
- Paper drain 공법은 자연함수비가 액성한계 이상인 초연약한 점성토지반의 압밀을 촉진시킨다.

문제 013

얕은 기초에 대한 Terzaghi의 수정지지력 공식은 아래의 표와 같다. 4m×5m의 직사각형 기초를 사용할 경우 형상계수 α와 β의 값으로 옳은 것은?

$$q_u = \alpha\, c\, N_c + \beta\, \gamma_1\, B\, N_r + \gamma_2\, D_f\, N_q$$

㉮ $\alpha = 1.2,\ \beta = 0.4$
㉯ $\alpha = 1.28,\ \beta = 0.42$
㉰ $\alpha = 1.24,\ \beta = 0.42$
㉱ $\alpha = 1.32,\ \beta = 0.38$

해설
- $\alpha = 1 + 0.3\dfrac{B}{L} = 1 + 0.3 \times \dfrac{4}{5} = 1.24$
- $\beta = 0.5 - 0.1\dfrac{B}{L} = 0.5 - 0.1 \times \dfrac{4}{5} = 0.42$

문제 014

성토나 기초지반에 있어 특히 점성토의 압밀 완료 후 추가 성토 시 단기 안정문제를 검토하고자 하는 경우 적용되는 시험법은?

㉮ 비압밀 비배수시험
㉯ 압밀 비배수시험
㉰ 압밀 배수시험
㉱ 일축압축시험

해설 압밀 비배수시험(CU시험)
성토 하중으로 어느 정도 압밀된 후 단기 안정문제를 검토 할 경우 적용한다.

정답 011. ㉱   012. ㉮   013. ㉰   014. ㉯

문제 015

100% 포화된 흐트러지지 않은 시료의 부피가 20cm³이고 질량이 36g이었다. 이 시료를 건조로에서 건조시킨 후의 질량이 24g일 때 간극비는 얼마인가?

㉮ 1.36 ㉯ 1.50 ㉰ 1.62 ㉱ 1.70

해설
- $S = 100\%$이므로
$$V_v = V_w = W_w$$
- $W = W_w + W_s$
$$36 = W_w + 24 \quad \therefore \ W_w = 36 - 24 = 12\text{g}$$
- $V_s = V - V_v = 20 - 12 = 8\text{g}$
$$\therefore \ e = \frac{V_v}{V_s} = \frac{12}{8} = 1.5$$

문제 016

사운딩(Sounding)의 종류에서 사질토에 가장 적합하고 점성토에서도 쓰이는 시험법은?

㉮ 표준관입시험 ㉯ 베인 전단시험
㉰ 더치 콘 관입시험 ㉱ 이스키미터(Iskymeter)

해설 표준관입시험으로 현장 지반의 강도를 추정하며 흐트러진 시료를 채취할 수 있다.

문제 017

점착력이 8kN/m², 내부 마찰각이 30°, 단위중량 16kN/m³인 흙이 있다. 이 흙에 인장균열은 약 몇 m 깊이까지 발생할 것인가?

㉮ 6.92m ㉯ 3.73m ㉰ 1.73m ㉱ 1.00m

해설
$$Z_c = \frac{2C}{\gamma}\tan\left(45° + \frac{\phi}{2}\right) = \frac{2 \times 8}{16}\tan\left(45 + \frac{30°}{2}\right) = 1.73\text{m}$$

문제 018

그림과 같은 점토지반에서 안정수(m)가 0.1인 경우 높이 5m의 사면에 있어서 안전율은?

㉮ 1.0
㉯ 1.25
㉰ 1.50
㉱ 2.0

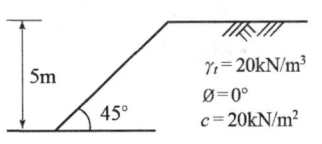

해설
- $H_c = \dfrac{N_s C}{\gamma} = \dfrac{\frac{1}{0.1} \times 20}{20} = 10\text{m}$
- $F = \dfrac{H_c}{H} = \dfrac{10}{5} = 2$

정답 015. ㉯ 016. ㉮ 017. ㉰ 018. ㉱

문제 019

아래 그림과 같은 지반의 A점에서 전응력(σ), 간극수압(u), 유효응력(σ')을 구하면? (단, 물의 단위중량은 9.81kN/m³이다.)

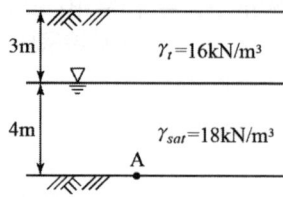

㉮ $\sigma = 100\text{kN/m}^2$, $u = 9.8\text{kN/m}^2$, $\sigma' = 90.2\text{kN/m}^2$
㉯ $\sigma = 100\text{kN/m}^2$, $u = 29.4\text{kN/m}^2$, $\sigma' = 70.6\text{kN/m}^2$
㉰ $\sigma = 120\text{kN/m}^2$, $u = 19.6\text{kN/m}^2$, $\sigma' = 100.4\text{kN/m}^2$
㉱ $\sigma = 120\text{kN/m}^2$, $u = 39.2\text{kN/m}^2$, $\sigma' = 80.8\text{kN/m}^2$

해설
- $\sigma = 16 \times 3 + 18 \times 4 = 120\text{kN/m}^2$
- $u = 9.81 \times 4 = 39.2\text{kN/m}^2$
- $\sigma' = 16 \times 3 + (18 - 9.81) \times 4 = 80.8\text{kN/m}^2$
  (또는 $\sigma' = \sigma - u = 120 - 39.2 = 80.8\text{kN/m}^2$)

문제 020

그림에서 A점 흙의 강도정수가 $C = 30\text{kN/m}^2$, $\phi = 30°$일 때, A점에서의 전단강도는? (단, 물의 단위중량은 9.81kN/m³이다.)

㉮ 69.31kN/m^2
㉯ 74.32kN/m^2
㉰ 96.97kN/m^2
㉱ 103.92kN/m^2

해설
- 유효응력
  $\sigma' = 18 \times 2 + (20 - 9.81) \times 4 = 76.76\text{kN/m}^2$
- 전단강도
  $\tau = C + \sigma' \tan\phi = 30 + 76.76 \tan 30° = 74.32\text{kN/m}^2$

정답 019. ㉱ 020. ㉯

제2부 토질 및 기초

제 6 회 CBT 모의고사

> **「알려드립니다」** 한국산업인력공단의 저작권법 저촉에 대한 언급(2013년 2회 시험)이 있어 과거에 출제된 동일한 문제나 그 유형의 문제로 재구성하였습니다.

문제 001

그림에서 흙의 단면적이 40cm²이고 투수계수가 0.1cm/sec일 때 흙속을 통과하는 유량은?

㉮ 1cm³/sec
㉯ 1m³/hr
㉰ 100cm³/sec
㉱ 100m³/hr

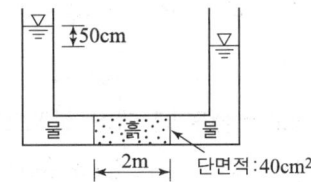

해설 $Q = A \cdot V = A \cdot k \cdot i = 40 \times 0.1 \times \dfrac{50}{200} = 1\text{cm}^3/\text{sec}$

보충 • 정수위 투수계수(10^{-3}cm/sec < k)

$$k = \dfrac{Q \cdot L}{A \cdot h \cdot t}$$

문제 002

점토층의 두께 5m, 간극비 1.4, 액성한계 50%이고 점토층 위의 유효상재 압력이 10kN/m²에서 14kN/m²으로 증가할때의 침하량은? (단, 압축지수는 흐트러지지 않은 시료에 대한 Terzaghi & Peck의 경험식을 사용하여 구한다.)

㉮ 8cm   ㉯ 11cm
㉰ 24cm   ㉱ 36cm

해설 • $C_c = 0.009(w_L - 10) = 0.009(50 - 10) = 0.36$

• $\Delta H = \dfrac{C_c}{1+e} \log \dfrac{P_2}{P_1} H = \dfrac{0.36}{1+1.4} \log \dfrac{14}{10} \times 5 = 0.11\text{m} = 11\text{cm}$

보충 압밀침하량을 구하기 위해 압축지수(C_c)를 구한다.

정답 001. ㉮ 002. ㉯

문제 003

지름 $d=20$cm인 나무말뚝을 25본 박아서 기초 상판을 지지하고 있다. 말뚝의 배치를 5열로 하고 각열은 등간격으로 5본씩 박혀 있다. 말뚝의 중심간격 $S=1$m이고 1본의 말뚝이 단독으로 100kN의 지지력을 가졌다고 하면 이 무리 말뚝은 전체로 얼마의 하중을 견딜 수 있는가? (단, Converse-Labbarretlr을 사용한다.)

㉮ 1000kN
㉯ 2000kN
㉰ 3000kN
㉱ 4000kN

해설
- $\phi = \tan^{-1}\dfrac{D}{S} = \tan^{-1}\dfrac{0.2}{1} = 11.3°$
- $E = 1 - \dfrac{\phi}{90}\left[\dfrac{(m-1)n+(n-1)m}{mn}\right] = 1 - \dfrac{11.3}{90}\left[\dfrac{(5-1)\times 5+(5-1)\times 5}{5\times 5}\right] = 0.8$
- $R_{ag} = E \cdot N \cdot R_a = 0.8 \times 25 \times 100 = 2000$kN

문제 004

흙의 활성도(活性度)에 대한 설명으로 틀린 것은?

㉮ 활성도는 (액성지수/점토함유율)로 정의된다.
㉯ 활성도는 점토광물의 종류에 따라 다르므로 활성도로부터 점토를 구성하는 점토광물을 추정할 수 있다.
㉰ 점토의 활성도가 클수록 물을 많이 흡수하여 팽창이 많이 일어난다.
㉱ 흙입자의 크기가 작을수록 비표면적이 커져 물을 많이 흡수하므로, 흙의 활성은 점토에서 뚜렷이 나타난다.

해설
- 활성도 $A = \dfrac{\text{소성지수}}{\text{점토 함유율}}$
- 활성도가 가장 큰 점토광물은 몬모릴로나이트이다.
- 카올리나이트의 활성도는 0.75 이하이다.

문제 005

모래지층 사이에 두께 6m의 점토층이 있다. 이 점토의 토질 실험결과가 아래 표와 같을 때, 이 점토층의 90% 압밀을 요하는 시간은 약 얼마인가? (단, 1년은 365일로 계산)

- 간극비 : 1.5
- 압축계수(a_v) : 4×10^{-4}(cm²/g)
- 투수계수 $k = 3\times 10^{-7}$(cm/sec)

㉮ 12.9년
㉯ 5.22년
㉰ 1.29년
㉱ 52.2년

정답 003. ㉯ 004. ㉮ 005. ㉰

해설
- $k = C_v \cdot m_v \cdot \gamma_w = C_v \cdot \dfrac{a_v}{1+e} \cdot \gamma_w$

  $\therefore C_v = \dfrac{k(1+e)}{a_v \cdot \gamma_w} = \dfrac{3 \times 10^{-7}(1+1.5)}{4 \times 10^{-4} \times 1} = 0.001875 \text{cm}^2/\text{sec}$

- $C_v = \dfrac{0.848 \left(\dfrac{H}{2}\right)^2}{t_{90}}$

  $\therefore t_{90} = \dfrac{0.848 \times \left(\dfrac{H}{2}\right)^2}{C_v} = \dfrac{0.848 \times \left(\dfrac{600}{2}\right)^2}{0.001875} = 40,704,000\text{초} \times \dfrac{1}{60 \times 60 \times 24 \times 365} = 1.29\text{년}$

문제 006

표준관입시험(SPT)을 할 때 처음 15cm 관입에 요하는 N값은 제외하고, 그 후 30cm 관입에 요하는 타격수로 N값을 구한다. 그 이유로 가장 타당한 것은?

㉮ 정확히 30cm를 관입시키기가 어려워서 15cm 관입에 요하는 N값을 제외한다.
㉯ 보링 구멍 밑면 흙이 보링에 의하여 흐트러져 15cm 관입 후부터 N값을 측정한다.
㉰ 관입봉의 길이가 정확히 45cm이므로 이에 맞도록 관입시키기 위함이다.
㉱ 흙은 보통 15cm 밑부터 그 흙의 성질을 가장 잘 나타낸다.

해설 표준관입시험
중공(中空)의 샘플러를 보링한 구멍에 63.5kg의 해머를 75cm 높이에서 자유낙하시켜 샘플러가 30cm 관입시키는데 타격횟수를 N치로 한다.

문제 007

흙의 동상에 영향을 미치는 요소가 아닌 것은?

㉮ 모관 상승고   ㉯ 흙의 투수계수
㉰ 흙의 전단강도   ㉱ 동결온도의 계속시간

해설 동상은 영하의 온도, 지속시간, 물, 실트질의 흙과 관련된다.

문제 008

흙의 다짐에 관한 설명 중 옳지 않은 것은?

㉮ 일반적으로 흙의 건조밀도는 가하는 다짐 Energy가 클수록 크다.
㉯ 모래질 흙은 진동 또는 진동을 동반하는 다짐 방법이 유효하다.
㉰ 건조밀도-함수비 곡선에서 최적함수비와 최대건조밀도를 구할 수 있다.
㉱ 모래질을 많이 포함한 흙의 건조밀도-함수비 곡선의 경사는 완만하다.

해설
- 사질토의 경우 다짐곡선이 급하고 최적함수비는 적고 최대건조밀도가 높다.
- 점성토의 경우 다짐곡선이 완만하고 최적함수비는 많고 최대건조밀도가 낮다.

정답 006. ㉯ 007. ㉰ 008. ㉱

문제 009

5m×10m의 장방형 기초 위에 $q=60\,\mathrm{kN/m^2}$의 등분포하중이 작용할 때, 지표면 아래 10m에서의 수직응력을 2:1법으로 구한 값은?

㉮ $10\,\mathrm{kN/m^2}$
㉯ $20\,\mathrm{kN/m^2}$
㉰ $30\,\mathrm{kN/m^2}$
㉱ $40\,\mathrm{kN/m^2}$

해설 $q \cdot (B)(L) = \sigma_z \cdot (B+Z)(L+Z)$

$$\sigma_z = \frac{q \cdot (B)(L)}{(B+Z)(L+Z)} = \frac{60 \times (5)(10)}{(5+10)(10+10)} = 10\,\mathrm{kN/m^2}$$

문제 010

다음 그림의 옹벽에 작용하는 주동토압(P_a)과 작용위치(y)는?

	P_a	y
㉮	45 kN/m	1.3m
㉯	45 kN/m	1.48m
㉰	72 kN/m	1.3m
㉱	72 kN/m	1.58m

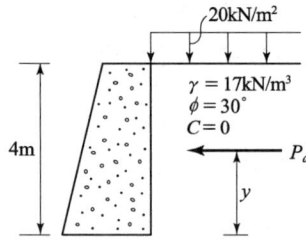

해설
- $K_a = \tan^2\left(45° - \dfrac{\phi}{2}\right) = \tan^2\left(45° - \dfrac{30°}{2}\right) = 0.333$
- $P_a = qHK_a + \dfrac{1}{2}\gamma H^2 K_a = 20 \times 4 \times 0.333 + \dfrac{1}{2} \times 17 \times 4^2 \times 0.333 = 72\,\mathrm{kN/m}$
- $\Delta H = \dfrac{q}{\gamma} = \dfrac{20}{17} = 1.176$
- $y = \dfrac{H}{3}\dfrac{3\Delta H + H}{2\Delta H + H} = \dfrac{4}{3}\dfrac{3 \times 1.176 + 4}{2 \times 1.176 + 4} = 1.58\,\mathrm{m}$

문제 011

점토지반이나 사질토지반에 전단할 경우 Dilatancy 현상이 발생하며 공극수압과 밀접한 관계가 있다. 이에 대한 설명 중 틀린 것은?

㉮ 느슨한 사질토지반에서는 (+) Dilatancy가 발생한다.
㉯ 밀도가 큰 사질토지반에서는 (+) Dilatancy가 발생한다.
㉰ 정규압밀 점토지반에서는 (−) Dilatancy에 정(+)의 공극수압이 발생한다.
㉱ 과압밀 점토지반에서는 (+) Dilatancy에 부(−)의 공극수압이 발생한다.

해설 느슨한 사질토지반에는 (−) Dilatancy가 발생한다.

정답 009. ㉮ 010. ㉱ 011. ㉮

문제 012

포화된 점토에 대하여 비압밀비배수(UU) 시험을 하였을 때의 결과에 대한 설명 중 옳은 것은?
(단, ϕ : 내부마찰각, c : 점착력)

㉮ ϕ와 c가 나타나지 않는다.
㉯ ϕ는 "0"이 아니지만 c는 "0"이다.
㉰ ϕ와 c가 모두 "0"이 아니다.
㉱ ϕ는 "0"이고 c는 "0"이 아니다.

[해설] 내부마찰각 ϕ는 흙의 종류에 관계없이 항상 0이다. 즉 파괴포락선은 수평으로 나타나며 전단강도 $\tau = 0$이다. 이때 전단강도는 Mohr원의 반경과 같다.

문제 013

아래 그림의 각 층 손실수두 Δh_1, Δh_2, Δh_3를 구한 값은?

㉮ $\Delta h_1 = 3m$, $\Delta h_2 = 4m$, $\Delta h_3 = 1m$
㉯ $\Delta h_1 = 4m$, $\Delta h_2 = 2m$, $\Delta h_3 = 2m$
㉰ $\Delta h_1 = 2m$, $\Delta h_2 = 3m$, $\Delta h_3 = 3m$
㉱ $\Delta h_1 = 2m$, $\Delta h_2 = 2m$, $\Delta h_3 = 4m$

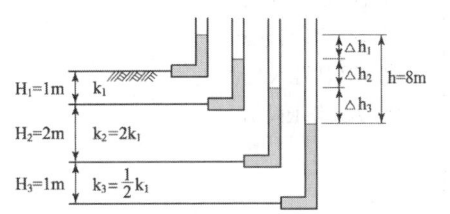

[해설] • 각 층의 손실수두

$$\Delta h_1 = \frac{H_1}{K_1} = \frac{1}{K_1}$$

$$\Delta h_2 = \frac{H_2}{K_2} = \frac{2}{2K_1} = \frac{1}{K_1}$$

$$\Delta h_3 = \frac{H_3}{K_3} = \frac{1}{\frac{1}{2}K_1} = \frac{2}{K_1}$$

• 총 손실수두가 8m이므로 1 : 1 : 2 비율로 2m, 2m, 4m이다.

문제 014

도로의 평판재하 시험이 끝나는 조건에 대한 설명으로 옳지 않은 것은?

㉮ 완전히 침하가 멈출 때
㉯ 침하량이 15mm에 달할 때
㉰ 하중강도가 그 지반의 항복점을 넘을 때
㉱ 하중강도가 현장에서 예상되는 최대 접지압력을 초과할 때

[해설] 하중을 35kN/m² 씩 증가하여 1분 동안에 침하량이 그 단계 하중의 총 침하량 1% 이하가 될 때까지 기다려 하중과 침하량을 읽는다.

[보충] 평판재하시험 결과를 이용할 때는 토질 종단, 지하수 위치와 변동, 재하판의 크기 등을 고려한다.

[정답] 012. ㉱ 013. ㉱ 014. ㉮

문제 015

기초의 필요조건에 대한 설명으로 옳지 않은 것은?

㉮ 지지력에 대하여 안전하여야 한다.
㉯ 침하는 허용하여서는 안 된다.
㉰ 경제성 및 사용성이 좋아야 한다.
㉱ 최소한의 근입깊이를 가져 동해의 영향을 받지 않아야 한다.

해설 침하는 허용치 이내가 되어야 한다.

문제 016

그림과 같은 점성토 지반의 토질 실험 결과 내부마찰각 $\phi=30°$, 점착력 $c=15 kN/m^2$일 때 A점의 전단강도는? (단, 물의 단위중량은 9.81 kN/m^3이다.)

㉮ $53.43 kN/m^2$
㉯ $59.53 kN/m^2$
㉰ $63.83 kN/m^2$
㉱ $70.43 kN/m^2$

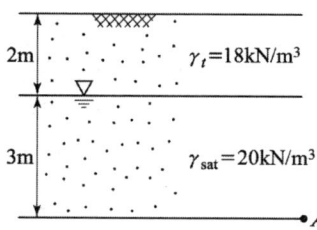

해설
- 유효응력($\overline{p}=\sigma$)
  $18 \times 2 + (20-9.81) \times 3 = 66.57 kN/m^2$
- 전단강도
  $\tau = c + \sigma \tan\phi = 15 + 66.57 \tan 30° = 53.43 kN/m^2$

문제 017

다짐되지 않은 두께 2m, 상대밀도 45%의 느슨한 사질토 지반이 있다. 실내시험 결과 최대 및 최소 간극비가 0.85, 0.40으로 각각 산출되었다. 이 사질토를 상대밀도 70%까지 다짐할 때 두께의 감소는 약 얼마나 되겠는가?

㉮ 13.3cm   ㉯ 17.2cm
㉰ 21.0cm   ㉱ 25.5cm

해설
- $D_r = \dfrac{e_{max} - e}{e_{max} - e_{min}} \times 100$

- 상대밀도 45%일 때 공극비(e)
  $0.45 = \dfrac{0.85-e}{0.85-0.4} = \dfrac{0.85-e}{0.45}$
  $0.85-e = 0.45 \times 0.45$ ∴ $e = 0.65$

정답 015. ㉯   016. ㉮   017. ㉮

- 상대밀도 70%일 때 공극비(e)

$$0.7 = \frac{0.85 - e}{0.85 - 0.4} = \frac{0.85 - e}{0.45}$$

$$0.85 - e = 0.45 \times 0.7 \qquad \therefore e = 0.54$$

- $\Delta H = \dfrac{e_1 - e_2}{1 + e_1} H = \dfrac{0.65 - 0.54}{1 + 0.65} \times 200 = 13.3 \text{cm}$

문제 018

다음 중 흙댐(Dam)의 사면안정 검토 시 가장 위험한 상태는?

㉮ 상류사면의 경우 시공 중과 만수위일 때
㉯ 상류사면의 경우 시공 직후와 수위 급강하일 때
㉰ 하류사면의 경우 시공 직후와 수위 급강하일 때
㉱ 하류사면의 경우 시공 중과 만수위일 때

해설
- 상류측이 가장 위험한 경우는 시공직후, 수위가 급강하일 때
- 하류측이 가장 위험한 경우는 만수위, 정상침투일 때

문제 019

Terzaghi의 얕은 기초에 대한 수정지지력 공식에서 형상계수에 대한 설명 중 틀린 것은? (단, B는 단변의 길이, L은 장변의 길이이다.)

㉮ 연속기초에서 $\alpha = 1.0$, $\beta = 0.5$이다.
㉯ 원형기초에서 $\alpha = 1.0$, $\beta = 0.6$이다.
㉰ 정사각형 기초에서 $\alpha = 1.0$, $\beta = 0.4$이다.
㉱ 직사각형 기초에서 $\alpha = 1 + 0.3 \dfrac{B}{L}$, $\beta = 0.5 - 0.1 \dfrac{B}{L}$이다.

해설 원형기초에서 $\alpha = 1.0$, $\beta = 0.3$이다.

문제 020

연약지반 개량공법에 대한 설명 중 틀린 것은?

㉮ 샌드 드레인 공법은 2차 압밀비가 높은 점토 및 이탄 같은 유기질 흙에 큰 효과가 있다.
㉯ 화학적 변화에 의한 흙의 강화공법으로는 소결공법, 전기화학적 공법 등이 있다.
㉰ 동압밀공법 적용 시 과잉간극 수압의 소산에 의한 강도증가가 발생한다.
㉱ 장기간에 걸친 배수공법은 샌드 드레인이 페이퍼 드레인보다 유리하다.

해설 샌드 드레인 공법은 2차 압밀비가 높은 점토 및 이탄 같은 유기질 흙에 큰 효과가 없다.

정답 018. ㉯ 019. ㉯ 020. ㉮

제2부 토질 및 기초

제 7 회 CBT 모의고사

「**알려드립니다**」 한국산업인력공단의 저작권법 저촉에 대한 언급(2013년 2회 시험)이 있어 과거에 출제된 동일한 문제나 그 유형의 문제로 재구성하였습니다.

문제 001

동상 방지대책에 대한 설명 중 옳지 않은 것은?

㉮ 배수구 등을 설치해서 지하수위를 저하시킨다.
㉯ 모관수의 상승을 차단하기 위해 조립의 차단층을 지하수위보다 높은 위치에 설치한다.
㉰ 동결 깊이보다 낮게 있는 흙을 동결하지 않는 흙으로 치환한다.
㉱ 지표의 흙을 화학약품으로 처리하여 동결온도를 내린다.

해설 동결 깊이 위에 있는 흙을 동결하지 않는 조립토로 치환하여 동상을 방지한다.

보충 • 실트질의 흙은 모관 상승고가 높고 투수성이 커서 동상에 가장 잘 걸린다.
• 동결 깊이 $Z = C\sqrt{F}$

문제 002

모래 치환법에 의한 현장 흙의 밀도 시험에서 모래는 무엇을 구하기 위하여 쓰이는가?

㉮ 시험구멍에서 파낸 흙의 중량
㉯ 시험구멍의 체적
㉰ 시험구멍에서 파낸 흙의 함수상태
㉱ 시험구멍의 밑면부의 지지력

해설 $\gamma_t = \dfrac{W}{V}$ 공식에서 구멍속 부피(V)는 모래(표준사)를 이용하여 구한다.

문제 003

어떤 시료를 입도 분석 한 결과, 0.075mm(No 200)체 통과량이 65%이었고, 애터버그한계 시험 결과 액성한계가 40%이었으며, 소성 도표(plasticity chart)에서 A선위의 구역에 위치한다면 이 시료는 통일분류법(USCS)상 기호로서 옳은 것은?

㉮ CL   ㉯ SC
㉰ MH   ㉱ SM

정답 001. ㉰ 002. ㉯ 003. ㉮

해설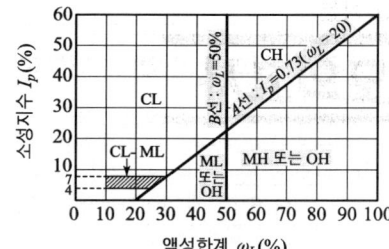

문제 004

유선망의 특징을 설명한 것으로 옳지 않은 것은?

㉮ 각 유로의 침투량은 같다.
㉯ 유선은 등수두선과 직교한다.
㉰ 유선망으로 이루어지는 사각형은 정사각형이다.
㉱ 침투속도 및 동수구배는 유선망의 폭에 비례한다.

해설 침투속도 및 동수구배는 유선망의 폭에 반비례한다.

문제 005

그림과 같이 $c=0$인 모래로 이루어진 무한사면이 안정을 유지(안전율≥1)하기 위한 경사각 β의 크기로 옳은 것은? (단, 물의 단위중량은 9.81kN/m³이다.)

㉮ $\beta \leq 7.94°$
㉯ $\beta \leq 15.5°$
㉰ $\beta \leq 31.3°$
㉱ $\beta \leq 35.6°$

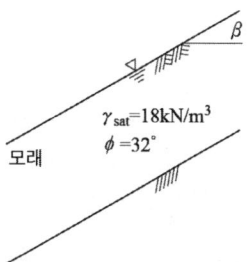

해설
$$F_s = \frac{\gamma_{sub}}{\gamma_{sat}} \cdot \frac{\tan\phi}{\tan i}$$
$$1 = \frac{(18-9.81)}{18} \times \frac{\tan 32°}{\tan i}$$
$$\therefore \tan i = \frac{(18-9.81) \times 1 \times \tan 32°}{18} = 0.2843$$
$$i = \tan^{-1} 0.2843 = 15.87°$$

정답 004. ㉱ 005. ㉯

문제 006

사질토에 대한 직접전단시험을 실시하여 다음과 같은 결과를 얻었다. 내부마찰각은 약 얼마인가?

수직응력(kN/m²)	30	60	90
최대전단응력(kN/m²)	17.3	34.6	51.9

㉮ 25° ㉯ 30° ㉰ 35° ㉱ 40°

해설 $\tau = \sigma \tan\phi$ 관련 식에서 $34.6 = 60\tan\phi$

$\therefore \phi = \tan^{-1}\dfrac{34.6}{60} = 30°$

문제 007

그림에서 안전율 3을 고려하는 경우, 수두차 h를 최소 얼마로 높일 때 모래시료에 분사현상이 발생하겠는가?

㉮ 12.75cm
㉯ 9.75cm
㉰ 4.25cm
㉱ 3.25cm

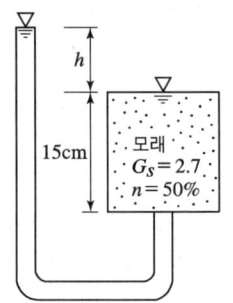

해설 $F = \dfrac{i_c}{i} = \dfrac{\dfrac{G_s - 1}{1+e}}{\dfrac{h}{L}} = \dfrac{\dfrac{2.7-1}{1+1}}{\dfrac{h}{15}} = \dfrac{0.85 \times 15}{h}$

$\therefore h = \dfrac{0.85 \times 15}{3} = 4.25 \text{cm}$

여기서, $e = \dfrac{n}{100-n} = \dfrac{50}{100-50} = 1$

문제 008

말뚝기초의 지반거동에 관한 설명으로 틀린 것은?

㉮ 기성말뚝을 타입하면 전단파괴를 일으키며 말뚝 주위의 지반은 교란된다.
㉯ 말뚝에 작용한 하중은 말뚝 주변의 마찰력과 말뚝 선단의 지지력에 의하여 주변 지반에 전달된다.
㉰ 연약지반상에 타입되어 지반이 먼저 변형하고 그 결과 말뚝이 저항하는 말뚝을 주동말뚝이라 한다.
㉱ 말뚝 타입 후 지지력의 증가 또는 감소 현상을 시간효과(time effect)라 한다.

정답 006. ㉯ 007. ㉰ 008. ㉰

해설
- 연약지반상에 타입되어 지반이 먼저 변형하고 그 결과 말뚝이 저항하는 말뚝을 수동말뚝이라 한다.
- 말뚝이 지표면에서 수평력을 받는 경우 말뚝이 변형함에 따라 지반이 저항하는 말뚝, 즉 말뚝이 움직이는 주체가 되는 말뚝을 주동말뚝이라 한다.

문제 009

두 개의 규소판 사이에 한 개의 알루미늄판이 결합된 3층 구조가 무수히 많이 연결되어 형성된 점토광물로서 각 3층 구조 사이에는 칼륨이온(K^+)으로 결합되어 있는 것은?

㉮ 몬모릴로나이트(montmorillonite)   ㉯ 할로이사이트(halloysite)
㉰ 고령토(kaolinite)   ㉱ 일라이트(illite)

해설
- 일라이트(illite)은 교환 불가능한 이온(불치환성 이온)을 가졌으며 안정성이 중간 정도이다.
- 몬모릴로나이트(montmorillonite)는 활성도가 가장 커 안정성이 제일 약하다.

문제 010

사질토 지반에 축조되는 강성기초의 접지압 분포에 대한 설명 중 맞는 것은?

㉮ 기초 모서리 부분에서 최대 응력이 발생한다.
㉯ 기초에 작용하는 접지압 분포는 토질에 관계없이 일정하다.
㉰ 기초의 중앙 부분에서 최대 응력이 발생한다.
㉱ 기초 밑면의 응력은 어느 부분이나 동일하다.

해설
- 휨성기초의 경우 기초에 작용하는 접지압 분포는 토질에 관계없이 일정하다.
- 점성토 지반에 축조되는 강성기초의 접지압 분포는 기초 모서리 부분에서 최대 응력이 발생한다.

문제 011

γ_t =19kN/m³, ϕ =30°인 뒤채움 모래를 이용하여 8m 높이의 보강토 옹벽을 설치하고자 한다. 폭 75mm, 두께 3.69mm의 보강띠를 연직방향 설치간격 S_v =0.5m, 수평방향 설치간격 S_h = 1.0m로 시공하고자 할 때, 보강띠에 착용하는 최대힘 T_{max}의 크기를 계산하면?

㉮ 15.33kN   ㉯ 25.33kN
㉰ 35.33kN   ㉱ 45.33kN

해설
- 주동 토압계수
$$K_a = \tan^2(45° - \frac{\phi}{2}) = \tan^2(45° - \frac{30°}{2}) = \frac{1}{3}$$
- 옹벽 밑면에 작용하는 수평응력(주동토압강도)
$$\sigma_h = K_a \cdot \sigma_v = K_a \cdot \gamma \cdot z = \frac{1}{3} \times 19 \times 8 = 50.66\,kN/m^2$$
- 최대힘
$$T_{max} = \sigma_h \cdot S_v \cdot S_h = 50.66 \times 0.5 \times 1.0 = 25.33\,kN$$

정답 009. ㉱   010. ㉰   011. ㉯

문제 012

다음 중 연약점토지반 개량공법이 아닌 것은?

㉮ Preloading 공법 ㉯ Sand drain 공법
㉰ Paper drain 공법 ㉱ Vibro floatation 공법

해설 Vibro floatation 공법은 사질토 개량공법이다.

문제 013

어떤 점토의 압밀계수는 $1.92 \times 10^{-7} \text{m}^2/\text{s}$, 압축계수는 $2.86 \times 10^{-1} \text{m}^2/\text{kN}$이었다. 이 점토의 투수계수는? (단, 이 점토의 초기간극비는 0.8이고 물의 단위중량은 9.81kN/m^3이다.)

㉮ $0.99 \times 10^{-5} \text{m/s}$ ㉯ $1.99 \times 10^{-5} \text{m/s}$
㉰ $2.99 \times 10^{-5} \text{m/s}$ ㉱ $3.99 \times 10^{-5} \text{m/s}$

해설
- $m_v = \dfrac{a_v}{1+e} = \dfrac{2.86 \times 10^{-1}}{1+0.8} = 0.01588 \text{m}^2/\text{kN}$
- $k = C_v \cdot m_v \cdot \gamma_w = 1.92 \times 10^{-7} \times 0.1588 \times 9.81 = 0.0000299 \text{m/s}$

문제 014

Terzaghi의 지지력 공식에 대한 사항 중 옳지 않은 것은?

㉮ 지지력 계수(N_c, N_r, N_q)는 내부 마찰각(ϕ)에 따라 결정되는 값이다.
㉯ 기초 형상에 따라 다른 형상계수를 고려해야 한다.
㉰ 극한 지지력은 기초 폭에 관계없이 흙의 상태를 나타내는 고유의 성질이다.
㉱ 점성토에서 극한 지지력은 기초의 근입깊이가 커짐에 따라 커진다.

해설 사질토 지반에서는 기초 폭의 크기에 비례하여 극한지지력이 크게 된다.

문제 015

전체 시추 코어 길이가 150cm이고 이중 회수된 코어 길이의 합이 80cm이었으며, 10cm 이상인 코어 길이의 합이 70cm이었을 때 코어의 회수율(TCR)은?

㉮ 56.67% ㉯ 53.33%
㉰ 46.67% ㉱ 43.33%

해설
- 회수율(TCR) = $\dfrac{\text{회수된 코어 길이의 합}}{\text{전체 시추 길이}} \times 100 = \dfrac{80}{150} \times 100 = 53.33\%$
- 암질지수(RQD) = $\dfrac{\text{10cm 이상 회수된 코어 길이의 합}}{\text{전체 시추 길이}} \times 100 = \dfrac{70}{150} \times 100 = 46.67\%$

정답 012. ㉱ 013. ㉰ 014. ㉰ 015. ㉯

문제 016

두께 H인 점토층에 압밀하중을 가하여 요구되는 압밀도에 달할 때까지 소요되는 기간이 단면배수일 경우 400일이었다면 양면배수일 때는 며칠이 걸리겠는가?

㉮ 800일　　　　　　　　　　㉯ 400일
㉰ 200일　　　　　　　　　　㉱ 100일

해설
- $C_v = \dfrac{T_v H^2}{t}$ 에서 $t = \dfrac{T_v H^2}{C_v}$ 이다.
- $t_1 : H_1^2 = t_2 : H_2^2$ 이므로 400일 : $H^2 = t_2 : \left(\dfrac{H}{2}\right)^2$

$$\therefore t_2 = \dfrac{400 \times \dfrac{H^2}{4}}{H^2} = 100일$$

문제 017

사운딩에 대한 설명으로 틀린 것은?

㉮ 로드 선단에 지중 저항체를 설치하고 지반내 관입, 압입, 또는 회전하거나 인발하여 그 저항치로부터 지반의 특성을 파악하는 지반조사방법이다.
㉯ 정적 사운딩과 동적 사운딩이 있다.
㉰ 압입식 사운딩의 대표적인 방법은 Standard Penetration Test(SPT)이다.
㉱ 특수 사운딩 중 측압 사운딩의 공내횡방향 재하시험은 보링공을 기계적으로 수평으로 확장시키면서 측압과 수평변위를 측정한다.

해설
- 표준관입시험(SPT)은 동적 사운딩이다.
- 표준관입시험은 사질토에 적합하고 점성토에서도 가능하다.

문제 018

습윤단위중량이 19kN/m³, 함수비 25%, 비중이 2.7인 경우 건조단위중량과 포화도는? (단, 물의 단위중량은 9.81kN/m³이다.)

㉮ 17.3kN/m³, 97.8%　　　　　　㉯ 17.3kN/m³, 90.9%
㉰ 15.2kN/m³, 97.8%　　　　　　㉱ 15.2kN/m³, 90.9%

해설
- $\gamma_d = \dfrac{\gamma_t}{1+\dfrac{w}{100}} = \dfrac{19}{1+\dfrac{25}{100}} = 15.2\,\text{kN/m}^3$
- $e = \dfrac{\gamma_w}{\gamma_d} G_s - 1 = \dfrac{9.81}{15.2} \times 2.7 - 1 = 0.742$
- $S \cdot e = G_s \cdot w$

$$\therefore S = \dfrac{G_s \cdot w}{e} = \dfrac{2.7 \times 25}{0.742} = 90.9\%$$

정답 016. ㉱　017. ㉰　018. ㉱

문제 019

아래의 공식은 흙 시료에 삼축압력이 작용할 때 흙 시료 내부에 발생하는 간극수압을 구하는 공식이다. 이 식에 대한 설명으로 틀린 것은?

$$\Delta u = B[\Delta\sigma_3 + A(\Delta\sigma_1 - \Delta\sigma_3)]$$

㉮ 포화된 흙의 경우 $B=1$이다.
㉯ 간극수압계수 A값은 언제나 (+)의 값을 갖는다.
㉰ 간극수압계수 A값은 삼축압축시험에서 구할 수 있다.
㉱ 포화된 점토에서 구속응력을 일정하게 두고 간극수압을 측정했다면, 축차응력과 간극수압으로부터 A값을 계산할 수 있다.

해설 • 간극수압계수 A값은 응력이력이나 체적변화에 따라 (−)의 값으로부터 1 이상의 값까지 넓게 변화한다.
• 정규압밀 점토에서는 A값이 파괴시에는 1내외의 값을 나타낸다.
• 삼축압축시험에 있어서 간극수압을 측정하여 간극수압계수 A를 계산하는 식이다.

문제 020

단위중량(γ_t)=19kN/m³, 내부마찰각(ϕ)=30°, 정지토압계수(K_o)=0.5인 균질한 사질토 지반이 있다. 이 지반의 지표면 아래 2m 지점에 지하수위면이 있고 지하수위면 아래의 포화단위중량(γ_{sat})=20kN/m³이다. 이때 지표면 아래 4m 지점에서 지반 내 응력에 대한 설명으로 틀린 것은? (단, 물의 단위중량은 9.81kN/m³이다.)

㉮ 연직응력(σ_v)은 80kN/m²이다.
㉯ 간극수압(u)은 19.62kN/m²이다.
㉰ 유효연직응력(σ_v')은 58.38kN/m²이다.
㉱ 유효수평응력(σ_h')은 29.19kN/m²이다.

해설 • 연직응력(σ_v)
  $\sigma_v = 19\times 2 + 20\times 2 = 78\text{kN/m}^2$
• 간극수압(u)
  $u = 9.81\times 2 = 19.62\text{kN/m}^2$
• 유효연직응력(σ_v')
  $\sigma_v' = \sigma_v - u = 78 - 19.62 = 58.38\text{kN/m}^2$
• 유효수평응력(σ_h')
  $K_o = \dfrac{\sigma_h'}{\sigma_v'}$
  $\therefore \sigma_h' = K_o \cdot \sigma_v' = 0.5\times 58.38 = 29.19\text{kN/m}^2$

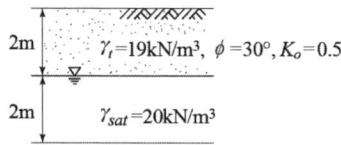

정답 019. ㉯ 020. ㉮

제2부 토질 및 기초

제8회 CBT 모의고사

> 「**알려드립니다**」 한국산업인력공단의 저작권법 저촉에 대한 언급(2013년 2회 시험)이 있어 과거에 출제된 동일한 문제나 그 유형의 문제로 재구성하였습니다.

문제 001
압밀시험에서 얻은 $e-\log P$ 곡선으로 구할 수 있는 것이 아닌 것은?
- ㉮ 선행압밀하중
- ㉯ 팽창지수
- ㉰ 압축지수
- ㉱ 압밀계수

해설 $e-P$ 곡선에서 압축계수를 구할 수 있다.

문제 002
연약 점토지반 개량공법으로서 다음 중 옳지 않은 것은?
- ㉮ 샌드드레인 공법
- ㉯ 프리로딩 공법
- ㉰ 바이브로 플로테이션 공법
- ㉱ 생석회 말뚝 공법

해설
- 바이브로 플로테이션 공법은 사질토 지반 개량공법이다.
- 바이브로 플로테이션 공법은 느슨한 모래지반에 봉의 선단에 설치된 노즐로부터 물분사와 수평방향의 진동 작용을 동시에 주면서 모래를 채워 지반을 조밀하게 개량한다.

문제 003
점토지반에 제방을 쌓을 경우 초기안정 해석을 위한 흙의 전단강도를 측정하는 시험방법으로 가장 적합한 것은?
- ㉮ UU-test
- ㉯ CU-test
- ㉰ CU-test
- ㉱ CD-test

해설 성토 직후 갑자기 파괴되는 경우, 단기간 안정 검토할 경우에는 비압밀비배수(UU)시험으로 전단 강도를 측정한다.

문제 004
흙의 분류법인 AASHTO 분류법과 통일분류법을 비교·분석한 내용으로 틀린 것은?
- ㉮ AASHTO 분류법은 입도분포, 군지수 등을 주요 분류인자로 한 분류법이다.
- ㉯ 통일분류법은 입도분포, 액성한계, 소성지수 등을 주요 분류인자로 한 분류법이다.
- ㉰ 통일분류법은 0.075mm체 통과율을 35%를 기준으로 조립토와 세립토로 분류하는데 이것은 AASHTO 분류법보다 적절하다.
- ㉱ 통일분류법은 유기질토 분류방법이 있으나 AASHTO 분류법은 없다.

정답 001. ㉱ 002. ㉰ 003. ㉮ 004. ㉰

해설 통일분류법은 0.075mm체 통과율을 50%를 기준으로 조립토와 세립토로 분류하는데 이것은 AASHTO 분류법보다 부적절하다.

문제 005

외경(D_o) 50.8mm, 내경(D_i) 34.9mm인 스플리트 스푼 샘플러의 면적비로 옳은 것은?

㉮ 46% ㉯ 53%
㉰ 106% ㉱ 112%

해설
- $A_r = \dfrac{D_w^2 - D_e^2}{D_e^2} \times 100 = \dfrac{50.8^2 - 34.9^2}{34.9^2} \times 100 = 112\%$
- 면적비가 10% 이하이면 잉여토의 혼입이 불가능한 것으로 보고 불교란 시료로 간주한다.

문제 006

어느 모래층의 간극률이 35%, 비중이 2.66이다. 이 모래의 quick sand에 대한 한계 동수구배는 얼마인가?

㉮ 1.14 ㉯ 1.08
㉰ 1.0 ㉱ 0.99

해설
- $e = \dfrac{n}{100-n} = \dfrac{35}{100-35} = 0.54$
- $i_c = \dfrac{G_s - 1}{1+e} = \dfrac{2.66-1}{1+0.54} = 1.08$

문제 007

다짐에 대한 설명으로 옳지 않은 것은?

㉮ 점토분이 많은 흙은 일반적으로 최적함수비가 낮다.
㉯ 사질토는 일반적으로 건조밀도가 높다.
㉰ 입도 배합이 양호한 흙은 일반적으로 최적함수비가 낮다.
㉱ 점토분이 많은 흙은 일반적으로 다짐곡선의 기울기가 완만하다.

해설
- 점토분이 많은 흙은 일반적으로 최적함수비가 높다.
- 점토를 최적함수비보다 작은 건조측 다짐을 하면 흙구조가 면모구조로, 습윤측 다짐을 하면 이산구조가 된다.
- 조립토는 세립토보다 최대건조단위중량이 커진다.

문제 008

베인 시험(Vane test)에 관하여 잘못 설명된 것은?

㉮ 연약 점토의 강도 측정에 이용된다.
㉯ 비배수 조건하의 사면 안정해석에 이용된다.
㉰ 내부 마찰각을 정확히 측정할 수 있다.
㉱ 회전 모멘트에 의하여 강도를 구할 수 있다.

정답 005. ㉱ 006. ㉯ 007. ㉮ 008. ㉰

해설 • 베인 전단시험은 연약한 점토지반의 점착력 C값을 측정한다.
• $C = \dfrac{M_{max}}{\pi D^2 \left(\dfrac{H}{2} + \dfrac{D}{6} \right)}$

문제 009

연약지반 위에 성토를 실시한 다음, 말뚝을 시공하였다. 시공 후 발생될 수 있는 현상에 대한 설명으로 옳은 것은?

㉮ 성토를 실시하였으므로 말뚝의 지지력은 점차 증가한다.
㉯ 말뚝을 암반층 상단에 위치하도록 시공하였다면 말뚝의 지지력에는 변함이 없다.
㉰ 압밀이 진행됨에 따라 지반의 전단강도가 증가되므로 말뚝의 지지력은 점차 증가된다.
㉱ 압밀로 인해 부의 주면마찰력이 발생되므로 말뚝의 지지력은 감소된다.

해설 • 성토를 실시하였으므로 말뚝의 지지력은 점차 감소한다.
• 말뚝을 암반층 상단에 위치하도록 시공하였더라도 연약지반이 위에 있고 성토하였으므로 말뚝의 지지력에 변함이 발생한다.
• 압밀이 진행됨에 따라 지반의 전단강도가 감소되므로 말뚝의 지지력은 점차 감소된다.
• 부마찰력은 말뚝 주변의 지반이 압밀이 발생할 때 생기며 연약지반에 말뚝을 박은 후 그 위에 성토를 할 경우 일어나기 쉽고 연약지반을 관통하여 견고한 지반까지 말뚝을 박은 경우 일어나기 쉽다.

문제 010

점토지반이나 사질토지반에 전단할 경우 Dilatancy 현상이 발생하며 공극수압과 밀접한 관계가 있다. 이에 대한 설명 중 틀린 것은?

㉮ 느슨한 사질토지반에서는 (+) Dilatancy가 발생한다.
㉯ 밀도가 큰 사질토지반에서는 (+) Dilatancy가 발생한다.
㉰ 정규압밀 점토지반에서는 (−) Dilatancy에 정(+)의 공극수압이 발생한다.
㉱ 과압밀 점토지반에서는 (+) Dilatancy에 부(−)의 공극수압이 발생한다.

해설 느슨한 사질토지반에는 (−) Dilatancy가 발생한다.

문제 011

도로의 평판재하 시험이 끝나는 조건에 대한 설명으로 옳지 않은 것은?

㉮ 완전히 침하가 멈출 때
㉯ 침하량이 15mm에 달할 때
㉰ 하중강도가 그 지반의 항복점을 넘을 때
㉱ 하중강도가 현장에서 예상되는 최대 접지압력을 초과할 때

해설 하중을 35kN/m²씩 증가하여 1분 동안에 침하량이 그 단계 하중의 총 침하량 1% 이하가 될 때까지 기다려 하중과 침하량을 읽는다.

보충 평판재하시험 결과를 이용할 때는 토질 종단, 지하수 위치와 변동, 재하판의 크기 등을 고려한다.

정답 009. ㉱ 010. ㉮ 011. ㉮

문제 012

어떤 지반에 대한 흙의 입도분석 결과 곡률계수(C_g)는 1.5, 균등계수(C_u)는 15이고 입자는 모난 형상이었다. 이때 Dunham의 공식에 의한 흙의 내부마찰각(ϕ)의 추정치는? (단, 표준관입시험 결과 N치는 10이었다.)

㉮ 25° ㉯ 30° ㉰ 36° ㉱ 40°

해설
- 곡률계수(C_g)가 1~3 범위에 있어 입도가 양호하다.
- 균등계수(C_u)가 10 이상으로 입도가 양호하다.
- 입자가 모나고 입도가 양호한 경우의 내부마찰각
$$\phi = \sqrt{12N} + 25 = \sqrt{12 \times 10} + 25 = 36°$$

문제 013

상·하층이 모래로 되어 있는 두께 2m의 점토층이 어떤 하중을 받고있다. 이 점토층의 투수계수(k)가 5×10^{-7} cm/s, 체적변화계수(m_v)가 5.0cm²/kN일 때 90% 압밀에 요구되는 시간은? (단, 물의 단위중량은 9.81kN/m³이다.)

㉮ 5.6일 ㉯ 9.8일 ㉰ 15.2일 ㉱ 47.2일

해설
- $k = C_v \cdot m_v \cdot r_w$
$$\therefore C_v = \frac{k}{m_v \cdot r_w} = \frac{5 \times 10^{-7}}{5 \times 9.81 \times 10^{-6}} = 0.01 \text{cm}^2/\text{sec}$$

- $C_v = \dfrac{0.848 \left(\dfrac{H}{2}\right)^2}{t_{90}}$

$$\therefore t_{90} = \frac{0.848 \left(\dfrac{H}{2}\right)^2}{C_v} = \frac{0.848 \left(\dfrac{200}{2}\right)^2}{0.01} = 848{,}000\text{초} ≒ 9.8\text{일}$$

문제 014

아래 그림에서 지표면에서 깊이 6m에서의 연직응력(σ_v)과 수평응력(σ_h)의 크기를 구하면? (단, 토압계수는 0.6이다.)

㉮ $\sigma_v = 87.3\text{kN/m}^2$, $\sigma_h = 52.4\text{kN/m}^2$
㉯ $\sigma_v = 95.2\text{kN/m}^2$, $\sigma_h = 57.1\text{kN/m}^2$
㉰ $\sigma_v = 112.2\text{kN/m}^2$, $\sigma_h = 67.3\text{kN/m}^2$
㉱ $\sigma_v = 123.4\text{kN/m}^2$, $\sigma_h = 74.0\text{kN/m}^2$

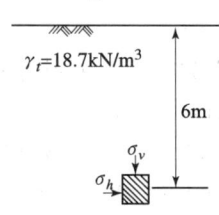

해설
- $\sigma_v = \gamma \cdot Z = 18.7 \times 6 = 112.2 \text{kN/m}^2$
- $K = \dfrac{\sigma_h}{\sigma_v}$
$$\therefore \sigma_h = \sigma_v \times K = 112.2 \times 0.6 = 67.3 \text{kN/m}^2$$

정답 012. ㉰ 013. ㉯ 014. ㉰

문제 015

포화단위중량(γ_{sat})이 19.62kN/m³인 사질토가 20°로 경사진 무한사면이 있다. 지하수위가 지표면과 일치하는 경우 이 사면의 안전율이 1 이상이 되기 위해서는 흙의 내부마찰각이 최소 몇 도 이상이어야 하는가? (단, 물의 단위중량은 9.81kN/m³이다.)

㉮ 18.21° ㉯ 20.52° ㉰ 36.06° ㉱ 45.47°

해설
$$F = \frac{\frac{\gamma_{sub}}{\gamma_{sat}}\tan\phi}{\tan i} \quad 1 = \frac{\frac{(19.62-9.81)}{19.62}\tan\phi}{\tan 20°} \quad \therefore \phi = 36°06'$$

문제 016

말뚝이 20개인 군항기초에 있어서 효율이 0.75이고, 단항으로 계산된 말뚝 한 개의 허용 지지력이 150kN일 때 군항의 허용 지지력은 얼마인가?

㉮ 1125kN ㉯ 2250kN ㉰ 3000kN ㉱ 4000kN

해설 $R_{ag} = ENR_a = 0.75 \times 20 \times 150 = 2250\text{kN}$

보충 말뚝 간격이 $1.5\sqrt{r \cdot l}$ 이하의 경우 군항이라 한다.

문제 017

3m×3m 크기의 정사각형 기초의 극한 지지력을 Terzaghi 공식으로 구하면? (단, 지하수위는 기초바닥 깊이와 같다. 흙의 마찰각 20°, 점착력 50kN/m², 습윤단위중량 17kN/m³이고, 지하수위 아래 흙의 포화단위 중량은 19kN/m³이다. 지지력계수 N_c=18, N_r=5, N_q=7.50이며, 물의 단위중량은 9.81kN/m³이다.)

㉮ 1480.14kN/m²
㉯ 1231.24kN/m²
㉰ 1540.42kN/m²
㉱ 1337.31kN/m²

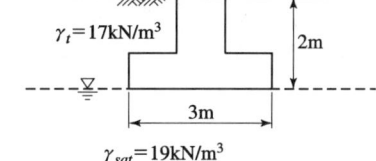

해설 $q_d = \alpha CN_c + \beta\gamma_1 BN_r + \gamma_2 D_f N_q = 1.3 \times 50 \times 18 + 0.4 \times (19-9.81) \times 3 \times 5 + 17 \times 2 \times 7.5$
$= 1480.14\text{kN/m}^2$

문제 018

그림과 같은 지반내의 유선망이 주어졌을 때 폭 10m에 대한 침투 유량은? (단, 투수계수 $k = 2.2 \times 10^{-2}$cm/s이다.)

㉮ 3.96cm³/s
㉯ 39.6cm³/s
㉰ 396cm³/s
㉱ 3960cm³/s

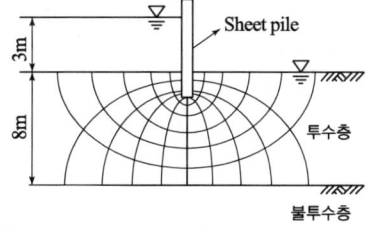

정답 015. ㉰ 016. ㉯ 017. ㉮ 018. ㉱

해설 $Q = k \cdot H \dfrac{N_f}{N_d} \cdot B = (2.2 \times 10^{-2}) \times 300 \times \dfrac{6}{10} \times 1000 = 3960 \, \text{cm}^3/\text{sec}$

문제 019

그림에서 a–a′면 바로 아래의 유효응력은? (단, 흙의 간극비(e)는 0.4, 비중(G_s)은 2.65, 물의 단위중량은 9.81kN/m³이다.)

㉮ 68.2kN/m²
㉯ 82.1kN/m²
㉰ 97.4kN/m²
㉱ 102.1kN/m²

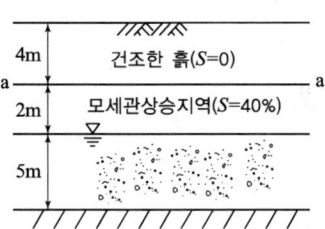

해설
- 건조밀도 $\gamma_d = \dfrac{G_s}{1+e}\gamma_w = \dfrac{2.65}{1+0.4} \times 9.81 = 18.57 \, \text{kN/m}^3$
- 전응력 $\sigma = \gamma_d \cdot H = 18.57 \times 4 = 74.28 \, \text{kN/m}^3$
- 간극수압 $u = \gamma_w \cdot h = -9.81 \times 2 \times 0.4 = -7.85 \, \text{kN/m}^3$
- 유효응력 $\overline{\sigma} = \sigma - u = 74.28 - (-7.85) = 82.1 \, \text{kN/m}^3$

문제 020

주동토압을 P_A, 수동토압을 P_P, 정지토압을 P_O라 할 때 토압의 크기 순서는?

㉮ $P_A > P_P > P_O$
㉯ $P_P > P_O > P_A$
㉰ $P_P > P_A > P_O$
㉱ $P_O > P_A > P_P$

해설
- $P_a < P_o < P_p$
- $K_a < K_o < K_p$

정답 019. ㉯ 020. ㉯

제 2 부 토질 및 기초

제 9 회 CBT 모의고사

「**알려드립니다**」 한국산업인력공단의 저작권법 저촉에 대한 언급(2013년 2회 시험)이 있어 과거에 출제된 동일한 문제나 그 유형의 문제로 재구성하였습니다.

문제 001

점토층 지반 위에 성토를 급속히 하려한다. 성토 직후에 있어서 이 점토의 안정성을 검토하는데 필요한 강도정수를 구하는 합리적인 시험은?

㉮ 비압밀 비배수 시험(UU-test)
㉯ 압밀 비배수 시험(CU-test)
㉰ 압밀 배수 시험(CD-test)
㉱ 투수 시험

해설 포화점토가 성토 직후에 갑자기 파괴되는 경우를 생각할 때, 단기간 안정검토할 경우 UU시험을 한다.

보충 CD시험은 압밀이 진행되어 더욱 파괴가 천천히 일어나는 경우, 사질지반의 안정문제가 점토지반에서는 재하후의 장기간에 안정을 검토하는 경우 실시한다.

문제 002

토질시험결과 No.200체 통과율이 50%, 액성한계가 45%, 소성한계가 25%일 때 군지수는?

㉮ 3   ㉯ 5   ㉰ 7   ㉱ 9

해설 $GI = 0.2a + 0.005ac + 0.01bd$
$a = 50 - 35 = 15$ $b = 50 - 15 = 35$
$c = 45 - 40 = 5$ $d = 20 - 10 = 10$
$I_p = 45 - 25 = 20$
∴ $GI = 0.2 \times 15 + 0.005 \times 15 \times 5 + 0.01 \times 35 \times 10 ≒ 7$

보충 • 군지수는 0~20 범위이다.
• 군지수가 작을수록 조립토에 해당되어 양호하다.

문제 003

토립자가 둥글고 입도분포가 양호한 모래지반에서 N치를 측정한 결과 $N=19$가 되었을 경우, Dunham의 공식에 의한 이 모래의 내부 마찰각 ϕ는?

㉮ 20°   ㉯ 25°   ㉰ 30°   ㉱ 35°

정답 001. ㉮   002. ㉰   003. ㉱

해설
- $\phi = \sqrt{12N} + 20 = \sqrt{12 \times 19} + 20 = 35°$
- 토립자가 둥글고 균일한 입경
  $\phi = \sqrt{12N} + 15$
- 토립자가 모나고 양호한 입도
  $\phi = \sqrt{12N} + 25$

문제 004

그림과 같은 지반에서 재하순간 수주(水柱)가 지표면(지하수위)으로부터 5m이었다. 40% 압밀이 일어난 후 A점에서의 전체 간극수압은 얼마인가?
(단, 물의 단위중량은 9.81kN/m³이다.)

㉮ 68.48 kN/m²
㉯ 72.25 kN/m²
㉰ 78.48 kN/m²
㉱ 92.25 kN/m²

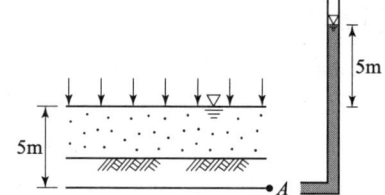

해설
- 재하순간 간극수압
  $\gamma_w \cdot h = 9.81 \times 5 = 49.05 \text{kN/m}^2$
- 압밀도
  $U = 1 - \dfrac{u}{P}$ $\quad 0.4 = 1 - \dfrac{u}{49.05} \quad$ ∴ $u = 29.43 \text{kN/m}^2$
- 전체 간극수압
  $49.05 + 29.43 = 78.48 \text{kN/m}^2$

문제 005

점토 지반의 강성 기초의 접지압 분포에 대한 설명으로 옳은 것은?

㉮ 기초 모서리 부분에서 최대응력이 발생한다.
㉯ 기초 중앙부분에서 최대응력이 발생한다.
㉰ 기초 밑면의 응력은 어느 부분이나 동일하다.
㉱ 기초 밑면에서의 응력은 토질에 관계없이 일정하다.

해설 사질 지반의 강성 기초 접지압 분포는 기초 중앙 부분에서 최대 응력이 발생한다.

문제 006

현장에서 채취한 흙 시료에 대해 압밀시험을 실시하였다. 압밀링에 담겨진 시료의 단면적은 30cm², 시료의 초기높이는 2.6cm, 시료의 비중은 2.5이며 시료의 건조중량은 1.2N이었다. 이 시료에 320kPa의 압밀압력을 가했을 때, 0.2cm의 최종 압밀침하가 발생되었다면 압밀이 완료된 후 시료의 간극비는? (단, 물의 단위중량은 9.81kN/m³이다.)

㉮ 0.125 ㉯ 0.385 ㉰ 0.500 ㉱ 0.625

정답 004. ㉰ 005. ㉮ 006. ㉰

해설
- $H_0 = \dfrac{W_s}{G_s \, A \gamma_\omega} = \dfrac{1.2}{2.5 \times 30 \times 9.81 \times 10^{-3}} = 1.6\,\text{cm}$

  여기서, 물의 단위중량 $9.81\,\text{kN/m}^3 = 9.81 \times 10^{-3}\,\text{N/cm}^3$이다.

- $e = \dfrac{H_1 - H_0}{H_0} - \dfrac{R}{H_0} = \dfrac{2.6 - 1.6}{1.6} - \dfrac{0.2}{1.6} = 0.5$

문제 007

흙의 포화단위중량이 $20\,\text{kN/m}^3$인 포화점토층을 45° 경사로 8m를 굴착하였다. 흙의 강도 계수 $C_u = 65\,\text{kN/m}^2$, $\phi_u = 0°$이다. 그림과 같은 파괴면에 대하여 사면의 안전율은? (단, ABCD의 면적은 $70\,\text{m}^2$이고 O점에서 ABCD의 무게중심까지의 수직거리는 4.5m이다.)

㉮ 4.72
㉯ 2.67
㉰ 4.21
㉱ 2.36

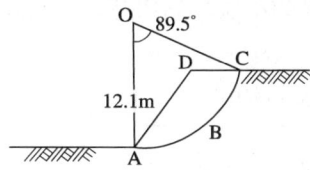

해설
$F = \dfrac{C \cdot L \cdot R}{W \cdot x} = \dfrac{C \cdot L \cdot R}{A \cdot \gamma \cdot x} = \dfrac{65 \times 18.9 \times 12.1}{70 \times 20 \times 4.5} = 2.36$

여기서, • $360° : \pi D = 89.5° : L$

$\therefore L = \dfrac{3.14 \times (2 \times 12.1) \times 89.5°}{360°} = 18.9\,\text{m}$

• $W = A \cdot \gamma$

문제 008

그림과 같은 지반에 대해 수직방향 등가투수계수를 구하면?

㉮ $3.89 \times 10^{-4}\,\text{cm/sec}$
㉯ $7.78 \times 10^{-4}\,\text{cm/sec}$
㉰ $1.57 \times 10^{-3}\,\text{cm/sec}$
㉱ $3.14 \times 10^{-3}\,\text{cm/sec}$

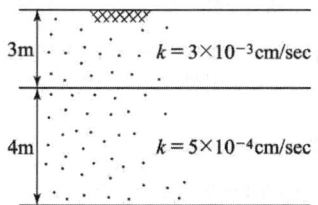

해설
$k_v = \dfrac{H}{\dfrac{H_1}{K_1} + \dfrac{H_2}{K_2}} = \dfrac{700}{\dfrac{300}{3 \times 10^{-3}} + \dfrac{400}{5 \times 10^{-4}}} = 7.78 \times 10^{-4}\,\text{cm/sec}$

정답 007. ㉱ 008. ㉯

문제 009

기초의 필요조건에 대한 설명으로 옳지 않은 것은?

㉮ 지지력에 대하여 안전하여야 한다.
㉯ 침하는 허용하여서는 안 된다.
㉰ 경제성 및 사용성이 좋아야 한다.
㉱ 최소한의 근입깊이를 가져 동해의 영향을 받지 않아야 한다.

해설 침하는 허용치 이내가 되어야 한다.

문제 010

내부마찰각이 30°, 단위중량이 18kN/m³인 흙의 인장균열깊이가 3m일 때 점착력은?

㉮ 15.6 kN/m² ㉯ 16.7 kN/m²
㉰ 17.5 kN/m² ㉱ 18.1 kN/m²

해설 $Z_c = \dfrac{2C}{\gamma} \tan\left(45° + \dfrac{\phi}{2}\right)$ $3 = \dfrac{2 \times C}{18} \tan\left(45° + \dfrac{30°}{2}\right)$

∴ $C = 15.6 \text{kN/m}^2$

문제 011

다음 현장시험 중 Sounding의 종류가 아닌 것은?

㉮ 평판재하 시험 ㉯ Vane 시험
㉰ 표준관입 시험 ㉱ 동적 원추관입 시험

해설
- 사운딩은 Rod 선단에 설치한 저항체를 땅 속에 삽입하여 관입, 회전, 인발 등의 저항으로 토층의 성질을 조사하는 것이다.
- 평판재하시험은 지지력 시험이다.

보충
- 표준관입시험은 동적 사운딩으로 사질토에 적합하고 점성토에도 가능하다.
- Vane 시험은 시험기의 회전에 의해 지반의 강도를 측정한다.

문제 012

연속기초에 대한 Terzaghi의 극한지지력 공식은 $q_u = c \cdot N_c + 0.5 \cdot \gamma_1 \cdot B \cdot N_r + \gamma_2 \cdot D_f \cdot N_q$ 로 나타낼 수 있다. 아래 그림과 같은 경우 극한 지지력 공식의 두 번째 항의 단위중량 γ_1의 값은? (단, 물의 단위중량은 9.81kN/m³이다.)

㉮ 14.48 kN/m³
㉯ 16.00 kN/m³
㉰ 17.45 kN/m³
㉱ 18.20 kN/m³

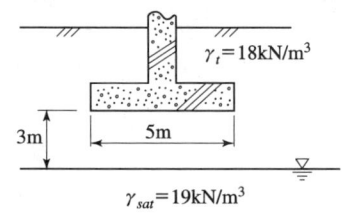

정답 009. ㉯ 010. ㉮ 011. ㉮ 012. ㉮

해설
- $D \leq B$의 경우

$$\gamma_1 = \frac{1}{B}[\gamma_t D + \gamma_{sub}(B-D)]$$
$$= \frac{1}{5}[18 \times 3 + (19-9.81) \times (5-3)]$$
$$= 14.48 \text{kN/m}^3$$

- $D > B$의 경우
$$\gamma_1 = \gamma_t$$

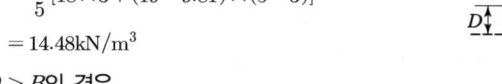

문제 013

흙 속에 있는 한 점의 최대 및 최소 주응력이 각각 200kN/m² 및 100kN/m²일 때 최대 주응력면과 30°를 이루는 평면상의 전단응력을 구한 값은?

㉮ 10.5 kN/m²
㉯ 21.5 kN/m²
㉰ 32.3 kN/m²
㉱ 43.3 kN/m²

해설
- $\tau = \dfrac{\sigma_1 - \sigma_3}{2}\sin 2\theta = \dfrac{200-100}{2}\sin 2 \times 30° = 43.3 \text{kN/m}^2$
- $\sigma = \dfrac{\sigma_1 + \sigma_3}{2} + \dfrac{\sigma_1 - \sigma_3}{2}\cos 2\theta$

문제 014

다음 중 연약점토지반 개량공법이 아닌 것은?

㉮ Preloading 공법
㉯ Sand drain 공법
㉰ Paper drain 공법
㉱ Vibro floatation 공법

해설 Vibro floatation 공법은 사질토 개량공법이다.

문제 015

흙의 다짐곡선은 흙의 종류나 입도 및 다짐에너지 등의 영향으로 변한다. 흙의 다짐 특성에 대한 설명으로 틀린 것은?

㉮ 세립토가 많을수록 최적함수비는 증가한다.
㉯ 점토질 흙은 최대건조단위중량이 작고 사질토는 크다.
㉰ 일반적으로 최대건조단위중량이 큰 흙일수록 최적함수비도 커진다.
㉱ 점성토는 건조측에서 물을 많이 흡수하므로 팽창이 크고 습윤측에서는 팽창이 작다.

해설
- 일반적으로 최대건조단위중량이 큰 흙일수록 최적함수비도 작아진다.
- 다짐에너지가 증가할수록 최대건조중량은 증가하고 최적함수비는 감소한다.
- 흙의 투수성 감소를 위해서는 최적함수비의 습윤측에서 다짐을 한다.

정답 013. ㉱ 014. ㉱ 015. ㉰

문제 016

노상토 지지력비(CBR)시험에서 피스톤 2.5mm 관입될 때와 5.0mm 관입될 때를 비교한 결과, 관입량 5.0mm에서 CBR이 더 큰 경우 CBR 값을 결정하는 방법으로 옳은 것은?

㉮ 그대로 관입량 5.0mm일 때의 CBR 값으로 한다.
㉯ 2.5mm 값과 5.0mm 값의 평균을 CBR 값으로 한다.
㉰ 5.0mm 값을 무시하고 2.5mm 값을 표준으로 하여 CBR 값으로 한다.
㉱ 새로운 공시체로 재시험을 하여, 재시험 결과도 5.0mm 값이 크게 나오면 관입량 5.0mm 일 때의 CBR 값으로 한다.

해설
- 2.5mm 값이 5.0mm 값보다 커야 하는데 5.0mm 값이 클 때는 재시험을 하고 재시험 결과 5.0mm 값이 또 크면 그대로 5.0mm 값을 CBR 값으로 한다.
- $CBR = \dfrac{\text{시험하중}}{\text{표준하중}} \times 100 = \dfrac{\text{시험단위하중}}{\text{표준단위하중}} \times 100$

문제 017

다음 중 동상에 대한 대책으로 틀린 것은?

㉮ 모관수의 상승을 차단한다.
㉯ 지표부근에 단열재료를 매립한다.
㉰ 배수구를 설치하여 지하수위를 낮춘다.
㉱ 동결심도 상부의 흙을 실트질 흙으로 치환한다.

해설
- 동결심도 상부의 흙을 비동결성 흙(자갈, 쇄석)으로 치환한다.
- 동상은 일반적으로 실트, 점토, 모래, 자갈 순으로 일어나기 쉽다.
- 실트질이 존재하고, 물의 공급이 충분하며 영하의 온도가 오래 지속되면 지반이 동결된다.

문제 018

토질시험 결과 내부마찰각이 30°, 점착력이 50kN/m², 간극수압이 800kN/m², 파괴면에 작용하는 수직응력이 3000kN/m²일 때 이 흙의 전단응력은?

㉮ 1270 kN/m²   ㉯ 1320 kN/m²
㉰ 1580 kN/m²   ㉱ 1950 kN/m²

해설 $\tau = c + (\sigma - u)\tan\phi = 50 + (3000 - 800)\tan 30° = 1320 \text{kN/m}^2$

문제 019

단면적이 100cm², 길이가 30cm인 모래 시료에 대하여 정수위 투수시험을 실시하였다. 이때 수두차가 50cm, 5분 동안 집수된 물이 350cm³이었다면 이 시료의 투수계수는?

㉮ 0.001cm/s   ㉯ 0.007cm/s
㉰ 0.01cm/s   ㉱ 0.07cm/s

정답 016. ㉱   017. ㉱   018. ㉯   019. ㉯

해설 $k = \dfrac{Q}{A}\dfrac{L}{h\,t} = \dfrac{350 \times 30}{100 \times 50 \times (5 \times 60)} = 0.007\,\text{cm/s}$

문제 020

통일분류법에 의한 분류기호와 흙의 성질을 표현한 것으로 틀린 것은?

㉮ SM : 실트 섞인 모래
㉯ GC : 점토 섞인 자갈
㉰ CL : 소성이 큰 무기질 점토
㉱ GP : 입도분포가 불량한 자갈

해설 • CH : 소성이 큰 무기질 점토
  • CL : 소성이 작은 무기질 점토
  • GW : 입도분포가 양호한 자갈

정답 020. ㉰

제 2 부 토질 및 기초

제 10 회 CBT 모의고사

> **「알려드립니다」** 한국산업인력공단의 저작권법 저촉에 대한 언급(2013년 2회 시험)이 있어 과거에 출제된 동일한 문제나 그 유형의 문제로 재구성하였습니다.

문제 001
포화상태에 있는 흙의 함수비가 40%이고, 비중이 2.60이다. 이 흙의 공극비는 얼마인가?
- ㉮ 0.85
- ㉯ 0.065
- ㉰ 1.04
- ㉱ 1.40

해설 포화상태에 있으므로 $S=100\%$
$S \cdot e = G_s \cdot w$
$\therefore e = \dfrac{G_s \cdot w}{S} = \dfrac{2.6 \times 40}{100} = 1.04$

보충 공극비 $e = \dfrac{r_w}{r_d} G_s - 1 = \dfrac{n}{100-n}$

문제 002
그림과 같은 지반에서 X–X 단면에 작용하는 유효압력을 구하면 얼마인가? (단, 물의 단위중량은 9.81 kN/m³이다.)
- ㉮ 46.6 kN/m²
- ㉯ 68.8 kN/m²
- ㉰ 90.5 kN/m²
- ㉱ 108 kN/m²

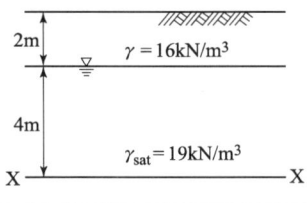

해설
- $\bar{p}(\bar{\sigma}) = 16 \times 2 + (19 - 9.81) \times 4 = 68.8 \text{ kN/m}^2$

보충
- $p(\sigma) = 16 \times 2 + 19 \times 4 = 108 \text{ kN/m}^2$
- $u = 9.81 \times 4 = 39.24 \text{ kN/m}^2$
- $p = \bar{p} + u$
  $\therefore \bar{p} = p - u = 108 - 39.24 = 68.8 \text{ kN/m}^2$

문제 003
두께 2cm의 점토시료에 대한 압밀시험에서 전압밀에 소요되는 시간이 2시간이었다. 같은 시료조건에서 5m 두께의 지층이 전압밀에 소요되는 기간은 약 몇 년인가? (단, 기간은 소수 2자리에서 반올림함)
- ㉮ 9.3년
- ㉯ 14.3년
- ㉰ 12.3년
- ㉱ 16.3년

정답 001. ㉰   002. ㉯   003. ㉯

해설 $C_v = \dfrac{T_v H^2}{t}$ 에서 $t_1 : H_1^2 = t_2 : H_2^2$

2시간 : $(1\text{cm})^2 = t_2 : (250\text{cm})^2$

$\therefore t_2 = \dfrac{2 \times 250^2}{1^2} = 125{,}000$시간 $= 14.3$년

보충 • 압밀시험의 경우 양면 배수를 적용한다.

• 양면 배수의 경우 $C_v = \dfrac{T_v \left(\dfrac{H}{2}\right)^2}{t}$

문제 004

지표면이 수평이고 옹벽의 뒷면과 흙과의 마찰각이 0°인 연직옹벽에서 Coulomb 토압과 Rankine 토압은 어떤 관계가 있는가? (단, 점착력은 무시한다.)

㉮ Coulomb 토압은 항상 Rankine 토압보다 크다.
㉯ Coulomb 토압과 Rankine 토압은 같다.
㉰ Coulomb 토압이 Rankine 토압보다 작다.
㉱ 옹벽의 형상과 흙의 상태에 따라 클때도 있고 작을때도 있다.

해설 $\theta = 90°$, $i = 0°$, $\delta = 0°$인 경우
Coulomb의 토압을 Rankine의 토압과 같다.

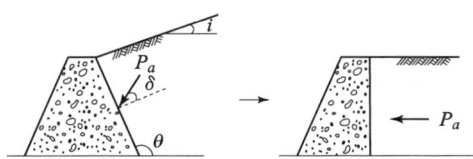

보충 $i = \phi$이면 $K_a = K_p = \cos i$

$P_a = \dfrac{1}{2} r H^2 K_a$

문제 005

아래 그림에서 투수계수 $K = 4.8 \times 10^{-3}$cm/sec일 때 Darcy 유출속도 v와 실제 물의 속도(침투속도) v_s는?

㉮ $v = 3.4 \times 10^{-4}$cm/sec, $v_s = 5.6 \times 10^{-4}$cm/sec
㉯ $v = 3.4 \times 10^{-4}$cm/sec, $v_s = 9.4 \times 10^{-4}$cm/sec
㉰ $v = 5.8 \times 10^{-4}$cm/sec, $v_s = 10.8 \times 10^{-4}$cm/sec
㉱ $v = 5.8 \times 10^{-4}$cm/sec, $v_s = 13.2 \times 10^{-4}$cm/sec

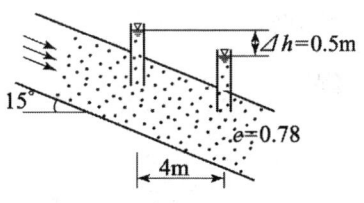

해설
- $L = \dfrac{4}{\cos 15°} = 4.14\text{m}$
- $V = k \cdot i = k \cdot \dfrac{h}{L} = 4.8 \times 10^{-3} \times \dfrac{0.5}{4.14} = 0.00058\text{cm/sec}$
- $V_s = \dfrac{V}{n} = \dfrac{0.00058}{0.438} = 0.00132\text{cm/sec}$

  여기서, $n = \dfrac{e}{1+e} \times 100 = \dfrac{0.78}{1+0.78} \times 100 = 43.8\%$
- $V < V_s$

문제 006

그림과 같은 지반에서 재하순간 수주(水柱)가 지표면(지하수위)으로부터 5m이었다. 40% 압밀이 일어난 후 A점에서의 전체 간극수압은 얼마인가?
(단, 물의 단위중량은 9.81kN/m³이다.)

㉮ 68.48 kN/m²
㉯ 72.25 kN/m²
㉰ 78.48 kN/m²
㉱ 92.25 kN/m²

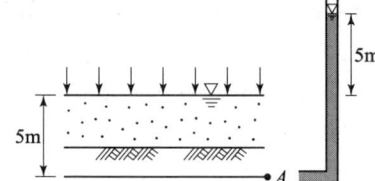

해설
- 재하순간 간극수압
  $\gamma_w \cdot h = 9.81 \times 5 = 49.05\text{kN/m}^2$
- 압밀도
  $U = 1 - \dfrac{u}{P}$, $\quad 0.4 = 1 - \dfrac{u}{49.05} \quad \therefore\ u = 29.43\text{kN/m}^2$
- 전체 간극수압
  $49.05 + 29.43 = 78.48\text{kN/m}^2$

문제 007

현장 도로 토공에서 들밀도 시험을 실시한 결과 파낸 구멍의 체적이 1,980cm³이었고, 이 구멍에서 파낸 흙 무게가 3,420g이었다. 이 흙의 토질실험 결과 함수비가 10%, 비중이 2.7, 최대건조단위무게가 1.65g/cm³이었을 때 현장의 다짐도는?

㉮ 80%   ㉯ 85%
㉰ 91%   ㉱ 95%

해설
- $\gamma_t = \dfrac{W}{V} = \dfrac{3,420}{1,980} = 1.73\text{g/cm}^3$
- $\gamma_d = \dfrac{\gamma_t}{1+\dfrac{\omega}{100}} = \dfrac{1.73}{1+\dfrac{10}{100}} = 1.57\text{g/cm}^3$
- 다짐도 $= \dfrac{\gamma_d}{\gamma_{d\max}} \times 100 = \dfrac{1.57}{1.65} \times 100 = 95\%$

정답 006. ㉰   007. ㉱

문제 008

4m×4m 크기인 정사각형 기초를 내부마찰각 $\phi=20°$, 점착력 $c=30$ kN/m²인 지반에 설치하였다. 흙의 단위중량(γ)=19 kN/m³이고 안전율을 3으로 할 때 기초의 허용하중을 Terzaghi 지지력 공식으로 구하면? (단, 기초의 깊이는 1m이고, 전반전단파괴가 발생한다고 가정하며, $N_c=17.69$, $N_q=7.44$, $N_r=4.97$이다.)

㉮ 3780 kN ㉯ 5240 kN
㉰ 6750 kN ㉱ 8140 kN

해설
- $q_d = \alpha\,CN_c + \beta\gamma_1 BN_r + \gamma_2 D_f N_q$
  $= 1.3 \times 30 \times 17.69 + 0.4 \times 19 \times 4 \times 4.97 + 19 \times 1 \times 7.44 = 982.4 \text{kN/m}^2$
- 허용 지지력
  $q_a = \dfrac{q_u}{F} = \dfrac{982.4}{3} = 327.5 \text{kN/m}^2$
- 허용하중
  $q_a = \dfrac{P}{A}$ ∴ $P = q_a A = 327.5 \times (4 \times 4) = 5240 \text{kN}$

문제 009

다음 중 사면의 안정해석방법이 아닌 것은?

㉮ 마찰원법 ㉯ 비숍(Bishop)의 방법
㉰ 펠레니우스(Fellenius) 방법 ㉱ 카사그란데(Casagrande)의 방법

해설 통일분류법은 Casagrande가 고안하였다.

문제 010

표준관입시험에 관한 설명 중 옳지 않은 것은?

㉮ 표준관입시험의 N값으로 모래지반의 상대밀도를 추정할 수 있다.
㉯ N값으로 점토지반의 연경도에 관한 추정이 가능하다.
㉰ 지층의 변화를 판단할 수 있는 시료를 얻을 수 있다.
㉱ 모래지반에 대해서도 흐트러지지 않은 시료를 얻을 수 있다.

해설 불교란 시료를 채취하기는 곤란하다.

문제 011

자연상태의 모래지반을 다져 $e_{\min}$에 이르도록 했다면 이 지반의 상대밀도는?

㉮ 0% ㉯ 50%
㉰ 75% ㉱ 100%

해설 $D_r = \dfrac{e_{\max}-e}{e_{\max}-e_{\min}} \times 100$ 식에서 $e=e_{\min}$이면 $D_r=100\%$이다.

정답 008. ㉯ 009. ㉱ 010. ㉱ 011. ㉱

문제 012

수조에 상방향의 침투에 의한 수두를 측정한 결과, 그림과 같이 나타났다. 이때, 수조 속에 있는 흙에 발생하는 침투력을 나타낸 식은? (단, 시료의 단면적은 A, 시료의 길이는 L, 시료의 포화단위중량은 γ_{sat}, 물의 단위중량은 γ_w이다.)

㉮ $\triangle h \cdot \gamma_w \cdot \dfrac{A}{L}$

㉯ $\triangle h \cdot \gamma_w \cdot A$

㉰ $\triangle h \cdot \gamma_{sat} \cdot A$

㉱ $\dfrac{\gamma_{sat}}{\gamma_w} \cdot A$

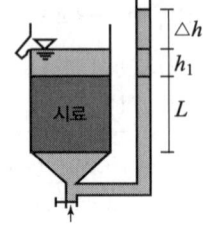

해설 상방향 침투에 의한 수두($\triangle h$)을 고려한 힘 $P = \triangle h \cdot \gamma_w \cdot A$가 된다.

문제 013

유효응력에 관한 설명 중 옳지 않은 것은?

㉮ 포화된 흙인 경우 전응력에서 공극수압을 뺀 값이다.
㉯ 항상 전응력보다는 작은 값이다.
㉰ 점토지반의 압밀에 관계되는 응력이다.
㉱ 건조한 지반에서는 전응력과 같은 값으로 본다.

해설 모관영역에서는 유효응력이 전응력보다 크다.

문제 014

말뚝에서 부마찰력에 관한 설명 중 옳지 않은 것은?

㉮ 아래쪽으로 작용하는 마찰력이다.
㉯ 부마찰력이 작용하면 말뚝의 지지력은 증가한다.
㉰ 압밀층을 관통하여 견고한 지반에 말뚝을 박으면 일어나기 쉽다.
㉱ 연약지반에 말뚝을 박은 후 그 위에 성토를 하면 일어나기 쉽다.

해설
- 부마찰력이 작용하면 말뚝의 지지력은 감소한다.
- 부마찰력은 말뚝 주변 침하량이 말뚝의 침하량보다 클 때 아래로 끌어 내리는 마찰력을 말한다.

문제 015

보링(boring)에 관한 설명으로 틀린 것은?

㉮ 보링(boring)에는 회전식(rotary boring)과 충격식(percussion boring)이 있다.
㉯ 충격식은 굴진속도가 빠르고 비용도 싸지만 분말상의 교란된 시료만 얻어진다.
㉰ 회전식은 시간과 공사비가 많이 들뿐만 아니라 확실한 코어(core)도 얻을 수 없다.
㉱ 보링은 지반의 상황을 판단하기 위해 실시한다.

정답 012. ㉯ 013. ㉯ 014. ㉯ 015. ㉰

해설 회전식은 시간과 공사비가 많이 드나 확실한 코어를 얻을 수 있다.

문제 016

흙 시료의 일축압축시험 결과 일축압축강도가 0.3MPa이었다. 이 흙의 점착력은? (단, $\phi=0$인 점토)

㉮ 0.1MPa ㉯ 0.15MPa
㉰ 0.3MPa ㉱ 0.6MPa

해설 $C = \dfrac{q_u}{2} = \dfrac{0.3}{2} = 0.15 \text{MPa}$

문제 017

지반개량공법 중 연약한 점성토 지반에 적당하지 않은 것은?

㉮ 치환 공법 ㉯ 침투압 공법
㉰ 폭파다짐 공법 ㉱ 샌드 드레인 공법

해설 사질토 지반의 개량공법에는 다짐말뚝 공법, 바이브로플로테이션 공법, 폭파다짐 공법 등이 있다.

문제 018

다짐곡선에 대한 설명으로 틀린 것은?

㉮ 다짐에너지를 증가시키면 다짐곡선은 왼쪽 위로 이동하게 된다.
㉯ 사질성분이 많은 시료일수록 다짐곡선은 오른쪽 위에 위치하게 된다.
㉰ 점성분이 많은 흙일수록 다짐곡선은 넓게 퍼지는 형태를 가지게 된다.
㉱ 점성분이 많은 흙일수록 오른쪽 아래에 위치하게 된다.

해설
• 사질성분이 많은 시료일수록 다짐곡선은 왼쪽 위에 위치하게 된다.
• 다짐에너지가 커질수록 최적함수비는 작다.
• 입도분포가 양호한 흙에서는 건조밀도가 높다.

문제 019

포화된 점토지반에 성토하중으로 어느 정도 압밀된 후 급속한 파괴가 예상될 때, 이용해야 할 강도정수를 구하는 시험은?

㉮ CU-test ㉯ UU-test
㉰ UC-test ㉱ CD-test

해설
• 포화점토가 성토직후에 갑자기 파괴가 예상되거나 점토의 단기간 안정 검토시 비압밀 비배수(UU)시험을 한다.
• 성토 하중 때문에 어느 정도 압밀된 후 갑자기 파괴가 예상될 때는 압밀 비배수(CU)시험을 한다.

정답 016. ㉯ 017. ㉰ 018. ㉯ 019. ㉮

문제 020

하중이 완전히 강성(剛性)인 푸팅(Footing) 기초판을 통하여 지반에 전달되는 경우의 접지압(또는 지반반력) 분포로 옳은 것은?

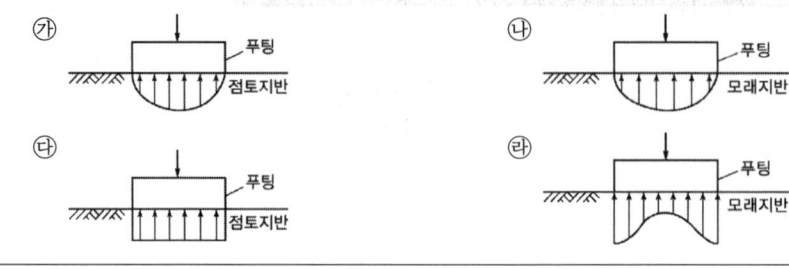

해설
- 강성기초이면서 점토지반의 경우에는 ㉮의 분포를 나타낸다.
- 소성기초의 경우에는 점토지반인 경우나 사질토 지반의 경우에는 ㉰의 분포를 나타낸다.

정답 020. ㉯

제 2 부 토질 및 기초

제 11 회 CBT 모의고사

> **「알려드립니다」** 한국산업인력공단의 저작권법 저촉에 대한 언급(2013년 2회 시험)이 있어 과거에 출제된 동일한 문제나 그 유형의 문제로 재구성하였습니다.

문제 001

말뚝의 부마찰력에 대한 설명이다. 틀린 것은?

㉮ 부마찰력을 줄이기 위하여 말뚝표면을 아스팔트 등으로 코팅하여 타설한다.
㉯ 지하수의 저하 또는 압밀이 진행중인 연약지반에서 부마찰력이 발생한다.
㉰ 점성토 위에 사질토를 성토한 지반에 말뚝을 타설한 경우에 부마찰력이 발생한다.
㉱ 부마찰력은 말뚝이 아래 방향으로 작용하는 힘이므로 결국에는 말뚝의 지지력을 증가시킨다.

해설 부마찰력은 말뚝을 아래 방향으로 작용하는 힘이므로 결국에는 말뚝의 지지력을 감소시킨다.

문제 002

그림과 같이 같은 두께의 3층으로 된 수평 모래층이 있을 때 모래층 전체의 연직방향 평균 투수계수는? (단, k_1, k_2, k_3는 각 층의 투수계수임)

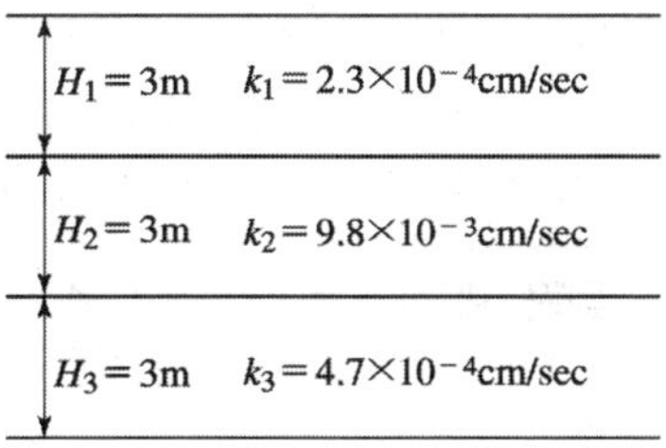

㉮ 2.38×10^{-3} cm/sec
㉯ 3.01×10^{-4} cm/sec
㉰ 4.56×10^{-4} cm/sec
㉱ 3.36×10^{-5} cm/sec

$H_1 = 3$m $k_1 = 2.3 \times 10^{-4}$ cm/sec
$H_2 = 3$m $k_2 = 9.8 \times 10^{-3}$ cm/sec
$H_3 = 3$m $k_3 = 4.7 \times 10^{-4}$ cm/sec

해설 $k_v = \dfrac{H_o}{\dfrac{H_1}{k_1} + \dfrac{H_2}{k_2} + \dfrac{H_3}{k_3}} = \dfrac{900}{\dfrac{300}{2.3 \times 10^{-4}} + \dfrac{300}{9.8 \times 10^{-3}} + \dfrac{300}{4.7 \times 10^{-4}}} = 4.56 \times 10^{-4}$ cm/sec

문제 003

토립자가 둥글고 입도분포가 나쁜 모래 지반에서 표준관입시험을 한 결과 N치는 10이었다. 이 모래의 내부마찰각을 Dunham의 공식으로 구하면?

㉮ 21°   ㉯ 26°   ㉰ 31°   ㉱ 36°

해설
- $\phi = \sqrt{12N} + 15 = \sqrt{12 \times 10} + 15 ≒ 26°$
- 토립자가 모나고 입도분포가 양호
  $\phi = \sqrt{12N} + 25$

정답 001. ㉱   002. ㉰   003. ㉯

문제 004

모래시료에 대하여 압밀배수 삼축압축시험을 실시하였다. 초기 단계에서 구속응력(σ_3)은 100kN/m²이고, 전단파괴 시에는 작용된 축차응력(σ_{df})은 200kN/m²이었다. 이와 같은 모래시료의 내부마찰각(ϕ) 및 파괴면에 작용하는 전단응력(τ_f)의 크기는?

㉮ $\phi=30$, $\tau_f=115.47$kN/m² ㉯ $\phi=40$, $\tau_f=115.47$kN/m²
㉰ $\phi=30$, $\tau_f=86.60$kN/m² ㉱ $\phi=40$, $\tau_f=86.60$kN/m²

해설

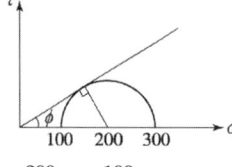

$$\frac{200}{\sin 90°} = \frac{100}{\sin\phi}$$

$$\therefore \phi = 30°, \quad \theta = 45° + \frac{\phi}{2} = 60°$$

$$\tau = \frac{\sigma_1 - \sigma_3}{2}\sin 2\theta = \frac{300-100}{2}\sin 2\times 60° = 86.6 \text{kN/m}^2$$

문제 005

포화된 점토에 대하여 비압밀비배수(UU) 시험을 하였을 때의 결과에 대한 설명 중 옳은 것은? (단, ϕ : 내부마찰각, c : 점착력)

㉮ ϕ와 c가 나타나지 않는다. ㉯ ϕ는 "0"이 아니지만 c는 "0"이다.
㉰ ϕ와 c가 모두 "0"이 아니다. ㉱ ϕ는 "0"이고 c는 "0"이 아니다.

해설 내부마찰각 ϕ는 흙의 종류에 관계없이 항상 0이다. 즉 파괴포락선은 수평으로 나타나며 전단강도 $\tau=0$이다. 이때 전단강도는 Mohr원의 반경과 같다.

문제 006

흙의 구성도에서 체적 V를 1로 했을 때 간극의 체적은? (단, 흙 입자의 비중 G_s, 함수비 ω, 간극률 n, 물의 단위무게 r_w)

㉮ $G_s\omega$ ㉯ $\dfrac{n}{100}$
㉰ $n(G_s-1)$ ㉱ $(1-n)r_w$

해설
$$n = \frac{V_v}{V} \times 100$$
$$\therefore V_v = \frac{n \cdot V}{100} = \frac{n}{100}$$

정답 004. ㉰ 005. ㉱ 006. ㉯

문제 007

평판재하시험에서 재하판의 크기에 의한 영향(scale effect)에 관한 설명으로 틀린 것은?

㉮ 사질토 지반의 지지력은 재하판의 폭에 비례한다.
㉯ 점토 지반의 지지력은 재하판의 폭에 무관하다.
㉰ 사질토 지반의 침하량은 재하판의 폭이 커지면 약간 커지기는 하지만 비례하는 정도는 아니다.
㉱ 점토 지반의 침하량은 재하판의 폭에 무관하다.

해설 점토 지반의 침하량은 재하판의 폭에 비례한다.

문제 008

응력경로(stress path)에 대한 설명으로 옳지 않은 것은?

㉮ 응력경로는 Mohr의 응력원에서 전단응력이 최대인 점을 연결하여 구해진다.
㉯ 응력경로란 시료가 받는 응력의 변화과정을 응력공간에 궤적으로 나타낸 것이다.
㉰ 응력경로는 특성상 전응력으로만 나타낼 수 있다.
㉱ 시료가 받는 응력상태에 대해 응력경로를 나타내면 직선 또는 곡선으로 나타내어진다.

해설
- 응력경로는 전응력 및 유효응력으로 표시할 수 있다.
- 흙의 삼축압축시험 시 간극수압계수가 변화하면 유효응력경로는 직선이 되지 않는다.
- 응력경로는 시료가 받는 응력의 변화과정을 연속적으로 살필 수 있는 표현방법이다.

문제 009

기초의 필요조건에 대한 설명으로 옳지 않은 것은?

㉮ 지지력에 대하여 안전하여야 한다.
㉯ 침하는 허용하여서는 안 된다.
㉰ 경제성 및 사용성이 좋아야 한다.
㉱ 최소한의 근입깊이를 가져 동해의 영향을 받지 않아야 한다.

해설 침하는 허용치 이내가 되어야 한다.

문제 010

암반층 위에 5m 두께의 토층이 경사 15°의 자연사면으로 되어 있다. 이 토층은 $C=15\text{kN/m}^2$, $\phi=30°$, $\gamma_{sat}=18\text{kN/m}^3$이고, 지하수면은 토층의 지표면과 일치하고 침투는 경사면과 대략 평행이다. 이때의 안전율은? (단, $\gamma_w=9.81\text{kN/m}^3$)

㉮ 0.8　　　　㉯ 1.1
㉰ 1.6　　　　㉱ 2.0

정답 007. ㉱　008. ㉰　009. ㉯　010. ㉰

해설
- 전응력
  $\sigma = \gamma_{sat} Z\cos^2 i = 18 \times 5 \times \cos^2 15° = 84 \text{kN/m}^2$
- 간극수압
  $u = \gamma_w \cdot Z\cos^2 i = 9.81 \times 5 \times \cos^2 15° = 45.8 \text{kN/m}^2$
- 전단강도
  $S = C + (\sigma - u)\tan\phi = 15 + (84 - 45.8)\tan 30° = 37 \text{kN/m}^2$
- 전단응력
  $\tau = \gamma_{sat} Z \sin i \cos i = 18 \times 5 \times \sin 15° \times \cos 15° = 22.5 \text{kN/m}^2$
- $F = \dfrac{S}{\tau} = \dfrac{37}{22.5} = 1.6$

문제 011

점토지반으로부터 불교란 시료를 채취하였다. 이 시료는 직경 5cm, 길이 10cm이고, 습윤무게는 350g이고, 함수비가 40%일 때 이 시료의 건조단위무게는?

㉮ 1.78g/cm^3 ㉯ 1.43g/cm^3 ㉰ 1.27g/cm^3 ㉱ 1.14g/cm^3

해설
- $\gamma_t = \dfrac{W}{V} = \dfrac{350}{\dfrac{3.14 \times 5^2}{4} \times 10} = 1.78 \text{g/cm}^3$
- $\gamma_d = \dfrac{\gamma_t}{1 + \dfrac{w}{100}} = \dfrac{1.78}{1 + \dfrac{40}{100}} = 1.27 \text{g/cm}^3$

문제 012

두께 2cm의 점토시료에 대한 압밀 시험결과 50%의 압밀을 일으키는 데 6분이 걸렸다. 같은 조건하에서 두께 3.6m의 점토층 위에 축조한 구조물이 50%의 압밀에 도달하는 데 며칠이 걸리는가?

㉮ 1350일 ㉯ 270일 ㉰ 27일 ㉱ 135일

해설 $t_1 : H_1^2 = t_2 : H_2^2$
$6 : \left(\dfrac{2}{2}\right)^2 = t_2 : \left(\dfrac{360}{2}\right)^2$
∴ $t_2 = 194400$분 ≒ 135일

문제 013

흙의 다짐시험에서 다짐에너지를 증가시킬 때 일어나는 결과는?

㉮ 최적함수비는 증가하고, 최대건조 단위중량은 감소한다.
㉯ 최적함수비는 감소하고, 최대건조 단위중량은 증가한다.
㉰ 최적함수비와 최대건조 단위중량이 모두 감소한다.
㉱ 최적함수비와 최대건조 단위중량이 모두 증가한다.

정답 011. ㉰ 012. ㉱ 013. ㉯

해설
- $E_c = \dfrac{W_R \cdot H \cdot N_B \cdot N_L}{V}$
- 다짐 에너지가 증가하면 최대건조 단위중량은 증가하고 최적 함수비는 감소한다.

문제 014

유선망(流線網)의 특징에 대한 설명으로 틀린 것은?

㉮ 두 개의 등수두선의 수압강하량은 다른 두 개의 등수두선에서도 같다.
㉯ 침투속도 및 동수경사는 유선망의 폭에 비례한다.
㉰ 각 유로의 침투량은 같고 유선은 등수두선과 직교한다.
㉱ 유선망으로 되는 사변형은 이론상 정사각형이다.

해설
- 침투속도 및 동수경사는 유선망의 폭에 반비례한다.
- 유선과 다른 유선은 서로 교차하지 않는다.
- 유선망은 경계조건을 만족하여야 한다.

보충
- 침투수량과 공극수압을 측정하기 위해 유선망을 작도한다.
- $Q = k \cdot \dfrac{N_f}{N_d} \cdot H$

문제 015

다음 그림과 같이 2m×3m 크기의 기초에 100kN/m²의 등분포하중이 작용할 때, A점 아래 4m 깊이에서의 연직응력 증가량은? (단, 아래 표의 영향계수 값을 활용하여 구하며, $m = \dfrac{B}{z}$, $n = \dfrac{L}{z}$이고, B는 직사각형 단면의 폭, L은 직사각형 단면의 길이, z는 토층의 깊이이다.)

[영향계수(I) 값]

m	0.25	0.5	0.5	0.5
n	0.5	0.25	0.75	1.0
I	0.048	0.048	0.115	0.122

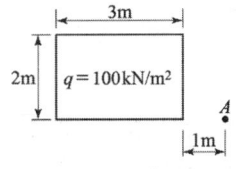

㉮ 6.7 kN/m²   ㉯ 7.4 kN/m²   ㉰ 12.2 kN/m²   ㉱ 17.0 kN/m²

해설 $\sigma_Z = q \cdot I_{(m,n)} = q \cdot I_{(\frac{2}{4}, \frac{4}{4})} - q \cdot I_{(\frac{2}{4}, \frac{1}{4})} = 100 \times 0.122 - 100 \times 0.048 = 7.4 \text{kN/m}^2$

문제 016

주동토압을 P_A, 수동토압을 P_P, 정지토압을 P_O라 할 때 토압의 크기 순서는?

㉮ $P_A > P_P > P_O$ ㉯ $P_P > P_O > P_A$
㉰ $P_P > P_A > P_O$ ㉱ $P_O > P_A > P_P$

해설
- $P_a < P_o < P_p$
- $K_a < K_o < K_p$

정답 014. ㉯   015. ㉯   016. ㉯

문제 017

다음의 지반 개량 공법 중에서 점성토 지반에 사용하지 않는 것은?

㉮ 샌드 드레인 공법 ㉯ 페이퍼 드레인 공법
㉰ 프리로딩 공법 ㉱ 바이브로 플로테이션 공법

해설 바이브로 플로테이션 공법은 사질토 지반 개량 공법에 사용된다.

문제 018

두께 5m의 점토층이 있다. 압축 전의 간극비가 1.32, 압축 후의 간극비가 1.10으로 되었다면 이 토층의 압밀침하량은 약 얼마인가?

㉮ 68cm ㉯ 58cm ㉰ 52cm ㉱ 47cm

해설
- $\Delta H = \dfrac{e_1 - e_2}{1 + e_1} \cdot H = \dfrac{1.32 - 1.10}{1 + 1.32} \times 500 = 47\text{cm}$
- $\Delta H = m_v \cdot \Delta P \cdot H$

문제 019

미세한 모래와 실트가 작은 아치를 형성한 고리모양의 구조로써 간극비가 크고, 보통의 정적 하중을 지탱할 수 있으나 무거운 하중 또는 충격하중을 받으면 흙구조가 부서지고 큰 침하가 발생되는 흙의 구조는?

㉮ 면모구조 ㉯ 벌집구조
㉰ 분산구조 ㉱ 중구조

해설 벌집구조는 공극비가 크고 진동, 충격에 약하다.

문제 020

말뚝기초에 대한 설명으로 틀린 것은?

㉮ 군항은 전달되는 응력이 겹쳐지므로 말뚝 1개의 지지력에 말뚝 개수를 곱한 값보다 지지력이 크다.
㉯ 동역학적 지지력 공식 중 엔지니어링 뉴스 공식의 안전율(F_s)은 6이다.
㉰ 부주면 마찰력이 발생하면 말뚝의 지지력은 감소한다.
㉱ 말뚝기초는 기초의 분류에서 깊은 기초에 속한다.

해설
- 군항은 단항의 70~80% 정도로 지지력이 작고 말뚝 수에 1항당 지지력을 곱해서는 안 된다.
- 말뚝 간격이 너무 좁으면 단항에 비해서 훨씬 깊은 곳까지 응력이 미치므로 그 영향을 검토해야 한다.

정답 017. ㉱ 018. ㉱ 019. ㉯ 020. ㉮

제2부 토질 및 기초

제 12 회 CBT 모의고사

「**알려드립니다**」 한국산업인력공단의 저작권법 저촉에 대한 언급(2013년 2회 시험)이 있어 과거에 출제된 동일한 문제나 그 유형의 문제로 재구성하였습니다.

문제 001

No.4체 통과율 90%, No.200체 통과율 4%이고, $D_{10}=0.25$mm, $D_{30}=0.6$mm, $D_{60}=2$mm인 흙을 통일분류법으로 분류하면?

㉮ GM   ㉯ GP   ㉰ SW   ㉱ SP

해설 • No.4(5mm)체 통과율이 50% 이상이므로 모래질로 판정
• $C_u = \dfrac{D_{60}}{D_{10}} = \dfrac{2}{0.25} = 8$, $C_g = \dfrac{(D_{30})^2}{D_{10} \times D_{60}} = \dfrac{(0.6)^2}{0.25 \times 2} = 0.72$
균등계수와 곡률계수 값이 양호해야 양호한 것으로 판단하므로 곡률 계수가 $1 < C_g < 3$ 범위 안에 들지 않아 입도는 불량하다.
∴ SP

문제 002

그림과 같은 지반에서 하중으로 인하여 수직응력($\Delta\sigma_1$)이 100kN/m²이 증가되고 수평응력($\Delta\sigma_3$)이 50kN/m²이 증가되었다면 간극 수압은 얼마나 증가되었는가? (단, 간극수압계수 A =0.50이고 B =1이다.)

㉮ 50 kN/m²
㉯ 75 kN/m²
㉰ 100 kN/m²
㉱ 125 kN/m²

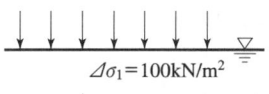

해설 $\Delta u = B\,[\Delta\sigma_3 + A(\Delta\sigma_1 - \Delta\sigma_3)] = 1\,[50 + 0.5(100-50)] = 75\text{kN/m}^2$

문제 003

표준관입시험(S.P.T)결과 N치가 25이었고, 그때 채취한 교란시료로 입도시험을 한 결과 입자가 둥글고, 입도분포가 불량할 때 Dunham 공식에 의해서 구한 내부마찰각은?

㉮ 29.8°   ㉯ 30.2°   ㉰ 32.3°   ㉱ 33.8°

해설 • $\phi = \sqrt{12N} + 15 = \sqrt{12 \times 25} + 15 = 32.3°$
• 흙입자가 모가 나고 입도가 양호
$\phi = \sqrt{12N} + 25$

정답 001. ㉱   002. ㉯   003. ㉰

문제 004

다음 그림과 같은 정사각형 기초에서 안전율을 3으로 할 때 Terzaghi 공식을 사용하여 지지력을 구하고자 한다. 이때 한 변의 최소길이는? (단, 흙의 전단강도 $C=60kN/m^2$, $\phi=0°$이고, 흙의 습윤 및 포화 단위중량은 각각 $19kN/m^3$, $20kN/m^3$, $N_c=5.7$, $N_q=1.0$, $N_r=0$이며 물의 단위중량은 $9.81kN/m^3$이다.)

㉮ 1.115m
㉯ 1.432m
㉰ 1.512m
㉱ 1.624m

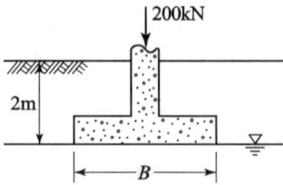

해설
- $q_u = \alpha CN_c + \beta\gamma_1 BN_r + \gamma_2 D_f N_q$ 식에서 $N_r = 0$이므로
  $q_u = \alpha CN_c + \gamma_2 D_f N_q = 1.3 \times 60 \times 5.7 + 19 \times 2 \times 1 = 482.6 kN/m^2$
- $q_a = \dfrac{q_u}{F} = \dfrac{482.6}{3} = 160.8 kN/m^2$
- $q_a = \dfrac{P}{A}$
  $\therefore A = \dfrac{P}{q_a} = \dfrac{200}{160.8} = 1.244 m^2$
- $B = \sqrt{A} = \sqrt{1.244} = 1.115 m$

문제 005

그림과 같이 지표면에 집중하중이 작용할 때 A점에서 발생하는 연직응력의 증가량은?

㉮ $0.21\ kN/m^2$
㉯ $0.24\ kN/m^2$
㉰ $0.27\ kN/m^2$
㉱ $0.30\ kN/m^2$

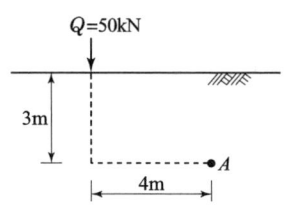

해설
- $R = \sqrt{4^2 + 3^2} = 5m$
- $\sigma_z = \dfrac{3QZ^3}{2\pi R^5} = \dfrac{3 \times 50 \times 3^3}{2 \times 3.14 \times 5^5} = 0.21 kN/m^2$

문제 006

3층 구조로 구조결합 사이에 치환성 양이온이 있어서 활성이 크고 시트 사이에 물이 들어가 팽창 수축이 크고 공학적 안정성은 약한 점토 광물은?

㉮ Kaolinite   ㉯ illite
㉰ Montmorillonite ㉱ Sand

해설
- Kaolinite : 수축, 팽창이 없어 안정성이 크다.
- illite : 안정성이 중간 정도이며 교환 불가능 K이온이 결합되어 있다.
- Montmorillonite : 수축, 팽창이 크며 안정성이 제일 약하며 교환 가능한 이온이 결합되어 있다.

정답 004. ㉮ 005. ㉮ 006. ㉰

문제 007

그림과 같이 같은 두께의 3층으로 된 수평 모래층이 있을 때 모래층 전체의 연직방향 평균 투수계수는? (단, k_1, k_2, k_3는 각 층의 투수계수임)

㉮ 2.38×10^{-3} cm/sec
㉯ 3.01×10^{-4} cm/sec
㉰ 4.56×10^{-4} cm/sec
㉱ 3.36×10^{-5} cm/sec

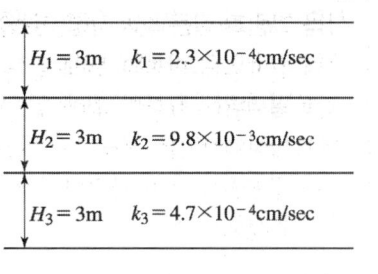

해설 $k_v = \dfrac{H_o}{\dfrac{H_1}{k_1} + \dfrac{H_2}{k_2} + \dfrac{H_3}{k_3}} = \dfrac{900}{\dfrac{300}{2.3 \times 10^{-4}} + \dfrac{300}{9.8 \times 10^{-3}} + \dfrac{300}{4.7 \times 10^{-4}}} = 4.56 \times 10^{-4}$ cm/sec

문제 008

간극비가 $e_1 = 0.80$인 어떤 모래의 투수계수가 $k_1 = 8.5 \times 10^{-2}$ cm/sec일 때 이 모래를 다져서 간극비를 $e_2 = 0.57$로 하면 투수계수 k_2는?

㉮ 8.5×10^{-3} cm/sec
㉯ 3.5×10^{-2} cm/sec
㉰ 8.1×10^{-2} cm/sec
㉱ 4.1×10^{-1} cm/sec

해설 $k_1 : \dfrac{e_1^3}{1+e_1} = k_2 : \dfrac{e_2^3}{1+e_2}$

$8.5 \times 10^{-2} : \dfrac{0.8^3}{1+0.8} = k_2 : \dfrac{0.57^3}{1+0.57}$ ∴ $k_2 = 0.035$ cm/sec

문제 009

다음 중 연약점토지반 개량공법이 아닌 것은?

㉮ Preloading 공법
㉯ Sand drain 공법
㉰ Paper drain 공법
㉱ Vibro floatation 공법

해설 Vibro floatation 공법은 사질토 개량공법이다.

문제 010

지표면이 수평이고 옹벽의 뒷면과 흙과의 벽면 마찰각(δ)을 무시한 경우 연직 옹벽에서 Coulomb 토압과 Rankine 토압은 어떤 관계가 있는가? (단, 점착력은 무시한다.)

㉮ Coulomb 토압은 항상 Rankine 토압보다 크다.
㉯ Coulomb 토압과 Rankine 토압은 같다.
㉰ Coulomb 토압이 Rankine 토압보다 작다.
㉱ 옹벽의 형상과 흙의 상태에 따라 클 때도 있고 작을 때도 있다.

해설 지표면이 수평이고 벽면 마찰각이 0°이면 Coulomb의 토압과 Rankine의 토압은 같다.

정답 007. ㉰ 008. ㉯ 009. ㉱ 010. ㉯

문제 011

사면안정 해석방법에 대한 설명으로 틀린 것은?

㉮ 일체법은 활동면 위에 있는 흙덩어리를 하나의 물체로 보고 해석하는 방법이다.
㉯ 절편법은 활동면 위에 있는 흙을 몇 개의 절편으로 분할하여 해석하는 방법이다.
㉰ 마찰원방법은 점착력과 마찰각을 동시에 갖고 있는 균질한 지반에 적용된다.
㉱ 절편법은 흙이 균질하지 않아도 적용이 가능하지만 흙속에 간극수압이 있을 경우 적용이 불가능하다.

해설 절편법(분할법)은 균질하지 않은 지반의 사면 안정 해석에 적합하며 흙속에 간극수압이 있을 경우 적용이 가능하다.

문제 012

접지압(또는 지반반력)이 그림과 같이 되는 경우는?

㉮ 후팅 : 강성, 기초지반 : 점토
㉯ 후팅 : 강성, 기초지반 : 모래
㉰ 후팅 : 연성, 기초지반 : 점토
㉱ 후팅 : 연성, 기초지반 : 모래

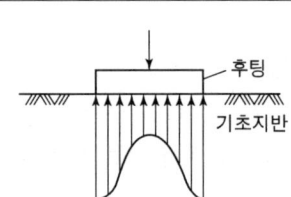

해설 강성 기초이면서 모래지반의 경우

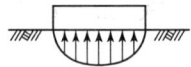

문제 013

다음 중 일시적인 지반 개량 공법에 속하는 것은?

㉮ 동결공법　　　　　　　　㉯ 약액주입 공법
㉰ 프리로딩 공법　　　　　　㉱ 다짐 모래말뚝 공법

해설 웰포인트, Deep Wall 공법, 동결공법, 대기압공법 등은 일시적인 개량공법이다.

문제 014

도로의 평판재하시험에서 1.25mm 침하량에 해당하는 하중강도가 250kN/m²일 때 지반반력계수는?

㉮ $100\text{MN}/\text{m}^3$　　　　　　　㉯ $200\text{MN}/\text{m}^3$
㉰ $1,000\text{MN}/\text{m}^3$　　　　　　㉱ $2,000\text{MN}/\text{m}^3$

해설 $K = \dfrac{q}{y} = \dfrac{250}{0.00125} = 200,000\text{kN}/\text{m}^3 = 200\text{MN}/\text{m}^3$

정답 011.㉱　012.㉮　013.㉮　014.㉯

문제 015

어떤 점토지반에서 베인 시험을 실시하였다. 베인의 지름이 50mm, 높이가 100mm, 파괴 시 토크가 59N·m일 때 이 점토의 점착력은?

㉮ $129kN/m^2$
㉯ $157kN/m^2$
㉰ $213kN/m^2$
㉱ $276kN/m^2$

해설
$$c = \frac{M_{\max}}{\pi D^2 \left(\frac{H}{2} + \frac{D}{6}\right)} = \frac{59}{3.14 \times 0.05^2 \left(\frac{0.1}{2} + \frac{0.05}{6}\right)} = 128,844 N/m^2 = 129 kN/m^2$$

문제 016

Terzaghi의 1차 압밀에 대한 설명으로 틀린 것은?

㉮ 압밀방정식은 점토 내에 발생하는 과잉간극수압의 변화를 시간과 배수거리에 따라 나타낸 것이다.
㉯ 압밀방정식을 풀면 압밀도를 시간계수의 함수로 나타낼 수 있다.
㉰ 평균압밀도는 시간에 따른 압밀침하량을 최종 압밀침하량으로 나누면 구할 수 있다.
㉱ 압밀도는 배수거리에 비례하고, 압밀계수에 반비례한다.

해설 압밀도는 배수거리에 반비례하고, 압밀계수에 비례한다(압밀계수는 압밀속도의 의미가 있다).

문제 017

흙의 다짐에 대한 설명으로 틀린 것은?

㉮ 다짐에 의하여 간극이 작아지고 부착력이 커져서 역학적 강도 및 지지력은 증대하고, 압축성, 흡수성 및 투수성은 감소한다.
㉯ 점토를 최적함수비보다 약간 건조측의 함수비로 다지면 면모구조를 가지게 된다.
㉰ 점토를 최적함수비보다 약간 습윤측에서 다지면 투수계수가 감소하게 된다.
㉱ 면모구조를 파괴시키지 못할 정도의 작은 압력으로 점토시료를 압밀할 경우 건조측 다짐을 한 시료가 습윤측 다짐을 한 시료보다 압축성이 크게 된다.

해설 면모구조를 파괴시키지 못할 정도의 작은 압력으로 점토시료를 압밀할 경우 습윤측 다짐을 한 시료가 건조측 다짐을 한 시료보다 압축성이 크게 된다.

문제 018

현장에서 완전히 포화되었던 시료라 할지라도 시료 채취 시 기포가 형성되어 포화도가 저하될 수 있다. 이 경우 생성된 기포를 원상태로 용해시키기 위해 작용시키는 압력을 무엇이라고 하는가?

㉮ 배압(back pressure)
㉯ 축차응력(deviator stress)
㉰ 구속압력(confined pressure)
㉱ 선행압밀압력(preconsolidation pressure)

정답 015. ㉮ 016. ㉱ 017. ㉱ 018. ㉮

해설 지하수위 아래 흙을 채취하면 물 속에 용해되어 있던 산소는 기포를 형성하므로 불포화된 시료로 정확한 값이 되지 않아 배압(back pressure)을 가하여 시료를 완전포화된 상태로 만든다.

문제 019

지표에 설치된 3m×3m인 정사각형 기초에 80kN/m²의 등분포하중이 작용할 때, 지표면 아래 5m 깊이에서의 연직응력의 증가량은? (단, 2 : 1분포법을 사용한다.)

㉮ $7.15 kN/m^2$
㉯ $9.20 kN/m^2$
㉰ $11.25 kN/m^2$
㉱ $13.10 kN/m^2$

해설
- $q \cdot (B \times B) = \sigma_z \cdot (B+Z)(B+Z)$

$$\therefore \sigma_z = \frac{q \times (B \times B)}{(B+Z)(B+Z)} = \frac{80 \times (3 \times 3)}{(3+5)(3+5)} = 11.25 kN/m^2$$

- 직사각형 기초인 경우

$$q \cdot (B \times L) = \sigma_z \cdot (B+Z)(L+Z)$$

$$\therefore \sigma_z = \frac{q \times (B \times L)}{(B+Z)(L+Z)}$$

문제 020

연약지반에 구조물을 축조할 때 피에조미터를 설치하여 과잉간극수압의 변화를 측정한 결과 어떤 점에서 구조물 축조 직후 과잉간극수압이 100kN/m²이었고, 4년 후에 20kN/m²이었다. 이때의 압밀도는?

㉮ 20%
㉯ 40%
㉰ 60%
㉱ 80%

해설 $U = 1 - \dfrac{u}{P} = 1 - \dfrac{20}{100} = 0.8 = 80\%$

정답 019. ㉰   020. ㉱

□ 제1장 상수도 시설 계획 / □ 제2장 상수도 수질 / □ 제3장 수원 및 취수시설 / □ 제4장 상수관로 시설 / □ 제5장 정수장 시설 / □ 제6장 하수도 시설 / □ 제7장 하수관로 시설 / □ 제8장 하수처리장 시설 / □ 제9장 펌프장 시설

제3부 [상하수도공학]

□ 제1장 ·· 상수도 시설 계획
□ 제2장 ·· 상수도 수질
□ 제3장 ·· 수원 및 취수시설
□ 제4장 ·· 상수관로 시설
□ 제5장 ·· 정수장 시설
□ 제6장 ·· 하수도 시설
□ 제7장 ·· 하수관로 시설
□ 제8장 ·· 하수처리장 시설
□ 제9장 ·· 펌프장 시설

chapter 01 상수도 시설 계획

제 3 부 상하수도공학

1-1 상수도의 구성 및 계통

(1) 상수도의 구성

수원 → 취수 → 도수 → 정수 → 송수 → 배수 → 급수

1) 수원
   ① 수돗물의 원료가 되는 물이 있는 곳
   ② 지표 수원과 지하 수원이 대부분을 차지

2) 취수
   하천이나 저수지 등의 수원지에서 필요한 수량을 취수

3) 도수
   수원에서 취수한 원수를 정화하기 위해서 정수 시설(정수장)에 보내는 것

4) 정수
   원수의 수질을 사용 목적에 적합하게 정화하는 것

5) 송수
   정수된 물을 배수시설까지 보내는 것

6) 배수
   송수된 물을 배수시설에 의해 소요 수압으로 소요수량을 배수관을 통해 급수지로 보내는 것

7) 급수
   사용자 각 가정에 공급하는 것

(2) 상수도의 목적

수질, 수압, 수량이 제 기능을 발휘해야 한다.

(3) 중수도

사용한 수돗물을 생활용수, 공업용수 등으로 재활용할 수 있도록 다시 처리하는 수도시설

1-2 상수도 계획 수립

(1) 상수도 시설 계획

① 신설 및 확장은 5~15년간 경제성을 고려하여 결정한다.
② 도시 발전 가능성을 고려하여 결정한다.

(2) 계획 수립시 고려사항

① 자금 확보 및 시설 확장시 난이도와 위치
② 도시 발전 상황과 물 사용량
③ 금융사정 및 건설비용
④ 장비 및 시설물의 내구연한

(3) 급수 보급률

$$\frac{급수\ 인구}{급수구역내\ 총인구} \times 100$$

1-3 계획급수인구 추정

(1) 인구추정의 신뢰도

① 인구 증가율이 높을수록 낮아진다.
② 추정 목표연도가 길수록 낮아진다.
③ 인구가 감소하는 경우가 많을수록 낮아진다.

(2) 계획급수인구 추정법

1) 등차급수법
① 연평균 인구 증가수에 의한 방법
② $P_n = P_0 + na$

여기서, P_n : n년 후의 추정인구
P_0 : 현재 인구
n : 현재부터 계획년차까지의 경과년수
a : 연평균 인구증가수 $\left(\dfrac{P_0 - P_t}{t}\right)$
P_t : 현재부터 t년전 인구

2) 등비급수법
① 연평균 증가율이 일정한 것으로 가정하여 계산하는 방법
② $P_n = P_0(1+r)^n$

여기서, r : 연평균 인구증가율 $\left[\left(\dfrac{P_0}{P_t}\right)^{1/t} - 1\right]$

3) Logistic Curve법 (로지스틱 곡선법)
① 대상지역의 포화인구를 먼저 추정한 후 계획기간의 인구를 추정하는 방법
② 장기간에 걸친 인구추정을 위하여 가장 정확
③ $P_n = \dfrac{K}{1 + e^{(a-bx)}}$

여기서, K : 포화인구
x : 기준년부터의 경과년수
e : 자연대수의 밑
a, b : 정수

4) 최소 자승법
타도시 인구동태곡선 등의 성질을 이용하여 한 개의 함수식을 가정하고 그 계수를 최소 자승법으로 산출하여 추정

5) 지수 함수법
현재 인구를 100으로 했을 때 실적 초과년도의 인구지수를 고려하여 추정

1-4 계획 급수량

(1) 계획 급수량 산정시 이용되는 항목

① 계획 급수 구역내 인구
② 계획 1인 1일 급수량
③ 계획년도에서의 급수 보급률

(2) 계획 급수량의 종류

1) 계획 1일 평균급수량

① $\dfrac{1년간 \ 총급수량}{365}$

② 계획 1일 최대 급수량 × 0.7(중소도시)

③ 계획 1인 1일 최대 급수량 × 계획 급수인구 × 급수 보급률

2) 계획 1일 최대 급수량

계획 1인 1일 최대 급수량 × 급수인구 × 급수 보급률

3) 계획 시간 최대 급수량

$\dfrac{계획 \ 1일 \ 최대 \ 급수량}{24} \times \begin{cases} 1.3(대도시, \ 공업도시) \\ 1.5(중소도시) \\ 2.0(농촌, \ 주택단지, \ 소도시) \end{cases}$

Chapter 01 상수도 시설 계획

기출문제

문제 001

현재 인구가 200,000명, 연평균 인구증가율이 8%인 도시의 5년 후 인구를 등비 급수법으로 구하면?

㉮ 242,689명　㉯ 253,869명　㉰ 264,889명　㉱ 293,866명

해설 $P_n = P_o(1+r)^n = 200,000 \times (1+0.08)^5 = 293,866$명

보충
- 등차 급수법 : $P_n = P_o + na$ (인구 평균 증가수가 일정)
- 등비 급수법 : $P_n = P_o(1+r)^n$ (인구 평균 증가율이 일정)
- 지수 함수법 : $P_n = P_o + (k-P_o)(1-e^{-bn})$
- 이론 곡선법 : $P_n = \dfrac{K}{1+e^{a-bx}}$

문제 002

상수도는 생활기반시설로서 영속성과 중요성을 가지고 있으므로 안정적이고 효율적으로 운영되어야 하며, 가능한 한 장기간으로 설정하는 것이 기본이다. 보통 상수도의 기본계획시 계획(목표)년도는 얼마를 표준으로 하는가?

㉮ 3~5년　㉯ 5~10년　㉰ 15~20년　㉱ 25~30년

해설
- 상수도 시설의 신설 및 확장은 5~15년을 고려한다.
- 상수도 시설의 계획 급수인구의 계획년한은 보통 15~20년을 표준한다.
- 큰 댐, 대규모 도수·송수시설의 계획년한은 25~50년을 고려한다.

문제 003

다음 지형도의 상수계통도에 관한 사항 중 옳은 것은?

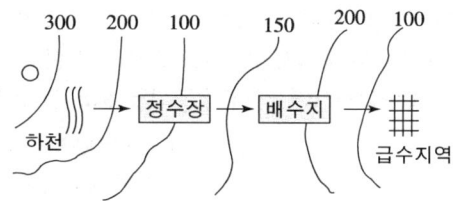

㉮ 도수는 펌프가압식으로 해야 한다.
㉯ 수질을 생각하여 도수로는 개수로를 택하여야 한다.
㉰ 정수장에서 배수지는 펌프가압식으로 송수한다.
㉱ 도수와 송수를 자연유하식으로 하여 동력비를 절감한다.

정답 001. ㉱　002. ㉰　003. ㉰

해설
- 정수장에서 배수지까지는 높아지는 오르막이라서 펌프가압식으로 송수한다.
- 도수는 자연유하식으로 한다.
- 도수는 개수로로 하며 송수 및 배수는 수질을 고려하여 관수로로 해야 한다.

보충
- 자연유하식은 수원의 위치가 높고 도수로가 길 때 적당한 도수방식이다.
- 펌프압송식은 송수의 안정성이 떨어지며 조작이 복잡하면서 비경제적이다.

문제 004

수원지에서부터 각 가정까지의 상수계통도를 나타낸 것으로 옳은 것은?
㉮ 수원 - 취수 - 도수 - 배수 - 정수 - 송수 - 급수
㉯ 수원 - 취수 - 배수 - 정수 - 도수 - 송수 - 급수
㉰ 수원 - 취수 - 도수 - 송수 - 정수 - 배수 - 급수
㉱ 수원 - 취수 - 도수 - 정수 - 송수 - 배수 - 급수

해설 상수계통도
수원 → 취수 → 도수 → 정수 → 송수 → 배수 → 급수

보충
- 우리나라의 상수도 시설을 설계, 계획시 통상 5~15년을 기준한다.
- 상수도 계획에서 계획 급수 인구를 추정할 때는 과거 20년간의 인구 증감을 고려한다.

문제 005

상수도의 계통을 올바르게 나타낸 것은?
㉮ 취수 - 송수 - 도수 - 정수 - 급수 - 배수
㉯ 취수 - 정수 - 도수 - 급수 - 배수 - 송수
㉰ 도수 - 취수 - 정수 - 송수 - 배수 - 급수
㉱ 취수 - 도수 - 정수 - 송수 - 배수 - 급수

해설
- 상수도 계통 : 수원 → 취수 → 도수 → 정수 → 송수 → 배수 → 급수
- 정수 처리 과정 : 침사 처리 → 침전 처리 → 응집 처리 → 여과 처리 → 소독 처리
- 정수 시설 : 침사지 → 침전지 → 혼화지 → 여과지 → 소독지

문제 006

"A"시의 2004년 인구는 588,000명이며 연간 약 3.5%씩 증가하고 있다. 2010년도를 목표로 급수시설의 설계에 임하고자 한다. 1일 1인 평균급수량은 250 l 이고 급수율을 70%로 가정할 때 일평균급수량은 약 얼마인가? (단, 인구추정식은 등비증가법으로 산정한다.)
㉮ 387,000m³/day
㉯ 258,000m³/day
㉰ 129,000m³/day
㉱ 126,500m³/day

해설
- 계획 급수인구
  $588,000 \times (1+0.035)^6 = 722,802$ 인
- 계획 1일 평균 급수량
  $250 \times 722,802 \times 0.7 = 126,490,350\, l/day = 126,500 \text{m}^3/day$

정답 004. ㉱ 005. ㉱ 006. ㉱

문제 007

인구가 10,000명인 A시에 폐수배출시설 1개소가 있다. 이 폐수배출시설의 유량은 200m³/day 이고 평균 BOD 배출량이 500g/m³이다. 만약 A시에 하수종말 처리장을 건설한다면 계획인구수는? (단, 하수종말처리장 건설시 1인 1일 BOD 부하량은 50gBOD/인·일로 한다.)

㉮ 11,000명   ㉯ 12,000명   ㉰ 13,000명   ㉱ 14,000명

해설
- 증가 인구수 = $\dfrac{200\mathrm{m}^3/\mathrm{day} \times 500\mathrm{g/m}^3}{50\mathrm{g/인 \cdot 일}} = 2,000$명
- 계획 인구수 = 원래 인구수 + 증가 인구수 = 10,000 + 2,000 = 12,000명

문제 008

어느 소도시의 20년 후의 인구는 35,000명으로 예측되었다. 현재 인구는 28,000명이고 평균 물 소비량은 16,000m³/day이며 현재의 상수공급시설은 19,000m³/day의 설계용량을 가지고 있다. 등차급수적 추정법에 의해서 대략 몇 년 후에 상수공급시설의 설계용량에 도달하는가? (단, 1일 1인당 물 소비량은 변화가 없는 것으로 가정)

㉮ 5년   ㉯ 7년   ㉰ 10년   ㉱ 15년

해설
- $28000 : 16000 = x : 19000$
  ∴ $x = 33250$명
- $33250 = 28000 + n \cdot \dfrac{35000 - 28000}{19}$
  ∴ $n ≒ 15$년 또는 $P_n = P_o + n \cdot a$
  $35000 = 28000 + 20 \cdot a$
  ∴ $a = 350$ $33250 = 28000 + n \times 350$
  ∴ $n = 15$년

문제 009

다음의 인구추정방법 중에서 대상지역의 포화인구를 먼저 추정한 후 계획기간의 인구를 추정하는 방법은?

㉮ 등차급수법   ㉯ 등비급수법   ㉰ 최소자승법   ㉱ 로지스틱 곡선법

해설 Logistic Curve법은 이론 곡선 또는 S 곡선법으로 포화 인구를 먼저 추정한 후 인구를 추정한다.

보충
- 이론 곡선법 $y = \dfrac{K}{1 + e^{a-bx}}$
- 등차 급수법 $P_n = P_o + na$
- 등비 급수법 $P_n = P_o(1+r)^n$

문제 010

현재의 인구가 100,000명인 발전 가능성 있는 도시의 장래 급수량을 추정하기 위해 인구증가 현황을 조사하니 연평균 인구증가율이 5%로 일정하였다. 이 도시의 20년 후 추정인구는? (단, 등비급수 방법을 사용함)

㉮ 35,850명   ㉯ 116,440명   ㉰ 200,000명   ㉱ 265,330명

정답 007. ㉯   008. ㉱   009. ㉱   010. ㉱

해설 $P_n = P_o(1+r)^n = 100{,}000(1+0.05)^{20} = 265{,}330$명

보충
- 연평균 인구 증가율 $r = \left(\dfrac{P_o}{P_t}\right)^{1/t}$
- 등차급수법 $P_n = P_o + na$

문제 011

P도시에서 2007년도의 인구를 현재 인구라고 할 때 현재부터 10년 후의 인구를 등비급수법으로 추정한 값으로 옳은 것은?

㉮ 약 47,500명 ㉯ 약 49,700명
㉰ 약 53,800명 ㉱ 약 56,300명

년도	인구(명)
2003	15,470
2004	16,650
2005	16,930
2006	17,420
2007	22,100

해설 $P_n = P_o(1+r)^n = 22100(1+0.0932)^{10} = 53875$명

여기서, $r = \left(\dfrac{P_o}{P_t}\right)^{1/t} - 1 = \left(\dfrac{22100}{15470}\right)^{1/4} - 1 = 0.0932$

등비급수법은 상수도 시설계획의 급수인구 추정에서 연평균 증가율이 일정한 것으로 가정하여 계산하는 방법으로 장래 발전 가능성 있는 도시에 적용한다.

문제 012

계획급수인구를 추정하는 이론곡선식은 $y = \dfrac{K}{1+e^{a-bx}}$ 로 표현된다. 식 중의 K가 의미하는 것은? (단, y: x년 후의 인구, x: 기준년부터의 경과년수, e: 자연대수의 밑, a, b: 정수)

㉮ 현재인구 ㉯ 포화인구 ㉰ 증가인구 ㉱ 상주인구

해설 로지스틱 곡선(Logistic curve)법의 식인 $y = \dfrac{K}{1+e^{a-bx}}$는 인구추정법 중에서 장기간에 걸친 인구추정이 가장 정확한 방법으로 K는 포화인구를 뜻한다.

문제 013

다음의 급수인구추정법 중 논리곡선법(로지스틱곡선) 식으로 옳은 것은? (단, P_n: n년 후의 인구, P_0: 현재 인구, n: 경과년수, q: 연평균 인구증가수, r: 연평균 인구증가율, K: 포화인구, A, a, b: 상수)

㉮ $P_n = P_o + An^a$
㉯ $P_n = P_o + nq$
㉰ $P_n = \dfrac{K}{1+e^{(a-bn)}}$
㉱ $P_n = P_o(1+r)^n$

해설
- $P_n = \dfrac{k}{1+me^{-ax}} = \dfrac{k}{1+e^{a-bx}}$
- 인구추정법 중에서 장기간에 걸친 인구추정이 가장 정확하다.

정답 011. ㉰ 012. ㉯ 013. ㉰

문제 014

어떤 도시의 10년전 인구는 25만명, 현재의 인구는 50만명이다. 현재의 인구가 도시인구의 추정방법 중 등비급수법에 의한 인구증가를 보였다고 가정하면 연평균 인구 증가율(r)은 얼마인가?

㉮ 0.072   ㉯ 0.093   ㉰ 1.064   ㉱ 1.085

해설
- $r = \left(\dfrac{P_o}{P_t}\right)^{\frac{1}{5}} - 1 = \left(\dfrac{500,000}{250,000}\right)^{\frac{1}{10}} - 1 = 0.072$
- 인구 추정법 중에서 Logistic curve 법이 가장 정확하다.
- 등비급수법에 의한 인구 추정 $P_n = P_o(1-r)^n$

문제 015

어떤 도시에 대한 다음의 인구통계표에서 2004년 현재로부터 5년 후의 인구를 추정하려 할 때 연평균 인구증가율(r)은? (단, 등비급수법에 의한 인구 추정임)

연 도	2000	2001	2002	2003	2004
인구(명)	10900	11200	11500	11850	12200

㉮ 0.28545   ㉯ 0.18571   ㉰ 0.02857   ㉱ 0.00279

해설
$r = \left(\dfrac{P_o}{P_t}\right)^{\frac{1}{t}} - 1 = \left(\dfrac{12200}{10900}\right)^{\frac{1}{4}} - 1 = 0.02857$

보충
- 등차 급수법
  $P_n = P_o + na = P_o + n \times \dfrac{P_o - P_t}{t}$
- 등비 급수법
  $P_n = P_o(1+r)^n$

문제 016

연평균 인구증가율이 일정하며 장래 발전가능성 있는 도시의 계획급수량 산정을 위해 인구조사를 한 결과 다음 표와 같았다. 2000년도의 인구를 등비급수법으로 추정하면 약 얼마인가?

연도	인구(명)	연도	인구(명)
1990	177800	1994	194500
1991	182500	1995	199200
1992	187000	1996	203700
1993	192300		

㉮ 223,000명   ㉯ 222,000명
㉰ 221,000명   ㉱ 220,000명

해설
- $r = \left(\dfrac{P_o}{P_t}\right)^{\frac{1}{t}} - 1 = \left(\dfrac{203700}{177800}\right)^{\frac{1}{6}} - 1 = 0.023$
- $P_n = P_o(1+r)^n = 203700(1+0.023)^4 ≒ 223,000$ 명

정답 014. ㉮   015. ㉰   016. ㉮

문제 017

T도시에서 현재의 인구는 200만명인데 과거 30년간에 연평균 25,000명씩 증가되어 왔다고 할 때 30년 후의 인구를 등차급수법으로 추정한 값으로 옳은 것은?

㉮ 2,250,000명 ㉯ 2,500,000명 ㉰ 2,750,000명 ㉱ 3,000,000명

해설 $P_n = P_o + n \cdot a = 2,000,000 + 30 \times 25,000 = 2,750,000$ 명

문제 018

P도시에서 1985년도의 인구를 현재 인구라고 할 때 현재부터 10년 후의 인구를 등비급수법으로 추정한 값으로 옳은 것은?

㉮ 약 47,500명 ㉯ 약 49,700명
㉰ 약 53,800명 ㉱ 약 56,300명

년도	인구(명)
1981	15,470
1982	16,650
1983	16,930
1984	17,420
1985	22,100

해설
- $r = \left(\dfrac{P_o}{P_t}\right)^{\frac{1}{t}} - 1 = \left(\dfrac{22100}{15470}\right)^{\frac{1}{4}} - 1 = 0.093$
- $P_n = P_o(1+r)^n = 22100(1+0.093)^{10} \fallingdotseq 53,800$명
- 등차급수법에 의한 인구 추정 : $P_n = P_o + na$ 여기서, $a = \dfrac{P_o - P_t}{t}$

문제 019

어느 소도시의 20년 후의 인구는 35,000명으로 측정되었다. 현재 인구는 28,000명이고 평균 물 소비량은 16,000m³/day이며 현재의 상수공급시설은 19,000m³/day의 설계용량을 가지고 있다. 등차급수적 추정법에 의해서 대략 몇 년 후에 상수공급시설이 설계용량에 도달하는가? (단, 1일 1인당 물 소비량은 변화가 없는 것으로 가정)

㉮ 5년 ㉯ 7년 ㉰ 10년 ㉱ 15년

해설
- $28000 : 16000 = x : 19000$ ∴ $x = \dfrac{28000 \times 19000}{16000} = 33250$명
- $33250 = 28000 + n \cdot \dfrac{35000 - 28000}{19}$ ∴ $n \fallingdotseq 15$년

  또는 $P_n = P_o + n \cdot a$
  $35000 = 28000 + 20 \cdot a$ ∴ $a = 350$
  $33250 = 28000 + n \times 350$ ∴ $n = 15$년

문제 020

하수도 기본계획에서 계획목표년도의 인구추정 방법이 아닌 것은?

㉮ 지수함수곡선식에 의한 방법 ㉯ Logistic 곡선식에 의한 방법
㉰ 생잔모형에 의한 조성법(Cohort method) ㉱ Stevens 모형에 의한 방법

해설 인구 추정 방법
① 지수곡선법($P_n = P_o + An^3$) ② Logistic 곡선법(가장 정확)
③ 생잔모형에 의한 조성법 ④ 등차 급수 방법(인구 증가수)
⑤ 등비 급수 방법(인구 증가율)

정답 017. ㉰ 018. ㉰ 019. ㉱ 020. ㉱

문제 021

인구 10만의 도시에 계획 1인 1일 최대급수량 600L, 급수보급률 80%를 기준으로 상수도 시설을 계획하고자 한다. 이 도시의 계획 1일 최대급수량은?

㉮ 32,000m³ ㉯ 40,000m³ ㉰ 48,000m³ ㉱ 60,000m³

해설 계획1일 최대 급수량
계획 1인 1일 최대 급수량×급수인구×급수보급률
$= 600 \times 100,000 \times 0.8 = 48,000,000 l/$일 $= 48,000 m^3/$일

보충 계획 취수량 : 계획 1일 최대 급수량의 5~10% 정도 증가된 수량으로 한다.

문제 022

인구 10만의 도시에 급수계획을 하려고 한다. 계획 1인1일 최대급수량이 300L/인·일이라면 급수보급률을 90%라 할 때, 계획 1일 최대급수량은?

㉮ 36,000m³/day ㉯ 32,000m³/day ㉰ 27,000m³/day ㉱ 22,000m³/day

해설
- 계획 1일 최대급수량
 =계획 1인1일 최대급수량×급수인구×급수 보급률
 $= 300 \times 100,000 \times 0.9 = 27,000,000 l/day = 27,000 m^3/day$
- 상수도 정수시설의 규모는 계획 1일 최대급수량을 사용한다.
- 계획시간 최대 급수량(대도시, 공업도시)
$$= \frac{\text{계획 1일 최대급수량}}{24} \times 1.3 = \frac{\text{1일 총급수량}}{24} \times 1.3$$

문제 023

인구 20만의 중·소도시에 계획급수를 하고자 한다. 계획 1인 1일 최대 급수량을 350 l 로 하고 급수보급률을 80%라 할 때 계획 1일 최대 급수량은?

㉮ 56,000m³/day ㉯ 42,500m³/day ㉰ 39,200m³/day ㉱ 37,600m³/day

해설
- 계획 1일 최대 급수량
 =계획 1인 1일 최대급수량×급수인구×보급률
 $= 350 \times 200,000 \times 0.8 = 56,000,000 l/day = 56,000 m^3/day$

문제 024

유역면적 5km², 인구밀도 300인/ha, 1인 1일 최대오수량 250L/인·일 일 때 이 도시의 계획 1일 평균오수량은 얼마 정도인가? (단, 지하수량을 포함한 기타배수량은 고려하지 않는다.)

㉮ 약 15,000m³/day ㉯ 약 30,000m³/day
㉰ 약 45,000m³/day ㉱ 약 60,000m³/day

해설
- 계획 1일 최대 오수량
 =(1인 1일 최대 오수량×계획인구)+공장 폐수량+지하수량+기타 배수량
 $= (5 \times 1000000) \times \left(250 \times \frac{1}{1000}\right) \times \left(300 \times \frac{1}{10000}\right) = 37500 m^3/day$
- 계획 1일 평균 오수량
 계획 1일 최대 오수량×70~80% $= 37500 \times 0.7~0.8 ≒ 30,000 m^3/day$

정답 021. ㉰ 022. ㉰ 023. ㉮ 024. ㉯

chapter 02 상수도 수질

제3부 상하수도공학

2-1 수질 검사

(1) 물리적 검사

1) 탁도
   ① 물의 흐린 정도를 표시하는 기준
   ② 증류수 $1l$ 중에 백질토 1mg을 함유했을 때의 탁도를 1도라 한다.

2) 색도
   ① 색의 정도를 표시하는 것
   ② 용해성 물질, 콜로이드 상 물질에 의해 나타나는 황색 또는 황갈색의 정도

3) 냄새
   오수, 페놀류를 함유한 공장 폐수의 혼입, 플랑크톤의 번식, 염소 처리 등이 원인이다.

4) 산도
   수중의 탄산, 광산, 유기산 등을 중화시키는 데 필요한 알칼리를 탄산칼슘의 mg/l로 나타낸 것

(2) 화학적 검사

1) pH(수소 이온 농도)
   ① 물의 알칼리성, 중성, 산성의 정도.
   ② $pH = -\log[H^+]$
      여기서, H^+ : 수소 이온농도

2) 경도
   수중의 칼슘, 마그네슘 등의 이온량을 탄산칼슘의 양으로 환산하여 mg/l로 나타낸 것

3) 수은(Hg)
   ① 인체 내에 축적되면 중추 신경을 마비시키는 등 독성이 매우 강하다.
   ② 음용수 수질기준에 시안, 유기인과 함께 검출되어서는 안 된다고 규정되어 있다.

4) 아연(Zn)
   자연수에는 포함되어 있지 않고 광산 폐수, 공장 폐수에 혼합되어 있다.

5) 염소 이온
   수중에 용존하고 있는 염화물 중에 함유한 염소량

6) 불소(플루오르)
   화강암 지대 우물이나 용천수 중에 많이 존재한다.

7) 질산성 질소
   지표수의 수중에는 미량이지만 천정호처럼 긴 시간 체류하는 물에는 다량 포함되어 있다.

(3) 물리적 검사

1) 일반 세균
   ① 병원균이 아니나 오염되지 않은 물에서는 일반 세균이 적고 염소 소독을 하면 사멸한다.
   ② 일반 세균이 많으면 오염의 위험 신호이다.

2) 대장균군
   ① 사람이나 동물의 장내에 서식
   ② 수중에서의 존재는 물이 사람이나 동물의 분뇨 등으로 오염되고 있는 것을 의미
   ③ 인체에는 해롭지 않다.
   ④ 수인성 전염병균의 존재 여부를 간접적으로 나타낸다.
   ⑤ 병원균보다 검출이 용이하고 검출속도가 빠르다.
   ⑥ 시험이 간편하며 정확하다.
   ⑦ 소화기 계통의 전염병균이 대장균군과 함께 존재한다.

3) 생화학적 산소 요구량(BOD)
   ① 수중의 유기물질이 호기성 미생물에 의해 분해될 때 소비되는 수중의 용존 산소량을 mg/l로 표시한 것이다.

> **참고** ➡
> - 호기성(好氣性)
>   세균 따위가 산소를 좋아하여 공기 중에서 잘 자라는 성질
> - 미생물
>   현미경으로나 볼 수 있는 매우 작은 생물들을 통틀어 이르는 말, 보통 세균, 효모, 원생동물 따위를 이르는데, 바이러스를 포함하는 경우도 있다.

② 유기물질의 함량을 간접적으로 나타내는 하천의 수질 오염 판정의 지표이다.
③ BOD는 보통 20℃에서 5일간 시료를 배양했을 때 소비된 용존 산소량으로 표시된다.
④ BOD가 과도하게 높으면 DO는 감소하고 메탄, 암모니아 등이 생성되어 악취가 난다.
⑤ BOD는 제1단계 BOD(탄소계 유기물 산화)와 2단계 BOD(질소계 유기물 산화)로 구분한다.
⑥ BOD 소모량

$$Y = L_a - L_t = L_a(1 - 10^{-k_1 t})$$

여기서, Y : t일 동안 소비된 BOD(BOD5)
L_t : BOD 잔존량($L_a \times 10^{-k_1 t}$)
k_1 : 탈산소 계수

4) 화학적 산소 요구량(COD)
① 유기물을 화학적으로 산화시킬 때 요구되는 산소량
② 폐수 내의 유기물량을 간접적으로 측정하는 방법이다.

5) 부유물질(SS)
① 현탄물질
② 수중에 떠서 돌아다니는 여러 물질로서 하천 바닥에 퇴적 또는 부착하기도 한다.

6) 용존 산소(DO)
① 물속에 녹아 있는 산소
② 물의 온도, 기압, 염분 등의 불순물 농도에 따라 영향을 받는다.
③ 수온이 높을수록, 용존 염류의 농도가 클수록 용존 산소량은 감소한다.
④ 대기압이 높을수록 용존 산소량은 증가한다.
⑤ 용존산소곡선은 유기성 오염물이 방출되는 하천에서 발생하는 CO의 감소를 나타낸 곡선으로 임계점에서 용존 산소(DO) 농도가 가장 낮고 변곡점은 산소회복률이 가장 큰 지점이다.

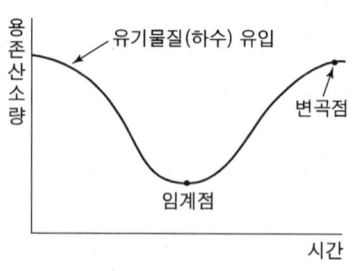

■ 용존산소 부족곡선

2-2 음용수 수질 기준

① 일반세균 : 1mg 중 100 이하
② 대장균 : 50mg 중 검출되지 않을 것.
③ 납 : 0.05mg/l 이하
④ 암모니아성 질소 : 0.5mg/l 이하
⑤ 페놀 : 0.005mg/l 이하
⑥ 경도 : 300mg/l 이하
⑦ 색도 : 5도 이하
⑧ 탁도 : 2도 이하
⑨ 수소이온농도 : pH 5.8~8.5
⑩ 증발잔류물 : 500mg/l 이하
⑪ 수은, 시안 : 검출되지 않을 것
⑫ 트리할로메탄(THM) : 0.1mg/l 이하

2-3 물의 자정작용

오염된 하천이 상당기간을 지나 스스로 깨끗한 물로 정화되는 현상이다.

(1) 자정작용의 인자

① 침전
② 일광
③ 화학적 작용(COD)
④ 생물학적 작용(BOD)
⑤ 폭기작용

> **참고** ▶ • 폭기작용
> 오폐수를 정화하기 위해 물 속에 공기를 불어넣는 것. 폭기작용으로 수중의 이산화탄소를 제거하게 된다. 폭기작용을 통하여 용존산소량을 증가시킨다.

(2) 자정계수

① $f = \dfrac{재폭기\ 계수}{탄산소\ 계수} = \dfrac{k_2}{k_1}$

② 자정작용의 강약을 판단하는 지표
③ 유속이 클수록, 수온이 낮을수록, 자정계수 값이 커진다.
④ 하천의 수심이 얕으면 자정계수 값이 커진다.
⑤ 하천의 자정작용은 미생물 등에 의한 생물학적 자정작용이 주된 역할을 한다.

> **참고**
> - 자정계수가 클수록 하천의 정화능력이 우수하다.
> - 자정계수는 규모가 큰 호수일수록 크며, 유속이 급할수록 증가한다.

(3) 하천의 수질변화 단계

1) 분해지대
   오염물질의 유입으로 균이 증가하고 용존산소(DO)가 줄어든다.

2) 활발한 분해지대
   부패상태로 용존산소(DO)가 없다.

3) 회복지대
   용존산소(DO) 증가, 깨끗해진 수질

4) 정수지대
   오염되지 않은 상태로 용존산소(DO)가 아주 증가

(4) 용존 산소(DO)

① 오염된 물은 용존 산소가 낮다.
② 용존 산소량이 적은 물은 혐기성 분해가 일어나기 쉽다.
③ 오염된 물은 물에 포함된 유기물질의 함유 정도를 표시하는 BOD가 높고, 용존 산소가 낮다.
④ BOD가 큰(높은) 물은 오염되어 용존 산소가 낮다.
⑤ 용존 산소가 극히 적은 물은 어류의 생존에 적합하지 않다.
⑥ 하천의 용존 산소를 높이기 위해서는 하천의 유량 증가, 수중 폭기시설 설치, 하천의 유속 증대, 하상의 퇴적물 준설, 비점원 오염원의 감소 등을 조치한다.

> **참고**
> - 혐기성 분해
>   세균에 의해 물이 오염되는 과정
> - 비점원(非點源)
>   환경 오염물질이 점원에 의해 광범위하게 오염된 지역. 오염된 하천, 오염된 호수 등 광범위한 지역에 걸쳐 오염을 일으키는 것
> - 점원오염
>   공장폐수와 같이 오염물질이 특정한 지점이나 장소에서 배출되어 오염을 일으키는 것

2-4 호수의 성층현상

(1) 호수의 물 순환
① 수질이 가장 좋은 곳은 수심의 중간부분이다.
② 얕은 호수는 조류의 번식이 심할 우려가 있다.
③ 깊은 호수는 봄과 가을에 물의 수직운동(전도현상)에 의해 바닥의 침전물이 수중으로 떠올라 수질이 나빠지기 쉽다.
④ 작은 호수는 큰 호수에 비해 자정이 덜 이루어진다.

(2) 성층현상(정체현상)
① 호수의 물이 수심에 따라 여러 개의 층으로 분리되는 현상이다.
② 물의 온도 원인으로 여름과 겨울에 발생한다.
③ 표층부와 저층부의 온도 차이에 의해 일어나는 현상이다.

(3) 부영양화
호수가 부영양화되면 식물성 플랑크톤인 조류가 대량 번식하여 탁도가 증가하며 하층부에 있는 물은 산소가 부족하여 어패류가 죽는다.

1) 부영양화의 특징
① 원인물질은 질소와 인 성분이다.
② 탁도 증가, 용존 산소(DO) 감소, 색도 증가, 화학적 산소 요구량(COD)이 증가 된다.
③ 수심이 낮은 곳에서 나타나며 상수원으로 사용하기 어렵다.
④ 조류의 영향으로 물에서 맛과 냄새가 발생한다.
⑤ 가정 하수, 공장 폐수 등이 하수 또는 저수지 등에 유입하여 질소(N), 인(P) 등 각종 영양물질의 농도가 높으며 조류가 크게 증식되어 BOD, COD가 증가되고 호소 바닥 부분의 심층수는 용존 산소(DO)가 줄어든다.
⑥ 호수나 저수지의 물에 냄새 및 맛을 유발하는 물질이 증가하는 현상이다.
⑦ 부영양화로 식물성 플랑크톤의 번식이 증가되어 투명도가 저하된다.
⑧ 사멸된 조류의 분해 작용에 의해 심층수로부터 용존 산소가 줄어든다.

> 참고 ▶
> - 부영양화(富營養化)
>   '영양분이 풍부하게 공급되었다'는 뜻
> - 조류
>   식물성 생물(조류, 미생물)은 물에 색, 냄새, 맛을 내고 여과기능을 방해한다.

2) 부영양화의 방지 대책
① 질소와 인 유입 방지
② 황산동($CuSO_4$)과 염산동($CuCl_2$) 살포
③ 고도 하수처리(3차 처리) 도입

Chapter 02 상수도 수질

기출문제

문제 001

하천의 자정작용에 관한 설명 중 틀린 것은?

㉮ 물리적인 자정작용으로 오수가 희석, 확산되는 작용이다.
㉯ 하수 중의 용존산소가 많으므로 유기성 물질의 산화분해는 어렵다.
㉰ 하수 중의 용존산소는 대기에서 공급된다.
㉱ 하천수의 용존산소는 수온의 상승에 의해서 감소된다.

해설 하천 중에는 용존상태가 작아 유기물질의 산화분해가 어렵다.

보충
- 오염물질이 과도하게 유입되면 상류에서 가끔 일어나는 혐기성화(Anaerobiosis)가 오게 되면 자정 작용은 서서히 진행되어 정상상태로 된다.
- 자정작용의 강약을 판단하는 하나의 지표로서 자정계수가 있다.
- 오수의 유입에 의해 하천에 공급된 유기물은 박테리아에 의해 분해되어 CO_2와 H_2O로 되어 bacteria의 구성 성분이 된다.
- 수심이 얕고, 하천바닥에 자갈이 깔려있는 하천은 유입 BOD보다 낮지게 한다.
- 하류로 갈수록 생물의 종류는 다양해진다.
- 광합성량/호흡량률은 하류로 감에 따라 증가하다 같아진다.
- 독성을 가진 화합물이 유입되면 생물의 다양성은 없어지고, 자정계수는 적어져 오염물의 정화는 물리, 화학적 작용에 의해서만 일어난다.

문제 002

호수나 하천의 부영양화 현상이 아닌 것은?

㉮ 탁색 감소 ㉯ 물의 색도 증가
㉰ 수중생물의 종류 변화 ㉱ COD 증가

해설 부영양화는 탁도 증가, DO 감소, 색도 증가, COD 증가, 수중 생태계 변화

보충
- 부영양화 : 가정하수, 공장폐수, 농업배수의 유입으로 체류시간이 비교적 긴 호수에 질소(N)와 인(P)의 무기농도 염류의 증가로 해조류나 동식물성 플랑크톤 등의 과도하게 번식해 DO감소, 탁도 증가, COD의 증가로 결국 어패류 등이 폐사하는 현상
- 부영양화 현상이 생기면 특히 여름 중의 물 하부층 산소가 감소한다.
- 주로 초산 및 인산염에 의한 수중식물의 성장도에 의해 형성된다.
- 부영양화의 마지막 단계에서는 청록색 조류가 성장한다.
- 질소(N) 0.1~0.3mg/l, 인(P) 0.01~0.02mg/l이 한계농도이다.
- 정체수역에서 발생하기 쉽다.

정답 001. ㉯ 002. ㉮

문제 003

하천의 자정작용에 관한 다음 기술 중 틀린 것은?

㉮ 물리적으로 희석, 혼합된다.
㉯ 화학적으로 침전, 여과된다.
㉰ 생물학적으로 혐기성 미생물에 의하여 오염물질이 분해된다.
㉱ 하천의 표면을 통하여 대기의 산소가 수중으로 계속 투입되어 재폭기 된다.

해설
- 물리적 작용 : 침전, 여과
- 화학적 작용 : 중화, 산화, 환원
- 생물학적 반응 : 호기성 상태에서 호기성 미생물을, 혐기성 상태에서 혐기성 미생물을 분해하는 작용
- DO 농도가 45% 정도 되면 분해지대에서 분해가 시작되고, DO가 감소한다.
- 자정작용에서 전도현상이란 밀도차에 의한 물의 수직 대류현상이다.
- 천의 자정계수 $(f) = \dfrac{재폭기 계수(K_2)}{탈산소 계수(K_1)}$
- 하천의 자정작용은 수심이 얕고 급류이며 하상이 모래, 자갈 등인 하천은 공기가 잘 접촉하므로 자정작용이 활발하다.
- 미량의 중금속 물질이라고 하더라도 하천의 자정작용으로는 제거하기 곤란하다.
- 생화학적 자정작용에는 수온, pH, DO, 태양광선 등이 중요한 외적 환경조건이다.

문제 004

음료수의 수질 기준 중에서 옳지 않은 것은?

㉮ 암모니아성 질소는 0.5mg/l를 초과하지 아니할 것
㉯ 수소이온 농도는 pH 5.8 내지 8.5
㉰ 탁도는 1도를 초과하지 아니할 것
㉱ 비소는 0.05mg/l를 초과하지 아니할 것

해설 탁도는 2도를 초과하지 아니할 것

보충
- 색도는 5도를 넘지 아니할 것
- 과망간산칼륨 소비량은 10mg/l를 넘지 아니할 것
- 염소이온은 150mg/l를 넘지 아니할 것

문제 005

하천의 자정작용의 진행을 좌우하는 외적 환경조건으로 원인이 되지 않는 것은?

㉮ 온도　　　㉯ pH　　　㉰ 용존산소　　　㉱ 산화

해설 수심이 얕고 급류인 하천, 하상이 불규칙할수록 자정작용이 활발하다.

문제 006

다음 중 오염물질의 배출허용기준에 포함되지 않는 항목은?

㉮ 용존산소(DO)　　　㉯ 총 질소　　　㉰ 색도　　　㉱ 총 인

해설 DO(용존산소)는 물속에 녹아 있는 산소의 양을 나타내는 것으로 오염된 물은 BOD(생물학적 산소 요구량)가 높고 DO는 낮다.

정답 003. ㉯ 004. ㉰ 005. ㉱ 006. ㉮

문제 007

먹는 물의 수질기준 항목에서 다음 특성을 갖고 있는 수질 기준항목은?

> ① 수질기준은 10mg/L를 넘지 아니할 것
> ② 하수, 공장폐수, 분뇨 등과 같은 오염물 유입에 의한 것으로 물의 오염을 추정하는 지표항목
> ③ 유아에게 청색증을 유발시킴

㉮ 과망간산칼륨 소비량 ㉯ 불소
㉰ 대장균군 ㉱ 질산성 질소

해설
- 질산성 질소(NO_3-N) : 10mg/L 이하
- 불소 : 1.5mg/L 이하
- 일반세균 : 1ml 중 100 이하
- 수은, 시안 : 검출되어서는 안 된다.

문제 008

대장균군(coliform group)이 수질 지표로 이용되는 이유에 대한 설명으로 옳지 않은 것은?

㉮ 소화기 계통의 전염병균이 대장균군과 같이 존재하기 때문에 적합하다.
㉯ 병원균보다 검출이 용이하고 검출속도가 빠르기 때문에 적합하다.
㉰ 소화기 계통의 전염병균보다 저항력이 조금 약하므로 적합하다.
㉱ 시험이 간편하며 정확성이 보장되므로 적합하다.

해설 소화기 계통의 전염병균보다 살균에 대한 저항력이 크므로 대장균의 유무에 의해 다른 병원균의 유무를 판단하는 간접지표로 사용된다.

문제 009

수도물에서 페놀류를 문제삼는 가장 큰 이유는?

㉮ 불쾌한 냄새를 내기 때문 ㉯ 경도가 높아서 물때가 생기기 때문
㉰ 물거품을 일으키기 때문 ㉱ 물이 탁하게 되고 색을 띠기 때문

해설 페놀류는 인체에 해로운 맛과 불쾌한 냄새를 유발시킨다.

보충 여과 공정을 감시할 때는 탁도가 가장 중요한 영향인자이다.

문제 010

일반 상수에서 경도(Hardness)를 유발하는 주된 물질은?

㉮ Ca^{2+}, Mg^{2+} ㉯ Al^{2+}, Na^+
㉰ SO_4^{2-}, NO_3^- ㉱ Mn^{2+}, Zn^{2+}

해설 경도는 물의 거센 정도를 나타내면 Ca^{2+}와 Mg^{2+}을 $CaCO_3$ 값으로 환산하여 ppm 단위로 표시한다. (Sr^{2+}, Fe^{2+}, Mn^{2+} 등)

정답 007. ㉱ 008. ㉰ 009. ㉮ 010. ㉮

문제 011

수중의 질소화합물의 질산화 진행과정으로 옳은 것은?

㉮ $NH_3-N \to NO_2N \to NO_3-N$
㉯ $NH_3-N \to NO_3N \to NO_2-N$
㉰ $NO_2-N \to NO_3N \to NH_3-N$
㉱ $NO_3-N \to NO_2N \to NH_3-N$

해설 단백질 → Amino acid → 암모니아성 질소(NH_3-N) → 아질산성 질소(NO_2-N) → 질산성 질소(NO_3-N)

문제 012

사용한 수도물을 생활용수, 공업용수 등으로 재활용할 수 있도록 다시 처리하는 시설은?

㉮ 광역상수도
㉯ 중수도
㉰ 전용수도
㉱ 공업용수도

해설 중수도는 사용한 수돗물을 모아 변기 세척수, 청소용수 등으로 재활용할 수 있도록 하는 시설이다.

문제 013

호소의 부영양화에 관한 다음 설명 중 틀린 것은?

㉮ 부영양화의 원인물질은 질소와 인 성분이다.
㉯ 부영양화된 호소에서는 조류의 성장이 왕성하여 수심이 깊은 곳까지 용존산소 농도가 높다.
㉰ 조류의 영향으로 물에 맛과 냄새가 발생되어 정수에 어려움을 유발시킨다.
㉱ 부영양화는 수심이 낮은 호소에서도 잘 발생된다.

해설
- 부영양화된 호소에서는 깊은 곳(심층수)의 용존산소 농도는 미생물의 대사작용으로 감소된다.
- 부영양화는 정체성 수역의 상층에서 발생하기 쉽다.
- 부영양화 호소는 조류 합성에 의한 유기물의 증가로 COD가 증가한다.

문제 014

부영양화에 대한 설명으로 옳지 않은 것은?

㉮ COD가 증가한다.
㉯ 식물성 플랑크톤인 조류가 대량 번식한다.
㉰ 영양염류인 질소, 인 등의 감소로 발생한다.
㉱ 최종적으로 용존산소가 줄어든다.

해설
- 질소(N), 인(P)이 증가하여 수질이 약화된다.
- 수심이 낮은 곳에서 나타나며 한번 부영양화가 되면 회복되기 힘들다.
- 수질이 나빠지면 부유물질, BOD, COD 등이 증가하여 용존산소(DO)는 감소한다.
- 부영양화 현상은 질소(N), 인(P) 등의 영양염류가 폐쇄성 수역에 지속적으로 유입되면서 발생되는 조류의 이상 번식으로 수질이 악화되는 현상이다.

정답 011. ㉮ 012. ㉯ 013. ㉯ 014. ㉰

문제 015

다음 중 부영양화된 호수나 저수지에서 나타나는 현상은?

㉮ 각종 조류의 광합성 증가로 인하여 호수 심층의 용존산소가 증가한다.
㉯ 조류사멸에 의해 물이 맑아진다.
㉰ 바닥에 인, 질소 등 영양염류의 증가로 송어, 연어 등 어종이 증가한다.
㉱ 냄새, 맛을 유발하는 물질이 증가한다.

해설
- 용존산소가 낮아진다.
- 탁도가 증가한다.
- COD 증가(BOD 증가)
- PH 증가
- 상수원으로 사용하기 어렵다.

문제 016

오염된 호수의 심층수에 대한 설명으로 옳은 것은?

㉮ 수온 및 수질의 일변화가 심하다.
㉯ 플랑크톤 농도가 높다.
㉰ 낮은 용존산소로 인해 수중생물의 서식에 좋지 않다.
㉱ 계절에 따라 물의 성층현상과 부영양화의 결과로 정수(淨水)과정에 좋은 영향을 준다.

해설
- 수온 및 수질의 일변화가 심하지 않다.
- 플랑크톤 농도가 낮다.
- 계절에 따라 물의 성층현상과 부영양화의 결과로 정수과정에 나쁜 영향을 준다.

보충
- 부영양화된 호수에서는 심층수의 용존산소(DO)의 농도가 낮아진다.
- 얕은 호수나 저수지로부터 취수하는 경우 취수지점은 수면으로부터 3~4m 되는 곳에서 취수한다.
- 작은 호수에서는 큰 호수에 비해 자정이 덜 이루어진다.

문제 017

부영양화 현상에 대한 특징을 설명한 것으로 알맞지 않은 것은?

㉮ 사멸된 조류의 분해작용에 의해 표수층으로부터 용존산소가 줄어든다.
㉯ 조류합성에 의한 유기물의 증가로 COD가 증가한다.
㉰ 일단 부영양화가 되면 회복되기 어렵다.
㉱ 영양 염류인 인(P), 질소(N) 등의 유입을 방지하면 이 현상을 최소화할 수 있다.

해설
- 물속의 식물성 플랑크톤류나 수초 등의 조류가 과도하게 번식되어 수질이 악화되어 COD 및 BOD가 증가하게 된다.
- 부영양화가 발생하면 탁도 증가, 색도 증가로 수질이 악화된다.
- 사멸된 조류의 분해작용에 의해 심수층부터 용존산소가 줄어든다.

정답 015. ㉱ 016. ㉰ 017. ㉮

문제 018

호수나 저수지의 성층현상과 가장 관계가 깊은 요소는?

㉮ 적조현상 ㉯ 미생물
㉰ 질소(N), 인(P) ㉱ 수온

해설 호수나 저수지의 성층 현상은 수온의 원인으로 여름과 겨울에 발생한다.

보충 성층현상
① 저수지나 호수에서 물이 수심에 따라 온도 변화로 인해 발생되는 밀도차에 의해 여러 개의 층으로 분리되는 현상
② 겨울보다 여름의 정체가 더 심하게 발생한다.

문제 019

용존산소 부족곡선(DO Sag Curve)에서 산소의 복귀율(회복속도)이 최대로 되었다가 감소하기 시작하는 점은?

㉮ 임계점 ㉯ 변곡점
㉰ 오염 직후 ㉱ 포화 직전

해설
- 변곡점은 산소의 복귀율(회복속도)이 최대로 되었다가 감소하기 시작하는 점이다.
- 임계점은 용존산소(DO)의 농도가 가장 낮은 점이다.

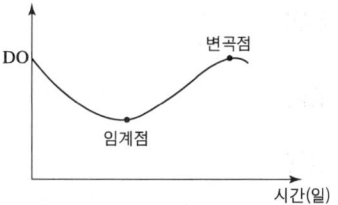

문제 020

물의 용존산소(DO) 농도에 대한 설명으로 옳은 것은?

㉮ 수온이 떨어지면 DO 농도는 증가한다.
㉯ 오염된 물은 DO 농도가 높다.
㉰ 기압이 낮을수록 DO 농도가 증가한다.
㉱ BOD가 클수록 DO 농도가 증가한다.

해설
- 용존산소(DO)은 수중의 산소량을 뜻하며 수질이 나쁘면 감소한다.
- 수온이 높을수록 용존산소량은 감소한다.
- 대기압이 높을수록 용존산소량은 증가한다.
- BOD, COD의 증가는 수질이 나빠서, 부유물질이 많다는 뜻으로 용존산소량이 감소한다.
- BOD란 생물화학적 산소요구량으로 수중의 유기물 함량을 간접적으로 나타낸다.
- 해수는 염류농도가 클수록 용존산소량은 감소한다.

정답 018. ㉱ 019. ㉯ 020. ㉮

문제 021

하천의 자정계수(self-purification factor)에 대한 설명으로 옳은 것은?

㉮ [탈산소계수/재폭기계수]로 나타낸다.
㉯ 저수지보다는 하천에서 그 값이 작게 나타난다.
㉰ DO에 대한 BOD의 비로 표시된다.
㉱ 유속이 클수록 그 값이 커진다.

해설
- 자정계수 $f = \dfrac{\text{재폭기 계수}}{\text{탈산소 계수}} = \dfrac{k_2}{k_1}$
- 수온이 높을수록 자정계수가 작아진다.
- 수심이 깊을수록 자정계수가 작아진다.
- 유속이 클수록 자정계수가 커진다.
- 오염된 물은 BOD가 높고 용존산소(DO)가 낮지만 자정작용으로 BOD가 낮아지고 DO가 높아진다.

문제 022

하천의 재폭기(reaeration)계수가 0.2/day, 탈산소계수가 0.1/day이면 이 하천의 자정계수는?

㉮ 0.1   ㉯ 0.2   ㉰ 0.5   ㉱ 2

해설 $f = \dfrac{\text{재폭기 계수}}{\text{탈산소 계수}} = \dfrac{0.2}{0.1} = 2$

보충
- $f > 1$: 자정작용 진행
- $f < 1$: 부패시작

문제 023

다음 설명 중 옳지 않은 것은?

㉮ BOD는 유기물이 호기성 상태에서 분해·안정화되는 데 요구되는 산소량이다.
㉯ BOD는 보통 20℃에서 5일간 시료를 배양했을 때 소비된 용존산소량으로 표시된다.
㉰ BOD는 과도하게 높으면 DO는 감소하며 악취가 발생된다.
㉱ BOD, COD는 오염의 지표로서 하수 중의 용존산소량을 나타낸다.

해설
- BOD, COD는 오염의 지표로서 호기성 미생물에 의해 유기물이 분해될 때 요구되는 산소의 양을 의미한다.
- 용존산소(DO)는 수중에 용해되어 있는 산소로 수중에 염류의 농도가 증가할수록, 온도가 높을수록 DO 포화도는 감소한다.
- 오염된 물은 용존산소(DO)량이 낮다.
- 수중의 미생물이 호기성 상태에서 유기물을 분해하여 안정화시키는 데 요구되는 산소량인 생물학적 산소요구량 BOD가 큰 물은 용존산소량이 낮다.

문제 024

상수 원수에 포함된 색도 제거를 위한 단위 조작으로 가장 거리가 먼 것은?

㉮ 폭기 처리   ㉯ 응집침전 처리
㉰ 활성탄 처리   ㉱ 오존 처리

정답 021. ㉱ 022. ㉱ 023. ㉱ 024. ㉮

해설
- 폭기 처리는 호기성 미생물의 생물화학적 반응에 필요한 산소를 공급한다.
- 폭기 처리는 혼합액을 교반하여 액상으로 산소 이동을 촉진하고 오염물질과 활성 슬러지와의 접촉 기회를 증대시킨다.
- 폭기 처리는 폭기조 내에 활성 슬러지의 침전을 방지한다.

문제 025

BOD_5가 155mg/L인 폐수가 있다. 탈산소계수(K_1)가 0.2/day일 때 4일 후에 남아 있는 BOD는? (단, 탈산소계수는 상용대수 기준)

㉮ 27.3 mg/L ㉯ 56.4 mg/L ㉰ 127.5 mg/L ㉱ 172.2 mg/L

해설
- $BOD_5 = BOD_u(1-10^{-k \cdot t})$
  $155 = BOD_u(1-10^{-0.2 \times 5})$
  $\therefore BOD_u = \dfrac{155}{1-10^{-0.2 \times 5}} = 172.2 \text{mg/L}$
- 4일 BOD
  $BOD_4 = BOD_u(1-10^{-k \cdot t}) = 172.2(1-10^{-0.2 \times 4}) = 144.91 \text{mg/L}$
  $\therefore$ 4일 후에 남아 있는 BOD는 $172.2 - 144.91 ≒ 27.3 \text{mg/L}$

문제 026

탈산소계수(밑수 10)가 0.1/day인 하천의 어떤 지점에서의 평균 BOD(La)가 30ppm이었다. 그 지점에서 3일 흐른 후의 잔존 BOD는?

㉮ 5ppm ㉯ 10ppm ㉰ 15ppm ㉱ 20ppm

해설 $L_t = L_a \cdot e^{-k_1 \cdot k} = L_a \cdot 10^{-k_1 \cdot k} = 30 \times 10^{-0.1 \times 3} = 15 \text{ppm}$

문제 027

BOD_5가 126mg/L인 하수의 최종 BOD로 가장 가까운 값은? (단, 자연대수(e)기준, 탈산소계수 $K=0.20$/day)

㉮ 149.3mg/L ㉯ 174.3mg/L ㉰ 199.3mg/L ㉱ 249.3mg/L

해설 $Y = L_a(1-e^{-kt})$
$126 = L_a(1-e^{-0.2 \times 5})$
$\therefore L_a = \dfrac{126}{1-e^{-0.2 \times 5}} = 199.3 \text{mg/L}$

문제 028

BOD병을 이용하여 하천수의 BOD를 구하고자 한다. 초기 DO가 8.0mg/L, 5일 후의 DO가 4.2mg/L이며, 사용된 시료의 양은 300mg/L일 경우 BOD_5는 얼마인가?

㉮ 3.8mg/L ㉯ 4.2mg/L ㉰ 7.6mg/L ㉱ 8.0mg/L

해설 $8.0 - 4.2 = 3.8 \text{mg/L}$

정답 025. ㉮ 026. ㉰ 027. ㉰ 028. ㉮

문제 029

어떤 폐수의 20℃ BOD_5가 200mg/L일 때 BOD_1와 최종 BOD 값은? (단, 탈산소계수는 $0.23 day^{-1}$(base e)이다.)

㉮ 60mg/L, 293mg/L
㉯ 67mg/L, 233mg/L
㉰ 60mg/L, 233mg/L
㉱ 67mg/L, 293mg/L

해설 • 최종 BOD
$$Y = L_a(1 - e^{-k \cdot t})$$
$$200 = L_a(1 - e^{-0.23 \times 5})$$
$$\therefore L_a = 293 mg/L$$

• 1일 BOD
$$Y = 293(1 - e^{-0.23 \times 1}) = 60 mg/L$$

문제 030

하수의 20℃, 5일 BOD가 200mg/l 일 때 최종 BOD의 값은? (단, 자연대수(e)를 사용할 때의 탈산소계수 k=0.20/day)

㉮ 256mg/l ㉯ 286mg/l ㉰ 316mg/l ㉱ 346mg/l

해설 $Y = L_a(1 - e^{-k_1 \cdot t})$
$$\therefore L_a = \frac{200}{1 - e^{-0.2 \times 5}} = 316.4 mg/l$$

문제 031

BOD_5가 155mg/L인 폐수가 있다. 탈산소계수(k_1)가 0.2/day일 때 4일 후에 남아 있는 BOD는? (단, 상용대수 기준)

㉮ 27.3mg/L ㉯ 56.4mg/L ㉰ 127.5mg/L ㉱ 172.2mg/L

해설 • $Y = L_a(1 - 10^{-k_1 \cdot t})$
$$155 = L_a(1 - 10^{-0.2 \times 5}) \qquad \therefore L_a = 172 mg/L$$

• BOD 잔존량
$$L_t = L_a \cdot 10^{-k_1 \cdot t} = 172 \times 10^{-0.2 \times 4} = 27.3 mg/L$$

문제 032

BOD_5가 250mg/L이고 COD가 446mg/L인 경우, 생물학적으로 분해되지 않는 COD는? [단, 탈산소계수 k_1 =0.1/day(밑수 10)임]

㉮ 60mg/L ㉯ 80mg/L ㉰ 100mg/L ㉱ 120mg/L

해설 • 5일($t=5$)간 사용된 BOD 소비량
$$Y = BOD_5 = 250 mg/L$$
• $Y = L_a(1 - e^{k_1 t})$
$$250 = L_a(1 - 10^{-0.1 \times 5})$$
$$\therefore 최종 BOD 소비량 \; L_a = \frac{250}{1 - 10^{-0.1 \times 5}} = 366 mg/L$$

• 분해되지 않은 COD
$$446 - 366 = 80 mg/L$$

정답 029. ㉮ 030. ㉰ 031. ㉮ 032. ㉯

chapter 03 수원 및 취수시설

제 3 부 상하수도공학

3-1 수 원(水原)

(1) 수원의 종류

1) 천수(天水)
   ① 비, 눈, 우박 등을 총칭한 강수로 빗물이 대부분이다.
   ② 상수원으로 적당하지 않다.

2) 지표수
   ① 하천수, 호수수, 저수지수 등이 있다.
   ② 수원 중 가장 쉽게 얻을 수 있으나 오염 피해를 받기 쉬운 단점이 있다.
   ③ 지표 수원인 하천수는 자정작용이 일어난다.

3) 지하수
   ① 우수나 지표수가 지층을 침투하여 지하로 스며든 물이다.
   ② 지하수의 수온은 연중 거의 일정하게 유지된다.
   ③ 천층수
   지표면에서 깊지 않은 곳에 위치함으로 공기의 투과가 양호하여 산화작용이 활발하게 진행된다.
   ④ 심층수
   대지의 정화작용으로 인해 무균 또는 거의 이에 가까운 것이 보통이다.
   ⑤ 용천수
   피압 지하수면이 지표면 상부에 있을 경우 지하수가 자연적으로 지표로 솟아나는 지하수로서 그 성질은 피압면 지하수와 비슷하다.

⑥ 복류수
- 어느 정도 여과된 것이므로 지표수에 비해 수질이 양호하며 대개의 경우 침전지를 생략할 수 있다.
- 취수원으로서 하천이나 호수의 바닥 또는 측면부의 자갈 및 모래층에 포함되어 있는 물
- 수량이 풍부하면서 수질도 양호하고 철분, 망간 등의 광물질 함량도 적어 수원으로 적합하다.

(2) 수원의 선정
① 갈수기에도 계획 취수량(수량, 수질)이 확보 가능해야 한다.
② 장래 예측되는 수질의 변화
③ 건설비 및 유지 관리비가 저렴해야 한다.
④ 수리권이 확보될 수 있어야 한다.

(3) 수원의 구비 조건
① 수량이 풍부하여야 한다(계획수량이 장래에까지 확보 가능할 것).
② 수질이 좋아야 한다(장래 오염의 우려가 적을 것).
③ 가능한 한 높은 곳에 위치하여야 한다.
④ 상수 급수지역에서 가까운 곳에 위치하여야 한다.
⑤ 수리권의 획득이 용이할 것
⑥ 계획 취수량이 최대 갈수기에도 확보할 수 있을 것
⑦ 건설비 및 유지 관리비가 저렴할 것

3-2 취수 시설

(1) 취수 지점 선정
① 상류에서 공장 폐수, 하수 유입이 없는 곳
② 계획 취수량을 확실히 취수할 수 있는 곳
③ 하상 침하, 지반 침하, 유량 감소 등에 의해 해수의 혼입이 되지 않는 곳
④ 하천의 상태에 따라 장래에 일어날 수 있는 하상의 상승, 저하에 대비해서 유속이 완만한 지점일 것
⑤ 취수 지점과 그 주위 지역은 지질이 견고한 상태일 것
⑥ 장래의 하천 개수 계획을 고려해서 선정할 것

(2) 취수 시설의 종류

1) 취수관
   ① 수위 변화에 영향을 받지 않고 안전하게 취수할 수 있는 곳에 설치한다.
   ② 하천 수위의 변화가 적은 경우 비교적 간단한 설비로서 하안 부근으로부터 취수할 수 있다.

2) 취수탑
   ① 위치
   - 연간 수위변화의 폭이 큰 취수지점이나 큰 하천의 중류부나 하류부 또는 저수지, 호수로부터 대량을 취수할 때 유리하다.
   - 갈수기에도 수심이 2m 이상 되는 곳에 위치하여야 한다.

   ② 취수탑의 취수구
   - 형상은 직사각형 또는 원형이다.
   - 단면적은 하천의 경우 유입 속도가 15~30cm/sec가 되도록 정한다.
   - 취수구 전면에 스크린을 설치하여 유입되는 큰 부유물을 제거한다.
   - 계획 최저 수위의 경우에도 취수 할 수 있게 취수구 위치를 정한다.
   - 수위가 변하는 경우에는 여러 수위에서도 취수가 가능하도록 각각 다른 높이에 여러 개의 취수구를 설치한다.
   - 취수구에는 취수탑체 안쪽이나 바깥쪽에 슬루스 게이트, 버터플라이 밸브 등의 유량조절 밸브를 설치해야 한다.

   ③ 하천수 취수방법으로 비교적 널리 사용되고 있다.
   ④ 취수관에 비해 건설비가 많이 드나 양질의 물을 취수할 수 있다.
   ⑤ 하천수 취수방법 중 수위변화에 대응할 수 있고 수위에 따라 좋은 수질을 선택하여 취수할 수 있다.
   ⑥ 취수구를 상하에 설치하여 수위에 따라 좋은 수질을 선택, 취수할 수 있으며 수심이 일정 이상 되는 지점에 설치하면 연간 안정적인 취수가 가능한 시설이다.
   ⑦ 취수시설을 선정할 때 수원이 하천, 호소, 댐(저수지)인 경우에 적용할 수 있으며 보통 대량 취수에 적합하고 비교적 안정된 취수가 가능하다.

3) 취수문
   ① 하안에 직접 취수구를 설치하는 방식으로 취수구 시설에서 스크린, 수문 또는 수위조절판을 설치하여 일체가 되어 작동하게 되는 취수시설이다.
   ② 농업 용수의 취수나 하천유량이 안정된 곳의 취수에 사용된다.
   ③ 보통 하천의 중류부로부터 상류부에 걸쳐 하안부나 혹은 제방을 축조한 부분에 설치한다.

④ 지반이 견고한 지점에 위치하고 토사의 유입이 적은 지점이어야 한다.
⑤ 수문 상류에는 5cm 정도의 간격을 가진 눈이 크고 견고한 스크린을 윗부분이 하류 쪽을 향하여 경사지게 설치한다.
⑥ 하천의 상류에 적합한 취수 방식이다.

4) 취수틀
① 비교적 소량 취수의 경우에 사용한다.
② 단기간에 완성되고 안정된 취수가 가능하다.

5) 취수보(취수언, 취수둑)
① 하천수를 막아 계획 취수위를 확보하여 안정된 취수를 가능하게 하는 시설이다.
② 둑본체, 취수구, 침사지 등으로 구성된다.
③ 하천수 취수시설 중 가장 안정된 취수와 침사효과가 크며 개발이 진행된 하천 등에서 정확한 취수조정이 필요한 경우, 대량 취수할 때, 하천의 흐름이 불안정한 경우 등에 적합하다.
④ 취수언제·댐의 높이는 계획취수량을 취수할 수 있도록 정해야 한다.
⑤ 취수구는 언제나 계획 취수량을 취수할 수 있고 취수구에 토사가 유입하거나 퇴적하지 않는 구조로 유지관리에 편리해야 한다.
⑥ 취수구의 바닥높이는 배토문 바닥 높이보다 0.5~1.0m 이상 높게 하여야 하고, 취수구 유입속도는 0.4~0.8m/s를 표준으로 하고 취수구의 폭은 바닥 높이에서 유입 속도 범위가 유지되도록 해야 한다.
⑦ 호수나 저수지를 수원으로 사용할 경우의 취수 방법으로는 적절하지 않다.
⑧ 하천 표면의 부유물이 스크린에 걸리기 쉬우므로 그 대책을 검토해야 한다.

3-3 저수지의 취수

(1) 저수지의 위치 선정

① 가능한 작은 댐으로 필요한 저수량을 얻을 수 있을 것
② 댐의 설치지점과 저수지 바닥의 지질이 좋을 것
③ 저수지 축조로 인한 용지 내의 보상 대상이 적을 것
④ 집수면적이 넓고 수원 보호가 유리할 것
⑤ 댐의 건설 재료를 얻기 쉬운 장소일 것
⑥ 도시로부터 가까울수록 좋으며 가급적 자연유하식으로 도수할 수 있도록 할 것
⑦ 수심이 비교적 깊은 곳일 것

(2) 저수지의 용량 결정

1) 결정 방법

① 가정법

$$C = \frac{5,000}{\sqrt{0.8R}}$$

여기서, C : 저수지의 크기(계획 1일 급수량의 배수)
R : 연평균 강우량(mm)

② 강우가 많은 지방에서는 급수량(계획 1일 평균 급수량)의 120일 분으로 정한다.
③ 강우가 적은 지방에서는 급수량(계획 1일 평균 급수량)의 200일 분으로 정한다.
④ 10년 빈도 정도의 갈수년을 기준으로 정한다.
⑤ 유량 누가 곡선(Ripple's Method)을 그려서 이론적으로 산출한다.

2) 유량 누가 곡선의 특징

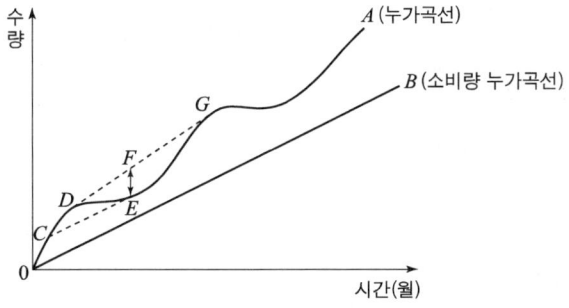

① $\overline{EF}$ 는 부족수량이다.(유효 저수량)
② 저수하기 시작하는 때는 C에 해당하는 날이다.
③ $\overline{DE}$ 구간에서는 유출량이 소요 수량보다 적은 시기가 되어 저수지의 수위가 낮아진다.
④ D에 이르면 만수위가 되었다가 그 후 점차 수위가 저하하여 E에 오면 저수위가 되고 G에서 만수위가 된다.

3-4 지하수의 취수

(1) 우물의 수리

1) 자유수면 우물

심정호(깊은 우물) $Q = \dfrac{\pi k (H^2 - h_0^2)}{2.3 \log (R/r_0)}$

여기서, Q : 양수량
h_0 : 우물의 수심
r_0 : 우물의 반지름
H : 원 지하수의 두께
R : 영향원 반지름
k : 투수계수

2) 피압수 우물

굴착정 $Q = \dfrac{2 \pi b k (H - h_0)}{2.3 \log (R/r_0)}$

여기서, b : 피압 대수층의 두께

3) 집수 매거의 취수량

$Q = \dfrac{k L (H^2 - h_0^2)}{R}$

여기서, H : 원 지하수심
h_0 : 매거의 수심
L : 매거의 길이
R : 영향원 반지름

(2) 취수시설

1) 자유수면 취수

① 천정호
- 천층수 취수
- 제1불투수층 위에 고인 물, 즉 자유면 지하수

② 심정호
- 심층수 취수
- 제1불투수층과 제2불투수층 사이의 피압면 지하수

2) 피압면 취수
    ① 굴착정(굴정호)
        - 심층수 취수
        - 양질의 물을 취수
3) 복류수 취수
    ① 집수 매거
        하천 또는 호수 바닥 지하 얕은 곳에 있는 자갈, 모래 등의 대수층에 대략 수평으로 구멍 뚫린 관거를 매설하여 복류수를 취수할 때 쓰인다.
    ② 집수 매거의 구조
        - 집수공의 유입속도는 3cm/sec 이하일 것
        - 집수 매거의 경사는 수평 또는 1/500 이하일 것
        - 집수 매거 내 유속은 1m/sec 이하일 것
        - 집수 매거의 둘레는 자갈로 1.5~2.0m의 여과층을 설치할 것
        - 집수공을 표면적 $1m^2$에 20~30개씩 가질 것
4) 용천수 취수
    ① 용천수가 한 지점에 집중적으로 용출할 경우에는 용출 지점을 적당히 파서 용출부에 집수정을 축조한다.
    ② 용천수가 산 능선 등에서 대략 등고선에 따라 연속적으로 용출하는 경우에는 집수 매거에 의한 방법으로 한다.

Chapter 03 수원 및 취수시설

기출문제

문제 001

천수에 대한 설명 중 틀리게 기술된 것은?

㉮ 용해성분이 적어 완충작용이 작다.
㉯ 일반적으로 해안에 가까울수록 염분 함유량이 많고 육지에 가까울수록 함량이 적다.
㉰ 자정작용으로 오염물질이 극히 적다
㉱ 산성비가 내리는 것은 대기 오염물질인 CO_2, SO_x 등의 용존성분 때문이다.

해설 자정작용은 하천수에서 발생하며 천수(天水)에서는 일어나지 않는다.

보충
- 자연수 중에서 제일 깨끗하다.
- 지표수, 지하수는 모든 천수에 기인된다.
- 천수는 대기오염으로 인하여 산성이다.
- 천수는 지면에서 강하하여 증발, 삼투, 유출의 부분으로 나뉜다.

문제 002

정수시설 중에서 1일 평균급수량을 기준으로 결정하는 것은?

㉮ 수원지, 저수지용량   ㉯ 배수시설
㉰ 정수시설   ㉱ 취수시설

해설 1일 평균급수량은 수원지, 저수지 유역면적 등을 설계하는 데 적용한다.

보충 1일 최대급수량은 정수시설, 취수시설 등에 적용한다.

문제 003

취수시설에 관한 설명 중 틀린 것은?

㉮ 취수관로 내의 유속은 1m/sec정도이어야 침전을 방지할 수 있다.
㉯ 흡수정의 수평단면은 취수관로 단면의 3.5배 정도이다.
㉰ 유입구의 유입속도는 15~30cm/sec로 한다.
㉱ 유입개구에는 1~1.5cm 눈을 갖는 스크린을 설치한다.

해설 유입개구에는 2.5~5cm의 눈을 갖는 스크린을 설치한다.

보충
- 취수시설은 취수문, 취수관, 취수탑 등이 있다.
- 취수지점의 설정 : 흐름이 양호한 곳, 수질변화가 적은 곳, 수위, 주변의 오염원이 적은 곳

문제 004

다음 수원의 종류 중 지표수에 해당되지 않는 것은?

㉮ 저수지수   ㉯ 호수   ㉰ 복류수   ㉱ 하천수

정답 001. ㉰ 002. ㉮ 003. ㉱ 004. ㉰

해설 복류수는 지하수의 종류에 해당된다.

보충 • 수원의 분류
① 천수 : 우수, 눈
② 지표수 : 하천수, 호수, 저수지수
③ 지하수 : 천층수, 심층수, 용천수, 복류수
④ 해수
⑤ 폐수

문제 005

수원에서 취수하는 계획취수량은 일반적으로 계획1일 최대 급수량의 몇 % 정도를 취수하는가?

㉮ 90%   ㉯ 110%   ㉰ 130%   ㉱ 150%

해설 계획취수량은 계획1일최대급수량을 기준하며 도수 및 송·배수시설에서 손실과 정수장에서 손실을 포함하며 계획1일 최대 급수량의 110~120% 정도를 취수한다.

문제 006

다음 중 수원의 구비요건이 아닌 것은?

㉮ 수량이 풍부하여야 한다.
㉯ 수질이 좋아야 한다.
㉰ 가능한 한 낮은 곳에 위치하여야 한다.
㉱ 소비자로부터 가까운 곳에 위치하여야 한다.

해설 • 수리학적으로 가능한 한 자연유하식을 이용할 수 있는 곳이어야 하므로 가능한 한 높은 곳에 위치하여야 한다.
• 하천 표류수를 수원으로 할 경우에는 하천 유량 상황이 좋지 않은 갈수량을 기준으로 결정한다.

문제 007

수원 선정시 고려할 사항 중 옳지 않은 것은?

㉮ 최대 갈수기에도 계획수량이 확보될 수 있어야 한다.
㉯ 수질이 양호하여 경제적인 정수가 가능해야 한다.
㉰ 수돗물 소비자와 멀리 떨어져 수질을 확보해야 한다.
㉱ 건설비 및 유지관리비가 경제적이어야 한다.

해설 수원은 도시에 가깝고, 수리학적으로 자연유하식의 취수 가능한 지점이 좋다.

문제 008

저수지 수질보전 대책으로 타당하지 못한 것은?

㉮ 바닥퇴적물의 준설   ㉯ 상류 유역의 오염원 관리
㉰ 약제 살포   ㉱ 저수 유동의 최소화

해설 저수 유동을 증대시켜야 한다.

정답 005. ㉯ 006. ㉰ 007. ㉰ 008. ㉱

문제 009

호소나 댐이 수원인 경우 취수시설의 기능과 특징에 대한 다음 설명 중 맞지 않는 것은?

㉮ 취수탑(고정식)은 계획 취수량을 안정하게 취수할 수 있다.
㉯ 취수틀은 단기간에 완성되고 안정된 취수가 가능하다.
㉰ 취수틀은 비교적 소량 취수의 경우에 사용된다.
㉱ 취수문은 일반적으로 대하천(대량 취수)에 사용하고 있다.

해설
- 취수문은 하안에 직접 취수구를 설치하는 방식으로 농업용수의 취수나 하천유량이 안정된 곳의 취수에 사용된다.
- 취수탑은 수위변화가 큰 곳에 설치하며 하천의 취수방법으로 대량 취시 유리하며 비교적 널리 사용되고 있다.

문제 010

상수 취수시설인 집수매거에 관한 설명으로 틀린 것은?

㉮ 철근콘크리트조의 유공관 또는 권선형 스크린관을 표준으로 한다.
㉯ 집수매거는 수평 또는 흐름방향으로 향하여 완경사로 설치한다.
㉰ 집수매거의 유출단에서 매거 내의 평균유속은 3m/s 이상으로 한다.
㉱ 집수매거는 가능한 직접 지표수의 영향을 받지 않도록 매설깊이는 5m 이상으로 하는 것이 바람직하다.

해설
- 유출단의 관내 평균 유속은 1m/sec 이하로 한다.
- 집수공의 유입 속도는 3cm/sec 이하로 한다.
- 집수매거는 수평으로 하거나 1/500의 완만한 경사를 유지해야 한다.

문제 011

Ripple's method에 의하여 저수지 용량을 결정하려고 할 때 그림에서 최대 강수량을 대비한 저수개시 시점은? (단, $\overline{AB}$, $\overline{CD}$, $\overline{EF}$, $\overline{GH}$ 직선은 $\overline{OX}$ 직선에 평행)

㉮ ①시점
㉯ ②시점
㉰ ③시점
㉱ ④시점

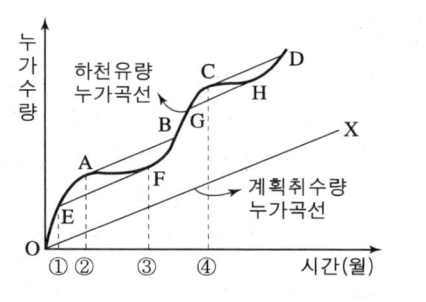

해설
- E : 저수 시작점
- $\overline{EA}$: 저수지 수위 상승구간
- $\overline{AF}$: 저수지 수위 하강구간

정답 009. ㉱ 010. ㉰ 011. ㉮

문제 012

다음은 급수용 저수지의 필요수량을 결정하기 위한 유량누가곡선도이다. 틀린 설명은?

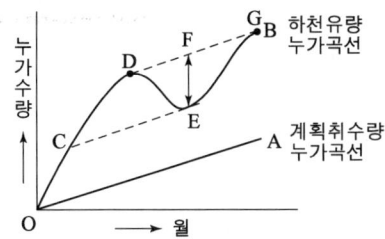

㉮ 필요(유효)저수량은 $\overline{EF}$ 이다.
㉯ 저수 시작점은 C이다.
㉰ $\overline{DE}$ 구간에서는 저수지의 수위가 상승한다.
㉱ 이론적 산출방법으로 Ripple's method라 한다.

해설
- $\overline{DE}$ 구간은 가뭄의 기간을 나타낸다.(하천 유량이 줄어 저수지의 수위는 낮아진다.)
- $\overline{EF}$ 는 부족수량이다.
- OB는 누가곡선이다.
- OA는 소비량의 누가곡선이다.

문제 013

Streeter-Phelps의 식을 설명한 것으로 가장 적합한 것은?

㉮ 재폭기에 의한 DO를 구하는 식이다.
㉯ BOD 극한 값을 구하는 식이다.
㉰ 유하시간에 따른 DO 부족곡선식이다.
㉱ BOD 감소곡선식이다.

해설 하천에서의 유기물 오염에 따른 영향을 예측하기 위해서 유기물의 생물학적 분해에 따른 산소소비와 재폭기에 의한 산소공급을 감안한 용존 산소부족량에 관련된 식이다.

정답 012. ㉰ 013. ㉰

chapter 04 상수관로 시설

4-1 도수 및 송수 계획

도수시설의 계획 급수량은 계획 취수량을 기준으로 하며 송수시설의 계획 송수량은 계획 1일 최대 급수량을 기준으로 한다.

(1) 도수 및 송수방식

1) 자연 유하식
   ① 수리학적으로 개수로식과 관수로식으로 분류할 수 있다.
   ② 유지관리상 안전하고 확실하다.
   ③ 수로의 길이가 길어지면 건설비가 많이 든다.
   ④ 급수구역을 자유롭게 선택할 수 없다.
   ⑤ 오수의 침입 우려가 있다.
   ⑥ 송수방식은 되도록 자연유하식으로 하는 것이 바람직하다.

2) 펌프 압송식
   ① 시점 수위가 종점 수위보다 얕을 때 사용한다.
   ② 지하수를 수원으로 사용할 경우 적당하다.
   ③ 수원이 급수구역 가까운 곳일 때 선택한다.
   ④ 송수관로의 건설비를 절약할 수 있다.
   ⑤ 자연 유하식에 비해 작업이 복잡하다.
   ⑥ 전력 등 유지관리비가 많이 들고 도수 및 송수의 안정성이 부족하다.

(2) 도수 및 송수 방식 선정

① 수원에서 정수장 사이 또는 정수장에서 배수지 사이의 고저차를 고려한다.

② 계획 도수량, 계획 송수량의 대소를 비교한다.
③ 노선의 입지 조건 등을 비교 검토한다.
④ 송수 방식은 관수로를 원칙으로 한다.
⑤ 광역 상수도 등의 송수 시설에서 정수를 공급할 때는 배수지를 설치하는 것이 바람직하다.
⑥ 오염의 견지에서 볼 때 관수로가 개수로보다 더 유리하다.
⑦ 도수시설의 계획 도수량은 계획 취수량을 기준한다.

(3) 관로의 결정

① 관로의 수평 및 연직 방향의 급격한 굴곡은 손실수두를 크게하고 수압과 유속에 의해서 관로를 외측으로 밀어내는 작용을 하여 구조상 약점이 되므로 피해야 한다.
② 최소 동수구배선 이하로 매설되게 한다.
③ 계획 송수량은 계획 1일 최대 급수량을 기준으로 산정하고 도·송수의 유속은 최소 0.3m/sec, 최대 3.0m/sec로 유지한다.
④ 펌프 양수 연장이 길 경우 필요에 따라 안전밸브 또는 조정탱크 등을 설치하여 수격작용에 대비한다.
⑤ 공공도로 또는 수도용지로 결정한다.
⑥ 사고의 경우를 고려하여 필요에 따라 관을 2조 부설하고 중요한 장소에 연결관을 설치한다.

(4) 송수관로의 결정

① 수평, 연직의 심한 굴곡을 피한다.
② 가급적 단거리를 한다.
③ 이상수압을 받지 않아야 한다.
④ 가능한 공사비를 절약할 수 있는 곳을 택한다.
⑤ 최소의 저항으로 송수되게 한다.
⑥ 관로 도중에 감압을 위한 접합정을 설치한다.

(5) 수로의 수리

1) 개수로

① Manning 공식

$$V = \frac{1}{n} R^{2/3} I^{1/2}$$

여기서, V : 평균 유속
n : 조도 계수
R : 경심
I : 동수구배

② chezy 공식(개수로, 관수로)

$$V = C\sqrt{RI}$$

여기서, $C = \dfrac{1}{n}R^{1/6} = \sqrt{\dfrac{8g}{f}}$

2) 관수로

① Hazen – Williams 공식

$$V = 0.84935\,CR^{0.63}\,I^{0.54}$$

② Darcy – Weisbach 공식

$$h_L = f\,\dfrac{l}{D}\,\dfrac{V^2}{2g}$$

여기서, h_L : 수두 손실
 f : 마찰 손실계수
 l : 관수로 길이
 D : 관의 직경
 V : 유속
 g : 중력 가속도

3) 관 두께의 결정

$$t = \dfrac{PD}{2\sigma_{ta}}$$

여기서, t : 관 두께
 P : 관내 수압
 D : 관 내경
 σ_{ta} : 관의 허용 인장응력

4) 수로의 평균 유속

① 관 내면이 모르타르나 콘크리트일 때 : 3m/sec 이하
② 관 내면이 강철 또는 주철일 때 : 6m/sec 이하
 여기서, 평균 유속이 위 값 이상일 때는 접합정을 설치한다.
③ 수로 내의 부유물이나 미사립의 침전을 방지하기 위해 최소 유속을 0.3m/sec로 한다.
④ 원형관과 마제형거에서의 유속은 유속은 수심이 81%일 때 최대이고 유량은 수심이 94%일 때 최대이다.
⑤ 직사각형 단면에서는 유속 및 유량이 모두 만수가 되기 직전에 최대이고 만류가 되면 유속 및 유량이 급격히 감소한다.

4-2 상수도 관

(1) 관의 종류

1) 원심력 철근 콘크리트 관
   ① 외압은 강하나 내압은 비교적 약하다.
   ② 상수관에는 사용하지 않는 편이며 개수로 외에 사용하지 않는다.
   ③ 관의 이음매는 칼라를 이용한다.

2) 프리스트레스트 콘크리트 관(PSC 관)
   ① 상당히 높은 수압에 견딘다.
   ② PC 강선을 감아 콘크리트 관을 제작하므로 인장응력이 생기지 않는다.

3) 주철관
   ① 강도가 크고 내부식성이 좋아 상수도에 많이 사용한다.
   ② 주철은 충격에 약해 관의 두께를 두껍게 해야 하므로 중량이 무거워 운반비가 많이 드는 단점이 있다.
   ③ 재질이 약해 파열되기 쉽다.
   ④ 이음부가 비교적 굴곡성이 풍부하다.
   ⑤ 주형에 의해 직관이나 이형관을 임의로 주조할 수 있다.

4) 강관
   ① 인장강도가 매우 높고 전성이 강하므로 관의 두께를 얇게 할 수 있다.
   ② 부식에 약하다.
   ③ 상수도 관에 많이 이용한다.

5) 석면 시멘트 관
   ① 고압에 잘 견디고 화학 작용과 전해를 받지 않는다.
   ② 충격에 약하다.
   ③ 가볍고 부식하지 않는다.

6) 경질 염화 비닐관(PVC)
   ① 부식하지 않고 가볍고 가공이 쉽다.
   ② 열이나 자외선에 약하다.
   ③ 강도가 작고 충격에 약하다.
   ④ 통수 능력의 감소가 없고 스케일링이 적다.

> **참고**
> • 스케일링
> 관 매설 후 시간이 흐를수록 관 내부에 거칠게 이물질이 붙어 관의 단면이 축소되므로 수송능력이 저하된다.

(2) 관거 단면의 장·단점

구 분	장 점	단 점
원 형	① 수리학적으로 유리하다. ② 일반적으로 안지름 3,000mm 정도까지 공장제품을 사용하므로 공사기간을 단축할 수 있다. ③ 역학 계산이 간단하다.	① 안전하게 지지하기 위해 모래 기초 외에 별도 기초공이 필요하다. ② 공장제품으로 연결부가 많아 지하수의 침투량이 많다.
직사각형	① 시공장소의 토피 및 폭원에 제한을 받는 경우에 유리하며 공장제품을 사용할 수도 있다. ② 만류가 되기까지는 수리학적으로 유리하다. ③ 역학 계산이 간단하다.	① 철근이 해를 받는 경우 상부 하중에 대해 불안하다. ② 현장 타설의 경우 공사기간이 지연되며 신속한 공사를 위해 상부를 따로 제작하여 나중에 덮는 방법을 사용한다.
마제형	① 대구경관에 유리하며 경제적이다. ② 상반부의 아치 작용에 의해 역학적으로 유리하다. ③ 수리학적으로 유리하다.	① 단면 형상이 복잡하여 시공이 어렵다. ② 현장 타설의 경우 공사기간이 길어진다.

(3) 관의 접합

1) 소켓(socket) 접합

    철근 콘크리트 관, PVC 관 등에 이용된다.

2) 메커니컬(mechanical) 접합

    소켓 접합의 개량된 것으로 플랜지가 달려 있고 고무링에 의해 누수를 방지한다.

3) 타이튼(tyton) 접합

    고무 패킹을 끼워 윤활제를 도포하여 연결하며 250mm 이하의 소구경관에 이용한다.

4) 내면 접합

    1,000mm 이상의 대구경관에 이용되며 접합 조작이 전부 관의 내면으로 될 수 있도록 되어 있다.

5) 플랜지(flange) 접합

    제수밸브, 공기밸브, 펌프 둘레의 배관에 설치하며 두 플랜지 사이에 고무 패킹을 넣고 볼트로 접합한다.

(4) 관의 매설 깊이

① 토압과 동하중에 대하여 관이 안전해야 한다.
② 한냉지에서는 동결심도 이하로 매설한다.
③ 관경이 900mm 이하는 1.2m 이상, 관경이 1,000mm 이상은 1.5~2.0m 정도의 매설 깊이가 적당하다.

(5) 수로의 신축이음

1) 개수로

① 온도 변화에 따른 관로의 신축에 대응하기 위해 이음을 한다.
② 관의 이음은 신축이음을 20~30m 간격마다 설치한다.
③ 개거 및 암거는 10~20m 간격에 시공이음을 겸하며 신축이음을 설치한다.
④ 신축이음은 고무, 플라스틱, 아스팔트, 모르타르 등이 상용되며 동판이나 방수지 등이 추가로 사용되기도 한다.

2) 관수로

① 온도 변화에 따른 관로의 신축에 대응하기 위해 설치한다.
② 20~30m 간격으로 설치한다.
③ 굴곡부, 제수밸브, T자관, 직선부는 100m마다 신축이음을 넣는 것이 안전하다.

4-3 관로의 부대시설

(1) 침사지

① 취수된 물 속의 모래와 기타 부유물의 일부를 침전 제거하는 시설이다.
② 취수구에 근접한 제내지에 설치한다.
③ 침사지의 수는 2개로 한다. 1개로 할 경우는 격벽을 사용해 2부분으로 나눈다.
④ 평균 유속을 2~7cm/sec로 하여 모래를 제거한다.
⑤ 길이는 폭의 3~8배가 되게 한다.
⑥ 유효 수심은 3~4m로 한다.
⑦ 침사지 상단의 높이는 침사지 내 고수위보다 높아야 하며 침사지 내에 월류 설비가 없을 때에는 60~100cm, 월류 설비가 있을 때에는 30cm 정도 높게 한다.

(2) 제수 밸브

사고시 통수 배수 작업을 위해 통수량을 조절하는 장치로 도수, 송수관의 시점, 종점, 분지개소, 연결관, 중요한 니토관에 설치한다.

(3) 공기 밸브

① 관의 굴곡부에 공기가 체류하여 유체의 흐름에 방해를 주는 것을 방지하고 배수시 관 밖으로부터 공기를 관내로 흡인시키기 위한 것으로 관로의 제일 높은 곳에 설치한다.
② 관로의 돌출부에 설치한다.
③ 제수밸브의 중간에 돌출부가 없는 경우에는 높은 쪽의 제수밸브 바로 밑에 설치한다.
④ 관내 부압의 발생을 막기 위해 설치한다.
⑤ 관내의 압력이 클 때 밸브가 열린다.

(4) 니토 밸브

① 관내, 관저에 퇴적된 퇴적물을 배출, 관내의 청소 등을 하기 위해 관로의 제일 낮은 곳에 설치한다.
② 니토 배출관에는 반드시 제수 밸브를 붙인다.

(5) 역지 밸브(check value)

① 펌프 압송 중에 정전, 관의 파열 등으로 물의 역류를 방지하기 위해 설치한다.
② 고가수조의 입구나 펌프 유출관의 시점 등에 주로 설치한다.

(6) 안전 밸브

① 관로 내에 이상수압이 생기는 경우에 설치한다.
② 수격작용이 일어나기 쉬운 곳에 설치하여 관의 파열을 방지한다.

(7) 접합정(연결정)

① 자연유하식에 의한 관로에 설치한다.
② 둘 이상의 수로에서 온 물을 모아 한 수로로 도수할 때 그 접합부에 설치한다.
③ 물의 흐름을 원활히 하기 위해 수로의 분기, 합류 및 관수로로 변하는 곳에 설치한다.
④ 도수, 송수관의 접합정은 주로 관로의 수압을 경감하기 위해 설치한다.

(8) 양수정

송수량을 측정하기 위해 송수관로의 시점과 종점에 설치하여 유량을 비교하므로 고장, 누수를 발견한다.

(9) 맨홀

100~500m 간격으로 설치를 하여 암거 내부의 점검 및 보수, 청소 등을 한다.

4-4 배수 계획

정수장으로부터 급수 지역까지 적절한 수질과 수량의 수돗물을 수용자에게 공급하는 과정.

(1) 계획 배수량 및 배수 방식

1) 계획 배수량
① 평상시에는 계획 시간 최대 급수량을 기준한다.
② 화재시에는 계획 일 최대 급수량과 소화 용수량을 합한 것으로 한다.

2) 배수 방식
① 자연 유하식
- 급수지역 내 또는 그 근처에 배수지 설치에 적당한 고지가 있는 경우
- 지형상 자연 유하식으로 하기에 충분한 고지가 없더라도 지형을 이용할 수 있는 경우에 자연의 낙차를 이용하여 압송하는 것

② 펌프 가압식
- 적당한 고지가 없거나 수압이 부족한 부분에 대하여 펌프를 이용할 수 있는 경우
- 펌프로 양수하여 압송하는 것

③ 병용식
- 자연 유하식 + 펌프 가압식

④ 적용 기준
- 급수지역 내에 가깝고 적당히 높은 곳이 있으면 자연 유하식으로 한다.
- 급수지역 내에 적당히 높은 곳이 없을 때는 가압식으로 한다.
- 지형상 완전 자연유하식에 충분한 높이가 아니더라도 높이에 따라 일부는 자연유하식으로 하고, 수압이 부족한 부분을 보충하기 위하여 저수지 위치에 가압 펌프를 병설하거나 급수 도중에 가압펌프를 설치하여 병용식으로 하기도 한다.

(2) 배수 설비

배수지 또는 배수 펌프를 기점으로 하여 급수 장치까지의 배수지, 배수탑, 고가 탱크, 배수 펌프, 배수관 등의 시설.

1) 배수지
   정수를 저장하였다가 배수량의 시간적 변화를 조정하는 것으로 정수량의 급격한 변화를 피할 수 있게 한다.
   ① 위치
   - 급수지역 내나 이에 가깝고 적당한 수두를 얻는 곳이 좋다. 배수지에서 연결된 배수관은 시간 최대 급수량을 기준으로 설계하며, 상류 쪽의 송수관은 1일 최대 급수량이 기준이 된다.
   - 위치는 급수구역의 중앙에 있는 것이 바람직하다.
   ② 유효 용량
   계획 1일 최대급수량의 8~12시간 분량을 표준으로 하고 적어도 6시간 분량이 필요하다.
   ③ 유효 수심
   고수위와 저수위와의 간격을 말하는데 3~6m를 표준한다.
   ④ 높이
   최소 $1.5\ kg/cm^2$의 동수압을 가지도록 높이를 정해야 한다. 배수지가 높으면 배수관 내의 동수 물매가 급해져서 유속이 커지므로 배수관을 작게 할 수 있고 충분한 수압으로 배수가 용이하나 누수가 많아지고 펌프로 양수하는 경우에는 동력비가 많이 든다. 그러나 배수지가 낮으면 배수관 지름이 커져서 건설비가 많이 소요된다.
   ⑤ 여유고
   고수위로부터 슬래브까지 30cm 이상의 여유고를 둔다.

2) 배수탑 및 고가수조
   ① 배수구역 부근에 배수지를 설치할 적당한 높은 지역이 없을 때에는 배수량 조정이나 배수 펌프의 수압 조정용으로 배수탑이나 고가수조를 설치한다.
   ② 배수탑 및 고가수조의 용량 : 계획 1일 최대 급수량의 1~3시간 분량
   ③ 배수탑의 총 수심 : 20m 정도, 고가수조의 수심 : 3~6m 정도
   ④ 특징
   - 펌프 직송식에 비해 펌프의 운전이 경제적이다.
   - 펌프의 수격작용을 방지할 수 있다.

3) 배수관
   ① 도수나 송수관의 종류와 같으나 PS 콘크리트 관과 원심력 철근 콘크리트 관은 부적당하다.
   ② 배수관은 관 단면과 축방향의 강도, 가공성, 이음 형식, 유지관리 등을 고려하여 배수관의 종류를 선정한다.

③ 배수관은 도로의 지하에 매설함을 원칙으로 한다. 배수관의 두께와 매설깊이는 수압, 도로 하중의 크기, 토압, 동결깊이 등을 고려한다.

④ 배수관 매설깊이
- 관경 350mm 이하 : 1m 정도
- 관경 400~900mm : 1.2m 정도
- 관경 1,000mm 이상 : 1.5m 정도

⑤ 배수관을 다른 지하 매설물과 교차하거나 인접하여 부설할 때에는 30cm 이상 간격을 유지한다. 특히 오수관과 인접하여 수도관을 부설할 때에는 오수관보다 위에 부설해야 한다.

⑥ 배수관의 관말수압은 최소 동수압 $1.5\,kg/cm^2$, 최대 동수압 $4.0\,kg/cm^2$을 유지해야 한다.

⑦ 배수관 설계시 급수량은 계획 시간 최대 급수량을 기준한다.

⑧ 배수관 배치(배수관망)

배수관망은 격자식, 수지상식, 종합식(격자식 + 수지상식) 등이 있다.

구 분	장 점	단 점
격자식	• 물의 정체가 없다. • 사고시 단수구역이 작다. • 수압유지가 용이하며 수압 보완이 가능하다. • 널리 사용된다. • 화재시 대처가 용이하다.	• 수리 계산이 복잡하다. • 건설비용이 많이 소요된다.
수지상식	• 수리계산(설계)이 용이하다. • 농촌이나 지형상 부득이한 곳에 사용한다. • 제수 밸브를 적게 설치한다.	• 물의 정체로 냄새, 맛 등이 발생한다. • 관 지름이 커야 하므로 비경제적이다. • 단수 지역이 생기기 쉽다. • 수량을 서로 보충할 수 없어 수압의 저하가 현저하다.

(3) 부속 설비

1) 유량 조절 밸브

배수를 원활히 하기 위해 배수관의 시점, 종점, 분기점, 직선의 배수관인 경우 150~300m마다 설치한다.

2) 공기 밸브

관정 부분에 형성되어 관의 통수 능력을 감소시키는 공기를 제거하기 위해 설치한다.

3) 안전 밸브

배수관의 파열을 방지하는 밸브로 배수 펌프나 증압 펌프 출구로서 펌프의 급정지, 급시동시 수격작용이 잘 일어나는 곳에 설치한다.

4) 감압 밸브
   수압이 다른 배수 구역을 연결하는 경우나 지나치게 높을 때 그 상류측의 배수 본관에 설치하여 수압을 적당히 조절한다.

5) 역지 밸브
   관의 파열, 정전 등으로 대량의 물이 역류하는 것을 방지하기 위해 고가수조의 입구, 펌프 유출관의 시점, 긴 상향 물매의 시점, 배수관에서 분기되는 급수관의 시점 등에 설치한다.

6) 소화전
   도로의 교차점, 분기점 부근 등 소방 활동에 편리한 지점 외에 도로 도중에도 연도의 건물 상황에 따라 100~200m 간격으로 설치한다.

(4) 배수관망 계산

1) Hardy Cross법
   ① 관망이 대단히 복잡한 경우에 사용되면 유량과 수두손실을 정확히 계산할 수 있다.
   ② 기본 가정
   - 각 분기점 또는 합류점에 유입하는 유량은 그 점에 정지하지 않고 전부 유출한다.
   - 각 폐합관에 대한 마찰손실의 합은 0이다.
   - 관마찰 손실수두 $\left(h_L = f \dfrac{l}{D} \dfrac{V^2}{2g} \right)$ 외는 무시한다.

   ③ Hazen – Williams 공식
   - 각 폐합관의 마찰손실수두(손실수두와 유량 관계식)
     $h = k\, Q^{1.85}$

2) 등치관법
   ① 관망이 간단한 경우 적용한다.
   ② Hardy Cross법에 의해서 관망을 설계하기 전에 복잡한 관망을 간단한 관망으로 골격화시키기 위한 예비작업에 적용하는 방법이다.
   ③ 관 내부로 일정한 유량의 물이 흐를 때 생기는 수두 손실이 대치된 관에서 생기는 수두손실과 같을 때 그 대치관을 등치관이라 한다.
   ④ Hazen – Williams 공식
   - $L_2 = L_1 \left(\dfrac{D_2}{D_1} \right)^{4.87}$
   - $Q_1 = Q_2 \left(\dfrac{L_2}{L_1} \right)^{0.54}$

   여기서, D_2 : 등치관 직경
   L_2 : 등치관 길이

4-5 급수 계획

(1) 설계 급수량 및 급수 방식

1) 설계 급수량
   ① 1인 1일당 사용수량
   ② 단위 바닥 면적당 사용수량
   ③ 각 수도 용도별 사용수량
   위의 3가지 동시 사용을 고려한 수량을 표준으로 하여 결정한다.

2) 급수방식
   공공 도로의 지하에 묻은 배수관에서 분기하여 각 가정의 급수전까지 수돗물을 보내는 것
   ① 직결식 급수방식
   - 배수관의 수압을 이용하여 급수한다.
   - 배수관의 수압이 상용수량에 대해 충분히 확보될 경우에 사용된다.
   - 소규모 저층 건물에 사용된다.
   ② 탱크식 급수방식
   - 고층 아파트 단지의 급수방법이다.
   - 저위치 탱크에 물을 받아서 펌프로 옥상 수조에 양수하여 자연유하로 각 층에 급수하는 방식이다.
   - 배수관의 수압이 부족할 경우 사용된다.
   - 일시에 많은 수량을 필요로 하는 경우 사용된다.
   - 항상 일정한 수량을 필요로 하는 경우 사용된다.
   - 배수관의 수압이 과대하여 급수장치에 영향을 줄 염려가 있는 경우에 사용된다.
   - 급수관의 고장으로 단수시에도 어느 정도 급수를 지속시킬 필요가 있는 경우에 사용된다.
   ③ 가압탱크식 급수방식
   - 고위치 탱크 대신 가압탱크를 사용하여 급수한다.
   - 대규모 건축물에 적용한다.
   - 물을 다량으로 사용하는 경우 적용한다.
   - 호텔 등 각 층별 일정 수압으로 물을 공급할 때 사용한다.

(2) 급수 시설

배수관으로부터 급수관을 거쳐 급수전에 이르기까지의 시설.

1) 급수장치의 구비 요건
   ① 유지관리가 용이하고 위생에 안전할 것.
   ② 물의 오염 또는 누수가 될 우려가 없게 할 것.
   ③ 물의 역류를 방지할 수 있는 적당한 장치일 것.
   ④ 수압, 토압 기타의 하중에 대하여 충분한 내력을 가질 것.

2) 급수관
   ① 충분한 강도를 가지며 수질에 나쁜 영향을 주지 않는 재질일 것
   ② 사용되는 관은 주철관, 경질 염화비닐관(PVC), 폴리에틸렌 관, PE 관, 동관
   ③ 직선 배관을 하고 도중에 하수도나 오수조 등의 오염원이 있을 때는 교차연결을 피하고 우회 배관을 한다.
   ④ 급수관의 적정 수압은 1.5~2.0 kg/cm^{2}이며 수두로 환산하면 15~20m이다.(수압 $P = \omega H$)
   ⑤ 관경이 50mm 이하의 급수관의 마찰손실수두 계산은 Weston 공식으로 적용한다.

(3) 교차연결

- 음료수로 사용될 수 없는 물이 음료수용 급수시설로 직접 또는 간접으로 들어갈 수 있도록 물리적으로 연결한 것
- 관내에 압력저하가 생기면 급수장치에 연결시킨 관의 수압이 공공수도의 수압보다 높아지고 지수변이 불안전할 때에 공공수도 방향으로 역류하게 된다.

1) 교차연결이 발생하는 원인
   ① 물의 사용량이 급변할 때 수압이 변동한다.
   ② 화재 등으로 소화전을 열었을 때 급격한 수압변동이 일어난다.
   ③ 배수관의 사고에 의해 파열되어 그 근처의 수압이 저하한다.
   ④ 배수관의 수리나 청소를 위해 니토관을 열었을 때 수압변동이 일어난다.
   ⑤ 지반의 고저차가 심한 급수구역에서는 고지구에서 압력 저하가 일어나기 쉽다.
   ⑥ 배수관에 직접 연결된 가압펌프의 운전에 따라 상류측에 압력 저하가 일어난다.

2) 교차연결 현상의 방지책
   ① 상수관과 하수관을 분리시켜 매설한다.
   ② 소화용 급수관을 별도로 설치한다.
   ③ 수도 본관에 진공을 제거할 수 있는 공기밸브를 설치한다.
   ④ 급수를 받는 수조의 월류면과 급수전 사이에 공간을 두며 그 간격은 관경 이상으로 한다.

⑤ 오염된 물의 유출구를 상수관보다 낮게 설치한다.
⑥ 급수하는 경우 역류를 방지하기 위해 저수탱크를 설치한다.

(4) 노후관의 세관(cleaning)

매설 후 장기간 사용으로 인하여 지나친 부식이나 스케일(scale) 등의 생성으로 배수·급수 불량, 적수현상이 발생하거나 지관부 이외의 접합부 또는 연결부위에서 누수사고가 빈발하므로 노후관 내부의 스케일(scale)을 완전히 제거하여 통수 단면적을 회복시키기 위한 세관작업과 세관을 실시하여 관을 재생시킨다.

1) 재생 공법의 종류

　① scraper 공법
　　가동축 주위에 있는 큰 스크레이퍼를 방사상으로 여러 단 설치하여 세관하는 공법
　② jet 공법
　　특수 고압펌프로 물을 $200 \sim 250 \, kg/cm^2$로 가압하여 스케일을 제거하는 공법
　③ poly-pig 공법
　　폴리우레탄 재질의 포탄상 물질인 폴리픽을 특수가압장치를 이용 $3 \sim 4 \, kg/cm^2$의 수압을 가해 스케일을 제거하는 방법
　④ air-sand 공법
　　선회 압축공기와 여기에 혼입하는 입자속도가 발생하는 힘을 이용하여 세관하는 방식

Chapter 04 상수관로 시설

기 출 문 제

문제 001
도수 및 송수관로 계획에 대한 설명으로 옳지 않은 것은?

㉮ 비정상적 수압을 받지 않도록 한다.
㉯ 수평 및 수직의 급격한 굴곡을 많이 이용하여 자연유하식이 되도록 한다.
㉰ 가능한 단거리가 되도록 한다.
㉱ 최소한의 공사비가 소요되는 곳을 택한다.

해설
- 급격한 굴곡은 가능한 한 피한다.
- 자연유하식은 수원의 위치가 높을 때 적용하며 지형이 평탄하면서 도수로의 길이가 길 때 이용한다.
- 펌프압송식은 수원이 급수구역과 가까울 때와 지하수를 수원으로 할 때 적당하다.
- 펌프압송식은 송수의 안전성이 떨어지며 조작이 복잡하면서 비경제적이다.

문제 002
다음 상수의 도수 및 송수에 관한 설명 중 틀린 것은?

㉮ 도수 및 송수방식은 에너지의 공급원 및 지형에 따라 자연유하식과 펌프압송식으로 나눌 수 있다.
㉯ 송수관로는 수리학적으로 수압작용 여부에 따라 개수로식과 관수로식으로 분류 가능하다.
㉰ 펌프압송식은 수원이 급수구역과 가까울 때와 지하수를 수원으로 할 때 적당하다.
㉱ 자연유하식은 평탄한 지형에서 유리한 방식이다.

해설
- 자연유하식은 수원의 위치가 높고 도수로가 길 때 적당하다.
- 자연유하식은 낙차를 최대한 이용하여 유속을 가급적 크게 하고 관경을 최소화하는 것이 경제적이다.

문제 003
다음의 상수도 시설 중 송수시설을 바르게 설명한 것은?

㉮ 취수 후의 원수를 정수시설까지 수송하는 데 필요한 제반 시설
㉯ 물의 수요변동을 흡수하고, 정수를 일정 이상의 압력으로 수요자에게 공급하는 시설
㉰ 급수관에서 분기하여 정수를 가정, 공장, 사업소 등에 끌어들여, 직접 수요자에게 물을 공급하는 시설로써 수요자가 부담하여 설치하는 시설
㉱ 정수장에서 배수지까지 수송하는 시설

해설
- 상수도의 급수 계통 : 수원→취수→도수→정수→송수→배수→급수
- 송수시설은 정수된 물을 수송하므로 외부로부터 수질오염을 방지해야 한다.
- 송수방식은 간편, 안전, 확실성 등의 견지에서 보면 자연유하식이 양호하다. 가압식은 일반적으로 수원이 비교적 도시에 가까울 때 특히 지하수를 수원으로 하는 경우 적당하다.

정답 001. ㉯ 002. ㉱ 003. ㉱

문제 004

상수도 송수시설의 용량 산정을 위한 계획송수량의 원칙적 기준이 되는 수량은?

㉮ 계획 1일 최대 급수량
㉯ 계획 1일 평균 급수량
㉰ 계획 1인 1일 최대 급수량
㉱ 계획 1인 1일 평균 급수량

해설
- 취수, 도수, 송수, 정수시설의 용량 산정을 위한 계획 1일 최대 급수량을 설계수량으로 한다.
- 계획 1일 최대 급수량은 일 변화에 따른 최대 사용수량이다.

문제 005

관로의 길이가 460m이고, 관경이 90mm인 관수로에 물이 4m/sec의 유속으로 흐를 때 관수로내에서의 손실수두는? (단, 마찰계수 $f=0.03$이다.)

㉮ 약 125m
㉯ 약 130m
㉰ 약 135m
㉱ 약 140m

해설 $h_L = f\dfrac{l}{D}\dfrac{V^2}{2g} = 0.03 \times \dfrac{460}{0.09} \times \dfrac{4^2}{2 \times 9.8} = 125\text{m}$

문제 006

만류로 흐르는 수도관에서 조도계수 $n=0.01$, 동수경사 $I=0.001$, 관경 $D=5.08$m일 때 유량은? (단, Manning 공식을 적용할 것)

㉮ $25\text{m}^3/\text{sec}$
㉯ $50\text{m}^3/\text{sec}$
㉰ $75\text{m}^3/\text{sec}$
㉱ $100\text{m}^3/\text{sec}$

해설
$$Q = AV = \dfrac{\pi D^2}{4} \times \dfrac{1}{n} R^{\frac{2}{3}} I^{\frac{1}{2}}$$
$$= \dfrac{3.14 \times 5.08^2}{4} \times \dfrac{1}{0.01} \times \left(\dfrac{5.08}{4}\right)^{\frac{2}{3}} \times 0.001^{\frac{1}{2}} = 75\text{m}^3/\text{sec}$$

문제 007

콘크리트 조의 장방형 수로(폭 2m, 높이 2.5m)가 있다. 이 수로의 유효수심이 2m인 경우의 평균유속은? (단, Manning 공식을 이용하고, 수면구배=1/1000, 조도계수=0.015)

㉮ 1.61m/sec
㉯ 1.81m/sec
㉰ 1.92m/sec
㉱ 2.02m/sec

해설
- $V = \dfrac{1}{n} R^{\frac{2}{3}} I^{\frac{1}{2}} = \dfrac{1}{0.015} \cdot 0.667^{\frac{2}{3}} \cdot \left(\dfrac{1}{1000}\right)^{\frac{1}{2}} = 1.61\text{m/sec}$
- $R = \dfrac{\text{단면적}}{\text{윤변}} = \dfrac{2 \times 2}{2 + (2 \times 2)} = 0.667\text{m}$

정답 004. ㉮ 005. ㉮ 006. ㉰ 007. ㉮

문제 008

내경 300mm인 급수관에 유량 0.09m³/sec이 만수위로 흐르고 있다. 이 급수관의 직선거리 100m에서 생기는 손실수두는? (단, $V = 0.84935\,CR^{0.63}I^{0.54}$이고, $C=100$으로 가정함)

㉮ 0.61m　　㉯ 0.72m　　㉰ 0.86m　　㉱ 0.97m

해설
- $Q = A \cdot V$

$$\therefore V = \frac{Q}{A} = \frac{0.09}{\frac{3.14 \times 0.3^2}{4}} \fallingdotseq 1.273 \text{m/s}$$

- $V = 0.84935\,CR^{0.63}I^{0.54}$

$$1.273 = 0.84935 \times 100 \times \left(\frac{0.3}{4}\right)^{0.63} \times \left(\frac{h_L}{100}\right)^{0.54}$$

$\therefore h_L \fallingdotseq 0.86\text{m}$

문제 009

직경 400mm, 길이 1,000m인 원형 철근콘크리트 관에 물이 가득차 흐르고 있다. 이 관로 시점의 수두가 50m라면 관로 종점의 수압은 몇 kg/cm²인가? (단, 손실수두는 마찰손실 수두만을 고려하며 마찰계수(f)=0.05, 유속은 Manning식을 이용하여 구하고 조도계수(n)=0.013, 동수경사(I)=0.001이다.)

㉮ 2.92 kg/cm²　　㉯ 3.28 kg/cm²　　㉰ 4.83 kg/cm²　　㉱ 5.31 kg/cm²

해설
- $V = \frac{1}{n}R^{2/3}I^{1/2} = \frac{1}{0.013}\left(\frac{0.4}{4}\right)^{2/3}(0.001)^{1/2} = 0.524 \text{m/sec}$
- $h_L = f\frac{l}{D}\frac{V^2}{2g} = 0.05\frac{1000}{0.4}\frac{0.524^2}{2 \times 9.8} = 1.751\text{m}$
- $h = H - h_L = 50 - 1.751 = 48.3\text{m}$

$\therefore P = \omega h = 1 \times 48.3 = 48.3 \text{t/m}^2 = 4.83 \text{kg/cm}^2$

문제 010

상수도 시설 중 원수를 취수지점으로부터 정수장까지 수송하는 시설은?

㉮ 배수시설　　㉯ 급수시설　　㉰ 도수시설　　㉱ 송수시설

해설 원수→취수→도수→정수→송수→배수→급수

문제 011

상수 취수시설에 있어서 침사지의 유효수심은 얼마를 표준으로 하는가?

㉮ 10~12m　　㉯ 6~8m　　㉰ 3~4m　　㉱ 0.5~2m

해설 침사지 설계
① 침사지 수 : 2지 이상
② 용량 : 계획 송수량의 10~20분
③ 침사지내 평균유속 : 2~7cm/sec
④ 유효수심 : 3~4m

정답 008. ㉰　009. ㉰　010. ㉰　011. ㉰

문제 012

침사지에 대한 설명 중 틀린 것은?

㉮ 수밀성이 있는 철근콘크리트 구조로 한다.
㉯ 유입부는 편류를 방지하도록 고려한다.
㉰ 합류식의 침사지에서 부패의 우려는 없다.
㉱ 체류시간은 30~60초를 표준으로 한다.

해설 • 합류식의 침사지에서는 부패의 우려가 있다.
• 침사지의 평균유속은 0.3m/sec이고 오수침사지는 1,800m³/m² · day 정도로 한다.

문제 013

수원에서 가정까지의 급수계통을 나타낸 것 중 바르게 나열한 것은?

㉮ 취수 및 집수시설 – 도수시설 – 정수시설 – 송수시설 – 배수시설 – 급수시설
㉯ 취수 및 집수시설 – 도수시설 – 배수시설 – 송수시설 – 정수시설 – 급수시설
㉰ 취수 및 집수시설 – 송수시설 – 정수시설 – 도수시설 – 배수시설 – 급수시설
㉱ 취수 및 집수시설 – 송수시설 – 도수시설 – 배수시설 – 정수시설 – 급수시설

해설 • 상수도의 계통도 : 수원 → 취수 → 도수 → 정수 → 송수 → 배수 → 급수
• 도수는 개수로로 하며 송수 및 배수는 수질을 고려하여 관수로로 한다.
• 정수장에서 배수장은 펌프가압식으로 송수한다.

문제 014

다음 중 도수(conveyance of water) 시설에 대한 설명으로 알맞은 것은?

㉮ 상수원으로부터 원수를 취수하는 시설이다.
㉯ 원수를 음용 가능하게 처리하는 시설이다.
㉰ 배수지로부터 급수관까지 수송하는 시설이다.
㉱ 취수원으로부터 정수시설까지 보내는 시설이다.

해설 • 도수는 취수설비에서 정수장까지 원수를 보내는 것이다.
• 도수는 개수로로 한다.
• **상수도의 계통** : 취수→도수→정수→송수→배수→급수
• 도수시설은 수원지에서 원수를 정수시설까지 보내는 시설이다.

보충 복류수는 지표수에 비해 수질이 양호하다.

문제 015

상수도 시설 중 접합정에 관한 설명으로 가장 옳은 것은?

㉮ 복류수를 취수하기 위해 매설한 유공관거 시설
㉯ 상부를 개방하지 않은 수로시설
㉰ 배수지 등의 유입수의 수위조절과 양수를 위한 시설
㉱ 관로의 도중에 설치하여 주로 관로의 수압을 조절할 목적으로 설치하는 시설

정답 012. ㉰ 013. ㉮ 014. ㉱ 015. ㉱

해설
- 접합정은 물의 흐름을 원활히 하기 위하여 수로의 분기, 합류 및 관수로로 변하는 곳에 설치한다.
- 안전밸브는 관로 내에 이상수압이 발생시 관의 파열을 막게 하며 수격작용이 일어나기 쉬운 곳에 설치한다.

문제 016

배수관으로 사용하는 덕타일 주철관의 장점이 아닌 것은?

㉮ 강도가 크고 내식성이 있다.
㉯ 이음의 종류가 풍부하다.
㉰ 이음에 신축 휨성이 있고 지반의 변동에 유연하다.
㉱ 중량이 가볍고 시공성이 좋다.

해설 주철관은 강관에 비해 중량이 무겁고 충격에 약하다.

문제 017

도수 및 송수관거 설계시에 평균유속의 최대한도는?

㉮ 0.3m/sec ㉯ 3.0m/sec ㉰ 13.0m/sec ㉱ 30.0m/sec

해설
- 도수 및 송수관거의 평균유속의 최대한도는 3.0m/sec이다.
- 모르타르 또는 콘크리트 관의 경우 3.0m/sec이다.
- 강철, 주철, 경질 염화비닐의 경우 6.0m/sec이다.

보충 도수관의 평균 유속의 최소한도는 모래 입자 등의 침전을 방지하기 위해 0.3m/sec 이상으로 한다.

문제 018

접합정(接合井 : Junction well)이란 무엇인가?

㉮ 수로에 유입한 토사류를 침전시켜서 이를 제거하기 위한 시설
㉯ 종류가 다른 관 또는 도랑의 연결부, 관 또는 도랑의 굴곡부 등의 수두를 감쇄하기 위하여 그 도중에 설치하는 시설
㉰ 양수장이나 배수지에서 유입수의 수위조절과 양수를 위하여 설치한 작은 우물
㉱ 수압관 및 도수관에 발생하는 수압의 급격한 증감을 조정하는 수조

해설 접합정은 종류가 서로 다른 관이나 도랑의 연결부, 관 또는 도랑의 굴곡부 등의 수두를 감쇄하기 위해 도중에 설치한다.

보충
- 하수관의 매설깊이는 최소한 1m 이하로 한다.
- 분류식 오수 관거의 최소 지름은 200mm이다.

문제 019

관석(scale)을 제거하여 통수능력을 회복시키고, 녹물 발생을 방지하고자 행하는 관의 갱생공법으로 일반적으로 사용되지 않는 것은?

㉮ jet 공법 ㉯ rotary 공법 ㉰ scraper 공법 ㉱ air lift 공법

해설 노후된 관 내부의 원활한 통수능력 회복을 위해 jet 공법, Scraper 공법을 사용한다.

정답 016. ㉱ 017. ㉯ 018. ㉯ 019. ㉱

문제 020

도수시설 중 접합정에 대한 설명으로 맞지 않는 것은?

㉮ 원형 또는 각형의 콘크리트 혹은 철근콘크리트로 축조한다.
㉯ 수압이 높은 경우에는 필요에 따라 수압제어용 밸브를 설치한다.
㉰ 유출관의 유출구 중심 높이는 저수위에서 관경의 3배 이상 낮게 하는 것을 원칙으로 한다.
㉱ 유입속도가 큰 경우에는 접합정 내에 월류벽 등을 설치하여 유속을 감쇄시킨다.

해설
- 접합정은 물의 흐름을 원활히 하기 위하여 수로의 분기, 합류 및 관수로로 변하는 곳에 설치한다.
- 접합정은 관의 파손 등을 막기(관로의 수두를 감소하기) 위해 관의 도중에 감압을 위해 적당한 위치에 설치한다.
- 접합정은 유출관의 유출구 중심 높이는 저수위에서 관경의 2배 이상 낮게 하는 것을 원칙으로 한다.

문제 021

배수관망 계산시 시산법(try and error method)을 사용하여 관망의 유량을 계산하는 방법은?

㉮ Hardy Cross법   ㉯ Kutter법
㉰ Horton법   ㉱ Newman법

해설 Hardy-cross법은 관망이 복잡한 경우에 사용하며 가정된 유량을 적용하면 관망에서 유량, 수두손실 및 보정 유량을 정확하게 계산할 수 있다.

문제 022

상수도 관망 계산 방법 중 Hardy Cross법에서 가정 사항이 아닌 것은?

㉮ 합류점에서 유입하는 유량은 그 점에게 일단 정지 후 유출된다.
㉯ 각 폐합관에 대한 손실수두의 합은 0이다.
㉰ 마찰 이외의 손실은 무시한다.
㉱ 분기점에서 유입하는 유량은 그 점에 정지하지 않고 전부 유출한다.

해설
- 관망을 형성하고 있는 각 교차점의 유입유량의 합은 유출 유량의 합과 동일하다.
- 각 분기점 또는 합류점에 유입하는 유량은 그 점에 정지하지 않고 전부 유출한다.

문제 023

상수도 시설기준에 의한 급수관을 분기하는 지점에서의 배수관 내 최소 동수압은 얼마 이상 확보하여야 하는가?

㉮ 100kPa(약 1.02kgf/cm^2)   ㉯ 150kPa(약 1.53kgf/cm^2)
㉰ 500kPa(약 5.10kgf/cm^2)   ㉱ 700kPa(약 7.10kgf/cm^2)

해설
- 최소 동수압 : 1.5 kg/cm^2
- 최대 동수압 : 4.0 kg/cm^2

정답 020. ㉰ 021. ㉮ 022. ㉮ 023. ㉯

문제 024

배수관망의 구성방식 중 격자식에 비교하여 수지상식의 설명으로 잘못된 것은?

㉮ 수리 계산이 간단하다. ㉯ 사고시 단수구간이 크다.
㉰ 제수밸브를 많이 설치해야 한다. ㉱ 관의 말단부에 물이 정체되기 쉽다.

해설
- 제수밸브를 적게 설치해야 한다.
- 시공이 용이하다.
- 관경이 커야 하므로 비경제적이다.

문제 025

배수관의 관망 중 수지상식(Branching system)에 관한 설명으로 알맞은 것은?

㉮ 관을 그물 모양처럼 연결하는 방식이다.
㉯ 수리계산이 간단하고 비교적 정확하다.
㉰ 사고시 단수되는 구간을 최소화할 수 있다.
㉱ 관의 설치시 비교적 공사비가 많이 든다.

해설
- 수지상식은 관망의 수리 계산이 간단하고 제수밸브가 적게 설치되며 시공이 쉽다.
- 격자식은 수지상식에 비해 부설비는 많이 들지만 단수구역이 좁아지고 수압 유지가 쉽다.
- 수압이 너무 낮은 지역에서는 격자형 배수관망은 적합하지 않다.

문제 026

급수방식에 대한 다음 설명 중 맞지 않는 것은?

㉮ 급수방식은 직결식과 저수조식으로 나누며 이를 병용하기도 한다.
㉯ 배수관의 관경과 수압이 충분할 경우는 직결식을 사용한다.
㉰ 재해시나 사고 등에 의한 수도의 단수나 감수시에도 물을 반드시 확보해야 할 경우는 직결식으로 한다.
㉱ 배수관의 압력변동에 관계없이 상시 일정한 수량과 압력을 필요로 하는 경우는 저수조식으로 한다.

해설
- 급수관의 고장에 따른 단수시에도 어느 정도의 급수를 지속시킬 필요가 있는 경우 탱크식 급수방식으로 한다.
- 탱크식 급수방식은 수압이 낮아 직접 급수가 불가능할 경우 급수전에서 나온 물을 미리 건물의 높은 곳에 퍼올려 일정한 수위를 유지하여 물을 급수하는 방식으로 고층 아파트 단지의 급수방법으로 널리 사용되고 있다.

문제 027

급수방식에 대한 다음 설명 중 맞지 않는 것은?

㉮ 급수방식은 직결식과 저수조식으로 나누며 이를 병행하기도 한다.
㉯ 배수관의 관경과 수압이 충분할 경우는 직결식을 사용한다.
㉰ 수압은 충분하나 수량이 부족할 경우는 직결식을 사용하는 것이 좋다.
㉱ 배수관의 수압이 부족할 경우 저수조식을 사용하는 것이 좋다.

정답 024. ㉰ 025. ㉯ 026. ㉰ 027. ㉰

해설 직결식은 배수관의 관경과 수압이 사용수량에 대해 충분할 경우 사용한다.

보충
- 배수관의 수압이 부족할 경우 탱크식을 사용한다.
- 일시에 많은 수량을 필요로 하거나 항시 일정한 수량을 필요로 할 경우 저수 탱크를 설치하여 급수한다.

문제 028
상수도 배수관망 중 격자식 배수관망에 대한 설명으로 틀린 것은?
- ㉮ 물이 정체하지 않는다.
- ㉯ 사고시 단수구역이 작아진다.
- ㉰ 수리계산이 복잡하다.
- ㉱ 제수밸브가 적게 소요되며 시공이 용이하다.

해설
- 격자식은 수압의 균등유지가 용이하다.
- 수지상식은 제수 밸브가 적게 설치되며 시공이 쉽다.

보충 격자식은 수지상식보다 계산량이 많고 복잡하지만 사단과 단수지역이 안 생기고 수압도 유지하기 쉽다.

문제 029
계획 1일 최대급수량을 시설 기준으로 하지 않은 것은?
- ㉮ 배수시설
- ㉯ 정수시설
- ㉰ 취수시설
- ㉱ 송수시설

해설 배수시설의 배수관의 계획 배수량은 평시에 시간 최대 급수량, 화재시에는 계획 1일 최대 급수량과 소화용수량을 합한 것으로 한다.

문제 030
0.3m의 직경을 가진 관로가 수평으로 놓여 있고 마찰손실계수는 0.025이다. 이 관로의 중앙부에 누수가 발생하고 있으며 관로의 상류부에서 600m 구간에서의 압력차이는 1.4kg/cm² 이고, 하류부에서 600m 구간에서의 압력차는 1.2kg/cm² 이었다. 누수되는 유량은 얼마인가?

- ㉮ 8 L/sec
- ㉯ 10 L/sec
- ㉰ 12 L/sec
- ㉱ 15 L/sec

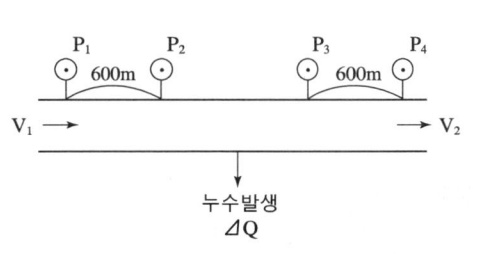

해설
- 상류부 유량
$$Q_1 = A \cdot V = \frac{\pi D^2}{4} \times \sqrt{\frac{2gh}{f \cdot \frac{l}{D}}} = \frac{3.14 \times 0.3^2}{4} \times \sqrt{\frac{2 \times 9.8 \times 14}{0.025 \times \frac{600}{0.3}}} = 0.1655 \text{m}^3/\text{sec}$$

- 하류부 유량
$$Q_2 = A \cdot V = \frac{\pi D^2}{4} \times \sqrt{\frac{2gh}{f \cdot \frac{l}{D}}} = \frac{3.14 \times 0.3^2}{4} \times \sqrt{\frac{2 \times 9.8 \times 12}{0.025 \times \frac{600}{0.3}}} = 0.1532 \text{m}^3/\text{sec}$$

∴ $Q = Q_1 - Q_2 = 0.1655 - 0.1532 = 0.0123 \text{m}^3/\text{sec} ≒ 12.3 \text{L/sec}$

정답 028. ㉱ 029. ㉮ 030. ㉰

문제 031

그림에서 A점에서부터 B점으로의 유량은 1.2L/sec이다. ①, ②관로의 유량은 각각 얼마인가? (단, ①관로의 마찰손실계수 = 0.0328, ②관로의 마찰손실계수 = 0.0306이고, 굴곡부는 각 관로에 2개소로서 2개소의 손실계수는 동일하게 각각 f_b = 0.20이다.)

㉮ $Q_1 = 0.35$L/sec, $Q_2 = 0.85$L/sec
㉯ $Q_1 = 0.25$L/sec, $Q_2 = 0.95$L/sec
㉰ $Q_1 = 0.55$L/sec, $Q_2 = 0.65$L/sec
㉱ $Q_1 = 0.45$L/sec, $Q_2 = 0.75$L/sec

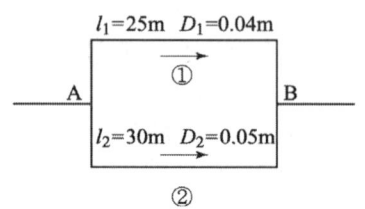

해설 B점에서의 손실수두는 같다.

- $h_L = \left(f_{b1} + f_1 \dfrac{l_1}{D_1}\right) \dfrac{V_1^2}{2g} = \left(f_{b2} + f_2 \dfrac{l_2}{D_2}\right) \cdot \dfrac{V_2^2}{2g}$

$\dfrac{V_1^2}{V_2^2} = \dfrac{\left(f_{b2} + f_2 \dfrac{l_2}{D_2}\right)}{\left(f_{b1} + f_1 \dfrac{l_1}{D_1}\right)}$ ∴ $\dfrac{V_1}{V_2} = \sqrt{\dfrac{\left(f_{b2} + f_2 \dfrac{l_2}{D_2}\right)}{\left(f_{b1} + f_1 \dfrac{l_1}{D_1}\right)}}$

- $\dfrac{Q_1}{Q_2} = \dfrac{A_1 \cdot V_1}{A_2 \cdot V_2} = \dfrac{\dfrac{\pi D_1^2}{4}}{\dfrac{\pi D_2^2}{4}} \sqrt{\dfrac{\left(f_{b2} + f_2 \dfrac{l_2}{D_2}\right)}{\left(f_{b1} + f_1 \dfrac{l_1}{D_1}\right)}} = \dfrac{D_1^2}{D_2^2} \sqrt{\dfrac{\left(f_{b2} + f_2 \dfrac{l_2}{D_2}\right)}{\left(f_{b1} + f_1 \dfrac{l_1}{D_1}\right)}}$

$= \dfrac{0.04^2}{0.05^2} \sqrt{\dfrac{\left(0.2 \times 2 + 0.0306 \times \dfrac{30}{0.05}\right)}{\left(0.2 \times 2 + 0.0328 \times \dfrac{25}{0.04}\right)}} \fallingdotseq 0.606$

∴ $Q_1 = 0.606 Q_2$
$Q = Q_1 + Q_2 = 0.606 Q_2 + Q_2 = 1.2$, $1.606 Q_2 = 1.2$
∴ $Q_2 \fallingdotseq 0.75$L/sec, $Q_1 = 0.45$L/sec

문제 032

Stokes의 침강속도를 구하는 식은? (단, V_s는 침강속도, ρ_s 및 ρ는 토립자 및 물의 밀도, g는 중력가속도, μ는 점성계수, d는 토립자의 입경)

㉮ $V_s = \left(\dfrac{\rho_s - \rho}{18\mu}\right) gd^3$
㉯ $V_s = \left(\dfrac{\rho_s - \rho}{18\mu}\right) gd^{1.5}$
㉰ $V_s = \left(\dfrac{\rho_s - \rho}{18\mu}\right) gd^{2.5}$
㉱ $V_s = \left(\dfrac{\rho_s - \rho}{18\mu}\right) gd^2$

해설 Stokes 법칙
$V_s = \dfrac{g(\rho_s - \rho)}{18\mu} \cdot d^2$

정답 031. ㉱ 032. ㉱

문제 033

여과사의 입도 분석 결과가 다음과 같을 때 이 여과사의 균등계수는?

체통과율(%)	5	10	20	40	60	80
입경(mm)	0.2	0.32	0.38	0.6	0.9	1.3

㉮ 1.7　　㉯ 2.8　　㉰ 3.2　　㉱ 3.5

해설 $C_u = \dfrac{D_{60}}{D_{10}} = \dfrac{0.9}{0.32} = 2.81$

문제 034

동일한 조건에서 비중 2.5인 입자의 침전속도는 비중 2.0인 입자의 몇 배인가? (단, 침사지, stokes 법칙 기준)

㉮ 1.0배　　㉯ 1.25배　　㉰ 1.5배　　㉱ 3.0배

해설 $V = \dfrac{\gamma_s - \gamma_w}{18\eta} \cdot d^2$　　$V_{2.5} = \dfrac{2.5-1}{18\eta} \cdot d^2$　　$V_{2.0} = \dfrac{2.0-1}{18\eta} \cdot d$

∴ $\dfrac{V_{2.5}}{V_{2.0}} = \dfrac{1.5}{1} = 1.5$배

문제 035

우리나라의 상수도 시설기준상 여과사의 균등계수는 1.7 이하가 되도록 정하고 있다. 이때 균등계수는 어떻게 정하는가?

㉮ 통과백분율 90%의 입경/통과백분율 10%의 입경
㉯ 통과백분율 60%의 입경/통과백분율 10%의 입경
㉰ 통과백분율 90%의 입경/통과백분율 50%의 입경
㉱ 통과백분율 60%의 입경/통과백분율 50%의 입경

해설
- $C_u = \dfrac{D_{60}}{D_{10}}$
- 완속 여과지 : $C_u < 2.0$
- 급속 여과지 : $C_u < 1.7$

정답 033. ㉯　034. ㉰　035. ㉯

chapter 05 정수장 시설

제 3 부 　상하수도공학

5-1 정수 시설

(1) 정수장 계획

계획 1일 최대 급수량을 기준으로 계획 정수량을 정한다.

(2) 정수장의 입지계획시 고려할 사항

① 수도시설 전체의 배치와 고저를 고려하여야 하며 경제적이고 관리하기 좋은 위치일 것
② 오염의 염려가 적은 위생적인 환경일 것
③ 재해를 받을 염려가 적고 배수하기 좋은 환경일 것
④ 형상이 좋고 충분한 면적의 용지가 확보될 수 있을 것
⑤ 유지관리상 유리한 위치일 것
⑥ 건설하기에 유리한 위치일 것

(3) 정수처리 계통도

수원 → 취수 → 착수정 → 혼화지 → 응집지 → 침탄지 → 여과지 → 염소소독 → 정수지 → 송수

(4) 착수정

원수가 취수 및 도수시설에서 유입되는 정수처리 공정에 최초로 도입되는 곳.

1) 착수정의 기능

원수의 수위를 안정시키고 원수량을 조절한다.

2) 착수정의 형상
　　① 장방형 또는 원형이다.
　　② 유입구에는 유량조절밸브를 설치한다.
　　③ 정류, 월류, 양수, 유출의 순서로 2~3실로 한다.

3) 착수정의 부속설비
　　착수정의 수위가 고수위 이상이 되지 않게 월류관이나 월류 위어를 설치한다.

4) 착수정의 여유
　　고수위와 주벽 상단 간에는 60cm 이상의 여유를 둔다.

5) 착수정의 용량
　　① 체류시간을 1.5분 이상을 한다.
　　② 수심은 3~5m로 한다.

(5) 응집지

급속여과지에서 원수의 현탁물질 중 0.01mm 이하의 입자를 제거하기 위한 전처리로 부유탁질 또는 콜로이드성 물질을 침전성이 양호한 플록으로 형성시키는 시설.

1) 혼화지
　　① 원수와 약품을 혼화시키는 시설이다.
　　② 혼화시간은 계획 정수량에 대해 1~5분간을 표준으로 한다.
　　③ 유속은 1.5m/sec 정도이다.

2) 플록 형성지
　　① 2차로 응집을 촉진시켜 큰 플록의 형성을 만드는 시설이다.
　　② 플록의 체류시간은 20~40분간으로 한다.
　　③ 평균 유속은 15~30cm/sec를 표준으로 한다.

(6) 침전지

물속에 들어 있는 현탁 입자를 침전 분리시키거나 유량 조절, 침전된 오니를 제거시킨다.

1) 침전지 구성
　　① 침전지는 두 곳 이상으로 한다.(예비지 포함한다.)
　　② 유효 수심은 4.5~5.5m로 하고 오니 퇴적 심도로서 30cm 이상을 둔다.
　　③ 고수위에서 침전지 벽체 상단까지의 여유고는 30cm 정도로 한다.
　　④ 침전지의 형상은 직사각형으로 하고 길이는 폭의 3~8배를 표준으로 한다.

2) 보통 침전지
① 자연 침강에 의하여 현탁물질을 분리하고 완속 여과지에 걸리는 부담을 경감하기 위하여 설치한다.
② 원수의 탁도가 상시 10도 이하의 경우에는 보통 침전지를 생략할 수 있다.
③ 완급 여과지가 적합하다.
④ 용량은 계획 정수량의 8시간 분량을 표준한다.
⑤ 평균 유속은 0.3m/min 이하를 표준한다.

3) 약품 침전지
① 약품 주입, 혼화 및 플록 형성의 단계를 거쳐 크고 무겁게 성장한 플록의 대부분을 침전 분리 작용에 의하여 제거한다.
② 약품 침전지를 필요로 하는 경우는 원수의 연간 최고 탁도가 30도 이상인 경우이다.
③ 용량은 계획 정수량의 3~5시간 분량을 표준한다.
④ 평균 유속은 0.4m/min 이상을 표준한다.
⑤ 약품 침전지에는 급속 여과지가 일반적이다.

(7) 여과지

여과 면적 $A = \dfrac{Q}{V}$

여기서, Q : 계획 정수량
V : 여과 속도

1) 완속 여과지
모래층에 의해 수중의 현탁 물질, 세균 등을 걸러내고 모래층 표면에 증식된 미생물군에 의하여 수중의 유기 물질 등 불순물을 산화 분해시켜 제거하는 방법이다.
① 완속 여과속도 : 4~5m/day
② 모래층 두께 : 70~90cm
③ 여과지 깊이 : 2.5~3.5m
④ 유효 지름 : 0.3~0.45mm, 균등계수 : 2.0 이하, 최대지름 : 2mm 이하
⑤ 여과지의 유입수 탁도 : 10도 이하
⑥ 여과지 모래면상의 수심 : 90~120cm, 여과지 상단까지의 여유 높이 : 30cm 정도

2) 급속 여과지
원수 중의 현탁 물질을 약품에 의해 응집시키고 분리하는 방법이다.
① 여과지는 예비지를 포함하여 2 곳 이상, 1개소 여과면적은 150m^2 이하
② 여과 속도 : 120~150m/day

③ 모래층 두께 : 60~120cm
④ 자갈 최대 지름 : 50mm 이하, 최소 지름 : 2mm 이상
⑤ 유효 지름 : 0.45~1.0mm, 균등계수 : 1.7 이하, 최대 지름 : 2mm 이하
⑥ 수심 : 1m 이상, 여과지 상단까지의 여유 높이 : 30cm 정도

(8) 정수지

① 정수된 물을 배수지로 송수하는 과정에서 수량을 조절하는 것으로 정수를 펌프로 양수하거나 또는 자연 유하에 의하여 송수할 때 정전이나 수요량의 급변 등에 의하여 생기는 여과 수량과 송수량 간의 불균형을 조절한다.
② 염소 혼화지가 없을 때 주입한 염소를 균일하게 혼화하는 역할을 한다.
③ 유효 수심 : 3~6m 정도
④ 유효 용량 : 계획 정수량의 1시간 분량 이상

5-2 정수 방법의 선정

(1) 부유물질의 제거

침전과 모래 여과법이 사용되는데 침전에서 약품 사용 여부와 여과의 속도에 따라 부유물질이 제거된다. 여기서, 부유물질은 콜로이드질, 세균, 미생물 등이다.

(2) 용해성 물질의 제거

물은 용해성이 매우 풍부하기 때문에 물에는 여러 가지 불순물이 용해되어 있는데 이것을 제거하는 방법으로는 폭기법, 각종 약품에 의한 방법 등이 있다. 여기서, 용해설 물질은 철, 망간, 칼슘 등이다.

(3) 세균의 제거

침전 및 모래 여과에 의하여 세균의 대부분은 제거된다. 세균의 효과적인 제거는 염소 등 살균제로 직접 살균하는 살균법이 있다.

(4) 미생물의 제거

세균 이외의 미생물은 조류, 조균류 등이 있는데, 조류는 세균보다 대형으로 모래 여과로 잘 제거된다. 조류의 수가 많은 경우는 여과지를 폐쇄시키므로 환산 등을 투입하여 제거한다.

5-3 정수 방법

침전→여과→소독 순으로 정수하는 방법

(1) 침전법

비중이 큰 부유물질을 제거하기 위한 과정

1) 보통 침전법
① 제거되는 부유물질의 입자 크기는 0.01mm 이상
② 무기질이 대부분으로 비중은 2.6이다.
③ 부유물질의 제거율로 나타내며 탁도, 세균 등도 상당히 제거된다.
④ 응집제를 사용하지 않고 독립된 별개의 입자로 침전

2) 약품 침전법
① 응집제의 작용으로 입자가 플록이라는 집합체를 형성하여 침전
② 미세한 부유물질이나 콜로이드성 물질, 미생물 및 비교적 분자가 큰 용해성 물질을 약품을 사용하여 침전이 가능하도록 대형 플록을 형성하여 침전
③ 탁도가 높은 원수일수록 침전 효율이 나쁘며 보통 침전에서는 침전 효과를 얻을 수 없다.

- 응집
  비중이 작은 부유물은 약품을 사용하여 침전이 가능하게 미립자가 결합해서 플록을 형성하게 하는 것으로 이 플록은 함수율이 높고 비중이 작지만 입경이 커서 빨리 침전한다.
- 응집제
  응집에 사용하는 약품을 응집제라 하며 응집제 종류에는 황산알루미늄(황산반토), 염화제2철[$FeCl_3$], 황산제2철[$Fe_2(SO_4)_3$], 폴리염화알루미늄, 알루미늄 명반, 칼륨 명반, 황산제1철, PAC(고분자 응집제), 액체 황산알루미늄, 고형 황산알루미늄 등이 있다.
- Jar – Test
  적정 응집제의 주입량과 적정 pH를 결정하기 위한 시험으로 응집제를 주입한 후 급속교반 후 플록을 깨뜨리지 않고 성장시키기 위해 완속교반을 한다.
- 응집반응에 영향을 주는 인자
  응집제의 종류, 수온, 교반조건, pH 및 알칼리도, 콜로이드 종류와 농도 등
- 응집 보조제
  소석회, 가성소다, 소다회 등

(2) 여과법

물을 모래층에서 다시 여과시켜 수질을 맑게 하는 과정

1) 완속 여과법
① 모래층과 모래층 표면에 증식한 미생물군에 의해서 수중의 불순물을 포착하여 산화 분해하는 방법
② 부유물질은 거의 다 제거되고 세균, 색도, 철, 망가도 어느 정도 제거된다.
③ 모래층의 기능은 체작용(여별작용, 체거름 작용, 흡착작용, 생물학적 응결작용, 침전작용, 산화작용을 한다.
④ 표면 여과작용을 한다.

2) 급속 여과법
① 원수 중의 부유물질을 약품에 의하여 응집 침전시켜 분리시키고 상층수를 빠른 속도로 여과하는 방식
② 탁도가 큰 물에 대해서는 큰 효과가 있으나, 중금속염이나 합성세제 및 방사성 동위 원소 등은 완전히 제거할 수 없다.

(3) 소독

침전, 여과를 한 물은 세균이 대부분 제거되지만 완전하게 제거하기는 어렵다. 또 제거되더라도 배수 및 급수의 과정에서 관의 불완전한 이음부의 틈새나 부식된 곳에서 세균이나 오염물이 침입할 우려가 있으므로 여과수에 소독제를 첨가하여 급수 전까지 그 효과를 유지한다.

1) 전염소처리법
① 여과 전에 염소를 물에 주입하는 방법
② 철, 망간, 맛, 냄새의 제거
③ 암모니아성 질소, 유기물 등의 처리
④ 조류, 세균 등의 번식 방지
⑤ 염소를 침전지 이전에 주입하는데 소독작용이 아닌 산화 분해작용이 주목적
⑥ 세균 제거

2) 염소 살균법
① 염소는 강력한 살균력을 가지고 있어 소화기 계통 전염 병원균에 유효하며 짧은 시간에 여과수 중의 세균을 사멸시킨다.
② 염소는 살균제인 동시에 강력한 산화제이기 때문에 수중에 유기물 또는 세균 등이 존재하면 염소는 살균과 산화가 종료될 때까지 소비가 계속된다.

③ 급수관에는 항상 0.2mg/L 이상의 잔류 염소가 남도록 염소를 주입해야 한다.
④ 설비 및 주입방법이 비교적 간단하고 비용이 저렴하다.
⑤ 염소는 암모니아와 반응하여 클로라민류를 형성한다.
⑥ 발암물질인 트리할로메탄(THM)을 생성시킬 가능성이 있다.
⑦ 상수의 살균방법 중 염소살균법이 가장 많이 사용한다.
⑧ pH는 낮고 수온이 높을 때 살균력이 증가된다.
⑨ 염소농도가 증가하면 살균력이 증가한다.
⑩ 염소살균 능력 순서

  $HOCl > OCl^- >$ 클로라민

⑪ 효과가 완전하나 많은 양의 물은 쉽게 소독할 수 없다.
⑫ 염소 살균의 주체는 차아염소산(HOCl)이다.
⑬ 염소 소독을 위한 염소 주입률과 잔류 염소농도 관계

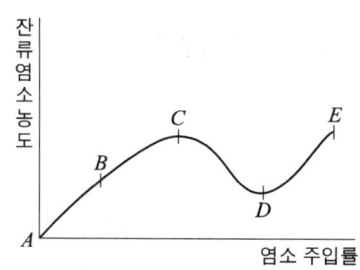

여기서, $\overline{BC}$ 구간 : 결합잔류 염소의 형성구간
       $\overline{CD}$ 구간 : 결합잔류 염소가 분해(산화)되는 구간
       D점 : 파괴점, 불연속점

⑭ 접촉시간이 길수록 살균력도 증가한다.
⑮ 알칼리도는 낮을수록 살균력이 증가한다.
⑯ 살균력이 뛰어나고 설비 및 주입방법이 비교적 간단하며 비용이 비교적 저렴하다.

3) 염소 살균제 주입
① 주입량은 처리수량과 주입률로부터 산출된다.
② 잔류염소는 급수관에서 0.2ppm 이상 유지되어야 한다.
③ 주입지점은 착수장, 염소혼화지, 정수지의 입구 등 혼화되는 장소로 한다.
④ 정수장 밖에서 염소를 추가 주입해야 할 필요성이 있는 경우에는 배수지나 관로시설 등에 추가 주입설비를 설치한다.

4) 클로라민
① 암모니아가 함유된 물에 염소를 주입하면 염소와 암모니아성 질소가 결합되어 클로라민(결합염소)이 생성된다.
② 살균작용이 오래 지속된다.
③ 살균(소독) 후에 물에 취미(臭味)를 주지 않는다.
④ 소독력은 유리염소보다 약한 단점이 있다.

(4) 기타 정수 방법

1) 오존 살균
① 색, 냄새, 맛, 철, 망간, 유기염소 화합물, 세균, 바이러스 등의 제거
② 잔류성이 약해 염소 살균에 비해 비경제적이다.
③ 살균 효과의 지속성이 없는 단점이 있다.
④ 병원균에 대한 살균 효과가 크다.
⑤ 상수의 오존 살균은 염소 살균에 비해 우수하다.

2) 활성탄 처리법
활성탄은 흑색 다공성 탄소질의 물질로서 기체나 액체 중의 미세한 불순물을 흡착하는 성질을 갖는 것으로 흡착 능력을 이용하여 물의 불쾌한 냄새와 색, 맛을 제거하는데 이용된다.

① 분말활성탄 처리법
- 응집처리 전에 주입시켜 혼화 접촉시키므로 흡착처리를 한 뒤 침전여과한다.
- 단시간 사용시 적합하고 겨울철 수온이 낮을 때는 응집효과가 저하되므로 PAC이나 응집보조제를 사용하여 응집효과를 높여야 한다.
- 주입률은 Jar-test에 의해 결정되어야 하며 처리대상 물질의 종류, 농도에 따라 달라진다.
- 주입방식은 건식 주입과 습식 주입이 있다.
- 접촉시간 20분 이내가 좋다.

② 입상활성탄 처리법
- 통상의 여과와 염소소독의 중간에서 실시하며 연속처리 또는 장기간 사용시 적용된다.
- 여과속도는 240~480m/d(급속여과의 2~4배)이다.
- 여과방식은 중력식과 압력식이 있다.
- 여층두께는 1.5~2.0m이다.
- 역세척 횟수는 7~10일에 1회 정도이다.

③ 분말활성탄과 입상활성탄 처리의 비교

항 목	분말활성탄	입상활성탄
처리시설	기존의 시설을 사용하여 처리할 수 있다.	여과조를 만들 필요가 있다(건설비가 많이 든다).
단기적 처리의 경우	필요량만 구입하므로 경제적이다.	탄층이 얇거나 두꺼워도 비경제적이다.
장기적 처리의 경우	경제성이 향상되지 않는다.	층 두께가 두꺼워지며 재생하여 사용하므로 경제적이다.
주입작업 및 노무관리	곤란하다.	용이하다.
처리중단의 위험성	있다.(기계고장, 정전 또는 호퍼 내브리지)	없다.
재생 사용	곤란이 따른다.	가능하다.
미생물의 번식	없다.	번식 가능성이 있다.
폐기시의 익로	침적된 탄분을 포함한 흑색 슬러지는 공해 원인이 된다.	니토를 발생하지 않으므로 공해의 염려가 없다.
누출에 의한 흑수 발생	특히, 겨울철에 일어나기 쉽다.	거의 염려가 없다.
처리관리의 난이	곤란하다.	용이하다.

3) 경수의 연수화법

① 물속에 있는 경도를 제거한다.
경도는 칼슘(Ca)과 마그네슘(Mg)의 염류에 의해 생기는데 생활 용수에 부적당하다.
② 소다회[Na_2CO_3]와 소석회[$Ca(OH)_2$]로 처리한다.
③ 일시 경도가 높은 물을 연수화시킬 때는 소석회를 사용한다.

5-4 정수장 배출수 처리

(1) 배출수 처리 방법

정수장에서 나오는 침수 슬러지, 여과지의 세척 배출수, 응집된 플록, 세사 배출수를 조정→농축→탈수→처분 4공정으로 구분하여 처리한다.

1) 조정

배출수를 일시에 모아 저류시켜 조정시설에서 슬러지를 균등화시킨다.

2) 농축

자연 침강 또는 약품 응집침전으로 슬러지 농도를 높여 배출수의 부피를 줄여준다.

3) 탈수

기계나 자연건조방법으로 농축된 슬러지의 함수량을 감소시켜 수분과 용적을 줄여 운반과 최종 처분을 용이하게 한다.

4) 처분

슬러지를 매립, 소각, 해양 투기, 퇴비 활용 등으로 처분한다. 여기서, 퇴비활용이 가장 바람직하며 일반적으로 매립 처분한다.

(2) 배출수 처리시설

1) 조정시설

① 배출수지
- 급속 여과지로부터 세척 배출수를 받아들이는 시설
- 용량은 1회에 세척 배출수량 이상으로 한다.
- 배출수지는 2지 이상으로 한다.
- 유효 수심은 2~4m, 여유고는 60cm 이상으로 한다.

② 배출 슬러지지
- 약품 침전지 또는 고속 응집 침전지로부터 슬러지를 받아들이는 시설
- 용량은 24시간의 평균 슬러지량 또는 1회의 배출 슬러지량 중 큰 양 이상으로 한다.
- 배출 슬러지지는 2지 이상으로 한다.
- 유효 수심은 2~4m, 여유고는 60cm 이상으로 한다.
- 배출 슬러지관 및 슬러지 인출관경은 150mm 이상으로 한다.

2) 농축시설

① 농축조의 용량은 계획 슬러지량의 24~48시간 분을 표준으로 하고 또 고형물 부하량은 10~20 $kg/m^2/day$ 정도로 한다.

② 농축조의 여유고는 30cm 이상으로 하고 바닥면 경사는 1/10 이상으로 한다.

③ 농축조에는 슬러지 스크레이퍼와 슬러지 인출관을 설치해야 하며 슬러지 인출관의 관경은 200mm 이상으로 한다.

3) 탈수시설

① 전처리시설
- 슬러지 탈수성의 개선효과, 탈수 케이크의 처분방법, 유지관리의 난이성 등의 효율적인 탈수를 위해 탈수 이전에 처리하는 과정이다.
- 석회 처리, 동결 처리, 산 처리, 고분자 응집제 처리, 알칼리 처리, 열처리 등이 있다.

② 탈수 방법
- 자연건조법
  생슬러지나 소화가 불충분한 슬러지는 건조하기 어렵고 다른 탈수방법에 비해 넓은 용지가 필요하고 기상에 영향을 받으며 냄새 등의 이유로 거의 사용하지 않는다.
- 기계력을 이용하는 탈수법
  생슬러지, 소화슬러지는 함수율이 94~98%의 수분을 차지하고 있어 탈수기는 슬러지의 이상적인 처리를 위해 적절한 기능을 가진 것을 선택한다.

③ 탈수기의 종류 및 슬러지 함수율
- 진공여과기
  탈수된 슬러지 케이크의 함수율은 60~80% 정도이다.
- 원심분리기
  탈수된 슬러지 케이크의 함수율은 60~80% 정도이다.
- 조립 탈수기
  탈수된 슬러지 케이크의 함수율은 65~80% 정도이다.
- 가압 여과기
  탈수된 슬러지 케이크의 함수율은 55~70% 정도이다.

4) 처분시설
① 발생한 케이크를 일정한 장소까지 운반처리한다.
② 케이크의 육상처분(매립)시 고려사항
- 케이크의 함수율이 85% 이하라야 한다.
- 케이크 처분지로부터 침출수에 의해 공공용수지역 또는 지하수 오염을 발생시키지 않아야 한다.
- 장래의 매립지 이용의 목적에 적합한 것이어야 한다.
- 충분한 매립 용지를 확보하여야 한다.
- 처분지는 케이크의 수송 수단, 빈도 및 반입경로 등의 수송면으로 보아 적절한 위치이어야 한다.

③ 정수장에서 발생되는 슬러지는 하수와는 달리 유기물질이 적고 pH가 높아 석회 성분은 산도를 중화시키는 데 사용된다. 따라서 매립이 대표적이다.

Chapter 05 정수장 시설

기출문제

문제 001

다음 중 일반적인 정수과정으로서 가장 타당한 것은?

㉮ 스크린 – 응집침전 – 여과 – 살균
㉯ 이온교환 – 응집침전 – 스크린 – 살균
㉰ 응집침전 – 이온교환 – 살균 – 스크린
㉱ 스크린 – 살균 – 이온교환 – 응집침전

해설 상수의 정수과정
스크린→침전→여과→소독(살균)

문제 002

다음 중 상수의 일반적인 정수 과정으로 옳은 것은?

㉮ 여과→침전→살균
㉯ 침전→여과→살균
㉰ 살균→침전→여과
㉱ 침전→살균→여과

해설 상수도의 정수 과정 : 응집→침전→여과→소독→배수

문제 003

정수의 완속여과에 대한 설명 중 틀린 것은?

㉮ 부유물질 외에 세균도 제거가 가능하다.
㉯ 급속여과에 비해 넓은 부지면적을 필요로 한다.
㉰ 여과속도는 4~5m/day를 표준으로 한다.
㉱ 전처리로서 응집침전과 같은 약품처리가 필수적이다.

해설
- 완속여과는 응집제를 사용하지 않는다.
- 완속여과는 표면여과 작용을 한다.

문제 004

정수시설인 급속 여과지의 여과속도는 어느 정도를 표준으로 하는가?

㉮ 75~90m/day
㉯ 90~100m/day
㉰ 120~150m/day
㉱ 180m/day 내외

해설
- 급속 여과지의 여과속도 : 120~150m/day
- 완속 여과지의 여과속도 : 4~5m/day
- 급속 여과지 1지의 면적은 150m² 이하로 한다.(직사각형이 표준이며 2지 이상)

정답 001. ㉮ 002. ㉯ 003. ㉱ 004. ㉰

문제 005

상수도 정수시설의 규모 결정시 사용되는 계획정수량의 기준이 되는 것은?

㉮ 계획1일 평균급수량 ㉯ 계획시간 평균급수량
㉰ 계획시간 최대급수량 ㉱ 계획1일 최대급수량

해설 계획 1일 최대급수량으로 상수도 시설의 규모 결정시 기준한다.
계획 1일 최대급수량은 계획 1일 평균급수량×[1.3(대도시, 공업도시), 1.5(중소도시)]

문제 006

다음 중 상수도 시설인 착수정에 대한 설명으로 잘못된 것은?

㉮ 착수정은 2지 이상으로 분할하는 것이 원칙이다.
㉯ 부유물이나 조류 등을 제거할 필요가 있는 장소에는 스크린을 설치한다.
㉰ 착수정의 고수위와 주변 벽체 상단간에는 30cm 이하의 여유를 두어야 한다.
㉱ 착수정의 수위가 고수위 이상으로 올라가지 않도록 월류관이나 월류위어를 설치하여야 한다.

해설
- 착수정의 고수위와 주변 벽체 상단간에는 60cm 이상의 여유를 두어야 한다.
- 착수정은 도수시설에서 유입되는 원수를 정수처리장에서 최초로 도입하는 공정의 시설로 원수의 수위를 안정시키고 원수량을 조절한다.

문제 007

상수도 처리 시설인 급속여과지에 사용되는 여사의 품질에 관한 다음 설명 중 옳은 것은?

㉮ 급속여과 모래의 유효경은 0.45~1.0mm의 범위 내에 있어야 한다.
㉯ 급속여과 모래의 균등계수는 2.0 이상으로 한다.
㉰ 급속여과 모래의 비중은 0.5~1.5의 범위에 있어야 한다.
㉱ 급속여과 모래의 최대경은 5mm 이하, 최소경은 3mm 이상이어야 한다.

해설
- 급속여과 모래의 균등계수는 1.7 이하로 한다.
- 비중은 2.55~2.65 범위이다.
- 모래의 최대경은 2.0mm 이하, 최소경은 0.3mm 이상이다.

문제 008

상수처리를 위한 급속여과지의 여과층인 모래층의 표준두께는? (단, 여과모래의 유효경 0.45~0.7mm 범위)

㉮ 5~20cm ㉯ 60~70cm
㉰ 120~130cm ㉱ 200~210cm

해설
- 급속여과시 모래층 두께 : 60~120cm
- 완속여과시 모래층 두께 : 70~90cm

정답 005. ㉱ 006. ㉰ 007. ㉮ 008. ㉯

문제 009

정수시설 중 완속여과지의 모래층 두께는 얼마를 표준으로 하는가?
㉮ 5~10cm   ㉯ 30~50cm   ㉰ 70~90cm   ㉱ 150~200cm

해설 완속여과지의 모래층 두께는 70~90cm를 사용하며 입경은 0.3~0.45mm의 모래를 사용하고 여과속도는 4~5m/day 정도이다.

문제 010

정수장 침전지에서 침전효율을 나타내는 기본적인 지표인 표면부하율(surface loading)에 대한 설명으로 옳은 것은?
㉮ 유량이 클수록 표면부하율이 감소한다.
㉯ 수심이 증가할수록 표면부하율이 감소한다.
㉰ 표면적이 클수록 표면부하율이 감소한다.
㉱ 표면부하율은 가속도의 차원을 갖는다.

해설
• 표면부하율=침전속도

$$V = \frac{Q}{A} = \frac{H(유효수심)}{t(침전시간)} = \frac{Q}{\frac{V}{H}} = \frac{Qh}{V}$$

• 표면적 부하(m³/m·day)와 침전속도 V(m/day)는 동일하다.

문제 011

침전에 관한 스토크(Stocke's)의 법칙에 대한 설명으로 잘못된 것은?
㉮ 침강속도는 입자와 액체의 밀도차에 비례한다.
㉯ 침강속도는 겨울철이 여름철보다 크다.
㉰ 침강속도는 입자의 크기가 클수록 크다.
㉱ 침강속도는 점성계수에 반비례한다.

해설
• 수온이 높을수록 침강속도가 빨라진다.
• Stokes 법칙은 독립입자의 침전(단독 침전) 형태를 적용한다.

문제 012

물의 맛·냄새의 제거 방법으로 식물성 냄새, 생선비린내, 황화수소 냄새, 부패한 냄새의 제거에 효과가 있지만, 곰팡이 냄새 제거에는 효과가 없으며 페놀류는 분해할 수 있지만, 약품냄새 중에는 아민류와 같이 냄새를 강하게 할 수도 있으므로 주의가 필요한 처리 방법은?
㉮ 폭기방법   ㉯ 염소처리법   ㉰ 오존처리법   ㉱ 활성탄처리법

해설
• 염소처리법은 조류 및 세균번식 방지, 암모니아성 질소(NH₃-N), 아질산성 질소(NO₂-N), 황화수소(H₂S), 페놀류, 철, 망간, 맛, 냄새, 기타 유기물 등을 산화시켜 제거할 목적으로 사용된다.
• 염소농도가 증가하면 살균력이 증가하며 염소처리는 pH가 낮은 쪽이 살균효과가 높다.
• 염소처리는 살균력이 뛰어나고 경제적이며 설비 및 주입방법이 비교적 간단하나 염소가스가 발생할 우려가 있다.

정답 009. ㉰   010. ㉯   011. ㉯   012. ㉯

문제 013

정수장에서 전염소처리법(prechlorination)의 목적으로 적합치 않은 것은?

㉮ 세균을 제거한다.
㉯ 암모니아성 질소와 유기물 등을 제거한다.
㉰ 철, 망간을 제거한다.
㉱ 적정한 잔류염소량을 유지시킨다.

해설
- 전염소처리법은 여과 전에 처리과정의 물에 염소를 주입하여 조류, 세균, 철, 망간, 암모니아성 질소 등을 제거하기 위해 실시한다.
- 트리할로메탄은 정수처리나 폐수처리의 염소 주입공정에서 발생하는 발암물질로 전염소처리법으로 제거할 수 없다.

문제 014

정수장에서 전염소처리설비의 목적과 관계없는 것은?

㉮ 철, 망간의 제거
㉯ 맛, 냄새의 제거
㉰ 트리할로메탄의 제거
㉱ 암모니아성 질소, 유기물의 처리

해설
- 전염소처리를 할 경우 트리할로메탄(THM)을 생성시킬 수 있다.
- 전염소처리를 통해 조류, 세균 등을 제거하고 번식을 방지할 수 있다.

문제 015

정수장에서 전염소처리법(prechlorination)의 목적으로 가장 거리가 먼 것은?

㉮ 맛과 냄새의 제거
㉯ 암모니아성 질소와 유기물 등의 처리
㉰ 철과 망간의 제거
㉱ 적정한 잔류염소량 유지

해설
- 전염소처리는 염소를 침전지 이전에 주입하는 것으로 소독작용이 아닌 산화·분해작용이 주목적이다.
- 전염소처리로 조류 및 세균번식 방지를 할 수 있다.

문제 016

정수 처리에서 염소소독을 실시할 경우 물이 산성일수록 살균력이 커지는 이유는?

㉮ 수중의 OCl⁻ 증가   ㉯ 수중의 OCl⁻ 감소
㉰ 수중의 HOCl 증가   ㉱ 수중의 HOCl 감소

해설 물이 산성일수록 수중의 HOCl(차아염소산)이 증가하여 살균력이 커진다.

보충 알칼리성일 때는 OCl⁻(차아염소산 이온)가 증가한다.

정답 013. ㉱ 014. ㉰ 015. ㉱ 016. ㉰

문제 017

염소가 수중의 여러 가지 불순물과 작용한 후에도 HOCl이나 OCl⁻로 존재하는 염소를 무엇이라 하는가?

㉮ 유리잔류염소　㉯ 결합잔류염소　㉰ 결합유효염소　㉱ 염소요구량

해설
- 소독을 위한 염소를 주입하였을 때 수중의 유리잔류염소를 HOCl, OCl⁻라 한다.
- 염소 소독시 생성되는 염소 성분 중 HOCl이 가장 살균력이 강하다.
- 염소요구량 = 염소 주입 농도 – 잔류 염소 농도

문제 018

병원균 등의 세균을 완전히 제거하기 위하여 사용되는 정수방법은?

㉮ 응집　㉯ 소독　㉰ 여과　㉱ 침전

해설 살균은 소독과 같은 의미로 수중의 세균, 바이러스, 원생동물 등의 단세포 미생물을 제거한다.

보충
- 염소 살균은 살균력이 뛰어나다.
- 잔류염소는 급수관에서 0.2ppm 이상 유지되어야 한다.

문제 019

정수처리의 단위공정인 오존처리법에 대한 설명으로 옳지 않은 것은?

㉮ 오존을 자체의 높은 산화력으로 염소에 비하여 높은 살균력을 가지고 있다.
㉯ 맛·냄새물질과 색도제거의 효과가 우수하다.
㉰ 유기물질의 생분해성을 증가시킨다.
㉱ 배오존의 생성 및 대기 중 방출로 노동안전위생 또는 환경상의 긍정적인 효과를 기대할 수 있다.

해설
- 배오존의 생성 및 대기중 방출로 노동안전위생 또는 환경상의 긍정적인 효과를 기대할 수 없다.
- 유기물 분해와 소독작용이 강하다.
- 오존은 살균효과의 지속성이 없는 단점이 있다.
- 오존살균은 염소살균에 비해 비경제적이다.

문제 020

오존을 사용하여 살균처리를 할 경우의 장점에 대한 설명 중 틀린 것은?

㉮ 살균효과가 염소보다 뛰어나다.
㉯ 오존이 수중 유기물과 작용하여 다른 물질로 잔류하게 되므로 잔류효과가 크다.
㉰ 맛, 냄새물질과 색도 제거의 효과가 우수하다.
㉱ 유기물질의 생분해성을 증가시킨다.

해설
- 오존살균은 염소살균에 비해 잔류성이 약하다.
- 오존살균은 지속성이 없다.
- 오존살균은 염소 살균에 비해 비경제적이다.
- 오존살균은 병원균에 대한 살균효과가 크다.

정답 017. ㉮　018. ㉯　019. ㉱　020. ㉯

문제 021

상수의 정수방법 중 염소살균과 오존살균의 장단점을 잘못 설명한 것은?

㉮ 염소살균은 발암물질인 트리할로메탄(THM)을 생성시킬 가능성이 있다.
㉯ 오존살균은 염소살균에 비해 잔류성이 약하다.
㉰ 염소살균은 살균력의 지속성이 우수하다.
㉱ 오존살균은 염소살균에 비해 경제적이다.

해설 오존살균은 염소살균에 비해 비경제적이다.

보충 오존 처리
① 냄새, 색도 제거에 효과가 크다.
② 살균력은 염소살균에 비해 우수하다.
③ 바이러스의 불활성화에 우수한 효과가 있다.

문제 022

상수의 오존 처리에 있어서의 장·단점에 대한 설명으로 잘못된 것은?

㉮ 배오존처리설비가 필요하다.
㉯ 염소와 반응으로 냄새를 유발하는 페놀류 등을 제거하는 데 효과적이다.
㉰ 전염소처리를 할 경우에 염소와 반응하여 잔류염소가 증가한다.
㉱ 오존은 자체의 높은 산화력으로 염소에 비하여 높은 살균력을 가지고 있다.

해설 오존 처리는 살균효과의 지속성이 없는 단점이 있다.

문제 023

A, B, C 세 정수장의 염소소독시 염소주입량의 잔류염소량의 관계가 그림과 같을 때 설명으로 옳지 않은 것은?

㉮ A정수장의 염소 요구량이 가장 적다.
㉯ B정수장의 물이 C정수장의 물보다 더 많은 암모니아를 함유한다.
㉰ B정수장에서 파괴점 염소소독을 행하려면 최소한 100mg/L 이상의 염소를 주입해야 한다.
㉱ C정수장의 물에 15mg/L의 염소를 주입하면 다량의 클로라민이 생성된다.

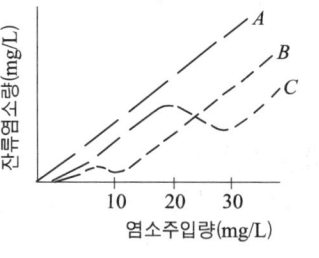

해설 C 정수장의 물이 B 정수장의 물보다 더 많은 암모니아 화합물 또는 유기성 질소화합물을 포함한다고 볼 수 있다.

정답 021. ㉱ 022. ㉰ 023. ㉯

문제 024

염소 소독을 위한 염소투입량 시험결과가 그림과 같다. 결합염소(클로라민)가 분해되는 구간과 파괴점(break point)으로 옳은 것은?

㉮ AB, C
㉯ BC, D
㉰ CD, D
㉱ AB, D

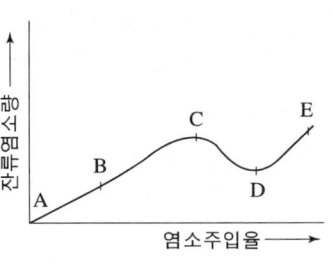

해설
- CD구간 : 결합잔류염소 분해구간
- D점 : 불연속점(파괴점)
- DE구간 : 주입에 비례한 유리 염소량의 증가(유리 잔류 염소가 수중에 지속되는 구간)

보충
- BC구간 : 결합염소(클로라민) 형성구간
- DE구간 : 유리잔류염소의 지속구간
- 배수지에서의 잔류염소는 0.2ppm 이상을 유지한다.

문제 025

처리수량이 6,000m³/day인 정수장에서 염소를 6mg/L의 농도로 주입한다. 잔류염소농도가 0.2mg/L이었다면 염소요구량은? (단, 염소의 순도는 75%이다.)

㉮ 36.6 kg/day
㉯ 46.4 kg/day
㉰ 100.1 kg/day
㉱ 480.4 kg/day

해설
- 염소요구량 농도
  염소주입농도 − 잔류염소농도 = 6.0 − 0.2 = 5.8mg/l
- 염소요구량(kg/day)
  염소 요구량 농도 × 유량 × $\frac{1}{순도}$ = $5.8(g/m^3) \times 6000(m^3/day) \times \frac{1}{0.75}$ = 46400(g/day) = 46.4(kg/day)

문제 026

종말 침전지에서 유출되는 수량이 5,000m³/day이다. 여기에 염소처리를 하기 위해 유출수에 100kg/day의 염소를 주입한 후 잔류염소의 농도를 측정하였더니 0.5mg/l 이었다. 염소요구량(농도)은? (단, 염소는 Cl_2 기준)

㉮ 16.5mg/l
㉯ 17.5mg/l
㉰ 18.5mg/l
㉱ 19.5mg/l

해설
염소 주입농도 = $\frac{염소량}{유량}$ = $\frac{100 \times 1000}{5000}$ = 20mg/l

∴ 염소 요구량 농도 = 염소 주입농도 − 염소 잔유량농도 = 20 − 0.5 = 19.5mg/l

정답 024. ㉰ 025. ㉯ 026. ㉱

문제 027

1일 물 공급량은 5,000m³/day이다. 이 수량을 염소처리하고자 60kg/day의 염소를 주입한 후 잔류염소 농도를 측정하였더니 0.2mg/L이었을 때 염소요구량은?

㉮ 7.6mg/L   ㉯ 9.2mg/L   ㉰ 11.8mg/L   ㉱ 13.6mg/L

해설 주입 염소농도

$$\frac{주입염소량}{유량} = \frac{60(\text{kg/day})}{5,000(\text{m}^3/\text{day})} = \frac{60\text{kg}}{5,000\text{m}^3} = \frac{(60 \times 10^6)}{(5,000 \times 1,000)l} = 12\text{mg}/l$$

여기서, $1\text{kg} = 10^3\text{g} = 10^6\text{mg}$, $1\text{m}^3 = 1,000 l$

∴ 염소요구농도=주입염소농도−잔류염소농도 = 12−0.2 = 11.8mg/l

문제 028

상수 원수에 포함된 암모니아성 질소를 파괴점 염소주입법에 의하여 제거할 때 이론적으로 암모니아성 질소(NH_3-N) 1ppm에 대하여 염소(Cl_2)가 7.6mg/l이 필요한 것으로 알려져 있다면 만약 암모니아성 질소의 농도가 5ppm이고 유량이 1,000m³/day인 원수를 처리하려면 얼마만큼의 염소가 필요하겠는가?

㉮ 25 kg/day   ㉯ 38 kg/day   ㉰ 45 kg/day   ㉱ 51 kg/day

해설
- 염소 주입 농도 = $7.6 \times 5 = 38\text{mg}/l = 3.8\text{g/m}^3$
- 염소 주입량 = 염소 주입 농도 × 유량 = $3.8 \times 1,000 = 38,000\text{g/day} = 38\text{kg/day}$

문제 029

상수 원수에 포함된 암모니성 질소를 파괴점 염소주입법에 의하여 제거할 때 이론적으로 암모니아성 질소(NH_3-N) 1ppm에 대하여 염소(Cl_2)가 7.5ppm이 필요한 것으로 알려져 있다면 만약 암모니아성 질소의 농도가 6ppm이고 유량이 1,000m³/day인 원수를 처리하려면 얼마만큼의 염소가 필요하겠는가?

㉮ 25 kg/day   ㉯ 38 kg/day   ㉰ 45 kg/day   ㉱ 51 kg/day

해설
- 염소주입농도 : $7.5 \times 6 = 45\text{mg}/l = 45\text{g/m}^3$
- 염소주입량 : 염소주입농도 × 유량 = $45 \times 1000 = 45,000\text{g/day} = 45\text{kg/day}$

문제 030

어떤 상수원수의 Jar−test 실험결과 원수시료 200mL에 대해 0.1%PAC 용액 12mL를 첨가하는 것이 가장 응집효율이 좋았다. 이 경우 상수원수에 대해 PAC 용액 사용량은 몇 mg/L인가?

㉮ 40mg/L   ㉯ 50mg/L   ㉰ 60mg/L   ㉱ 70mg/L

해설 12 : 200 = x : 1000 (여기서, 1000은 0.1%이므로 1/1000 적용)

∴ $x = 60\text{mg}/l$

정답 027. ㉰   028. ㉯   029. ㉰   030. ㉰

문제 031

Jar-Test는 적정 응집제의 주입량과 적정 pH를 결정하기 위한 시험이다. Jar-Test 시 응집제를 주입한 후 급속교반 후 완속 교반을 하는 이유는?

㉮ 응집제를 용해시키기 위해서
㉯ 응집제를 고르게 섞기 위해서
㉰ 플록이 고르게 퍼지게 하기 위해서
㉱ 플록을 깨뜨리지 않고 성장시키기 위해서

해설
- 플록(floc)은 덩어리로 형성된 박테리아로 초기에는 교반강도를 크게 하여 플록을 점차 크게 하고 교반 강도를 점차 감소시켜 깨지지 않게 한다.
- 완속 교반을 하면 플록을 성장시킨다.
- 급속 교반을 계속하면 플록을 깨뜨린다.

보충
- 플록(floc) 형성시간을 20~40분을 표준한다.
- 응집제 : 황산 알루미늄(황산 반토)

문제 032

원수의 알칼리도가 50ppm, 탁도가 500ppm일 때 황산알루미늄의 소비량은 60ppm이다. 이러한 원수가 48,000m³/day로 흐를 때 5% 용액의 황산알루미늄의 1일 필요량은? (단, 액체의 비중을 1로 가정)

㉮ 40.6m³/day ㉯ 47.6m³/day ㉰ 50.6m³/day ㉱ 57.6m³/day

해설

$1\text{ppm} = \dfrac{1}{10^6}$, $60\text{ppm} = \dfrac{60}{10^6}$

$\dfrac{x}{48,000\text{m}^3/\text{day}} = \dfrac{60}{10^6}$

$\therefore x = 2.88\text{m}^3/\text{day}$

5% 용액으로 환산하면

$2.88\text{m}^3/\text{day} \div 0.05 = 57.6\,\text{m}^3/\text{day}$

문제 033

pH가 5.6에서 4.3으로 변화할 때 수소이온 농도는 약 몇 배가 되는가?

㉮ 13 ㉯ 15 ㉰ 17 ㉱ 20

해설 $pH = -\log[H^+]$

- $5.6 = -\log[H^+]$, $[H^+] = -10^{5.6} = -398107$
- $4.3 = -\log[H^+]$
  $[H^+] = -10^{4.3} = -19953$

$\therefore \dfrac{10^{-4.3}}{10^{-5.6}} = 20$

정답 031. ㉱ 032. ㉱ 033. ㉱

chapter 06 하수도 시설

제 3 부 상하수도공학

6-1 하수도 계획

(1) 하수 관련 정의

1) 하수
 생활이나 산업활동 등에 의하여 배출되는 오수와 우수를 말한다.

2) 하수도
 ① 농작물의 경작하수를 제외한 모든 하수를 배제 또는 처리하기 위한 시설이다.
 ② 하수도 계획의 목표연도는 20년 후를 원칙으로 한다.

3) 종말처리장
 하수를 최종적으로 처리하여 방류하기 위한 시설이다.

(2) 하수도의 목적

① 쾌적한 생활환경의 도모
② 도시의 건전한 발전 도모
③ 공중위생의 향상에 기여
④ 공공수역의 수질오염 방지
⑤ 국민의 건강 보호에 기여

(3) 하수도 설치 목적

① 오수의 배제
② 우수의 배제
③ 오탁수의 처리
④ 침수 재해 방지

⑤ 하천 수질 보호
⑥ 생활 환경 개선

(4) 하수도 시설의 효과
① 하천 및 도로 유지비의 감소
② 분뇨 처분의 해결
③ 토지 이용률 증대
④ 하천의 수질보전
⑤ 공중 위생상의 효과
⑥ 도시 미관 증대

(5) 하수도 기본 계획시 조사사항
① 계획인구 및 포화인구의 밀도
② 하수 배제방식
③ 주요 간선 펌프장 및 하수처리장의 위치
④ 하수도 계획 구역 및 배수계통
⑤ 오수량, 지하수량 및 우수 유출량
⑥ 지질조사

(6) 하수처리장 계획 시 고려할 사항
① 처리장의 부지면적은 확장 및 향후 고도처리 계획을 예상하여 계획한다.
② 처리장의 위치는 방류수역의 이수상황 및 주변의 환경조건을 고려하여 정한다.
③ 처리시설은 이상수위에서도 침수되지 않는 지반고에 설치한다.
④ 계획 1일 최대 오수량을 기준으로 계획한다.

6-2 하수의 배제방식

(1) 분류식 관거의 특징
① 전오수를 처리장으로 유입한다.
② 수량이 균일하다.(하수량의 변화가 적다.)
③ 오수와 우수를 별개의 관으로 분리하여 처리하므로 펌프 용량의 변동이 심하지 않다.
④ 처리장으로 토사 유입량이 적고 방류 하천의 수질보전이 용이하다.
⑤ 처리 수질이 일정하다.

⑥ 강우시의 오수 처리에 유리하다.
⑦ 합류식보다 관거의 부설비가 많이 소요된다.
⑧ 초기에 관을 오수 및 우수관거를 별도로 매설해야 하므로 합류식보다 부설 비용이 많이 들지만 시공 후 오수의 처리비용은 적게 든다.
⑨ 오수를 모두 처리하므로 하천을 오염시킬 염려가 없다.
⑩ 강우 초기에 도로 위의 오염물질이 직접 하천으로 유입하는 단점이 있다.
⑪ 관거 오접합에 대한 철저한 감시가 필요하다.
⑫ 위생상 분류식이 유리하다.

(2) 합류식 관거의 특징

① 청천시(晴天時) 관로내 퇴적량이 분류식 하수관거에 비하여 많다.
② 관거의 단면적이 크기 때문에 관거 내의 검사가 편리하고 환기가 잘되는 이점이 있다.
③ 우천시 일정한 유량 이상이 되면 하수가 월류한다.
④ 관거내 퇴적물을 세척수로 세류시킬 때 분류식보다 유리하다.
⑤ 저지대에서 하수를 펌프로 배제할 경우 분류식보다 유리하다.
⑥ 하수처리장에서 오수처리 비용이 많이 소요된다.
⑦ 합류식이 분류식보다 건설비가 일반적으로 적게 든다.
⑧ 합류식은 강우시에 비점원 오염물질을 하수처리장에 유입시킨다.
⑨ 우천시 하수가 미처리된 상태에서 방류된다.
⑩ 처리용량 및 펌프의 용량이 일정하지 않다.
⑪ 경제적인 면에서 합류식이 우수하다고 할 수 있다.
⑫ 합류식은 우천시 오수가 우수에 섞여서 공공수역에 유출되기 때문에 수질보존 대책이 필요하므로 방류 부하량을 저감하기 위한 대책으로 차집관거 용량의 증대, 우수체수지의 이용, 우수침전지의 이용 등이 필요하다.
⑬ 합류식 하수관거의 설계시 사용하는 유량은 계획 우수량 + 계획시간 최대 오수량이다.

6-3 하수 관거의 배치 방식

(1) 배치 방식의 종류

1) 직각식(수직식)
    ① 하수관을 방류 수면에 직각으로 배치하는 것
    ② 하천 유량이 풍부할 때 하수를 신속히 배제할 수 있는 가장 경제적인 배수 계통 방식.

③ 주로 해안에 길다랗게 발달한 도시에 많이 사용되는 방법으로 하수의 배제속도가 빠르나 토구가 많고 시내 하천의 오염문제가 야기되기 쉽다.

2) 차집식
① 직각식을 개량한 것.
② 오염을 막기 위해 하천 등에 나란히 차집관거를 설치하여 방류하는 방식.

3) 선형식
① 지형이 한 방향으로 일정한 경사가 진 지역에 하수관을 수지상으로 배치하여 하수를 1개소로 모아 배제하는 방식.
② 대도시에는 부적당하다.
③ 하수를 한 지점으로 집중시킬 수 있을 때 적합하다.
④ 나뭇가지 형태와 비슷한 모양으로 배치한다.

4) 방사식
① 하수 배제구역의 중심이 고지대이거나 지역이 광대해서 하수를 한 곳으로 모으기 힘들 때 채용하는 방식.
② 대도시에 적합하다.
③ 도시의 중앙이 높으며 주변에 방류수역이 분포되어 있으며 방류수역 방향이 경사져 있는 경우 적합하다.

5) 평행식
① 지형의 고저차가 심할 때 고정에 따라 각각 독립간선을 만들어 배수하는 방식.
② 배수지역이 고지대와 저지대로 구분되어 있을 경우에 적합하다.

6) 집중식
① 사방에서 1개소로 향하여 집중적으로 흐르게 해서 다음지점으로 양수할 경우에 이용하는 방식.
② 도심지 중심부가 저지대인 곳에 적합하다.

(2) 지선 하수관로 선정 시 고려사항

① 신속히 간선에 유입되게 할 것.
② 굴곡을 피할 것.(우회 곡선을 피할 것.)
③ 배수상의 분수령을 중요시할 것.
④ 교통이 빈번한 가로나 지하 매설물이 많은 곳에는 큰 관경을 피할 것.
⑤ 폭원이 넓은 가로에는 유지관리상 지선 하수관을 2조로 하여 양측의 보도 밑에 매설한다.
⑥ 지형의 경사가 급한 곳에서는 관을 계단상으로 설치하며 특히 큰 관은 급구배를 피하도록 한다.

6-4 하수량

(1) 계획 우수량

1) 계획 우수량의 확률년수
   ① 5~10년을 원칙으로 한다.
   ② 간선에서는 10년으로 한다.
   ③ 지선에서는 5년으로 한다.

2) 합리식에 의한 우수량

   ① $Q = \dfrac{1}{3.6} CIA$

   여기서, Q : 우수 유출량(m³/sec)
   C : 유출 계수(무차원)
   I : 강우강도(mm/hr)
   A : 배수면적(km²)

   ② $Q = \dfrac{1}{360} CIA$ 의 공식에서는 A : 배수면적(ha)을 적용한다.

   ③ 유출계수(C)

   $$C = \dfrac{\sum (A \cdot C)}{\sum A}$$

   여기서, $\sum A$: 지역의 면적 총합
   $\sum A \cdot C$: 지역의 면적 × 지역의 유출계수 총합

   ④ 유달시간(t)
   - 어떤 지점의 강우가 하류의 계획 대상이 있는 지점까지 도달하는 데 필요한 시간
   - $t = t_1 + t_2 = t_1 + \dfrac{L}{V}$

   여기서, t_1 : 유입시간
   t_2 : 유하시간
   L : 유입한 우수가 흘러가는 거리(관거 길이)
   V : 관거 내의 평균 유속

   - 경사가 급할수록 유달시간이 짧다.
   - 유수면적이 작을수록 유달시간이 짧다.
   - 형상계수가 작을수록 유달시간이 짧다.
   - 비투수성의 지표수일수록 유달시간이 짧다.

⑤ 유달시간과 강우지속시간의 관계
- 강우지속시간이 유달시간보다 짧을 경우
  전배수구역으로부터 우수가 동시에 모이지 않는 지체현상이 발생한다.
- 강우지속시간이 유달시간보다 긴 경우
  전배수구역에서 강우가 동시에 하수관거 끝으로 모인다.

(2) 계획 오수량

생활 오수량, 공장 폐수량, 지하수량 등으로 구성한다.

1) 계획 1일 최대 오수량
① (1인 1일 최대 오수량 × 계획인구) + 지하수량 + 공장폐수량 + 기타 배수량
   여기서, 지하수량 : 1인 1일 최대 오수량의 10~20%이다.
② 하수처리장의 설계기준이 되는 기본적 하수량이다.

2) 계획 1일 평균 오수량
① 계획 1일 최대 오수량의 70~80%
   여기서, ┌ 중소도시 : 70%
          └ 대도시, 공업도시 : 80%

② 하수처리장 유입 하수의 수질을 추정할 때 사용한다.

3) 계획 시간 최대 오수량
① 계획 1일 최대 오수량의 1시간당 수량의 1.3~1.8배
② 하수 관거, 오수 펌프 설비 등의 크기 및 용량을 결정할 때 사용한다.
③
$$\frac{계획\ 1일\ 최대\ 오수량}{24} \times \begin{cases} 1.3\ (대도시,\ 공업도시) \\ 1.5\ (중소도시) \\ 1.8\ (아파트,\ 주택단지) \end{cases}$$

(3) 합류식 계획 하수량

종 별	하 수 량
관거(차집관거 제외)	계획시간 최대 오수량 + 계획 우수량
차집관거 및 펌프장	계획시간 최대 오수량의 3배 이상
처리장의 최초 침전지까지 및 소독설비(부대설비 포함)	계획시간 최대 오수량의 3배 이상
처리장에서 상기 이외의 처리시설	계획 1일 최대 오수량

Chapter 06 하수도 시설

기출문제

문제 001
하수도 계획에 있어 목표연도는 원칙적으로 얼마 정도로 하는가?
- ㉮ 10년
- ㉯ 20년
- ㉰ 30년
- ㉱ 25년

해설
- 하수도 계획은 20년 후를 목표로 정한다.
- 상수도 시설의 신설이나 확장은 장래 5~15년간의 경제성을 고려하여 계획년차를 결정한다.
- 하수도 계획시 계획인구 및 포화인구의 밀도, 하수 배제방식, 주요 간선펌프장 및 하수처리장의 위치 등이 조사사항이다.

문제 002
하수도의 효과에 대한 설명으로 적합하지 않은 것은?
- ㉮ 공중위생상의 효과
- ㉯ 도시환경의 개선
- ㉰ 하천의 수질보전
- ㉱ 토지이용의 감소

해설
- 토지이용 증대 및 도시 미관의 개선
- 우수에 의한 시가지 침수 및 하천 범람의 방지

문제 003
하수도 시설을 계획할 때 원칙적으로 계획목표년도는 몇 년인가?
- ㉮ 10년
- ㉯ 20년
- ㉰ 30년
- ㉱ 40년

해설 하수도 시설을 계획할 때 원칙적으로 20년을 계획목표년도로 한다.

문제 004
하수도 시설에 관한 설명으로 틀린 것은?
- ㉮ 하수도 시설은 관거시설, 펌프장시설 및 처리장시설로 크게 구별된다.
- ㉯ 하수배제는 자연유하를 원칙으로 하고 있으며 펌프시설도 사용할 수 있다.
- ㉰ 하수처리장 시설은 물리적, 생물학적 처리시설을 말하고 화학적 처리시설은 제외한다.
- ㉱ 하수 배제방식은 합류식과 분류식으로 대별할 수 있다.

해설 하수처리 방법에는 물리적, 화학적, 생물학적 방법이 있는데 이들을 적당히 조합시켜 처리가 행해진다. 하수 성분의 주체는 유기물이므로 유기물 제거에 가장 경제적이고 확실한 생물학적 처리를 주로 이용하고 있다.

정답 001. ㉯ 002. ㉱ 003. ㉯ 004. ㉰

문제 005

계획오수량에 대한 설명 중 틀린 것은?

- ㉮ 계획시간최대오수량은 계획1일최대오수량의 1시간당 수량의 1.3~1.8배를 표준으로 한다.
- ㉯ 계획 오수량은 생활오수량, 공장폐수량 및 지하수량으로 구분할 수 있다.
- ㉰ 지하수량은 1인1일평균오수량의 5~10%로 한다.
- ㉱ 계획1일평균오수량은 계획1일최대오수량의 70~80%를 표준으로 한다.

해설 지하수량은 1인1일 최대오수량의 10~20%로 한다.

문제 006

소규모 하수도란 하나의 하수도 계획구역에서 계획인구가 몇 명 이하인 하수도를 말하는가?

- ㉮ 1,000명
- ㉯ 5,000명
- ㉰ 10,000명
- ㉱ 50,000명

해설 소규모 하수도란 하나의 하수도 계획 구역에서 계획인구가 10,000명 이하인 하수도를 말한다.

문제 007

다음 하수배제 방식에 대한 설명 중 틀린 것은?

- ㉮ 분류식 하수관거는 청천시(晴天時) 관로내 퇴적량이 합류식 하수관거에 비하여 많다.
- ㉯ 분류식 하수배제 방식은 강우초기에 도로 위의 오염물질이 직접 하천으로 유입하는 단점이 있다.
- ㉰ 합류식 하수배제 방식은 폐쇄의 염려가 없고 검사 및 수리가 비교적 용이하다.
- ㉱ 합류식 하수관거에서는 우천시(雨天時) 일정유량 이상이 되면 하수가 직접 수역으로 방류된다.

해설
- 분류식 하수관거는 청천시 관로내 퇴적량이 합류식 하수관거에 비하여 적다.
- 분류식은 강우시의 오수처리에 유리하다.
- 합류식은 우천시 계획하수량 이상이 되면 하수처리를 하지 않은 일부를 월류시킨다.

문제 008

하수배제 방식에 관한 설명 중 잘못된 것은?

- ㉮ 합류식과 분류식은 각각의 장단점이 있으므로 도시의 실정을 충분히 고려하여 선정할 필요가 있다.
- ㉯ 합류식은 우천시 계획 하수량 이상이 되면 오수가 우수에 섞여서 공공수역에 유출될 수 있기 때문에 수질보존 대책이 필요하다.
- ㉰ 분류식은 우천시 우수가 전부 공공수역에 방류되기 때문에 우천시 오탁의 문제가 없다.
- ㉱ 분류식의 처리장에서는 시간에 따라 오수 유입량의 변동이 크므로 조정지 등을 통하여 유입량을 조정하면 유지관리가 쉽다.

정답 005. ㉰ 006. ㉰ 007. ㉮ 008. ㉰

해설
- 분류식은 소규모 강우시 노면의 오염물질이 공공수역에 방류되어 공공수역을 오염시킬 우려가 있다.
- 분류식은 합류식에 비하여 관거의 부설비가 많이 든다.
- 합류식은 관의 단면적이 크기 때문에 검사 등이 편리하고 환기가 잘된다.

문제 009
하수 배수방법인 분류식과 합류식의 장단점에 대하여 기술한 내용 중 옳지 않은 것은?

㉮ 분류식은 우수관과 오수관을 별도로 매설하므로 비용이 많이 든다.
㉯ 분류식의 경우는 처리장에 유입하는 하수의 수질변동이 비교적 적다.
㉰ 분류식은 전 우수량을 처리장으로 도달시켜 완전처리가 가능하다.
㉱ 합류식은 대량의 우수로 관내 자연세정이 가능하다.

해설
- 강우 초기 오염된 우수 및 노면의 오염물질이 처리되지 못하고 공공수역으로 방류되는 단점이 있다.
- 분류식은 안정적인 하수처리를 실시할 수 있다.
- 합류식은 관의 단면적이 크기 때문에 검사, 보수, 청소에 편리하다.

문제 010
다음 중 합류식 하수도에 대한 설명이 아닌 것은?

㉮ 청천시에는 수위가 낮고 유속이 적어 오물이 침전하기 쉽다.
㉯ 우천시에 처리장으로 다량의 토사가 유입되어 침전지에 퇴적된다.
㉰ 단일관로로 오수와 우수를 배제하기 때문에 침수 피해의 다발 지역이나 우수배제 시설이 정비되지 않은 지역에서는 유리한 방식이다.
㉱ 소규모 강우시 강우 초기에 도로나 관로 내에 퇴적된 오염물이 그대로 강으로 합류할 수 있다.

해설
- 분류식 하수도의 경우 우수(강우)는 공공수역으로 방류한다.
- 분류식은 오수관, 우수관을 별도로 설치하므로 공사비(부설비)가 많이 든다.
- 분류식이 합류식보다 퇴적량이 적다.

문제 011
합류식 하수도는 강우시에 처리되지 않은 오수의 일부가 하천 등의 공공수역에 방류되는 문제점을 갖고 있다. 이에 대한 대책으로 적합하지 않은 것은?

㉮ 차집관거의 축소
㉯ 실시간 제어방법
㉰ 스월조절조(swirl regulator) 설치
㉱ 우수체수지(雨水滯水池) 설치

해설 차집식은 오염을 막기 위해 하천에 나란히 차집관거를 설치하여 오수를 하류지점으로 수송하고 그 곳에 하수처리장을 설치하여 하수를 배수시키는 방식으로 차집관거를 확대해야 한다.

정답 009. ㉰ 010. ㉱ 011. ㉮

문제 012

하수의 배제방식 중 분류식 하수도에 대한 설명으로 틀린 것은?

㉮ 우수관 및 오수관의 구별이 명확하지 않는 곳에서는 오접의 가능성이 있다.
㉯ 우천시에 수세효과가 있다.
㉰ 우천시 월류의 우려가 없다.
㉱ 청천시 월류의 우려가 없다.

해설
- 관거 내의 퇴적은 적으나 수세효과는 기대할 수 없다.
- 오수관거와 우수관거와의 2계통을 동일 도로에 매설하는 것은 매우 곤란하다.
- 오수와 우수를 별개의 관로에 배제하기 위해 오수의 배제계획이 합리적으로 된다.

문제 013

분류식 하수관거시설에 관한 설명으로 옳지 않은 것은?

㉮ 분류식은 관거오접에 대한 철저한 감시가 필요하다.
㉯ 분류식은 안정적인 하수처리를 실시할 수 있다.
㉰ 분류식은 오수관과 우수관의 별도 매설로 공사비가 많이 든다.
㉱ 분류식은 관거내 퇴적이 적으며 수세효과를 기대할 수 있다.

해설 분류식은 관거내 퇴적이 적지만 수세효과는 기대할 수 없다.

보충
- 분류식은 오수만을 하수처리장으로 보내어 처리하므로 합류식에 비해 우수처리 비용이 적게 소요된다.
- 합류식은 분류식에 비해 건설비가 저렴하고 시공이 용이하다.

문제 014

자연 유하식과 비교할 때 압송식 하수도에 관한 내용과 가장 거리가 먼 것은?

㉮ 관거의 매설깊이가 낮다.
㉯ 하향식 경사를 필요로 하지 않는다.
㉰ 유지관리가 비교적 간편하고 관거 점검이 용이하다.
㉱ 지하수 등의 유입이 없다.

해설 자연 유하식에 비하여 전력비 등 유지관리비가 많이 든다.

문제 015

강우강도 $I=\dfrac{530}{t^{0.47}}$ mm/h(t : 분), 면적 2km², 유입시간 6분, 유출계수 0.75, 관내유속 1.2m/sec인 경우 길이가 720m인 하수관에서 배출되는 우수량은 몇 m³/s인가?

㉮ 6　　㉯ 24　　㉰ 48　　㉱ 60

해설
- 유달시간 = 유입시간 + 유하시간 = $t_1 + \dfrac{L}{V} = 6 + \dfrac{720}{1.2 \times 60} = 16$분
- $Q = \dfrac{1}{3.6} CIA = \dfrac{1}{3.6} \times 0.75 \times \dfrac{530}{16^{0.47}} \times 2 = 60$m/s

정답 012. ㉯　013. ㉱　014. ㉰　015. ㉱

문제 016

강우강도 $I=\dfrac{3500}{t(분)+10}$ (mm/hr), 유역면적 2.0km², 유입시간 7분, 유출계수 $C=0.7$, 관내유속이 1m/sec인 경우 관의 길이 500m인 하수관에서 흘러나오는 우수량은?

㉮ 53.7m³/sec
㉯ 35.8m³/sec
㉰ 48.9m³/sec
㉱ 45.7m³/sec

해설
- $t = 7분 + \dfrac{500}{1 \times 60} = 15.33분$
- $I = \dfrac{3500}{15.33+10} = 138.16$ mm/hr
- $\therefore Q = 0.2778\,CIA = 0.2778 \times 0.7 \times 138.16 \times 2 = 53.7$ m³/sec

보충
- 지표의 경사가 급할수록 우수의 유달시간은 짧아진다.
- 유달시간 $t = t_1 + \dfrac{L}{V} =$ 유입시간(t_1) + 유하시간(t_2)

문제 017

유역면적이 5ha이고 유입시간이 8분, 유출계수가 0.75일 때 하수관거의 유량은 얼마인가? (단, 하수관거 길이는 1km, 하수관내 유속은 40m/min이며, 강우강도 $I=3{,}970/(t+31)$mm/hr, t의 단위는 [분])

㉮ 0.43 m³/sec
㉯ 0.65 m³/sec
㉰ 0.87 m³/sec
㉱ 1.06 m³/sec

해설
- 유달시간 = 유입시간 + 유하시간
  $t = t_1 + \dfrac{L}{V} = 8 + \dfrac{1000}{40} = 33분$
- $I = \dfrac{3970}{t+31} = \dfrac{3970}{33+31} = 62.03$ mm/hr
- $Q = \dfrac{1}{360}CIA = \dfrac{1}{360} \times 0.75 \times 62.03 \times 5 = 0.65$ m³/sec

문제 018

우수가 하수관거로 유입하는 시간이 4분, 하수관거에서의 유하시간이 10분, 이 유역의 유역면적이 0.4km², 유출계수는 0.6, 강우강도식 $I=\dfrac{6500}{t+40}$mm/hr일 때 첨두유량은? (단, t의 단위 : [분])

㉮ 8.02 m³/sec
㉯ 80.2 m³/sec
㉰ 10.4 m³/sec
㉱ 104 m³/sec

해설
- $t =$ 유입시간(t_1) + 유하시간$(t_2) = 4 + 10 = 14분$
- $I = \dfrac{6500}{t+40} = \dfrac{6500}{14+40} = 120.37$ mm/hr
- $Q = \dfrac{1}{3.6} C \cdot I \cdot A = \dfrac{1}{3.6} \times 0.6 \times 120.37 \times 0.4 = 8.02$ m³/sec

정답 016. ㉮ 017. ㉯ 018. ㉮

문제 019

우수량 계산시 이용하는 합리식에 대한 설명 중 틀린 것은? (단, $Q = \frac{1}{360}CIA$)

㉮ Q는 유량을 나타내면 단위가 $[m^3/sec]$이다.
㉯ C는 유출계수를 나타낸다.
㉰ I는 지표의 경사를 나타내며, 유입속도를 결정한다.
㉱ A는 배수면적을 나타낸다.

해설
- I : 강우강도(mm/hr)
- A : 배수면적(ha)
- $Q = \frac{1}{3.6}CIA$인 경우[A : 배수면적(km²)]

문제 020

우수배제계획에서 계획우수량을 산정할 때 고려할 사항이 아닌 것은?

㉮ 유출계수　　㉯ 유속계수　　㉰ 배수면적　　㉱ 확률년수

해설 $Q = \frac{1}{3.6}$ 공식에서 C : 유출계수, I : 강우강도(확률년수와 연관됨), A : 배수면적이다.

문제 021

하수관거에 유입되는 지하수 침투량을 결정함에 있어서의 주요 영향요소와 가장 거리가 먼 것은?

㉮ 하수관거의 길이　　　　　　㉯ 하수관거의 재질
㉰ 배수면적　　　　　　　　　　㉱ 토질과 지형

해설 $Q = \frac{1}{360}CIA$ 관련식에서 토질과 지형에 따른 유출계수(C)값이 다르고 유하시간 $t_2 = \frac{L}{V}$를 고려하여 관거 길이(L), 배수면적(A) 등이 주요 영향요소이다.

문제 022

계획오수량 산정시 고려하는 사항 중 그 설명이 잘못된 것은?

㉮ 지하수량은 1인 1일 최대오수량의 10~20%로 한다.
㉯ 계획1일 평균오수량은 계획1일 최대오수량의 70~80%를 표준으로 한다.
㉰ 계획시간 최대오수량은 계획1일 평균오수량의 1시간 당 수량의 0.7~0.9배를 표준으로 한다.
㉱ 계획1일 최대오수량은 1인1일 최대오수량에 계획인구를 곱한 후 공장폐수량, 지하수량 및 기타 배수량을 더한 값으로 한다.

해설 계획시간 최대오수량은 계획1일 평균오수량의 1시간당 수량의 1.3~1.8배를 표준으로 한다.

보충
- 하수도의 계획 목표연도는 원칙적으로 20년이다.
- 오수량은 가정하수, 공장 폐수, 우수관거 내에 침투한 지하수 등을 포함한다.
- 하수 처리장의 설계기준이 되는 기본적 하수량은 계획1일 최대오수량이다.

정답 019. ㉰　020. ㉯　021. ㉯　022. ㉰

문제 023

다음 중 계획오수량에 포함되지 않는 것은?

㉮ 농업용수량
㉯ 지하수량
㉰ 공장폐수량
㉱ 생활오수량

해설
- 계획오수량은 생활오수량, 공장폐수량, 지하수량으로 구분할 수 있다.
- 계획1일 최대오수량은 1인1일 최대오수량에 계획인구를 곱한 후 공장폐수량, 지하수량, 기타 배수량을 더한 값으로 한다.
- 계획1일 평균 오수량은 계획1일 최대오수량의 70~80%를 표준으로 한다.
- 계획시간 최대오수량은 계획1일 최대오수량의 1시간당 수량의 1.3~1.8배로 한다.
- 지하수량은 1인1일 최대오수량의 10~20%로 한다.

문제 024

다음 하수량 산정에 관한 설명 중 틀린 것은?

㉮ 계획오수량은 생활오수량, 공장폐수량 및 지하수량으로 구분된다.
㉯ 계획오수량 중 지하수량은 1인1일 최대오수량의 10~20% 정도로 한다.
㉰ 우수량의 산정공식 중 합리식($Q=CIA$)에서 I는 동수경사이다.
㉱ 계획1일 최대오수량은 처리시설의 용량을 결정하는 데 기초가 된다.

해설 우수량의 산정 공식 중 합리식($Q=CIA$)에서 I는 강우강도이다.

문제 025

다음은 관로시설의 설계시 계획하수량의 고려하여야 할 수량으로 옳지 않은 것은?

㉮ 우수관거 : 계획우수량
㉯ 오수관거 : 계획일 최대오수량
㉰ 합류식 관거 : 계획시간 최대오수량+계획우수량
㉱ 차집관거 : 우천시 계획오수량

해설
- 오수관거 : 계획시간 최대오수량
- 차집관거 : 우천시 계획오수량(계획시간 최대오수량의 3배 이상)

문제 026

하수관거의 계획하수량을 결정할 때의 고려사항으로 잘못된 것은?

㉮ 우수관거는 계획우수량으로 한다.
㉯ 오수관거는 계획시간최대오수량으로 한다.
㉰ 차집관거는 우천시 계획우수량으로 한다.
㉱ 합류식 관거에서는 계획시간최대오수량에 계획우수량을 합한 것으로 한다.

해설 차집관거는 우천시 계획오수량을 기준으로 한다.

정답 023. ㉮ 024. ㉰ 025. ㉯ 026. ㉰

문제 027

관거별 계획하수량 선정시 고려해야 할 사항으로 적합하지 않은 것은?

㉮ 오수관거는 계획시간최대오수량을 기준으로 한다.
㉯ 우수관거에서는 계획우수량을 기준으로 한다.
㉰ 합류식 관거는 계획시간최대오수량에 계획우수량을 합한 것을 기준으로 한다.
㉱ 차집관거는 계획시간최대오수량에 우천시 계획우수량을 합한 것을 기준으로 한다.

해설 합류식에서의 차집관거는 우천시 계획오수량(계획시간 최대 오수량의 3배)을 기준으로 계획한다.

문제 028

분류식의 오수관거 설계시 계획하수량 결정에 고려하여야 하는 것은?

㉮ 계획평균오수량
㉯ 계획우수량
㉰ 계획시간 최대오수량
㉱ 계획시간 최대오수량에 우수량을 더한 값

해설
- 분류식 우수관거 : 계획 우수량
- 합류식 합류관거 : 계획시간 최대오수량+계획우수량
- 합류식 차집관거 : 우천시 계획오수량(계획시간 최대오수량의 3배)

보충
- 지하수량은 1인1일 최대 오수량의 10~20%로 한다.
- 계획시간 최대 오수량은 계획 1일 최대 오수량의 1시간당 수량의 1.3~1.8배를 표준한다.

문제 029

오수관거의 계획하수량을 결정할 때 고려하여야 할 것은?

㉮ 계획시간 최대오수량
㉯ 계획평균오수량
㉰ 계획우수량
㉱ 계획시간 최대오수량+계획우수량

해설
- 우수관거 : 계획우수량 기준
- 합류관거 : 계획시간 최대오수량+계획우수량 기준
- 차집관거 : 우천시 계획오수량(계획시간 최대오수량의 3배 이상) 기준

문제 030

우리나라 계획우수량의 확률년수는 원칙적으로 얼마인가?

㉮ 1~3년
㉯ 5~10년
㉰ 20~30년
㉱ 50~70년

해설
- 계획우수량의 확률년수는 5~10년을 원칙으로 한다.
- 계획 1일 최대 오수량으로 하수처리 시설의 처리용량을 결정한다.

정답 027. ㉱ 028. ㉰ 029. ㉮ 030. ㉯

chapter 07 하수관로 시설

제3부 상하수도공학

7-1 하수관거의 계획

(1) 관거별 계획하수량

① 오수관거 : 계획시간 최대 오수량
② 우수관거 : 계획 우수량
③ 합류관거 : 계획시간 최대 오수량 + 계획 우수량
④ 차집관거 : 우천시 계획 우수량(계획시간 최대오수량의 3배 이상)

(2) 유량

$Q = A \cdot V$

여기서, 유속 $V = \dfrac{1}{n} R^{2/3} I^{1/2}$, $V = C\sqrt{RI}$

(3) 유속 및 구배

1) 유속

① 오수관거
   최소 0.6m/sec, 최대 3.0m/sec
② 우수관거 및 합류관거
   최소 0.8m/sec, 최대 3.0m/sec
③ 오수, 우수, 합류관거의 이상적인 유속
   1.0~1.8m/sec
④ 유속이 너무 느리면 오염물이 퇴적되고 부패하여 악취가 발생한다.
⑤ 유속이 너무 빠르면 관거 내부가 마모된다.

2) 구배
   ① 하류로 갈수록 완만하게 한다.
   ② 관거의 구배를 느리게 하면 관경이 크게 되고 관거구배를 급하게 하면 관경이 작아도 된다.
   ③ 유속은 하류로 감에 따라 증가하도록 한다.
   ④ 관거 경사 = $\dfrac{1}{\text{관의 직경(mm)}}$

7-2 하수관거

(1) 하수관거의 요구조건
① 외압에 대한 강도도 충분하고 파괴에 대한 저항력이 클 것
② 관거의 내면이 매끈하여 조도계수가 작을 것
③ 유량의 변동에 대해서 유속의 변동이 적은 수리 특성을 가진 단면형일 것
④ 이음 시공이 용이하고 수밀성과 신축성이 높을 것
⑤ 가격이 저렴할 것
⑥ 산 및 알칼리의 부식성에 대해서 강해야 한다.

(2) 하수관거의 종류

1) 도관
   ① 내산, 내알칼리성이 강하고 이형관을 만들기 쉽다.
   ② 충격에 약하고 내경 40cm 이하의 소형 관경이 많이 사용된다.

2) 철근 콘크리트관
   ① 강도가 크고 시공이 신속하다.
   ② 공사비가 저렴하나 산에 침식되기 쉽다.

3) 원심력 철근 콘크리트관(흄관)
   ① 하수도용으로 널리 사용된다.
   ② 원심력을 이용해서 콘크리트 관을 다지므로 강도와 내구성이 크고 통수 능력의 변동이 적다.

4) 현장타설 철근 콘크리트관
   ① 공장제품 사용이 불가능할 경우 현장에서 제작한다.
   ② 큰 단면 및 특수한 단면이 필요할 때 사용된다.
   ③ 시공기간이 길다.

5) 주철관
　① 내식성, 강도, 내충격성이 크다.
　② 특별히 큰 하중을 받는 경우 사용된다.

(3) 하수관거의 단면 형상

1) 단면 형상 결정 시 고려사항
　① 수리학적으로 유리할 것.
　② 하수량 변동에 대해서 유속변동이 적을 것.
　③ 노면하중, 토압에 경제적인 단면일 것.
　④ 재료를 구하기 쉽고 시공이 간편하며 건설비가 저렴할 것.
　⑤ 유지관리가 용이할 것.

2) 단면 형상
　① 원형
　　• 수리학상 유리하다.
　　• 역학상 구조 계산이 간단하다.
　　• 시공이 간편하고 사용 재료가 적어 경제적이다.
　　• 원형관의 유속은 수심이 약 80%일 때 최대이다.
　　• 유량은 수심이 약 93%일 때 최대이다.
　　• 관이 반만 차서 흐를 때의 유속은 만관시의 유속과 같다.
　　• 관이 반만 차서 흐를 때의 유량은 꽉 차서 흐를 때의 반이다.
　② 구형(장방형, 직사각형)
　　• 수리학상 유리하다.
　　• 최대 유량이 흐르는 단면 $h = \dfrac{B}{2}$ 일 때이다.
　　• 큰 하수거에 널리 사용된다.
　　• 구조가 간단하다.
　③ 말굽형(마제형)
　　• 수리학상 유리하다.
　　• 대구경 관거에 유리하며 경제적이다.
　　• 상반부의 아치작용에 의해 역학적으로 유리하다.
　　• 현장 타설의 경우는 공사기간이 길어진다.
　　• 단면형이 복잡하여 시공이 어렵다.
　④ 계란형
　　• 유량의 변화에 대해 유속의 변화가 적다.

- 관거 내에 부유물이 침전되지 않는 이점이 있다.
- 매설깊이를 깊게 해야 하기 때문에 시공이 어렵고 최근에는 거의 사용하지 않는다.

(4) 최소 관경과 매설깊이

1) 최소 관경
   ① 오수관거 : 200mm 이상
   ② 우수 및 합류식 관거 : 250mm 이상

2) 매설깊이
   ① 오수관거 : 1m 이상
   ② 우수 및 합류식 관거 : 1m 이상

(5) 관거의 외압보호

1) 직토압 공식

   $W_d = \gamma \cdot H$

   여기서, W_d : 매설토에 의한 연직토압(t/m²)
   γ : 매설토의 밀도(t/m³)
   H : 토피(m)

2) Marston 공식
   ① 가장 널리 이용되는 공식이다.
   ② $W = C_1 \cdot \gamma \cdot B^2$

   여기서, W : 관이 받는 하중(t/m)
   γ : 매설토의 밀도(t/m³)
   B : 굴착한 도랑의 폭(m), $B = \frac{3}{2}d + 30$(cm)
   d : 관의 내경(cm)
   C_1 : 상수

3) 토피외 하중
   ① 토피외 상재하중이 하수관거에 주는 하중
   ② $L_p = C_2 \cdot L$

   여기서, L_p : 상재하중의 토피 상당하중(t/m)
   L : 상재하중의 무게(t/m)
   C_2 : 상수

(6) 하수관거의 접합

- 관거의 합류점과 단면, 경사, 방향 등이 변화하는 곳에는 맨홀을 설치하여 접합하며 유수가 수리학적으로 원활하게 유하되도록 한다.

- 관거의 관경이 변화하는 경우 또는 2개의 관거가 합류하는 경우의 접합방법은 원칙적으로 수면접합 또는 관정접합으로 한다.
- 지표의 경사가 급한 경우는 관경변화에의 유무에 관계없이 원칙적으로 지표의 경사에 따라 단차접합 또는 계단접합으로 한다.
- 2개의 관거가 합류하는 경우의 중심교각은 될 수 있는 한 60° 이하로 하고 곡선을 갖고 합류하는 경우의 곡률반경은 내경의 5배 이상으로 한다.

1) 수위(수면)접합
   ① 수리학적으로 가장 유리한 방법이다.
   ② 유수의 계획수면에 맞추어서 접합한다.
   ③ 수리학적으로 에너지 경사선이나 계획수위를 일치시키는 것으로서 양호한 방법이다.

2) 관정접합
   ① 하수의 흐름은 원활하지만 굴착깊이가 커지며 공사비가 증대하고 펌프 배수시 펌프 양정을 증가시킨다.
   ② 관경이 변화하는 경우 관거의 내면 상단부를 동일 높이로 맞추어서 접속하는 방법이다.
   ③ 수위차가 크고 지세가 급한 곳에 적합하며 토공량이 많아지는 단점이 있다.
   ④ 관거의 관경이 변화하는 경우, 2개의 관거가 합류하는 경우의 접합은 수위(수면)접합, 또는 관정접합으로 한다.

3) 관저접합
   ① 관의 내면 하부를 일치시키는 방법이다.
   ② 수리학적으로 가장 부적절하다.
   ③ 관의 매설깊이가 얕게 되어서 공사비가 적어지고 펌프의 배수에도 유리하다.

4) 관중심 접합
   ① 관 중심을 일치시키는 방법이다.
   ② 수위 계산이 필요 없다.

5) 단차접합
   ① 아주 심한 급경사지에 이용된다.

6) 계단접합
   ① 아주 심한 급경사에 이용된다.

(7) 하수관거의 이음

1) 소켓이음
   도관, 소구경 콘크리트관(600mm 이하)에 사용된다.

2) 칼라이음
① 이음부의 강도는 크지만 수밀성이 부족하다.
② 대부분 원심력 철근 콘크리트관의 이음에 많이 사용된다.

3) 맞물림 이음
① 철근 콘크리트관에 주로 사용한다.
② 관끝과 관끝을 밀접시키고 접합 부분에 모르타르를 채워서 이음한다.

(8) 하수관거의 기초공

- 강성관거의 기초공인 철근 콘크리트관 등은 조건에 따라 모래, 쇄석(또는 자갈), 콘크리트 등으로 기초를 실시하며 필요에 따라 이들을 조합한 기초를 실시한다. 또 지반이 양호한 경우에는 이들 기초를 생략할 수 있다.
- 연성관거의 기초공인 경질염화비닐관 등은 자유받침 모래기초를 원칙으로 하며 조건에 따라 말뚝기초 등을 설치한다.
- 관거의 기초는 철저히 시공하는 것이 중요하며 관거의 부등침하는 하수의 정체, 부패 및 악취를 발생시키는 원인이 될 뿐 아니라 최악의 경우에는 관거가 파손되어 누수가 일어나거나 지하수의 침입을 초래하여 관거 주변의 토사가 유입하여 유지관리면에서 큰 장해가 되거나 심하면 도로가 함몰하는 현상이 발생한다.

1) 자갈 기초
비교적 지반이 좋은 곳에서 400mm 이하의 소경관 기초에 사용된다.

2) 깬 조약돌 기초
조약돌을 깔고 공극에 막 자갈 10~20% 채워서 다진 것으로 450mm 이상의 중경관 기초에 사용된다.

3) 비계 기초
가장 간편한 기초공으로 원심력관 부설에 사용된다.

4) 사다리 기초
지반이 연약하고 용수가 있는 곳에서 관거의 침하를 막기 위해 동목인 통나무를 이용한다.

5) 콘크리트 기초
① 지반이 연약한 경우, 부등침하가 우려되는 곳에 무근 또는 철근 콘크리트 기초로 한다.
② 특별한 하중이 없는 곳에는 보통 중심각을 90°로 하는 것이 경제적이다.

6) 말뚝 기초
① 지반이 특히 연약한 곳에 부설하는 대구경 관거에 사용된다.

② 근래에 철근 콘크리트 말뚝이 널리 쓰인다.

(9) 관정 부식

1) 원인
   ① 하수 내 유기물, 단백질 기타 황(S)화물이 혐기성 상태에서 분해되어 생성되는 황화수소(H_2S)가 발생한다.
   ② 황화수소가 호기성 미생물에 의해서 황산(H_2SO_4)이 되어 관의 부식의 원인이 된다.
   ③ 수온이 높고 관내 오수가 정체될 때 발생하기 쉽다.
   ④ 오수가 혐기성 상태에서 황화수소를 발생할 때 일어난다.
   ⑤ 황화수소는 혐기중의 분압에 의해 관벽이나 관정의 습기 속에 용해된다.
   ⑥ 하수 내 용존산소가 없으면 혐기성 세균이 황화합물을 분해하여 환원시키기 때문에 황화수소(H_2S)가 발생하여 악취가 난다.

2) 방지 대책
   ① 하수의 유속을 증가시켜 하수관 내 유기물질의 퇴적을 방지한다.
   ② 용존산소 농도를 증가시켜 하수 내 생성된 황화물질을 변화시킨다.
   ③ 하수관 내를 호기성 상태로 유지하여 황화수소의 발생을 방지한다.
   ④ 콘크리트 관 내부를 PVC나 기타 물질로 피복하고 이음부분은 합성수지를 사용하여 내산성이 있게 한다.
   ⑤ 하수에 염소를 주입한다.

7-3 하수관거의 부대시설

(1) 역사이펀

하천, 철도, 지하철 등의 지하매설물을 횡단하기 위해 수두경사선 이하로 매설된 하수관거 부분이다.

1) 역사이펀 설계시 주의사항
   ① 관내 유속은 상류측 관거의 유속보다 20~30% 증가시킨다.
   ② 일반적으로 복수관으로 한다.
   ③ 수조의 깊이가 5m 이상일 때는 중간단에 배수 펌프 설치대를 장치한다.
   ④ 상하류 복원실에는 깊이 0.5m 이상의 진흙받이(니토실)를 설치한다.

⑤ 유입구와 유출구는 손실수두를 작게 하기 위해 종구(bell mouth) 형상으로 한다.
⑥ 양측 끝 복원실에는 물막이용 수문 또는 각락공의 설비를 한다.
⑦ 고장시를 대비해서 상류부에 직접 하천으로 방류할 수 있는 설비를 갖추어야 한다.

(2) 맨홀

1) 설치 목적

하수관거의 청소, 점검, 보수 등을 위해 사람의 출입과 통풍 및 환기 등을 목적으로 설치한 시설이다.

2) 설치 장소

① 관거의 기점
② 관거의 방향, 경사, 관경이 변화하는 장소
③ 단차가 발생하는 장소
④ 관거가 합류하는 장소
⑤ 관거의 유지관리상 필요한 장소에 많이 설치하는 것이 유리하다.
⑥ 관이 직선이더라도 너무 길면 적절한 간격으로 설치한다.

(3) 우수토실

합류식 하수도에서 강우시에 우수의 일부를 방류하기 위해 위어를 사용한다.

(4) 우수받이

① 우수 내의 고형 부유물(토사, 유기물 등)이 하수관거 내에 침전하여 일어나는 부작용을 방지하기 위한 시설이다.
② 도로 옆 물이 모이기 쉬운 장소나 L형 측구의 유하방향 하단부에 설치한다.

(5) 연결관

① 우수나 오수받이와 하수관거를 연결해서 하수를 본관에 집수시키기 위하여 도로를 횡단하여 매설한다.
② 연결위치는 본관의 중심선보다 위쪽으로 한다.

(6) 토구(吐口)

하수도의 관거로부터 오수와 우수를 방류하는 시설이다.

7-4 우수 조정지(유수지)

(1) 목적
① 우천시의 우수를 일시 저장하여 침수를 방지하고 하수관거의 유입량을 일정하게 하는 시설이다.
② 초기 강우시 도시의 우수 유출량이 증대하여 하류의 시설 및 수로의 능력을 늘리기 위해서 사용되는 시설물이다.
③ 우천시에 우수가 오수와 더불어 무처리 상태로 공공수역으로 방류되는 합류식 하수도의 결점을 개선하기 위한 방법으로 적용된다.
④ 우천시 방류부하량의 감소, 합류식 하수의 침전, 하수의 일시 저류, 하수처리장으로의 유입하수량 조정

(2) 설치 위치
① 하수관거의 유하능력이 부족한 곳
② 하류지역의 펌프장 능력이 부족한 곳
③ 방류수역의 유하능력이 부족한 곳

(3) 설계시 고려사항
① 조절지에서의 방류방식은 자연유하를 원칙으로 한다.
② 효율을 높이기 위하여 다목적을 계획한다.
③ 방류 관거는 계획 방류량을 방류시킬 수 있어야 한다.
④ 유입 우수량의 결정에 관계되는 강우강도, 유역면적 조건, 물의 이용 배분조건 등
⑤ 지상형과 지하형 또는 병설형과 독립형으로 나눈다.
⑥ 우수 저류형과 우수 침투형으로 크게 분류할 수 있다.

Chapter 07 하수관로 시설
기출문제

문제 001
우수관거 계획시 고려사항으로 잘못된 것은?

㉮ 기존 배수로의 이용을 고려한다.
㉯ 관거는 우천시 계획오수량을 기준으로 계획한다.
㉰ 관거의 배치는 수두손실을 최소화하도록 고려한다.
㉱ 관거의 유속은 침전물이 퇴적하지 않도록 적정한 유속이 확보될 수 있도록 한다.

해설 관거는 계획우수량을 기준으로 계획한다.

문제 002
다음 하수관로 계획에 대한 설명 중 틀린 것은?

㉮ 단면형상은 수리학적으로 유리하며 경제적인 것이 바람직하다.
㉯ 관거부대설비의 견지에서 보면 합류식이 분류식보다 유리하다.
㉰ 유속은 하류부가 상류부보다 느린 것이 좋다.
㉱ 경사는 하류로 갈수록 완만하게 하는 것이 좋다.

해설
- 하류관로의 유속은 상류보다 크게 해야 한다.
- 지선에 비치시 우회곡선을 피한다.

문제 003
하수관거의 설계사항 중 적합하지 않는 것은?

㉮ 오수관거는 계획시간 최대오수량에 대하여 유속을 최소 0.6m/s, 최대 3.0m/s로 한다.
㉯ 우수관거 및 합류관거는 계획우수량에 대하여 유속을 최소 0.8m/s, 최대 3.0m/s로 한다.
㉰ 오수관거의 최소관경은 300mm를 표준으로 한다.
㉱ 우수관거 및 합류관거의 최소관경은 250mm를 표준으로 한다.

해설 오수관거의 최소관경은 200mm를 표준으로 한다.

문제 004
합류관거나 우수관거가 오수관거보다 최저 유속이 높게 규정되어 있다. 다음 중 그 이유로 가장 타당한 것은?

㉮ 배수를 더 빨리 하기 위해서
㉯ 경사가 크기 때문에
㉰ 유량이 더 많기 때문에
㉱ 침전물의 비중이 더 높기 때문에

정답 001. ㉯ 002. ㉰ 003. ㉰ 004. ㉱

해설
- 합류관거나 우수관거가 오수관거보다 토사류 등의 유입에 따라 부유물의 침전이 더 많기 때문에 최저 유속이 높다.
- 오수관거 유속은 0.6~3m/s이다.
- 우수관거 및 합류관거 유속은 0.8~3m/s이다.
- 하수관거의 유속은 하류로 갈수록 커지고 경사는 하류로 갈수록 작게 한다.
- 오수관거는 계획시간 최대 오수량을 기준으로 단면을 산정한다.

문제 005

다음은 처리장에 대한 기본계획시 고려사항으로 잘못된 것은? (단, 처리장의 시설은 처리시설과 처리장내 연결관거로 구분한다.)

㉮ 처리장 위치는 주변의 환경조건을 고려하여 정한다.
㉯ 분류식의 처리시설은 우천시 계획오수량을 기준으로 하여 계획한다.
㉰ 처리장의 부지면적은 장래확장 및 고도처리계획 등을 고려하여 계획한다.
㉱ 처리장은 건설비 및 유지관리비 등의 경제성, 유지관리의 난이도 및 확실성 등을 고려하여 정한다.

해설
- 분류식의 처리시설은 우수와 오수를 각각 분리하여 수송하므로 우천시 계획 우수량을 기준으로 계획한다.
- 하수처리시설의 처리 용량을 결정할 때는 계획 1일 최대 오수량을 기준한다.

문제 006

우수 조정지의 설치장소로 적당하지 않은 곳은?

㉮ 토사의 이동이 부족한 장소
㉯ 하류지역 펌프장 능력이 부족한 장소
㉰ 하수관거의 유하능력이 부족한 장소
㉱ 방류수로의 통수능력이 부족한 장소

해설
- 우수량이 많아서 일시에 펌프에 의한 양수가 곤란한 경우 우수를 일시 저류하는 시설을 우수 조정지라 한다.
- 인구 밀집현상이 심화된 고지대에 우수 조정지를 설치한다.
- 우수 조정지를 설치하므로 시가지의 침수방지, 첨두유량의 감소, 유달시간의 증대, 유출계수의 감소를 기대할 수 있다.

문제 007

우수 조정지의 구조 형식으로 거리가 먼 것은?

㉮ 댐식(제방높이 15m 미만)
㉯ 월류식
㉰ 지하식
㉱ 굴착식

해설 우수 조정지 구조 형식은 댐식, 굴착식, 지하식, 저류식 등이 있다.

문제 008

우수가 하수거에 유입되기 전에 우수받이를 설치하는 주목적은?

㉮ 하수거의 용량이상으로 우수가 유입되는 것을 차단하기 위하여
㉯ 하수관에서 유속을 증가시켜주는 수두를 조절하기 위하여
㉰ 하수에서 발생하는 악취를 제거하기 위하여
㉱ 우수내 부유물이 하수거 내에 침전하는 것을 방지하기 위하여

정답 005. ㉯ 006. ㉮ 007. ㉯ 008. ㉱

해설 우수 내의 부유물이 하수관거 내에서 침전해 일어나는 부작용을 방지하기 위해 우수받이를 설치한다.

문제 009

하수도 시설인 '빗물받이'에 관한 설명으로 틀린 것은?

㉮ 빗물받이는 도로 옆의 물이 모이기 쉬운 장소나 L형 측구의 유하방향 하단부에 반드시 설치한다.
㉯ 빗물받이는 횡단보도 및 가옥의 출입구 앞에 주로 설치하여 효율을 높이는 것이 좋다.
㉰ 빗물받이의 설치위치는 보도, 차도 구분이 있는 경우에는 그 경계에 설치한다.
㉱ 빗물받이의 설치위치는 보도, 차도 구분이 없는 경우에는 도로와 사유지의 경계에 설치한다.

해설
- 우수받이(빗물받이)는 우수(雨水)에 의해 토사, 유기물 등이 하수관거에 유입되는 것을 방지하기 위하여 저부에 깊이 15cm 이상의 니토실을 설치한다.
- 빗물받이는 빗물을 모아서 하수본관으로 유입시키는 역할을 하는데 비가 많이 오면 넘치므로 횡단보도 및 가옥의 출입구 앞에 설치하면 불편한 점이 있다.

문제 010

다음은 하수관의 맨홀(man-hole) 설치에 관한 사항이다. 틀린 것은?

㉮ 맨홀의 설치간격은 관의 직경에 따라 다르다.
㉯ 관거의 기점 및 방향이 변화하는 곳에 설치한다.
㉰ 관이 합류하는 곳은 피하여 설치한다.
㉱ 맨홀은 가능한 한 많이 설치하는 것이 관거의 유지관리에 유리하다.

해설 관이 합류하는 곳, 단차 발생하는 장소, 수량의 변화가 큰 장소, 관거의 시점, 관거의 경사가 변하는 곳에 설치한다.

보충 낙하 맨홀은 급한 언덕 또는 지관과 주관과의 낙차가 클 때 그 접합에 사용되는 맨홀로 부관을 설치한다.

문제 011

하수관거의 유속과 경사를 결정할 때 고려하여야 할 사항에 대한 설명으로 옳은 것은?

㉮ 오수관거는 계획최대오수량에 대하여 유속을 최소 0.8m/sec로 한다.
㉯ 우수관거 및 합류관거는 계획우수량에 대하여 유속을 최대 3.0m/sec로 한다.
㉰ 유속은 일반적으로 하류방향으로 흐름에 따라 점차 작아지도록 한다.
㉱ 오수관거, 우수관거 및 합류관거에서의 이상적인 유속은 2.0~2.5m/sec 정도이다.

해설
- 하수관거의 이상적인 유속은 1.0~1.8m/sec가 적당하다.
- 하수관거의 매설깊이는 최소 1.0m 이상으로 한다.
- 오수관거의 유속범위는 0.6~3.0m/sec이다.
- 우수관거의 유속범위는 0.8~3.0m/sec이다.
- 하수관거는 하류로 갈수록 구배는 완만해지고 유속은 커진다.

정답 009. ㉯ 010. ㉰ 011. ㉯

문제 012

다음 하수관거의 유속과 경사에 대한 설명으로 옳은 것은?

㉮ 경사는 하류로 갈수록 완만하게, 유속은 하류로 갈수록 빠르게
㉯ 경사는 하류로 갈수록 완만하게, 유속도 하류로 갈수록 느리게
㉰ 경사는 하류로 갈수록 급하게, 유속도 하류로 갈수록 빠르게
㉱ 경사는 하류로 갈수록 급하게, 유속은 하류로 갈수록 느리게

해설
- 하수관거 경사는 하류로 갈수록 완만하게 유속은 하류로 갈수록 빠르게 하여야 한다.
- 하수관거 내의 유속이 너무 늦지 않도록 하여 퇴적의 방지, 퇴적물의 부패방지, 황화수소의 발생 방지토록 한다.

문제 013

하수관거의 유속과 경사는 하류로 갈수록 어떻게 되도록 설계하여야 하는가?

㉮ 유속 : 증가, 경사 : 감소
㉯ 유속 : 증가, 경사 : 증가
㉰ 유속 : 감소, 경사 : 증가
㉱ 유속 : 감소, 경사 : 감소

해설 하수관거의 유속은 하류로 갈수록 유량이 증대되고 관경이 커지므로 유속도 점차 커지도록 하며 구배는 완만하게 한다.

문제 014

하수관로 내의 유속에 대하여 바르게 설명한 것은?

㉮ 유속은 하류로 갈수록 점차 작아지도록 설계한다.
㉯ 관거의 경사는 하류로 갈수록 점차 커지도록 설계한다.
㉰ 오수관거는 계획1일 최대오수량에 대하여 유속을 최소 1.2m/sec로 한다.
㉱ 우수관거 및 합류관거는 계획우수량에 대하여 유속을 최대 3m/sec로 한다.

해설
- 유속은 하류로 갈수록 크게 설계한다.
- 관거의 경사는 하류로 갈수록 완만 또는 감소하게 설계한다.
- 오수관거는 계획시간 최대오수량을 기준으로 설계하며 유속은 0.6~3.0m/sec로 한다.

문제 015

원형관에서 단면적당 최대 통수량은 어떤 조건에서 일어나는가?

㉮ 수심이 직경의 50%일 때
㉯ 수심이 직경의 80%일 때
㉰ 수심이 직경의 94%일 때
㉱ 만관으로 흐를 때

해설 원형관에서 단면적당 최대 통수량은 수심의 약 93%와 81%일 때 생긴다.

문제 016

원형 하수관에서 유량이 최대가 되는 때는?

㉮ 가득 차서 흐를 때
㉯ 수심이 92~94% 차서 흐를 때
㉰ 수심이 80~85% 차서 흐를 때
㉱ 수심이 72~78% 차서 흐를 때

정답 012. ㉮ 013. ㉮ 014. ㉱ 015. ㉰ 016. ㉯

해설
- 원형관의 최대유량은 수심의 약 93%, 최대유속은 수심의 81%일 때 발생한다.
- 원형관은 수리학적으로 유리하다.

문제 017

직경이 800mm인 하수관을 매설하려고 한다. 매설토의 단위 중량이 18kN/m³이고 흙의 종류, 흙두께, 굴착폭 등에 따라 결정되는 계수 C_1 =1.35이며 관의 상부 90° 부분에서의 관매설을 위하여 굴토한 도랑의 폭이 1.5m일 때 매설관이 받는 하중을 마스톤(Marston) 공식을 이용하여 구하면 얼마인가?

- ㉮ 27.4 kN/m
- ㉯ 34.3 kN/m
- ㉰ 54.7 kN/m
- ㉱ 71.5 kN/m

해설 Marston 공식

$$W = C_1 \cdot \gamma \cdot B^2 = 1.35 \times 18 \times 1.5^2 = 54.7 \text{kN/m}$$

$$B = \frac{3}{2}d + 30\text{cm}$$

여기서, d : 관의 직경(내경)[cm], B : 굴착 도랑 폭(m)

문제 018

대구경 관거에 유리하며 경제적이고 상반부의 아치작용에 의해 역학적으로 유리한 하수 관거의 단면형상은?

- ㉮ 사다리꼴형
- ㉯ 직사각형
- ㉰ 말굽형
- ㉱ 계란형

해설 말굽형 관거는 상부의 아치 작용으로 역학적으로 유리하며 대구경 관거에 경제적이다.

보충 하수관거 배제방식
- 분류식은 합류식에 비해 관거 부설 비용이 많이 든다.
- 합류식은 강우 초기의 오염된 우수 처리가 가능하다.

문제 019

하수관거의 단면 형상은 원형, 직사각형, 말굽형, 계란형 등이 있다. 다음 중 말굽형의 장점이 아닌 것은?

- ㉮ 수리학적으로 유리하다.
- ㉯ 대구경 관거에 유리하며 경제적이다.
- ㉰ 현장타설의 경우 공사기간이 단축된다.
- ㉱ 상반부의 아치작용에 의해 역학적으로 유리하다.

해설 현장타설의 경우 공사기간이 길어진다.

보충
- 정방형은 대규모 공사에서 가장 많이 이용되는 하수관거 단면형이다.
- 하수관거의 단면형을 결정시 하수량 변동에 대해 유속 변동이 적은 것을 고려해야 한다.

정답 017. ㉰ 018. ㉰ 019. ㉰

문제 020
다음은 우수 조정지에 대한 설명으로 잘못된 것은?
㉮ 하류관거의 유하능력이 부족한 곳에 설치한다.
㉯ 하류지역의 펌프장 능력이 부족한 곳에 설치한다.
㉰ 우수의 방류방식은 펌프 가압식을 원칙으로 한다.
㉱ 구조형식은 댐식, 굴착식 및 지하식으로 한다.

해설
• 우수의 방류 방식은 자연유하를 원칙으로 한다.
• 우수 조정지는 우천시 우수를 일시 저장하여 침수를 방지하고 하수 관거의 유입량을 일정하게 하는 시설이다.

문제 021
하수관거의 접합에 관한 설명 중 잘못된 것은?
㉮ 수면접합이나 관정접합으로 하고 단차가 0.6m 이상인 경우에는 부관을 설치한다.
㉯ 곡선을 갖고 합류시 곡률반경은 내경의 5배 이상으로 한다.
㉰ 관거의 접합은 반드시 맨홀로 한다.
㉱ 두 개의 관거가 합류하는 경우의 중심교각은 90° 이상으로 한다.

해설 두 개의 관거가 합류하는 경우의 중심교각은 되도록 60° 이하로 한다.

문제 022
다음 관거의 접합에 관한 내용 중 잘못된 것은?
㉮ 수면접합은 수리학적으로 에너지경사선이나 계획수위를 일치시키는 것으로서 양호한 방법이다.
㉯ 관정접합은 굴착비가 증가되어 공사비가 증대되는 단점이 있다.
㉰ 지표경사가 큰 경우 원칙적으로 단차접합 또는 계단접합을 한다.
㉱ 두 개의 관거가 합류하는 경우의 중심교각은 90° 이상으로 한다.

해설 두 개의 관거가 합류하는 경우의 중심교각은 60° 이하로 한다.

보충 관저접합
• 관거의 내면 바닥이 일치되도록 접합하는 방법
• 굴착 깊이를 얕게 함으로써 공사 비용을 줄일 수 있다.
• 수위 상승을 방지하고 양정고를 줄일 수 있어 펌프 배수지역에 적합하다.

문제 023
관거의 접합 방법 중에서 수리학적 에너지 경사선이나 계획수위를 일치시켜 접합하는 방법은?
㉮ 수면접합   ㉯ 관정접합   ㉰ 관중심접합   ㉱ 관저접합

해설
• 수면 접합은 유수의 계획수면에 맞추어서 접합하는 방식이며 수리학적으로 가장 유리하다.
• 관정 접합은 수위의 저하가 크고 지세가 급한 곳에 적합하다.

정답 020. ㉰ 021. ㉱ 022. ㉱ 023. ㉮

문제 024

하수관의 접합방식 중 수위상승을 방지하고 양정고를 줄일 수 있어 펌프로 배수하는 지역에 적합하지만 상류부에서는 동수경사선이 관정보다 높이 올라갈 우려가 있는 접합방식은?

㉮ 수면 접합 ㉯ 관정 접합 ㉰ 관저 접합 ㉱ 관중심 접합

해설 관저접합
- 관거의 내면 바닥이 일치되도록 접합하는 방식.
- 굴착깊이를 얕게 함으로써 공사비용을 줄일 수 있다.
- 수리학적으로 불리한 방법으로 상부의 동수구배선이 관정보다 높아지는 경우가 발생한다.

문제 025

하수관거의 관정 부식(crown crrosion)의 주된 원인이 되는 물질은?

㉮ N 화합물 ㉯ S 화합물 ㉰ Ca 화합물 ㉱ Fe 화합물

해설 하수내 유기물, 단백질 기타 황화물이 혐기성 상태에서 분해되어 생성되는 황화수소(H_2S)가 하수관 내의 공기중으로 솟아오르면 호기성 미생물에 의해서 SO_2나, SO_3가 되어 관정부의 물방울에 녹아서 황산(H_2SO_4)이 되고 콘크리트관에 함유된 철(Fe), 칼슘(Ca), 알루미늄(Al) 등과 반응하여 황산염이 되어 콘크리트관을 부식시킨다.

문제 026

하수관의 관정 부식을 일으키는 황화수소(H_2S)가 발생하는 이유는?

㉮ 황화합물은 하수관에 유입되면 메탄가스에 의해 환원되기 때문이다.
㉯ 용존산소가 부족해서 황화합물을 산화시키기 때문이다.
㉰ 용존산소가 풍부해서 황화합물을 산화시키기 때문이다.
㉱ 용존산소가 없으면 혐기성 세균이 황화합물을 분해하여 환원시키기 때문이다.

해설
- 하수의 황(S) 화합물이 혐기성 분해되어 발생한 황화수소(H_2S) 가스가 호기성 세균에 의해 황산(H_2SO_4)으로 형성되어 관정 부식이 된다.
- 수온이 비교적 높고 관내에 오수가 정체될 때 관정 부식이 발생하기 쉽다.
- 하수관거의 관정 부식은 H_2S(황화수소) 또는 황(S)

보충 관정 부식 대책
- 하수의 유속을 증가시켜 하수관 내 유기질 퇴적을 방지
- 용존산소를 증가시킨다.
- 하수에 염소를 주입한다.

문제 027

다음은 콘크리트 하수관의 내부 천장이 부식되는 현상에 대한 대응책으로 옳지 않은 것은?

㉮ 하수 중의 유기물 농도를 낮춘다. ㉯ 하수 중의 유황 함유량을 낮춘다.
㉰ 관내의 유속을 감소시킨다. ㉱ 하수에 염소를 주입한다.

해설
- 관 내의 유속을 증가시켜 유기물의 퇴적을 방지한다.
- 용존산소 농도를 증가시켜 하수내 황화물질을 변화시킨다.
- 하수관 내를 호기성 상태로 유지하여 황화수소의 발생을 방지한다.

정답 024. ㉰ 025. ㉯ 026. ㉱ 027. ㉰

chapter 08 하수처리장 시설

8-1 하수처리

(1) 하수처리 흐름도
침사지 → 유량 조절조 → 최초 침전지 → 폭기조 → 최종 침전지 → 소독

(2) 하수처리 방법의 분류

1) 예비처리
처리조작, 공정 및 보조시설에 유지관리 문제를 일으키는 하수 성분을 제거한다.

2) 1차 처리(최초 침전지)
미세한 부유물 제거로서 보통 침전법으로 한다.(물리학적 처리법)

3) 2차 처리(최종 침전지)
생물학적으로 분해 가능한 유기물질과 부유물질을 제거한다.(생물학적 처리법)

4) 3차 처리(고도 하수처리)
분해가 어려운 유기물, 부유물질, 인(P)·질소(N)와 같은 부영양화를 초래하는 영양분, 기타 유기물을 제거한다.

(3) 고도 하수처리 방법

1) 물리적 방법
스크리닝, 침전, 여과, 흡착 등이 있다.

2) 화학적 방법
응집, 중화, 소독, 산화, 환원, 이온교환 등이 있다.

3) 생물학적 방법
활성 슬러지법, 회전원판법, 살수여상법, 산화지법, 소화법 등이 있다.

8-2 예비처리

(1) 스크린(screen)
① 하수처리의 첫 단계로 하수 내 나뭇조각, 천조각 등의 큰 부유물질을 걸려서 제거한다.
② 스크린을 통한 유속은 0.45m/sec 정도로 유지한다.
- 유속이 너무 느리면 모래 등이 침전되고 유속이 너무 빠르면 스크린에 부유물이 찢겨 나간다.

(2) 침사지(沈砂池)
① 폐수 내의 모래, 잔자갈 등의 무기질을 침전시킨다.
② 체류시간은 30~60초를 표준한다.
③ 유속은 0.3m/sec를 표준한다.
④ 침사지 내에 유기물은 침전되지 않게 설계한다.
⑤ 침사지의 형상은 직사각형, 정사각형 등으로 한다.
⑥ 오수 침사지의 경우 표면 부하율은 $1,800m^3/m^2 \cdot day$ 정도로 한다.

(3) 유량 조절조
① 오수의 유량 변동을 완화시켜 주는 역할을 한다.
② 철근 콘크리트 구조로 일시에 일정량을 저류한다.

8-3 1차 처리(최초 침전지)

(1) 처리 물질
① 부유물 중에서 중력에 의해서 침전될 수 있는 큰 부유물질을 제거한다.
② stokes의 법칙

$$V = \frac{(\gamma_s - \gamma_w)g \cdot d^2}{18\mu}$$

- 하나의 둥근 입자가 액체 중에 침강시 중력가속도(g)와 입경(d) 2승에 비례하고 점성계수(μ)에 반비례 관계로 일정한 속도를 가진다.

(2) 침전지의 표면부하율(표면침전율)
① 침전의 효율을 높이기 위해서는 침전지의 표면적이 커야 한다.

② 표면부하율

$$\frac{Q}{A} = \frac{유량}{표면적} (m^3/m^2 \cdot day)$$

③ 침전지의 체류시간(t)과 관계

- 표면 부하율 $= \frac{Q}{A} = \frac{H}{t} =$ 침전 속도

  여기서, $\begin{cases} H : 수심 \\ t : 체류시간(침전시간) \end{cases}$

- 침전효율 $E = \dfrac{V_s}{\dfrac{Q}{A}} \times 100$

  여기서, V_s : 침전 속도

④ 깊이(수심)를 증가시키고 표면적을 적게 하면 표면부하율이 증가하여 침전효율이 나빠진다.(표면부하율이 증가한다는 것은 침전되지 않은 물질이 많다는 의미이다.)
⑤ 표면 부하율은 유효 단위표면적당 폐수량을 나타낸다.

(3) 침전지의 제원

① 표면 부하율은 계획 1일 최대 오수량을 기준하여 25~40$m^3/m^2 \cdot day$ 이내로 한다.
② 유효 수심은 2.5~4m를 표준한다.
③ 수면 여유고는 40~60cm 정도로 한다.
④ 체류시간은 2~4시간을 표준한다.
⑤ 유속은 1.5m/분 이하로 한다.
⑥ 슬러지 제거기 설치시 장방형의 침전지 바닥경사는 1/10~1/50 이다.
⑦ 장방형 침전지의 경우 폭과 길이의 비는 1 : 3~1 : 5 정도이다.
⑧ 최초 침전지의 월류위어 부하율은 250$m^3/m^2 \cdot day$ 이상으로 한다.

8-4 폭기조 및 최종 침전지(2차 처리)

(1) 폭기조

① 미생물에 산소를 공급하여 슬러지 덩어리가 되게 하면서 침전을 방지하게 한다.
② 공기(산소)를 물속에 공급하고 혼합하여 오염물질과 접촉하게 한다.
③ 산기식 폭기조
  공기포를 만들어서 하수와 슬러지의 혼액 중에서 공기를 흡입한 것

④ 기계식 폭기조
  기계에 의해서 하수와 슬러지의 혼액을 교반하는 동시에 수면에서 대기와 접촉해서 산소를 흡수하는 것

(2) 최종 침전지(2차 처리, 생물학적 처리)
① 하수 중의 활성슬러지를 침전시키고 처리수를 분리한다.
② 유효 수심은 2.5~4m를 표준한다.
③ 침전시간이 길면 침전효율은 좋으나 어느 시간을 초과하면 침전효율이 더 좋지는 않는다.
④ 유속 감소와 유량 분산을 유도하여 흐름을 양호하게 하기 위하여 유입구에 정류판을 설치한다.
⑤ 최종 침전지의 월류위어 부하율은 $190\text{m}^3/\text{m}^2 \cdot \text{day}$로 한다.

8-5 생물학적 처리법

(1) 호기성 처리
① 공기를 보내 산소가 풍부한 상태로 하고 호기성 미생물의 증식작용에 의해 오수 중의 유기물을 보다 저분자의 유기물로 분해하여 무기질화한다.
② 탄산가스, 초산염, 황산염 등이 된다.
③ 반응이 빠르고 생물의 에너지 효율이 좋기 때문에 널리 사용된다.
④ 활성슬러지법, 살수여상법, 회전원판법, 산화지법 등이 있다.

(2) 혐기성 처리
① 무산소의 상태에서 혐기성 미생물의 작용에 의해서 오수중의 유기물을 무기질화한다.
② 메탄, 암모니아, 황화수소 등이 된다.
③ 반응이 늦고 생물의 에너지 효율이 낮기 때문에 불리한 점이 있다.
④ 분뇨, 고형물이 많은 오수 등 유기물 함유량이 높은 폐수에 사용된다.

8-6 생물학적 처리방법의 분류

(1) 활성슬러지법
① 호기성 미생물을 공기(산소)를 주입하여 번식시킨 후 하수와 혼화, 폭기시켜 처리하는 방법으로 가장 널리 이용된다.
② 호기성 세균의 대사작용에 의해 유기물을 제거한다.
③ 우리나라 하수 종말처리장에서 대부분 이용한다.
④ 하수를 폭기하면 미생물과 공동으로 작용하게 되어 플록(floc)이 자연스럽게 형성되고 침전에 의해서 상등수는 염소 등으로 처리하여 방류하고 일부는 하수 정화를 하기 위해 반송 슬러지로 폭기조에 다시 반송시켜 사용한다.
⑤ 일반적으로 BOD 제거율이 가장 좋다.
⑥ 활성 슬러지법의 특징

장 점	단 점
• 설치면적이 적게 든다. • 처리수의 수질이 우수하다. • 악취나 파리 발생이 거의 없고 2차 공해의 우려가 없다. • BOD, SS의 제거율이 높다.	• 유지관리에 숙련이 필요하다. • 운전비가 많이 든다. • 수량, 수질 등에 영향을 받기 쉽다. • 슬러지 생성량이 많다. • 슬러지의 팽화가 위험하다.

(2) 활성 슬러지법의 종류

1) 표준 활성슬러지법
① 가장 일반적으로 이용하고 있는 처리방법이다.
② BOD는 85~95%, SS는 80~90% 제거된다.

2) 계단식 폭기법
① 반송 슬러지를 폭기조의 유입구에 전량 반송하지만 유입수는 폭기조 길이에 걸쳐 골고루 하수를 분할해서 유입시키는 방법이다.
② 산소 요구량을 균등하게 할 수 있다.

3) 장시간 폭기법
① 소규모 하수처리 시설에 이용한다.
② 폭기조 내 체류시간이 18~24시간으로 길고 보통 최초 침전지를 두지 않는다.
③ 최초 침전지가 없어 유출수의 SS 농도가 비교적 높아 BOD는 75~90% 정도이다.
④ 잉여 슬러지량을 크게 감소시키기 위한 방법으로 BOD-SS 부하를 아주 작게, 폭기 시간을 길게 하여 내생호흡상으로 유지한다.

4) 점감식 폭기법

산기식 폭기장치를 사용하며 유입부에 많은 산기기를 설치하고 폭기조의 말단부에는 적은 수의 산기기를 설치하는 활성슬러지법의 변법이다.

5) 접촉 안정법

① 유기물의 상당량이 콜로이드 상태로 존재하는 도시 하수를 처리한다.
② 활성슬러지법과 살수여상법의 중간법이다.
③ 활성슬러지를 하수와 약 20~60분간 접촉조에서 폭기한다.
④ 최종 침전지에서는 3~6시간 폭기한다.

6) 산화구법

① 폐수를 못[池] 등에 오래 체류시켜 자연의 정화 작용을 이용하는 방법
② 건설비가 싸고 유지비도 적으며 유지관리가 쉽다. 그러나 넓은 부지가 필요하고 기후조건이 맞아야 한다.
③ 수심이 낮고 체류시간이 길며 유기물의 부하가 적고 농도가 낮아야 한다.

(3) 활성슬러지법 설계

1) BOD 용적부하

폭기조 $1m^3$에 대한 1일에 유입하는 하수의 BOD량을 중량단위($kg/m^3 \cdot day$)로 표시

$$\frac{\text{BOD 량}(kg/day)}{\text{폭기조 부피}(m^3)} = \frac{BOD \cdot Q}{V} = \frac{BOD \cdot Q}{Q \cdot t} = \frac{BOD}{t}$$

여기서, BOD량 = BOD 농도(kg/m^3) × 유입수량(m^3/day)

2) BOD 슬러지 부하(F/M 비, BOD-SS 부하)

폭기조 내의 슬러지(MLSS) 1kg당 가해지는 BOD(kg) 무게

$$\frac{\text{BOD 량}(kg/day)}{\text{MLSS 량}(kg)} = \frac{BOD \cdot Q}{MLSS \cdot V} = \frac{BOD \cdot Q}{MLSS \cdot Q \cdot t} = \frac{BOD}{MLSS \cdot t}$$

여기서, MLSS(Mixed Liquor Suspended Solids)

- 폭기조 내의 미생물(활성슬러지) 농도를 나타내는 지표(폭기조 내의 혼합액 부유물질로서 폭기조 내의 미생물)
- MLSS량 = MLSS 농도(kg/m^3) × 폭기조 부피(m^3)

3) 폭기시간(물의 체류시간)

원하수가 폭기조 내에 머무는 시간

① 폭기시간(hr) = $\dfrac{\text{폭기조 부피}}{\text{유입 수량}} = \dfrac{V(m^3)}{Q(m^3/day)} \times 24(hr)$

② 체류시간(day) = $\dfrac{\text{폭기조 부피}}{\text{유입 수량} \times (1+r)} = \dfrac{V}{Q(1+r)} = \dfrac{t}{1+r}$

여기서, 반송비 $r = \dfrac{\text{반송 수량}}{\text{유입 수량}}$

4) 슬러지 일령
   ① 폭기조에 유입되는 고형물이 폭기가 되는 일(日)을 나타낸다.
   ② $\dfrac{\text{폭기조 부피} \times \text{MLSS 농도}(\text{mg}/l)}{\text{유입 수량} \times \text{유입 부유물 농도}(\text{mg}/l)}$

5) 슬러지 용적(SV : Sludge Volume)
   ① 폭기조의 혼합액을 $1l$ 실린더에 30분간 침전시켰을 때 침전된 슬러지의 부피($\text{m}l$)
   ② SV = $\dfrac{30\text{분 후 침전된 슬러지의 부피}(\text{m}l)}{\text{시료(폭기조 혼합액)의 양}(\text{m}l)} \times 1000 \,(\text{m}l/l)$

6) 슬러지 용적지수(SVI : Sludge Volume Index)
   ① 폭기조 내 혼합물(MLSS) $1l$를 30분간 정치한 후 침강한 $1g$의 슬러지가 차지하는 부피($\text{m}l$)로 나타낸다.
   ② 슬러지의 침강 농축성을 나타내는 지표이다.
   ③ SVI = $\dfrac{30\text{분간 침전된 슬러지 부피}(\text{m}l/l)}{\text{MLSS 농도}(\text{mg}/l)} \times 1{,}000$
   = $\dfrac{\text{SV}(\text{m}l/l)}{\text{MLSS 농도}(\text{mg}/l)} \times 1{,}000$

   여기서, 단위환산을 위해 1,000을 곱한다.

   ④ SVI가 50~150 범위의 경우 폭기조의 정상적인 운전으로 침전성이 양호하다.
   ⑤ SVI가 200 이상이면 슬러지가 팽화되어 잘 침전되지 않는 현상이 발생한다.
   ⑥ SVI의 영향인자로 유입 BOD 농도, 폭기시간, 수온, DO, BOD-SS 부하, 슬러지의 유기물 함유량 등이 있다.
   ⑦ 슬러지 밀도지수(SDI : Sludge Density Index)

   SDI = $\dfrac{100}{\text{SVI}} = \dfrac{\text{MLSS}(\text{mg}/l)}{\text{SV}(\text{m}l/l) \times 10} = \dfrac{\text{MLSS}(\text{mg}/l)}{\text{SV}(\%) \times 100}$

   ⑧ SVI가 적을수록 슬러지가 농축되기 쉽다.
   ⑨ SVI가 높아지면 MLSS 농도는 저하된다.

7) 고형물의 체류기간(SRT : Solids Retention Time)
   ① 최종 침전지에서 분리된 고형물의 일부는 폐기되고 일부는 다시 반송되어 슬러지는 폭기시간보다 더 긴 체류시간 동안 폭기조 내에서 체류하게 된다.(슬러지의 반송으로 긴 체류기간이 소요된다.)
   ② F/M비가 증가될수록 SRT는 감소되며 처리수질은 좋아진다.

③ $SRT = \dfrac{V \cdot X}{SS \cdot Q} = \dfrac{X \cdot t}{SS}$

$= \dfrac{\text{폭기조 부피} \times \text{MLSS 농도}(mg/l)}{\text{반송 슬러지 농도}(mg/l) \times \text{잉여 슬러지량}(m^3/day)}$

여기서, V : 폭기조 부피(용적, m³)
X : 폭기조 내의 부유물(MLSS) 농도(ml/l)
SS : 폭기조 유입 부유물 농도(ml/l)
Q : 원수의 유량(m³/day)

8) 슬러지 반송률

① 폭기조 내의 MLSS 농도를 일정하게 유지하기 위해 침강 슬러지의 일부를 다시 폭기조에 반송.

② $r = \dfrac{X}{X_r - X} = \dfrac{\text{폭기조 내 MLSS 농도} - \text{유입수의 SS 농도}}{\text{반송 슬러지 SS 농도} - \text{폭기조 내 MLSS 농도}} \times 100$

여기서, X_r : 반송 슬러지의 SS 농도(mg/l)
X : 폭기조 내의 부유물(MLSS) 농도(mg/l)

> **참고** ▶ • 단위환산 적용
>
> $1mg = \dfrac{1}{1,000}g = \dfrac{1}{1,000,000}kg$
>
> $1cm^3 = \dfrac{1}{1,000}l = \dfrac{1}{1,000,000}m^3$
>
> $1mg/l = 1g/m^3 = \dfrac{1}{1,000}kg/m^3$
>
> $1t = 1m^3 = 1,000l = 1,000kg$

(4) 슬러지의 팽화(벌킹, bulking)

최종 침전지에서 활성 슬러지 플록이 잘 침전되지 않고 미세하게 분산(해체)되어 유실되는 현상(사상균의 과도한 번식으로 슬러지가 잘 침전되지 않거나 침전된 슬러지가 수면으로 떠오르는 현상을 슬러지 팽화현상)이라 한다.

1) 슬러지 팽화의 원인

① 용존 산소량의 불량
② 유기물(BOD)의 과도한 부하
③ 질소, 인 등의 영양물질의 불균형
④ F/M 비의 과다
⑤ MLSS 농도의 저하
⑥ pH의 저하
⑦ SVI의 증가

2) 슬러지 팽화의 방지 대책
   ① 폭기조 내의 MLSS 농도를 증가시켜 F/M 비를 낮춘다.
   ② 반송 슬러지를 재폭기시킨다.
   ③ 소화 슬러지 또는 침전 슬러지를 폭기조에 주입하여 SVI를 감소시킨다.
   ④ 반송 슬러지에 염소를 $10\sim20\,mg/l$ 정도 주입하면 일시적으로 통제할 수 있다.

8-7 기타 생물학적 처리방법

(1) 살수여상법
① 쇄석 표면에 번식하는 미생물이 하수와 접촉하여 고형물을 섭취 분해한다.
② 고정상 생물처리법이므로 슬러지 팽화는 발생하지 않는다.
③ 살수 여상용 여재를 선택할 때 직경, 비표면적, 공극률, 통기량 등을 고려한다.
④ 폭기에 동력이 필요 없고 간단히 동작할 수 있다.
⑤ 유입 BOD의 갑작스런 변화에 대한 미생물의 감응이 낮고 또 빨리 회복된다.
⑥ 하수가 미생물이 부착된 여재층을 통과하므로 손실수두가 가장 크게 발생한다.

(2) 회전원판법
① 원판 표면에서 부착, 번식한 미생물군을 이용해서 하수를 정화한다.
② 회전판은 폭기작용을 하며 미생물을 접촉시키고 과도하게 부착된 미생물을 떨어지게도 한다.
③ 회전속도는 보통 주변속도로 표시되고 일반적으로 15m/min 정도이다.
④ 슬러지를 반송할 필요도 없고 별도의 폭기장치 없이 공기중에서 폭기가 이루어진다.
⑤ 침전율은 40~45%를 채택한다.
⑥ BOD 부하 $= \dfrac{\text{BOD 유입량}}{\text{원판 면적}}$

(3) 산화지법
① 박테리아와 조류가 공생에 의해 자연 정화한다.
② 박테리아가 유기물을 섭취, 분해하고 조류가 햇빛에 의해 산소의 제공으로 순환하여 하수를 처리한다.
③ 수심에 따라 호기성, 임의성, 혐기성 산화지로 나눈다.

8-8 하수 슬러지 처리

(1) 슬러지 처리 목표

① 안정화
유기물을 무기물로 변화시켜 안정화

② 살균
병원균의 제거로 위생적 조치

③ 부피의 감소
처리량을 적게 하기 위함

④ 처분의 확실성

(2) 슬러지 처리 계통

① 슬러지 농축조 → 소화조 → 탈수기 → 매립
② 슬러지 → 농축 → 소화 → 개량 → 탈수 → 최종 처분

(3) 슬러지 부피와 함수율 관계

슬러지 비중을 1로 하는 경우

$V_1(100-\omega_1) = V_2(100-\omega_2)$

여기서, V_1 : 수분 ω_1(%)일 때 슬러지 부피(농축, 탈수전의 부피)
V_2 : 수분 ω_2(%)일 때 슬러지 부피(농축, 탈수 후의 부피)

(4) 슬러지 처리 과정

1) 슬러지 농축

슬러지의 부피(체적)를 감소시킨다.

① 원심분리식 농축
- 원심력을 이용하여 고액분리하는 방법
- 소요 부지가 적고 운전조작이 용이하며 악취 문제가 적다.

② 중력식 농축
- 중력에 의해 자연 침강 및 압밀을 이용하는 방법
- 소요 부지가 커야 하고 악취문제가 발생한다.

③ 부상식 농축
- 용존 공기를 이용하여 부상 농축하는 방법
- 비중 차가 적은 슬러지의 분리에 잘 이용된다.

2) 슬러지 소화

슬러지 내의 유기물을 분해하여 부패성을 감소시키고 병원균을 사멸하여 위생적으로 슬러지를 안정화한다.

① 호기성 소화
- 산소를 이용해 유기물을 분해하여 무기물화 하므로 슬러지량을 감소시킨다.
- 최초 공사비가 적고 운영이 간단하며 냄새가 발생하지 않는 장점이 있다.
- 유지 관리비가 많고 고농도의 처리에는 적합하지 않는 단점이 있다.

② 혐기성 소화
- 용존산소가 존재하지 않는 환경에서 혐기성균의 활동으로 유기물을 분해하는 과정이다.
- 유기물 농도가 높고 단백질이나 지방질이 높은 하수 처리에 적합하다.
- 호기성 처리에 비해 반응이 느리며 미생물의 에너지 효율도 낮다.
- 슬러지 발생량이 적다.
- 동력시설 없이 연속적인 처리가 가능하다.
- 부산물로 유용한 메탄가스가 생산된다.
- 병원균의 사멸률이 높다.
- 유지관리비가 적게 소요된다.
- 혐기성 소화의 1단계인 유기산 생성과 2단계인 메탄 생성단계로 구분하며 유기산 및 메탄은 모두 혐기성균이다.
- 생성가스는 메탄이 2/3, 탄산가스 1/3의 구성으로 소화시킨다.
- 온도와 pH의 영향을 쉽게 받고 유량, 수질의 변동에 영향(충격부하)이 크다.
- 임호프조(Imhoff 탱크)에 의해 상층에서 부유물의 침전과 하층에서 침전물의 혐기성 소화가 한 조 내에서 이루어지는 폐수처리 시설을 이용한다.

3) 슬러지 개량

① 슬러지의 세정
소화된 슬러지에 세정수를 첨가하여 알칼리도를 희석시키고 고형물을 분리, 농축시킨다.

② 약품처리
슬러지 중의 미립자를 결합하여 응결물 형성.

③ 열처리
슬러지를 130℃ 이상으로 가열하여 세포막의 파괴 및 유기물의 구조 변경.

④ 동결

4) 슬러지 탈수
   ① 농축, 소화, 개량된 슬러지는 함수율이 90% 이상 함유하므로 최종 처분하기 전에 함수율을 85% 이하로 감소시켜 부피를 감소시키고 취급을 용이하도록 한다.
   ② 슬러지 건조상, 원심탈수법, 진공여과법, 가압탈수법 등이 있다.

5) 슬러지 최종 처분
   ① 매립, 퇴비화, 토양살포, 해양투기, 소각 등을 이용한다.
   ② 퇴비화 처리 방법은 가장 위생적이고 안전하다.

Chapter 08 하수처리장 시설

기출문제

문제 001
일반적인 하수슬러지 처리시스템이 바르게 구성된 것은?
- ㉮ 슬러지 – 소화 – 농축 – 개량 – 탈수 – 건조 – 처분
- ㉯ 슬러지 – 농축 – 개량 – 소화 – 탈수 – 건조 – 처분
- ㉰ 슬러지 – 농축 – 소화 – 개량 – 탈수 – 건조 – 처분
- ㉱ 슬러지 – 소화 – 개량 – 농축 – 탈수 – 건조 – 처분

해설
- 소화 : 유기물질로 구성된 하수 슬러지를 분해, 무기질화하여 슬러지량을 감소시키는 과정이다.
- 슬러지의 처리(처분)과정 매립, 살포, 비료화 등이 있다.

문제 002
슬러지의 처분에 관한 일반적인 계통도로 알맞은 것은?
- ㉮ 생슬러지 – 개량 – 농축 – 소화 – 탈수 – 최종처분
- ㉯ 생슬러지 – 농축 – 탈수 – 소각 – 개량 – 최종처분
- ㉰ 생슬러지 – 농축 – 탈수 – 개량 – 소각 – 최종처분
- ㉱ 생슬러지 – 농축 – 소화 – 개량 – 탈수 – 최종처분

해설 슬러지 → 농축(자연침강 및 압밀로 슬러지 부피 감소) → 소화(슬러지 안정화) → 개량(물과 분리 개선) → 탈수(수분 감소로 슬러지 부피 감소) → 최종처분(매립, 퇴비, 소각)

문제 003
일반적인 표준 활성 슬러지 공정을 바르게 나타낸 것은?
- ㉮ 침사지 – 1차 침전지 – 폭기조 – 2차 침전지 – 소독조
- ㉯ 1차 침전지 – 침사지 – 폭기조 – 2차 침전지 – 소독조
- ㉰ 침사지 – 소독조 – 1차 침전지 – 폭기조 – 2차 침전지
- ㉱ 침사지 – 폭기조 – 1차 침전지 – 2차 침전지 – 소독조

해설 스크린 → 침사지 → 1차 침전지 → 폭기조 → 2차 침전지 → 소독조 → 방류

문제 004
하수처리 설비에서 슬러지 수송관 설계시 고려되어야 될 사항 중 틀린 것은?
- ㉮ 관은 스테인리스, 주철관 등 견고하고 내식성 및 내구성 있는 것을 사용한다.
- ㉯ 배관은 동수경사선 이상으로 한다.
- ㉰ 배관은 가능하면 직선이 되도록 해야한다.
- ㉱ 필요한 곳에서는 제수밸브, 이토밸브, 공기밸브 등의 안전설비를 설치한다.

해설 배관은 동수경사선 이하로 한다.

정답 001. ㉰ 002. ㉱ 003. ㉮ 004. ㉯

문제 005
다음 중 슬러지의 침강을 방해하는 생물은?
- ㉮ 사상균
- ㉯ 바이러스
- ㉰ 박테리아
- ㉱ 원생동물

해설 주로 사상균이 과도하게 성장함에 따라 질량에 비해 표면적이 커지기 때문에 슬러지가 잘 침전되지 않는다.

문제 006
다음 하수처리 방법에 대한 설명 중 옳지 않은 것은?
- ㉮ 활성 슬러지법은 부유생물을 이용한 처리 방법이다.
- ㉯ 호기성 여상법은 부유생물을 이용한 처리 방법이다.
- ㉰ 회전생물접촉법은 생물막을 이용한 처리 방법이다.
- ㉱ 산화지법은 부유생물을 이용한 처리 방법이다.

해설
- 호기성 여상법은 호기성 및 임의성 미생물이 산소를 이용하여 분해 가능한 유기물과 세포질을 분해시켜 하수중의 유기물을 제거한다.
- 활성 슬러지법은 호기성 세균의 대사 작용에 의해 유기물을 제거하며 우리나라 하수 종말처리장에 가장 많이 이용한다.

문제 007
슬러지를 혐기성 소화법으로 처리할 경우에 호기성 소화법과 비교하여 혐기성 소화법이 갖는 특징으로 틀린 것은?
- ㉮ 병원균의 사멸률이 낮다.
- ㉯ 동력시설 없이 연속적인 처리가 가능하다.
- ㉰ 부산물로 유용한 메탄가스가 생성된다.
- ㉱ 유지관리비가 적게 소요된다.

해설
- 병원균의 사멸률이 높다.
- 농도가 높은 경우의 처리에 적합하다.
- 부패성 유기물을 분해하여 안정화시킨다.
- 슬러지의 양을 감소시킨다.

보충
- 혐기성 소화는 유량이나 수질변동에 대한 영향이 크다.
- 혐기성 소화에 작용하는 유기산균과 메탄균은 혐기성 균이다.
- 혐기성 소화는 온도와 pH의 영향을 쉽게 받으며 실온에서는 분해속도가 대단히 느리다.

문제 008
혐기성 소화가 호기성 소화에 비해 지닌 장점에 대한 설명으로 틀린 것은?
- ㉮ 유효한 자원인 메탄이 생성된다.
- ㉯ 처리 후 슬러지 생성량이 적다.
- ㉰ 반응속도가 매우 빠르다.
- ㉱ 동력비 및 유지관리비가 적게 든다.

해설
- 혐기성 처리는 호기성 처리에 비해 반응이 느리며 유기물 농도가 높은 하수처리에 적합하다.
- 혐기성 처리는 병원균의 사멸률이 높다.

정답 005. ㉮ 006. ㉯ 007. ㉮ 008. ㉰

문제 009

슬러지의 호기성 소화를 혐기성 소화법과 비교한 설명 중 틀린 것은?

㉮ 상징수의 수질이 양호하다.　　㉯ 포기에 드는 동력비가 많이 필요하다.
㉰ 악취 발생이 감소한다.　　㉱ 가치 있는 부산물이 생성된다.

해설
- 가치 있는 부산물이 생성되는 것은 혐기성 소화법의 특징이다.
- 혐기성 소화법은 호기성 소화 처리에 비해 반응이 느리고 미생물의 에너지 효율도 낮다.
- 혐기성 소화법은 병원균의 사멸성이 높다.

문제 010

혐기성 소화조 운전시 소화가스 발생량 저하의 원인과 가장 거리가 먼 것은?

㉮ 소화 슬러지의 과잉배출　　㉯ 소화가스의 누출
㉰ 조내 온도 상승　　㉱ 과다한 산생성

해설
- 혐기성 소화는 용존산소가 없는 환경에서 유기물이 혐기성 세균의 활동에 의해 무기물로 분해되어 안정화되는 방식이다.
- 조내 온도가 상승하면 소화가스 발생이 증가된다.
- 혐기성 소화는 유기물 농도가 높아야 하며 특히 탄수화물보다는 단백질이나 지방질이 높아야 좋다.

문제 011

표준활성슬러지 처리법에 관한 설명으로 틀린 것은?

㉮ HRT는 4~6시간을 표준으로 한다.
㉯ MLSS농도는 1,500~2,500mg/L를 표준으로 한다.
㉰ 포기방식은 전면포기식, 선회류식, 미세기포 분사식, 수중교반식 등이 있다.
㉱ 포기조의 유효수심은 표준식의 경우, 4~6m를 표준으로 한다.

해설 표준활성슬러지 처리법
- 폭기(액체에 산소 공급)시간은 6~8시간을 표준으로 한다.
- 고형물의 체류시간(SRT)이 너무 길면 즉, 폭기를 고도하게 하면 플록 형성 능력이 저하되어 침전이 잘 되지 않는다.
- 활성 슬러지법은 우리나라 하수처리장에 가장 많이 이용하며 호기성 세균(미생물)의 대사작용에 의한 유기물을 제거하는 방법이다.

문제 012

활성 슬러지법과 비교하여 생물막법의 특징으로 옳지 않은 것은?

㉮ 운전조작이 간단하다.
㉯ 하수량 증가에 대응하기 쉽다.
㉰ 반응조를 다단화하여 반응효율과 처리안정성 향상이 도모된다.
㉱ 생물종 분포가 단순하여 처리효율을 높일 수 있다.

해설
- 각종 호기성 미생물이 번식하므로 처리 효율을 높일 수 없다.
- 하수처리법 중 활성 슬러지법은 호기성 세균의 대사작용에 의해 유기물을 분해하여 제거한다.
- 활성 슬러지법보다 정화능력이 뒤떨어진다.

정답 009. ㉱　010. ㉰　011. ㉮　012. ㉱

문제 013

활성슬러지법의 여러 가지 변법 중에서 잉여슬러지량을 현저하게 감소시키고 슬러지 처리를 용이하게 하기 위해 개발된 방법으로서 포기시간이 16~24시간, F/M비가 0.03~0.05kgBOD/kgSS·day 정도의 낮은 BOD-SS부하로 운전하는 방식은?

㉮ 계단식 포기법 ㉯ 장기포기법
㉰ 표준활성슬러지법 ㉱ 순산소포기법

해설
- 장기포기법은 잉여 슬러지량을 현저하게 감소시키고 슬러지 처리를 용이하게 하기 위해 개발된 방법이다.
- 표준 활성 슬러지법은 가장 널리 사용하며 BOD 85~95% 제거율을 나타낸다.

문제 014

산기식 포기장치를 사용하며 유입부에 많은 산기기를 설치하고 포기조의 말단부에는 적은 수의 산기기를 설치하는 활성슬러지의 변법은?

㉮ 점감식 포기법(tapered aeration) ㉯ 계단식 포기법(step aeration)
㉰ 장기 포기법(extended aeration) ㉱ 수정식 포기법(modified aeration)

해설 점감식 포기법에 대한 설명이다.

보충 계단식 포기법
- 폭기 시간이 짧고 폭기조의 용량을 작게 할 수 있다.
- 유입수의 BOD 부하량이 높아져도 F/M비를 적정한 범위로 유지하기 쉽다.

문제 015

다음 회전원판법(Rotating Biological Contactors)에 대한 설명으로 옳은 것은?

㉮ 수면에 일부가 잠겨 있는 원판을 설치하여 원판에 부착, 번식한 미생물군을 이용해서 하수를 정화한다.
㉯ 보통 일차침전지를 설치하지 않고, 타원형 무한수로의 반응조를 이용하여 기계식 포기장치에 의해 포기를 행한다.
㉰ 산기장치 및 상징수배출장치를 설치한 회분조로 구성된다.
㉱ 여상에 살수되는 하수가 여재의 표면에 부착된 미생물군에 의해 유기물을 제거하는 방법이다.

해설 회전 원판의 일부가 수면에 잠겨 원판에 부착하여 번식함 미생물에 의해 공기중에서 폭기가 이루어지는 생물학적 하수처리 방법이다.

보충 원판 표면에는 미생물 점막이 형성되어 이 미생물막이 폐수조 내의 용존 유기물질을 섭취, 분해하여 제거한다.

정답 013. ㉯ 014. ㉮ 015. ㉮

문제 016

부상식 슬러지 농축 방법에 대한 설명 중 틀린 것은?

㉮ 중력농축에서 농축성이 나쁜 잉여슬러지 등을 대상으로 처리하는 경우가 많다.
㉯ 기포를 발생시키는 방법에 따라 가압부상농축과 상압 부상농축으로 나눌 수 있다.
㉰ 공기/고형물 비(A/S)는 설계와 운전에 있어 중요한 인자이다.
㉱ 계절변화의 영향을 받아 안정적인 운전이 어렵고, 특히 여름에 비하여 겨울에 농축이 어려운 것이 일반적이다.

해설 • 슬러지 농축에는 중력식, 부상식, 원심분리식 농축등이 있으며 일반적으로 중력식이 가장 많이 사용되고 있으나 슬러지상 변화에 따라 침강성 및 농축성이 나빠지고 여름철에 농축 슬러지의 농도가 낮아지거나 슬러지 일부가 부상하여 고형물 회수율이 나빠지는 단점이 있다.
• 유입현탁액에 혼입시킨 공기량 A와 부유물질의 양 S와의 비 A/S를 공기-고형물비라 하며 부상농축조의 설계와 운전에 중요한 수치이다.

문제 017

활성슬러지 공법에서 벌킹(bulking)현상의 원인이 아닌 것은?

㉮ 유량, 수질의 과부하
㉯ pH의 저하
㉰ 낮은 용존산소
㉱ 반송유량의 과다

해설 • 슬러지 팽화(bulking)현상은 슬러지가 잘 침전되지 않거나 침전된 슬러지가 수면으로 떠오른다.
• 송기량(반송유량)의 과다로 폭기시간을 길게 하면 대책(방지)에 해당된다.

보충 • SVI >200 : 슬러지 팽화현상 발생   • SVI=50~150 : 침전성이 양호

문제 018

슬러지 팽화(bulking)의 원인으로서 옳지 않은 것은?

㉮ 영양물질의 불균형
㉯ 유기물의 과도한 부하
㉰ 용존산소량 불량
㉱ 과도한 질산화

해설 • 탄소화물에 비해 질소, 인이 부족한 경우
• 낮은 pH와 DO(용존산소량)가 부족한 경우
• SRT(고형물 체류시간)가 짧을 경우
• 폭기조 또는 폭기장치의 고장과 운전이 미숙할 경우

문제 019

활성 슬러지의 SVI가 현저하게 증가되어 응집성이 나빠져 최종 침전지에서 처리수의 분리가 곤란하게 되었다. 이것은 활성슬러지의 어떤 이상 현상에 해당되는가?

㉮ 활성슬러지의 팽화
㉯ 활성슬러지의 해체
㉰ 활성슬러지의 부패
㉱ 활성슬러지의 상승

해설 • 슬러지가 잘 침전되지 않거나 침전된 슬러지가 수면으로 떠오르는 현상을 슬러지 팽화현상이라 한다.
• 침강 농축성을 나타내는 지표인 SVI가 적을수록 슬러지가 농축되기 쉽다.
• SVI가 높아지면 폭기조 중의 부유물질인 MLSS 농도는 낮아진다.
• $SVI = \dfrac{SV(\%) \times 10^4}{MLSS 농도(mg/l)}$

정답 016. ㉱   017. ㉱   018. ㉱   019. ㉮

문제 020

슬러지 용적지수(SVI)에 관한 설명 중 옳지 않는 것은?

㉮ 폭기조 내 혼합물을 30분간 정치한 후 침강한 1g의 슬러지가 차지하는 부피(ml)로 나타낸다.
㉯ 정상적으로 운전되는 폭기조의 SVI는 50~150범위이다.
㉰ SVI는 슬러지 밀도지수(SDI)에 100을 곱한 값을 의미한다.
㉱ SVI는 폭기시간, BOD농도, 수온 등에 영향을 받는다.

해설
- $SDI = \dfrac{100}{SVI}$
- SVI가 200 이상이면 슬러지 팽화를 의미한다.
- SVI(슬러지 용적지수)와 SDI(슬러지 밀도지수)는 슬러지의 침강 농축성을 나타내는 지표이다.
- $SVI = \dfrac{30분간\ 침전된\ 슬러지\ 부피(SV)}{MLSS\ 농도} \times 100$
  즉, SVI가 높아지면 MLSS 농도(폭기조내 혼합액)는 저하된다.
- SVI가 적을수록 슬러지가 농축되기 쉽다.

문제 021

SVI에 대한 다음 설명 중 잘못된 것은?

㉮ 활성슬러지의 침강성을 나타내는 지표이다.
㉯ SVI가 100 전후로 활성슬러지의 침강성이 양호한 경우에는 일반적으로 압밀침강에 해당된다.
㉰ SVI가 적을수록 슬러지가 농축되기 쉽다.
㉱ SVI가 높아지면 MLSS도 상승한다.

해설
- SVI가 높아지면 MLSS는 감소한다.
- $SVI = \dfrac{30분간\ 침강한\ 슬러지\ 부피(SV)}{MLSS\ 농도} \times 1000$
- 슬러지 용량 지표인 SVI의 증대는 팽화(bulking)라 부르는 현상으로 최종 침전지에서 슬러지의 침강특성이 현저히 악화하여 슬러지의 침강성이 나쁘게 된다.

문제 022

슬러지 용적지수(Sludge Volume Index : SVI)에 대한 설명으로 옳지 않은 것은?

㉮ 슬러지의 침강농축성을 나타내는 지표이다.
㉯ 폭기조 혼합액 1L를 30분간 침전시킨 후 1g의 활성슬러지 부유물질이 포함하는 부피를 나타낸 값이다.
㉰ SVI가 크면 침강성이 좋고 낮으면 침강성이 나빠 팽화현상을 의심할 수 있다.
㉱ 슬러지 밀도지수(Sludge Density Index : SDI)는 100/SVI이다.

해설 SVI가 50~150이면 침전성이 양호하고 200 이상이면 슬러지가 팽화한다.

정답 020. ㉰ 021. ㉱ 022. ㉰

문제 023
다음 하수의 수질에 관한 설명 중 틀린 것은?

㉮ DO란 용존산소량을 말하며 용존산소는 수온 등의 영향을 받는다.
㉯ BOD란 생화학적 산소요구량이며 하수 중의 무기물량을 나타내는 수질지표이다.
㉰ SVI란 활성오니의 침전특성을 나타내는 지표이다.
㉱ 작열 잔유물은 회분 또는 무기물질이라 할 수 있다.

해설
- BOD란 생물화학적 산소요구량으로 물에 포함된 유기물질의 함유 정도를 표시하기 위해 가장 많이 사용되는 지표이다.
- 오염된 물은 BOD가 높고 용존산소(DO)가 낮다.

문제 024
도시지역의 하수가 자연하천으로 유입될 때 일어나는 현상으로 옳지 않은 것은?

㉮ BOD의 증가
㉯ DO의 증가
㉰ SS의 증가
㉱ 세균수의 증가

해설
- 하수가 자연하천으로 유입되면 DO가 감소하게 된다.
- 오염된 물은 BOD(생물화학적 산소 요구량)가 높고 DO(용존산소)가 낮아진다.
- DO는 물속에 녹아 있는 산소의 양을 나타낸다.

문제 025
활성슬러지법에서 MLSS란 무엇을 뜻하는가?

㉮ 방류수 중의 부유물질
㉯ 반송슬러지의 부유물질
㉰ 폐수 중의 부유물질
㉱ 폭기조 내의 부유물질

해설
- 폭기조 내의 미생물(활성 슬러지) 농도를 나타내는 지표이다.
- MLSS : 혼합액 부유 고형물
- MLVSS : 혼합액 휘발성 부유 고형물
- MLSS의 농도 저하 때문에 슬러지의 팽화 원인이 된다.

문제 026
하수처리장에 적용하는 활성슬러지 공법에서의 MLSS의 개념에 대한 설명으로 가장 알맞은 것은?

㉮ 유입하수 중의 부유물질
㉯ 폭기조 중의 부유물질
㉰ 반송슬러지 중의 유기물질
㉱ 방류수 중의 유기물질

해설 공기 공급조(폭기조) 내의 혼합액 부유물의 농도를 MLSS이라 한다.

문제 027
1L의 매스실린더에 활성슬러지를 채우고 30분간 침전시킨 후 침전된 슬러지의 부피가 180mL이었다. 이때 MLSS가 2,000mg/L이었다면 슬러지용적지표(SVI)는?

㉮ 90　　㉯ 100　　㉰ 180　　㉱ 200

정답 023. ㉯ 024. ㉯ 025. ㉱ 026. ㉯ 027. ㉮

해설 $SVI = \dfrac{SV}{MLSS \text{ 농도}} \times 1000 = \dfrac{180}{2000} \times 1000 = 90$

보충 슬러지 용적지수(SVI)
- 슬러지의 벌킹 여부를 확인하는 지표
- SVI가 적을수록 슬러지가 농축되기 쉽다.
- SVI가 50~150의 범위가 바람직하다.

문제 028

MLSS 농도 2,000mg/L의 혼압액을 $1l$ 시험관에 취해 30분간 정치시켰을 때 침강슬러지가 차지하는 부피가 200ml이었다. 이 슬러지의 SVI는?

㉮ 120　　㉯ 100　　㉰ 80　　㉱ 60

해설
- $SVI = \dfrac{SV(\%)}{MLSS \text{ 농도}(mg/l)} \times 10000$
- $SVI = \dfrac{SV(ml/l)}{MLSS \text{ 농도}(mg/l)} \times 1000 = \dfrac{200}{2000} \times 1000 = 100$

문제 029

폭기조 MLSS를 1L 실린더에 담고 30분간 정치시켜 침전된 슬러지의 부피를 측정한 결과 600mL이었다. MLSS 농도가 3,000mg/L이었다면 이 슬러지의 용적지수(SVI)는?

㉮ 100　　㉯ 150　　㉰ 200　　㉱ 250

해설
- $SVI = \dfrac{30\text{분간 침전된 슬러지 부피}}{MLSS \text{농도}} = \dfrac{600 \times 1000}{3000} = 200$
- 폭기조의 정상운전(침전성 양호)은 SVI=50~150범위
- $SVI = \dfrac{100}{SDI}$

문제 030

유입하수량 1,000m³/day, 유입하수의 BOD농도 200mg/L인 오수를 활성슬러지법으로 처리하기 위하여 설계하려고 한다. 폭기조의 MLSS 농도를 2,000mg/L 유지하고, F/M비를 0.2로 운전할 경우 폭기조의 수리학적 체류시간은?

㉮ 4hr　　㉯ 6hr　　㉰ 8hr　　㉱ 12hr

해설
- F/M비 $= \dfrac{BOD \cdot Q}{MLSS \cdot V}$　　$0.2 = \dfrac{200 \times 1000}{2000 \times V}$　　∴ $V = 500\text{m}^3$
- 체류시간 $t = \dfrac{V}{Q} = \dfrac{500}{1000} = 0.5\text{day} = 12\text{hr}$
- BOD용적 부하는 용기조 1m³당 하루에 가해지는 BOD 무게이다.
- BOD 용적부하 $= \dfrac{BOD \cdot Q}{V}$ (kg/m³/day)

정답 028. ㉯　029. ㉰　030. ㉱

문제 031

어느 하수처리장에서 600m³/day의 하수를 처리한다. 펌프장 습정의 부피는 얼마 정도로 하여야 하는가? (단, 습정의 체류시간은 40분 정도로 가정)

㉮ 17m³ ㉯ 25m³ ㉰ 400m³ ㉱ 600m³

해설 폭기 시간 = $\dfrac{\text{폭기조 부피}}{\text{유입수량}} = \dfrac{V}{Q}$

∴ V = 폭기 시간 × 유입수량 = $40 \times \dfrac{600}{(24 \times 60)} \fallingdotseq 17\text{m}^3$

문제 032

폭기조의 부피가 600m³인 처리장에 하루에 1,200m³의 하수가 유입된다. 폭기시간은 얼마인가? (단, 슬러지 반송은 고려하지 않는다.)

㉮ 3hr ㉯ 6hr ㉰ 9hr ㉱ 12hr

해설
- 폭기시간은 폐수나 하수처리장에서 원폐수에 대하여 폭기조에 공기를 공급하는 시간을 뜻한다.
- 폭기시간(hr) = $\dfrac{\text{폭기조 부피}(\text{m}^3)}{\text{유입수량}(\text{m}^3/\text{day})} = \dfrac{600}{1200} \times 24 = 12\text{hr}$

문제 033

활성슬러지 공정에서 2차침전지 반송슬러지의 농도가 16,000mg/l였다. 폭기조의 MLSS 농도를 2,500mg/l로 유지하기 위한 반송률은?

㉮ 15.6% ㉯ 18.5% ㉰ 31.2% ㉱ 37.0%

해설 반송률

$r = \dfrac{\text{폭기조의 MLSS농도}}{\text{반송 슬러지의 농도} - \text{폭기조의 MLSS농도}} \times 100 = \dfrac{2500}{16000 - 2500} \times 100 = 18.5\%$

문제 034

활성슬러지 공정에서 2차 침전지 반송슬러지의 농도가 15,000mg/L였다. 폭기조의 MLSS 농도를 2,000mg/L로 유지하기 위한 반송률은?

㉮ 15.4% ㉯ 18.5% ㉰ 31.2% ㉱ 37.0%

해설 $r = \dfrac{2,000}{15,000 - 2,000} \times 100 = 15.4\%$

문제 035

활성슬러지법에 의한 하수처리시 폭기조의 MLSS를 2,400mg/L로 유지할 때 SVI가 120이면 반송률(R)은? (단, 유입수의 SS는 고려하지 않음)

㉮ 24% ㉯ 32% ㉰ 40% ㉱ 46%

해설 반송률 $r = \dfrac{\text{폭기조의 MLSS 농도}}{\text{반송 슬러지 SS 농도}(10^6/\text{SVI}) - \text{폭기조의 MLSS 농도}} \times 100$

$= \dfrac{2400}{10^6/120 - 2,400} \times 100 = 40\%$

정답 031. ㉮ 032. ㉱ 033. ㉯ 034. ㉮ 035. ㉰

문제 036

인구가 100,000명인 A도시의 1일 1인당 오수량이 250L이다. 하수를 처리하기 위해 유효수심 3m, 침전시간 2시간인 침전지를 설계하려고 할 때 침전지의 소요면적은?

㉮ 347m²   ㉯ 521m²   ㉰ 695m²   ㉱ 1,563m²

해설
- $Q = 250 \times 10^{-3} \times 100,000 = 25000 \text{m}^3/\text{day} = 1041.7 \text{m}^3/\text{hr}$
- 침전속도 $V = \dfrac{H(\text{유효수심})}{t(\text{침전시간})} = \dfrac{3}{2} = 1.5 \text{m/hr}$
- $V = \dfrac{Q}{A}$ ∴ $A = \dfrac{Q}{V} = \dfrac{1041.7}{1.5} = 695 \text{m}^2$
- 침전지의 체류시간 $t = \dfrac{H}{\text{표면 부하율}}$
- 표면 부하율 $= \dfrac{Q}{A}$

문제 037

침강속도 0.3mm/sec를 갖는 모든 입자를 100% 제거하기 위한 침전조를 설계하고자 한다. 유량이 10m³/min인 조건하에서 체류시간이 2시간인 침전조의 최소 제원은? (단, 침전조는 길이가 폭의 4배인 직사각형으로 한다.)

㉮ 5.89×23.56m   ㉯ 11.79×47.16m
㉰ 17.67×70.71m   ㉱ 23.56×94.28m

해설
- 침전제거율 $E = \dfrac{V_s \cdot A}{Q}$
- $A = \dfrac{E \cdot Q}{V_s} = \dfrac{1 \times \left(10 \times \dfrac{1}{60}\right)}{0.3 \times 10^{-3}} = 555.56 \text{m}^2$
- 길이가 폭의 4배이므로 $x \times 4x = 555.56$
  ∴ $x = 11.79\text{m}$
- 침전조 면적 : 11.79×47.16m

문제 038

유입수량이 100m³/min, 침전지 용량이 5,000m³, 침전지 유효수심이 4m일 때 수면부하율(m³/m²·day)은?

㉮ 115.2   ㉯ 125.2   ㉰ 12.52   ㉱ 11.52

해설 수면부하율

$\dfrac{Q}{A} = \dfrac{100}{\dfrac{5000}{4}} = 0.08 \times 60 \times 24 = 115.2 \text{m}^3/\text{m}^2 \cdot \text{day}$

정답 036. ㉰   037. ㉯   038. ㉮

문제 039

유입수량 100m³/min, 침전지용량 4,000m³, 폭 20m, 길이 50m, 수심 4m인 경우의 수면적 부하는 얼마인가?

㉮ 720m³/m² · day
㉯ 144m³/m² · day
㉰ 1,800m³/m² · day
㉱ 6m³/m² · day

해설 수면적 부하 $= \dfrac{Q}{A} = \dfrac{100 \times 60 \times 24}{20 \times 50} = 144\text{m}^3/\text{m}^2/\text{day}$

문제 040

하수처리장 침사지의 표면부하율은 일반적으로 약 얼마를 표준으로 하는가?

㉮ 오수침사지 120m³/m² · d, 우수침사지 250m³/m² · d
㉯ 오수침사지 120m³/m² · d, 우수침사지 3,600m³/m² · d
㉰ 오수침사지 1,800m³/m² · d, 우수침사지 250m³/m² · d
㉱ 오수침사지 1,800m³/m² · d, 우수침사지 3,600m³/m² · d

해설
- 침사지의 평균 유속은 0.3m/sec를 표준으로 한다.
- 침사지의 체류시간은 30~60초를 표준으로 한다.
- 침사지의 형상은 직사각형 또는 정사각형 등으로 한다.
- 표면부하율은 오수침사지의 경우 1,800m³/m² · day, 우수침사지의 경우 3,600m³/m² · day 정도로 한다.

문제 041

슬러지 농축과정에서 99% 함수율의 슬러지를 함수율 90%로 농축하였다. 단위중량이 같다고 할 때 농축 후 슬러지 부피는 농축 전 슬러지 부피의 몇 %이겠는가? (단, 슬러지의 비중은 1.0으로 가정)

㉮ 4%   ㉯ 5%   ㉰ 9%   ㉱ 10%

해설 $\dfrac{V_1}{V_2} = \dfrac{100 - \omega_2}{100 - \omega_1} = \dfrac{100 - 90}{100 - 99} = 10\%$

문제 042

함수율 95%인 슬러지를 농축시켰더니 최초 부피의 1/2이 되었다. 농축된 슬러지의 함수율(%)은? (단, 농축 전후의 슬러지 비중은 1로 가정한다.)

㉮ 75   ㉯ 80   ㉰ 85   ㉱ 90

해설
$V_1 : V_2 = 100 - w_1 : 100 - w_2$ $\therefore \dfrac{V_1}{V_2} = \dfrac{100 - w_2}{100 - w_1}$

$V_2 = \dfrac{1}{2} V_1$ 이므로 $\dfrac{1}{\frac{1}{2}} = \dfrac{100 - w_2}{100 - 95}$

$2 = \dfrac{100 - w_2}{5}$ $\therefore w_2 = 90\%$

정답 039. ㉯ 040. ㉱ 041. ㉱ 042. ㉱

문제 043

슬러지 농축조에서 함수율 99%인 생 슬러지를 투입하여 함수율 96%의 농축 슬러지를 얻었다. 농축 후의 슬러지량은? (단, 처음의 슬러지량은 V로 가정한다.)

㉮ $\frac{1}{2}V$ ㉯ $\frac{1}{3}V$ ㉰ $\frac{1}{4}V$ ㉱ $\frac{1}{5}V$

해설 $\dfrac{V_1}{V_2} = \dfrac{100-w_2}{100-w_1}$ $\dfrac{V_1}{V_2} = \dfrac{100-96}{100-99} = \dfrac{4}{1}$ $\therefore V_2 = \dfrac{1}{4}V_1$

문제 044

함수율 99%의 슬러지 100m³가 있다. 이 슬러지를 탈수하여 함수율 60%로 낮추었을 때 슬러지 케익의 부피는? (단, 비중=1)

㉮ 2.5m³ ㉯ 3.3m³ ㉰ 7.5m³ ㉱ 9.9m³

해설
$\dfrac{V_1}{V_2} = \dfrac{100-w_2}{100-w_1}$

$\dfrac{100}{V_2} = \dfrac{100-60}{100-99}$

$40\,V_2 = 100$

$\therefore V_2 = 2.5\text{m}^3$

문제 045

슬러지의 중량(건조 무게)이 3,000kg이고, 비중이 1.05, 수분함량이 96%인 슬러지의 용적은?

㉮ 71m³ ㉯ 85m³ ㉰ 101m³ ㉱ 115m³

해설 $w = \dfrac{W}{V}$

$\therefore V = \dfrac{W}{w} = \dfrac{3}{1.05 \times (1-0.96)} = 71.4\text{m}^3$

문제 046

활성슬러지법에서 BOD 용적부하를 옳게 표현한 것은?

㉮ $\dfrac{\text{하수량} \times \text{하수의 BOD}}{\text{폭기조 부피}}$ ㉯ $\dfrac{\text{하수량} \times \text{하수의 BOD}}{\text{폭기조 부피} \times \text{부유물}}$

㉰ $\dfrac{\text{폭기조 부피}}{\text{하수량} \times \text{하수의 BOD}}$ ㉱ $\dfrac{\text{폭기조 부피} \times \text{부유물}}{\text{하수량} \times \text{하수의 BOD}}$

해설
• BOD 용적부하 = $\dfrac{\text{하수량} \times \text{하수의 BOD}}{\text{폭기조 부피}}$

• BOD 용적부하 = $\dfrac{\text{1일 BOD 유입량}}{\text{폭기조 부피}}$

• BOD 슬러지 부하 = $\dfrac{\text{1일 BOD 유입량}}{\text{MLSS량}}$

정답 043. ㉰ 044. ㉮ 045. ㉮ 046. ㉮

문제 047

생물학적 처리방법으로 하수를 처리하고자 한다. 이를 위한 운영조건으로 틀린 것은?

㉮ 영양물질인 BOD : N : P의 농도비가 100 : 5 : 1이 되도록 조절한다.
㉯ 폭기조 내 용존산소는 통상 2mg/L로 유지한다.
㉰ pH의 최적조건은 6.8~7.2로써 이 때 미생물이 활발하다.
㉱ 수온은 낮게 유지할수록 경제적이다.

해설 수온을 높게 유지할수록 경제적이다.

보충 적정 수온은 20~40℃가 적합하다.

문제 048

하천유량이 200,000m³/day이고 BOD가 1mg/L인 하천에 유량이 6,250m³/day이고 BOD가 100mg/L인 하수가 유입될 때, 혼합 후의 BOD는?

㉮ 2mg/L   ㉯ 4mg/L   ㉰ 6mg/L   ㉱ 8mg/L

해설 $C_m = \dfrac{C_1 Q_1 + C_2 Q_2}{Q_1 + Q_2} = \dfrac{(1 \times 200,000) + (100 \times 6,250)}{200,000 + 6,250} = 4\text{mg/L}$

보충
- 하수의 일반적인 BOD : N : P 비는 100 : 5 : 1 이 적당하다.
- BOD 용적부하 = $\dfrac{\text{BOD} \cdot Q}{V}$

문제 049

BOD 200mg/L, 유량 600m³/day인 어느 식료품 공장폐수가 BOD 10mg/L, 유량 2m³/sec인 하천에 유입한다. 폐수가 유입되는 지점으로부터 하류 10km 지점의 BOD(mg/L)는? (단, 다른 유입원은 없고, 하천의 유속 0.05m/sec, 20℃ 탈산소계수 K_1 =0.1/day이다. 상용대수기준, 20℃ 기준이며 기타 조건은 고려하지 않음)

㉮ 6.25mg/L   ㉯ 7.21mg/L   ㉰ 3.31mg/L   ㉱ 4.39mg/L

해설
- 10km 지점까지 도달시간
$t = \dfrac{L}{V} = \dfrac{10,000}{0.05} = 200,000\sec = 2.31\,\text{day}$
- 혼합농도
$C_m = \dfrac{Q_1 C_1 + Q_2 C_2}{Q_1 + Q_2} = \dfrac{600 \times 200 + (2 \times 60 \times 60 \times 24) \times 10}{600 + (2 \times 60 \times 60 \times 24)} = 10.657$
- 10km 지점의 BOD
$10.657 \times 10^{(-0.1 \times 2.31)} = 6.26\,\text{mg/L}$

문제 050

하수처리장의 1차 처리시설에서 BOD부하의 40%가 제거되고 2차 처리시설에서 BOD부하의 90%가 제거되었다면 전체 BOD 제거율은?

㉮ 78%   ㉯ 89%   ㉰ 94%   ㉱ 96%

정답 047. ㉱   048. ㉯   049. ㉮   050. ㉰

해설
- 1차 처리 제거율(40%)   100−40=60%(잔존량)
- 2차 처리 제거율   60×0.9=54%
- 전체 BOD 제거율   1차 처리 제거율 40%+2차 처리 제거율 54%=94%

문제 051

폭기조에 가해진 BOD부하 1kg당 100m³의 공기를 주입시켜야 한다면 BOD가 150mg/L인 하수 7,570m³/day를 처리하기 위해서는 얼마의 공기를 주입해야 하는가?

㉮ 7,570 m³/day   ㉯ 11,350 m³/day   ㉰ 75,700 m³/day   ㉱ 113,550 m³/day

해설
- BOD 용적부하 = $\dfrac{1일\ BOD\ 유입량}{폭기조\ 부피} = \dfrac{BOD\ 농도(kg/m^3) \times 유입수량(m^3/day)}{폭기조\ 부피(m^3)}$
- $150mg/L = 150 \times 10^{-3} kg/m^3 = 0.15 kg/m^3$
- 하수 $7570m^3/day = 7570 \times 0.15 = 1135.5 kg/day$
- $1kg : 100m^3 = 1135.5 kg/day : x$ ∴ $x = 113550 m^3/day$

문제 052

하수중의 질소와 인을 동시 제거하기 위해 이용될 수 있는 고도처리시스템은?

㉮ Anaerobic Oxic 법   ㉯ 3단 활성슬러지법
㉰ Phostrip 법   ㉱ Anaerobic Anoxic Oxic 법

해설 Anaerobic Anoxic Oxic 법은 생물학적 방법에 의한 질소, 인을 동시에 제거한다.

문제 053

하수 중의 질소제거 방법으로 적합하지 않은 것은?

㉮ 생물학적 질화−탈질법   ㉯ 응집침전법
㉰ 이온교환법   ㉱ break point(파괴점) 염소주입법

해설 질소제거 방법으로는 암모니아 탈기법, 이온 교환법, 파괴점 염소주입법이 있다.

문제 054

하수 중의 질소와 인을 동시 제거하기 위해 이용될 수 있는 고도처리시스템은?

㉮ 혐기 호기조합법   ㉯ 3단 활성슬러지법
㉰ Phostrip법   ㉱ 혐기 무산소 호기조합법

해설 고도처리 공정으로 생물학적 질소·인 동시 제거법의 혐기 무산소 호기조합법에 의해 처리된다.

문제 055

하수 내에 존재하는 질소 성분을 제거하기 위한 방법 중 생물학적 처리 방법은?

㉮ 질산화−탈질법   ㉯ 염소처리법   ㉰ 탈기방법   ㉱ 전기투석법

해설 질산화 탈질법(생물적 탈질소법)
활성슬러지 처리 혹은 생물막 처리를 이용한 질소제거법으로 공기 공급조와 같은 구조의 소화조에서 BOD의 산화와 질소분의 소화를 행한다.

정답 051. ㉱ 052. ㉱ 053. ㉯ 054. ㉱ 055. ㉮

chapter 09 펌프장 시설

제 3 부 상하수도공학

9-1 펌프장 계획

(1) 펌프장 종류

  1) 양정에 따른 분류(상수 펌프)

  ① 저양정 펌프장
  수원의 물을 정수장으로 취수하기 위해 수원과 정수장 사이에 설치한다.

  ② 고양정 펌프장
  정수된 물을 소비지로 송수 또는 배수하기 위해 설치한다.

  ③ 증압(가압) 펌프장
  송수·배수의 수압을 증가시키거나 급격한 상수 요구량을 충족시켜 고가수조에 송수하기 위해 설치한다.

  2) 용도에 따른 분류(하수 펌프)

  ① 배수 펌프장
  우수를 자연 유하하여 방류할 수 없을 때 방류수면 근처에 설치하여 침수방지 및 재해대책의 목적으로 이용한다.

  ② 중계 펌프장
  관거의 매설 깊이가 크게 되는 곳이나 장거리 관로의 중간에 설치하여 처리장으로 송수하는 역할을 한다.

  ③ 처리장 내 펌프장
  오수를 지상의 처리시설에 송수하는 역할을 한다.

(2) 펌프장 위치 선정시 고려사항

① 용도에 적합한 수리 조건(상수, 하수용 고려)
② 화재, 홍수 기타 재난에 의한 위험 가능성
③ 동력이나 연료의 사용 가능성
④ 확장의 난이성

(3) 펌프의 설치 대수

1) 계획 수량과 설치 대수

① 취수·도수·송수펌프 : 계획 1일 최대 취수량 및 계획 1일 최대 급수량 기준

용 도	기 준	수량(m^3/day)	대수( ) 내는 예비	총 대수
취수·도수·송수펌프	계획 1일 최대 급수량	2,800 이하 2,500~10,000 9,000 이상	1(1) 2(1) 3(1) 이상	2 3 4 이상

② 배수펌프 : 계획 시간 최대 급수량 기준

용 도	기 준	수량(m^3/day)	대수( ) 내는 예비	총 대수
배수펌프	계획 시간 최대 급수량	125 이하 120~450 400 이상	2(1) 대 1(1), 소 1 대 3~5(1), 소 1	3 대 2, 소 1 대 4~6, 소 1

2) 계획하수와 대수

① 계획 오수량과 계획 우수량을 기준으로 정한다.
② 분류식은 계획시간 최대 오수량을 기준으로 정한다.
③ 합류식은 계획시간 최대 오수량의 3배를 계획 오수량으로 정한다.
④ 합류식 펌프장의 설치대수

오 수 펌 프		우 수 펌 프	
계획 오수량(m^3/sec)	설치대수( )는 예비	계획 우수량(m^3/sec)	설치대수( )는 예비
0.5 이하	2~4(1)	3 이하	2~3(1)
0.5~1.5	3~5(1)	3~5	3~4(1)
1.5 이상	4~5(1)	5~10	4~6(1)

⑤ 펌프장 시설의 계획 하수량

하수배제방식	펌프장의 종류	계획 하수량
분류식	중계 펌프장 처리장 내 펌프장	계획시간 최대 오수량
	배수 펌프장	계획 우수량
합류식	중계 펌프장 처리장 내 펌프장	우천시 계획 오수량
	배수 펌프장	계획 우수량 + 우천시 계획 오수량

3) 펌프의 대수를 결정할 때 고려할 사항
   ① 펌프는 되도록 최대 효율점 부근에서 운전하도록 그 용량과 대수를 결정한다.
   ② 유지관리에 편리하도록 펌프의 대수를 줄이고 동일 용량의 것을 사용한다.
   ③ 펌프는 대용량의 것이 효율이 크므로 대용량 펌프를 사용한다.
   ④ 건설비를 절약하기 위하여 예비대수는 되도록 적게 한다.
   ⑤ 청천시 등 수량의 변화가 현저할 때는 펌프 회전수를 제어한다.

4) 펌프 선정시 고려사항
   ① 펌프의 특성
   ② 펌프의 효율
   ③ 펌프의 동력
   ④ 펌프의 양정
   ⑤ 펌프의 종류

9-2 펌프의 종류

(1) 원심력 펌프

   ① 상·하수도용 펌프로 가장 많이 사용한다.
   ② 양정이 높은 곳에 사용한다.(4m 이상)
   ③ 공동현상이 적다.

(2) 축류 펌프

   ① 양정이 4m 이하이다.(저양정 : 양정이 낮은 곳에 사용한다)
   ② 구조가 간단하다.
   ③ 형태가 작고 기초 공사비가 적게 든다.
   ④ 양정의 변화가 심한 경우는 부적당하다.
   ⑤ 비교회전도가 매우 크다.

(3) 사류 펌프

   ① 효율이 좋으나 최대구경이 1,000mm 정도이다.
   ② 수위 변화가 있는 곳에 적합하다.
   ③ 하수용 펌프 중 양정의 큰 변화에 대응하기 쉽고 운전시 동력이 일정하다.
   ④ 비교적 공간을 적게 차지한다.

⑤ 수명이 길다.
⑥ 임펠러의 교환에 따라 특성이 변한다.

(4) 스크류 펌프

① 용량이 작고 저양정에 주로 사용되며 슬러지 처리시 적당하다.
② 구조가 간단하고 회전수가 작다.

9-3 펌프의 기본 계산식

(1) 펌프의 구경

$$D = 146\sqrt{\frac{Q}{V}}$$

여기서, D : 흡입관 구경
V : 흡입구 유속
Q : 펌프의 토출유량

(2) 펌프의 동력

① $P_s = \dfrac{9.8\,QH}{\eta}(\text{kW})$

② $P_s = \dfrac{13.33\,QH}{\eta}(\text{HP})$

③ $P_n = P_s(1 + 여유대수)$

여기서, P_s : 펌프의 축동력
Q : 양수량
η : 펌프의 효율
H : 펌프의 전양정

(3) 펌프의 양정

① 전양정
- 실양정 + 손실수두 + 흡입수두
- 수조높이 + 흡입양정 + 손실수두
- 실양정(흡입양정 + 토출양정) + 손실수두
- 실양정 + 손실수두 + 속도수두$\left(\dfrac{V^2}{2g}\right)$

② 실양정

펌프가 실제적으로 물을 양수한 높이

여기서, 손실수두 $h_L = f \dfrac{l}{D} \dfrac{V^2}{2g}$

(4) 비교 회전도

$$N_s = N \times \dfrac{Q^{1/2}}{H^{3/4}}$$

여기서, N_s : 비교 회전도
N : 펌프 회전수
Q : 양수량
H : 전양정

① 펌프 임펠러의 단위 시간당의 회전 수
② N_s는 물을 1m³/min의 유량으로 1m 양수하는 데 필요한 회전수
③ N_s는 펌프 형식을 나타내는 지수로서 이 값이 동일하면 같은 형식의 펌프로 취급한다.
④ N_s 값이 작으면 수량이 적은 높은 양정(고양정)의 대형 펌프가 되며 N_s 값이 크면 수량이 많은 낮은 양정(저양정)의 소형 펌프가 된다.
⑤ N_s 값이 크게 될수록 흡입 성능이 나쁘고 공동현상이 발생하기 쉽다.
⑥ N_s 값은 양수량 및 전양정이 같으면 회전수가 많을수록 크게 된다.
⑦ 축류펌프는 비교 회전도가 가장 크다.

9-4 펌프의 특징

(1) 펌프의 특성 곡선

일정한 양수량에 대하여 펌프가 갖는 양정, 효율, 동력의 관계를 나타낸 그래프를 말하며 펌프 선정시 이용된다.

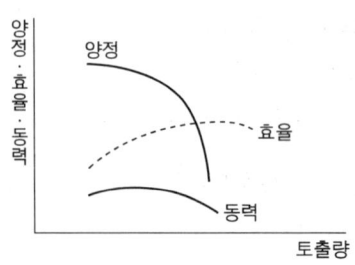

① 펌프의 실양정은 전양정에서 각종 손실수두를 뺀 것을 말한다.
② 펌프의 양정곡선과 관로 저항곡선의 교점을 펌프 운전점이라 한다.
③ 펌프는 가능한 최고 효율점 부근에서 운전하도록 대수 및 용량을 정한다.

(2) 펌프의 양수량 조절 방법

① 토출 밸브의 개폐정도를 변경한다.
② 펌프의 회전수를 변화시킨다.
③ 펌프의 운전대수를 증가 또는 감소시킨다.

(3) 펌프의 공동현상

펌프의 날개바퀴 입구에서 정압이 그 수온에 상당하는 포화증기압 이하로 될 때 그 부분의 물이 증발하여 공동을 일으켜 펌프의 성능을 현저히 저하시키며 진동을 일으켜 시간이 지나면 침식을 일으키는 현상이다.

1) 펌프의 공동현상 발생 조건
   ① 펌프의 흡입양정이 너무 크고 임펠러 회전속도가 빠른 경우
   ② 펌프가 흡수면으로부터 매우 높이 설치된 경우
   ③ 펌프의 과속으로 유량이 증가한 경우(펌프 물의 유속이 너무 빠를 때)
   ④ 관내 수온이 포화증기압 이상으로 증가한 경우

2) 공동현상의 방지 대책
   ① 유효 흡입수두가 펌프가 필요로 하는 유효 흡입수두보다 크고 그 차이 값이 1m보다 크도록 하는 것이 좋다.
   ② 펌프 회전수를 낮춰 준다.
   ③ 손실수두를 작게 한다.
   ④ 펌프의 설치위치를 낮게 한다.
   ⑤ 흡입관의 손실을 작게 한다.
   ⑥ 펌프가 공동현상을 일으키지 않고 임펠러로 물을 흡입하는 데 필요한 펌프의 흡입 기준면에 대한 최소한도의 수두인 필요 유효흡입수두(NPSH)를 유지해야 한다.

(4) 펌프의 수격작용 현상

① 펌프의 급정지, 급시동 또는 토출밸브를 급폐쇄하면 관로내 유속의 급격한 변화로 인한 충격현상으로 압력의 급상승 또는 급강하하는 현상이다.
② 관로 내의 물의 관성에 의해 발생한다.
③ 펌프, 밸브 등의 파손 원인이 된다.

1) 수격현상 발생의 경감 대책
   ① 펌프의 속도가 급격히 변화하는 것을 방지한다.(펌프의 급정지를 피한다.)
   ② 관 내의 유속을 저하시킨다.
   ③ 압력조정수조를 설치한다.
   ④ 펌프에 플라이 휠을 붙여 펌프의 관성을 증가시킨다.
   ⑤ 토출측 관로에 안전밸브 또는 공기밸브를 설치한다.
   ⑥ 펌프의 토출부에 완폐식 체크밸브를 설치한다.
   ⑦ 펌프의 흡입부에는 공기가 유입되지 않도록 한다.

(5) 펌프의 운전

1) 펌프의 병렬운전
   ① 양수량의 변화가 크고 양정의 변화가 적은 경우
   ② 단독운전시보다 양수량이 최대 2배로 증가한다.

2) 펌프의 직렬운전
   ① 단독운전인 경우의 양정을 2배로 하여 구한다.
   ② 관로의 저항곡선의 경사가 급한 경우에 사용할 때에는 병렬운전보다 유리하다.
   ③ 특성이 다른 펌프를 직렬운전할 때에는 각 펌프의 최대 양수량이 사용수량보다 반드시 크지 않으면 안 된다.

Chapter 09 펌프장 시설

기출문제

문제 001

다음 그림은 펌프 표준특성곡선이다. 펌프의 양정을 나타내는 곡선 형태는?

㉮ A
㉯ B
㉰ C
㉱ D

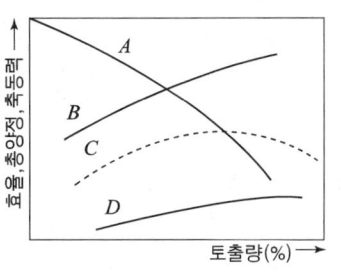

해설
- 효율 곡선은 펌프의 적정·양수량에까지는 효율이 증가하다가 적정량을 초과하면 떨어진다.
- 양정 곡선은 토출량(양수량)이 증가함에 따라 급격히 감소한다.

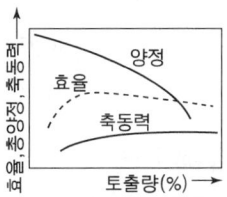

문제 002

펌프의 특성 곡선(characteristic curve)은 펌프의 양수량(토출량)과 무엇들과의 관계를 나타낸 것인가?

㉮ 비속도, 공동지수, 총양정
㉯ 총양정, 효율, 축동력
㉰ 비속도, 축동력, 총양정
㉱ 공동지수, 총양정, 효율

해설 펌프의 효율 특성 곡선
① 토출량(양수량)이 증가함에 따라 양정(H)은 급격히 감소한다.
② 펌프의 적정 양수량까지는 효율이 증가하다가 떨어진다.
③ 펌프는 용량이 클수록 효율이 높으므로 가능한 대용량을 사용한다.

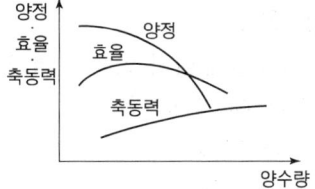

문제 003

펌프의 비속도(N_s)에 대한 설명으로 옳은 것은?

㉮ N_s 값이 클수록 고양정 펌프이다.
㉯ N_s 값이 클수록 토출량이 많은 펌프로 된다.
㉰ N_s 와 펌프 임펠러의 형상 및 펌프의 형식은 관계가 없다.
㉱ 같은 토출량과 양정의 경우 N_s 값이 클수록 대형 펌프이다.

정답 001. ㉮ 002. ㉯ 003. ㉯

해설
- N_s(비속도)값이 크면(회전수가 크면) 유량이 많은 저양정 펌프가 되고 N_s가 작으면 유량이 적은 고양정 펌프가 된다.
- 같은 토출량과 양정의 경우 N_s가 커지므로 소형 펌프가 된다.
- N_s가 같으면 펌프의 크고 작은 것도 관계없이 모두 같은 형식으로 되며 특성도 대체로 같다.
- N_s가 크게 될수록 흡입성능이 나쁘고 공동현상이 발생하기 쉽다.

문제 004

펌프의 비회전도(N_s)에 대한 설명으로 틀린 것은?

- ㉮ N_s가 동일하면 펌프의 크기에 관계없이 같은 형식의 펌프로 한다.
- ㉯ N_s가 적으면 유량이 적은 저양정의 펌프가 된다.
- ㉰ 수량 및 전양정이 같다면 회전수가 많을수록 N_s가 크게 된다.
- ㉱ N_s가 적을수록 효율곡선은 완만하게 되고 유량변화에 대해 효율변화의 비율이 적다.

해설
- N_s가 적으면 소용량으로 고양정의 펌프가 되며 원심력 펌프가 있다.
- N_s가 크면 대용량으로 저양정의 펌프가 되며 축류 펌프가 있다.
- $N_s = \dfrac{NQ^{\frac{1}{2}}}{H^{\frac{4}{3}}}$

문제 005

양수량이 8m³/min, 전양정이 4m, 회전수 1,160rpm인 펌프의 비회전도는?

- ㉮ 316
- ㉯ 985
- ㉰ 1160
- ㉱ 1436

해설
$N_s = N \cdot \dfrac{Q^{\frac{1}{2}}}{H^{\frac{3}{4}}} = 1160 \times \dfrac{8^{\frac{1}{2}}}{4^{\frac{3}{4}}} = 1160$

문제 006

최고 효율점의 양수량 800m³/hr, 전양정 7m, 회전속도 1,500rpm인 취수 펌프의 비속도(specific speed)는?

- ㉮ 1,173
- ㉯ 1,273
- ㉰ 1,373
- ㉱ 1,473

해설
$N_s = N\dfrac{Q^{\frac{1}{2}}}{H^{\frac{3}{4}}} = 1500 \times \dfrac{\left(\dfrac{800}{60}\right)^{\frac{1}{2}}}{7^{\frac{3}{4}}} = 1273$

보충
- 펌프는 용량이 클수록 효율이 좋으므로 가능하면 고용량 펌프를 사용하는 것이 좋다.
- 펌프의 설치 대수는 유지관리상 편리하도록 될 수 있는 대로 적게 하고 또 동일 용량의 것으로 한다.

정답 004. ㉱ 005. ㉰ 006. ㉯

문제 007

구경(口徑) 400mm인 모터의 직결펌프에서 양수량 10m³/분, 전양정 40m, 회전수 1,050rpm 일 때 비교회전도(N_s)는?

㉮ 209
㉯ 389
㉰ 468
㉱ 548

해설 $N_s = N \cdot \dfrac{Q^{1/2}}{H^{3/4}} = 1050 \times \dfrac{10^{1/2}}{40^{3/4}} \fallingdotseq 209$ 회

비교 회전도 N_s가 작으면 유량이 적은 고양정의 펌프이며 N_s가 크면 유량이 많은 저양정의 펌프가 된다.

문제 008

양수량 450m³/min, 총양정 3.0m, 회전속도 90rpm인 펌프의 비교회전도는 약 얼마인가?

㉮ 840
㉯ 1,150
㉰ 1,260
㉱ 600

해설 $N_s = N \times \dfrac{Q^{\frac{1}{2}}}{H^{\frac{3}{4}}} = 90 \times \dfrac{450^{\frac{1}{2}}}{3^{\frac{3}{4}}} \fallingdotseq 840$

문제 009

원심력 펌프의 규정회전수 N=8회/sec, 펌프의 규정토출량 Q=47m³/min, 펌프의 규정양정 H=13m일 때 이 펌프의 비회전도(N_s)는 약 얼마인가?

㉮ 37
㉯ 147
㉰ 239
㉱ 481

해설
- N=8회/sec=8×60=480회/min
- $N_s = N\dfrac{Q^{1/2}}{H^{3/4}} = 480 \times \dfrac{47^{1/2}}{13^{3/4}} \fallingdotseq 481$ 회
- 펌프의 성능이 최고가 되는 상태를 나타내기 위한 회전수를 비교회전도 N_s라 한다.
- N_s가 작으면 유량이 적은 고양정의 펌프이다.

문제 010

효율이 90%인 모터에 의해 가동되는 펌프의 전달효율은 80%이다. 0.5m³/sec의 물을 10m 되는 전양정으로 퍼 올릴 때 요구되는 동력의 마력(HP)수는 약 얼마인가?

㉮ 89HP
㉯ 93HP
㉰ 102HP
㉱ 113HP

해설
- $P_s = \dfrac{1000\,QH_P}{75\eta} = \dfrac{13.33\,QH_P}{\eta}(\text{HP}) = \dfrac{13.33 \times 0.5 \times 10}{0.9 \times 0.8} \fallingdotseq 93\text{HP}$
- $P_s = \dfrac{1000\,QH_P}{102\eta} = \dfrac{9.8\,QH_P}{\eta}(\text{kW})$

정답 007. ㉮ 008. ㉮ 009. ㉱ 010. ㉯

문제 011

유량 300m³/hr의 물을 높이 10m까지 양수하고자 한다. 펌프효율 75%일 때 펌프의 소요동력은 얼마인가? (단, 물의 비중은 1이다.)

㉮ 10.89 kW ㉯ 14.62 kW ㉰ 657.89 kW ㉱ 1111.11 kW

해설
$$P_s = \frac{9.8QH}{\eta}[\text{kW}] = \frac{9.8 \times (\frac{300}{3600}) \times 10}{0.75} = 10.89\text{kW}$$
여기서, Q = 양수량(m³/sec)

문제 012

1일 28,800m³의 물을 8.8m의 높이로 양수하려고 한다. 펌프의 효율을 80%, 축동력에 15%의 여유를 둘 때 원동기의 소요동력은 몇 kW인가?

㉮ 41.3 ㉯ 35.9 ㉰ 30.3 ㉱ 29.8

해설
$$P_s = \frac{9.8QH}{\eta} = \frac{9.8 \times 28,800 \div (24 \times 60 \times 60) \times 8.8}{0.8} = 35.93\text{kW}$$
∴ 축동력이 15% 소요동력
$$P_s = 35.93 \times 1.15 = 41.3\text{kW}$$

문제 013

0.2m³/sec의 물을 30m 높이에 양수하기 위한 펌프의 소요 동력(HP)은? (단, 펌프의 효율은 70%)

㉮ 29HP ㉯ 58HP ㉰ 113HP ㉱ 157HP

해설
$$P_s = \frac{13.33QH}{\eta} = \frac{13.33 \times 0.2 \times 30}{0.7} = 113\text{HP}$$

보충
- $P_s = \dfrac{9.8QH}{\eta}$ (kW)
- 펌프의 흡입구경 $D = 146\sqrt{\dfrac{Q}{V}}$

문제 014

내경 10cm, 길이 60m의 강관으로 매초당 0.02m³의 물을 30m의 높이까지 양수하려면 펌프의 축동력(kW)은? (단, 마찰손실만 고려하고 마찰손실계수 $f = 0.035$, 펌프 효율은 85%이다.)

㉮ 37 kW ㉯ 8.5 kW ㉰ 7.6 kW ㉱ 9.8 kW

해설
- $V = \dfrac{Q}{A} = \dfrac{0.02}{\dfrac{\pi \times 0.1^2}{4}} = 2.55\text{m/sec}$
- $h_L = f \cdot \dfrac{l}{D} \cdot \dfrac{V^2}{2g} = 0.035 \times \dfrac{60}{0.1} \times \dfrac{2.55^2}{2 \times 9.8} = 6.9\text{m}$
- $H = h + h_L = 30 + 6.9 = 36.9\text{m}$
- $P_s = \dfrac{1000\,QH}{102\eta} = \dfrac{9.8\,QH}{\eta} = \dfrac{9.8 \times 0.02 \times 36.9}{0.85} = 8.5\text{kW}$

정답 011. ㉮ 012. ㉮ 013. ㉰ 014. ㉯

문제 015

송수펌프의 전양정을 H, 관로 손실수두의 합을 Σh_f, 실양정을 h_a, 관로말단의 잔류속도수두를 h_o라 할 때 관계식으로 옳은 것은?

㉮ $H = h_a + \Sigma h_f + h_o$
㉯ $H = h_a - \Sigma h_f - h_o$
㉰ $H = h_a - \Sigma h_f + h_o$
㉱ $H = h_a + \Sigma h_f - h_o$

해설
- $H = h_a + \Sigma h_f + h_o$ = 실양정 + 총손실수두 + 토출관 말단의 잔류 속도수두
- 총양정 = 실양정 + 손실수두 - 흡입수두
- 실양정 : 펌프가 실제로 물을 양수한 높이(흡입양정 + 토출양정)

문제 016

펌프로 유속 1.81m/sec 정도로 양수량 0.85m³/min을 양수할 때 토출관의 지름은?

㉮ 100mm
㉯ 180mm
㉰ 360mm
㉱ 480mm

해설
- $D = 146\sqrt{\dfrac{Q}{V}} = 146\sqrt{\dfrac{0.85}{1.81}} = 100\text{mm}$
- $Q = A \cdot V$
$$\dfrac{0.85}{60} = \dfrac{3.14 \times D^2}{4} \times 1.81$$
$\therefore D ≒ 100\text{mm}$

문제 017

양수량이 15m³/min일 때 적합한 펌프의 구경은 약 얼마인가? (단, 흡입구의 유속은 2m/sec로 가정한다.)

㉮ 200mm
㉯ 300mm
㉰ 400mm
㉱ 500mm

해설 $D = 146\sqrt{\dfrac{Q}{V}} = 146\sqrt{\dfrac{15}{2}} ≒ 400\text{mm}$

문제 018

펌프 선정시의 고려사항으로 거리가 먼 것은?

㉮ 펌프의 특성
㉯ 펌프의 효율
㉰ 펌프의 동력
㉱ 펌프의 중량

해설
- 펌프는 대용량의 것이 효율이 크므로 대용량 펌프를 사용한다.
- 펌프는 되도록 최대효율점 부근에서 운전하도록 그 용량과 대수를 결정한다.
- 배출량이 많고 고양정이며 효율이 높아야 좋다.
- 양정 변동이 쉽고 효율 저하 및 운동력 증감의 변화가 적어야 한다.
- 취급 및 유지관리가 용이해야 한다.

정답 015. ㉮ 016. ㉮ 017. ㉰ 018. ㉱

문제 019
다음 중 수격작용(water hammer)의 방지 또는 감소 대책에 대한 설명으로 틀린 것은?
- ㉮ 펌프의 토출구에 완만히 닫을 수 있는 역지밸브를 설치하여 압력상승을 적게 한다.
- ㉯ 펌프 설치위치를 높게 하고 흡입양정을 크게 한다.
- ㉰ 펌프에 플라이휠(Fly Wheel)을 붙여 펌프의 관성을 증가시켜 급격한 압력강하를 완화한다.
- ㉱ 토출측 관로에 압력조절수조를 설치한다.

해설
- 펌프 설치 위치를 낮게 하고 흡입양정을 작게 한다.
- 펌프 회전수를 작게 한다.
- 펌프 송출구 부근에 밸브를 설치한다.

문제 020
펌프의 수격현상 발생을 최소화하기 위한 대책으로 옳지 않은 것은?
- ㉮ 펌프에 플라이휠(fly wheel)을 붙여 펌프의 관성을 증가시킨다.
- ㉯ 관내 유속을 증가시켜 신속히 유송한다.
- ㉰ 압력조절수조(surge tank)를 설치한다.
- ㉱ 펌프의 급정지를 피한다.

해설 관내 유속을 저하시킨다.

보충
- 수격현상은 관로 유속의 급격한 변화에 따라 관내압력이 급상승 또는 급하강하는 현상이다.
- 공동현상의 경우 펌프의 위치를 가능한 한 낮추며 임펠러를 수중에 잠기게 하고 펌프의 회전수를 낮춘다.

문제 021
펌프의 공동현상(cavitation)에 관한 내용과 가장 거리가 먼 것은?
- ㉮ 흡입양정이 클수록 발생하기 쉽다.
- ㉯ 펌프의 급정지시 발생하기 쉽다.
- ㉰ 회전날개의 파손 또는 소음, 진동의 원인이 된다.
- ㉱ 회전날개입구의 압력이 포화증기압 이하일 때 발생한다.

해설 펌프의 급정지시 발생하는 것은 수격작용이다.

보충
- 펌프의 공동현상은 펌프 내에 수증기가 증발하게 되어 발생한다.
- 공동현상을 방지하기 위해 펌프의 설치 위치를 낮추고 흡입 양정(수두)을 작게 한다.

문제 022
다음은 공동현상(cavitation)의 방지책을 설명한 것이다. 틀린 것은?
- ㉮ 마찰손실을 작게 한다.
- ㉯ 펌프의 흡입관경을 작게 한다.
- ㉰ 임펠러(impeller) 속도를 작게 한다.
- ㉱ 흡입수두를 작게 한다.

정답 019. ㉯ 020. ㉯ 021. ㉯ 022. ㉯

해설
- 흡입관은 가능한 짧은 것이 좋으며 부득이한 경우 흡입관의 직경을 크게 하여 손실을 감소시킨다.
- 펌프의 회전수를 낮춘다.
- 펌프의 설치위치를 낮게 하고 흡입양정(수두)을 작게 한다.

문제 023

펌프의 공동현상(cavitation)에 대한 설명으로 잘못된 것은?

㉮ 공동현상이 발생하면 소음이 발생한다.
㉯ 공동현상을 방지하려면 펌프의 회전수를 높게 해야 한다.
㉰ 펌프의 흡입양정이 너무 적고 임펠러 회전속도가 빠를 때 공동현상이 발생한다.
㉱ 공동현상은 펌프의 성능 저하의 원인이 될 수 있다.

해설 공동현상을 방지하려면 펌프의 회전수를 낮게, 펌프의 설치 위치를 낮게, 흡입관의 손실을 작게 하여야 한다.

문제 024

펌프의 흡입관에 대한 다음 사항 중 틀린 것은?

㉮ 충분한 흡입수두를 가질 수 있도록 한다.
㉯ 흡입관은 가능하면 수평으로 설치되도록 한다.
㉰ 흡입관에는 공기가 혼입되지 않도록 한다.
㉱ 펌프 한 대에 하나의 흡입관을 설치한다.

해설
- 흡입관은 수평으로 설치하는 것을 피해야 한다.
- 흡입관과 흡수정 벽체 사이의 거리는 관경의 1.5배 이상 두어야 한다.
- 펌프의 공동현상을 방지하기 위해 흡입관은 되도록 짧은 것이 좋고 부득이할 때에는 흡입관의 직경을 크게 한다.
- 흡입수두(양정)가 작을수록 펌프의 효율이 좋게 되고 공동현상을 방지한다.

정답 023. ㉯ 024. ㉯

토목기사 필기

CBT 모의고사

제3부 「상하수도공학」

제3부 상하수도공학

제1회 CBT 모의고사

「알려드립니다」 한국산업인력공단의 저작권법 저촉에 대한 언급(2013년 2회 시험)이 있어 과거에 출제된 동일한 문제나 그 유형의 문제로 재구성하였습니다.

문제 001

다음 하수배제 방식에 대한 설명 중 틀린 것은?

㉮ 분류식 하수관거는 청천시(淸泉時) 관로내 퇴적량이 합류식 하수관거에 비하여 많다.
㉯ 분류식 하수배제 방식은 강우 초기에 도로 위의 오염물질이 직접 하천으로 유입하는 단점이 있다.
㉰ 합류식 하수배제 방식은 폐쇄의 염려가 없고 검사 및 수리가 비교적 용이하다.
㉱ 합류식 하수관거에서는 우천시(雨泉時) 일정유량 이상이 되면 하수가 직접 수역으로 방류된다.

해설
• 분류식 하수관거는 청천시 관로내 퇴적량이 합류식 하수관거에 비하여 적다.
• 분류식은 강우시 오수처리에 유리하다.
• 분류식은 합류식에 비하여 관거의 부설비가 많이 든다.
• 합류식은 침수피해 다발지역에 유리한 방식이다.

문제 002

하수도의 관거계획에 대한 설명으로 옳은 것은?

㉮ 오수관거는 계획1일평균오수량을 기준으로 계획한다.
㉯ 합류식에서 하수의 차집관거는 우천시 계획오수량을 기준으로 계획한다.
㉰ 오수관거와 우수관거가 교차하여 역사이펀을 피할 수 없는 경우는 우수관거를 역사이펀으로 하는 것이 바람직하다.
㉱ 관거의 역사이펀을 많이 설치하여 유지관리 측면에서 유리하도록 계획한다.

해설
• 오수관거는 계획시간 최대오수량을 기준으로 계획한다.
• 관거의 역사이펀은 가능한 피하도록 계획한다.
• 오수관거와 우수관거가 교차하여 역사이펀을 피할 수 없는 경우는 오수관거를 역사이펀으로 하는 것이 바람직하다.

정답 001. ㉮ 002. ㉯

문제 003

대장균군의 수를 나타내는 MPN(최확수)에 대한 설명으로 옳은 것은?

㉮ 검수 1mL 중 이론상 있을 수 있는 대장균군의 수
㉯ 검수 10mL 중 이론상 있을 수 있는 대장균군의 수
㉰ 검수 50mL 중 이론상 있을 수 있는 대장균군의 수
㉱ 검수 100mL 중 이론상 있을 수 있는 대장균군의 수

해설 • 대장균군이 수질지표로 이용되는 이유
① 소화기 계통의 전염병균이 대장균군과 같이 존재하기 때문에 적합하다.
② 병원균보다 검출이 용이하고 검출속도가 빠르기 때문에 적합하다.
③ 소화기 계통의 전염병균보다 살균에 대한 저항력이 크므로 대장균의 유무에 의해 다른 병원균의 유무를 판단하는 간접지표로 사용된다.
④ 시험이 간편하며 정확성이 보장되므로 적합하다.
⑤ 사람이나 동물의 체내에 서식하므로 병원성 세균의 존재 추정이 가능하다.

문제 004

하수관거의 접합 중에 굴착 깊이를 얕게 함으로 공사비용을 줄일 수 있으며, 수위상승을 방지하고 양정고를 줄일 수 있어 펌프로 배수하는 지역에 적합한 방법은?

㉮ 관저 접합   ㉯ 관정 접합
㉰ 수면 접합   ㉱ 관중심 접합

해설 • 수면접합은 수리학적으로 가장 유리한 방법으로 계획수위를 일치시켜 접합시킨다.
• 관정접합은 굴착깊이가 증가됨으로 공사비가 증대되고 펌프 배수하는 지역에서는 양정이 높게 되는 단점이 있다.
• 관정접합은 관경이 변화하는 경우 관거의 내면 상단부를 동일 높이로 맞추어서 접속하는 방법이다.
• 지표의 경사가 급한 경우 지표경사에 따라서 단차접합 또는 계단접합을 한다.

문제 005

$Q = \dfrac{1}{360} CIA$는 합리식으로서 첨두유량을 산정할 때 사용된다. 이 식에 대한 설명으로 옳지 않은 것은?

㉮ C는 유출계수로 무차원이다.
㉯ I는 도달시간 내의 강우강도로 단위는 mm/hr이다.
㉰ A는 유역면적으로 단위는 km^2이다.
㉱ Q는 첨두유출량으로 단위는 m^3/sec이다.

해설 • A는 유역면적으로 단위는 ha이다.
• $Q = \dfrac{1}{3.6} CIA$인 경우, A는 유역면적으로 단위는 km²이다.

정답 003. ㉱   004. ㉮   005. ㉰

문제 006

부유물 농도 200mg/L, 유량 2,000m³/day인 하수가 침전지에서 70% 제거된다. 이때 슬러지의 함수율이 95%, 비중이 1.1일 때 슬러지의 양은?

㉮ 4.9m³/day
㉯ 5.1m³/day
㉰ 5.3m³/day
㉱ 5.5m³/day

해설 슬러지의 양 = 유입SS농도 × 제거효율 × 하수량

$$= (200 \times 10^{-6}) \times (0.7) \times \left(2,000 \times 1,000 \times \frac{1}{1,100} \times \frac{100}{100-95}\right)$$

$$= 5.1 \text{m}^3/\text{day}$$

문제 007

혐기성 소화 공정에서 소화가스 발생량이 저하될 때 그 원인으로 적합하지 않은 것은?

㉮ 소화슬러지의 과잉배출
㉯ 조내 퇴적 토사의 배출
㉰ 소화조내 온도의 저하
㉱ 소화가스의 누출

해설
- 혐기성 소화는 용존산소가 없는 환경에서 유기물이 혐기성 세균의 활동에 의해 무기물로 분해되어 안정화되는 방식이다.
- 조내 퇴적 토사가 배출되거나 조내 온도가 상승하면 소화가스 발생량이 증가된다.

문제 008

정수처리방법의 선정 시 고려사항 중 가장 관련이 먼 것은?

㉮ 정수시설의 규모
㉯ 원수의 수질
㉰ 도시개발 규모 및 소비 수량
㉱ 정수의 수질기준 및 장래 강화되는 수질기준

해설 목표하는 정수수질, 처리수 및 슬러지의 재이용계획, 정수처리시설의 건설 유지관리비 등이 고려되어야 한다.

문제 009

하수 중의 질소와 인을 동시 제거하기 위해 이용될 수 있는 고도처리시스템은?

㉮ 혐기 호기조합법
㉯ 3단 활성슬러지법
㉰ Phostrip법
㉱ 혐기 무산소 호기조합법

해설 고도처리 공정으로 생물학적 질소·인 동시 제거법의 혐기 무산소 호기조합법에 의해 처리된다.

정답 006. ㉯ 007. ㉯ 008. ㉰ 009. ㉱

문제 010

펌프의 특성 곡선(characteristic curve)은 펌프의 양수량(토출량)과 무엇들과의 관계를 나타낸 것인가?

㉮ 비속도, 공동지수, 총양정
㉯ 총양정, 효율, 축동력
㉰ 비속도, 축동력, 총양정
㉱ 공동지수, 총양정, 효율

해설 펌프의 효율 특성 곡선
① 토출량(양수량)이 증가함에 따라 양정(H)은 급격히 감소한다.
② 펌프의 적정 양수량까지는 효율이 증가하다가 떨어진다.
③ 펌프는 용량이 클수록 효율이 높으므로 가능한 대용량을 사용한다.

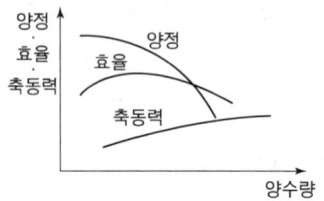

문제 011

펌프의 성능상태에서 비속도(N_S) 값의 정의로 옳은 것은?

㉮ 물을 1m 높이로 양수하는데 필요한 회전수
㉯ 1HP의 동력으로 물을 1m 양수하는데 필요한 회전수
㉰ 물을 1m³/min의 유량으로 1m 양수하는데 필요한 회전수
㉱ 1HP의 동력으로 물을 1m³/min 양수하는데 필요한 회전수

해설
- $N_s = \dfrac{N \times Q^{\frac{1}{2}}}{H^{\frac{3}{4}}}$
- N_s 가 작으면 유량이 적은 고양정의 펌프이다.

문제 012

송수관이란 다음 중 어느 것을 지칭하는가?

㉮ 취수장과 정수장 사이의 관
㉯ 정수장과 배수지 사이의 관
㉰ 배수지에서 주도로까지의 관
㉱ 배수지에서 수도계량기까지의 관

해설
- 송수는 정수장에서 정수된 물을 배수지까지 보내는 과정이다.
- 송수관로는 수리학적으로 수압과의 관계로부터 개수로식과 관수로식으로 분류 가능하다.
- 정수시설로부터 배수시설의 시점까지 정화된 물, 즉 상수를 보내는 것을 송수라 한다.

문제 013

다음 중 응집처리를 위한 응집제가 아닌 것은?

㉮ 황산알루미늄($Al_2(SO_4)_3$)
㉯ 염화제2철($FeCl_3$)
㉰ 황산제2철($Fe_2(SO_4)_3$)
㉱ 황화수소(H_2S)

정답 010. ㉯ 011. ㉰ 012. ㉯ 013. ㉱

해설
- 황화수소는 하수관거 내가 혐기성 상태가 될 때 황화합물(S)이 분해되어 발생되며 관정 부식의 주된 원인이 된다.
- 응집제의 종류에는 황산알루미늄, 폴리염화알루미늄, 알루미늄 명반, 칼륨 명반, 황산제1철, 황산제2철 등이 있다.

문제 014

수원의 구비조건으로 옳지 않은 것은?

㉮ 최대갈수기에도 계획수량의 확보가 가능해야 한다.
㉯ 수질이 양호해야 한다.
㉰ 오염 회피를 위하여 도심에서 멀리 떨어진 곳일수록 좋다.
㉱ 수리권의 획득이 용이하고, 건설비 및 유지관리가 경제적이어야 한다.

해설 풍부한 수량, 양질의 물, 충분한 수두, 급수구역과 가까운 곳에 수원지를 취한다.

문제 015

계획급수인구 50,000인, 1인 1일 최대급수량 300L, 여과속도 100m/day로 설계하고자 할 때 급수여과지의 면적은?

㉮ $150m^2$
㉯ $300m^2$
㉰ $1500m^2$
㉱ $3000m^2$

해설
- 계획 1일 최대급수량
  $300 \times 50,000 = 15,000,000 \, L/day = 15,000 \, m^3/day$
- $Q = AV$
  $\therefore A = \dfrac{Q}{V} = \dfrac{15,000}{100} = 150 \, m^2$

문제 016

하수관로에 대한 설명으로 옳지 않은 것은?

㉮ 관로의 최소 흙두께는 원칙적으로 1m로 하나, 노반두께, 동결심도 등을 고려하여 적절한 흙두께로 한다.
㉯ 관로의 단면은 단면형상에 따른 수리적 특성을 고려하여 선정하되 원형 또는 직사각형을 표준으로 한다.
㉰ 우수관로의 최소관경은 200mm를 표준으로 한다.
㉱ 합류관로의 최소관경은 200mm를 표준으로 한다.

해설 우수관로의 최소관경은 250mm를 표준으로 한다.

정답 014. ㉰ 015. ㉮ 016. ㉰

문제 017

집수매거(infiltration galleries)에 관한 설명 중 옳지 않은 것은?

㉮ 집수매거는 하천부지의 하상 밑이나 구하천 부지 등의 땅속에 매설하여 복류수나 자유수면을 갖는 지하수를 취수하는 시설이다.
㉯ 철근 콘크리트조의 유공관 또는 권선형 스크린관을 표준으로 한다.
㉰ 집수매거 내의 평균유속은 유출단에서 1m/s 이하가 되도록 한다.
㉱ 집수매거의 집수개구부(공) 직경은 3~5cm를 표준으로 하고, 그 수는 관거표면적 1m^{2}당 5~10개로 한다.

해설
- 집수매거의 매설깊이는 5m 이상으로 하는 것이 바람직하다.
- 집수매거는 복류수의 흐름 방향에 대하여 지형 등을 고려하여 가능한 직각으로 설치 하는 것이 효율적이다.
- 집수매거의 집수개구부(공) 직경은 10~20mm를 표준으로 하고, 그 수는 관거표면적 1m^{2}당 20~30개로 한다.

문제 018

침전지 내에서 비중이 0.7인 입자의 부상속도를 V라 할 때, 비중이 0.4인 입자의 부상속도는? (단, 기타의 모든 조건은 같다.)

㉮ $0.5V$ ㉯ $1.25V$
㉰ $1.75V$ ㉱ $2V$

해설

부상속도 $v = \dfrac{(\rho_w - \rho_p)g}{18\mu}d^2$에서 모든 조건이 같으므로 나머지를 상수($k$)로 하면
$v = k(\rho_w - \rho_p)$ 관계식이 된다. 즉, $k(1-0.7) = 0.3k$, $k(1-0.4) = 0.6k$
비례식으로 구하면 $0.3k : V = 0.6k : x$
∴ $x = \dfrac{0.6k}{0.3k}V = 2V$

문제 019

상수도의 구성이나 계통에서 상수원의 부영양화가 가장 큰 영향을 미칠 수 있는 시설은?

㉮ 취수시설 ㉯ 정수시설
㉰ 송수시설 ㉱ 배·급수시설

해설 오염물질이 강이나 호수로 흘러들어 가면 물속에는 질소와 인 등 영양물질이 풍부해져 부영양화가 일어나 나쁜 영향을 주므로 정수처리 때 철저한 관리가 필요하다.

정답 017. ㉱ 018. ㉱ 019. ㉯

문제 020

그림은 Hardy-cross 방법에 의한 배수관망의 도해법이다. 그림에 대한 설명으로 틀린 것은? (단, Q는 유량, H는 손실수두를 의미한다.)

㉮ Q_1과 Q_6은 같다.
㉯ Q_2의 방향은 +이고, Q_3의 방향은 -이다.
㉰ $H_2 + H_4 + H_3 + H_5$는 0이다.
㉱ H_1은 H_6과 같다.

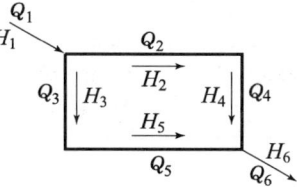

해설
- H_1은 H_6과 다르다.
- 배수관에 들어온 유입 유량은 정지하지 않는다.
- 각 폐합 관의 마찰손실수두의 합은 흐름의 방향에 관계없이 0으로 가정한다.
- 마찰 이외의 손실은 무시한다.

정답 020. ㉱

제 3 부 상하수도공학

제 2 회 CBT 모의고사

> 「알려드립니다」 한국산업인력공단의 저작권법 저촉에 대한 언급(2013년 2회 시험)이 있어 과거에 출제된 동일한 문제나 그 유형의 문제로 재구성하였습니다.

문제 001

양수량이 50m³/min이고 전양정이 8m일 때 펌프의 축동력은 얼마인가? (단, 펌프의 효율(η) = 0.8)

㉮ 65.2kW ㉯ 73.6kW
㉰ 81.5kW ㉱ 92.4kW

해설 $P_s = \dfrac{9.8QH}{\eta} = \dfrac{9.8 \times \left(\dfrac{50}{60}\right) \times 8}{0.8} = 81.7\text{kW}$

보충 $P_s = \dfrac{13.33QH}{\eta}$ (HP)

문제 002

관로별 계획하수량 선정시 고려해야 할 사항으로 적합하지 않은 것은?

㉮ 오수관거는 계획시간최대오수량을 기준으로 한다.
㉯ 우수관거에서는 계획우수량을 기준으로 한다.
㉰ 합류식 관거는 계획시간최대오수량에 계획우수량을 합한 것을 기준으로 한다.
㉱ 차집관거는 계획시간최대오수량에 우천시 계획우수량을 합한 것을 기준으로 한다.

해설 합류식에서의 차집관거는 우천시 계획오수량(계획시간 최대 오수량의 3배)을 기준으로 계획한다.

문제 003

펌프의 비속도(N_s)에 대한 설명으로 옳은 것은?

㉮ N_s가 작게 되면 사류형으로 되고 계속 작아지면 축류형으로 된다.
㉯ N_s가 커지면 임펠러 외경에 대한 임펠러의 폭이 작아진다.
㉰ N_s가 작으면 일반적으로 토출량이 적은 고양정의 펌프를 의미한다.
㉱ 토출량과 전양정이 동일하면 회전속도가 클수록 N_s가 작아진다.

정답 001. ㉰ 002. ㉱ 003. ㉰

해설
- N_s 가 크면 유량이 많은 저양정의 펌프가 되며 축류 펌프가 있다.
- $N_s = N \dfrac{Q^{\frac{1}{2}}}{H^{\frac{3}{4}}}$
- N_s 가 동일하면 펌프의 크기에 관계없이 같은 형식의 펌프로 한다.
- 토출량 및 전양정이 같다면 회전수가 많을수록 N_s 가 크게 된다.
- N_s 가 적을수록 효율곡선은 완만하게 되고 유량변화에 대해 효율변화의 비율이 적다.

문제 004

도·송수 관로내 최소 유속을 정하는 주요 이유는?

㉮ 관로 내면의 마모를 방지하기 위하여
㉯ 관로내 침전물의 퇴적을 방지하기 위하여
㉰ 양정에 소모되는 전력비를 절감하기 위하여
㉱ 수격작용이 발생할 가능성을 낮추기 위하여

해설
- 평균 유속의 최소 한도 : 0.3m/sec
- 평균 유속의 최대 한도 : 3.0m/sec

문제 005

취수보의 취수구에서의 표준 유입속도는?

㉮ 0.3~0.6 m/sec ㉯ 0.4~0.8 m/sec
㉰ 0.5~1.0 m/sec ㉱ 0.6~1.2 m/sec

해설
- 취수구의 바닥높이는 배토문 바닥 높이보다 0.5~1.0m 이상 높게 하여야 한다.
- 취수구 유입속도는 0.4~0.8m/s를 표준으로 한다.
- 취수구의 폭은 바닥 높이에서 유입속도 범위가 유지되도록 해야 한다.

문제 006

정수장으로 유입되는 원수의 수역이 부영양화되어 녹색을 띠고 있다. 정수방법에서 고려할 수 있는 최우선적인 방법에 해당하는 것은?

㉮ 침전지의 깊이를 깊게 한다.
㉯ 여과사의 입경을 작게 한다.
㉰ 침전지의 표면적을 크게 한다.
㉱ 마이크로 스트레이너로 전처리한다.

해설 마이크로 스트레이너(Micro strainer)는 수중의 동·식물성 플랑크톤이나 부유물질을 기계적으로 연속하여 제거하는 장치이다.

정답 004. ㉯ 005. ㉯ 006. ㉱

문제 007

계획오수량을 생활오수량, 공장폐수량 및 지하수량으로 구분할 때, 이것에 대한 설명으로 옳지 않은 것은?

㉮ 지하수량은 1인1일 최대오수량의 10~20%로 한다.
㉯ 계획1일 최대오수량은 1인1일 최대오수량에 계획인구를 곱한 후, 여기에 공장폐수량, 지하수량 및 기타 배수량을 더한 것으로 한다.
㉰ 계획1일 평균오수량은 계획1일 최대오수량의 70~80%를 표준으로 한다.
㉱ 합류식에서 우천시 계획오수량은 원칙적으로 계획시간 최대오수량의 2배 이상으로 한다.

해설
- 합류식에서 우천시 계획오수량은 원칙적으로 계획시간 최대오수량의 3배 이상으로 한다.
- 계획시간 최대오수량은 계획 1일 최대오수량의 1시간당 수량의 1.3~1.8배를 표준으로 한다.
- 하수처리장의 설계기준이 되는 기본적 하수량은 계획 1일 최대오수량을 기준한다.

문제 008

수격작용을 방지하기 위한 방법으로 옳지 않은 것은?

㉮ 펌프에 플라이 휠(fly-wheel)을 붙여 펌프의 관성을 증가시킨다.
㉯ 토출측 관로에 조압수조(surge tank)를 설치한다.
㉰ 압력수조(air-chamber)를 설치한다.
㉱ 펌프 흡입측에 완폐형 역지밸브를 단다.

해설
- 펌프의 토출구에 완만히 닫을 수 있는 역지밸브를 설치하여 압력상승을 적게 한다.
- 펌프의 토출측 관로에 안전밸브 또는 공기밸브를 설치한다.
- 펌프의 급정지를 피한다. 즉, 펌프의 속도가 급격히 변화하는 것을 방지한다.
- 밸브를 펌프 송출구 가까이 설치한다.

문제 009

어느 지역의 간선하수거 길이가 600m, 하수거 입구까지 빗물이 유하하는 데 3분이 소요되었다. 간선하수거내 유속은 2m/sec라면 유달시간은?

㉮ 2분   ㉯ 3분   ㉰ 5분   ㉱ 8분

해설
- 유입시간(t_1) : 3분
- 유하시간(t_2) : $\dfrac{L}{V} = \dfrac{600}{2} = 300$초 $= 5$분

∴ 유달시간(t) $= t_1 + t_2 = 3 + 5 = 8$분

문제 010

정수장에서 전염소처리법(prechlorination)의 목적으로 가장 거리가 먼 것은?

㉮ 맛과 냄새의 제거   ㉯ 암모니아성 질소와 유기물 등의 처리
㉰ 철과 망간의 제거   ㉱ 적정한 잔류염소량 유지

정답 007. ㉱ 008. ㉱ 009. ㉱ 010. ㉱

해설
- 전 염소 처리는 염소를 침전지 이전에 주입하는 것으로 소독작용이 아닌 산화·분해작용이 주목적이다.
- 전 염소 처리로 조류 및 세균번식 방지를 할 수 있다.

문제 011

다음 중 수원의 구비요건이 아닌 것은?

㉮ 수량이 풍부하여야 한다.
㉯ 수질이 좋아야 한다.
㉰ 가능한 한 낮은 곳에 위치하여야 한다.
㉱ 소비자로부터 가까운 곳에 위치하여야 한다.

해설
- 수리학적으로 가능한 한 자연유하식을 이용할 수 있는 곳이어야 하므로 가능한 한 높은 곳에 위치하여야 한다.
- 하천 표류수를 수원으로 할 경우에는 하천 유량 상황이 좋지 않은 갈수량을 기준으로 결정한다.

문제 012

침전지의 유효수심이 4m, 침전시간 8시간, 1일 최대사용수량이 500m³일 때 침전지의 소요 표면적은?

㉮ 32.3m²
㉯ 41.7m²
㉰ 50.8m²
㉱ 61.2m²

해설
$$A = \frac{Q \cdot t}{h_0} = \frac{500\text{m}^3/\text{day} \times 8}{4} = \frac{(500\text{m}^3/24\text{시간}) \times 8}{4} = 41.7\text{m}^2$$

보충
- 응집침전으로 용해성 물질을 제거할 수 없다.
- 침사지의 용량은 계획 취수량의 10~20분간 저류 시킬 수 있어야 한다.

문제 013

합류식과 분류식에 대한 설명으로 옳지 않은 것은?

㉮ 합류식의 경우 관경이 커지기 때문에 2계통인 분류식보다 건설비용이 많이 든다.
㉯ 분류식의 경우 오수와 우수를 별개의 관로로 배제하기 때문에 오수의 배제계획이 합리적이 된다.
㉰ 분류식의 경우 관거내 퇴적은 적으나 수세효과는 기대할 수 없다.
㉱ 합류식의 경우 일정량 이상이 되면 우천시 오수가 월류한다.

해설
- 합류식의 경우 분류식보다 건설비용이 적게 든다.
- 분류식은 우천시 월류의 우려가 없다.

정답 011. ㉰ 012. ㉯ 013. ㉮

문제 014

하수도 계획의 목표연도는 원칙적으로 몇 년 정도인가?

㉮ 10년 ㉯ 20년
㉰ 30년 ㉱ 40년

해설 상수도 시설의 신설이나 확장의 경우에는 5~15년간을 고려하여 계획한다.

문제 015

Ripple법에 의하여 저수지 용량을 결정하려고 한다. 그림에서 필요저수용량을 표시한 구간은?
(단, 직선 $\overline{AB}$, $\overline{CD}$는 $\overline{OX}$에 평행하고 누가수량차 E가 F보다 크다.)

㉮ ①
㉯ ②
㉰ ③
㉱ ④

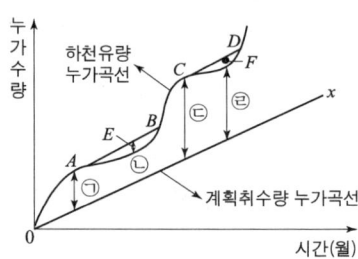

해설 E에 해당하는 세로 길이가 필요 저수용량(부족수량)이 된다.

문제 016

도수 및 송수관로 계획에 대한 설명으로 옳지 않은 것은?

㉮ 비정상적 수압을 받지 않도록 한다.
㉯ 수평 및 수직의 급격한 굴곡을 많이 이용하여 자연 유하식이 되도록 한다.
㉰ 가능한 한 단거리가 되도록 한다.
㉱ 가능한 한 적은 공사비가 소요되는 곳을 택한다.

해설 도수 및 송수관로 결정시 급격한 굴곡은 가능한 피한다.

문제 017

반송 찌꺼기(슬러지)의 SS농도가 6000mg/L이다. MLSS농도를 2500mg/L로 유지하기 위한 찌꺼기(슬러지) 반송비는?

㉮ 25% ㉯ 55.%
㉰ 71% ㉱ 100%

해설 반송비 = $\dfrac{MLSS \text{ 농도}}{\text{반송 슬러지 농도} - MLSS \text{ 농도}} = \dfrac{2500}{6000-2500} = 0.71 = 71\%$

정답 014. ㉯ 015. ㉯ 016. ㉯ 017. ㉰

문제 018

호기성 처리방법과 비교하여 혐기성 처리방법의 특징에 대한 설명으로 틀린 것은?

㉮ 유용한 자원인 메탄 생성된다.
㉯ 동력비 및 유지관리비가 적게 든다.
㉰ 하수 찌꺼기(슬러지) 발생량이 적다.
㉱ 운전조건의 변화에 적응하는 시간이 짧다.

해설 운전조건의 변화에 적응하기 힘들어 시간이 길다.

문제 019

1개의 반응조에 반응조와 이차침전지의 기능을 갖게 하여 활성슬러지에 의한 반응과 혼합액의 침전, 상징수의 배수, 침전찌꺼기(슬러지)의 배출공정 등을 반복해 처리하는 하수처리공법은?

㉮ 수정식 폭기조법   ㉯ 장시간폭기법
㉰ 접촉안정법   ㉱ 연속회분식 활성슬러지법

해설 연속회분식 활성슬러지법은 단일조(회분반응조)내에서 유입, 혐기교반, 호기교반, 침전, 상징수 배출의 전공정이 이루어지므로 시설 부지면적이 절감되며 전공정이 자동화로 인건비가 절약, 기존 생물학적 처리방식에서 문제가 되는 bulking 현상이 없다.

문제 020

계획수량에 대한 설명으로 옳지 않은 것은?

㉮ 송수시설의 계획송수량은 원칙적으로 계획1일 최대급수량을 기준으로 한다.
㉯ 계획취수량은 계획1일 최대급수량을 기준으로 하며, 기타 필요한 작업용수를 포함한 손실수량 등을 고려한다.
㉰ 계획배수량은 원칙적으로 해당 배수구역의 계획1일 최대급수량으로 한다.
㉱ 계획정수량은 계획1일 최대급수량을 기준으로 하고, 여기에 정수장내 사용되는 작업용수와 기타 용수를 합산 고려하여 결정한다.

해설
- 계획배수량은 원칙적으로 해당 배수구역의 계획시간 최대급수량으로 한다.
- 계획시간 최대 배수량은 배수구역내의 계획급수인구가 그 시간대에 최대량의 물을 사용한다고 가정하여 결정한다.

정답 018. ㉱ 019. ㉱ 020. ㉰

제 3 부 상하수도공학

제 3 회 CBT 모의고사

「알려드립니다」 한국산업인력공단의 저작권법 저촉에 대한 언급(2013년 2회 시험)이 있어 과거에 출제된 동일한 문제나 그 유형의 문제로 재구성하였습니다.

문제 001

혐기성 상태에서 탈질산화(denitrification) 과정을 맞게 설명한 것은?

㉮ 암모니아성질소 – 질산성질소 – 아질산성질소
㉯ 아질산성질소 – 질산성질소 – 질소가스(N_2)
㉰ 질산성질소 – 아질산성질소 – 질소가스(N_2)
㉱ 암모니아성질소 – 아질산성질소 – 질산성질소

해설 탈질산화 과정
$NO_3 - N$(질산성질소) → $NO_2 - N$(아질산성질소) → N_2(질소가스)

보충 질산화 과정
NH_3 → NO_2 → NO_3

문제 002

수원지에서부터 각 가정까지의 상수계통도를 나타낸 것으로 옳은 것은?

㉮ 수원 – 취수 – 도수 – 배수 – 정수 – 송수 – 급수
㉯ 수원 – 취수 – 배수 – 정수 – 도수 – 송수 – 급수
㉰ 수원 – 취수 – 도수 – 송수 – 정수 – 배수 – 급수
㉱ 수원 – 취수 – 도수 – 정수 – 송수 – 배수 – 급수

해설 상수계통도
수원 → 취수 → 도수 → 정수 → 송수 → 배수 → 급수

보충 • 우리나라의 상수도 시설을 설계, 계획시 통상 5~15년을 기준한다.
• 상수도 계획에서 계획 급수 인구를 추정할 때는 과거 20년간의 인구 증감을 고려한다.

문제 003

상수도 시설 중 접합정에 관한 설명으로 가장 옳은 것은?

㉮ 복류수를 취수하기 위해 매설한 유공관거 시설
㉯ 상부를 개방하지 않은 수로시설
㉰ 배수지 등의 유입수의 수위조절과 양수를 위한 시설
㉱ 관로의 도중에 설치하여 주로 관로의 수압을 조절할 목적으로 설치하는 시설

정답 001. ㉰ 002. ㉱ 003. ㉱

해설
- 접합정은 물의 흐름을 원활히 하기 위하여 수로의 분기, 합류 및 관수로로 변하는 곳에 설치한다.
- 안전밸브는 관로 내에 이상수압이 발생시 관의 파열을 막게 하며 수격작용이 일어나기 쉬운 곳에 설치한다.

문제 004

합류식에서 하수 차집관거의 계획하수량 기준으로 옳은 것은?

㉮ 계획시간 최대오수량 이상
㉯ 계획시간 최대오수량의 3배 이상
㉰ 계획시간 최대오수량과 계획시간 최대우수량의 합 이상
㉱ 계획우수량과 계획시간 최대오수량의 합의 2배 이상

해설
- **합류식 차집관거** : 우천시 계획오수량(계획시간 최대오수량의 3배 이상)
- **분류식 오수관거** : 계획시간 최대오수량 이상

문제 005

BOD 200mg/L, 유량 600m³/day인 어느 식료품 공장폐수가 BOD 10mg/L, 유량 2m³/sec인 하천에 유입한다. 폐수가 유입되는 지점으로부터 하류 5km 지점의 BOD(mg/L)는? [단, 다른 유입원은 없고, 하천의 유속 0.05m/sec, 20℃ 탈산소계수(K_1)=0.1/day이고, 상용대수, 20℃ 기준이며 기타 조건은 고려하지 않음]

㉮ 6.26 mg/L
㉯ 7.21 mg/L
㉰ 8.16 mg/L
㉱ 4.39 mg/L

해설
- 5km 지점까지 도달시간
$$t = \frac{L}{V} = \frac{5000}{0.05} = 100,000\text{sec} = 1.16\text{day}$$
- 혼합농도
$$C_m = \frac{Q_1 C_1 + Q_2 C_2}{Q_1 + Q_2} = \frac{600 \times 200 + (2 \times 60 \times 60 \times 24) \times 10}{600 + (2 \times 60 \times 60 \times 24)} = 10.657\text{mg}/l$$
- 5km 지점의 BOD
$$10.657 \times 10^{(-0.1 \times 1.16)} = 8.16\text{mg}/l$$

문제 006

완속여과지에 관한 설명으로 옳지 않은 것은?

㉮ 넓은 부지면적을 필요로 한다.
㉯ 응집제를 필수적으로 투입해야 한다.
㉰ 비교적 양호한 원수에 알맞은 방법이다.
㉱ 여과속도는 4~5m/d를 표준으로 한다.

정답 004. ㉯ 005. ㉰ 006. ㉯

해설
- 완속여과지에는 응집제를 사용하지 않는다.
- 완속여과지의 모래층의 두께는 70~90cm로 한다.
- 완속여과지의 형상은 직사각형을 표준으로 한다.

문제 007

다음 설명 중 옳지 않은 것은?

㉮ BOD가 과도하게 높으면 DO는 감소하며 악취가 발생된다.
㉯ BOD, COD는 오염의 지표로서 하수 중의 용존산소량을 나타낸다.
㉰ BOD는 유기물이 호기성 상태에서 분해·안정화되는 데 요구되는 산소량이다.
㉱ BOD는 보통 20℃에서 5일간 시료를 배양했을 때 소비된 용존산소량으로 표시된다.

해설
- 하수는 화학적 산소요구량(COD)으로 측정하는 경우가 많다.
- 오염이 되면 BOD 및 COD의 증가, 부유물의 증가, DO의 감소 현상이 나타난다.

문제 008

하수처리장에서 480,000L/day의 하수량을 처리한다. 펌프장의 습정(wet well)을 하수로 채우기 위하여 40분이 소요된다면 습정의 부피는 몇 m^3인가?

㉮ $12.3m^3$
㉯ $13.3m^3$
㉰ $14.3m^3$
㉱ $15.3m^3$

해설
- $Q = 480,000 l/day = 480 m^3/day = 480 m^3/24 \times 60분 = 0.333 m^3/분$
- 폭기시간 = $\dfrac{폭기조\ 부피}{유입수량} = \dfrac{V}{Q}$

∴ V = 폭기시간 × 유입수량 = $40 \times 0.333 = 13.3 m^3$

문제 009

슬러지 용적지수(SVI)에 관한 설명 중 옳지 않은 것은?

㉮ 폭기조 내 혼합물을 30분간 정치한 후 침강한 1g의 슬러지가 차지하는 부피(ml)로 나타낸다.
㉯ 정상적으로 운전되는 폭기조의 SVI는 50~150 범위이다.
㉰ SVI는 슬러지 밀도지수(SDI)에 100을 곱한 값을 의미한다.
㉱ SVI는 폭기시간, BOD농도, 수온 등에 영향을 받는다.

해설
- $SDI = \dfrac{100}{SVI}$
- SVI가 적을수록 슬러지가 농축되기 쉽다.
- SVI는 활성슬러지의 침강성을 나타내는 지표이다.
- SVI가 높아지면 MLSS는 감소한다.

정답 007. ㉯ 008. ㉯ 009. ㉰

문제 010

수원(水源)에 관한 설명 중 틀린 것은?

㉮ 용천수는 지하수가 자연적으로 지표로 솟아나온 것으로 그 성질은 대개 지표수와 비슷하다.
㉯ 심층수는 대지의 정화작용으로 인해 무균 또는 거의 이에 가까운 것이 보통이다.
㉰ 복류수는 어느 정도 여과된 것이므로 지표수에 비해 수질이 양호하며, 대개의 경우 침전지를 생략할 수 있다.
㉱ 천층수는 지표면에서 깊지 않은 곳에 위치함으로서 공기의 투과가 양호하므로 산화작용이 활발하게 진행된다.

해설 용천수는 지하수가 자연적으로 지표로 솟아 나온 것으로 그 성질은 피압면 지하수와 비슷하다.

보충
- 복류수는 수량이 풍부하면서 수질도 양호하고 철분, 망간 등의 광물질 함량이 적어 수원으로 적합하다.
- 저수지수는 부영양화 현상에 의한 조류의 발생이 하천수보다 많다.

문제 011

수격현상(Water Hammer)의 방지책으로 잘못된 것은?

㉮ 펌프의 급정지를 피한다.
㉯ 가능한 한 관내유속을 크게 한다.
㉰ 토출관쪽에 압력조정용수조(surge tank)를 설치한다.
㉱ 토출측 관로에 에어챔버(air chamber)를 설치한다.

해설 가능한 한 관내 유속을 작게 한다.

보충 수격작용은 펌프의 관수로에서 정전에 의하여 펌프가 급정지하는 경우 관로 유속의 급격한 변화에 따라 관내 압력의 급상승 또는 급강하하는 현상이다.

문제 012

도수 및 송수관거 설계시에 평균유속의 최대한도는?

㉮ 0.3m/sec   ㉯ 3.0m/sec
㉰ 13.0m/sec   ㉱ 30.0m/sec

해설
- 도수 및 송수관거의 평균유속의 최대한도는 3.0m/sec이다.
- 모르터 또는 콘크리트 관의 경우 3.0m/sec
- 강철, 주철, 경질 염화비닐의 경우 6.0m/sec

보충 도수관의 평균 유속의 최소한도는 모래 입자 등의 침전을 방지하기 위해 0.3m/sec 이상으로 한다.

정답 010. ㉮ 011. ㉯ 012. ㉯

문제 013

호수나 저수지에 대한 설명으로 틀린 것은?

㉮ 여름에는 성층을 이룬다.
㉯ 가을에는 순환(turn over)을 한다.
㉰ 성층은 연직방향의 밀도차에 의해 구분된다.
㉱ 성층 현상이 지속되면 하층부의 용존산소량이 증가한다.

해설
- 성층 현상이 지속되면 하층부의 용존산소량이 감소한다.
- 하천수에 비해 부영양화 현상이 나타나기 쉽다.
- 봄철과 가을철에 연직방향의 순환이 일어난다.
- 상층과 하층의 수온 차이는 겨울철이 여름철보다 작다.

문제 014

전양정 4m, 회전속도 100rpm, 펌프의 비교회전도가 920일 때 양수량은?

㉮ 677m³/min ㉯ 834m³/min
㉰ 975m³/min ㉱ 1134m³/min

해설

$$N_s = N \frac{Q^{1/2}}{H^{3/4}}$$

$$920 = 100 \times \frac{Q^{1/2}}{4^{3/4}}$$

$$\therefore Q = 677 \, m^3/min$$

문제 015

어느 도시의 급수 인구 자료가 표와 같을 때 등비증가법에 의한 2020년도의 예상 급수인구는?

㉮ 약 12000명
㉯ 약 15000명
㉰ 약 18000명
㉱ 약 21000명

연도	인구(명)
2005	7200
2010	8800
2015	10200

해설
- 연평균 인구 증가율

$$r = \left(\frac{P_o}{P_t}\right)^{\frac{1}{t}} - 1 = \left(\frac{10,200}{7,200}\right)^{\frac{1}{10}} - 1 = 0.035$$

- 급수인구

$$P_n = P_o(1+r)^n = 10,200(1+0.035)^5 ≒ 12,000명$$

보충 등차 급수법

$$P_n = P_o + na = P_o + n \times \frac{P_o - P_t}{t}$$

정답 013. ㉱ 014. ㉮ 015. ㉮

문제 016

양수량 15.5m³/min, 양정 24m, 펌프효율 80%, 여유율(α) 15%일 때 펌프의 전동기 출력은?

㉮ 57.8kW ㉯ 75.8kW
㉰ 78.2kW ㉱ 87.2kW

해설
- $P_s = \dfrac{9.8\,QH}{\eta} = \dfrac{9.8 \times (15.5 \div 60) \times 24}{0.8} = 75.9\,\text{kW}$
- 축동력이 15% 소요동력 $P_s = 75.9 \times 1.15 = 87.2\,\text{kW}$

문제 017

정수처리의 단위 조작으로 사용되는 오존처리에 관한 설명으로 틀린 것은?

㉮ 유기물질의 생분해성을 증가시킨다.
㉯ 염소주입에 앞서 오존을 주입하면 염소의 소비량을 감소시킨다.
㉰ 오존은 자체의 높은 산화력으로 염소에 비하여 높은 살균력을 가지고 있다.
㉱ 인의 제거 능력이 뛰어나고 수온이 높아져도 오존 소비량은 일정하게 유지된다.

해설 철, 망간의 제거 능력이 크며 수온이 높아지면 오존 소비량이 많아진다.

문제 018

하수관로 매설시 관로의 최소 흙 두께는 원칙적으로 얼마로 하여야 하는가?

㉮ 0.5m ㉯ 1.0m
㉰ 1.5m ㉱ 2.0m

해설 관거의 매설심도는 노면의 차량하중, 동결심도 등을 고려하여 최소 1.0m 이상을 원칙으로 한다.

문제 019

하수 슬러지 처리 과정과 목적이 옳지 않은 것은?

㉮ 소각 – 고형물의 감소, 슬러지 용적의 감소
㉯ 소화 – 유기물과 분해하여 고형물 감소, 질적 안정화
㉰ 탈수 – 수분 제거를 통해 함수율 85% 이하로 양의 감소
㉱ 농축 – 중간 슬러지 처리 공정으로 고형물 농도의 감소

해설
- 하수 슬러지의 처리 계통
  생슬러지 → 농축 → 소화 → 개량 → 탈수 및 건조 → 소각(연소) → 최종처분
- 슬러지 부피를 감소시켜 후속 공정의 규모를 줄이고 처리효율을 향상시키는데 농축의 목적이 있다.

정답 016. ㉱ 017. ㉱ 018. ㉯ 019. ㉱

문제 020

활성탄 처리를 적용하여 제거하기 위한 주요 항목으로 거리가 먼 것은?

㉮ 질산성 질소
㉯ 냄새 유발물질
㉰ THM 전구물질
㉱ 음이온 계면활성제

해설
- 활성탄 처리법
  통상의 정수처리로 제거되지 않는 맛, 냄새, 색도, THM, 페놀, 유기물, 합성세제 등을 흡착반응을 통해 제거하는 것
- 고도정수처리 방법으로는 활성탄 처리, 오존처리, 생물학적 전처리 등이 있다.

정답 020. ㉮

제 3 부 상하수도공학

제 4 회 CBT 모의고사

> **「알려드립니다」** 한국산업인력공단의 저작권법 저촉에 대한 언급(2013년 2회 시험)이 있어 과거에 출제된 동일한 문제나 그 유형의 문제로 재구성하였습니다.

문제 001

상수도의 계통을 올바르게 나타낸 것은?

㉮ 취수 – 송수 – 도수 – 정수 – 급수 – 배수
㉯ 취수 – 정수 – 도수 – 급수 – 배수 – 송수
㉰ 도수 – 취수 – 정수 – 송수 – 배수 – 급수
㉱ 취수 – 도수 – 정수 – 송수 – 배수 – 급수

해설 • 상수도 계통 : 수원 → 취수 → 도수 → 정수 → 송수 → 배수 → 급수
• 정수 처리 과정 : 침사 처리 → 침전 처리 → 응집 처리 → 여과 처리 → 소독 처리
• 정수 시설 : 침사지 → 침전지 → 혼화지 → 여과지 → 소독지

문제 002

활성슬러지법에서 MLSS란 무엇을 뜻하는가?

㉮ 방류수 중의 부유물질   ㉯ 반송슬러지의 부유물질
㉰ 폐수 중의 부유물질   ㉱ 폭기조 내의 부유물질

해설 • 폭기조 내의 미생물(활성 슬러지) 농도를 나타내는 지표이다.
• MLSS : 혼합액 부유 고형물
• MLVSS : 혼합액 휘발성 부유 고형물
• MLSS의 농도 저하 때문에 슬러지의 팽화 원인이 된다.

문제 003

관거별 계획하수량 선정시 고려해야 할 사항으로 적합하지 않은 것은?

㉮ 오수관거는 계획시간최대오수량을 기준으로 한다.
㉯ 우수관거에서는 계획우수량을 기준으로 한다.
㉰ 합류식 관거는 계획시간최대오수량에 계획우수량을 합한 것을 기준으로 한다.
㉱ 차집관거는 계획시간최대오수량에 우천시 계획우수량을 합한 것을 기준으로 한다.

해설 합류식에서의 차집관거는 우천시 계획오수량(계획시간 최대 오수량의 3배)을 기준으로 계획한다.

정답 001. ㉱ 002. ㉱ 003. ㉱

문제 004
지표수를 수원으로 하는 경우의 상수시설 배치 순서로 가장 적합한 것은?
- ㉮ 취수탑 – 침사지 – 응집침전지 – 정수지 – 배수지
- ㉯ 집수매거 – 응집침전지 – 침사지 – 정수지 – 배수지
- ㉰ 취수문 – 여과지 – 보통침전지 – 배수탑 – 배수관망
- ㉱ 취수구 – 약품침전지 – 혼화지 – 정수지 – 배수지

해설 상수도 계통
취수탑(취수) → 도수관로(도수) → 여과지(정수) → 정수지(정수) → 배수지(배수)

문제 005
일반적인 정수과정으로서 옳은 것은?
- ㉮ 스크린 – 응집침전 – 여과 – 살균
- ㉯ 여과 – 응집침전 – 스크린 – 살균
- ㉰ 응집침전 – 여과 – 살균 – 스크린
- ㉱ 스크린 – 살균 – 여과 – 응집침전

해설 상수의 정수과정
스크린 → 침전 → 여과 → 소독(살균)

문제 006
하수관망 설계 기준에 대한 설명으로 옳지 않은 것은?
- ㉮ 관경은 하수로 갈수록 크게 한다.
- ㉯ 오수관거의 유속은 0.6~3m/sec가 적당하다.
- ㉰ 유속은 하류로 갈수록 작게 한다.
- ㉱ 경사는 하류로 갈수록 완만하게 한다.

해설
- 관거의 유속은 하류로 갈수록 크게 한다.
- 하수관거의 매설깊이는 최소 1.0m 이상으로 한다.

문제 007
계획오수량을 생활오수량, 공장폐수량 및 지하수량으로 구분할 때, 이것에 대한 설명으로 옳지 않은 것은?
- ㉮ 지하수량은 1인1일 최대오수량의 10~20%로 한다.
- ㉯ 계획1일 최대오수량은 1인1일 최대오수량에 계획인구를 곱한 후, 여기에 공장폐수량, 지하수량 및 기타 배수량을 더한 것으로 한다.
- ㉰ 계획1일 평균오수량은 계획1일 최대오수량의 70~80%를 표준으로 한다.
- ㉱ 합류식에서 우천시 계획오수량은 원칙적으로 계획시간 최대오수량의 2배 이상으로 한다.

정답 004. ㉮ 005. ㉮ 006. ㉰ 007. ㉱

해설
- 합류식에서 우천시 계획오수량은 원칙적으로 계획시간 최대오수량의 3배 이상으로 한다.
- 계획시간 최대오수량은 계획 1일 최대오수량의 1시간당 수량의 1.3~1.8배를 표준으로 한다.
- 하수처리장의 설계기준이 되는 기본적 하수량은 계획 1일 최대오수량을 기준한다.

문제 008

원수의 탁도 550ppm, 알칼리도 54ppm일 때 황산알루미늄의 소비량은 65ppm이다. 이런 원수가 45,000 m³/day로 흐를 때 5% 용액의 황산알루미늄의 1일 소요되는 양은? (단, 액체 비중은 1이다.)

㉮ 41.5 m³/day ㉯ 48.5 m³/day
㉰ 51.5 m³/day ㉱ 58.5 m³/day

해설
- $1\text{ppm} = \dfrac{1}{10^6}$, $65\text{ppm} = \dfrac{65}{10^6}$

  $\dfrac{x}{45,000} = \dfrac{65}{10^6}$ ∴ $x = 2.925\text{m}^3/\text{day}$

- 5% 용액으로 환산하면 $2.925 \div 0.05 = 58.5\text{m}^3/\text{day}$

문제 009

하수도 시설기준에 의한 우수관거 및 합류관거의 표준 최소 관경은?

㉮ 200mm ㉯ 250mm
㉰ 300mm ㉱ 350mm

해설
- 오수관거 : 200mm
- 우수 및 합류관거 : 250mm
- 관거의 최소 매설깊이 : 1m

문제 010

다음 그래프는 어떤 하천의 자정작용을 나타낸 용존산소 부족곡선이다. 다음 중 어떤 물질이 하천으로 유입되었다고 보는 것이 가장 타당한 것인가?

㉮ 농도가 매우 낮은 폐알칼리
㉯ 농도가 매우 낮은 폐산(廢酸)
㉰ 생활하수
㉱ 광산폐수(鑛山廢水)

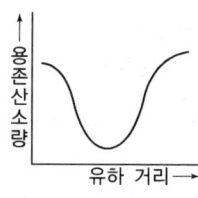

해설 하천에서 용존산소를 소비하는 생활하수의 흐름의 변화를 나타내는 곡선으로 유기성 공장폐수 등이 해당된다.

정답 008. ㉱ 009. ㉯ 010. ㉰

문제 011
막여과시설의 약품세척에서 무기물질 제거에 사용되는 약품이 아닌 것은?
- ㉮ 구연산
- ㉯ 염산
- ㉰ 차아염소산나트륨
- ㉱ 황산

해설 차아염소산나트륨는 불쾌한 냄새와 맛이 나며 무기물질 제거에 어려움이 있다.

문제 012
상수도 관로 시설에 대한 설명 중 옳지 않은 것은?
- ㉮ 배수관 내의 최소 동수압은 150kPa이다.
- ㉯ 상수도의 송수방식에는 자연 유하식과 펌프 가압식이 있다.
- ㉰ 도수거가 하천이나 깊은 계곡을 횡단할 때는 수로교를 가설한다.
- ㉱ 급수관을 공공도로에 부설할 경우 다른 매설물과의 간격을 15cm 이상 확보한다.

해설 급수관을 공공도로에 부설할 경우 다른 매설물과의 간격을 30cm 이상 확보한다.

문제 013
관로를 개수로와 관수로로 구분하는 기준은?
- ㉮ 자유수면 유무
- ㉯ 지하매설 유무
- ㉰ 하수관과 상수관
- ㉱ 콘크리트관과 주철관

해설
- 관수로
  유수가 단면 내를 완전히 충만하면서 유동하는 자유수면을 갖지 않는 흐름으로 압력에 의해 흐름 방향이 결정되며 관로 단면의 형상과는 관계가 없다.
- 개수로
  유수의 표면이 대기와 접하면서 흐르는 수로, 즉 자유수면을 갖고 흐르는 수로이다.

문제 014
일반적으로 적용하는 펌프의 특성곡선에 포함되지 않는 것은?
- ㉮ 토출량 – 양정 곡선
- ㉯ 토출량 – 효율 곡선
- ㉰ 토출량 – 축동력 곡선
- ㉱ 토출량 – 회전도 곡선

해설 펌프의 특성곡선은 펌프의 양수량(토출량)과 총양정, 효율, 축동력 관계를 나타낸다.

문제 015
지름 300mm의 주철관을 설치할 때, 40kgf/cm²의 수압을 받는 부분에서는 주철관의 두께는 최소한 얼마로 하여야 하는가? (단, 허용 인장응력 σ_{ta} =1400kgf/cm²이다.)
- ㉮ 3.1mm
- ㉯ 3.6mm
- ㉰ 4.3mm
- ㉱ 4.8mm

정답 011. ㉰ 012. ㉱ 013. ㉮ 014. ㉱ 015. ㉰

해설 $t = \dfrac{PD}{2\sigma_{ta}} = \dfrac{40 \times 30}{2 \times 1400} = 0.43\,\text{cm} = 4.3\,\text{mm}$

문제 016

먹는 물의 수질기준 항목인 화학물질과 분류 항목의 조합이 옳지 않은 것은?

㉮ 황산이온 - 심미적
㉯ 염소이온 - 심미적
㉰ 질산성질소 - 심미적
㉱ 트리클로로에틸렌 - 건강

해설 질산성질소 - 건강

문제 017

호수의 부영양화에 대한 설명으로 옳지 않은 것은?

㉮ 부영양화의 주된 원인물질은 질소와 인이다.
㉯ 조류의 이상증식으로 인하여 물의 투명도가 저하된다.
㉰ 조류의 발생이 과다하면 정수공정에서 여과지를 폐색시킨다.
㉱ 조류제거 약품으로는 일반적으로 황산알류미늄을 사용한다.

해설 조류제거 약품으로는 일반적으로 황산동($CuSO_4$)을 사용한다.

문제 018

정수장 배출수 처리의 일반적인 순서로 옳은 것은?

㉮ 농축 → 조정 → 탈수 → 처분
㉯ 농축 → 탈수 → 조정 → 처분
㉰ 조정 → 농축 → 탈수 → 처분
㉱ 조정 → 탈수 → 농축 → 처분

해설 조정 → 농축 → 탈수 → 건조 → 처분(반출)

문제 019

활성슬러지법의 여러 가지 변법 중에서 잉여슬러지량을 현저하게 감소시키고 슬러지 처리를 용이하게 하기 위해 개발된 방법으로서 포기시간이 16~24시간, F/M비가 0.03~0.05 kgBOD/kgSS·day 정도의 낮은 BOD-SS부하로 운전하는 방식은?

㉮ 장기포기법
㉯ 순산소포기법
㉰ 계단식 포기법
㉱ 표준활성슬러지법

해설 장기포기법은 폭기조내에서 하수를 장시간 체류시켜서 활성슬러지가 자기세포질을 대폭적으로 산화, 분해시키는 내생호흡단계에서 유기물질이 제거되도록 설계하여 잉여슬러지 배출량을 최대한 줄이려는 방식이다.

정답 016. ㉰ 017. ㉱ 018. ㉰ 019. ㉮

문제 020

다음과 같은 조건으로 입자가 복합되어 있는 플록의 침강속도를 Stokes의 법칙으로 구하면 전체가 흙 입자로 된 플록의 침강속도에 비해 침강속도는 몇 % 정도인가? (단, 비중이 2.5인 흙 입자의 전체부피 중 차지하는 부피는 50%이고, 플록의 나머지 50% 부분의 비중은 0.90이며, 입자의 지름은 10mm이다.)

㉮ 38%
㉯ 48%
㉰ 58%
㉱ 68%

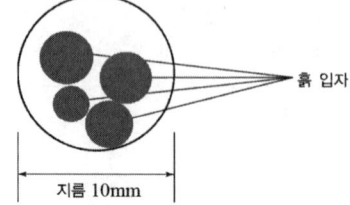

해설 입자의 침강속도는 기타 조건이 같을 때 밀도(비중)만 비교 할 경우

$$\therefore \frac{v_A}{v_B} = \frac{\frac{(2.5+0.9)}{2}}{2.5} = \frac{1.7}{2.5} \times 100 = 68\%$$

정답 020. ㉱

제 3 부 상하수도공학

제 5 회 CBT 모의고사

> 「알려드립니다」 한국산업인력공단의 저작권법 저촉에 대한 언급(2013년 2회 시험)이 있어 과거에 출제된 동일한 문제나 그 유형의 문제로 재구성하였습니다.

문제 001

계획오수량에 대한 설명 중 틀린 것은?

㉮ 계획시간최대오수량은 계획1일최대오수량의 1시간당 수량의 1.3~1.8배를 표준으로 한다.
㉯ 계획 오수량은 생활오수량, 공장폐수량 및 지하수량으로 구분할 수 있다.
㉰ 지하수량은 1인1일평균오수량의 5~10%로 한다.
㉱ 계획1일평균오수량은 계획1일최대오수량의 70~80%를 표준으로 한다.

해설 지하수량은 1인1일 최대오수량의 10~20%로 한다.

문제 002

함수율 95%인 슬러지를 농축시켰더니 최초 부피의 1/3이 되었다. 농축된 슬러지의 함수율(%)은? (단, 농축 전후의 슬러지 비중은 1로 가정한다.)

㉮ 65   ㉯ 70   ㉰ 85   ㉱ 90

해설 $V_1 : V_2 = 100 - \omega_1 : 100 - \omega_2$

$$\therefore \frac{V_1}{V_2} = \frac{100-\omega_1}{100-\omega_2}$$

$V_2 = \frac{1}{3} V_1$ 이므로 $\frac{1}{\frac{1}{3}} = \frac{100-\omega_2}{100-95}$

$$3 = \frac{100-\omega_2}{5}$$

$\therefore \omega_2 = 85\%$

문제 003

정수 처리에서 염소소독을 실시할 경우 물이 산성일수록 살균력이 커지는 이유는?

㉮ 수중의 OCl 증가   ㉯ 수중의 OCl 감소
㉰ 수중의 HOCl 증가   ㉱ 수중의 HOCl 감소

해설 • 물이 산성일수록 수중의 HOCl(차아염소산)이 증가하여 살균력이 커진다.
• 알칼리성일 때는 수중의 OCl(차아염소산 이온)이 증가한다.

정답 001. ㉰ 002. ㉰ 003. ㉰

문제 004

하수도 계획의 기본적 사항에 관한 설명으로 옳지 않은 것은?

㉮ 하수도 계획의 목표연도는 시설의 내용년수, 건설기간 등을 고려하여 50년을 원칙으로 한다.
㉯ 계획구역은 계획목표연도에 시가화 예상구역까지 포함하여 광역적으로 정하는 것이 좋다.
㉰ 신시가지 하수도 계획의 수립시에는 기존시가지 및 신시가지를 합하여 종합적으로 고려해야 한다.
㉱ 공공수역의 수질보전 및 자연환경보전을 위하여 하수도 정비를 필요로 하는 지역을 계획구역으로 한다.

해설 하수도 계획의 목표연도는 시설의 내용년수, 건설기간 등을 고려하여 20년 후를 원칙으로 한다.

문제 005

급수량을 산정하는 식이 잘못 정의된 것은?

㉮ 계획1인1일 평균급수량 = 계획1인1일 평균사용수량 / 계획부하율
㉯ 계획1인1일 최대급수량 = 계획1인1일 평균급수량 / 계획부하율
㉰ 계획1일 평균급수량 = 계획1인1일 평균급수량 × 계획급수인구
㉱ 계획1일 최대급수량 = 계획1인1일 최대급수량 × 계획급수인구

해설
- 계획1인1일 평균급수량
$$\frac{1년간 총급수량}{급수인구 \times 365일}$$
- 계획1인 1시간 평균급수량
$$\frac{1일 평균급수량}{24시간}$$
- 송수시설 계획송수량 및 취수시설 계획취수량 계획 1일 최대급수량 기준

문제 006

우수가 하수관거로 유입하는 시간이 4분, 하수관거에서의 유하시간이 10분, 이 유역의 유역면적이 4km², 유출계수는 0.6, 강우강도식 $I = \frac{6,500}{t+40}$ mm/hr일 때 첨두유량은? (단, t 의 단위 : [분])

㉮ 8.02m³/sec
㉯ 80.2m³/sec
㉰ 10.4m³/sec
㉱ 104m³/sec

해설
- 유달시간 = 유입시간 + 유하시간 = 4 + 10 = 14분
- $I = \frac{6,500}{t+40} = \frac{6,500}{14+40} = 120.37$ mm/hr
- $Q = \frac{1}{3.6} CIA = \frac{1}{3.6} \times 0.6 \times 120.37 \times 4 = 80.2$ m³/sec

정답 004. ㉮ 005. ㉮ 006. ㉯

문제 007
다음 생물학적 하수처리 방법 중 생물막 공법에 해당되는 것은?

㉮ 계단식 폭기법 ㉯ 접촉안정법
㉰ 살수여상법 ㉱ 산화구법

해설 살수여상법
하수·배수를 잡석, 모래 기타 다공질 여재를 쌓은 여상 위에 간헐적으로 혹은 연속적으로 살포 또는 주입하고 미생물막과 접촉시켜 호기적으로 처리하는 방법을 미생물적 여과법이라고 한다.

문제 008
저수시설의 유효저수량 결정방법이 아닌 것은?

㉮ 합리식
㉯ 유량누가곡선 도표에 의한 방법
㉰ 물수지계산
㉱ 유량도표에 의한 방법

해설
- 합리식 $\left(Q = \dfrac{1}{360} CIA\right)$은 우수 유출량 산정식이다.
- 연평균 강우량으로부터 계획 1일 급수량의 배수로 표현하는 저수용량(유효 저수량)을 결정하는 가정법이 있다.

문제 009
하수도시설에 관한 설명으로 틀린 것은?

㉮ 하수도시설은 관거시설, 펌프장시설 및 처리장시설로 크게 구별된다.
㉯ 하수배제는 자연유하를 원칙으로 하고 있으며 펌프시설도 사용할 수 있다.
㉰ 하수처리장시설은 물리적, 생물학적 처리시설을 말하고 화학적 처리시설은 제외한다.
㉱ 하수 배제방식은 합류식과 분류식으로 대별할 수 있다.

해설 하수처리 방법에는 물리적, 화학적, 생물학적 방법이 있는데 이들을 적당히 조합시켜 처리가 행해진다. 하수성분의 주체는 유기물이므로 유기물 제거에 가장 경제적이고 확실한 생물학적 처리를 주로 이용하고 있다.

문제 010
금속이온 및 염소이온(염화나트륨 제거율 93% 이상)을 제거할 수 있는 막여과공법은?

㉮ 한외여과법 ㉯ 나노여과법
㉰ 정밀여과법 ㉱ 역삼투법

정답 007. ㉰ 008. ㉮ 009. ㉰ 010. ㉱

해설 수도용 막의 종류 및 특징

사용막	여과법	분리경	제거가능 물질
정밀여과막 (MF)	정밀여과법	공칭공경 0.01μm 이상	부유물질, 콜로이드, 세균, 조류, 바이러스, 크립토스포리디움 포낭(包囊), 지아디아 포낭 등
한외여과막 (UF)	한외여과법	분획 분자량 100,000Dalton 이하	부유물질, 콜로이드, 세균, 조류, 바이러스, 크립토스포리디움 포낭, 지아디아 포낭, 부식산, 등
나노여과막 (NF)	나노여과법	염화나트륨 제거율 5~93% 미만	유기물, 농약, 맛·냄새물질, 합성세제, 칼슘이온, 마그네슘이온, 황산이온, 질산성질소 등
역삼투막 (RO)	역삼투법	염화나트륨 제거율 93% 이상	금속이온, 염소이온 등
해수담수화 역삼투막 (해수담수화RO)	역삼투법	염화나트륨 제거율 99% 이상	해수중의 염분

문제 011

취수장의 침사지의 설계에 관한 설명 중 틀린 것은?

㉮ 침사지의 형상은 장방형으로 하고 길이가 폭의 3~8배를 표준으로 한다.
㉯ 침사지 내에서의 평균유속은 2~7cm/min를 표준으로 한다.
㉰ 침사지의 유효수심은 3~4m를 표준으로 하고, 퇴사심도는 0.5~1m로 한다.
㉱ 침사지의 체류시간은 계획취수량의 10~20분을 표준으로 한다.

해설
- 침사지 내에서의 평균유속은 2~7cm/sec를 표준으로 한다.
- 침사지, 저부경사는 보통 1/100~2/100로 한다.
- 침사지의 수는 2개 이상으로 하되, 1개인 경우에는 격벽을 설치해서 두 부분으로 나누거나 측관을 설치한다.
- 침사지는 장방형으로 하며 유입부는 점차적으로 확대되고 유출부는 차차 축소되는 모양으로 만든다.
- 체류시간은 30~60초를 표준한다.

문제 012

배수 및 급수시설에 대한 설명으로 옳지 않은 것은?

㉮ 급수관 분기지점에서 배수관 내의 최대 정수압은 1000 kPa 이상으로 한다.
㉯ 관로공사를 완료한 후 수압시험을 실시한다.
㉰ 배수 본관은 시설의 신뢰성을 위해 2개열 이상으로 한다.
㉱ 배수지의 건설시 토압, 벽체 균열, 지하수의 부상, 환기 등을 고려해야 한다.

해설 급수관 분기지점에서 배수관 내의 최소 동수압은 150 kPa 이상, 최대 정수압은 700 kPa 이상으로 한다.

정답 011. ㉯ 012. ㉮

문제 013

정수장의 약품침전을 위한 응집제로서 사용되지 않는 것은?

㉮ PACl
㉯ 황산철
㉰ 활성탄
㉱ 황산알루미늄

해설 활성탄은 흡착능력을 이용하여 물의 불쾌한 냄새와 맛을 제거하는데 이용된다.

문제 014

먹는 물에 대장균이 검출될 경우 오염수로 판정되는 이유로 옳은 것은?

㉮ 대장균은 병원균이기 때문이다.
㉯ 대장균은 반드시 병원균과 공존하기 때문이다.
㉰ 대장균은 번식 시 독소를 분비하여 인체에 해를 끼치기 때문이다.
㉱ 사람이나 동물의 체내에 서식하므로 병원성 세균의 존재 추정이 가능하기 때문이다.

해설 대장균군이 수질 지표로 이용되는 이유는 병원균보다 검출이 용이하고 검출속도가 빠르기 때문이다.

문제 015

송수에 필요한 유량 $Q=0.7\text{m}^3/\text{s}$, 길이 $l=100\text{m}$, 지름 $d=40\text{cm}$, 마찰손실계수 $f=0.03$인 관을 통하여 높이 30m에 양수할 경우 필요한 동력(HP)은? (단, 펌프의 합성효율은 80%이며, 마찰 이외의 손실은 무시한다.)

㉮ 122HP ㉯ 244HP ㉰ 489HP ㉱ 978HP

해설
- $V = \dfrac{Q}{A} = \dfrac{0.7}{\dfrac{3.14 \times 0.4^2}{4}} = 5.57\text{m/s}$
- $h_L = f\dfrac{l}{D}\dfrac{V^2}{2g} = 0.03 \times \dfrac{100}{0.4} \times \dfrac{5.57^2}{2 \times 9.8} = 11.87\text{m}$
- $P_s = \dfrac{1000\,Q(H+h_L)}{75\,\eta} = \dfrac{1000 \times 0.7 \times (30+11.87)}{75 \times 0.8} = 489\,\text{HP}$

문제 016

1/1000의 경사로 묻힌 지름 2400mm의 콘크리트 관내에 20℃의 물이 만관상태로 흐를 때의 유량은? (단, Manning 공식을 적용하며, 조도계수 $n=0.015$)

㉮ $6.78\text{m}^3/\text{s}$ ㉯ $8.53\text{m}^3/\text{s}$ ㉰ $12.71\text{m}^3/\text{s}$ ㉱ $20.57\text{m}^3/\text{s}$

해설
$Q = AV = A\dfrac{1}{n}R^{2/3}I^{1/2} = \dfrac{\pi \times 2.4^2}{4} \times \dfrac{1}{0.015} \times \left(\dfrac{2.4}{4}\right)^{2/3} \times \left(\dfrac{1}{1000}\right)^{1/2} = 6.78\,\text{m}^3/\text{s}$

여기서, $R = \dfrac{D}{4}$이다.

정답 013. ㉰ 014. ㉱ 015. ㉰ 016. ㉮

문제 017

정수장 침전지의 침전효율에 영향을 주는 인자에 대한 설명으로 옳지 않은 것은?

㉮ 수온이 낮을수록 좋다.
㉯ 체류시간이 길수록 좋다.
㉰ 입자의 직경이 클수록 좋다.
㉱ 침전지의 수표면적이 클수록 좋다.

해설 수온이 상승하면 점성계수가 작아지므로 침전속도가 빨라져 침전효율이 좋다.

문제 018

하수관로의 매설방법에 대한 설명으로 틀린 것은?

㉮ 실드공법은 연약한 지반에 터널을 시공할 목적으로 개발되었다.
㉯ 추진공법은 실드공법에 비해 공사기간이 짧고 공사비용도 저렴하다.
㉰ 하수도 공사에 이용되는 터널공법에는 개착공법, 추진공법, 실드공법 등이 있다.
㉱ 추진공법은 중요한 지하매설물의 횡단공사 등으로 개착공법으로 시공하기 곤란할 때 가끔 채용된다.

해설 하수도 공사에 이용되는 터널공법에는 TBM공법, NATM공법, ASSM공법 등이 있다.

문제 019

원형 침전지의 처리유량이 10200m³/day, 위어의 월류부하가 169.2m³/m-day라면 원형 침전지의 지름은?

㉮ 18.2m ㉯ 18.5m ㉰ 19.2m ㉱ 20.5m

해설 월류 위어의 부하율

$$169.2 = \frac{10200}{\pi \times D}$$

$\therefore D = 19.2\text{m}$

문제 020

대기압이 10.33m, 포화수증기압이 0.238m, 흡입관내의 전 손실수두가 1.2m, 토출관의 전 손실수두가 5.6m, 펌프의 공동현상계수(σ)가 0.8이라 할 때, 공동현상을 방지하기 위하여 펌프가 흡입수면으로부터 얼마의 높이까지 위치할 수 있겠는가?

㉮ 약 0.8m까지
㉯ 약 2.4m까지
㉰ 약 3.4m까지
㉱ 약 4.5m까지

해설
- 유효흡인수두(H_{np})
  대기압 수두 − 흡입 수두 − 포화증기압 수두 − 흡입관의 총손실수두
  $= 10.33 - 1.2 - 0.238 - 5.6 = 3.29\text{m}$
- 공동형상계수를 고려할 경우
  $h_{np} = 0.8 \times 3.29 ≒ 2.4\text{m}$

정답 017. ㉮ 018. ㉰ 019. ㉰ 020. ㉯

제3부 상하수도공학

제6회 CBT 모의고사

> 「알려드립니다」 한국산업인력공단의 저작권법 저촉에 대한 언급(2013년 2회 시험)이 있어 과거에 출제된 동일한 문제나 그 유형의 문제로 재구성하였습니다.

문제 001

다음 펌프 중 가장 큰 비교회전도(N_s)를 나타내는 것은?

㉮ 터어빈 펌프
㉯ 사류펌프
㉰ 축류펌프
㉱ 원심펌프

해설 축류펌프, 사류펌프, 원심펌프, 터빈펌프 순으로 비교 회전도가 크다.

보충 원심력 펌프는 상하수도의 양수용에 가장 많이 이용한다.

문제 002

수원지에서 조류(algae)의 발생을 방지하기 위해 주로 쓰이는 약품 중 가장 많이 쓰이는 약품은?

㉮ 황산동
㉯ 액체염소
㉰ 황산반토
㉱ 유기응집계

해설 황산동($CuCO_4$)과 염산동($CuCl_2$) 등이 있다.

보충
• 조류 합성에 의한 유기물의 증가로 COD가 증가한다.
• 일부 표층부에서는 조류의 광합성 작용으로 인해 용존 산소가 다른 부분에 비해 높다.

문제 003

주거지역(면적 4ha, 유출계수 0.6), 상업지역(면적 2ha, 유출계수 0.8), 녹지(면적 1ha, 유출계수 0.2)로 구성된 지역의 전체 유출계수는?

㉮ 0.42
㉯ 0.53
㉰ 0.60
㉱ 0.70

해설 • 평균 유출 계수

$$C = \frac{\sum C_i \cdot A_i}{\sum A_i} = \frac{(4 \times 0.6) + (2 \times 0.8) + (1 \times 0.2)}{(4+2+1)} = 0.6$$

보충 최대 계획 우수 유출량의 산정은 합리식 $Q = \dfrac{1}{360}CIA$ 에 의한다.

정답 001. ㉰ 002. ㉮ 003. ㉰

문제 004

수심이 2m인 경우에 수리학적으로 가장 유리한 구형 단면이라고 하면 이때의 동수반경은?

㉮ 1m   ㉯ 1.2m   ㉰ 1.5m   ㉱ 2m

해설
- 수리학적으로 유리한 단면 $B = 2h$
- $A = 2 \times (2 \times 2) = 8\text{m}^2$
- $D = 2 + (2 \times 2) + 2 = 8\text{m}$

$\therefore R = \dfrac{A}{P} = \dfrac{8}{8} = 1\text{m}$

문제 005

합류식과 분류식에 대한 설명으로 옳지 않은 것은?

㉮ 합류식의 경우 관경이 커지기 때문에 2계통인 분류식보다 건설비용이 많이 든다.
㉯ 분류식의 경우 오수와 우수를 별개의 관로로 배제하기 때문에 오수의 배제계획이 합리적이 된다.
㉰ 분류식의 경우 관거내 퇴적은 적으나 수세효과는 기대할 수 없다.
㉱ 합류식의 경우 일정량 이상이 되면 우천시 오수가 월류한다.

해설
- 합류식의 경우 분류식보다 건설비용이 적게 든다.
- 분류식은 우천시 월류의 우려가 없다.

문제 006

알칼리도가 30mg/L의 물에 황산알루미늄을 첨가했더니 25mg/L의 알칼리도가 소비되었다. 여기에 $Ca(OH)_2$를 주입하여 알칼리도를 15mg/L로 유지하기 위해 필요한 $Ca(OH)_2$는? [단, $Ca(OH)_2$ 분자량 74, $CaCO_3$ 분자량 100이다.]

㉮ 7.4 mg/L   ㉯ 8.2 mg/L   ㉰ 10.5 mg/L   ㉱ 11.2 mg/L

해설
- 알칼리도의 물질수지에서 보충하여야 할 알칼리도
  $25\text{mg/L} - 15\text{mg/L} = 10\text{mg/L}$
- 알칼리도 10mg/L를 $Ca(OH)_2$ 상당량으로 환산

  $Ca(OH)_2 = 10 \times \dfrac{74/2}{100/2} = 7.4\text{mg/L}$

문제 007

다음 중 상수도 수원의 요구조건이 아닌 것은?

㉮ 수질이 좋아야 한다.
㉯ 소비자에 가까운 곳에 위치해야 한다.
㉰ 수량이 풍부하고 가능한 한 자연유하식을 이용할 수 있어야 한다.
㉱ 가능한 한 낮은 곳에 위치해야 한다.

해설
- 수원은 가능한 높은 곳에 위치해야 한다.
- 수원은 도시에 가깝고 수리학적으로 자연유하식의 취수 가능한 지점이 좋다.

정답 004. ㉮ 005. ㉮ 006. ㉮ 007. ㉱

문제 008

오존을 사용하여 살균처리를 할 경우의 장점에 대한 설명 중 틀린 것은?

㉮ 살균효과가 염소보다 뛰어나다.
㉯ 오존이 수중 유기물과 작용하여 다른 물질로 잔류하게 되므로 잔류효과가 크다.
㉰ 맛, 냄새물질과 색도제거의 효과가 우수하다.
㉱ 유기물질의 생분해성을 증가시킨다.

해설
- 오존살균은 염소살균에 비해 잔류성이 약하다.
- 오존살균은 지속성이 없다.
- 오존살균은 염소 살균에 비해 비경제적이다.
- 오존살균은 병원균에 대한 살균효과가 크다.

문제 009

계획오수량에 대한 설명 중 틀린 것은?

㉮ 계획시간최대오수량은 계획1일최대오수량의 1시간당 수량의 1.3~1.8배를 표준으로 한다.
㉯ 계획 오수량은 생활오수량, 공장폐수량 및 지하수량으로 구분할 수 있다.
㉰ 지하수량은 1인1일평균오수량의 5~10%로 한다.
㉱ 계획1일평균오수량은 계획1일최대오수량의 70~80%를 표준으로 한다.

해설 지하수량은 1인1일 최대오수량의 10~20%로 한다.

문제 010

다음 중 계획 1일 최대급수량을 기준으로 삼지 않는 시설은?

㉮ 취수시설 ㉯ 송수시설
㉰ 정수시설 ㉱ 배수시설

해설
- 취수, 도수, 송수, 정수시설의 용량 산정을 위한 계획 1일 최대급수량을 설계수량으로 한다.
- 계획 1일 최대급수량 : 계획 1인 1일 최대급수량×계획급수인구×급수 보급률
- 상수도 시설 규모는 계획 1일 최대급수량을 기준으로 결정한다.

문제 011

하수관로 내의 유속에 대하여 바르게 설명한 것은?

㉮ 유속은 하류로 갈수록 점차 작아지도록 설계한다.
㉯ 관거의 경사는 하류로 갈수록 점차 커지도록 설계한다.
㉰ 오수관거는 계획1일 최대오수량에 대하여 유속을 최소 1.2m/sec로 한다.
㉱ 우수관거 및 합류관거는 계획우수량에 대하여 유속을 최대 3m/sec로 한다.

해설
- 유속은 하류로 갈수록 크게 설계한다.
- 관거의 경사는 하류로 갈수록 완만 또는 감소하게 설계한다.
- 오수관거는 계획시간 최대오수량을 기준으로 설계하며 유속은 0.6~3.0m/sec로 한다.

정답 008. ㉯ 009. ㉰ 010. ㉱ 011. ㉱

문제 012

다음 중 도수(conveyance of water)시설에 대한 설명으로 알맞은 것은?
㉮ 상수원으로부터 원수를 취수하는 시설이다.
㉯ 원수를 음용가능하게 처리하는 시설이다.
㉰ 배수지로부터 급수관까지 수송하는 시설이다.
㉱ 취수원으로부터 정수시설까지 보내는 시설이다.

해설
- 상수도의 계통 : 취수 → 도수 → 정수 → 송수 → 배수 → 급수
- 도수시설은 수원지에서 원수를 정수시설까지 보내는 시설이다.
  복류수는 지표수에 비해 수질이 양호하다.

문제 013

급수량에 대한 설명으로 옳은 것은?
㉮ 시간 최대급수량은 1일 최대급수량보다 작게 나타난다.
㉯ 계획 1일 평균급수량은 시간 최대급수량에 부하율을 곱하여 산정한다.
㉰ 계획1일 최대급수량은 계획1일 평균급수량에 계획첨두율을 곱하여 산정한다.
㉱ 소화용수는 일 최대급수량에 포함되므로 별도로 산정하지 않는다.

해설
- 시간 최대급수량은 1일 최대급수량보다 크게 나타난다.

  시간 최대급수량 $= \dfrac{\text{계획 1일 최대급수량}}{24} \times \begin{cases} 1.3(\text{대도시, 공업도시}) \\ 1.5(\text{중소도시}) \\ 2.0(\text{농촌, 주택지, 소도시}) \end{cases}$

- 계획 1일 평균급수량 = 계획 1일 최대급수량 × [0.7(중소도시), 0.85(대도시)]
- 소화용수량 = 계획 1일 최대급수량의 1시간당 수량 + 소화 용수량

문제 014

하수처리 재이용 기본계획에 관한 설명으로 옳지 않은 것은?
㉮ 하수처리 재이용수의 용도는 생활용수, 공업용수, 농업용수, 유지용수를 기본으로 계획한다.
㉯ 하수처리 재이용량은 해당지역 하수도정비 기본계획의 물순환 이용계획에서 제시된 재이용량 이상으로 계획한다.
㉰ 하수처리수 재이용 지역은 가급적 해당지역내의 소규모 지역 범위로 한정하여 계획한다.
㉱ 하수처리 재이용수는 용도별 요구되는 수질기준을 만족해야 한다.

해설 하수처리수 재이용 지역은 가급적 해당지역내의 소규모 지역 범위로 한정시켜 계획해서는 안 된다.

정답 012. ㉱ 013. ㉰ 014. ㉰

문제 015
활성탄흡착 공정에 대한 설명으로 옳지 않은 것은?

㉮ 활성탄은 비표면적이 높은 다공성의 탄소질 입자로 형상에 따라 입상활성탄과 분말활성탄으로 구분된다.
㉯ 분말활성탄의 흡착능력이 떨어지면 재생공정을 통해 재활용한다.
㉰ 활성탄 흡착을 통해 소수성의 유기물질을 제거할 수 있다.
㉱ 모래여과 공정 전단에 활성탄 흡착 공정을 두게 되면 탁도 부하가 높아져서 활성탄 흡착효율이 떨어지거나 역세척을 자주 해야 할 필요가 있다.

해설 입상활성탄은 열적, 화학적 방법 등을 이용하여 재생이 가능하지만 분말활성탄은 재생이 불가능하다.

문제 016
배수지의 적정 배치와 용량에 대한 설명으로 옳지 않은 것은?

㉮ 배수 상 유리한 높은 장소를 선정하여 배치한다.
㉯ 용량은 계획1일 최대급수량의 18시간분 이상을 표준으로 한다.
㉰ 시설물의 배치에는 가능한 한 안정되고 견고한 지반의 장소를 선정한다.
㉱ 가능한 한 비상시에도 단수없이 급수할 수 있도록 배수지 용량을 설정한다.

해설
- 배수지의 유효용량은 계획1일 최대급수량의 8~12시간분을 표준으로 한다.
- 배수지의 유효수심은 3~6m 정도를 표준으로 한다.
- 배수지는 가능한 한 급수지역의 중앙 가까이 설치한다.
- 배수지의 높이는 자연유하식일 경우 최소 동수압을 확보할 수 있는 높이가 좋다.
- 2개 이상의 배수계통으로 된 경우에 각 배수지 계통마다 유효용량을 결정한다.

문제 017
다음 상수도관의 관종 중 내식성이 크고 중량이 가벼우며 손실수두가 적으나 저온에서 강도가 낮고 열이나 유기용제에 약한 것은?

㉮ 흄관　　　　　　　　　　㉯ 강관
㉰ PVC관　　　　　　　　　㉱ 석면 시멘트관

해설 PVC관은 가벼워 시공 취급이 용이하고 내약품성이 우수하며 부식이 없다.

문제 018
장기 폭기법에 관한 설명으로 옳은 것은?

㉮ F/M비가 크다.
㉯ 슬러지 발생량이 적다.
㉰ 부지가 적게 소요된다.
㉱ 대규모 하수처리장에 많이 이용된다.

정답 015. ㉯　016. ㉯　017. ㉰　018. ㉯

해설 장기 포기법은 잉여슬러지량을 크게 감소시키기 위한 방법으로 BOD-SS 부하를 아주 작게, 폭기 시간을 길게하여 내생호흡상으로 유지되도록 하는 활성슬러지 변법으로 소규모 하수장에 적합하다.

문제 019

하수처리에 관한 설명으로 틀린 것은?

㉮ 하수처리 방법은 크게 물리적, 화학적, 생물학적 처리공정으로 분류된다.
㉯ 화학적 처리공정은 소독, 중화, 산화 및 환원, 이온교환 등이 있다.
㉰ 물리적 처리공정은 여과, 침사, 활성탄 흡착, 응집침전 등이 있다.
㉱ 생물학적 처리공정은 호기성 분해와 혐기성 분해로 크게 분류된다.

해설 물리적 처리공정은 침전, 여과, 흡착 등이 있다.

문제 020

하수 고도처리 중 하나인 생물학적 질소 제거 방법에서 질소의 제거 직전 최종 형태(질소제거의 최종산물)는?

㉮ 질소가스(N_2) ㉯ 질산염(NO_3^-)
㉰ 아질산염(NO_2^-) ㉱ 암모니아성 질소(NH_4^+)

해설 질산화 과정의 최종산물인 질산염(NO_3^-)을 환원박테리아에 의해 질소가스(N_2)로 방출, 제거한다.
즉, $NO_3^- \rightarrow NO_2^- \rightarrow N_2$ 이다.

정답 019. ㉰ 020. ㉮

제3부 상하수도공학

제 7 회 CBT 모의고사

> **「알려드립니다」** 한국산업인력공단의 저작권법 저촉에 대한 언급(2013년 2회 시험)이 있어 과거에 출제된 동일한 문제나 그 유형의 문제로 재구성하였습니다.

문제 001

경도가 높은 물을 보일러 용수로 사용 할 때 발생되는 문제점은?

㉮ Slime과 Scale 생성   ㉯ Priming 생성
㉰ Foaming 생성   ㉱ Cavitation

해설 침전물이 발생하여 Slmie과 Scale 생성한다.

보충
- 경도는 물의 거센 정도를 나타내는 것
- 오염된 물은 용존산소량(DO)이 낮다.
- BOD(생물학적 산소요구량)가 큰 물은 용존산소량이 낮다.

문제 002

양수량 500m³/h, 전양정 10m, 회전수 1100rpm일 때 비교 회전도(N_s)는 얼마인가?

㉮ 362   ㉯ 565
㉰ 614   ㉱ 809

해설

- $N_s = N \dfrac{Q^{\frac{1}{2}}}{H^{\frac{3}{4}}} = 1100 \times \dfrac{\left(\dfrac{500}{60}\right)^{\frac{1}{2}}}{10^{\frac{3}{4}}} = 565$

- N_s 값이 클수록 토출량이 많은 저양정 펌프가 되고 N_s가 작으면 유량이 적은 고양정 펌프가 된다.

문제 003

고속응집침전지를 선택할 때 고려하여야 할 사항으로 옳지 않은 것은?

㉮ 원수 탁도는 10 NTU 이상이어야 한다.
㉯ 최고 탁도는 10000 NTU 이하인 것이 바람직하다.
㉰ 탁도와 수온의 변동이 적어야 한다.
㉱ 처리수량의 변동이 적어야 한다.

해설 최고 탁도는 100NTU 이하인 것이 바람직하다.

정답 001. ㉮   002. ㉯   003. ㉯

문제 004
하수관로의 배제방식에 대한 설명으로 옳지 않은 것은?

㉮ 합류식은 청천시 관내 오물이 침전하기 쉽다.
㉯ 분류식은 합류식에 비해 부설비용이 많이 든다.
㉰ 분류식은 일정량 이상이 되면 우천시 오수가 월류한다.
㉱ 합류식 관로는 단면이 커서 환기가 잘되고 검사에 편리하다.

해설
- 합류식은 일정량 이상이 되면 우천시 오수가 월류한다.
- 분류식은 관로내 오물의 퇴적이 적다.

문제 005
오수 및 우수관거의 설계에 대한 설명으로 옳지 않은 것은?

㉮ 오수관거의 최소관경은 200mm를 표준으로 한다.
㉯ 우수관경의 결정을 위해서는 합리식을 적용한다.
㉰ 우수관거 내의 유속은 가능한 한 사류(射流) 상태가 되도록 한다.
㉱ 오수관거의 계획하수량은 계획시간 최대오수량으로 한다.

해설
- 우수관거 내의 유속 : 0.8~3.0m/sec
- 유속이 빠르면 관거의 마모와 손상을 주게 된다.

문제 006
침전지의 침전효율을 증가시키기 위한 설명으로 옳지 않은 것은?

㉮ 표면부하율을 작게 하여야 한다.
㉯ 침전지 표면적을 크게 하여야 한다.
㉰ 유량을 작게 하여야 한다.
㉱ 지내 수평속도를 크게 하여야 한다.

해설
- 지내 수평속도를 작게 하여야 한다.
- 침전효율은 침전지의 깊이, 유속, 면적과 관련이 있다.

문제 007
원형 하수관에서 유량이 최대가 되는 때는?

㉮ 가득 차서 흐를 때
㉯ 수심이 92~94% 차서 흐를 때
㉰ 수심이 80~85% 차서 흐를 때
㉱ 수심이 72~78% 차서 흐를 때

해설
- 원형관의 최대유량은 수심의 약 93%, 최대유속은 수심의 81%일 때 발생한다.
- 원형관은 수리학적으로 유리하다.

정답 004. ㉰ 005. ㉰ 006. ㉱ 007. ㉯

문제 008

지표수를 수원으로 하는 경우의 상수시설 배치 순서로 가장 적합한 것은?

㉮ 취수탑 – 침사지 – 응집침전지 – 정수지 – 배수지
㉯ 집수매거 – 응집침전지 – 침사지 – 정수지 – 배수지
㉰ 취수문 – 여과지 – 보통침전지 – 배수탑 – 배수관망
㉱ 취수구 – 약품침전지 – 혼화지 – 정수지 – 배수지

해설 상수도 계통 : 취수탑(취수) → 도수관로(도수) → 여과지(정수) → 정수지(정수) → 배수지(배수)

문제 009

하수 중의 질소와 인을 동시 제거하기 위해 이용될 수 있는 고도처리시스템은?

㉮ 혐기 호기조합법
㉯ 3단 활성슬러지법
㉰ Phostrip법
㉱ 혐기 무산소 호기조합법

해설 고도처리 공정으로 생물학적 질소인 동시 제거법의 혐기 무산소 호기조합법에 의해 처리된다.

문제 010

하천 및 저수지의 수질 해석을 위한 수학적 모형을 구성하고자 할 때 가장 기본이 되는 수학적 방정식은?

㉮ 에너지 보존의 식
㉯ 질량 보존의 식
㉰ 운동량 보존의 식
㉱ 난류의 운동방정식

해설 질량 보존의 법칙
- 질량은 에너지와 같이 생성되거나 소멸되지 않는다.
- 변화량=유입량−유출량
- 유체가 들어오고 나갈 때 경계 이동에 의한 일이 늘 존재한다.
- $Q = A \cdot V$가 유체의 질량 보존의 법칙이며 연속방정식과 관계가 깊다.

문제 011

어떤 지역의 강우지속시간(t)과 강우강도 역수($1/I$)와의 관계를 구해보니 그림과 같이 기울기가 1/3000, 절편이 1/150이 되었다. 이 지역의 강우강도를 Talbot형 $\left(I = \dfrac{a}{t+b}\right)$으로 표시한 것으로 옳은 것은?

㉮ $\dfrac{3000}{t+20}$
㉯ $\dfrac{20}{t+3000}$
㉰ $\dfrac{10}{t+1500}$
㉱ $\dfrac{1500}{t+10}$

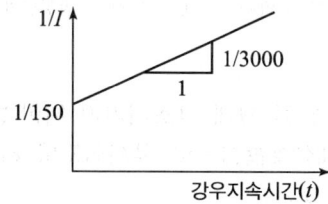

정답 008. ㉮ 009. ㉱ 010. ㉯ 011. ㉮

해설 $\dfrac{1}{I} = \dfrac{t+b}{a}$

$\dfrac{1}{I} = \dfrac{1}{a}t + \dfrac{b}{a} = \dfrac{1}{3000}t + \dfrac{1}{150}$

$a = 3000,\ b = 20$

$\therefore I = \dfrac{3000}{t+20}$

문제 012

펌프 대수를 결정할 때 일반적인 고려사항에 대한 설명으로 옳지 않은 것은?

㉮ 건설비를 절약하기 위해 예비는 가능한 대수를 적게 하고 소용량으로 한다.
㉯ 펌프의 설치대수는 유지관리상 가능한 적게 하고 동일 용량의 것으로 한다.
㉰ 펌프는 가능한 최고 효율점 부근에서 운전하도록 대수 및 용량을 정한다.
㉱ 펌프는 용량이 작을수록 효율이 높으므로 가능한 소용량의 것으로 한다.

해설 • 펌프는 용량이 클수록 효율이 높으므로 가능한 대용량의 것으로 한다.
• 펌프 선정시 펌프의 특성, 펌프의 효율, 펌프의 동력을 고려한다.

문제 013

취수보의 취수구에서의 표준 유입속도는?

㉮ 0.3~0.6 m/sec ㉯ 0.4~0.8 m/sec
㉰ 0.5~1.0 m/sec ㉱ 0.6~1.2 m/sec

해설 • 취수구의 바닥높이는 배토문 바닥 높이보다 0.5~1.0m 이상 높게 하여야 한다.
• 취수구 유입속도는 0.4~0.8m/s를 표준으로 한다.
• 취수구의 폭은 바닥 높이에서 유입속도 범위가 유지되도록 해야 한다.

문제 014

혐기성 소화공정을 적절하게 운전 및 관리하기 위하여 확인해야 할 사항으로 옳지 않은 것은?

㉮ COD 농도 측정 ㉯ 가스 발생량 측정
㉰ 상징수의 pH 측정 ㉱ 소화 슬러지의 성상 파악

해설 • 혐기성 소화는 용존 산소가 없는 환경에서 유기물이 혐기성 세균의 활동에 의해 무기물로 분해되어 안정화되는 방식이다.
• 혐기성 소화는 1단계인 유기산 생성단계와 2단계인 메탄 생성단계로 구분된다.

문제 015

잉여 슬러지 양을 크게 감소시키기 위한 방법으로 BOD-SS 부하를 아주 작게, 포기시간을 길게 하여 내생호흡상으로 유지되도록 하는 활성슬러지 변법은?

㉮ 계단식 포기법 ㉯ 점감식 포기법
㉰ 장시간 포기법 ㉱ 완전혼합 포기법

정답 012. ㉱ 013. ㉯ 014. ㉮ 015. ㉰

해설
- 장시간 포기법은 포기조 내에서 하수를 장시간 체류시켜 배출되는 잉여슬러지량을 최대한 줄이고자 하는 방법이다.
- 장시간 포기법은 표준 활성슬러지법과 하수처리 흐름도가 유사하다.

문제 016

여과면적이 1지당 120m²인 정수장에서 역세척과 표면세척을 6분/회씩 수행할 경우 1지당 배출되는 세척수량은? (단, 역세척 속도는 5m/분, 표면세척 속도는 4m/분이다.)

㉮ 1080 m³/회 ㉯ 2640 m³/회
㉰ 4920 m³/회 ㉱ 6480 m³/회

해설
- 역세척과 표면세척 거리
  $L = V \cdot T = 5 \times 6 + 4 \times 6 = 54\,\mathrm{m}$
- 세척수량
  $120 \times 54 = 6480\,\mathrm{m^3/회}$

문제 017

도수관에서 유량을 Hazen–Williams 공식으로 다음과 같이 나타내었을 때 a, b의 값은? (단, C : 유속계수, D : 관의 지름, I : 동수경사)

$$Q = 0.84935\,C\,D^a\,I^b$$

㉮ $a = 0.63$, $b = 0.54$
㉯ $a = 0.63$, $b = 2.54$
㉰ $a = 0.63$, $b = 2.54$
㉱ $a = 2.63$, $b = 0.54$

해설 Hazen–Williams의 유량
$Q = 0.84935\,C\,D^{2.63}\,I^{0.54}$

문제 018

도수관로에 관한 설명으로 틀린 것은?

㉮ 도수거 동수경사의 통상적인 범위는 1/1000 ~ 1/3000이다.
㉯ 도수관의 평균유속은 자연유하식인 경우에 허용 최소한도를 0.3m/s로 한다.
㉰ 도수관의 평균유속은 자연유하식인 경우에 최대한도를 3.0m/s로 한다.
㉱ 관경의 산정에 있어서 시점의 고수위, 종점의 저수위를 기준으로 동수경사를 구한다.

해설
- 관경의 산정에 있어서 시점의 저수위, 종점의 고수위를 기준으로 동수경사를 구한다.
- 도수관의 노선은 관로가 항상 최소 동수경사선 이하가 되도록 한다.

정답 016. ㉱ 017. ㉱ 018. ㉱

문제 019

수질오염 지표항목 중 COD에 대한 설명으로 옳지 않은 것은?

㉮ $NaNO_2$, SO_2는 COD값에 영향을 미친다.
㉯ 생물분해 가능한 유기물도 COD로 측정할 수 있다.
㉰ COD는 해양오염이나 공장폐수의 오염지표로 사용된다.
㉱ 유기물 농도값은 일반적으로 COD > TOD > TOC > BOD이다.

해설
- 유기물 농도값은 일반적으로 TOD > COD > BOD > TOC이다.
- COD 값이 높을수록 유기물질에 의한 오염이 큰 것을 뜻하며 화학적 산소요구량을 의미한다.
- COD는 BOD에 비해 짧은 시간에 측정이 가능하다.

문제 020

유출계수 0.6, 강우강도 2mm/min, 유역면적 2km²인 지역의 우수량을 합리식으로 구하면?

㉮ $0.007 m^3/s$
㉯ $0.4 m^3/s$
㉰ $0.667 m^3/s$
㉱ $40 m^3/s$

해설
- $I = 2mm/min = 120mm/hr$
- $Q = \dfrac{1}{3.6} CIA = \dfrac{1}{3.6} \times 0.6 \times 120 \times 2 = 40 m^3/s$

정답 019. ㉱   020. ㉱

제 3 부 상하수도공학

제 8 회 CBT 모의고사

「알려드립니다」 한국산업인력공단의 저작권법 저촉에 대한 언급(2013년 2회 시험)이 있어 과거에 출제된 동일한 문제나 그 유형의 문제로 재구성하였습니다.

문제 001

활성 슬러지의 SVI가 현저하게 증가되어 응집성이 나빠져 최종 침전지에서 처리수의 분리가 곤란하게 되었다. 이것은 활성슬러지의 어떤 이상 현상에 해당되는가?

㉮ 활성슬러지의 팽화 ㉯ 활성슬러지의 해체
㉰ 활성슬러지의 부패 ㉱ 활성슬러지의 상승

해설
- 슬러지가 잘 침전되지 않거나 침전된 슬러지가 수면으로 떠 오르는 현상을 슬러지 팽화현상이라 한다.
- 침강 농축성을 나타내는 지표인 SVI가 적을수록 슬러지가 농축되기 쉽다.
- SVI가 높아지면 폭기조 중의 부유물질인 MLSS 농도는 낮아진다.
- $SVI = \dfrac{SV(\%) \times 10^4}{MLSS \ 농도(mg/l)}$

문제 002

유역면적이 5ha이고 유입시간이 8분, 유출계수가 0.75일 때 하수관거의 유량은 얼마인가? (단, 하수관거 길이는 1km, 하수관내 유속은 40m/min이며, 강우강도 $I = 3,970/(t+31)$mm/hr, t의 단위는 [분])

㉮ $0.43\text{m}^3/\text{sec}$ ㉯ $0.65\text{m}^3/\text{sec}$
㉰ $0.87\text{m}^3/\text{sec}$ ㉱ $1.06\text{m}^3/\text{sec}$

해설
- 유달시간 = 유입시간 + 유하시간

$$t = t_1 + \dfrac{L}{V} = 8 + \dfrac{1000}{40} = 33분$$

- $I = \dfrac{3970}{t+31} = \dfrac{3970}{33+31} = 62.03 \text{mm/hr}$

문제 003

양수량이 8m³/min, 전양정이 4m, 회전수 1160rpm인 펌프의 비회전도는?

㉮ 316 ㉯ 985 ㉰ 1160 ㉱ 1436

해설

$$N_s = N \cdot \dfrac{Q^{\frac{1}{2}}}{H^{\frac{3}{4}}} = 1160 \times \dfrac{8^{\frac{1}{2}}}{4^{\frac{3}{4}}} = 1160$$

정답 001. ㉮ 002. ㉯ 003. ㉰

문제 004

상수도는 생활기반시설로서 영속성과 중요성을 가지고 있으므로 안정적이고 효율적으로 운영되어야 하며, 가능한 한 장기간으로 설정하는 것이 기본이다. 보통 상수도의 기본계획시 계획(목표)년도는 얼마를 표준으로 하는가?

㉮ 3~5년 ㉯ 5~10년
㉰ 15~20년 ㉱ 25~30년

해설
- 상수도 시설의 신설 및 확장은 5~15년을 고려한다.
- 상수도 시설의 계획 급수인구의 계획년한은 보통 15~20년을 표준한다.
- 큰 댐, 대규모 도수송수시설의 계획년한은 25~50년을 고려한다.

문제 005

상수도 송수시설의 용량산정을 위한 계획송수량의 원칙적 기준이 되는 수량은?

㉮ 계획 1일 최대 급수량
㉯ 계획 1일 평균 급수량
㉰ 계획 1인 1일 최대 급수량
㉱ 계획 1인 1일 평균 급수량

해설
- 취수, 도수, 송수, 정수시설의 용량 산정을 위한 계획 1일 최대 급수량을 설계수량으로 한다.
- 계획 1일 최대 급수량은 일 변화에 따른 최대 사용수량이다.

문제 006

상수의 공급과정을 올바르게 나타낸 것은?

㉮ 취수→송수→도수→정수→배수→급수
㉯ 취수→송수→정수→도수→배수→급수
㉰ 취수→도수→송수→정수→배수→급수
㉱ 취수→도수→정수→송수→배수→급수

해설
- 상수도 계통 : 수원→취수→도수→정수→송수→배수→급수
- 정수처리 과정 : 침사처리→침전처리→응집처리→여과처리→소독처리
- 정수시설 : 침사지→침전지→혼화지→여과지→소독지

문제 007

자연유하식의 도수관내 평균유속의 최대한도와 최소한도로 옳게 짝지어진 것은?

㉮ 3.0m/s~0.3m/s ㉯ 3.0m/s~0.5m/s
㉰ 5.0m/s~0.3m/s ㉱ 5.0m/s~0.5m/s

해설
- 최대한도 : 3m/sec
- 최소한도 : 0.3m/sec

정답 004. ㉰ 005. ㉮ 006. ㉱ 007. ㉮

문제 008

펌프의 공동현상(cavitation)에 대한 설명으로 틀린 것은?

㉮ 공동현상이 발생하면 소음이 발생한다.
㉯ 공동현상을 방지하려면 펌프의 회전수를 높게 해야 한다.
㉰ 펌프의 흡입양정이 너무 적고 임펠러 회전속도가 빠를 때 공동현상이 발생한다.
㉱ 공동현상은 펌프의 성능 저하의 원인이 될 수 있다.

해설
- 펌프의 회전수를 높게 하면 오히려 펌프의 공동현상이 발생한다.
- 공동현상은 펌프의 임펠러 부근에 발생하므로 방지하기 위해 임펠러를 수중에 잠기도록 한다.

문제 009

혐기성 소화에 주로 영향을 미치는 요소가 아닌 것은?

㉮ 메탄함량 ㉯ 소화온도
㉰ 체류시간 ㉱ 알카리도

해설 pH, 온도, 독성물질인 암모니아, 황화물, 휘발산, 항생물질 등이 영향을 미친다.

문제 010

유량이 100000m³/d이고 BOD가 2mg/L인 하천으로 유량 1000m³/d, BOD 100mg/L인 하수가 유입된다. 하수가 유입된 후 혼합된 BOD의 농도는?

㉮ 1.97mg/L ㉯ 2.97mg/L
㉰ 3.97mg/L ㉱ 4.97mg/L

해설 혼합된 BOD의 농도
$$C_m = \frac{Q_1 \cdot C_1 + Q_2 \cdot C_2}{Q_1 + Q_2} = \frac{100000 \times 2 + 1000 \times 100}{100000 + 1000} = 2.97 \text{ mg/L}$$

문제 011

완속여과지와 비교할 때 급속여과지에 대한 설명으로 옳지 않은 것은?

㉮ 유입수가 고탁도인 경우에 적합하다.
㉯ 세균처리에 있어 확실성이 적다.
㉰ 유지관리비가 적게 들고 특별한 관리기술이 필요치 않다.
㉱ 대규모처리에 적합하다.

해설 완속여과지는 유지관리비가 적게 들고 특별한 관리기술이 필요치 않다.

정답 008. ㉯ 009. ㉮ 010. ㉯ 011. ㉰

문제 012

하수도용 펌프 흡입구의 유속에 대한 설명으로 옳은 것은?

㉮ 0.3~0.5m/s를 표준으로 한다.
㉯ 1.0~1.5m/s를 표준으로 한다.
㉰ 1.5~3.0m/s를 표준으로 한다.
㉱ 5.0~10.0m/s를 표준으로 한다.

해설 펌프 흡입구의 유속 펌프 흡입구의 유속은 1.5~3m/s를 표준으로 하나, 원동기의 회전수·흡입양정 등을 고려하여 결정한다.

문제 013

지하의 사질 여과층에서 수두 차가 0.4m이고 투과거리가 3.0m일 때에 이곳을 통과하는 지하수의 유속은? (단, 투수계수는 0.2cm/sec이다.)

㉮ 0.0135cm/sec   ㉯ 0.0267cm/sec
㉰ 0.0324cm/sec   ㉱ 0.0417cm/sec

해설
- $V = k \cdot i = k \cdot \dfrac{h}{L} = 0.2 \times \dfrac{40}{300} = 0.0267 \text{cm/sec}$
- Darcy 법칙에서 투수계수는 유속(속도)의 차원이다.
- Darcy 법칙은 지하수 흐름에 잘 일치되며 적용범위가 $1 < R_e < 10$인 층류영역에 잘 맞는다.

문제 014

하수도 시설에 손상을 주지 않기 위하여 설치되는 전처리(primary treatment)공정을 필요로 하지 않는 폐수는?

㉮ 산성 또는 알칼리성이 강한 폐수
㉯ 대형 부유물질만을 함유하는 폐수
㉰ 침전성 물질을 다량으로 함유하는 폐수
㉱ 아주 미세한 부유물질만을 함유하는 폐수

해설 전처리 공정은 후속 처리시설과 처리공정에 악영향을 줄 수 있는 성분 등의 물질을 사전에 처리하는 공정으로 아주 미세한 부유물질만을 함유하는 폐수는 전처리 공정이 필요하지 않다.

문제 015

정수장에서 응집제로 사용하고 있는 폴리염화알루미늄(PACl)의 특성에 관한 설명으로 틀린 것은?

㉮ 탁도 제거에 우수하며 특히 홍수 시 효과가 탁월하다.
㉯ 최적 주입율의 폭이 크며, 과잉으로 주입하여도 효과가 떨어지지 않는다.
㉰ 물에 용해되면 가수분해가 촉진되므로 원액을 그대로 사용하는 것이 바람직하다.
㉱ 낮은 수온에 대해서도 응집효과가 좋지만 황산알루미늄과 혼합하여 사용해야 한다.

정답 012. ㉰ 013. ㉯ 014. ㉱ 015. ㉱

해설 수온이 낮아도 응집효율이 좋으며 블록 형성이 황산알루미늄보다 현저히 빨라 응집효과도 뛰어나다.

문제 016

분류식 하수도의 장점이 아닌 것은?

㉮ 오수관내 유량이 일정하다.
㉯ 방류장소 선정이 자유롭다.
㉰ 사설 하수관에 연결하기가 쉽다.
㉱ 모든 발생오수를 하수처리장으로 보낼 수 있다.

해설 합류식 하수도의 경우 사설 하수관에 연결하기가 쉽다.

문제 017

정수시설에 관한 사항으로 틀린 것은?

㉮ 착수정의 용량은 체류시간을 5분 이상으로 한다.
㉯ 고속응집침전지의 용량은 계획정수량의 1.5~2.0시간분으로 한다.
㉰ 정수지의 용량은 첨두수요대처용량과 소독접촉시간용량을 고려하여 최소 2시간분 이상을 표준으로 한다.
㉱ 플록 형성지에서 플록 형성시간은 계획정수량에 대하여 20~40분간을 표준으로 한다.

해설 착수정의 용량은 체류시간을 1.5분 이상으로 한다.

문제 018

자연수 중 지하수의 경도(硬度)가 높은 이유는 어떤 물질이 지하수에 많이 함유되어 있기 때문인가?

㉮ O^2
㉯ CO_2
㉰ NH_3
㉱ Colloid

해설 지하수의 특성
- 수온의 계절적 변화가 적다.
- 탁도는 낮지만 경도나 무기염류의 농도가 높다.
- 지표수에 비해 CO_2 함량이 높아 약산성을 띤다.

정답 016. ㉰ 017. ㉮ 018. ㉯

문제 019

일반 활성슬러지 공정에서 다음 조건과 같은 반응조의 수리학적 체류시간(HRT) 및 미생물 체류시간(SRT)을 모두 올바르게 배열한 것은? (단, 처리수 SS를 고려한다.)

[조건]
- 반응조 용량(V) : 10000m³
- 반응조 유입수량(Q) : 40000m³/d
- 반응조로부터의 잉여슬러지량(Q_w) : 400m³/d
- 반응조 내 SS 농도(X) : 4000mg/L
- 처리수의 SS 농도(X_e) : 20mg/L
- 잉여슬러지 농도(X_w) : 10000mg/L

㉮ HRT: 0.25일 SRT: 8.35일   ㉯ HRT: 0.25일 SRT: 9.53일
㉰ HRT: 0.5일   SRT: 10.35일   ㉱ HRT: 0.5일   SRT: 11.53일

해설
- $\text{HRT} = \dfrac{V}{Q} = \dfrac{10000}{40000} = 0.25$일
- $\text{SRT} = \dfrac{V \cdot X}{X_w \cdot Q_w + (Q - Q_w) \cdot X_e}$
  $= \dfrac{10000 \times 4000}{10000 \times 400 + (40000 - 400) \times 20} = 8.35$일

문제 020

펌프의 흡입구 유속이 2.1m/sec, 펌프의 토출량이 15.5m³/min일 때 펌프의 흡입구경 약 얼마인가?

㉮ 200mm   ㉯ 300mm
㉰ 400mm   ㉱ 500mm

해설 $D = 146\sqrt{\dfrac{Q}{V}} = 146\sqrt{\dfrac{15.5}{2.1}} ≒ 400\text{mm}$

정답 019. ㉮ 020. ㉰

제3부 상하수도공학

제9회 CBT 모의고사

> **「알려드립니다」** 한국산업인력공단의 저작권법 저촉에 대한 언급(2013년 2회 시험)이 있어 과거에 출제된 동일한 문제나 그 유형의 문제로 재구성하였습니다.

문제 001

정수처리시 염소 소독공정에서 생성될 수 있는 유해물질은 무엇인가?
- ㉮ 암모니아
- ㉯ 유기물
- ㉰ 환원성 금속이온
- ㉱ THM(트리할로메탄)

해설 THM(트리할로 메탄)은 발암성 물질로 인체에 유해하다.

보충 염소소독은 물의 hP가 낮을수록(산성일수록) 살균효과가 크다.

문제 002

폭기조 MLSS를 1L 실린더에 담고 30분간 정치시켜 침전된 슬러지의 부피를 측정한 결과 600mL이었다. MLSS 농도가 3000mg/L이었다면 이 슬러지의 용적지수(SVI)는?
- ㉮ 100
- ㉯ 150
- ㉰ 200
- ㉱ 250

해설
- $SVI = \dfrac{30분간 \ 침전된 \ 슬러지 \ 부피}{MLSS농도} = \dfrac{600 \times 1000}{3000} = 200$
- 폭기조의 정상운전(침전성 양호)은 $SVI = 50 \sim 150$ 범위
- $SVI = \dfrac{100}{SDI}$

문제 003

간단한 배수관망 계산시 등치관법을 사용하는데 직경이 30cm, 길이가 300m인 관을 직경 20cm인 등치관으로 바꾸는 경우 길이는 약 몇 m인가?
- ㉮ 42m
- ㉯ 132m
- ㉰ 1,420m
- ㉱ 2,162m

해설
- $L_2 = L_1 \left(\dfrac{D_2}{D_1}\right)^{4.87} = 300 \left(\dfrac{20}{30}\right)^{4.87} ≒ 42m$
- $Q_2 = Q_1 \left(\dfrac{L_1}{L_2}\right)^{0.54}$

정답 001. ㉱ 002. ㉰ 003. ㉮

문제 004
정수시설 내에서 조류를 제거하는 방법으로 약품으로 조류를 산화시켜 침전처리 등으로 제거하는 방법에 사용되는 것은?

㉮ 과망간산칼륨   ㉯ 차아염소산나트륨
㉰ 황산구리   ㉱ Zeolite

해설 황산구리는 용수 공급지에서 조류의 증식을 방지하기 위하여 흔히 사용되고 있는 물질이다.

문제 005
유출계수가 0.6이고, 유역면적 2km²에 강우강도 200mm/hr의 강우가 있었다면 유출량은?
(단, 합리식을 사용)

㉮ $24.0m^3/sec$ ㉯ $66.67m^3/sec$
㉰ $240m^3/sec$ ㉱ $666.67m^3/sec$

해설 $Q = \dfrac{1}{3.6}CIA = \dfrac{1}{3.6} \times 0.6 \times 200 \times 2 = 66.67m^3/sec$

문제 006
수원으로부터 취수된 상수가 소비자까지 전달되는 일반적 상수도의 구성 순서로 옳은 것은?

㉮ 도수 – 정수장 – 송수 – 배수지 – 급수 – 배수
㉯ 송수 – 정수장 – 도수 – 배수지 – 급수 – 배수
㉰ 도수 – 정수장 – 송수 – 배수지 – 배수 – 급수
㉱ 송수 – 정수장 – 도수 – 배수지 – 배수 – 급수

해설 취수 및 집수시설 → 도수시설 → 정수시설 → 송수시설 → 배수시설 → 급수시설

문제 007
계획오수량을 정하는 방법에 대한 설명으로 옳지 않은 것은?

㉮ 생활오수량의 1일1인 최대오수량은 1일1인 최대급수량을 감안하여 결정한다.
㉯ 지하수량은 1일1인 최대오수량의 10~20%로 한다.
㉰ 계획1일 평균오수량은 계획1일 최소오수량의 1.3~1.8배를 사용한다.
㉱ 합류식에서 우천시 계획오수량은 원칙적으로 계획시간 최대오수량의 3배 이상으로 한다.

해설 계획1일 평균오수량
계획1일 최대오수량×0.7(중소도시) 또는 0.8(대도시, 공업도시)

정답 004.㉰ 005.㉯ 006.㉰ 007.㉰

문제 008

하수관의 접합방법에 관한 설명 중 틀린 것은?

㉮ 관정접합은 토공량을 줄이기 위하여 평탄한 지형에 많이 이용되는 방법이다.
㉯ 관저접합은 관의 내면하부를 일치시키는 방법이다.
㉰ 단차접합은 아주 심한 급경사지에 이용되는 방법이다.
㉱ 관중심접합은 관의 중심을 일치시키는 방법이다.

해설 관정접합은 토공비가 많이 들고 수위차가 크고 지세가 급한 장소에 적합하다.

보충
- 하수관거내 유속은 하류로 갈수록 빠르게 하는 것이 좋다.
- 하수관거 내의 이상적인 유속은 1.0~1.8m/sec이다.

문제 009

하수처리장 유입수의 SS농도는 200mg/L이다. 1차 침전지에서 30% 정도가 제거되고 2차 침전지에서 85%의 제거 효율을 갖고 있다. 하루 처리용량이 3000m³/day일 때 방류되는 총 SS량은?

㉮ 6300 kg/day   ㉯ 6300 mg/day   ㉰ 63 kg/day   ㉱ 2800 g/day

해설
- 1차 제거율 = 30%(0.3)
- 2차 제거율 = 1차 미제거율 × 2차 제거율 = 0.7 × 0.85 = 0.595
  ∴ 전체 제거율 = 0.3 + 0.595 = 0.895 = 89.5%
  ∴ 방류율 = 1 − 0.895 = 0.105 = 10.5%
- 유입되는 총 SS량 = 3000 m³/day × 0.2 kg/m³ = 600 kg/day
  여기서, 200mg/L = 0.2 kg/m³
- 방류되는 총 SS량 = 600 × 0.105 = 63 kg/day

문제 010

정수지에 대한 설명으로 틀린 것은?

㉮ 정수지란 정수를 저류하는 탱크로 정수시설로는 최종단계의 시설이다.
㉯ 정수지 상부는 반드시 복개해야 한다.
㉰ 정수지의 유효수심은 3~6m를 표준으로 한다.
㉱ 정수지의 바닥은 저수위보다 1m 이상 낮게 해야 한다.

해설 정수지 설계시 고려사항
- 구조적으로나 위생적으로 안전하고 내구성 및 수밀성을 가져야 한다.
- 지내의 수온이 외부로부터 영향을 받을 것을 방지하기 위하여 30~60cm 정도의 복토를 둔다.
- 원칙적으로 2지 이상으로 하고, 1지의 경우는 격벽으로서 2등분하여야 한다.
- 정수지의 유효수심은 3~6m 정도를 표준으로 한다.
- 고수위로부터 정수지 상부 슬래브까지는 30cm 이상의 여유고를 둔다.
- 정수지의 바닥은 저수위보다 15cm 이상 낮게 한다.
- 지점에서 저수위 이하의 물을 제거하기 위하여 배출관을 설치하여, 배출구를 향하여 1/100~1/500 정도의 경사를 둔다.
- 정수지의 유효율양은 계획정수량의 1시간분 이상으로 한다.

정답 008. ㉮   009. ㉰   010. ㉱

문제 011
호수의 부영양화에 대한 설명 중 틀린 것은?

㉮ 부영양화는 정체성 수역의 상층에서 발생하기 쉽다.
㉯ 부영양화된 수원의 상수는 냄새로 인하여 음료수로 부적당하다.
㉰ 부영양화로 식물성 플랑크톤의 번식이 증가되어 투명도가 저하된다.
㉱ 부영양화로 생물활동이 활발하여 깊은 곳의 용존산소가 풍부하다.

해설
- 부영양화가 발생하면 탁도 증가, 색도 증가로 수질이 악화되므로 용존산소(DO)량이 낮고 COD는 증가한다.
- 영양 염류인 인(P), 질소(N) 등의 유입을 방지하면 부영양화 현상을 최소화할 수 있다.

문제 012
하수 배제방식의 특징에 관한 설명으로 틀린 것은?

㉮ 분류식은 합류식에 비해 우천시 월류의 위험이 크다.
㉯ 합류식은 분류식(2계통 건설)에 비해 건설비가 저렴하고 시공이 용이하다.
㉰ 합류식은 단면적이 크기 때문에 검사, 수리 등에 유리하다.
㉱ 분류식은 강우 초기에 노면의 오염물질이 포함된 세정수가 직접 하천 등으로 유입된다.

해설
- 분류식은 합류식에 비해 우천시 월류의 위험이 적다.
- 합류식은 하수관거에서는 우천시 일정유량 이상이 되면 하수가 직접수역으로 방류된다.
- 합류식은 침수피해 다발지역에 유리한 방식이다.

문제 013
혐기성 소화법과 비교할 때, 호기성 소화법의 특징으로 옳은 것은?

㉮ 최초 시공비 과다
㉯ 유기물 감소율 우수
㉰ 저온시의 효율 향상
㉱ 소화 슬러지의 탈수 불량

해설 호기성 소화법 특징
- 최초 시공비는 적다.
- 운전이 용이하다.
- 저온시 효율이 저하된다.
- 상징수의 수질 양호하다.
- 유기물 감소율이 저조하다.

문제 014
배수관의 갱생공법으로 기존 관내의 세척(cleaning)을 수행하는 일반적인 공법으로 옳지 않은 것은?

㉮ 제트(jet) 공법
㉯ 실드(shield) 공법
㉰ 로터리(rotary) 공법
㉱ 스크레이퍼(scraper) 공법

해설 실드(shield) 공법는 지면 아래를 뚫어가는 공법이다.

정답 011. ㉱ 012. ㉮ 013. ㉱ 014. ㉯

문제 015

하수도 계획에서 계획우수량 산정과 관계가 없는 것은?

㉮ 배수면적 ㉯ 설계강우
㉰ 유출계수 ㉱ 집수관로

해설 합리식 $Q = \dfrac{1}{360} CIA$ 관련

여기서, C : 유출계수, I : 강우(mm/hr), A : 배수면적(ha)

문제 016

합류식 관로의 단면을 결정하는데 중요한 요소로 옳은 것은?

㉮ 계획우수량 ㉯ 계획1일 평균오수량
㉰ 계획시간 최대오수량 ㉱ 계획시간 평균오수량

해설 하수도 계획에서 계획우수량을 고려하여 관로의 단면을 결정한다.

문제 017

병원성 미생물에 의하여 오염되거나 오염될 우려가 있는 경우, 수도꼭지에서의 유리잔류염소는 몇 mg/L 이상 되도록 하여야 하는가?

㉮ 0.1mg/L ㉯ 0.4mg/L
㉰ 0.6mg/L ㉱ 1.8mg/L

해설 수돗물의 염소처리에서 잔류염소 농도는 0.4mg/L 이상 유지하여야 한다.

문제 018

먹는 물의 수질기준 항목에서 다음 특성을 갖고 있는 수질기준 항목은?

- 수질기준은 10mg/L를 넘지 아니할 것
- 하수, 공장폐수, 분뇨 등과 같은 오염물의 유입에 의한 것으로 물의 오염을 추정하는 지표항목
- 유아에게 청색증 유발

㉮ 불소 ㉯ 대장균군
㉰ 질산성질소 ㉱ 과망간산칼륨 소비량

해설 수질기준
- 불소 : 1.5mg/L 이하
- 대장균군 : 불검출/100ml
- 과망간산칼륨 소비량 : 10mg/L 이하

정답 015. ㉱ 016. ㉮ 017. ㉯ 018. ㉰

문제 019

하수관로시설의 유량을 산출할 때 사용하는 공식으로 옳지 않은 것은?

㉮ Kutter 공식 ㉯ Janssen 공식
㉰ Manning 공식 ㉱ Hazen-Williams 공식

해설 Janssen 공식은 강우강도를 산출할 때 사용하는 공식이다.

문제 020

상수도관의 관종 선정 시 기본으로 하여야 하는 사항으로 틀린 것은?

㉮ 매설조건에 적합해야 한다.
㉯ 매설환경에 적합한 시공성을 지녀야 한다.
㉰ 내압보다는 외압에 대하여 안전해야 한다.
㉱ 관 재질에 의하여 물의 오염될 우려가 없어야 한다.

해설 내압과 외압에 대하여 안전해야 한다.

정답 019. ㉯ 020. ㉰

제 3 부 상하수도공학

제 10 회 CBT 모의고사

> 「알려드립니다」 한국산업인력공단의 저작권법 저촉에 대한 언급(2013년 2회 시험)이 있어 과거에 출제된 동일한 문제나 그 유형의 문제로 재구성하였습니다.

문제 001

하수도의 효과에 대한 설명으로 적합하지 않은 것은?

㉮ 공중위생상의 효과 ㉯ 도시환경의 개선
㉰ 하천의 수질보전 ㉱ 토지이용의 감소

해설 • 토지이용 증대 및 도시 미관의 개선
• 우수에 의한 시가지 침수 및 하천 범람의 방지

문제 002

호소의 부영양화에 관한 설명으로 옳지 않은 것은?

㉮ 부영양화의 원인물질은 질소와 인 성분이다.
㉯ 부영양화된 호소에서는 조류의 성장이 왕성하여 수심이 깊은 곳까지 용존산소 농도가 높다.
㉰ 조류의 영향으로 물에 맛과 냄새가 발생되어 정수에 어려움을 유발시킨다.
㉱ 부영양화는 수심이 낮은 호소에서도 잘 발생된다.

해설 • 수심이 깊은 곳은 조류의 사체 등에 의한 침전물로 용존산소 농도가 낮다.
• 부영양화란 하수 및 폐수 등이 호소에 유입되어 질소, 인 등의 각종 물질이 증가되어 물 속에 수중생물체인 플랑크톤, 녹조류 등의 조류가 과도하게 번식하므로 수질이 악화되는 현상이다.

문제 003

우수 조정지의 구조 형식으로 거리가 먼 것은?

㉮ 댐식(제방높이 15m 미만) ㉯ 월류식
㉰ 지하식 ㉱ 굴착식

해설 • 댐식, 굴착식, 지하식, 현지 저류식의 구조 형식이 있다.
• 우수 조정지는 우수시의 우수를 저장함으로써 침수를 방지하기 위한 시설이다.

정답 001. ㉱ 002. ㉯ 003. ㉯

문제 004

공동현상(cavitation)의 방지책에 대한 설명으로 옳지 않은 것은?

㉮ 마찰손실을 작게 한다.
㉯ 펌프의 흡입관경을 작게 한다.
㉰ 임펠러(impeller) 속도를 작게 한다.
㉱ 흡입수두를 작게 한다.

해설
- 펌프의 흡입관경을 크게 한다.
- 펌프 설치높이를 낮게 하고 흡입양정과 유속을 작게 한다.
- 임펠러를 수중에 잠기도록 한다.

문제 005

정수시설 중 배출수 및 슬러지 처리시설의 설명이다. ㉠, ㉡에 알맞은 것은?

> 농축조의 용량은 계획슬러지량의 (㉠)시간분, 고형물부하는 (㉡) kg/m² · day을 표준으로 하되, 원수의 종류에 따라 슬러지의 농축특성에 큰 차이가 발생할 수 있으므로 처리대상 슬러지의 농축 특성을 조사하여 결정한다.

㉮ ㉠ 12~24, ㉡ 5~10   ㉯ ㉠ 12~24, ㉡ 10~20
㉰ ㉠ 24~48, ㉡ 5~10   ㉱ ㉠ 24~48, ㉡ 10~20

해설 하수 슬러지의 농축조
- 중력식 농축조의 용량은 계획슬러지량의 18시간분 이하로 한다.
- 고형물 부하는 25~75kg/m²을 기준으로 하나 슬러지의 특성에 따라 변경될 수 있다.

문제 006

지름 20cm, 길이 100m인 주철관으로 유량 0.05m³/s의 물을 60m 양수하려고 한다. 양수시 발생하는 총 손실수두가 3m이었다면 이 펌프의 소요 축동력은? (단, 여유율은 0이며 펌프의 효율은 80%이다.)

㉮ 34.9kW   ㉯ 36.8kW
㉰ 38.6kW   ㉱ 47.4kW

해설 $P_S = \dfrac{9.8 Q H_P}{\eta} = \dfrac{9.8 \times 0.05 \times (60+3)}{0.8} = 38.6\text{kW}$

문제 007

수중의 질소화합물의 질산화 진행과정으로 옳은 것은?

㉮ $NH_3-N \rightarrow NO_2-N \rightarrow NO_3-N$
㉯ $NH_3-N \rightarrow NO_3-N \rightarrow NO_2-N$
㉰ $NO_2-N \rightarrow NO_3-N \rightarrow NH_3-N$
㉱ $NO_3-N \rightarrow NO_2-N \rightarrow NH_3-N$

정답 004. ㉯ 005. ㉱ 006. ㉰ 007. ㉮

해설 단백질 → Amino acid → 암모니아성 질소(NH_3-N) → 아질산성 질소(NO_2-N) → 질산성 (NO_3-N)

문제 008

맨홀에 인버트(invert)를 설치하지 않았을 때의 문제점이 아닌 것은?

㉮ 퇴적물이 부패되어 악취가 발생한다.
㉯ 맨홀 내의 퇴적물이 쌓이게 된다.
㉰ 맨홀 내에 물기가 있어 작업이 불편하다.
㉱ 환기가 되지 않아 냄새가 발생한다.

해설 맨홀에 인버트(invert)를 설치하면 하수 흐름이 원활하고 작업이나 유지관리가 편리하다.

문제 009

급수보급률 90%, 계획 1인 1일 최대급수량 440L/인, 인구 10만의 도시에 급수계획을 하고자 한다. 계획 1일 평균급수량은? (단, 계획유효율은 0.85로 가정한다.)

㉮ $37,400m^3/day$
㉯ $33,660m^3/day$
㉰ $39,600m^3/day$
㉱ $44,000m^3/day$

해설 계획 1일 평균급수량
$100,000 \times 440 \times 0.85 \times 0.9 = 33,660,000 l = 33,660 m^3/day$

문제 010

상수도 시설 중 접합정에 관한 설명으로 옳지 않은 것은?

㉮ 철근콘크리트조의 수밀구조로 한다.
㉯ 내경은 점검이나 모래반출을 위해 1m 이상으로 한다.
㉰ 접합정의 바닥을 얕은 우물 구조로 하여 집수하는 예도 있다.
㉱ 지표수나 오수가 침입하지 않도록 맨홀을 설치하지 않는 것이 일반적이다.

해설
- 지표수나 오수가 침입하지 않도록 맨홀을 설치하는 것이 일반적이다.
- 접합정은 물의 흐름을 원활함과 손실수두의 감소를 위해 수로의 분기, 합류 및 관수로로 변하는 곳에 설치한다.

문제 011

우리나라 먹는 물 수질기준에 대한 내용으로 틀린 것은?

㉮ 색도는 2도를 넘지 아니할 것
㉯ 페놀은 0.005mg/L를 넘지 아니할 것
㉰ 암모니아성 질소는 0.5mg/L 넘지 아니할 것
㉱ 일반세균은 1mL 중 100CFU을 넘지 아니할 것

해설
- 색도는 5도를 넘지 아니할 것
- 납, 비소는 0.05mg/L를 넘지 아니할 것

정답 008. ㉱ 009. ㉯ 010. ㉱ 011. ㉮

문제 012

비교회전도(N_s)의 변화에 따라 나타나는 펌프의 특성곡선의 형태가 아닌 것은?

㉮ 양정곡선 ㉯ 유속곡선
㉰ 효율곡선 ㉱ 축동력곡선

해설
- 펌프의 특성곡선은 펌프의 양수량(토출량)과 총양정, 효율, 축동력과 관계를 나타낸다.
- 비교회전도가 클수록 유량이 많고 양정이 작은 펌프를 의미한다.
- 유량과 양정이 동일하다면 회전수가 클수록 비교회전도가 커진다.

문제 013

혐기성 소화 공정의 영향인자가 아닌 것은?

㉮ 독성물질 ㉯ 메탄함량
㉰ 알칼리도 ㉱ 체류시간

해설 소화온도, pH, 독성물질(암모니아, 황화물, 휘발산, 항생물질 등), 알칼리도, 체류시간 등이 영향을 미친다.

문제 014

상수도에서 많이 사용되고 있는 응집제인 황산알루미늄에 대한 설명으로 옳지 않은 것은?

㉮ 가격이 저렴하다.
㉯ 독성이 없으므로 대량으로 주입할 수 있다.
㉰ 결정은 부식성이 없어 취급이 용이하다.
㉱ 철염에 비하여 플록의 비중이 무겁고 적정 pH의 폭이 넓다.

해설
- 철염에 비하여 플록의 비중이 가볍고 적정 pH의 폭이 좁은 것이 단점이다.
- 탁도, 색도, 세균, 조류 등 대부분의 현탁물 또는 부유물에 대해 제거효과가 있다.

문제 015

계획우수량 산정에 필요한 용어에 대한 설명으로 옳지 않은 것은?

㉮ 강우강도는 단위시간 내에 내린 비의 양을 깊이로 나타낸 것이다.
㉯ 유하시간은 하수관로로 유입한 우수가 하수관 길이 L을 흘러가는데 필요한 시간이다.
㉰ 유출계수는 배수구역 내로 내린 강우량에 대하여 증발과 지하로 침투하는 양의 비율이다.
㉱ 유입시간은 우수가 배수구역의 가장 원거리 지점으로부터 하수관로로 유입하기까지의 시간이다.

해설
- 유출계수는 배수구역 내로 내린 강우량과 하수관거에 유입된 우수유출량의 비율이다.
- 유달시간 = 유입시간 + 유하시간

정답 012. ㉯ 013. ㉯ 014. ㉱ 015. ㉰

문제 **016**

상수슬러지의 함수량이 99%에서 98%로 되면 슬러지의 체적은 어떻게 변하는가?
- ㉮ 1/2로 증대
- ㉯ 1/2로 감소
- ㉰ 2배로 증대
- ㉱ 2배로 감소

해설 $\dfrac{V_1}{V_2} = \dfrac{100-w_2}{100-w_1} = \dfrac{100-98}{100-99} = \dfrac{2}{1}$ ∴ $V_2 = \dfrac{1}{2}V_1$

문제 **017**

하수의 배제방식에 대한 설명으로 옳지 않은 것은?
- ㉮ 분류식은 관로오접의 철저한 감시가 필요하다.
- ㉯ 합류식은 분류식보다 유량 및 유속의 변화 폭이 크다.
- ㉰ 합류식은 2계통의 분류식에 비해 일반적으로 건설비가 많이 소요된다.
- ㉱ 분류식은 관로내의 퇴적이 적고 수세효과를 기대할 수 없다.

해설
- 합류식은 2계통의 분류식에 비해 시공이 용이하고 건설비가 적게 소요된다.
- 합류식은 관 직경이 커 관의 폐쇄의 우려가 없고 검사 및 수리가 비교적 용이하다.

문제 **018**

간이공공하수처리시설에 대한 설명으로 틀린 것은?
- ㉮ 계획구획이 작으므로 유입하수의 수량 및 수질의 변동을 고려하지 않는다.
- ㉯ 용량은 우천 시 계획오수량과 공공하수처리시설의 강우 시 처리가능량을 고려한다.
- ㉰ 강우 시 우수처리에 대한 문제가 발생할 수 있으므로 강우 시 $3Q$ 처리가 가능하도록 계획한다.
- ㉱ 간이공공하수처리시설은 합류식 지역 내 $500\,\text{m}^3/$일 이상 공공하수처리장에 설치하는 것을 원칙으로 한다.

해설
- 유입되는 하수의 수량 및 수질의 변동을 고려한다.
- 간이공공하수처리시설은 강우 시 기존 공공하수처리시설의 처리 능력을 초과하여 유입된 하수 중의 오염물질을 침전 또는 여과(유기물 제거) 및 소독(대장균군 제거)하여 공공수역에 배출하기 위한 하수 처리시설이다.

문제 **019**

하수관로의 개·보수 계획 시 불명수량 산정방법 중 일평균하수량, 상수사용량, 지하수사용량, 오수전환율 등을 주요 인자로 이용하여 산정하는 방법은?
- ㉮ 물사용량 평가법
- ㉯ 일최대유량 평가법
- ㉰ 야간생활하수 평가법
- ㉱ 일최대-최소유량 평가법

해설 물사용량 평가법은 일평균하수량, 상수사용량, 지하수사용량, 오수전환율 등을 주요 인자로 이용하여 산정하는 방법이다.

정답 016. ㉯ 017. ㉰ 018. ㉮ 019. ㉮

문제 020

다음 그림은 포기조에서 부유물질의 물질수지를 나타낸 것이다. 포기조내 MLSS를 3000mg/L로 유지하기 위한 슬러지 반송률은?

㉮ 39%
㉯ 49%
㉰ 59%
㉱ 69%

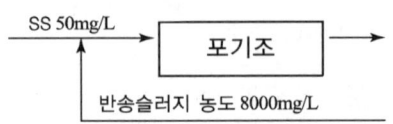

해설 슬러지 반송률

$$r = \frac{X - SS}{X_r - X} \times 100 = \frac{3000 - 50}{8000 - 3000} \times 100 = 59\%$$

정답 020. ㉰

제 3 부 상하수도공학

제 11 회 CBT 모의고사

「알려드립니다」 한국산업인력공단의 저작권법 저촉에 대한 언급(2013년 2회 시험)이 있어 과거에 출제된 동일한 문제나 그 유형의 문제로 재구성하였습니다.

문제 001

"A"시의 2021년 인구는 588,000명이며 년간 약 3.5%씩 증가하고 있다. 2027년도를 목표로 급수시설의 설계에 임하고자 한다. 1일 1인 평균급수량은 250ℓ이고 급수율을 70%로 가정할 때 일평균급수량은 약 얼마인가? (단, 인구추정식은 등비증가법으로 산정한다.)

㉮ 387,000m³/day ㉯ 258,000m³/day
㉰ 129,000m³/day ㉱ 126,500m³/day

해설 • 계획 급수인구
$588,000 \times (1+0.035)^6 = 722,802$ 인
• 계획1일 평균 급수량
$250 \times 722,802 \times 0.7 = 126,490,350 \, \ell/day = 126,500 \, m^3/day$

문제 002

자연 유하식과 비교할 때 압송식 하수도에 관한 내용과 가장 거리가 먼 것은?

㉮ 관거의 매설깊이가 낮다.
㉯ 하향식 경사를 필요로 하지 않는다.
㉰ 유지관리가 비교적 간편하고 관거 점검이 용이하다.
㉱ 지하수 등의 유입이 없다.

해설 자연 유하식에 비하여 전력비 등 유지관리비가 많이 든다.

문제 003

다음 그림은 펌프의 표준 특성곡선이다. 전양정을 나타내는 곡선은 어느 것인가?
(단, N_s : 100~250)

㉮ A
㉯ B
㉰ C
㉱ D

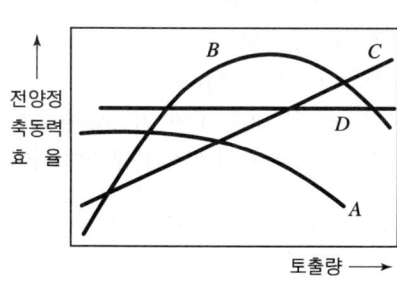

정답 001. ㉱ 002. ㉰ 003. ㉮

해설
- B선 : 효율
- C선 : 축동력

보충
- N_s 비속도 값이 작으면 수량이 작은 양정의 펌프가 된다.
- N_s 비속도 값이 크면 수량이 많은 낮은 양정의 펌프가 된다.
- N_s 비속도는 펌프의 형식을 나타내는 지표로서 이것이 동일하면 펌프의 대소에 관계없이 같은 형식의 펌프가 되고 특성도 대체로 같다.

문제 004

운전 중에 있는 펌프의 토출량을 조절하는 방법으로 옳지 않은 것은?

㉮ 펌프의 운전대수를 조절한다. ㉯ 펌프의 흡입측 밸브를 조절한다.
㉰ 펌프의 회전수를 조절한다. ㉱ 펌프의 토출측 밸브를 조절한다.

해설 운전 중에 흡입측 밸브를 조절할 경우 공동현상이 발생할 우려가 있으므로 흡입측 밸브를 사용해서는 안 된다.

문제 005

상수의 염소 소독에서 모든 조건이 같다면 다음 중 살균력이 가장 큰 것은?

㉮ HOCl   ㉯ $NHCl_2$ ㉰ OCl^- ㉱ NH_2Cl

해설 살균력이 강한 순서 : HOCl > OCl^- > 클로라민

문제 006

상수도의 정수공정에서 염소소독에 대한 설명 중 틀린 것은?

㉮ 오존살균에 비해 가격이 저렴하다.
㉯ 살균능력은 클로라민 > OCl^- > HOCl 순서이다.
㉰ 암모니아성 질소가 많으면 클로라민이 생성된다.
㉱ 염소소독의 부산물로 THM인 발암성이 있다.

해설 살균능력은 HOCl > OCl^- > 클로라민 순서이다.

문제 007

다음 중 수원의 구비요건이 아닌 것은?

㉮ 수량이 풍부하여야 한다.
㉯ 수질이 좋아야 한다.
㉰ 가능한 한 낮은 곳에 위치하여야 한다.
㉱ 소비자로부터 가까운 곳에 위치하여야 한다.

해설
- 수리학적으로 가능한 한 자연유하식을 이용할 수 있는 곳이어야 하므로 가능한 한 높은 곳에 위치하여야 한다.
- 하천 표류수를 수원으로 할 경우에는 하천 유량 상황이 좋지 않은 갈수량을 기준으로 결정한다.

정답 004. ㉯ 005. ㉮ 006. ㉯ 007. ㉰

문제 008

계획우수량의 유입시간을 산정할 경우 일반적인 Kerby식에서 각 계수와 유입시간과의 관계가 옳지 않은 것은?

㉮ 유입시간과 지표면 평균경사는 비례 관계이다.
㉯ 유입시간과 지체계수는 비례 관계이다.
㉰ 유입시간과 지표면 거리는 비례 관계이다.
㉱ 유입시간과 설계 강우강도는 반비례 관계이다.

해설
- Kerby 식(계획우수량 산정에 있어서 유입시간의 산출에 이용되는 식)

$$t_i = 1.44 \left(\frac{L\, n}{I^{1/2}} \right)^{0.467}$$

여기서, t_i : 유입시간(min), L : 지표면 거리(m), I : 지표면 평균경사, n : 지체계수
- 유입시간과 지표면 평균경사는 반비례 관계이다.

문제 009

하수도 시설에서 펌프의 선정기준에 대한 설명 중 틀린 것은?

㉮ 전양정이 4m 이상이고, 구경이 80mm 이상의 경우 원심펌프를 사용한다.
㉯ 전양정이 3~12m이고, 구경이 400mm 이상의 경우 원심펌프를 사용한다.
㉰ 전양정이 5~20m이고, 구경이 300mm 이상의 경우 원심사류펌프를 사용한다.
㉱ 전양정이 5m 이하이고, 구경이 400mm 이상의 경우 축류펌프를 사용한다.

해설
- 전양정이 3~12m이고, 구경이 400mm 이상의 경우 사류펌프를 사용한다.
- 깊은 우물의 경우는 깊은 우물용 펌프인 수중 모터펌프 또는 Borehole 펌프를 사용한다.
- 침수의 위험이 있는 장소에는 입축(入軸) 펌프를 사용한다.

문제 010

상수 취수시설인 집수매거에 관한 설명으로 틀린 것은?

㉮ 철근콘크리트조의 유공관 또는 권선형 스크린관을 표준으로 한다.
㉯ 집수매거는 수평 또는 흐름방향으로 향하여 완경사로 설치한다.
㉰ 집수매거의 유출단에서 매거내의 평균유속은 3m/s 이상으로 한다.
㉱ 집수매거는 가능한 직접 지표수의 영향을 받지 않도록 매설깊이는 5m 이상으로 하는 것이 바람직하다.

해설
- 유출단의 관내 평균 유속은 1m/sec 이하로 한다.
- 집수공의 유입 속도는 3cm/sec 이하로 한다.
- 집수매거는 수평으로 하거나 1/500의 완만한 경사를 유지해야 한다.

정답 008. ㉮ 009. ㉯ 010. ㉰

문제 011

주요 관로별 계획하수량의 산정방법으로 틀린 것은?

㉮ 오수관거 : 계획 1일 최대오수량 + 계획우수량
㉯ 우수관거 : 계획우수량
㉰ 합류식 관거 : 계획시간 최대오수량 + 계획우수량
㉱ 차집관거 : 우천시 계획오수량

해설 오수관거 : 계획시간 최대오수량

문제 012

양수량이 50m³/min이고 전양정이 8m일 때 펌프의 축동력은 얼마인가? (단, 펌프의 효율(η) = 0.8)

㉮ 65.2kW ㉯ 73.6kW ㉰ 81.5kW ㉱ 92.4kW

해설
$$P_s = \frac{9.8QH}{\eta} = \frac{9.8 \times \left(\frac{50}{60}\right) \times 8}{0.8} = 81.7 \text{kW}$$

보충 $P_s = \dfrac{13.33QH}{\eta}[\text{HP}]$

문제 013

일반적인 하수처리장의 2차 침전지에 대한 설명으로 옳지 않은 것은?

㉮ 표면부하율은 표준활성슬러지의 경우, 계획1일 최대오수량에 대하여 20~30m³/m²·d로 한다.
㉯ 유효수심은 2.5~4m를 표준으로 한다.
㉰ 침전시간은 계획1일 평균오수량에 따라 정하며 5~10시간으로 한다.
㉱ 수면의 여유고는 40~60cm 정도로 한다.

해설
• 침전시간은 계획1일 최대오수량에 따라 정하며 3~5시간으로 한다.
• 슬러지 제거를 위해 슬러지 수집기를 설치한다.
• 고형물 부하율은 40~125kg/m²·day로 한다.
• 수밀성 구조로 하며 부력에 대해서도 안전한 구조여야 한다.
• 직사각형인 경우 길이와 폭의 비는 3 : 1 이상으로 한다.

문제 014

원수수질 상황과 정수수질 관리목표를 중심으로 정수방법을 선정할 때 종합적으로 검토하여야 할 사항으로 틀린 것은?

㉮ 원수수질 ㉯ 원수시설의 규모
㉰ 정수시설의 규모 ㉱ 정수수질의 관리목표

정답 011. ㉮ 012. ㉰ 013. ㉰ 014. ㉯

해설
- 정수시설은 원수수질이 나쁠 때에라도 충분히 처리할 수 있도록 계획해야 한다.
- 유량과 수온 등의 계절적인 변화가 발생하므로 수원의 특성을 파악하여 장래의 수질을 예측하고 강화되는 수질기준을 고려한다.

문제 015

하수도의 계획오수량 산정 시 고려할 사항이 아닌 것은?

㉮ 계획오수량 산정 시 산업폐수량을 포함하지 않는다.
㉯ 오수관로는 계획시간 최대오수량을 기준으로 계획한다.
㉰ 합류식에서 하수의 차집관로는 우천 시 계획오수량을 기준으로 계획한다.
㉱ 우천 시 계획오수량 산정 시 생활오수량 외 우천 시 오수관로에 유입되는 빗물의 양과 지하수의 침입량을 추정하여 합산한다.

해설
- 계획오수량 산정 시 생활오수량, 산업폐수량(공장폐수량), 지하수량 등을 고려한다.
- 합류식에서 우천 시 계획오수량은 원칙적으로 계획시간 최대오수량의 3배 이상으로 한다.
- 생활오수량의 1일1인 최대오수량은 1일1인 최대급수량을 감안하여 결정한다.

문제 016

다음 중 저농도 현탁입자의 침전형태는?

㉮ 단독침전
㉯ 응집침전
㉰ 지역침전
㉱ 압밀침전

해설
- 단독침전(독립침전)
  부유물질의 농도가 낮은 상태로서 응결하지 않는 독립입자의 침강과 관계된다.
- 응집침전
  입자가 서로 응결되면서 침전하는 형태
- 지역침전(간섭침전, 방해침전)
  플럭 형성 후 침강하는 입자가 서로 방해를 받아 침강속도가 감소하는 형태
- 압밀침전
  침전된 입자들이 그 자체의 무게로 인하여 하부의 물을 상부로 분리시키는 침전 형태

문제 017

맨홀 설치 시 관경에 따라 맨홀의 최대간격에 차이가 있다. 관로 직선부에서 관경 600mm 초과 1000mm 이하에서 맨홀의 최대간격 표준은?

㉮ 60m
㉯ 75m
㉰ 90m
㉱ 100m

해설
- 관로 직선부에서 관경 600mm 이하의 경우 : 75m
- 관로 직선부에서 관경 600mm 초과 1000mm 이하의 경우 : 100m
- 관로 직선부에서 관경 1000mm 초과 1500mm 이하의 경우 : 150m

정답 015. ㉮ 016. ㉮ 017. ㉱

문제 018

석회를 사용하여 하수를 응집 침전하고자 할 경우의 내용으로 틀린 것은?

㉮ 콜로이드성 부유물질의 침전성이 향상된다.
㉯ 알칼리도, 인산염, 마그네슘 등과도 결합하여 제거 시킨다.
㉰ 석회첨가에 의한 인 제거는 황산반토보다 슬러지 발생량이 일반적으로 적다.
㉱ 알칼리제를 응집보조제로 첨가하여 응집 침전의 효과가 향상되도록 pH를 조정한다.

해설 석회첨가에 의한 인 제거는 황산반토보다 슬러지 발생량이 일반적으로 많다.

문제 019

정수처리의 단위 조작으로 사용되는 오존처리에 관한 설명으로 틀린 것은?

㉮ 유기물질의 생분해성을 증가시킨다.
㉯ 염소주입에 앞서 오존을 주입하면 염소의 소비량을 감소시킨다.
㉰ 오존은 자체의 높은 산화력으로 염소에 비하여 높은 살균력을 가지고 있다.
㉱ 인의 제거능력이 뛰어나고 수온이 높아져도 오존 소비량은 일정하게 유지된다.

해설
- 오존처리는 철, 망간의 제거 능력이 크며 수온이 높아지면 오존 소비량이 많아진다.
- 오존처리는 살균효과의 지속성이 없는 단점이 있다.

문제 020

수평으로 부설한 지름 400mm, 길이 1500m의 주철관으로 20000m³/day의 물이 수송될 때 펌프에 의한 송수압이 53.95N/cm²이면 관수로 끝에서 발생되는 압력은? (단, 관의 마찰손실계수 $f = 0.03$, 물의 단위중량 $\gamma = 9.81$kN/m³, 중력가속도 $g = 9.8$m/s²)

㉮ $3.5 \times 10^5 \text{N/m}^2$ ㉯ $4.5 \times 10^5 \text{N/m}^2$
㉰ $5.0 \times 10^5 \text{N/m}^2$ ㉱ $5.5 \times 10^5 \text{N/m}^2$

해설
- $V = \dfrac{Q}{A} = \dfrac{20000/(24 \times 60 \times 60)}{3.14 \times 0.4^2/4} = 1.843 \text{m/s}$
- $h_L = f \dfrac{l}{D} \dfrac{V^2}{2g} = 0.03 \times \dfrac{1500}{0.4} \times \dfrac{1.843^2}{2 \times 9.8} = 19.5 \text{m}$

∴ 관말 수압 = 펌프 송수압 − 손실 수두압
$= 53.95 - 19.13 = 34.82 \text{N/cm}^2 ≒ 35 \text{N/cm}^2 = 350000 \text{N/m}^2$

정답 018. ㉰   019. ㉱   020. ㉮

제 3 부 상하수도공학

제 12 회 CBT 모의고사

> 「알려드립니다」 한국산업인력공단의 저작권법 저촉에 대한 언급(2013년 2회 시험)이 있어 과거에 출제된 동일한 문제나 그 유형의 문제로 재구성하였습니다.

문제 001

pH가 5.6에서 4.3으로 변화할 때 수소이온 농도는 약 몇 배가 되는가?
㉮ 13   ㉯ 15   ㉰ 17   ㉱ 20

해설 $pH = -\log[H^+]$
- $5.6 = -\log[H^+]$, $[H^+] = -10^{5.6} = -398107$
- $4.3 = -\log[H^+]$
  $[H^+] = -10^{4.3} = -19953$
  $\therefore \dfrac{10^{-4.3}}{10^{-5.6}} = 20$

문제 002

직경 400mm, 길이 1000m인 원형 철근콘크리트 관에 물이 가득차 흐르고 있다. 이 관로 시점의 수두가 50m라면 관로 종점의 수압은 몇 kg/cm²인가? (단, 손실수두는 마찰손실 수두만을 고려하며 마찰계수(f)=0.05, 유속은 Manning식을 이용하여 구하고 조도계수(n)=0.013, 동수경사(I)=0.001이다.)
㉮ 2.92 kg/cm²   ㉯ 3.28 kg/cm²
㉰ 4.83 kg/cm²   ㉱ 5.31 kg/cm²

해설
- $V = \dfrac{1}{n}R^{2/3}I^{1/2} = \dfrac{1}{0.013}\left(\dfrac{0.4}{4}\right)^{2/3}(0.001)^{1/2} = 0.524 \text{m/sec}$
- $h_L = f\dfrac{l}{D}\dfrac{V^2}{2g} = 0.05\dfrac{1000}{0.4}\dfrac{0.524^2}{2\times9.8} = 1.751\text{m}$
- $h = H - h_L = 50 - 1.751 = 48.3\text{m}$
  $\therefore P = \omega h = 1\times 48.3 = 48.3 \text{t/m}^2 = 4.83 \text{kg/cm}^2$

문제 003

A시의 장래 2030년의 인구추정 결과 85,000명으로 추산되었다. 계획년도의 1인 1일당 평균급수량을 380L, 급수보급율을 98%로 가정할 때 계획년도의 계획 1일 평균급수량은 얼마인가?
㉮ 30,654 m³/day   ㉯ 31,300 m³/day
㉰ 31,654 m³/day   ㉱ 32,300 m³/day

정답 001. ㉱   002. ㉰   003. ㉰

해설 • 계획 1일 평균급수량
계획 1인 1일 평균급수량×급수인구×보급률
$= 380 \times 85{,}000 \times 0.98 = 31{,}654{,}000 l/day = 31654 m^3/day$

문제 004

하수도의 관로계획에 대한 설명으로 옳은 것은?

㉮ 오수관거는 계획1일평균오수량을 기준으로 계획한다.
㉯ 합류식에서 하수의 차집관거는 우천시 계획오수량을 기준으로 계획한다.
㉰ 오수관거와 우수관거가 교차하여 역사이펀을 피할 수 없는 경우는 우수관거를 역사이펀으로 하는 것이 바람직하다.
㉱ 관거의 역사이펀을 많이 설치하여 유지관리 측면에서 유리하도록 계획한다.

해설 • 오수관거는 계획시간 최대오수량을 기준으로 계획한다.
• 관거의 역사이펀은 가능한 피하도록 계획한다.
• 오수관거와 우수관거가 교차하여 역사이펀을 피할 수 없는 경우는 오수관거를 역사이펀으로 하는 것이 바람직하다.

문제 005

침전지의 수심이 4m이고 체류시간이 2시간일 때 이 침전지의 표면부하율(surface loading rate)은?

㉮ $12 \, m^3/m^2 \cdot day$ ㉯ $24 \, m^3/m^2 \cdot day$
㉰ $36 \, m^3/m^2 \cdot day$ ㉱ $48 \, m^3/m^2 \cdot day$

해설 • $V = \dfrac{Q}{A} = \dfrac{H}{t} = \dfrac{4}{2} = 2m/hr \times 24hr = 48m/day$
• 표면부하율($m^3/m^2 \cdot day$)과 침강속도 V(m/day)는 동일하다.
• 표면적이 클수록 표면부하율이 감소한다.

문제 006

인구가 10,000 명인 A시에 폐수 배출시설 1개소가 있다. 이 폐수 배출시설의 유량은 $200m^3$/day이고 평균 BOD 배출량이 $500g/m^3$이다. 만약 A시에 하수종말 처리장을 건설한다면 계획인구수는? (단, 하수종말처리장 건설시 1인 1일 BOD 부하량은 50gBOD/인·일로 한다.)

㉮ 11,000명   ㉯ 12,000명
㉰ 13,000명   ㉱ 14,000명

해설 • 증가 인구수 $= \dfrac{200m^3/day \times 500g/m^3}{50g/인 \cdot 일} = 2{,}000$ 명
• 계획 인구수 = 원래 인구수 + 증가 인구수 $= 10{,}000 + 2{,}000 = 12{,}000$ 명

정답 004. ㉯ 005. ㉱ 006. ㉯

문제 007

합류식과 분류식에 대한 설명으로 옳지 않은 것은?

㉮ 합류식의 경우 관경이 커지기 때문에 2계통인 분류식보다 건설비용이 많이 든다.
㉯ 분류식의 경우 오수와 우수를 별개의 관로로 배제하기 때문에 오수의 배제계획이 합리적이 된다.
㉰ 분류식의 경우 관거내 퇴적은 적으나 수세효과는 기대할 수 없다.
㉱ 합류식의 경우 일정량 이상이 되면 우천시 오수가 월류한다.

해설
- 합류식의 경우 분류식보다 건설비용이 적게 든다.
- 분류식은 우천시 월류의 우려가 없다.

문제 008

배수관망의 구성방식 중 격자식과 비교한 수지상식의 설명으로 틀린 것은?

㉮ 수리계산이 간단하다.
㉯ 사고 시 단수구간이 크다.
㉰ 제수밸브를 많이 설치해야 한다.
㉱ 관의 말단부에 물이 정체되기 쉽다.

해설
- 수지상식(樹枝狀式)은 관이 상호 연결되지 않고 나뭇가지 모양으로 나눠져 가는 방식이다.
- 말단으로 갈수록 관의 지름이 작고 배수량을 서로 보충할 수 없기 때문에 수압의 저하가 현저하다.
- 수리계산이 간단하고, 제수밸브가 적게 소요된다는 장점이 있다.

문제 009

정수처리 시 트리할로메탄 및 곰팡이 냄새의 생성을 최소화하기 위해 침전지와 여과지 사이에 염소제를 주입하는 방법은?

㉮ 전염소처리   ㉯ 중간염소처리
㉰ 후연소처리   ㉱ 이중염소처리

해설
- **전염소처리** : 정수처리에서 초기 공정으로 살균, 철이나 망가니즈의 제거, 암모니아 제거 등을 목적으로 행해지는 염소의 첨가 작업
- **후염소처리** : 급수 직전에 수도꼭지의 잔류 염소를 보존 유지할 목적으로 첨가되는 것

문제 010

우수관로 및 합류식 관로 내에서의 부유물 침전을 막기 위하여 계획우수량에 대하여 요구되는 최소 유속은?

㉮ 0.3m/s   ㉯ 0.6m/s
㉰ 0.8m/s   ㉱ 1.2m/s

해설
- 우수관이나 합류관거 : 0.8~3.0m/s
- 분류식 오수관거 : 0.6~3.0m/s

정답 007. ㉮ 008. ㉰ 009. ㉯ 010. ㉰

문제 011
1인1일 평균급수량에 대한 일반적인 특징으로 옳지 않은 것은?
- ㉮ 소도시는 대도시에 비해서 수량이 크다.
- ㉯ 공업이 번성한 도시는 소도시보다 수량이 크다.
- ㉰ 기온이 높은 지방이 추운 지방보다 수량이 크다.
- ㉱ 정액급수의 수도는 계량급수의 수도보다 소비수량이 크다.

해설 인구가 많은 대도시가 소도시에 비해서 수량이 크다.

문제 012
송수시설에 대한 설명으로 옳은 것은?
- ㉮ 급수관, 계량기 등이 붙어 있는 시설
- ㉯ 정수장에서 배수지까지 물을 보내는 시설
- ㉰ 수원에서 취수한 물을 정수장까지 운반하는 시설
- ㉱ 정수 처리된 물을 소요 수량만큼 수요자에게 보내는 시설

해설
- 송수관로는 수리학적으로 수압작용 여부에 따라 개수로식과 관수로식으로 분류 가능하다.
- 송수시설은 정수된 물을 수송하므로 외부로부터 수질오염을 방지해야 한다.

문제 013
슬러지 농축과 탈수에 대한 설명으로 틀린 것은?
- ㉮ 탈수는 기계적 방법으로 진공여과, 가압여과 및 원심탈수법 등이 있다.
- ㉯ 농축은 매립이나 해양투기를 하기 전에 슬러지 용적을 감소시켜 준다.
- ㉰ 농축은 자연의 중력에 의한 방법이 가장 간단하며 경제적인 처리 방법이다.
- ㉱ 중력식 농축조에 슬러지 제거기 설치 시 탱크 바닥의 기울기는 1/10 이상이 좋다.

해설 중력식 농축조에 슬러지 제거기 설치 시 탱크 바닥의 기울기는 5/100 이상이 되어야 한다.

문제 014
교차연결(cross connection)에 대한 설명으로 옳은 것은?
- ㉮ 2개의 하수도관이 90°로 서로 연결된 것을 말한다.
- ㉯ 상수도관과 오염된 오수관이 서로 연결된 것을 말한다.
- ㉰ 두 개의 하수관로가 교차해서 지나가는 구조를 말한다.
- ㉱ 상수도관과 하수도관이 서로 교차해서 지나가는 것을 말한다.

해설 교차연결이란 음용수로 사용하는 공공 수도시설과 음용수로 사용이 불가능한 오수관, 우수관이 직·간접적으로 연결, 오수가 수도관으로 유입될 수 있는 연결을 말한다.

정답 011. ㉮ 012. ㉯ 013. ㉱ 014. ㉯

문제 015

압력식 하수도 수집 시스템에 대한 특징으로 틀린 것은?

㉮ 얕은 층으로 매설할 수 있다.
㉯ 하수를 그라인더 펌프에 의해 압송한다.
㉰ 광범위한 지형 조건 등에 대응할 수 있다.
㉱ 유지관리가 비교적 간편하고, 일반적으로는 유지관리 비용이 저렴하다.

해설 압력식 하수도 수집 시스템은 일반적으로 유지관리 비용이 많이 든다.

문제 016

하수처리계획 및 재이용계획을 위한 계획오수량에 대한 설명으로 옳은 것은?

㉮ 지하수량은 계획1일 평균오수량의 10~20%로 한다.
㉯ 계획1일 평균오수량은 계획1일 최대오수량의 70~80%를 표준으로 한다.
㉰ 합류식에서 우천 시 계획오수량은 원칙적으로 계획1일 평균오수량의 3배 이상으로 한다.
㉱ 계획1일 최대오수량은 계획시간 최대오수량을 1일의 수량으로 환산하여 1.3~1.8배를 표준으로 한다.

해설
- 지하수량은 1인1일 최대오수량의 10~20%로 한다.
- 계획시간 최대오수량은 계획1일 평균오수량의 1시간당 수량의 1.3~1.8배를 표준으로 한다.
- 계획1일 최대오수량은 1인1일 최대오수량에 계획인구를 곱한 후 공장폐수량, 지하수량 및 기타 배수량을 더한 값으로 한다.
- 합류식에서 우천 시 계획오수량은 원칙적으로 계획시간 최대오수량의 3배 이상으로 한다.

문제 017

하수의 고도처리에 있어서 질소와 인을 동시에 제거하기 어려운 공법은?

㉮ 수정 phostrip 공법
㉯ 막분리 활성슬러지법
㉰ 혐기 무산소 호기조합법
㉱ 응집제 병용형 생물학적 질소제거법

해설 막분리 활성슬러지법은 생물 반응조와 분리막을 결합하여 2차 침전지 및 3차 처리 여과시설을 대체하는 시설이다.

문제 018

정수장의 소독 시 처리수량이 10,000 m^3/d인 정수장에서 염소를 5mg/L의 농도로 주입할 경우 잔류염소농도가 0.2mg/L이었다. 염소요구량은? (단, 염소의 농도는 80%이다.)

㉮ 24kg/d
㉯ 30kg/d
㉰ 48kg/d
㉱ 60kg/d

해설 • 염소농도

$$(5-0.2)\text{mg/L} = \frac{\text{염소 요구량}}{\text{유량}} = \frac{\text{염소 요구량}}{10,000}$$

$$\therefore \text{염소 요구량} = \frac{4.8 \times 10,000}{1,000} = 48\text{kg/L}$$

여기서, $1\text{kg} = 10^3\text{g} = 10^6\text{mg}$, $1\text{m}^3 = 1,000 l$

• 염소의 순도가 80%이므로

$$\frac{48}{0.8} = 60\text{kg/L}$$

문제 019

저수지에서 식물성 플랑크톤의 과도성장에 따라 부영양화가 발생될 수 있는데, 이에 대한 가장 일반적인 지표기준은?

㉮ COD 농도
㉯ 색도
㉰ BOD와 DO 농도
㉱ 투명도(Secchi disk depth)

해설 투명도가 식물성 플랑크톤 성장과 연관된 생물학적인 혼탁도로부터 주로 기인되어 가장 일반적으로 신속히 판단할 수 있는 기준은 투명도이다.

문제 020

슬러지 처리의 목표로 옳지 않은 것은?

㉮ 중금속 처리
㉯ 병원균의 처리
㉰ 슬러지의 생화학적 안정화
㉱ 최종 슬러지 부피의 감량화

해설 슬러지 처리의 목적
- 슬러지 중의 유기물을 무기물로 바꾸는 생화학적 안정화
- 병원균을 제거하여 위생적인 안정화
- 슬러지 처리, 처분량을 적게 하는 부피의 감량화
- 처분의 확실성 등

토목기사 필기 (II) 정가 27,000원

- 저　자　고　행　만
- 발행인　차　승　녀

- 2013년　1월　25일　제1판 제1인쇄발행
- 2014년　1월　25일　제2판 제1인쇄발행
- 2015년　1월　10일　제3판 제1인쇄발행
- 2016년　1월　25일　제4판 제1인쇄발행
- 2016년 12월　26일　제5판 제1인쇄발행
- 2017년 11월　10일　제6판 제1인쇄발행
- 2018년 12월　20일　제7판 제1인쇄발행
- 2019년　9월　30일　제8판 제1인쇄발행
- 2020년　3월　25일　제8판 제2인쇄발행
- 2020년 11월　20일　제9판 제1인쇄발행
- 2022년　1월　10일　제10판 제1인쇄발행
- 2024년　5월　30일　제11판 제1인쇄발행

도서출판 건기원

(등록 : 제11-162호, 1998. 11. 24)

경기도 파주시 연다산길 244(연다산동 186-16)
TEL : (02)2662-1874~5　　FAX : (02)2665-8281

★ 건기원은 여러분을 책의 주인공으로 만들어 드리며 출판 윤리 강령을 준수합니다.
★ 본 수험서를 복제·변형하여 판매·배포·전송하는 일체의 행위를 금하며, 이를 위반할 경우 저작권법 등에 따라 처벌받을 수 있습니다.

ISBN　979-11-5767-842-6　　13530